Höhere Mathematik in Rezepten

Ihr Bonus als Käufer dieses Buches

Als Käufer dieses Buches können Sie kostenlos unsere Flashcard-App
„SN Flashcards" mit Fragen zur Wissensüberprüfung und zum Lernen
von Buchinhalten nutzen. Für die Nutzung folgen Sie bitte den folgenden
Anweisungen:

1. Gehen Sie auf **https://flashcards.springernature.com/login**
2. Erstellen Sie ein Benutzerkonto, indem Sie Ihre Mailadresse
   angeben, ein Passwort vergeben und den Coupon-Code
   einfügen.

Ihr persönlicher „SN Flashcards"-App Code   BCEFE-338AD-4071B-3BF5A-62774

Sollte der Code fehlen oder nicht funktionieren, senden Sie uns bitte eine E-Mail
mit dem Betreff **„SN Flashcards"** und dem Buchtitel an **customerservice@
springernature.com**.

Christian Karpfinger

Höhere Mathematik in Rezepten

Begriffe, Sätze und zahlreiche Beispiele
in kurzen Lerneinheiten

4. Auflage

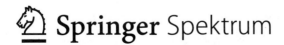

Christian Karpfinger
Zentrum Mathematik
Technische Universität München
München, Deutschland

ISBN 978-3-662-63304-5   ISBN 978-3-662-63305-2   (eBook)
https://doi.org/10.1007/978-3-662-63305-2

Die Deutsche Nationalbibliothek verzeichnet diese Publikation in der Deutschen Nationalbibliografie; detaillierte bibliografische Daten sind im Internet über http://dnb.d-nb.de abrufbar.

Planung/Lektorat: Andreas Ruedinger
Springer Spektrum ist ein Imprint der eingetragenen Gesellschaft Springer-Verlag GmbH, DE und ist ein Teil von Springer Nature.
Die Anschrift der Gesellschaft ist: Heidelberger Platz 3, 14197 Berlin, Germany

Vorwort zur vierten Auflage

Die wesentliche Neuerung dieser vierten Auflage bilden die mehr als 300 Flashcards. Für Sie als Leser steht die kostenlose Springer Nature Flashcards-App zur Verfügung, mit der Sie Zugriff auf die Flashcards haben.

Im Gegensatz zu der sonst herkömmlichen Verwendung von Karteikarten, bezwecken wir mit den Flashcards nicht, Sie zum Auswendiglernen von Definitionen oder Ergebnissen zu motivieren. Vielmehr basieren die Flashcards auf ehemaligen Prüfungsaufgaben, die einzelne kurze Berechnungen oder mal mehr und mal weniger tiefliegende Verständnisfragen zur Theorie behandeln. Wir wollen Sie mit den Fragen und Aufgaben auf den Karteikarten, die alle Teilgebiete der Höheren Mathematik umfassen, zum Nachdenken und Rekapitulieren der Themen anregen. Für Sie ist das erfolgreiche Bearbeiten der Aufgaben ein Nachweis, dass Sie die Themen verstanden haben und auch im kleinen Rahmen, wie es für Prüfungen nötig ist, anwenden können. Somit bilden die Karten eine ideale Vorbereitung zu Prüfungen. Manche Aufgaben kann man durch Nachdenken lösen, aber vielfach wird auch ein Rechnen mit Papier und Bleistift oder ein Blättern im Buch verlangt. Sie sollten also einen Block und gegebenenfalls auch das Buch griffbereit haben beim Bearbeiten der Flashcards. Die App Springer Flashcards finden Sie unter https://www.springernature.com/de/researchers/springer-nature-apps/sn-flashcards und kann sowohl auf dem Computer als auch auf dem Smartphone benutzt werden. Im gedruckten Buch findet sich ein entsprechender Code, mit welchem auf die Aufgaben zugegriffen werden kann. Dazu kann der Code unter https://flashcards.springernature.com/login eingegeben werden.

Neben den Flashcards haben wir an vielen Stellen Verbesserungen durchgeführt. So haben wir gelegentlich Erklärungen hinzugefügt, Beispiele und/oder Abbildungen ergänzt und auch weitere Aufgaben in vielen Kapiteln zur Verfügung gestellt, die in der 4. Auflage des dazu passenden Arbeitsbuchs gelöst werden. Damit haben wir das Buch insgesamt noch anwenderfreundlich für den Leser gemacht und hoffen auf eine weitere rege Nutzung und viele neue Rückmeldungen von Lesern, damit wir wissen, an welchen Stellen weitere Verbesserungen angebracht werden können.

München   Christian Karpfinger
im April 2021

Vorwort zur dritten Auflage

In der vorliegenden dritten Auflage haben wir das Rezeptebuch überarbeitet und erweitert: Sämtliche bekannt gewordenen Fehler wurden ausgebessert, neue Aufgaben sind hinzugekommen und weitere Themen sind ergänzt worden, nämlich die Restgliedabschätzung bei der Taylorentwicklung, die numerische Lösung von Randwertproblemen und das Lösen von partiellen Differentialgleichungen erster Ordnung mittels des Charakteristikenverfahrens. Damit haben wir weitere, für den Ingenieur wichtige Themen zur numerischen Mathematik bzw. zu den Differentialgleichungen in bewährt verständlicher Art und Weise dargestellt.

Auf der Internetseite zu dem Buch finden sich neben den bisherigen *add-ons* nun auch Videoanimationen und Apps, die manche mathematischen Inhalte des Rezeptebuches veranschaulichen. Die Internetseite zu diesem Buch findet man über

http://www.springer-spektrum.de/

München   Christian Karpfinger
im April 2017

Vorwort zur zweiten Auflage

Die wesentlichen Neuerungen in dieser zweiten Auflage sind das Kapitel zur Lösung partieller Differentialgleichungen mittels Integraltransformationen sowie ein Abschnitt zur numerischen Lösung der Wellengleichung. Damit wollen wir weitere wichtige Methoden zur Lösungsfindung der in den Naturwissenschaften und Technik so fundamentalen partiellen Differentialgleichungen vorstellen.

Vielfach fanden kleine Verbesserungen oder Ergänzungen von Erklärungen oder Beispielen ihren Weg in die zweite Auflage und natürlich wurden auch alle bekannten fehlerhaften Textstellen ausgebessert. Auch bei den Aufgaben haben wir vor allem in den späteren Kapiteln etwas aufgesattelt, um das Einüben der Rezepte und das Verständnis der späteren und schwierigeren Thematiken zu fördern.

Auf der Internetseite zu diesem Buch findet man als besonderes Extra Videoaufzeichnungen vieler Vorlesungen, die sich an dem vorliegenden Text orientieren. Außerdem haben wir das Skript „Einführung in MATLAB", das man auf der Internetseite zu diesem Buch findet, um den Teil „MATLAB – ein großer Taschenrechner" ergänzt. Beim Erstellen dieses Skriptes hat wesentlich Herr Benjamin Rüth mitgearbeitet, dem ich hiermit sehr danke. Auch die MATLAB-Codes, die im Rezeptebuch wie auch im begleitenden Arbeitsbuch benutzt werden, und auch die Lösungen zu den meisten Aufgaben kann man auf der erwähnten Internetseite finden. Den Link zur Internetseite findet man über

http://www.springer-spektrum.de/

Weitere Anmerkungen der Leserschaft sind jederzeit herzlich willkommen.

München   Christian Karpfinger
im April 2014

Vorwort zur ersten Auflage

Zu den vielen Büchern zur Höheren Mathematik gesellt sich ein weiteres, das vorliegende Buch *Höhere Mathematik in Rezepten*. Beim Verfassen des Buches hatte der Autor die folgenden Aspekte im Auge:

- Viele typische Aufgaben der Höheren Mathematik lassen sich rezeptartig lösen. Das Buch bietet eine Sammlung der wichtigsten Rezepte.
- Eine übersichtliche Darstellung der Themen, die in vier Semestern Höhere Mathematik behandelt werden können.
- Ein preisgünstiges Buch für Studenten, das alle wichtigen Inhalte abdeckt.
- Zahlreiche Beispiele, welche die Theorien untermauern und das Benutzen der Rezepte einüben.
- Eine Aufteilung des Stoffes in viele etwa gleich kurze Lehrbzw. Lerneinheiten (jedes Kapitel kann etwa in einer 90-minütigen Vorlesung behandelt werden).
- Weglassen von Inhalten, die üblicherweise nur von rund 10 Prozent der Studierendenschaft tatsächlich verstanden werden und die für die Praxis von geringerer Bedeutung sind.
- Die numerische Mathematik und auch der Einsatz von MATLAB sind ein integraler Bestandteil der Inhalte.

Es ist üblich, aber vielleicht nicht ganz richtig, die Höhere Mathematik möglichst beweisvollständig zu lehren. Die Nachteile liegen auf der Hand: Verzweifelte Studenten, die dann aber schnell erkennen, dass die Klausuren größtenteils auch ohne die Beweise bestanden werden können. Es ist vielleicht sinnvoller, die Zeit, die man durch das Weglassen von Beweisen gewinnt, zur Behandlung der für die Praxis so wichtigen Themen wie Numerik und MATLAB zu nutzen. Wir behandeln einige Themen der numerischen Mathematik, die wir mit zahlreichen Beispielen untermalen, und zeigen stets, wie man MATLAB als großen Taschenrechner bei den behandelten Problemen der Ingenieurmathematik einsetzen kann. Gelegentlich, vor allem in den Aufgaben, lösen wir auch Programmieraufgaben mit MATLAB. Dabei sind kaum Vorkenntnisse für MATLAB vonnöten. Wir stellen auf der Internetseite zu diesem Buch unter

http://www.springer-spektrum.de/

einen kurzen Einführungskurs zu MATLAB auf wenigen Seiten zur Verfügung.

Die Eingaben bei MATLAB formulieren wir stets mit einer ausgezeichneten Schriftart. Und anstelle eines Kommas machen wir wie MATLAB auch einen Punkt, wir schreiben also 1.25 für 5/4. Gelegentlich rechnen wir mit MATLAB auch symbolisch, das ist dank der SYMBOLIC MATH TOOLBOX auch möglich, man beachte, dass man diese Toolbox auch installiert hat.

Wir fassen die Besonderheiten dieses Buches noch einmal zusammen:

- Wir versuchen nicht, das abstrakte, über Jahrtausende hinweg erschaffene Gebäude der Mathematik auf einigen 100 Seiten möglichst umfassend und beweisvollständig zu errichten. Wir sprechen die für Ingenieure wichtigen Themen der Mathematik an, machen Begriffe und Regeln plausibel, wenn das nur machbar ist, und lernen an Beispielen und vielen Aufgaben, Probleme zu lösen.
- Wir teilen die Themen der Höheren Mathematik in fast 100 etwa gleich lange Kapitel ein und formulieren zahlreiche Problemlösungsstrategien rezeptartig. Jedes Kapitel behandelt etwa den Stoff einer 90-minütigen Vorlesung. Das schafft Übersicht und die Möglichkeit zum Planen, sowohl für Studierende als auch für Dozierende.
- Wir setzen den Computer, insbesondere MATLAB, als einen mächtigen Taschenrechner ein, um auch mit realistischen Beispielen anstelle der sonst üblichen akademischen Beispiele fertigzuwerden.

Am Ende der Kapitel sind einige Aufgaben angegeben, deren Bearbeitung empfehlenswert ist. An diesen Aufgaben kann das Verständnis der vorgestellten Rezepte und Methoden geprüft werden. Auf der Internetseite zum Buch unter

http://www.springer-spektrum.de/

haben wir ausführliche Lösungsvorschläge zu allen Aufgaben bereitgestellt. Die Aufgaben und Lösungen sind auch in dem begleitenden Arbeitsbuch abgedruckt.

Das Entstehen dieses umfangreichen Buches war nicht ohne die Hilfe vieler Kollegen und Mitarbeiter möglich. Für das Korrekturlesen, für zahlreiche Hinweise, Anregungen, Verbesserungsvorschläge, Aufgaben, Beispiele, Skizzen und MATLAB-Programme danke ich Dr. L. Barnerßoi, Prof. Dr. D. Castrigiano, S. Dorn, F. Ellensohn, Dr. H.-J. Flad, P. Gerhard, S. Held, Dr. F. Himstedt, Dr. F. Hofmaier, Prof. Dr. O. Junge, Dr. S. Kaniber, B. Kleinherne, Y. Kochnova, A. Köhler, Dr. M. Kohls, Dr. P. Koltai, A. Kreisel, Prof. Dr. C. Lasser, Dr. D. Meidner, N. Michels, S. Otten, M. Perner, P. Piprek, Dr. M. Prähofer, F. Reimers, Dr. K.-D. Reinsch, Prof. Dr. P. Rentrop, B. Rüth, M. Ritter, Th.

Simon, A. Schreiber, Dr. Th. Stolte, Prof. Dr. B. Vexler, Dr. H. Vogel, J. Wenzel und E. Zindan.

Ein besonderer Dank gilt Dr. Ch. Ludwig, der nicht nur stets ein offenes Ohr für meine Fragen hatte, ob nun tagsüber oder nachts, er hatte auch immer eine Lösung bereit. Schließlich gilt mein Dank auch Th. Epp, der den größten Teil der Bilder erstellt hat, sowie B. Alton und Dr. A. Rüdinger von Springer Spektrum, die das Entstehen des Buches mit zahlreichen Ratschlägen begleitet haben.

München   Christian Karpfinger
im August 2013

Inhaltsverzeichnis

Rezeptverzeichnis

Sprechweisen, Symbole und Mengen

1

Inhaltsverzeichnis

In diesem ersten Kapitel verschaffen wir uns einen Überblick über die Sprechweisen und Symbole der Mathematik und betrachten Mengen im naiven und für unsere Zwecke völlig ausreichenden Sinne als Zusammenfassungen wohlunterschiedener Elemente mitsamt den zumeist aus der Schulzeit vertrauten Mengenoperationen.

Die Auflistung von Begriffen, mit der wir in diesem ersten Kapitel konfrontiert sein werden, ist für uns (also Leser und Schreiber) eine Vereinbarung: Wir halten uns bis zur letzten Seite dieses Buches und noch weiter bis in alle Ewigkeit an diese Notationen und benutzen diese Sprechweisen und Symbole, um uns stets gewiss zu sein, dass wir über ein und dasselbe sprechen: über Mathematik, ihre Regeln, ihre Anwendungen, …

1.1 Sprechweisen und Symbole der Mathematik

In der Mathematik werden Aussagen formuliert und auf ihren Wahrheitsgehalt hin untersucht. Unter einer *Aussage* stellen wir uns hierbei vereinfacht einen feststellenden Satz vor, dem eindeutig einer der beiden Wahrheitswerte FALSCH oder WAHR zugeordnet werden kann. Als Beispiele dienen

$$\textit{Es regnet} \quad \text{oder} \quad \sqrt{2} > 1.12.$$

© Springer-Verlag GmbH Deutschland, ein Teil von Springer Nature 2022
C. Karpfinger, *Höhere Mathematik in Rezepten*,
https://doi.org/10.1007/978-3-662-63305-2_1

1.1.1 Junktoren

Mit Junktoren werden *einfache* Aussagen zu einer *komplexen* Aussage verknüpft. Wir betrachten die fünf (wichtigsten) Junktoren

$$\text{NICHT} \quad \text{UND} \quad \text{ODER} \quad \text{Implikation} \quad \text{Äquivalenz}.$$

Junktoren

- Ist A eine Aussage, so ist $\neg A$ die **Negation** von A.
- Sind A und B Aussagen, so kann man $A \wedge B$ betrachten; man nennt $\wedge$ den **UND**-Junktor. Es gilt
  - $A \wedge B$ ist wahr, wenn beide Aussagen erfüllt sind.
  - $A \wedge B$ ist falsch, wenn eine der beiden Aussagen falsch ist.
- Sind A und B Aussagen, so kann man $A \vee B$ betrachten; man nennt $\vee$ den **ODER**-Junktor. Es gilt
  - $A \vee B$ ist wahr, wenn eine der Aussagen erfüllt ist.
  - $A \vee B$ ist falsch, wenn beide Aussagen falsch sind.
- **Wenn** A gilt, **dann** gilt auch B, kurz $A \Rightarrow B$. Man nennt $\Rightarrow$ **Implikation.**
- **Genau dann** gilt A, **wenn** B gilt, kurz: $A \Rightarrow B$ und $B \Rightarrow A$, noch kürzer: $A \Leftrightarrow B$. Man nennt $\Leftrightarrow$ **Äquivalenz.**

Bemerkungen Das ODER ist nicht ausschließend – es dürfen auch beide Aussagen erfüllt sein. Ausschließend ist ENTWEDER-ODER.

Beispiel 1.1

- $\neg$(Heute regnet es) heißt: Heute regnet es nicht.
- $\neg(x \geq 5)$ heißt: $x < 5$.
- $\neg$(Alle Autos sind grün) heißt: Es gibt Autos, die nicht grün sind (Negation einer *Allaussage* ist eine *Existenzaussage.*)
- $\neg$(Neben der Erde gibt es weitere bewohnte Planeten) heißt: Alle Planeten, abgesehen von der Erde, sind unbewohnt. (Negation einer *Existenzaussage* ist eine *Allaussage.*)
- $\neg$(Für alle x, $y \in M$ gilt $f(x + y) = f(x) + f(y)$) heißt: Es gibt x, $y \in M$ mit $f(x + y) \neq f(x) + f(y)$.
- Sind $A : x \leq 5$, $B : x \in \mathbb{N}$, so heißt $A \wedge B : x \in \{1, 2, 3, 4, 5\}$.
- Sind $A : x \geq 2 \wedge x \leq 4$, $B : x \in \{2, 3, 7\}$, so heißt $A \vee B : x \in [2, 4] \cup \{7\}$.
- **Wenn** es regnet, **dann** ist die Straße nass; kurz:

$$\text{Es regnet} \Rightarrow \text{Die Straße ist nass}.$$

- **Wenn** m eine gerade natürliche Zahl ist, **dann** ist $m \cdot n$ für jedes $n \in \mathbb{N}$ eine gerade natürliche Zahl; kurz:

$$m \text{ gerade } \Rightarrow m \cdot n \text{ gerade für jedes } n \in \mathbb{N}.$$

Wir beweisen, dass diese Implikation richtig ist, es gilt:

$$
\begin{aligned}
m \text{ ist gerade } &\Rightarrow m = 2 \cdot m' \text{ für ein } m' \in \mathbb{N} \\
&\Rightarrow m \cdot n = 2 \cdot m' \cdot n \text{ für ein } m' \in \mathbb{N} \text{ und jedes } n \in \mathbb{N} \\
&\Rightarrow m \cdot n = 2 \cdot k \text{ für ein } k \in \mathbb{N} \text{ (nämlich } k = m' \cdot n) \\
&\Rightarrow m \cdot n \text{ ist gerade.}
\end{aligned}
$$

- **Genau dann** ist die Straße nass, **wenn**
  - es regnet,
  - die Straße gereinigt wird,
  - Schnee schmilzt,
  - ein Eimer Wasser verschüttet wurde,
  - …

- Für $x \in \mathbb{R}$ gilt:
$$x \leq 5 \ \wedge \ x \in \mathbb{N} \ \Leftrightarrow \ x \in \{1, 2, 3, 4, 5\}.$$

- Für $x \in \mathbb{R}$ gilt:
$$x \in \mathbb{Q} \ \Leftrightarrow \ \text{ es gibt ein } n \in \mathbb{N} \text{ mit } n \cdot x \in \mathbb{Z}.$$

Wir beweisen, dass diese Äquivalenz richtig ist, es gilt:

$$
\begin{aligned}
x \in \mathbb{Q} &\Leftrightarrow x = \frac{p}{q} \text{ mit } p \in \mathbb{Z} \text{ und } q \in \mathbb{N} \\
&\Leftrightarrow q \cdot x = p \text{ mit } p \in \mathbb{Z} \text{ und } q \in \mathbb{N} \\
&\Leftrightarrow n \cdot x \in \mathbb{Z} \text{ für ein } n \in \mathbb{N} \text{ (nämlich } n = q).
\end{aligned}
$$

- Sind $m, n \in \mathbb{N}$, so gilt:

$$m \cdot n \text{ ist gerade } \ \Leftrightarrow \ m \text{ ist gerade } \vee \ n \text{ ist gerade.}$$

Wir beweisen, dass diese Äquivalenz richtig ist, und zwar zeigen wir dazu, dass die beiden Implikation $\Rightarrow$ und $\Leftarrow$ korrekt sind:

$\Rightarrow$: Es sei $m \cdot n$ gerade. Angenommen, weder m noch n sind gerade. Dann gilt

$$m = 2 \cdot m' + 1 \text{ und } n = 2 \cdot n' + 1$$

mit m', $n' \in \mathbb{N}$. Es folgt $m \cdot n = 4 \cdot m' \cdot n' + 2 \cdot (m' + n') + 1 = 2 \cdot k + 1$ mit einem $k \in \mathbb{N}$. Das ist ein Widerspruch zu $m \cdot n$ ist gerade. Somit ist m oder n gerade.

$\Leftarrow$: m gerade oder n gerade $\Rightarrow$ $m \cdot n$ gerade (die Begründung entnimmt man obigem Beispiel).

Folglich ist die Äquivalenz korrekt. $\blacksquare$

Die Beispiele zeigen: Manchmal ist eine Implikation oder eine Äquivalenz unmittelbar klar und damit nicht beweisdürftig, aber oftmals ist eine solche Aussage nicht unmittelbar klar, also beweisdürftig.

Es ist eines der größten Probleme für den Anfänger zu erkennen, dass eine Implikation oder Äquivalenz beweisdürftig ist. Das sich gleich anschließende Problem ist dann die Frage, wie man denn eine erforderliche Begründung schlüssig und vollständig formuliert. Wir können Sie hier beruhigen: Mit zunehmender Erfahrung und Übung wird Ihnen das immer klarer und die typischen Formulierungen der entsprechenden Beweise, die Ihnen anfangs noch etwas suspekt anmuten, werden Ihnen mehr und mehr vertraut und selbstverständlich.

1.1.2 Quantoren

Quantoren erfassen Variablen mengenmäßig. Wir betrachten vier Quantoren:

Quantoren

- $\forall$ *zu jedem* bzw. *für alle.*
- $\exists$ *es gibt,*
- $\exists_1$ *es gibt genau ein,*
- $\nexists$ *es gibt kein.*

Beispiel 1.2

- Für *Zu jeder reellen Zahl x gibt es eine natürliche Zahl n, die größer als x ist* kann man kurz schreiben als
$$\forall x \in \mathbb{R} \, \exists n \in \mathbb{N} : n \geq x.$$
  Man beachte die Reihenfolge, die Aussage
$$\exists n \in \mathbb{N} : n \geq x \, \forall x \in \mathbb{R}$$
  ist offenbar falsch.

- Sind $A = \{1, 2, 3\}$ und $B = \{1, 4, 9\}$, so gilt

$$\forall\, b \in B\ \exists_1\, a \in A:\ a^2 = b.$$

■

1.2 Summen- und Produktzeichen

Das Summenzeichen $\sum$ und das Produktzeichen $\prod$ sind nützliche Abkürzungen, man setzt

$$a_1 + a_2 + \cdots + a_n = \sum_{i=1}^{n} a_i \quad \text{und} \quad a_1 \cdot a_2 \cdots a_n = \prod_{i=1}^{n} a_i.$$

Beispiele

- $\displaystyle\sum_{i=1}^{100} 2^i = 2 + 2^2 + 2^3 + \cdots + 2^{100}.$
- $\displaystyle\prod_{i=1}^{100} \frac{1}{i^2} = 1 \cdot \frac{1}{4} \cdot \frac{1}{9} \cdots \frac{1}{10000}.$
- $\displaystyle\sum_{i=1}^{10} \prod_{j=1}^{5} i \cdot j = 1 \cdot 2 \cdot 3 \cdot 4 \cdot 5 + 2 \cdot 4 \cdot 6 \cdot 8 \cdot 10 + \cdots + 10 \cdot 20 \cdot 30 \cdot 40 \cdot 50.$
- $\displaystyle\sum_{i=0}^{n} a_i = a_0 + \sum_{l=1}^{n-1} a_l + a_n.$

Gelegentlich braucht man auch die *leere Summe* bzw. das *leere Produkt* und meint damit, dass die obere Grenze kleiner ist als die untere. Man definiert die leere Summe als 0 und das leere Produkt als 1, z. B.

$$\sum_{k=1}^{0} a_k = 0 \quad \text{und} \quad \prod_{k=2}^{-1} b_k = 1.$$

1.3 Potenzen und Wurzeln

Wir bilden Potenzen und Wurzeln aus reellen Zahlen. Dabei setzen wir (vorläufig) die folgenden *Zahlenmengen* als bekannt voraus:

$$\mathbb{N} \subseteq \mathbb{N}_0 \subseteq \mathbb{Z} \subseteq \mathbb{Q} \subseteq \mathbb{R}.$$

Dabei bezeichnen $\mathbb{N}$ die natürlichen Zahlen, $\mathbb{N}_0$ die natürlichen Zahlen inklusive 0, $\mathbb{Z}$ die ganzen Zahlen, $\mathbb{Q}$ die rationalen Zahlen und $\mathbb{R}$ die reellen Zahlen.

Weiterhin kennen wir die folgenden Schreibweisen:

- $\forall a \in \mathbb{R}\ \forall n \in \mathbb{N}: a^n = a \cdots a$ (n-mal) – die *n-te Potenz* von a.
- $\forall a \in \mathbb{R} \setminus \{0\}\ \forall n \in \mathbb{N}: a^{-n} = (a^{-1})^n$.
- $\forall a \in \mathbb{R}: a^0 = 1$; insbesondere gilt $0^0 = 1$.
- $\forall a \in \mathbb{R}_{>0},\ \forall n \in \mathbb{N}: a^{\frac{1}{n}} = \sqrt[n]{a}$ – die *n-te Wurzel* von a, also die (eindeutig bestimmte) positive Lösung der Gleichung $x^n = a$.
- $\forall a \in \mathbb{R}_{>0},\ \forall n \in \mathbb{N}: a^{-\frac{1}{n}} = (a^{-1})^{\frac{1}{n}}$.
- $\forall a \in \mathbb{R}_{>0},\ \forall \frac{m}{n} \in \mathbb{Q}: a^{\frac{m}{n}} = (a^{\frac{1}{n}})^m$.

Mit diesen Vereinbarungen gelten die Regeln:

Potenzregeln

$\forall a, b \in \mathbb{R}_{>0}, \forall r, s \in \mathbb{Q}$ gilt:

- $a^r a^s = a^{r+s}$,
- $a^r b^r = (a\,b)^r$,
- $(a^r)^s = a^{r\,s}$.

Beispiel 1.3 Es gilt für $a, b > 0$:

$$\frac{\sqrt[10]{a^6}\ \sqrt[5]{b^{-2}}}{\sqrt[5]{a^{-2}}\ \sqrt[15]{b^9}} = a^{\frac{6}{10}} b^{-\frac{2}{5}} a^{\frac{2}{5}} b^{-\frac{9}{15}} = a^{\frac{10}{10}} b^{-\frac{15}{15}} = \frac{a}{b}.$$

∎

1.4   Symbole der Mengenlehre

Unter einer **Menge** verstehen wir eine Zusammenfassung bestimmter, wohlunterschiedener Objekte, die wir Elemente dieser Menge nennen:

$$A = \{a,\ b,\ c,\ \ldots\}.$$

$\uparrow$
Menge

Elemente

Grundsätzlich gibt es zwei verschiedene Arten Mengen aufzuschreiben:

- Man kann Mengen beschreiben, indem man explizit die Elemente angibt:

$$A = \{a,\, b,\, c\} \quad \text{oder} \quad \mathbb{N} = \{1,\, 2,\, 3,\, \ldots\}.$$

- Man kann Eigenschaften angeben, die die Elemente kennzeichnen:

$$A = \{n \in \mathbb{N} \mid 1 \leq n \leq 5\} \quad \text{oder} \quad B = \{n \in \mathbb{N} \mid 2^n + 1 \text{ prim}\}.$$

Der senkrechte Strich leitet die Bedingungen ein, die die Elemente erfüllen müssen, und wird gelesen als *für die gilt* oder *mit der Eigenschaft*.

Beispiel 1.4 Die Elemente einer Menge können explizit angegeben sein, wie etwa

$$A = \{1,\, \sqrt{2},\, 13,\, \text{Angela Merkel}\},$$

oder durch Eigenschaften erklärt werden

$$A = \{n \in \mathbb{N} \mid n \text{ ist ungerade}\} = 2\,\mathbb{N} - 1.$$

∎

Wir zählen einige selbsterklärende oder bereits bekannte Notationen auf:

Begriffe und Notationen zu Mengen

- $a \in A$: a ist **Element** von A,
- $a \notin A$: a ist **kein Element** von A,
- $A \subseteq B$: A ist **Teilmenge** von B: $a \in A \Rightarrow a \in B$,
- $A \nsubseteq B$: A ist **keine Teilmenge** von B: $\exists\, a \in A : a \notin B$,
- $A \subsetneq B$: A ist **echte Teilmenge** von B: $a \in A \Rightarrow a \in B \wedge \exists\, b \in B : b \notin A$,
- $A = B$: A **ist gleich** B: $A \subseteq B \wedge B \subseteq A$,
- $\emptyset$: die **leere Menge**, eine Menge ohne Elemente: $\emptyset = \{n \in \mathbb{N} \mid n < -1\}$,
- $A \cap B = \{x \mid x \in A \wedge x \in B\}$ – der **Durchschnitt** von A und B,
- $A \cup B = \{x \mid x \in A \vee x \in B\}$ – die **Vereinigung** von A und B,
- $A \setminus B = \{x \mid x \in A \wedge x \notin B\}$ – die **Mengendifferenz** A ohne B,
- $C_B(A) = B \setminus A$, falls $A \subseteq B$ – das **Komplement** von A in B,
- $A \times B = \{(a, b) \mid a \in A \wedge b \in B\}$ – das **kartesische Produkt** von A und B,
- $A^n = A \times \cdots \times A = \{(a_1, \ldots, a_n) \mid a_i \in A \,\forall\, i\}$ mit $n \in \mathbb{N}$ – die **Menge der n-Tupel** $(a_1, \ldots, a_n)$ über A.
- $|A|$ – die **Mächtigkeit** oder **Kardinalität** von A, d. h. die Anzahl der Elemente von A, falls A endlich, bzw. ∞ sonst.

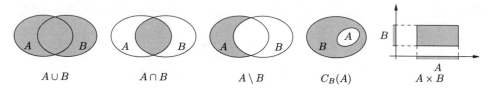

$$A \cup B \qquad\qquad A \cap B \qquad\qquad A \setminus B \qquad\qquad C_B(A) \qquad\qquad A \times B$$

Abb. 1.1 Diagramme zu Mengenoperationen

Man vergleiche Abb. 1.1 zu einigen der aufgeführten Mengenoperationen.

Beispiel 1.5 Wir betrachten die Mengen

$$A = \{1,\, 2,\, 5,\, 7\}, \quad B = \{n \in \mathbb{N} \mid n \text{ ist ungerade}\}, \quad C = \{B,\, 2,\, \sqrt{2}\}, \quad D = \{1,\, 5,\, 7\}.$$

Mit den oben angesprochenen Operationen gilt:

- $D \subseteq A, \quad D \subsetneq A, \quad D \subseteq B, \quad D \subsetneq B, \quad C \nsubseteq B, \quad B \nsubseteq C, \quad B \in C,$
- $A \cap B = D, \quad C \cap D = \emptyset, \quad C \cap B = \emptyset,$
- $B \setminus C = B, \quad B \setminus A = B \setminus D = C_B(D) = \{n \in \mathbb{N} \mid n \text{ ist ungerade und } n \geq 9\} \cup \{3\},$
- $C \times D = \{(B, 1),\, (B, 5),\, (B, 7),\, (2, 1),\, (2, 5),\, (2, 7),\, (\sqrt{2}, 1),\, (\sqrt{2}, 5),\, (\sqrt{2}, 7)\},$
- $|C \times D| = 9 = |C| \cdot |D|.$ ∎

Übrigens nennt man zwei Mengen A und B mit $A \cap B = \emptyset$ **disjunkt** oder **elementfremd.**
Offenbar gelten die folgenden Regeln:

Regeln für Mengen

Sind A und B endliche Mengen, so gelten:

- $|A \times B| = |A| \cdot |B|,$
- $|A \cup B| = |A| + |B| - |A \cap B|,$
- $|A \setminus B| = |A| - |A \cap B|,$
- $|A \cap B| = 0 \;\Leftrightarrow\; A,\, B \text{ disjunkt.}$

Und sind A, B und C beliebige Mengen, so gelten:

- $\emptyset \subseteq B,$
- $A \setminus (B \cup C) = (A \setminus B) \cap (A \setminus C),$
- $(A \cap B) \cap C = A \cap (B \cap C) \text{ und } (A \cup B) \cup C = A \cup (B \cup C),$
- $A \cap (B \cup C) = (A \cap B) \cup (A \cap C) \text{ und } A \cup (B \cap C) = (A \cup B) \cap (A \cup C).$

Eine Begründung dieser letzten vier Aussagen ist nicht schwierig (siehe Aufgabe 1.7).

1.5 Aufgaben

1.1 Vertauschen Sie in den folgenden Aussagen jeweils die Reihenfolge der Quantoren $\forall$ und $\exists$ und überprüfen Sie Sinn und Richtigkeit der entstehenden Aussagen:

(a) $\forall n \notin \mathbb{P} \cup \{1\} \; \exists k \notin \{1, n\} : k \mid n$ ($\mathbb{P}$ bezeichnet dabei die Menge aller Primzahlen),

(b) $\exists N \in \mathbb{N} \; \forall n \geq N : \frac{1}{n} \leq 0.001$.

1.2 Schreiben Sie folgende Ausdrücke aus:

$$\text{(a)} \quad \prod_{n=1}^{j} \left(\sum_{k=1}^{j} n \cdot k \right), \qquad \text{(b)} \quad \sum_{n=1}^{5} \left(\prod_{i=1}^{n} \frac{\sum_{k=1}^{3} k^3}{5^i} \right).$$

1.3 Schreiben Sie folgende Ausdrücke in der Form $\sum_{n=1}^{k} a_n$ bzw. $\prod_{n=1}^{k} a_n$:

(a) $\frac{3}{1} + \frac{5}{4} + \frac{9}{9} + \frac{17}{16} + \ldots + \frac{1073741825}{900}$,

(b) $\frac{2}{3} + \frac{4}{9} + \frac{6}{27} + \frac{8}{81} + \ldots + \frac{18}{19683}$,

(c) $\frac{6}{1} \cdot \frac{9}{2} \cdot \frac{12}{3} \cdot \ldots \cdot \frac{300}{99}$,

(d) $1 + \frac{1 \cdot 2}{1 \cdot 3} + \frac{1 \cdot 2 \cdot 3}{1 \cdot 3 \cdot 5} + \cdots + \frac{1 \cdot 2 \cdot 3 \cdot \ldots \cdot 13}{1 \cdot 3 \cdot 5 \cdot \ldots \cdot 25}$.

1.4 Gegeben seien die folgenden Teilmengen der Menge der reellen Zahlen $\mathbb{R}$:

$$A = \{x \in \mathbb{R} \mid 5 > x > -2\}, \quad B - \{x \in \mathbb{R} \mid 1 > x\}, \quad C = \{x \in \mathbb{R} \mid -1 < x \leq 1\}.$$

Bestimmen Sie folgende Mengen und skizzieren Sie diese auf der Zahlengeraden:

(a) $A \cap C$, \qquad (b) $B \setminus A$, \qquad (c) $(\mathbb{R} \setminus C) \cup B$.

1.5 Gegeben seien die folgenden Teilmengen der reellen Zahlen:

$$A = \{x \in \mathbb{R} \mid -2 < x < 5\}, \qquad B = \{x \in \mathbb{R} \mid 1 \geq x\},$$
$$C = \{x \in \mathbb{R} \mid x^2 \leq 4\}, \qquad D = \{x \in \mathbb{R} \mid x^2 > 1\}.$$

Bestimmen Sie jeweils die folgenden Mengen und skizzieren Sie diese auf der Zahlengeraden:

(a) $A \cap B$, \qquad (c) $B \setminus C$, \qquad (e) $C \cap (A \cup B)$,

(b) $A \cup D$, \qquad (d) $D \setminus (A \cap B)$, \qquad (f) $(\mathbb{R} \setminus (A \cap B)) \cup (C \cap D)$.

1.6 Es seien $A = \{a, b, c, d\}$ und $B = \{M \mid M \subseteq A\}$. Entscheiden und begründen Sie, welche der folgenden Aussagen wahr und welche falsch sind:

(a) $a \in B$,   (d) $A \in B$,   (g) $\emptyset \in B$,

(b) $\{b\} \in B$,   (e) $A \subseteq B$,   (h) $\emptyset \subseteq B$,

(c) $\{a\} \in A$,   (f) $\{a\} \subseteq A$,   (i) $\{\emptyset\} \subseteq B$.

1.7 Man begründe: Für beliebige Mengen A, B und C gilt:

(a) $\emptyset \subseteq B$,

(b) $A \setminus (B \cup C) = (A \setminus B) \cap (A \setminus C)$,

(c) $(A \cap B) \cap C = A \cap (B \cap C)$ und $(A \cup B) \cup C = A \cup (B \cup C)$,

(d) $A \cap (B \cup C) = (A \cap B) \cup (A \cap C)$ und $A \cup (B \cap C) = (A \cup B) \cap (A \cup C)$.

Die natürlichen, ganzen und rationalen Zahlen

2

Inhaltsverzeichnis

Die Zahlenmengen $\mathbb{N}$, $\mathbb{Z}$, $\mathbb{Q}$ und $\mathbb{R}$ der natürlichen, ganzen, rationalen und reellen Zahlen sind aus der Schulzeit bekannt. Wir betrachten in diesem Kapitel kurz einige wenige Aspekte, die die natürlichen, ganzen und rationalen Zahlen betreffen, soweit wir diese in der Ingenieurmathematik benötigen. Den größten Raum nimmt hierbei die vollständige Induktion ein, die Anfängern üblicherweise Probleme bereitet. Oftmals hilft es, einfach nur stur das Rezept durchzuführen, das Verständnis kommt im Laufe der Zeit.

Die reellen Zahlen nehmen mehr Raum ein, wir kümmern uns um diese im nächsten Kapitel.

2.1 Die natürlichen Zahlen

Es ist $\mathbb{N} = \{1, 2, 3, \ldots\}$ die Menge der **natürlichen Zahlen.** Wollen wir außerdem die Null mit einbeziehen, so schreiben wir $\mathbb{N}_0 = \mathbb{N} \cup \{0\} = \{0, 1, 2, \ldots\}$.

Mathematiker *erklären* die natürlichen Zahlen ausgehend von der leeren Menge, wir hingegen betrachten die natürlichen Zahlen mitsamt der uns vertrauten Anordnung, Addition und Multiplikation dieser Zahlen als *gegeben* und wollen dies nicht länger hinterfragen.

Wir werden in späteren Kapiteln immer wieder vor dem Problem stehen, eine Aussage für alle natürlichen Zahlen $n \in \mathbb{N}_0$ bzw. für alle natürlichen Zahlen n ab einem $n_0 \in \mathbb{N}$ zu begründen.

© Springer-Verlag GmbH Deutschland, ein Teil von Springer Nature 2022
C. Karpfinger, *Höhere Mathematik in Rezepten*,
https://doi.org/10.1007/978-3-662-63305-2_2

Beispiel 2.1

- Für alle natürlichen Zahlen $n \geq 1$ gilt $\sum_{k=1}^{n} k = \frac{n(n+1)}{2}$.
- Für alle natürlichen Zahlen $n \geq 0$ und $q \in \mathbb{R} \setminus \{1\}$ gilt $\sum_{k=0}^{n} q^k = \frac{1-q^{n+1}}{1-q}$.
- Für alle natürlichen Zahl $n \geq 1$ ist die Zahl $a_n = 5^n - 1$ ein Vielfaches von 4.

∎

Die **vollständige Induktion** ist eine Methode, mit der man solche Aussagen oftmals begründen kann.

Rezept: Vollständige Induktion

Gegeben ist für ein $n \in \mathbb{N}_0$ die Aussage $A(n)$. Um zu begründen, dass die Aussage $A(n)$ für alle $n \geq n_0 \in \mathbb{N}_0$ gilt, gehe wie folgt vor:

1. **Induktionsanfang:** Zeige, dass die Aussage $A(n_0)$ gilt.
2. **Induktionsbehauptung:** Nimm an, dass die Aussage $A(n)$ für ein $n \in \mathbb{N}_0$ mit $n \geq n_0$ gilt.
3. **Induktionsschluss:** Zeige, dass die Aussage $A(n + 1)$ gilt.

Anstelle von Induktionsbehauptung (IB) sagt man auch *Induktionsvoraussetzung*, und anstelle von Induktionsschluss (IS) sagt man auch *Induktionsschritt*. Den Induktionsanfang kürzen wir mit IA ab.

Bevor wir erläutern, warum die vollständige Induktion die Begründung für $A(n)$ *gilt für alle* $n \geq n_0$ liefert, betrachten wir Beispiele (vgl. Beispiel 2.1). Immer dann, wenn wir die Induktionsbehauptung benutzen, schreiben wir IB über das Gleichheitszeichen, also $\overset{\text{IB}}{=}$:

Beispiel 2.2

- Wir zeigen mit vollständiger Induktion:

$$\sum_{k=1}^{n} k = \frac{n(n+1)}{2} \quad \text{für alle } n \in \mathbb{N}.$$

(1) IA: Die Formel stimmt für $n_0 = 1$, da links $\sum_{k=1}^{1} k = 1$ und rechts $\frac{1(1+1)}{2} = 1$ steht.

(2) IB: Wir nehmen an, dass die Formel $\sum_{k=1}^{n} k = \frac{n(n+1)}{2}$ für ein $n \in \mathbb{N}_0$ mit $n \geq 1$ gilt.

(3) IS: Da die Formel für $n \in \mathbb{N}_0$ gilt, erhalten wir für $n + 1$:

$$\sum_{k=1}^{n+1} k = n + 1 + \sum_{k=1}^{n} k \stackrel{\text{IB}}{=} n + 1 + \frac{n(n+1)}{2} = \frac{(n+1)(n+2)}{2}.$$

- Wir zeigen mit vollständiger Induktion:

$$\sum_{k=0}^{n} q^k = \frac{1-q^{n+1}}{1-q} \quad \text{für alle } n \in \mathbb{N}_0 \text{ und } q \in \mathbb{R} \setminus \{1\}.$$

(1) IA: Die Aussage stimmt für $n_0 = 0$, da links $\sum_{k=0}^{0} q^k = q^0 = 1$ und rechts $\frac{1-q^1}{1-q} = 1$ steht.

(2) IB: Wir nehmen an, dass die Formel $\sum_{k=0}^{n} q^k = \frac{1-q^{n+1}}{1-q}$ für ein $n \in \mathbb{N}_0$ mit $n \geq 0$ gilt.

(3) IS: Da die Formel für $n \in \mathbb{N}_0$ gilt, erhalten wir für $n + 1$:

$$\sum_{k=0}^{n+1} q^k = q^{n+1} + \sum_{k=0}^{n} q^k \stackrel{\text{IB}}{=} q^{n+1} + \frac{1-q^{n+1}}{1-q}$$

$$= \frac{q^{n+1}-q^{n+2}+1-q^{n+1}}{1-q} = \frac{1-q^{n+2}}{1-q}.$$

- Wir zeigen mit vollständiger Induktion:

$$\text{für alle } n \in \mathbb{N} : a_n = 5^n - 1 = 4 \cdot k \quad \text{für ein } k \in \mathbb{N}.$$

(1) IA: Die Aussage stimmt für $n_0 = 1$, da $a_1 = 5^1 - 1 = 4 = 4 \cdot 1$ gilt, wähle $k = 1$.

(2) IB: Wir nehmen an, dass $a_n = 5^n - 1 = 4 \cdot k$ für ein $n \in \mathbb{N}$ und ein $k \in \mathbb{N}$ gilt.

(3) IS: Da die Formel für $n \in \mathbb{N}$ gilt, erhalten wir für $n + 1$:

$$a_{n+1} = 5^{n+1} - 1 = 5 \cdot 5^n - 1 = (4+1) \cdot 5^n - 1 = 4 \cdot 5^n + 5^n - 1$$

$$\stackrel{\text{IB}}{=} 4 \cdot 5^n + 4 \cdot k = 4 \cdot (5^n + k).$$

Mit $k' = 5^n + k$ erhält man $a_n = 4 \cdot k'$.

■

Warum mit dieser vollständigen Induktion die Aussagen $A(n)$ für alle $n \geq n_0 \in \mathbb{N}_0$ begründet werden, macht man sich nun ganz einfach klar: Beim Induktionsanfang wird gezeigt, dass die Aussage $A(n_0)$ für das *erste* n_0 gilt. Da die Aussage $A(n_0)$ gilt, gilt nach dem Induktionsschritt auch $A(n_0+1)$. Und da nun $A(n_0+1)$ gilt, gilt erneut nach dem Induktionsschritt $A(n_0 + 2)$ usw.

Man spiele dies in obigen Beispielen durch und mache sich dabei klar, dass das *Dazwischenschalten* der Induktionsbehauptung ein äußerst geschickter Zug ist, um mit nur einem Induktionsschritt die Aussage für unendlich viele natürliche Zahlen zu begründen.

Wir begründen eine weitere Formel mit vollständiger Induktion. Dazu benötigen wir zwei Begriffe:

- Die **Fakultät** von $n \in \mathbb{N}$ ist definiert als das Produkt der Zahlen von 1 bis n:

$$n! = n \cdot (n-1) \cdot \ldots \cdot 2 \cdot 1 \quad \text{und} \quad 0! = 1.$$

Zum Beispiel:

$$1! = 1, \ 2! = 2 \cdot 1 = 2, \ 3! = 3 \cdot 2 \cdot 1 = 6, \ 4! = 4 \cdot 3 \cdot 2 \cdot 1 = 24, \ 5! = 5 \cdot 4 \cdot 3 \cdot 2 \cdot 1 = 120.$$

- Für $n, k \in \mathbb{N}_0$ mit $k \leq n$ nennt man die Zahl

$$\binom{n}{k} = \frac{n!}{k!(n-k)!}$$

Binomialkoeffizient n *über* k. Er gibt an, wie viele verschiedene k-elementige Teilmengen eine Menge mit n Elementen besitzt. Es gilt:

$$\binom{3}{0} = \frac{3!}{0! \cdot 3!} = 1, \quad \binom{3}{1} = \frac{3!}{1! \cdot 2!} = 3, \quad \binom{3}{2} = 3, \quad \binom{3}{3} = 1.$$

Beispiel 2.3 Wir zeigen mit vollständiger Induktion:

$$\text{für alle } a, b \in \mathbb{R} \text{ und alle } n \in \mathbb{N}_0 : \ (a+b)^n = \sum_{k=0}^{n} \binom{n}{k} a^k b^{n-k}.$$

(1) IA: Die Formel stimmt für $n_0 = 0$, da links $(a+b)^0 = 1$ und rechts $\sum_{k=0}^{0} \binom{0}{k} a^k b^{0-k} = 1$ steht.

(2) IB: Wir nehmen an, dass $(a+b)^n = \sum_{k=0}^{n} \binom{n}{k} a^k b^{n-k}$ für ein $n \in \mathbb{N}$ gilt.

(3) IS: Da die Formel für ein $n \in \mathbb{N}_0$ gilt, erhalten wir für $n+1$ mit der Aufgabe 2.2(c):

$$(a+b)^{n+1} = (a+b) \cdot (a+b)^n \overset{\text{IB}}{=} (a+b) \cdot \sum_{k=0}^{n} \binom{n}{k} a^k b^{n-k}$$

$$= a \cdot \sum_{k=0}^{n} \binom{n}{k} a^k b^{n-k} + b \cdot \sum_{k=0}^{n} \binom{n}{k} a^k b^{n-k}$$

$$= \sum_{k=0}^{n} \binom{n}{k} a^{k+1} b^{n-k} + \sum_{k=0}^{n} \binom{n}{k} a^k b^{n-k+1}$$

$$= \sum_{k=1}^{n+1} \binom{n}{k-1} a^k b^{n-k+1} + \sum_{k=0}^{n} \binom{n}{k} a^k b^{n-k+1}$$

$$= \binom{n}{n} a^{n+1} b^0 + \binom{n}{0} a^0 b^{n+1} + \sum_{k=1}^{n} \left(\binom{n}{k-1} + \binom{n}{k} \right) a^k b^{n-k+1}$$

$$= \binom{n+1}{n+1} a^{n+1} b^0 + \binom{n+1}{0} a^0 b^{n+1} + \sum_{k=1}^{n} \binom{n+1}{k} a^k b^{n+1-k}$$

$$= \sum_{k=0}^{n+1} \binom{n+1}{k} a^k b^{n+1-k}.$$

∎

Wir haben in diesem Abschnitt drei wichtige Formeln kennengelernt und begründet, wir fassen diese zusammen:

Wichtige Formeln

Für alle natürlichen Zahlen $n \in \mathbb{N}_0$ bzw. $q \in \mathbb{R}$ bzw. $a, b \in \mathbb{R}$ gelten:

- $\sum_{k=1}^{n} k = \frac{n(n+1)}{2}$ **(Gauß'sche Summenformel)**.

- $\sum_{k=0}^{n} q^k = \begin{cases} \frac{1-q^{n+1}}{1-q}, & \text{falls } q \neq 1 \\ n+1, & \text{falls } q = 1 \end{cases}$ **(geometrische Summenformel)**.

- $(a+b)^n = \sum_{k=0}^{n} \binom{n}{k} a^k b^{n-k}$ **(Binomialformel)**.

2.2   Die ganzen Zahlen

Die Menge $\mathbb{Z}$ der **ganzen Zahlen**

$$\mathbb{Z} = \{\ldots, -3, -2, -1, 0, 1, 2, 3, \ldots\} = \{0, \pm 1, \pm 2, \pm 3, \ldots\}$$

ist mit ihrer Anordnung $\cdots < -2 < -1 < 0 < 1 < 2 \cdots$ und Addition und Multiplikation ganzer Zahlen aus der Schulzeit bekannt, ebenso die folgenden Regeln:

- $-a = (-1)\,a$ für alle $a \in \mathbb{Z}$,
- $(-a)(-b) = a\,b$ für alle $a,\, b \in \mathbb{Z}$,
- $a < b \;\Rightarrow\; -a > -b$,
- $ab > 0 \;\Rightarrow\; (a, b > 0 \;\vee\; a, b < 0)$ für $a,\, b \in \mathbb{Z}$,
- $a + x = b$ hat die Lösung $x = b + (-a) = b - a$ für alle $a,\, b \in \mathbb{Z}$.

2.3   Die rationalen Zahlen

Auch die Menge $\mathbb{Q}$ der **rationalen Zahlen**

$$\mathbb{Q} = \left\{ \frac{m}{n} \mid m \in \mathbb{Z},\, n \in \mathbb{N} \right\}$$

ist mit ihrer Anordnung

$$\frac{m}{n} < \frac{m'}{n'} \;\Leftrightarrow\; mn' < m'n$$

und der Addition und Multiplikation rationaler Zahlen

$$\frac{m}{n} + \frac{m'}{n'} = \frac{mn' + m'n}{nn'} \quad \text{und} \quad \frac{m}{n} \cdot \frac{m'}{n'} = \frac{mm'}{nn'}$$

aus der Schulzeit bekannt, ebenso die folgenden Regeln:

- $\frac{m}{n} = \frac{m'}{n'} \;\Leftrightarrow\; m \cdot n' = m' \cdot n$,
- $\frac{m}{n} = \frac{mk}{nk}$ für alle $k \neq 0$, insbesondere also $\frac{m}{-n} = \frac{-m}{n}$,
- $ax = b$ hat die Lösung $x = \frac{b}{a}$, falls $a \neq 0$.

Jede rationale Zahl $\frac{m}{n} \in \mathbb{Q}$ lässt sich als **Dezimalzahl** darstellen. Diese Darstellung ist entweder **endlich**, also

$$\frac{m}{n} = a.a_1 a_2 \ldots a_k,$$

oder **periodisch**, also

$$\frac{m}{n} = a.a_1 a_2 \ldots a_k \overline{b_1 b_2 \ldots b_\ell},$$

mit $a \in \mathbb{Z}$ und $a_i,\, b_i \in \{0, \ldots, 9\}$.

Beispiel 2.4 Durch sukzessive Division erhält man:

$$\frac{9}{8} = 1.125, \qquad \frac{12}{33} = 0.\overline{36} = 0.36363636\ldots$$

∎

Die Dezimaldarstellung von $\frac{m}{n}$ lässt sich immer durch Division von m durch n finden. Wie findet man aber die Bruchdarstellung $\frac{m}{n}$ aus der Dezimaldarstellung?

Wir zeigen das an Beispielen, das allgemeine Vorgehen ist dann sofort klar:

Beispiel 2.5 Bei endlichen Dezimalzahlen hilft Erweitern und Kürzen:

$$1.125 = 1.125 \cdot \frac{1000}{1000} = \frac{1125}{1000} = \frac{225}{200} = \frac{45}{40} = \frac{9}{8}.$$

Bei periodischen Dezimaldarstellungen behelfen wir uns mit einem Trick: Wir setzen $a = 0.\overline{36}$. Es gilt dann:

$$100 \cdot a - a = 36 \Leftrightarrow (100 - 1) \cdot a = 36 \Leftrightarrow 99 \cdot a = 36 \Leftrightarrow a = \frac{36}{99} = \frac{12}{33}.$$

Oder, falls wir eine Bruchdarstellung $\frac{m}{n}$ von $a = 0.25\overline{54}$ suchen:

$$\underbrace{10000 \cdot a - 100 \cdot a}_{= 9900 \cdot a} = 2554.\overline{54} - 25.\overline{54} = 2529 \Leftrightarrow a = \frac{2529}{9900} = \frac{281}{1100}.$$

∎

2.4 Aufgaben

2.1 Beweisen Sie die folgenden Aussagen mittels vollständiger Induktion:

(a) Für alle $n \in \mathbb{N}$ gilt: n Elemente können auf $1 \cdot 2 \cdots n = n!$ verschiedene Arten angeordnet werden.

(b) Die Summe über die ersten n ungeraden Zahlen liefert für alle $n \in \mathbb{N}$ den Wert n^2.

(c) Die Bernoulli'sche Ungleichung $(1 + x)^n \geq 1 + nx$ gilt für alle reellen Zahlen $x \geq -1$ und alle $n \in \mathbb{N}$.

(d) Für jedes $n \in \mathbb{N}$ ist die Zahl $4^{2n+1} + 3^{n+2}$ durch 13 teilbar.

(e) Für alle $n \in \mathbb{N}$ gilt: $\sum_{i=1}^{n} (i^2 - 1) = \frac{1}{6}(2n^3 + 3n^2 - 5n)$.

(f) Für alle $n \in \mathbb{N}$ gilt: $\sum_{k=1}^{n} k \cdot k! = (n + 1)! - 1$.

(g) Für alle $n \in \mathbb{N}$ gilt: $\sum_{i=0}^{n} 2^i = 2^{n+1} - 1$.

(h) Für alle $n \in \mathbb{N}_{>4}$ gilt: $2^n > n^2$.

(i) Die Fibonacci-Zahlen $F_0, F_1, F_2, \ldots$ sind rekursiv definiert durch $F_0 = 0$, $F_1 = 1$ und $F_n = F_{n-1} + F_{n-2}$ für $n \geq 2$. Für alle $n \in \mathbb{N}$ gilt: $\sum_{i=1}^{n} (F_i)^2 = F_n \cdot F_{n+1}$.

(j) Für alle $n \in \mathbb{N}$ gilt: $\prod_{i=1}^{n}(2\,i - 1) = \frac{(2\,n)!}{n!\,2^n}$.

(k) Für alle $n \in \mathbb{N}_0$ und x, $y \in \mathbb{R}$ gilt: $(y - x) \sum_{i=0}^{n} x^i y^{n-i} = y^{n+1} - x^{n+1}$.

(l) Für alle $n \in \mathbb{N}$ gilt: $\sum_{k=1}^{n} \binom{n}{k} = 2^n - 1$.

2.2 Zeigen Sie, dass für die Binomialkoeffizienten die folgenden Rechenregeln gelten, dabei sind k, $n \in \mathbb{N}_0$ mit $k \leq n$:

$$\text{(a) } \binom{n}{k} = \binom{n}{n-k}, \qquad \text{(b) } \binom{n}{n} = 1 = \binom{n}{0}, \qquad \text{(c) } \binom{n+1}{k} = \binom{n}{k} + \binom{n}{k-1}.$$

2.3 Stellen Sie die folgenden Dezimalzahlen x in der Form $x = \frac{p}{q}$ mit $p \in \mathbb{Z}$ und $q \in \mathbb{N}$ dar:

$$\text{(a) } x = 10.1\overline{24}, \qquad \text{(b) } x = 0.0\overline{9}, \qquad \text{(c) } x = 0,\overline{142857}.$$

2.4 In einem Neubaugebiet wurden innerhalb eines Zeitraumes von etwa 12 Jahren insgesamt 4380 Wohneinheiten fertiggestellt. Pro Tag wurde jeweils eine Wohnung bezugsfertig. Vom Bezugstag der ersten Wohnung bis einen Tag nach Übergabe der letzten Einheit wurden von den Bewohnern insgesamt $1.8709 \cdot 10^8$ kWh Strom verbraucht. Ermitteln Sie den durchschnittlichen Verbrauch pro Tag und Wohnung.

2.5 Ein Hypothekendarlehen über 100 000 € wird mit 7 % jährlich verzinst und mit gleichbleibender Rate A (Annuität) jeweils am Ende eines Jahres getilgt.

Wie groß muss A sein, wenn das Darlehen mit der 20. Tilgungsrate ganz zurückgezahlt sein soll?

2.6 Begründen Sie per Induktion: Die n-te Ableitung der Funktion $f :\,] - 1, 1[\, \to \mathbb{R}$ mit $f(x) = \ln(1 - x) - \ln(1 + x)$ lautet

$$f^{(n)}(x) = (n - 1)! \left(\frac{(-1)^n}{(1 + x)^n} - \frac{1}{(1 - x)^n} \right).$$

Wir setzen hierbei aus der Schule bekannte Ableitungsregeln voraus.

Die reellen Zahlen

3

Inhaltsverzeichnis

Die Menge der rationalen Zahlen ist in einer näher beschreibbaren, aber uns nicht näher interessierenden Art und Weise *löchrig*. Diese *Löcher* werden durch die *irrationalen* Zahlen gestopft. Die Gesamtheit der rationalen und irrationalen Zahlen bildet die Menge der *reellen Zahlen* und damit den bekannten *Zahlenstrahl*.

Die reellen Zahlen bilden das Fundament der (reellen) Analysis und damit auch der Ingenieurmathematik. Der Umgang mit den reellen Zahlen muss geübt sein und darf keine Schwierigkeiten bereiten. Hierbei betrachten wir vor allem das Auflösen von Gleichungen und Ungleichungen mit und ohne Beträge. Solche Rechnungen sind bis zum Ende des Studiums und darüber hinaus immer wieder nötig.

3.1 Grundlegendes

Wir bezeichnen die Menge der **reellen Zahlen,** also die Menge **aller** Dezimalzahlen mit $\mathbb{R}$. Eine anschauliche Darstellung der reellen Zahlen bildet die **Zahlengerade** (vgl. Abb. 3.1).

Jede reelle Zahl ist ein Punkt auf der Zahlengeraden, und jeder Punkt der Zahlengeraden ist eine reelle Zahl. In der Zahlengeraden drückt sich auch die bekannte Anordnung der reellen Zahlen aus: a ist *größer* als b, $a > b$, falls a rechts von b auf der Zahlengeraden liegt.

© Springer-Verlag GmbH Deutschland, ein Teil von Springer Nature 2022

C. Karpfinger, *Höhere Mathematik in Rezepten,*

https://doi.org/10.1007/978-3-662-63305-2_3

Da die rationalen Zahlen eine endliche oder periodische Dezimaldarstellung haben bzw. da die rationalen Zahlen natürlich auch auf dem Zahlenstrahl liegen, gilt $\mathbb{Q} \subseteq \mathbb{R}$. Tatsächlich gilt sogar $\mathbb{Q} \subsetneq \mathbb{R}$, in der folgenden Auflistung fassen wir diese und weitere interessante Tatsachen zusammen:

- $\mathbb{Q}$ ist die Menge der rationalen Zahlen,
- es gilt $\mathbb{Q} \subsetneq \mathbb{R}$,
- $\mathbb{R} \setminus \mathbb{Q}$ ist die Menge der **irrationalen** Zahlen,
- es sind $\sqrt{2}$, die Kreiszahl π und die eulersche Zahl e irrationale Zahlen,
- es gilt $|\mathbb{R}| = |\mathbb{R} \setminus \mathbb{Q}| > |\mathbb{Q}|$. (Diese Unterscheidung verschiedener Unendlichkeiten haben wir mit unserer Vereinbarung von Abschn. 1.4 nicht erfasst.)

Die Tatsache, dass $\sqrt{2}$ irrational ist, lässt sich leicht begründen (Aufgabe 3.1).

Der Vollständigkeit halber geben wir noch die folgenden Rechenregeln für die bekannte Addition und Multiplikation reeller Zahlen an, die für alle reellen Zahlen und damit insbesondere für alle rationalen, ganzen und natürlichen Zahlen auch gelten:

Assoziativ-, Kommutativ- und Distributivgesetz

- Für alle a, b, $c \in \mathbb{R}$ gelten die **Assoziativgesetze**

$$a + (b + c) = (a + b) + c \text{ und } a \cdot (b \cdot c) = (a \cdot b) \cdot c.$$

- Für alle a, $b \in \mathbb{R}$ gelten die **Kommutativgesetze**

$$a + b = b + a \text{ und } a \cdot b = b \cdot a.$$

- Für alle a, b, $c \in \mathbb{R}$ gilt das **Distributivgesetz**

$$a \cdot (b + c) = a \cdot b + a \cdot c.$$

Wir verzichten ab jetzt auf den Malpunkt und schreiben einfacher $a\,b$ anstelle von $a \cdot b$.

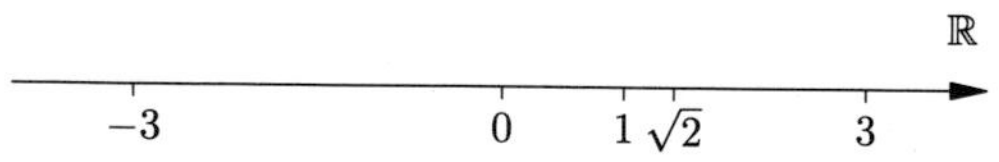

Abb. 3.1 Die Zahlengerade $\mathbb{R}$

3.2   Reelle Intervalle

Die reelle Analysis wird sich im Wesentlichen auf *Intervallen* abspielen. Dabei unterscheiden wir die folgenden Arten von *Intervallen:*

> **Intervalle**
> Für $a, b \in \mathbb{R}, a < b$, erklärt man die **beschränkten Intervalle:**
>
> - $[a, b] = \{x \in \mathbb{R} \mid a \leq x \leq b\}$ – **abgeschlossenes Intervall.**
> - $(a, b) = \{x \in \mathbb{R} \mid a < x < b\}$ – **offenes Intervall.**
> - $(a, b] = \{x \in \mathbb{R} \mid a < x \leq b\}$ bzw. $[b, a) = \{x \in \mathbb{R} \mid a \leq x < b\}$ – **halboffene Intervalle.**
>
> Analog werden für $a \in \mathbb{R}$ **unbeschränkte Intervalle** definiert:
>
> - $\mathbb{R}_{\geq a} = [a, \infty) = [a, \infty[= \{x \in \mathbb{R} \mid a \leq x\}$,
> - $\mathbb{R}_{> a} = (a, \infty) =]a, \infty[= \{x \in \mathbb{R} \mid a < x\}$,
> - $\mathbb{R}_{\leq a} = (-\infty, a] =]-\infty, a] = \{x \in \mathbb{R} \mid x \leq a\}$,
> - $\mathbb{R}_{< a} = (-\infty, a) =]-\infty, a[= \{x \in \mathbb{R} \mid x < a\}$.
>
> Es ist $(-\infty, \infty) = \mathbb{R}$. Dabei sind ∞ und $-\infty$ Symbole und keine Zahlen.

3.3   Der Betrag einer reellen Zahl

Für jedes $a \in \mathbb{R}$ nennt man

$$|a| = \begin{cases} a \, , & \text{falls } a \geq 0 \\ -a \, , & \text{falls } a < 0 \end{cases}$$

den **Betrag** von a, z. B. gilt:

$$|0| = 0, \quad |3| = 3, \quad |-4| = 4, \quad |\sqrt{\pi}| = \sqrt{\pi}.$$

Folgende Regeln gelten für den Betrag einer reellen Zahl (beachte auch die Aufgabe 3.6):

Regeln für den Betrag

- $\forall a \in \mathbb{R} : |a| \geq 0.$
- $\forall a \in \mathbb{R} : \sqrt{a^2} = |a|.$
- $\forall a, b \in \mathbb{R} : |a - b| =$ Abstand der Zahlen a und b auf der Zahlengeraden.
- $\forall a, b \in \mathbb{R} : |a - b| = |b - a|.$
- $\forall a, b \in \mathbb{R} : |a\, b| = |a|\, |b|.$
- $\forall a, b \in \mathbb{R} : |a + b| \leq |a| + |b| -$ **Dreiecksungleichung.**
- $\forall a, b \in \mathbb{R} : |a - b| \geq |a| - |b|.$

Es ist üblich, beschränkte offene oder abgeschlossene Intervalle mit Beträgen zu beschreiben, es gilt nämlich

$$[a, b] = \left\{ x \in \mathbb{R} \mid |x - \frac{(a + b)}{2}| \leq \frac{(b - a)}{2} \right\}$$

bzw.

$$(a, b) = \left\{ x \in \mathbb{R} \mid |x - \frac{(a + b)}{2}| < \frac{(b - a)}{2} \right\}.$$

Bei der Schreibweise ist man üblicherweise nachlässig und schreibt kurz $|x - c| < r$ anstelle $\{x \in \mathbb{R} \mid |x - c| < r\}$.

Beispiel 3.1 Für das abgeschlossene Intervall $[2, 4]$ kann man auch $|x - 3| \leq 1$ schreiben.
Für das offene Intervall $(-3, 11)$ kann man auch $|x - 4| < 7$ schreiben.
Für das offene Intervall $(-3, -1)$ kann man auch $|x + 2| < 1$ schreiben.
Vgl. Abb. 3.2.

■

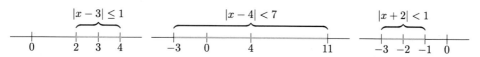

Abb. 3.2 Die Intervalle als Ungleichungen

3.4 n-te Wurzeln

Für jede natürliche Zahl $n \in \mathbb{N}$ und jede reelle Zahl $a \geq 0$ hat die Gleichung $x^n = a$ genau eine reelle Lösung $x \geq 0$. Wir schreiben dafür $x = \sqrt[n]{a}$, im Fall $n = 2$ schreiben wir einfacher $\sqrt[2]{a} = \sqrt{a}$, und sprechen von der n-**ten Wurzel** von a.

Mithilfe der Wurzel können wir nun die reellen Lösungen der Gleichung $x^n = a$ angeben:

Existenz und Anzahl der Lösungen von $x^n = a, n \in \mathbb{N}$

$a \in \mathbb{R}_{>0}$, n gerade $\quad \Rightarrow x^n = a$ hat genau 2 verschiedene Lösungen: $\pm \sqrt[n]{a}$.

$a \in \mathbb{R}_{>0}$, n ungerade $\Rightarrow x^n = a$ hat genau 1 Lösung: $\sqrt[n]{a}$.

$a \in \mathbb{R}_{<0}$, n gerade $\quad \Rightarrow x^n = a$ hat keine Lösung.

$a \in \mathbb{R}_{<0}$, n ungerade $\Rightarrow x^n = a$ hat genau 1 Lösung: $- \sqrt[n]{-a}$.

$a = 0$, $n \in \mathbb{N}$ beliebig $\Rightarrow x^n = a$ hat genau 1 Lösung: 0.

Bemerkung Diese doch etwas verworrene Situation wird mit den komplexen Zahlen viel übersichtlicher: *Jede komplexe Zahl ungleich 0 hat n verschiedene n-te Wurzeln.*

3.5   Lösen von Gleichungen und Ungleichungen

Beim Lösen von Gleichungen bzw. Ungleichungen bestimmt man die Menge L aller $x \in \mathbb{R}$, die die Gleichung bzw. Ungleichung erfüllen.

Wir lösen einige Gleichungen und Ungleichungen und behalten dabei die folgenden rezeptartigen Regeln im Auge:

Rezept: Lösen von Gleichungen und Ungleichungen mit oder ohne Beträge

- Kann man die Gleichung bzw. Ungleichung einfach nach x auflösen, d. h. $x = \ldots, x < \ldots, x \geq \ldots$ schreiben? So erhält man sofort die Lösungsmenge.
- Bei Beträgen mache man Fallunterscheidungen: $|x - a| = -x + a$, falls $x < a$ und $|x - a| = x - a$, falls $x \geq a$. Löse dann nach x auf, falls möglich.

- Das Ungleichungszeichen dreht sich um, wenn man
  - eine Ungleichung mit einer negativen Zahl multipliziert oder
  - die Ungleichung invertiert und beide Seiten der Ungleichung das gleiche Vorzeichen haben.
- Kommt x in höherer als erster Potenz in einer Ungleichung vor, so hilft evtl. eine Umformung zu einer Ungleichung der Form $a_n x^n + \cdots + a_1 x + a_0 \lesseqgtr 0$ und eine Faktorisierung der linken Seite

$$a_n x^n + \cdots + a_1 x + a_0 = a_n (x - b_1)^{\nu_1} \cdots (x - b_r)^{\nu_r},$$

wobei man in dieser Form oftmals leicht entscheiden kann, wann dieses Produkt in Abhängigkeit von x positiv oder negativ ist.

Beispiel 3.2

- Die Gleichung $ax^2 + bx + c = 0$ hat die beiden Lösungen $x_{1/2} = \frac{-b \pm \sqrt{b^2 - 4ac}}{2a}$, falls $b^2 - 4ac \geq 0$ gilt, damit gilt $L = \{x_1, x_2\}$.
- Die Ungleichung $3x - 7 \leq x + 2$ lässt sich einfach nach x umstellen:

$$3x - 7 \leq x + 2 \iff 2x \leq 9 \iff x \leq 9/2 \iff x \in (-\infty, 9/2],$$

damit ist $L = (-\infty, 9/2]$.
- Wir können die Ungleichung $x^2 - 4x + 3 > 0$ durch Faktorisierung der linken Seite lösen. Es gilt:

$$x^2 - 4x + 3 > 0 \iff (x - 1)(x - 3) > 0 \iff (x > 1 \wedge x > 3) \vee (x < 1 \wedge x < 3)$$
$$\iff x > 3 \vee x < 1 \iff x \in (-\infty, 1) \cup (3, \infty),$$

damit gilt $L = (-\infty, 1) \cup (3, \infty)$.
- Die Ungleichung $\frac{1}{x} \leq \frac{1}{x+2}$ lösen wir, indem wir beide Brüche auf den Hauptnenner erweitern:

$$\frac{1}{x} \leq \frac{1}{x+2} \iff \frac{1}{x} - \frac{1}{x+2} \leq 0 \iff \frac{x+2-x}{x(x+2)} \leq 0 \iff \frac{2}{x(x+2)} \leq 0$$
$$\iff (x < 0 \wedge x > -2) \vee (x > 0 \wedge x < -2)$$
$$\iff x \in (-2, 0) \cup \emptyset = (-2, 0),$$

damit gilt $L = (-2, 0)$.

- In der Ungleichung $|x-1| + \frac{1}{|x-1|} \leq |x+1|$ müssen zuerst die Beträge aufgelöst werden. Auch das erfordert einige Fallunterscheidungen:

1. Fall: $x < -1$. Es ist dann $|x-1| = -x+1$ und $|x+1| = -x-1$. Damit gilt:

$$|x-1| + \frac{1}{|x-1|} \leq |x+1| \Leftrightarrow -x+1 - \frac{1}{x-1} \leq -x-1$$

$$\Leftrightarrow 2 \leq \underbrace{\frac{1}{x-1}}_{<0} \Leftrightarrow x \in \emptyset.$$

2. Fall: $x > 1$. Es ist dann $|x-1| = x-1$ und $|x+1| = x+1$. Damit gilt:

$$|x-1| + \frac{1}{|x-1|} \leq |x+1| \Leftrightarrow x-1 + \frac{1}{x-1} \leq x+1$$

$$\Leftrightarrow \frac{1}{x-1} \leq 2 \Leftrightarrow x-1 \geq \frac{1}{2}$$

$$\Leftrightarrow x \geq \frac{3}{2} \Leftrightarrow x \in [3/2, \infty).$$

3. Fall: $x \in [-1, 1)$. $x = 1$ ist ausgeschlossen, da eine Division durch 0 nicht möglich ist. Es gilt: $|x-1| = -x+1$ und $|x+1| = x+1$ und damit:

$$|x-1| + \frac{1}{|x-1|} \leq |x+1| \Leftrightarrow -x+1 - \frac{1}{x-1} \leq x+1$$

$$\Leftrightarrow -\frac{1}{x-1} \leq 2x \Leftrightarrow -1 \geq 2x(x-1)$$

$$\Leftrightarrow 2x^2 - 2x + 1 \leq 0 \Leftrightarrow x^2 + (x-1)^2 \leq 0$$

$$\Leftrightarrow x \in \emptyset.$$

Insgesamt lautet die Lösungsmenge der Ungleichung also $L = [3/2, \infty)$. ∎

3.6   Maximum, Minimum, Supremum und Infimum

Das **Maximum** bzw. das **Minimum** einer Menge $M \subseteq \mathbb{R}$ ist das größte bzw. kleinste Element von M, falls es denn ein solches gibt. Wir schreiben hierfür $\max(M)$ bzw. $\min(M)$.

Beispiel 3.3
- Für die Menge $M = [1, 2] \subseteq \mathbb{R}$ gilt $\min(M) = 1$ und $\max(M) = 2$.
- Für die Menge $M = [1, \infty[\subseteq \mathbb{R}$ gilt $\min(M) = 1$, ein Maximum existiert nicht.
- Die Menge $M = (1, 2) \subseteq \mathbb{R}$ hat weder ein Maximum noch ein Minimum.

∎

Eine Teilmenge $M \subseteq \mathbb{R}$ heißt **nach unten beschränkt,** falls es ein $a \in \mathbb{R}$ gibt mit $a \leq x$ für alle $x \in M$, und **nach oben beschränkt,** falls es ein $b \in \mathbb{R}$ gibt mit $x \leq b$ für alle $x \in M$. Die Menge M heißt **beschränkt,** falls sie nach unten und nach oben beschränkt ist.

Beispiel 3.4

- Die Menge $M = (-\infty, 2)$ ist nach oben beschränkt (durch $a = 2, 3, 4, \ldots$), aber nicht nach unten.
- Die Menge $M = (-12, 38]$ dagegen ist nach unten beschränkt (z. B. durch $a = -12$) und auch nach oben (z. B. durch $b = 38$). Sie ist also beschränkt.

∎

Maximum und Minimum einer nichtleeren Teilmenge von $\mathbb{R}$ müssen nicht existieren, auch dann nicht, wenn die Menge beschränkt ist. Es gibt dann aber stets eine kleinste obere Schranke bzw. eine größte untere Schranke, diese Schranken bekommen eigene Namen:

Supremum und Infimum

- Jede nach oben beschränkte nichtleere Menge $M \subseteq \mathbb{R}$ hat eine kleinste obere Schranke
$$\sup(M) \quad - \quad \text{das \textbf{Supremum} von } M.$$

- Jede nach unten beschränkte nichtleere Menge $M \subseteq \mathbb{R}$ hat eine größte untere Schranke
$$\inf(M) \quad - \quad \text{das \textbf{Infimum} von } M.$$

Beispiel 3.5

- Für die Menge $M = [1, 12)$ gilt:
$$\min(M) = 1 = \inf(M) \quad \text{und} \quad \nexists \max(M), \quad \text{aber} \quad \sup(M) = 12 \,.$$

- Die Menge $M = [1, 2] \cup (3, \infty)$ dagegen hat weder Maximum noch Supremum, da sie nicht nach oben beschränkt ist. Es ist $\inf(M) = \min(M) = 1$.
- Die Menge
$$M = \{1/n \mid n \in \mathbb{N}\} = \{1, \, 1/2, \, 1/3, \, \ldots\}$$

hat kein Minimum, aber ein Infimum,

$$\inf(M) = 0, \quad \text{und} \quad \sup(M) = \max(M) = 1.$$

∎

Klar ist, wenn M ein Maximum besitzt, so gilt $\sup(M) = \max(M)$; und wenn M ein Minimum besitzt, so gilt $\inf(M) = \min(M)$.

3.7 Aufgaben

3.1 Begründen Sie, warum $\sqrt{2} \notin \mathbb{Q}$.

Hinweis: Nehmen Sie an, es gilt $\sqrt{2} = \frac{m}{n}$, wobei $\frac{m}{n}$ vollständig gekürzt ist.

3.2 Bestimmen Sie in den folgenden Fällen jeweils die Menge aller $x \in \mathbb{R}$, die den Ungleichungen genügen, und skizzieren Sie diese Mengen auf der Zahlengeraden:

(a) $\frac{x-1}{x+1} < 1$, (d) $|1 - x| \leq 1 + 2x$, (g) $\frac{x|x|}{2} = 8$,

(b) $x^2 + x + 1 \geq 0$, (e) $15x^2 \leq 7x + 2$, (h) $x|x| = \frac{1}{2}x^3$,

(c) $x^3 - x^2 < 2x - 2$, (f) $|x + 1| + |5x - 2| = 6$, (i) $|x - 4| > x^2$.

3.3 Gegeben seien rationale Zahlen p, q und irrationale Zahlen r, s. Beweisen oder widerlegen Sie folgende Aussagen:

(a) $x = p + q$ ist eine rationale Zahl.

(b) $y = r + s$ ist eine irrationale Zahl.

(c) $z = p + r$ ist eine irrationale Zahl.

3.4 Welche der folgenden Aussagen sind richtig? Begründen Sie Ihre Antwort!

(a) Für alle $x, y \in \mathbb{R}$ gilt $|x - y| \leq |x| - |y|$.

(b) Für alle $x, y \in \mathbb{R}$ gilt die Gleichung $|x - y| = ||x| - |y||$.

(c) Für alle $x, y \in \mathbb{R}$ gilt $||x| - |y|| \leq |x - y|$.

3.5 Untersuchen Sie die Mengen

(a) $M = \{x \in \mathbb{R} \mid x = n/(n+1), \ n \in \mathbb{N}\}$,

(b) $M = \{x \in \mathbb{R} \mid x = 1/(n+1) + (1+(-1)^n)/2n, \ n \in \mathbb{N}\}$,

(c) $M = \{n^2/2^n \mid n \in \mathbb{N}\}$

auf Beschränktheit und bestimmen Sie ggf. Infimum, Supremum, Minimum und Maximum.

3.6 Begründen Sie: Für alle a, $b \in \mathbb{R}$ gelten:

$$\sqrt{a^2} = |a|, \quad |a + b| \leq |a| + |b|, \quad |a - b| \geq |a| - |b|.$$

Maschinenzahlen

4

Inhaltsverzeichnis

Computeralgebrasysteme wie MAPLE oder MATHEMATICA können symbolisch rechnen, also z. B. mit $\sqrt{2}$ als positiver Lösung von $x^2 - 2 = 0$ umgehen. Wir sehen im Folgenden von diesem symbolischen Rechnen ab und betrachten *Maschinenzahlen*.

Maschinenzahlen sind jene Zahlen, die in einem Rechner gespeichert sind. Aufgrund eines nur endlichen Speichers können auf einem Rechner auch nur endlich viele Zahlen dargestellt werden. Das hat weitreichende Konsequenzen, da jede reelle Zahl, die keine Maschinenzahl ist, zu einer Maschinenzahl gerundet werden muss, damit der Rechner mit ihr weiterrechnen kann. Es entstehen also *Rundungsfehler,* die das Ergebnis teilweise stark verfälschen bzw. unbrauchbar machen.

Die Speicherung der Maschinenzahlen ist teilweise genormt, z. B. durch die Norm IEEE 754. Die Grundlage ist die *Binärdarstellung* der reellen Zahlen.

4.1 b-adische Darstellung reeller Zahlen

Ist $b \geq 2$ eine natürliche Zahl, so kann man jede reelle Zahl x in einer b-**adischen Ziffern-darstellung** angeben,

$$x = \pm(a_k b^k + a_{k-1} b^{k-1} + \cdots + a_1 b + a_0 + a_{-1} b^{-1} + a_{-2} b^{-2} + \cdots)$$

© Springer-Verlag GmbH Deutschland, ein Teil von Springer Nature 2022
C. Karpfinger, *Höhere Mathematik in Rezepten,*
https://doi.org/10.1007/978-3-662-63305-2_4

mit $a_i \in \{0, 1, \ldots, b-1\}$. Wir kürzen das ab mit

$$x = \pm(a_k a_{k-1} \ldots a_1 a_0 . a_{-1} a_{-2} \ldots)_b.$$

Im Fall $b = 10$ erhalten wir die vertraute **Dezimaldarstellung** und im Fall $b = 2$ die sonst wichtige **Binärdarstellung** bzw. **Dualdarstellung** von x.

Um die b-adische Darstellung einer reellen Zahl x zu erhalten, gehe man wie folgt vor:

Rezept: b-adische Darstellung einer reellen Zahl x

Wir ermitteln die b-adische Darstellung $(a_k \ldots a_1 a_0 . a_{-1} a_{-2} \ldots)_b$ der reellen Zahl x und setzen dabei ohne Einschränkung $x > 0$ voraus.

(1) Setze $x = n + x_0$ mit $n \in \mathbb{N}_0$ und $x_0 \in [0, 1)$.

(2) Bestimme $a_k, \ldots, a_1, a_0$ aus

$$n = \sum_{i=0}^{k} a_i b^i \ \text{ mit } \ a_i \in \{0, 1, \ldots, b-1\}$$

und erhalte die b-adische Zifferndarstellung von $n = (a_k \ldots a_1 a_0)_b$.

(3) Im Fall $x_0 \neq 0$ bestimme $a_{-1}, a_{-2}, \ldots$ aus

$$x_0 = \sum_{i=1}^{\infty} a_{-i} b^{-i} \ \text{ mit } \ a_{-i} \in \{0, 1, \ldots, b-1\}$$

und erhalte die b-adische Zifferndarstellung von $x_0 = (0 . a_{-1} a_{-2} \ldots)_g$.

(4) Es ist dann $x = (a_k \ldots a_1 a_0 . a_{-1} a_{-2} \ldots)_b$ die b-adische Zifferndarstellung von x.

Beispiel 4.1

- Für $x = 28$ erhalten wir die Binärdarstellung $x = (11100)_2$ wegen

$$28 = 1 \cdot 2^4 + 1 \cdot 2^3 + 1 \cdot 2^2 + 0 \cdot 2^1 + 0 \cdot 2^0.$$

- Für $x = 0.25$ erhalten wir die Binärdarstellung $x = (0.01)_2$ wegen

$$0.25 = 0 \cdot 2^{-1} + 1 \cdot 2^{-2}.$$

- Für $x = 13.625$ erhalten wir die Binärdarstellung $x = (1101.101)_2$ wegen

$$13 = 1 \cdot 2^3 + 1 \cdot 2^2 + 0 \cdot 2^1 + 1 \cdot 2^0$$

und

$$0.625 = 1 \cdot 2^{-1} + 0 \cdot 2^{-2} + 1 \cdot 2^{-3}.$$

∎

MATLAB In MATLAB erhält man für natürliche Zahlen a mit

- `dec2bin(a)` die Binärdarstellung der Dezimalzahl a und mit
- `bin2dec(a)` die Dezimaldarstellung der Binärzahl a.

Bei der Addition und Multiplikation von Zahlen in Binärdarstellung geht man analog vor wie bei der Dezimaldarstellung (man erinnere sich an die *Addition mit Übertrag* aus der Grundschule), z. B.:

$$111 \cdot 101 = (100 + 10 + 1) \cdot 101 = 100 \cdot 101 + 10 \cdot 101 + 1 \cdot 101 = 10100 + 1010 + 101$$

und damit

$$
\begin{array}{r}
10100 \\
+ \quad 1010 \\
+ \quad\quad 101 \\
\scriptstyle 1\,1\,1 \\
\hline
= 100011
\end{array}
$$

4.2   Gleitpunktzahlen

Die Menge der reellen Zahlen ist nach oben und unten unbeschränkt und in sich *dicht,* d. h., zu je zwei verschiedenen reellen Zahlen gibt es eine reelle Zahl, die zwischen diesen liegt; insbesondere ist $\mathbb{R}$ nicht endlich. Ein Rechner hingegen hat nur endlich viele Speicherzellen. Somit kann man auch nur endlich viele Zahlen auf einem Rechner darstellen, wenn man von der Möglichkeit des symbolischen Rechnens absieht. Die auf einem Computer darstellbaren Zahlen sind die *Maschinenzahlen,* dies sind besondere *Gleitpunktzahlen.*

Es sei $b \in \mathbb{N}_{\geq 2}$ beliebig. Für ein $t \in \mathbb{N}$ betrachten wir nun die t-stelligen **Gleitpunktzahlen,** das sind die Zahlen der Form

$$s \frac{m}{b^t} b^e = \pm 0.\, a_1 a_2 \cdots a_t \cdot b^e \quad \text{mit } a_i \in \{0, \ldots, b-1\},$$

hierbei sind

- $s \in \{-1, 1\}$ das **Vorzeichen,**
- $b \in \mathbb{N}$ die **Basis** (typischerweise ist $b = 2$),

- $t \in \mathbb{N}$ die **Genauigkeit** bzw. Anzahl der **signifikanten Stellen,**
- $e \in \mathbb{Z}$ der **Exponent,**
- $m = a_1 a_2 \cdots a_t \in \mathbb{N}$ die **Mantisse,** $0 \leq m \leq b^t - 1$.

Eine Gleitpunktzahl $\neq 0$ heißt **normalisiert,** falls $b^{t-1} \leq m \leq b^t - 1$, in diesem Fall gilt also $a_1 \neq 0$. Auch die 0 fassen wir als normalisiert auf.

Wir betrachten nur normalisierte Gleitpunktzahlen und schreiben dafür

$$\mathbb{G}_{b,t} = \{x \in \mathbb{R} \mid x \text{ ist } t\text{-stellige normalisierte Gleitpunktzahl zur Basis } b\}.$$

Man beachte, dass die Menge der Gleitpunktzahlen unendlich ist, da der Exponent e beliebig klein bzw. groß werden kann. Wir treffen jetzt Einschränkungen an den Exponenten und erhalten die *Maschinenzahlen:*

4.2.1 Maschinenzahlen

Es seien b, t, $e_{\min}$, $e_{\max} \in \mathbb{Z}$, $b \geq 2$, $t \geq 1$. Die Menge der **Maschinenzahlen** ist

$$\mathbb{M}_{b,t,e_{\min},e_{\max}} = \{x \in \mathbb{G}_{b,t} \mid e_{\min} \leq e \leq e_{\max}\} \cup \{\pm\infty, \text{NaN}\}.$$

Hierbei steht NaN für *Not a Number* (das ist ein undefinierter oder nicht darstellbarer Wert, wie etwa $\frac{0}{0}$ oder $\frac{\infty}{\infty}$).

Bemerkung Das führende Bit ist bei normalisierten Zahlen im Fall $b = 2$ immer gleich 1, es muss also nicht gespeichert werden.

Beispiel 4.2 Die positiven Maschinenzahlen für $t = 1$ und $b = 10$ und $e_{\min} = -2$ und $e_{\max} = 2$ lauten wie folgt:

0.0010	0.0100	0.1000	1.0000	10.0000
0.0020	0.0200	0.2000	2.0000	20.0000
0.0030	0.0300	0.3000	3.0000	30.0000
0.0040	0.0400	0.4000	4.0000	40.0000
0.0050	0.0500	0.5000	5.0000	50.0000
0.0060	0.0600	0.6000	6.0000	60.0000
0.0070	0.0700	0.7000	7.0000	70.0000
0.0080	0.0800	0.8000	8.0000	80.0000
0.0090	0.0900	0.9000	9.0000	90.0000

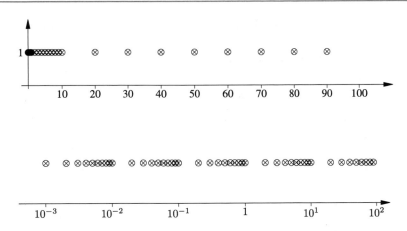

Abb. 4.1 Die Maschinenzahlen aus $\mathbb{M}_{10,1,-2,2}$

Diese Zahlen haben wir in Abb. 4.1 dargestellt, wobei die zweite Abbildung eine logarithmische Skala verwendet. ∎

Die normalisierten Maschinenzahlen sind ganz einfach zu zählen: Ist t die Genauigkeit, b die Basis und a die Anzahl der Exponenten, so gibt es

$$2 \cdot (b-1) \cdot b^{t-1} \cdot a + 1$$

Maschinenzahlen ungleich $\pm\infty$, NaN. Die führende Zwei kommt von Plus und Minus, die abschließende Eins kommt von der Null, das $b - 1$ ist die Anzahl der Möglichkeiten, die erste Stelle nach dem Komma zu besetzen, und b^{t-1} ist die Anzahl der Möglichkeiten, die restlichen Stellen der Mantisse zu besetzen.

Insbesondere gibt es eine kleinste und eine größte positive Maschinenzahl $x_{\min}$ und $x_{\max}$, bei MATLAB sind diese

```
xmin=realmin, xmin = 2.2251e-308 , xmax=realmax,
xmax = 1.7977e+308.
```

Wir haben bei dieser Darstellung der Anzahl der Maschinenzahlen ein paar Vereinfachungen getroffen. Tatsächlich unterscheidet MATLAB noch verschiedene Nullen und auch verschiedene NaN.

4.2.2 Maschinengenauigkeit, Rundung und Gleitpunktarithmetik

Der Abstand $\varepsilon_{b,t}$ von der Maschinenzahl 1 zur nächstgrößeren Zahl in $\mathbb{G}_{b,t}$ wird die **Maschinengenauigkeit** genannt:

$$\varepsilon_{b,t} = b^{-(t-1)}.$$

Es sind also 1 und $1 + \varepsilon_{b,t}$ benachbarte Maschinenzahlen, zwischen ihnen liegt keine weitere Maschinenzahl.

Beispiel 4.3 Für $b = 10$ und $t = 5$ erhalten wir

$$1 = +0.10000 \cdot 10^1 \quad \Rightarrow \quad 1 + \varepsilon_{10,5} = +0.10001 \cdot 10^1.$$

In MATLAB ist die Maschinengenauigkeit $\mathtt{eps} = \varepsilon_{2,53} = 2^{-(53-1)} \approx 2 \cdot 10^{-16}$. ∎

Es gibt reelle Zahlen, die keine Maschinenzahlen sind, z. B. jede reelle Zahl im Intervall $(1, 1+\varepsilon_{b,t})$ oder $\sqrt{2}$. Um eine solche Zahl auf dem Rechner möglichst gut darzustellen, muss man also *runden,* indem man eine Maschinenzahl wählt, die diese Zahl *gut approximiert.* Für das Runden gibt es verschiedene Strategien, wir erläutern nur ein nahe liegendes Verfahren, um uns der Problematik bewusst zu werden, dass beim Runden Fehler erzeugt werden:

Beim **Runden** wird einem $x \in \mathbb{R}$ ein nahe gelegenes $\tilde{x} \in \mathbb{G}_{b,t}$ zugeordnet, d. h., *Runden* ist die Abbildung

$$\mathrm{fl}_{b,t} : \mathbb{R} \to \mathbb{G}_{b,t}.$$

Der Rechner unterstützt vier Arten des Rundens, die allesamt recht kompliziert sind. Wir verzichten auf die Darstellung und *runden* so, wie wir es aus der Schulzeit kennen. Grob gesagt, ordnet man $x \in \mathbb{R}$ die Maschinenzahl $\tilde{x}$ zu mit $|x - \tilde{x}|$ ist minimal.

Beispiel 4.4

- Für $x = 2.387$ gilt $\mathrm{fl}_{10,3}(x) = 2.39 = +0.239 \cdot 10^1$.
- Für $x = 0.1234$ und $y = 0.1233$ gilt $\mathrm{fl}_{10,3}(x) - \mathrm{fl}_{10,3}(y) = 0$.
- Für $x = \sqrt{2}$ gilt $\mathrm{fl}_{10,3}(x) = 1.41$.

∎

Die reellen Zahlen $\sqrt{2}$ und 1.411 sind also auf dem Rechner mit 2-stelliger Mantissenlänge nicht unterscheidbar. Durch die Eingabe von Zahlen, deren Mantisse länger ist als die Anzahl der signifikanten Stellen der Maschine, werden bereits *Eingabefehler* gemacht.

Die arithmetischen Operationen auf $\mathbb{R}$ sind $+, -, \cdot, /$. Wir erklären analoge arithmetische Operationen $\oplus, \ominus, \odot, \oslash$ auf der Menge der Gleitpunktzahlen. Da z. B. das (exakte)

Produkt $x \cdot y$ von Gleitpunktzahlen x und y nicht wieder eine Gleitpunktzahl zu sein braucht, verlangen wir für alle x, $y \in \mathbb{G}_{b,t}$ und alle arithmetischen Operationen $* \in \{+, -, \cdot, /\}$:

$$x \circledast y = \mathrm{fl}(x * y).$$

Wir erhalten also $x \circledast y$, indem wir $x * y$ ausrechnen und zur nächst gelegenen Gleitpunktzahl runden. Bei dieser **Gleitpunktarithmetik,** die so auf Maschinen realisiert ist, werden also erneut Fehler gemacht. Zum Beispiel gilt nicht einmal das Assoziativgesetz.

Für die Maschinengenauigkeit, das Runden und die Gleitpunktarithmetik gelten:

Die Fehler bei der Eingabe, beim Runden und bei der Arithmetik

- Zu jedem $x \in \mathbb{R}$ gibt es ein $x' \in \mathbb{G}_{b,t}$ mit

$$|x - x'| \leq \varepsilon_{b,t} |x|.$$

  Mit den Maschinenzahlen können wir also *kleine* $x \in \mathbb{R}$ gut approximieren.
- Zu jedem $x \in \mathbb{R}$ gibt es ein $\varepsilon \in \mathbb{R}$ mit $|\varepsilon| \leq \varepsilon_{b,t}$ mit

$$\mathrm{fl}_{b,t}(x) = x(1 + \varepsilon).$$

  Beim Runden wird also nur ein *kleiner* Fehler gemacht.
- Zu allen x, $y \in \mathbb{G}_{b,t}$ gibt es ein ε mit $|\varepsilon| \leq \varepsilon_{b,t}$ mit

$$x \circledast y = (x * y)(1 + \varepsilon).$$

  Bei der Gleitpunktarithmetik wird also nur ein *kleiner* Fehler gemacht.

Da im Grunde bei jeder Gleitpunktoperation ein Fehler gemacht wird, ist es prinzipiell sinnvoll, die Anzahl der Gleitpunktoperationen bei einer Berechnung gering zu halten. Es ist tatsächlich oftmals möglich, ein und dieselbe Berechnung mit verschieden vielen einzelnen Operationen durchzuführen; wir werden Beispiele kennenlernen. Die Gleitpunktoperationen zählt man üblicherweise mit **flops** (**fl**oating **p**oint **o**peration**s**).

4.2.3 Auslöschung

Subtrahiert man zwei nahezu gleiche Gleitpunktzahlen voneinander, so kommt es zur **Auslöschung.** Wir demonstrieren eine solche Auslöschung mit MATLAB:

```
>> a=(1+1e-15)-1
a =
   1.1102e-15
>> a*1e15
ans =
    1.1102
```

Eigentlich hätten wir das Ergebnis 1.0 erwartet. Dieser große Fehler kann erheblichen Einfluss auf die weiteren Berechnungen haben.

Eine solche Auslöschung sollte im Allgemeinen vermieden werden. Oftmals lassen sich Formeln, bei denen evtl. nahezu gleich große Zahlen voneinander subtrahiert werden, umformen, z. B.

$$\sqrt{x+\varepsilon} - \sqrt{x} = \frac{\varepsilon}{\sqrt{x+\varepsilon}+\sqrt{x}}.$$

4.3   Aufgaben

4.1 Man stelle die Dezimalzahlen 2005 und 0.25 im Dualsystem dar.

4.2
(a) Man stelle die Dezimalzahlen 967 und 0.5 im Dualsystem dar.
(b) Man schreibe die Dualzahl 11001101 als Dezimalzahl.
(c) Man bestimme das Produkt folgender Dualzahlen $1111 \cdot 11$ als Dualzahl und mache die Probe im Dezimalsystem.

4.3 Stellen Sie die Zahl $1/11$ als Gleitpunktzahl im Binärsystem dar. Verwenden Sie dafür nur elementare MATLAB-Operationen und -Schleifen.

4.4 Schreiben Sie ein Programm, das zu einer natürlichen Zahl a die Binärdarstellung von a ausgibt.

4.5 Wie viele normalisierte Maschinenzahlen gibt es in $\mathbb{M}_{2,4,-3,3}$? Berechnen Sie eps, $x_{\min}$ und $x_{\max}$.

4.6 Warum liefert der MATLAB-Befehl `realmin/2` nicht 0 bzw. `realmax+realmax/2^60` nicht `Inf`?

4.7 Es bezeichne z_0 bzw. z_1 die kleinste Maschinenzahl, die gerade noch größer ist als 0 bzw. 1. Dabei sind die Maschinenzahlen entsprechend folgender Parameter gegeben: $b = 2$, $t = 24$, $e_{\min} = -126$ und $e_{\max} = 127$. Geben Sie z_0 und z_1 an. Welcher Abstand ist größer: der von z_0 und 0 oder der von z_1 und 1?

Polynome

5

Inhaltsverzeichnis

Oft hat man es in der höheren Mathematik mit dem Problem zu tun, ein Polynom in ein Produkt von *Linearfaktoren* zu *zerlegen,* falls dies denn möglich ist. Diese so fundamentale Aufgabe werden wir immer wieder auf verschiedenen Gebieten der Ingenieurmathematik treffen, z. B. beim Lösen polynomialer Ungleichungen, beim Berechnen der Eigenwerte einer Matrix oder auch beim Bestimmen einer Basis des Lösungsraums verschiedener linearer Differentialgleichungen.

Rationale Funktionen sind Quotienten, deren Zähler und Nenner Polynome sind. Bei der *Partialbruchzerlegung* werden rationale Funktionen als Summanden einfacher rationaler Funktionen geschrieben. Diese Zerlegung ist elementar durchführbar und gründet auf der Faktorisierung von Polynomen. Die Anwendungen dieser Zerlegung in der Ingenieurmathematik sind vielfältig, z. B. beim Integrieren rationaler Funktionen oder auch beim Lösen linearer Differentialgleichungen mit Hilfe der Laplacetransformation.

5.1 Polynome – Multiplikation und Division

Unter einem (**reellen**) **Polynom** $f = f(x)$ verstehen wir einen *formalen Ausdruck* der Art

$$f(x) = a_n x^n + \cdots + a_1 x + a_0 = \sum_{k=0}^{n} a_k x^k,$$

© Springer-Verlag GmbH Deutschland, ein Teil von Springer Nature 2022
C. Karpfinger, *Höhere Mathematik in Rezepten,*
https://doi.org/10.1007/978-3-662-63305-2_5

wobei die **Koeffizienten** $a_0, a_1, \ldots, a_n$ alle aus $\mathbb{R}$ sind. Sind alle Koeffizienten gleich Null, $a_0 = a_1 = \cdots = a_n = 0$, so haben wir es mit dem **Nullpolynom** $f = 0$ zu tun.

Polynome kann man miteinander multiplizieren, dabei ist das Distributivgesetz zu beachten:

$$\left(\sum_{k=0}^{n} a_k x^k\right)\left(\sum_{k=0}^{m} b_k x^k\right) = \left(\sum_{k=0}^{m+n} c_k x^k\right) \text{ mit } c_k = \sum_{i+j=k} a_i b_j.$$

Die Formel sieht kompliziert aus, merken muss man sich diese nicht, man beachte die folgenden Beispiele:

Beispiel 5.1

- $3(x^2 - 2x + 1) = 3x^2 - 6x + 3$,
- $(x - 1)(x^2 - 2) = x^3 - x^2 - 2x + 2$,
- $(x - 1)(x + 1)(x - 2)(x + 2) = (x^2 - 1)(x^2 - 4) = x^4 - 5x^2 + 4$.

∎

Man beachte, dass es ganz einfach ist, Polynome miteinander zu multiplizieren; als viel schwieriger wird es sich erweisen, Polynome in *einfache* Faktoren zu *zerlegen*.

MATLAB Diese Multiplikation von Polynomen erreicht man bei MATLAB mit dem Befehl expand der Symbolic Toolbox; hierbei ist die Variable x als ein *Symbol* festzulegen (man informiere sich im Internet über die Bedeutung von syms), z. B.

```
>> syms x; expand((1+x)^2*(1-x)^2)
ans = x^4 - 2*x^2 + 1
```

Begriffe zu Polynomen

Wir betrachten ein Polynom $f(x) = a_n x^n + \cdots + a_1 x + a_0$ mit $a_n \neq 0$. Man nennt

- a_n den **höchsten Koeffizienten** von f,
- n den **Grad** von f, man schreibt $n = \deg(f)$,
- $x_0 \in \mathbb{R}$ mit $f(x_0) = 0$ **Nullstelle** des Polynoms f,
- die Polynome

$$f(x) = a_0, \; f(x) = a_0 + a_1 x, \; f(x) = a_0 + a_1 x + a_2 x^2,$$
$$f(x) = a_0 + a_1 x + a_2 x^2 + a_3 x^3$$

der Reihe nach **konstant, linear, quadratisch, kubisch.**

Bemerkung Man setzt auch ergänzend $\deg 0 = -\infty$ und vereinbart $-\infty < n$ für alle $n \in \mathbb{N}_0$. Das *verallgemeinert* manche Formel, ist aber für unsere Zwecke nicht nötig.

Bekanntlich gilt für die Nullstellen eines Polynoms f:

- Ist $\deg f = 0$, so gilt $f(x) = a$ und f hat keine Nullstelle.
- Ist $\deg f = 1$, so gilt $f(x) = ax + b$ und f hat die Nullstelle $x_0 = -b/a$.
- Ist $\deg f = 2$, so gilt $f(x) = ax^2 + bx + c$ und f hat
  - zwei verschiedene Nullstellen $x_\pm = \frac{-b \pm \sqrt{b^2 - 4ac}}{2a}$, falls $b^2 - 4ac > 0$,
  - eine Nullstelle $x_0 = \frac{-b}{2a}$, falls $b^2 - 4ac = 0$,
  - keine reelle Nullstelle, falls $b^2 - 4ac < 0$.
- Ist $\deg f \geq 3$, so sind die Nullstellen per Hand oftmals nicht mehr berechenbar. Für die Fälle $\deg p = 3$ oder $\deg p = 4$ gibt es zwar noch Lösungsformeln; diese sind aber zu kompliziert, als dass man sie sich merken kann bzw. soll. Bei den Beispielen aus der Schulzeit konnte man meistens eine Nullstelle *erraten;* das ist aber nur in Sonderfällen so. Tatsächlich ist man bei der Nullstellensuche bei Polynomen vom Grad ≥ 3 im Allgemeinen auf die Hilfe eines Computers angewiesen.

Beispiel 5.2

- Das Polynom $f(x) = x^2 - 2$ hat den höchsten Koeffizienten 1, den Grad 2 und die zwei Nullstellen $a_1 = \sqrt{2}$ und $a_2 = -\sqrt{2}$.
- Das Polynom $f(x) = (x-1)(x+1)(2x-1)(2x^2+1)$ hat den höchsten Koeffizienten 4, den Grad 5 und die reellen Nullstellen $a_1 = 1$, $a_2 = -1$ und $a_3 = 1/2$.

■

Wir sammeln einige wichtige Tatsachen zu Polynomen:

Einige Tatsachen zu Polynomen

- Zwei Polynome $f(x) = a_n x^n + \cdots + a_1 x + a_0$ und $g(x) = b_m x^m + \cdots + b_1 x + b_0$ sind **gleich**, wenn $a_k = b_k$ für alle k gilt.
- **Gradsatz:** $\deg(f\,g) = \deg(f) + \deg(g)$ für $f \neq 0 \neq g$.
- **Abspalten von Nullstellen:** Ist $x_0 \in \mathbb{R}$ eine Nullstelle eines Polynoms f vom Grad n, so gibt es ein Polynom g vom Grad $n - 1$ mit $f(x) = (x - x_0)\,g(x)$, kurz:

$$f(x_0) = 0 \;\Rightarrow\; f(x) = (x - x_0)g(x) \;\text{ mit }\; \deg(g) = n - 1.$$

- Ein Polynom $f \neq 0$ vom Grad n hat höchstens n Nullstellen.
- **Division mit Rest:** Sind f und g vom Nullpolynom verschiedene Polynome, so gibt es Polynome q und r mit

$$f = q \cdot g + r \quad \text{und} \quad \deg r < \deg g.$$

Insbesondere gilt:

$$\frac{f(x)}{g(x)} = q(x) + \frac{r(x)}{g(x)} \quad \text{mit } \deg(r) < \deg(g).$$

Es ist r der *Rest* der Division von f durch g. Im Fall $r = 0$ sagt man *die Division von f durch g geht auf* und nennt g einen **Teiler** von f.

Man beachte, dass wir bei der Division mit Rest voraussetzen dürfen, dass $\deg(f) \geq \deg(g)$; andernfalls erhalten wir mit $q = 0$ die gewünschte Gleichheit.

Die Gleichheit von Polynomen macht den **Koeffizientenvergleich** möglich; das ist ein wirksames Instrument, um Polynome mit gewünschten Eigenschaften anzugeben. Wir nutzen dieses Instrument gleich mal, um das Polynom g beim Abspalten einer Nullstelle $(x - x_0)$ eines Polynoms f zu bestimmen; aus der Schulzeit ist dieses Verfahren unter dem Begriff **Polynomdivision** bekannt:

Beispiel 5.3 Wir betrachten das Polynom p mit $p(x) = x^3 - x^2 - x - 2$. Es gilt offenbar $p(2) = 0$. Also machen wir den Ansatz

$$x^3 - x^2 - x - 2 = (x - 2)(ax^2 + bx + c) = ax^3 + (b - 2a)x^2 + (c - 2b)x - 2c.$$

Nun liefert ein Koeffizientenvergleich zwischen linker und rechter Seite:

$$a = 1, \ b - 2a = -1, \ c - 2b = -1, \ -2c = -2, \quad \text{also } a = 1, \ b = 1, \ c = 1.$$

Damit erhalten wir die Zerlegung:

$$x^3 - x^2 - x - 2 = (x - 2)(x^2 + x + 1).$$

In der Schulzeit hat man dieses Verfahren mit dem folgenden Rechenschema durchgeführt:

$$x^3 - x^2 - x - 2 = (x-2)(x^2 + x + 1)$$
$$\underline{-(x^3 - 2x^2)}$$
$$x^2 - x - 2$$
$$\underline{-(x^2 - 2x)}$$
$$x - 2$$

∎

Eine Polynomdivision kann man auch durchführen, wenn die Division nicht *aufgeht:*

Beispiel 5.4

- Mit $f(x) = x^2 - 1$ und $g(x) = x + 2$ erhalten wir wegen

$$x^2 - 1 = (x+2)(x-2) + 3$$

die Gleichung
$$\frac{f(x)}{g(x)} = \frac{x^2-1}{x+2} = x - 2 + \frac{3}{x+2}.$$

- Mit $f(x) = 4x^5 + 6x^3 + x + 2$ und $g(x) = x^2 + x + 1$ erhalten wir wegen

$$4x^5 + 6x^3 + x + 2 = (x^2 + x + 1)(4x^3 - 4x^2 + 6x - 2) + (-3x + 4)$$

die Gleichung
$$\frac{f(x)}{g(x)} = \frac{4x^5+6x^3+x+2}{x^2+x+1} = 4x^3 - 4x^2 + 6x - 2 + \frac{-3x+4}{x^2+x+1}.$$

∎

Man beachte, dass wir eine für spätere Zwecke wichtige Umformung durchgeführt haben: Wir haben eine *rationale Funktion* $\frac{f(x)}{g(x)}$, deren Zählergrad größer als der Nennergrad ist, als Summe von Polynom und rationaler Funktion geschrieben, wobei bei der letzteren rationalen Funktion der Zählergrad kleiner als der Nennergrad ist. Auf diese Zerlegung werden wir bei der Integration rationaler Funktionen zurückgreifen.

5.2   Faktorisierung von Polynomen

Das Multiplizieren von Polynomen ist *einfach:*

$$(3x^2 - 2x + 1) \cdot (x + 4) = 3x^3 + 10x^2 - 7x + 4.$$

Viel schwieriger ist es im Allgemeinen, ein Polynom $f(x) = a_n x^n + \cdots + a_1 x + a_0$ zu *faktorisieren,* d. h. eine *möglichst feine* Zerlegung

$$f = p_1 \cdots p_r$$

mit Polynomen p_i mit $\deg(p_i) \geq 1$ zu bestimmen. Dabei bedeutet *möglichst fein,* dass die Polynome $p_1, \ldots, p_r$ sich nicht weiter als Produkte von nichtkonstanten Polynomen schreiben lassen, z. B.

$$x^3 - 1 = (x - 1)(x^2 + x + 1).$$

Eine weitere Zerlegung dieser Faktoren in nichtkonstante Polynome ist nicht mehr möglich, da das Polynom $x^2 + x + 1$ keine reelle Nullstelle mehr hat.

Will man eine solche *möglichst feine* Zerlegung eines Polynoms erhalten, so tut man gut daran, erst einmal alle möglichen Nullstellen abzuspalten; mit jeder Nullstelle, die man abspaltet, sinkt der Grad des noch zu faktorisierenden Polynoms um eins. Wir halten fest:

Faktorisieren von Polynomen

Jedes (reelle) Polynom $f(x) = a_n x^n + \cdots + a_1 x + a_0$ mit $\deg(f) \geq 1$ besitzt eine Zerlegung der Form

$$f(x) = a_n (x - x_1)^{r_1} \cdots (x - x_k)^{r_k} (x^2 + p_1 x + q_1)^{s_1} \cdots (x^2 + p_\ell x + q_\ell)^{s_\ell}$$

mit $x_i \neq x_j$ für $i \neq j$ und $r_i, s_j \in \mathbb{N}_0$ und weiter nicht zerlegbaren quadratischen Polynomen $x^2 + p_j x + q_j$.

Man nennt r_i die **Vielfachheit** der Nullstelle x_i und sagt f **zerfällt in Linearfaktoren**, falls $s_j = 0$ für alle j; in diesem Fall gilt $r_1 + \cdots + r_k = n$.

Beispiel 5.5 Wir zerlegen das Polynom f mit $f(x) = -x^6 + x^4 - x^2 + 1$. Da f offenbar die Nullstelle 1 hat, erhalten wir nach Abspalten dieser Nullstelle

$$f(x) = -(x - 1)(x^5 + x^4 + x + 1).$$

Nun hat offenbar der zweite Faktor die Nullstelle -1; wir erhalten nach Abspalten dieser Nullstelle

$$f(x) = -(x - 1)(x + 1)(x^4 + 1).$$

Der letzte Faktor $x^4 + 1$ hat keine reelle Nullstelle mehr. Um ihn in ein Produkt zweier notwendigerweise quadratischer Faktoren zu zerlegen, machen wir den folgenden Ansatz:

$$x^4 + 1 = (x^2 + ax + b)(x^2 + cx + d) = x^4 + (a+c)x^3 + (ac+d+b)x^2 + (ad+bc)x + bd.$$

Ein Koeffizientenvergleich liefert ein Gleichungssystem

- $a + c = 0$
- $ac + b + d = 0$
- $ad + bc = 0$
- $bd = 1.$

Wegen der vorletzten Gleichung gilt $b = d$ im Fall $a \neq 0$. Wegen der letzten Gleichung gilt dann $b = \pm 1 = d$. Wir setzen mal $d = 1 = b$ und erhalten

$$c = -a \quad \text{und} \quad a^2 = 2.$$

Damit erhalten wir $x^4 + 1 = (x^2 + \sqrt{2}x + 1)(x^2 - \sqrt{2}x + 1)$ und somit

$$f(x) = -(x - 1)(x + 1)(x^2 + \sqrt{2}x + 1)(x^2 - \sqrt{2}x + 1).$$

∎

MATLAB   MATLAB ermöglicht mit dem Befehl `factor` eine Faktorisierung von Polynomen mit ganzzahligen Nullstellen, z. B.

```
>> syms x; factor(-x^6+x^4-x^2+1)
ans = -(x^4 + 1)*(x - 1)*(x + 1)
```

Man beachte, dass `factor` bei nichtganzzahligen Nullstellen kein Ergebnis liefert. Aber MATLAB bietet weiterhin noch die Funktionen `solve` und `roots` zur Bestimmung der Nullstellen von Polynomen an; hierbei werden auch die nichtreellen Nullstellen etwaiger quadratischer Faktoren, die über $\mathbb{R}$ nicht weiter zerlegbar sind, angegeben: Bei `solve` wird die zu lösende Gleichung wie auch die Variable x in Hochkommata angegeben, bei `roots` werden die Koeffizienten a_n, a_{n-1}, $\ldots$, a_1, a_0 des zu lösenden Polynoms in dieser Reihenfolge in eckigen Klammern angegeben, z. B.

```
>> solve('-x^6+x^4-x^2+1=0','x')   >> roots([-1 0 1 0 -1 0 1])
ans =                                ans = -1.0000
                        1                  -0.7071 + 0.7071i
                       -1                  -0.7071 - 0.7071i
     2^(1/2)*(1/2 + i/2)                    0.7071 + 0.7071i
   2^(1/2)*(- 1/2 + i/2)                    0.7071 - 0.7071i
     2^(1/2)*(1/2 - i/2)                    1.0000
   2^(1/2)*(- 1/2 - i/2)
```

Man erkennt an den Ergebnissen, dass `solve` symbolisch rechnet und `roots` numerisch.

5.3 Auswerten von Polynomen

Wir wollen ein reelles Polynom f an einer Stelle $a \in \mathbb{R}$ auswerten, d.h. $f(a)$ berechnen, dabei sei

$$f(x) = a_n x^n + a_{n-1} x^{n-1} + \cdots + a_1 x + a_0.$$

Hierfür bieten sich zwei Methoden an:

- Bei der naiven Berechnung von $f(a)$ für ein $a \in \mathbb{R}$ berechnet man $a_n a^n$, addiert dazu $a_{n-1} a^{n-1}$, addiert $a_{n-2} a^{n-2}$ usw.
- Beim **Hornerschema** berechnet man $f(a)$ nach dem folgenden Muster:

$$(\cdots ((a_n a + a_{n-1}) a + a_{n-2}) a + \cdots + a_1) a + a_0.$$

Bei der naiven Auswertung benötigt man $3n - 1$ flops (n Additionen, $n - 1$ Multiplikationen für $a^2, \ldots, a^n$ und n Multiplikationen für $a_i a^i$). Beim Hornerschema kommt man mit $2n$ flops aus (n Additionen und n Multiplikationen).

MATLAB MATLAB bietet mit `polyval` eine Funktion zur Polynomauswertung an. Um den Umgang mit MATLAB zu üben, programmieren wir diese naive Polynomauswertung und die Auswertung nach Horner. Dazu sind jeweils der Vektor $p = [a_n, \ldots, a_1, a_0]$ mit den Koeffizienten des betrachteten Polynoms und die Zahl a vorzugeben:

```
function [y] = polnaiv(p,a)        function [y] = polhorner(p,a)
n=length(p);                       n=length(p);
y=p(n);                            y=p(1);
for k=2:n                          for k=n-1:-1:1
    y=y+p(k).*a.^(k-1);                y=y.*a+p(k);
end                                end
```

Beispiel 5.6 Wir betrachten das Polynom

$$f(x) = (x-2)^9 = x^9 - 18\,x^8 + 144\,x^7 - 672\,x^6$$
$$+ 2016\,x^5 - 4032\,x^4 + 5376\,x^3 - 4608\,x^2 + 2304\,x - 512.$$

Wir stellen die mit MATLAB erhaltenen Werte in einer Tabelle gegenüber:

a	$f(a)$ naiv	$f(a)$ Horner	$f(a)$ exakt
1.97	$0.6366 \cdot 10^{-11}$	$0.2842 \cdot 10^{-11}$	$-0.1968 \cdot 10^{-13}$
1.98	$-0.2046 \cdot 10^{-11}$	$0.7390 \cdot 10^{-11}$	$-0.5120 \cdot 10^{-15}$
1.99	$0.1592 \cdot 10^{-11}$	$0.5343 \cdot 10^{-11}$	$-1 \cdot 10^{-18}$
2.00	$0.0000 \cdot 10^{-11}$	$0.0000 \cdot 10^{-11}$	0
2.01	$-0.6025 \cdot 10^{-11}$	$-0.3752 \cdot 10^{-11}$	$1 \cdot 10^{-13}$

∎

5.4   Partialbruchzerlegung

Brüche addiert man, indem man sie auf einen gemeinsamen Nenner bringt:

$$\frac{x}{x^2+1} + \frac{2}{x+1} = \frac{3x^2+x+2}{(x^2+1)(x+1)}.$$

Aber wie kann man dies umkehren? Das heißt, wie findet man zu $\frac{3x^2+x+2}{(x^2+1)(x+1)}$ die *Partialbruchzerlegung* $\frac{x}{x^2+1} + \frac{2}{x+1}$?

Partialbruchzerlegung
Jede rationale Funktion $f(x) = \frac{p(x)}{q(x)}$ mit $\deg(p) < \deg(q)$ und

$$q(x) = (x-x_1)^{r_1} \cdots (x-x_k)^{r_k}(x^2 + p_1 x + q_1)^{s_1} \cdots (x^2 + p_\ell x + q_\ell)^{s_\ell}$$

mit $x_i \neq x_j$ für $i \neq j$ und $r_i,\ s_j \in \mathbb{N}_0$ und weiter nicht zerlegbaren quadratischen Polynomen $x^2 + p_j x + q_j$ hat eine **Partialbruchzerlegung** der folgenden Form:

$$f(x) = \frac{A_1^{(1)}}{x-x_1} + \frac{A_2^{(1)}}{(x-x_1)^2} + \cdots + \frac{A_{r_1}^{(1)}}{(x-x_1)^{r_1}}$$

$$+ \qquad\qquad\qquad \vdots$$

$$+ \frac{A_1^{(k)}}{x-x_k} + \frac{A_2^{(k)}}{(x-x_k)^2} + \cdots + \frac{A_{r_k}^{(k)}}{(x-x_k)^{r_k}}$$

$$+ \frac{B_1^{(1)}x+C_1^{(1)}}{x^2+p_1x+q_1} + \frac{B_2^{(1)}x+C_2^{(1)}}{(x^2+p_1x+q_1)^2} + \cdots + \frac{B_{s_1}^{(1)}x+C_{s_1}^{(1)}}{(x^2+p_1x+q_1)^{s_1}}$$

$$+ \qquad\qquad\qquad \vdots$$

$$+ \frac{B_1^{(\ell)}x+C_1^{(\ell)}}{x^2+p_\ell x+q_\ell} + \frac{B_2^{(\ell)}x+C_2^{(\ell)}}{(x^2+p_\ell x+q_\ell)^2} + \cdots + \frac{B_{s_\ell}^{(\ell)}x+C_{s_\ell}^{(\ell)}}{(x^2+p_\ell x+q_\ell)^{s_\ell}}.$$

Die zu bestimmenden Koeffizienten $A_j^{(i)}$, $B_j^{(i)}$, $C_j^{(i)}$ erhält man dabei aus diesem Ansatz zur Partialbruchzerlegung nach dem folgenden Rezept.

Rezept: Bestimmen der Partialbruchzerlegung

(1) Mache den Ansatz zur Partialbruchzerlegung:

$$\frac{p(x)}{q(x)} = \frac{A}{(x-x_1)} + \cdots + \frac{Bx+C}{(x^2+px+q)^s}.$$

(2) Multipliziere den Ansatz in (1) mit $q(x)$ und erhalte eine Gleichheit von Polynomen.

(3) Eventuell ist durch Einsetzen von x_i in (2) mancher der Koeffizienten $A_j^{(i)}$, $B_j^{(i)}$, $C_j^{(i)}$ festlegbar; evtl. führt auch das Einsetzen spezieller Werte für x zur Festlegung eines Koeffizienten.

(4) Falls in (3) noch nicht alle Koeffizienten bestimmt werden, so erhalte durch einen Koeffizientenvergleich der Polynome in (2) die restlichen Koeffizienten.

(5) Sind alle Koeffizienten bestimmt, so erhält man durch Eintragen der Koeffizienten die Partialbruchzerlegung aus (1).

Beispiel 5.7

- Die Partialbruchzerlegung von $f(x) = \frac{x}{(x-1)^2(x-2)}$ erhalten wir wie folgt:

  (1) Ansatz:
  $$\frac{x}{(x-1)^2(x-2)} = \frac{A}{(x-1)} + \frac{B}{(x-1)^2} + \frac{C}{x-2}.$$

  (2) Multiplikation mit $q(x) = (x-1)^2(x-2)$ liefert:
  $$x = A(x-1)(x-2) + B(x-2) + C(x-1)^2.$$

  (3) Die Wahl $x = 1$ liefert $B = -1$, und die Wahl $x = 2$ liefert $C = 2$. Da wir nun B und C schon kennen, können wir durch jede andere Wahl für x auch A festlegen. Wir wählen $x = 0$ und erhalten $A = -2$.

  (4) ist nicht nötig, da bereits alle Koeffizienten festgelegt sind.

  (5) Die Partialbruchzerlegung lautet $f(x) = \frac{x}{(x-1)^2(x-2)} = \frac{-2}{(x-1)} - \frac{1}{(x-1)^2} + \frac{2}{x-2}$.

- Die Partialbruchzerlegung von $f(x) = \frac{4x^3}{(x-1)(x^2+1)^2}$ erhalten wir wie folgt:

  (1) Ansatz:
  $$\frac{4x^3}{(x-1)(x^2+1)^2} = \frac{A}{(x-1)} + \frac{Bx+C}{x^2+1} + \frac{Dx+E}{(x^2+1)^2}.$$

  (2) Multiplikation mit $q(x) = (x-1)(x^2+1)^2$ liefert:
  $$4x^3 = A(x^2+1)^2 + (Bx+C)(x-1)(x^2+1) + (Dx+E)(x-1).$$

  (3) Die Wahl $x = 1$ liefert $A = 1$. Weitere Koeffizienten lassen sich sonst nicht auf diese Art bestimmen.

  (4) Wir setzen $A = 1$ in (2) ein und erhalten nach Ausmultiplizieren der rechten Seite
  $$4x^3 = (1+B)x^4 + (C-B)x^3 + (2+D-C+B)x^2 + (C-B+E-D)x + 1 - C - E.$$

  Nun liefert ein Koeffizientenvergleich
  $$1 + B = 0, \ C - B = 4, \ 2 + D - C + B = 0, \ C - B + E - D = 0, \ 1 - C - E = 0$$

  die folgenden Werte für die Koeffizienten:
  $$B = -1, \ C = 3 \ D = 2, \ E = -2.$$

  (5) Die Partialbruchzerlegung lautet $f(x) = \frac{4x^3}{(x-1)(x^2+1)^2} = \frac{1}{(x-1)} + \frac{-x+3}{x^2+1} + \frac{2x-2}{(x^2+1)^2}$.

■

Bemerkungen

1. Bei dem Koeffizientenvergleich in Schritt (4) kann ein durchaus kompliziertes Gleichungssystem für die gesuchten Koeffizienten entstehen. Wir werden in Kap. 9 eine übersichtliche Lösungsmethode für solche Gleichungssysteme zur Verfügung stellen. In den Aufgaben werden wir auf diese Lösungsmethoden vorgreifen.
2. Ist das Nennerpolynom nicht in faktorisierter Form angegeben, dann ist vor Beginn der Partialbruchzerlegung erst eine Faktorisierung des Nennerpolynoms nötig.
3. Eine Partialbruchzerlegung der angegebenen Art existiert nur, falls der Zählergrad echt kleiner ist als der Nennergrad. Ist dies nicht der Fall, so führe man zuerst eine Polynomdivision durch.

MATLAB MATLAB bietet mit $\texttt{residue}$ ein Instrument für die Partialbruchzerlegung für den Fall eines in Linearfaktoren zerfallenden Nennerpolynoms mit ganzzahligen Nullstellen: Ist $\texttt{z=[a\_n \ldots a\_1 a\_0]}$ der Vektor mit den Koeffizienten des Zählerpolynoms und $\texttt{n=[b\_m \ldots b\_1 b\_0]}$ der Vektor mit den Koeffizienten des Nennerpolynoms, so liefert $\texttt{[a,b]=residue(z,n)}$ zwei Vektoren a und b. Die Einträge in a sind die Zähler der Partialbrüche und die in b geben die Nullstellen der dazugehörigen Nennerpolynome an; kommt eine solche Nullstelle mehrfach vor, so wird die Potenz des Nennerpolynoms stets um eins größer:

```
>> [a,b]=residue([1 0],[1 -4 5 -2])
```

$$
\left.
\begin{array}{ll}
\texttt{a = 2.0000} & \texttt{b = 2.0000} \\
\texttt{-2.0000} & \texttt{1.0000} \\
\texttt{-1.0000} & \texttt{1.0000}
\end{array}
\right\} \text{ bedeutet } \frac{x}{x^3-4x^2+5x-2} = \frac{2}{x-2} - \frac{2}{x-1} - \frac{1}{(x-1)^2}.
$$

5.5 Aufgaben

5.1 Dividieren Sie das Polynom $p(x) = x^5 + x^4 - 4x^3 + x^2 - x - 2$ durch das Polynom

(a) $q(x) = x^2 - x - 1$,   (b) $q(x) = x^2 + x + 1$.

5.2 Faktorisieren Sie folgende Polynome:

(a) $p_1(x) = x^3 - 2x - 1$,
(b) $p_2(x) = x^4 - 3x^3 - 3x^2 + 11x - 6$,
(c) $p_3(x) = x^4 - 6x^2 + 7$,
(d) $p_4(x) = 9x^4 + 30x^3 + 16x^2 - 30x - 25$,
(e) $p_5(x) = x^3 - 7x^2 + 4x + 12$,

(f) $p_6(x) = x^4 + x^3 + 2x^2 + x + 1,$

(g) $p_7(x) = x^4 + 4x^3 + 2x^2 - 4x - 3,$

(h) $p_8(x) = x^3 + 1.$

5.3 Führen Sie für folgende Ausdrücke eine Partialbruchzerlegung durch:

(a) $\dfrac{x^4 - 4}{x^2(x^2 + 1)^2},$ (c) $\dfrac{x - 4}{x^3 + x},$ (e) $\dfrac{9x}{2x^3 + 3x + 5},$

(b) $\dfrac{x}{(1 + x)(1 + x^2)},$ (d) $\dfrac{x^2}{(x + 1)(1 - x^2)},$ (f) $\dfrac{4x^2}{(x + 1)^2(x^2 + 1)^2}.$

Trigonometrische Funktionen

6

Inhaltsverzeichnis

Wir betrachten in diesem Kapitel die vier **trigonometrischen Funktionen** Sinus, Kosinus, Tangens und Kotangens und ihre *Umkehrfunktionen* Arkussinus, Arkuskosinus, Arkustangens und Arkuskotangens. Dabei fassen wir die wichtigsten Eigenschaften dieser Funktionen zusammen und machen uns mit ihren Graphen vertraut.

Wir werden diese Funktionen gleich im nächsten Kapitel bei der Einführung der komplexen Zahlen benutzen. In späteren Kapiteln werden wir auf diese Funktionen sowohl in der Analysis wie auch in der linearen Algebra wieder treffen.

6.1 Sinus und Kosinus

Wir betrachten den Einheitskreis, d. h. den Kreis mit Radius 1. Der Umfang dieses Einheitskreises beträgt bekanntlich 2π mit der **Kreiszahl**

$$\pi = 3.141592653589793\ldots.$$

Das **Bogenmaß** gibt den Winkel φ durch die Länge des Kreisbogenstücks des Einheitskreises an, das durch den Winkel φ ausgeschnitten wird (vgl. Abb. 6.1 und 6.2).

Wir definieren nun Funktionen $\sin : \mathbb{R} \to \mathbb{R}$ und $\cos : \mathbb{R} \to \mathbb{R}$ anhand dieses Einheitskreises wie folgt:

© Springer-Verlag GmbH Deutschland, ein Teil von Springer Nature 2022
C. Karpfinger, *Höhere Mathematik in Rezepten*,
https://doi.org/10.1007/978-3-662-63305-2_6

Abb. 6.1 φ im Bogenmaß

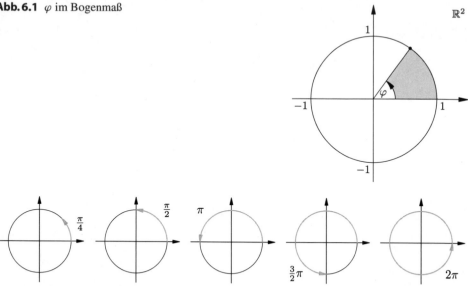

Abb. 6.2 Die Winkel $\frac{\pi}{4}$, $\frac{\pi}{2}$, π, $\frac{3\pi}{2}$, 2π

- Für ein $x \in \mathbb{R}_{\geq 0}$ durchlaufen wir, beginnend beim Punkt $(1, 0)$, den Kreis gegen den Uhrzeigersinn, bis wir die Strecke x zurückgelegt haben.
- Für ein $x \in \mathbb{R}_{<0}$ durchlaufen wir, beginnend beim Punkt $(1, 0)$, den Kreis im Uhrzeigersinn, bis wir die Strecke $|x|$ zurückgelegt haben.

Abb. 6.3 Definition von
$\cos(x)$, $\sin(x)$

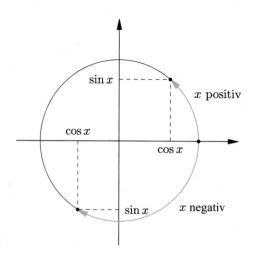

Ob nun $x \geq 0$ oder $x < 0$, auf jeden Fall landen wir auf einem Punkt $P = P(x) = (a, b)$ des Einheitskreises. Wir erklären $\cos(x) = a$ und $\sin(x) = b$ und erhalten so für jedes $x \in \mathbb{R}$ die Zahlen $\sin(x)$ und $\cos(x)$. Damit sind zwei Funktionen sin und cos erklärt: Jedem $x \in \mathbb{R}$ wird die Zahl $\sin(x) \in \mathbb{R}$ bzw. $\cos(x) \in \mathbb{R}$ zugeordnet. Vgl. Abb. 6.3.

Diese **Sinusfunktion** und **Kosinusfunktion** notiert man ausführlich wie folgt:

$$\sin : \begin{cases} \mathbb{R} \to & \mathbb{R} \\ x \mapsto & \sin(x) \end{cases}$$

und

$$\cos : \begin{cases} \mathbb{R} \to & \mathbb{R} \\ x \mapsto & \cos(x) \end{cases}.$$

Wir stellen einige Werte der Funktionen sin und cos zusammen:

x	0	$\pi/6$	$\pi/4$	$\pi/3$	$\pi/2$	π	$3\pi/2$	2π
sin	0	$1/2$	$1/\sqrt{2}$	$\sqrt{3}/2$	1	0	-1	0
cos	1	$\sqrt{3}/2$	$1/\sqrt{2}$	$1/2$	0	-1	0	1

Folgende Eigenschaften der Sinus- und Kosinusfunktionen sind besonders wichtig:

Eigenschaften von sin und cos

- Die **Graphen** von sin und cos (vgl. Abb. 6.4):
- Die 2π-**Periodizität.** Für alle $x \in \mathbb{R}$ gilt:

$$\sin(x) = \sin(x + 2\pi) \quad \text{und} \quad \cos(x) = \cos(x + 2\pi).$$

- Die **Nullstellen.** Für alle ganzen Zahlen $k \in \mathbb{Z}$ gilt:

$$\sin(k\pi) = 0 \quad \text{und} \quad \cos(\pi/2 + k\pi) = 0.$$

Es ist

$$\pi\mathbb{Z} = \{\pi k \mid k \in \mathbb{Z}\} \text{ bzw. } \pi/2 + \pi\mathbb{Z} = \{\pi/2 + \pi k \mid k \in \mathbb{Z}\}$$

die Nullstellenmenge von sin bzw. cos.

Abb. 6.4 Graphen von sin und cos

- Die **Symmetrie.** Für alle $x \in \mathbb{R}$ gilt:

$$\sin(-x) = -\sin(x) \quad \text{und} \quad \cos(-x) = \cos(x).$$

  Der Sinus ist eine *ungerade* Funktion, der Kosinus eine *gerade*.
- Die **Beschränktheit.** Für alle $x \in \mathbb{R}$ gilt:

$$-1 \le \sin(x), \; \cos(x) \le 1.$$

- Nach dem **Satz des Pythagoras** gilt für alle $x \in \mathbb{R}$:

$$\sin^2(x) + \cos^2(x) = 1.$$

- Die **Verschiebung.** Für alle $x \in \mathbb{R}$ gelten die Identitäten:

$$\sin(x + \pi/2) = \cos(x) \quad \text{und} \quad \cos(x - \pi/2) = \sin(x).$$

- Die **Additionstheoreme.** Für alle reellen Zahlen $x, y \in \mathbb{R}$ gilt:

$$\sin(x + y) = \sin(x)\cos(y) + \cos(x)\sin(y)$$
$$\cos(x + y) = \cos(x)\cos(y) - \sin(x)\sin(y).$$

- Für alle reellen Zahlen $x \in \mathbb{R}$ gelten die Formeln der **Winkelverdopplung:**

$$\sin(2x) = 2\sin(x)\cos(x),$$
$$\cos(2x) = \cos^2(x) - \sin^2(x) = 2\cos^2(x) - 1,$$
$$\sin^2(x) = \frac{1 - \cos(2x)}{2},$$
$$\cos^2(x) = \frac{1 + \cos(2x)}{2}.$$

- Es gilt für alle $x \in \mathbb{R}$ und reelle Zahlen a und b

$$a\cos(x) + b\sin(x) = R\cos(x - \varphi)$$

  mit $R = \sqrt{a^2 + b^2}$ und $\varphi = \arctan(b/a)$ (siehe Abschn. 6.3).

Einige dieser Eigenschaften sind selbstverständlich, für die Begründungen der anderen beachte die Aufgaben.

6.2 Tangens und Kotangens

Mithilfe der Funktionen Sinus und Kosinus definieren wir nun zwei weitere trigonometrische Funktionen, nämlich **Tangens** und **Kotangens**:

$$\tan : \begin{cases} \mathbb{R} \setminus (\pi/2 + \pi\mathbb{Z}) \to & \mathbb{R} \\ x & \mapsto \tan(x) = \frac{\sin(x)}{\cos(x)}, \end{cases} \quad \cot : \begin{cases} \mathbb{R} \setminus \pi\mathbb{Z} \to & \mathbb{R} \\ x & \mapsto \cot(x) = \frac{\cos(x)}{\sin(x)}. \end{cases}$$

Die Einschränkungen der Definitionsbereiche sind natürlich den Nullstellen der Nenner geschuldet, wir schreiben kurz $D_{\tan} = \mathbb{R} \setminus (\pi/2 + \pi\mathbb{Z})$ und $D_{\cot} = \mathbb{R} \setminus \pi\mathbb{Z}$.

Wir geben einige Werte der Funktionen tan und cot an:

x	0	$\pi/6$	$\pi/4$	$\pi/3$	$\pi/2$	π	$3\pi/2$	2π
tan	0	$1/\sqrt{3}$	1	$\sqrt{3}$	n. def.	0	n. def.	0
cot	n. def.	$\sqrt{3}$	1	$1/\sqrt{3}$	0	n. def.	0	n. def.

Wir stellen die wichtigsten Eigenschaften von tan und cot zusammen:

Eigenschaften von tan und cot

- Die **Graphen** von tan und cot (vgl. Abb. 6.5):
- Die π-**Periodizität.** Für alle $x \in D_{\tan}$ bzw. alle $x \in D_{\cot}$ gilt:

$$\tan(x + \pi) = \tan(x) \quad \text{und} \quad \cot(x + \pi) = \cot(x).$$

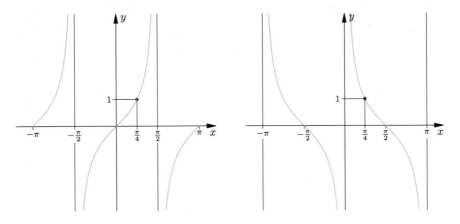

Abb. 6.5 Die Graphen von tan und cot

- Die **Nullstellen.** Für alle ganzen Zahlen $k \in \mathbb{Z}$ gilt:

$$\tan(k\pi) = 0 \quad \text{und} \quad \cot\left(\pi/2 + k\pi\right) = 0.$$

Es ist

$$\pi\mathbb{Z} = \{\pi k \mid k \in \mathbb{Z}\} \quad \text{bzw.} \quad \pi/2 + \pi\mathbb{Z} = \{\pi/2 + \pi k \mid k \in \mathbb{Z}\}$$

die Nullstellenmenge von tan bzw. von cot.

- Die **Symmetrie.** Für alle $x \in D_{\tan}$ bzw. alle $x \in D_{\cot}$ gilt:

$$\tan(-x) = -\tan(x) \quad \text{und} \quad \cot(-x) = -\cot(x).$$

Tangens und Kotangens sind *ungerade* Funktionen.

- Die **Unbeschränktheit.** Tangens und Kotangens nehmen beliebig große und beliebig kleine Werte an.
- Die **Verschiebung.** Für alle zulässigen $x \in \mathbb{R}$ gelten die Identitäten:

$$\tan\left(x + \pi/2\right) = -\cot(x) \quad \text{und} \quad \cot\left(x + \pi/2\right) = -\tan(x).$$

- Die **Additionstheoreme.** Für alle zulässigen reellen Zahlen $x, y \in \mathbb{R}$ gilt:

$$\tan(x + y) = \frac{\tan(x) + \tan(y)}{1 - \tan(x)\tan(y)} \quad \text{und} \quad \cot(x + y) = \frac{\cot(x)\cot(y) - 1}{\cot(x) + \cot(y)}.$$

- Für jede zulässige reelle Zahl $x \in \mathbb{R}$ gelten die Formeln der **Winkelverdopplung:**

$$\tan(2x) = \frac{2\tan(x)}{1 - \tan^2(x)} = \frac{2}{\cot(x) - \tan(x)},$$

$$\cot(2x) = \frac{\cot^2(x) - 1}{2\cot(x)} = \frac{\cot(x) - \tan(x)}{2},$$

$$\tan^2(x) = \frac{\sin^2(x)}{1 - \sin^2(x)},$$

$$\cot^2(x) = \frac{1 - \sin^2(x)}{\sin^2(x)}.$$

- Für alle $x \in (-\pi, \pi)$ gelten die Formeln:

$$\cos(x) = \frac{1 - \tan^2(x/2)}{1 + \tan^2(x/2)} \quad \text{und} \quad \sin(x) = \frac{2\tan(x/2)}{1 + \tan^2(x/2)}.$$

All diese Eigenschaften lassen sich aus den bekannten Eigenschaften von sin und cos herleiten (siehe Übungsaufgaben).

6.3   Die Umkehrfunktionen der trigonometrischen Funktionen

Wir betrachten den Sinus auf dem abgeschlossenen Intervall $\left[-\frac{\pi}{2}, \frac{\pi}{2}\right]$ und den Kosinus auf dem abgeschlossenen Intervall $[0, \pi]$, siehe Abb. 6.6.

Dabei stellen wir fest: Zu jedem $y \in [-1, 1]$ gibt es genau ein

- $x \in \left[-\frac{\pi}{2}, \frac{\pi}{2}\right]$ mit $\sin(x) = y$ bzw.
- $x \in [0, \pi]$ mit $\cos(x) = y$.

Dadurch werden zwei Funktionen erklärt, der **Arkussinus** und der **Arkuskosinus:**

$$\text{arcsin} : \begin{cases} [-1, 1] \to & \left[-\frac{\pi}{2}, \frac{\pi}{2}\right] \\ y & \mapsto \text{ das } x \text{ mit } \sin(x) = y \end{cases}$$

$$\text{arccos} : \begin{cases} [-1, 1] \to & [0, \pi] \\ y & \mapsto \text{ das } x \text{ mit } \cos(x) = y \end{cases}$$

Es gilt damit für alle $x \in \left[-\frac{\pi}{2}, \frac{\pi}{2}\right]$ bzw. für alle $x \in [0, \pi]$ und alle $y \in [-1, 1]$:

$$\begin{array}{lll} \text{arcsin}\left(\sin(x)\right) = x & \text{und} & \sin\left(\text{arcsin}(y)\right) = y \\ \text{arccos}\left(\cos(x)\right) = x & \text{und} & \cos\left(\text{arccos}(y)\right) = y. \end{array}$$

Man nennt arcsin bzw. arccos die **Umkehrfunktion** von sin bzw. cos.

Nun betrachten wir analog den Tangens auf dem abgeschlossenen Intervall $\left[-\frac{\pi}{2}, \frac{\pi}{2}\right]$ und den Kotangens auf dem abgeschlossenen Intervall $[0, \pi]$, siehe Abb. 6.7.

Dabei stellen wir wieder fest: Zu jedem $y \in \mathbb{R}$ gibt es genau ein

- $x \in \left[-\frac{\pi}{2}, \frac{\pi}{2}\right]$ mit $\tan(x) = y$ bzw.
- $x \in [0, \pi]$ mit $\cot(x) = y$.

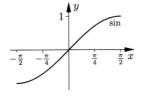 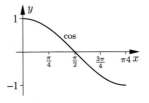

Abb. 6.6 Die Einschränkung von sin auf $[-\frac{\pi}{2}, \frac{\pi}{2}]$ und von cos auf $[0, \pi]$

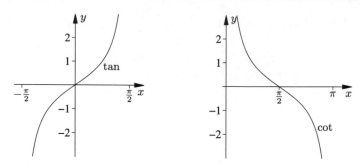

Abb. 6.7 Die Einschränkung von tan auf $[-\frac{\pi}{2}, \frac{\pi}{2}]$ und von cos auf $[0, \pi]$

Dadurch werden zwei Funktionen erklärt, der **Arkustangens** und der **Arkuskotangens:**

$$\arctan : \begin{cases} \mathbb{R} \to & [-\frac{\pi}{2}, \frac{\pi}{2}] \\ y \mapsto \text{das } x \text{ mit } \tan(x) = y \end{cases}$$

$$\text{arccot} : \begin{cases} \mathbb{R} \to & [0, \pi] \\ y \mapsto \text{das } x \text{ mit } \cot(x) = y \end{cases}.$$

Es gilt damit für alle $x \in \left[-\frac{\pi}{2}, \frac{\pi}{2}\right]$ bzw. für alle $x \in [0, \pi]$ und alle $y \in \mathbb{R}$:

$$\arctan\big(\tan(x)\big) = x \quad \text{und} \quad \tan\big(\arctan(y)\big) = y$$
$$\text{arccot}\big(\cot(x)\big) = x \quad \text{und} \quad \cot\big(\text{arccot}(y)\big) = y.$$

Wieder nennt man arctan bzw. arccot die Umkehrfunktion von tan bzw. cot.

Die Graphen der Umkehrfunktionen erhält man leicht aus den Graphen der Originalfunktion durch Spiegeln an der Winkelhalbierenden $y = x$ (vgl. Abb. 6.8).

Wir stellen schließlich noch einige wenige Formeln für die Umkehrfunktionen zusammen, auf die wir in späteren Kapiteln zurückgreifen werden:

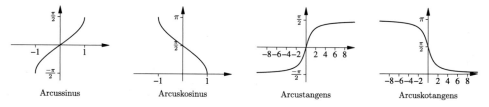

Abb. 6.8 Die Graphen der Arkusfunktionen

Einige Formeln zu den Umkehrfunktionen

Für alle zulässigen $x \in \mathbb{R}$ gilt:

- $\arcsin(x) = -\arcsin(-x) = \pi/2 - \arccos(x) = \arctan\frac{x}{\sqrt{1-x^2}}$.
- $\arccos(x) = \pi - \arccos(-x) = \pi/2 - \arcsin(x) = \operatorname{arccot}\frac{x}{\sqrt{1-x^2}}$.
- $\arctan(x) = -\arctan(-x) = \pi/2 - \operatorname{arccot}(x) = \arcsin\frac{x}{\sqrt{1+x^2}}$.
- $\operatorname{arccot}(x) = \pi - \operatorname{arccot}(-x) = \pi/2 - \arctan(x) = \arccos\frac{x}{\sqrt{1+x^2}}$.

MATLAB In MATLAB lauten die trigonometrischen Funktionen und ihre Umkehrfunktionen `sin, cos, tan, cot, asin, acos, atan, acot`.

Wir stellen übersichtlich zahlreiche wichtige trigonometrische Identitäten zusammen, auf die wir in den folgenden Kapiteln immer wieder zurückgreifen werden. Die Nachweise dieser Identitäten sind meist sehr einfach, sie beruhen oftmals auf den Additionstheoremen, auch der *Pythagoras* $\cos^2(x) + \sin^2(x) = 1$ fließt oftmals mit ein; einige Nachweise haben wir in den Übungsaufgaben formuliert.

Einige wichtige trigonometrische Identitäten

Für jeweils alle zulässigen $x, y \in \mathbb{R}$ gilt:

Vielfache des Arguments:

- $\sin(2x) = 2\sin(x)\cos(x) = \frac{2\tan(x)}{1+\tan^2(x)}$
- $\cos(2x) = \cos^2(x) - \sin^2(x) = \frac{1-\tan^2(x)}{1+\tan^2(x)}$
- $\sin(3x) = 3\sin(x) - 4\sin^3(x)$
- $\cos(3x) = 4\cos^3(x) - 3\cos(x)$
- $\tan(2x) = \frac{2\tan(x)}{1-\tan^2(x)} = \frac{2}{\cot(x)-\tan(x)}$
- $\cot(2x) = \frac{\cot^2(x)-1}{2\cot(x)} = \frac{\cot(x)-\tan(x)}{2}$
- $\tan(3x) = \frac{3\tan(x)-\tan^3(x)}{1-3\tan^2(x)}$
- $\cot(3x) = \frac{\cot^3(x)-3\cot(x)}{3\cot^2(x)-1}$

Hälfte des Arguments:
Wähle dabei das Vorzeichen entsprechend dem von $\frac{x}{2}$.

- $\sin(\frac{x}{2}) = \pm\sqrt{\frac{1-\cos(x)}{2}}$
- $\cos(\frac{x}{2}) = \pm\sqrt{\frac{1+\cos(x)}{2}}$
- $\tan(\frac{x}{2}) = \pm\sqrt{\frac{1-\cos(x)}{1+\cos(x)}} = \frac{\sin(x)}{1+\cos(x)} = \frac{1-\cos(x)}{\sin(x)}$
- $\cot(\frac{x}{2}) = \pm\sqrt{\frac{1+\cos(x)}{1-\cos(x)}} = \frac{\sin(x)}{1-\cos(x)} = \frac{1+\cos(x)}{\sin(x)}$

Summe und Differenz trigonometrischer Funktionen:

- $\sin(x) + \sin(y) = 2\sin(\frac{x+y}{2})\cos(\frac{x-y}{2})$
- $\sin(x) - \sin(y) = 2\cos(\frac{x+y}{2})\sin(\frac{x-y}{2})$
- $\cos(x) + \cos(y) = 2\cos(\frac{x+y}{2})\cos(\frac{x-y}{2})$
- $\cos(x) - \cos(y) = -2\sin(\frac{x+y}{2})\sin(\frac{x-y}{2})$
- $\cos(x) \pm \sin(y) = \sqrt{2}\sin(\frac{\pi}{4} \pm x) = \sqrt{2}\cos(\frac{\pi}{4} \mp x)$
- $\tan(x) \pm \tan(y) = \frac{\sin(x \pm y)}{\cos(x)\cos(y)}$
- $\cot(x) \pm \cot(y) = \pm\frac{\sin(x \pm y)}{\sin(x)\sin(y)}$
- $\tan(x) + \cot(y) = \frac{\cos(x-y)}{\cos(x)\sin(y)}$
- $\cot(x) - \tan(y) = \frac{\cos(x+y)}{\sin(x)\cos(y)}$

Produkt trigonometrischer Funktionen:

- $\sin(x)\sin(y) = \frac{1}{2}(\cos(x-y) - \cos(x+y))$
- $\cos(x)\cos(y) = \frac{1}{2}(\cos(x-y) + \cos(x+y))$
- $\sin(x+y)\sin(x-y) = \cos^2(y) - \cos^2(x)$
- $\cos(x+y)\cos(x-y) = \cos^2(y) - \sin^2(x)$
- $\tan(x)\tan(y) = \frac{\tan(x)+\tan(y)}{\cot(x)+\cot(y)} = -\frac{\tan(x)-\tan(y)}{\cot(x)-\cot(y)}$
- $\cot(x)\cot(y) = \frac{\cot(x)+\cot(y)}{\tan(x)+\tan(y)} = -\frac{\cot(x)-\cot(y)}{\tan(x)-\tan(y)}$
- $\tan(x)\cot(y) = \frac{\tan(x)+\cot(y)}{\cot(x)+\tan(y)} = -\frac{\tan(x)-\cot(y)}{\cot(x)-\tan(y)}$

Potenz trigonometrischer Funktionen:

- $\sin^2(x) = \frac{1}{2}(1 - \cos(2x))$
- $\cos^2(x) = \frac{1}{2}(1 + \cos(2x))$
- $\sin^3(x) = \frac{1}{4}(3\sin(x) - \sin(3x))$

- $\cos^3(x) = \frac{1}{4}\left(3\cos(x) + \cos(3x)\right)$
- $\sin^4(x) = \frac{1}{8}\left(\cos(4x) - 4\cos(2x) + 3\right)$
- $\cos^4(x) = \frac{1}{8}\left(\cos(4x) + 4\cos(2x) + 3\right)$

Zusammenhänge zwischen trigonometrischer Funktionen:

- $\sin^2(x) = 1 - \cos^2(x) = \frac{\tan^2(x)}{1+\tan^2(x)} = \frac{1}{1+\cot^2(x)}$
- $\cos^2(x) = 1 - \sin^2(x) = \frac{1}{1+\tan^2(x)} = \frac{\cot^2(x)}{1+\cot^2(x)}$
- $\tan^2(x) = \frac{\sin^2(x)}{1-\sin^2(x)} = \frac{1-\cos^2(x)}{\cos^2(x)} = \frac{1}{\cot^2(x)}$
- $\cot^2(x) = \frac{1-\sin^2(x)}{\sin^2(x)} = \frac{\cos^2(x)}{1-\cos^2(x)} = \frac{1}{\tan^2(x)}$

Umkehrfunktionen als Argumente trigonometrischer Funktionen:

- $\sin(\arccos(x)) = \sqrt{1-x^2}$ für $x \in [-1, 1]$
- $\sin(\arctan(x)) = \frac{x}{\sqrt{1+x^2}}$ für $x \in \mathbb{R}$
- $\sin(\text{arccot}(x)) = \frac{1}{\sqrt{1+x^2}}$ für $x \in \mathbb{R}$
- $\cos(\arcsin(x)) = \sqrt{1-x^2}$ für $x \in [-1, 1]$
- $\cos(\arctan(x)) = \frac{1}{\sqrt{1+x^2}}$ für $x \in \mathbb{R}$
- $\cos(\text{arccot}(x)) = \frac{x}{\sqrt{1+x^2}}$ für $x \in \mathbb{R}$
- $\tan(\arccos(x)) = \frac{\sqrt{1-x^2}}{x}$ für $x \in [-1, 1] \setminus \{0\}$
- $\tan(\arcsin(x)) = \frac{x}{\sqrt{1-x^2}}$ für $x \in\ ]-1, 1[$
- $\tan(\text{arccot}(x)) = \frac{1}{x}$ für $x \in \mathbb{R} \setminus \{0\}$
- $\cot(\arccos(x)) = \frac{x}{\sqrt{1-x^2}}$ für $x \in\ ]-1, 1[$
- $\cot(\arcsin(x)) = \frac{\sqrt{1-x^2}}{x}$ für $x \in [-1, 1] \setminus \{0\}$
- $\cot(\arctan(x)) = \frac{1}{x}$ für $x \in \mathbb{R} \setminus \{0\}$

6.4   Aufgaben

6.1 Zeigen Sie:

(a) $\cos\left(\arcsin(x)\right) = \sqrt{1-x^2}$ für alle $x \in [-1, 1]$.

(b) $\sin(\arctan x) = \frac{x}{\sqrt{1+x^2}}$ für alle $x \in \mathbb{R}$.

6.2 Folgern Sie aus den Additionstheoremen:

$$\sin x \cos y = \frac{1}{2} \sin(x - y) + \frac{1}{2} \sin(x + y).$$

6.3 Verifizieren Sie für $x \in (-\pi, \pi)$ die Identitäten

(a) $\cos x = \dfrac{1 - \tan^2(x/2)}{1 + \tan^2(x/2)},$

(b) $\sin x = \dfrac{2 \tan(x/2)}{1 + \tan^2(x/2)},$

(c) $\cos^4 x - \sin^4 x = \cos(2x).$

6.4 Lösen Sie die Ungleichung $\sin(2x) \le \sqrt{3} \sin x$ in $\mathbb{R}$.

6.5 Welche $x \in \mathbb{R}$ erfüllen die Gleichung $5 \sin x - 2 \cos^2 x = 1$?

6.6 Zeichnen Sie die Graphen von $\sin(nx)$ für $x \in [0, 2\pi]$ und $n \in \{1, 2, 3, 4\}$ in ein gemeinsames Diagramm.

6.7 Begründen Sie: Es gilt für alle $x \in \mathbb{R}$ und reelle Zahlen a und b

$$a \cos(x) + b \sin(x) = R \cos(x - \varphi)$$

mit $R = \sqrt{a^2 + b^2}$ und $\varphi = \arctan(b/a)$.

6.8 Beweisen Sie die Additionstheoreme: Für $x, y \in \mathbb{R}$ gilt

$$\sin(x + y) = \sin(x) \cos(y) + \cos(x) \sin(y)$$
$$\cos(x + y) = \cos(x) \cos(y) - \sin(x) \sin(y).$$

Hinweis. Machen Sie sich eine Skizze und nutzen Sie die auf den Strahlensätzen basierenden und aus der Schulzeit bekannten *Formeln*

$$\cos(a) = \frac{\text{Ankathete}}{\text{Hypotenuse}}, \quad \sin(a) = \frac{\text{Gegenkathete}}{\text{Hypotenuse}},$$

wobei a der Winkel zwischen Ankathete und Hypothenuse in einem rechtwinkligen Dreieck ist.

6.9 Man beweise für $x \in \mathbb{R}$ die Formeln zur Winkelverdopplung:

1. $\sin(2x) = 2\sin(x)\cos(x)$,
2. $\cos(2x) = \cos^2(x) - \sin^2(x) = 2\cos^2(x) - 1$,
3. $\sin^2(x) = \frac{1-\cos(2x)}{2}$,
4. $\cos^2(x) = \frac{1+\cos(2x)}{2}$.

Komplexe Zahlen – Kartesische Koordinaten

7

Inhaltsverzeichnis

Die Zahlenmengen $\mathbb{N} \subseteq \mathbb{N}_0 \subseteq \mathbb{Z} \subseteq \mathbb{Q} \subseteq \mathbb{R}$ kennt man aus der Schule. Diese Kette ineinander geschachtelter Zahlenmengen hört bei $\mathbb{R}$ jedoch nicht auf. Die *komplexen* Zahlen bilden die Zahlenmenge $\mathbb{C}$, wobei $\mathbb{R} \subseteq \mathbb{C}$ gilt.

Beim Rechnen mit reellen Zahlen stößt man beim Wurzelziehen auf Grenzen: Da Quadrate von reellen Zahlen stets positiv sind, ist es in $\mathbb{R}$ nicht möglich, Wurzeln aus negativen Zahlen zu ziehen. Das wird nun in $\mathbb{C}$ sehr wohl möglich sein. Es wird sich zeigen, dass gerade das Wurzelziehen in $\mathbb{C}$ zu einer übersichtlichen Angelegenheit wird.

In $\mathbb{C}$ gilt weiterhin der *Fundamentalsatz der Algebra:* Jedes Polynom vom Grad $n \geq 1$ zerfällt über dem Zahlbereich $\mathbb{C}$ in n lineare Faktoren. Damit gibt es über $\mathbb{C}$ keine lästigen unzerlegbaren quadratischen Polynome wie $x^2 + 1$ oder $x^2 + x + 1$.

Die komplexen Zahlen vereinfachen tatsächlich oftmals Probleme. Wir werden solche Beispiele kennenlernen, machen uns nun aber erst einmal in diesem und dem folgenden Kapitel mit allen wesentlichen Eigenschaften komplexer Zahlen vertraut.

7.1 Konstruktion von $\mathbb{C}$

Wir schildern kurz die Konstruktion von $\mathbb{C}$. Dazu betrachten wir die Menge

$$\mathbb{R} \times \mathbb{R} = \mathbb{R}^2 = \{(a, b) \mid a, b \in \mathbb{R}\}$$

© Springer-Verlag GmbH Deutschland, ein Teil von Springer Nature 2022
C. Karpfinger, *Höhere Mathematik in Rezepten,*
https://doi.org/10.1007/978-3-662-63305-2_7

und erklären eine Addition und eine Multiplikation von Elementen aus $\mathbb{R}^2$ wie folgt: Für zwei Elemente $(a, b), (c, d) \in \mathbb{R}^2$ setzen wir:

$$(a, b) + (c, d) = (a + c, b + d) \text{ und } (a, b) \cdot (c, d) = (ac - bd, ad + bc).$$

Beispiel 7.1

- $(2, 1) + (-1, 7) = (1, 8)$,
- $(2, 1) \cdot (1, 7) = (-5, 15)$,
- $(0, 1) \cdot (0, 1) = (-1, 0)$,
- $(a, 0) \cdot (c, 0) = (ac, 0)$ für alle $a,\ c \in \mathbb{R}$.

∎

Mit diesen Verknüpfungen $+$ und $\cdot$ gelten für alle Elemente $(a, b),\ (c, d),\ (e, f) \in \mathbb{R}^2$ die folgenden Rechenregeln:

- Die Assoziativgesetze: $[(a, b) \dotplus (c, d)] \dotplus (e, f) = (a, b) \dotplus [(c, d) \dotplus (e, f)]$.
- Die Kommutativgesetze: $(a, b) \dotplus (c, d) = (c, d) \dotplus (a, b)$.
- Das Distributivgesetz: $(a, b) \cdot [(c, d) + (e, f)] = (a, b) \cdot (c, d) + (a, b) \cdot (e, f)$.
- Es gibt ein Einselement: $(1, 0)$ erfüllt $(1, 0) \cdot (c, d) = (c, d) \quad \forall (c, d) \in \mathbb{R}^2$.
- Es gibt ein Nullelement: $(0, 0)$ erfüllt $(0, 0) + (c, d) = (c, d) \quad \forall (c, d) \in \mathbb{R}^2$.
- Es gibt inverse Elemente: Zu $(a, b) \in \mathbb{R}^2 \setminus \{(0, 0)\}$ ist $\left(\frac{a}{a^2+b^2}, \frac{-b}{a^2+b^2} \right) \in \mathbb{R}^2$ invers zu (a, b), denn

$$(a, b) \cdot \left(\frac{a}{a^2+b^2}, \frac{-b}{a^2+b^2} \right) = \left(\frac{a^2+b^2}{a^2+b^2}, \frac{-ab+ab}{a^2+b^2} \right) = (1, 0).$$

Man schreibt $(a, b)^{-1}$ für das Inverse zu (a, b).

- Es gibt entgegengesetzte Elemente: Zu $(a, b) \in \mathbb{R}^2$ ist $(-a, -b) \in \mathbb{R}^2$ entgegengesetzt zu (a, b), denn

$$(a, b) + (-a, -b) = (0, 0).$$

Man schreibt $-(a, b)$ für das Entgegengesetzte zu (a, b).

Man sagt, $\mathbb{C} = \mathbb{R}^2$ ist mit diesen Verknüpfungen $+$ und $\cdot$ ein **Körper** (wie $\mathbb{R}$ oder $\mathbb{Q}$). Man spricht auch vom **Körper der komplexen Zahlen** und nennt die Elemente $(a, b) \in \mathbb{C}$ **komplexe Zahlen**.

Beispiel 7.2 Beispiele für inverse Elemente sind:

$$(2, 1)^{-1} = \left(\frac{2}{2^2+1}, \frac{-1}{2^2+1}\right) = \left(\frac{2}{5}, \frac{-1}{5}\right) \quad \text{und} \quad (2, 0)^{-1} = \left(\frac{2}{4}, \frac{-0}{4}\right) = \left(\frac{1}{2}, 0\right).$$

∎

7.2 Die imaginäre Einheit und weitere Begriffe

Die Elemente $(a, 0) \in \mathbb{C}$ bilden die reellen Zahlen, für $(a, 0) \in \mathbb{C}$ können wir also kurz a schreiben. Das Element $(0, 1)$ wird eine ausgezeichnete Rolle spielen, wir setzen $\mathrm{i} = (0, 1)$ und nennen diese komplexe Zahl **imaginäre Einheit.** Nun erhalten wir mit der oben eingeführten Addition und Multiplikation komplexer Zahlen:

$$(a, b) = (a, 0) + (0, b) = (a, 0) + (0, 1) \cdot (b, 0) = a + \mathrm{i}b.$$

Wegen $(a, b) = a + \mathrm{i}b$ gilt nun:

$$\mathbb{C} = \{a + \mathrm{i}b \,|\, a, b \in \mathbb{R}\}.$$

Die Addition und die Multiplikation komplexer Zahlen lauten in dieser Schreibweise:

$$(a + b\mathrm{i}) + (c + d\mathrm{i}) = a + c + \mathrm{i}(b + d) \quad \text{und} \quad (a + b\mathrm{i}) \cdot (c + d\mathrm{i}) = a\,c - b\,d + \mathrm{i}(a\,d + b\,c).$$

Wegen

$$\mathrm{i}^2 = \mathrm{i} \cdot \mathrm{i} = (0 + 1\mathrm{i}) \cdot (0 + 1\mathrm{i}) = -1$$

kann man sich die Regel für die Multiplikation

$$(a + \mathrm{i}b) \cdot (c + \mathrm{i}d) = a\,c + \mathrm{i}^2 b\,d + \mathrm{i}b\,c + \mathrm{i}a\,d$$

gut merken – man muss nur distributiv ausmultiplizieren.

Begriffe und Tatsachen zu komplexen Zahlen

Gegeben ist eine komplexe Zahl $z = a + \mathrm{i}b \in \mathbb{C}$, a, $b \in \mathbb{R}$.

- Man nennt
  - $\mathrm{Re}(z) = a \in \mathbb{R}$ den **Realteil** von z und
  - $\mathrm{Im}(z) = b \in \mathbb{R}$ den **Imaginärteil** von z.
- Die komplexen Zahlen $0 + \mathrm{i}b$ nennt man **rein imaginär.**

- Zwei komplexe Zahlen sind genau dann gleich, wenn Real- und Imaginärteil gleich sind, d. h.

$$a + ib = c + id \iff a = c \text{ und } b = d.$$

- Man nennt $\bar{z} = a - ib$ die **zu** z **konjugierte** komplexe Zahl. Die Zahl $\bar{z}$ entsteht aus z durch Spiegelung an der reellen Achse. Insbesondere gilt:
  - $\bar{z} = z \iff \mathrm{Im}(z) = 0 \iff z \in \mathbb{R}$.
  - $z\bar{z} = (a + ib)(a - ib) = a^2 + b^2 \in \mathbb{R}$.
  - Für z_1, $z_2 \in \mathbb{C}$ gelten die Rechenregeln:

$$\overline{z_1 + z_2} = \bar{z}_1 + \bar{z}_2 \quad \text{und} \quad \overline{z_1 \cdot z_2} = \bar{z}_1 \cdot \bar{z}_2.$$

  - $\mathrm{Re}(z) = \frac{1}{2}(z + \bar{z})$.
  - $\mathrm{Im}(z) = \frac{1}{2i}(z - \bar{z})$.
- Man nennt den Ausdruck

$$|z| = \sqrt{a^2 + b^2} = \sqrt{z\,\bar{z}} \in \mathbb{R}_{\geq 0}$$

den **Betrag** oder die **Länge** von z.
- In $\mathbb{C}$ gilt die **Dreiecksungleichung:**

$$|z_1 + z_2| \leq |z_1| + |z_2| \text{ für alle } z_1, z_2 \in \mathbb{C}.$$

Zu einigen dieser Begriffe beachte die Abb. 7.1.

Die Division von komplexen Zahlen durch komplexe Zahlen (das ist nichts anderes als die Multiplikation mit dem Inversen $\frac{z}{w} = w^{-1} \cdot z$) führt man vorzugsweise durch Erweitern mit dem konjugiert Komplexen des Nenners durch, beachte das Beispiel.

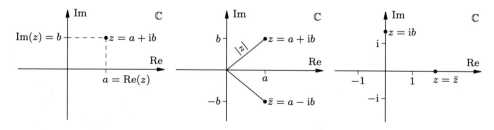

Abb. 7.1 Real- und Imaginärteil von z, Betrag von z und das Konjugierte von z

Beispiel 7.3

$$\frac{2+i}{1-i} = \frac{2+i}{1-i} \cdot \frac{1+i}{1+i} = \frac{1+3i}{2} = \frac{1}{2} + \frac{3}{2}i \quad \text{und} \quad \frac{1}{i} = \frac{1}{i} \cdot \frac{(-i)}{(-i)} = -i.$$

∎

Bemerkung Wegen $i^2 = -1$ schreibt man auch gerne $i = \sqrt{-1}$, was allerdings zu Verwirrungen führen kann, es ist nämlich genauso $-i$ eine Wurzel aus -1, denn es gilt auch $(-i)^2 = -1$.

7.3   Der Fundamentalsatz der Algebra

Der **Fundamentalsatz der Algebra** besagt, dass jedes Polynom $p = a_n x^n + \cdots + a_1 x + a_0$ vom Grad $n \geq 1$ mit komplexen Koeffizienten $a_0, \ldots, a_n \in \mathbb{C}$ in Linearfaktoren zerlegbar ist, d. h., es gibt verschiedene komplexe Zahlen $z_1, \ldots, z_k$ und natürliche Zahlen $v_1, \ldots, v_k$ mit:

$$p = a_n (x - z_1)^{v_1} \cdots (x - z_k)^{v_k}.$$

Die $z_1, \ldots, z_k$ sind dabei die **Nullstellen** von p mit den **Vielfachheiten** $v_1, \ldots, v_k$.

Im Allgemeinen ist es sehr schwierig, die Nullstellen von Polynomen zu bestimmen. Wir geben in der folgenden Box ein paar Hinweise, die bei der Suche von Nullstellen von Polynomen dienlich sind:

Rezept: Tipps zum Bestimmen von Nullstellen von Polynomen

- **Mitternachtsformel:** Ist $p = ax^2 + bx + c$ ein Polynom mit $a, b, c \in \mathbb{C}$, so sind

$$z_{1/2} = \frac{-b \pm \sqrt{b^2 - 4ac}}{2a} \in \mathbb{C}$$

  die Nullstellen von p, und es gilt $p = a(x - z_1)(x - z_2)$. Beachte hierbei:
  - $\sqrt{-r} = i\sqrt{r}$ für $r \in \mathbb{R}_{>0}$ und
  - $\sqrt{a + bi}$ erhält man mit der Formel: Die Wurzeln $w_{1,2}$ aus $z = a + ib$ lauten im Fall $b \geq 0$:

$$w_{1,2} = \pm \left(\sqrt{\frac{a + \sqrt{a^2 + b^2}}{2}} + i\sqrt{\frac{-a + \sqrt{a^2 + b^2}}{2}} \right)$$

bzw. im Fall $b < 0$:

$$w_{1,2} = \pm \left(\sqrt{\frac{a + \sqrt{a^2 + b^2}}{2}} - i\sqrt{\frac{-a + \sqrt{a^2 + b^2}}{2}} \right).$$

- Ist $z \in \mathbb{C}$ eine Nullstelle des **reellen** Polynoms $p = a_n x^n + \cdots + a_1 x + a_0$ mit $a_0, a_1, \ldots, a_n \in \mathbb{R}$, so ist auch $\overline{z} \in \mathbb{C}$ eine Nullstelle von p.
- Kann man eine Nullstelle $z \in \mathbb{C}$ des Polynoms p vom Grad n erraten? Falls ja, so kann man diese mit der Polynomdivision *wegdividieren*:

$$p(z) = 0 \Leftrightarrow p = (x - z)\, q$$

mit einem Polynom q vom Grad $n - 1$.

Die Formel für die Wurzeln $w_{1,2}$ einer komplexen Zahl muss man sich nicht merken. Wir erwähnen diese Formel hier, um die Mitternachtsformel auch im Fall einer nichtreellen *Diskriminanten* $b^2 - 4ac$ anwenden zu können. Bald werden wir eine viel einfachere Formel zur Bestimmung der Wurzeln einer komplexen Zahl kennenlernen.

Beispiel 7.4

- Es ist $p = x^2 + 1 = (x + i)(x - i)$, denn $\pm i$ sind die Nullstellen von p.
- Für das Polynom $p = x^2 + x + 1$ gilt wegen der Mitternachtsformel:

$$p = x^2 + x + 1 = \left(x - \left(\frac{-1}{2} + \frac{\sqrt{3}i}{2} \right) \right)\left(x - \left(\frac{-1}{2} - \frac{\sqrt{3}i}{2} \right) \right).$$

- Das Polynom $p = 2x^2 - 8x + 26$ hat nach der Mitternachtsformel die Nullstellen

$$z_{1/2} = \frac{8 \pm \sqrt{64 - 208}}{4} = 2 \pm \frac{i\sqrt{144}}{4} = 2 \pm 3i.$$

  Es ist also $p = 2\big(x - (2 + 3i)\big)\big(x - (2 - 3i)\big)$.
- Es ist $p = 2ix^2 + x + i$ ein quadratisches Polynom mit komplexen Koeffizienten. Die Nullstellen sind:

$$z_{1/2} = \frac{-1 \pm \sqrt{1 + 8}}{4i} = \frac{-1 \pm 3}{4i} \Leftrightarrow z_1 = \frac{1}{2i} = -\frac{i}{2} \text{ und } z_2 = -\frac{1}{i} = i.$$

Demnach lässt sich p schreiben als

$$p = 2i\left(x + \frac{i}{2} \right)(x - i) = 2i\left(x^2 - \frac{i}{2}x + \frac{1}{2} \right) = 2ix^2 + x + i.$$

- Für das Polynom $p = x^2 + 2x + i$ erhalten wir mit der Mitternachtsformel die Nullstellen

$$z_{1/2} = \frac{-2 \pm \sqrt{4-4i}}{2}.$$

Eine Wurzel von $z = 4 - 4i$ lautet

$$w = \sqrt{2 + \sqrt{8}} - i\sqrt{-2 + \sqrt{8}}.$$

Damit erhalten wir die Zerlegung $p = (x - (-1 + \frac{w}{2}))(x - (-1 - \frac{w}{2}))$.

■

7.4   Aufgaben

7.1 Begründen Sie: Ist $z \in \mathbb{C}$ Nullstelle eines reellen Polynoms $p = a_n x^n + \ldots + a_1 x + a_0$ mit $a_0, \ldots, a_n \in \mathbb{R}$, so auch $\bar{z} \in \mathbb{C}$.

7.2 Bestimmen Sie Real- und Imaginärteil sowie die Beträge von

(a) $(2 - i)(1 + 2i)$, (b) $\dfrac{50 - 25i}{-2 + 11i}$, (c) $(1 + i\sqrt{3})^2$, (d) $i^{99} + i^{100} + 2i^{101} - 2$.

7.3 Bestimmen Sie die Nullstellen von $p = z^3 + 4z^2 + 8z$.

7.4 Stellen Sie die folgenden komplexen Zahlen jeweils in der Form $a + bi$ mit $a, b \in \mathbb{R}$ dar:

(a) $(1 + 4i) \cdot (2 - 3i)$, (b) $\dfrac{4}{2 + i}$, (c) $\displaystyle\sum_{n=0}^{2009} i^n$.

7.5 Skizzieren Sie die folgenden Punktmengen in $\mathbb{C}$:

(a) $\{z \mid |z + i| \leq 3\}$, (b) $\{z \mid \mathrm{Re}(\bar{z} - i) = z\}$, (c) $\{z \mid |z - 3| = 2|z + 3|\}$.

7.6 Berechnen Sie alle komplexen Zahlen $z \in \mathbb{C}$, die folgende Gleichungen erfüllen:

(a) $z^2 - 4z + 5 = 0$, (b) $z^2 + (1 - i)z - i = 0$, (c) $z^2 + 4z + 8 = 0$.

Komplexe Zahlen – Polarkoordinaten

8

Inhaltsverzeichnis

Die komplexen Zahlen sind die Punkte des $\mathbb{R}^2$. Jede komplexe Zahl $z = a + ib$ mit a, $b \in \mathbb{R}$ ist eindeutig durch die kartesischen Koordinaten $(a, b) \in \mathbb{R}^2$ gegeben. Die Ebene $\mathbb{R}^2$ kann man sich auch als Vereinigung von Kreisen um den Nullpunkt vorstellen. So lässt sich jeder Punkt $z \neq 0$ eindeutig beschreiben durch den Radius r des Kreises, auf dem er liegt, und dem Winkel $\varphi \in (-\pi, \pi]$, der von der positiven x-Achse und z eingeschlossen wird. Man nennt das Paar (r, φ) die *Polarkoordinaten* von z.

Mithilfe dieser Polarkoordinaten können wir die Multiplikation komplexer Zahlen sehr einfach darstellen, außerdem wird das Potenzieren von komplexen Zahlen und das Ziehen von Wurzeln aus komplexen Zahlen anschaulich und einfach.

8.1   Die Polardarstellung

Die komplexen Zahlen bilden die sogenannte **Gauß'sche Zahlenebene** $\mathbb{C}$. Jede komplexe Zahl $z = a + ib$ ist durch ihre kartesischen Koordinaten (a, b) eindeutig beschrieben. Man kann aber jeden Punkt $z \neq 0$ aus $\mathbb{C}$ auch durch **Polarkoordinaten** (r, φ) eindeutig beschreiben. Dabei ist (beachte die Abb. 8.1)

- $r = \sqrt{a^2 + b^2} = |z| \in \mathbb{R}_{>0}$ die Länge bzw. der Betrag von z und
- $\varphi \in (-\pi, \pi]$ der Winkel, der von z und der positiven reellen Achse eingeschlossen wird.

Man nennt $\varphi \in (-\pi, \pi]$ das **(Haupt-)Argument** von z und schreibt dafür $\varphi = \arg(z)$.

© Springer-Verlag GmbH Deutschland, ein Teil von Springer Nature 2022
C. Karpfinger, *Höhere Mathematik in Rezepten*,
https://doi.org/10.1007/978-3-662-63305-2_8

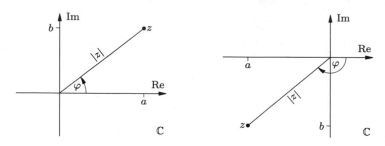

Abb. 8.1 Polarkoordinaten ($|z|$, φ) zweier verschiedener komplexer Zahlen

Damit haben wir für jede komplexe Zahl $z \neq 0$ die zwei Darstellungsmöglichkeiten:

$$z = \begin{cases} (a, b) \text{ kartesische Koordinaten} \\ (r, \varphi) \text{ Polarkoordinaten} \end{cases}.$$

Beispiel 8.1 Wir geben im Folgenden für verschiedene z die kartesischen Koordinaten (a, b) und Polarkoordinaten (r, φ) an:

- $z = 1$. Hier gilt $(a, b) = (1, 0)$ und $(r, \varphi) = (1, 0)$.
- $z = \mathrm{i}$. Hier gilt $(a, b) = (0, 1)$ und $(r, \varphi) = (1, \pi/2)$.
- $z = -1$. Hier gilt $(a, b) = (-1, 0)$ und $(r, \varphi) = (1, \pi)$.
- $z = -\mathrm{i}$. Hier gilt $(a, b) = (0, -1)$ und $(r, \varphi) = (1, -\pi/2)$.
- $z = -1 - \mathrm{i}$. Hier gilt $(a, b) = (-1, -1)$ und $(r, \varphi) = (\sqrt{2}, -3\pi/4)$.
- $z = -1 + \mathrm{i}$. Hier gilt $(a, b) = (-1, 1)$ und $(r, \varphi) = (\sqrt{2}, 3\pi/4)$.

$\blacksquare$

Wegen $a = r\cos\varphi$ und $b = r\sin\varphi$ können wir die komplexe Zahl $z = (a, b) = (r, \varphi)$ mithilfe der kartesischen Koordinaten bzw. der Polarkoordinaten wie folgt schreiben:

$$z = a + \mathrm{i}b = r\,(\cos\varphi + \mathrm{i}\sin\varphi).$$

Diese letztere Schreibweise nennt man auch **Polardarstellung** der Zahl z. Mithilfe der folgenden Formeln können wir die Polarkoordinaten (r, φ) aus den kartesischen Koordinaten (a, b) bestimmen und umgekehrt:

Umrechnungsformeln

- **kartesisch → polar:** Gegeben ist $z = a + ib \neq 0$, $a, b \in \mathbb{R}$. Dann:

$$r = \sqrt{a^2 + b^2}$$
$$\varphi = \left\{ \begin{array}{l} \arccos(a/r), \text{ falls } b \geq 0 \\ -\arccos(a/r), \text{ falls } b < 0 \end{array} \right\} \Rightarrow z = r\left(\cos(\varphi) + i\sin(\varphi)\right).$$

- **polar → kartesisch:** Gegeben ist $z = r\left(\cos(\varphi) + i\sin(\varphi)\right)$, $r, \varphi \in \mathbb{R}$. Dann:

$$\left. \begin{array}{l} a = r\cos(\varphi) \\ b = r\sin(\varphi) \end{array} \right\} \Rightarrow z = a + ib.$$

Beispiel 8.2

- Für $z = 1 - i$ gilt $r = \sqrt{1^2 + (-1)^2} = \sqrt{2}$ und $\varphi = -\arccos\left(1/\sqrt{2}\right) = -\pi/4$, also $z = \sqrt{2}\left(\cos(-\pi/4) + i\sin(-\pi/4)\right)$.
- Für $z = 3 + 4i$ gilt $r = \sqrt{3^2 + 4^2} = 5$ und $\varphi = \arccos(3/5) = 0.9273$, also $z = 5\left(\cos(0.9273) + i\sin(0.9273)\right)$.
- Für $z = \sqrt{3}(\cos(\pi/6) + i\sin(\pi/6))$ gilt $z = 3/2 + i\sqrt{3}/2$.

■

MATLAP In MATLAP erhält man mit

- `[a,b] = pol2cart(phi,r)` bzw.
- `[phi,r] = cart2pol(a,b)`

die jeweils gewünschten Koordinaten. Und ist z eine komplexe Zahl, so liefern

- `real(z)` den Realteil von z,
- `imag(z)` den Imaginärteil von z,
- `abs(z)` den Betrag von z,
- `conj(z)` das Konjugierte von z,
- `angle(z)` das Argument von z,
- `compass(z)` den Zeigerplot von z.

8.2   Anwendungen der Polardarstellung

Mithilfe der Polarkoordinaten lassen sich die Multiplikation und das Potenzieren komplexer Zahlen und das Wurzelziehen aus solchen einfach darstellen:

Multiplikation, Potenzen und Wurzeln komplexer Zahlen

- Sind $z_1 = r_1\big(\cos(\varphi_1) + \mathrm{i}\sin(\varphi_1)\big)$ und $z_2 = r_2\big(\cos(\varphi_2) + \mathrm{i}\sin(\varphi_2)\big)$ zwei komplexe Zahlen ungleich 0, so gilt:

$$z_1 \cdot z_2 = r_1 r_2 \big(\cos(\varphi_1 + \varphi_2) + \mathrm{i}\sin(\varphi_1 + \varphi_2)\big).$$

- Für jede komplexe Zahl $z = (\cos(\varphi) + \mathrm{i}\sin(\varphi)) \in \mathbb{C} \setminus \{0\}$ und jede natürliche Zahl $n \in \mathbb{N}$ gilt die **Moivre'sche Formel:**

$$\big(\cos(\varphi) + \mathrm{i}\sin(\varphi)\big)^n = \cos(n\varphi) + \mathrm{i}\sin(n\varphi).$$

- Für jede komplexe Zahl $z = r\big(\cos(\varphi) + \mathrm{i}\sin(\varphi)\big) \in \mathbb{C} \setminus \{0\}$ und jede natürliche Zahl $n \in \mathbb{N}$ gilt:

$$z^n = r^n\big(\cos(\varphi) + \mathrm{i}\sin(\varphi)\big)^n = r^n\big(\cos(n\varphi) + \mathrm{i}\sin(n\varphi)\big).$$

- Für jede komplexe Zahl $z = r\big(\cos(\varphi) + \mathrm{i}\sin(\varphi)\big) \in \mathbb{C} \setminus \{0\}$ und jedes $n \in \mathbb{N}$ sind die n verschiedenen komplexen Zahlen

$$z_k = \sqrt[n]{r}\left(\cos\left(\tfrac{\varphi + 2k\pi}{n}\right) + \mathrm{i}\sin\left(\tfrac{\varphi + 2k\pi}{n}\right)\right), \ k = 0, 1, \ldots, n-1,$$

genau die n-ten Wurzeln von z, d. h., es gilt $z_k^n = z$ für alle $k \in \{0, \ldots, n-1\}$.

Beim Produkt zweier komplexer Zahlen werden also die Längen multipliziert und die Argumente addiert, diese Formel folgt aus den Additionstheoremen des Sinus und Kosinus. Die weiteren Formeln folgen mehr oder weniger hieraus (siehe Aufgabe 8.1).

Beispiel 8.3

- Das Produkt von $z_1 = \sqrt{2}\big(\cos(\pi/4) + \mathrm{i}\sin(\pi/4)\big)$ und $z_2 = \sqrt{3}\big(\cos(\pi/2) + \mathrm{i}\sin(\pi/2)\big)$ ist:

$$z_1 \cdot z_2 = \sqrt{6}\big(\cos(\tfrac{3\pi}{4}) + \mathrm{i}\sin(\tfrac{3\pi}{4})\big).$$

- Wir bestimmen nun die ersten 8 Potenzen von $z = \cos(\pi/4) + \mathrm{i}\sin(\pi/4) = \tfrac{1}{\sqrt{2}}(1 + \mathrm{i})$:

- $z = \cos(\frac{\pi}{4}) + i\sin(\frac{\pi}{4}) = \frac{1}{\sqrt{2}}(1 + i)$.
- $z^2 = \cos(\frac{\pi}{2}) + i\sin(\frac{\pi}{2}) = i$.
- $z^3 = \cos(\frac{3\pi}{4}) + i\sin(\frac{3\pi}{4}) = -\frac{1}{\sqrt{2}}(1 - i)$.
- $z^4 = \cos(\pi) + i\sin(\pi) = -1$.
- $z^5 = \cos(\frac{5\pi}{4}) + i\sin(\frac{5\pi}{4}) = -\frac{1}{\sqrt{2}}(1 + i)$.
- $z^6 = \cos(\frac{3\pi}{2}) + i\sin(\frac{3\pi}{2}) = -i$.
- $z^7 = \cos(\frac{7\pi}{4}) + i\sin(\frac{7\pi}{4}) = \frac{1}{\sqrt{2}}(1 - i)$.
- $z^8 = \cos(2\pi) + i\sin(2\pi) = 1$.

Man beachte Abb. 8.2.

Insbesondere ist $z = \frac{1}{\sqrt{2}}(1 + i)$ eine Wurzel von i, es gilt nämlich $z^2 = i$. Und analog ist $z^3 = -\frac{1}{\sqrt{2}}(1 - i)$ eine Wurzel aus $-i$, da $(z^3)^2 = z^6 = -i$ gilt.

- Die vier verschiedenen 4-ten Wurzeln aus $z = -16$ findet man wie folgt. Zuerst stellt man z in Polarkoordinaten dar: $-16 = 16\big(\cos(\pi) + i\sin(\pi)\big)$. Für jedes $0 \leq k \leq 3$ ist dann

$$z_k = \sqrt[4]{16}\Big(\cos\Big(\frac{\pi + 2k\pi}{4}\Big)$$

$$+ i\sin\Big(\frac{\pi + 2k\pi}{4}\Big)\Big)$$

eine 4-te Wurzel von -16. Konkret sind das:

Abb. 8.2 Die Potenzen von $z = \frac{1}{\sqrt{2}}(1 + i)$

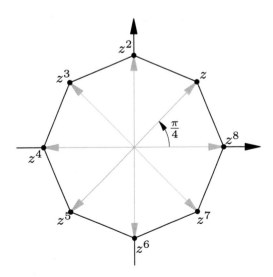

$$z_0 = 2\Big(\cos(\tfrac{\pi}{4}) + \mathrm{i}\sin(\tfrac{\pi}{4}) \Big) = \sqrt{2} + \sqrt{2}\mathrm{i},$$

$$z_1 = 2\Big(\cos(\tfrac{3\pi}{4}) + \mathrm{i}\sin(\tfrac{3\pi}{4}) \Big) = -\sqrt{2} + \sqrt{2}\mathrm{i},$$

$$z_2 = 2\Big(\cos(\tfrac{5\pi}{4}) + \mathrm{i}\sin(\tfrac{5\pi}{4}) \Big) = -\sqrt{2} - \sqrt{2}\mathrm{i},$$

$$z_3 = 2\Big(\cos(\tfrac{7\pi}{4}) + \mathrm{i}\sin(\tfrac{7\pi}{4}) \Big) = \sqrt{2} - \sqrt{2}\mathrm{i}.$$

Man beachte Abb. 8.3.

- Analog lassen sich die Quadratwurzeln aus $z = 1 + \sqrt{3}\mathrm{i}$ bestimmen. Mit der Polardarstellung $z = 2\big(\cos(\pi/3) + \mathrm{i}\sin(\pi/3) \big)$ erhält man die Wurzeln:

$$z_0 = \sqrt{2}\Big(\cos\Big(\tfrac{\pi/3}{2}\Big) + \mathrm{i}\sin\Big(\tfrac{\pi/3}{2}\Big) \Big) = \sqrt{2}\Big(\tfrac{\sqrt{3}}{2} + \mathrm{i}\,\tfrac{1}{2} \Big) = \sqrt{\tfrac{3}{2}} + \tfrac{\mathrm{i}}{\sqrt{2}},$$

$$z_1 = \sqrt{2}\Big(\cos\Big(\tfrac{7\pi/3}{2}\Big) + \mathrm{i}\sin\Big(\tfrac{7\pi/3}{2}\Big) \Big) = \sqrt{2}\Big(\tfrac{-\sqrt{3}}{2} + \mathrm{i}\,\tfrac{-1}{2} \Big) = -\sqrt{\tfrac{3}{2}} - \tfrac{\mathrm{i}}{\sqrt{2}}.$$

Man beachte, dass $z_1 = -z_0$ gilt. Das muss natürlich auch so sein, denn ist z_0 eine Quadratwurzel von z, d. h. gilt $z_0^2 = z$, so gilt natürlich auch $(-z_0)^2 = z$.
Die Wurzeln sind in Abb. 8.4 eingezeichnet.

- Die 5-ten Wurzeln aus $z = 1$ (die Wurzeln aus 1 nennt man auch **Einheitswurzeln**) lauten aufgrund der Polardarstellung $1 = 1\big(\cos(0) + \mathrm{i}\sin(0) \big)$:

$$z_0 = \cos(\tfrac{0\pi}{5}) + \mathrm{i}\sin(\tfrac{0\pi}{5}) = 1,$$

$$z_1 = \cos(\tfrac{2\pi}{5}) + \mathrm{i}\sin(\tfrac{2\pi}{5}),$$

$$z_2 = \cos(\tfrac{4\pi}{5}) + \mathrm{i}\sin(\tfrac{4\pi}{5}),$$

$$z_3 = \cos(\tfrac{6\pi}{5}) + \mathrm{i}\sin(\tfrac{6\pi}{5}),$$

$$z_4 = \cos(\tfrac{8\pi}{5}) + \mathrm{i}\sin(\tfrac{8\pi}{5}).$$

Abb. 8.3 Die 4 vierten Wurzeln aus -16

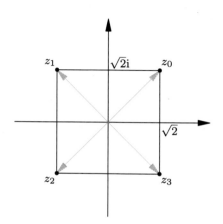

Abb. 8.4 Die 2 zweiten
Wurzeln aus $1 + \sqrt{3}i$

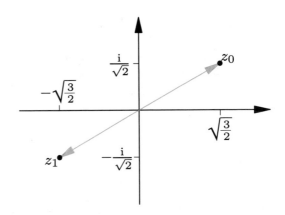

Wir haben die Wurzeln in Abb. 8.5 eingetragen.   ■

Bemerkung Die sogenannte **Euler'sche Formel** (siehe Kap. 24) lautet

$$e^{i\varphi} = \cos(\varphi) + i\sin(\varphi) \quad \text{für alle } \varphi \in \mathbb{R}.$$

Damit lässt sich die Polardarstellung noch prägnanter fassen, es gilt

$$z = r\left(\cos(\varphi) + i\sin(\varphi)\right) = re^{i\varphi}.$$

Abb. 8.5 Die 5 fünften
Wurzeln aus 1

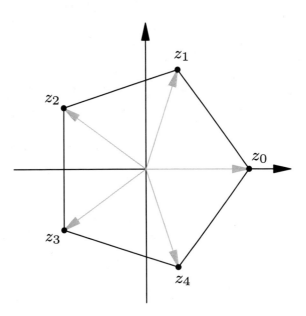

8.3   Aufgaben

8.1 Begründen Sie, warum die Formeln zur Multiplikation, zum Potenzieren und zum Wurzelziehen in Abschn. 8.2 (Rezeptebuch) gelten.

8.2

(a) Geben Sie zu folgenden komplexen Zahlen die Polardarstellung an:

$$z_1 = -2i, \qquad z_2 = i - 1, \qquad z_3 = \tfrac{1}{2}(-1 + \sqrt{3}\,i), \qquad z_4 = \tfrac{2}{1-i}.$$

(b) Zu den komplexen Zahlen mit Polarkoordinaten

$$r_1 = 2, \ \varphi_1 = \pi/2, \qquad r_2 = 1, \ \varphi_2 = 3\pi/4, \qquad r_3 = 3, \ \varphi_3 = 5\pi/4,$$
$$r_4 = 4, \ \varphi_4 = 2\pi/3$$

sind Real- und Imaginärteil gesucht.

8.3 Geben Sie für $n \in \mathbb{N}$ alle Lösungen der Gleichung $z^n = 1$ in $\mathbb{C}$ in der Polardarstellung an.

8.4 Berechnen Sie Real- und Imaginärteil von $(\sqrt{3} + i)^{100}$.

8.5 Berechnen Sie die komplexen Wurzeln:

(a) $\sqrt{-2i}$,   (b) $\sqrt[3]{-8}$,   (c) $\sqrt{8\left(1 - \sqrt{3}i\right)}$.

8.6 Zeichnen Sie mit MATLAP die komplexen Zahlen $z, z^2, \ldots, z^8$ für $z = \tfrac{1}{\sqrt{2}}(1 + i)$ in einen Zeigerplot.

8.7 Schreiben Sie mit MATLAP ein Programm, das bei Eingabe von $z = a + bi \in \mathbb{C}$ und $n \in \mathbb{N}$ einen Zeigerplot mit den n-ten Wurzeln von z ausgibt.

Lineare Gleichungssysteme 9

Inhaltsverzeichnis

Viele Probleme der linearen Algebra aber auch der Analysis führen auf die Aufgabe, ein *lineares Gleichungssystem* zu lösen. Solche Gleichungssysteme lassen sich stets vollständig und übersichtlich lösen. Das ist bei den *nichtlinearen* Gleichungssystemen ganz anders.

Die Methode der Wahl zur Lösung eines linearen Gleichungssystems basiert auf dem *Gauß'schen Eliminationsverfahren*. Wir stellen dieses Verfahren in aller Ausführlichkeit vor und beschreiben auch die Struktur der Lösungsmenge eines solchen Systems.

9.1 Das Gauß'sche Eliminationsverfahren

Ein **lineares Gleichungssystem,** kurz LGS, mit m Gleichungen in n Unbekannten $x_1, \ldots, x_n$ lässt sich in folgender Form schreiben:

$$
\begin{aligned}
a_{11}x_1 + \cdots + a_{1n}x_n &= b_1 \\
a_{21}x_1 + \cdots + a_{2n}x_n &= b_2 \\
\vdots \qquad\qquad\quad &\ \ \vdots \\
a_{m1}x_1 + \cdots + a_{mn}x_n &= b_m
\end{aligned}
\qquad \text{mit} \quad a_{ij}, b_i \in
\begin{cases}
\mathbb{R} & \text{(reelles LGS)} \\
\mathbb{C} & \text{(komplexes LGS)}
\end{cases}.
$$

Um die Formulierungen nicht unnötig kompliziert zu gestalten, betrachten wir im Folgenden nur reelle Systeme, bei komplexen System funktioniert alles analog bzw. genauso.

© Springer-Verlag GmbH Deutschland, ein Teil von Springer Nature 2022
C. Karpfinger, *Höhere Mathematik in Rezepten,*
https://doi.org/10.1007/978-3-662-63305-2_9

Ein n-**Tupel** $(\ell_1, \ldots, \ell_n) \in \mathbb{R}^n$ heißt **Lösung** des LGS, falls für alle $i = 1, \ldots, m$ gilt:

$$a_{i1}\,\ell_1 + \cdots + a_{in}\,\ell_n = b_i.$$

Beispiel 9.1 Wir suchen jeweils die Menge L aller Lösungen der linearen Gleichungssysteme. Zur Berechnung verwenden wir das *Einsetzverfahren:*

- Wir lösen ein lineares Gleichungssystem mit zwei Gleichungen in zwei Unbekannten:

$$\left.\begin{array}{r} 3x + 2y = 9 \\ 4x - y\ = 1 \end{array}\right\} \Rightarrow y = 4x - 1 \left.\begin{array}{r} \\ \end{array}\right\} \Rightarrow 3x + 2(4x - 1) = 9 \left.\begin{array}{r} \\ \end{array}\right\} \Rightarrow x = 1 \;.$$

Es gibt also genau eine Lösung, und die Lösungsmenge ist $L = \{(1, 3)\}$.

- Nun betrachten wir ein LGS in zwei Unbekannten mit nur einer Gleichung:

$$x + y = 1 \Rightarrow x = 1 - y.$$

Wir setzen $y = \lambda \in \mathbb{R}$ beliebig und können dann x in Abhängigkeit von λ bestimmen als $x = 1 - \lambda$. Die Lösungsmenge lautet damit $L = \{(1 - \lambda, \lambda) \mid \lambda \in \mathbb{R}\}$, sie hat unendlich viele Elemente.

- Zuletzt betrachten wir noch ein weiteres LGS mit zwei Gleichungen in zwei Unbekannten:

$$\left.\begin{array}{r} x\ +\ y\ = 1 \\ 2x + 2y = 5 \end{array}\right\} \Rightarrow y = 1 - x \left.\begin{array}{r} \\ \end{array}\right\} \Rightarrow 2x + 2(1 - x) = 5 \left.\begin{array}{r} \\ \end{array}\right\} \Rightarrow 2 = 5 \;.$$

Das lineare Gleichungssystem hat keine Lösung, es ist $L = \emptyset$. ■

In den drei Beispielen haben wir drei verschiedene Arten von Lösungsmengen erhalten. Es gab entweder keine Lösung, genau eine Lösung oder unendlich viele Lösungen. Tatsächlich gibt es keine anderen Möglichkeiten.

Das oben verwendete Einsetzverfahren ist nicht geeignet, sobald man mehr als zwei Gleichungen oder Unbekannte betrachtet. Um das *Gauß'sche Eliminationsverfahren* zu motivieren, vergleichen wir die folgenden zwei linearen Gleichungssysteme:

$$
\begin{array}{rcrcrcr}
x_1 & + & x_2 & + & 2x_3 & = & 2 \\
2x_1 & + & 2x_2 & - & x_3 & = & 1 \\
3x_1 & + & 4x_2 & + & 2x_3 & = & 2
\end{array}
\quad \text{und} \quad
\begin{array}{rcrcrcr}
x_1 & + & x_2 & + & 2x_3 & = & 2 \\
 & & x_2 & - & 4x_3 & = & -4 \\
 & & & & -5x_3 & = & -3
\end{array}
$$

Beim linken System erkennt man die Lösung nicht sofort, beim rechten System kann man in der letzten Gleichung die letzte Lösungskomponente ℓ_3 sofort ablesen. Ist diese bestimmt, so erhält man aus der vorletzten Gleichung die vorletzte Lösungskomponente ℓ_2 und damit schließlich aus der ersten Gleichung die erste Komponente ℓ_1 – man spricht von **Rückwärtssubstitution.**

Die Form des rechten Gleichungssystems nennt man **Zeilenstufenform.** Bei der *Gauß'schen Eliminationsmethode* nutzt man aus, dass sich jedes lineare Gleichungssystem durch sogenannte *elementare Zeilenumformungen* auf Zeilenstufenform bringen lässt. Dabei bleibt die Lösungsmenge unverändert. Man löst also das System auf Zeilenstufenform durch Rückwärtseinsetzen und erhält die Lösungsmenge des ursprünglichen Systems. Die *elementaren Zeilenumformungen* sind:

Elementare Zeilenumformungen

- Vertauschen zweier Zeilen.
- Multiplikation einer Zeile mit einem $\lambda \neq 0$.
- Addition eines λ-Fachen einer Zeile zu einer anderen Zeile.

Wir zeigen beispielhaft an einem System mit zwei Gleichungen, wie man eine Zeilenstufenform erhält: Das System

$$ax + by = c$$
$$a'x + b'y = c'$$

lässt sich im Fall $a \neq 0$ auf Zeilenstufenform bringen, indem man ein $\lambda \in \mathbb{R}$ so wählt, dass $a' + \lambda a = 0$ ist, und dann das λ-Fache der ersten Gleichung von der zweiten abzieht:

$$
\begin{aligned}
ax &+ by &= c \\
\underbrace{(a' + \lambda a)}_{=0}x &+ (b' + \lambda b)y &= c' + \lambda c \; .
\end{aligned}
$$

Beispiel 9.2

- Es bezeichne in der folgenden Rechnung (i) die erste und (ii) die zweite Gleichung:

$$
\left.\begin{aligned} x + y &= 1 \\ 2x - y &= 5 \end{aligned}\right\} \overset{\text{(ii)}-2\text{(i)}}{\Rightarrow} \left.\begin{aligned} x + y &= 1 \\ 0 - 3y &= 3 \end{aligned}\right\} \Rightarrow \left.\begin{aligned} x &= 2 \\ y &= -1 \end{aligned}\right\} \Rightarrow x = 2 \; .
$$

  Das LGS hat also die Lösungsmenge $L = \{(2, -1)\}$.

- Mit der Gleichungsnummerierung von oben gilt:

$$
\left.\begin{aligned} x + y &= 1 \\ 2x + 2y &= 5 \end{aligned}\right\} \overset{\text{(ii)}-2\text{(i)}}{\Rightarrow} \left.\begin{aligned} x + y &= 1 \\ 0 - 0 &= 3 \end{aligned}\right\} \Rightarrow 0 = 3 \; .
$$

  Das LGS hat demnach keine Lösung, $L = \emptyset$.   ∎

Bei den Beispielen fällt auf, dass für die Zeilenumformungen ausschließlich die Koeffizienten benötigt werden, die x, y, ... sind lediglich *Platzhalter*. Wir können das Ganze also ökonomischer aufschreiben, indem wir die Variablen weglassen und nur die Koeffizienten in einer *Matrix* aufschreiben. Wir können jedes lineare Gleichungssystem in folgender Form schreiben:

$$
\begin{array}{c}
a_{11}x_1 + \cdots + a_{1n}x_n = b_1 \\
\vdots \\
a_{m1}x_1 + \cdots + a_{mn}x_n = b_m
\end{array}
\longleftrightarrow
\overbrace{\underbrace{\left(\begin{array}{ccc|c}
a_{11} & \cdots & a_{1n} & b_1 \\
\vdots & & \vdots & \vdots \\
a_{m1} & \cdots & a_{mn} & b_m
\end{array} \right)}_{\text{erw. Koeffizientenmatrix } (A\,|\,b)}}^{\text{Koeffizientenmatrix } A}.
$$

Man nennt die Matrix A die **Koeffizientenmatrix** und die gesamte *Matrix* $(A \mid b)$ die **erweiterte Koeffizientenmatrix.**

Damit können wir also lineare Gleichungssysteme wie folgt lösen:

Rezept:Lösen eines linearen Gleichungssystems mit dem Gauß'schen Eliminationsverfahren

Wir erhalten die Lösungsmenge des linearen Gleichungssystems (LGS) wie folgt:

(1) Notiere die erweiterte Koeffizientenmatrix $(A \mid b)$.

(2) Bringe die erweiterte Koeffizientenmatrix $(A \mid b)$ mit elementaren Zeilenumformungen auf Zeilenstufenform.

(3) Erzeuge evtl. auch noch Nullen oberhalb der *Diagonalen:*

$$
\left(\begin{array}{ccc|c}
a_{11} & \cdots & a_{1n} & b_1 \\
\vdots & & \vdots & \vdots \\
a_{m1} & \cdots & a_{mn} & b_m
\end{array} \right)
\xrightarrow{(2)}
\left(\begin{array}{cccc|c}
* & * & * & * & * \\
 & * & * & * & \vdots \\
 & & * & * & * \\
 & & & & \bigstar
\end{array} \right)
\xrightarrow{(3)}
\left(\begin{array}{cccc|c}
* & 0 & 0 & * & * \\
 & * & 0 & * & \vdots \\
 & & * & * & * \\
 & & & & \bigstar
\end{array} \right)
$$

(4) Falls an den Stellen $\bigstar$ ein Eintrag ungleich null steht, STOP: Das System ist nicht lösbar, sonst:

(5) Erhalte durch Rückwärtssubstitution die einzelnen Lösungskomponenten, wobei man für die x_i, die nicht an Stufenkanten stehen, ein frei wählbares $\lambda \in \mathbb{R}$ einsetzt.

Bemerkung Der Schritt (3) kann auch weggelassen werden. Aber das Erzeugen dieser weiteren Nullen *oberhalb der Diagonalen* erleichtert die Rückwärtssubstitution in Schritt (4). Erzeugt man mit (3) noch Nullen oberhalb der Diagonalen, so spricht man von einer **reduzierten Zeilenstufenform**.

Beispiel 9.3

- Wir lösen ein LGS mit mehr Gleichungen als Unbekannten:

$$\begin{matrix} 2x + 4y = 2 \\ 3x + 6y = 3 \\ 5x + 10y = 5 \end{matrix} \leftrightarrow \left(\begin{array}{cc|c} 2 & 4 & 2 \\ 3 & 6 & 3 \\ 5 & 10 & 5 \end{array} \right) \rightsquigarrow \left(\begin{array}{cc|c} 1 & 2 & 1 \\ 0 & 0 & 0 \\ 0 & 0 & 0 \end{array} \right).$$

Die Lösungsmenge ist

$$L = \left\{ (1 - 2\lambda, \lambda) \mid \lambda \in \mathbb{R} \right\} = \left\{ \begin{pmatrix} 1 \\ 0 \end{pmatrix} + \lambda \begin{pmatrix} -2 \\ 1 \end{pmatrix} \mid \lambda \in \mathbb{R} \right\}.$$

- Nun betrachten wir ein LGS mit mehr Unbekannten als Gleichungen:

$$\begin{matrix} x + 2y + 3z = 4 \\ 2x + 4y + 6z = 10 \end{matrix} \leftrightarrow \left(\begin{array}{ccc|c} 1 & 2 & 3 & 4 \\ 2 & 4 & 6 & 10 \end{array} \right) \rightsquigarrow \left(\begin{array}{ccc|c} 1 & 2 & 3 & 4 \\ 0 & 0 & 0 & 2 \end{array} \right).$$

Das LGS hat offensichtlich keine Lösung, da $0 \neq 2$ ist. Es ist also $L = \emptyset$.
- Wir lösen das lineare Gleichungssystem:

$$\begin{matrix} x_1 + x_2 + 2x_3 = 2 \\ 2x_1 + 2x_2 - x_3 = 1 \\ 3x_1 + 4x_2 + 2x_3 = 2 \end{matrix} \leftrightarrow \left(\begin{array}{ccc|c} 1 & 1 & 2 & 2 \\ 2 & 2 & -1 & 1 \\ 3 & 4 & 2 & 2 \end{array} \right).$$

Elementare Zeilenumformungen liefern:

$$\left(\begin{array}{ccc|c} 1 & 1 & 2 & 2 \\ 2 & 2 & -1 & 1 \\ 3 & 4 & 2 & 2 \end{array} \right) \rightsquigarrow \left(\begin{array}{ccc|c} 1 & 1 & 2 & 2 \\ 0 & 0 & -5 & -3 \\ 0 & 1 & -4 & -4 \end{array} \right) \rightsquigarrow \left(\begin{array}{ccc|c} 1 & 1 & 2 & 2 \\ 0 & 1 & -4 & -4 \\ 0 & 0 & -5 & -3 \end{array} \right).$$

Durch Rückwärtseinsetzen erhalten wir die Lösungsmenge $L = \left\{ (12/5, \, -8/5, \, 3/5) \right\}$.
- Zuletzt noch ein weiteres LGS mit unendlich vielen Lösungen:

$$\begin{matrix} 3x_1 + x_2 + x_3 + 0x_4 = 13 \\ x_1 + 2x_2 + 2x_3 + 2x_4 = 18 \\ x_1 + x_2 + x_3 + x_4 = 10 \\ 3x_1 + x_2 + x_3 + 5x_4 = 18 \end{matrix} \leftrightarrow \left(\begin{array}{cccc|c} 3 & 1 & 1 & 0 & 13 \\ 1 & 2 & 2 & 2 & 18 \\ 1 & 1 & 1 & 1 & 10 \\ 3 & 1 & 1 & 5 & 18 \end{array} \right).$$

Elementare Zeilenumformungen liefern:

$$\rightsquigarrow \left(\begin{array}{cccc|c} 1 & 1 & 1 & 1 & 10 \\ 0 & -2 & -2 & -3 & -17 \\ 0 & 1 & 1 & 1 & 8 \\ 0 & 0 & 0 & 5 & 5 \end{array} \right) \rightsquigarrow \left(\begin{array}{cccc|c} 1 & 0 & 0 & 0 & 2 \\ 0 & 1 & 1 & 1 & 8 \\ 0 & 0 & 0 & -1 & -1 \\ 0 & 0 & 0 & 1 & 1 \end{array} \right).$$

$$
\rightsquigarrow \begin{pmatrix} 1 & 0 & 0 & 0 & | & 2 \\ 0 & 1 & 1 & 0 & | & 7 \\ 0 & 0 & 0 & 1 & | & 1 \\ 0 & 0 & 0 & 0 & | & 0 \end{pmatrix}.
$$

Aufgrund der zweiten Zeile wählen wir die dritte Komponente $\ell_3 = \lambda$ und erhalten als Lösungsmenge

$$
L = \big\{ (2,\, 7 - \lambda,\, \lambda,\, 1) \mid \lambda \in \mathbb{R} \big\} = \left\{ \begin{pmatrix} 2 \\ 7 \\ 0 \\ 1 \end{pmatrix} + \lambda \begin{pmatrix} 0 \\ -1 \\ 1 \\ 0 \end{pmatrix} \mid \lambda \in \mathbb{R} \right\}.
$$

∎

9.2   Der Rang einer Matrix

Gegeben sei eine Matrix

$$
M = \begin{pmatrix} m_{11} & \dots & m_{1t} \\ \vdots & & \vdots \\ m_{s1} & \dots & m_{st} \end{pmatrix}
$$

mit s Zeilen und t Spalten. Bringt man diese Matrix mit elementaren Zeilenumformungen auf Zeilenstufenform

$$
M \rightsquigarrow M' = \begin{pmatrix} * & * & * & * & * \\ & * & * & * & \vdots \\ & & * & * & * \\ 0 & & & & 0 \end{pmatrix} \begin{array}{l} \Big\} \ r \text{ Zeilen ungleich } 0 \dots 0 \\[2ex] \Big\} \ s - r \text{ Zeilen gleich } 0 \dots 0, \end{array}
$$

so nennt man die Zahl r der Nichtnullzeilen der Zeilenstufenform von M den **Rang** von M, in Zeichen $r = \mathrm{rg}(M)$. Mit diesem Begriff lässt sich ein prägnantes Lösbarkeitskriterium für lineare Gleichungssysteme und im Falle der Lösbarkeit auch die Lösungsvielfalt angeben:

Lösbarkeitskriterium für lineare Gleichungssysteme und die Anzahl der frei wählbaren Parameter

Gegeben ist ein lineares Gleichungssystem mit m Gleichungen und n Unbekannten mit der Koeffizientenmatrix A und der erweiterten Koeffizientenmatrix $(A \mid b)$.

- Das System ist genau dann lösbar, wenn:

$$\mathrm{rg}(A) = \mathrm{rg}(A \mid b).$$

- Ist das System lösbar, so gilt:

$$\text{Anzahl der freien Parameter} = n - \mathrm{rg}(A).$$

- Ist das System lösbar, so gilt: Das System ist genau dann eindeutig lösbar, wenn $\mathrm{rg}(A) = n$ gilt.

Beispiel 9.4

- Wir betrachten das lineare Gleichungssystem $x + y = 1$. Die erweiterte Koeffizienten-matrix

$$\left(1\ 1 \mid 1 \right)$$

hat den Rang 1. Wegen $n = 2$ ist also $2 - 1 = 1$ Parameter frei wählbar. Mit der Wahl $\ell_2 = \lambda \in \mathbb{R}$ ist die Lösungsmenge

$$L = \left\{ (1 - \lambda,\, \lambda) \mid \lambda \in \mathbb{R} \right\} = \left\{ \begin{pmatrix} 1 \\ 0 \end{pmatrix} + \lambda \begin{pmatrix} 1 \\ -1 \end{pmatrix} \mid \lambda \in \mathbb{R} \right\}.$$

- Nehmen wir zur Gleichung $x + y = 1$ zusätzlich die Gleichung $x - y = 1$ hinzu, so erhalten wir die erweiterte Koeffizientenmatrix:

$$\begin{pmatrix} 1 & 1 & \mid 1 \\ 1 & -1 & \mid 1 \end{pmatrix} \rightsquigarrow \begin{pmatrix} 1 & 1 & \mid 1 \\ 0 & -2 & \mid 0 \end{pmatrix}$$

mit Rang 2. Es sind also $2 - 2 = 0$ Parameter frei zu wählen; durch die zweite Gleichung ist das LGS demnach eindeutig lösbar.

- Wir betrachten ein LGS mit der folgenden erweiterten Koeffizientenmatrix:

$$\begin{pmatrix} 0 & 0 & 1 & 3 & 3 & | & 2 \\ 1 & 2 & 1 & 4 & 3 & | & 3 \\ 1 & 2 & 2 & 7 & 6 & | & 5 \\ 2 & 4 & 1 & 5 & 3 & | & 4 \end{pmatrix} \rightsquigarrow \begin{pmatrix} 1 & 2 & 1 & 4 & 3 & | & 3 \\ 0 & 0 & 1 & 3 & 3 & | & 2 \\ 0 & 0 & 1 & 3 & 3 & | & 2 \\ 0 & 0 & -1 & -3 & -3 & | & -2 \end{pmatrix} \rightsquigarrow \begin{pmatrix} 1 & 2 & 0 & 1 & 0 & | & 1 \\ 0 & 0 & 1 & 3 & 3 & | & 2 \\ 0 & 0 & 0 & 0 & 0 & | & 0 \\ 0 & 0 & 0 & 0 & 0 & | & 0 \end{pmatrix}.$$

Offensichtlich gilt hier $\mathrm{rg}(A) = \mathrm{rg}(A \mid b) = 2$, das LGS ist also lösbar. Wegen $n = 5$ haben wir drei frei wählbare Parameter; insbesondere gibt es unendlich viele Lösungen. Wir wählen $\ell_2 = \nu$, $\ell_4 = \mu$, $\ell_5 = \lambda \in \mathbb{R}$. Die Lösungsmenge ist dann

$$L = \left\{ (1 - 2\nu - \mu,\ \nu,\ 2 - 3\mu - 3\lambda,\ \mu,\ \lambda) \mid \nu, \mu, \lambda \in \mathbb{R} \right\}$$

$$= \left\{ \begin{pmatrix} 1 \\ 0 \\ 2 \\ 0 \\ 0 \end{pmatrix} + \lambda \begin{pmatrix} 0 \\ 0 \\ -3 \\ 0 \\ 1 \end{pmatrix} + \mu \begin{pmatrix} -1 \\ 0 \\ 0 \\ 1 \\ 0 \end{pmatrix} + \nu \begin{pmatrix} -2 \\ 1 \\ 0 \\ 0 \\ 0 \end{pmatrix} \mid \lambda, \mu, \nu \in \mathbb{R} \right\}.$$

■

9.3   Homogene lineare Gleichungssysteme

Ein lineares Gleichungssystem mit $b = 0$, d. h. ein LGS der Form $(A \mid 0)$, heißt **homogen**. Ist $(A \mid b)$ ein beliebiges LGS, so heißt $(A \mid 0)$ das **dazugehörige homogene lineare Gleichungssystem.** Wir halten einige einfach nachprüfbare Tatsachen fest:

Zur Struktur der Lösungsmenge eines homogenen bzw. inhomogenen linearen Gleichungssystems

(a) Ein homogenes LGS $(A \mid 0)$ hat stets die sogenannte **triviale Lösung** $(0, \ldots, 0)$.

(b) Sind $(k_1, \ldots, k_n)$ und $(\ell_1, \ldots, \ell_n)$ Lösungen eines homogenen LGS und $\lambda \in \mathbb{R}$ beliebig, so sind auch Summe und Vielfache

$$(k_1, \ldots, k_n) + (\ell_1, \ldots, \ell_n) = (k_1 + \ell_1, \ldots, k_n + \ell_n) \text{ und}$$

$$\lambda \cdot (\ell_1, \ldots, \ell_n) = (\lambda \ell_1, \ldots, \lambda \ell_n)$$

wieder Lösungen des homogenen LGS.

(c) Ist $(A \mid b)$ ein lösbares LGS mit der Lösungsmenge L und $(A \mid 0)$ das zugehörige homogene LGS mit der Lösungsmenge L_h, so gilt mit einer speziellen Lösung $x = (\ell_1, \dots, \ell_n)$ des inhomogenen Systems $(A \mid b)$:

$$L = x + L_h = \{x + y \mid y \in L_h\}.$$

Für Begründungen dieser Aussagen beachten Sie Aufgabe 9.5.

Betrachten Sie noch einmal alle Beispiele, in denen ein Gleichungssystem $(A \mid b)$ unendlich viele Lösungen hatte. Wir haben die Lösungsmengen stets in zwei verschiedenen Schreibweisen angegeben, z. B.

$$L = \left\{ (2,\, 7 - \lambda,\, \lambda,\, 1) \mid \lambda \in \mathbb{R} \right\} = \left\{ \underbrace{\begin{pmatrix} 2 \\ 7 \\ 0 \\ 1 \end{pmatrix}}_{=:v} + \lambda \underbrace{\begin{pmatrix} 0 \\ -1 \\ 1 \\ 0 \end{pmatrix}}_{=:w} \mid \lambda \in \mathbb{R} \right\}.$$

In dieser zweiten Darstellung der Lösungsmenge kann man deutlich die Struktur der Lösungsmenge erkennen: Der konstante *Vektor* v ist eine spezielle Lösung, die Menge der *Vektoren* λw, $\lambda \in \mathbb{R}$ bildet die Lösungsmenge des homogenen Systems $(A \mid 0)$.

MATLAB   Für die Lösung von linearen Gleichungssystemen (und damit zusammenhängenden Problemen) mit MATLAB beachte die folgenden Kommandos:

- Die Eingabe einer Matrix A bzw. eines Vektors b erfolgt beispielhaft durch:

    `A=[1 2 3 ; 4 5 6 ; 7 8 9]` bzw. `b = [1 ; 2 ; 3]`.

    Die Einträge in den Zeilen werden durch eine Leerstelle getrennt, Zeilen werden durch ein Semikolon getrennt; `[A b]` erzeugt die erweiterte Koeffizientenmatrix.
- `rank(A)` bzw. `rank([A b])` gibt den Rang von A bzw. von $(A \mid b)$ aus.
- `A\b` gibt eine (spezielle) Lösung von $(A \mid b)$ an, falls eine solche existiert. Falls keine exakte Lösung existiert, so gibt MATLAB evtl. auch ein Ergebnis aus, das nicht das exakte Ergebnis ist, sondern als beste Näherungslösung interpretiert werden kann (beachten Sie die Bemerkung in Abschn. 19.3.2). Ob die ausgegebene Lösung exakt oder eine Näherungslösung ist, erkennt man am **Residuum** `norm(b-A*x)`; ist das Residuum null, so ist das Ergebnis exakt, beachte aber: Ist das Residuum nahezu null, so kann man nicht darauf schließen, dass das Ergebnis nahezu exakt ist!
- `null(A,'r')` gibt die Vektoren an, die die Lösungsmenge des homogenen linearen Gleichungssystems $(A \mid b)$ *erzeugen* (beachte obige Bemerkung zur Lösungsmenge).

- `rref(A)` bzw. `rref([A b])` gibt eine reduzierte Zeilenstufenform von A bzw. von $(A \,|\, b)$ an.

Bemerkung Der Rang ist *sensitiv,* d. h., kleine Störungen in der Eingabematrix A können zu großen Änderungen in rg(A) Rang führen. Beispielsweise kann in besonders schlimmen Fällen der Rang einer $n \times n$-Matrix zwischen 1 und n schwanken, wenn man an den Einträgen in A nur etwas *wackelt.* Robustere und aussagekräftigere Aussagen zum Rang liefert die *Singulärwertzerlegung* von A, die Anzahl der Singulärwerte ungleich null ist der Rang der Matrix, siehe Kap. 42.

9.4   Aufgaben

9.1 Lösen Sie die folgenden linearen Gleichungssysteme mit Hilfe des Gauß'schen Eliminationsverfahrens:

(a) $\begin{aligned} 3x_1 - 5x_2 &= 2 \\ -9x_1 + 15x_2 &= -6 \end{aligned}$

(b) $\begin{aligned} 2x_1 + x_3 &= 3 \\ 4x_1 + 2x_2 + x_3 &= 3 \\ -2x_1 + 8x_2 + 2x_3 &= -8 \end{aligned}$

(c) $\begin{aligned} -2x_1 + x_2 + 3x_3 - 4x_4 &= -12 \\ -4x_1 + 3x_2 + 6x_3 - 5x_4 &= -21 \\ 2x_1 - 2x_2 - x_3 + 6x_4 &= 10 \\ -6x_1 + 6x_2 + 13x_3 + 10x_4 &= -22 \end{aligned}$

(d) $\begin{aligned} x_1 + x_2 + 2x_3 &= 3 \\ 2x_1 + 2x_2 + 5x_3 &= -4 \\ 5x_1 + 5x_2 + 11x_3 &= 6 \end{aligned}$

(e) $\begin{aligned} 3x_1 - 5x_2 + x_3 &= -1 \\ -3x_1 + 6x_2 &= 2 \\ 3x_1 - 4x_2 + 2x_3 &= 0 \end{aligned}$

9.2 Ermitteln Sie die Lösungsmenge des komplexen Gleichungssystems $(A \,|\, b)$ mit

$$A = \begin{pmatrix} 1-i & 2i \\ \frac{5}{2+i} & \frac{(2+4i)^2}{1-i} \end{pmatrix} \quad \text{und} \quad b = \begin{pmatrix} 3+i \\ 3+16i \end{pmatrix}.$$

9.3 Gegeben sei das lineare Gleichungssystem $(A \,|\, b)$ mit

$$A = \begin{pmatrix} 1 & 2 & -1 & -1 \\ 2 & 5 & 1 & 1 \\ 3 & 7 & 2 & 2 \\ -1 & 0 & 1 & \alpha \end{pmatrix} \quad \text{und} \quad b = \begin{pmatrix} 0 \\ 2 \\ \beta \\ 16 \end{pmatrix}.$$

(a) Für welche Werte von α und β besitzt dieses Gleichungssystem
(i) eine eindeutige Lösung, (ii) keine Lösung, (iii) unendlich viele Lösungen?

(b) Geben Sie eine Lösungsdarstellung für den Fall unendlich vieler Lösungen an.

9.4 Ermitteln Sie die Lösungsmenge des folgenden komplexen Gleichungssystems:

$$\begin{aligned} 2x_1 \quad\quad\;\; + ix_3 &= \quad\;\; i \\ x_1 - 3x_2 - ix_3 &= \quad 2i \\ ix_1 + \;\; x_2 + \;\; x_3 &= 1 + i \end{aligned}$$

9.5 Begründen Sie die Aussagen in der Merkbox in Abschn. 9.3 (Rezeptebuch).

9.6 Bestimmen Sie den Rang folgender Matrizen:

(a) $\begin{pmatrix} -2 & -3 \\ 4 & 6 \end{pmatrix}$ (b) $\begin{pmatrix} 3 & 3 & 3 \\ 2 & 2 & 2 \\ -1 & -1 & -1 \end{pmatrix}$ (c) $\begin{pmatrix} 1 & 2 & 3 \\ 2 & 3 & 4 \\ 3 & 4 & 5 \end{pmatrix}$ (d) $\begin{pmatrix} 0 & 0 & 1 \\ 2 & 1 & 0 \\ 1 & 2 & 3 \end{pmatrix}$

9.7 Der Sattel eines Bonanza-Bikes soll durch ein kubisches Polynom designed werden, d. h. durch eine Polynomfunktion $f(x) = a_3 x^3 + a_2 x^2 + a_1 x + a_0$, wobei die Kontur des Sattels durch die Funktionswerte im Bereich $x \in [-1, 1]$ gegeben sein soll. Die a_i's sind dabei unbekannte Variablen, die sich aus den folgenden Konstruktionsvorgaben ergeben:

(i) An der Stelle $x = 0$ ist der Aufsitzpunkt. Damit der Fahrer nicht rutscht, wird $f'(0) = 0$ gefordert.

(ii) An der Stelle $x = -1$ soll der Sattel in die Stange übergehen (die sich auf der x-Achse befindet), daher wird $f'(-1) = f(-1) = 0$ gefordert (der Fahrer sitzt mit dem Gesicht nach links, die Lehne ist rechts).

(iii) Das Bike wird auf den Fahrer maßangefertigt. Die gewünschte Sitztiefe b ergibt die Bedingung $f(0) = -b$.

Stellen Sie das lineare Gleichungssystem auf, das sich für die Variablen $a_3, \dots, a_0$ ergibt, und lösen Sie dieses in Abhängigkeit von b. Welche Polynomfunktionen entsprechen den gefundenen Lösungen?

Rechnen mit Matrizen

10

Inhaltsverzeichnis

Wir haben Matrizen bereits zur Lösung linearer Gleichungssysteme herangezogen: Matrizen waren hierbei ein hilfreiches Mittel, lineare Gleichungssysteme ökonomisch und übersichtlich darzustellen. Matrizen dienen auch in anderer, vielfältiger Art und Weise als Hilfsmittel. Das ist ein Grund, Matrizen für sich zu betrachten und alle Arten von *Manipulationen,* die mit ihnen möglich sind, übersichtlich darzustellen und einzuüben: Wir werden Matrizen addieren, vervielfachen, multiplizieren, potenzieren, transponieren und invertieren. Aber alles der Reihe nach.

10.1 Definition von Matrizen und einige besondere Matrizen

Ein rechteckiges Zahlenschema

$$A = \begin{pmatrix} a_{11} & \dots & a_{1n} \\ \vdots & & \vdots \\ a_{m1} & \dots & a_{mn} \end{pmatrix} = (a_{ij})_{m,n} = (a_{ij})$$

mit m Zeilen, n Spalten und Elementen $a_{ij} \in \mathbb{R}$ bzw. $a_{ij} \in \mathbb{C}$ nennen wir **reelle** bzw. **komplexe** $m \times n$**-Matrix.** Es ist

$$\mathbb{R}^{m \times n} = \left\{ (a_{ij})_{m,n} \mid a_{ij} \in \mathbb{R} \right\} \quad \text{bzw.} \quad \mathbb{C}^{m \times n} = \left\{ (a_{ij})_{m,n} \mid a_{ij} \in \mathbb{C} \right\}$$

© Springer-Verlag GmbH Deutschland, ein Teil von Springer Nature 2022
C. Karpfinger, *Höhere Mathematik in Rezepten,*
https://doi.org/10.1007/978-3-662-63305-2_10

die Menge aller reellen bzw. komplexen $m \times n$-Matrizen.

Die Zahl a_{ij} in der i-ten Zeile und j-ten Spalte nennt man **Komponente, Eintrag** oder **Koeffizient** an der **Stelle** (i, j) der Matrix $A = (a_{ij})$. Die Zahl i nennt man auch den **Zeilenindex** und die Zahl j den **Spaltenindex**.

Klar, aber erwähnenswert ist: Zwei Matrizen $A = (a_{ij})$ und $B = (b_{ij})$ sind genau dann gleich, wenn A und B gleich viele Zeilen und Spalten haben und $a_{ij} = b_{ij}$ für alle i, j gilt.

Um nicht ständig neben $\mathbb{R}$ auch $\mathbb{C}$ erwähnen zu müssen, schreiben wir im Folgenden $\mathbb{K}$ und meinen damit $\mathbb{R}$ oder $\mathbb{C}$.

Einige besondere Matrizen

- Die $m \times 1$-Matrizen bzw. $1 \times n$-Matrizen

$$s = \begin{pmatrix} s_1 \\ \vdots \\ s_m \end{pmatrix} \in \mathbb{K}^{m \times 1} = \mathbb{K}^m \text{ bzw. } z = (z_1, \ldots, z_n) \in \mathbb{K}^{1 \times n}$$

  heißen **Spalten** oder **Spaltenvektoren** bzw. **Zeilen** oder **Zeilenvektoren**.
- Die Matrix

$$0 = \begin{pmatrix} 0 \ldots 0 \\ \vdots \quad \vdots \\ 0 \ldots 0 \end{pmatrix} \in \mathbb{K}^{m \times n}$$

  heißt $m \times n$-**Nullmatrix**.
- Ist $m = n$, also $A \in \mathbb{K}^{n \times n}$, so heißt A **quadratische Matrix**. Die wichtigsten quadratischen Matrizen sind:
    - **Diagonalmatrizen:**

$$D = \begin{pmatrix} \lambda_1 & & 0 \\ & \ddots & \\ 0 & & \lambda_n \end{pmatrix} = \mathrm{diag}(\lambda_1, \ldots, \lambda_n),$$

    - die $n \times n$-**Einheitsmatrix** $E_n = \mathrm{diag}(1, \ldots, 1)$ mit den **Standardeinheitsvektoren** als Spalten:

$$e_1 = \begin{pmatrix} 1 \\ 0 \\ \vdots \\ 0 \end{pmatrix}, \ e_2 = \begin{pmatrix} 0 \\ 1 \\ \vdots \\ 0 \end{pmatrix}, \ldots, e_n = \begin{pmatrix} 0 \\ 0 \\ \vdots \\ 1 \end{pmatrix} \in \mathbb{K}^n,$$

- **obere** und **untere Dreiecksmatrizen**

$$O = \begin{pmatrix} * & \cdots & * \\ & \ddots & \vdots \\ 0 & & * \end{pmatrix} \quad \text{und} \quad U = \begin{pmatrix} * & & 0 \\ \vdots & \ddots & \\ * & \cdots & * \end{pmatrix}.$$

Es ist oftmals nützlich, eine $m \times n$-Matrix $A = (a_{ij}) \in \mathbb{K}^{m \times n}$ als eine *Sammlung* von n Spalten $s_1, \ldots, s_n$ bzw. von m Zeilen $z_1, \ldots, z_m$ aufzufassen:

$$A = \begin{pmatrix} a_{11} & \cdots & a_{1n} \\ \vdots & & \vdots \\ a_{m1} & \cdots & a_{mn} \end{pmatrix} = (s_1, \ldots, s_n) = \begin{pmatrix} z_1 \\ \vdots \\ z_m \end{pmatrix},$$

wobei die

$$s_j = \begin{pmatrix} a_{1j} \\ \vdots \\ a_{mj} \end{pmatrix} \in \mathbb{K}^{m \times 1} \quad \text{bzw.} \quad z_i = (a_{i1}, \ldots, a_{in}) \in \mathbb{K}^{1 \times n}$$

die Spalten bzw. Zeilen von A sind.

10.2 Rechenoperationen

Das *Transponieren, Addieren* und *Vervielfachen* von Matrizen ist eine einfache Geschichte. Das *Multiplizieren* von Matrizen hingegen ist auf den ersten Blick etwas unübersichtlich. Man schafft hier eine gewisse Ordnung, wenn man zuerst das Produkt *Zeile mal Spalte* einführt. Sind $z \in \mathbb{K}^{1 \times n}$ ein Zeilenvektor und $s \in \mathbb{K}^{n \times 1}$ ein Spaltenvektor, so multiplizieren wir Zeile mit Spalte wie folgt:

$$z \cdot s = (a_1, \ldots, a_n) \cdot \begin{pmatrix} b_1 \\ \vdots \\ b_n \end{pmatrix} = \sum_{i=1}^{n} a_i b_i.$$

Mit diesem Produkt lässt sich die Multiplikation von Matrix mit Matrix einfach formulieren (man beachte die folgende Definition).

Transponieren, Addieren, Vervielfachen und Multiplizieren von Matrizen

- **Transponieren:** Zu $A = (a_{ij}) \in \mathbb{K}^{m \times n}$ bezeichnet $A^\top = (a_{ji}) \in \mathbb{K}^{n \times m}$ die **zu** A **transponierte Matrix** oder das **Transponierte** von A:

$$A = \begin{pmatrix} a_{11} & \cdots & a_{1n} \\ \vdots & \ddots & \vdots \\ a_{m1} & \cdots & a_{mn} \end{pmatrix} \xrightarrow{\text{Transponieren}} A^\top = \begin{pmatrix} a_{11} & \cdots & a_{m1} \\ \vdots & \ddots & \vdots \\ a_{1n} & \cdots & a_{mn} \end{pmatrix}.$$

- **Addition:** Zu zwei Matrizen $A = (a_{ij})$, $B = (b_{ij}) \in \mathbb{K}^{m \times n}$ bezeichnet $A + B = (a_{ij} + b_{ij}) \in \mathbb{K}^{m \times n}$ die **Summe:**

$$\begin{pmatrix} a_{11} & \cdots & a_{1n} \\ \vdots & \ddots & \vdots \\ a_{m1} & \cdots & a_{mn} \end{pmatrix} + \begin{pmatrix} b_{11} & \cdots & b_{1n} \\ \vdots & \ddots & \vdots \\ b_{m1} & \cdots & b_{mn} \end{pmatrix} = \begin{pmatrix} a_{11} + b_{11} & \cdots & a_{1n} + b_{1n} \\ \vdots & \ddots & \vdots \\ a_{m1} + b_{m1} & \cdots & a_{mn} + b_{mn} \end{pmatrix}.$$

- **Multiplikation mit Skalaren:** Zu $\lambda \in \mathbb{K}$ und $A = (a_{ij}) \in \mathbb{K}^{m \times n}$ bezeichnet $\lambda \cdot A = (\lambda\, a_{ij}) \in \mathbb{K}^{m \times n}$ das **skalare Vielfache** von A:

$$\lambda \cdot \begin{pmatrix} a_{11} & \cdots & a_{1n} \\ \vdots & \ddots & \vdots \\ a_{m1} & \cdots & a_{mn} \end{pmatrix} = \begin{pmatrix} \lambda\, a_{11} & \cdots & \lambda\, a_{1n} \\ \vdots & \ddots & \vdots \\ \lambda\, a_{m1} & \cdots & \lambda\, a_{mn} \end{pmatrix}.$$

- **Multiplikation von Matrizen:** Zu zwei Matrizen $A = (a_{ij}) \in \mathbb{K}^{m \times n}$ und $B = (b_{jk}) \in \mathbb{K}^{n \times p}$ bezeichnet $A \cdot B = (\sum_{j=1}^{n} a_{ij} b_{jk})_{ik} \in \mathbb{K}^{m \times p}$ das **Produkt:**

$$A \cdot B = \begin{pmatrix} z_1 \\ \vdots \\ z_m \end{pmatrix} \cdot (s_1, \ldots, s_p) = \begin{pmatrix} z_1 \cdot s_1 & \ldots & z_1 \cdot s_p \\ \vdots & & \vdots \\ z_m \cdot s_1 & \ldots & z_m \cdot s_p \end{pmatrix}.$$

- Wir setzen außerdem für jedes $A \in \mathbb{K}^{n \times n}$ und $k \in \mathbb{N}$:

$$A^k = \underbrace{A \cdot A \cdot \ldots \cdot A}_{k\text{-mal}} \quad \text{und} \quad A^0 = E_n.$$

Einige Bemerkungen:

- Beim Transponieren wird aus der i-ten Zeile die i-te Spalte – so merkt man sich das Transponieren am besten.
- Eine quadratische Matrix A heißt **symmetrisch,** falls $A^\top = A$, und **schiefsymmetrisch,** falls $A^\top = -A$.
- Bei der Addition von Matrizen ist darauf zu achten, dass nur Matrizen mit gleich vielen Zeilen und Spalten addiert werden können.
- Bei der Multiplikation $A \cdot B$ von Matrizen A und B ist darauf zu achten, dass die Spaltenzahl von A gleich der Zeilenzahl von B sein muss, und das Produkt hat so viele Zeilen wie A und so viele Spalten wie B. Wir notieren das einprägsam wie folgt:

$$(m \times n) \cdot (n \times p) = m \times p.$$

- Das Produkt *Matrix mal Spalte* ergibt eine Spalte, daher erhält man das Produkt *Matrix mal Matrix* auch spaltenweise:

$$A \cdot s = \begin{pmatrix} z_1 \\ \vdots \\ z_m \end{pmatrix} \cdot s = \begin{pmatrix} z_1 \cdot s \\ \vdots \\ z_m \cdot s \end{pmatrix} \Rightarrow A \cdot B = A \cdot (s_1, \ldots, s_p) = (A \cdot s_1, \ldots, A \cdot s_p).$$

- Beim Potenzieren ist die Reihenfolge egal, die Multiplikation von Matrizen ist nämlich assoziativ.
- Ergänzend geben wir auch noch das *komplexe Konjugieren* einer Matrix $A = (a_{ij})_{m,n} \in \mathbb{C}^{m \times n}$ an: $\overline{A} = (\overline{a_{ij}})_{m,n}$. Es gilt $\overline{A \cdot B} = \overline{A} \cdot \overline{B}$.

Für die Multiplikation $\lambda \cdot A$ mit Skalaren wie auch für die Multiplikation von Matrizen $A \cdot B$ lassen wir ab jetzt den Malpunkt weg; wir schreiben also einfacher λA und $A B$.

Beispiel 10.1

- Durch Transponieren werden Zeilen zu Spalten und umgekehrt:

$$(a_1, \ldots, a_n)^\top = \begin{pmatrix} a_1 \\ \vdots \\ a_n \end{pmatrix}, \quad \begin{pmatrix} a_1 \\ \vdots \\ a_n \end{pmatrix}^\top = (a_1, \ldots, a_n) \text{ und } \begin{pmatrix} 1 & 2 & 3 \\ 4 & 5 & 6 \end{pmatrix}^\top = \begin{pmatrix} 1 & 4 \\ 2 & 5 \\ 3 & 6 \end{pmatrix}.$$

- Für $a = \begin{pmatrix} 1 \\ 2 \\ 3 \end{pmatrix}$ und $b = \begin{pmatrix} 3 \\ -2 \\ 2 \end{pmatrix}$ gilt

$$a^\top b = (1,\, 2,\, 3) \begin{pmatrix} 3 \\ -2 \\ 2 \end{pmatrix} = 5 \ \text{ und } \ a\, b^\top = \begin{pmatrix} 1 \\ 2 \\ 3 \end{pmatrix} (3,\, -2,\, 2) = \begin{pmatrix} 3 & -2 & 2 \\ 6 & -4 & 4 \\ 9 & -6 & 6 \end{pmatrix}.$$

- Die Matrix $A = \begin{pmatrix} 1 & 2 & 3 \\ 2 & 4 & 5 \\ 3 & 5 & 6 \end{pmatrix}$ ist symmetrisch und $B = \begin{pmatrix} 0 & 2 & 3 \\ -2 & 0 & 5 \\ -3 & -5 & 0 \end{pmatrix}$ ist schiefsymmetrisch.

- Matrizen addiert man komponentenweise:

$$\begin{pmatrix} 2 & 3 & 9 \\ 5 & 7 & 8 \end{pmatrix} + \begin{pmatrix} 1 & 2 & -1 \\ 2 & 3 & 1 \end{pmatrix} = \begin{pmatrix} 3 & 5 & 8 \\ 7 & 10 & 9 \end{pmatrix} \ \text{ und } \ \begin{pmatrix} 1 \\ 2 \end{pmatrix} + \begin{pmatrix} -1 \\ -2 \end{pmatrix} = \begin{pmatrix} 0 \\ 0 \end{pmatrix}.$$

- Auch die Multiplikation mit Skalaren erfolgt komponentenweise:

$$2 \begin{pmatrix} 1 & 2 & -1 \\ 2 & 3 & 1 \end{pmatrix} = \begin{pmatrix} 2 & 4 & -2 \\ 4 & 6 & 2 \end{pmatrix} \ \text{ und } \ (-2)\,(1,\, 2,\, 3) = (-2,\, -4,\, -6).$$

- Bei der Multiplikation von Matrizen muss die Spaltenzahl der ersten Matrix gleich der Zeilenzahl der zweiten Matrix sein:

$$\begin{pmatrix} 2 & 3 & 1 \\ 3 & 5 & 0 \end{pmatrix} \begin{pmatrix} 1 & 2 & 3 & 1 \\ 1 & 0 & 0 & 1 \\ 2 & 5 & 0 & 4 \end{pmatrix} = \begin{pmatrix} 7 & 9 & 6 & 9 \\ 8 & 6 & 9 & 8 \end{pmatrix}.$$

- Die Multiplikation mit einer Diagonalmatrix von links bewirkt eine Vervielfachung der Zeilen, von rechts hingegen eine Vervielfachung der Spalten:

$$\begin{pmatrix} 1 & 0 & 0 \\ 0 & 2 & 0 \\ 0 & 0 & 3 \end{pmatrix} \begin{pmatrix} 1 & 2 & 3 \\ 4 & 5 & 6 \\ 7 & 8 & 9 \end{pmatrix} = \begin{pmatrix} 1 & 2 & 3 \\ 8 & 10 & 12 \\ 21 & 24 & 27 \end{pmatrix}, \ \begin{pmatrix} 1 & 2 & 3 \\ 4 & 5 & 6 \\ 7 & 8 & 9 \end{pmatrix} \begin{pmatrix} 1 & 0 & 0 \\ 0 & 2 & 0 \\ 0 & 0 & 3 \end{pmatrix} = \begin{pmatrix} 1 & 4 & 9 \\ 4 & 10 & 18 \\ 7 & 16 & 27 \end{pmatrix}.$$

Insbesondere ist die Matrizenmultiplikation nicht kommutativ.

- Wir betrachten

$$A = \begin{pmatrix} 1 & i \\ i & 1 \end{pmatrix} \ \text{ und } \ B = \begin{pmatrix} 2+i & 1 \\ 0 & 1+i \end{pmatrix}.$$

Wir berechnen $(A + B)^2$:

$$\underbrace{\begin{pmatrix} 3+i & 1+i \\ i & 2+i \end{pmatrix}}_{=A+B} \underbrace{\begin{pmatrix} 3+i & 1+i \\ i & 2+i \end{pmatrix}}_{=A+B} = \begin{pmatrix} 7+7i & 3+7i \\ -2+5i & 2+5i \end{pmatrix}.$$

Nun berechnen wir $A^2 + 2AB + B^2$:

$$\underbrace{\begin{pmatrix} 0 & 2i \\ 2i & 0 \end{pmatrix}}_{=A^2} + \underbrace{\begin{pmatrix} 4+2i & 2i \\ -2+4i & 2+4i \end{pmatrix}}_{=2AB} + \underbrace{\begin{pmatrix} 3+4i & 3+2i \\ 0 & 2i \end{pmatrix}}_{=B^2} = \begin{pmatrix} 7+6i & 3+6i \\ -2+6i & 2+6i \end{pmatrix}.$$

Beachte: $(A + B)^2 \neq A^2 + 2AB + B^2$.

- Das lineare Gleichungssystem

$$a_{11}x_1 + \cdots + a_{1n}x_n = b_1$$
$$\vdots \qquad\qquad \vdots$$
$$a_{m1}x_1 + \cdots + a_{mn}x_n = b_m$$

lässt sich mit der Koeffizientenmatrix A, dem Spaltenvektor x und dem Spaltenvektor b,

$$A = \begin{pmatrix} a_{11} & \cdots & a_{1n} \\ \vdots & \ddots & \vdots \\ a_{m1} & \cdots & a_{mn} \end{pmatrix}, \quad x = \begin{pmatrix} x_1 \\ \vdots \\ x_n \end{pmatrix}, \quad b = \begin{pmatrix} b_1 \\ \vdots \\ b_m \end{pmatrix},$$

kurz schreiben als $Ax = b$.   ∎

Wir heben weitere wichtige Arten von Matrizen hervor, die *Elementarmatrizen;* die Multiplikation einer *Elementarmatrix* von links auf eine Matrix A bewirkt eine elementare Zeilenumformung:

Elementarmatrizen

Wir betrachten die folgenden **Elementarmatrizen** P_{kl}, $D_k(\lambda)$ und $N_{kl}(\lambda)$:

$$\underbrace{\begin{pmatrix} 1 & & & & & & \\ & \ddots & & & & & \\ & & 0 & & 1 & & \\ & & & \ddots & & & \\ & & 1 & & 0 & & \\ & & & & & \ddots & \\ & & & & & & 1 \end{pmatrix}}_{=P_{kl}}, \quad \underbrace{\begin{pmatrix} 1 & & & & & \\ & \ddots & & & & \\ & & 1 & & & \\ & & & \lambda & & \\ & & & & 1 & \\ & & & & & \ddots \\ & & & & & & 1 \end{pmatrix}}_{=D_k(\lambda)}, \quad \underbrace{\begin{pmatrix} 1 & & & & & \\ & \ddots & & & & \\ & & 1 & \lambda & & \\ & & & \ddots & & \\ & & & 1 & & \\ & & & & \ddots & \\ & & & & & 1 \end{pmatrix}}_{=N_{kl}(\lambda)}.$$

Die Multiplikation einer Elementarmatrix E von links an eine Matrix A bewirkt

- die Vertauschung von k-ter und l-ter Zeile, falls $E = P_{kl}$,
- die Vervielfachung der k-ten Zeile mit λ, falls $E = D_k(\lambda)$,
- die Addition des λ-Fachen der l-ten Zeile zur k-ten Zeile, falls $E = N_{kl}(\lambda)$,

$$
P_{kl}
\begin{pmatrix} \vdots \\ z_k \\ \vdots \\ z_l \\ \vdots \end{pmatrix}
=
\begin{pmatrix} \vdots \\ z_l \\ \vdots \\ z_k \\ \vdots \end{pmatrix},\;
D_k(\lambda)
\begin{pmatrix} \vdots \\ z_k \\ \vdots \\ z_l \\ \vdots \end{pmatrix}
=
\begin{pmatrix} \vdots \\ \lambda z_k \\ \vdots \\ z_l \\ \vdots \end{pmatrix},\;
N_{kl}(\lambda)
\begin{pmatrix} \vdots \\ z_k \\ \vdots \\ z_l \\ \vdots \end{pmatrix}
=
\begin{pmatrix} \vdots \\ z_k + \lambda z_l \\ \vdots \\ z_l \\ \vdots \end{pmatrix}.
$$

Für das Transponieren, Addieren, Vervielfachen und Multiplizieren von Matrizen gelten zahlreiche Rechenregeln. Wir geben diese Rechenregeln gleich nach dem folgenden Abschnitt zum Invertieren an.

10.3   Invertieren von Matrizen

Zu manchen quadratischen Matrizen $A \in \mathbb{K}^{n \times n}$ gibt es eine Matrix B mit $A\,B = E_n = B\,A$. Wir schreiben in diesem Fall $B = A^{-1}$ und nennen A^{-1} das **Inverse** von A und bezeichnen A als **invertierbar;** man erhält A^{-1} als Lösung für X der Matrixgleichung

$$
A\,X = E_n.
$$

Dabei ermitteln wir die Matrix $X = A^{-1}$ spaltenweise durch Lösen von n Gleichungssystemen: Mit $E_n = (e_1, \ldots, e_n)$ und $X = (s_1, \ldots, s_n)$ lautet $A\,X = E_n$ nämlich ausführlich:

$$
A\,X = (A\,s_1, \ldots, A\,s_n) = (e_1, \ldots, e_n), \quad \text{also} \quad A\,s_i = e_i \;\text{ für }\; i = 1, \ldots, n.
$$

Diese n Gleichungssysteme können wir simultan lösen:

Rezept: Invertieren einer Matrix
Eine Matrix $A \in \mathbb{K}^{n \times n}$ ist genau dann invertierbar, wenn $\mathrm{rg}(A) = n$ gilt.
Ist $A \in \mathbb{K}^{n \times n}$ invertierbar, so erhält man das Inverse A^{-1} durch simultanes Lösen von n Gleichungssystemen:

(1) Notiere die erweiterte Koeffizientenmatrix $(A \mid E_n)$.

(2) Führe elementare Zeilenumformungen durch, bis links die reduzierte Zeilenstufenform E_n erreicht ist:

$$(A \mid E_n) \rightsquigarrow \ldots \rightsquigarrow (E_n \mid B).$$

(3) Es gilt dann $B = A^{-1}$.

Bemerkung Man kann dieses Rezept auch auf eine nichtinvertierbare Matrix A anwenden. Da in diesem Fall $\mathrm{rg}(A) < n$ gilt, wird man feststellen, dass es nicht möglich ist, die Koeffizientenmatrix durch Zeilenumformungen zur Einheitsmatrix zu machen, Schritt (2) kann nicht beendet werden; sprich: Die Matrix A ist nicht invertierbar.

Beispiel 10.2

- Für das Inverse der Matrix $A = \begin{pmatrix} 2 & 1 \\ 1 & 1 \end{pmatrix}$ erhalten wir:

$$\left(\begin{array}{cc|cc} 2 & 1 & 1 & 0 \\ 1 & 1 & 0 & 1 \end{array}\right) \rightsquigarrow \left(\begin{array}{cc|cc} 1 & 1 & 0 & 1 \\ 0 & -1 & 1 & -2 \end{array}\right) \rightsquigarrow \left(\begin{array}{cc|cc} 1 & 0 & 1 & -1 \\ 0 & 1 & -1 & 2 \end{array}\right).$$

Damit gilt $A^{-1} = \begin{pmatrix} 1 & -1 \\ -1 & 2 \end{pmatrix}$.

- Für das Inverse der Matrix $A = \begin{pmatrix} 6 & 8 & 3 \\ 4 & 7 & 3 \\ 1 & 2 & 1 \end{pmatrix}$ erhalten wir:

$$\left(\begin{array}{ccc|ccc} 6 & 8 & 3 & 1 & 0 & 0 \\ 4 & 7 & 3 & 0 & 1 & 0 \\ 1 & 2 & 1 & 0 & 0 & 1 \end{array}\right) \rightsquigarrow \left(\begin{array}{ccc|ccc} 1 & 2 & 1 & 0 & 0 & 1 \\ 0 & -1 & -1 & 0 & 1 & -4 \\ 0 & -4 & -3 & 1 & 0 & -6 \end{array}\right)$$

$$\rightsquigarrow \left(\begin{array}{ccc|ccc} 1 & 0 & -1 & 0 & 2 & -7 \\ 0 & 1 & 1 & 0 & -1 & 4 \\ 0 & 0 & 1 & 1 & -4 & 10 \end{array}\right) \rightsquigarrow \left(\begin{array}{ccc|ccc} 1 & 0 & 0 & 1 & -2 & 3 \\ 0 & 1 & 0 & -1 & 3 & -6 \\ 0 & 0 & 1 & 1 & -4 & 10 \end{array}\right).$$

Damit gilt $A^{-1} = \begin{pmatrix} 1 & -2 & 3 \\ -1 & 3 & -6 \\ 1 & -4 & 10 \end{pmatrix}$.

- Wir versuchen, das Inverse der Matrix $A = \begin{pmatrix} 1 & 2 & 0 & 4 \\ 1 & 1 & 0 & 2 \\ 0 & 2 & 1 & 0 \\ 2 & 5 & 1 & 6 \end{pmatrix}$ zu bestimmen:

$$
\begin{pmatrix}
1\,2\,0\,4 & 1\,0\,0\,0\\
1\,1\,0\,2 & 0\,1\,0\,0\\
0\,2\,1\,0 & 0\,0\,1\,0\\
2\,5\,1\,6 & 0\,0\,0\,1
\end{pmatrix}
\rightsquigarrow
\begin{pmatrix}
1 & 2\,0 & 4 & 1\,0\,0\,0\\
0 & -1\,0 & -2 & -1\,1\,0\,0\\
0 & 0\,1 & -4 & -2\,2\,1\,0\\
0 & 1\,1 & -2 & -2\,0\,0\,1
\end{pmatrix}
$$

$$
\rightsquigarrow
\begin{pmatrix}
1\,0\,0 & 0 & -1 & 2\,0\,0\\
0\,1\,0 & 2 & 1 & -1\,0\,0\\
0\,0\,1 & -4 & -2 & 2\,1\,0\\
0\,0\,1 & -4 & -3 & 1\,0\,1
\end{pmatrix}
\rightsquigarrow
\begin{pmatrix}
1\,0\,0 & 0 & -1 & 2\,0\,0\\
0\,1\,0 & 2 & 1 & -1\,0\,0\\
0\,0\,1 & -4 & -2 & 2\,1\,0\\
0\,0\,0 & 0 & * & *\,*\,*
\end{pmatrix}.
$$

Aufgrund der Nullzeile gilt $\mathrm{rg}(A) < 4 = n$, damit ist A nicht invertierbar.

∎

10.4 Rechenregeln

Wir fassen sämtliche Rechenregeln für das Rechnen mit Matrizen übersichtlich zusammen und geben auch an, welche Regeln, die man vom Rechnen mit z. B. Zahlen gewohnt ist, beim Rechnen mit Matrizen nicht mehr gelten.

Rechenregeln für das Transponieren, Addieren, Multiplizieren und Invertieren von Matrizen

Sind $A, B, C \in \mathbb{K}^{m \times n}$ und $\lambda, \mu \in \mathbb{K}$, so gelten:

- Die **Vektorraumaxiome:**
  - $A + B = B + A$,
  - $(A + B) + C = A + (B + C)$,
  - $A + 0 = A$,
  - $A + (-A) = 0$,
  - $(\lambda\mu)A = \lambda(\mu A)$,
  - $1 \cdot A = A$,
  - $(\lambda + \mu)A = \lambda A + \mu A$,
  - $\lambda(A + B) = \lambda A + \lambda B$.
- Die Regeln für das Transponieren:
  - $(A + B)^{\top} = A^{\top} + B^{\top}$,
  - $(\lambda A)^{\top} = \lambda A^{\top}$,
  - $(A^{\top})^{\top} = A$.

Sind $A, B, C \in \mathbb{K}^{n \times n}$ quadratische Matrizen, so gelten:

- Die Regeln für die Multiplikation:
  - $(AB)C = A(BC)$,
  - $A(B + C) = AB + AC$,
  - $(A + B)C = AC + BC$,
  - $E_n \cdot A = A = A \cdot E_n$,
  - $(AB)^\top = B^\top A^\top$.
- Die Regeln für das Invertieren: Sind A und B invertierbar, so auch A^{-1} und AB, und es gilt:
  - $\left(A^{-1}\right)^{-1} = A$,
  - $(AB)^{-1} = B^{-1}A^{-1}$.
- Die zwei wichtigen Regeln für die Inversen von 2×2- bzw. Diagonalmatrizen:
  - $A = \begin{pmatrix} a & b \\ c & d \end{pmatrix} \Rightarrow A^{-1} = \frac{1}{ad - bc} \begin{pmatrix} d & -b \\ -c & a \end{pmatrix}$, falls $ad - bc \neq 0$,
  - $D = \operatorname{diag}(\lambda_1, \ldots, \lambda_n) \Rightarrow D^{-1} = \operatorname{diag}(\lambda_1^{-1}, \ldots, \lambda_n^{-1})$, falls $\lambda_1, \ldots, \lambda_n \neq 0$.

Die angegebenen Rechenregeln sind (mit Ausnahme der Assoziativität der Multiplikation) leicht nachzuweisen. Wir verzichten aber auf diese Nachweise. Etwas gewöhnungsbedürftig ist die Tatsache, dass manche Regeln, die man erwartet, nicht gelten:

- Die Multiplikation von $n \times n$-Matrizen ist für $n \geq 2$ **nicht kommutativ,** d. h.,

$$\text{es gibt Matrizen } A, \ B \in \mathbb{K}^{n \times n} \text{ mit } AB \neq BA,$$

z. B. im Fall $n = 2$:

$$\begin{pmatrix} 1 & 1 \\ 0 & 0 \end{pmatrix} \begin{pmatrix} 0 & 0 \\ 0 & 1 \end{pmatrix} = \begin{pmatrix} 0 & 1 \\ 0 & 0 \end{pmatrix} \neq \begin{pmatrix} 0 & 0 \\ 0 & 0 \end{pmatrix} = \begin{pmatrix} 0 & 0 \\ 0 & 1 \end{pmatrix} \begin{pmatrix} 1 & 1 \\ 0 & 0 \end{pmatrix}.$$

- Bei der Multiplikation von Matrizen kann $AB = 0$ gelten, obwohl $A \neq 0$ und $B \neq 0$, z. B.

$$\begin{pmatrix} 1 & 0 \\ 0 & 0 \end{pmatrix} \begin{pmatrix} 0 & 0 \\ 1 & 0 \end{pmatrix} = \begin{pmatrix} 0 & 0 \\ 0 & 0 \end{pmatrix}.$$

- *Kürzen* ist bei Matrizen nicht zulässig: Aus $AC = BC$ folgt nicht zwangsläufig $A = B$, z. B.:

$$\begin{pmatrix} 1 & 0 \\ 0 & 0 \end{pmatrix} \begin{pmatrix} 0 & 0 \\ 1 & 1 \end{pmatrix} = \begin{pmatrix} 0 & 0 \\ 1 & 0 \end{pmatrix} \begin{pmatrix} 0 & 0 \\ 1 & 1 \end{pmatrix} = \begin{pmatrix} 0 & 0 \\ 0 & 0 \end{pmatrix}, \text{ aber } \begin{pmatrix} 1 & 0 \\ 0 & 0 \end{pmatrix} \neq \begin{pmatrix} 0 & 0 \\ 1 & 0 \end{pmatrix}.$$

Abschließend geben wir noch an, wie man mit MATLAB die besprochenen Operationen durchführt.

MATLAB Die besprochenen Operationen erhält man mit MATLAB wie folgt:

- Mit A' erhält man das Transponierte von A.
- Mit A*B, r*A, A+B und A^k erhält man das Produkt, das Vielfache, die Summe und die Potenz von A.
- inv(A) gibt das Inverse von A aus.
- eye(n) und zeros(m,n) gibt die $n \times n$-Einheitsmatrix E_n und die $m \times n$-Nullmatrix aus.
- diag([1;2;3]) gibt die 3×3-Diagonalmatrix mit den Zahlen 1, 2, 3 auf der Diagonalen aus.

10.5 Aufgaben

10.1 Ermitteln Sie für die Matrix $A = \begin{pmatrix} 1\ 2\ 3 \\ 2\ 3\ 4 \\ 3\ 4\ 5 \end{pmatrix}$ den Ausdruck $A^0 + A + \frac{1}{2}A^2 + \frac{1}{6}A^3$.

10.2 Berechnen Sie $\overline{B}^\top B$ und $\overline{B}^\top A B$ mit der Matrix

$$A = \begin{pmatrix} 2\ \ i\ 0 \\ -i\ 2\ 0 \\ 0\ \ 0\ 2 \end{pmatrix} \quad \text{und der Matrix} \quad B = \begin{pmatrix} 0\ 1/\sqrt{2}\ \ 1/\sqrt{2} \\ 0\ i/\sqrt{2}\ -i/\sqrt{2} \\ 1\ \ 0\ \ \ \ 0 \end{pmatrix}.$$

10.3 Bilden Sie – sofern möglich – mit den Matrizen

$$A = \begin{pmatrix} -2\ 3 \\ 4\ 1 \\ -1\ 5 \end{pmatrix}, \quad B = \begin{pmatrix} 3\ \ 0 \\ 1\ -7 \end{pmatrix} \quad \text{und} \quad C = \begin{pmatrix} 1\ \ 4 \\ 0\ -2 \\ 3\ \ 5 \end{pmatrix}$$

und den Vektoren

$$x = (1, 0, -4)^\top, \ y = (8, -5)^\top \ \text{und} \ z = (3, 2)^\top$$

die Ausdrücke

$$A + C, \ 2B, \ A(y + z), \ C(-4z), \ (A + C)y, \ AB, \ BC, \ AC^\top, \ x^\top A, \ y^\top z, \ yz^\top.$$

10.4 Zeigen Sie:

(a) Für jede Matrix A ist $A^\top A$ symmetrisch.
(b) Für jede quadratische Matrix A ist $A + A^\top$ symmetrisch und $A - A^\top$ schiefsymmetrisch.

(c) Das Produkt zweier symmetrischer Matrizen A und B ist genau dann symmetrisch, wenn $AB = BA$ gilt.

10.5 Ist das Produkt quadratischer oberer bzw. unterer Dreiecksmatrizen wieder eine obere bzw. untere Dreiecksmatrix?

10.6 Gegeben sind die Matrizen

$$A = \begin{pmatrix} 1 & 1 & 1 \\ 2 & 0 & 2 \\ 1 & -2 & 3 \end{pmatrix} \quad \text{und} \quad B = \begin{pmatrix} 0 & 1 & -2 \\ 1 & 1 & 0 \\ 2 & 1 & 1 \end{pmatrix}.$$

(a) Berechnen Sie A^{-1}, B^{-1}, $(AB)^{-1}$ und $(2A)^{-1}$.

(b) Ist $A + B$ invertierbar?

10.7 Gegeben sind ein $n \in \mathbb{N}$ und eine Matrix $A \in \mathbb{R}^{n \times n}$.

(a) Zeigen Sie durch Induktion nach $m \in \mathbb{N}$:

$$(E_n - A)(E_n + A + A^2 + \cdots + A^{m-1}) = E_n - A^m.$$

(b) Folgern Sie aus dem Teil (a): Falls $A^m = 0$ für ein $m \in \mathbb{N}$ gilt, dann ist $E_n - A$ invertierbar.

10.8 Bestimmen Sie die Lösung $X \in \mathbb{R}^{3 \times 3}$ der Matrizengleichung $AX = B$ mit

$$A = \begin{pmatrix} 1 & 1 & 1 \\ 0 & 2 & -4 \\ 1 & 0 & 2 \end{pmatrix} \quad \text{und} \quad B = \begin{pmatrix} 1 & 2 & 3 \\ 2 & 3 & 1 \\ 3 & 1 & 2 \end{pmatrix}.$$

10.9

(a) Ist das Inverse einer invertierbaren symmetrischen Matrix wieder symmetrisch?

(b) Folgt aus der Invertierbarkeit einer Matrix A stets die Invertierbarkeit von $A^\top$?

(c) Ist die Summe invertierbarer Matrizen stets invertierbar?

(d) Ist das Produkt invertierbarer Matrizen stets invertierbar?

10.10 Invertieren Sie die folgenden Matrizen, oder zeigen Sie, dass keine Inverse existiert. Geben Sie jeweils den Rang der Matrix an.

(a) $A = \begin{pmatrix} 1 & 4 & -1 \\ -1 & -3 & 5 \\ 5 & 19 & -8 \end{pmatrix}$,   (c) $C = \begin{pmatrix} 0 & 1 & -2 \\ 1 & 1 & 0 \\ 2 & 1 & 1 \end{pmatrix}$,

(b) $B = \begin{pmatrix} 1 & 1 & 1 \\ 2 & 0 & 2 \\ 1 & -2 & 3 \end{pmatrix}$,

(d) $D = A + B$,

(e) $E = B + C$,

(f) $F = AB$,

(g) $G = A^{\top}$.

10.11

(a) Finden Sie eine 3×3-Matrix $A \neq E_3$ mit der Eigenschaft $A^2 = A$.

(b) Es sei $A \in \mathbb{R}^{n \times n}$ mit $A^2 = A$. Zeigen Sie, dass A genau dann invertierbar ist, wenn A die Einheitsmatrix $E_n \in \mathbb{R}^{n \times n}$ ist.

(c) Es seien $A, B \in \mathbb{R}^{n \times n}$ mit $B \neq 0$ und $AB = 0$. Kann die Matrix A dann invertierbar sein?

10.12 Es seien $A, B \in \mathbb{K}^{n \times n}$.

(a) Multiplizeren Sie $(A + B)^2 = (A + B)(A + B)$ aus, und geben Sie eine notwendige und hinreichende Bedingung an, wann die binomische Formel $(A + B)^2 = A^2 + 2AB + B^2$ gilt.

(b) Multiplizieren Sie $(A + B)(A - B)$ aus, und geben Sie eine notwendige und hinreichende Bedingung an, wann die binomische Formel $(A + B)(A - B) = A^2 - B^2$ gilt.

(c) Es seien A und B symmetrisch. Zeigen Sie: Genau dann ist AB symmetrisch, wenn $AB = BA$ gilt.

$L\,R$-Zerlegung einer Matrix

11

Inhaltsverzeichnis

Wir betrachten das Problem, zu einer invertierbaren Matrix $A \in \mathbb{R}^{n \times n}$ und einem Vektor $b \in \mathbb{R}^n$ einen Vektor $x \in \mathbb{R}^n$ mit $A\,x = b$ zu bestimmen; kurz: Wir lösen das lineare Gleichungssystem $Ax = b$. Formal erhält man die Lösung durch $x = A^{-1}b$.

Aber die Berechnung von A^{-1} ist bei einer *großen* Matrix A aufwendig. Die Cramer'sche Regel (siehe Rezept in Abschn. 12.3) ist aus numerischer Sicht zur Berechnung der Lösung x ungeeignet. Tatsächlich liefert das Gauß'sche Eliminationsverfahren, das wir auch in Kap. 9 zur händischen Lösung eines LGS empfohlen haben, eine Zerlegung der Koeffizientenmatrix A, mit deren Hilfe es möglich ist, ein Gleichungssystem der Form $A\,x = b$ mit invertierbarem A zu lösen. Diese sogenannte *L R-Zerlegung* ist zudem numerisch gutartig. Gleichungssysteme mit bis zu etwa 10000 Zeilen und Unbekannten lassen sich auf diese Weise vorteilhaft lösen. Für größere Gleichungssysteme sind iterative Lösungsverfahren zu bevorzugen (siehe Kap. 71).

11.1   Motivation

Um die angesprochene Zerlegung einer Matrix A zur Lösung des LGS $Ax = b$ zu motivieren, betrachten wir vorab den Fall, dass A eine obere oder untere Dreiecksmatrix ist. Die Gleichungssysteme

© Springer-Verlag GmbH Deutschland, ein Teil von Springer Nature 2022
C. Karpfinger, *Höhere Mathematik in Rezepten,*
https://doi.org/10.1007/978-3-662-63305-2_11

$$
\begin{pmatrix} 7 & 0 & 0 \\ -3 & 2 & 0 \\ 4 & -5 & 3 \end{pmatrix} \begin{pmatrix} x_1 \\ x_2 \\ x_3 \end{pmatrix} = \begin{pmatrix} 7 \\ -1 \\ 5 \end{pmatrix} \quad \text{und} \quad \begin{pmatrix} 4 & -5 & 3 \\ 0 & 2 & -3 \\ 0 & 0 & 7 \end{pmatrix} \begin{pmatrix} y_1 \\ y_2 \\ y_3 \end{pmatrix} = \begin{pmatrix} 6 \\ -1 \\ 7 \end{pmatrix}
$$

lassen sich gerade wegen der Dreiecksgestalt besonders einfach lösen, man erhält

$$
x_1 = 1, \ x_2 = 1, \ x_3 = 2 \ \text{und} \ y_1 = 2, \ y_2 = 1, \ y_3 = 1.
$$

Im ersten Fall spricht man von einer **Vorwärtssubstitution,** im zweiten Fall von einer **Rückwärtssubstitution.**

Diese *einfache* Lösbarkeit von Systemen mit Dreiecksmatrizen kann man nun nutzen, um allgemeine Systeme auf einfache Weise zu lösen: Angenommen, die Matrix $A \in \mathbb{R}^{n \times n}$ lässt sich schreiben als ein Produkt einer linken unteren Dreiecksmatrix $L \in \mathbb{R}^{n \times n}$ und einer rechten oberen Dreiecksmatrix $R \in \mathbb{R}^{n \times n}$, d. h.

$$
A = L R \ \text{mit} \ L = \begin{pmatrix} * & 0 & \dots & 0 \\ * & \ddots & \ddots & \vdots \\ \vdots & \ddots & \ddots & 0 \\ * & \dots & * & * \end{pmatrix} \ \text{und} \ R = \begin{pmatrix} * & * & \dots & * \\ 0 & \ddots & \ddots & \vdots \\ \vdots & \ddots & \ddots & * \\ 0 & \dots & 0 & * \end{pmatrix},
$$

so erhalten wir die Lösung x des LGS $A x = b$ durch Vorwärtssubstitution und anschließender Rückwärtssubstitution:

Rezept: Lösen eines LGS, wobei $A = L R$

Zu lösen ist das LGS $Ax = b$, wobei $A = L R$ mit einer linken unteren Dreiecksmatrix L und einer rechten oberen Dreiecksmatrix R:

(1) Löse zuerst das LGS $L y = b$ nach y durch Vorwärtssubstitution.
(2) Löse dann das LGS $R x = y$ nach x durch Rückwärtssubstitution.

Wegen $A x = b \ \Leftrightarrow \ L (R x) = b$ ist das x aus (2) die gesuchte Lösung.

Es sind bei dieser Methode zwar zwei Gleichungssysteme zu lösen, jedes dieser beiden ist aber unmittelbar, also ohne weitere Zeilenumformungen lösbar. Die Vorwärts- bzw. Rückwärtsiteration kostet jeweils etwa n^2 flops (siehe Aufgabe 11.3).

Wir beschreiben, wie man eine $L R$-Zerlegung der quadratischen Koeffizientenmatrix A erhält.

11.2 Die $L\,R$-Zerlegung – vereinfachte Variante

Man kann eine quadratische Matrix A mit elementaren Zeilenumformungen auf eine obere Dreiecksform R bringen; den Zeilenumformungen entsprechen dabei Multiplikationen von Elementarmatrizen von links (siehe Merkbox in Abschn. 10.2):

$$\underbrace{\begin{pmatrix} * & * & * \\ * & * & * \\ * & * & * \end{pmatrix}}_{=A} \xrightarrow{L_1} \underbrace{\begin{pmatrix} * & * & * \\ 0 & * & * \\ 0 & * & * \end{pmatrix}}_{=L_1 A} \xrightarrow{L_2} \underbrace{\begin{pmatrix} * & * & * \\ 0 & * & * \\ 0 & 0 & * \end{pmatrix}}_{=L_2 L_1 A = R}.$$

Mit $L = L_1^{-1} L_2^{-1}$ erhält man so

$$A = L_1^{-1} L_2^{-1} R = L\,R.$$

Beispiel 11.1 Wir zerlegen die Matrix $A = (a_{ij}) = \begin{pmatrix} 2 & 1 & 1 \\ 4 & 3 & 3 \\ 8 & 7 & 9 \end{pmatrix}$; es gilt:

$$\underbrace{\begin{pmatrix} 1 & 0 & 0 \\ -2 & 1 & 0 \\ -4 & 0 & 1 \end{pmatrix}}_{L_1} \underbrace{\begin{pmatrix} 2 & 1 & 1 \\ 4 & 3 & 3 \\ 8 & 7 & 9 \end{pmatrix}}_{A} = \underbrace{\begin{pmatrix} 2 & 1 & 1 \\ 0 & 1 & 1 \\ 0 & 3 & 5 \end{pmatrix}}_{L_1 A}, \quad \underbrace{\begin{pmatrix} 1 & 0 & 0 \\ 0 & 1 & 0 \\ 0 & -3 & 1 \end{pmatrix}}_{L_2} \underbrace{\begin{pmatrix} 2 & 1 & 1 \\ 0 & 1 & 1 \\ 0 & 3 & 5 \end{pmatrix}}_{L_1 A} = \underbrace{\begin{pmatrix} 2 & 1 & 1 \\ 0 & 1 & 1 \\ 0 & 0 & 2 \end{pmatrix}}_{L_1 L_2 A = R}.$$

Wegen

$$L_1^{-1} = \begin{pmatrix} 1 & 0 & 0 \\ 2 & 1 & 0 \\ 4 & 0 & 1 \end{pmatrix} \text{ und } L_2^{-1} = \begin{pmatrix} 1 & 0 & 0 \\ 0 & 1 & 0 \\ 0 & 3 & 1 \end{pmatrix} \text{ gilt } L = \begin{pmatrix} 1 & 0 & 0 \\ 2 & 1 & 0 \\ 4 & 3 & 1 \end{pmatrix}.$$

Damit erhalten wir

$$A = \underbrace{\begin{pmatrix} 1 & 0 & 0 \\ 2 & 1 & 0 \\ 4 & 3 & 1 \end{pmatrix}}_{L} \underbrace{\begin{pmatrix} 2 & 1 & 1 \\ 0 & 1 & 1 \\ 0 & 0 & 2 \end{pmatrix}}_{R}.$$

■

Man beachte, wie die Matrix L aus den Zeilenumformungen entsteht: Unterhalb der Diagonalen von L stehen an den entsprechenden Stellen die negativen Werte der *Eliminationsfaktoren* $\ell_{ik} = -a_{ik}/a_{kk}$, also die Zahlen $\frac{a_{21}}{a_{11}} = 2$, $\frac{a_{31}}{a_{11}} = 4$ und $\frac{a_{32}}{a_{22}} = 3$ – wir haben diese

Zahlen im Beispiel durch Fettdruck gekennzeichnet. Die Diagonale von L hat nur Einsen als Einträge, und oberhalb der Diagonalen hat L nur Nullen als Einträge. Diese Beobachtung legt eine ökonomischere Darstellung der Rechnung nahe: Wir notieren an den Stellen der entstehenden Nullen gleich die entsprechenden Einträge von L und erhalten L dann als die strikte untere Dreiecksmatrix durch Ergänzen der Diagonalen aus Einsen. Wir lösen obiges Beispiel erneut, führen also elementare Zeilenumformungen durch und notieren anstelle der entstehenden Nullen das Negative der Eliminationsfaktoren, die wir der Deutlichkeit halber durch eine Linie vom oberen Teil der Matrix trennen:

$$
\begin{pmatrix} 2 & 1 & 1 \\ 4 & 3 & 3 \\ 8 & 7 & 9 \end{pmatrix} \rightarrow \left(\begin{array}{c|cc} 2 & 1 & 1 \\ \hline \mathbf{2} & 1 & 1 \\ \mathbf{4} & 3 & 5 \end{array} \right) \rightarrow \left(\begin{array}{cc|c} 2 & 1 & 1 \\ \mathbf{2} & 1 & 1 \\ \mathbf{4} & \mathbf{3} & 2 \end{array} \right).
$$

Aus diesem Ergebnis erhalten wir: $L = \begin{pmatrix} 1 & 0 & 0 \\ 2 & 1 & 0 \\ 4 & 3 & 1 \end{pmatrix}$, $R = \begin{pmatrix} 2 & 1 & 1 \\ 0 & 1 & 1 \\ 0 & 0 & 2 \end{pmatrix}$.

Wir zeigen das Verfahren an einem weiteren Beispiel:

Beispiel 11.2

$$
\begin{pmatrix} 1 & 2 & 3 \\ 4 & 5 & 6 \\ 3 & 9 & 9 \end{pmatrix} \rightarrow \left(\begin{array}{c|cc} 1 & 2 & 3 \\ \hline 4 & -3 & -6 \\ 3 & 3 & 0 \end{array} \right) \rightarrow \left(\begin{array}{cc|c} 1 & 2 & 3 \\ 4 & -3 & -6 \\ 3 & -1 & -6 \end{array} \right).
$$

Das heißt, wir haben die folgende $L\ R$-Zerlegung:

$$
\begin{pmatrix} 1 & 2 & 3 \\ 4 & 5 & 6 \\ 3 & 9 & 9 \end{pmatrix} = \begin{pmatrix} 1 & 0 & 0 \\ 4 & 1 & 0 \\ 3 & -1 & 1 \end{pmatrix} \begin{pmatrix} 1 & 2 & 3 \\ 0 & -3 & -6 \\ 0 & 0 & -6 \end{pmatrix}.
$$

■

Dieses Verfahren klappt immer, es sei denn, beim Bilden der Eliminationsfaktoren müsste man durch null dividieren: Mit einer Null kann man nun mal keine Elemente ungleich null eliminieren. Diese Schwierigkeit werden wir aber ganz einfach lösen können: Eine eventuelle Null schaffen wir durch Zeilenvertauschen einfach nach unten und haben dadurch sogar noch eine Elimination weniger durchzuführen. Bevor wir hierauf zu sprechen kommen, wollen wir unser bisheriges Vorgehen in MATLAB implementieren.

MATLAB Auch bei einer Implementierung dieser *L R*-Zerlegung auf einem Rechner wird man dieses Überschreiben der Einträge von *A* durch die Einträge von *L* und *R* durchführen, da bei diesem Algorithmus kein zusätzlicher Speicheraufwand nötig ist. Man spricht von **In-situ-Speicherung.** Der folgende Ansatz liefert die entscheidende Idee für eine Implementierung des Algorithmus in MATLAB: Bestimme w, L_* und R_*, sodass

$$A = \begin{pmatrix} \alpha & u^\top \\ v & A_* \end{pmatrix} = \begin{pmatrix} 1 & \\ w & L_* \end{pmatrix} \begin{pmatrix} \alpha & u^\top \\ & R_* \end{pmatrix},$$

hierbei gilt A_*, L_*, $R_* \in \mathbb{R}^{(n-1)\times(n-1)}$, u, v, $w \in \mathbb{R}^{n-1}$ sowie $\alpha \in \mathbb{R}$. Wir multiplizieren aus und erhalten

$$v = \alpha w \quad \text{und} \quad A_* = wu^\top + L_* R_*, \quad \text{d.h.} \quad w = v/\alpha \quad \text{und} \quad L_* R_* = A_* - wu^\top.$$

In MATLAB lautet der Algorithmus z. B. wie folgt:

```
function [L,R] = LR(A)
[n,n] = size(A);
for j = 1:n-1
    I = j+1:n;
    A(I,j) = A(I,j)/A(j,j);
    A(I,I) = A(I,I)-A(I,j)*A(j,I);
end
R = triu(A);
L = eye(n,n) + tril(A,-1);
```

11.3   Die *L R*-Zerlegung – allgemeine Variante

Unser bisheriges Verfahren scheitert, sobald bei der Gaußelimination auf der Diagonalen eine Null entsteht, z. B.

$$
\begin{pmatrix} 1 & 2 & 3 \\ 4 & 8 & 6 \\ 3 & 9 & 9 \end{pmatrix} \rightarrow \left(\begin{array}{c|cc} 1 & 2 & 3 \\ \hline 4 & 0 & -6 \\ 3 & 3 & 0 \end{array} \right).
$$

Bei der (händischen) Gaußelimination würde man wegen der Null an der Stelle $(2, 2)$ eine Zeilenvertauschung durchführen, um ein *Pivotelement* ungleich null zu erhalten; dabei nennt man das Element $a_{kk} \neq 0$ auf der Diagonalen, mit dem die Einträge unterhalb eliminiert werden, **Pivotelement.** Eine solche Vertauschung wird durch Multiplikation von links mit einer Permutationsmatrix realisiert. Man zerlegt also nicht A, sondern $P A$, wobei P das Produkt der Permutationsmatrizen ist, welche die durchgeführten Zeilenvertauschungen realisieren. Wenn wir also zusätzlich Zeilenvertauschungen zulassen, erhalten wir eine *L R*-Zerlegung für jede invertierbare Matrix im folgenden Sinne:

Die *L R*-Zerlegung einer invertierbaren Matrix

Zu jeder invertierbaren Matrix $A \in \mathbb{R}^{n \times n}$ existieren eine untere Dreiecksmatrix $L \in \mathbb{R}^{n \times n}$ und eine obere Dreiecksmatrix $R \in \mathbb{R}^{n \times n}$,

$$
L = \begin{pmatrix} 1 & 0 & \dots & 0 \\ * & 1 & \ddots & \vdots \\ \vdots & \ddots & \ddots & 0 \\ * & \dots & * & 1 \end{pmatrix} \quad \text{und} \quad R = \begin{pmatrix} r_{11} & * & \dots & * \\ 0 & r_{22} & \ddots & \vdots \\ \vdots & \ddots & \ddots & * \\ 0 & \dots & 0 & r_{nn} \end{pmatrix},
$$

und eine Matrix $P \in \mathbb{R}^{n \times n}$, die ein Produkt von Permutationsmatrizen ist, mit

$$
P A = L R.
$$

Eine solche Darstellung der Matrix A nennt man *L R*-**Zerlegung** von A.
    Die Lösung x von $Ax = b$ erhält man durch Lösen von $LRx = PAx = Pb$.

Beispiel 11.3 Die $L\,R$-Zerlegung der Matrix $A = \begin{pmatrix} 0 & 1 \\ 1 & 1 \end{pmatrix} \in \mathbb{R}^{2\times2}$ lautet

$$\underbrace{\begin{pmatrix} 0 & 1 \\ 1 & 0 \end{pmatrix}}_{=P} \underbrace{\begin{pmatrix} 0 & 1 \\ 1 & 1 \end{pmatrix}}_{=A} = \begin{pmatrix} 1 & 1 \\ 0 & 1 \end{pmatrix} = \underbrace{\begin{pmatrix} 1 & 0 \\ 0 & 1 \end{pmatrix}}_{=L} \underbrace{\begin{pmatrix} 1 & 1 \\ 0 & 1 \end{pmatrix}}_{=R}.$$

∎

Da man die Matrix P natürlich bei der Lösung des LGS $Ax = b$ per $L\,R$-Zerlegung braucht, bleibt die Frage zu klären, wie man die Matrix P bestimmt. Wir halten im folgenden Rezept diese allgemeine $L\,R$-Zerlegung fest, es werden hierbei die Matrizen L, R und P aus A bestimmt:

Rezept: Bestimmen einer $L\,R$-Zerlegung von A

Gegeben ist eine invertierbare Matrix $A \in \mathbb{R}^{n\times n}$. Man erhält Matrizen L, R und P mit $P\,A = LR$ wie folgt:

(1) Solange $a_{kk} \neq 0$: Eliminiere mit a_{kk} die Einträge unterhalb a_{kk}, wie im Abschn. 11.2 beschrieben.

(2) Falls $a_{kk} = 0$: Vertausche die Zeile k mit einer Zeile $l > k$, die eine Elimination möglich macht, über die ganze Zeile hinweg (also in L und in R) und vermerke die Permutationsmatrix P_{kl}, die aus der Einheitsmatrix durch Vertauschen von k-ter und l-ter Zeile hervorgeht.

(3) Beginne mit (1).

(4) Falls $k = n$: Erhalte $P = P_r \cdots P_1$, wobei P_1 die zuerst und P_r die zuletzt erhaltene Permutationsmatrix aus Schritt (2) ist (beachte die Reihenfolge), L ist der linke untere Teil (ergänzt um Einsen auf der Diagonale), R ist der rechte obere Teil (mit der Diagonalen).

Wir zeigen das Verfahren an einem Beispiel:

Beispiel 11.4 Wir bestimmen eine $L\,R$-Zerlegung der folgenden Matrix A:

$$\underbrace{\begin{pmatrix} 1 & 1 & 1 & 1 \\ 2 & 2 & -1 & -3 \\ 4 & -1 & -6 & 0 \\ -1 & -2 & -3 & 1 \end{pmatrix}}_{=A} \rightarrow \left(\begin{array}{c|ccc} 1 & 1 & 1 & 1 \\ \hline 2 & 0 & -3 & -5 \\ 4 & -5 & -10 & -4 \\ -1 & -1 & -2 & 2 \end{array}\right).$$

Wegen $a_{22} = 0$ müssen wir eine Zeilenvertauschung durchführen. Wir tauschen die Zeilen 2 und 4, merken uns P_{24} und erhalten

$$
\begin{pmatrix}
1 & 1 & 1 & 1 \\
-1 & -1 & -2 & 2 \\
4 & -5 & -10 & -4 \\
2 & 0 & -3 & -5
\end{pmatrix}
\rightarrow
\begin{pmatrix}
1 & 1 & 1 & 1 \\
-1 & -1 & -2 & 2 \\
4 & 5 & 0 & -14 \\
2 & 0 & -3 & -5
\end{pmatrix}.
$$

Wegen $a_{33} = 0$ müssen wir erneut eine Zeilenvertauschung durchführen. Wir tauschen die Zeilen 3 und 4, wir merken uns P_{34}, und erhalten

$$
\begin{pmatrix}
1 & 1 & 1 & 1 \\
-1 & -1 & -2 & 2 \\
2 & 0 & -3 & -5 \\
4 & 5 & 0 & -14
\end{pmatrix}.
$$

Wegen

$$
P =
\begin{pmatrix}
1 & 0 & 0 & 0 \\
0 & 0 & 0 & 1 \\
0 & 1 & 0 & 0 \\
0 & 0 & 1 & 0
\end{pmatrix}
=
\underbrace{\begin{pmatrix}
1 & 0 & 0 & 0 \\
0 & 1 & 0 & 0 \\
0 & 0 & 0 & 1 \\
0 & 0 & 1 & 0
\end{pmatrix}}_{= P_{34}}
\underbrace{\begin{pmatrix}
1 & 0 & 0 & 0 \\
0 & 0 & 0 & 1 \\
0 & 0 & 1 & 0 \\
0 & 1 & 0 & 0
\end{pmatrix}}_{= P_{24}}
$$

erhalten wir für A die $L\,R$-Zerlegung:

$$
\underbrace{\begin{pmatrix}
1 & 0 & 0 & 0 \\
0 & 0 & 0 & 1 \\
0 & 1 & 0 & 0 \\
0 & 0 & 1 & 0
\end{pmatrix}}_{= P}
\underbrace{\begin{pmatrix}
1 & 1 & 1 & 1 \\
2 & 2 & -1 & -3 \\
4 & -1 & -6 & 0 \\
-1 & -2 & -3 & 1
\end{pmatrix}}_{= A}
=
\underbrace{\begin{pmatrix}
1 & 0 & 0 & 0 \\
-1 & 1 & 0 & 0 \\
2 & 0 & 1 & 0 \\
4 & 5 & 0 & 1
\end{pmatrix}}_{= L}
\underbrace{\begin{pmatrix}
1 & 1 & 1 & 1 \\
0 & -1 & -2 & 2 \\
0 & 0 & -3 & -5 \\
0 & 0 & 0 & -14
\end{pmatrix}}_{= R}.
$$

■

11.4   Die $L\,R$-Zerlegung – mit Spaltenpivotsuche

Zeilenvertauschungen sind auf jeden Fall immer dann nötig, wenn sich sonst eine Division durch null ergibt. Beim Vertauschen hat man meistens eine große Auswahl. Bei exakter Rechnung ist jedes Pivotelement ungleich null gleich gut geeignet. Aber bei der Gleitpunktarithmetik auf einem Rechner ist das betragsmäßig größte Pivotelement zu bevorzugen; durch diese **Spaltenpivotsuche** werden Rundungsfehler vermieden. Je größer die Pivotelemente betragsmäßig sind, desto kleiner sind die Beträge der Eliminationsfaktoren, sodass die Elemente in den noch abzuarbeitenden Spalten möglichst wenig anwachsen.

Bei der Spaltenpivotsuche vertauscht man also vor der Elimination in der s-ten Spalte die s-te Zeile mit derjenigen Zeile, die die betragsmäßig größte der Zahlen a_{is}, $s \leq i \leq n$, enthält. Hier wird vorausgesetzt, dass die Matrix A invertierbar ist.

Beispiel 11.5 Wir bestimmen die $L\,R$-Zerlegung mit Spaltenpivotsuche der Matrix

$$A = \begin{pmatrix} 0 & 3 & 3 \\ -1 & 3 & 4 \\ -2 & 1 & 5 \end{pmatrix}.$$

Wegen $|a_{31}| > |a_{21}|$, $|a_{11}|$ liefert die Spaltenpivotsuche vor Beginn der Elimination eine Vertauschung der ersten und der dritten Zeile; wir merken uns P_{13} und eliminieren:

$$\begin{pmatrix} 0 & 3 & 3 \\ -1 & 3 & 4 \\ -2 & 1 & 5 \end{pmatrix} \to \begin{pmatrix} -2 & 1 & 5 \\ -1 & 3 & 4 \\ 0 & 3 & 3 \end{pmatrix} \to \begin{pmatrix} -2 & 1 & 5 \\ 1/2 & 5/2 & 3/2 \\ 0 & 3 & 3 \end{pmatrix}.$$

Wegen $|a_{32}| > |a_{22}|$ liefert die Spaltenpivotsuche eine Vertauschung der zweiten und der dritten Zeile; wir merken uns P_{23} und eliminieren:

$$\begin{pmatrix} -2 & 1 & 5 \\ 1/2 & 5/2 & 3/2 \\ 0 & 3 & 3 \end{pmatrix} \to \begin{pmatrix} -2 & 1 & 5 \\ 0 & 3 & 3 \\ 1/2 & 5/2 & 3/2 \end{pmatrix} \to \begin{pmatrix} -2 & 1 & 5 \\ 0 & 3 & 3 \\ 1/2 & 5/6 & -1 \end{pmatrix}.$$

Damit erhalten wir mit $P = P_{23}P_{13}$ die Zerlegung:

$$\underbrace{\begin{pmatrix} 0 & 0 & 1 \\ 1 & 0 & 0 \\ 0 & 1 & 0 \end{pmatrix}}_{=P} \underbrace{\begin{pmatrix} 0 & 3 & 3 \\ -1 & 3 & 4 \\ -2 & 1 & 5 \end{pmatrix}}_{=A} = \underbrace{\begin{pmatrix} 1 & 0 & 0 \\ 0 & 1 & 0 \\ 1/2 & 5/6 & 1 \end{pmatrix}}_{=L} \underbrace{\begin{pmatrix} -2 & 1 & 5 \\ 0 & 3 & 3 \\ 0 & 0 & -1 \end{pmatrix}}_{=R}.$$

∎

Eine Zerlegung $P\,A = L\,R$ ist umso mehr wünschenswert, wenn mehrere Gleichungssysteme

$$A x = b_1, \ A x = b_2, \ \ldots, \ A x = b_k$$

für ein und dieselbe Koeffizientenmatrix A zu lösen sind. Hat man nämlich $PA = L R$ bereits zerlegt, so lässt sich diese Zerlegung für jedes der Gleichungssysteme $A x = b_i$ nutzen.

MATLAB Mit MATLAB erhält man die Matrizen L, R und P der $L R$-Zerlegung $P A = L R$ einfach durch `[L,R,P] = lu(A)`.

11.5   Aufgaben

11.1

(a) Bestimmen Sie eine $L R$-Zerlegung der Matrix $A = \begin{pmatrix} -1 & 2 & 3 \\ -2 & 7 & 4 \\ & 4 & -2 \end{pmatrix}$.

(b) Lösen Sie mithilfe dieser $L R$-Zerlegung das lineare Gleichungssystem $Ax = b$ mit $b = (12, 24, 3)^{\top}$.

11.2 Bestimmen Sie eine $L R$-Zerlegung der Matrix $A = \begin{pmatrix} 1 & 1 & 1 & 1 \\ 2 & 3 & -1 & -3 \\ 4 & -1 & 1 & 1 \\ -1 & -2 & -3 & 1 \end{pmatrix}$.

11.3 Es sei $A \in \mathbb{R}^{n \times n}$. Bestimmen Sie den Rechenaufwand für die $L R$-Zerlegung von A (ohne Zeilenvertauschungen) sowie für die Lösung des resultierenden linearen Gleichungssystems $L R x = b$ durch Vorwärts- und Rückwärtseinsetzen anhand der Anzahl der benötigten Gleitpunktoperationen.

Hinweis: Es gilt $\sum_{k=1}^{n} k = \frac{n(n+1)}{2}$ sowie $\sum_{k=1}^{n} k^2 = \frac{n(n+\frac{1}{2})(n+1)}{3}$.

11.4 Betrachten Sie das lineare Gleichungssystem $Ax = b$ mit

$$A = \begin{pmatrix} 1 & 1 \\ 1 & 1 + \delta \end{pmatrix}, \quad b = \begin{pmatrix} 1 \\ 1 \end{pmatrix}, \quad \delta = 10^{-15}.$$

(a) Geben Sie die exakte Lösung x (ohne Rechnung) an.
(b) Bestimmen Sie A^{-1} in Abhängigkeit von δ.
(c) Vergleichen Sie folgende Methoden zur Berechnung von x in MATLAB:

   1. $A^{-1}b$ mit A^{-1} aus (b) berechnen
   2. $A^{-1}b$ mit A^{-1} aus `inv(A)` berechnen

3. Gauß-Algorithmus ($L\,R$-Zerlegung von A, Vorwärts- und Rückwärtssubstitution).
   Dies erreicht man in MATLAB durch x=A\b.

(d) Vergleichen Sie die Ergebnisse von 1. und 2. aus (c).

(e) Erklären Sie die Ergebnisse von (c).

11.5 Bestimmen Sie die $L\,R$-Zerlegung mit Pivotisierung der Matrix

$$A = \begin{pmatrix} 1 & 1 & 2 \\ 4 & 0 & 2 \\ 2 & 1 & 1 \end{pmatrix},$$

und lösen Sie mit dieser $L\,R$-Zerlegung das LGS $Ax = b$ mit $b = (8, 8, 8)^\top$.

11.6 Implementieren Sie in MATLAB die Vorwärts- bzw. Rückwärtssubstitution zur Lösung eines LGS $A\,x = b$ mit unterer bzw. oberer Dreiecksmatrix A. Testen Sie Ihre Implementierung an Beispielen, wobei Sie sich eine $L\,R$-Zerlegung einer Matrix A mittels [L,R,P]=lu(A) verschaffen.

Die Determinante

12

Inhaltsverzeichnis

Jede quadratische Matrix A hat eine *Determinante* $\det(A)$. Mithilfe dieser Kenngröße von A können wir ein entscheidendes Invertierbarkeitskriterium für A angeben: Eine quadratische Matrix A ist genau dann invertierbar, wenn $\det(A) \neq 0$ gilt. Dieses Kriterium ist es, das die Determinante so nützlich macht: Wir können damit die *Eigenwerte* und damit wiederum die in den Ingenieurwissenschaften so entscheidenden Probleme *Hauptachsentransformation* oder *Singulärwertzerlegung* lösen.

Die Berechnung der Determinante $\det(A)$ ist bei großer Matrix A äußerst aufwendig. Wir geben Tricks an, um die Berechnung noch übersichtlich zu halten.

Im Folgenden ist mit $\mathbb{K}$ stets einer der Zahlbereiche $\mathbb{R}$ oder $\mathbb{C}$ gemeint.

12.1 Definition der Determinante

Wir betrachten eine quadratische $n \times n$-Matrix $A \in \mathbb{K}^{n \times n}$ und zwei Indizes $i, j \in \{1, \ldots, n\}$. Dazu erklären wir die $(n-1) \times (n-1)$-**Streichungsmatrix** A_{ij}, die aus A durch Streichen der i-ten Zeile und j-ten Spalte hervorgeht.

© Springer-Verlag GmbH Deutschland, ein Teil von Springer Nature 2022
C. Karpfinger, *Höhere Mathematik in Rezepten*,
https://doi.org/10.1007/978-3-662-63305-2_12

Beispiel 12.1

$$A = \begin{pmatrix} 1 & 2 & 3 & 4 \\ 5 & 6 & 7 & 8 \\ 4 & 3 & 2 & 1 \\ 8 & 7 & 6 & 5 \end{pmatrix} \quad \Rightarrow \quad A_{23} = \begin{pmatrix} 1 & 2 & 4 \\ 4 & 3 & 1 \\ 8 & 7 & 5 \end{pmatrix} \quad \text{und} \quad A_{32} = \begin{pmatrix} 1 & 3 & 4 \\ 5 & 7 & 8 \\ 8 & 6 & 5 \end{pmatrix},$$

∎

Die **Determinante** ist eine Abbildung, die jeder quadratischen $n \times n$-Matrix A mit Koeffizienten aus $\mathbb{K}$ eine Zahl, nämlich $\det(A)$, zuordnet. Diese Zahl $\det(A)$ erhält man dabei rekursiv wie folgt:

Im Fall $n = 1$: $\det(A) = a_{11}$ und im Fall $n \geq 2$:

$$\det(A) = \sum_{i=1}^{n}(-1)^{i+1}a_{i1}\det(A_{i1})$$

$$= a_{11}\det(A_{11}) - a_{21}\det(A_{21}) + \ldots + (-1)^{n+1}a_{n1}\det(A_{n1}).$$

Die Determinante von 2 × 2- und 3 × 3-Matrizen
Für $A = (a_{ij}) \in \mathbb{K}^{n \times n}$ gilt:

- Im Fall $n = 2$:
$$\det(A) = a_{11}a_{22} - a_{12}a_{21}.$$

- Im Fall $n = 3$:

$$\det(A) = a_{11}a_{22}a_{33} + a_{12}a_{23}a_{31} + a_{13}a_{21}a_{32} - \left(a_{13}a_{22}a_{31} + a_{23}a_{32}a_{11} + a_{33}a_{12}a_{21}\right).$$

Man merkt sich diese Formeln mit dem folgenden Schema, das man im Fall $n = 3$ **Regel von Sarrus** nennt:

$$\begin{vmatrix} a_{11} & a_{12} \\ a_{21} & a_{22} \end{vmatrix} = \begin{pmatrix} {}^+a_{11} & a_{12}{}^- \\ a_{21} & a_{22} \end{pmatrix}, \quad \begin{vmatrix} a_{11} & a_{12} & a_{13} \\ a_{21} & a_{22} & a_{23} \\ a_{31} & a_{32} & a_{33} \end{vmatrix} = \begin{array}{ccc} {}^+a_{13} \\ a_{23} \\ a_{33} \end{array} \begin{pmatrix} {}^+a_{11} & {}^+a_{12} & a_{13}{}^- \\ a_{21} & a_{22} & a_{23} \\ a_{31} & a_{32} & a_{33} \end{pmatrix} \begin{array}{c} a_{11}{}^- \\ a_{21} \\ a_{31} \end{array}$$

Im Fall $n \geq 4$ gibt es keine so einfachen Merkformeln, siehe auch die folgenden Beispiele. Es ist üblich, $|A|$ anstelle von $\det(A)$ zu schreiben, auch wir werden diese Schreibweise gelegentlich benutzen.

Beispiel 12.2

- Es gilt: $\det \begin{pmatrix} 1 & 2 \\ 3 & 4 \end{pmatrix} = 1 \cdot 4 - 3 \cdot 2 = -2$.

- Es gilt: $\det \begin{pmatrix} 1 & 2 & 3 \\ 4 & 5 & 6 \\ 7 & 8 & 9 \end{pmatrix} = 1 \cdot 5 \cdot 9 + 2 \cdot 6 \cdot 7 + 3 \cdot 4 \cdot 8 - 3 \cdot 5 \cdot 7 - 6 \cdot 8 \cdot 1 - 9 \cdot 2 \cdot 4 = 0$.

- Es gilt:
$$\begin{vmatrix} 1 & 2 & 3 & 4 \\ 5 & 6 & 7 & 8 \\ 4 & 3 & 2 & 1 \\ 8 & 7 & 6 & 5 \end{vmatrix} = 1 \cdot \begin{vmatrix} 6 & 7 & 8 \\ 3 & 2 & 1 \\ 7 & 6 & 5 \end{vmatrix} - 5 \cdot \begin{vmatrix} 2 & 3 & 4 \\ 3 & 2 & 1 \\ 7 & 6 & 5 \end{vmatrix} + 4 \cdot \begin{vmatrix} 2 & 3 & 4 \\ 6 & 7 & 8 \\ 7 & 6 & 5 \end{vmatrix} - 8 \cdot \begin{vmatrix} 2 & 3 & 4 \\ 6 & 7 & 8 \\ 3 & 2 & 1 \end{vmatrix}.$$

Hier wird klar: Die Berechnung der Determinante einer *großen* Matrix wird schnell aufwendig.

- Stehen aber in der ersten Spalte einer 4×4-Matrix unterhalb des ersten Elements nur Nullen, so gilt:
$$\begin{vmatrix} 1 & 2 & 3 & 4 \\ 0 & 6 & 7 & 8 \\ 0 & 3 & 2 & 1 \\ 0 & 7 & 6 & 5 \end{vmatrix} = 1 \cdot \begin{vmatrix} 6 & 7 & 8 \\ 3 & 2 & 1 \\ 7 & 6 & 5 \end{vmatrix}.$$

In diesem Fall ist die Berechnung der Determinante einer 4×4-Matrix im Wesentlichen die Berechnung der Determinante einer 3×3-Matrix.

∎

12.2 Berechnung der Determinante

Für die Determinante gelten zahlreiche Rechenregeln. Mit ihrer Hilfe wird es möglich, Nullen in einer Zeile bzw. Spalte zu erzeugen, ohne dass sich die Determinante ändert. Durch Entwicklung nach dieser Zeile bzw. Spalte erhalten wir die Determinante einer $n \times n$-Matrix durch Berechnen der Determinante einer $(n-1) \times (n-1)$-Matrix.

Rechenregeln für die Determinante
Gegeben ist eine quadratische Matrix $A = (a_{ij}) \in \mathbb{K}^{n \times n}$. Es gilt:

- **Entwicklung nach j-ter Spalte:**

$$\forall j \in \{1, \ldots, n\}: \quad \det(A) = \sum_{i=1}^{n} (-1)^{i+j} a_{ij} \det(A_{ij}).$$

- **Entwicklung nach i-ter Zeile:**

$$\forall i \in \{1, \ldots, n\}: \quad \det(A) = \sum_{j=1}^{n} (-1)^{i+j} a_{ij} \det(A_{ij}).$$

- Die Determinante ändert sich nicht beim Transponieren: $\det(A) = \det(A^\top)$.
- Ist A obere oder untere Dreiecksmatrix, also

$$A = \begin{pmatrix} \lambda_1 & & * \\ & \ddots & \\ 0 & & \lambda_n \end{pmatrix} \quad \text{oder} \quad A = \begin{pmatrix} \lambda_1 & & 0 \\ & \ddots & \\ * & & \lambda_n \end{pmatrix},$$

so gilt für die Determinante von A:

$$\det(A) = \lambda_1 \cdots \lambda_n.$$

- Hat A **Blockdreiecksgestalt**, d. h.

$$A = \begin{pmatrix} B & 0 \\ C & D \end{pmatrix} \quad \text{oder} \quad A = \begin{pmatrix} B & C \\ 0 & D \end{pmatrix}$$

mit quadratischen Matrizen B und D und passenden Matrizen 0 und C, so:

$$\det(A) = \det(B)\det(D).$$

- Es gilt der **Determinantenmultiplikationssatz:** Ist $A = BC$ mit quadratischen Matrizen B und C, so gilt:

$$\det(A) = \det(B)\det(C).$$

- Ist A invertierbar, $AA^{-1} = E_n$, so gilt: $\det(A^{-1}) = \left(\det(A)\right)^{-1}$.
- Die Determinante unter elementaren Zeilen- bzw. Spaltenumformungen:
  - Vertauschen zweier Zeilen oder Spalten ändert das Vorzeichen der Determinante.
  - Multiplikation einer Zeile oder Spalte von A mit λ bewirkt eine Multiplikation der Determinante mit λ.
  - Addition des λ-Fachen einer Zeile oder Spalte von A zu einer anderen Zeile oder Spalte ändert die Determinante nicht.

$$\det \begin{pmatrix} \vdots \\ z_k \\ \vdots \\ z_l \\ \vdots \end{pmatrix} = -\det \begin{pmatrix} \vdots \\ z_l \\ \vdots \\ z_k \\ \vdots \end{pmatrix}, \ \det \begin{pmatrix} \vdots \\ \lambda z_k \\ \vdots \\ z_l \\ \vdots \end{pmatrix} = \lambda \det \begin{pmatrix} \vdots \\ z_k \\ \vdots \\ z_l \\ \vdots \end{pmatrix}, \ \det \begin{pmatrix} \vdots \\ z_k + \lambda z_l \\ \vdots \\ z_l \\ \vdots \end{pmatrix} = \det \begin{pmatrix} \vdots \\ z_k \\ \vdots \\ z_l \\ \vdots \end{pmatrix}.$$

Für $\lambda \in \mathbb{K}$ gilt $\det(\lambda A) = \lambda^n \det(A)$.

Beim Gauß'schen Eliminationsverfahren erzeugen wir mit einem Nichtnullelement in einer Spalte Nullen unter- bzw. oberhalb dieses Pivotelements. Die obige Rechenregel besagt, dass hierbei die Determinante der Matrix gleich bleibt. Kommt in einer Spalte dann nur noch ein Element ungleich null vor, so liefert eine Entwicklung der Determinante nach dieser Spalte eine wesentliche Vereinfachung zur Berechnung der Determinante der ursprünglichen Matrix. Das geht analog in einer Zeile mittels entsprechender Spaltenumformungen. Das allgemeine Vorgehen zur Berechnung der Determinante einer Matrix $A \in \mathbb{K}^{n \times n}$ mit $n \geq 3$ lässt sich damit zusammenfassen als:

Rezept: Berechnen der Determinante

(1) Hat A zwei gleiche Zeilen oder Spalten bzw. zwei Zeilen oder Spalten, die Vielfache voneinander sind, so gilt $\det(A) = 0$.

(2) Hat A Blockdreiecksgestalt, also $A = \begin{pmatrix} B & 0 \\ C & D \end{pmatrix}$ oder $A = \begin{pmatrix} B & C \\ 0 & D \end{pmatrix}$?

Falls ja: $\det(A) = \det(B) \det(D)$.

Falls nein: Nächster Schritt.

(3) Gibt es eine Zeile bzw. Spalte mit vielen Nullen?

Falls ja: Entwickle nach dieser Zeile bzw. Spalte.

Falls nein: Nächster Schritt.

(4) Erzeuge Nullen in einer Zeile oder Spalte durch elementare Zeilen- oder Spaltenumformungen und entwickle nach dieser Zeile oder Spalte.

(5) Beginne von vorne.

Vorsicht Sind A, B, C, D quadratische $n \times n$-Matrizen, so gilt im Fall $n \geq 2$ im Allgemeinen

$$\det \begin{pmatrix} A & B \\ C & D \end{pmatrix} \neq \det(A)\,\det(D) - \det(B)\,\det(C).$$

Beispiel 12.3

- Wir berechnen eine Determinante, indem wir jeweils durch Zeilenoperationen in einer Spalte viele Nullen erzeugen und dann nach dieser entwickeln:

$$\det \begin{pmatrix} 4 & 3 & 2 & 1 \\ 3 & 2 & 1 & 4 \\ 2 & 1 & 4 & 3 \\ 1 & 4 & 3 & 2 \end{pmatrix} = \begin{vmatrix} 0 & -13 & -10 & -7 \\ 0 & -10 & -8 & -2 \\ 0 & -7 & -2 & -1 \\ 1 & 4 & 3 & 2 \end{vmatrix} = (-1)^5 \cdot 1 \cdot \begin{vmatrix} -13 & -10 & -7 \\ -10 & -8 & -2 \\ -7 & -2 & -1 \end{vmatrix}$$

$$= \begin{vmatrix} 13 & 10 & 7 \\ 10 & 8 & 2 \\ 7 & 2 & 1 \end{vmatrix} = \begin{vmatrix} -36 & -4 & 0 \\ -4 & 4 & 0 \\ 7 & 2 & 1 \end{vmatrix} = (-1)^6 \cdot 1 \cdot \begin{vmatrix} -36 & -4 \\ -4 & 4 \end{vmatrix}$$

$$= \begin{vmatrix} 36 & 4 \\ 4 & -4 \end{vmatrix} = \begin{vmatrix} 40 & 0 \\ 4 & -4 \end{vmatrix} = -160.$$

- Nun berechnen wir die Determinante einer Matrix in Blockdreiecksgestalt:

$$\det \begin{pmatrix} 1 & 2 & 0 & 0 & 0 & 0 \\ 1 & 1 & 0 & 0 & 0 & 0 \\ 7 & 8 & 2 & 3 & 3 & 0 \\ 1 & 2 & 0 & 3 & 5 & 0 \\ 2 & 1 & 0 & 1 & 2 & 0 \\ 0 & 0 & 2 & 2 & 3 & 5 \end{pmatrix} = \det \begin{pmatrix} 1 & 2 \\ 1 & 1 \end{pmatrix} \cdot \det \begin{pmatrix} 2 & 3 & 3 \\ 0 & 3 & 5 \\ 0 & 1 & 2 \end{pmatrix} \cdot \det (5)$$

$$= (-1) \cdot 2 \cdot 1 \cdot 5 = -10.$$

- Eine weitere Möglichkeit der Vereinfachung ist das Herausziehen von Faktoren aus Zeilen bzw. Spalten:

$$\begin{vmatrix} 2 & 4 \\ 0 & 8 \end{vmatrix} = 2 \cdot \begin{vmatrix} 1 & 2 \\ 0 & 8 \end{vmatrix} = 2 \cdot 8 \cdot \begin{vmatrix} 1 & 2 \\ 0 & 1 \end{vmatrix} \quad \text{oder} \quad \begin{vmatrix} 2 & 4 \\ 0 & 8 \end{vmatrix} = 2 \cdot \begin{vmatrix} 1 & 2 \\ 0 & 8 \end{vmatrix} = 2 \cdot 2 \cdot \begin{vmatrix} 1 & 1 \\ 0 & 4 \end{vmatrix}.$$

- Noch ein weiteres Beispiel für Vereinfachen und Entwickeln:

$$
\det\begin{pmatrix} 3 & 1 & 3 & 0 \\ 2 & 4 & 1 & 2 \\ 1 & 0 & 0 & -1 \\ 4 & 2 & -1 & 1 \end{pmatrix} = \begin{vmatrix} 3 & 1 & 3 & 3 \\ 2 & 4 & 1 & 4 \\ 1 & 0 & 0 & 0 \\ 4 & 2 & -1 & 5 \end{vmatrix} = (-1)^4 \cdot 1 \cdot \begin{vmatrix} 1 & 3 & 3 \\ 4 & 1 & 4 \\ 2 & -1 & 5 \end{vmatrix}
$$

$$
= \begin{vmatrix} -11 & 0 & -9 \\ 4 & 1 & 4 \\ 6 & 0 & 9 \end{vmatrix} = (-1)^4 \cdot 1 \cdot \begin{vmatrix} -11 & -9 \\ 6 & 9 \end{vmatrix} = 3 \cdot \begin{vmatrix} -11 & -9 \\ 2 & 3 \end{vmatrix}
$$

$$
= 9 \cdot \begin{vmatrix} -11 & -3 \\ 2 & 1 \end{vmatrix} = 9 \cdot \begin{vmatrix} -5 & 0 \\ 2 & 1 \end{vmatrix} = 9 \cdot (-5) = -45.
$$

- Wir betrachten die Matrix

$$
A = \begin{pmatrix} 1-x & 1 & 1 \\ 1 & 1-x & 1 \\ 1 & 1 & 1-x \end{pmatrix}
$$

und bestimmen die Zahlen $x \in \mathbb{R}$, für die $\det(A) = 0$ ist:

$$
\begin{vmatrix} 1-x & 1 & 1 \\ 1 & 1-x & 1 \\ 1 & 1 & 1-x \end{vmatrix} = \begin{vmatrix} 1-x & 1 & 1 \\ x & -x & 0 \\ 0 & x & -x \end{vmatrix} = x^2 \cdot \begin{vmatrix} 1-x & 1 & 1 \\ 1 & -1 & 0 \\ 0 & 1 & -1 \end{vmatrix}
$$

$$
= x^2 \cdot \begin{vmatrix} 1-x & 2-x & 1 \\ 1 & 0 & 0 \\ 0 & 1 & -1 \end{vmatrix} = -x^2 \cdot \begin{vmatrix} 2-x & 1 \\ 1 & -1 \end{vmatrix}
$$

$$
= -x^2 \cdot \begin{vmatrix} 3-x & 0 \\ 1 & -1 \end{vmatrix} = x^2(3-x).
$$

Die Determinante ist also genau dann null, wenn $x = 0$ oder $x = 3$ ist.

∎

MATLAB In MATLAB erhält man die Determinante von A durch `det(A)`. Dabei wird die Determinante über die LR-Zerlegung $PA = LR$ einer Matrix A bestimmt. Hat man nämlich erst einmal diese LR-Zerlegung, so gilt wegen $P^2 = E_n$ und des Determinantenmultiplikationssatzes $\det(A) = \det(P)\det(L)\det(R) = \pm\det(R)$, wobei R eine obere Dreiecksmatrix ist, deren Determinante einfach das Produkt der Diagonalelemente ist. Auch die Determinante von P ist einfach zu bestimmen, es gilt nämlich $\det(P) = 1$, falls P ein Produkt von geradzahlig vielen Permutationsmatrizen ist und $\det(P) = -1$ sonst.

12.3   Anwendungen der Determinante

Wir wissen, dass eine Matrix $A \in \mathbb{K}^{n \times n}$ genau dann invertierbar ist, wenn $\mathrm{rg}(A) = n$ ist.
Mit der Determinante können wir ein weiteres solches **Invertierbarkeitskriterium** angeben
(beachte Aufgabe 12.1):

Invertierbarkeitskriterium für Matrizen

Eine Matrix $A \in \mathbb{K}^{n \times n}$ ist genau dann invertierbar, wenn $\det(A) \neq 0$ gilt.

Wir zeigen, wie wir dieses Kriterium benutzen können: Gegeben ist eine Matrix $A \in \mathbb{K}^{n \times n}$.
Wir suchen einen Vektor $v \in \mathbb{K}^n$, $v \neq 0$, mit

$$A\, v = \lambda\, v \quad \text{für ein } \lambda \in \mathbb{K}.$$

Dieses Problem findet Anwendungen beim Lösen von Differentialgleichungen, bei der Suche
von Trägheitsachsen usw. Es gilt:

$$A\,v = \lambda\,v,\ v \neq 0 \ \Leftrightarrow\ A\,v - \lambda\,v = 0,\ v \neq 0 \ \Leftrightarrow\ (A - \lambda E_n)\,v = 0,\ v \neq 0$$

$$\Leftrightarrow\ (A - \lambda\, E_n) \text{ hat nicht Rang } n$$

$$\Leftrightarrow\ (A - \lambda\, E_n) \text{ ist nicht invertierbar}$$

$$\Leftrightarrow\ \det(A - \lambda\, E_n) = 0.$$

Die Aufgabe ist es also, $\lambda \in \mathbb{K}$ derart zu bestimmen, dass $\det(A - \lambda\, E_n) = 0$ ist.

Beispiel 12.4   Gegeben ist die Matrix

$$A = \begin{pmatrix} 1 & 2 \\ 2 & 1 \end{pmatrix} \in \mathbb{R}^{2 \times 2}.$$

Wir suchen nun $v \in \mathbb{R}^n$ mit $A\,v = \lambda\,v$ für ein $\lambda \in \mathbb{R}$. Nach obiger Rechnung bestimmen
wir also zuerst $\lambda \in \mathbb{R}$ mit $\det(A - \lambda\, E_n) = 0$. Es gilt:

$$\det(A - \lambda\, E_n) = \begin{vmatrix} 1 - \lambda & 2 \\ 2 & 1 - \lambda \end{vmatrix} = (1 - \lambda)^2 - 4$$

$$= \lambda^2 - 2\lambda + 1 - 4 = \lambda^2 - 2\lambda - 3 = (\lambda - 3)(\lambda + 1).$$

Es ist also $\det(A - \lambda\, E_n) = 0$ für $\lambda \in \{-1, 3\}$. Wir setzen $\lambda_1 = -1$ und $\lambda_2 = 3$.
Es gibt also $v_1, v_2 \in \mathbb{R}^2$ mit

$$A\,v_1 = \lambda_1 v_1 \quad \text{und} \quad A\,v_2 = \lambda_2 v_2.$$

Man findet v_1 und v_2 durch Lösen des linearen Gleichungssystems $(A - \lambda_{1/2} E_2 | 0)$:

$$(A - \lambda_1 E_2 \,|\, 0) = \begin{pmatrix} 2 & 2 & | & 0 \\ 2 & 2 & | & 0 \end{pmatrix} \rightsquigarrow \begin{pmatrix} 1 & 1 & | & 0 \\ 0 & 0 & | & 0 \end{pmatrix} \Rightarrow v_1 = \begin{pmatrix} 1 \\ -1 \end{pmatrix}.$$

$$(A - \lambda_2 E_2 \,|\, 0) = \begin{pmatrix} -2 & 2 & | & 0 \\ 2 & -2 & | & 0 \end{pmatrix} \rightsquigarrow \begin{pmatrix} 1 & -1 & | & 0 \\ 0 & 0 & | & 0 \end{pmatrix} \Rightarrow v_2 = \begin{pmatrix} 1 \\ 1 \end{pmatrix}.$$

Die Probe bestätigt $A\,v_1 = -v_1$ und $A\,v_2 = 3v_2$. ∎

Wir kommen auf diese Problematik im Kap. 39 erneut zu sprechen.

Eine weitere Anwendung ist die *Cramer'sche Regel*, diese liefert die Komponenten $\ell_1, \ldots, \ell_n$ des Lösungsvektors x eines eindeutig lösbaren linearen Gleichungssystems $A\,x = b$ mit einer invertierbaren Matrix $A \in \mathbb{K}^{n \times n}$ und einem Spaltenvektor $b \in \mathbb{K}^n$:

Rezept: Die Cramer'sche Regel

Man erhält die Komponenten ℓ_i der eindeutig bestimmten Lösung x des LGS $A\,x = b$ mit einer invertierbaren Matrix $A = (s_1, \ldots, s_n) \in \mathbb{K}^{n \times n}$ und einem Spaltenvektor $b \in \mathbb{K}^n$ wie folgt:

(1) Berechne $\det(A)$.

(2) Ersetze die i-te Spalte s_i von A durch b und erhalte

$$A_i = (s_1, \ldots, s_{i-1}, b, s_{i+1}, \ldots, s_n) \text{ für } i = 1, \ldots, n.$$

(3) Berechne $\det(A_i)$ für $i = 1, \ldots, n$.

(4) Erhalte die Komponenten ℓ_i des Lösungsvektors x wie folgt:

$$\ell_i = \frac{\det(A_i)}{\det(A)} \text{ für } i = 1, \ldots, n.$$

Beispiel 12.5 Wir lösen das lineare Gleichungssystem $A\,x = b$ mit

$$A = \begin{pmatrix} -1 & 8 & 3 \\ 2 & 4 & -1 \\ -2 & 1 & 2 \end{pmatrix} \quad \text{und} \quad b = \begin{pmatrix} 2 \\ 1 \\ -1 \end{pmatrix}.$$

(1) Die Matrix A ist wegen

$$\det(A) = \begin{vmatrix} -1 & 8 & 3 \\ 2 & 4 & -1 \\ -2 & 1 & 2 \end{vmatrix} = \begin{vmatrix} -1 & 8 & 3 \\ 0 & 20 & 5 \\ 0 & 5 & 1 \end{vmatrix} = - \begin{vmatrix} 20 & 5 \\ 5 & 1 \end{vmatrix} = 5 \neq 0$$

invertierbar.

(2) Wir erhalten die Matrizen

$$A_1 = \begin{pmatrix} 2 & 8 & 3 \\ 1 & 4 & -1 \\ -1 & 1 & 2 \end{pmatrix}, \quad A_2 = \begin{pmatrix} -1 & 2 & 3 \\ 2 & 1 & -1 \\ -2 & -1 & 2 \end{pmatrix} \quad \text{und} \quad A_3 = \begin{pmatrix} -1 & 8 & 2 \\ 2 & 4 & 1 \\ -2 & 1 & -1 \end{pmatrix}.$$

(3) Die Determinanten dieser Matrizen berechnen sich zu $\det(A_1) = 25$, $\det(A_2) = -5$ und $\det(A_3) = 25$.

(4) Es sind also

$$\ell_1 = \frac{\det(A_1)}{\det(A)} = \frac{25}{5} = 5, \quad \ell_2 = \frac{-5}{5} = -1 \quad \text{und} \quad \ell_3 = \frac{25}{5} = 5$$

die Komponenten der eindeutig bestimmten Lösung von $A x = b$, $x = (5, -1, 5)^\top$.

■

Mit dem Gauß'schen Eliminationsverfahren hätten wir die Lösung einfacher erhalten. In der Praxis benutzt man die Cramer'sche Regel nicht. Für eine Begründung dieser Regel beachte die Aufgaben.

12.4 Aufgaben

12.1 Begründen Sie das Invertierbarkeitskriterium für Matrizen in Abschn. 12.3 (Rezeptebuch).

12.2 Berechnen Sie die Determinanten der folgenden Matrizen:

$$\begin{pmatrix} 1 & 2 \\ -2 & -5 \end{pmatrix}, \quad \begin{pmatrix} -1 & 1 & 1 \\ 1 & 0 & -7 \\ 2 & -3 & 5 \end{pmatrix}, \quad \begin{pmatrix} 1 & 3 & -1 & 1 \\ -2 & -5 & 2 & 1 \\ 3 & 4 & 2 & -2 \\ -4 & 2 & -8 & 1 \end{pmatrix}, \quad \begin{pmatrix} 1 & 2 & 0 & 0 & 0 \\ 1 & 1 & 0 & 0 & 0 \\ 7 & 8 & 2 & 3 & 3 \\ 1 & 2 & 0 & 3 & 5 \\ 2 & 1 & 0 & 1 & 2 \end{pmatrix}.$$

12.3 Zeigen Sie anhand eines Beispiels, dass für $A, B, C, D \in \mathbb{R}^{n \times n}$ im Allgemeinen gilt

$$\det \begin{pmatrix} A & B \\ C & D \end{pmatrix} \neq \det A \det D - \det B \det C.$$

12.4 Bestimmen Sie die Determinante der folgenden *Tridiagonalmatrizen*

$$\begin{pmatrix} 1 & i & 0 & \dots & 0 \\ i & 1 & i & \ddots & \vdots \\ 0 & i & 1 & \ddots & 0 \\ \vdots & \ddots & \ddots & \ddots & i \\ 0 & \dots & 0 & i & 1 \end{pmatrix} \in \mathbb{C}^{n \times n}.$$

12.5 Schreiben Sie ein MATLAB-Programm, das die Determinante $\det(A)$ nach Entwicklung nach der ersten Spalte berechnet.

12.6 Lösen Sie mit der Cramer'schen Regel das Gleichungssystem $Ax = b$ für

$$A = \begin{pmatrix} 0 & 1 & 3 \\ 2 & 1 & 0 \\ 4 & 1 & 1 \end{pmatrix} \quad \text{und} \quad b = \begin{pmatrix} 4 \\ 3 \\ 6 \end{pmatrix}.$$

12.7 Begründen Sie die Cramer'sche Regel.

12.8 Schreiben Sie eine MATLAB-Funktion, die das Gleichungssystem $A x = b$ mit Hilfe der Cramer'schen Regel löst.

12.9 Ermitteln Sie die Determinanten der Matrizen

$$A = \begin{pmatrix} 1 & 1 & 0 & 2 \\ -2 & 2 & 0 & 1 \\ 38 & 7 & -3 & 3 \\ -1 & 2 & 0 & 3 \end{pmatrix}, \quad B = \begin{pmatrix} -3 & 0 & 7^{44} & 0 \\ \frac{22}{23} & 5 & \sqrt{\pi} & 0 \\ 0 & 0 & 6 & 0 \\ -102 & 8^e & e^8 & 10 \end{pmatrix}, \quad C = A^\top B^{-1}.$$

Vektorräume 13

Inhaltsverzeichnis

Der Begriff des *Vektorraums* ist ein sehr nützlicher Begriff: Viele Mengen mathematischer Objekte gehorchen ein und denselben Regeln und können unter diesem Begriff zusammengefasst werden. Ob wir nun die Lösungsmenge eines homogenen linearen Gleichungssystems oder die Menge der 2π-periodischen Funktionen betrachten; diese Mengen bilden *Vektorräume* und ihre Elemente damit Vektoren, die alle den gleichen allgemeingültigen Regeln für Vektoren unterworfen sind.

In diesem Kapitel zu den Vektorräumen ist etwas Abstraktionsfähigkeit notwendig. Dies ist zu Beginn zugegebenermaßen schwierig. Vielleicht ist es ein nützlicher Tipp, die Anschauung zu unterdrücken: Vektorräume entziehen sich im Allgemeinen jeder Anschauung, der Versuch, sich unter einem Funktionenraum etwas vorstellen zu wollen, muss einfach scheitern.

Mit $\mathbb{K}$ bezeichnen wir immer $\mathbb{R}$ oder $\mathbb{C}$.

13.1 Definition und wichtige Beispiele

Wir beginnen mit der Definition eines *Vektorraums*. Diese Definition ist alles andere als kurz und knapp. Wir wollen gleich darauf hinweisen, dass man diese Definition nicht auswendig lernen sollte, man sollte nur wissen, wo man nachsehen muss, wenn man doch einmal auf die Definition zurückgreifen muss:

© Springer-Verlag GmbH Deutschland, ein Teil von Springer Nature 2022
C. Karpfinger, *Höhere Mathematik in Rezepten*,
https://doi.org/10.1007/978-3-662-63305-2_13

Eine nichtleere Menge V mit einer Addition $+$ und einer Multiplikation $\cdot$ heißt ein **Vektorraum über** $\mathbb{K}$ oder ein $\mathbb{K}$-**Vektorraum,** wenn für alle u, v, $w \in V$ und für alle $\lambda, \mu \in \mathbb{K}$ gilt:

(1) $v + w \in V$, $\lambda v \in V$,   (Abgeschlossenheit)

(2) $u + (v + w) = (u + v) + w$,   (Assoziativität)

(3) Es gibt ein Element $0 \in V$: $v + 0 = v$ für alle $v \in V$,   (Nullelement)

(4) Es gibt ein Element $v' \in V$: $v + v' = 0$ für alle $v \in V$,   (negatives Element)

(5) $v + w = w + v$ für alle $v, w \in V$,   (Kommutativität)

(6) $\lambda\,(v + w) = \lambda\,v + \lambda\,w$,   (Distributivität)

(7) $(\lambda + \mu)\,v = \lambda\,v + \mu\,v$,   (Distributivität)

(8) $(\lambda\,\mu)\,v = \lambda\,(\mu\,v)$,   (Assoziativität)

(9) $1 \cdot v = v$.

Ist V ein $\mathbb{K}$-Vektorraum, so nennt man die Elemente aus V **Vektoren.** Der Vektor 0 aus (3) heißt **Nullvektor.** Den Vektor v' zu v aus (4) nennt man den zu v **entgegengesetzten** Vektor oder den zu v **inversen** Vektor oder auch das **Negative** von v. Man schreibt $-v$ für v' und auch $u - v$ statt $u + (-v)$. Im Fall $\mathbb{K} = \mathbb{R}$ spricht man auch von einem **reellen Vektorraum,** im Fall $\mathbb{K} = \mathbb{C}$ von einem **komplexen Vektorraum.** Man nennt $+$ die **Vektoraddition** und $\cdot$ die **Multiplikation mit Skalaren** oder **skalare Multiplikation.**

Damit sind vorläufig alle Begriffe festgelegt, wir betrachten nun die vier wichtigsten Beispiele von $\mathbb{K}$-Vektorräumen, diese sind

$$\mathbb{K}^n, \ \mathbb{K}^{m \times n}, \ \mathbb{K}[x], \ \mathbb{K}^M.$$

Beispiel 13.1

- Für alle natürlichen Zahlen $n \in \mathbb{N}$ ist

$$\mathbb{K}^n = \left\{ \begin{pmatrix} x_1 \\ \vdots \\ x_n \end{pmatrix} \mid x_1, \ldots, x_n \in \mathbb{K} \right\}$$

mit der Vektoraddition und der Multiplikation mit Skalaren

$$\begin{pmatrix} x_1 \\ \vdots \\ x_n \end{pmatrix} + \begin{pmatrix} y_1 \\ \vdots \\ y_n \end{pmatrix} = \begin{pmatrix} x_1 + y_1 \\ \vdots \\ x_n + y_n \end{pmatrix} \quad \text{und} \quad \lambda \cdot \begin{pmatrix} x_1 \\ \vdots \\ x_n \end{pmatrix} = \begin{pmatrix} \lambda\,x_1 \\ \vdots \\ \lambda\,x_n \end{pmatrix}$$

ein $\mathbb{K}$-Vektorraum. Der Nullvektor von $\mathbb{K}^n$ ist $0 = (0, \ldots, 0)^\top$, und zu jedem Vektor $v = (v_1, \ldots, v_n)^\top$ ist das Negative $-v = (-v_1, \ldots, -v_n)^\top$.

- Die Menge
$$\mathbb{K}^{m \times n} = \left\{ (a_{ij}) \mid a_{ij} \in \mathbb{K} \right\}$$

aller $m \times n$-Matrizen über $\mathbb{K}$, $m\,n \in \mathbb{N}$, ist mit der Vektoraddition und der Multiplikation mit Skalaren
$$(a_{ij}) + (b_{ij}) = (a_{ij} + b_{ij}) \quad \text{und} \quad \lambda \cdot (a_{ij}) = (\lambda\, a_{ij})$$

ein $\mathbb{K}$-Vektorraum mit der Nullmatrix 0 als Nullvektor. Das Negative zu dem Vektor $v = (a_{ij}) \in \mathbb{K}^{m \times n}$ ist $-v = (-a_{ij})$. Die Vektoren sind hier Matrizen.
- Die Menge
$$\mathbb{K}[x] = \left\{ a_0 + a_1\, x + \ldots + a_n\, x^n \mid n \in \mathbb{N}_0,\ a_i \in \mathbb{K} \right\}$$

aller **Polynome** über $\mathbb{K}$ ist mit der Vektoraddition und der Multiplikation mit Skalaren

$$\sum a_i\, x^i + \sum b_i\, x^i = \sum (a_i + b_i)\, x^i \quad \text{und} \quad \lambda \cdot \sum a_i\, x^i = \sum (\lambda\, a_i)\, x^i$$

ein $\mathbb{K}$-Vektorraum mit dem Nullpolynom $\sum 0 x^i$ als Nullvektor und dem Negativen $-p = \sum (-a_i)\, x^i$ zu dem Polynom $p = \sum a_i\, x^i \in K[x]$. Die Vektoren sind hier Polynome.
- Für jede Menge M ist

$$\mathbb{K}^M = \{ f \mid f : M \to \mathbb{K} \text{ Abbildung} \},$$

die Menge aller Abbildungen von M nach $\mathbb{K}$ mit der Vektoraddition und der Multiplikation mit Skalaren

$$f + g : \begin{cases} M \to & \mathbb{K} \\ x \mapsto f(x) + g(x) \end{cases} \quad \text{und} \quad \lambda \cdot f : \begin{cases} M \to & \mathbb{K} \\ x \mapsto \lambda f(x) \end{cases}$$

ein $\mathbb{K}$-Vektorraum mit dem Nullvektor 0, das ist die Nullabbildung

$$0 : \begin{cases} M \to \mathbb{K} \\ x \mapsto 0 \end{cases}$$

und dem Negativen $-f$ zu f, d. h.:

$$f : \begin{cases} M \to & \mathbb{K} \\ x \mapsto & f(x) \end{cases} \quad \Rightarrow \quad -f : \begin{cases} M \to & \mathbb{K} \\ x \mapsto & -f(x) \end{cases}.$$

Die Vektoren sind hier Abbildungen.

∎

Der Nachweis, dass die oben aufgeführten Axiome (1)–(9) für diese vier Beispiele $\mathbb{K}^n$, $\mathbb{K}^{m \times n}$, $\mathbb{K}[x]$, $\mathbb{K}^M$ gelten, ist langwierig und langweilig. Wir verzichten darauf, heben aber zwei Rechenregeln hervor, die für alle Vektoren v eines $\mathbb{K}$-Vektorraums V und alle Skalare $\lambda \in \mathbb{K}$ gelten:

- $0\,v = 0$ und $\lambda\,0 = 0$.
- $\lambda\,v = 0 \;\Rightarrow\; \lambda = 0$ oder $v = 0$.

Dies begründet man mit den Vektorraumaxiomen (beachte Aufgabe 13.1).

13.2   Untervektorräume

Will man bei einer Menge mit einer Addition und einer Multiplikation nachweisen, dass es sich um einen $\mathbb{K}$-Vektorraum handelt, so sind eigentlich die oben erwähnten neun Axiome (1)–(9) zu begründen. Das kann aufwendig werden. Zum Glück sind alle Vektorräume, mit denen wir es jemals zu tun haben werden, *Untervektorräume* eines der vier Vektorräume $\mathbb{K}^n$, $\mathbb{K}^{m \times n}$, $\mathbb{K}[x]$, $\mathbb{K}^M$. Dabei nennt man eine Teilmenge U eines Vektorraums V einen **Untervektorraum** von V, wenn U mit der Addition $+$ und der Multiplikation $\cdot$ von V wieder ein Vektorraum ist. Und der Nachweis, dass eine Teilmenge U ein Untervektorraum eines Vektorraums ist, ist zum Glück ganz leicht zu führen:

Rezept: Nachweis für Untervektorraum

Gegeben ist eine Teilmenge U eines Vektorraums V. Begründe:

(1) $0 \in U$,
(2) $u,\, v \in U \;\Rightarrow\; u + v \in U$,
(3) $u \in U,\, \lambda \in \mathbb{K} \;\Rightarrow\; \lambda\,u \in U$.

Die Teilmenge U von V ist dann ein Untervektorraum von V und als solcher ein $\mathbb{K}$-Vektorraum.

Will man also bei einer Menge zeigen, dass sie ein Vektorraum ist, so zeige mit dem angegebenen Rezept, dass diese Menge ein Untervektorraum eines geeigneten Vektorraums ist. Das macht weniger Arbeit, liefert aber dasselbe Ergebnis.

Beispiel 13.2

- Die Teilmenge $U = \{(x_1, \ldots, x_{n-1}, 0)^\top \in \mathbb{K}^n \mid x_1, \ldots, x_{n-1} \in \mathbb{K}\}$ des $\mathbb{K}$-Vektorraums $\mathbb{K}^n$ ist ein Untervektorraum des $\mathbb{K}^n$, da gilt:

  (1) $0 = (0, \ldots, 0, 0)^\top \in U$,

  (2)
  $$
  \begin{aligned}
  u, v \in U &\Rightarrow u = (x_1, \ldots, x_{n-1}, 0)^\top, \; v = (y_1, \ldots, y_{n-1}, 0)^\top \\
  &\Rightarrow u + v = (x_1 + y_1, \ldots, x_{n-1} + y_{n-1}, 0)^\top \\
  &\Rightarrow u + v \in U,
  \end{aligned}
  $$

  (3) $u \in U, \lambda \in \mathbb{K} \;\Rightarrow\; \lambda u = (\lambda x_1, \ldots, \lambda x_{n-1}, 0)^\top \;\Rightarrow\; \lambda u \in U$.

- Die Teilmenge $U = \{\operatorname{diag}(\lambda_1, \ldots, \lambda_n) \in \mathbb{K}^{n \times n} \mid \lambda_1, \ldots, \lambda_n \in \mathbb{K}\}$ der Diagonalmatrizen aus $\mathbb{K}^{n \times n}$ ist ein Untervektorraum von $\mathbb{K}^{n \times n}$, da gilt:

  (1) $0 = \operatorname{diag}(0, \ldots, 0) \in U$,

  (2)
  $$
  \begin{aligned}
  u, v \in U &\Rightarrow u = \operatorname{diag}(\lambda_1, \ldots, \lambda_n), \; v = \operatorname{diag}(\mu_1, \ldots, \mu_n) \\
  &\Rightarrow u + v = \operatorname{diag}(\lambda_1 + \mu_1, \ldots, \lambda_n + \mu_n) \\
  &\Rightarrow u + v \in U,
  \end{aligned}
  $$

  (3) $u \in U, \lambda \in \mathbb{K} \;\Rightarrow\; \lambda u = \operatorname{diag}(\lambda \lambda_1, \ldots, \lambda \lambda_n) \;\Rightarrow\; \lambda u \in U$.

- Die Teilmenge $\mathbb{R}[x]_2 = \{a_0 + a_1 x + a_2 x^2 \in \mathbb{R}[x] \mid a_0, a_1, a_2 \in \mathbb{R}\}$ der Polynome vom Grad kleiner oder gleich 2 ist ein Untervektorraum von $\mathbb{R}[x]$, da gilt:

  (1) $0 = 0 + 0 x + 0 x^2 \in \mathbb{R}[x]_2$,

  (2)
  $$
  \begin{aligned}
  p, q \in \mathbb{R}[x]_2 &\Rightarrow p = a_0 + a_1 x + a_2 x^2, \; q = b_0 + b_1 x + b_2 x^2 \\
  &\Rightarrow p + q = (a_0 + b_0) + (a_1 + b_1) x + (a_2 + b_2) x^2 \\
  &\Rightarrow p + q \in \mathbb{R}[x]_2,
  \end{aligned}
  $$

  (3) $p \in \mathbb{R}[x]_2, \lambda \in \mathbb{R} \;\Rightarrow\; \lambda p = \lambda a_0 + \lambda a_1 x + \lambda a_2 x^2 \;\Rightarrow\; \lambda p \in \mathbb{R}[x]_2$.

- Die Teilmenge $U = \{f \in \mathbb{R}^\mathbb{R} \mid f(1) = 0\}$ aller Abbildungen von $\mathbb{R}$ nach $\mathbb{R}$, die in 1 den Wert 0 haben, ist ein Untervektorraum von $\mathbb{R}^\mathbb{R}$, da gilt:

(1) Die Nullfunktion $f = 0$ erfüllt $f(1) = 0 \Rightarrow f = 0 \in U$,

(2)

$$f, g \in U \Rightarrow f(1) = 0, \, g(1) = 0$$
$$\Rightarrow (f + g)(1) = f(1) + g(1) = 0 + 0 = 0$$
$$\Rightarrow f + g \in U,$$

(3) $f \in U, \lambda \in \mathbb{R} \Rightarrow (\lambda f)(1) = \lambda f(1) = \lambda 0 = 0 \Rightarrow \lambda f \in U$.

- Für jede $m \times n$-Matrix $A \in \mathbb{K}^{m \times n}$ ist die Lösungsmenge $L = \{ v \in \mathbb{K}^n \mid A \, v = 0 \}$ des homogenen linearen Gleichungssystems $(A \mid 0)$ ein Untervektorraum des $\mathbb{K}^n$, da gilt:

(1) $0 = (0, \ldots, 0)^\top \in L$,

(2) $u, v \in L \Rightarrow A \, u = 0, \, A \, v = 0 \Rightarrow A \, (u + v) = A \, u + A \, v = 0 \Rightarrow u + v \in L$,

(3) $u \in L, \lambda \in \mathbb{K} \Rightarrow A \, u = 0, \, \lambda \in \mathbb{K} \Rightarrow A \, (\lambda u) = \lambda A \, u = 0 \Rightarrow \lambda u \in L$.

- Für jeden Vektorraum V sind V selbst und $\{0\}$ Untervektorräume. Man nennt sie die **trivialen Untervektorräume** von V.
- Für zwei Untervektorräume U_1, U_2 von V sind auch der Durchschnitt $U_1 \cap U_2$ und die Summe $U_1 + U_2 = \{ u_1 + u_2 \mid u_1 \in U_1, \, u_2 \in U_2 \}$ Untervektorräume von V.
- Die Menge $U = \{ f \in \mathbb{R}^{\mathbb{R}} \mid f(x + 2\pi) = f(x)$ für alle $x \in \mathbb{R} \}$ aller 2π-*periodischen Funktionen* $f : \mathbb{R} \to \mathbb{R}$ bildet einen Untervektorraum von $\mathbb{R}^{\mathbb{R}}$.

■

Da jeder Untervektorraum insbesondere wieder ein Vektorraum ist, kennen wir nun zahlreiche Beispiele von Vektorräumen. Das treiben wir nun auf die Spitze, indem wir zu jeder Teilmenge X eines Vektorraums V einen *kleinsten* Untervektorraum U angeben, der diese vorgegebene Teilmenge X enthält, $X \subseteq U \subseteq V$. Dazu benötigen wir aber erst einmal *Linearkombinationen*.

13.3 Aufgaben

13.1 Begründen Sie: Für alle Vektoren v eines $\mathbb{K}$-Vektorraums V und alle Skalare $\lambda \in \mathbb{K}$ gilt:

(a) $0 \, v = 0$ und $\lambda 0 = 0$.

(b) $\lambda v = 0 \Rightarrow \lambda = 0$ oder $v = 0$.

13.2 Entscheiden Sie für die folgenden Mengen, ob es sich um Untervektorräume handelt. Falls die Menge kein Untervektorraum ist, geben Sie eine kurze Begründung an.

(a) $U_1 = \{(x, y)^\top \in \mathbb{R}^2 \mid x^2 + y^2 = 0\} \subseteq \mathbb{R}^2$.
(b) $U_2 = \{A \in \mathbb{R}^{4 \times 4} \mid Ax = 0 \text{ besitzt unendlich viele Lösungen}\} \subseteq \mathbb{R}^{4 \times 4}$.
(c) $U_3 = \{A \in \mathbb{R}^{2 \times 2} \mid |\det A| = 1\} \subseteq \mathbb{R}^{2 \times 2}$.
(d) $U_4 = \{a_0 + a_1 X + a_2 X^2 \in \mathbb{R}[X]_2 \mid 2a_2 = a_1\} \subseteq \mathbb{R}[X]_2$.

13.3 Eine Funktion $f : \mathbb{R} \to \mathbb{R}$ heißt **gerade** (bzw. **ungerade**), falls $f(x) = f(-x)$ für alle $x \in \mathbb{R}$ (bzw. $f(x) = -f(-x)$ für alle $x \in \mathbb{R}$). Die Menge der geraden (bzw. ungeraden) Funktionen werde mit G (bzw. U) bezeichnet. Zeigen Sie: Es sind G und U Untervektorräume von $\mathbb{R}^\mathbb{R}$, und es gilt $\mathbb{R}^\mathbb{R} = G + U$ und $G \cap U = \{0\}$.

Hinweis: Es gilt $f(x) = \frac{1}{2}(f(x) + f(-x)) + \frac{1}{2}(f(x) - f(-x))$ für alle $x \in \mathbb{R}$.

13.4 Geben Sie zu folgenden Teilmengen des Vektorraums $\mathbb{R}^3$ an, ob sie Untervektorräume sind, und begründen Sie dies:

(a) $U_1 := \left\{ \begin{pmatrix} v_1 \\ v_2 \\ v_3 \end{pmatrix} \in \mathbb{R}^3 \mid v_1 + v_2 = 2 \right\}$, (c) $U_3 := \left\{ \begin{pmatrix} v_1 \\ v_2 \\ v_3 \end{pmatrix} \in \mathbb{R}^3 \mid v_1\, v_2 = v_3 \right\}$,

(b) $U_2 := \left\{ \begin{pmatrix} v_1 \\ v_2 \\ v_3 \end{pmatrix} \in \mathbb{R}^3 \mid v_1 + v_2 = v_3 \right\}$,

13.5

(a) Zwei Motoren arbeiten mit der gleichen Frequenz ω, sind aber unterschiedlich stark, d. h., sie arbeiten mit zwei verschiedenen Amplituden A_1, A_2. Die Motoren treiben dabei den Kolben mit einer harmonischen Schwingung an, d. h., die jeweilige Ortsauslenkung des Kolbens in Abhängigkeit von der Zeit t ist gegeben durch

$$y_k(t) = A_k \cos(\omega t + \delta_k) \qquad \text{für } k = 1,\, 2\,.$$

Durch die Phase δ_k wird berücksichtigt, dass der jeweilige Kolben zum Zeitpunkt des Einschaltens ($t = 0$) schon eine gewisse Auslenkung haben kann. Durch eine geeignete technische Anordnung können die Motoren zusammengeschaltet werden, so dass sich die Auslenkungen addieren, d. h., die Gesamtauslenkung (eines weiteren Kolbens) zur Zeit t ist

$$y_{ges}(t) = y_1(t) + y_2(t) = A_1 \cos(\omega t + \delta_1) + A_2 \cos(\omega t + \delta_2).$$

Zeigen Sie, dass auch dies eine harmonische Schwingung der gleichen Frequenz ist, d. h., es gibt eine Amplitude A und eine Phase δ mit $y_{ges}(t) = A \cos(\omega t + \delta)$.

Tipp: Die Rechnung vereinfacht sich deutlich durch einen Umweg durchs Komplexe. Schreiben Sie $y_k(t) = \Re(A_k \mathrm{e}^{\mathrm{i}(\omega t + \delta_k)})$ und versuchen Sie, y_{ges} auch in dieser Form zu schreiben.

(b) Bestimmen Sie A und δ explizit für $A_1 = 1$, $A_2 = \sqrt{3}$, $\delta_1 = 0$, $\delta_2 = \frac{7}{6}\pi$.

(c) Zeigen Sie, dass die Menge der Funktionen $U = \{y_{A,\delta} \in \mathbb{R}^{\mathbb{R}} \mid A \geq 0,\ \delta \in \mathbb{R}\}$ mit $y_{A,\delta}(t) = A \cos(\omega t + \delta)$ einen Untervektorraum des Vektorraumes $\mathbb{R}^{\mathbb{R}}$ aller Funktionen von $\mathbb{R}$ nach $\mathbb{R}$ bildet.

Erzeugendensysteme und lineare (Un-)Abhängigkeit

14

Inhaltsverzeichnis

Jeder Vektorraum hat eine *Basis*. Dabei ist eine Basis ein *linear unabhängiges Erzeugendensystem*. Um also überhaupt zu wissen, was eine Basis ist, muss man erst einmal verstehen, was *lineare Unabhängigkeit* und *Erzeugendensystem* bedeuten. Das machen wir in diesem Kapitel. Dabei ist ein Erzeugendensystem eines Vektorraums eine Menge, mit der es möglich ist, jeden Vektor des Vektorraums als Summe von Vielfachen der Elemente des Erzeugendensystems zu schreiben. Und die lineare Unabhängigkeit gewährleistet dabei, dass diese Darstellung eindeutig ist. Auf jeden Fall aber ist die *Darstellung* eines Vektors als Summe von Vielfachen anderer Vektoren der Schlüssel zu allem: Man spricht von *Linearkombinationen*.

14.1 Linearkombinationen

Enthält ein Vektorraum zwei Vektoren v und w, so enthält er auch alle Vielfachen von v und w und auch alle Summen von allen Vielfachen von v und w und von diesen wiederum alle Vielfachen und davon wieder ... Um diese Formulierungen knapp halten zu können, führen wir den Begriff der *Linearkombination* ein: Sind $v_1, \ldots, v_n \in V$ verschiedene Vektoren eines $\mathbb{K}$-Vektorraums V und $\lambda_1, \ldots, \lambda_n \in \mathbb{K}$, so nennt man den Vektor

$$v = \lambda_1 v_1 + \cdots + \lambda_n v_n = \sum_{i=1}^{n} \lambda_i v_i \in V$$

© Springer-Verlag GmbH Deutschland, ein Teil von Springer Nature 2022
C. Karpfinger, *Höhere Mathematik in Rezepten*,
https://doi.org/10.1007/978-3-662-63305-2_14

eine **Linearkombination** von $v_1, \ldots, v_n$ oder auch von $\{v_1, \ldots, v_n\}$; man spricht auch von **einer Darstellung** von v bezüglich $v_1, \ldots, v_n$. Man beachte, dass eine solche Darstellung keineswegs eindeutig sein muss, z. B.

$$2 \begin{pmatrix} -1 \\ 1 \end{pmatrix} + 3 \begin{pmatrix} 2 \\ -2 \end{pmatrix} = \begin{pmatrix} 4 \\ -4 \end{pmatrix} = -4 \begin{pmatrix} -1 \\ 1 \end{pmatrix} + 0 \begin{pmatrix} 2 \\ -2 \end{pmatrix}.$$

Linearkombinationen zu bilden ist eine einfache Geschichte: Wähle $v_1, \ldots, v_n \in V$ und $\lambda_1, \ldots, \lambda_n \in \mathbb{K}$, dann ist $v = \lambda_1 v_1 + \cdots + \lambda_n v_n$ eine Linearkombination von $v_1, \ldots, v_n$. Die umgekehrte Fragestellung, ob ein Vektor eine Linearkombination anderer gegebener Vektoren ist, ist schon etwas interessanter:

Rezept: Darstellen eines Vektors als Linearkombination

Gegeben sind Vektoren v und $v_1, \ldots, v_n$ eines gemeinsamen $\mathbb{K}$-Vektorraums V. Um zu prüfen, ob v eine Linearkombination von $v_1, \ldots, v_n$ und v als Linearkombination dieser Vektoren zu schreiben ist, gehe man wie folgt vor:

(1) Mache den Ansatz $\lambda_1 v_1 + \cdots + \lambda_n v_n = v$ in den Unbestimmten $\lambda_1, \ldots, \lambda_n$.

(2) Entscheide, ob die Gleichung in (1) eine Lösung $\lambda_1, \ldots, \lambda_n$ hat oder nicht.
    Falls ja, so ist v eine Linearkombination von $v_1, \ldots, v_n$, nächster Schritt.
    Falls nein, so ist v keine Linearkombination von $v_1, \ldots, v_n$.

(3) Bestimme eine Lösung $\lambda_1, \ldots, \lambda_n$ der Gleichung in (1) und erhalte die gesuchte Darstellung für v.

- Im Fall $V = \mathbb{K}^n$ liefert der Ansatz in (1) ein lineares Gleichungssystem.
- Im Fall $V = \mathbb{K}^{m \times n}$ liefert der Ansatz in (1) einen Koeffizientenvergleich von Matrizen.
- Im Fall $V = \mathbb{K}[x]$ liefert der Ansatz in (1) einen Koeffizientenvergleich von Polynomen.
- Im Fall $V = \mathbb{K}^M$ liefert der Ansatz in (1) einen Wertevergleich von Funktionen.

Beispiel 14.1

- Wir prüfen, ob der Vektor $v = (0,\ 1,\ 1)^\top$ eine Linearkombination von $v_1 = (1,\ 2,\ 3)^\top$, $v_2 = (-1,\ 1,\ -2)^\top$, $v_3 = (0,\ 1,\ 0)^\top$ ist und geben eine solche ggf. an:

(1) Der Ansatz $\lambda_1 v_1 + \lambda_2 v_2 + \lambda_3 v_3 = v$ liefert das lineare Gleichungssystem mit der erweiterten Koeffizientenmatrix

$$\begin{pmatrix} 1 & -1 & 0 & \big| & 0 \\ 2 & 1 & 1 & \big| & 1 \\ 3 & -2 & 0 & \big| & 1 \end{pmatrix}.$$

(2) Wir bringen die erweiterte Koeffizientenmatrix auf Zeilenstufenform und erkennen die (eindeutige) Lösbarkeit:

$$\begin{pmatrix} 1 & -1 & 0 & \big| & 0 \\ 2 & 1 & 1 & \big| & 1 \\ 3 & -2 & 0 & \big| & 1 \end{pmatrix} \rightsquigarrow \begin{pmatrix} 1 & -1 & 0 & \big| & 0 \\ 0 & 3 & 1 & \big| & 1 \\ 0 & 1 & 0 & \big| & 1 \end{pmatrix} \rightsquigarrow \begin{pmatrix} 1 & -1 & 0 & \big| & 0 \\ 0 & 1 & 0 & \big| & 1 \\ 0 & 0 & 1 & \big| & -2 \end{pmatrix}.$$

(3) Die (eindeutige) Lösung lautet $(\lambda_1, \lambda_2, \lambda_3) = (1, 1, -2)$, also

$$v = 1 \cdot \begin{pmatrix} 1 \\ 2 \\ 3 \end{pmatrix} + 1 \cdot \begin{pmatrix} -1 \\ 1 \\ -2 \end{pmatrix} + (-2) \cdot \begin{pmatrix} 0 \\ 1 \\ 0 \end{pmatrix}.$$

- Wir prüfen, ob jeder Vektor $v = (v_1, \ldots, v_n)^\top \in \mathbb{R}^n$ eine Linearkombination von $e_1, \ldots, e_n$ ist und geben ggf. eine solche an:

(1) Der Ansatz $\lambda_1 e_1 + \cdots + \lambda_n e_n = v$ liefert das lineare Gleichungssystem mit der erweiterten Koeffizientenmatrix $(E_n \mid v)$.

(2) Da das Gleichungssystem $(E_n \mid v)$ für jedes v (eindeutig) lösbar ist, ist jedes $v \in \mathbb{R}^n$ eine Linearkombination von $e_1, \ldots, e_n$.

(3) Die (eindeutige) Lösung des LGS lautet $(\lambda_1, \ldots, \lambda_n) = (v_1, \ldots, v_n)$, also

$$v = v_1 e_n + \cdots + v_n e_n.$$

- Wir prüfen, ob das Polynom $p = 2x + 1 \in \mathbb{R}[x]$ eine Linearkombination von $p_1 = x + 1$ und $p_2 = 1$ ist und geben ggf. eine solche an:

(1) Der Ansatz $\lambda_1 p_1 + \lambda_2 p_2 = p$ liefert die folgende Polynomgleichung:

$$\lambda_1 x + (\lambda_1 + \lambda_2) = 2x + 1.$$

(2) Da die Gleichung in (1) lösbar ist, ist p eine Linearkombination von p_1 und p_2.

(3) Die (eindeutige) Lösung der Gleichung in (2) lautet $(\lambda_1, \lambda_2) = (2, -1)$, also

$$p = 2 p_1 - p_2.$$

- Wir prüfen, ob die Exponentialfunktion $\exp \in \mathbb{R}^{\mathbb{R}}$ eine Linearkombination von $\sin, \cos \in \mathbb{R}^{\mathbb{R}}$ ist und geben ggf. eine solche an:

(1) Der Ansatz $\lambda_1 \sin + \lambda_2 \cos = \exp$ liefert die folgende Gleichung:

$$\lambda_1 \sin(x) + \lambda_2 \cos(x) = \exp(x) \quad \text{für alle } x \in \mathbb{R}.$$

(2) Die Gleichung in (1) ist nicht lösbar: Mit $x = 0$ und $x = \pi/2$ erhalten wir $\lambda_2 = 1$ und $\lambda_1 = \exp(\pi/2)$, aber die Gleichung $\exp(\pi/2) \sin(x) + \cos(x) = \exp(x)$ ist für $x = \pi$ nicht korrekt.

Somit ist exp keine Linearkombination von sin und cos, d. h., es gibt keine λ_1, $\lambda_2 \in \mathbb{R}$, sodass $\lambda_1 \sin + \lambda_2 \cos = \exp$ erfüllt ist.

∎

14.2   Das Erzeugnis von X

Die Menge aller Linearkombinationen einer Menge X nennt man auch die *lineare Hülle* oder das *Erzeugnis* von X:

Das Erzeugnis von X

Ist X eine nichtleere Teilmenge eines $\mathbb{K}$-Vektorraums V, so nennt man die Menge

$$\langle X \rangle = \left\{ \sum_{i=1}^{n} \lambda_i v_i \mid n \in \mathbb{N}, \ \lambda_1, \ldots, \lambda_n \in \mathbb{K}, \ v_1, \ldots, v_n \in X \right\} \subseteq V$$

aller Linearkombinationen von X das **Erzeugnis** von X oder die **lineare Hülle** von X. Es gilt:

- $X \subseteq \langle X \rangle$,
- $\langle X \rangle$ ist ein Untervektorraum von V,
- $\langle X \rangle$ ist der kleinste Untervektorraum U von V mit $X \subseteq U$,
- $\langle X \rangle$ ist der Durchschnitt aller Untervektorräume von V, die X enthalten:

$$\langle X \rangle = \bigcap_{\substack{U \text{ UVR von } V \\ X \subseteq U}} U.$$

- Ist X endlich, also $X = \{v_1, \ldots, v_n\}$, so gilt:

$$\langle X \rangle = \langle v_1, \ldots, v_n \rangle = \left\{ \sum_{i=1}^{n} \lambda_i v_i \mid \lambda_i \in \mathbb{K} \right\} = \mathbb{K} v_1 + \cdots + \mathbb{K} v_n.$$

- Man definiert ergänzend $\langle \emptyset \rangle = \{0\}$.

Für $\langle X \rangle = U$ sagt man auch, X **erzeugt** den Vektorraum U oder X ist ein **Erzeugendensystem** von U.

Wir werden oftmals vor der Frage stehen, ob eine Teilmenge X eines Vektorraums V diesen Vektorraum erzeugt: Kann man zeigen, dass jeder Vektor v aus V eine Linearkombination von X ist, so ist diese Frage zu bejahen, das besagt nämlich $\langle X \rangle = V$. Diese typische Fragestellung ist aber im Allgemeinen gar nicht so einfach zu beantworten. Mit dem Dimensionsbegriff wird das oftmals einfacher. Dazu mehr im nächsten Kapitel, nun erst einmal einige Beispiele.

Beispiel 14.2

- Für jedes $n \in \mathbb{N}$ ist $X = \{e_1, \ldots, e_n\} \subseteq \mathbb{R}^n$ ein Erzeugendensystem des $\mathbb{R}^n$, denn

$$\langle X \rangle = \mathbb{R}\, e_1 + \cdots + \mathbb{R}\, e_n = \mathbb{R}^n.$$

- Die Menge $X = \{(2, 2)^\top, (2, 1)^\top\} \subseteq \mathbb{R}^2$ erzeugt den $\mathbb{R}^2$, $\langle X \rangle = \mathbb{R}^2$, da jeder Vektor des $\mathbb{R}^2$ eine Linearkombination von $(2, 2)^\top$ und $(2, 1)^\top$ ist.
- Wählt man $X = \{(2, 1)^\top\} \subseteq \mathbb{R}^2$, so erhält man für $\langle X \rangle$ eine Gerade, es ist $\langle X \rangle = \mathbb{R}(2, 1)^\top$ die Menge aller Vielfachen von $(2, 1)^\top$.
- Für $X = \mathbb{R}^3$ gilt $\langle X \rangle = \mathbb{R}^3$.
- Jeder Vektorraum hat ein Erzeugendensystem. Im Allgemeinen gibt es sogar viele verschiedene. Beispielsweise sind

$$\{1,\, x,\, x^2\} \text{ und } \{2,\, x + 1,\, x + 2,\, x + 3,\, 2x^2\}$$

beides Erzeugendensysteme des Vektorraums $\mathbb{R}[x]_2$.
- Es ist $B = \{1,\, x,\, x^2,\, \ldots\}$ ein Erzeugendensystem von $\mathbb{R}[x]$, da jedes Polynom $p = a_0 + a_1 x + \cdots + a_n x^n$ offenbar eine Linearkombination von B ist.

■

14.3 Lineare (Un-)Abhängigkeit

Wir nennen eine Menge *linear unabhängig,* wenn weniger Vektoren auch *weniger* Raum erzeugen; in linear unabhängigen Mengen ist in diesem Sinne kein Element überflüssig:

Lineare Unabhängigkeit und lineare Abhängigkeit
Gegeben ist ein $\mathbb{K}$-Vektorraum V.

- Vektoren $v_1, \ldots, v_n \in V$ heißen **linear unabhängig,** wenn für jede echte Teilmenge $T \subsetneq \{v_1, \ldots, v_n\}$ gilt:

$$\langle T \rangle \subsetneq \langle v_1, \ldots, v_n \rangle.$$

- Vektoren $v_1, \ldots, v_n \in V$ heißen **linear abhängig,** wenn sie nicht linear unabhängig sind, d. h.:

$$v_1, \ldots, v_n \text{ lin. abh. } \Leftrightarrow \exists T \subsetneq \{v_1, \ldots, v_n\} \text{ mit } \langle T \rangle = \langle v_1, \ldots, v_n \rangle.$$

- Eine Menge $X \subseteq V$ von Vektoren heißt **linear unabhängig,** falls je endlich viele verschiedene Vektoren $v_1, \ldots, v_n \in X$ linear unabhängig sind (und entsprechend **linear abhängig,** falls X nicht linear unabhängig ist).

Beispiel 14.3 Die drei Vektoren

$$v_1 = (1, 0)^\top, \quad v_2 = (0, 1)^\top \text{ und } v_3 = (1, 1)^\top$$

sind linear abhängig, denn es ist

$$\langle v_1, \, v_2, \, v_3 \rangle = \mathbb{R}^2 = \langle v_1, \, v_2 \rangle = \langle v_1, \, v_3 \rangle = \langle v_2, \, v_3 \rangle.$$

Betrachtet man nur jeweils zwei der drei Vektoren, z. B. v_1, v_2, so sind diese aber linear unabhängig: Für jede echte Teilmenge $T \subsetneq \{v_1, v_2\}$ ist nämlich $T = \{v_1\}$ oder $T = \{v_2\}$ oder $T = \emptyset$, und für diese Teilmengen gilt

$$\langle \emptyset \rangle = \{0\}, \ \langle v_1 \rangle = \mathbb{R}v_1, \ \langle v_2 \rangle = \mathbb{R}v_2.$$

In jedem dieser drei Fälle gilt $\langle T \rangle \subsetneq \mathbb{R}^2 = \langle v_1, \, v_2 \rangle$.

■

Will man nachweisen, ob gegebene Vektoren linear abhängig oder linear unabhängig sind, so ist das mit der Definition nicht einfach. Fast immer führt das folgende Vorgehen zum Ziel:

Rezept: Nachweis der linearen (Un-)Abhängigkeit

Gegeben ist eine Teilmenge $X \subseteq V$ des $\mathbb{K}$-Vektorraums V mit dem Nullvektor 0_V. Wir untersuchen die Menge X auf lineare (Un-)Abhängigkeit:

(1) Mache den Ansatz $\lambda_1 v_1 + \cdots + \lambda_n v_n = 0_V$ mit $\lambda_1, \ldots, \lambda_n \in \mathbb{K}$, wobei
   - $X = \{v_1, \ldots, v_n\}$, falls X endlich ist, bzw.
   - $v_1, \ldots, v_n \in X$ eine beliebige endliche Wahl von Elementen aus X ist, falls X nicht endlich ist.

(2) Falls die Gleichung in (1) nur für $\lambda_1 = \cdots = \lambda_n = 0$ möglich ist, so ist X linear unabhängig.
   Falls die Gleichung in (1) für $\lambda_1, \ldots, \lambda_n$ möglich ist und dabei nicht alle $\lambda_i = 0$ sind, so ist X linear abhängig.

Beachte: Der Ansatz $\lambda_1 v_1 + \cdots + \lambda_n v_n = 0_V$ in (1) hat stets die Lösung $\lambda_1 = \cdots = \lambda_n = 0$, man nennt diese die *triviale Lösung*. In (2) ist die Frage, ob das die einzige Lösung ist. Falls ja: linear unabhängig, falls nein: linear abhängig. Daher ist auch die folgende Sprechweise üblich: Falls der Ansatz in (1) auch eine *nichttriviale Lösung* hat, so sind $v_1, \ldots, v_n$ linear abhängig.

In den folgenden Beispielen schreiben wir 0 anstatt 0_V und denken stets daran, dass diese 0 der Nullvektor des Vektorraums ist, aus dem die Vektoren $v_1, \ldots, v_n$ stammen.

Beispiel 14.4

- Wir testen den Nullvektor auf lineare (Un-)Abhängigkeit: (1) $\lambda\, 0 = 0$. (2) Die Gleichung in (1) hat nicht nur die Lösung $\lambda = 0$, auch $\lambda = 1$ erfüllt $\lambda \cdot 0 = 0$, also ist 0 linear abhängig.
- Ist $v \neq 0$, so ist v linear unabhängig, denn der Ansatz (1) $\lambda v = 0$ liefert (2) $\lambda = 0$. Beachte die Rechenregel am Schluss von Abschn. 13.1.
- Für alle natürlichen Zahlen $n \in \mathbb{N}$ sind die Standardeinheitsvektoren $e_1, \ldots, e_n$ linear unabhängig, denn der Ansatz

$$(1)\ \lambda_1 e_1 + \cdots + \lambda_n e_n = \begin{pmatrix} \lambda_1 \\ \vdots \\ \lambda_n \end{pmatrix} = \begin{pmatrix} 0 \\ \vdots \\ 0 \end{pmatrix} \text{ liefert (2) } \lambda_1 = \cdots = \lambda_n = 0.$$

- Dagegen sind die drei Vektoren

$$v_1 = \begin{pmatrix} 0 \\ 1 \\ 1 \end{pmatrix}, \quad v_2 = \begin{pmatrix} 1 \\ 1 \\ 1 \end{pmatrix} \quad \text{und} \quad v_3 = \begin{pmatrix} 1 \\ 0 \\ 0 \end{pmatrix}$$

linear abhängig: Der Ansatz (1) $\lambda_1 v_1 + \lambda_2 v_2 + \lambda_3 v_3 = 0$ liefert das folgende LGS, das wir gleich auf Zeilenstufenform bringen:

$$\begin{pmatrix} 0 & 1 & 1 & | & 0 \\ 1 & 1 & 0 & | & 0 \\ 1 & 1 & 0 & | & 0 \end{pmatrix} \rightsquigarrow \begin{pmatrix} 1 & 0 & -1 & | & 0 \\ 0 & 1 & 1 & | & 0 \\ 0 & 0 & 0 & | & 0 \end{pmatrix}.$$

(2) Es ist $(\lambda_1, \lambda_2, \lambda_3) = (1, -1, 1)$ eine nichttriviale Lösung: $1v_1 + (-1)v_2 + 1v_3 = 0$.

- Die (unendliche) Menge $\{1, x, x^2, x^3, \ldots\} \in \mathbb{R}[x]$ ist linear unabhängig: Der Ansatz (1) $\lambda_1 x^{r_1} + \cdots + \lambda_n x^{r_n} = 0$ liefert durch einen Koeffizientenvergleich (beim Nullpolynom 0 sind alle Koeffizienten null) (2): $\lambda_1 = \cdots = \lambda_n = 0$.

- Die Vektoren sin, cos $\in \mathbb{R}^{\mathbb{R}}$ sind linear unabhängig: Der Ansatz (1) $\lambda_1 \cos + \lambda_2 \sin = 0$ mit der Nullfunktion $0 : \mathbb{R} \to \mathbb{R}, 0(x) = 0$ liefert die Gleichung:

$$\lambda_1 \cos(x) + \lambda_2 \sin(x) = 0(x) = 0 \quad \text{für alle} \quad x \in \mathbb{R}.$$

Insbesondere gilt diese Gleichung für $x = 0$ und für $x = \pi/2$:

$$\lambda_1 \cos(0) + \lambda_2 \sin(0) = 0 \quad \text{und} \quad \lambda_1 \cos(\pi/2) + \lambda_2 \sin(\pi/2) = 0.$$

(2) Wegen $\sin(0) = 0$ und $\cos(\pi/2) = 0$ hat dies $\lambda_1 = 0$ und $\lambda_2 = 0$ zur Folge.

■

14.4 Aufgaben

14.1 Für welche $r \in \mathbb{R}$ sind die folgenden drei Spaltenvektoren aus $\mathbb{R}^4$ linear abhängig?

$$\begin{pmatrix} 1 \\ 2 \\ 3 \\ r \end{pmatrix}, \quad \begin{pmatrix} 1 \\ 3 \\ r \\ 0 \end{pmatrix} \quad \text{und} \quad \begin{pmatrix} 1 \\ r \\ 3 \\ 2 \end{pmatrix}.$$

14.2 Es seien $A \in \mathbb{R}^{m \times n}$ und Vektoren $v_1, v_2, \ldots, v_k \in \mathbb{R}^n$ gegeben. Zeigen Sie:

(a) Wenn $Av_1, Av_2, \ldots, Av_k$ linear unabhängig sind, dann gilt dies auch für $v_1, v_2, \ldots, v_k$.
(b) Im Allgemeinen ist die Umkehrung der Aussage (a) falsch.
(c) Falls $m = n$ und A invertierbar ist, gilt auch die Umkehrung der Aussage (a).

14.3 Ist die Menge $\{\cos, \sin, \exp\} \subseteq \mathbb{R}^{\mathbb{R}}$ linear abhängig oder linear unabhängig?

14.4 Beweisen Sie folgende Aussage oder geben Sie ein Gegenbeispiel an, um sie zu widerlegen: *Gegeben seien die Vektoren $x, y, z \in \mathbb{R}^4$. Die Vektoren x, y sowie x, z und y, z seien paarweise linear unabhängig. Dann sind auch x, y, z linear unabhängig.*

14.5 Sind die folgenden Mengen jeweils linear abhängig oder linear unabhängig? Begründen Sie Ihre Antwort. Finden Sie für die linear abhängigen Mengen jeweils eine möglichst große linear unabhängige Teilmenge. Geben Sie außerdem die lineare Hülle der Mengen an.

(a) $M_1 = \{(1, 2, 3)^\top, (3, 7, 0)^\top, (1, 3, -6)^\top\}$ im $\mathbb{R}$-Vektorraum $\mathbb{R}^3$.
(b) $M_2 = \{i, 1 - i^2\}$ im $\mathbb{R}$-Vektorraum $\mathbb{C}$.
(c) $M_3 = \{i, 1 - i^2\}$ im $\mathbb{C}$-Vektorraum $\mathbb{C}$.
(d) $M_4 = \{a_0 + a_1 X + a_2 X^2 \mid a_0 = a_1 - a_2\}$ im $\mathbb{R}$-Vektorraum $\mathbb{R}[X]_2$.
(e) $M_5 = \{X^2 - 2, X + 1, X\}$ im $\mathbb{R}$-Vektorraum $\mathbb{R}[X]_4$.
(f) $M_6 = \{\left(\begin{smallmatrix} 1 & 2 \\ -1 & 5 \end{smallmatrix}\right), \left(\begin{smallmatrix} 2 & 1 \\ 4 & 1 \end{smallmatrix}\right), \left(\begin{smallmatrix} -1 & 2 \\ 2 & -4 \end{smallmatrix}\right), \left(\begin{smallmatrix} 4 & -1 \\ 3 & -3 \end{smallmatrix}\right), \left(\begin{smallmatrix} 3 & 1 \\ 2 & -1 \end{smallmatrix}\right)\}$ im $\mathbb{R}$-Vektorraum $\mathbb{R}^{2 \times 2}$.

14.6 Begründen Sie, warum das Rezept in Abschn. 14.3 (Rezeptebuch) das richtige Ergebnis liefert.

Basen von Vektorräumen

15

Inhaltsverzeichnis

Jeder Vektorraum V hat eine *Basis B*. Eine Basis ist dabei ein minimales Erzeugendensystem, anders ausgedrückt ein linear unabhängiges Erzeugendensystem, d.h., eine Basis B erzeugt den Vektorraum, und dabei ist kein Element in B *überflüssig*. Durch die Angabe einer Basis ist ein Vektorraum vollständig bestimmt. In diesem Sinne werden uns Basen nützlich sein: Anstelle den Vektorraum anzugeben, geben wir eine Basis an; damit haben wir dann auch den Vektorraum.

Ein Vektorraum hat im Allgemeinen viele verschiedene Basen, aber je zwei Basen eines Vektorraums ist eines gemeinsam: die Anzahl der Elemente der Basen. Diese Anzahl nennt man die *Dimension* eines Vektorraums. Kennt man die Dimension eines Vektorraums, so ist viel gewonnen: Es lässt sich dann schnell entscheiden, ob ein Erzeugendensystem oder eine linear unabhängige Menge eine Basis ist oder nicht.

Wie immer bezeichne $\mathbb{K}$ die Zahlenmenge $\mathbb{R}$ oder $\mathbb{C}$.

© Springer-Verlag GmbH Deutschland, ein Teil von Springer Nature 2022
C. Karpfinger, *Höhere Mathematik in Rezepten*,
https://doi.org/10.1007/978-3-662-63305-2_15

15.1 Basen

Der zentrale Begriff dieses Kapitels ist der Begriff der *Basis:*

> **Basis**
> Eine Teilmenge B eines $\mathbb{K}$-Vektorraums V heißt **Basis** von V, falls
>
> - B ein Erzeugendensystem von V ist, $\langle B \rangle = V$, und
> - B linear unabhängig ist.

Beispiel 15.1

- Für alle natürlichen Zahlen $n \in \mathbb{N}$ ist die Menge $E_n = \{e_1, \dots, e_n\}$ der Standardeinheitsvektoren eine Basis des $\mathbb{K}^n$. Diese Basis nennt man die **Standardbasis** oder auch **kanonische Basis** des $\mathbb{K}^n$.
- Für alle natürlichen Zahlen $n \in \mathbb{N}$ ist auch die Menge

$$
B = \left\{ \begin{pmatrix} 1 \\ 1 \\ \vdots \\ 1 \end{pmatrix}, \begin{pmatrix} 1 \\ \vdots \\ 1 \\ 0 \end{pmatrix}, \dots, \begin{pmatrix} 1 \\ 0 \\ \vdots \\ 0 \end{pmatrix} \right\}
$$

eine Basis des $\mathbb{K}^n$, denn nummeriert man die Vektoren als $b_1, \dots, b_n$ durch, so ist B linear unabhängig, weil der Ansatz (1)

$$
\lambda_1 b_1 + \dots + \lambda_n b_n = \lambda_1 \begin{pmatrix} 1 \\ 1 \\ \vdots \\ 1 \end{pmatrix} + \lambda_2 \begin{pmatrix} 1 \\ \vdots \\ 1 \\ 0 \end{pmatrix} + \dots + \lambda_n \begin{pmatrix} 1 \\ 0 \\ \vdots \\ 0 \end{pmatrix} = \begin{pmatrix} 0 \\ 0 \\ \vdots \\ 0 \end{pmatrix}
$$

liefert (2) $\lambda_1 = \lambda_2 = \dots = \lambda_n = 0$. Außerdem ist B ein Erzeugendensystem des $\mathbb{K}^n$, da das lineare Gleichungssystem

$$
\left(\begin{array}{ccc|c} 1 & \dots & 1 & v_1 \\ \vdots & \cdot^{\cdot^{\cdot}} & & \vdots \\ 1 & & 0 & v_n \end{array} \right)
$$

für alle $(v_1, \dots, v_n)^\top \in \mathbb{R}^n$ lösbar ist.
- Die Menge $B = \{1, x, x^2, \dots\}$ ist eine Basis von $\mathbb{K}[x]$, B ist nämlich linear unabhängig und ein Erzeugendensystem, beachte die Beispiele 14.2 und 14.4.

- Sind $v_1, \ldots, v_r$ linear unabhängig in V, so ist $B = \{v_1, \ldots, v_r\}$ eine Basis des Erzeugnisses $\langle v_1, \ldots, v_r \rangle$.
- In $\mathbb{K}^{m \times n}$ ist die Menge

$$B = \{E_{11},\ E_{12}, \ldots, E_{1n},\ E_{21}, \ldots, E_{mn}\},$$

wobei E_{ij} abgesehen von einer Eins an der Stelle (i, j) nur Nullen als Einträge enthält, eine Basis. Die E_{ij} heißen **Standardeinheitsmatrizen**. ∎

Merkregeln bzw. wichtige Sätze

- **Existenzsätze:**
  - Jeder $\mathbb{K}$-Vektorraum V besitzt eine Basis.
  - Jedes Erzeugendensystem von V enthält eine Basis von V.
  - Jede linear unabhängige Teilmenge von V kann zu einer Basis ergänzt werden.
- **Eindeutige Darstellbarkeit:** Ist B eine Basis von V, so ist jedes $v \in V$ bis auf die Reihenfolge der Summanden eindeutig als Linearkombination von B darstellbar, d.h. jedes $v \in V$ ist von der Reihenfolge der Summanden abgesehen auf genau eine Art und Weise in der Form

$$v = \lambda_1 b_1 + \cdots + \lambda_r b_r$$

  mit $b_1, \ldots, b_r \in B$ und $\lambda_1, \ldots, \lambda_r \in \mathbb{K}$ darstellbar.
- **Gleichmächtigkeit von Basen:** Je zwei Basen B und B' von V haben gleich viele Elemente.
- **Dimensionsbegriff:** Ist B eine Basis des $\mathbb{K}$-Vektorraums V, so nennt man $|B|$ die **Dimension** von V. Man schreibt $\dim(V)$ für die Dimension.
- **Nützliche Regeln:**
  - Gilt $\dim(V) = n$, so bilden je n linear unabhängige Vektoren eine Basis.
  - Gilt $\dim(V) = n$, so bildet jedes Erzeugendensystem mit n Elementen eine Basis.
  - Gilt $\dim(V) = n$, so sind mehr als n Vektoren linear abhängig.
  - Ist U ein Untervektorraum von V mit $U \subsetneq V$, so gilt $\dim(U) < \dim(V)$.
  - Ist U ein Untervektorraum von V mit $\dim(U) = \dim(V)$, so gilt $U = V$.

Beispiel 15.2

- Für jedes $n \in \mathbb{N}$ gilt $\dim\left(\mathbb{K}^n\right) = n$, da die kanonische Basis $B = \{e_1, \ldots, e_n\}$ genau n Elemente enthält.

- Für alle $m, n \in \mathbb{N}$ gilt dim $\left(\mathbb{K}^{m \times n} \right) = m \cdot n$, da die Basis $B = \left\{ E_{11}, \ E_{12}, \ldots, \ E_{mn} \right\}$ der Standardeinheitsmatrizen genau $m \, n$ Elemente enthält.
- Der Vektorraum $\mathbb{R}[x]$ der reellen Polynome hat unendliche Dimension, dim $\left(\mathbb{R}[x] \right) = \infty$, da die Basis $B = \{1, \ x, \ x^2, \ \ldots\}$ nicht endlich ist.
- Der Vektorraum $U = \langle (0, \ 1, \ 0)^\top, \ (0, \ 1, \ 1)^\top, \ (0, \ 0, \ 1)^\top \rangle$ hat die Dimension 2, dim$(U) = 2$, es ist nämlich $B = \{(0, \ 1, \ 0)^\top, \ (0, \ 0, \ 1)^\top\}$ eine Basis von U.
- Der Vektorraum $\mathbb{R}[x]_2$ der Polynome vom Grad kleiner oder gleich 2 hat die Dimension 3, dim $\left(\mathbb{R}[x]_2 \right) = 3$, da $B = \{1, \ x, \ x^2\}$ eine Basis von $\mathbb{R}[x]_2$. ∎

Den dritten Existenzsatz nennt man den **Basisergänzungssatz,** den zweiten Existenzsatz könnte man sinngemäß auch *Basisverkürzungssatz* nennen. Auf jeden Fall werden die Aussagen in diesen beiden Sätzen oftmals als Aufgaben formuliert, deren Lösung wir im folgenden Rezept beschreiben:

Rezept: Verkürzen eines Erzeugendensystems und Verlängern einer linear unabhängigen Menge zu einer Basis

- Gegeben ist ein Erzeugendensystem X eines Vektorraums V. Man bestimmt dann eine Basis $B \subseteq X$ von V wie folgt:

  (1) Prüfe, ob X linear unabhängig ist.
  Falls ja: X ist eine Basis.
  Falls nein: Entferne aus X Elemente $a_1, \ldots, a_r$, die Linearkombinationen anderer Elemente aus X sind, und setze $\tilde{X} = X \setminus \{a_1, \ldots, a_r\}$.
  (2) Beginne mit $\tilde{X}$ anstelle von X von vorne.

- Gegeben ist eine linear unabhängige Teilmenge X eines Vektorraums V. Man bestimmt dann eine Basis $B \supseteq X$ von V wie folgt:

  (1) Prüfe, ob X ein Erzeugendensystem von V ist.
  Falls ja: X ist eine Basis.
  Falls nein: Wähle aus V Elemente $a_1, \ldots, a_r$, sodass $X \cup \{a_1, \ldots, a_r\}$ linear unabhängig ist, und setze $\tilde{X} = X \cup \{a_1, \ldots, a_r\}$.
  (2) Beginne mit $\tilde{X}$ anstelle von X von vorne.

Bei Spaltenvektoren, also $X = \{v_1, \ldots, v_s\}$, $v_i \in \mathbb{K}^n$, lassen sich diese zwei Aufgaben ganz einfach und mit den gleichen Methoden durchführen: Man schreibt dazu die Spalten v_i als Zeilen $v_i^\top$ in eine Matrix M und wendet elementare Zeilenumformungen an, um die Matrix auf Zeilenstufenform zu bringen:

$$
M = \begin{pmatrix} v_1^\top \\ \vdots \\ v_s^\top \end{pmatrix} \rightsquigarrow M' = \begin{pmatrix} * & * & * & * & * \\ & * & * & * & \vdots \\ & & * & * & * \\ 0 & & & & 0 \end{pmatrix} \begin{array}{l} \left.\rule{0pt}{20pt}\right\} r \text{ Zeilen ungleich } 0 \ldots 0 \\ \left.\rule{0pt}{12pt}\right\} s - r \text{ Zeilen gleich } 0 \ldots 0 \end{array}.
$$

Dann gilt:

- Die Transponierten der ersten r Zeilen von M' bilden eine Basis $B = \{b_1, \ldots, b_r\}$ von $\langle X \rangle$, die $s - r$ Spaltenvektoren, aus denen die letzten $s - r$ Nullzeilen hervorgegangen sind, sind Linearkombinationen von B. Durch die Wahl der ersten r Zeilen hat man das Erzeugendensystem auf ein linear unabhängiges Erzeugendensystem von $\langle X \rangle$ *verkürzt*.
- Ergänzt man die Matrix M' durch $n - r$ weitere Zeilen, die die Zeilenstufenform fortsetzen, so *verlängert* man die linear unabhängige Menge aus r Vektoren zu einer linear unabhängigen Menge mit n Vektoren, man *verlängert* also die linear unabhängige Menge zu einer Basis des $\mathbb{K}^n$.

Beispiel 15.3

- Gegeben sei die Menge

$$
E = \left\{ \begin{pmatrix} 1 \\ 1 \\ 0 \\ 0 \end{pmatrix}, \begin{pmatrix} 1 \\ 0 \\ 1 \\ 0 \end{pmatrix}, \begin{pmatrix} 1 \\ 0 \\ 0 \\ 1 \end{pmatrix}, \begin{pmatrix} 0 \\ 1 \\ 1 \\ 0 \end{pmatrix}, \begin{pmatrix} 0 \\ 1 \\ 0 \\ 1 \end{pmatrix}, \begin{pmatrix} 0 \\ 0 \\ 1 \\ 1 \end{pmatrix} \right\} \subseteq \mathbb{R}^4.
$$

Wir bestimmen eine Basis von $\langle E \rangle$: Zuerst nummerieren wir die Vektoren von links nach rechts mit $v_1, \ldots, v_6$. Wir schreiben die Spalten als Zeilen in eine Matrix und führen elementare Zeilenumformungen durch:

$$
\begin{pmatrix} 1 & 1 & 0 & 0 \\ 1 & 0 & 1 & 0 \\ 1 & 0 & 0 & 1 \\ 0 & 1 & 1 & 0 \\ 0 & 1 & 0 & 1 \\ 0 & 0 & 1 & 1 \end{pmatrix} \rightsquigarrow \begin{pmatrix} 1 & 1 & 0 & 0 \\ 0 & -1 & 1 & 0 \\ 0 & -1 & 0 & 1 \\ 0 & 1 & 1 & 0 \\ 0 & 1 & 0 & 1 \\ 0 & 0 & 1 & 1 \end{pmatrix} \rightsquigarrow \begin{pmatrix} 1 & 1 & 0 & 0 \\ 0 & 1 & 1 & 0 \\ 0 & 0 & -1 & 1 \\ 0 & 0 & 2 & 0 \\ 0 & 0 & 1 & 1 \\ 0 & 0 & 1 & 1 \end{pmatrix} \rightsquigarrow \begin{pmatrix} 1 & 1 & 0 & 0 \\ 0 & 1 & 1 & 0 \\ 0 & 0 & 1 & -1 \\ 0 & 0 & 0 & 2 \\ 0 & 0 & 0 & 0 \\ 0 & 0 & 0 & 0 \end{pmatrix}.
$$

Aus der Zeilenstufenform lesen wir ab: Die ersten vier Zeilen sind linear unabhängig, und aufgrund der beiden Nullzeilen sind v_5 und v_6 Linearkombinationen von $v_1, \ldots, v_4$. Damit ist $B = \{v_1, \ldots, v_4\}$ eine Basis von $\langle E \rangle$.

- Nun betrachten wir die Menge

$$E = \left\{ \begin{pmatrix} 1 \\ -2 \\ 3 \\ 4 \end{pmatrix}, \begin{pmatrix} 2 \\ -3 \\ 6 \\ 11 \end{pmatrix}, \begin{pmatrix} -1 \\ 3 \\ -2 \\ 6 \end{pmatrix} \right\} \subseteq \mathbb{R}^4.$$

Wir bestimmen eine Basis B des $\mathbb{R}^4$ mit $E \subseteq B$: Wieder nummerieren wir die Vektoren in E mit $v_1, \ldots, v_3$ durch. Dazu schreiben wir wiederum die Spalten als Zeilen in eine Matrix und wenden elementare Zeilenumformungen darauf an:

$$\begin{pmatrix} 1 & -2 & 3 & 4 \\ 2 & -3 & 6 & 11 \\ -1 & 3 & -2 & 6 \end{pmatrix} \rightsquigarrow \begin{pmatrix} 1 & -2 & 3 & 4 \\ 0 & 1 & 0 & 3 \\ 0 & 1 & 1 & 10 \end{pmatrix} \rightsquigarrow \begin{pmatrix} 1 & -2 & 3 & 4 \\ 0 & 1 & 0 & 3 \\ 0 & 0 & 1 & 7 \end{pmatrix}.$$

Wir erkennen, dass v_1, v_2, v_3 bereits linear unabhängig sind und dass e_4 linear unabhängig zu v_1, v_2, v_3 ist, es hat nämlich auch

$$\begin{pmatrix} 1 & -2 & 3 & 4 \\ 0 & 1 & 0 & 3 \\ 0 & 0 & 1 & 7 \\ 0 & 0 & 0 & 1 \end{pmatrix}$$

eine Zeilenstufenform. Damit ist $B = \{v_1, v_2, v_3, e_4\}$ eine Basis des $\mathbb{R}^4$.

■

15.2   Anwendungen auf Matrizen und lineare Gleichungssysteme

Wir betrachten eine $m \times n$-Matrix $A \in \mathbb{K}^{m \times n}$ mit den Spalten $s_1, \ldots, s_n \in \mathbb{K}^m$ und den Zeilen $z_1, \ldots, z_m \in \mathbb{K}^{1 \times n}$:

$$A = (s_1, \ldots, s_n) = \begin{pmatrix} z_1 \\ \vdots \\ z_m \end{pmatrix} = \begin{pmatrix} a_{11} & \ldots & a_{1n} \\ \vdots & & \vdots \\ a_{m1} & \ldots & a_{mn} \end{pmatrix}.$$

Zeilenrang = Spaltenrang
Man nennt

- das Erzeugnis der Spalten von A, also $S_A = \langle s_1, \ldots, s_n \rangle \subseteq \mathbb{K}^m$, den **Spaltenraum** von A und $\dim(S_A)$ den **Spaltenrang** von A und
- das Erzeugnis der Zeilen von A, also $Z_A = \langle z_1, \ldots, z_m \rangle \subseteq \mathbb{K}^{1 \times n}$, den **Zeilenraum** von A und $\dim(Z_A)$ den **Zeilenrang** von A.

Es gilt:

- $S_A = \left\{ A\,v \mid v \in \mathbb{K}^n \right\}$ und $Z_A = \left\{ v^\top A \mid v \in \mathbb{K}^m \right\}$ und
- Rang von A = Zeilenrang von A = Spaltenrang von A.

Wie kann man nun den Zeilen- und Spaltenrang von A bestimmen?

Rezept: Bestimmen von Zeilen-/Spalten-/Raum/Rang
Gegeben ist die Matrix

$$A = \begin{pmatrix} z_1 \\ \vdots \\ z_m \end{pmatrix} = (s_1, \ldots, s_n) = \begin{pmatrix} a_{11} & \ldots & a_{1n} \\ \vdots & & \vdots \\ a_{m1} & \ldots & a_{mn} \end{pmatrix} \in \mathbb{K}^{m \times n}.$$

- Wende auf A elementare Zeilenumformungen an und erhalte:

$$A \rightsquigarrow \ldots \rightsquigarrow \begin{pmatrix} * & * & * & * & * \\ & * & * & * & \vdots \\ & & & * & * & * \\ 0 & & & & & 0 \end{pmatrix} =: A'.$$

Dann gilt: Die von der Nullzeile verschiedenen Zeilen von A' bilden eine Basis des Zeilenraums von A, die Anzahl dieser Zeilen ist der Zeilenrang von A.

- Wende auf A *elementare Spaltenumformungen* an (analog zu den elementaren Zeilenumformungen) und erhalte:

$$A \rightsquigarrow \ldots \rightsquigarrow \begin{pmatrix} * & & & & 0 \\ * & * & & & \\ * & * & * & & \\ * & \cdots & \cdots & * & 0 \end{pmatrix} =: A''.$$

Dann gilt: Die von der Nullspalte verschiedenen Spalten von A'' bilden eine Basis des Spaltenraums von A, die Anzahl dieser Spalten ist der Spaltenrang von A.

Alternativ kann man beim Bestimmen des Spaltenraums von A auch die Matrix A transponieren und wie gewohnt Zeilenumformungen an $A^\top$ durchführen.

Beispiel 15.4 Wir berechnen Zeilen- und Spaltenraum sowie Zeilen- und Spaltenrang der folgenden quadratischen Matrix A durch elementare Zeilenumformungen:

$$A = \begin{pmatrix} 1 & 1 & 1 \\ 1 & 2 & 4 \\ 2 & 3 & 5 \end{pmatrix} \rightsquigarrow \begin{pmatrix} 1 & 1 & 1 \\ 0 & 1 & 3 \\ 0 & 1 & 3 \end{pmatrix} \rightsquigarrow \begin{pmatrix} 1 & 1 & 1 \\ 0 & 1 & 3 \\ 0 & 0 & 0 \end{pmatrix}.$$

Damit ist der Zeilenraum $Z_A = \langle (1,\, 1,\, 1),\, (0,\, 1,\, 3) \rangle$ und der Zeilenrang $\dim(Z_A) = 2$. Wir führen nun elementare Spaltenumformungen durch und bekommen

$$\begin{pmatrix} 1 & 1 & 1 \\ 1 & 2 & 4 \\ 2 & 3 & 5 \end{pmatrix} \rightsquigarrow \begin{pmatrix} 1 & 0 & 0 \\ 1 & 1 & 3 \\ 2 & 1 & 3 \end{pmatrix} \rightsquigarrow \begin{pmatrix} 1 & 0 & 0 \\ 1 & 1 & 0 \\ 2 & 1 & 0 \end{pmatrix}.$$

Damit ist $S_A = \langle (1,\, 1,\, 2)^\top,\, (0,\, 1,\, 1)^\top \rangle$ und $\dim(S_A) = 2$.   ∎

Der Kern einer Matrix und lineare Gleichungssysteme

Ist $A \in \mathbb{K}^{m \times n}$, so nennt man die Menge

$$\ker(A) = \{v \in \mathbb{K}^n \mid Av = 0\} \subseteq \mathbb{K}^n$$

den **Kern** von A. Es gilt:

- Der Kern von A ist die Lösungsmenge des homogenen linearen Gleichungssystems $Ax = 0$.
- Der Kern einer Matrix $A \in \mathbb{K}^{m \times n}$ ist ein Untervektorraum von $\mathbb{K}^n$.
- $\dim(\ker(A)) = n - \mathrm{rg}(A)$.
- Für eine quadratische Matrix $A \in \mathbb{K}^{n \times n}$ gilt:

$$\dim(\ker(A)) = \text{Anzahl der Nullzeilen in Zeilenstufenform}.$$

- Das LGS $Ax = b$ mit $A \in \mathbb{K}^{m \times n}$ und $b \in \mathbb{K}^m$ ist genau dann lösbar, wenn $b \in S_A = \{Av \mid v \in \mathbb{K}^n\}$.

Um den Kern einer Matrix $A \in \mathbb{K}^{m \times n}$ zu bestimmen, ist das homogene lineare Gleichungssystem mit der erweiterten Koeffizientenmatrix $(A \mid 0)$ zu lösen. Hierzu führt man elementare Zeilenumformungen an der Matrix A durch. Da sich die Nullspalte $(\mid 0)$ bei diesen Zeilenumformungen ohnehin nicht ändert, lassen wir diese bei solchen Rechnungen weg. Da der Kern einer Matrix, sprich die Lösungsmenge von $(A \mid 0)$, ein Vektorraum ist, können wir diesen durch eine Basis angeben. Die Dimension des Kerns ist $n - \mathrm{rg}(A)$, im Falle einer quadratischen Matrix A sogar genau gleich der Anzahl der Nullzeilen der Zeilenstufenform von A. Wir haben also dann eine Basis des Kerns einer quadratischen Matrix, wenn wir so viele linear unabhängige Vektoren des Kerns angeben, wie die Zeilenstufenform von A Nullzeilen hat. Und ob ein Vektor v im Kern von A liegt, erkennt man am einfachsten daran, dass $A'v = 0$ ergibt, wenn A' eine (reduzierte) Zeilenstufenform von A ist. Beachte in den folgenden Beispielen:

- Die Dimension des Kerns ist gleich der Anzahl der Nullzeilen.
- Die Spaltenvektoren v im Erzeugendensystem erfüllen $A'v = 0$, wobei A' die (reduzierte) Zeilenstufenform bezeichnet; natürlich wurden die v so gewählt.
- Die Spaltenvektoren im Erzeugendensystem wurden darüber hinaus stets so gewählt, dass ihre lineare Unabhängigkeit ins Auge fällt.

Beispiel 15.5

- $$\ker \begin{pmatrix} 1 & 2 & 3 \\ 4 & 5 & 6 \\ 7 & 8 & 9 \end{pmatrix} = \ker \begin{pmatrix} 1 & 2 & 3 \\ 0 & 3 & 6 \\ 0 & 6 & 12 \end{pmatrix} = \ker \begin{pmatrix} 1 & 0 & -1 \\ 0 & 1 & 2 \\ 0 & 0 & 0 \end{pmatrix} = \left\langle \begin{pmatrix} 1 \\ -2 \\ 1 \end{pmatrix} \right\rangle.$$

- $$\ker \begin{pmatrix} -1 & -1 & 2 \\ 1 & 2 & 3 \\ -1 & 0 & 7 \end{pmatrix} = \ker \begin{pmatrix} 1 & 1 & -2 \\ 0 & 1 & 5 \\ 0 & 2 & 10 \end{pmatrix} = \ker \begin{pmatrix} 1 & 0 & -7 \\ 0 & 1 & 5 \\ 0 & 0 & 0 \end{pmatrix} = \left\langle \begin{pmatrix} 7 \\ -5 \\ 1 \end{pmatrix} \right\rangle.$$

- $$\ker \begin{pmatrix} 1 & 2 & 3 & 4 \\ 2 & 4 & 6 & 8 \\ 3 & 6 & 9 & 12 \\ 4 & 8 & 12 & 16 \end{pmatrix} = \ker \begin{pmatrix} 1 & 2 & 3 & 4 \\ 0 & 0 & 0 & 0 \\ 0 & 0 & 0 & 0 \\ 0 & 0 & 0 & 0 \end{pmatrix} = \left\langle \begin{pmatrix} 2 \\ -1 \\ 0 \\ 0 \end{pmatrix}, \begin{pmatrix} 3 \\ 0 \\ -1 \\ 0 \end{pmatrix}, \begin{pmatrix} 4 \\ 0 \\ 0 \\ -1 \end{pmatrix} \right\rangle.$$

-
$$\ker \begin{pmatrix} 4 & 2 & 2 \\ 2 & 1 & 1 \\ 2 & 1 & 1 \end{pmatrix} = \ker \begin{pmatrix} 2 & 1 & 1 \\ 0 & 0 & 0 \\ 0 & 0 & 0 \end{pmatrix} = \langle \begin{pmatrix} 0 \\ -1 \\ 1 \end{pmatrix}, \begin{pmatrix} 1 \\ -2 \\ 0 \end{pmatrix} \rangle.$$

-
$$\ker \begin{pmatrix} -2 & 2 & 2 \\ 2 & -5 & 1 \\ 2 & 1 & -5 \end{pmatrix} = \ker \begin{pmatrix} 1 & -1 & -1 \\ 0 & -3 & 3 \\ 0 & 0 & 0 \end{pmatrix} = \langle \begin{pmatrix} 2 \\ 1 \\ 1 \end{pmatrix} \rangle.$$

∎

15.3 Aufgaben

15.1 Begründen Sie, warum für jedes $n \in \mathbb{N}$ die Menge

$$U = \left\{ u = (u_1, \ldots, u_n)^\top \in \mathbb{R}^n \mid u_1 + \cdots + u_n = 0 \right\}$$

einen Vektorraum bildet. Bestimmen Sie eine Basis und die Dimension von U.

15.2 Bestimmen Sie die Dimension des Vektorraums

$$\langle f_1 : x \mapsto \sin(x), \ f_2 : x \mapsto \sin(2x), \ f_3 : x \mapsto \sin(3x) \rangle \subseteq \mathbb{R}^{\mathbb{R}}.$$

15.3 Es seien die Vektoren $u, v \in \mathbb{R}^3$ mit $u = (1, -3, 2)^\top$ und $v = (2, -1, 1)^\top$ gegeben. Prüfen Sie, ob $p = (1, 7, -4)^\top$ bzw. $q = (2, -5, 4)^\top$ Linearkombinationen von u und v sind. Berechnen Sie ggf. die Darstellung von p und q bezüglich der Basis $\{u, v\}$ des von u und v aufgespannten Untervektorraums des $\mathbb{R}^3$.

15.4 Gegeben sei das folgende homogene lineare Gleichungssystem für $x_1, x_2, x_3, x_4 \in \mathbb{C}$:

$$\begin{aligned} \mathrm{i}x_1 + 4x_2 - (2+\mathrm{i})x_3 - \ x_4 &= 0 \\ x_1 \qquad\quad - \ 5x_3 - 2x_4 &= 0. \\ x_1 \qquad\quad - \ x_3 + 2x_4 &= 0 \end{aligned}$$

(a) Wie groß kann die Dimension des Lösungsraums eines Gleichungssystems von obigem Typ maximal sein? Wie groß muss sie mindestens sein?

(b) Berechnen Sie den Lösungsraum und geben Sie eine Basis für ihn an.

15.5

(a) Zeigen Sie, dass durch $B = \{1, 1-x, (1-x)^2, (1-x)^3\}$ eine Basis des Polynomraums $\mathbb{R}[x]_3$ gegeben ist.

(b) Geben Sie die Darstellung von $p = x^3 - 2x^2 + 7x + 5$ bezüglich der Basis B an.

15.6 Durch die folgenden vier Polynome wird ein Vektorraum $V \subseteq \mathbb{R}[x]_3$ erzeugt:

$$p = x^3 - 2x^2 + 4x + 1, \qquad r = x^3 + 6x - 5,$$
$$q = 2x^3 - 3x^2 + 9x - 1, \qquad s = 2x^3 - 5x^2 + 7x + 5.$$

Bestimmen Sie dim V und geben Sie eine Basis von V an.

15.7 Bestimmen Sie eine Basis des von der Menge

$$X = \left\{ \begin{pmatrix} 0 \\ 1 \\ 0 \\ -1 \end{pmatrix}, \begin{pmatrix} 1 \\ 0 \\ 1 \\ -2 \end{pmatrix}, \begin{pmatrix} -1 \\ -2 \\ 0 \\ 1 \end{pmatrix}, \begin{pmatrix} -1 \\ 0 \\ 1 \\ 0 \end{pmatrix}, \begin{pmatrix} 1 \\ 0 \\ -1 \\ -1 \end{pmatrix}, \begin{pmatrix} 2 \\ 0 \\ -1 \\ 0 \end{pmatrix} \right\}$$

erzeugten Untervektorraums $U = \langle X \rangle$ des $\mathbb{R}^4$.

15.8 Berechnen Sie den Rang sowie je eine Basis von Kern, Spalten- und Zeilenraum der folgenden Matrizen:

$$A = \begin{pmatrix} 1 & 1 & 1 \\ 2 & 1 & 3 \\ 4 & -2 & 1 \end{pmatrix}, \quad B = \begin{pmatrix} 2 & 0 & 0 \\ 3 & 0 & 0 \\ 0 & 2 & 0 \end{pmatrix}, \quad C = \begin{pmatrix} 1 & 2 \\ 2 & 1 \\ 3 & 2 \\ 2 & 3 \end{pmatrix}.$$

15.9 Begründen Sie: $S_A = \{Av \mid v \in \mathbb{R}^n\}$.

15.10 Begründen Sie die Aussagen in der zweiten Box in Abschn. 15.2 (Rezeptebuch).

15.11 Wir betrachten den Vektorraum

$$V = \mathbb{R}[x]_2 = \{a_0 + a_1 x + a_2 x^2 \mid a_0, a_1, a_2 \in \mathbb{R}\}$$

der Polynome vom Grad ≤ 2. Für diesen ist bekanntlich $S_0 = \{1, x, x^2\}$ eine Basis. Gegeben sind weiter die Teilmengen

$S_1 = \{x,\ 2x\},\ S_2 = \{1,\ x,\ x+1,\ x-1\},\ S_3 = \{x^2 + x,\ x^2 - x\}$

$S_4 = \{1,\ x+1,\ x^2 + x + 1\},\ S_5 = \{1+x,\ x,\ x^2 + 1,\ x+2\},\ S_6 = \{x,\ x+1,\ x-1\}$

von V. Untersuchen Sie, ob die Mengen $S_1, \ldots, S_6$ linear unabhängig bzw. ein Erzeugendensystem bzw. eine Basis von V sind. Geben Sie außerdem für jeden der Untervektorräume $\langle S_i \rangle$ eine Basis $B_i \subseteq S_i$ an.

15.12 Im Folgenden ist jeweils eine linear unabhängige Teilmenge $S \subseteq \mathbb{R}^n$ gegeben. Ergänzen Sie diese jeweils mit Vektoren aus der Standardbasis $\{e_1, e_2, \ldots, e_n\}$ zu einer Basis des $\mathbb{R}^n$:

(a) $S = \left\{ \begin{pmatrix} 1 \\ 2 \\ 0 \end{pmatrix} \right\} \subseteq \mathbb{R}^3$,

(b) $S = \left\{ \begin{pmatrix} -1 \\ 0 \\ 3 \end{pmatrix} \right\} \subseteq \mathbb{R}^3$,

(c) $S = \left\{ \begin{pmatrix} 1 \\ 1 \\ 3 \end{pmatrix}, \begin{pmatrix} 1 \\ 1 \\ 2 \end{pmatrix} \right\} \subseteq \mathbb{R}^3$,

(d) $S = \left\{ \begin{pmatrix} 1 \\ 1 \\ 0 \\ 0 \end{pmatrix}, \begin{pmatrix} 0 \\ 0 \\ 1 \\ 1 \end{pmatrix} \right\} \subseteq \mathbb{R}^4$,

(e) $S = \left\{ \begin{pmatrix} 1 \\ 1 \\ 1 \\ 1 \end{pmatrix}, \begin{pmatrix} 2 \\ 1 \\ 1 \\ 1 \end{pmatrix}, \begin{pmatrix} 1 \\ 1 \\ 1 \\ 2 \end{pmatrix} \right\} \subseteq \mathbb{R}^4$.

Orthogonalität I

16

Inhaltsverzeichnis

Hat ein Vektorraum ein *Skalarprodukt,* so kann man jedem Vektor dieses Vektorraums eine *Länge* und je zwei Vektoren einen *Abstand* bzw. einen dazwischenliegenden *Winkel* zuordnen und auch hinterfragen, ob zwei Vektoren *orthogonal* sind. Dabei ist ein *Skalarprodukt* ein Produkt von Vektoren, wobei das Resultat ein Skalar ist.

So anschaulich diese Begriffe auch sein mögen, so wenig anschaulich werden viele Inhalte des vorliegenden Kapitels sein: Wir betrachten nämlich auch Vektorräume ungleich dem $\mathbb{R}^2$ oder $\mathbb{R}^3$, also etwa den Vektorraum aller stetigen Funktionen auf einem Intervall $[a, b]$. Orthogonalität, Winkel und Abstände sind dann nicht durch die Anschauung gegeben, sondern ergeben sich durch Auswerten von Formeln. Dieser Abstraktionsschritt, einfach nur Formeln anzuwenden und dabei jede Anschauung zu unterdrücken, fällt Studienanfängern üblicherweise schwer, wenngleich es so einfach klingt. Dieser Abstraktionsschritt ist aber wichtig, wir werden in späteren Kapiteln auf die hier angesprochenen Sachverhalte zurückkommen.

© Springer-Verlag GmbH Deutschland, ein Teil von Springer Nature 2022
C. Karpfinger, *Höhere Mathematik in Rezepten,*
https://doi.org/10.1007/978-3-662-63305-2_16

16.1 Skalarprodukte

Wir betrachten einen reellen Vektorraum V. Man sagt, eine Abbildung

$$s : \begin{cases} V \times V \to & \mathbb{R} \\ (v, w) \mapsto s(v, w) \end{cases}$$

- ist **bilinear,** wenn für alle $v, v', w, w' \in V$ und $\lambda \in \mathbb{R}$ gilt:
  - $s(\lambda v + v', w) = \lambda s(v, w) + s(v', w)$.   *Linearität im 1. Argument*
  - $s(v, \lambda w + w') = \lambda s(v, w) + s(v, w')$.   *Linearität im 2. Argument*
- ist **symmetrisch,** wenn für alle $v, w \in V$ gilt:

$$s(v, w) = s(w, v).$$

- ist **positiv definit,** wenn für alle $v \in V$ gilt:

$$s(v, v) \geq 0 \quad \text{und} \quad s(v, v) = 0 \Leftrightarrow v = 0.$$

Eine positiv definite, symmetrische, bilineare Abbildung $s : V \times V \to \mathbb{R}$ nennt man kurz **Skalarprodukt.** Anstatt $s(v, w)$ schreibt man auch $\langle v, w \rangle$, (v, w) oder $v \cdot w$. Man nennt einen reellen Vektorraum V mit einem Skalarprodukt $\langle\ ,\ \rangle$ auch einen **euklidischen Vektorraum.**

Rezept: Wann ist eine Abbildung ein Skalarprodukt?

Gegeben ist ein reeller Vektorraum V mit einer Abbildung

$$\langle\ ,\ \rangle : V \times V \to \mathbb{R}, \ (v, w) \mapsto \langle v, w \rangle.$$

Begründe, dass für alle $v, v', w \in V$ und $\lambda \in \mathbb{R}$ gilt:

(1) Linearität im 1. Argument: $\langle \lambda v + v', w \rangle = \lambda \langle v, w \rangle + \langle v', w \rangle$.
(2) Symmetrie: $\langle v, w \rangle = \langle w, v \rangle$.
(3) Positive Definitheit: $\langle v, v \rangle > 0$ für $v \neq 0$.

Dann ist $\langle\ ,\ \rangle$ ein Skalarprodukt.

Wegen der Symmetrie gilt nämlich die Linearität auch im 2. Argument, und wegen der Linearität gilt $\langle 0, 0 \rangle = 0$.

Beispiel 16.1

- Das **kanonische** oder **Standardskalarprodukt** lautet

$$\langle\,,\,\rangle : \mathbb{R}^n \times \mathbb{R}^n \to \mathbb{R}, \ (v, w) \mapsto v^\top w.$$

Diese Abbildung $\langle\,,\,\rangle$ ist in der Tat ein Skalarprodukt, es gilt nämlich für alle v, v', $w \in \mathbb{R}^n$ und $\lambda \in \mathbb{R}$:

(1) Linearität im 1. Argument: $\langle \lambda v + v', w \rangle = (\lambda v + v')^\top w = (\lambda v^\top + v'^\top) w = \lambda v^\top w + v'^\top w = \lambda \langle v, w \rangle + \langle v', w \rangle$.

(2) Symmetrie: $\langle v, w \rangle = v^\top w = w^\top v = \langle w, v \rangle$.

(3) Positive Definitheit: $\langle v, v \rangle = v^\top v = \sum_{i=1}^{n} v_i^2 > 0$, falls $v \neq 0$.

- Es sei $V = \mathbb{R}[x]$ der Vektorraum der reellen Polynomfunktionen. Dann ist $\langle\,,\,\rangle$: $V \times V \to \mathbb{R}$ mit

$$\langle p, q \rangle = \int_0^1 p(x)q(x) \, dx$$

ein Skalarprodukt, da für alle p, $\widetilde{p}$, $q \in V$ und $\lambda \in \mathbb{R}$ gilt:

(1) Linearität im 1. Argument:

$$\langle \lambda p + \widetilde{p}, q \rangle = \int_0^1 (\lambda p + \widetilde{p})(x)q(x) \, dx = \int_0^1 \lambda p(x)q(x) + \widetilde{p}(x)q(x) \, dx$$

$$= \lambda \int_0^1 p(x)q(x) \, dx + \int_0^1 \widetilde{p}(x)q(x) \, dx = \lambda \langle p, q \rangle + \langle \widetilde{p}, q \rangle.$$

(2) Symmetrie: $\langle p, q \rangle = \int_0^1 p(x)q(x) \, dx = \int_0^1 q(x)p(x) \, dx = \langle q, p \rangle$.

(3) Positive Definitheit:

$$\langle p, p \rangle = \int_0^1 p(x)^2 \, dx > 0 \text{ für } p \neq 0,$$

da der Graph von p^2 mit der x-Achse einen positiven Flächeninhalt einschließt, es ist nämlich $p(x)^2 \geq 0$ für alle $x \in [0, 1]$, und es gibt $x \in [0, 1]$ mit $p(x) > 0$.

Wir berechnen beispielhaft das Skalarprodukt von $p = 1 + x$ und $q = x^2$:

$$\langle p, q \rangle = \int_0^1 x^2 + x^3 \, dx = \tfrac{1}{3}x^3 + \tfrac{1}{4}x^4 \Big|_0^1 = \tfrac{7}{12}.$$

- Analog gilt: Ist V der Vektorraum aller stetigen Funktionen auf einem Intervall $[a, b]$, so ist das wie folgt erklärte Produkt $\langle\ ,\ \rangle : V \times V \to \mathbb{R}$ ein Skalarprodukt:

$$\langle f, g \rangle = \int_a^b f(x)g(x)\,\mathrm{d}x.$$

■

16.2   Länge, Abstand, Winkel und Orthogonalität

In euklidischen Vektorräumen ist es möglich, Vektoren eine *Länge* zuzuordnen. Diese Länge wird mittels des Skalarprodukts erklärt. Im $\mathbb{R}^2$ bzw. $\mathbb{R}^3$ entspricht dieser Längenbegriff und der daraus resultierende Abstands-, Winkel- und Orthogonalitätsbegriff dem anschaulichen Längenbegriff, sofern als Skalarprodukt das kanonische betrachtet wird.

Länge, Abstand, Winkel und Orthogonalität

Ist V ein Vektorraum mit euklidischem Skalarprodukt $\langle\ ,\ \rangle$, so nennt man

- die reelle Zahl $\|v\| = \sqrt{\langle v, v \rangle}$ die **Länge** oder **Norm** von $v \in V$,
- die reelle Zahl $d(v, w) = \|v - w\| = \|w - v\|$ den **Abstand** von v und w,
- die reelle Zahl $\angle(v, w) = \arccos\left(\frac{\langle v, w \rangle}{\|v\|\,\|w\|}\right)$ den **Winkel** zwischen $v \neq 0$ und $w \neq 0$,
- zwei Vektoren v und w **senkrecht** oder **orthogonal**, wenn $\langle v, w \rangle = 0$ gilt, man schreibt dafür $v \perp w$.

Bemerkung In den Aufgaben begründen wir die **Cauchy-Schwarz'sche Ungleichung**: Ist $\langle\ ,\ \rangle$ ein Skalarprodukt auf V, so gilt für alle $v, w \in V$:

$$|\langle v, w \rangle| \leq \|v\|\,\|w\|.$$

Aufgrund dieser Ungleichung gilt für alle $v,\ w, v \neq 0 \neq w$,

$$-1 \leq \frac{\langle v, w \rangle}{\|v\|\,\|w\|} \leq 1,$$

sodass $\angle(v, w) \in [0, \pi]$ (siehe Abschn. 6.3) tatsächlich existiert.

Beispiel 16.2

- Wir betrachten das Standardskalarprodukt $\langle\ ,\ \rangle$ des $\mathbb{R}^2$. Der Vektor $(1,\ 1)^\top \in \mathbb{R}^2$ hat die Länge

$$\left\| \begin{pmatrix} 1 \\ 1 \end{pmatrix} \right\| = \sqrt{(1,\ 1) \begin{pmatrix} 1 \\ 1 \end{pmatrix}} = \sqrt{2}.$$

- Wir berechnen die Länge des Polynoms $p = 1 + x$ bezüglich des Skalarprodukts $\langle p,\ q \rangle = \int_0^1 p(x)q(x)\,\mathrm{d}x$:

$$\|1 + x\| = \sqrt{\int_0^1 x^2 + 2x + 1\,\mathrm{d}x} = \sqrt{\left. \tfrac{1}{3}x^3 + x^2 + x \right|_0^1} = \sqrt{\tfrac{7}{3}}.$$

- Es sei $\langle\ ,\ \rangle$ das Standardskalarprodukt des $\mathbb{R}^2$. Es gilt:

$$\angle\left(\begin{pmatrix} 1 \\ 0 \end{pmatrix},\ \begin{pmatrix} 1 \\ 1 \end{pmatrix} \right) = \arccos(1/\sqrt{2}) = \pi/4.$$

- Im $\mathbb{R}^2$ gilt mit dem Standardskalarprodukt $\langle\ ,\ \rangle$

$$\langle \begin{pmatrix} -1 \\ 2 \end{pmatrix} \begin{pmatrix} 2 \\ 1 \end{pmatrix} \rangle = (-1,\ 2) \begin{pmatrix} 2 \\ 1 \end{pmatrix} = 0,\quad \text{sodass}\quad \begin{pmatrix} -1 \\ 2 \end{pmatrix} \perp \begin{pmatrix} 2 \\ 1 \end{pmatrix}.$$

- Die Polynome $p = x$ und $q = 2 - 3\,x$ sind orthogonal bezüglich des Skalarprodukts $\langle p,\ q \rangle = \int_0^1 p(x)q(x)\,\mathrm{d}x$, da

$$\langle p,\ q \rangle = \int_0^1 2x - 3x^2\,\mathrm{d}x = \left. x^2 - x^3 \right|_0^1 = 0,\quad \text{d.h.}\quad p \perp q.$$

- Der Nullvektor 0 steht wegen $\langle 0,\ v \rangle = 0$ in jedem euklidischen Vektorraum V senkrecht auf allen Vektoren v, d.h. $0 \perp v$ für alle $v \in V$.
- Für $v,\ w \neq 0$ gilt:

$$v \perp w \;\Leftrightarrow\; \angle(v,\ w) = \pi/2.$$

∎

Wir haben auf dem $\mathbb{R}^n$ nur das kanonische Skalarprodukt eingeführt. Es gibt auch andere, für die praktischen Anwendungen erst einmal nicht so wichtige Skalarprodukte auf dem $\mathbb{R}^n$. Bestimmt man die Länge eines Vektors $v \in \mathbb{R}^n$ mit dem kanonischen Skalarprodukt, so nennt man $\|v\|$ auch die **euklidische Norm** bzw. **euklidische Länge.**

16.3 Orthonormalbasen

Jeder verbindet mit dem $\mathbb{R}^2$ bzw. $\mathbb{R}^3$ ein Koordinatensystem, dessen Achsen senkrecht sind. Das kommt nicht von ungefähr, Basen aus orthogonalen Vektoren haben ihre Vorzüge. Die Achsen des $\mathbb{R}^3$ werden erzeugt von den Standardeinheitsvektoren e_1, e_2, e_3; das sind bezüglich des Standardskalarprodukts orthogonale Vektoren der Länge 1. Sie bilden eine *Orthonormalbasis* des $\mathbb{R}^3$. Eines unserer nächsten Ziele ist es, zu jedem Vektorraum eine Orthonormalbasis anzugeben. Das gelingt uns, sofern die Dimension des Vektorraums endlich bleibt.

Weil wir es nicht immer mit Basen, sondern gelegentlich auch nur mit Mengen orthogonaler Vektoren zu tun haben werden, die auch nicht unbedingt die Länge 1 haben, brauchen wir vier Begriffe:

Orthogonal-/Orthonormal-/-system/-basis

Eine Teilmenge B eines euklidischen Vektorraums V mit Skalarprodukt $\langle \, , \, \rangle$ heißt

- **Orthogonalsystem** von V, wenn für alle $v, w \in B$ mit $v \neq w$ gilt $v \perp w$.
- **Orthogonalbasis** von V, wenn B Orthogonalsystem und Basis ist.
- **Orthonormalsystem** von V, wenn B Orthogonalsystem ist und $\|v\| = 1$ für alle $v \in B$ gilt.
- **Orthonormalbasis** von V, wenn B Orthonormalsystem und Basis ist.

Den am häufigsten benötigten Begriff *Orthonormalbasis* kürzen wir mit **ONB** ab.

Durch **Normieren**, d. h., man ersetzt ein $v \neq 0$ durch $\frac{1}{\|v\|} v$, kann man aus Orthogonalsystemen Orthonormalsysteme machen.

Beispiel 16.3

- Die folgende Menge B ist eine Orthogonalbasis des $\mathbb{R}^3$ bezüglich des Standardskalarprodukts. Durch Normieren der Elemente von B erhalten wir eine Orthonormalbasis $\tilde{B}$:

$$B = \left\{ \begin{pmatrix} 2 \\ -1 \\ 2 \end{pmatrix}, \begin{pmatrix} 1 \\ 2 \\ 0 \end{pmatrix}, \begin{pmatrix} 2 \\ -1 \\ -5/2 \end{pmatrix} \right\} \longrightarrow \tilde{B} = \left\{ \frac{1}{3} \begin{pmatrix} 2 \\ -1 \\ 2 \end{pmatrix}, \frac{1}{\sqrt{5}} \begin{pmatrix} 1 \\ 2 \\ 0 \end{pmatrix}, \frac{2}{3\sqrt{5}} \begin{pmatrix} 2 \\ -1 \\ -5/2 \end{pmatrix} \right\}.$$

- Für alle $n \in \mathbb{N}$ ist $E_n = \{e_1, \ldots, e_n\}$ eine Orthonormalbasis des $\mathbb{R}^n$.

Mit dem **Kronecker-Delta**

$$\delta_{ij} = \begin{cases} 1, & \text{falls } i = j \\ 0, & \text{falls } i \neq j \end{cases}$$

lässt sich die Orthonormalität einer Basis $B = \{b_1, b_2, b_3, \ldots\}$ kurz ausdrücken:

$$B \text{ ist ONB} \iff \forall i, j : \langle b_i, b_j \rangle = \delta_{ij}.$$

16.4   Orthogonale Zerlegung und Linearkombination bezüglich einer ONB

Wir lösen folgende Probleme:

- Wir wollen einen Vektor $v = u + w$ als Summe von orthogonalen Vektoren $u \perp w$ schreiben, wobei der Summand u eine vorgegebene Richtung hat.
- Wir wollen die Koeffizienten $\lambda_1, \ldots, \lambda_n$ der Linearkombination $v = \lambda_1 b_1 + \cdots + \lambda_n b_n$ von v bezüglich einer ONB $B = \{b_1, \ldots, b_n\}$ bestimmen.

Beide Probleme lassen sich ganz einfach lösen, wir beginnen mit dem ersten Problem:

Rezept: Orthogonale Zerlegung

Ist $a \neq 0$ ein Vektor eines euklidischen Vektorraums mit dem Skalarprodukt $\langle \, , \, \rangle$, so lässt sich jeder Vektor $v \in V$ in der Form

$$v = v_a + v_{a\perp} \quad \text{mit } v_a = \lambda a \text{ und } v_{a\perp} \perp a$$

darstellen. Diese **orthogonale Zerlegung von v längs a** erhält man wie folgt:

(1) $v_a = \dfrac{\langle v, a \rangle}{\langle a, a \rangle} a,$

(2) $v_{a\perp} = v - v_a.$

Man prüft das leicht nach:

$$v_a + v_{a\perp} = v_a + v - v_a = v, \ v_a = \lambda a, \ \langle v_{a\perp}, a \rangle = \langle v, a \rangle - \frac{\langle v, a \rangle}{\langle a, a \rangle} \cdot \langle a, a \rangle = 0.$$

Beispiel 16.4

- Wir zerlegen den Vektor $v = (1, 2, 3)^\top$ entlang des Vektors $a = (1, 0, 1)^\top$. Wegen $\langle v, a \rangle = 4$ und $\langle a, a \rangle = 2$ erhalten wir:

$$(1) \; v_a = \frac{4}{2} \begin{pmatrix} 1 \\ 0 \\ 1 \end{pmatrix} = \begin{pmatrix} 2 \\ 0 \\ 2 \end{pmatrix} \quad \text{und daher (2)} \; v_{a\perp} = \begin{pmatrix} 1 \\ 2 \\ 3 \end{pmatrix} - \begin{pmatrix} 2 \\ 0 \\ 2 \end{pmatrix} = \begin{pmatrix} -1 \\ 2 \\ 1 \end{pmatrix}.$$

- Es sei $V = \mathbb{R}[x]$ der Vektorraum der Polynome über $\mathbb{R}$ mit dem Skalarprodukt

$$\langle p, q \rangle = \int_0^1 p(x)q(x)\mathrm{d}x.$$

Wir zerlegen $p = 1 + x$ entlang $a = x$ und erhalten mit den Formeln

$$(1) \qquad v_a = \frac{\langle 1 + x, x \rangle}{\langle x, x \rangle} \, x = \frac{\int_0^1 x + x^2 \mathrm{d}x}{\int_0^1 x^2 \, \mathrm{d}x} \, x = \frac{\left. \frac{1}{2}x^2 + \frac{1}{3}x^3 \right|_0^1}{\left. \frac{1}{3}x^3 \right|_0^1} \, x = \frac{5}{2} \, x.$$

Entsprechend berechnen wir nun $v_{a\perp}$ als

$$(2) \qquad v_{a\perp} = 1 + x - \frac{5}{2}x = 1 - \frac{3}{2}x.$$

Wir kontrollieren abschließend unser Ergebnis. Sicherlich sind $v = v_a + v_{a\perp}$ und $v_a = \lambda \, a$ erfüllt. Außerdem gilt:

$$\langle v_{a\perp}, a \rangle = \langle 1 - \frac{3}{2} x, x \rangle = \int_0^1 x - \frac{3}{2} x^2 \, \mathrm{d}x = \left. \frac{1}{2} x^2 - \frac{1}{2} x^3 \right|_0^1 = 0.$$

■

Nun zum zweiten Problem:

Rezept: Bestimmen der Linearkombination bezüglich einer ONB

Ist $B = \{b_1, \ldots, b_n\}$ eine Orthonormalbasis eines euklidischen Vektorraums V bezüglich des Skalarprodukts $\langle \, , \, \rangle$, so erhält man für jedes $v \in V$ die Koeffizienten $\lambda_1, \ldots, \lambda_n$ der (bis auf die Reihenfolge der Summanden eindeutig bestimmten) Linearkombination $v = \lambda_1 b_1 + \cdots + \lambda_n b_n$ wie folgt: Für $i = 1, \ldots, n$ gilt

$$\lambda_i = \langle v, b_i \rangle.$$

Das lässt sich einfach nachprüfen: Für $v = \lambda_1 b_1 + \lambda_2 b_2 + \cdots + \lambda_n b_n$ gilt:

$$\langle v, b_1 \rangle = \lambda_1 \underbrace{\langle b_1, b_1 \rangle}_{=1} + \lambda_2 \underbrace{\langle b_2, b_1 \rangle}_{=0} + \cdots + \lambda_n \underbrace{\langle b_n, b_1 \rangle}_{=0} = \lambda_1$$

$$\langle v, b_2 \rangle = \lambda_1 \underbrace{\langle b_1, b_2 \rangle}_{=0} + \lambda_2 \underbrace{\langle b_2, b_2 \rangle}_{=1} + \cdots + \lambda_n \underbrace{\langle b_n, b_2 \rangle}_{=0} = \lambda_2 \text{ usw.}$$

Beispiel 16.5 Wir stellen den Vektor $v = (3, 2)^\top \in \mathbb{R}^2$ bezüglich der ONB

$$B = \left\{ b_1 = \frac{1}{\sqrt{2}} \begin{pmatrix} 1 \\ 1 \end{pmatrix}, \ b_2 = \frac{1}{\sqrt{2}} \begin{pmatrix} 1 \\ -1 \end{pmatrix} \right\}$$

des $\mathbb{R}^2$ dar:

$$\lambda_1 = \langle v, b_1 \rangle = \frac{5}{\sqrt{2}}, \quad \lambda_2 = \langle v, b_2 \rangle = \frac{1}{\sqrt{2}} \ \Rightarrow \ v = \frac{5}{\sqrt{2}} b_1 + \frac{1}{\sqrt{2}} b_2.$$

∎

16.5 Orthogonale Matrizen

Eine Matrix $A \in \mathbb{R}^{n \times n}$ heißt **orthogonal,** wenn $A^\top A = E_n$ gilt. Beispiele für orthogonale Matrizen sind

$$\begin{pmatrix} 0 & -1 & 0 \\ 0 & 0 & -1 \\ -1 & 0 & 0 \end{pmatrix}, \quad \frac{1}{3} \begin{pmatrix} 2 & -1 & 2 \\ 2 & 2 & -1 \\ -1 & 2 & 2 \end{pmatrix} \text{ und } \begin{pmatrix} \cos(\alpha) & \sin(\alpha) \\ \sin(\alpha) & -\cos(\alpha) \end{pmatrix}, \ \alpha \in [0, 2\pi[.$$

Wir können sofort eine Reihe von Eigenschaften orthogonaler Matrizen angeben:

Eigenschaften orthogonaler Matrizen

Für jede orthogonale Matrix $A \in \mathbb{R}^{n \times n}$ gilt:

- A ist invertierbar.
- $A^{-1} = A^\top$.
- Die Spalten von A bilden eine ONB des $\mathbb{R}^n$.
- Die Zeilen von A bilden eine ONB des $\mathbb{R}^n$.
- $\det(A) = \pm 1$.
- A ist **längenerhaltend,** d. h. $\|Av\| = \|v\|$ für jedes $v \in \mathbb{R}^n$ (euklidische Norm).
- Das Produkt orthogonaler Matrizen ist orthogonal.

Die Begründungen sind einfach: Wegen $A^\top A = E_n$ ist A invertierbar, durch Multiplikation dieser Gleichung mit A^{-1} von rechts erhalten wir $A^\top = A^{-1}$. Ist die Matrix

$$A = (s_1, \ldots, s_n) = \begin{pmatrix} z_1 \\ \vdots \\ z_n \end{pmatrix}$$

orthogonal, so gilt

$$A^\top A = \begin{pmatrix} s_1^\top \\ \vdots \\ s_n^\top \end{pmatrix} (s_1, \ldots, s_n) = \begin{pmatrix} s_1^\top s_1 & & s_1^\top s_n \\ & \ddots & \\ s_n^\top s_1 & & s_n^\top s_n \end{pmatrix} = \begin{pmatrix} 1 & & 0 \\ & \ddots & \\ 0 & & 1 \end{pmatrix}$$

und ebenso

$$AA^\top = \begin{pmatrix} z_1 \\ \vdots \\ z_n \end{pmatrix} (z_1^\top, \ldots, z_n^\top) = \begin{pmatrix} z_1 z_1^\top & & z_1 z_n^\top \\ & \ddots & \\ z_n z_1^\top & & z_n z_n^\top \end{pmatrix} = \begin{pmatrix} 1 & & 0 \\ & \ddots & \\ 0 & & 1 \end{pmatrix}.$$

Also bedeutet $A^\top A = E_n$, dass die Spalten von A Länge 1 haben und senkrecht aufeinander stehen, und $AA^\top = E_n$ bedeutet das Gleiche für die Zeilen. Die Aussage zur Determinante folgt schließlich aus dem Determinantenmultiplikationssatz und aus $\det(A^\top) = \det(A)$. Aus

$$\|Av\|^2 = \langle Av, Av \rangle = (Av)^\top (Av) = v^\top A^\top A v = v^\top v = \|v\|^2$$

folgt die Aussage zur Längenerhaltung von A. Schließlich gilt für orthogonale Matrizen A und B:

$$(AB)^\top (AB) = B^\top A^\top A B = B^\top B = E_n,$$

sodass auch das Produkt AB orthogonal ist.

Eine ganze Beispielsklasse von orthogonalen Matrizen sind die *Spiegelungsmatrizen*:

Beispiel 16.6 Spiegelungsmatrizen: Für jeden Vektor $a \in \mathbb{R}^n \setminus \{0\}$ bezeichnet man die Matrix

$$H_a = E_n - \frac{2}{a^\top a} \, a \, a^\top \in \mathbb{R}^{n \times n}$$

als **Spiegelungsmatrix entlang** a. Jede solche Spiegelungsmatrix ist orthogonal und zusätzlich symmetrisch, es gilt nämlich für jedes $a \in \mathbb{R}^n \setminus \{0\}$:

$$H_a^\top H_a = \left(E_n - \frac{2}{a^\top a}\, a\, a^\top \right)^\top \left(E_n - \frac{2}{a^\top a}\, a\, a^\top \right)$$

$$= \left(E_n - \frac{2}{a^\top a}\, a\, a^\top \right) \left(E_n - \frac{2}{a^\top a}\, a\, a^\top \right)$$

$$= E_n - \frac{2\cdot 2}{a^\top a}\, a\, a^\top + \left(\frac{2}{a^\top a} \right)^2 a\, a^\top a\, a^\top = E_n.$$

Mit $a = (4,\ 2,\ 2)^\top$ erhalten wir beispielsweise wegen $a^\top a = 24$

$$H_a = E_n - \frac{2}{a^\top a} a a^\top = \begin{pmatrix} 1 & 0 & 0 \\ 0 & 1 & 0 \\ 0 & 0 & 1 \end{pmatrix} - \frac{1}{12} \begin{pmatrix} 16 & 8 & 8 \\ 8 & 4 & 4 \\ 8 & 4 & 4 \end{pmatrix} = \begin{pmatrix} -1/3 & -2/3 & -2/3 \\ -2/3 & 2/3 & -1/3 \\ -2/3 & -1/3 & 2/3 \end{pmatrix}.$$

∎

Der Name *Spiegelungsmatrix* erklärt sich wie folgt: Wegen

$$H_a\, a = a - \frac{2}{a^\top a}\, a\, a^\top a = -a$$

und

$$H_a\, w = w - \frac{2}{a^\top a}\, a\, a^\top w = w \quad \text{für} \quad w \perp a$$

wird bei der Abbildung

$$\varphi_{H_a} : \begin{cases} \mathbb{R}^n \to \mathbb{R}^n \\ v \mapsto H_a v \end{cases}$$

jeder Vektor $v = v_a + v_{a\perp}$ (orthogonale Zerlegung von v längs a) auf $-v_a + v_{a\perp}$ abgebildet, d. h., v wird *entlang a gespiegelt,* beachte auch Abb. 16.1.

Abb. 16.1 Spiegelung längs a

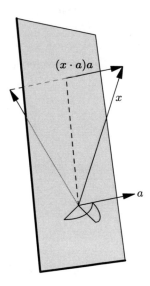

16.6 Aufgaben

16.1 Begründen Sie die Cauchy-Schwarz'sche Ungleichung: Ist $\langle\ ,\ \rangle$ ein Skalarprodukt auf V, so gilt für alle $v, w \in V$:

$$|\langle v, w \rangle| \leq \|v\|\,\|w\|.$$

16.2 Begründen Sie, warum orthogonale Vektoren ungleich 0 linear unabhängig sind.

16.3 Schreiben Sie ein MATLAB-Programm, das die Zerlegung $p = p_a + p_{a^\perp}$ einer Polynomfunktion $p \in \mathbb{R}[x]$ längs $a \in \mathbb{R}[x]$ ausgibt. Dabei sei

$$\langle\ ,\ \rangle : \mathbb{R}[x] \times \mathbb{R}[x] \to \mathbb{R}, \ (p, q) \mapsto \int_0^1 p(x)q(x)\mathrm{d}x$$

das Skalarprodukt.

16.4 Es seien $v = (v_1, v_2)^\top$, $w = (w_1, w_2)^\top \in \mathbb{R}^2$. Überprüfen Sie, ob es sich bei

(a) $\langle v, w \rangle = 4v_1w_1 + 3v_2w_2 + v_1w_2 + v_2w_1$,   (b) $\langle v, w \rangle = v_1^2w_1 + v_2w_2$

um Skalarprodukte in $\mathbb{R}^2$ handelt.

16.5 Berechnen Sie die Winkel zwischen den folgenden beiden Vektoren. Verwenden Sie dafür jeweils das angegebene Skalarprodukt.

(a) Im $\mathbb{R}^3$ mit $\langle v, w \rangle = v^\top w$: $v = (1, -2, 0)^\top$, $w = (2, -1, 1)^\top$.
(b) Im $\mathbb{R}[x]_2$ mit $\langle p, q \rangle = \int_0^1 p(x)q(x)\mathrm{d}x$: $p(x) = x^2 - 2x + 2, q(x) = 3x^2 + x - 3$.

16.6 Untersuchen Sie, für welche der folgenden Matrizen A_1, A_2 die Abbildung $\langle x, y \rangle = x^\top A_i\, y$ ein Skalarprodukt ist.

(a) $A_1 = \begin{pmatrix} 1 & 2 \\ 2 & 1 \end{pmatrix}$,   (b) $A_2 = \begin{pmatrix} 1 & -1 \\ -1 & 2 \end{pmatrix}$.

16.7 Es sei V der Vektorraum der stetigen Funktionen auf dem Intervall $[0, 2]$. Prüfen Sie die Abbildung $s : V \times V \to \mathbb{R}$ gegeben durch

$$s(f, g) = f(0)g(0) + f(1)g(1) + f(2)g(2)$$

auf Bilinearität, Symmetrie und positive Definitheit. Ist s ein Skalarprodukt?

Orthogonalität II

17

Inhaltsverzeichnis

Wir setzen das wichtige Thema *Orthogonalität* fort. Dabei beginnen wir mit dem *Ortho-normalisierungsverfahren von Gram und Schmidt*, mit dessen Hilfe aus einer Basis eines euklidischen Vektorraums eine Orthonormalbasis konstruiert werden kann. Wir betrachten dann das *Vektor- und Spatprodukt*, das sind Produkte zwischen Vektoren im $\mathbb{R}^3$, und wenden uns dann der *orthogonalen Projektion* zu.

17.1   Das Orthonormierungsverfahren von Gram und Schmidt

Jeder endlichdimensionale euklidische Vektorraum hat eine Orthonormalbasis. Das *Ortho-normierungsverfahren von Gram und Schmidt* liefert eine Methode, die aus einer (belie-bigen) Basis $\{a_1, \ldots, a_n\}$ eines euklidischen Vektorraums V eine Orthonormalbasis $B = \{b_1, \ldots, b_n\}$ macht:

© Springer-Verlag GmbH Deutschland, ein Teil von Springer Nature 2022
C. Karpfinger, *Höhere Mathematik in Rezepten*,
https://doi.org/10.1007/978-3-662-63305-2_17

Rezept: Orthonormierungsverfahren von Gram und Schmidt

Gegeben ist eine Basis $\{a_1, \ldots, a_n\}$ eines euklidischen Vektorraums V mit Skalarprodukt $\langle\ ,\ \rangle$. Bilde die Vektoren $b_1, \ldots, b_n$ wie folgt:

(1) $b_1 = \frac{1}{\|a_1\|}\, a_1,$

(2) $b_2 = \frac{1}{\|c_2\|}\, c_2$ mit $c_2 = a_2 - \langle a_2, b_1 \rangle\, b_1,$

(3) $b_3 = \frac{1}{\|c_3\|}\, c_3$ mit $c_3 = a_3 - \langle a_3, b_1 \rangle\, b_1 - \langle a_3, b_2 \rangle\, b_2,$

(4) $\cdots$

(n) $b_n = \frac{1}{\|c_n\|}\, c_n$ mit $c_n = a_n - \langle a_n, b_1 \rangle\, b_1 - \cdots - \langle a_n, b_{n-1} \rangle\, b_{n-1}.$

Allgemein:

$$b_1 = \frac{1}{\|a_1\|}\, a_1, \quad b_{k+1} = \frac{1}{\|c_{k+1}\|}\, c_{k+1} \text{ mit } c_{k+1} = a_{k+1} - \sum_{i=1}^{k} \langle a_{k+1}, b_i \rangle\, b_i.$$

Man prüft durch Skalarproduktbildung $\langle b_i, b_j \rangle$ einfach nach, dass die Vektoren paarweise senkrecht aufeinander stehen. Bei den typischen Aufgaben zu diesem Thema ist $n = 2$ oder 3.

Beispiel 17.1 Wir wollen eine Orthonormalbasis des $\mathbb{R}^3$ bezüglich des Standardskalarproduktes bestimmen. Dazu beginnen wir mit der Basis

$$B = \left\{ a_1 = \begin{pmatrix} 1 \\ 0 \\ 0 \end{pmatrix}, \ a_2 = \begin{pmatrix} 1 \\ 1 \\ 0 \end{pmatrix}, \ a_3 = \begin{pmatrix} 1 \\ 1 \\ 1 \end{pmatrix} \right\}$$

und wenden auf diese das Gram-Schmidt'sche Orthonormierungsverfahren an:

1. $b_1 = \dfrac{1}{\|a_1\|}\, a_1 = \begin{pmatrix} 1 \\ 0 \\ 0 \end{pmatrix},$

2. $b_2 = \dfrac{1}{\|c_2\|}\, c_2$ mit $c_2 = \begin{pmatrix} 1 \\ 1 \\ 0 \end{pmatrix} - 1 \begin{pmatrix} 1 \\ 0 \\ 0 \end{pmatrix} = \begin{pmatrix} 0 \\ 1 \\ 0 \end{pmatrix} \Rightarrow b_2 = \begin{pmatrix} 0 \\ 1 \\ 0 \end{pmatrix},$

3. $b_3 = \dfrac{1}{\|c_3\|}\, c_3$ mit $c_3 = \begin{pmatrix} 1 \\ 1 \\ 1 \end{pmatrix} - 1 \begin{pmatrix} 1 \\ 0 \\ 0 \end{pmatrix} - 1 \begin{pmatrix} 0 \\ 1 \\ 0 \end{pmatrix} = \begin{pmatrix} 0 \\ 0 \\ 1 \end{pmatrix} \Rightarrow b_3 = \begin{pmatrix} 0 \\ 0 \\ 1 \end{pmatrix}.$

Die Standardbasis des $\mathbb{R}^3$, die wir im Beispiel erhalten haben, hätten wir auch leicht erraten können. Allgemein findet man im $\mathbb{R}^2$ und $\mathbb{R}^3$ Orthonormalbasen durch *scharfes Hinsehen* (oder mit dem Vektorprodukt im $\mathbb{R}^3$) meist schneller als mit dem Gram-Schmidtverfahren. In anderen Vektorräumen ist das aber nicht zwangsläufig der Fall, wie das folgende Beispiel zeigt:

Beispiel 17.2 Wir suchen eine Orthonormalbasis des Vektorraums $V = \langle x, x^2 \rangle$ bezüglich des Skalarprodukts

$$\langle p, q \rangle = \int_0^1 p(x)q(x)\,dx.$$

Als Ausgangsbasis wählen wir zu diesem Zweck natürlich $\{a_1 = x,\ a_2 = x^2\}$. Das Gram-Schmidt'sche Orthonormierungsverfahren liefert uns:

(1) $b_1 = \dfrac{1}{\|x\|}\, x = \sqrt{3}\, x$, da $\|x\| = \sqrt{\displaystyle\int_0^1 x^2\,dx} = \sqrt{\dfrac{1}{3}}$,

(2) $b_2 = \dfrac{1}{\|c_2\|}\, c_2$ mit $c_2 = a_2 - \langle a_2, b_1 \rangle\, b_1$.

Es gilt:

$$c_2 = x^2 - \left(\int_0^1 \sqrt{3}\, x^3\,dx \right) \sqrt{3}\, x = x^2 - \left(\frac{\sqrt{3}}{4}\, x^4 \bigg|_0^1 \right) \sqrt{3}\, x = x^2 - \frac{3}{4}\, x.$$

Damit können wir nun $\|c_2\|$ berechnen als

$$\|c_2\| = \left\| x^2 - \frac{3}{4}\, x \right\| = \sqrt{\int_0^1 \left(x^2 - \frac{3}{4}\, x \right)^2 dx}$$

$$= \sqrt{\int_0^1 x^4 - \frac{3}{2}\, x^3 + \frac{9}{16}\, x^2 dx} = \sqrt{\frac{1}{5}\, x^5 - \frac{3}{8}\, x^4 + \frac{3}{16}\, x^3 \bigg|_0^1}$$

$$= \sqrt{\frac{1}{5} - \frac{3}{8} + \frac{3}{16}} = \sqrt{\frac{1}{5} - \frac{3}{16}} = \sqrt{\frac{1}{80}} = \frac{1}{4\sqrt{5}}.$$

Eine Orthonormalbasis von V ist damit also

$$\left\{ \sqrt{3}\, x,\ 4\sqrt{5}\left(x^2 - \frac{3}{4}\, x \right) \right\}.$$

$\blacksquare$

Bemerkung Eine Implementierung des Gram-Schmidt'schen Orthonormierungsverfahrens ist so nicht zu empfehlen. Durch Rundungsfehler und Auslöschung sind die Vektoren, die man durch eine naive Implementierung des Verfahrens auf einem Rechner erhält, im

Allgemeinen nicht orthogonal. Es gibt zwar auch eine numerisch *stabile* Variante des Gram-Schmidtverfahrens, wir verzichten dennoch auf deren Darstellung, da wir mit den *Householdertransformationen* im Kap. 19 eine numerisch stabile Möglichkeit zur Konstruktion einer ONB kennenlernen werden.

17.2   Das Vektor- und das Spatprodukt

In diesem Abschnitt betrachten wir den $\mathbb{R}^3$ mit seinem Standardskalarprodukt $\langle\ ,\ \rangle$.

Beim *Vektorprodukt* $\times$ werden zwei Vektoren $a,\ b \in \mathbb{R}^3$ miteinander *multipliziert,* man erhält als Ergebnis wieder einen Vektor $c = a \times b \in \mathbb{R}^3$; das *Spatprodukt* $[\cdot, \cdot, \cdot]$ ist ein *Produkt* von drei Vektoren $a,\ b,\ c \in \mathbb{R}^3$, bei dem das Ergebnis $[a, b, c] \in \mathbb{R}$ eine Zahl ist. Es gilt:

- $\|a \times b\|$ ist der Flächeninhalt des Parallelogramms, das von a und b aufgespannt wird.
- $|[a, b, c]|$ ist das Volumen des **Parallelepipeds,** das von $a,\ b$ und c aufgespannt wird. Anstatt Parallelepiped sagt man auch **Spat.**

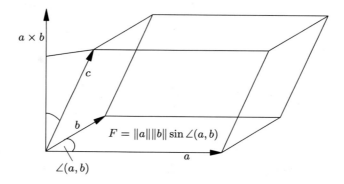

Es folgen die Definition und die wesentlichen Eigenschaften:

Definition und Eigenschaften des Vektor- und Spatprodukts
Für Vektoren

$$a = \begin{pmatrix} a_1 \\ a_2 \\ a_3 \end{pmatrix} \quad \text{und} \quad b = \begin{pmatrix} b_1 \\ b_2 \\ b_3 \end{pmatrix} \quad \text{und} \quad c = \begin{pmatrix} c_1 \\ c_2 \\ c_3 \end{pmatrix} \in \mathbb{R}^3$$

nennen wir

$$a \times b = \begin{pmatrix} a_2 b_3 - b_2 a_3 \\ a_3 b_1 - b_3 a_1 \\ a_1 b_2 - b_1 a_2 \end{pmatrix} \in \mathbb{R}^3 \text{ bzw. } [a, b, c] = \langle a \times b, c \rangle \in \mathbb{R}$$

das **Vektorprodukt** von a und b bzw. das **Spatprodukt** von a, b und c. Es gelten:

1. $\langle x, a \times b \rangle = \det(x, a, b)$ für alle $x \in \mathbb{R}^3$.
2. Der Vektor $a \times b$ steht senkrecht auf a und b, $a \times b \perp a$, b.
3. $\|a \times b\| = \|a\| \|b\| \sin \angle(a, b) = $ Flächeninhalt des von a, b aufgespannten Parallelogramms.
4. Falls a und b linear unabhängig sind, so bilden a, b, $a \times b$ ein **Rechtssystem,** d. h. $\det(a, b, a \times b) > 0$.
5. Für jeden Vektor $a \in \mathbb{R}^3$ gilt: $a \times a = 0$.
6. Für alle $a, b \in \mathbb{R}^3$ gilt: $a \times b = -b \times a$.
7. $a \times b = 0 \Leftrightarrow a, b$ sind linear abhängig.
8. $\|a \times b\|^2 + |\langle a, b \rangle|^2 = \|a\|^2 \|b\|^2$.
9. Für alle $u, v, w, x \in \mathbb{R}^3$ gilt:

   - $u \times (v \times w) = \langle u, w \rangle v - \langle u, v \rangle w$. **(Grassmann-Identität)**
   - $\big(u \times (v \times w)\big) + \big(v \times (w \times u)\big) + \big(w \times (u \times v)\big) = 0$. **(Jacobi-Identität)**
   - $\langle u \times v, w \times x \rangle = \langle u, w \rangle \langle v, x \rangle - \langle u, x \rangle \langle v, w \rangle$. **(Lagrange-Identität)**

10. $[a, b, c] = \det(a, b, c)$.
11. $|[a, b, c]| = $ Volumen des von a, b, c aufgespannten Spates.
12. $[a, b, c] = 0 \Leftrightarrow \{a, b, c\}$ ist linear abhängig.
13. $[a, b, c] > 0 \Leftrightarrow a, b, c$ bilden ein Rechtssystem.

Ein **Rechtssystem** ist durch die **Rechte-Hand-Regel** gegeben: $a = $ Daumen, $b = $ Zeigefinger, $a \times b = $ Mittelfinger; das alles natürlich an der rechten Hand.

Beispiel 17.3

- Als Anwendung des Vektorprodukts berechnen wir die Fläche F des Dreiecks mit den Eckpunkten

$$A = \begin{pmatrix} 1 \\ 2 \\ 3 \end{pmatrix}, \qquad B = \begin{pmatrix} -2 \\ 0 \\ 4 \end{pmatrix} \text{ und } C = \begin{pmatrix} -1 \\ -1 \\ 2 \end{pmatrix}$$

im $\mathbb{R}^3$. Dazu nutzen wir aus, dass wir nach Eigenschaft 3 die Fläche des Parallelogramms mit den Seiten $a = \overline{AB} = B - A$ und $b = \overline{AC} = C - A$ berechnen können. Diese ist natürlich gerade doppelt so groß, wie die gesuchte Dreiecksfläche F. Es gilt daher:

$$F = \tfrac{1}{2}\|a\|\,\|b\|\,\sin \sphericalangle(a, b) = \tfrac{1}{2}\|a \times b\| = \tfrac{1}{2}\left\|\begin{pmatrix} -3 \\ -2 \\ 1 \end{pmatrix} \times \begin{pmatrix} -2 \\ -3 \\ -1 \end{pmatrix}\right\| = \tfrac{5\sqrt{3}}{2}.$$

- Als weitere Anwendung bestimmen wir mithilfe des Vektorprodukts einen Normaleneinheitsvektor u der Ebene

$$E = \left\{ x \in \mathbb{R}^3 \mid x = \begin{pmatrix} -3 \\ -2 \\ 1 \end{pmatrix} + t \begin{pmatrix} 1 \\ 2 \\ 2 \end{pmatrix} + s \begin{pmatrix} 0 \\ 1 \\ 1 \end{pmatrix}, \ t, s \in \mathbb{R} \right\}.$$

Aufgrund von Eigenschaft 2 steht

$$\tilde{u} = \begin{pmatrix} 1 \\ 2 \\ 2 \end{pmatrix} \times \begin{pmatrix} 0 \\ 1 \\ 1 \end{pmatrix} = \begin{pmatrix} 0 \\ -1 \\ 1 \end{pmatrix}$$

senkrecht auf der Ebene E, ist also Normalenvektor von E. Durch Normieren erhalten wir

$$u = \frac{1}{\sqrt{2}} \begin{pmatrix} 0 \\ -1 \\ 1 \end{pmatrix}.$$

- Als Anwendung des Spatprodukts berechnen wir das Volumen eines Tetraeders. Dazu wählen wir als Grundfläche das Dreieck mit den Eckpunkten a_1, a_2 und a_3. Außerdem definieren wir $a = a_2 - a_1$, $b = a_3 - a_1$, $c = a_4 - a_1$ und $F_\square = \|a \times b\| = $ Fläche des Parallelogramms mit Seiten a, b.

$$\begin{aligned} \text{Volumen} &= \tfrac{1}{3} \text{ Grundfläche} \cdot \text{Höhe} \\ &= \tfrac{1}{3}\left(\tfrac{1}{2} F_\square \cdot \text{Höhe}\right) \\ &= \tfrac{1}{6}\left(F_\square \cdot \text{Höhe}\right) \\ &= \tfrac{1}{6}\left|[a, b, c]\right|. \end{aligned}$$

Man beachte Abb. 17.1.

Nehmen wir nun für a_1, a_2, a_3, a_4 die Werte

$$a_1 = \begin{pmatrix} 2 \\ 0 \\ \sqrt{2} \end{pmatrix}, \quad a_2 = \begin{pmatrix} -2 \\ 0 \\ \sqrt{2} \end{pmatrix}, \quad a_3 = \begin{pmatrix} 0 \\ 2 \\ -\sqrt{2} \end{pmatrix}, \quad a_4 = \begin{pmatrix} 0 \\ -2 \\ -\sqrt{2} \end{pmatrix}$$

an, dann erhalten wir für das Volumen V des Tetraeders

$$V = \frac{1}{6} \left| \left[\begin{pmatrix} -4 \\ 0 \\ 0 \end{pmatrix}, \begin{pmatrix} -2 \\ 2 \\ -2\sqrt{2} \end{pmatrix}, \begin{pmatrix} -2 \\ -2 \\ -2\sqrt{2} \end{pmatrix} \right] \right| = \frac{16\sqrt{2}}{3}.$$

∎

MATLAB Im Zusammenhang mit der Orthogonalität betrachteten wir das Skalarprodukt $a^\top b$, das Vektorprodukt $a \times b$ und das Spatprodukt $[a, b, c]$ mit Vektoren a, b, $c \in \mathbb{R}^3$. In MATLAB erhält man diese Produkte wie folgt:

```
a'*b ,    cross(a,b) ,    cross(a,b)'*c
```

17.3 Die orthogonale Projektion

Wir verallgemeinern die Zerlegung $v = v_a + v_{a^\perp}$ eines Vektors v eines euklidischen Vektorraums V entlang eines Vektors a zu einer Zerlegung $v = u + u^\perp$; dazu benötigen wir den Begriff des orthogonalen Komplements eines Untervektorraums U:

Das orthogonale Komplement

Ist U ein Untervektorraum eines endlichdimensionalen euklidischen Vektorraums V mit Skalarprodukt $\langle \ , \ \rangle$, so nennt man

$$U^\perp = \{v \in V \mid v \perp u \ \text{für alle } u \in U\}$$

das **orthogonale Komplement** zu U, es hat folgende Eigenschaften (Abb. 17.1):

- $U^\perp$ ist Untervektorraum von V.
- $U^\perp \cap U = \{0\}$.
- Jedes $v \in V$ hat genau eine Darstellung der Form

$$v = u + u^\perp \ \text{mit } u \in U \ \text{und } u^\perp \in U^\perp.$$

- $\dim(V) = n \Rightarrow \dim(U^\perp) = n - \dim(U)$.

Um das orthogonale Komplement eines endlichdimensionalen Vektorraums zu bestimmen, gehe man wie folgt vor:

Abb. 17.1 Der Tetraeder

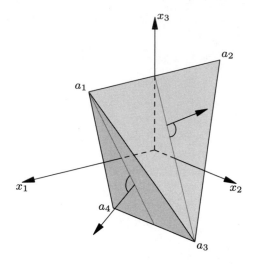

Rezept: Bestimmen des orthogonalen Komplements

Ist U ein Untervektorraum eines euklidischen Vektorraums V mit $\dim(V) = n$ und $\dim(U) = r$, so erhalte $U^\perp$ wie folgt:

(1) Bestimme eine Basis $\{b_1, \ldots, b_r\}$ von U.
(2) Bestimme $n-r$ linear unabhängige Vektoren $a_1, \ldots, a_{n-r}$, die zu allen $b_1, \ldots, b_r$ orthogonal sind.
(3) Es gilt $U^\perp = \langle a_1, \ldots, a_{n-r} \rangle$.

Beispiel 17.4

- Das orthogonale Komplement zu $U = \langle \begin{pmatrix} 1 \\ 1 \end{pmatrix} \rangle \subseteq \mathbb{R}^2$ ist $U^\perp = \langle \begin{pmatrix} 1 \\ -1 \end{pmatrix} \rangle$.

- Das orthogonale Komplement zu $U = \langle \begin{pmatrix} 1 \\ 1 \\ 1 \end{pmatrix} \rangle \subseteq \mathbb{R}^3$ ist $U^\perp = \langle \begin{pmatrix} 1 \\ 0 \\ -1 \end{pmatrix}, \begin{pmatrix} 1 \\ -1 \\ 0 \end{pmatrix} \rangle$.

∎

Ist U ein Untervektorraum eines endlichdimensionalen euklidischen Vektorraums, so können wir also jeden Vektor $v \in V$ auf genau eine Art und Weise in der Form

$$v = u + u^\perp \quad \text{mit} \quad u \in U \quad \text{und} \quad u^\perp \in U^\perp$$

schreiben. Die Abbildung

$$p_U : \begin{cases} V & \to U \\ v = u + u^\perp \mapsto u \end{cases},$$

die jedem $v \in V$ das eindeutig bestimmte $u \in U$ zuordnet, nennt man **orthogonale Projektion** von V auf U (Abb. 17.2).

Den entscheidenden Hinweis, wie man $u = p_U(v)$ bestimmt, liefert die folgende Beobachtung: Für den Vektor $u^\perp = v - u$ gilt nämlich $\|u^\perp\| = \|v - u\| \leq \|v - w\|$ für alle $w \in U$, da für alle $w \in U$ gilt:

$$\|v - w\| = \| \overbrace{v - u}^{= u^\perp} + u - w \| = \sqrt{\langle u^\perp + (u - w), u^\perp + (u - w) \rangle}$$
$$= \sqrt{\|u^\perp\|^2 + \|u - w\|^2 + 2 \langle u^\perp, u - w \rangle} \geq \|u^\perp\| = \|v - u\|,$$

weil $\langle u^\perp, u - w \rangle = 0$ ist, da $u - w \in U$. Man nennt daher $\|u^\perp\| = \|v - u\|$ den **minimalen Abstand** von v zu U.

Man erhält somit u als Lösung der **Minimierungsaufgabe:**

$$\text{Bestimme } u \in U \text{ mit } \|v - u\| = \min.$$

Falls $U \subseteq \mathbb{R}^n$, so können wir diese Minimierungsaufgabe wie folgt formulieren: Wähle eine Basis $\{b_1, \ldots, b_r\}$ von U, es ist dann $u = A x$ mit $A = (b_1, \ldots, b_r) \in \mathbb{R}^{n \times r}$ für ein $x = (\lambda_1, \ldots, \lambda_r)^\top \in \mathbb{R}^r$, obige Minimierungsaufgabe lautet dann wie folgt:

$$\text{Bestimme } x \in \mathbb{R}^r \text{ mit } \|v - A x\| = \min.$$

Diese Minimierungsaufgabe lässt sich in einem allgemeineren Kontext lösen, wir befassen uns damit im nächsten Kapitel (siehe Rezept in Abschn. 18.2).

Abb. 17.2 Die orthogonale Projektion

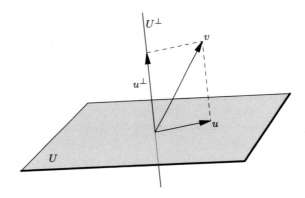

17.4 Aufgaben

17.1 Weisen Sie die Eigenschaften des Vektor- und Spatprodukts nach (siehe Box in Abschn. 17.2 (Rezeptebuch)).

17.2 Gegeben sei der Polynomraum $\mathbb{R}[x]_2$ mit dem Skalarprodukt $\langle p, q \rangle = \int_0^1 p(x)q(x)\mathrm{d}x$ und der Untervektorraum $W = \langle 1 + x^2 \rangle$.

(a) Bestimmen Sie eine Basis von $W^\perp$.
(b) Bestimmen Sie mit dem Gram-Schmidtverfahren aus der Basis

$$p_1(x) = 1, \quad p_2(x) = x, \quad p_3(x) = x^2$$

von $\mathbb{R}[x]_2$ eine Orthonormalbasis von $\mathbb{R}[x]_2$.

17.3 Gegeben sind die Vektoren

$$p = (3, 0, 4)^\top \quad \text{und} \quad q = (-1, 2, -2)^\top$$

und das Standardskalarprodukt auf $\mathbb{R}^3$.

(a) Berechnen Sie den Winkel zwischen p und q.
(b) Geben Sie einen Vektor $n \in \mathbb{R}^3$ mit $\|n\|_2 = 1$ an, der auf p und q senkrecht steht.
(c) Bestimmen Sie $\lambda \in \mathbb{R}$ so, dass die Linearkombination $s = p + q + \lambda n$ die Länge $\|s\|_2 = \sqrt{13}$ besitzt.
(d) Bestimmen Sie die Fläche F des durch p und q in $\mathbb{R}^3$ aufgespannten Parallelogramms.
(e) Bestimmen Sie das Volumen V des durch p, q und n aufgespannten Spates.

17.4 Gegeben seien die Vektoren

$$v_1 = (1, 0, 1, 0)^\top, \quad v_2 = (1, 1, 1, 1)^\top, \quad v_3 = (1, 1, 2, 2)^\top \quad \text{und}$$
$$v_4 = (0, 1, -1, 0)^\top.$$

Es sei $W = \langle v_1, v_2, v_3, v_4 \rangle$.

(a) Bestimmen Sie die Dimension und eine Basis von W.
(b) Bestimmen Sie mit dem Gram-Schmidtverfahren eine Orthonormalbasis von W.

17.5

(a) Berechnen Sie das Volumen des Spates mit den Kanten

$$v_1 = (1, -2, 0)^\top, \quad v_2 = (2, 0, 3)^\top \text{ und } v_3 = (3, 1, -1)^\top.$$

(b) Berechnen Sie das Volumen des Spates mit den Kanten

$$w_1 = (1, 2, 3)^\top, \quad w_2 = (-2, 0, 1)^\top \text{ und } w_3 = (0, 3, -1)^\top.$$

(c) Vergleichen Sie die Resultate von (a) und (b) und erklären Sie das Ergebnis des Vergleichs.

17.6

(a) Bestimmen Sie die Fläche F des durch die Vektoren

$$u = (1, 3, 6)^\top \text{ und } v = (3, 2, 2)^\top$$

im $\mathbb{R}^3$ aufgespannten Parallelogramms.

(b) Bestimmen Sie die Fläche D des Dreiecks im $\mathbb{R}^3$ mit den Eckpunkten $(1, 0, -1)^\top$, $(2, 3, 5)^\top$ und $(4, 2, 1)^\top$.

(c) Bestimmen Sie das Volumen V des durch die Vektoren

$$u = (1, 3, 6)^\top, \quad v = (3, 2, 2)^\top \text{ und } w = (-2, 8, 7)^\top$$

im $\mathbb{R}^3$ aufgespannten Spates.

17.7 Bestimmen Sie eine Orthonormalbasis bezüglich des Standardskalarprodukts des $\mathbb{R}^4$ von

$$U = \left\langle \begin{pmatrix} 3 \\ -1 \\ -1 \\ -1 \end{pmatrix}, \begin{pmatrix} -1 \\ 3 \\ -1 \\ -1 \end{pmatrix}, \begin{pmatrix} -1 \\ -1 \\ 3 \\ -1 \end{pmatrix} \right\rangle \subseteq \mathbb{R}^4.$$

17.8 Auf dem $\mathbb{R}$-Vektorraum $V = \mathbb{R}[x]_3 \subseteq \mathbb{R}[x]$ sei das Skalarprodukt $\langle \, , \, \rangle$ durch

$$\langle f, g \rangle = \int_{-1}^{1} f(x) g(x) \, \mathrm{d}x$$

für $f, g \in V$ gegeben.

(a) Bestimmen Sie eine Orthonormalbasis bezüglich $\langle\,,\,\rangle$ von V.

(b) Man berechne in V den Abstand von $f = x + 1$ und $g = x^2 - 1$.

17.9

(a) Schreiben Sie eine MATLAB-Funktion `[u,w] = orthzer(v,b)`, welche die orthogonale Zerlegung $v = u + w$, $w \perp b$ von v längs b berechnet.

(b) Es sei $\{b_1, \ldots, b_n\}$ eine Orthonormalbasis von $U \subseteq \mathbb{R}^m$ und $B = (b_1, \ldots, b_n) \in \mathbb{R}^{m \times n}$. Schreiben Sie eine MATLAB-Funktion `[u,w] = orthzerU(v,B)`, welche die orthogonale Zerlegung $v = u + w$, $u \in U$, $w \in U^\perp$ berechnet.

(c) Es sei $\{a_1, \ldots, a_n\}$ eine *beliebige* Basis von $V \subseteq \mathbb{R}^m$ und $A = (a_1, \ldots, a_n) \in \mathbb{R}^{m \times n}$. Schreiben Sie eine MATLAB-Funktion `gramSchmidt(A)`, die mithilfe des Verfahrens von Gram und Schmidt eine Orthonormalbasis von V berechnet.

17.10 Wir betrachten den Vektorraum $V = \mathbb{R}^3$ mit dem Standardskalarprodukt und die Vektoren

$$v_1 = \begin{pmatrix} 1/\sqrt{3} \\ 1/\sqrt{3} \\ 1/\sqrt{3} \end{pmatrix}, \quad v_2 = \begin{pmatrix} 1/\sqrt{2} \\ -1/\sqrt{2} \\ 0 \end{pmatrix}, \quad v_3 = \begin{pmatrix} 1/\sqrt{6} \\ 1/\sqrt{6} \\ -2/\sqrt{6} \end{pmatrix}, \quad v = \begin{pmatrix} 2 \\ -2 \\ 1 \end{pmatrix}.$$

(a) Zeigen Sie, dass $B = \{v_1, v_2, v_3\}$ eine ONB von V ist.

(b) Schreiben Sie v als Linearkombination von B.

17.11 Gegeben ist eine orthogonale Matrix $A \in \mathbb{R}^{3 \times 3}$. Leider hat der Eumel seinen Kaffee über die Angabe verschüttet, so dass die Einträge x_1, x_2, x_3, x_4 unlesbar geworden sind. Der Eumel hat nur noch kurz gesehen, dass $x_1 > 0$ war. Rekonstruieren sie alle Einträge für

$$A = \begin{pmatrix} \frac{1}{\sqrt{2}} & x_1 & x_3 \\ 0 & \frac{1}{\sqrt{5}} & -\frac{2}{\sqrt{5}} \\ \frac{1}{\sqrt{2}} & x_2 & x_4 \end{pmatrix}.$$

Das lineare Ausgleichsproblem **18**

Inhaltsverzeichnis

Das *lineare Ausgleichsproblem* trifft man in den Ingenieurwissenschaften in verschiedensten Facetten, mathematisch betrachtet geht es immer um ein und dasselbe: Suche ein x, sodass zu einem Vektor b und einer Matrix A der Wert $\|b - Ax\|$ minimal wird. Die Anwendungen davon sind z. B. die *Methode der kleinsten Quadrate*, das *Lösen von überbestimmten Gleichungssystemen* oder das *Bestimmen von minimalen Abständen von Punkten zu Untervektorräumen*.

18.1   Das lineare Ausgleichsproblem und seine Lösung

Wir formulieren das **lineare Ausgleichsproblem:**

Das lineare Ausgleichsproblem und seine Lösung

Das Problem: Gegeben sind ein $b \in \mathbb{R}^n$ und ein $A \in \mathbb{R}^{n \times r}$ mit $n \geq r$. Gesucht ist ein Vektor $x \in \mathbb{R}^r$, sodass

$$\|b - Ax\| = \min.$$

© Springer-Verlag GmbH Deutschland, ein Teil von Springer Nature 2022
C. Karpfinger, *Höhere Mathematik in Rezepten,*
https://doi.org/10.1007/978-3-662-63305-2_18

Die Lösung: Ein $x \in \mathbb{R}^r$ ist genau dann eine Lösung von $\|b - Ax\| = $ min, wenn x die folgende **Normalgleichung** erfüllt:

$$A^\top A x = A^\top b.$$

Das lineare Ausgleichsproblem ist genau dann eindeutig lösbar, wenn der Rang von A maximal ist, d. h., wenn $\mathrm{rg}(A) = r$ gilt.

Für eine Begründung beachte man Aufgabe 18.1.

Um also die Lösungsmenge des linearen Ausgleichsproblems $\|b - Ax\| = $ min zu erhalten, ist die Lösungsmenge des linearen Gleichungssystems $A^\top A x = A^\top b$ zu bestimmen. Dieses Gleichungssystem können wir mit den bekannten Methoden lösen. Eine numerisch stabile Lösung erhalten wir mit der *Q R-Zerlegung* von A für den Fall, dass das Gleichungssystem eindeutig lösbar ist (in anderen Worten: $\mathrm{rg}(A) = r$), darauf gehen wir in Kap. 19 ein.

Wir betrachten in den folgenden drei Abschnitten die drei linearen Ausgleichsprobleme:

- Bestimme zu einem Vektor b eines Vektorraums V und einem Untervektorraum U von V einen Vektor $u \in U$, der minimalen Abstand von b hat.
- Bestimme eine *Lösung* x eines überbestimmten, nicht lösbaren linearen Gleichungssystems $A x = b$, sodass $b - A x$ eine minimale Länge hat.
- Bestimme eine Funktion f, deren Graph gegebene Stützstellen $(t_i, y_i) \in \mathbb{R}^2$, $i = 1, \ldots, n$ möglichst gut approximiert, d. h. dass der Fehler $\sum_{i=1}^{n} (y_i - f(t_i))^2$ minimal wird.

18.2 Die orthogonale Projektion

Gegeben sind ein Untervektorraum U des euklidischen Vektorraums $\mathbb{R}^n$ mit dem kanonischen Skalarprodukt $\langle \ , \ \rangle$ und ein Vektor $b \in \mathbb{R}^n$. Dann lässt sich b eindeutig schreiben als $b = u + u^\perp$ mit $u \in U$ und $u^\perp \in U^\perp$ (siehe Abschn. 17.3). Der gesuchte Vektor u ist die orthogonale Projektion $u = p_U(b)$ von $b \in \mathbb{R}^n$ auf den Untervektorraum $U = \langle b_1, \ldots, b_r \rangle \subseteq \mathbb{R}^n$. Als solcher ist u eine Linearkombination der Spaltenvektoren $b_1, \ldots, b_r \in \mathbb{R}^n$, mit $A = (b_1, \ldots, b_r)$ gilt also $u = A x$ mit $x = (\lambda_1, \ldots, \lambda_r)^\top \in \mathbb{R}^r$. Wir kennen somit u, falls wir x kennen. Und x erhalten wir als Lösung der Minimierungsaufgabe $\|b - A x\| = $ min. Zur Bestimmung von u beachte das folgende Rezept:

Rezept: Bestimmen der orthogonalen Projektion $u = p_U(b)$

Man erhält den Vektor u wie folgt:

(1) Wähle eine Basis $B = \{b_1, \ldots, b_r\}$ von U und setze $A = (b_1, \ldots, b_r) \in \mathbb{R}^{n \times r}$.

(2) Löse das eindeutig lösbare lineare Gleichungssystem $A^\top A x = A^\top b$ und erhalte den Lösungsvektor $x = (\lambda_1, \ldots, \lambda_r)^\top \in \mathbb{R}^r$.

(3) Es ist $u = \lambda_1 b_1 + \cdots + \lambda_r b_r$.

Der minimale Abstand von b zu U ist dann $\|b - u\|$.

Beispiel 18.1 Wir bestimmen die orthogonale Projektion von $b = (1, 2, 3)^\top \in \mathbb{R}^3$ auf

$$U = \langle b_1 = (1, 0, 1)^\top, \ b_2 = (1, 1, 1)^\top \rangle \subseteq \mathbb{R}^3.$$

(1) Es ist $\{b_1, b_2\}$ eine Basis von U, wir setzen $A = (b_1, b_2) \in \mathbb{R}^{3 \times 2}$.

(2) Wir ermitteln die Normalgleichung:

$$A = \begin{pmatrix} 1 & 1 \\ 0 & 1 \\ 1 & 1 \end{pmatrix} \ \Rightarrow \ A^\top A = \begin{pmatrix} 1 & 0 & 1 \\ 1 & 1 & 1 \end{pmatrix} \begin{pmatrix} 1 & 1 \\ 0 & 1 \\ 1 & 1 \end{pmatrix} = \begin{pmatrix} 2 & 2 \\ 2 & 3 \end{pmatrix}, \ A^\top b = \begin{pmatrix} 4 \\ 6 \end{pmatrix}$$

führt auf das folgende lineare Gleichungssystem, das wir gleich auf Zeilenstufenform bringen:

$$\begin{pmatrix} 2 & 2 & | & 4 \\ 2 & 3 & | & 6 \end{pmatrix} \rightsquigarrow \begin{pmatrix} 1 & 1 & | & 2 \\ 0 & 1 & | & 2 \end{pmatrix} \rightsquigarrow \begin{pmatrix} 1 & 0 & | & 0 \\ 0 & 1 & | & 2 \end{pmatrix}.$$

Es ist also $\lambda_1 = 0$ und $\lambda_2 = 2$.

(3) Damit lautet $u = 0\,b_1 + 2\,b_2 = (2, 2, 2)^\top$.

Wir ermitteln auch noch den minimalen Abstand: Es gilt $u^\perp = b - u = (-1, 0, 1)^\top$, folglich ist $\|u^\perp\| = \sqrt{2}$ der minimale Abstand von b zu U, beachte weiter

$$b = u + u^\perp = \begin{pmatrix} 2 \\ 2 \\ 2 \end{pmatrix} + \begin{pmatrix} -1 \\ 0 \\ 1 \end{pmatrix}.$$

∎

Bemerkung Besonders einfach wird die Normalgleichung, wenn $B = \{b_1, \ldots, b_r\}$ eine Orthonormalbasis von U ist. Es ist dann nämlich $A^\top A = E_r$ die r-dimensionale Einheitsmatrix. Die Normalgleichung $A^\top A x = A^\top b$ lautet in diesem Fall $x = A^\top b$.

18.3   Lösung eines überbestimmten linearen Gleichungssystems

Wir betrachten ein **überbestimmtes lineares Gleichungssystem,** also ein lineares Gleichungssystem mit mehr Gleichungen als Unbekannten:

$$A x = b \text{ mit } A \in \mathbb{R}^{n \times r}, \, n \geq r, \text{ und } b \in \mathbb{R}^n.$$

Ungenauigkeiten in den Einträgen von A und b liefern in der Regel nicht erfüllbare Gleichungen, sodass im Allgemeinen kein x existiert, das $A x = b$ erfüllt. Es ist naheliegend, als Ersatz für die exakte Lösung nach einem x zu suchen, welches das **Residuum** $b - Ax$ im Sinne der euklidischen Norm möglichst klein macht, d. h., bestimme ein $x \in \mathbb{R}^r$ mit $\|b - A x\| = \min$. Ein solches x nennt man eine **optimale Lösung** des linearen Gleichungssystems. Ist dieses Minimum gleich null, so löst x das Gleichungssystem sogar exakt. Eine optimale Lösung findet man wie folgt:

> **Rezept: Lösen eines überbestimmten linearen Gleichungssystems**
> Eine optimale Lösung $x \in \mathbb{R}^r$ eines überbestimmten linearen Gleichungssystems
>
> $$A x = b \text{ mit } A \in \mathbb{R}^{n \times r}, \, n \geq r, \text{ und } b \in \mathbb{R}^n$$
>
> erhält man als Lösung der Normalgleichung $A^\top A x = A^\top b$.

Beispiel 18.2 Wir bestimmen eine optimale Lösung des überbestimmten linearen Gleichungssystems

$$
\begin{aligned}
x & & & = 0.1 \\
x + y & & & = 6 \\
x + y & + z & = 3.1 \\
y & & & = 1.1 \\
y & + z & = 4.2
\end{aligned}
$$

Es ist die Normalgleichung $A^\top A x = A^\top b$ aufzustellen, dabei ist A die Koeffizientenmatrix des LGS und b die *rechte Seite:*

$$A = \begin{pmatrix} 1 & 0 & 0 \\ 1 & 1 & 0 \\ 1 & 1 & 1 \\ 0 & 1 & 0 \\ 0 & 1 & 1 \end{pmatrix} \Rightarrow \begin{cases} A^\top A = \begin{pmatrix} 1 & 1 & 1 & 0 & 0 \\ 0 & 1 & 1 & 1 & 1 \\ 0 & 0 & 1 & 0 & 1 \end{pmatrix} \begin{pmatrix} 1 & 0 & 0 \\ 1 & 1 & 0 \\ 1 & 1 & 1 \\ 0 & 1 & 0 \\ 0 & 1 & 1 \end{pmatrix} = \begin{pmatrix} 3 & 2 & 1 \\ 2 & 4 & 2 \\ 1 & 2 & 2 \end{pmatrix} \\[4em] A^\top b = \begin{pmatrix} 1 & 1 & 1 & 0 & 0 \\ 0 & 1 & 1 & 1 & 1 \\ 0 & 0 & 1 & 0 & 1 \end{pmatrix} \begin{pmatrix} 0.1 \\ 6 \\ 3.1 \\ 1.1 \\ 4.2 \end{pmatrix} = \begin{pmatrix} 9.2 \\ 14.4 \\ 7.3 \end{pmatrix} \end{cases}$$

Nun ist nur noch die Normalgleichung $A^\top A\, x = A^\top b$ zu lösen. Wir geben die erweiterte Koeffizientenmatrix an und bringen diese auf Zeilenstufenform, um eine Lösung abzulesen:

$$\begin{pmatrix} 3 & 2 & 1 & \bigm| & 9.2 \\ 2 & 4 & 2 & \bigm| & 14.4 \\ 1 & 2 & 2 & \bigm| & 7.3 \end{pmatrix} \rightsquigarrow \begin{pmatrix} 1 & 2 & 2 & \bigm| & 7.3 \\ 0 & -4 & -5 & \bigm| & -12.7 \\ 0 & 0 & -2 & \bigm| & -0.2 \end{pmatrix}.$$

Damit ist $x = (1,\ 3.05,\ 0.1)^\top$ eine optimale Lösung; diese ist sogar eindeutig bestimmt. ∎

18.4   Die Methode der kleinsten Quadrate

Bei einem Experiment erhalten wir zu n verschiedenen Zeitpunkten $t_1, \ldots, t_n$ Werte $y_1, \ldots, y_n \in \mathbb{R}$. Gesucht ist eine Funktion $f : \mathbb{R} \to \mathbb{R}$, welche die Messwerte *möglichst gut annähert*, vgl. Abb. 18.1.

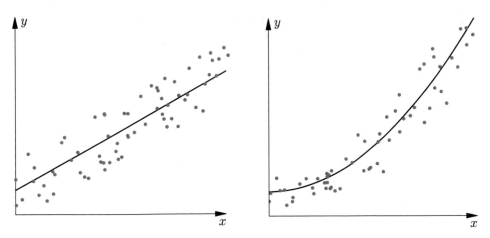

Abb. 18.1 Approximation durch eine Gerade $f = \lambda_1 + \lambda_2 t$ bzw. Parabel $f = \lambda_1 + \lambda_2 t + \lambda_3 t^2$

Dabei fassen wir f als eine *möglichst gute Approximation* auf, falls die Größe

$$\left(y_1 - f(t_1)\right)^2 + \cdots + \left(y_n - f(t_n)\right)^2$$

minimal ist. Diese Größe ist die Summe der Quadrate der vertikalen Abstände des Graphen der gesuchten Funktion und der gegebenen Stützstellen (t_i, y_i).

Die Funktion f ist dabei durch *Basisfunktionen* $f_1, \ldots, f_r$ vorgegeben bzw. werden diese dem Problem angepasst gewählt. Zu bestimmen sind dann die Skalare $\lambda_1, \ldots, \lambda_r$ mit $f = \lambda_1 f_1 + \cdots + \lambda_r f_r$.

Beispiel 18.3 Sucht man etwa eine **Ausgleichsgerade** (linkes Bild in Abb. 18.1), so wählt man

$$\left.\begin{array}{l} f_1 : \mathbb{R} \to \mathbb{R}, \ f_1(x) = 1 \ \forall x \in \mathbb{R} \\ f_2 : \mathbb{R} \to \mathbb{R}, \ f_2(x) = x \ \forall x \in \mathbb{R} \end{array}\right\} \Rightarrow f(x) = \lambda_1 + \lambda_2 x.$$

Sucht man eine **Ausgleichsparabel** (rechtes Bild in Abb. 18.1), so wählt man

$$\left.\begin{array}{l} f_1 : \mathbb{R} \to \mathbb{R}, \ f_1(x) = 1 \ \forall x \in \mathbb{R} \\ f_2 : \mathbb{R} \to \mathbb{R}, \ f_2(x) = x \ \forall x \in \mathbb{R} \\ f_3 : \mathbb{R} \to \mathbb{R}, \ f_3(x) = x^2 \ \forall x \in \mathbb{R} \end{array}\right\} \Rightarrow f(x) = \lambda_1 + \lambda_2 x + \lambda_3 x^2.$$

∎

Sind die Basisfunktionen $f_1, \ldots, f_r$ gewählt bzw. vorgegeben, so findet man den entscheidenden Hinweis, wie man die gesuchten $\lambda_1, \ldots, \lambda_r \in \mathbb{R}$ mit $f = \lambda_1 f_1 + \cdots + \lambda_r f_r$ bestimmt, aus dem folgenden Ansatz: Mit der Matrix $A \in \mathbb{R}^{n \times r}$, dem Vektor $b \in \mathbb{R}^n$ und dem Vektor $x \in \mathbb{R}^r$

$$A = \begin{pmatrix} f_1(t_1) \ \ldots \ f_r(t_1) \\ \vdots \qquad\quad \vdots \\ f_1(t_n) \ \ldots \ f_r(t_n) \end{pmatrix} \in \mathbb{R}^{n \times r} \ \text{und} \ b = \begin{pmatrix} y_1 \\ \vdots \\ y_n \end{pmatrix} \ \text{und} \ x = \begin{pmatrix} \lambda_1 \\ \vdots \\ \lambda_r \end{pmatrix}$$

gilt

$$b - Ax = \begin{pmatrix} y_1 \\ \vdots \\ y_n \end{pmatrix} - \lambda_1 \begin{pmatrix} f_1(t_1) \\ \vdots \\ f_1(t_n) \end{pmatrix} - \cdots - \lambda_r \begin{pmatrix} f_r(t_1) \\ \vdots \\ f_r(t_n) \end{pmatrix} = \begin{pmatrix} y_1 - f(t_1) \\ \vdots \\ y_n - f(t_n) \end{pmatrix}.$$

Also lässt sich die Minimierung der Größe $\left(y_1 - f(t_1)\right)^2 + \cdots + \left(y_n - f(t_n)\right)^2$ auch wie folgt ausdrücken: Gesucht ist ein $x = (\lambda_1, \ldots, \lambda_r)^\top \in \mathbb{R}^r$ mit

$$\|b - Ax\| = \min.$$

Eine Lösung x erhält man nun durch Lösen der Normalgleichung $A^\top A x = A^\top b$. Es ist dann $f = \lambda_1 f_1 + \cdots + \lambda_r f_r$ die gesuchte Lösung.

Wir formulieren die Bestimmung einer Ausgleichsfunktion zu gegebenen Stützstellen zusammenfassend als Rezept:

Rezept: Bestimmen einer Ausgleichsfunktion

Gegeben sind n Stützstellen $(t_1, y_1), \ldots, (t_n, y_n)$. Eine Ausgleichsfunktion $f = f(x) = \lambda_1 f_1 + \cdots + \lambda_r f_r$ zu gegebenen bzw. gewählten Basisfunktionen $f_1, \ldots, f_r$ erhält man dann wie folgt:

(1) Setze $b = (y_1, \ldots, y_n)^\top \in \mathbb{R}^n$ und $A = \begin{pmatrix} f_1(t_1) & \ldots & f_r(t_1) \\ \vdots & & \vdots \\ f_1(t_n) & \ldots & f_r(t_n) \end{pmatrix} \in \mathbb{R}^{n \times r}$.

(2) Löse die Normalgleichung $A^\top A x = A^\top b$ und erhalte $x = (\lambda_1, \ldots, \lambda_r)^\top \in \mathbb{R}^r$.

(3) Es ist $f = \lambda_1 f_1 + \cdots + \lambda_r f_r$ die Ausgleichsfunktion.

Beispiel 18.4 Gegeben seien die Stützstellen

$$(t_1, y_1) = (0, 1), \quad (t_2, y_2) = (1, 2), \quad (t_3, y_3) = (2, 2), \quad (t_4, y_4) = (3, 4), \quad (t_5, y_5) = (4, 6).$$

Gesucht ist

(a) eine Ausgleichsgerade $f(x) = \lambda_1 + \lambda_2 x$, d.h., $f_1(x) = 1$ und $f_2(x) = x$ und
(b) eine Ausgleichsparabel $g(x) = \mu_1 + \mu_2 x + \mu_3 x^2$, d.h., $g_1(x) = 1$, $g_2(x) = x$ und $g_3(x) = x^2$.

Wir beginnen mit (a):

(1) Es ist $b = \begin{pmatrix} 1 \\ 2 \\ 2 \\ 4 \\ 6 \end{pmatrix}$ und $A = \begin{pmatrix} f_1(t_1) & f_2(t_1) \\ f_1(t_2) & f_2(t_2) \\ f_1(t_3) & f_2(t_3) \\ f_1(t_4) & f_2(t_4) \\ f_1(t_5) & f_2(t_5) \end{pmatrix} = \begin{pmatrix} 1 & 0 \\ 1 & 1 \\ 1 & 2 \\ 1 & 3 \\ 1 & 4 \end{pmatrix}$.

(2) Wegen

$$A^\top A = \begin{pmatrix} 5 & 10 \\ 10 & 30 \end{pmatrix} \quad \text{und} \quad A^\top b = \begin{pmatrix} 15 \\ 42 \end{pmatrix}$$

erhalten wir als Lösung der Normalgleichung:

$$\left(\begin{array}{cc|c} 5 & 10 & 15 \\ 10 & 30 & 42 \end{array} \right) \rightsquigarrow \left(\begin{array}{cc|c} 1 & 2 & 3 \\ 0 & 1 & 1.2 \end{array} \right) \Rightarrow \lambda_2 = 1.2, \ \lambda_1 = 0.6.$$

(3) Die gesuchte Ausgleichsgerade ist also

$$f : \mathbb{R} \to \mathbb{R}, \ f(x) = 0.6 + 1.2\,x.$$

Nun zu (b):

(1) Es ist $b = \begin{pmatrix} 1 \\ 2 \\ 2 \\ 4 \\ 6 \end{pmatrix}$ und $A = \begin{pmatrix} g_1(t_1) & g_2(t_1) & g_3(t_1) \\ g_1(t_2) & g_2(t_2) & g_3(t_3) \\ g_1(t_3) & g_2(t_3) & g_3(t_3) \\ g_1(t_4) & g_2(t_4) & g_3(t_4) \\ g_1(t_5) & g_2(t_5) & g_3(t_5) \end{pmatrix} = \begin{pmatrix} 1 & 0 & 0 \\ 1 & 1 & 1 \\ 1 & 2 & 4 \\ 1 & 3 & 9 \\ 1 & 4 & 16 \end{pmatrix}.$

(2) Wegen

$$A^\top A = \begin{pmatrix} 5 & 10 & 30 \\ 10 & 30 & 100 \\ 30 & 100 & 354 \end{pmatrix} \quad \text{und} \quad A^\top b = \begin{pmatrix} 15 \\ 42 \\ 142 \end{pmatrix}$$

erhalten wir als Lösung der Normalgleichung:

$$\left(\begin{array}{ccc|c} 5 & 10 & 30 & 15 \\ 10 & 30 & 100 & 42 \\ 30 & 100 & 354 & 142 \end{array} \right) \rightsquigarrow \left(\begin{array}{ccc|c} 1 & 2 & 6 & 3 \\ 0 & 10 & 40 & 12 \\ 0 & 10 & 54 & 16 \end{array} \right) \rightsquigarrow \left(\begin{array}{ccc|c} 1 & 2 & 6 & 3 \\ 0 & 1 & 4 & 1.2 \\ 0 & 0 & 14 & 4 \end{array} \right)$$

und damit $\mu_3 = {}^2/_7$, $\mu_2 = {}^2/_{35}$, $\mu_1 = {}^{41}/_{35}$.

(3) Die gesuchte Ausgleichsparabel g lautet also

$$g : \mathbb{R} \to \mathbb{R}, \ g(x) = \frac{41}{35} + \frac{2}{35}\,x + \frac{2}{7}\,x^2.$$

In den Bildern der Abb. 18.2 ist die Situation abgebildet.   ■

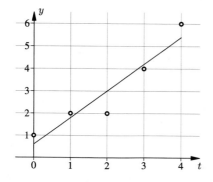
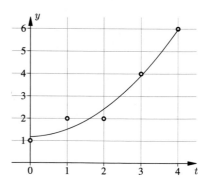

Abb. 18.2 Ausgleichsgerade, Ausgleichsparabel und die Stützstellen

18.5 Aufgaben

18.1 Es sei $A \in \mathbb{R}^{n \times r}$ und $b \in \mathbb{R}^n$. Begründen Sie, warum die Lösungsmengen der Minimierungsaufgabe $\|b - Ax\| = \min$ und der Normalgleichung $A^\top A x = A^\top b$ gleich sind. Zeigen Sie auch, dass die Lösungsmenge genau dann einelementig ist, wenn der Rang von A gleich r ist. Beachten Sie die Box in Abschn. 18.1 (Rezeptebuch).

18.2 Im $\mathbb{R}^4$ sei der Untervektorraum $U \subseteq \mathbb{R}^4$ gegeben als

$$
U = \left\langle \begin{pmatrix} 1 \\ -1 \\ 0 \\ 2 \end{pmatrix}, \begin{pmatrix} 0 \\ 2 \\ -2 \\ 1 \end{pmatrix}, \begin{pmatrix} 1 \\ -5 \\ 4 \\ 0 \end{pmatrix} \right\rangle.
$$

Bestimmen Sie die orthogonale Projektion des Vektors $v = (1, 2, -2, -1)^\top$ auf den Untervektorraum U. Geben Sie eine Zerlegung von $v = u + u^\perp$ mit $u \in U$ und $u^\perp \in U^\perp$ an und berechnen Sie den Abstand von v zu U.

18.3 Es sei $U = \langle b = (2, 1)^\top \rangle$ und $v = (6, 2)^\top$. Berechnen Sie die orthogonale Projektion von v auf den Untervektorraum U. Bestimmen Sie daraus eine orthogonale Zerlegung $v = u + u^\perp$ mit $u \in U$ und $u^\perp \in U^\perp$. Bestätigen Sie, dass es sich hierbei um die orthogonale Zerlegung von v längs b handelt.

18.4 Es sei $U \subseteq \mathbb{R}^3$ der von den orthonormalen Vektoren

$$
b_1 = \tfrac{1}{\sqrt{2}}(1, 1, 0)^\top, \ b_2 = \tfrac{1}{\sqrt{3}}(1, -1, 1)^\top
$$

aufgespannte Untervektorraum des $\mathbb{R}^3$. Berechnen Sie die orthogonale Projektion des Punktes $v = (-1, 2, -3)^\top$ auf U und bestimmen Sie den Abstand von v zu U.

18.5 Schreiben Sie ein Programm, das bei Eingabe von n Zeitpunkten $t = (t_1, \ldots, t_n)^\top \in \mathbb{R}^n$ und n Messwerten $b = (y_1, \ldots, y_n)^\top \in \mathbb{R}^n$ die Ausgleichsgerade $f(x) = \lambda_1 + \lambda_2 x$ und einen Plot mit der Punktwolke $(t_1, y_1), \ldots, (t_n, y_n)$ und dem Graphen der Ausgleichsgeraden f ausgibt.

Testen Sie Ihr Programm mit `t=(0:0.1:10)';`
`b=t+rand(101,1).*sign(randn(101,1));`

18.6 Luftwiderstand: Um den c_w–Wert eines Autos zu bestimmen, lässt man es mit einer Startgeschwindigkeit v im Leerlauf ausrollen und misst dabei die Verzögerung a zu einigen Geschwindigkeiten v. Bei einem Versuch haben sich folgende Werte ergeben:

$$\frac{v\,[\text{m/s}] \quad | \quad 10 \qquad 20 \qquad 30}{a\,[\text{m/s}^2] \,| \, 0.1225 \;\; 0.1625 \;\; 0.2225}.$$

Theoretisch erhält man die Verzögerung (negative Beschleunigung) gemäß

$$a(v) = r + \frac{\varrho A c_w}{2\,m} v^2,$$

wobei der Parameter r durch die geschwindigkeitsunabhängige Rollreibung und der hintere Term durch die Luftreibung entstehen: A ist die Angriffsfläche, ϱ die Dichte der Luft, m die Masse des Autos. Es gelte hier $A = 1\,\text{m}^2$, $\varrho = 1.29\,\text{kg/m}^3$ und $m = 1290\,\text{kg}$. Schätzen Sie mit **linearer Ausgleichsrechnung** r und c_w.

18.7

(a) Zu den Messwerten

$$\frac{i \quad | \quad 1\;2\;3\;4}{\begin{array}{c|c} x_i & -1\;0\;1\;2 \\ \hline y_i & 1\;0\;1\;2 \end{array}}$$

soll eine Gerade der Form $y(x) = \alpha + \beta x$ so gelegt werden, dass die Abweichung

$$\sum_{i=1}^{4} (y(x_i) - y_i)^2$$

minimal wird. Bestimmen Sie die optimalen Parameter α und β unter Verwendung der Normalgleichung.

(b) Lösen Sie das lineare Ausgleichsproblem $\|b - Ax\| = \min$ für

$$A = \begin{pmatrix} 1 & 1 \\ 1 & 1.0001 \\ 1 & 1.0001 \end{pmatrix} \quad \text{und} \quad b = \begin{pmatrix} 2 \\ 0.0001 \\ 4.0001 \end{pmatrix}.$$

18.8 Gezeitenprognose: Messungen an einer Küste ergeben die Tabelle

$$\frac{t \;|\; 0 \quad 2 \quad 4 \quad 6 \quad 8 \quad 10}{h \,|\, 1.0 \;\; 1.6 \;\; 1.4 \;\; 0.6 \;\; 0.2 \;\; 0.8}$$

für den Wasserstand h (Meter) zur Tageszeit t (Stunden). Schätzen Sie unter der *natürlichen* Annahme, dass $h(t)$ durch eine harmonische Schwingung

$$h(t) = x_1 + x_2 \cos \frac{\pi}{6}t + x_3 \sin \frac{\pi}{6}t$$

beschrieben wird, mittels linearer Ausgleichsrechnung ab, wie groß $h_{\max}$ und $h_{\min}$ sind.

18.9 Man bestimme die Ausgleichsgerade zu den 5 Messpunkten:

$$\begin{array}{c|ccccc} t_i & 1 & 2 & 3 & 4 & 5 \\ \hline y_i & 5.0 & 6.5 & 9.5 & 11.5 & 12.5 \end{array}$$

Fertigen Sie eine Zeichnung an.

18.10 Im $\mathbb{R}^3$ seien zwei Geraden

$$G = \{a + \lambda u \mid \lambda \in \mathbb{R}\} \quad \text{und} \quad H = \{b + \mu v \mid \mu \in \mathbb{R}\}$$

mit

$$a = \begin{pmatrix} 1 \\ 3 \\ 2 \end{pmatrix}, \; b = \begin{pmatrix} -2 \\ -2 \\ 1 \end{pmatrix}, \; u = \begin{pmatrix} 1 \\ 1 \\ 2 \end{pmatrix}, \; v = \begin{pmatrix} 2 \\ 3 \\ 4 \end{pmatrix}$$

gegeben. Bestimmen Sie auf den Geraden G und H die beiden Punkte $p = a + \lambda_0 u \in G$ und $q = b + \mu_0 v \in H$ mit minimalem Abstand $||p - q||$.

Die QR-Zerlegung einer Matrix

19

Inhaltsverzeichnis

In der Theorie ist das lineare Ausgleichsproblem *einfach* zu lösen, es ist hierbei *nur* das lineare Gleichungssystem $A^\top A x = A^\top b$ zu lösen. In den praktischen Anwendungen hat die Matrix A meist sehr viele Zeilen, sodass ein Lösen mit Bleistift und Papier nicht mehr möglich ist. Aber auch das (naive) Lösen der Normalgleichung mit einem Rechner ist nicht zu empfehlen: Das Berechnen von $A^\top A$ und anschließende Lösen des LGS $A^\top A x = A^\top b$ ist instabil und führt somit zu ungenauen Resultaten. Bei der numerischen Lösung des linearen Ausgleichsproblems ist die QR-*Zerlegung* der Matrix A hilfreich. Mit der QR-*Zerlegung* kann das lineare Ausgleichsproblem numerisch stabil gelöst werden.

19.1 Volle und reduzierte QR-Zerlegung

Jede Matrix $A \in \mathbb{R}^{n \times r}$ mit mehr Zeilen als Spalten, d. h. $n \geq r$, kann als Produkt $A = QR$ mit einer orthogonalen Matrix Q und einer im Wesentlichen oberen Dreiecksmatrix R geschrieben werden.

Volle und reduzierte QR-Zerlegung von A

Eine Zerlegung einer Matrix $A \in \mathbb{R}^{n \times r}$ mit $n \geq r$ der Form $A = QR$ mit

- einer orthogonalen Matrix $Q \in \mathbb{R}^{n \times n}$, d. h.

$$Q^\top Q = E_n \quad \text{bzw.} \quad Q^{-1} = Q^\top,$$

- und einer *oberen* Dreiecksmatrix $R \in \mathbb{R}^{n \times r}$ im folgenden Sinne

$$R = \begin{pmatrix} \tilde{R} \\ 0 \end{pmatrix} \quad \text{mit} \quad \tilde{R} = \begin{pmatrix} * & \cdots & * \\ \vdots & \ddots & \vdots \\ 0 & \cdots & * \end{pmatrix} \in \mathbb{R}^{r \times r} \quad \text{und} \quad 0 \in \mathbb{R}^{(n-r) \times r}$$

nennt man eine **volle QR-Zerlegung** von A.

Ist $A = QR$ mit einer orthogonalen Matrix $Q \in \mathbb{R}^{n \times n}$ und einer *oberen* Dreiecksmatrix $R = \begin{pmatrix} \tilde{R} \\ 0 \end{pmatrix} \in \mathbb{R}^{n \times r}$ eine volle QR-Zerlegung von A, so nennt man

$$A = \tilde{Q}\,\tilde{R},$$

wobei $\tilde{Q} \in \mathbb{R}^{n \times r}$ aus Q durch Weglassen der letzten $n - r$ Spalten entsteht, eine **reduzierte QR-Zerlegung** von A.

Die folgenden Bilder visualisieren die volle und reduzierte QR-Zerlegung:

Beachte: Ist A quadratisch, d. h. $n = r$, so ist die reduzierte QR-Zerlegung gleich der vollen QR-Zerlegung, insbesondere ist in diesem Fall $Q = \tilde{Q}$ und $R = \tilde{R}$.

19.2   Konstruktion der QR-Zerlegung

Wir motivieren die Konstruktion einer vollen QR-Zerlegung einer Matrix $A \in \mathbb{R}^{3 \times 3}$. Die Verallgemeinerung auf eine $n \times r$-Matrix ist dann ganz einfach.

Zu $A \in \mathbb{R}^{3 \times 3}$ ist im ersten Schritt eine orthogonale Matrix $H \in \mathbb{R}^{3 \times 3}$ zu bestimmen mit

$$H A = \begin{pmatrix} \alpha & * & * \\ 0 & * & * \\ 0 & * & * \end{pmatrix}.$$

Wir bezeichnen die erste Spalte von A mit s, $A = (s, \ldots)$, und nehmen an, dass s kein Vielfaches von e_1 ist, $s \neq \lambda e_1$, sonst können wir nämlich $H = E_3$ wählen und sind mit dem ersten Schritt fertig.

Da nun

$$H A = H (s, \ldots) = (H s, \ldots) = (\alpha e_1, \ldots)$$

gelten soll, ist eine orthogonale Matrix H mit $H s = \alpha e_1$ gesucht. Da bekanntlich Spiegelungsmatrizen H_a entlang a (siehe Beispiel 16.6) orthogonal sind, versuchen wir es mit einer solchen und setzen dann $H = H_a$. Es sind α und a zu bestimmen.

- Wegen der Längenerhaltung von H_a gilt $\|s\| = \|H_a s\| = \|\alpha e_1\| = |\alpha|$, d. h. $\alpha = \pm \|s\|$ – damit haben wir α, von der Festlegung des Vorzeichens abgesehen.
- Wegen

$$H_a s = s - \frac{2}{a^\top a} a a^\top s = s - \left(\frac{2}{a^\top a} a^\top s \right) a = \alpha e_1$$

gilt $a = \lambda (s - \alpha e_1)$. Da die Länge des Vektors a bei der Spiegelungsmatrix H_a keine Rolle spielt, können wir $a = s - \alpha e_1 \neq 0$ wählen – damit haben wir a.
- Nun legen wir das Vorzeichen von α, in Abhängigkeit vom Vorzeichen der ersten Komponente s_1 des Vektors s, fest:

$$\alpha = \begin{cases} +\|s\|, & \text{falls } s_1 < 0 \\ -\|s\|, & \text{falls } s_1 \geq 0 \end{cases}.$$

Durch diese Wahl wird Auslöschung vermieden: Ist die erste Komponente s_1 negativ, so wird eine positive Zahl subtrahiert, ist die erste Komponente s_1 positiv, so wird eine positive Zahl addiert; es kann bei dieser Wahl also nicht zu dem Phänomen kommen, dass etwa gleich große Zahlen zu etwa null subtrahiert werden (siehe Abschn. 4.2.3). Bei korrekter Rechnung spielt diese Wahl keine Rolle; bei einer Implementierung auf einem Rechner ist aber sehr wohl diese Vorzeichenwahl zu beachten.

Mit diesem $\alpha \in \mathbb{R}$ und $a \in \mathbb{R}^3$ erhält man also $H = H_a = E_3 - \frac{2}{a^\top a} a a^\top$, und es gilt wie gewünscht

$$H A = \begin{pmatrix} \alpha & * & * \\ 0 & * & * \\ 0 & * & * \end{pmatrix}.$$

Man nennt die Spiegelungsmatrizen H_a in diesem Zusammenhang **Householderspiegelungen** oder **Householdertransformationen**.

Beispiel 19.1 Für die 3×3-Matrix $A = \begin{pmatrix} 1 & 2 & 3 \\ 2 & 5 & 6 \\ 2 & 8 & 9 \end{pmatrix}$ erhalten wir mit $s = \begin{pmatrix} 1 \\ 2 \\ 2 \end{pmatrix}$ und $s_1 = 1$

sogleich

$$\alpha = -\|s\| = -3 \text{ und } a = s - \alpha e_1 = (4, 2, 2)^\top$$

und damit

$$H = H_a = E_3 - \frac{2}{a^\top a} aa^\top = \begin{pmatrix} -1/3 & -2/3 & -2/3 \\ -2/3 & 2/3 & -1/3 \\ -2/3 & -1/3 & 2/3 \end{pmatrix}$$

und

$$H A = \begin{pmatrix} -3 & -28/3 & -11 \\ 0 & -2/3 & -1 \\ 0 & 7/3 & 2 \end{pmatrix}.$$

∎

Falls $H A$ noch keine obere Dreiecksmatrix ist, kümmern wir uns in einem zweiten Schritt um die zweite Spalte von $H A$, d. h., wir bestimmen eine orthogonale Matrix $H' \in \mathbb{R}^{3 \times 3}$ mit

$$H A = \begin{pmatrix} \alpha & * & * \\ 0 & * & * \\ 0 & * & * \end{pmatrix} \Rightarrow H' H A = \begin{pmatrix} \alpha & * & * \\ 0 & \alpha' & * \\ 0 & 0 & * \end{pmatrix}, \text{ wobei } H' = \begin{pmatrix} 1 & 0 & 0 \\ 0 & * & * \\ 0 & * & * \end{pmatrix}$$

offenbar vorausgesetzt werden kann. Es sind dann die erste Zeile und die erste Spalte von $H' H A$ und $H A$ gleich.

Wir erhalten nun H' wie beim ersten Schritt als eine Householdertransformation H_a mit einem Spiegelungsvektor $a = s - \alpha e_2$, wobei wir α und s ähnlich wie beim ersten Schritt ermitteln. Beachte das folgende Rezept:

Rezept: $Q R$-Zerlegung mit Householdertransformationen

Die volle $Q R$-Zerlegung einer Matrix $A \in \mathbb{R}^{n \times r}$ mit $n \geq r$, $A = Q R$, erhält man nach spätestens r Schritten:

(1) Falls die erste Spalte $s = (s_1, \dots, s_n)^\top$ von A kein Vielfaches von e_1 ist:

  – Setze $\alpha_1 = +\|s\|$, falls $s_1 < 0$, bzw. $\alpha_1 = -\|s\|$, falls $s_1 \geq 0$.
  – Setze $a = s - \alpha_1 e_1 \neq 0$.
  – Mit der Householdertransformation $H_1 = H_a = E_n - \frac{2}{a^\top a} aa^\top$ gilt

$$A_1 = H_1 A = \begin{pmatrix} \alpha_1 & * & \cdots & * \\ 0 & * & \cdots & * \\ \vdots & \vdots & & \vdots \\ 0 & * & \cdots & * \end{pmatrix}.$$

(2) Ist $(s_1, \ldots, s_n)^\top$ die zweite Spalte von A_1, so setze $s = (0, s_2, \ldots, s_n)^\top$. Falls s kein Vielfaches von e_2 ist:

- Setze $\alpha_2 = +\|s\|$, falls $s_2 < 0$, bzw. $\alpha_2 = -\|s\|$, falls $s_2 \geq 0$.
- Setze $a = s - \alpha_2 e_2 \neq 0$.
- Mit der Householdertransformation $H_2 = H_a = E_n - \frac{2}{a^\top a} a a^\top$ gilt

$$A_2 = H_2 H_1 A = \begin{pmatrix} \alpha_1 & * & * & \cdots & * \\ 0 & \alpha_2 & * & \cdots & * \\ \vdots & \vdots & \vdots & & \vdots \\ 0 & 0 & * & \cdots & * \end{pmatrix}.$$

(3) $\cdots$ (r-1)

(r) Ist $(s_1, \ldots, s_n)^\top$ die r-te Spalte von $A_{r-1} = H_{r-1} \cdots H_1 A$, so setze $s = (0, \ldots, 0, s_r, \ldots, s_n)^\top$. Falls s kein Vielfaches von e_r ist:

- Setze $\alpha_r = +\|s\|$, falls $s_r < 0$, bzw. $\alpha_r = -\|s\|$, falls $s_r \geq 0$.
- Setze $a = s - \alpha_r e_r \neq 0$.
- Mit der Householdertransformation $H_r = H_a = E_n - \frac{2}{a^\top a} a a^\top$ gilt

$$A_r = H_r \cdots H_2 H_1 A = \begin{pmatrix} \tilde{R} \\ 0 \end{pmatrix} \quad \text{mit} \quad \tilde{R} = \begin{pmatrix} \alpha_1 & \cdots & * \\ \vdots & \ddots & \vdots \\ 0 & \cdots & \alpha_r \end{pmatrix} \quad \text{und } 0 \in \mathbb{R}^{(n-r) \times r}.$$

Wegen $H_i^{-1} = H_i$ gilt

$$A = Q R \quad \text{mit} \quad Q = H_1 \cdots H_r \quad \text{und} \quad R = A_r.$$

Man beachte, dass das Verfahren nach spätestens r Schritten abbricht, da spätestens dann die Matrix A_r bereits obere Dreiecksgestalt hat. Bei den typischen Aufgaben in Vorlesung, Übung und Klausur betrachtet man üblicherweise maximal 4×3-Matrizen, sodass man spätestens nach drei Schritten fertig ist. Im folgenden Beispiel betrachten wir einen solchen *extremen* Fall und ziehen zu den Rechnungen an manchen Stellen MATLAB heran.

Beispiel 19.2 Wir ermitteln die QR-Zerlegung der Matrix $A = \begin{pmatrix} 2 & 0 & 2 \\ 1 & 0 & 0 \\ 0 & 2 & -1 \\ 2 & 0 & 0 \end{pmatrix}$:

(1) Es gilt $s = (2,\ 1,\ 0,\ 2)^\top \neq \lambda\, e_1$.

 - Wir setzen $\alpha_1 = -\|s\| = -3$, da $s_1 \geq 0$.
 - Wir setzen $a = s - \alpha_1\, e_1 = (5,\ 1,\ 0,\ 2)^\top$.
 - Mit der Householdertransformation

$$H_1 = E_4 - \frac{2}{a^\top a} a a^\top = \begin{pmatrix} -2/3 & -1/3 & 0 & -2/3 \\ -1/3 & 14/15 & 0 & -2/15 \\ 0 & 0 & 1 & 0 \\ -2/3 & -2/15 & 0 & 11/15 \end{pmatrix}$$

gilt

$$A_1 = H_1 A = \begin{pmatrix} -3 & 0 & -4/3 \\ 0 & 0 & -2/3 \\ 0 & 2 & -1 \\ 0 & 0 & -4/3 \end{pmatrix}.$$

(2) Es gilt $s = (0,\ 0,\ 2,\ 0)^\top \neq \lambda\, e_2$.

 - Wir setzen $\alpha_2 = -\|s\| = -2$, da $s_2 \geq 0$.
 - Wir setzen $a = s - \alpha_2\, e_2 = (0,\ 2,\ 2,\ 0)^\top$.
 - Mit der Householdertransformation

$$H_2 = E_4 - \frac{2}{a^\top a} a a^\top = \begin{pmatrix} 1 & 0 & 0 & 0 \\ 0 & 0 & -1 & 0 \\ 0 & -1 & 0 & 0 \\ 0 & 0 & 0 & 1 \end{pmatrix} \quad \text{gilt } A_2 = H_2 A_1 = \begin{pmatrix} -3 & 0 & -4/3 \\ 0 & -2 & 1 \\ 0 & 0 & 2/3 \\ 0 & 0 & -4/3 \end{pmatrix}.$$

(3) Es gilt $s = (0,\ 0,\ 2/3,\ -4/3)^\top \neq \lambda\, e_3$.

 - Wir setzen $\alpha_3 = -\|s\| = -\sqrt{20}/3$, da $s_3 \geq 0$.
 - Wir setzen $a = s - \alpha_3\, e_3 = (0,\ 0,\ (2+\sqrt{20})/3,\ -4/3)^\top$.
 - Mit der Householdertransformation $H_3 = E_4 - \frac{2}{a^\top a} a a^\top$,

$$H_3 = \begin{pmatrix} 1 & 0 & 0 & 0 \\ 0 & 1 & 0 & 0 \\ 0 & 0 & -0.4472 & 0.8944 \\ 0 & 0 & 0.8944 & 0.4472 \end{pmatrix}, \text{ gilt } A_3 = H_3 A_2 = \begin{pmatrix} -3 & 0 & -4/3 \\ 0 & -2 & 1 \\ 0 & 0 & -\sqrt{20}/3 \\ 0 & 0 & 0 \end{pmatrix}.$$

Damit erhalten wir $A = Q\,R$ mit $Q = H_1 H_2 H_3$ und $R = A_3$, d. h.

$$Q = \begin{pmatrix} -0.6667 & 0 & -0.7454 & 0 \\ -0.3333 & 0 & 0.2981 & -0.8944 \\ 0 & -1.0000 & 0 & 0 \\ -0.6667 & 0 & 0.5963 & 0.4472 \end{pmatrix} \text{ und } R = \begin{pmatrix} -3 & 0 & -4/3 \\ 0 & -2 & 1 \\ 0 & 0 & -\sqrt{20}/3 \\ 0 & 0 & 0 \end{pmatrix}.$$

∎

Hat man die volle $Q\,R$-Zerlegung $A = Q\,R$ erst einmal bestimmt, so erhält man die reduzierte $Q\,R$-Zerlegung $A = \tilde{Q}\,\tilde{R}$ ganz einfach:

Man erhält

- $\tilde{R}$ aus R durch Weglassen der unteren $n - r$ Zeilen, in MATLAB R(1:r,:), und
- $\tilde{Q}$ aus Q durch Weglassen der hinteren $n - r$ Spalten, in MATLAB Q(:,1:r).

MATLAB In MATLAB erhält man die volle $Q\,R$-Zerlegung von A durch [Q,R]=qr(A) und die reduzierte durch [Q,R]=qr(A,0).

Bemerkungen

1. Das Berechnen der $Q\,R$-Zerlegung einer $n \times n$-Matrix ist im Allgemeinen stabiler als das Berechnen der $L\,R$-Zerlegung, jedoch auch aufwendiger.
2. Das Gram-Schmidt'sche Orthonormalisierungsverfahren (siehe Rezept in Abschn. 17.1) kann auch zur Konstruktion der $Q\,R$-Zerlegung einer Matrix A herangezogen werden, es ist aber numerisch instabil und daher für unsere Zwecke nicht geeignet.

19.3 Anwendungen der $Q\,R$-Zerlegung

Wir besprechen zwei Anwendungen der $Q\,R$-Zerlegung einer Matrix A.

19.3.1 Lösen eines linearen Gleichungssystems

Ähnlich wie die $L\,R$-Zerlegung einer quadratischen Matrix kann auch die $Q\,R$-Zerlegung einer quadratischen Matrix A dazu benutzt werden, ein lineares Gleichungssystem zu lösen:

> **Rezept: Lösen eines LGS mit der QR-Zerlegung**
> Man erhält ein $x \in \mathbb{R}^n$ mit $Ax = b$ für ein $b \in \mathbb{R}^m$ wie folgt:
>
> (1) Bestimme eine QR-Zerlegung $A = QR$ von A.
> (2) Bestimme x durch Rückwärtssubstitution aus $Rx = Q^\top b$.

Beispiel 19.3 Wir lösen das lineare Gleichungssystem $Ax = b$ mit

$$A = \begin{pmatrix} 1 & 2 & 4 \\ 0 & 1 & 0 \\ 1 & 0 & 0 \end{pmatrix} \quad \text{und} \quad b = \begin{pmatrix} 1 \\ 1 \\ 0 \end{pmatrix}.$$

(1) Als QR-Zerlegung von A erhalten wir

$$A = QR = \begin{pmatrix} \frac{-1}{\sqrt{2}} & -1/\sqrt{3} & -1/\sqrt{6} \\ 0 & -1/\sqrt{3} & 2/\sqrt{6} \\ -1/\sqrt{2} & 1/\sqrt{3} & 1/\sqrt{6} \end{pmatrix} \begin{pmatrix} -\sqrt{2} & -\sqrt{2} & -2\sqrt{2} \\ 0 & -\sqrt{3} & -4/3\sqrt{3} \\ 0 & 0 & -2/3\sqrt{6} \end{pmatrix}.$$

(2) Durch Rückwärtssubstitution erhalten wir x aus $Rx = Q^\top b$, d. h. aus

$$\begin{pmatrix} -\sqrt{2} & -\sqrt{2} & -2\sqrt{2} \\ 0 & -\sqrt{3} & -4/3\sqrt{3} \\ 0 & 0 & -2/3\sqrt{6} \end{pmatrix} \begin{pmatrix} x_1 \\ x_2 \\ x_3 \end{pmatrix} = \begin{pmatrix} -1/\sqrt{2} \\ -2/\sqrt{3} \\ 1/\sqrt{6} \end{pmatrix},$$

also

$$x_3 = -1/4, \ x_2 = 1, \ x_1 = 0.$$

∎

19.3.2 Lösen des linearen Ausgleichsproblems

Die reduzierte QR-Zerlegung benutzt man beim Lösen eines linearen Ausgleichsproblems bzw. beim Lösen eines überbestimmten linearen Gleichungssystems, d. h. zum Lösen der Minimierungsaufgabe

$$\|b - Ax\| = \min \quad \text{mit } A \in \mathbb{R}^{n \times r} \text{ und } b \in \mathbb{R}^n.$$

Um x numerisch stabil zu bestimmen, gehe man wie folgt vor:

Rezept: Lösen des linearen Ausgleichsproblems mit der $Q\,R$-Zerlegung

Gegeben sind $A \in \mathbb{R}^{n \times r}$ mit $n \geq r$ und $\mathrm{rg}(A) = r$ und ein $b \in \mathbb{R}^n$.

Dann erhält man das eindeutig bestimmte $x \in \mathbb{R}^r$ mit $\|b - A\,x\| = \min$ numerisch stabil wie folgt:

(1) Bestimme eine reduzierte $Q\,R$-Zerlegung $A = \tilde{Q}\,\tilde{R}$, $\tilde{Q} \in \mathbb{R}^{n \times r}$, $\tilde{R} \in \mathbb{R}^{r \times r}$.
(2) Löse $\tilde{R}\,x = \tilde{Q}^\top b$.

Beispiel 19.4 Wir lösen das lineare Ausgleichsproblem $\|b - A\,x\| = \min$ mit

$$A = \begin{pmatrix} 1 & 1 \\ 2 & 0 \\ 2 & 0 \end{pmatrix} \quad \text{und} \quad b = \begin{pmatrix} 1 \\ 1 \\ 2 \end{pmatrix}$$

mit dem geschilderten Verfahren, wobei wir MATLAB benutzen: Mit `[Q,R] = qr(A,0)` erhalten wir sofort die Matrizen $\tilde{Q}$ und $\tilde{R}$ der reduzierten $Q\,R$-Zerlegung:

$$\tilde{Q} = \begin{pmatrix} -0.333 & 0.9428 \\ -0.6667 & -0.2357 \\ -0.6667 & -0.2357 \end{pmatrix} \quad \text{und} \quad \tilde{R} = \begin{pmatrix} -3.000 & -0.333 \\ 0 & 0.9428 \end{pmatrix}.$$

Mit `x=R\Q'*b` erhalten wir dann die Lösung $x = \begin{pmatrix} 0.7500 \\ 0.2500 \end{pmatrix}$. ∎

MATLAB Wir erinnern daran, dass eine Lösung x des linearen Ausgleichsproblems eine beste Näherung des evtl. nicht lösbaren linearen Gleichungssystems $Ax = b$ ist: Das Residuum $b - Ax$ wird minimiert. MATLAB gibt dieses x einfach mit dem Kommando `x = A\b` aus.

19.4 Aufgaben

19.1 Berechnen Sie eine $Q\,R$-Zerlegung der Matrix $A = \begin{pmatrix} 1 & 1 & 2 \\ 2 & -3 & 0 \\ 2 & 4 & -4 \end{pmatrix}$.

19.2 Gegeben ist das lineare Ausgleichsproblem, das durch

$$A = \begin{pmatrix} 3 & 0 & 0 \\ 4 & 0 & 5 \\ 0 & 3 & -2 \\ 0 & 4 & 4 \end{pmatrix} \quad \text{und} \quad b = \begin{pmatrix} 5 \\ 0 \\ 1 \\ -2 \end{pmatrix}$$

definiert wird.

(a) Bestimmen Sie eine QR-Zerlegung von A.
(b) Geben Sie die Lösung x des Ausgleichproblems an. Wie groß ist die Norm des Residuums $\|b - Ax\|$?

19.3 Programmieren Sie die QR-Zerlegung mittels Householdertransformationen. Testen Sie Ihr Progamm anhand der Matrix A = U S V,
   wobei U = qr(rand(30)); V = qr(rand(30));
   S = diag(2.^(-1:-1:-30));

19.4 Begründen Sie, warum das Rezept zur Lösung des linearen Ausgleichsproblems mit der QR-Zerlegung in Abschn. 19.3.2 (Rezeptebuch) funktioniert.

19.5 Gegeben ist eine Matrix $A \in \mathbb{R}^{3 \times 2}$ mit QR-Zerlegung

$$Q = \begin{pmatrix} 1/\sqrt{6} & -2/\sqrt{5} & 1/\sqrt{30} \\ 1/\sqrt{6} & 0 & -5/\sqrt{30} \\ 2/\sqrt{6} & 1/\sqrt{5} & 2/\sqrt{30} \end{pmatrix} \quad \text{und} \quad R = \begin{pmatrix} \sqrt{6} & 2\sqrt{6} \\ 0 & -\sqrt{5} \\ 0 & 0 \end{pmatrix},$$

sowie der Vektor $b = (-2, 6, 1)^\top$. Lösen Sie das lineare Ausgleichsproblem $\|Ax - b\| = \min$ mit Hilfe der reduzierten QR-Zerlegung.

19.6 Bestimmen Sie die QR-Zerlegung der Matrix $A = \begin{pmatrix} 2 & 4 & 0 \\ -2 & 3 & 3 \\ 1 & 1 & 6 \end{pmatrix}$.

Folgen

Inhaltsverzeichnis

Folgen von reellen bzw. komplexen Zahlen sind von fundamentaler Bedeutung für die Mathematik: Mit ihrer Hilfe werden die grundlegenden Begriffe der Analysis wie *Stetigkeit* und *Differenzierbarkeit* erklärt; diese Begriffe können zwar für einen Ingenieur auch ohne den Folgenbegriff verständlich formuliert werden, jedoch werden wir in späteren Kapiteln mithilfe von Folgen Funktionen erklären, die für die Ingenieurmathematik sehr wohl eine bedeutende Rolle spielen, sodass wir auch für Ingenieure nicht vollständig auf diesen Teil der Mathematik verzichten können. Wir werden uns aber in der Darstellung knapp halten und nur auf die für das Verständnis wichtigen Formeln, Regeln, Eigenschaften und Kriterien eingehen.

20.1   Begriffe

Eine **Folge** ist eine Abbildung a von $\mathbb{N}_0$ nach $\mathbb{R}$ (man spricht dann von einer **reellen Folge**) bzw. nach $\mathbb{C}$ (man spricht dann von einer **komplexen Folge**); wir betrachten vorläufig nur reelle Folgen:

$$a : \begin{cases} \mathbb{N}_0 \to & \mathbb{R} \\ n \mapsto & a(n) \end{cases}.$$

Anstelle $a(n)$ schreibt man a_n und gibt eine Folge a meist kurz durch die **Folgenglieder** a_n, $n \in \mathbb{N}_0$, an:

$$a = (a_n)_{n \in \mathbb{N}_0} \text{ oder kürzer } (a_n)_n \text{ oder noch kürzer } (a_n).$$

Die Folgenglieder einer Folge können *explizit* gegeben oder *rekursiv* erklärt sein, wie die folgenden Beispiele zeigen.

Beispiel 20.1 Bei den Folgen

- $(a_n)_{n \in \mathbb{N}_0}$ mit $a_n = 2n$, also $a_0 = 0$, $a_1 = 2$, $a_2 = 4$, $a_3 = 6$, $a_4 = 8$, ... und
- $(a_n)_{n \in \mathbb{N}_0}$ mit $a_n = \frac{1}{n^2+1}$, also $a_0 = 1$, $a_1 = 1/2$, $a_2 = 1/5$, $a_3 = 1/10$, $a_4 = 1/17$, ...

sind die Folgenglieder **explizit** gegeben. Bei den folgenden Beispielen sind die Folgenglieder **rekursiv** erklärt:

- $(a_n)_{n \in \mathbb{N}_0}$ mit $a_0 = 1$ und $a_1 = 1$ und $a_{i+1} = a_i + a_{i-1}$ für alle $i \in \mathbb{N}$, man erhält als erste Folgenglieder $a_0 = 1$, $a_1 = 1$, $a_2 = 2$, $a_3 = 3$, $a_4 = 5$, ...
- $(a_n)_{n \in \mathbb{N}_0}$ mit $a_0 = 1$ und $a_{i+1} = 3a_i + 1$ für alle $i \in \mathbb{N}$, man erhält als erste Folgenglieder $a_0 = 1$, $a_1 = 4$, $a_2 = 13$, $a_3 = 40$, ... ∎

Bei einer expliziten Folge kann man also ohne Umschweife das z. B. 1000-te Folgenglied a_{1000} angeben, bei einer rekursiven Folge muss man dagegen erst einmal das 999-te Folgenglied a_{999}, das 998-te Folgenglied a_{998} usw. berechnen.

Folgen müssen nicht mit dem Index 0 beginnen, auch $(a_n)_{n \geq 2}$ mit $a_n = \frac{1}{n^2-1}$ wird man sinnvollerweise eine (explizite) Folge nennen. Es folgen einige naheliegende Begriffe für Folgen.

Beschränktheit und Monotonie für Folgen

Gegeben ist eine Folge $(a_n)_{n \in \mathbb{N}_0}$. Die Folge heißt

- **nach oben beschränkt,** falls ein $K \in \mathbb{R}$ existiert mit $a_n \leq K$ für alle $n \in \mathbb{N}_0$,
- **nach unten beschränkt,** falls ein $K \in \mathbb{R}$ existiert mit $a_n \geq K$ für alle $n \in \mathbb{N}_0$,
- **beschränkt,** falls ein $K \in \mathbb{R}$ existiert mit $|a_n| \leq K$ für alle $n \in \mathbb{N}_0$,
- **monoton wachsend** oder **steigend,** falls $a_{n+1} \geq a_n$ für alle $n \in \mathbb{N}_0$,
- **streng monoton wachsend,** falls $a_{n+1} > a_n$ für alle $n \in \mathbb{N}_0$,
- **monoton fallend,** falls $a_{n+1} \leq a_n$ für alle $n \in \mathbb{N}_0$,
- **streng monoton fallend,** falls $a_{n+1} < a_n$ für alle $n \in \mathbb{N}_0$.

Es ist klar, dass eine Folge $(a_n)_{n \in \mathbb{N}_0}$ genau dann beschränkt ist, wenn $(a_n)_{n \in \mathbb{N}_0}$ nach unten und nach oben beschränkt ist. Die Zahl K mit $a_n \leq K$ bzw. $a_n \geq K$ für alle n nennt man **obere** bzw. **untere Schranke.**

Aber wie entscheidet man, ob eine gegebene Folge beschränkt bzw. monoton ist? In der folgenden rezeptartigen Übersicht sind die wesentlichen Techniken dargestellt:

Rezept: Techniken zum Nachweis der Beschränktheit bzw. Monotonie
Gegeben ist eine Folge $(a_n)_{n \in \mathbb{N}_0}$.

- Sind alle Folgenglieder positiv bzw. negativ? Falls ja: Die Folge ist durch 0 nach unten bzw. nach oben beschränkt.
- Oft kann man nach Bestimmung der ersten Folgenglieder obere und untere Schranken vermuten. Diese Vermutung lässt sich oft per Induktion begründen.
- Gilt $a_{n+1} - a_n \geq 0$ bzw. $a_{n+1} - a_n > 0$ für alle $n \in \mathbb{N}_0$? Falls ja: Die Folge ist monoton wachsend bzw. streng monoton wachsend.
- Gilt $a_{n+1} - a_n \leq 0$ bzw. $a_{n+1} - a_n < 0$ für alle $n \in \mathbb{N}_0$? Falls ja: Die Folge ist monoton fallend bzw. streng monoton fallend.
- Gilt $\frac{a_{n+1}}{a_n} \geq 1$ bzw. $\frac{a_{n+1}}{a_n} > 1$ und $a_n > 0$ für alle $n \in \mathbb{N}_0$? Falls ja: Die Folge ist monoton wachsend bzw. streng monoton wachsend.
- Gilt $\frac{a_{n+1}}{a_n} \leq 1$ bzw. $\frac{a_{n+1}}{a_n} < 1$ und $a_n > 0$ für alle $n \in \mathbb{N}_0$? Falls ja: Die Folge ist monoton fallend bzw. streng monoton fallend.
- Besteht die Vermutung, dass die Folge (streng) monoton fallend bzw. steigend ist, so kann man dies oft per Induktion begründen.

Beispiel 20.2

- Die Folge $(a_n)_{n \in \mathbb{N}_0}$ mit $a_n = (-1)^n$ ist offenbar beschränkt und nicht monoton; dabei ist 1 eine obere Schranke und -1 eine untere Schranke von $(a_n)_{n \in \mathbb{N}_0}$.
- Wir betrachten nun die rekursive Folge $(a_n)_{n \in \mathbb{N}_0}$ mit

$$a_0 = \frac{1}{2} \quad \text{und} \quad a_{n+1} = \frac{1}{2 - a_n} \quad \forall n \in \mathbb{N}_0.$$

Die ersten Folgenglieder sind $\frac{1}{2}, \frac{2}{3}, \frac{3}{4}, \frac{4}{5}, \frac{5}{6}, \ldots$. Man vermutet also $0 < a_n < 1$ für alle $n \in \mathbb{N}$. Wir begründen das durch Induktion nach n:
Induktionsanfang: Für $n = 0$ ist die Aussage richtig, denn $0 < \frac{1}{2} < 1$.
Induktionsbehauptung: Es gilt $0 < a_n < 1$ für ein $n \in \mathbb{N}$.
Induktionsschluss: Zu zeigen ist $0 < a_{n+1} < 1$, d. h. wegen $a_{n+1} = \frac{1}{2 - a_n}$:

$$0 < \frac{1}{2 - a_n} < 1.$$

Und diese beiden Ungleichungen sind wegen $a_n \in (0, 1)$ (siehe Induktionsbehauptung) offenbar erfüllt, da hiernach $2 - a_n \in (1, 2)$.

Wegen der ersten Folgenglieder haben wir die Vermutung, dass $(a_n)_{n \in \mathbb{N}_0}$ streng monoton wachsend ist. Das bestätigt man beispielsweise wie folgt: Es gilt für alle $n \in \mathbb{N}_0$

$$a_{n+1} - a_n = \frac{1}{2-a_n} - a_n = \frac{(a_n-1)^2}{2-a_n} > 0,$$

dabei haben wir für die letzte Ungleichung $0 < a_n < 1$ für alle $n \in \mathbb{N}_0$ benutzt, wonach der Nenner $2 - a_n$ stets positiv ist.

- Die Folge $(a_n)_{n \in \mathbb{N}_0}$ mit $a_n = (-2)^n$ ist offenbar unbeschränkt und nicht monoton.
- Die Folge $(a_n)_{n \geq 1}$ mit $a_n = 1 + \frac{1}{n}$ ist wegen $a_{n+1} - a_n = \frac{1}{n+1} - \frac{1}{n} = -\frac{1}{n(n+1)} < 0$ für alle $n \in \mathbb{N}$ streng monoton fallend und durch 1 nach unten beschränkt; nach oben ist sie durch 2 beschränkt.
- Die Folge $(a_n)_{n \in \mathbb{N}_0}$ mit $a_n = 1 + (-1)^n$ ist weder monoton fallend noch steigend, denn:

$$a_0 = 2, \ a_1 = 0, \ a_2 = 2, \ a_3 = 0 \ \text{usw.}$$

∎

20.2   Konvergenz und Divergenz von Folgen

Folgen *konvergieren* oder *divergieren;* bei einer konvergenten Folge existiert ein $a \in \mathbb{R}$, sodass in jeder beliebig kleinen Umgebung von a *fast alle* Folgenglieder liegen:

Konvergenz und Grenzwert

Man nennt eine Folge (a_n) **konvergent** mit **Grenzwert** $a \in \mathbb{R}$, falls es zu jedem $\varepsilon > 0$ ein $N \in \mathbb{N}_0$ gibt mit

$$|a_n - a| < \varepsilon \ \text{ für alle } \ n \geq N.$$

Man sagt dann auch (a_n) **konvergiert gegen** a und schreibt

$$a_n \xrightarrow{n \to \infty} a \ \text{ oder } \ a_n \longrightarrow a \ \text{ oder } \ \lim_{n \to \infty} a_n = a.$$

Konvergiert (a_n) nicht, so nennt man (a_n) **divergent.** Und eine Folge, die gegen den Grenzwert 0 konvergiert, nennt man kurz **Nullfolge.**

Abb. 20.1 verdeutlicht die Konvergenz der Folge (a_n) gegen den Grenzwert a; egal wie klein das ε ist, es gibt ein $N \in \mathbb{N}$, sodass alle Folgenglieder mit einem $n \geq N$ als Index in der ε-Umgebung von a liegen.

Man benutzt in diesem Sinne auch die Sprechweise *fast alle* Folgenglieder liegen in der ε-Umgebung von a und meint damit alle bis auf endlich viele Ausnahmen.

Abb. 20.1 Fast alle Folgenglieder liegen in der ε-Umgebung von a

Beispiel 20.3

- Die Folge $(a_n)_{n \geq 1}$ mit $a_n = \frac{1}{n}$ konvergiert gegen 0, denn für ein $\varepsilon > 0$ gilt:

$$|a_n - 0| = \frac{1}{n} < \varepsilon \Leftrightarrow n > \frac{1}{\varepsilon}.$$

Setzt man nun $N = \lfloor 1/\varepsilon \rfloor + 1$, so gilt für alle $n \geq N$ natürlich $|a_n - 0| < \varepsilon$. Ist beispielsweise $\varepsilon = \frac{1}{10}$, so wählt man

$$N = \lfloor 1/\varepsilon \rfloor + 1 = \lfloor 10 \rfloor + 1 = 11 \text{ und erhält } |a_n - 0| < \frac{1}{10} \text{ für alle } n \geq 11.$$

- Die Folge (a_n) mit $a_n = (-1)^n$ ist divergent: Die Folgenglieder sind abwechselnd 1 und -1; als Grenzwerte kommen also auch nur ± 1 infrage, aber weder in der $\frac{1}{3}$-Umgebung $(1 - 1/3, 1 + 1/3)$ der 1 noch in der $\frac{1}{3}$-Umgebung $(-1 - 1/3, -1 + 1/3)$ der -1 liegen fast alle Folgenglieder. ∎

Um von einer Folge zu entscheiden, ob sie konvergiert oder nicht, muss man nach obiger Definition bereits wissen, was ggf. ihr Grenzwert ist. Dabei ist es oftmals gar nicht einfach, wenn nicht sogar unmöglich, den Grenzwert zu erahnen. Zum Glück gibt es Kriterien, die oftmals leicht anzuwenden sind und eine Antwort auf die Frage liefern, ob Konvergenz oder Divergenz vorliegt.

Konvergenz- bzw. Divergenzkriterien und weitere Eigenschaften
Gegeben ist eine Folge (a_n).

1. Falls (a_n) konvergiert, so ist ihr Grenzwert a eindeutig bestimmt.
2. Ist (a_n) konvergent, so ist (a_n) beschränkt.
3. Ist (a_n) unbeschränkt, so ist (a_n) nicht konvergent.
4. **Das Monotoniekriterium:** Ist (a_n) beschränkt und monoton fallend oder monoton wachsend, so ist (a_n) konvergent.
5. **Das Cauchy-Kriterium:** Eine Folge (a_n) konvergiert genau dann, wenn gilt:

$$\forall \varepsilon > 0 \, \exists N \in \mathbb{N}_0 : \quad |a_n - a_m| < \varepsilon \text{ für alle } n, m \geq N.$$

Bemerkungen

1. Das Cauchy-Kriterium besagt, dass hinreichend späte Folgenglieder beliebig eng bei-einander liegen.
2. Das Cauchy- und Monotoniekriterium erlaubt eine Entscheidung über die Konvergenz, auch wenn man den Grenzwert nicht kennt.
3. Beschränktheit allein reicht nicht für Konvergenz. Die Folge (a_n) mit $a_n = (-1)^n$ ist ein Beispiel dafür.

Beispiel 20.4

- Wir untersuchen die Folge $(a_n)_{n\geq 1}$ mit $a_n = \sum_{k=1}^{n} \frac{1}{k^2}$ auf Konvergenz und verwenden dazu das Monotoniekriterium. Die ersten Folgenglieder lauten

$$1, \ 1 + 1/4, \ 1 + 1/4 + 1/9, \ 1 + 1/4 + 1/9 + 1/16, \ \ldots.$$

  - (a_n) ist monoton steigend, denn:

$$a_{n+1} - a_n = \frac{1}{(n+1)^2} \geq 0.$$

  - (a_n) ist auch beschränkt, denn für alle $n \in \mathbb{N}$ gilt:

$$0 \leq \sum_{k=1}^{n} \frac{1}{k^2} = 1 + \sum_{k=2}^{n} \frac{1}{k^2} \leq 1 + \sum_{k=2}^{n} \frac{1}{k(k-1)} \leq 1 + \sum_{k=2}^{n} \left(\frac{1}{k-1} - \frac{1}{k} \right)$$

$$= 1 + \left(\frac{1}{1} \underbrace{- \frac{1}{2} + \frac{1}{2}}_{=0} + \cdots \underbrace{- \frac{1}{n-1} + \frac{1}{n-1}}_{=0} - \frac{1}{n} \right)$$

$$= 1 + \left(1 - \frac{1}{n} \right) < 2.$$

Die Folge (a_n) ist damit nach dem Monotoniekriterium konvergent. Wie wir später sehen werden (siehe Beispiel 74.4), gilt $a_n \to \pi^2/6$.

- Nun betrachten wir die Folge (a_n) mit

$$a_0 = 3, \ a_1 = 3.1, \ a_2 = 3.14, \ a_3 = 3.141, \ldots, a_{11} = 3.14159265358 \text{ usw.},$$

die die Kreiszahl π annähert. Wir verwenden das Cauchy-Kriterium, um ihre Konvergenz zu zeigen. Dazu wählen wir $\varepsilon > 0$. Wir wählen $N \in \mathbb{N}$ so groß, dass

$$|a_n - a_m| = 0.0 \ldots 0\, x_1 \ldots < \varepsilon \text{ für alle } m, n \geq N.$$

Das ist möglich, da ab dem n-ten Folgenglied jeweils die ersten n Nachkommastellen gleich bleiben. ∎

Bei den divergenten Folgen können verschiedene Arten unterschieden werden: Es gibt divergente Folgen, die in gewisser Weise gegen $+\infty$ oder $-\infty$ *konvergieren,* und solche, die das nicht tun:

Bestimmte Divergenz

Man nennt eine Folge (a_n)

- **bestimmt divergent gegen** $+\infty$, falls: $\forall K \in \mathbb{R} \; \exists N \in \mathbb{N} : a_n > K \; \forall n \geq N$,
- **bestimmt divergent gegen** $-\infty$, falls: $\forall K \in \mathbb{R} \; \exists N \in \mathbb{N} : a_n < K \; \forall n \geq N$.

Man schreibt dann

$$a_n \stackrel{n \to \infty}{\longrightarrow} \pm\infty \quad \text{oder} \quad \lim_{n \to \infty} a_n = \pm\infty.$$

Es gilt:

- $a_n \to +\infty \;\Rightarrow\; \frac{1}{a_n} \to 0$,
- $a_n \to -\infty \;\Rightarrow\; \frac{1}{a_n} \to 0$,
- $a_n \to 0, a_n > 0 \;\Rightarrow\; \frac{1}{a_n} \to +\infty$,
- $a_n \to 0, a_n < 0 \;\Rightarrow\; \frac{1}{a_n} \to -\infty$.

Die Folge (a_n) mit $a_n = n^2$ divergiert bestimmt gegen $+\infty$, die Folge (a_n) mit $a_n = -n$ hingegen divergiert bestimmt gegen $-\infty$, und die Folge (a_n) mit $a_n = (-1)^n$ divergiert unbestimmt.

Im nächsten Kapitel zeigen wir, wie man Grenzwerte von Folgen bestimmt.

20.3 Aufgaben

20.1 Gegeben sei eine konvergente Folge $(a_n)_n$ mit Limes a und eine Folge $(b_n)_n$ mit $\lim_{n \to \infty} |b_n - a_n| = 0$. Zeigen Sie

$$\lim_{n \to \infty} b_n = a.$$

20.2 Es sei $(a_n)_n$ eine Folge reeller Zahlen, die gegen den Grenzwert $a \in \mathbb{R}$ konvergiert, $I = \{i_1, \ldots, i_k\} \subseteq \mathbb{N}$ und $B = \{b_1 \ldots, b_k\} \subseteq \mathbb{R}$. Wir definieren die Folge $(a_n')_n$ durch

$$a_n' = \begin{cases} b_j, & \text{falls } n \in I \text{ und } n = i_j; \\ a_n, & \text{falls } n \notin I \end{cases}.$$

Zeigen Sie, dass die Folge $(a_n')_n$ konvergiert und bestimmen Sie den Grenzwert der Folge.

20.3 Begründen Sie die Aussagen in der Box zur bestimmten Divergenz.

20.4 Es seien $(a_n)_n$ eine Folge und $a \in \mathbb{R}$ mit

$$\lim_{k \to \infty} a_{2k} = a \text{ und } \lim_{k \to \infty} a_{2k+1} = a.$$

Zeigen Sie: Dann gilt $\lim_{n \to \infty} a_n = a$.

20.5 Es seien $(a_n)_n$ eine Nullfolge und $(b_n)_n$ eine beschränkte Folge, d. h., es gibt ein $K \in \mathbb{R}$ mit $|b_n| \leq K$ für alle $n \in \mathbb{N}$. Zeigen Sie, dass $(a_n b_n)_n$ eine Nullfolge ist.

Inhaltsverzeichnis

Bisher stellten wir immer nur Fragen nach Konvergenz oder Divergenz und haben noch kein Augenmerk auf das Berechnen des evtl. vorhandenen Grenzwertes geworfen. Das holen wir in diesem Kapitel nach: Die Methoden unterscheiden sich je nachdem, ob man es mit einer expliziten oder einer rekursiven Folge zu tun hat.

21.1 Grenzwertbestimmung bei einer expliziten Folge

Den Grenzwert einer expliten Folge erhält man meistens mit einem der Hilfsmittel, die wir rezeptartig in der folgenden Box zusammenstellen.

> **Rezept: Hilfsmittel zum Berechnen von Grenzwerten von Folgen**
> Sind (a_n) und (b_n) konvergente Folgen mit den Grenzwerten a und b, also $a_n \to a$ und $b_n \to b$, so gilt:
>
> (1) Die Summenfolge $(a_n + b_n)$ konvergiert gegen $a + b$.
> (2) Die Produktfolge $(a_n b_n)$ konvergiert gegen $a\,b$.
> (3) Die Quotientenfolge $(a_n/b_n)_{n \geq N}$ konvergiert gegen a/b, falls $b \neq 0$ (es gibt dann ein $N \in \mathbb{N}$ mit $b_n \neq 0$ für alle $n \geq N$).
> (4) Für alle $\lambda \in \mathbb{R}$ konvergiert $(\lambda\, a_n)$ gegen $\lambda\, a$.

© Springer-Verlag GmbH Deutschland, ein Teil von Springer Nature 2022
C. Karpfinger, *Höhere Mathematik in Rezepten*,
https://doi.org/10.1007/978-3-662-63305-2_21

(5) Falls $a_n \geq 0$ für alle n, dann konvergiert $(\sqrt{a_n})$ gegen $\sqrt{a}$.

(6) Die Betragsfolge $(|a_n|)$ konvergiert gegen $|a|$.

(7) Gibt es $N \in \mathbb{N}$, sodass $a_n \leq b_n$ für alle $n \geq N$, so gilt: $a \leq b$.

(8) **Einschnürungskriterium:** Gilt $a = b$ und erfüllt die Folge (c_n) die Ungleichung

$$a_n \leq c_n \leq b_n,$$

so konvergiert (c_n) gegen $a = b$.

(9) Sind (a_n) eine Nullfolge und (b_n) eine beschränkte Folge, so konvergiert $(a_n b_n)$ gegen 0.

Ergänzend zu (7) halten wir fest: Aus $a_n \to a$, $b_n \to b$ und $a_n < b_n$ für alle n folgt nicht $a < b$. Das zeigen z. B. die Folgen (a_n) mit $a_n = 0$ und (b_n) mit $b_n = \frac{1}{n}$: Es ist $a_n < b_n$ für alle n, aber dennoch ist $a = 0 = b$.

Beispiel 21.1

- Für alle $q \in \mathbb{R}$ mit $0 < |q| < 1$ gilt $\lim\limits_{n \to \infty} q^n = 0$. Eine strenge Begründung dieser Aussage ist gar nicht so einfach, wir verzichten darauf und begnügen uns mit einem Beispiel
$$q = 0.1 \Rightarrow q^2 = 0.01, \ q^3 = 0.001, \ q^4 = 0.0001, \ \ldots$$

- Die Folge (a_n) mit $a_n = \frac{2}{n} + \left(\frac{1}{3}\right)^n + 7$ konvergiert wegen $\frac{2}{n} \to 0$ und $\left(\frac{1}{3}\right)^n \to 0$ gegen 7.

- Die Folge (a_n) mit $a_n = \frac{3n^2 + 7n + 8}{5n^2 - 8n + 1}$ konvergiert gegen $\frac{3}{5}$, denn:

$$\lim_{n \to \infty} \frac{3n^2 + 7n + 8}{5n^2 - 8n + 1} = \lim_{n \to \infty} \frac{3 + 7/n + 8/n^2}{5 - 8/n + 1/n^2} = \frac{3 + 0 + 0}{5 + 0 + 0} = \frac{3}{5}.$$

- Mit den Methoden des letzten Beispiels kann man viel allgemeiner für die Folge (a_n) mit $a_n = \frac{a_r n^r + \cdots + a_1 n + a_0}{b_s n^s + \cdots + b_1 n + b_0}$ zeigen:

$$a_n \to \begin{cases} 0, & \text{falls } r < s, \\ +\infty, & \text{falls } s < r \text{ und } a_r/b_s \in \mathbb{R}_{>0}, \\ -\infty, & \text{falls } s < r \text{ und } a_r/b_s \in \mathbb{R}_{<0}, \\ a_r/b_s, & \text{falls } s = r. \end{cases}$$

- Die Folge (a_n) mit $a_n = \sqrt{n^2 + 3n + 3} - n$ konvergiert gegen $3/2$, denn:

$$a_n = \frac{\left(\sqrt{n^2+3n+3}-n\right)\left(\sqrt{n^2+3n+3}+n\right)}{\sqrt{n^2+3n+3}+n} = \frac{n^2+3n+3-n^2}{\sqrt{n^2+3n+3}+n}$$

$$= \frac{3n+3}{\sqrt{n^2+3n+3}+n} = \frac{3+3/n}{\sqrt{1+3/n+3/n^2}+1} \xrightarrow{n\to\infty} 3/2.$$

- Wir betrachten die Folge (a_n) mit $a_n = \frac{n}{2^n}$. Es gilt $n^2 \le 2^n$ für $n \ge 4$, wie man per Induktion nachweist:

$$(n+1)^2 = n^2 + 2n + 1 \le n^2 + 2n + n = n^2 + 3n \le n^2 + n \cdot n$$

$$= n^2 + n^2 = 2n^2 \underset{\text{IB}}{\le} 2 \cdot 2^n = 2^{n+1}.$$

Mit dieser Vorüberlegung gilt also $\frac{1}{2^n} \le \frac{1}{n^2}$, und damit können wir die Folge (a_n) einschnüren durch

$$0 \le \frac{n}{2^n} \le \frac{n}{n^2} = \frac{1}{n}.$$

Da aber die beiden äußeren Folgen gegen 0 streben, ist nach dem Einschnürungskriterium $\lim_{n\to\infty} a_n = 0$.

- Nun betrachten wir die Folge $(a_n)_{n\ge 1}$ mit $a_n = \sqrt[n]{n}$ an. Die ersten Folgenglieder sind

$$a_1 = 1, \quad a_2 \approx 1.41, \quad a_3 \approx 1.44, \quad a_{100} \approx 1.047, \quad a_{1000} \approx 1.0069.$$

Es liegt der Verdacht nahe, dass (a_n) gegen 1 konvergiert. Um das zu zeigen, begründen wir, dass die Folge (b_n) mit $b_n = \sqrt[n]{n} - 1$ eine Nullfolge ist:

$$b_n + 1 = \sqrt[n]{n} \Rightarrow n = (1+b_n)^n = 1 + nb_n + \frac{n(n-1)}{2}b_n^2 + \cdots + b_n^n$$

$$\Rightarrow n \ge 1 + \frac{n(n-1)}{2}b_n^2 \quad \forall n \ge 2 \quad , \text{da } b_n \ge 0$$

$$\Rightarrow 2(n-1) \ge n(n-1)b_n^2 \quad \forall n \ge 2$$

$$\Rightarrow 0 \le b_n^2 \le \frac{2}{n} \Rightarrow \lim_{n\to\infty} b_n^2 = 0 \Rightarrow \lim_{n\to\infty} b_n = 0.$$

Es ist nun $\lim_{n\to\infty} a_n = \lim_{n\to\infty} b_n + 1 = 0 + 1 = 1$ und damit $\lim_{n\to\infty} \sqrt[n]{n} = 1$.

- Für alle reellen Zahlen $q \in \mathbb{R}$ wächst $n!$ schneller als q^n, d.h.

$$\frac{q^n}{n!} \xrightarrow{n\to\infty} 0.$$

Zum Nachweis wählen wir ein $N \in \mathbb{N}$ mit $\frac{|q|}{N} \le \frac{1}{2}$. Es gilt nun für alle $n > N$:

$$\frac{|q|^n}{n!} = \frac{|q|}{n}\frac{|q|^{n-1}}{(n-1)!} \le \frac{1}{2}\frac{|q|^{n-1}}{(n-1)!} \le \cdots \le \left(\frac{1}{2}\right)^{n-N}\frac{|q|^N}{N!} = \left(\frac{1}{2}\right)^n\frac{|2q|^N}{N!}.$$

Da N bekannt ist, ist der letzte Bruch eine Konstante in $\mathbb{R}$. Bildet man nun den Grenzwert, so folgt mit dem Einschnürungskriterium

$$0 \le \left| \frac{q^n}{n!} - 0 \right| \le \frac{|2\,q|^N}{N!} \left(\frac{1}{2} \right)^n \overset{n \to \infty}{\longrightarrow} 0 \;\Rightarrow\; \lim_{n \to \infty} \frac{q^n}{n!} = 0.$$

■

MATLAB Wir wollen nicht unerwähnt lassen, dass auch MATLAB mit der Funktion `limit` die Möglichkeit bietet, Grenzwerte von expliziten Folgen zu bestimmen, z. B.

```
>> syms n;
>> limit((n^2+2*n-1)/(2*n^2-2), inf)
ans = 1/2
```

oder

```
>> syms n;
>> limit(sqrt(n^2+1)-sqrt(n^2-2*n-1), inf)
ans = 1
```

21.2 Grenzwertbestimmung bei einer rekursiven Folge

Nun betrachten wir eine rekursiv definierte Folge (a_n). Die Folgenglieder sind durch Anfangswerte und eine **Rekursionsvorschrift** gegeben, z. B.

$$\underbrace{a_0 = a, \; a_1 = b}_{\text{Anfangswerte}} \quad \text{und} \quad \underbrace{a_{n+1} = \lambda\, a_n - \mu\, a_{n-1}^2}_{\text{Rekursionsvorschrift}}.$$

Angenommen, die rekursiv definierte Folge (a_n) konvergiert gegen ein $a \in \mathbb{R}$. Dann gilt

$$a = \lim_{n \to \infty} a_n = \lim_{n \to \infty} a_{n+1} = \lim_{n \to \infty} a_{n-1},$$

sodass im Grenzübergang aus der Rekursionsvorschrift die **Fixpunktgleichung** wird, im obigen Beispiel etwa

$$\underbrace{a = \lambda a - \mu a^2}_{\text{Fixpunktgleichung}}.$$

Falls die Folge (a_n) gegen a konvergiert, so findet man a als Lösung der Fixpunktgleichung. Daher ergibt sich das folgende Rezept zur Bestimmung des Grenzwerts einer rekursiven Folge:

> **Rezept: Bestimmen des Grenzwerts einer rekursiven Folge**
> Gegeben ist eine rekursiv definierte Folge $(a_n)_n$. Man bestimmt den Grenzwert a von $(a_n)_n$ meist wie folgt:
>
> (1) Zeige, dass $(a_n)_n$ konvergiert, z. B. durch:
>
>   – $(a_n)_n$ ist beschränkt und
>   – $(a_n)_n$ ist monoton.
>
> (2) Stelle die Fixpunktgleichung auf (ersetze in der Rekursionsvorschrift a_{n+1}, a_n durch a).
> (3) Bestimme die möglichen Werte für a (das sind die Lösungen der Fixpunktgleichung).
> (4) Überlege, welche Werte für a nicht in Frage kommen und welcher Wert für a übrigbleibt.

Es ist manchmal ganz nützlich, zuerst die Lösungen der Fixpunktgleichung zu bestimmen, um einen Anhaltspunkt für die Größenordnung der unteren und oberen Schranke zu erhalten.

Beispiel 21.2

- Wir betrachten die rekursive Folge

$$a_0 = 1 \quad \text{und} \quad a_{n+1} = \sqrt{2\,a_n} \quad \text{für } n \in \mathbb{N}.$$

(1) Die Folge (a_n) konvergiert, da sie beschränkt und monoton ist:
Es gilt $0 \le a_n \le 2$ für alle $n \in \mathbb{N}_0$, da per Induktion

$$0 \le a_{n+1} = \sqrt{2\,a_n} = \sqrt{2}\,\sqrt{a_n} \overset{\text{IB}}{\le} \sqrt{2}\,\sqrt{2} = 2$$

gilt, und wir erhalten damit

$$\frac{a_{n+1}}{a_n} = \frac{\sqrt{2\,a_n}}{a_n} = \sqrt{\frac{2}{a_n}} \ge 1.$$

(2) Die Fixpunktgleichung lautet $a = \sqrt{2\,a}$.
(3) Die Lösungen der Fixpunktgleichung sind $a = 0$ und $a = 2$.
(4) Da (a_n) monoton wächst und $a_0 = 1$ bereits größer ist als 0, kann $a = 0$ nicht der Grenzwert sein, es muss $a = 2$ der gesuchte Grenzwert sein.

- Wir untersuchen die Folge (a_n) mit $a_0 \in (0, 1)$ und $a_{n+1} = 2a_n - a_n^2 = a_n(2 - a_n)$.

  (1) Die Folge (a_n) konvergiert, da sie beschränkt und monoton ist:
      Beschränktheit: Für alle $n \in \mathbb{N}_0$ gilt $0 < a_n < 1$, wie man per Induktion begründet:
      Induktionsanfang: Für $n = 0$ ist die Aussage richtig, denn $0 < a_0 < 1$.
      Induktionsbehauptung: Es gilt $0 < a_n < 1$ für ein $n \in \mathbb{N}$.
      Induktionsschluss: Zu zeigen ist $0 < a_{n+1} < 1$, d. h. wegen $a_{n+1} = a_n(2 - a_n)$:

      $$0 < a_n(2 - a_n) < 1.$$

      Die erste dieser beiden Ungleichungen ist wegen $a_n \in (0, 1)$ (siehe Induktions-
      behauptung) offenbar erfüllt, und die zweite Ungleichung ist gleichwertig mit der
      offenbar gültigen Ungleichung

      $$-a_n^2 + 2a_n - 1 = -(a_n - 1)^2 < 0.$$

      Monotonie: Wegen

      $$a_{n+1} - a_n = a_n - a_n^2 = a_n(1 - a_n) > 0$$

      ist (a_n) (streng) monoton steigend.
  (2) Die Fixpunktgleichung lautet $a = 2a - a^2$, d. h. $a^2 - a = 0$.
  (3) Die Lösungen der Fixpunktgleichung sind $a = 0$ und $a = 1$.
  (4) Da (a_n) streng monoton steigt und $a_0 > 0$, ist der Grenzwert $a = 0$ nicht möglich
      und es bleibt nur als Grenzwert $a = 1$.

- Wir betrachten das sogenannte **babylonische Wurzelziehen.** Für ein $x \in \mathbb{R}_{>0}$ erklären
  wir die Folge (a_n) mit

  $$a_0 \in \mathbb{R}_{>0} \quad \text{und} \quad a_{n+1} = \frac{1}{2}\left(a_n + \frac{x}{a_n}\right) \quad \text{für } n \in \mathbb{N}.$$

  Wir zeigen, dass diese Folge (a_n) gegen $\sqrt{x}$ konvergiert. Für z. B. $x = 2$ und $a_0 = 1$
  lauten die ersten Folgenglieder:

  $$a_1 = \frac{1}{2}\left(1 + \frac{2}{1}\right) = \frac{3}{2}, \qquad a_2 = \frac{1}{2}\left(\frac{3}{2} + \frac{2}{3/2}\right) = 1.41\overline{6}\ldots.$$

  (1) Mit eventueller Ausnahme von a_0 ist (a_n) nach unten beschränkt durch $\sqrt{x}$, also
      $a_{n+1} \geq \sqrt{x}$ für alle $n \in \mathbb{N}_0$: Aus der offensichtlich richtigen Ungleichung

      $$0 \leq \left(a_n - \sqrt{x}\right)^2 = a_n^2 - 2a_n\sqrt{x} + x$$

      folgt nämlich

$$a_n^2 + x \geq 2a_n\sqrt{x} \quad \text{und hieraus} \quad \underbrace{\frac{1}{2}\left(a_n + \frac{x}{a_n}\right)}_{a_{n+1}} \geq \sqrt{x}.$$

Mit eventueller Ausnahme von a_0 ist (a_n) monoton fallend, da für alle $n \in \mathbb{N}$:

$$a_{n+1} - a_n = \frac{1}{2}\left(a_n + \frac{x}{a_n}\right) - a_n = \frac{1}{2}\left(\frac{-a_n^2 + x}{a_n}\right) \overset{\text{s.\,o.}}{\leq} 0.$$

Da (a_n) für $n \geq 1$ monoton fällt und nach unten beschränkt ist, ist (a_n) auch beschränkt.

(2) Die Fixpunktgleichung lautet $a = \frac{1}{2}\left(a + \frac{x}{a}\right)$, d. h. $a^2 - x = 0$.

(3) Als Lösungen der Fixpunktgleichungen erhalten wir $a = \pm\sqrt{x}$.

(4) Da $a_n \geq 0$ für alle $n \in \mathbb{N}_0$ gilt, ist der Grenzwert $a = -\sqrt{x}$ ausgeschlossen, es bleibt damit nur $\lim_{n\to\infty} a_n = \sqrt{x}$.

■

21.3 Aufgaben

21.1 Für konvergente Folgen (a_n) und (b_n) gilt $\lim_{n\to\infty}(a_n + b_n) = \lim_{n\to\infty} a_n + \lim_{n\to\infty} b_n$. Geben Sie Beispiele mit

$$\lim_{n\to\infty} c_n = +\infty \quad \text{und} \quad \lim_{n\to\infty} d_n = -\infty$$

an, für die obige Aussage falsch ist. Insbesondere sollte für ein $e \in \mathbb{R}$ gelten:

(a) $\displaystyle\lim_{n\to\infty}(c_n + d_n) = +\infty$, (b) $\displaystyle\lim_{n\to\infty}(c_n + d_n) = -\infty$, (c) $\displaystyle\lim_{n\to\infty}(c_n + d_n) = e$.

21.2 Untersuchen Sie, ob nachstehende Folgen konvergieren und bestimmen Sie ggf. ihre Grenzwerte:

(a) $a_n = \frac{(2n+3)(n-1)}{n^2+n-4}$,

(b) $b_n = \sqrt{n + \sqrt{n}} - \sqrt{n - \sqrt{n}}$,

(c) $c_n = \prod_{k=2}^{n}\left(1 - \frac{1}{k^2}\right)$,

(d) $d_n = \binom{2n}{n}2^{-n}$,

(e) $e_n = \sqrt{n+4} - \sqrt{n+2}$,

(f) $f_n = \left(\frac{5n}{2n+1}\right)^4$,

(g) $g_n = \frac{n^2-1}{n+3} - \frac{n^3+1}{n^2+1}$,

(h) $h_n = \sqrt{n(n+3)} - n$,

(i) $i_n = \frac{(4n+3)(n-2)}{n^2+n-2}$,

(j) $j_n = \sqrt{n + \sqrt{2n}} - \sqrt{n - \sqrt{2n}}$,

(k) $k_n = \frac{(4n^2+3n-2)(4n-2)}{(4n-2)(2n+1)(n-4)}$,

(l) $l_n = \sqrt{n^2 + 2n} - n$.

21.3 Untersuchen Sie folgende rekursiv definierte Folgen auf Konvergenz und bestimmen Sie ggf. die Grenzwerte:

(a) $a_1 = 0$, $a_{n+1} = \frac{1}{4}(a_n - 3)$ (c) $c_1 = 2$, $c_{n+1} = \frac{3}{4-c_n}$
     für $n \geq 1$,   für $n \geq 1$,

(b) $b_1 = 0$, $b_{n+1} = \sqrt{2 + b_n}$ (d) $d_1 = 0$, $d_{n+1} = 3d_n + 2$
     für $n \geq 1$,   für $n \geq 1$.

21.4 Zeigen Sie mit Hilfe des Einschnürungskriteriums: Für jedes $\alpha > 0$ gilt $\lim_{n \to \infty} \sqrt[n]{\alpha} = 1$.

Hinweis: Verwenden Sie $a_n = \sqrt[n]{\alpha} - 1$ und die Bernoulli'sche Ungleichung aus Aufgabe 2.1.

21.5 Für $x, a_0 \in \mathbb{R}_{>0}$ konvergiert die durch $a_{n+1} = \frac{1}{2}\left(a_n + \frac{x}{a_n}\right)$, $n \in \mathbb{N}$ gegebene Folge gegen $\sqrt{x}$.

Schreiben Sie eine MATLAB-Funktion [an, n] = wurzel(x, a0, tol), die den Wert und den Index des ersten Folgengliedes a_n bestimmt, für das $|a_n^2 - x| < $ tol gilt.

21.6 Zeigen Sie, dass die Folge $\left(\frac{3^n}{n^2}\right)_n$ bestimmt gegen $+\infty$ divergiert.

Hinweis. Zeigen Sie vorab $3^n > n^3$ für alle $n \geq 7$.

Reihen

22

Inhaltsverzeichnis

Mit Hilfe von *Reihen* werden wir wichtige Funktionen erklären. Aber das ist Zukunftsmusik, dazu Näheres in Kap. 24 zu *Potenzreihen*. Doch wir wollen hier schon klar machen, dass der Begriff einer Reihe fundamental für unsere Zwecke ist.

Mit den Folgen haben wir schon den wesentlichen Grundstein gelegt, da Reihen spezielle Folgen sind. Aber anders als bei Folgen, ist es bei Reihen meist sehr schwierig, den Grenzwert zu bestimmen. Das macht aber gar nicht viel aus, für Reihen stehen nämlich einige Hilfsmittel zur Verfügung, die es erlauben, über Konvergenz oder Divergenz der Reihe zu entscheiden. Und diese Kenntnis allein genügt im Allgemeinen.

22.1 Definition und Beispiele

Für eine Reihe ist die einerseits suggestive, andererseits Verwirrung stiftende Schreibweise $\sum_{k=0}^{\infty} a_k$ üblich. Wir schildern kurz, wie es zu dieser Schreibweise kommt, sodass der Irrtum, hier würden unendlich viele Summanden aufaddiert, ein für alle Mal aus der Welt geschafft wird: Gegeben ist eine reelle Folge $(a_k)_{k \in \mathbb{N}_0}$. Zu dieser Folge betrachten wir eine weitere Folge $(s_n)_{n \in \mathbb{N}_0}$, wobei die Folgenglieder s_n mithilfe der Folgenglieder a_k gebildet werden:

$$s_0 = a_0, \; s_1 = a_0 + a_1, \; s_2 = a_0 + a_1 + a_2, \ldots, \; s_n = \sum_{k=0}^{n} a_k, \; \ldots$$

© Springer-Verlag GmbH Deutschland, ein Teil von Springer Nature 2022
C. Karpfinger, *Höhere Mathematik in Rezepten*,
https://doi.org/10.1007/978-3-662-63305-2_22

Man nennt die Folgenglieder s_n naheliegenderweise **Partialsummen** von $(a_k)_{k\in\mathbb{N}_0}$ und die Folge $(s_n)_{n\in\mathbb{N}_0}$ die Folge der Partialsummen von $(a_k)_{k\in\mathbb{N}_0}$ oder kurz **Reihe** mit den **Reihengliedern** a_k. Anstelle von $(s_n)_{n\in\mathbb{N}_0}$ schreibt man auch $\sum_{k=0}^{\infty} a_k$, diese Kurzschreibweise ist naheliegend:

$$(s_n)_n = \left(\sum_{k=0}^{n} a_k\right)_{n\in\mathbb{N}_0} = \sum_{k=0}^{\infty} a_k.$$

Man beachte, dass bei einer Reihe nicht unendlich viele Summanden addiert werden (das geht gar nicht, man würde damit nicht fertig werden), bei einer Reihe handelt es sich um eine Folge (s_n), die somit konvergieren oder divergieren kann.

Beispiel 22.1

- Die **harmonische Reihe**

$$\sum_{k=1}^{\infty} \frac{1}{k}$$

  ist die Folge $(s_n)_{n\in\mathbb{N}_0}$ der Partialsummen $s_n = 1 + \frac{1}{2} + \frac{1}{3} + \cdots + \frac{1}{n}$.
- Die **geometrische Reihe**

$$\sum_{k=0}^{\infty} q^k$$

  ist die Folge $(s_n)_{n\in\mathbb{N}_0}$ der Partialsummen $s_n = 1 + q + q^2 + \cdots + q^n$.   ■

Da Reihen Folgen sind, können wir sie auf Konvergenz und Divergenz untersuchen, hierbei können wir beim Konvergenzbegriff eine Verfeinerung treffen:

Konvergenz und absolute Konvergenz von Reihen
Gegeben ist eine Reihe $\sum_{k=0}^{\infty} a_k$. Man sagt, die Reihe

- **konvergiert gegen ein** $a \in \mathbb{R}$, wenn die Folge $(s_n)_{n\in\mathbb{N}_0} = \left(\sum_{k=0}^{n} a_k\right)_{n\in\mathbb{N}_0}$ der Partialsummen gegen a konvergiert.
  Man nennt a in diesem Fall den **Wert der Reihe** und bezeichnet diesen ebenfalls mit $\sum_{k=0}^{\infty} a_k$.
- **konvergiert absolut,** wenn die Folge $(t_n)_{n\in\mathbb{N}_0} = \left(\sum_{k=0}^{n} |a_k|\right)_{n\in\mathbb{N}_0}$ der Beträge der Reihenglieder konvergiert.

Jede absolut konvergente Reihe konvergiert auch.

Die absolute Konvergenz ist also *besser* als die Konvergenz an sich: Mit absolut konvergenten Reihen ist der Umgang viel einfacher. Konvergente Reihen, die nicht absolut konvergieren, nennt man auch **bedingt konvergent.**

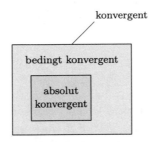

Ob eine Reihe konvergent oder sogar absolut konvergent ist, können wir oftmals mit der n-ten Partialsumme s_n entscheiden, beachte die folgenden Beispiele:

Beispiel 22.2

- Die geometrische Reihe $\sum_{k=0}^{\infty} q^k$ konvergiert im Fall $|q| < 1$, es gilt nämlich für die n-te Partialsumme:

$$s_n = 1 + q + q^2 + \cdots + q^n = \frac{1-q^{n+1}}{1-q} \overset{n\to\infty}{\longrightarrow} \frac{1}{1-q}.$$

Damit ist also $\sum_{k=0}^{\infty} q^k = \frac{1}{1-q}$ der Wert der geometrischen Reihe für $|q| < 1$. Die geometrische Reihe konvergiert auch absolut, das sieht man, indem man q^k durch $|q^k|$ ersetzt.

- Die Reihe $\sum_{k=1}^{\infty} \frac{1}{k(k+1)}$ konvergiert auch, es gilt nämlich für die n-te Partialsumme:

$$s_n = \sum_{k=1}^{n} \frac{1}{k(k+1)} = \sum_{k=1}^{n} \left(\frac{1}{k} - \frac{1}{k+1}\right) = 1 - \frac{1}{n+1} \overset{n\to\infty}{\longrightarrow} 1.$$

Es ist damit $\sum_{k=1}^{\infty} \frac{1}{k(k+1)} = 1$ der Wert der Reihe. Da alle Reihenglieder positiv sind, konvergiert diese Reihe auch absolut.

- Die Reihe $\sum_{k=0}^{\infty} k^2$ dagegen divergiert, es gilt nämlich für die n-te Partialsumme:

$$s_n = 1 + 4 + 9 + \cdots + n^2 \overset{n\to\infty}{\longrightarrow} \infty.$$

- Die harmonische Reihe $\sum_{k=1}^{\infty} \frac{1}{k}$ divergiert (beachte Aufgabe 22.1).
- Die **alternierende harmonische Reihe**

$$\sum_{k=1}^{\infty} \frac{(-1)^{k+1}}{k}$$

konvergiert (das werden wir später begründen), konvergiert aber nicht absolut, da die
Reihe $\sum_{k=1}^{\infty} \frac{1}{k}$ der Beträge, das ist die harmonische Reihe, nicht konvergiert. Die alternierende harmonische Reihe ist also bedingt konvergent.

∎

22.2 Konvergenzkriterien

Es ist bisher nicht leicht zu entscheiden, ob eine Reihe konvergiert oder nicht, und falls sie
konvergiert, ob sie auch absolut konvergiert. Konvergenzkriterien sind Aussagen, mit deren
Hilfe man oft entscheiden kann, ob eine gegebene Reihe konvergiert, absolut konvergiert
oder divergiert. Diese Kriterien sagen uns leider im Allgemeinen nicht, was im Falle der
Konvergenz der Wert der Reihe ist. Aber damit können wir dann doch oftmals leben.

Konvergenz- und Divergenzkriterien

Gegeben ist eine Reihe $\sum\limits_{k=0}^{\infty} a_k$.

- **Das Nullfolgenkriterium:** Die Reihe $\sum_{k=0}^{\infty} a_k$ divergiert, falls $(a_k)_k$ keine Nullfolge ist.

- **Das Leibnizkriterium:** Die alternierende Reihe $\sum_{k=0}^{\infty}(-1)^k a_k$ konvergiert, falls $(a_k)_k$ eine monoton fallende Nullfolge ist (das impliziert $a_k \geq 0$). Für den Wert S der Reihe gilt die Abschätzung

$$\left| S - \sum_{k=0}^{n}(-1)^k a_k \right| \leq a_{n+1}.$$

- **Das Majorantenkriterium:** Die Reihe $\sum_{k=0}^{\infty} a_k$ konvergiert absolut, falls es eine **konvergente Majorante** gibt, d. h.

$$\exists\,\text{konvergente Reihe} \sum_{k=0}^{\infty} b_k : \quad |a_k| \leq b_k \quad \forall k \geq N \in \mathbb{N}.$$

- **Das Minorantenkriterium:** Die Reihe $\sum_{k=0}^{\infty} a_k$ divergiert, falls es eine **divergente Minorante** gibt, d. h.

$$\exists\,\text{divergente Reihe} \sum_{k=0}^{\infty} b_k : \quad 0 \leq b_k \leq a_k \quad \forall k \geq N \in \mathbb{N}.$$

- **Das Quotientenkriterium:** Existiert $r = \lim\limits_{k \to \infty} \left| \dfrac{a_{k+1}}{a_k} \right|$, so gilt:

$$\text{Im Fall} \quad \begin{cases} r < 1 & \text{konvergiert die Reihe absolut.} \\ r > 1 & \text{divergiert die Reihe.} \\ r = 1 & \text{ist alles möglich.} \end{cases}$$

- **Das Wurzelkriterium:** Existiert $r = \lim\limits_{k \to \infty} \sqrt[k]{|a_k|}$, so gilt wiederum:

$$\text{Im Fall} \quad \begin{cases} r < 1 & \text{konvergiert die Reihe absolut.} \\ r > 1 & \text{divergiert die Reihe.} \\ r = 1 & \text{ist alles möglich.} \end{cases}$$

Man beachte die Formulierung des Nullfolgenkriteriums genau: *Falls (a_k) keine Nullfolge ist, so ist $\sum a_k$ divergent.* Ist (a_k) eine Nullfolge, so muss deswegen $\sum a_k$ keineswegs konvergieren; das einfachste Gegenbeispiel ist die harmonische Reihe:

$$\left(\frac{1}{k} \right)_k \quad \text{ist eine Nullfolge, } \textbf{aber} \quad \sum_{k=1}^{\infty} \frac{1}{k} \quad \text{divergiert.}$$

Beispiel 22.3

- Die Reihe $\sum_{k=0}^{\infty} \frac{k^2+7}{5k^2+1}$ divergiert, da $\left(\frac{k^2+7}{5k^2+1} \right)_k$ keine Nullfolge ist.
- Die Reihe $\sum_{k=1}^{\infty} \frac{(-1)^{k+1}}{k}$ wird als **alternierende harmonische Reihe** bezeichnet. Sie konvergiert nach dem Leibnizkriterium, da $\left(\frac{1}{k} \right)$ eine monoton fallende Nullfolge ist.
- Die Reihe $\sum_{k=1}^{\infty} \frac{1}{k^2-k+1}$ konvergiert, da $\sum_{k=2}^{\infty} \frac{1}{(k-1)^2} = \sum_{k=1}^{\infty} \frac{1}{k^2}$ eine konvergente Majorante ist (beachte Beispiel 20.4):

$$\forall k \in \mathbb{N}: \quad k^2 - k + 1 = (k-1)^2 + k \geq (k-1)^2 \overset{\forall k \geq 2}{\Longrightarrow} \frac{1}{k^2-k+1} \leq \frac{1}{(k-1)^2}.$$

- Die Reihe $\sum_{k=1}^{\infty} \frac{1}{\sqrt{k}}$ divergiert, da $\sum_{k=1}^{\infty} \frac{1}{k}$ eine divergente Minorante ist:

$$\forall k \in \mathbb{N}: \quad \sqrt{k} \leq k \Rightarrow 0 \leq \frac{1}{k} \leq \frac{1}{\sqrt{k}}.$$

- Die **allgemeine harmonische Reihe** $\sum_{k=1}^{\infty} \frac{1}{k^\alpha}$, $\alpha > 0$, konvergiert für $\alpha > 1$ und divergiert für $\alpha \leq 1$ (siehe Aufgabe 22.2).
- Die Reihe $\sum_{k=1}^{\infty} \frac{(-1)^k}{k^2}$ konvergiert absolut, da $\sum_{k=1}^{\infty} \frac{1}{k^2}$ eine konvergente Majorante ist.

- Die Reihe $\sum_{k=1}^{\infty} \frac{(-1)^k}{k}$ konvergiert nach dem Leibnizkriterium, konvergiert aber nicht absolut.
- Die Reihe $\sum_{k=1}^{\infty} (-1)^k \frac{\cos(\sqrt{k})}{k^{5/2}}$ konvergiert wegen des Majorantenkriteriums absolut, es gilt nämlich

$$\left| (-1)^k \frac{\cos(\sqrt{k})}{k^{5/2}} \right| \leq \frac{1}{k^{5/2}} \leq \frac{1}{k^2} \quad \forall k \in \mathbb{N}.$$

Daher ist $\sum_{k=1}^{\infty} \frac{1}{k^2}$ eine konvergente Majorante.

- Die Reihe $\sum_{k=0}^{\infty} \frac{2^k}{k!}$ konvergiert wegen des Quotientenkriteriums absolut:

$$r = \lim_{k \to \infty} \left| \frac{2^{k+1}}{(k+1)!} \frac{k!}{2^k} \right| = \lim_{k \to \infty} \frac{2}{k+1} = 0 < 1.$$

- Die Reihe $\sum_{k=1}^{\infty} \left(\frac{1}{3} - \frac{1}{\sqrt{k}} \right)^k$ konvergiert nach dem Wurzelkriterium absolut, denn:

$$r = \lim_{k \to \infty} \sqrt[k]{\left| \left(\frac{1}{3} - \frac{1}{\sqrt{k}} \right)^k \right|} = \lim_{k \to \infty} \left| \frac{1}{3} - \frac{1}{\sqrt{k}} \right| = \frac{1}{3} < 1.$$

Die folgenden beiden Beispiele belegen, dass beim Quotientenkriterium im Fall $r = 1$ sowohl Konvergenz als auch Divergenz vorliegen kann:

- Die harmonische Reihe $\sum_{k=1}^{\infty} \frac{1}{k}$ divergiert bekanntlich. Mit dem Quotientenkriterium folgt:

$$r = \lim_{k \to \infty} \frac{1}{k+1} k = 1.$$

- Die Reihe $\sum_{k=1}^{\infty} \frac{1}{k^2}$ konvergiert bekanntlich. Mit dem Quotientenkriterium folgt:

$$r = \lim_{k \to \infty} \frac{1}{(k+1)^2} k^2 = 1.$$

∎

Wir berechnen noch zwei konkrete Werte von Reihen:

Beispiel 22.4

- Wir betrachten die Reihe $\sum_{k=1}^{\infty} \frac{3}{\pi^k}$. Ihre Konvergenz lässt sich leicht mit dem Quotientenkriterium nachweisen. Um ihren Wert zu bestimmen, verwenden wir die Grenzwertformel der geometrischen Reihe. Es gilt:

$$\sum_{k=1}^{\infty} \frac{3}{\pi^k} = \sum_{k=0}^{\infty} \frac{3}{\pi^k} - 3 = 3 \left(\sum_{k=0}^{\infty} \frac{1}{\pi^k} - 1 \right) = 3 \left(\frac{1}{1 - \frac{1}{\pi}} - 1 \right)$$

$$= 3 \left(\frac{1}{\frac{\pi-1}{\pi}} - 1 \right) = 3 \left(\frac{\pi}{\pi-1} - \frac{\pi-1}{\pi-1} \right) = \frac{3}{\pi-1}.$$

- Nun betrachten wir die alternierende Reihe $\sum_{k=1}^{\infty} (-1)^k \frac{4^k+2}{5^k}$. Zuerst weisen wir mit dem Leibnizkriterium ihre Konvergenz nach. Diese folgt, wenn wir zeigen können, dass $\left(\frac{4^k+2}{5^k} \right)$ eine monoton fallende Nullfolge ist. Nun gilt:

$$\frac{4^k+2}{5^k} = \left(\frac{4}{5} \right)^k + \frac{2}{5^k} \xrightarrow{k \to \infty} 0,$$

sodass $\left(\frac{4^k+2}{5^k} \right)$ eine Nullfolge ist, und wegen

$$\frac{a_{k+1}}{a_k} = \frac{4^{k+1}+2}{5^{k+1}} \frac{5^k}{4^k+2} = \frac{4 \cdot 4^k + 1 \cdot 2}{5 \cdot 4^k + 5 \cdot 2} \leq 1$$

ist die Folge $\left(\frac{4^k+2}{5^k} \right)$ monoton fallend. Nach dem Leibnizkriterium konvergiert die Reihe. Nachdem wir die Konvergenz gezeigt haben, bestimmen wir nun den Wert der Reihe. Dazu benutzen wir die Formel für die geometrische Reihe:

$$\sum_{k=1}^{\infty} (-1)^k \frac{4^k+2}{5^k} = \sum_{k=1}^{\infty} \left(-\frac{4}{5} \right)^k + 2 \sum_{k=1}^{\infty} \left(-\frac{1}{5} \right)^k$$

$$= \sum_{k=0}^{\infty} \left(-\frac{4}{5} \right)^k + 2 \sum_{k=0}^{\infty} \left(-\frac{1}{5} \right)^k - 1 - 2$$

$$= \frac{1}{1 + 4/5} + \frac{2}{1 + 1/5} - 3 = -\frac{7}{9}.$$

Da die Reihe eine Summe von zwei konvergenten geometrischen Reihen ist, ist die Summe natürlich auch konvergent. Der obige Nachweis der Konvergenz war also letztlich überflüssig, aber zur Übung sicherlich auch nützlich. ∎

Für absolut konvergente Reihen gelten besondere Regeln, wir halten diese fest:

Regeln für absolut konvergente Reihen
Es seien $\sum_{k=0}^{\infty} a_k$ und $\sum_{k=0}^{\infty} b_k$ absolut konvergente Reihen.

- Es gilt die Dreiecksungleichung:

$$\left| \sum_{k=0}^{\infty} a_k \right| \le \sum_{k=0}^{\infty} |a_k|.$$

- Beliebige Umordnungen der Summation liefern denselben Reihenwert.
- **Das Cauchyprodukt:** Wir definieren das Cauchyprodukt

$$\sum_{k=0}^{\infty} c_k \quad \text{mit} \quad c_k = \sum_{l=0}^{k} a_l b_{k-l}$$

der Reihen $\sum_{k=0}^{\infty} a_k$ und $\sum_{k=0}^{\infty} b_k$. Sind diese absolut konvergent, so konvergiert ihr Cauchyprodukt $\sum_{k=0}^{\infty} c_k$, und es gilt

$$\sum_{k=0}^{\infty} c_k = \sum_{k=0}^{\infty} a_k \sum_{k=0}^{\infty} b_k.$$

MATLAB Es ist möglich, mit MATLAB den einen oder anderen Wert einer Reihe mithilfe der Funktion symsum zu berechnen; leider kann MATLAB aber nicht alle Werte bestimmen und auch nicht stets über Konvergenz oder Divergenz entscheiden (beachten Sie die Beispiele in den Übungsaufgaben), wir erhalten z. B. den Wert $\pi^2/6$ der (konvergenten) Reihe $\sum_{k=1}^{\infty} 1/k^2$ bzw. den Wert $\ln(2)$ der (konvergenten) Reihe $\sum_{k=1}^{\infty} (-1)^{k+1}/k$ wie folgt:

```
>> syms k;
>> symsum(1/k^2,1,inf)
ans =
pi^2/6

>> syms k;
>> symsum((-1)^(k+1)/k,1,inf)
ans =
log(2)
```

22.3 Aufgaben

22.1 Begründen Sie, warum die harmonische Reihe $\sum_{k=1}^{\infty} \frac{1}{k}$ divergiert.

22.2 Begründen Sie, warum die allgemeine harmonische Reihe $\sum_{k=1}^{\infty} \frac{1}{k^\alpha}$, $\alpha > 0$, für $\alpha > 1$ konvergiert und für $\alpha \le 1$ divergiert.

22.3 Untersuchen Sie die folgenden Reihen auf Konvergenz bzw. Divergenz, bestimmen Sie falls möglich den Wert der Reihe.

(a) $\sum\limits_{k=1}^{\infty} \frac{2k^2+k+7}{(k+2)(k-7)}$,

(g) $\sum\limits_{k=1}^{\infty} \frac{4k}{4k^2+8}$,

(m) $\sum\limits_{k=1}^{\infty} \left(1 - \frac{1}{k}\right)$,

(b) $\sum\limits_{k=1}^{\infty} \frac{k!}{k^k}$,

(h) $\frac{1}{2} + \frac{2}{3} + \frac{3}{4} + \frac{4}{5} + \dots$,

(n) $\sum\limits_{k=3}^{\infty} \frac{k+1}{k^2-k-2}$,

(c) $\sum\limits_{k=1}^{\infty} \frac{k+4}{k^2-3k+1}$,

(i) $\sum\limits_{k=1}^{\infty} \frac{2}{3^k}$,

(o) $\sum\limits_{k=0}^{\infty} \frac{k^3}{4^k}$,

(d) $\sum\limits_{k=1}^{\infty} \frac{(k+1)^{k-1}}{(-k)^k}$,

(j) $\sum\limits_{k=1}^{\infty} \frac{2k}{k!}$,

(p) $\sum\limits_{k=1}^{\infty} \left(\frac{-9k-10}{10k}\right)^k$,

(e) $\sum\limits_{k=1}^{\infty} \frac{1}{5^k}$,

(k) $\sum\limits_{k=1}^{\infty} \frac{1}{100k}$,

(q) $\sum\limits_{k=1}^{\infty} \frac{1}{k^k}$,

(f) $\sum\limits_{k=1}^{\infty} \frac{4k}{3k^2+5}$,

(l) $\sum\limits_{k=1}^{\infty} \frac{(k+1)^{k-1}}{(-k)^k}$,

(r) $\sum\limits_{k=0}^{\infty} \frac{k^2}{2^k}$.

22.4

(a) Zeigen Sie, dass die Reihe $\sum_{k=0}^{\infty} \frac{2+3\cdot(-1)^k}{k+1}$ alternierend ist und dass $\lim_{k\to\infty} \frac{2+3\cdot(-1)^k}{k+1} = 0$ gilt. Warum ist das Leibnizkriterium nicht anwendbar?

(b) Warum konvergiert die Reihe $\sum_{k=0}^{\infty} \frac{(-1)^k}{k+2} \cdot \frac{k+1}{k+3}$?

22.5 Berechnen Sie mit MATLAB die folgenden Reihenwerte:

(a) $\sum_{k=1}^{\infty} \frac{1}{(4k-1)(4k+1)}$.

(b) $\sum_{k=0}^{\infty} (1/2)^k$, $\sum_{k=0}^{\infty} (1/10)^k$, $\sum_{k=m}^{\infty} (1/10)^k$.

(c) $\sum_{k=0}^{\infty} (-1)^k \frac{1}{2k+1}$.

22.6 Schreiben Sie ein Programm, das den Wert einer nach Leibniz konvergierenden alternierenden Reihe näherungsweise berechnet.

22.7 Man untersuche die folgenden Reihen auf Konvergenz bzw. Divergenz.

(a) $\sum_{k=1}^{\infty} (-1)^k \sin\left(\frac{20}{k}\right)$,

(b) $\sum_{k=0}^{\infty} \left(\frac{2k^2+3k+1}{5k^2+k+3}\right)^k$,

(c) $\sum_{k=1}^{\infty} \cos\left(\frac{3}{k}\right)$,

(d) $\sum_{k=0}^{\infty} \frac{2k+3}{3k^2+5}$,

(e) $\sum_{k=0}^{\infty} \frac{4k+5}{3k^3+1}$.

22.8 Begründen Sie, dass die folgenden Reihen konvergieren, und bestimmen Sie den Grenzwert.

(a) $\sum_{k=1}^{\infty} \left(\cos\left(\frac{5}{k}\right) - \cos\left(\frac{5}{k+1}\right) \right)$,

(b) $\sum_{k=0}^{\infty} \frac{2^k - 3^{2k}}{10^k}$,

(c) $\sum_{k=1}^{\infty} \frac{1}{(2k)^2}$,

(d) $\sum_{k=0}^{\infty} \frac{1}{(2k+1)^2}$.

Sie dürfen für (c),(d) den Reihenwert $\sum_{k=1}^{\infty} \frac{1}{k^2} = \frac{\pi^2}{6}$ verwenden.

Abbildungen

23

Inhaltsverzeichnis

Wir hatten bereits erste Kontakte mit *Funktionen,* allgemeiner *Abbildungen.* Außerdem sind wir aus der Schulzeit mit dem *Funktionsbegriff* vertraut. Wir betrachten in diesem Kapitel allgemeine Eigenschaften von Abbildungen bzw. Funktionen, die uns helfen, viele, bisher nur *schwammig* formulierte Eigenschaften richtig zu verstehen, z. B. die *Umkehrbarkeit* von Abbildungen.

23.1 Begriffe und Beispiele

Eine **Abbildung** f von der Menge D in die Menge W ist eine *Zuordnung,* die jedem Element $x \in D$ genau ein Element $y \in W$ zuordnet; wir schreiben $f(x) = y$. Diese *Zusammengehörigkeit* von f, D, W und $y = f(x)$ drücken wir aus, indem wir eine Abbildung f wie folgt angeben:

$$f : \begin{cases} D \to & W \\ x \mapsto f(x) = y \end{cases} \quad \text{bzw. } f : D \to W, \ x \mapsto f(x) = y$$

$$\text{bzw. } f : D \to W, \ f(x) = y.$$

Sind D und W Teilmengen von $\mathbb{R}$, $\mathbb{C}$, $\mathbb{R}^n$ oder $\mathbb{C}^n$, so spricht man auch von einer **Funktion** anstatt von einer Abbildung.

© Springer-Verlag GmbH Deutschland, ein Teil von Springer Nature 2022
C. Karpfinger, *Höhere Mathematik in Rezepten,*
https://doi.org/10.1007/978-3-662-63305-2_23

Ist $f : D \to W$, $f(x) = y$ eine Abbildung, so nennt man

- D die **Definitionsmenge** (oder den **Definitionsbereich**),
- W die **Wertemenge** (oder den **Wertebereich**),
- $f(x) = y$ die **Abbildungsvorschrift**,
- $f(D) = \{f(x) \mid x \in D\} \subseteq W$ das **Bild** von f,
- Graph$(f) = \{(x, f(x)) \mid x \in D\} \subseteq D \times W$ den **Graphen** von f.

Wir sind es aus der Schulzeit gewohnt, dass Abbildungen *explizit* gegeben sind, d. h., dass die Abbildungsvorschrift konkret gegeben ist, z. B. $f : \mathbb{R} \to \mathbb{R}$, $f(x) = 2x^2 + \sin(x)$. Aber wir können es auch dann mit einer Abbildung zu tun haben, obwohl keine explizite Abbildungsvorschrift gegeben ist, z. B. $f : \mathbb{R} \to \mathbb{R}$, $x \mapsto y$, wobei x und y die Gleichung $e^y + y^3 = x$ lösen – man spricht dann von einer **impliziten Funktion**. Mit impliziten Funktionen beschäftigen wir uns im Kap. 52; im Folgenden betrachten wir nur explizite Funktionen.

Beispiel 23.1

- Die Funktion $f : [-\sqrt{3}, \sqrt{3}] \to \mathbb{R}$, $f(x) = x^2$ hat das Bild $f([-\sqrt{3}, \sqrt{3}]) = [0, 3] \subseteq \mathbb{R}$, den Graphen sieht man in unten stehender Abb. 23.1.
- Wir geben eine Funktion *abschnittsweise* an:

$$f : [-1, 1] \to \mathbb{R}, \ f(x) = \begin{cases} 2x, & -1 \leq x < 0 \\ x^2, & x = 0 \\ 1, & 0 < x \leq 1 \end{cases}.$$

  Das Bild von f ist $f([-1, 1])) = [-2, 0] \cup \{1\} \subseteq \mathbb{R}$. Beachte Abb. 23.1.
- Wir betrachten eine Funktion in zwei Variablen x und y:

$$f : \begin{cases} \mathbb{R}^2 & \to & \mathbb{R} \\ (x, y) & \mapsto & f(x, y) = x\, y\, e^{-2(x^2+y^2)} \end{cases}.$$

Hierbei wird jedem Punkt der Ebene $\mathbb{R}^2$, das ist der Definitionsbereich, die reelle Zahl $x\, y\, e^{-2(x^2+y^2)}$ zugeordnet. Der Graphen dieser Funktion ist die Menge Graph$(f) = \{(x, y, x\, y\, e^{-2(x^2+y^2)}) \mid (x, y) \in \mathbb{R}^2\} \subseteq \mathbb{R}^3$, diese *Fläche* ist in Abb. 23.2 dargestellt. ∎

MATLAB MATLAB bietet verschiedene Möglichkeiten, eine Funktion zu definieren und deren Graphen zu plotten. Man informiere sich diesbezüglich im Internet bzw. im MATLAB-Skript zu den Begriffen `fplot`, `ezplot` und `ezsurf`. Den Graphen obiger Funktion $f : \mathbb{R}^2 \to \mathbb{R}$ mit $f(x, y) = x\, y\, e^{-2(x^2+y^2)}$ erhält man mit

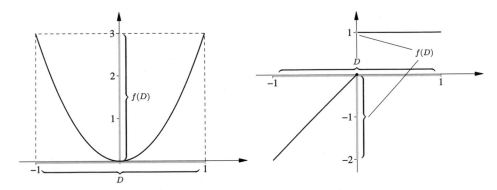

Abb. 23.1 Die Definitionsbereiche D, die Bilder $f(D)$, die Graphen der betrachteten Funktionen

```
ezsurf('x*y*exp(-2*(x^2+y^2))',[-2,2,-2,2])
```

Die Funktionsvorschrift muss dabei in Hochkommata gesetzt werden, die Zahlen in `[-2,2,-2,2]` stehen dabei der Reihe nach für den bei der Darstellung gewählten eingeschränkten Definitionsbereich $(x, y) \in [-2, 2] \times [-2, 2]$.

Auch eine abschnittsweise erklärte Funktion ist leicht mit MATLAB darstellbar, z. B. mittels einer Funktionsdatei:

```
function [ y ] = f( x )
if x<=1
    y=x^2;
else
    y=-(x-1)^2+1;
end
```

Den Graphen dieser Funktion erhält man dann z. B. mit `fplot('f',[-3,3])`, wobei wir noch `grid on` angegeben haben, um das *Gitter* zur besseren Orientierung zu erhalten (siehe Abb. 23.3).

Abb. 23.2 Der Graph einer Funktion in zwei (reellen) Veränderlichen ist eine Fläche im $\mathbb{R}^3$

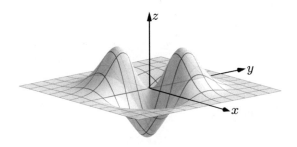

Abb. 23.3 Der Graph von f

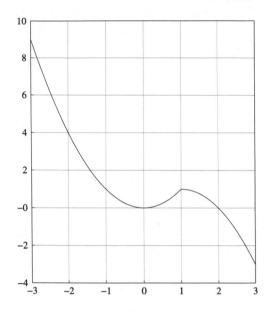

23.2   Verkettung, injektiv, surjektiv, bijektiv

Man kann Abbildungen eventuell *verketten:* Sind $f : D \to W$ und $g : D' \to W'$ Abbildungen, wobei $f(D) \subseteq D'$ gilt, so nennt man

$$g \circ f : \begin{cases} D \to & W' \\ x \mapsto (g \circ f)(x) = g\big(f(x)\big) \end{cases}$$

die **Verkettung, Komposition** oder **Hintereinanderausführung** von f und g. Man beachte, dass $f(D)$ im Definitionsbereich von g liegen muss.

Beispiel 23.2

- Wir betrachten die Funktionen $f : \mathbb{R} \to \mathbb{R}$, $f(x) = x^2$ und $g : \mathbb{R} \to \mathbb{R}$, $g(x) = e^x$.
  Dann gilt:

$$g \circ f : \mathbb{R} \to \mathbb{R}, \ g \circ f(x) = g\big(f(x)\big) = e^{x^2}$$

$$f \circ g : \mathbb{R} \to \mathbb{R}, \ f \circ g(x) = f\big(g(x)\big) = e^{2x}.$$

  Man beachte $f \circ g \neq g \circ f$, denn $g \circ f(1) = e \neq e^2 = f \circ g(1)$.
- Nun betrachten wir $f : (0, \infty) \to \mathbb{R}$, $f(x) = \frac{-1}{x}$ und $g : (0, \infty) \to \mathbb{R}$, $g(x) = \sqrt{x}$.
  Dann gilt:

$$f \circ g : (0, \infty) \to \mathbb{R}, \quad f \circ g(x) = f\big(g(x)\big) = f(\sqrt{x}) = \frac{-1}{\sqrt{x}}.$$

Dagegen lässt sich $g \circ f$ gar nicht bilden, da $f(0, \infty) = (-\infty, 0)$ nicht im Definitionsbereich von g liegt.

- Nun seien Matrizen $B \in \mathbb{R}^{m \times n}$ und $A \in \mathbb{R}^{p \times m}$ gegeben. Wir betrachten hierzu die Abbildungen

$$f_B : \begin{cases} \mathbb{R}^n \to \mathbb{R}^m \\ v \mapsto B\,v \end{cases} \quad \text{und} \quad f_A : \begin{cases} \mathbb{R}^m \to \mathbb{R}^p \\ v \mapsto A\,v \end{cases}.$$

Wir verketten f_A mit f_B und erhalten $f_A \circ f_B = f_{A\,B}$, da

$$f_A \circ f_B(v) = f_A(B\,v) = A\,(B\,v) = (A\,B)\,v = f_{A\,B}(v) \quad \text{für alle } v \in \mathbb{R}^n.$$

$\blacksquare$

Bemerkungen

1. Diese Verkettung von Abbildungen ist aus folgendem Grund interessant: Man kann oftmals Eigenschaften für *einfache* Abbildungen leicht nachweisen. Weiß man dann, dass diese Eigenschaften durch das Verketten *vererbt* werden, so kann man diese Eigenschaften auch für durchaus komplizierte Abbildungen, nämlich für Verkettungen einfacher Abbildungen nachweisen, ein Beispiel einer solchen Eigenschaft ist die *Differenzierbarkeit:* Sind f und g *differenzierbar,* so auch $g \circ f$.
2. Die **elementaren Funktionen** sind: Polynomfunktionen, rationale Funktionen, Wurzelfunktionen, Potenzfunktionen, trigonometrische Funktionen und ihre Umkehrfunktionen, die *hyperbolischen Funktionen* und ihre Umkehrfunktionen, Exponentialfunktion und ihre Umkehrfunktion, die Logarithmusfunktion, und Verkettungen dieser Funktionen. Dies ist mehr als eine Vereinbarung denn als eine Definition zu sehen, tatsächlich ist man sich bei der Beschreibung der elementaren Funktionen nicht ganz einig, wir zählen alle aufgelisteten Funktionen auf jeden Fall zu diesen elementaren Funktionen dazu. Durch die Tatsache, dass Verkettungen elementarer Funktionen wieder elementar sind, ist die Vielfalt elementarer Funktionen gewährleistet.

Injektivität, Surjektivität und Bijektivität

Eine Abbildung $f : D \to W$ heißt

- **injektiv,** falls aus $f(x_1) = f(x_2)$, $x_1, x_2 \in D$, folgt $x_1 = x_2$.
- **surjektiv,** falls zu jedem $y \in W$ ein $x \in D$ existiert mit $f(x) = y$.
- **bijektiv,** falls sie injektiv und surjektiv ist.

Wir geben weitere, manchmal durchaus anschauliche Beschreibungen dieser Begriffe an:

- Eine Abbildung f ist genau dann injektiv, wenn aus $x_1 \neq x_2$ auch $f(x_1) \neq f(x_2)$ folgt.
- Eine Abbildung f ist genau dann injektiv, wenn f lauter verschiedene Werte annimmt.
- Eine Abbildung $f : D \to W$ ist genau dann surjektiv, wenn $f(D) = W$ gilt.
- Eine Abbildung $f : D \to W$ ist genau dann surjektiv, wenn jedes Element in W auch als Wert der Funktion f angenommen wird.
- Die Abbildung $f : D \to W$ ist genau dann bijektiv, wenn es zu jedem $y \in W$ genau ein $x \in D$ mit $f(x) = y$ gibt.
- Die Abbildung $f : D \to W$ ist genau dann bijektiv, wenn jedes Element in W genau einmal als Wert der Funktion f angenommen wird.

Rezept: Injektivität, Surjektivität, Bijektivität einer reellen Funktion

Ist $f : D \to W$ eine reelle Funktion, also D, $W \subseteq \mathbb{R}$, deren Graph bekannt ist, so gilt:

- f ist genau dann injektiv, wenn jede horizontale Gerade den Graphen in höchstens einem Punkt schneidet.
- f ist genau dann surjektiv, wenn jede horizontale Gerade durch ein $y \in W$ mindestens einmal den Graphen schneidet.
- f ist genau dann bijektiv, wenn jede horizontale Gerade durch ein $y \in W$ genau einmal den Graphen schneidet.

Beispiel 23.3

- Für jede Menge X ist die Abbildung $\mathrm{Id}_X : X \to X$, $\mathrm{Id}(x) = x$ bijektiv. Man nennt die Abbildung Id_X die **Identität**.
- Wir betrachten nun vier Abbildungen mit verschiedenen Definitions- und Wertebereichen, jedoch jeweils mit derselben Abbildungsvorschrift $f(x) = x^2$:
  Die Funktion $f_1 : \mathbb{R} \to \mathbb{R}$, $f(x) = x^2$ ist

  - nicht surjektiv, denn $\nexists\, x \in \mathbb{R} : \quad f(x) = -1$.
  - nicht injektiv, denn $f(1) = 1 = f(-1)$ und $1 \neq -1$.

  Die Funktion $f_2 : \mathbb{R} \to \mathbb{R}_{\geq 0}$, $f(x) = x^2$ ist

  - surjektiv, denn $\forall\, y \in \mathbb{R}_{\geq 0} : \exists\, \sqrt{y} \in \mathbb{R} : \quad f(\sqrt{y}) = y$.

– nicht injektiv, denn $f(1) = 1 = f(-1)$ und $1 \neq -1$.

Die Funktion $f_3 : \mathbb{R}_{\geq 0} \to \mathbb{R}, \ f(x) = x^2$ ist

– nicht surjektiv, denn $\nexists x \in \mathbb{R} : \ f(x) = -1$.
– injektiv, denn $x_1^2 = x_2^2 \ \Rightarrow \ (x_1 - x_2)(x_1 + x_2) = 0 \ \Rightarrow \ x_1 = x_2$.

Die Funktion $f_4 : \mathbb{R}_{\geq 0} \to \mathbb{R}_{\geq 0}, \ f(x) = x^2$ ist

– surjektiv, denn $\forall y \in \mathbb{R}_{\geq 0} : \ \exists \sqrt{y} \in \mathbb{R} : \ f(\sqrt{y}) = y$.
– injektiv, denn $x_1^2 = x_2^2 \ \Rightarrow \ (x_1 - x_2)(x_1 + x_2) = 0 \ \Rightarrow \ x_1 = x_2$.
  Damit ist f_4 bijektiv.

Es folgen die Graphen der vier Funktionen; man beachte, dass am Graphen alle Eigenschaften mit obigem Rezept leicht ablesbar sind, siehe Abb. 23.4.

• Es sei nun

$$f : \mathbb{R}_{>0} \to \mathbb{R}_{>1/2}, \ f(x) = \frac{1}{2}\sqrt{1 + \frac{1}{x^2}}.$$

Diese Funktion ist bijektiv, denn:

– f ist injektiv: Sind nämlich $x_1, x_2 \in \mathbb{R}_{>0}$ mit $f(x_1) = f(x_2)$, so gilt:

$$\frac{1}{2}\sqrt{1 + \frac{1}{x_1^2}} = \frac{1}{2}\sqrt{1 + \frac{1}{x_2^2}} \implies x_1^2 = x_2^2 \overset{\overset{x_1, x_2 > 0}{\downarrow}}{\Longrightarrow} x_1 = x_2.$$

– f ist surjektiv: Zu $y \in \mathbb{R}_{>1/2}$ betrachte $x = \dfrac{1}{\sqrt{4y^2-1}}$, es gilt:

$$f(x) = f\left(\frac{1}{\sqrt{4y^2-1}}\right) = \frac{1}{2}\sqrt{1 + \frac{1}{1/(4y^2-1)}} = \frac{1}{2}\sqrt{4y^2} = y.$$

Da f injektiv und surjektiv ist, ist f bijektiv.

Abb. 23.5 zeigt den Graphen der betrachteten Funktion: Jede horizontale Gerade durch einen Punkt aus dem Intervall $(1/2, \infty)$ der y-Achse schneidet den Graphen in genau einem Punkt. Daher ist die Funktion bijektiv.

- Wir betrachten eine invertierbare Matrix $A \in \mathbb{R}^{n \times n}$ und hierzu die Abbildung $f_A : \mathbb{R}^n \to \mathbb{R}^n$, $f(v) = A\,v$.

  – Die Abbildung f_A ist injektiv, da gilt

  $$f_A(v) = f_A(w) \;\Rightarrow\; A\,v = A\,w \;\Rightarrow\; v = w,$$

  da die Matrix A kürzbar ist, A ist nämlich invertierbar.
  – Die Abbildung f_A ist surjektiv, da gilt: Zu $w \in \mathbb{R}^n$ betrachte $v = A^{-1}w \in \mathbb{R}^n$; es gilt für dieses v

  $$f_A(v) = A\,v = A\,(A^{-1}w) = w.$$

  Damit ist $f_A : \mathbb{R}^n \to \mathbb{R}^n$ bijektiv.   ∎

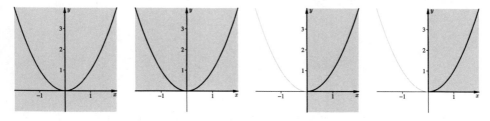

Abb. 23.4 Die Funktion f mit $f(x) = x^2$ mit verschiedenen Werte- und Definitionsbereichen

Abb. 23.5 $f : \mathbb{R}_{>0} \to \mathbb{R}_{>1/2}$ ist bijektiv

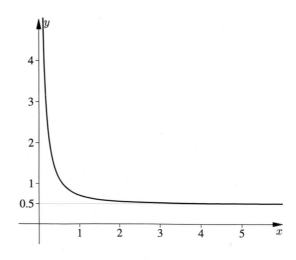

Ist eine Abbildung $f : D \to W$ injektiv, so erhält man daraus eine bijektive Abbildung $f : D \to f(D)$, indem man den Wertebereich auf die Werte einschränkt, die tatsächlich angenommen werden.

23.3 Die Umkehrabbildung

Die bijektiven Abbildungen sind im folgenden Sinne *umkehrbar:* Ist $f : D \to W$ bijektiv, so gibt es zu jedem $y \in W$ genau ein $x \in D$ mit $f(x) = y$. Ordnen wir also jedem $y \in W$ dieses eindeutig bestimmte $x \in D$ zu, so erhalten wir eine Abbildung $g : W \to D$. Diese Abbildung g hat die charakteristischen Eigenschaften:

$$g \circ f : D \to D, \ g \circ f(x) = g\big(f(x)\big) = g(y) = x, \ \text{d.h.} \ g \circ f = \mathrm{Id}_D,$$
$$f \circ g : W \to W, \ f \circ g(y) = f\big(g(y)\big) = f(x) = y, \ \text{d.h.} \ f \circ g = \mathrm{Id}_W.$$

Anstelle von g schreibt man f^{-1} und nennt f^{-1} die **Umkehrabbildung.** von f bzw. f auch **umkehrbar**

> **Die Umkehrabbildung**
> Gegeben ist eine Abbildung $f : D \to W$. Es gilt:
>
> - f ist genau dann umkehrbar, wenn f bijektiv ist.
> - f ist genau dann umkehrbar, wenn es eine Abbildung $g : W \to D$ mit
>
> $$g \circ f = \mathrm{Id}_D \ \text{und} \ f \circ g = \mathrm{Id}_W$$
>
> gibt; in diesem Fall ist $f^{-1} = g$.
> - Ist f^{-1} bijektiv, so ist f die Umkehrfunktion von f^{-1}.

Wir betrachten einige bekannte Zusammengehörigkeiten $f \leftrightarrow f^{-1}$.

Beispiel 23.4

- Die Umkehrfunktion der bijektiven Funktion $f : \mathbb{R}_{\geq 0} \to \mathbb{R}_{\geq 0}, \ f(x) = x^2$ ist

$$f^{-1} : \mathbb{R}_{\geq 0} \to \mathbb{R}_{\geq 0}, \ f^{-1}(x) = \sqrt{x},$$

denn $f^{-1} \circ f(x) = \sqrt{x^2} = x$ für alle $x \in \mathbb{R}_{\geq 0}$ und $f \circ f^{-1}(x) = \big(\sqrt{x}\big)^2 = x$ für alle $x \in \mathbb{R}_{\geq 0}$.

- Auch die Exponentialfunktion $\exp : \mathbb{R} \to \mathbb{R}_{>0}$ ist bijektiv. Ihre Umkehrfunktion ist die natürliche Logarithmusfunktion

$$\ln : \mathbb{R}_{>0} \to \mathbb{R}, \ x \mapsto \ln(x),$$

Es gilt daher

$$\ln \circ \exp(x) = \ln\left(e^x\right) = x \qquad \forall\, x \in \mathbb{R}$$

$$\text{und} \quad \exp \circ \ln(x) = e^{\ln(x)} = x \qquad \forall\, x \in \mathbb{R}_{>0}.$$

- Die bijektive Funktion $\cos : [0, \pi] \to [-1, 1]$ hat die Umkehrfunktion

$$\arccos : [-1, 1] \to [0, \pi], \ x \to \arccos(x).$$

∎

Bei diesen Beispielen *kannten* bzw. *definierten* wir die Umkehrabbildungen entsprechend. Aber wie findet man sonst $f^{-1} : W \to D$ zu einer umkehrbaren Abbildung $f : D \to W$? Das ist oftmals gar nicht möglich, manchmal hilft das folgende Rezept:

Rezept: Bestimmen der Umkehrabbildung
Ist $f : D \to W$ eine umkehrbare Abbildung, so erhält man $f^{-1} : W \to D$ evtl. wie folgt:

(1) Löse (falls möglich) die Gleichung $f(x) = y$ nach x auf, also $x = g(y)$.
(2) Setze $y = x$ und $g = f^{-1}$.

Beispiel 23.5

- Die Abbildung $f : \mathbb{R}_{\geq 0} \to \mathbb{R}_{\geq 0}$, $f(x) = x^2$ ist bijektiv. Wir bestimmen die Umkehrfunktion:

  (1) Auflösen der Gleichung $f(x) = y$ zu $x = g(y)$ liefert:

  $$f(x) = y \ \Leftrightarrow \ x^2 = y \ \Leftrightarrow x = \sqrt{y} = g(y).$$

  (2) Nun ersetzen wir y durch x und g durch f^{-1}. Wir erhalten die Umkehrfunktion $f^{-1}(x) = \sqrt{x}$.

- Wir betrachten noch einmal die bijektive Funktion

$$f : \mathbb{R}_{>0} \to \mathbb{R}_{>\frac{1}{2}}, \ f(x) = \frac{1}{2}\sqrt{1 + \frac{1}{x^2}}.$$

Wir bestimmen die Umkehrfunktion f^{-1}:

(1) Zuerst lösen wir die Gleichung $f(x) = y$ nach $x = g(y)$ auf:

$$f(x) = y \ \Rightarrow \ \frac{1}{2}\sqrt{1 + \frac{1}{x^2}} = y$$

$$\Rightarrow \ 4y^2 = 1 + \frac{1}{x^2} \ \Rightarrow \ x = \frac{1}{\sqrt{4y^2-1}} = g(y).$$

(2) Nun ersetzen wir y durch x und g durch f^{-1}. Wir erhalten die Umkehrfunktion

$$f^{-1} : \mathbb{R}_{>\frac{1}{2}} \to \mathbb{R}_{>0}, \ f^{-1}(x) = \frac{1}{\sqrt{4x^2-1}}.$$

- Zuletzt betrachten wir die Funktion $f : [0, \pi] \to [1, \pi - 1]$, $f(x) = \cos(x) + x$. Auch diese Funktion ist bijektiv, wie man sich durch Betrachten des Graphen überlegen kann. Die Umkehrfunktion von f lässt sich trotzdem nicht so leicht angeben, da es nicht klar ist, wie man die Gleichung $f(x) = y$ nach $x = g(y)$ auflöst. ∎

23.4 Beschränkte und monotone Funktionen

Die *Beschränktheit* und *Monotonie* erklärt man für Funktionen analog zu den entsprechenden Begriffen bei Folgen:

Beschränkte und monotone Funktionen
Eine Funktion $f : D \to W$ heißt

- **nach oben beschränkt,** falls $\exists K \in \mathbb{R} : f(x) \leq K \ \ \forall x \in D$.
- **nach unten beschränkt,** falls $\exists K \in \mathbb{R} : K \leq f(x) \ \ \forall x \in D$.
- **beschränkt,** falls $\exists K \in \mathbb{R} : |f(x)| \leq K \ \ \forall x \in D$.
- **monoton wachsend,** falls $\forall x, y \in D : x < y \Rightarrow f(x) \leq f(y)$.
- **streng monoton wachsend,** falls $\forall x, y \in D : x < y \Rightarrow f(x) < f(y)$.
- **monoton fallend,** falls $\forall x, y \in D : x < y \Rightarrow f(x) \geq f(y)$.
- **streng monoton fallend,** falls $\forall x, y \in D : x < y \Rightarrow f(x) > f(y)$.

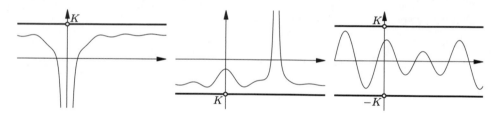

Abb. 23.6 Eine nach oben beschränkte, eine nach unten beschränkte und eine beschränkte Funktion

Ist f nach oben, nach unten oder überhaupt beschränkt, so bedeutet das für den Graphen von f, dass dieser unter, ober oder zwischen horizontalen Linien verläuft, siehe Abb. 23.6.

Beispiel 23.6

- $f : \mathbb{R} \to \mathbb{R}$, $f(x) = 2$ ist monoton wachsend und monoton fallend.
- $f : \mathbb{R}_{\geq 0} \to \mathbb{R}$, $f(x) = x^2$ ist streng monoton wachsend.
- $f : \mathbb{R} \to \mathbb{R}$, $f(x) = \lfloor x \rfloor = \max\{z \in \mathbb{Z} \mid z \leq x\}$ ist monoton wachsend.   ∎

Wir halten die wichtigen Zusammenhänge zur Injektivität bzw. Bijektivität fest:

Strenge Monotonie und Injektivität bzw. Bijektivität

- Ist $f : D \to W$ streng monoton (wachsend oder fallend), so ist f injektiv.
- Ist $f : D \to W$ streng monoton (wachsend oder fallend), so ist $f : D \to f(D)$ bijektiv, d. h., es gibt eine Umkehrfunktion f^{-1}.

Bemerkung Es ist prinzipiell schwierig zu entscheiden, ob eine Funktion auf einem Definitionsbereich D monoton bzw. streng monoton (fallend oder steigend) ist. Das wesentliche Hilfsmittel hierzu ist die *Ableitung,* die man natürlich aus der Schulzeit kennt. Wir geben dieses Hilfsmittel in einer übersichtlichen Darstellung in Abschn. 27.1 an und verzichten hier auf weitere Details.

23.5   Aufgaben

23.1 Geben Sie jeweils zwei Abbildungen von $\mathbb{N}$ nach $\mathbb{N}$ an, die

(a) injektiv, aber nicht surjektiv,
(b) surjektiv, aber nicht injektiv,
(c) injektiv und surjektiv sind.

23.2 Man untersuche die folgenden Abbildungen auf Injektivität, Surjektivität und Bijektivität:

(a) $f : \mathbb{N} \to \mathbb{N}, n \mapsto \begin{cases} n/2, & \text{falls } n \text{ gerade} \\ 3n + 1, & \text{sonst} \end{cases}$,

(b) $f : \mathbb{R}^2 \to \mathbb{R}, (x, y) \mapsto x$,

(c) $f : \mathbb{R} \to \mathbb{R}, x \mapsto x^2 + 2x + 2$,

(d) $f : \mathbb{N}_0 \to \mathbb{Z}, n \mapsto \frac{1}{4}(1 - (-1)^n(2n + 1))$.

23.3 Man untersuche, ob die folgenden Funktionen injektiv, surjektiv oder bijektiv sind. Man gebe außerdem das Bild und (falls existent) die Umkehrfunktion von f an.

(a) $f : [-3, 1] \to [-4, 0], f(x) = x - 1$,

(b) $f : [-2, 3] \to \mathbb{R}, f(x) = 3x + 2$,

(c) $f : \mathbb{R} \to \mathbb{R}, f(x) = 3x + 2$.

23.4 Zeigen Sie, dass die Abbildung

$$f : \begin{cases} (-1, 1) \to & \mathbb{R} \\ x & \mapsto \frac{x}{1-x^2} \end{cases}$$

bijektiv ist.

23.5 Welche der folgenden Funktionen besitzen eine Umkehrfunktion? Geben Sie diese ggf. an.

(a) $f : \mathbb{R} \setminus \{0\} \to \mathbb{R} \setminus \{0\}$ mit $f(x) = \frac{1}{x^2}$,

(b) $f : \mathbb{R} \setminus \{0\} \to \mathbb{R} \setminus \{0\}$ mit $f(x) = \frac{1}{x^3}$.

23.6 Bestimmen Sie die Umkehrfunktion g der Funktion $f : \mathbb{R} \to \mathbb{R}$ mit:

$$f(x) = \begin{cases} x^2 - 2x + 2, & x \geq 1 \\ 4x - 2x^2 - 1, & x < 1 \end{cases}.$$

Weisen Sie $g \circ f = \text{Id} = f \circ g$ nach.

Potenzreihen

24

Inhaltsverzeichnis

Potenzreihen sind Reihen in einer *Unbestimmten x*. Für manche Werte für x kann die Potenzreihe konvergieren, für andere evtl. divergieren. Der Bereich all jener x, für die eine Potenzreihe konvergiert, ist der *Konvergenzbereich* der Potenzreihe. Die Aufgabe zu *Potenzreihen* lautet meistens, den Konvergenzbereich K zu dieser Reihe zu bestimmen. Die Menge K spielt eine wichtige Rolle: Jede *Potenzreihe* liefert eine Funktion auf K; auf diese Art und Weise erhalten wir wichtige Funktionen.

Auch Funktionen, die im ersten Augenschein nichts mit Reihen zu tun haben, können vielfach als solche aufgefasst werden; man kann Funktionen nämlich oftmals *in Reihen entwickeln.* Ob wir nun die *Taylorreihe* oder die *Fourierreihe* betrachten, immer geht es darum, eine *komplizierte* Funktion als *Summe* einfacher Funktionen aufzufassen.

24.1   Der Konvergenzbereich reeller Potenzreihen

Eine (**reelle**) **Potenzreihe** f ist eine Reihe der Form

$$f(x) = \sum_{k=0}^{\infty} a_k (x - a)^k \quad \text{mit} \quad a, a_0, a_1, \ldots \in \mathbb{R}.$$

Man nennt $a \in \mathbb{R}$ den **Entwicklungspunkt,** x die **Unbestimmte,** in die man reelle Zahlen *einsetzen* kann, und die a_k die **Koeffizienten** der Potenzreihe f.

© Springer-Verlag GmbH Deutschland, ein Teil von Springer Nature 2022
C. Karpfinger, *Höhere Mathematik in Rezepten,*
https://doi.org/10.1007/978-3-662-63305-2_24

Setzt man in die Potenzreihe f für x eine reelle Zahl ein, so entsteht eine Reihe wie wir sie kennen.

Beispiel 24.1 Wir betrachten die Potenzreihe $f(x) = \sum_{k=0}^{\infty} x^k$ um den Entwicklungspunkt $a = 0$. Setzen wir $x = 1$ und $x = 1/2$, so erhalten wir für

- $x = 1$ die divergente Reihe $f(1) = \sum_{k=0}^{\infty} 1$ und für

- $x = 1/2$ die konvergente Reihe $f(1/2) = \sum_{k=0}^{\infty} (1/2)^k$. ■

Wir befassen uns mit der Aufgabe, zu einer gegebenen Potenzreihe f mit $f(x) = \sum_{k=0}^{\infty} a_k(x-a)^k$ den **Konvergenzbereich,** das ist die Menge

$$K(f) = \{x \in \mathbb{R} \mid f(x) \text{ konvergiert}\}$$

aller x, für die f konvergiert, zu bestimmen. Dazu beobachten wir vorab, dass jede Potenzreihe zumindest in ihrem Entwicklungspunkt konvergiert, es gilt nämlich

$$f(x) = \sum_{k=0}^{\infty} a_k(x-a)^k \;\Rightarrow\; f(a) = a_0 \in \mathbb{R}.$$

Mithilfe des folgenden Ergebnisses können wir etwas genauer sagen, dass der Konvergenzbereich $K(f)$ einer (reellen) Potenzreihe f mit Entwicklungspunkt a ein Intervall mit dem *Mittelpunkt a*, also von der Form

$$(a - R, a + R) \;\text{ oder }\; [a - R, a + R] \;\text{ oder }\; (a - R, a + R] \;\text{ oder }\; [a - R, a + R)$$

ist, wobei es meistens die einfachere Aufgabe ist, diesen *Konvergenzradius* $R \in \mathbb{R}_{\geq 0} \cup \{\infty\}$ zu bestimmen, komplizierter ist im Allgemeinen die Entscheidung, ob die Randpunkte $a \pm R$ noch zum Konvergenzbereich gehören oder nicht.

Der Konvergenzradius einer Potenzreihe
Zu jeder Potenzreihe $f(x) = \sum_{k=0}^{\infty} a_k(x-a)^k$ gibt es ein $R \in \mathbb{R}_{\geq 0} \cup \{\infty\}$ mit

$$f(x) \begin{cases} \text{konvergiert absolut} & \forall x \text{ mit } |x - a| < R \\ \text{divergiert} & \forall x \text{ mit } |x - a| > R \\ \text{keine allgemeine Aussage möglich} & \forall x \text{ mit } |x - a| = R \end{cases}$$

Dabei treffen wir die folgenden Vereinbarungen:

- Im Fall $R = 0$ gilt $K(f) = \{a\}$, und
- im Fall $R = \infty$ gilt $K(f) = \mathbb{R}$.

Man nennt R den **Konvergenzradius.** Die zwei wichtigsten Formeln zur Berechnung von R für eine Potenzreihe $f(x) = \sum_{k=0}^{\infty} a_k (x-a)^k$ lauten:

$$R = \lim_{k \to \infty} \left| \frac{a_k}{a_{k+1}} \right| \quad \text{bzw.} \quad R = \lim_{k \to \infty} \frac{1}{\sqrt[k]{|a_k|}},$$

falls $\lim_{k \to \infty} \left| \frac{a_k}{a_{k+1}} \right| \in \mathbb{R}_{\geq 0} \cup \{\infty\}$ bzw. $\lim_{k \to \infty} \frac{1}{\sqrt[k]{|a_k|}} \in \mathbb{R}_{\geq 0} \cup \{\infty\}$.

Wir erläutern die erste Formel zur Berechnung des Konvergenzradius: Dazu vereinbaren wir $1/0 = \infty$ und $1/\infty = 0$, es gilt dann wegen $\lim_{k \to \infty} \left| \frac{a_k}{a_{k+1}} \right| \in \mathbb{R}_{\geq 0} \cup \{\infty\}$:

$$\lim_{k \to \infty} \left| \frac{a_{k+1}}{a_k} \right| = q \in \mathbb{R}_{\geq 0} \cup \{\infty\}.$$

Nun erhalten wir mit dem Quotientenkriterium für Reihen:

$$\left| \frac{a_{k+1}(x-a)^{k+1}}{a_k(x-a)^k} \right| = \left| \frac{a_{k+1}}{a_k} \right| |x-a| \overset{k \to \infty}{\longrightarrow} q |x-a| \begin{cases} < 1 & \Rightarrow \text{ absolut konvergent} \\ > 1 & \Rightarrow \text{ divergent} \\ = 1 & \Rightarrow \text{ keine Aussage} \end{cases}$$

Es gilt damit:

Für alle x mit $|x-a| < 1/q$ konvergiert $f(x)$ absolut.

Für alle x mit $|x-a| > 1/q$ divergiert $f(x)$.

Für alle x mit $|x-a| = 1/q$ ist $f(x)$ anderweitig zu untersuchen.

Die Menge aller x mit $|x-a| < 1/q$ ist ein offenes Intervall um a mit *Radius*

$$\lim_{k \to \infty} \left| \frac{a_k}{a_{k+1}} \right| = 1/q = R.$$

Rezept: Bestimmen des Konvergenzbereichs einer Potenzreihe

Zur Bestimmung des Konvergenzbereichs der Potenzreihe $f(x) = \sum_{k=0}^{\infty} a_k (x - a)^k$

gehe man wie folgt vor:

(1) Bestimme den Konvergenzradius R mit den bekannten Formeln

$$R = \lim_{k \to \infty} \left| \frac{a_k}{a_{k+1}} \right| \quad \text{bzw.} \quad R = \lim_{k \to \infty} \frac{1}{\sqrt[k]{|a_k|}}.$$

(2) Falls $R = 0$ bzw. $R = \infty$, so setze $K(f) = \{a\}$ bzw. $K(f) = \mathbb{R}$, FERTIG.
Sonst untersuche die Potenzreihe f an den Rändern $a - R$ und $a + R$: Betrachte die Reihen

$$f(a - R) = \sum_{k=0}^{\infty} a_k (-R)^k \quad \text{und} \quad f(a + R) = \sum_{k=0}^{\infty} a_k R^k$$

und wende eines der bekannten Konvergenz- bzw. Divergenzkriterien aus Abschn. 22.2 an (aber nicht das Quotienten- bzw. Wurzelkriterium).
Gib $K(f)$ an.

Man beachte bei der Anwendung dieses Rezepts, dass die Potenzreihe f wirklich die Form $f(x) = \sum_{k=0}^{\infty} a_k (x - a)^k$ hat. Das Rezept funktioniert nicht unbedingt z. B. bei einer Potenzreihe der Form $f(x) = \sum_{k=0}^{\infty} a_k (x - a)^{2k}$. Bei solchen Reihen sollte man auf das Quotienten- bzw. Wurzelkriterium bei Reihen zurückgreifen, vgl. Aufgabe 24.1.

Beispiel 24.2

- Wir betrachten zuerst die **geometrische Reihe** $f(x) = \sum_{k=0}^{\infty} x^k$.

  (1) Wegen

  $$\left| \frac{a_k}{a_{k+1}} \right| = 1 \xrightarrow{k \to \infty} R = 1$$

  hat die geometrische Reihe den Konvergenzradius $R = 1$.

  (2) In den Randpunkten -1 und 1 liegen wegen

  $$f(-1) = \sum_{k=0}^{\infty} (-1)^k \quad \text{und} \quad f(1) = \sum_{k=0}^{\infty} 1^k$$

divergente Reihen vor, die Folgen der Reihenglieder sind nämlich keine Nullfolgen; nach dem Nullfolgenkriterium divergieren daher beide Reihen. Der Konvergenzbereich ist damit $K(f) = (-1, 1)$.

- Wir betrachten die Potenzreihe $f(x) = \sum_{k=1}^{\infty} \frac{2k!+1}{k!}(x+2)^k$.

(1) Wir erhalten

$$\left|\frac{a_k}{a_{k+1}}\right| = \frac{2k!+1}{k!} \cdot \frac{(k+1)!}{2(k+1)!+1} = \frac{2(k+1)!+(k+1)}{2(k+1)!+1}$$

$$= \frac{2+1/k!}{2+1/(k+1)!} \xrightarrow{k\to\infty} R = 1.$$

Es ist damit der Konvergenzradius $R = 1$.

(2) Für den rechten Randpunkt $x = -1 = a + R$ (bei dem Entwicklungspunkt $a = -2$) von $K(f)$ gilt:

$$f(-1) = \sum_{k=1}^{\infty} \frac{2k!+1}{k!} = \sum_{k=1}^{\infty} 2 + \frac{1}{k!}.$$

Da die Folge der Reihenglieder keine Nullfolge ist, liegt nach dem Nullfolgenkriterium an der Stelle $x = 2$ Divergenz vor.

Für den linken Randpunkt $x = -3 = a - R$ von $K(f)$ gilt analog: Die Reihe

$$f(-3) = \sum_{k=1}^{\infty} (-1)^k \left(2 + \frac{1}{k!}\right)$$

divergiert. Insgesamt erhalten wir also den Konvergenzbereich $K(f) = (-3, -1)$.

- Nun betrachten wir die Potenzreihe $f(x) = \sum_{k=1}^{\infty} \frac{1}{k} x^k$.

(1) Wir berechnen:
$$\left|\frac{a_k}{a_{k+1}}\right| = \frac{k+1}{k} \xrightarrow{k\to\infty} R = 1.$$

Der Konvergenzradius von f ist demnach $R = 1$.

(2) Im rechten bzw. linken Randpunkt $x = 1$ bzw. $x = -1$ gilt:

$$f(1) = \sum_{k=1}^{\infty} \frac{1}{k} \quad \text{bzw.} \quad f(-1) = \sum_{k=1}^{\infty} (-1)^k \frac{1}{k}.$$

Dies ist die divergente harmonische Reihe bzw. konvergente alternierende harmonische Reihe. Wir erhalten also insgesamt den Konvergenzbereich $K(f) = [-1, 1)$.

- Auch die Potenzreihe $f(x) = \sum_{k=0}^{\infty} \frac{(x-2)^k}{k^2+1}$ um den Entwicklungspunkt $a = 2$ hat den Konvergenzradius $R = 1$, denn

$$\frac{(k+1)^2+1}{k^2+1} \overset{k\to\infty}{\longrightarrow} R = 1.$$

Für die Randpunkte $x = 1$ und $x = 3$ des Konvergenzintervalls gilt:

$$f(1) = \sum_{k=0}^{\infty} \frac{(-1)^k}{k^2+1} \text{ konvergiert} \quad \text{und} \quad f(3) = \sum_{k=0}^{\infty} \frac{1}{k^2+1} \text{ konvergiert.}$$

Der Konvergenzbereich von f ist deshalb $K(f) = [1, 3]$.   ∎

Eine Potenzreihe f definiert eine Funktion $f : K(f) \to \mathbb{R}$, $f(x) = \sum_{k=0}^{\infty} a_k (x - a)^k$: Jedem x aus dem Konvergenzbereich wird der Wert der Reihe $f(x)$ zugeordnet. Diese Funktion ist im *Inneren* $(a - R, a + R)$ des Konvergenzbereichs $K(f)$ differenzierbar und integrierbar (dazu mehr in den Kap. 26 und 30).

24.2 Der Konvergenzbereich komplexer Potenzreihen

Neben den reellen Potenzreihen spielen auch die **komplexen Potenzreihen** eine wichtige Rolle, also die Reihen der Form

$$f(z) = \sum_{k=0}^{\infty} a_k (z - a)^k \text{ mit } a, a_0, a_1, \dots \in \mathbb{C}.$$

Zum Glück müssen wir nun nicht von vorn beginnen, es gilt weiterhin alles genauso für $z \in \mathbb{C}$; nur wird aus dem *Konvergenzintervall* $|x - a| < R$ mit Mittelpunkt $a \in \mathbb{R}$ nun ein *Konvergenzkreis* $|z - a| < R$ mit Mittelpunkt $a \in \mathbb{C}$ (vgl. Abb. 24.1):

Zur Bestimmung des Radius R können wir wieder die bekannten Formeln verwenden:

$$R = \lim_{n \to \infty} \left| \frac{a_k}{a_{k+1}} \right| \quad \text{bzw.} \quad R = \lim_{k \to \infty} \frac{1}{\sqrt[k]{|a_k|}}.$$

Beispiel 24.3

- Die Potenzreihe $f(z) = \sum_{k=0}^{\infty} \frac{1}{k!} z^k$ konvergiert für alle $z \in \mathbb{C}$, denn

$$\left| \frac{(k+1)!}{k!} \right| = k + 1 \overset{k\to\infty}{\longrightarrow} R = \infty.$$

Der Konvergenzkreis ist in diesem Fall also ganz $\mathbb{C}$.
- Die Potenzreihe $f(z) = \sum_{k=0}^{\infty} 2^k (z - \mathrm{i})^k$ konvergiert im Kreis mit Mittelpunkt $a = \mathrm{i}$ und Radius $R = 1/2$:

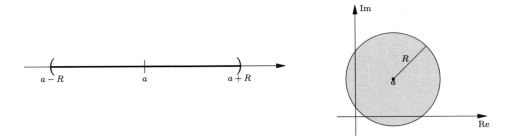

Abb. 24.1 Der Konvergenzradius einer reellen bzw. komplexen Potenzreihe

$$\frac{1}{\sqrt[k]{2^k}} = \frac{1}{2} \overset{k \to \infty}{\longrightarrow} R = \frac{1}{2}.$$

- Die Potenzreihe $f(z) = \sum_{k=0}^{\infty} k^k (z-1)^k$ konvergiert nur für $z = 1$, da aufgrund von

$$\frac{1}{\sqrt[k]{k^k}} = \frac{1}{k} \overset{k \to \infty}{\longrightarrow} R = 0$$

ihr Konvergenzradius $R = 0$ ist.   ∎

Für spätere Zwecke halten wir noch einen wichtigen Satz fest:

Der Identitätssatz – Koeffizientenvergleich

Gilt für zwei Potenzreihen $f(z) = \sum_{k=0}^{\infty} a_k (z-a)^k$ und $g(z) = \sum_{k=0}^{\infty} b_k (z-a)^k$ mit demselben Entwicklungspunkt a und ein $r > 0$ die Gleichheit

$$\sum_{k=0}^{\infty} a_k (z-a)^k = \sum_{k=0}^{\infty} b_k (z-a)^k$$

für alle z mit $|z - a| < r$, so folgt $a_k = b_k$ für alle $k \in \mathbb{N}_0$.

Dieser Identitätssatz ermöglicht den Koeffizientenvergleich analog zum Koeffizientenvergleich für Polynome (siehe Abschn. 5.1), mit dessen Hilfe wir viele nichttriviale Identitäten herleiten werden können (siehe Abschn. 28.2).

24.3   Die Exponential- und die Logarithmusfunktion

Die Potenzreihe $\sum_{k=0}^{\infty} \frac{1}{k!} z^k$ nennt man **Exponentialreihe**. Nach Beispiel 24.3 konvergiert die Exponentialreihe für jedes $z \in \mathbb{C}$. Wir erhalten damit die wichtige **(komplexe) Exponentialfunktion**

$$\exp : \begin{cases} \mathbb{C} \to \mathbb{C} \\ z \mapsto \sum\limits_{k=0}^{\infty} \frac{1}{k!} z^k \end{cases}.$$

Mit dieser komplexen Version der Exponentialfunktion setzen wir uns in den Kapiteln zur *komplexen Analysis* ab Kap. 80 auseinander. Die einzigen Eigenschaften dieser komplexen Funktion, die wir im Folgenden benutzen, sind

$$|\exp(i\,x)| = 1 \quad \text{und} \quad \exp(i\,x) = \cos(x) + i\,\sin(x) \quad \text{für alle} \quad x \in \mathbb{R}.$$

Wir fassen die für uns vorläufig wichtigsten Eigenschaften der Exponentialfunktion zusammen:

Die Exponentialfunktion

Die **(reelle) Exponentialfunktion** ist gegeben durch

$$\exp : \begin{cases} \mathbb{R} \to \mathbb{R} \\ x \mapsto \sum\limits_{k=0}^{\infty} \frac{1}{k!} x^k \end{cases}.$$

Es ist sinnvoll und üblich, e^x anstelle von $\exp(x)$ zu schreiben. Es gilt:

- $e^x\, e^y = e^{x+y}$ für alle $x,\, y \in \mathbb{R}$ **(Funktionalgleichung)**.
- $e^{-x} = \frac{1}{e^x}$ für alle $x \in \mathbb{R}$.
- $|e^{i\,x}| = 1$ für alle $x \in \mathbb{R}$.
- $e^{i\,x} = \cos(x) + i\,\sin(x)$ für alle $x \in \mathbb{R}$ **(Euler'sche Formel)**.
- $e^x > 0$ für alle $x \in \mathbb{R}$.
- $\exp : \mathbb{R} \to \mathbb{R}_{>0}$ ist bijektiv.

Bemerkungen

1. Mit der Euler'schen Formel kann man die Polardarstellung $z = r(\cos(\varphi) + \mathrm{i}\ \sin(\varphi))$ mit $r = |z|$ und $\varphi = \arg(z)$ einer komplexen Zahl $z \neq 0$ knapp fassen:

$$z = r\left(\cos(\varphi) + \mathrm{i}\ \sin(\varphi)\right) = r\mathrm{e}^{\mathrm{i}\varphi}.$$

2. Außerdem folgt aus der Euler'schen Formel:

$$\cos(x) = \mathrm{Re}\left(\mathrm{e}^{\mathrm{i}x}\right) \quad \text{und} \quad \sin(x) = \mathrm{Im}\left(\mathrm{e}^{\mathrm{i}x}\right).$$

Das ist eine alternative (und gleichwertige) Definition von Sinus und Kosinus. Wir gewinnen daraus Potenzreihendarstellungen von sin und cos, es gilt für alle $x \in \mathbb{R}$:

- $\cos(x) = \displaystyle\sum_{k=0}^{\infty} (-1)^k \frac{x^{2k}}{(2k)!} = 1 - \frac{x^2}{2} + \frac{x^4}{4!} - + \ldots,$
- $\sin(x) = \displaystyle\sum_{k=0}^{\infty} (-1)^k \frac{x^{2k+1}}{(2k+1)!} = x - \frac{x^3}{3!} + \frac{x^5}{5!} - + \ldots.$

Beide Reihen konvergieren absolut für alle $x \in \mathbb{R}$. Ihre Darstellung ergibt sich aus:

$$\mathrm{e}^{\mathrm{i}x} = \sum_{k=0}^{\infty} \frac{(\mathrm{i}x)^k}{k!} = \sum_{k=0}^{\infty} (-1)^k \frac{x^{2k}}{(2k)!} + \mathrm{i} \sum_{k=0}^{\infty} (-1)^k \frac{x^{2k+1}}{(2k+1)!},$$

da $\mathrm{i}^{2k} = (-1)^k$ und $\mathrm{i}^{2k+1} = (-1)^k\mathrm{i}$.

Da die Exponentialfunktion $\exp : \mathbb{R} \to \mathbb{R}_{>0}$ bijektiv ist, existiert eine Umkehrfunktion zu exp, das ist der **natürliche Logarithmus** ln. Abb. 24.2 zeigt den Graphen von Exponential- und Logarithmusfunktion.

Wir fassen die wichtigsten Eigenschaften des Logarithmus zusammen.

Abb. 24.2 Die Graphen von exp und ln

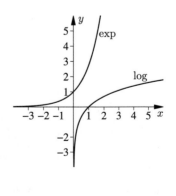

Die Logarithmusfunktion

Die **Logarithmusfunktion**

$$\ln : \begin{cases} \mathbb{R}_{>0} \to & \mathbb{R} \\ x & \mapsto \ln(x) \end{cases}$$

hat die Eigenschaften:

- $\exp(\ln(x)) = x$ für alle $x \in \mathbb{R}_{>0}$.
- $\ln(\exp(x)) = x$ für alle $x \in \mathbb{R}$.
- $\ln(x\,y) = \ln(x) + \ln(y)$ für alle $x,\ y \in \mathbb{R}_{>0}$.
- $\ln(x^r) = r\,\ln(x)$ für alle $x \in \mathbb{R}_{>0}$ und $r \in \mathbb{Q}$.
- $\ln(x/y) = \ln(x) - \ln(y)$ für alle $x,\ y \in \mathbb{R}_{>0}$.
- $\ln(1) = 0$ und $\ln(\mathrm{e}) = 1$.

Bemerkung Die allgemeine Potenzfunktion lautet $a^x = \mathrm{e}^{x\,\ln(a)}$ für alle $a \in \mathbb{R}_{>0}$.

24.4 Die hyperbolischen Funktionen

Schließlich erklären wir noch mit Hilfe der Exponentialfunktion die zwei folgenden, für die Ingenieurmathematik wichtigen Funktionen, nämlich den **Kosinus hyperbolicus** und den **Sinus hyperbolicus:**

$$\cosh : \begin{cases} \mathbb{R} \to & \mathbb{R} \\ x \mapsto \cosh(x) = \frac{\mathrm{e}^x + \mathrm{e}^{-x}}{2} \end{cases} \quad \text{und} \quad \sinh : \begin{cases} \mathbb{R} \to & \mathbb{R} \\ x \mapsto \sinh(x) = \frac{\mathrm{e}^x - \mathrm{e}^{-x}}{2} \end{cases}.$$

Die Graphen dieser Funktionen zeigen Abb. 24.3.

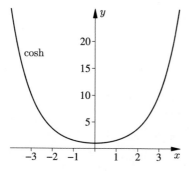
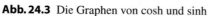
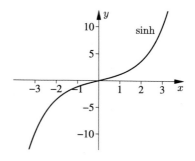

Abb. 24.3 Die Graphen von cosh und sinh

Man erklärt naheliegenderweise weiter den **Tangens hyperbolicus** und den **Kotangens hyperbolicus**

$$\tanh(x) = \frac{\sinh(x)}{\cosh(x)} \quad \text{und} \quad \coth(x) = \frac{\cosh(x)}{\sinh(x)},$$

wobei der Kotangens hyperbolicus für $x = 0$ nicht erklärt ist. Wir fassen wieder die wichtigsten Eigenschaften zusammen:

Die hyperbolischen Funktionen

Die wichtigsten Eigenschaften der hyperbolischen Funktionen sind:

- $\cosh(-x) = \cosh(x)$ für alle $x \in \mathbb{R}$.
- $\sinh(-x) = -\sinh(x)$ für alle $x \in \mathbb{R}$.
- $\cosh^2(x) - \sinh^2(x) = 1$ für alle $x \in \mathbb{R}$.
- $\cosh : \mathbb{R}_{\geq 0} \to \mathbb{R}_{\geq 1}$ ist bijektiv, für die Umkehrfunktion **Area Kosinus hyperbolicus** arcosh gilt

$$\operatorname{arcosh}(x) = \ln(x + \sqrt{x^2 - 1}) \quad \text{für alle} \ x \in \mathbb{R}_{\geq 1}.$$

- $\sinh : \mathbb{R} \to \mathbb{R}$ ist bijektiv, für die Umkehrfunktion **Area Sinus hyperbolicus** arsinh gilt

$$\operatorname{arsinh}(x) = \ln(x + \sqrt{x^2 + 1}) \quad \text{für alle} \ x \in \mathbb{R}.$$

Mit der Exponentialreihe erhält man leicht Potenzreihendarstellungen für den Kosinus hyperbolicus bzw. den Sinus hyperbolicus:

$$\cosh(x) = \sum_{k=0}^{\infty} \frac{1}{(2k)!} x^{2k} \quad \text{bzw.} \quad \sinh(x) = \sum_{k=0}^{\infty} \frac{1}{(2k+1)!} x^{2k+1} \quad \text{für alle} \ x \in \mathbb{R}.$$

Es gibt nur wenige Potenzreihen, die man unbedingt auswendig kennen muss, zu diesen wenigen gehören aber die folgenden Reihen, die wir hier noch einmal zusammenfassen:

Wichtige Potenzreihen

- Die geometrische Reihe:

$$\frac{1}{1-x} = \sum_{k=0}^{\infty} x^k = 1 + x + x^2 + x^3 + \cdots \quad \text{für alle} \ x \in (-1, 1).$$

- Die Exponentialreihe:

$$\exp(x) = \sum_{k=0}^{\infty} \frac{1}{k!} x^k = 1 + x + \frac{x^2}{2!} + \frac{x^3}{3!} + \cdots \quad \text{für alle } x \in \mathbb{R}.$$

- Die Kosinusreihe:

$$\cos(x) = \sum_{k=0}^{\infty} (-1)^k \frac{x^{2k}}{(2k)!} = 1 - \frac{x^2}{2} + \frac{x^4}{4!} - + \ldots \quad \text{für alle } x \in \mathbb{R}.$$

- Die Sinusreihe:

$$\sin(x) = \sum_{k=0}^{\infty} (-1)^k \frac{x^{2k+1}}{(2k+1)!} = x - \frac{x^3}{3!} + \frac{x^5}{5!} - + \ldots \quad \text{für alle } x \in \mathbb{R}.$$

24.5 Aufgaben

24.1 Bestimmen Sie den Konvergenzradius der folgenden Potenzreihen:

(a) $\displaystyle \sum_{k=1}^{\infty} (k^4 - 4k^3) z^k$,

(b) $\displaystyle \sum_{k=0}^{\infty} 2^k z^{2k}$.

24.2 Bestimmen Sie den Konvergenzbereich $K(f)$ der folgenden Potenzreihen

(a) $\displaystyle f(x) = \sum_{k=1}^{\infty} \frac{1}{k 2^k} (x - 1)^k$,

(e) $\displaystyle f(x) = \sum_{k=1}^{\infty} \frac{1}{3^k k^2} x^k$.

(b) $\displaystyle f(x) = \sum_{k=0}^{\infty} \frac{k^4}{4^k} x^k$,

(f) $\displaystyle f(x) = \sum_{k=5}^{\infty} 5^k k^5 x^k$.

(c) $\displaystyle f(x) = \sum_{k=2}^{\infty} \frac{1}{\sqrt{k^2 - 1}} x^k$,

(g) $\displaystyle f(x) = \sum_{k=0}^{\infty} k! x^k$.

(d) $\displaystyle f(x) = \sum_{k=0}^{\infty} (k^2 + 2^k) x^k$.

(h) $\displaystyle f(x) = \sum_{k=1}^{\infty} \frac{1}{k^k} x^k$.

24.3 Zeigen Sie die Identität

$$\cosh^2 x - \sinh^2 x = 1.$$

24.4 Zeigen Sie das Additionstheorem

$$\cosh(x + y) = \cosh x \cosh y + \sinh x \sinh y.$$

Grenzwerte und Stetigkeit

25

Inhaltsverzeichnis

Der Begriff des *Grenzwerts* spielt nicht nur bei Folgen eine Rolle, auch eine Funktion $f : D \to W$ hat Grenzwerte an den Stellen $a \in D$ bzw. an den *Randpunkten a* von D. Wir bilden diese Grenzwerte mit Hilfe von Folgen und erhalten damit eine Vorstellung über das *Verhalten* der Funktion $f : D \to W$ für *x gegen a*.

Die *Stetigkeit* einer Funktion f lässt sich wiederum mit dem Begriff des Grenzwerts formulieren. Die Vorstellung einer stetigen Funktion ist ganz einfach, solange wir beschränkte Funktionen auf beschränkten Intervallen betrachten: Eine Funktion ist *stetig*, wenn sich der Graph der Funktion f *ohne abzusetzen* zeichnen lässt. Die *Stetigkeit* einer Funktion hat weitreichende Konsequenzen, die die Existenz von Nullstellen und Extrema betreffen. Wir geben diese Sätze an und schildern ein Verfahren, auch dann Nullstellen von *stetigen* Funktionen zumindest näherungsweise zu bestimmen, wenn dies analytisch nicht möglich ist.

25.1 Grenzwerte von Funktionen

Der Begriff des *Grenzwerts* einer Funktion f wird mit Hilfe von Folgen erklärt. Dazu vorab eine Beobachtung: Ist $f : D \to W$ eine Funktion und $(a_n)_n$ eine Folge mit $a_n \in D$ für alle n, so ist auch $\big(f(a_n) \big)_n$ eine Folge:

© Springer-Verlag GmbH Deutschland, ein Teil von Springer Nature 2022
C. Karpfinger, *Höhere Mathematik in Rezepten,*
https://doi.org/10.1007/978-3-662-63305-2_25

$$(a_n)_n \text{ ist eine Folge} \;\Rightarrow\; \big(f(a_n)\big)_n \text{ ist eine Folge.}$$

Wesentlich ist, dass die Folgenglieder a_n im Definitionsbereich von f liegen, sodass es überhaupt möglich ist, die Folgenglieder $f(a_n)$ zu bilden.

Beispiel 25.1 Wir betrachten die Folge $(a_n)_n$ mit $a_n = \frac{1}{n^2+1}$ und die Funktion $f : \mathbb{R} \to \mathbb{R}$, $f(x) = e^{\sin(x)}$. Die a_n lassen sich durch f abbilden, und wir erhalten dadurch die neue Folge

$$\big(f(a_n)\big)_n \quad \text{mit} \quad f(a_n) = e^{\sin\left(\frac{1}{n^2+1}\right)}.$$

∎

Der Grenzwert von f in a

Gegeben sind eine Funktion $f : D \to W$ und zwei Elemente $a,\ c \in \mathbb{R} \cup \{\pm\infty\}$. Man sagt: Die Funktion $f : D \to W$ hat **in a den Grenzwert** c, falls für jede Folge $(a_n)_n$ in D mit $a_n \neq a$, die gegen a konvergiert, die Folge $\big(f(a_n)\big)_n$ gegen c konvergiert und schreibt dafür

$$\lim_{x \to a} f(x) = c.$$

Man drückt diesen Sachverhalt wie folgt kurz aus:

$$\lim_{x \to a} f(x) = c \;\Leftrightarrow\; \forall\, (a_n)_n \text{ mit } \lim_{n \to \infty} a_n = a \text{ gilt } \lim_{n \to \infty} f(a_n) = c.$$

Der Begriff des Grenzwerts ist nicht ganz einfach. Aber zum Glück müssen wir auf diese Definition nicht oft zurückgreifen. Setzt man vorübergehend den Stetigkeitsbegriff voraus bzw. erinnert man an diesen aus der Schulzeit, so gilt: Innerhalb des Definitionsbereichs D ist die Grenzwertermittlung fast immer völlig unproblematisch: Ist f auf D *stetig*, so ist der Grenzwert von f in $a \in D$ immer gleich $f(a)$, also der Wert von f an der Stelle a; in diesem Fall sind nur die *Randpunkte* des Definitionsbereichs von besonderem Interesse. Bei *unstetigen* Funktionen sind zusätzlich noch die Unstetigkeitsstellen zu betrachten.

Beispiel 25.2

- Wir bestimmen den Grenzwert von $f : \mathbb{R} \to \mathbb{R}$, $f(x) = x^2 + 1$ in $a = 0$ und $a = \infty$:

    - $a = 0$: Für jede Nullfolge $(a_n)_n$ konvergiert $\big(f(a_n)\big)_n = \big(a_n^2 + 1\big)_n$ gegen 1, d. h.

$$\lim_{x \to 0} f(x) = 1.$$

- $a = \infty$: Für jede Folge $(a_n)_n$ mit $a_n \to \infty$ divergiert $\big(f(a_n)\big)_n = \big(a_n^2 + 1\big)_n$ gegen ∞, d.h.

$$\lim_{x \to \infty} f(x) = \infty.$$

• Wir bestimmen den Grenzwert von $f : (0, 1) \to \mathbb{R}$, $f(x) = 1/x$ in $a = 1$ und $a = 0$:

  - $a = 1$: Für jede Folge $(a_n)_n$ mit $a_n \to 1$ konvergiert $\big(f(a_n)\big)_n = (1/a_n)_n$ gegen 1, d.h.

$$\lim_{x \to 1} f(x) = 1.$$

  - $a = 0$: Für jede Nullfolge $(a_n)_n$ in $(0, 1)$ divergiert $\big(f(a_n)\big)_n = (1/a_n)_n$ gegen ∞, d.h.

$$\lim_{x \to 0} f(x) = \infty.$$

• Wir versuchen den Grenzwert der Treppenfunktion $f : \mathbb{R} \to \mathbb{R}$, $f(x) = \lfloor x \rfloor = \max\{z \in \mathbb{Z} \mid z \leq x\}$ in $a = 0$ zu bestimmen:

  - Für alle Nullfolgen $(a_n)_n$ mit $a_n > 0$ gilt:

$$f(a_n) = 0 \quad \text{und damit} \quad \lim_{n \to \infty} f(a_n) = 0.$$

  - Für alle Nullfolgen $(a_n)_n$ mit $a_n < 0$ gilt:

$$f(a_n) = -1 \quad \text{und} \quad \lim_{n \to \infty} f(a_n) = -1.$$

Damit existiert $\lim_{x \to 0} f(x)$ nicht. Es gibt kein $c \in \mathbb{R} \cup \{\pm\infty\}$ mit $\lim_{x \to 0} f(x) = c$.

• Wir betrachten den sogenannten **Kardinalsinus**

$$f : \mathbb{R} \setminus \{0\} \to \mathbb{R}, \quad f(x) = \frac{\sin(x)}{x}.$$

Hat f in $a = 0$ einen Grenzwert, d.h., existiert $\lim_{x \to 0} \frac{\sin(x)}{x}$?
Zum Berechnen dieses und ähnlicher Grenzwerte ist die *L'Hospital'sche Regel* bzw. die Potenzreihenentwicklung von sin nützlich. Beachte das folgende Rezept. ■

Tatsächlich muss man zum Berechnen von Grenzwerten mehr oder weniger nie auf die Definition zurückgreifen, wir geben rezeptartig die wichtigsten Methoden zur Bestimmung von Grenzwerten an, diese basieren wesentlich auf den folgenden Rechenregeln zur Bestimmung von Grenzwerten: Sind $f, g : D \to \mathbb{R}$ Funktionen mit den Grenzwerten $\lim_{x \to a} f(x) = c$ und $\lim_{x \to a} g(x) = d$, so gilt:

• $\lim_{x \to a} \big(\lambda f(x) + \mu g(x)\big) = \lambda c + \mu d$ für alle $\lambda, \mu \in \mathbb{R}$.

- $\lim\limits_{x \to a} \big(f(x)\, g(x)\big) = c\, d.$
- $\lim\limits_{x \to a} f(x)/g(x) = c/d$, falls $d \neq 0$.

Rezept: Bestimmen von Grenzwerten

Zur Bestimmung des Grenzwerts $\lim_{x \to a} f(x) = c$ einer Funktion $f : D \to \mathbb{R}$ beachte:

- Ist $a \in D$ und f eine elementare Funktion, so gilt $\lim_{x \to a} f(x) = f(a)$.
- Ist a eine Nullstelle des Nenners von $f(x) = g(x)/h(x)$, so kann man $x - a$ evtl. *kürzen*:

  - Sind g und h Polynome mit der gemeinsamen Nullstelle a, ergibt sich nach Kürzen von $(x - a)$ evtl. eine rationale Funktion $\tilde{f}(x) = \tilde{g}(x)/\tilde{h}(x)$, bei der a nicht mehr Nullstelle des Nenners ist; es gilt dann: $\lim_{x \to a} f(x) = \lim_{x \to a} \tilde{f}(x) = \tilde{f}(a)$.
    Gelegentlich hilft auch ein geschicktes Erweitern, sodass sich der Zähler deutlich vereinfacht und nach dieser Vereinfachung ein Kürzen möglich wird (diese *Zufälligkeit* trifft oft bei akademischen Beispielen auf).
  - Sind g und h Potenzreihen mit $h(a) = 0$, so ergibt sich nach Kürzen von $(x - a)$ evtl. eine Funktion $\tilde{f}(x) = \tilde{g}(x)/\tilde{h}(x)$, bei der a nicht mehr Nullstelle des Nenners ist. Es gilt dann:
    $$\lim_{x \to a} f(x) = \lim_{x \to a} \tilde{f}(x) = \tilde{f}(a).$$

- Ist $a = \pm\infty$ und $f(x) = g(x)/h(x)$ eine rationale Funktion mit $\deg(g) = r$ und höchstem Koeffizienten a_r und $\deg(h) = s$ mit höchstem Koeffizienten b_s, so gilt

  $$\lim_{x \to \pm\infty} = \begin{cases} a_r/b_s, & \text{falls } r = s \\ \infty, & \text{falls } r > s \text{ und } a_r/b_s > 0 \\ -\infty, & \text{falls } r > s \text{ und } a_r/b_s < 0 \\ 0, & \text{falls } r < s \end{cases}.$$

Die *Regel von L'Hospital* zur Bestimmung des Grenzwerts einer Funktion benutzt die Ableitung und wird daher erst in Abschn. 27.5 vorgestellt. Wenn Sie das Ableiten beherrschen, können Sie vorblättern und die Regel bei den folgenden Beispielen anwenden.

Beispiel 25.3

- $\lim\limits_{x\to 2} \frac{2x^2+x+3}{x^2+x+12} = \frac{13}{18}$ bzw. $\lim\limits_{x\to\infty} \frac{2x^2+x+3}{x^2+x+12} = 2$,

- $\lim\limits_{x\to 1} \frac{x^3-1}{x-1} = \lim\limits_{x\to 1} \frac{(x-1)(x^2+x+1)}{x-1} = \lim\limits_{x\to 1} x^2 + x + 1 = 3$,

- $\lim\limits_{x\to 0} \frac{\sqrt{1+x}-1}{x} = \lim\limits_{x\to 0} \frac{(\sqrt{1+x}-1)(\sqrt{1+x}+1)}{x(\sqrt{1+x}+1)} = \lim\limits_{x\to 0} \frac{1+x-1}{x(\sqrt{1+x}+1)} = \lim\limits_{x\to 0} \frac{1}{\sqrt{1+x}+1} = \frac{1}{2}$,

- $\lim\limits_{x\to 0} \frac{\sin(x)}{x} = \lim\limits_{x\to 0} \frac{x-x^3/3!+x^5/5!-+\cdots}{x} = \lim\limits_{x\to 0} \frac{1-x^2/3!+x^4/5!-+\cdots}{1} = 1$. ∎

25.2 Asymptoten von Funktionen

Eine typische Anwendung der Grenzwerte von Funktionen ist das Bestimmen von *Asymptoten;* das sind horizontale, vertikale oder schräge Geraden, an die sich der Graph einer Funktion *anschmiegt,* siehe Abb. 25.1.

Bei einer vertikalen Asymptoten in einem Punkt $a \in \mathbb{R}$ muss man bei der *Annäherung* $x \to a$ zwischen *Annäherung von links* und *Annäherung von rechts* unterscheiden. Wir drücken dies durch die folgenden Symbole aus

$$\lim_{x\to a^+} f(x) \text{ und } \lim_{x\to a^-} f(x)$$

und meinen damit, dass wir bei dem Grenzprozess $x \to a^+$ nur Folgen betrachten, deren Folgenglieder rechts von a liegen, entsprechend betrachten wir bei $x \to a^-$ nur Folgen, deren Folgenglieder links von a liegen. Wir haben dies bereits im Beispiel 25.2 bei

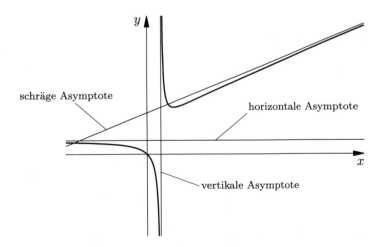

Abb. 25.1 Die verschiedenen Asymptoten

der Treppenfunktion $f(x) = \lfloor x \rfloor$ in $a = 0$ getan: Wir erhielten $\lim_{x \to 0^+} \lfloor x \rfloor = 0$ und $\lim_{x \to 0^-} \lfloor x \rfloor = -1$.

Wir finden die Asymptoten mit den folgenden Methoden:

Rezept: Bestimmen von Asymptoten

Gegeben ist die Funktion $f : D \setminus \{a\} \to \mathbb{R}$.

- Falls es ein $c \in \mathbb{R}$ mit $\lim_{x \to \pm\infty} f(x) = c$ gibt, so hat f die **horizontale Asymptote** $y = c$.
- Falls $\lim_{x \to a^\pm} f(x) = \pm\infty$, so hat f die **vertikale Asymptote** $x = a$.
- Falls es ein $b \in \mathbb{R}$ mit $\lim_{x \to \pm\infty} \frac{f(x)}{x} = b$ gibt, so hat f die **schräge Asymptote** $y = bx + c$. Die Zahl $c \in \mathbb{R}$ bestimmt man durch $\lim_{x \to \pm\infty} \left(f(x) - bx \right) = c$.

Die Formeln für die Koeffizienten b und c der schrägen Asymptote kann man sich leicht merken: Für große bzw. kleine $x \in \mathbb{R}$ gilt $f(x) \approx bx + c$, Division durch x liefert

$$\frac{f(x)}{x} \approx b + \frac{c}{x}, \text{ also } \lim_{x \to \pm\infty} \frac{f(x)}{x} = b.$$

Hat man b bestimmt, so folgt c aus $f(x) - bx \approx c$ für große bzw. kleine $x \in \mathbb{R}$.

Beispiel 25.4 Wir untersuchen die Funktion

$$f : \mathbb{R} \setminus \{1\} \to \mathbb{R}, \ f(x) = \frac{x^3}{x^2 - 2x + 1}$$

auf horizontale, vertikale und schräge Asymptoten:

- Horizontale Asymptoten $y = c$: Es ist

$$\lim_{x \to \pm\infty} f(x) = \lim_{x \to \pm\infty} \frac{x^3}{x^2 - 2x + 1} = \lim_{x \to \pm\infty} \frac{x}{1 - 2/x + 1/x^2} = \pm\infty.$$

Es existieren deswegen keine horizontalen Asymptoten.
- Vertikale Asymptoten $x = a$: Der Nenner hat eine Nullstelle bei $a = 1$, und da

$$\lim_{x \to 1^\pm} f(x) = \lim_{x \to 1^\pm} \frac{x^3}{(x-1)^2} = \infty,$$

gibt es eine vertikale Asymptote bei $x = 1$.

Abb. 25.2 Die Asymptoten
von f

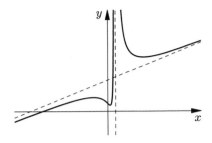

- Schräge Asymptoten $y = b\,x + c$: Wir berechnen

$$\lim_{x \to \pm\infty} \frac{f(x)}{x} = \lim_{x \to \pm\infty} \frac{x^2}{x^2 - 2x + 1} = 1$$

und erhalten damit $b = 1$. Nun berechnen wir

$$\lim_{x \to \pm\infty} \left(f(x) - 1 \cdot x \right) = \lim_{x \to \pm\infty} \left(\frac{x^3}{(x-1)^2} - \frac{x(x-1)^2}{(x-1)^2} \right) = \lim_{x \to \pm\infty} \frac{2x^2 - x}{(x-1)^2} = 2.$$

Es ist damit $c = 2$. Folglich ist $y = x + 2$ eine schräge Asymptote.

In der Abb. 25.2 sehen wir unsere Ergebnisse bestätigt; den MATLAB-Code zur Erzeugung des Graphen lautet:

```
>> ezplot('x^3/(x^2 - 2*x + 1)', [-6,6])
>> grid on
>> hold on
>> ezplot('x+2', [-6,6])
```

■

25.3   Stetigkeit

Die meisten Funktionen, mit denen man es in der Ingenieurmathematik zu tun hat, sind stetig. Dabei besagt *Stetigkeit* anschaulich, dass der Graph der Funktion keine *Sprünge* macht. Wir werden präziser: Eine Funktion $f : D \subseteq \mathbb{R} \to \mathbb{R}$ heißt

- **stetig in** $a \in D$, falls
  $\lim_{x \to a} f(x) = f(a)$, und
- **stetig auf** D, falls f in jedem $a \in D$ stetig ist.

Die Funktion f ist also dann stetig in a, wenn der Grenzwert $\lim_{x \to a} f(x)$ existiert und eben gleich $f(a)$ ist. Diese Stetigkeit in a lässt sich formal ausdrücken als

$$\lim_{x \to a} f(x) = f\left(\lim_{x \to a} x\right).$$

Ist f **nicht** stetig in a, so gibt es also eine Folge $(a_n)_n$ mit $a_n \to a$ und $f(a_n) \not\to f(a)$. Das ist an einer *Sprungstelle* gegeben, beachte Abb. 25.3.

Aufgrund der Rechenregeln für Grenzwerte gilt:

Stetige Funktionen

Sind $f, g : D \subseteq \mathbb{R} \to \mathbb{R}$ stetige Funktion, so auch

$$\lambda f + \mu g, \quad f g, \quad f/g, \quad f \circ g,$$

wobei λ, $\mu \in \mathbb{R}$ reelle Zahlen sind und beim Quotienten f/g vorausgesetzt wird, dass $g(x) \neq 0$ ist für alle $x \in D$.

Beispiel 25.5

- Stetig sind: Polynomfunktionen, rationale Funktionen, Potenzreihenfunktionen im Inneren ihres Konvergenzbereichs, exp, ln, sin, cos usw.
- Nicht stetig sind: die Treppenfunktion $\lfloor \cdot \rfloor : \mathbb{R} \to \mathbb{R}$, $\lfloor x \rfloor = \max\{z \in \mathbb{Z} | z \leq x\}$ und allgemein jede Funktion mit einem *Sprung*.   ∎

Abb. 25.3 Eine
Unstetigkeitsstelle

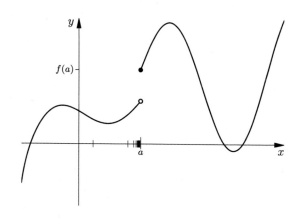

Es kann sein, dass eine Funktion an einer Stelle gar nicht definiert ist, insbesondere ist sie an dieser Stelle auch nicht stetig. In bestimmten Fällen lässt sie sich aber durch Festlegen eines Wertes an dieser Stelle *stetig fortsetzen,* z. B. ist die Funktion

$$f : \mathbb{R} \setminus \{1\} \to \mathbb{R}, \; f(x) = \frac{(x-1)(x+3)}{x-1}$$

stetig auf $\mathbb{R} \setminus \{1\}$, und es gilt $\lim_{x \to 1} f(x) = 4$. Die Funktion $g : \mathbb{R} \to \mathbb{R}$, $g(x) = x + 3$ ist stetig auf $\mathbb{R}$, und es ist $g = f$ auf $\mathbb{R} \setminus \{1\}$. Wir haben damit f **stetig fortgesetzt.**

Die Meinung, *Stetigkeit* bedeutet, dass man den Graphen der Funktion f zeichnen kann, ohne dabei mit dem Stift abzusetzen, ist nicht allzu verlässlich. Denn die folgende stetige Funktion hat einen Graph, der sich nicht ohne abzusetzen zeichnen lässt:

$$f : \mathbb{R} \setminus \{0\} \to \mathbb{R}, \; f(x) = \frac{1}{x}.$$

25.4 Wichtige Sätze zu stetigen Funktionen

Die Stetigkeit hat zahlreiche Konsequenzen, wir halten diese gesammelt fest:

Sätze zu stetigen Funktionen

Gegeben sind ein beschränktes und abgeschlossenes Intervall $D = [a, b] \subseteq \mathbb{R}$ und eine stetige Funktion $f : [a, b] \to \mathbb{R}$. Dann ist auch $f([a, b])$ ein beschränktes und abgeschlossenes Intervall, und es gilt:

(1) **Satz vom Maximum und Minimum:** Es gibt Stellen $x_{\max}$, $x_{\min} \in [a, b]$ mit

$$f_{\min} = f(x_{\min}) \le f(x) \le f(x_{\max}) = f_{\max} \quad \forall x \in [a, b].$$

Man nennt $x_{\min}$ **Minimalstelle** und $x_{\max}$ **Maximalstelle.**

(2) **Zwischenwertsatz:** Zu jedem $y \in [f_{\min}, f_{\max}]$ gibt es ein $x^* \in [a, b]$ mit $f(x^*) = y$.

(3) **Nullstellensatz:** Ist $f(a) < 0$ und $f(b) > 0$ (oder umgekehrt), so gibt es ein $x^* \in [a, b]$ mit $f(x^*) = 0$.

(4) **Fixpunktsatz:** Ist $f : [a, b] \to [a, b]$ stetig, so existiert ein $x^* \in [a, b]$ mit $f(x^*) = x^*$.

Die vier Bilder in Abb. 25.4 verdeutlichen diese vier Sätze in der angegebenen Reihenfolge:

Man beachte, dass es sich bei den Sätzen um sogenannte Existenzsätze handelt: Es gibt $x_{\min}$ bzw. $x_{\max}$ bzw. x^*. Die Sätze geben aber keine Hinweise darauf, wie man diese Stellen finden kann. Mit Hilfe der Differentialrechnung werden wir $x_{\min}$ und $x_{\max}$ bei

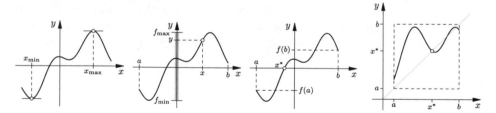

Abb. 25.4 Bilder zu den wichtigen Sätzen stetiger Funktionen

differenzierbaren Funktionen bestimmen können, und mithilfe des *Bisektionsverfahrens* können wir x^* zumindest näherungsweise bestimmen (beachte den folgenden Abschnitt).

25.5 Das Bisektionsverfahren

Das *Bisektionsverfahren* ist ein sehr einfaches und stabiles Verfahren, um eine Nullstelle einer stetigen skalaren Funktion f näherungsweise zu bestimmen. Es kommt bei jeder Iteration mit einer Funktionsauswertung aus.

Dazu betrachten wir eine stetige Funktion $f : [a, b] \to \mathbb{R}$, die in a einen negativen und in b einen positiven Wert habe, $f(a) < 0$ und $f(b) > 0$. Wegen der Stetigkeit hat die Funktion f nach dem Nullstellensatz (siehe Abschn. 25.4) eine Nullstelle $x^* \in [a, b]$. Wir ermitteln nun das Vorzeichen von f im Mittelpunkt $c = \frac{a+b}{2}$ dieses Intervalls:

- Falls $f(c) > 0$, so liegt die gesuchte Stelle x^* in $[a, c]$, man beginne in diesem Fall von vorne mit $a = a$ und $b = c$.
- Falls $f(c) < 0$, so liegt die gesuchte Stelle x^* in $[c, b]$, man beginne in diesem Fall von vorne mit $a = c$ und $b = b$.
- Falls $f(c) = 0$, fertig.

Ausgehend von dem Intervall $I_0 = [a, b]$ wird eine Folge $(I_k)_k$ von ineinandergeschachtelten Intervallen, d. h. $I_{k+1} \subseteq I_k$ für alle k, erzeugt, wobei die gesuchte Nullstelle x^* in all diesen Intervallen liegt. Da die Intervalllänge in jedem Schritt halbiert wird, erhalten wir so x^* beliebig genau. Man beachte Abb. 25.5.

Etwas formaler und allgemeiner klingt das Verfahren wie folgt:

Rezept: Das Bisektionsverfahren
Die Funktion $f : [a_0, b_0] \to \mathbb{R}$ sei stetig mit $f(a_0)\, f(b_0) < 0$. Eine Nullstelle x^* von f erhält man näherungsweise mit dem **Bisektionsverfahren:** Für $k = 0, 1, 2, \ldots$ berechne

Abb. 25.5 Beim Bisektionsverfahren werden Intervalle halbiert

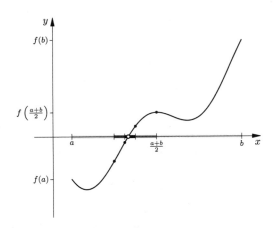

- $x_k = \frac{1}{2}(a_k + b_k)$ und $f(x_k)$.
- Setze

$$a_{k+1} = a_k \text{ und } b_{k+1} = x_k, \quad \text{falls } f(a_k)\, f(x_k) < 0,$$
$$a_{k+1} = x_k \text{ und } b_{k+1} = b_k, \quad \text{falls } f(x_k)\, f(b_k) < 0.$$

- Abbruch der Iteration, falls $b_k - a_k < \text{tol}$, wobei $\text{tol} \in \mathbb{R}_{>0}$ vorgegeben ist. Weiterhin gilt

$$|x_k - x^*| \le b_k - a_k \le \frac{1}{2^k}|b_0 - a_0|,$$

weswegen das Bisektionsverfahren auf jeden Fall *konvergiert*, d. h. eine Nullstelle beliebig genau approximiert.

Das Bisektionsverfahren nennt man auch **Intervallhalbierungsmethode.**

MATLAB In MATLAB lässt sich das Bisektionsverfahren leicht implementieren, wir haben dies in Aufgabe 25.9 formuliert. Bei den folgenden Beispielen verwenden wir ein solches Programm.

Beispiel 25.6

- Nach 27 Iterationen erhält man die korrekten acht Nachkommastellen einer Nullstelle x^* der Funktion $f(x) = \cos(x) - x$ im Intervall $[0, 1]$:

$$x^* = 0.73908513\ldots$$

- Nach 28 Iterationen erhält man die korrekten acht Nachkommastellen einer Nullstelle x^* der Funktion $f(x) = x^6 - x - 2$ im Intervall $[0, 2]$:

$$x^* = 1.21486232\ldots$$

■

25.6 Aufgaben

25.1 Begründen Sie, warum jedes Polynom von ungeradem Grad eine Nullstelle in $\mathbb{R}$ hat.

25.2 Begründen Sie den Fixpunktsatz aus Abschn. 25.4 (Rezeptebuch).

25.3 Berechnen Sie mit der Bisektionsmethode den Wert von $\sqrt{3}$ auf zwei Dezimalstellen genau.

25.4 Für $n \in \mathbb{N}$ sei die Funktion $g_n : \mathbb{R} \to \mathbb{R}$ definiert durch

$$g_n(x) = \frac{nx}{1+|nx|}.$$

(a) Begründen Sie, warum für jedes $n \in \mathbb{N}$ die Funktion g_n stetig ist.
(b) Begründen Sie, warum für jedes $x \in \mathbb{R}$

$$g(x) = \lim_{n \to \infty} g_n(x)$$

existiert, und untersuchen Sie, in welchen Punkten $x \in \mathbb{R}$ die Funktion $g : \mathbb{R} \to \mathbb{R}$ stetig ist.

25.5 Untersuchen Sie, wo die folgenden Funktionen definiert sind und wo sie stetig sind. Lassen sich die Funktionen stetig fortsetzen in Punkte $x \in \mathbb{R}$, die nicht zum Definitionsbereich gehören?

(a) $f(x) = \dfrac{\frac{x-2}{x^2+3x-10}}{1 - \frac{4}{x+3}},$

(b) $g(x) = \dfrac{\sqrt{2+x} - \sqrt{3x-3}}{\sqrt{3x-2} - \sqrt{11-5x}}.$

25.6 Es seien $\alpha, \beta \in \mathbb{R}$ mit $\alpha < \beta$. Zeigen Sie, dass die Gleichung

$$\frac{x^2+1}{x-\alpha} + \frac{x^6+1}{x-\beta} = 0$$

eine Lösung $x \in \mathbb{R}$ mit $\alpha < x < \beta$ besitzt.

25.7 Ermitteln Sie sämtliche Asymptoten der Funktion

$$f : \mathbb{R} \setminus \{\pm 1\} \to \mathbb{R}, \quad f(x) = \frac{x^3 - x^2 + 2x}{x^2 - 1}.$$

25.8 Bestimmen Sie die folgenden Grenzwerte:

(a) $\lim_{x \to 0} \frac{\sin x \cos x}{x \cos x - x^2 - 3x}$,

(b) $\lim_{x \to 2} \frac{x^4 - 2x^3 - 7x^2 + 20x - 12}{x^4 - 6x^3 + 9x^2 + 4x - 12}$,

(c) $\lim_{x \to \infty} \frac{2x - 3}{x - 1}$,

(d) $\lim_{x \to \infty} \left(\sqrt{x + 1} - \sqrt{x} \right)$,

(e) $\lim_{x \to 0} \left(\frac{1}{x} - \frac{1}{x^2} \right)$,

(f) $\lim_{x \to 1} \frac{x^n - 1}{x^m - 1}$ ($n, m \in \mathbb{N}$),

(g) $\lim_{x \to 0^+} \left(\sqrt{x} \sin \frac{1}{x} \right)$,

(h) $\lim_{x \to 1} \frac{x^3 - 2x + 1}{x - 1}$,

(i) $\lim_{x \to \infty} 2x - \sqrt{4x^2 - x}$,

(j) $\lim_{x \to \frac{\pi}{2}} \left(\tan^2 x - \frac{1}{\cos^2 x} \right)$,

(k) $\lim_{x \to 0} \frac{1 - \sqrt{x + 1}}{x}$.

(l) $\lim_{x \to 0} \frac{e^{-\frac{x^2}{2}} - \cos(x)}{x^4}$.

(m) $\lim_{x \to \infty} \left(\sqrt{x} \sin \frac{1}{x} \right)$.

(n) $\lim_{x \to 0} \frac{\sin(x) - x}{x^3}$.

25.9 Schreiben Sie eine MATLAB-Funktion, die das Bisektionsverfahren durchführt.

25.10 Bestimmen Sie jeweils auf mindestens acht korrekte Nachkommastellen genau alle reellen Nullstellen von

(a) $f(x) = \sin(x) + x^2 - 1$,

(b) $f(x) = e^x - 3x^2$.

25.11 Im Folgenden ist jeweils eine Funktion $f : D \to \mathbb{R}$ gegeben. Entscheiden Sie, ob f stetig ist, und geben Sie andernfalls alle Unstetigkeitsstellen von f an.

(a) $f : \mathbb{R} \to \mathbb{R}, \ f \mapsto \begin{cases} -x^2 + 2 & \text{für } x \le 1 \\ \frac{2}{x+1} & \text{für } x > 1. \end{cases}$

(b) $f : \mathbb{R} \to \mathbb{R}, \ f \mapsto \begin{cases} -x^2 + 2 & \text{für } x \le 1 \\ \frac{3}{x+1} & \text{für } x > 1. \end{cases}$

(c) $f : \mathbb{R} \setminus \{1\} \to \mathbb{R}, \ f \mapsto \frac{x}{(1-x)^2}$.

(d) $f : \mathbb{R} \to \mathbb{R}, \ f \mapsto \begin{cases} \frac{1}{(1-x)^2} & \text{für } x \ne 1 \\ 0 & \text{für } x = 1. \end{cases}$

(e) $f : [-1, 1) \to \mathbb{R}, \ f \mapsto \begin{cases} \exp\left(\frac{x}{1-x^2} \right) & \text{für } x \in (-1, 1) \\ 0 & \text{für } x = -1. \end{cases}$

Differentiation

26

Inhaltsverzeichnis

Mit der *Differentiation* treffen wir nun auf den Kern der Analysis. Die meisten Funktionen der Ingenieurmathematik sind nicht nur stetig, sie sind sogar *differenzierbar*. Mit dieser *Differentiation* erschließt sich nun die Möglichkeit, Extrema solcher Funktionen zu bestimmen. Das ist die wesentliche Anwendung dieser Theorie. Aber auch das Monotonieverhalten von Funktionen lässt sich mit dieser Theorie beurteilen, und nicht zuletzt können wir bei *differenzierbaren* Funktionen auch oft die Nullstellen mit einem effizienten Verfahren bestimmen.

Aber bevor wir auf diese zahlreichen Anwendungen der *Differentiation* zu sprechen kommen, müssen wir kurz erläutern, wie man sich diese vorstellen kann und welche Regeln für das *Differenzieren* gelten. Viele dieser Regeln kennt man aus der Schulzeit, manche werden aber auch neu sein. Wir geben einen Überblick über diese Regeln und runden dieses Kapitel mit zahlreichen, sicher auch verblüffenden Beispielen ab.

26.1   Die Ableitung und die Ableitungsfunktion

Wir betrachten eine stetige Funktion $f : D \subseteq \mathbb{R} \to \mathbb{R}$ und ihren Graphen Graph(f). Zu zwei Zahlen x_0 und $x_0 + h$ aus D mit $h > 0$ betrachten wir die zwei Punkte $\big(x_0, f(x_0)\big)$ und $\big(x_0 + h, f(x_0 + h)\big)$ des Graphen, durch die wir eine Sekante ziehen, siehe Abb. 26.1.

Mit der Regel *Steigung = Gegenkathete durch Ankathete* erhält man für die Steigung der Sekante

$$\frac{f(x_0+h)-f(x_0)}{h}.$$

© Springer-Verlag GmbH Deutschland, ein Teil von Springer Nature 2022
C. Karpfinger, *Höhere Mathematik in Rezepten*,
https://doi.org/10.1007/978-3-662-63305-2_26

Abb. 26.1 Die Sekante wird
zur Tangente

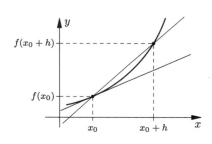

Wir wollen nun h gegen 0 gehen lassen, also einen Grenzwert bilden.

Ist der Graph der Funktion f nur *glatt* genug (wie in der Abbildung), so existiert dieser Grenzwert auch, und es wird für $h \to 0$ aus der Sekante eine Tangente an den Punkt $\big(x_0, f(x_0)\big)$ des Graphen. Die Steigung dieser Tangenten ist dann

$$\lim_{h \to 0} \frac{f(x_0+h)-f(x_0)}{h}.$$

Differenzierbarkeit
Eine Funktion $f : D \subseteq \mathbb{R} \to \mathbb{R}$ heißt

- **differenzierbar in** $x_0 \in D$, falls der Grenzwert

$$c = \lim_{h \to 0} \frac{f(x_0+h)-f(x_0)}{h}$$

  existiert. In diesem Fall nennt man diesen Grenzwert c die **Ableitung** von f an der Stelle x_0 und schreibt

$$f'(x_0) = \frac{\mathrm{d}f}{\mathrm{d}x}(x_0) = c.$$

- **differenzierbar auf** D, falls f in allen $x_0 \in D$ differenzierbar ist. In diesem Fall ist

$$f' : D \to \mathbb{R}, \ x \mapsto f'(x)$$

  eine (neue) Funktion. Man nennt sie die **Ableitungsfunktion** zu f.

Die Vorstellung vermittelt: Eine Funktion ist differenzierbar, wenn sich an jedem Punkt des Graphen in eindeutiger Weise eine Tangente bilden lässt. Eine Funktion ist also z. B. dann nicht an einer Stelle differenzierbar, wenn sie dort einen Sprung oder einen Knick hat. Diese Vorstellung untermauern wir einmalig mit einigen präzisen Beispielen. Wir werden uns dann schnell Regeln verschaffen, mit denen wir die Ableitung einer Funktion einfacher bestimmen können.

Beispiel 26.1

- Die Funktion $f : \mathbb{R} \to \mathbb{R}$, $f(x) = ax + b$ mit $a, b \in \mathbb{R}$ ist auf $\mathbb{R}$ differenzierbar. Für alle $x_0 \in \mathbb{R}$ gilt nämlich:

$$\lim_{h \to 0} \frac{a(x_0+h)+b-(ax_0+b)}{h} = \lim_{h \to 0} \frac{ah}{h} = a.$$

Die Ableitung von f in jedem x_0 ist damit

$$f'(x_0) = a \quad \forall x_0 \in \mathbb{R}.$$

Die Ableitungsfunktion ist damit $f' : \mathbb{R} \to \mathbb{R}$, $f'(x) = a$. Im Fall $a = 0$ und $b \in \mathbb{R}$ erhalten wir somit für f mit $f(x) = b$ die Ableitungsfunktion f' mit $f'(x) = 0$.

- Auch die Funktion $f : \mathbb{R} \to \mathbb{R}$, $f(x) = x^2$ ist auf $\mathbb{R}$ differenzierbar. Für alle $x_0 \in \mathbb{R}$ gilt nämlich:

$$\lim_{h \to 0} \frac{(x_0+h)^2-x_0^2}{h} = \lim_{h \to 0} \frac{x_0^2+2hx_0+h^2-x_0^2}{h} = \lim_{h \to 0} 2\,x_0 + h = 2\,x_0.$$

Die Ableitungsfunktion f' von f ist damit gegeben durch $f'(x) = 2x$.

- Nun betrachten wir die Betragsfunktion $f : \mathbb{R} \to \mathbb{R}$, $f(x) = |x|$, deren Graph einen Knick in $(0, 0)$ hat. Die Funktion f ist in 0 nicht differenzierbar, denn der Grenzwert $\lim_{h \to 0} \frac{f(0+h)-f(0)}{h}$ existiert nicht:

$$\text{Ist } (x_n) \text{ eine Nullfolge mit } x_n > 0, \text{ so folgt } \lim_{n \to \infty} \frac{|x_n|}{x_n} = 1,$$

$$\text{aber ist } (x_n) \text{ eine Nullfolge mit } x_n < 0, \text{ so folgt } \lim_{n \to \infty} \frac{|x_n|}{x_n} = -1.$$

Die Betragsfunktion ist aber auf jedem Intervall, das die 0 nicht enthält, differenzierbar (vgl. obiges Beispiel). ∎

Nach dem letzten Beispiel ist die (überall) stetige Betragsfunktion nicht (überall) differenzierbar; umgekehrt lässt sich aber zeigen, dass die Stetigkeit eine Voraussetzung für die Differenzierbarkeit ist. Wir beschließen diese theoretischen Betrachtungen fürs Erste mit einer Zusammenfassung dieser Tatsachen:

Differenzierbarkeit und Stetigkeit bzw. lineare Approximation

- Ist $f : D \subseteq \mathbb{R} \to \mathbb{R}$ in $x_0 \in D$ differenzierbar, so ist f in x_0 stetig.
- Ist $f : D \subseteq \mathbb{R} \to \mathbb{R}$ in $x_0 \in D$ stetig, so muss f nicht in x_0 differenzierbar sein.

- Ist $f : D \subseteq \mathbb{R} \to \mathbb{R}$ in $x_0 \in D$ differenzierbar, so nennt man die Polynomfunktion vom Grad 1

$$g : \mathbb{R} \to \mathbb{R}, \ g(x) = f(x_0) + f'(x_0)(x - x_0)$$

lineare Approximation an f in x_0. Der Graph von g ist die Tangente im Punkt $(x_0, f(x_0))$ an den Graphen von f; die Tangentengleichung lautet

$$y = f(x_0) + f'(x_0)(x - x_0).$$

26.2 Ableitungsregeln

Wir geben in diesem Abschnitt die zum Teil aus der Schulzeit bekannten Ableitungsregeln übersichtlich an. Mit ihrer Hilfe findet man meist die Ableitungsfunktion f' zu einer differenzierbaren Funktion f. Diese Regeln beruhen auf der Tatsache, dass Summen, Vielfache, Produkte, Quotienten und Verkettungen differenzierbarer Funktionen wieder differenzierbar sind. Auch Potenzreihen sind im Inneren ihres Konvergenzbereichs differenzierbar:

Ableitungsregeln

- Sind f, g in x differenzierbar, so gilt für alle $\lambda, \mu \in \mathbb{R}$:

$$[\lambda f(x) + \mu g(x)]' = \lambda f'(x) + \mu g'(x).$$

- Sind f, g in x differenzierbar, so gilt die **Produktregel:**

$$[f(x) g(x)]' = f'(x) g(x) + f(x) g'(x).$$

- Sind f, g in x differenzierbar und $g(x) \neq 0$, so gilt die **Quotientenregel:**

$$\left[\frac{f(x)}{g(x)} \right]' = \frac{g(x) f'(x) - f(x) g'(x)}{g(x)^2}.$$

- Sind g in x und f in $g(x)$ differenzierbar, so gilt die **Kettenregel:**

$$\left[f(g(x)) \right]' = f'\big(g(x)\big) g'(x).$$

- Ist f umkehrbar und differenzierbar in $x = f^{-1}(y)$ und $f'(x) \neq 0$, so gilt:

$$\left[f^{-1}(y) \right]' = \frac{1}{f'\big(f^{-1}(y)\big)}.$$

- Ist f eine Potenzreihenfunktion, $f(x) = \sum_{k=0}^{\infty} a_k (x-a)^k$ mit Konvergenzradius R, so ist f auf $(a-R, a+R)$ differenzierbar, und es gilt:

$$f' : (a-R, a+R) \to \mathbb{R} \text{ mit } f'(x) = \sum_{k=1}^{\infty} k\, a_k (x-a)^{k-1}.$$

Die Potenzreihe f' hat wieder den Konvergenzradius R.

Wir geben nun zahlreiche Beispiele an, in denen die Ableitungsregeln benutzt werden. So erhalten wir eine ganze Liste von zum Teil bekannten Identitäten.

Beispiel 26.2

- Mithilfe der Exponentialreihe und der Ableitungsregel für Potenzreihen können wir exp ableiten:

$$\left(e^x\right)' = \left(\sum_{n=0}^{\infty} \frac{x^n}{n!}\right)' = \sum_{n=1}^{\infty} n\, \frac{x^{n-1}}{n!} = 1 + x + \frac{x^2}{2!} + \cdots = \sum_{n=0}^{\infty} \frac{x^n}{n!} = e^x.$$

- Ebenso finden wir auch die Ableitungsfunktion des Sinus:

$$\left(\sin(x)\right)' = \left(\sum_{n=0}^{\infty} (-1)^n \frac{x^{2n+1}}{(2n+1)!}\right)' = \sum_{n=0}^{\infty} (-1)^n \frac{x^{2n}}{(2n)!} = \cos(x).$$

- Die Ableitung des Kosinus berechnet sich dann zu $\left(\cos(x)\right)' = -\sin(x)$.
- Mit diesem Wissen können wir nun nach der Quotientenregel den Tangens ableiten:

$$\left(\tan(x)\right)' = \left(\frac{\sin(x)}{\cos(x)}\right)' = \frac{\cos(x)\cos(x) - \sin(x)(-\sin(x))}{\cos^2(x)}$$

$$= 1 + \tan^2(x) = \frac{1}{\cos^2(x)}.$$

- Analog erhalten wir als Ableitung des Kotangens: $\cot'(x) = -\frac{1}{\sin^2(x)}$.
- Beim Ableiten des natürlichen Logarithmus nutzen wir aus, dass $\ln = \exp^{-1}$ gilt:

$$\left(\ln(x)\right)' = \frac{1}{\exp'(\ln(x))} = \frac{1}{\exp(\ln(x))} = \frac{1}{x}.$$

- Ebenso können wir den Arkustangens über die Umkehrfunktion $\tan(x)$ ableiten:

$$\arctan'(x) = \frac{1}{\tan'(\arctan(x))} = \frac{1}{1 + \tan^2(\arctan(x))} = \frac{1}{1 + x^2}.$$

- Auch die Umkehrfunktionen der anderen trigonometrischen Funktionen leitet man auf diese Art ab:

$$\arccos'(x) = \frac{-1}{\sqrt{1-x^2}}, \quad \text{arccot}'(x) = \frac{-1}{1+x^2}, \quad \arcsin'(x) = \frac{1}{\sqrt{1-x^2}}.$$

- Nach der Regel für Potenzreihen hat die Funktion $f(x) = x^n$ mit $n \in \mathbb{N}$ die Ableitung $f'(x) = nx^{n-1}$. Nach der Ableitungsregel für Umkehrfunktionen können wir damit die Ableitung von $g(x) = \sqrt[n]{x} = x^{1/n}$ bestimmen:

$$\left(\sqrt[n]{x}\right)' = \left(x^{1/n}\right)' = g'(x) = \frac{1}{f'(g(x))} = \frac{1}{nx^{(n-1)/n}} = \frac{1}{nx^{1-1/n}} = \frac{1}{n}\, x^{\frac{1}{n}-1}.$$

Mit Hilfe der Kettenregel ist es uns nun möglich, x^r für rationale Zahlen $r \in \mathbb{Q}$ abzuleiten. Dazu sei $r = \frac{p}{q}$ mit $p, q \in \mathbb{N}$, sowie $g(x) = x^p$ und $f(x) = x^{\frac{1}{q}} = \sqrt[q]{x}$, dann gilt:

$$\left(x^r\right)' = \left(x^{\frac{p}{q}}\right)' = \left((x^p)^{\frac{1}{q}}\right)' = \left(f(g(x))\right)' = f'(g(x))\, g'(x)$$

$$= \frac{1}{q}(x^p)^{\frac{1}{q}-1}\, p\, x^{p-1} = \frac{p}{q}\, x^{\frac{p}{q}-p+(p-1)} = rx^{r-1}.$$

- Wir verwenden unsere Ableitungsregel für rationale Exponenten und erhalten:

$$\left(\sqrt{x}\right)' = \frac{1}{2}\, x^{-\frac{1}{2}} = \frac{1}{2\sqrt{x}} \quad \text{und} \quad \left(\frac{1}{x^2}\right)' = -\frac{2}{x^3}.$$

- Mit der Kettenregel lassen sich leicht Potenzen ableiten:

$$\left((x^3+1)^7\right)' = 7\,(x^3+1)^6\, 3x^2.$$

- Weitere Beispiele für die Anwendung der Kettenregel sind:

$$\left(\cos\left(\sin(x)\right)\right)' = -\sin\left(\sin(x)\right)\cos(x),$$

$$\left(\text{arccot}\left(\cos(ax)\right)\right)' = -\frac{1}{1+\cos^2(ax)}\left(-\sin(ax)\right)a = \frac{a\sin(ax)}{1+\cos^2(ax)},$$

$$\left(\left(\sin(x^4-x)\right)^5\right)' = 5\left(\sin(x^4-x)\right)^4\cos(x^4-x)\,(4x^3-1).$$

- Zur Ableitung von x^x schreiben wir diesen Ausdruck zuerst geschickt um als $\exp\left(\ln(x^x)\right)$ und verwenden die Logarithmusrechenregel $\ln(a^b) = b\ln(a)$:

$$\left(x^x\right)' = \left(e^{\ln(x^x)}\right)' = \left(e^{x\ln(x)}\right)' = e^{x\ln(x)}\left(1\cdot\ln(x) + x\,\frac{1}{x}\right) = x^x\left(\ln(x)+1\right).$$

■

Die Ableitungsfunktion f' einer differenzierbaren Funktion kann wiederum stetig oder sogar differenzierbar sein. Ist sie sogar differenzierbar, so können wir die Ableitungsfunktion $f'' = (f')'$ von f', also die *zweite Ableitung* von f bilden. Nun können wir uns wieder fragen, ob diese stetig oder sogar differenzierbar ist usw. Wir schreiben $f^{(k)}$ für die k-te Ableitung, $k \in \mathbb{N}_0$ (insbesondere gilt $f^{(0)} = f$), falls diese existiert, und schreiben bzw. sagen für jede Menge $D \subseteq \mathbb{R}$:

- $C^0(D) = \{f : D \to \mathbb{R} \mid f \text{ ist stetig}\}$ – die Menge der auf D stetigen Funktionen.
- $C^k(D) = \{f : D \to \mathbb{R} \mid f^{(k)} \text{ existiert und ist stetig}\}$ – die Menge der auf D k-**mal stetig differenzierbaren Funktionen**, $k \in \mathbb{N}_0$.
- $C^\infty(D) = \{f : D \to \mathbb{R} \mid f \text{ ist beliebig oft differenzierbar}\}$ – die Menge der auf D beliebig oft differenzierbaren Funktionen.

Beispiel 26.3 Es sind exp, sin, cos, Polynomfunktionen und Potenzreihenfunktionen Beispiele von auf $\mathbb{R}$ beliebig oft differenzierbaren Funktionen, also Elemente von $C^\infty(\mathbb{R})$. ∎

Wir beenden diesen Abschnitt mit dem *Mittelwertsatz* der Differentialrechnung und zwei seiner wesentlichen Konsequenzen.

Der Mittelwertsatz der Differentialrechnung und erste Konsequenzen

Ist $f : [a, b] \subseteq \mathbb{R} \to \mathbb{R}$ eine stetige und auf (a, b) differenzierbare Funktion, so gibt es ein $x_0 \in (a, b)$ mit

$$f'(x_0) = \frac{f(b) - f(a)}{b - a}.$$

Es folgt:

- Ist $f'(x) = 0$ für alle x eines Intervalls D, so ist $f : D \to \mathbb{R}$ konstant, also $f(x) = c$ für ein $c \in \mathbb{R}$.
- Ist $f'(x) = g'(x)$ für alle x eines Intervalls D für zwei Funktionen $f, g : D \to \mathbb{R}$, so ist $f - g : D \to \mathbb{R}$ konstant, also $f(x) = g(x) + c$ für ein $c \in \mathbb{R}$.

Den Mittelwertsatz verdeutlicht man sich am besten an einer Skizze (siehe Abb. 26.2): Er besagt, dass die Sekante durch die Punkte $(a, f(a))$ und $(b, f(b))$ parallel zu einer Tangente an einen Punkt $(x_0, f(x_0))$ des Graphen für ein x_0 mit $a < x_0 < b$ ist.

MATLAB Natürlich erhalten wir auch mit MATLAB die Ableitung einer Funktion f, dazu erklären wir vorab ein *Symbol x* und bilden dann mit `diff` die Ableitungsfunktion einer Funktion f, z. B.

Abb. 26.2 Die Sekante ist parallel zu einer Tangente

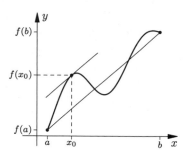

```
>> syms x;
>> f(x) = exp(sin(x));
>> df(x)=diff(f(x))
df(x) = exp(sin(x))*cos(x)
```

Es ist nun df(x) die Ableitungsfunktion, z. B. gilt df(0)=1.

26.3 Numerische Differentiation

Oftmals ist es schwierig, wenn nicht sogar unmöglich die Ableitungsfunktion einer Funktion zu bestimmen. Das ist z. B. dann der Fall, wenn die Funktion f an sich gar nicht gegeben ist, sondern von ihr z. B. nur bekannt ist, welche Werte $y_i = f(x_i)$ sie an diskreten Stellen $x_0, \ldots, x_n$ annimmt. Die numerische Differentiation bietet eine Möglichkeit, in solchen Situationen Näherungen für die Werte $f'(x_i)$, $f''(x_i)$, ... der Ableitungsfunktionen zu bestimmen.

Man beachte: Nicht die Ableitungsfunktion wird näherungsweise bestimmt, sondern Werte der Ableitungsfunktion.

Wir erhalten solche Näherungen durch einen einfachen Ansatz: Wir legen ein Interpolationspolynom p durch Stützstellen

$$(x_0, f(x_0)), \ (x_1, f(x_1)), \ \ldots$$

fest, wobei im Allgemeinen die x-Werte äquidistant sind, d. h. $x_k = x_0 + k\,h$ für alle $k = 1, 2, \ldots$ mit der *Schrittweite h*. Das (einfache) Interpolationspolynom p approximiert die (komplizierte) Funktion f, es ist daher nur naheliegend, als Näherung für die Ableitung von f zwischen den Interpolationsstellen die Ableitung des Interpolationspolynoms p an diesen Stellen zu nehmen.

Wir bestimmen das interpolierende Polynom nicht explizit, sondern geben gleich überblicksartig die Formeln an, die man durch das von uns geschilderte Vorgehen zur näherungsweisen Bestimmung der Werte der ersten Ableitungen von f erhält:

> **Formeln der numerischen Differentiation**
>
> Ist $f : D \to \mathbb{R}$ eine hinreichend oft differenzierbare Funktion und sind $x_0, \ldots, x_3 \in D$ äquidistante Stellen mit der Schrittweite $h = x_{k+1} - x_k$ für $k = 0, 1, 2$, so erhält man wie folgt näherungsweise Werte der Ableitungsfunktion:
>
> - $f'(x) \approx \frac{f(x_1)-f(x_0)}{h}$ mit $x \in [x_0, x_1]$,
> - $f''(x) \approx \frac{f(x_2)-2f(x_1)+f(x_0)}{h^2}$ mit $x \in [x_0, x_2]$,
> - $f'''(x) \approx \frac{f(x_3)-3f(x_2)+3f(x_1)-f(x_0)}{h^3}$ mit $x \in [x_0, x_3]$.

Beim numerischen Differenzieren passieren zweierlei Fehler:

- **Diskretisierungsfehler:** Die Berechnung der Ableitung erfolgt durch einen Grenzprozess $h \to 0$, dieser Grenzprozess wird bei der numerischen Differentiation gewissermaßen ersetzt, indem man stattdessen ein *kleines* h wählt. Der Diskretisierungsfehler wird also mit Wahl eines kleineren h auch kleiner.
- **Rundungsfehler:** Durch die Subtraktion von etwa gleich großen Zahlen im Zähler der approximierenden Quotienten kommt es zur Auslöschung und damit zu Rundungsfehlern. Dieser Fehler wird größer, wenn h kleiner gewählt wird.

Dieses Zusammenspiel von Diskretisierungs- und Rundungsfehler hat nun zur Folge, dass die Schrittweite mit Bedacht gewählt werden muss, tatsächlich gibt es im Allgemeinen eine optimale Schrittweite h, im folgenden Beispiel ist dieses etwa 10^{-5}:

Beispiel 26.4 Wir berechnen numerisch die erste und zweite Ableitung der Funktion $f : \mathbb{R} \to \mathbb{R}$, $f(x) = e^{x^2} \sin(x)$ an der Stelle $x_0 = 1$ und erhalten die folgenden Werte, wobei wir die korrekten Stellen unterstreichen:

h	$f'(x_0)$ numerisch	$f''(x_0)$ numerisch
10^{-1}	6.067189794992709	17.478644617728918
10^{-2}	6.043641979728198	17.313215006673488
10^{-3}	6.043406888888825	17.311568821121170
10^{-4}	6.043404538029762	17.311552280574460
10^{-5}	6.043404514555207	17.311552191756622
10^{-6}	6.043404514599615	17.310153310745591
10^{-7}	6.043404510158723	17.275070263167439
10^{-8}	6.043404399136421	4.440892098500625

■

Bemerkung Die Bedeutung der numerischen Differentiation ist nicht zu unterschätzen. Da man auch Funktionen in mehreren Veränderlichen in analoger Art und Weise numerisch differenzieren kann, werden wir die numerische Differentiation beim ein- und mehrdimensionalen Newtonverfahren zur Bestimmung von Nullstellen von Funktionen oder beim Gradientenverfahren zur numerischen Bestimmung von Extrema von Funktionen in mehreren Veränderlichen einsetzen können.

26.4 Aufgaben

26.1 Begründen Sie, warum eine in $x_0 \in D$ differenzierbare Funktion $f : D \to \mathbb{R}$ in x_0 stetig ist.

26.2 Es sei $f : \mathbb{R} \to \mathbb{R}$ gegeben durch $f(x) = x|x|$. Begründen Sie, warum f auf ganz $\mathbb{R}$ stetig und differenzierbar ist.

26.3 Berechnen Sie für $2 + \frac{1}{x} > 0$ die erste Ableitung von $f(x) = \left(2 + \frac{1}{x}\right)^x$.

26.4 Eine Funktion $f : \mathbb{R} \to \mathbb{R}$ heißt **gerade,** wenn $f(x) = f(-x)$ für alle $x \in \mathbb{R}$ gilt. f heißt **ungerade,** wenn $f(x) = -f(-x)$ für alle $x \in \mathbb{R}$ gilt.

Überprüfen Sie, welche der folgenden Funktionen gerade oder ungerade sind. Geben Sie dies auch für die entsprechenden Ableitungen an:

(a) $f(x) = x^2 + \cos x$,

(b) $g(x) = x^2 \tan x$,

(c) $h(x) = x \sin x$,

(d) $k(x) = e^x$.

Zeigen Sie allgemein, dass die Ableitung einer differenzierbaren geraden (ungeraden) Funktion ungerade (gerade) ist.

26.5 Berechnen Sie die ersten Ableitungen der folgenden Funktionen:

(a) $f_1(x) = 3 \arctan x + \frac{3x}{x^2+1} + \frac{2x}{(x^2+1)^2}$,

(b) $f_2(x) = \ln \frac{x^2+1}{x^2-1}$,

(c) $f_3(x) = \frac{\sqrt{2x+3}}{\sqrt{4x+5}}$,

(d) $f_4(x) = \arccos \frac{1}{x}$,

(e) $f_5(x) = \ln(\sin x) - x \cot x$,

(f) $f_6(x) = -8(x + \frac{2}{x}) + 4\ln(x+3)$,

(g) $f_7(x) = \frac{\sqrt{2x^2+3}}{\sqrt{4x+2}}$,

(h) $f_8(x) = \ln(\sin x) - x \cos x$,

(i) $f_9(x) = x^2 \tan x$,

(j) $f_{10}(x) = \tan\left(\frac{\sin x^2 + \cos x}{\ln \frac{1}{x^2} + 2}\right)$,

(k) $f_{11}(x) = \frac{2x^3 - x^2 + 7x + 1}{(2x^2-1)^2}$,

(l) $f_{12}(x) = 2x + \frac{1}{2x^2}$,

(m) $f_{13}(x) = x^2 \cos\left(2x^2 + \sin \frac{1}{x}\right)$,

(n) $f_{14}(x) = x^{\cos x}$.

26.6 Es sei $f : \mathbb{R}_+ \to \mathbb{R}$ mit $f(x) = \frac{\sin x}{\sqrt{x}}$. Zeigen Sie: Für alle $x \in \mathbb{R}_{>0}$ gilt

$$f''(x) + \frac{1}{x} f'(x) + \left(1 - \frac{1}{4x^2}\right) f(x) = 0.$$

26.7 Schreiben Sie ein MATLAB-Skript, das die Werte in Beispiel 26.4 liefert.

26.8 Für die Ableitung einer Funktion f gilt die Näherung

$$f'(x_0) \approx \left(f(x_0 + h) - f(x_0)\right)/h.$$

(a) Berechnen Sie in MATLAB die obige Approximation von $f'(\pi/4)$ für $f(x) = \sin(x)$ und $h = 10^{-4}$.

(b) Schreiben Sie ein MATLAB-Skript, das diese Rechnung für verschiedene $h = 10^{-k}$ durchführt, wobei k die Werte $1, 2, \ldots, 10$ durchläuft.

(c) Vergleichen Sie die Werte aus (b) mit der exakten Ableitung. Für welches h ergibt sich die beste Näherung?

26.9 Wir betrachten die Funktion

$$f : \mathbb{R} \to \mathbb{R}, \quad x \mapsto \begin{cases} x^2 \sin\left(\frac{1}{x}\right) & \text{für } x \neq 0 \\ 0 & \text{für } x = 0 \end{cases}.$$

Zeigen Sie, dass f differenzierbar ist, und bestimmen Sie f'.

26.10 Es sei $x(t)$ die Position eines 1 dimensionalen Smartphones zum Zeitpunkt t. Während das Smartphone für $t \in [0, 4]$ bewegt wird, liefert dessen Beschleunigungssensor die Messwerte

$$x''(1) = 2 \quad x''(2) = -1 \quad x''(3) = 0 \quad x''(4) = -1$$

Wir nehmen an, das Smartphone bewegt sich für $t \notin [0, 4]$ nicht und liegt bei $t = 0$ an der Stelle $x(0) = 0$. Bestimmen Sie eine numerische Näherung für $x(4)$.

Anwendungen der Differentialrechnung I 27

Inhaltsverzeichnis

Die Differentialrechnung hat zahlreiche Anwendungen in der Ingenieurmathematik. Unter diesen vielen Anwendungen sind manche aus der Schulzeit bekannt, wie etwa die Beurteilung des Monotonieverhaltens und der Konvexität bzw. Konkavität oder das Bestimmen lokaler Extrema. Wir besprechen außerdem ein Verfahren zur Bestimmung von Grenzwerten, nämlich die *Regel von L'Hospital*.

27.1 Monotonie

Wir verweisen auf die vier suggestiven Begriffe *(streng) monoton wachsend* bzw. *(streng) monoton fallend* (siehe Abschn. 23.4) und knüpfen an die Bemerkung in Abschn. 23.4 an:

Kriterium für Monotonie

Ist $f : [a, b] \to \mathbb{R}$ stetig und auf (a, b) differenzierbar, so ist

- f monoton wachsend genau dann, wenn $f'(x) \geq 0 \ \ \forall x \in (a, b)$.
- f monoton fallend genau dann, wenn $f'(x) \leq 0 \ \ \forall x \in (a, b)$.
- f streng monoton wachsend, wenn $f'(x) > 0 \ \ \forall x \in (a, b)$.
- f streng monoton fallend, wenn $f'(x) < 0 \ \ \forall x \in (a, b)$.

© Springer-Verlag GmbH Deutschland, ein Teil von Springer Nature 2022
C. Karpfinger, *Höhere Mathematik in Rezepten*,
https://doi.org/10.1007/978-3-662-63305-2_27

Die Umkehrung der letzten beiden Aussagen gilt nicht. Dazu kurze Beispiele:

- Die Funktion $f : [-1, 1] \to \mathbb{R}$, $f(x) = x^3$ ist streng monoton wachsend (und differenzierbar auf $(-1, 1)$), aber $f' : \mathbb{R} \to \mathbb{R}$, $f'(x) = 3x^2$ erfüllt nicht $f'(x) > 0$ für alle $x \in (-1, 1)$, denn $f'(0) = 0$.
- Die Funktion $f : [-1, 1] \to \mathbb{R}$, $f(x) = -x^3$ ist streng monoton fallend (und differenzierbar auf $(-1, 1)$), aber $f' : \mathbb{R} \to \mathbb{R}$, $f'(x) = -3x^2$ erfüllt nicht $f'(x) < 0$ für alle $x \in (-1, 1)$, denn $f'(0) = 0$.

Eine wesentliche Anwendung dieses Monotonietests wird im folgenden Abschnitt besprochen: Mithilfe des Monotonietests ist es oftmals möglich zu entscheiden, ob in einer Stelle x_0 des Definitionsbereichs einer differenzierbaren Funktion f eine Extremalstelle von f vorliegt.

27.2 Lokale und globale Extrema

Wir fassen *Maxima* und *Minima* unter dem Begriff *Extrema* zusammen und unterscheiden *lokale* und *globale Extrema:*

Extrema und Extremalstellen
Wir betrachten eine Funktion $f : D \subseteq \mathbb{R} \to \mathbb{R}$. Man nennt ein $x_0 \in D$ **Stelle eines**

- **globalen Maximums,** falls $f(x_0) \geq f(x) \quad \forall x \in D$.
  Man nennt dann $f(x_0)$ **das globale Maximum.**
- **globalen Minimums,** falls $f(x_0) \leq f(x) \quad \forall x \in D$.
  Man nennt dann $f(x_0)$ **das globale Minimum.**
- **lokalen Maximums,** falls $\exists \varepsilon > 0 : \; f(x_0) \geq f(x) \quad \forall x \in (x_0 - \varepsilon, x_0 + \varepsilon)$.
  Man nennt dann $f(x_0)$ **ein lokales Maximum.**
- **lokalen Minimums,** falls $\exists \varepsilon > 0 : \; f(x_0) \leq f(x) \quad \forall x \in (x_0 - \varepsilon, x_0 + \varepsilon)$.
  Man nennt dann $f(x_0)$ **ein lokales Minimum.**

Gilt sogar $>$ anstelle $\geq$ bzw. $<$ anstelle $\leq$, so spricht man von **strengen** oder **strikten** lokalen oder globalen Extrema.

Das globale Maximum ist der insgesamt größte Wert, den die Funktion auf ihrem Definitionsbereich annimmt, das globale Minimum ist entsprechend der insgesamt kleinste Wert. Der Wert ist eindeutig, er kann aber durchaus an verschiedenen Stellen angenommen werden.

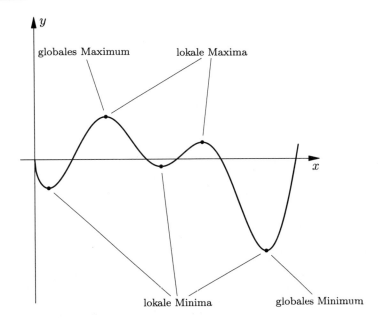

Abb. 27.1 Lokale, globale Extrema

Stellen lokaler Extrema liegen stets im *Inneren* des Definitionsbereiches, es bedarf einer Umgebung einer solchen Extremalstelle innerhalb des Definitonsbereiches. Schränkt man die Funktion auf eine solche (evtl. sehr kleine) Umgebung U einer Stelle x_0 eines lokalen Extremums ein, so ist diese Stelle x_0 Stelle eines globalen Extremums der auf U eingeschränkten Funktion. Beachte Abb. 27.1.

Beispiel 27.1

- Bei der Funktion $f : [-2, 2] \to \mathbb{R}$, $f(x) = 2$ ist jedes $x \in [-2, 2]$ Stelle eines globalen und lokalen Minimums und Maximums mit dem jeweiligen Wert 2. Es gibt keine strengen Extrema.
- Als Extremalstellen bzw. Extremalwerte der Polynomfunktion $f : [0, 3] \to \mathbb{R}$, $f(x) = 2x^3 - 9x^2 + 12x$ erhalten wir

  - ein globales Minimum mit Wert 0 an der Stelle 0,
  - ein globales Maximum mit Wert 9 an der Stelle 3,
  - ein lokales Minimum mit Wert 4 an der Stelle 2,
  - ein lokales Maximum mit Wert 5 an der Stelle 1.

Man beachte den Graphen der Funktion in Abb. 27.2.   ∎

Abb. 27.2 Extrema von f

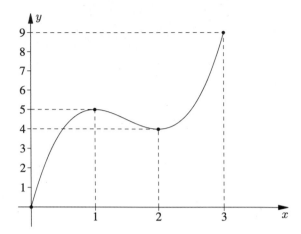

Wie bestimmt man die Extrema einer Funktion? Ist $x_0 \in D$ Stelle eines lokalen Extremums einer differenzierbaren Funktion $f : D \to \mathbb{R}$, so ist die Tangente im Punkt $(x_0, f(x_0))$ an den Graphen von f horizontal; also findet man die Stellen lokaler Extrema einer differenzierbaren Funktion unter den Nullstellen von f'. Man nennt jedes $x_0 \in D$ mit $f'(x_0) = 0$ eine **stationäre** oder **kritische Stelle** von f.

Man beachte: Gilt $f'(x_0) = 0$, so *kann* in x_0 ein lokales Extremum vorliegen, das muss es aber nicht. Beispielsweise hat die Funktion $f : \mathbb{R} \to \mathbb{R}$, $f(x) = x^3$ in $x_0 = 0$ kein lokales Extremum, obwohl $f' : \mathbb{R} \to \mathbb{R}$, $f'(x) = 3x^2$ in $x_0 = 0$ eine Nullstelle hat.

Die Frage, ob in einer kritischen Stelle $x_0 \in (a, b) \subseteq D$ ein lokales Extremum vorliegt oder nicht, kann man meist mit einem der beiden folgenden Extremstellenkriterien beantworten:

Extremstellenkriterien
Ist $f : D \to \mathbb{R}$ stetig und auf $(a, b) \subseteq D$ (ggf. zweimal) differenzierbar, so gilt für eine kritische Stelle $x_0 \in (a, b)$:

- x_0 ist Stelle eines lokalen Minimums, falls ein $\varepsilon > 0$ existiert mit:

$$f'(x) < 0 \quad \forall x \in (x_0 - \varepsilon, x_0) \text{ und } f'(x) > 0 \quad \forall x \in (x_0, x_0 + \varepsilon).$$

- x_0 ist Stelle eines lokalen Maximums, falls ein $\varepsilon > 0$ existiert mit:

$$f'(x) > 0 \quad \forall x \in (x_0 - \varepsilon, x_0) \text{ und } f'(x) < 0 \quad \forall x \in (x_0, x_0 + \varepsilon).$$

- x_0 ist Stelle eines lokalen Maximums, falls $f''(x_0) < 0$.
- x_0 ist Stelle eines lokalen Minimums, falls $f''(x_0) > 0$.

Bemerkungen

1. Man beachte, dass sich bei den ersten beiden Punkten das Monotonieverhalten der Funktion f im Punkt x_0 ändert. Man spricht von einem **Vorzeichenwechsel** von f' in x_0. Findet in x_0 kein Vorzeichenwechsel statt, so ist x_0 definitiv nicht Stelle eines lokalen Extremums.

2. Ist $f''(x_0) = 0$, so ist keine Aussage möglich. Es kann alles passieren: Beispielsweise haben die Funktionen

$$f_1 : \mathbb{R} \to \mathbb{R}, \ f_1(x) = x^4, \quad f_2 : \mathbb{R} \to \mathbb{R}, \ f_2(x) = -x^4, \quad f_3 : \mathbb{R} \to \mathbb{R}, \ f_3(x) = x^3$$

   alle eine stationäre Stelle in $x_0 = 0$, und es ist auch

$$f_1''(0) = f_2''(0) = f_3''(0) = 0.$$

   Aber dennoch hat f_1 in 0 ein lokales Minimum, f_2 hat in 0 ein lokales Maximum und f_3 hat weder ein Minimum noch ein Maximum in 0.

3. Ist f in x_0 nicht differenzierbar und findet in x_0 ein Vorzeichenwechsel von f' statt, so liegt in x_0 dennoch ein lokales Extremum vor. So hat z. B. $f : \mathbb{R} \to \mathbb{R}$, $f(x) = |x|$ in $x_0 = 0$ ein lokales Minimum.

27.3 Bestimmung der Extrema und Extremalstellen

Das Bestimmen der lokalen Extrema ist meistens unproblematisch. Man bestimmt die Nullstellen von f', also die stationären Stellen, und entscheidet mit einem der genannten Kriterien, ob es sich bei den einzelnen stationären Stellen um Extrema handelt.

Der Satz vom Maximum und Minimum in Abschn. 25.4 besagt, dass eine differenzierbare Funktion f auf jeden Fall dann ein globales Maximum und Minimum besitzt, wenn der Definitionsbereich D von f ein abgeschlossenes und beschränktes Intervall, also von der Form $D = [a, b]$ mit reellen Zahlen $a < b$ ist.

Ist nun die Stelle x_0 eines globalen Extremums $f(x_0)$ im Inneren (a, b) von D, so ist dieses globale Extremum auch ein lokales Extremum. Ist die Stelle x_0 des globalen Extremums nicht im Inneren von (a, b), so liegt es in einem Randpunkt a oder b. Also findet man im Fall $D = [a, b]$ die globalen Extremalstellen unter den Stellen der lokalen Extrema oder den Randpunkten.

Aber auch im Fall $D = [a, b)$ oder $D = (a, b]$ oder $D = (a, b)$ mit $a, b \in \mathbb{R} \cup \{\pm\infty\}$ kann es globale Extrema geben, muss es aber nicht. Auf jeden Fall gibt es dann kein globales Maximum, wenn $\lim_{x \to a} f(x) = \infty$ oder $\lim_{x \to b} f(x) = \infty$; es gibt in dieser Situation nämlich keinen größten Funktionswert, da die Wertemenge nach oben unbeschränkt ist. Analog existiert kein globales Minimum, falls $\lim_{x \to a} f(x) = -\infty$ oder $\lim_{x \to b} f(x) = -\infty$. Wir fassen zusammen und ergänzen:

Rezept: Bestimmen der Extremalstellen

Die Extremalstellen einer gegebenenfalls zweimal differenzierbaren Funktion

$$f : D \subseteq \mathbb{R} \to \mathbb{R}, \ x \mapsto f(x)$$

findet man wie folgt:

(1) Bestimme f'.

(2) Bestimme die kritischen Stellen von f, also die Nullstellen $a_1, \ldots, a_n \in D$ von f'.

(3) Erhalte die Stellen lokaler Extrema: Entscheide mit einem der Extremstellenkriterien, ob in $a_1, \ldots, a_n$ ein lokales Maximum oder Minimum vorliegt.

(4) Erhalte die lokalen Extrema: Bestimme die Werte $f(a_i)$, falls in a_i ein lokales Extremum vorliegt.

(5) Bestimme die folgenden *Werte* an den Randpunkten von D:

  – falls $D = [a, b], a, \ b \in \mathbb{R}$, so bestimme $f(a), \ f(b)$,
  – falls $D = (a, b), a, \ b \in \mathbb{R} \cup \{\infty\}$, so bestimme $\lim_{x \to a} f(x), \ \lim_{x \to b} f(x)$,
  – falls $D = [a, b), a \in \mathbb{R}, b \in \mathbb{R} \cup \{\infty\}$, so bestimme $f(a), \ \lim_{x \to b} f(x)$,
  – falls $D = (a, b], a \in \mathbb{R} \cup \{\infty\}, b \in \mathbb{R}$, so bestimme $\lim_{x \to a} f(x), \ f(b)$.

Ist $D = D_1 \cup \cdots \cup D_r$ Vereinigung disjunkter Intervalle, so ist jedes Teilintervall einzeln zu behandeln.

(6) Betrachte die Werte in (4) und (5):

  – Existiert ein kleinster reeller Wert y_{min}? Falls ja, so ist y_{min} das globale Minimum, es sind alle x_i mit $f(x_i) = y_{min}$ Stellen des globalen Minimums.
  – Existiert ein größter reeller Wert y_{max}? Falls ja, so ist y_{max} das globale Maximum, es sind alle x_i mit $f(x_i) = y_{max}$ Stellen des globalen Maximums.
  – Sonst gibt es kein globales Extremum und damit auch keine Stellen globaler Extrema.

Beispiel 27.2

• Wir bestimmen die Extrema der (differenzierbaren) Funktion

$$f : [-1, 1] \to \mathbb{R}, \ f(x) = x^2 \sqrt{1 - x^2}.$$

(1) Wir erhalten für die Ableitung

$$f'(x) = 2x\sqrt{1-x^2} + x^2 \frac{1}{2} \frac{(-2x)}{\sqrt{1-x^2}} = \frac{2x(1-x^2)-x^3}{\sqrt{1-x^2}} = \frac{-3x^3+2x}{\sqrt{1-x^2}}.$$

(2) Wir berechnen die Nullstellen der Ableitung:

$$f'(x) = 0 \;\Leftrightarrow\; -3x^3 + 2x = 0 \;\Leftrightarrow\; x(2-3x^2) = 0$$

$$\Leftrightarrow\; x = 0 \;\vee\; x = \sqrt{\tfrac{2}{3}} \;\vee\; x = -\sqrt{\tfrac{2}{3}}.$$

Das liefert uns die stationären Punkte $x_1 = 0$, $x_2 = \sqrt{\tfrac{2}{3}}$ und $x_3 = -\sqrt{\tfrac{2}{3}}$.

(3) Nun betrachten wir das Vorzeichen von

$$f'(x) = \frac{-3\left(x+\sqrt{2/3}\right) x \left(x-\sqrt{2/3}\right)}{\sqrt{1-x^2}},$$

wobei wir das Polynom im Zähler faktorisiert haben, beachte Abb. 27.3.

(4) Nach dem Vorzeichenwechsel-Kriterium haben wir also

$$\text{ein lokales Maximum in } x_1 = -\sqrt{\tfrac{2}{3}} \text{ mit Wert } \frac{2}{3\sqrt{3}},$$

$$\text{ein lokales Minimum in } x_2 = 0 \text{ mit Wert } 0$$

$$\text{und ein lokales Maximum in } x_3 = \sqrt{\tfrac{2}{3}} \text{ mit Wert } \frac{2}{3\sqrt{3}}.$$

(5) Zur Ermittlung der globalen Extrema bestimmen wir die Werte an den Rändern des Definitionsbereiches und erhalten:

$$f(-1) = 0 \quad \text{und} \quad f(1) = 0.$$

(6) Wir haben damit globale Maxima in $\pm\sqrt{\tfrac{2}{3}}$ mit Wert $\frac{2}{3\sqrt{3}}$ und globale Minima in ± 1, 0 mit Wert 0. Der gesamte Sachverhalt wird auch am Bild des Graphen der Funktion in Abb. 27.4 deutlich.

- Wir bestimmen die Extrema der Funktion

$$f : [0, 1] \to \mathbb{R}, \; f(x) = (1-2x)^2 x = 4x^3 - 4x^2 + x.$$

Abb. 27.3 Vorzeichenwechsel von f'

Abb. 27.4 Die Extrema von f

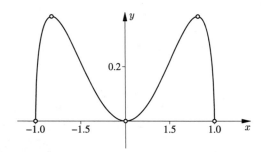

(1) Es gilt $f'(x) = 12x^2 - 8x + 1$.

(2) Die Nullstellen von f' sind

$$a_1 = \frac{8+\sqrt{64-48}}{24} = \frac{1}{2} \quad \text{und} \quad a_2 = \frac{8-\sqrt{64-48}}{24} = \frac{1}{6}.$$

(3) Wegen $f''(x) = 24x - 8$ gilt

$$f''(a_1) > 0 \quad \text{und} \quad f''(a_2) < 0.$$

Daher liegt an der Stelle a_1 ein lokales Minimum und an der Stelle a_2 ein lokales Maximum vor.

(4) Das lokale Minimum hat den Wert $f(a_1) = 0$, das lokale Maximum hat den Wert $f(a_2) = 2/27$.

(5) Zur Ermittlung der globalen Extrema bestimmen wir die Werte an den Rändern des Definitionsbereiches und erhalten:

$$f(0) = 0 \quad \text{und} \quad f(1) = 1.$$

(6) Das globale Maximum ist 1, es liegt an der Stelle $b = 1$ vor. Das globale Minimum ist 0, es liegt an den Stellen $a = 0$ und $a_1 = 1/2$ vor. Abb. 27.5 zeigt den Graphen der Funktion; wir haben die Extrema kenntlich gemacht. ∎

Abb. 27.5 Die Extrema von f

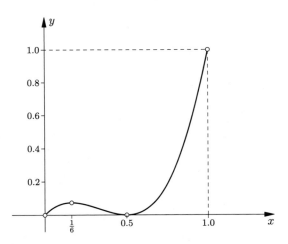

27.4 Konvexität

Wir betrachten eine (zweimal differenzierbare) Funktion $f : [a, b] \subseteq \mathbb{R} \to \mathbb{R}$. Zu zwei Punkten $x < y$, $x, y \in [a, b]$, betrachten wir die Gerade durch die Punkte $\big(x, f(x)\big)$ und $\big(y, f(y)\big)$, siehe nebenstehende Abb. 27.6.

Die Gleichung dieser Geraden lautet

$$g(z) = \frac{f(y)-f(x)}{y-x}(z - x) + f(x).$$

Es gilt $g(x) = f(x)$ und $g(y) = f(y)$, und die Punkte im Intervall $[x, y]$ sind gegeben durch

$$z = x + t(y - x), \qquad t \in [0, 1].$$

Damit lautet die Geradengleichung:

$$g\big(z(t)\big) = \big(f(y) - f(x)\big)t + f(x) = (1 - t)f(x) + tf(y).$$

Abb. 27.6 Die Sekante

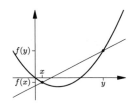

Konvexität und Konkavität

Eine Funktion $f : [a, b] \to \mathbb{R}$ heißt

- **konvex** auf $[a, b]$, falls für alle $x, y \in [a, b]$ mit $x \neq y$:

$$f\big(x + t(y - x)\big) = f\big((1 - t)x + ty\big) \leq (1 - t)f(x) + tf(y) \ \forall \, t \in [0, 1].$$

- **strikt konvex** auf $[a, b]$, falls für alle $x, y \in [a, b]$ mit $x \neq y$:

$$f\big(x + t(y - x)\big) = f\big((1 - t)x + ty\big) < (1 - t)f(x) + tf(y) \ \forall \, t \in (0, 1).$$

- **konkav** auf $[a, b]$, falls für alle $x, y \in [a, b]$ mit $x \neq y$:

$$f\big(x + t(y - x)\big) = f\big((1 - t)x + ty\big) \geq (1 - t)f(x) + tf(y) \ \forall \, t \in [0, 1].$$

- **strikt konkav** auf $[a, b]$, falls für alle $x, y \in [a, b]$ mit $x \neq y$:

$$f\big(x + t(y - x)\big) = f\big((1 - t)x + ty\big) > (1 - t)f(x) + tf(y) \ \forall \, t \in (0, 1).$$

Konvex bedeutet anschaulich, dass der Graph von f unterhalb der Sekante liegt, konkav bedeutet, dass er oberhalb der Sekante liegt, siehe Abb. 27.7.

Die Konvexität bzw. Konkavität einer Funktion f lässt sich häufig mittels der zweiten Ableitung f'' überprüfen:

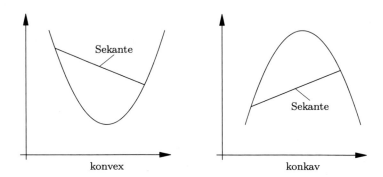

Abb. 27.7 Konvex = Graph liegt unterhalb der Sekante, Konkav = Graph liegt oberhalb der Sekante

Kriterium für Konvexität bzw. Konkavität

Ist $f : [a, b] \to \mathbb{R}$ zweimal stetig differenzierbar, so gilt:

- f ist genau dann konvex auf $[a, b]$, wenn $f''(x) \geq 0 \; \forall x \in [a, b]$.
- f ist genau dann konkav auf $[a, b]$, wenn $f''(x) \leq 0 \; \forall x \in [a, b]$.
- Ist $f''(x) > 0 \; \forall x \in [a, b]$, so ist f strikt konvex.
- Ist $f''(x) < 0 \; \forall x \in [a, b]$, so ist f strikt konkav.

Die beiden unteren Aussagen sind nicht umkehrbar, wie das Beispiel der Funktion $f :$ $[-1, 1] \to \mathbb{R}$, $f(x) = x^4$ zeigt. f ist strikt konvex, aber $f''(0) = 0$. Analog ist $f(x) = -x^4$ ein Beispiel einer strikt konkaven Funktion mit $f''(0) = 0$.

Beispiel 27.3 Die Funktionen $f : \mathbb{R} \to \mathbb{R}$, $f(x) = x^2$ und $\exp : \mathbb{R} \to \mathbb{R}$ sind strikt konvex. ∎

27.5 Die Regel von L'Hospital

Die *Regel von L'Hospital* hilft bei der Bestimmung von Grenzwerten (vgl. das Rezept in Abschn. 25.1 mit der sich anschließenden Bemerkung):

Regel von L'Hospital

Gegeben sind zwei differenzierbare Funktionen $f, g : (a, b) \to \mathbb{R}$, wobei $-\infty \leq a < b \leq \infty$. Weiter gelte:

$$\lim_{x \to b} f(x) = \lim_{x \to b} g(x) = 0 \quad \text{oder} \quad \lim_{x \to b} f(x) = \lim_{x \to b} g(x) = \infty.$$

Falls $\lim_{x \to b} \frac{f'(x)}{g'(x)} \in \mathbb{R} \cup \{\pm\infty\}$ ist, so gilt

$$\lim_{x \to b} \frac{f(x)}{g(x)} = \lim_{x \to b} \frac{f'(x)}{g'(x)}.$$

Das gilt analog für Grenzwerte $x \to a$.

Wir notieren das Zeichen $\frac{0}{0}$ bzw. $\frac{\infty}{\infty}$ über dem Gleichheitszeichen, wenn wir die Regel von L'Hospital anwenden.

Beispiel 27.4

- Es ist $\lim_{x\to 0}\cos(x) - 1 = 0$ und $\lim_{x\to 0}\tan(x) = 0$. Wir können also folgenden Grenzwert berechnen:

$$\lim_{x\to 0}\frac{\cos(x)-1}{\tan(x)} \overset{\frac{0}{0}}{=} \lim_{x\to 0}\frac{-\sin(x)}{\frac{1}{\cos^2(x)}} = 0.$$

- Ein weiteres Beispiel ist der Grenzwert gegen 0 des Kardinalsinus:

$$\lim_{x\to 0}\frac{\sin(x)}{x} \overset{\frac{0}{0}}{=} \lim_{x\to 0}\frac{\cos(x)}{1} = 1.$$

- Im nächsten Fall verwenden wir die L'Hospital'sche Regel gleich mehrfach:

$$\lim_{x\to 0}\left(\frac{1}{\sin(x)} - \frac{1}{x}\right) = \lim_{x\to 0}\frac{x-\sin(x)}{x\sin(x)} \overset{\frac{0}{0}}{=} \lim_{x\to 0}\frac{1-\cos(x)}{\sin(x)+x\cos(x)}$$

$$\overset{\frac{0}{0}}{=} \lim_{x\to 0}\frac{\sin(x)}{2\cos(x)-x\sin(x)} = 0.$$

- Nun betrachten wir Grenzwerte $x \to \infty$:

$$\lim_{x\to\infty}\frac{\sqrt{x}}{\ln(x)} \overset{\frac{\infty}{\infty}}{=} \lim_{x\to\infty}\frac{1}{2\sqrt{x}}x = \infty.$$

- Zuletzt ein Beispiel, in dem die Regel von L'Hospital nicht funktioniert. Es ist

$$\lim_{x\to\infty}\sin(x) + 2x = \lim_{x\to\infty}\cos(x) + 2x = \infty,$$

aber dennoch lässt sich der Grenzwert

$$\lim_{x\to\infty}\frac{\sin(x)+2x}{\cos(x)+2x}$$

des Quotienten nicht mit der L'Hospital'schen Regel berechnen, da der Grenzwert

$$\lim_{x\to\infty}\frac{\cos(x)+2}{-\sin(x)+2}$$

aus dem Quotienten der Ableitungen nicht existiert. Es gibt allerdings andere Möglichkeiten, den Grenzwert zu bestimmen:

$$\lim_{x\to\infty}\frac{\sin(x)+2x}{\cos(x)+2x} = \lim_{x\to\infty}\frac{\cos(x)-\cos(x)+\sin(x)+2x}{\cos(x)+2x}$$

$$= \lim_{x\to\infty}1 + \frac{\sin(x)-\cos(x)}{\cos(x)+2x} = 1.$$

■

27.6 Aufgaben

27.1 Ein Getränkehersteller möchte bei der Produktion von Getränkedosen Kosten sparen. Eine Getränkedose soll immer ein Volumen von $V_0 = 0.4 l$ fassen und zylindrisch sein (wir nehmen in dieser Aufgabe an, dass es sich tatsächlich genau um einen Kreiszylinder handelt). Wie müssen Höhe und Radius des Zylinders gewählt werden, wenn möglichst wenig Material für die Produktion verbraucht werden soll?

27.2 Gegeben sei die Funktion $f : \left[-\frac{3}{2}; \frac{3}{2}\right] \to \mathbb{R}$ mit $f(x) = x^2 - 2|x| + 1$.

Bestimmen Sie die Nullstellen dieser Funktion und ihr Symmetrieverhalten, berechnen Sie (wo möglich) die Ableitung, sämtliche Asymptoten, das Monotonieverhalten, lokale und globale Maxima und Minima und geben Sie an, wo die Funktion konvex bzw. konkav ist. Skizzieren Sie anschließend den Graphen der Funktion f und tragen Sie die Informationen im Graphen ein.

27.3 Zeigen Sie:

(a) $\ln(1 + x) \leq \arctan x$ für $x \in [0, 1]$,
(b) $\arctan y + \arctan(1/y) = \pi/2$ für $y > 0$.

27.4 Sie haben eine Coladose gekauft, die eine perfekte zylindrische Form besitzt. Die Masse M der Dose (ohne Inhalt) ist gleichmäßig über die ganze Dose verteilt, die Dose habe Höhe H und Volumen V. Sie möchten, dass die Dose möglichst stabil steht, der Schwerpunkt der Dose (inklusive Inhalt) soll also so tief wie möglich liegen. Wir unterstellen zur Vereinfachung, dass Cola die Dichte 1 besitzt. Wie viel Cola (Füllhöhe in Prozent der Dosenhöhe) müssen Sie trinken, damit der Schwerpunkt seinen tiefsten Stand erreicht?

27.5 Es sei $f : \mathbb{R} \to \mathbb{R}$ definiert durch $f(x) = 2\cos x - x$. Zeigen Sie, dass die Funktion f unendlich viele lokale Maxima und Minima besitzt, aber keine globalen Extrema.

27.6 Bestimmen Sie folgende Grenzwerte.

(a) $\lim_{x \to 0} \frac{e^x - 1}{x}$,

(b) $\lim_{x \to 0} \frac{\sqrt{\cos(ax)} - \sqrt{\cos(bx)}}{x^2}$,

(c) $\lim_{x \to 0} \frac{\ln^2(1+3x) - 2\sin^2 x}{1 - e^{-x^2}}$,

(d) $\lim_{x \to -1^+} (x + 1) \tan \frac{\pi x}{2}$,

(e) $\lim_{x \to \infty} \frac{\cosh x}{e^x}$,

(f) $\lim_{x \to 0} \frac{\cos x - 1}{x}$,

(g) $\lim_{x \to 1^-} \frac{\pi/2 - \arcsin x}{\sqrt{1-x}}$,

(h) $\lim_{x \to 1} \sin(\pi x) \cdot \ln|1 - x|$,

(i) $\lim_{x \to 0} (1 + \arctan x)^{\frac{1}{x}}$,

(j) $\lim_{x \to 0} \frac{\sin x + \cos x}{x}$,

(k) $\lim_{x \to \infty} \frac{\ln(\ln x)}{\ln x}$,

(l) $\lim_{x \to 0} \frac{1}{e^x - 1} - \frac{1}{x}$,

(m) $\lim_{x \to 0} \cot(x)(\arcsin(x))$.

Anwendungen der Differentialrechnung II $\quad$ **28**

Inhaltsverzeichnis

Wir besprechen weitere Anwendungen der Differentiation, wie das *Newtonverfahren* zur näherungsweisen Bestimmung von Nullstellen von Funktionen und die *Taylorentwicklung* zur Approximation von Funktionen durch Polynome bzw. Darstellung von Funktionen durch Potenzreihen.

28.1   Das Newtonverfahren

Das *Newtonverfahren* ist ein Verfahren zur näherungsweisen Bestimmung einer Lösung einer Gleichung vom Typ $f(x) = 0$ für eine differenzierbare Funktion f. Gegeben ist eine (differenzierbare) Funktion $f : I \to \mathbb{R}$, gesucht ist ein x^* mit $f(x^*) = 0$.

Um x^* näherungsweise zu bestimmen, wählen wir ein $x_0 \in I$, das in der Nähe der gesuchten Stelle x^* liegt, und bestimmen den Schnittpunkt x_1 der Tangente $y = f(x_0) + f'(x_0)(x - x_0)$ an den Punkt $(x_0, f(x_0))$ des Graphen von f mit der x-Achse:

$$0 = f(x_0) + f'(x_0)(x_1 - x_0) \implies x_1 = x_0 - \frac{f(x_0)}{f'(x_0)}.$$

Oftmals ist x_1 eine bessere Näherung an die gesuchte Stelle x^* als x_0. Man beachte Abb. 28.1. Nun führt man diese Konstruktion mit x_1 anstelle x_0 fort, d. h., man bildet $x_2 = x_1 - \frac{f(x_1)}{f'(x_1)}$.

© Springer-Verlag GmbH Deutschland, ein Teil von Springer Nature 2022 $\qquad$ 301
C. Karpfinger, *Höhere Mathematik in Rezepten*,
https://doi.org/10.1007/978-3-662-63305-2_28

Abb. 28.1 Berechne $x_1, x_2, \ldots$

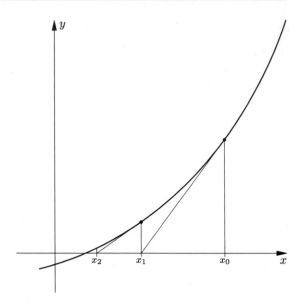

Dieses **Newtonverfahren,** also das Erzeugen der rekursiven Folge (x_n) mit

$$x_0 \in I \ \text{ und } \ x_{n+1} = x_n - \frac{f(x_n)}{f'(x_n)} \ \text{ für } \ n \in \mathbb{N}_0$$

muss nicht **konvergieren,** d. h., dass die Folge (x_n) der Iterierten nicht notwendig gegen eine Nullstelle x^* von f konvergiert (siehe weiter unten). Falls das Verfahren aber konvergiert, so ist die Konvergenz oftmals *quadratisch,* d. h., dass sich bei jeder Iteration die Anzahl der korrekten Stellen verdoppelt. Beginnt man also mit einer korrekten Stelle, so hat man nach drei Iterationen in günstigen Fällen acht korrekte Stellen.

Es gibt zwei Gründe, die Iteration abzubrechen:

- Abbruch, wenn eine gesuchte Nullstelle x^* hinreichend gut approximiert wird, bzw.
- Abbruch, wenn keine Konvergenz zu erwarten ist.

Der erste Grund abzubrechen, liefert das Abbruchkriterium: STOP, falls

$$|x_n - x^*| < \text{tol} \ \text{ für ein gegebenes tol } > 0.$$

Da man in der Praxis x^* nicht kennt, bricht man die Iteration dann ab, wenn zwei aufeinanderfolgende Iterierte sich nicht mehr als tol unterscheiden, also wenn

$$|x_{n+1} - x_n| < \text{tol für ein gegebenes tol } > 0.$$

Man kann nämlich begründen, dass für *große n* gilt

$$|x_n - x^*| \leq |x_{n+1} - x_n|.$$

Der zweite Grund abzubrechen, liefert das Abbruchkriterium: STOP, falls

$$|f(x_{n+1})| > |f(x_n)|.$$

Wir schildern das Verfahren rezeptartig:

Rezept: Das (eindimensionale) Newtonverfahren

Gegeben ist eine zweimal stetig differenzierbare Funktion $f : I \to \mathbb{R}$. Zur näherungsweisen Bestimmung einer Nullstelle $x^* \in I$ gehe nach Wahl einer Toleranzgrenze tol > 0 wie folgt vor:

(1) Wähle ein $x_0 \in I$ in der Nähe von x^*.
(2) Solange $|x_{n+1} - x_n| \geq$ tol und $|f(x_{n+1})| \leq |f(x_n)|$ bestimme

$$x_{n+1} = x_n - \frac{f(x_n)}{f'(x_n)}.$$

Ist dabei

$$f(x^*) = 0 \quad \text{und} \quad f'(x^*) \neq 0,$$

dann existiert auch eine Umgebung U von x^*, sodass die Iteration

$$x_0 \in U \quad \text{und} \quad x_{k+1} = x_k - \frac{f(x_k)}{f'(x_k)}, \quad k = 0, 1, 2, \ldots$$

für jedes x_0 aus U gegen die Nullstelle x^* konvergiert. Die Konvergenz ist dabei **quadratisch,** d. h.

$$x_{n+1} - x^* = C (x_n - x^*)^2 \quad \text{für ein} \ C \in \mathbb{R}.$$

Das Newtonverfahren ist einfach zu programmieren, beachte Aufgabe 28.8. Im folgenden Beispiel haben wir dieses Programm benutzt.

Beispiel 28.1 Wir bestimmen näherungsweise die zwei Nullstellen der Funktion

$$f : \mathbb{R} \to \mathbb{R}, \ f(x) = e^{x^2} - 4 x^2 \sin(x).$$

Wie der Graph dieser Funktion zeigt, siehe Abb. 28.2, liegen die beiden Nullstellen in der Nähe von $x_0 = 1$ bzw. $x_0 = 1.5$. Daher wählen wir diese beiden Zahlen als Startwerte und erhalten die folgenden Iterierten, wobei wir die jeweils korrekten Stellen unterstreichen:

Abb. 28.2 Bestimme die
Nullstellen von f

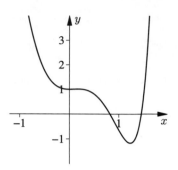

n	x_n	x_n
0	1.000000000000000	1.500000000000000
1	0.812637544357997	1.467819084821214
2	0.817801747254039	1.463803347440465
3	0.817786886188853	1.463745290635512
4	0.817786886068805	1.463745278642304

■

In Abb. 28.3 werden drei Situationen gezeigt, in denen das Newtonverfahren nicht konvergiert.

MATLAB MATLAB stellt mit `fzero` eine Funktion zur numerischen Bestimmung einer Näherungslösung x^* einer Gleichung $f(x) = 0$ zur Verfügung. Hierbei kann ein Startwert x_0 angegeben werden, in dessen Nähe eine Nullstelle x^* von f vermutet wird. Alternativ kann auch ein Intervall $[a, b]$ angegeben werden, in dem eine Nullstelle x^* gesucht wird, z. B.

```
>> fzero('x.^3-2*x-5',2)
ans =
    2.094551481542327
```

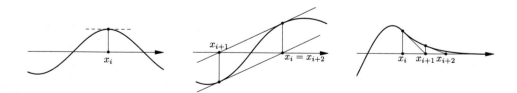

Abb. 28.3 In diesen Situationen konvergiert das Newtonverfahren nicht

oder

```
>> fzero('exp(2*x)-sin(x)-x.^2',[-2,0])
ans =
  -0.986474879875717
```

28.2 Taylorentwicklung

Gegeben sei eine m-fach differenzierbare Funktion $f : I \to \mathbb{R}$ und $a \in I$. Wir wollen diese Funktion durch ein Polynom approximieren. Dazu betrachten wir das folgende Polynom, das man aus f durch sukzessive Differentiation erhält:

$$T_{m,f,a}(x) = f(a) + f'(a)(x-a) + \frac{f''(a)}{2!}(x-a)^2 + \cdots + \frac{f^{(m)}(a)}{m!}(x-a)^m$$
$$= \sum_{k=0}^{m} \frac{f^{(k)}(a)}{k!}(x-a)^k,$$

wobei $f^{(0)} = f$ ist. Es gilt dann:

$$f(a) = T_{m,f,a}(a), \ f'(a) = T'_{m,f,a}(a), \ f''(a) = T''_{m,f,a}(a), \ldots, f^{(m)}(a) = T^{(m)}_{m,f,a}(a).$$

Damit haben die zwei Funktionen f und $T_{m,f,a}$ viele Ähnlichkeiten: In a stimmen die Funktionswerte wie auch die Werte der ersten m Ableitungen von f und $T_{m,f,a}$ überein.

Abb. 28.4 zeigt den Graphen der Funktion $f : [-\pi, \pi] \to \mathbb{R}$, $f(x) = x \cos(x)$ (fette Linie) und die Polynome (dünne Linien):

$$T_{3,f,0}(x) = x - \frac{x^3}{2}, \ T_{5,f,0}(x) = x - \frac{x^3}{2} + \frac{x^5}{24}, \ T_{7,f,0}(x) = x - \frac{x^3}{2} + \frac{x^5}{24} - \frac{x^7}{720}.$$

Die Graphen der Polynome *schmiegen* sich mit wachsendem Grad in der Nähe der *Entwicklungsstelle* $a = 0$ dem Graphen der Funktion f mehr und mehr an. Dieses Verhalten kommt nicht von ungefähr:

Taylorpolynom, Taylorreihe

Gegeben ist ein Intervall $I \subseteq \mathbb{R}$ und ein $a \in I$.

- Ist $f : I \to \mathbb{R}$ eine m-mal differenzierbare Funktion, so nennt man

$$T_{m,f,a}(x) = \sum_{k=0}^{m} \frac{f^{(k)}(a)}{k!}(x-a)^k$$

Abb. 28.4 Die Funktion f und
einige Taylorpolynome

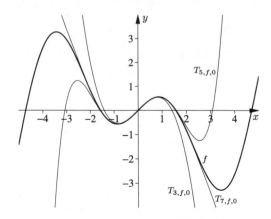

das m-**te Taylorpolynom zu** f im **Entwicklungspunkt** a mit dem **Restglied**

$$R_{m+1}(x) = f(x) - T_{m,f,a}(x).$$

- Sind $f \in C^{m+1}(I)$ und $T_{m,f,a}(x)$ das m-te Taylorpolynom von f in a, so hat das Restglied $R_{m+1}(x)$ die zwei verschiedenen Darstellungen

$$R_{m+1}(x) = \frac{f^{(m+1)}(\xi)}{(m+1)!}(x-a)^{m+1} = \frac{1}{m!}\int_a^x (x-t)^m f^{(m+1)}(t)\,\mathrm{d}t$$

  mit einem ξ zwischen a und x.
- Ist $f \in C^{\infty}(I)$, so nennt man

$$T_{f,a}(x) = \sum_{k=0}^{\infty} \frac{f^{(k)}(a)}{k!}(x-a)^k$$

  die **Taylorreihe von** f in a.
- Ist $f \in C^{\infty}(I)$ und $T_{f,a}(x)$ die Taylorreihe von f in a, so gilt mit dem Restglied $R_{m+1}(x)$

$$f(x) = T_{f,a}(x) \Leftrightarrow \lim_{m \to \infty} R_{m+1}(x) = 0.$$

Bemerkungen

1. Es gibt Beispiele von Funktionen $f \in C^{\infty}(I)$, sodass die Taylorreihe $T_{f,a}(x)$ von f in $a \in I$ nicht auf ganz I die gegebene Funktion f ist, so hat z. B. die Funktion

$$f : \mathbb{R} \to \mathbb{R}, \ f(x) = \begin{cases} e^{-1/x^2}, & x \neq 0 \\ 0, & x = 0 \end{cases}$$

im Entwicklungspunkt $a = 0$ die Nullreihe als Taylorreihe (das ist nicht ganz einfach zu sehen). Solche Funktionen sind aber eher eine *Ausnahme*.

2. Die Formel $R_{m+1}(x) = \frac{f^{(m+1)}(\xi)}{(m+1)!}(x-a)^{m+1}$ suggeriert, dass der *Fehler* klein ist, wenn die folgenden Bedingungen erfüllt sind:

$$\left. \begin{array}{l} \bullet \ m \ \text{groß} \\ \bullet \ x \ \text{nahe} \ a \\ \bullet \ f^{(m+1)} \ \text{beschränkt} \end{array} \right\} \Rightarrow R_{m+1}(x) \approx 0 \, .$$

Im Wesentlichen stimmt das auch. Man kann den Rest $R_{m+1}(x)$ gut abschätzen, wenn man eine Schranke C für $f^{(m+1)}$ auf I angeben kann, d. h., wenn man ein C kennt mit $|f^{(m+1)}(x)| \leq C \ \forall x \in I$.

Beispiel 28.2

- Gegeben sei die Funktion $f : \mathbb{R} \to \mathbb{R}, \ f(x) = 1 + 3x + 2x^2$ und $a = 1$. Die ersten drei Taylorpolynome haben die Form

$$T_{0,f,1}(x) = 6, \quad T_{1,f,1}(x) = 6 + 7(x - 1), \quad T_{2,f,1} = 6 + 7(x - 1) + 2(x - 1)^2 \, .$$

- Wir betrachten nun die Exponentialfunktion $\exp : \mathbb{R} \to \mathbb{R}, \ \exp(x) = e^x$ mit $a = 0$. Die ersten drei Taylorpolynome lauten wie folgt:

$$T_{0,\exp,0}(x) = 1, \quad T_{1,\exp,0}(x) = 1 + x, \quad T_{2,\exp,0}(x) = 1 + x + \frac{1}{2!}x^2 \, .$$

Da die m-te Ableitung von $\exp(x)$ wieder $\exp(x)$ ist, können wir allgemein das m-te Taylorpolynom in 0 angeben, es lautet:

$$T_{m,\exp,0}(x) = 1 + x + \frac{x^2}{2} + \cdots + \frac{x^m}{m!} = \sum_{k=0}^{m} \frac{x^k}{k!} \, .$$

Und die Taylorreihe von $\exp$ in $a = 0$ ist die bekannte Potenzreihendarstellung der Exponentialfunktion

$$\exp(x) = \sum_{k=0}^{\infty} \frac{x^k}{k!} \, .$$

- Für Sinus und Kosinus erhält man die Taylorreihen in $a = 0$:

$$T_{\sin,0}(x) = x - \frac{x^3}{3!} + \frac{x^5}{5!} - \frac{x^7}{7!} + - \cdots$$

bzw.

$$T_{\cos,0}(x) = 1 - \frac{x^2}{2!} + \frac{x^4}{4!} - \frac{x^6}{6!} + - \cdots$$

- Ist f ein Polynom vom Grad m, so ist $f^{(m+1)} = 0$. Der Fehler R_{m+1} ist dann 0, insbesondere gilt $T_{f,a} = f$.
- Für die Exponentialfunktion $\exp : \mathbb{R} \to \mathbb{R}$ gilt:

$$\exp(x) = \sum_{k=0}^{m} \frac{x^k}{k!} + \underbrace{\frac{e^\xi}{(m+1)!} x^{m+1}}_{R_{m+1}(x)}.$$

Hierbei ist ξ zwischen 0 und x. Zum Beispiel gilt für $x = 1$

$$\left| e - \sum_{k=0}^{m} \frac{1}{k!} \right| \le \frac{3}{(m+1)!},$$

insbesondere gilt $|e - \sum_{k=0}^{10} \frac{1}{k!}| < 7.5 \cdot 10^{-8}$.

- Ist f durch eine Potenzreihe gegeben, also $f(x) = \sum_{n=0}^{\infty} a_n(x - a)^n$, so ist das die Taylorreihe zu f im Entwicklungspunkt a mit $f(a) = a_0$, $f'(a) = a_1$, $f''(a) = 2a_2$, $f'''(a) = 3!a_3$, ..., also $T_{f,a} = f$. ∎

MATLAB MATLAB stellt mit `taylortool` ein Werkzeug zur Verfügung, das neben dem Taylorpolynom beliebigen Grades auch den Graphen des betrachteten Taylorpolynoms ausgibt.

28.3 Restgliedabschätzungen

Laut der Box in Abschn. 28.2 gilt für das Taylorpolynom $T_{m,f,a}(x)$ im Entwicklungspunkt a einer hinreichend oft differenzierbaren Funktion f die Gleichheit

$$f(x) - T_{m,f,a}(x) = \frac{f^{(m+1)}(\xi)}{(m+1)!}(x - a)^{m+1} = R_{m+1}(x)$$

mit einem ξ zwischen a und x. Hierbei haben wir die **Lagrange'sche Darstellung** des Restgliedes gewählt.

Typische Fragestellungen in diesem Zusammenhang sind:

- Welchen Fehler macht man schlimmstenfalls, wenn man die Funktion f durch das Taylorpolynom $T_{m,f,a}$ in einer Umgebung U von a oder in einem Punkt x_0 ersetzt? Hierbei ist $|R_{m+1}(x)|$ bei gegebenem m und U oder x_0 nach oben abzuschätzen.

- Wie groß muss man m wählen, damit die Funktion f und das Taylorpolynom $T_{m,f,a}$ sich höchstens um einen Fehler ε in einer Umgebung U von a oder in einem Punkt x_0 unterscheiden?

  Hierbei ist m so zu bestimmen, dass $|R_{m+1}(x)| \leq \varepsilon$ für alle $x \in U$ oder für $x = x_0$ bei gegebenem ε und U oder x_0 gilt.

Wir betrachten zu diesen Fragestellungen Beispiele:

Beispiel 28.3

- Wir betrachten die folgende Funktion f, den Entwicklungspunkt a und die Umgebung U von a:

$$f(x) = \frac{1}{\sqrt[3]{(x+1)^2}}, \ a = 0, \ U = \left[-\frac{1}{2}, \frac{1}{2}\right].$$

Wir ermitteln, welchen Fehler man schlimmstenfalls macht, wenn man f durch $T_{3,f,a}$ auf U ersetzt. Dazu ermitteln wir erst mal die vierte Ableitung von f:

$$f'(x) = -\frac{2}{3}(x+1)^{-\frac{5}{3}}, \ f''(x) = \frac{10}{9}(x+1)^{-\frac{8}{3}},$$

$$f'''(x) = -\frac{80}{27}(x+1)^{-\frac{11}{3}}, \ f''''(x) = \frac{880}{81}(x+1)^{-\frac{14}{3}}.$$

Es ist zwar nicht nötig, aber wir nutzen die Gelegenheit und ermitteln das dritte Taylorpolynom, das wegen

$$f(0) = 1, \ f'(0) = -\frac{2}{3}, \ f''(0) = \frac{10}{9}, \ f'''(-1) = -\frac{80}{27}$$

wie folgt lautet:

$$T_{3,f,0}(x) = 1 - \frac{2}{3}x + \frac{5}{9}x^2 - \frac{40}{81}x^3.$$

Für das Restglied erhalten wir nun:

$$R_4(x) = \frac{f''''(\xi)}{4!}x^4 = \frac{880}{81 \cdot 4!}(\xi+1)^{-\frac{14}{3}}x^4$$

mit einem ξ zwischen x und $a = 0$, d.h. $\xi \in [-\frac{1}{2}, \frac{1}{2}]$. Wegen

$$(\xi+1)^{-\frac{14}{3}} \leq \left(\frac{1}{2}\right)^{-\frac{14}{3}} \quad \text{und} \quad |x| \leq \frac{1}{2}$$

für alle $\xi, x \in]-\frac{1}{2}, \frac{1}{2}[$ gilt nun:

$$|R_4(x)| = \left| \frac{880}{81 \cdot 4!}(\xi + 1)^{-\frac{14}{3}}x^4 \right| \leq \frac{880}{81 \cdot 4!}\left(\frac{1}{2}\right)^{-\frac{14}{3}}\left(\frac{1}{2}\right)^4 \approx 0.7186.$$

Man beachte die Abb. 28.5.

- Wir betrachten die folgende Funktion f, den Entwicklungspunkt a und die Umgebung U von a:

$$f(x) = \ln\frac{(3+x)^2}{4}, \ a = -1, \ U = \left[-\frac{3}{2}, -\frac{1}{2}\right].$$

Wir ermitteln $m \in \mathbb{N}$, sodass $|R_{m+1}(x)| \leq 0.1$ gilt. Dazu ermitteln wir erst mal die n-te Ableitung von f. Wegen

$$f'(x) = \frac{2}{(3+x)}, \ f''(x) = \frac{-2}{(3+x)^2}, f'''(x) = \frac{4}{(3+x)^3}, \ f''''(x) = \frac{-12}{(3+x)^4}$$

vermuten wir für alle $n \in \mathbb{N}$:

$$f^{(n)}(x) = (-1)^{n+1}\frac{2(n-1)!}{(3+x)^n}.$$

Dies lässt sich leicht per Induktion nach n bestätigen. Es ist zwar nicht nötig, aber wir nutzen die Gelegenheit und ermitteln das (willkürlich gewählte) dritte Taylorpolynom, das wegen

$$f(-1) = 0, \ f'(-1) = 1, \ f''(-1) = -\frac{1}{2}, f'''(-1) = \frac{1}{2}$$

wie folgt lautet:

$$T_{3,f,-1}(x) = (x+1) - \frac{1}{4}(x+1)^2 + \frac{1}{12}(x+1)^3.$$

Für das Restglied (aber jetzt natürlich für ein allgemeines $m \in \mathbb{N}$) erhalten wir nun:

$$R_{m+1}(x) = \frac{f^{(m+1)}(\xi)}{(m+1)!}(x+1)^{m+1} = \frac{(-1)^{m+2}\frac{2\,m!}{(3+\xi)^{m+1}}}{(m+1)!}(x+1)^{m+1}$$

mit einem ξ zwischen x und $a = -1$, d.h. $\xi \in \left[-\frac{3}{2}, -\frac{1}{2}\right]$. Wegen

$$\frac{1}{(3+\xi)^{m+1}} \leq \frac{1}{(3/2)^{m+1}} \ \text{und} \ |x+1|^{m+1} \leq \left(\frac{1}{2}\right)^{m+1}$$

für alle ξ, $x \in \left[-\frac{3}{2}, -\frac{1}{2}\right]$ gilt nun:

$$|R_{m+1}(x)| = \left| \frac{(-1)^{m+2} \frac{2\,m!}{(3+\xi)^{m+1}}}{(m+1)!} (x+1)^{m+1} \right| = \frac{2}{(3+\xi)^{m+1}(m+1)} |x+1|^{m+1}$$

$$\leq \frac{2}{(3/2)^{m+1}(m+1)} \left(\frac{1}{2} \right)^{m+1} = \frac{2}{3^{m+1}(m+1)} < 0.1,$$

wobei diese letzte Ungleichung offenbar bereits für $m = 2$ erfüllt ist. Somit approximiert das zweite Taylorpolynom $T_{2,f,-1}$ die gegebene Funktion f in dem Intervall $U = \left[-\frac{3}{2}, -\frac{1}{2} \right]$ bis auf einen Fehler von höchstens 0.1. Man beachte Abb. 28.6.

- Wir greifen das letzte Beispiel erneut auf, betrachten aber keine Umgebung U von a, sondern eine Stelle x_0 unweit der Entwicklungsstelle a:

$$f(x) = \ln \frac{(3+x)^2}{4}, \ a = -1, \ x_0 = 0,$$

und ermitteln eine Obergrenze für den Fehler $f(0) - T_{2,f,-1}(0)$:
Für das Restglied erhalten wir mit $m = 2$ (siehe oben):

$$R_3(0) = \frac{2}{(3+\xi)^3 \cdot 3} |0+1|^3 \leq \frac{2}{2^3 \cdot 3} = \frac{1}{12}$$

wegen

$$\frac{1}{(3+\xi)^{m+1}} \leq \frac{1}{2^{m+1}}$$

für alle $\xi \in [-1, 0]$ – man beachte, dass ξ zwischen $x_0 = 0$ und $a = -1$ liegt. ∎

Abb. 28.5 Die Funktion f neben ihrem dritten Taylorpolynom auf dem betrachteten Intervall U

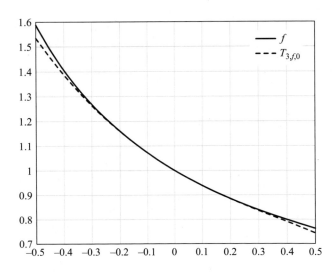

Abb. 28.6 Die Funktion f
neben ihrem zweiten
Taylorpolynom auf dem
betrachteten Intervall U

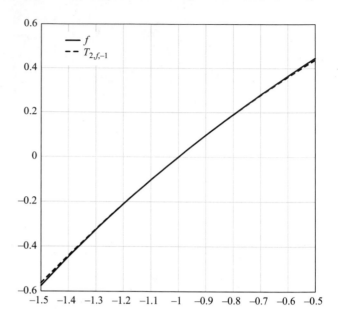

28.4   Bestimmung von Taylorreihen

Die Taylorreihe $T_{f,a}(x)$ einer Funktion f in a ist eine Potenzreihe mit einem Konvergenzradius $R \in \mathbb{R}_{\geq 0} \cup \{\infty\}$ (siehe Abschn. 24.1). Wie bereits bemerkt, gilt üblicherweise $f(x) = T_{f,a}(x)$ für alle $x \in (a - R, a + R)$. Wir können also eine *komplizierte* Funktion f durch die *einfache* Potenzreihe $T_{f,a}(x)$ darstellen, zumindest im Inneren des Konvergenzbereiches der Potenzreihe $T_{f,a}(x)$. Wir benutzen hierfür die Sprechweise: *Die Taylorreihe stellt die Funktion dar* oder *die Taylorreihe ist eine Potenzreihendarstellung der Funktion f* und identifizieren die Funktion f mit ihrer Taylorreihe.

Zur Bestimmung der Taylorreihe einer Funktion beherzige man die folgenden rezeptartigen Empfehlungen:

Rezept: Bestimmen der Taylorreihe einer Funktion f

Ist f eine unendlich oft differenzierbare Funktion auf einem Intervall I und $a \in I$, so erhält man die Taylorreihe $T_{f,a}(x)$ von f in a wie folgt:

- **Mit der Taylorformel:** Zu berechnen ist die k-te Ableitung $f^{(k)}$ an der Stelle a für alle $k \in \mathbb{N}_0$, das ist oftmals sehr mühsam bzw. gar nicht möglich.

- **Bekannte Reihen differenzieren oder integrieren:** Ist die Funktion f die Ableitungsfunktion $f = g'$ bzw. eine Stammfunktion $f = G$ einer Funktion g, deren Taylorreihe $T_{g,a}(x)$ bekannt ist? Falls ja, so erhält man durch gliedweise Differentiation bzw. Integration der Taylorreihe von g die Taylorreihe von f:

  - $f = g'$ und $g(x) = T_{g,a}(x) \Rightarrow T_{f,a}(x) = T'_{g,a}(x)$ bzw.
  - $f = G$ und $g(x) = T_{g,a}(x) \Rightarrow T_{f,a}(x) = \int T_{g,a}(x)$.

- **Bekannte Reihen einsetzen:** Ist die Funktion f Summe, Produkt oder Quotient von Funktionen, deren Taylorreihen bekannt sind? Falls ja, so erhält man die Taylorreihe von f durch Einsetzen dieser bekannten Taylorreihen.
- **Koeffizientenvergleich:** Der (unbestimmte) Ansatz $f(x) = \sum_{k=0}^{\infty} a_k (x-a)^k$ führt zu einem Koeffizientenvergleich, aus dem die Koeffizienten a_k bestimmt werden können.

Wir erinnern an die wichtigsten Potenzreihen in Abschn. 24.4.

Beispiel 28.4

- Ein Beispiel zum Integrieren und Differenzieren bekannter Reihen:

$$\arctan'(x) = \frac{1}{1+x^2} = \sum_{k=0}^{\infty} (-x^2)^k \Rightarrow \arctan(x) = \sum_{k=0}^{\infty} \frac{(-1)^k}{2k+1} x^{2k+1}.$$

Und:

$$\frac{1}{1-x} = \sum_{k=0}^{\infty} x^k \Rightarrow \left(\frac{1}{1-x}\right)' = \frac{1}{(1-x)^2} = \sum_{k=1}^{\infty} k x^{k-1}.$$

- Ein Beispiel zum Einsetzen von bekannten Reihen:

$$\cosh(x) = \tfrac{1}{2}\left(e^x + e^{-x}\right) \Rightarrow \cosh(x) = \frac{1}{2}\left(\sum_{k=0}^{\infty} \frac{x^k}{k!} + \sum_{k=0}^{\infty} \frac{(-1)^k x^k}{k!}\right) = \sum_{k=0}^{\infty} \frac{x^{2k}}{(2k)!}$$

$$\sinh(x) = \tfrac{1}{2}\left(e^x - e^{-x}\right) \Rightarrow \sinh(x) = \frac{1}{2}\left(\sum_{k=0}^{\infty} \frac{x^k}{k!} - \sum_{k=0}^{\infty} \frac{(-1)^k x^k}{k!}\right) = \sum_{k=0}^{\infty} \frac{x^{2k+1}}{(2k+1)!}.$$

- Ein Beispiel zum Koeffizientenvergleich:

$$\frac{x}{1-x} = \sum_{k=0}^{\infty} a_k x^k \Rightarrow x = \left(\sum_{k=0}^{\infty} a_k x^k\right)(1-x) = \sum_{k=0}^{\infty} a_k x^k - \sum_{k=0}^{\infty} a_k x^{k+1}$$

$$= (a_0 + a_1 x + a_2 x^2 + \ldots) - (a_0 x + a_1 x^2 + \ldots)$$

$$= a_0 + \sum_{k=1}^{\infty} (a_k - a_{k-1}) x^k.$$

Es folgt $a_0 = 0, a_1 - a_0 = 1$, also $a_1 = 1, a_2 - a_1 = 0$, also $a_2 = 1$, usw. Damit erhalten wir:

$$\frac{x}{1-x} = \sum_{k=1}^{\infty} x^k.$$

■

Diese Methoden, eine Potenzreihendarstellung einer Funktion zu erhalten, funktionieren genauso für komplexe Funktionen, beachte das folgende Beispiel:

Beispiel 28.5 Wir bestimmen eine Potenzreihendarstellung für $f(z) = \frac{1+z^2}{1-z}$ mit $|z| < 1$ um den Entwicklungspunkt $a = 0$, also

$$f(z) = \frac{1+z^2}{1-z} = \sum_{k=0}^{\infty} a_k z^k.$$

Wegen $\frac{1}{1-z} = \sum_{k=0}^{\infty} z^k$ erhalten wir:

$$\sum_{k=0}^{\infty} a_k z^k = (1+z^2) \sum_{k=0}^{\infty} z^k = \sum_{k=0}^{\infty} z^k + \sum_{k=0}^{\infty} z^{k+2} = \sum_{k=0}^{\infty} z^k + \sum_{k=2}^{\infty} z^k = 1 + z + \sum_{k=2}^{\infty} 2z^k.$$

Damit erhalten wir

$$f(z) = 1 + z + \sum_{k=2}^{\infty} 2z^k.$$

■

Bemerkung Solche Potenzreihendarstellungen von Funktionen liefern so ganz nebenbei interessante Darstellungen wichtiger Zahlen, so erhalten wir aus $\arctan(x) = \sum\limits_{k=0}^{\infty} \frac{(-1)^k}{2k+1} x^{2k+1}$ durch Einsetzen von $x = 1$ wegen $\arctan(1) = \pi/4$:

$$\sum_{k=0}^{\infty} \frac{(-1)^k}{2k+1} = \frac{\pi}{4}.$$

28.5 Aufgaben

28.1 Gegeben sei die Funktion $f(x) = e^{2x} - 3\pi$. Man bestimme näherungsweise eine Nullstelle von f mit Hilfe des Newtonverfahrens. Man beginne mit dem Startwert $x_0 = 1.1$ und verwende das Abbruchkriterium $|f(x_k)| \leq 10^{-5}$.

28.2 Gegeben sei die Funktion $f(x) = (x-1)^2 - 4$. Man bestimme näherungsweise eine Nullstelle von f mit Hilfe des Newtonverfahrens. Man verwende die Startwerte $x_0 = 1.1$ und $x_0 = 0.9$ sowie das Abbruchkriterium $|f(x_k)| \leq 10^{-5}$.

28.3 Bestimmen Sie alle Ableitungen der folgenden Funktionen an der Stelle 0 und geben Sie mittels der Taylorformel die Taylorpolynome T_n um den Entwicklungspunkt 0 an:

(a) $f(x) = \frac{1}{1-x}$,
(b) $g(x) = \frac{1}{(1-x)^2}$.

28.4 Berechnen Sie die Taylorreihen der folgenden Funktionen zum jeweiligen Entwicklungspunkt a:

(a) $f(x) = 2^x$, $\quad a = 0$,

(c) $f(x) = \frac{1}{2+3x}$, $\quad a = 2$,

(b) $f(x) = \begin{cases} \frac{\sin x - x}{x^3}, & \text{falls } x \neq 0 \\ -\frac{1}{6}, & \text{falls } x = 0 \end{cases}$, $\quad a = 0$,

(d) $f(x) = -\frac{3}{(2+3x)^2}$, $\quad a = 2$.

Bestimmen Sie außerdem die Konvergenzradien $R \geq 0$ und untersuchen Sie, für welche Punkte $x \in (a - R, a + R)$ die Taylorreihe mit der jeweiligen Funktion übereinstimmt.

28.5 Geben Sie das Taylorpolynom T_{10} von $\sin$ und $\cos$ um den Entwicklungspunkt $x = 0$ an. Benutzen Sie `taylortool`, um sich über die Approximation ein Bild zu machen.

28.6 Entwickeln Sie den Tangens im Punkt 0 bis zur fünften Ordnung, jeweils mit Hilfe

(a) der Taylorformel,
(b) der bekannten Reihenentwicklungen von sin und cos,
(c) seiner Umkehrfunktion, des $\arctan x = x - \frac{x^3}{3} + \frac{x^5}{5} - \frac{x^7}{7} \pm \cdots$ und eines Koeffizientenvergleichs.

28.7 Bestimmen Sie zu den folgenden Funktionen $f : \mathbb{R} \to \mathbb{R}$ die Taylorpolynome $T_{m,f,a}$ für $m = 0,\ 1,\ 2$ und betrachten Sie die Graphen dieser *Schmiegpolynome*. Verwenden Sie dazu `taylortool` von MATLAB.

(a) $f(x) = x^2 - 4x + 4$ mit $a = 1$,
(b) $f(x) = \frac{1}{1+x}$ mit $a = 0$,
(c) $f(x) = x\,\sin(x)$ mit $a = 0$.

28.8 Programmieren Sie das Newtonverfahren.

Polynom- und Splineinterpolation 29

Inhaltsverzeichnis

Wir bestimmen zu vorgegebenen Stützstellen (x_i, y_i) ein Polynom p mit $p(x_i) = y_i$. Wir finden dieses Polynom durch Auswerten der *Lagrange'schen Interpolationsformel*. So bestechend einfach wie es ist, dieses *Interpolationspolynom* zu bestimmen, so wirkungsvoll ist dieses Instrument: Wir werden diese *Polynominterpolation* in späteren Kapiteln mehrfach anwenden, etwa zur numerischen Approximation bestimmter Integrale bzw. Lösungen von Anfangswertproblemen.

Neben der Polynominterpolation betrachten wir auch die *Splineinterpolation* zu gegebenen Stützstellen. Das Ziel ist hierbei nicht, eine geschlossene Funktion anzugeben, welche die Stützstellen interpoliert, es wird vielmehr eine abschnittsweise definierte Funktion angegeben, deren Graph möglichst *glatt* die gegebenen Stützstellen durchläuft.

29.1 Polynominterpolation

Unter **Polynominterpolation** versteht man das Bestimmen eines Polynoms, dessen Graph vorgegebene Stützstellen durchläuft; man spricht von *Interpolation,* da die diskreten Stützstellen durch eine *stetige* Funktion verbunden werden.

Es ist erstaunlich einfach, ein Interpolationspolynom zu gegebenen Stützstellen anzugeben:

© Springer-Verlag GmbH Deutschland, ein Teil von Springer Nature 2022
C. Karpfinger, *Höhere Mathematik in Rezepten,*
https://doi.org/10.1007/978-3-662-63305-2_29

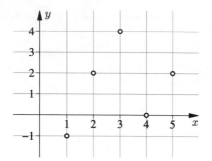 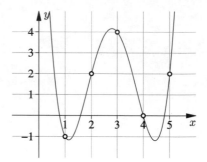

Abb. 29.1 Zu Stützstellen (x_i, y_i) wird ein interpolierendes Polynom gesucht

Lagrange'sche Interpolationsformel

Gegeben sind $n + 1$ Stützstellen

$$(x_0, y_0), \ (x_1, y_1), \dots, (x_n, y_n) \in \mathbb{R} \times \mathbb{R}.$$

Dann gibt es genau ein Polynom f vom Grad $\le n$ mit $f(x_0) = y_0, \dots, f(x_n) = y_n$. Das Polynom f ist gegeben durch die **Lagrange'sche Interpolationsformel**

$$f(x) = \sum_{i=0}^{n} y_i \prod_{\substack{j=0 \\ j \neq i}}^{n} \frac{x-x_j}{x_i-x_j},$$

ausgeschrieben lautet diese Formel für die Fälle $n = 1$ bzw. $n = 2$:

$$f(x) = y_0 \frac{(x-x_1)}{(x_0-x_1)} + y_1 \frac{(x-x_0)}{(x_1-x_0)} \quad \text{bzw.}$$

$$f(x) = y_0 \frac{(x-x_1)(x-x_2)}{(x_0-x_1)(x_0-x_2)} + y_1 \frac{(x-x_0)(x-x_2)}{(x_1-x_0)(x_1-x_2)} + y_2 \frac{(x-x_0)(x-x_1)}{(x_2-x_0)(x_2-x_1)}.$$

Man überzeugt sich leicht davon, dass $\deg(f) \le n$ gilt und f die Stützstellen interpoliert, d. h. $f(x_0) = y_0, \dots, f(x_n) = y_n$ erfüllt (Abb. 29.1).

Beispiel 29.1 Wir bestimmen mit der angegebenen Formel das Interpolationspolynom zu den Stützstellen

$$(1, 2), \ (2, 3), \ (3, 6).$$

Durch Einsetzen der Werte $x_0 = 1$, $x_1 = 2$, $x_2 = 3$ und $y_0 = 2$, $y_1 = 3$, $y_2 = 6$ erhalten wir

$$f(x) = 2\frac{(x-2)(x-3)}{(1-2)(1-3)} + 3\frac{(x-1)(x-3)}{(2-1)(2-3)} + 6\frac{(x-1)(x-2)}{(3-1)(3-2)} = x^2 - 2x + 3.$$

∎

Die explizite Angabe des Polynoms per Lagrange'scher Formel ist für die Fälle $n \geq 5$ per Hand ziemlich aufwendig, aber numerisch selbst für sehr große n stabil. Eine weitere Möglichkeit, die eindeutig bestimmten Koeffizienten des Interpolationspolynoms vom Grad n zu $n + 1$ Stützstellen zu finden, bietet das folgende Verfahren von Newton, das für das Rechnen per Bleistift für kleines n sehr übersichtlich, aber numerisch für großes n instabil ist:

Rezept: Bestimmen des Interpolationspolynoms nach Newton

Gegeben sind $n + 1$ Stützstellen

$$(x_0, y_0), (x_1, y_1), \ldots, (x_n, y_n) \in \mathbb{R} \times \mathbb{R}.$$

Dann erhält man das eindeutig bestimmte Interpolationspolynom $f(x) = a_n x^n + \cdots + a_1 x + a_0$ wie folgt:

(1) Mache den Ansatz

$$f(x) = \lambda_0 + \lambda_1(x - x_0) + \lambda_2(x - x_0)(x - x_1) + \cdots$$
$$+ \lambda_n(x - x_0)(x - x_1) \cdots (x - x_{n-1}).$$

(2) Bestimme nach und nach $\lambda_0, \lambda_1, \ldots, \lambda_n$ durch Auswerten von f an den Stellen $x_0, x_1, \ldots, x_n$ unter Beachtung von $f(x_i) = y_i$:

$$y_0 = f(x_0) = \lambda_0$$
$$y_1 = f(x_1) = \lambda_0 + \lambda_1(x_1 - x_0)$$
$$\vdots \qquad \vdots$$
$$y_n = f(x_n) = \lambda_0 + \lambda_1(x_n - x_0) + \cdots + \lambda_n(x_n - x_0) \cdots (x_n - x_{n-1}).$$

(3) Durch Einsetzen der λ_i aus (2) in den Ansatz in (1) erhält man nach Ausmultiplikation der Klammern die Koeffizienten $a_n, \ldots, a_1, a_0$.

Diese Interpolation nach Newton bietet beim händischen Rechnen gegenüber jener nach Lagrange den Vorteil, dass weitere Stützstellen hinzugenommen werden können; wir zeigen das in dem folgenden Beispiel.

Beispiel 29.2 Wir bestimmen mit dem angegebenen Verfahren das Interpolationspolynom zu den Stützstellen

$$(1, 2), \ (2, 3), \ (3, 6).$$

(1) Wir machen den Ansatz $f(x) = \lambda_0 + \lambda_1(x - 1) + \lambda_2(x - 1)(x - 2)$.
(2) Wir bestimmen die Koeffizienten λ_0, λ_1, λ_2:

$$2 = f(1) = \lambda_0 \ \Rightarrow \ \lambda_0 = 2$$
$$3 = f(2) = 2 + \lambda_1 \ \Rightarrow \ \lambda_1 = 1$$
$$6 = f(3) = 2 + 1 \cdot 2 + \lambda_2 \cdot 2 \ \Rightarrow \ \lambda_2 = 1.$$

(3) Aus (1) und (2) erhalten wir

$$f(x) = 2 + 1\,(x - 1) + 1\,(x - 1)(x - 2) = x^2 - 2x + 3.$$

Nun nehmen wir die weitere Stützstelle $(x_3, y_3) = (4, 5)$ hinzu und erhalten das zugehörige λ_3 aus dem Ansatz $f(x) = x^2 - 2x + 3 + \lambda_3(x - 1)(x - 2)(x - 3)$ durch die Forderung

$$5 = f(4) = 11 + \lambda_3(4 - 1)(4 - 2)(4 - 3) \ \Rightarrow \ \lambda_3 = -1.$$

Damit erhalten wir

$$f(x) = x^2 - 2x + 3 - (x - 1)(x - 2)(x - 3) = -x^3 + 7x^2 - 13x + 9.$$

∎

MATLAB MATLAB bietet die Funktion `polyfit`, mit der die Koeffizienten des eindeutig bestimmten Interpolationspolynoms bestimmt werden können. Hierbei sind Vektoren `x=[x_0 x_1 ... x_n]` und `y=[y_0 y_1 ... y_n]` zu den Stützstellen $(x_0, y_0), \ldots, (x_n, y_n)$ vorzugeben; man erhält dann die Koeffizienten $a_n, \ldots, a_1$, a_0 in dieser Reihenfolge als Einträge von f:

```
>> f = polyfit(x,y,n)
```

Tatsächlich ist die Funktion `polyfit` noch viel universeller einsetzbar; man informiere sich diesbezüglich unter `help polyfit`.

Zu MATLAB gibt es außerdem die Toolbox `chebfun`, welche die Idee der Lagrange-Interpolation aufgreift und Funktionen durch eine hinreichend große Anzahl von Stützstellen bis auf Maschinengenauigkeit approximiert.

Abschließend bemerken wir noch, dass eine äquidistante bzw. nahezu äquidistante Verteilung der Stützstellen (wie wir sie bisher praktizierten) bei großem n zu einem *Schwingen* des Interpolationspolynoms an den Rändern des Interpolationsintervalls führt. Dieses

Abb. 29.2 Das Polynom schwingt an den Rändern

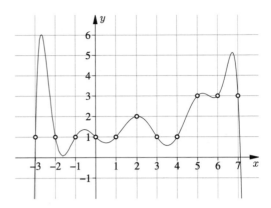

Schwingen an den Rändern ist in Abb. 29.2 gut zu sehen. Man kann diesem Phänomen leicht durch geeignete Wahl der Stützstellen abhelfen; an den Rändern des Interpolationsintervalls müssen die Stützstellen dichter liegen.

29.2 Konstruktion kubischer Splines

Wir betrachten $n + 1$ Stützstellen

$$(x_0, y_0), \ (x_1, y_1), \dots, (x_n, y_n) \in \mathbb{R} \times \mathbb{R} \ \text{mit} \ x_0 < x_1 < \cdots < x_n$$

mit den Abständen $h_i = x_{i+1} - x_i$ für $i = 0, \dots, n - 1$. Die Stellen $x_0, x_1, \dots, x_n$ nennt man in diesem Zusammenhang auch **Knoten**. Die Aufgabe, eine Funktion s mit $s(x_i) = y_i$ für alle i zu bestimmen, haben wir mit der Polynominterpolation im Abschn. 29.1 gelöst. Wir stellen im Folgenden aber zusätzliche Forderungen an die interpolierende Funktion s. Diese zusätzlichen Forderungen bestimmen die Funktion s eindeutig und machen es möglich, diese zu bestimmen:

Rezept: Bestimmen der kubischen Splinefunktion

Es gibt genau eine Funktion s mit den Eigenschaften

- $s(x_i) = y_i$ für alle $i = 0, \dots, n$,
- s ist auf jedem Teilintervall $[x_i, x_{i+1}]$ ein Polynom höchstens dritten Grades,
- s ist zweimal stetig differenzierbar auf $[x_0, x_n]$,
- es gelten die **natürlichen Randbedingungen** $s''(x_0) = 0 = s''(x_n)$.

Man nennt s die **kubische Splinefunktion** zu den Stützstellen $(x_0, y_0), \ldots, (x_n, y_n)$. Diese Funktion s ist gegeben durch n Polynome $s_0, \ldots, s_{n-1}$ höchstens dritten Grades,

$$s_i : [x_i, x_{i+1}] \to \mathbb{R}, \ s_i(x) = a_i + b_i(x - x_i) + c_i(x - x_i)^2 + d_i(x - x_i)^3,$$

für $i = 0, \ldots, n - 1$. Die Koeffizienten a_i, b_i, c_i, d_i erhält man wie folgt:

(1) Setze $c_0 = 0 = c_n$ und erhalte die restlichen c_i aus dem LGS

$$\begin{pmatrix} 2(h_0 + h_1) & h_1 & & & \\ h_1 & 2(h_1 + h_2) & h_2 & & \\ & \ddots & \ddots & \ddots & \\ & & \ddots & \ddots & h_{n-2} \\ & & & h_{n-2} & 2(h_{n-2} + h_{n-1}) \end{pmatrix} \begin{pmatrix} c_1 \\ \vdots \\ \vdots \\ c_{n-1} \end{pmatrix} = \begin{pmatrix} r_1 \\ \vdots \\ \vdots \\ r_{n-1} \end{pmatrix},$$

wobei $r_i = 3 \left(\frac{y_{i+1} - y_i}{h_i} - \frac{y_i - y_{i-1}}{h_{i-1}} \right)$ für $i = 1, \ldots, n - 1$.

(2) Setze schließlich für $i = 0, \ldots, n - 1$:

$$a_i = y_i, \quad b_i = \frac{y_{i+1} - y_i}{h_i} - \frac{2c_i + c_{i+1}}{3} h_i, \quad d_i = \frac{c_{i+1} - c_i}{3h_i}.$$

Wir haben die Randbedingungen $s''(x_0) = 0 = s''(x_n)$, in anderen Worten $c_0 = 0 = c_n$ gewählt. Neben diesen natürlichen Randbedingungen spielen in der Praxis auch die

- **vollständigen Randbedingungen** $s'(x_0) = y_0'$ und $s'(x_n) = y_n'$ oder die
- **Not-a-knot-Randbedingungen** $s_0'''(x_1) = s_1'''(x_1)$ und $s_{n-2}'''(x_{n-1}) = s_{n-1}'''(x_{n-1})$

eine wichtige Rolle. Durch die Wahl anderer Randbedingungen ändert sich das LGS geringfügig in obiger Box. Aber jede Art von Randbedingungen bestimmt eine kubische Spline s eindeutig.

Beispiel 29.3 Wir bestimmen die kubische Splinefunktion s zu den Stützstellen

$$(x_0, y_0) = (1, 2), \ (x_1, y_1) = (2, 3), \ (x_2, y_2) = (3, 2), \ (x_3, y_3) = (4, 1).$$

Wegen $h_i = x_{i+1} - x_i = 1$ für alle $i = 0, 1, 2$ vereinfachen sich die Formeln deutlich.

(1) Wir ermitteln die Koeffizienten $c_0, \ldots, c_3$. Dazu bestimmen wir zuerst r_1 und r_2:

$$r_1 = -6, \ r_2 = 0.$$

Nun erhalten wir aus dem LGS

$$\begin{pmatrix} 4 & 1 \\ 1 & 4 \end{pmatrix} \begin{pmatrix} c_1 \\ c_2 \end{pmatrix} = \begin{pmatrix} -6 \\ 0 \end{pmatrix}$$

die Werte für c_1 und c_2 neben den bereits bekannten Werten für c_0 und c_3:

$$c_0 = 0, \ c_1 = {}^{-8}/5, \ c_2 = {}^2/5, \ c_3 = 0.$$

(2) Die Werte für die Koeffizienten a_i sind durch die Zahlen y_i gegeben:

$$a_0 = 2, \ a_1 = 3, \ a_2 = 2.$$

Und schließlich erhalten wir mithilfe der Zahlen c_i die Werte der restlichen Koeffizienten b_i und d_i:

$$b_0 = {}^{23}/15, \ b_1 = {}^{-1}/15, \ b_2 = {}^{-19}/15, \ d_0 = {}^{-8}/15, \ d_1 = {}^2/3, \ d_2 = {}^{-2}/15.$$

Damit erhalten wir also die Splinefunktion s durch die drei Polynome vom Grad 3, die jeweils auf den angegebenen Intervallen erklärt sind:

$$s_0 : [1, 2] \to \mathbb{R}, \ s_0(x) = 2 + \frac{23}{15}(x - 1) - \frac{8}{15}(x - 1)^3,$$

$$s_1 : [2, 3] \to \mathbb{R}, \ s_1(x) = 3 - \frac{1}{15}(x - 2) - \frac{8}{5}(x - 2)^2 + \frac{2}{3}(x - 2)^3,$$

$$s_2 : [3, 4] \to \mathbb{R}, \ s_2(x) = 2 - \frac{19}{15}(x - 3) + \frac{2}{5}(x - 3)^2 - \frac{2}{15}(x - 3)^3.$$

In der obenstehenden Abb. 29.3 haben wir den Graph der Splinefunktion s, also die Graphen der Polynomfunktionen s_0, s_1 und s_2 eingetragen. Man beachte, wie glatt der Graph die zu interpolierenden Stützstellen durchläuft. ∎

MATLAB Mit größer werdender Knotenzahl werden die Rechnungen schnell sehr aufwendig. Natürlich bietet es sich an, diese Konstruktion kubischer Splines MATLAB zu überlassen.

Abb. 29.3 Die
Splinefunktion s

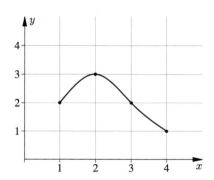

MATLAB hat eine entsprechende Funktion bereits vorinstalliert, unser obiges Beispiel löst man in MATLAB einfach durch die Eingabe

```
>> x = 1:4; y = [2 3 2 1];
>> cs = spline(x,[0 y 0]);
>> xx = linspace(1,4,101);
>> plot(x,y,'o',xx,ppval(cs,xx),'-');
```

Die Daten der Splinefunktion stecken in `cs`; die Nullen in `[0 y 0]` sind die natürlichen Randbedingungen, und in `ppval(cs,xx)` wird die Splinefunktion auf den Vektor `xx` angewendet. Noch komfortabler ist das `splinetool`, das MATLAB anbietet: Durch Eingabe der Vektoren `x` und `y` erhält man direkt den Plot der Splinefunktion und kann diesen weiter bearbeiten.

In Abb. 29.4 vergleichen wir noch einmal Polynominterpolation und Splineinterpolation zu den neun Stützstellen

$$(k, f(k)) \text{ für } k = -4, \ldots, 4$$

mit der Funktion $f(x) = \frac{1}{1+x^2}$. Das Polynom bei der Polynominterpolation hat den Grad 8, wegen der Äquidistanz der Stützstellen schwingt das interpolierende Polynom stark an den Rändern. Bei der Splinefunktion werden je zwei benachbarte Stützstellen durch ein Polynom vom Grad höchstens 3 verbunden.

Diese Bilder erzeugt man mit MATLAB wie folgt:

```
>> x = -4:4; y = 1./(1+x.^2);
>> polyfit(x,y,8)
>> plot(x,y,'o',xx,polyval(p,xx))
>> xlim([-4.5,4.5])
>> ylim([0,1.05])
>> grid on
>> x = -4:4; y = 1./(1+x.^2);
```

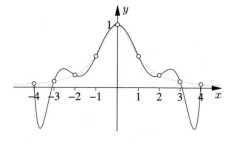 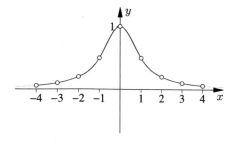

Abb. 29.4 Ein Vergleich: Polynom- und Splineinterpolation durch dieselben Stützstellen

```
>> cs = spline(x,[0 y 0]);
>> xx = linspace(-4,4,101);
>> plot(x,y,'o',xx,ppval(cs,xx),'-');
>> xlim([-4.5,4.5])
>> ylim([0,1.05])
>> grid on
```

Ist s die Splinefunktion zu den Stützstellen $(x_i, f(x_i))$, $i = 0, \ldots, n$, für eine mindestens viermal stetig differenzierbare Funktion f, so gilt für jedes $x \in [x_0, x_n]$ die folgende Fehlerabschätzung

$$|s(x) - f(x)| \leq M \, K \, \Delta^4,$$

wobei $\Delta = \max\{|x_{i+1} - x_i| \,|\, i = 0, \ldots, n - 1\}$, $K = \Delta / \min_{i=0,\ldots,n-1}\{|x_{i+1} - x_i|\}$ und $M = \max\{f(x) | x \in [x_0, x_n]\}$.

29.3 Aufgaben

29.1 Bestimmen Sie das Interpolationspolynom vom Grad 4 für die 5 Stützstellen

$$(-2, 1), (-1, 1), (0, 2), (1, 1), (2, 1).$$

29.2 Bestimmen Sie die kubische Splinefunktion s zu den Stützstellen

$$(x_0, y_0) = (0, 1), \ (x_1, y_1) = (1, 0), \ (x_2, y_2) = (3, 0), \ (x_3, y_3) = (6, 0).$$

29.3 Schreiben Sie eine MATLAB-Funktion, die zu Vektoren x und y mit $x = (x_i)$ und $y = y_i$ einen Plot der Stützstellen (x_i, y_i) und dem dazugehörigen Interpolationspolynom ausgibt.

29.4 Schreiben Sie eine MATLAB-Funktion, die die kubische Splinefunktion zu Stützstellen $(x_0, y_0), \ldots, (x_n, y_n)$ ausgibt.

29.5 Die untenstehende Skizze zeigt den Graphen einer Splinefunktion $s = (s_0, s_1, s_2)$, die die Stützstellen $(1, 2), (2, 3), (3, 1), (4, 2)$ interpoliert. Die folgenden drei Polynome sind die kubischen Polynome s_0, s_1, s_2, aber nicht unbedingt in dieser Reihenfolge. Ordnen Sie diese Polynome den kubischen Polynomen s_0, s_1, s_2 richtig zu. Begründen Sie kurz Ihre Wahl.

$$f(x) = 1 - (x - 3) + 3(x - 3)^2 - (x - 3)^3,$$
$$g(x) = -x^3 + 3x^2 - x + 1,$$
$$h(x) = 2x^3 - 15x^2 + 35x - 23.$$

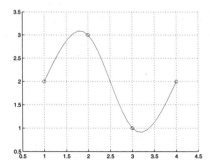

29.6 Berechnen Sie zu folgenden Stützstellen sowohl das Interpolationspolynom mittels der Methode von Newton wie auch die Splineinterpolierende und vergleichen Sie die beiden Funktionen:

$$(x_0, y_0) = (1, 0); \ (x_1, y_1) = (2, 1); \ (x_2, y_2) = (3, 3); \ (x_3, y_3) = (4, 4):$$

Integration I

30

Inhaltsverzeichnis

Man unterscheidet zwei Arten von *Integration* einer Funktion f: Bei der *bestimmten Integration* wird ein Flächeninhalt bestimmt, der zwischen Graph von f und x-Achse eingeschlossen wird, bei der *unbestimmten Integration* wird eine *Stammfunktion F* zu f bestimmt, also eine Funktion F mit $F' = f$. Der Zusammenhang dieser beiden Arten ist sehr eng und wird im Hauptsatz der Differential- und Integralrechnung geklärt.

Die Integralrechnung gehört neben der Differentialrechnung zu den Herzstücken der Analysis. So wie es Ableitungsregeln gibt, gibt es auch Integrationsregeln. Wir stellen die wichtigsten in diesem Kapitel übersichtlich zusammen. Während das Ableiten aber doch eher leicht von der Hand geht, sind beim Integrieren oftmals Kunstgriffe nötig, um ein *Integral* zu bestimmen.

30.1   Das bestimmte Integral

Wir betrachten den Graphen einer Funktion

$$f : [a, b] \to \mathbb{R}$$

und wollen den zwischen Graph und x-Achse eingeschlossenen Flächeninhalt A berechnen. Beachte nebenstehende Abb. 30.1.

Dazu approximieren wir diese Fläche A durch Rechtecke, und zwar auf zwei Arten: Wir betrachten eine *Zerlegung* $Z = \{x_0, x_1, x_2, \ldots, x_n\}$ von $[a, b]$ in n Teilintervalle $[x_0, x_1], [x_1, x_2], \ldots, [x_{n-1}, x_n]$, also

© Springer-Verlag GmbH Deutschland, ein Teil von Springer Nature 2022
C. Karpfinger, *Höhere Mathematik in Rezepten*,
https://doi.org/10.1007/978-3-662-63305-2_30

Abb. 30.1 Der gesuchte
Flächeninhalt

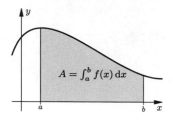

$$a = x_0 < x_1 < x_2 < \cdots < x_n = b,$$

und bestimmen für jedes offene Teilintervall (x_{i-1}, x_i) die Zahlen

$$m_i = \inf \left\{ f(x) | x \in [x_{i-1}, x_i] \right\} \quad \text{und} \quad M_i = \sup \left\{ f(x) | x \in [x_{i-1}, x_i] \right\}.$$

Wir berechnen nun die **Untersumme** $U_Z(f)$ und die **Obersumme** $O_Z(f)$ (siehe auch
Abb. 30.2):

$$U_Z(f) = \sum_{i=1}^{n} m_i (x_i - x_{i-1}) \quad \text{und} \quad O_Z(f) = \sum_{i=1}^{n} M_i (x_i - x_{i-1}).$$

Die Untersumme ist der Flächeninhalt, der von den *kleineren* Rechtecken eingeschlossen
wird, die Obersumme jener, der von den *größeren* Rechtecken eingeschlossen wird. Natürlich ist die Obersumme größer als die Untersumme, und der gesuchte Flächeninhalt A, der
vom Graphen eingeschlossen wird, liegt dazwischen:

$$U_Z(f) \le A \le O_Z(f).$$

Nun setzen wir

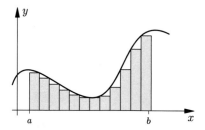 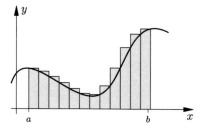

Abb. 30.2 Obersumme und Untersumme sind Näherungen für den gesuchten Flächeninhalt

$$U(f) = \sup \{U_Z(f)|\, Z \text{ ist Zerlegung von } [a, b]\}$$
$$O(f) = \inf \{O_Z(f)|\, Z \text{ ist Zerlegung von } [a, b]\}$$

und gelangen zum wesentlichen Begriff: Man nennt eine Funktion $f \,:\, [a, b] \,\to\, \mathbb{R}$ **(Riemann-)integrierbar,** falls $U(f) = O(f)$. Die Zahl $U(f) = O(f) \in \mathbb{R}$ nennt man dann das **bestimmte (Riemann-)Integral,** man schreibt:

$$\int_a^b f(x)\,\mathrm{d}x = U(f) = O(f).$$

Beispiel 30.1

- Jede konstante Funktion $f : [a, b] \to \mathbb{R}$, $f(x) = c$ ist integrierbar mit dem bestimmten Integral

$$\int_a^b c\,\mathrm{d}x = c\,(b - a).$$

- Jede Treppenfunktion $f : [a, b] \to \mathbb{R}$ ist integrierbar.
- Die Funktion

$$f : [0, 1] \to \mathbb{R}, \ f(x) = \begin{cases} 1, & \text{falls } x \in \mathbb{Q} \\ 0, & \text{falls } x \notin \mathbb{Q} \end{cases}$$

ist nicht integrierbar, denn für jede Zerlegung Z enthält $[x_{i-1}, x_i]$ Punkte aus Q und aus $\mathbb{R} \setminus \mathbb{Q}$. Es ist also immer

$$m_i = \inf \{f(x)|x \in [x_{i-1}, x_i]\} = 0 \quad \text{und} \quad M_i = \sup \{f(x)|x \in [x_{i-1}, x_i]\} = 1.$$

Es folgt daher $U_Z(f) = 0$, $O_Z(f) = 1$ für alle Zerlegungen Z und damit

$$U(f) = 0 \neq 1 = O(f).$$

$\blacksquare$

Der Einfachheit halber haben wir bisher nur Funktionen betrachtet, deren Werte stets positiv waren. Aber natürlich gelten alle bisherigen und alle weiteren Beobachtungen genauso für Funktionen, die auch negative Werte annehmen: Der Flächeninhalt der approximierenden *Rechtecke* unterhalb der x-Achse wird bei negativen Funktionswerten wegen $f(x) < 0$ für solche x beim Integral negativ gewertet.

Um den Wert

$$\int_a^b f(x)\,\mathrm{d}x$$

zu ermitteln, müssen wir zum Glück nicht auf diese Definition per Ober- und Untersumme zurückgreifen. Vielmehr werden wir mit dem *unbestimmten Integral* eine Methode kennenlernen, diesen Wert zu bestimmen. Wir halten abschließend noch die wesentlichen Eigenschaften des bestimmten Integrals fest:

Wichtige Eigenschaften und Aussagen zu integrierbaren Funktionen
Für Funktionen $f, g : [a, b] \to \mathbb{R}$ gilt:

- Ist f stetig oder monoton, so ist f integrierbar.
- Ist f integrierbar, so auch ihr **Betrag** $|f| : [a, b] \to \mathbb{R}$, $|f|(x) = |f(x)|$.
- Ist f integrierbar, so gilt:

$$\left| \int_a^b f(x)\,dx \right| \le \int_a^b |f(x)|\,dx.$$

- Sind f und g integrierbar, so auch $\lambda f + g$, $\lambda \in \mathbb{R}$, und es gilt:

$$\int_a^b \big(\lambda f(x) + g(x)\big)\,dx = \lambda \int_a^b f(x)\,dx + \int_a^b g(x)\,dx.$$

- Sind f und g integrierbar und gilt $f(x) \le g(x)$ für alle $x \in [a, b]$, so gilt:

$$\int_a^b f(x)\,dx \le \int_a^b g(x)\,dx.$$

- Ist f integrierbar, so setzt man

$$\int_a^b f(x)\,dx = -\int_b^a f(x)\,dx, \quad \text{also gilt} \quad \int_a^a f(x)\,dx = 0.$$

- Ist f integrierbar, so gilt für jedes $c \in [a, b]$:

$$\int_a^b f(x)\,dx = \int_a^c f(x)\,dx + \int_c^b f(x)\,dx.$$

Abb. 30.3 Die
Rechtecksfläche ist das Integral

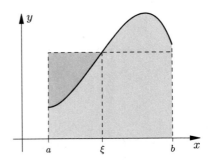

- Ist f integrierbar, so gilt für die Funktion

$$\widetilde{f} : [a, b] \to \mathbb{R}, \quad \widetilde{f}(x) = \begin{cases} f(x) & , \ x \neq x_0 \\ \omega & , \ x = x_0 \end{cases},$$

  mit $x_0 \in [a, b]$ und $\omega \in \mathbb{R}$:

$$\int_a^b f(x)\,\mathrm{d}x = \int_a^b \widetilde{f}(x)\,\mathrm{d}x.$$

- **Der Mittelwertsatz der Integralrechnung.** Ist $f : [a, b] \to \mathbb{R}$ stetig, so gibt es ein $\xi \in [a, b]$, sodass

$$\int_a^b f(x)\,\mathrm{d}x = f(\xi)(b - a).$$

Der Mittelwertsatz der Integralrechnung wird sich als sehr nützlich erweisen; seine Aussage wird in der nebenstehenden Abb. 30.3 deutlich: Der Flächeninhalt zwischen Graph von f und x-Achse ist die Intervalllänge $b - a$ multipliziert mit $f(\xi)$ für ein ξ zwischen a und b.

30.2   Das unbestimmte Integral

Wir betrachten eine Funktion $f : [a, b] \to \mathbb{R}$. Eine differenzierbare Funktion $F : [a, b] \to \mathbb{R}$ heißt **Stammfunktion** zu f, falls $F' = f$, d. h. $F'(x) = f(x)$ für alle $x \in [a, b]$. Ist F eine Stammfunktion zu f, so kann man begründen (siehe Aufgabe 30.1), dass $\{F + c \,|\, c \in \mathbb{R}\}$ die Menge aller Stammfunktionen zu f ist. Diese Menge nennt man das **unbestimmte Integral** zu f, man schreibt

$$\int f(x)\,dx = \{F + c \mid c \in \mathbb{R}\}.$$

Häufig schreibt man das unbestimmte Integral nicht als Menge, sondern nachlässiger als

$$\int f(x)\,dx = F + c \quad \text{bzw.} \quad \int f(x)\,dx = F.$$

Beispiel 30.2 Die Funktion $f : \mathbb{R} \to \mathbb{R}$, $f(x) = 2x$ hat offenbar die Stammfunktion $F : \mathbb{R} \to \mathbb{R}$, $F(x) = x^2$, für das unbestimmte Integral sind die folgenden Schreibweisen üblich:

$$\int 2x\,dx = \{x^2 + c \mid c \in \mathbb{R}\} \quad \text{bzw.} \quad \int 2x\,dx = x^2 + c \quad \text{bzw.} \quad \int 2x\,dx = x^2.$$

∎

Der folgende Satz fügt zusammen, was zusammengehört, das bestimmte und das unbestimmte Integral, die Differential- und die Integralrechnung:

Der Hauptsatz der Differential- und Integralrechnung

- Ist $f : [a, b] \to \mathbb{R}$ eine stetige Funktion, so ist

$$F : [a, b] \to \mathbb{R}, \quad F(x) = \int_{a}^{x} f(t)\,dt$$

  eine Stammfunktion zu f.
- Ist $f : [a, b] \to \mathbb{R}$ eine stetige Funktion und $F : [a, b] \to \mathbb{R}$ eine Stammfunktion zu f, so gilt:

$$\int_{a}^{b} f(x)\,dx = F(b) - F(a).$$

Den Beweis dieses Satzes haben wir als Aufgabe 30.2 gestellt. Man beachte, dass im ersten Teil dieses Hauptsatzes zu jeder stetigen Funktion eine Stammfunktion angegeben wird. Diese ist jedoch nicht in *geschlossener Form* gegeben. Es ist oftmals gar nicht möglich, eine geschlossene Darstellung einer (existierenden) Stammfunktion anzugeben, so gibt es beispielsweise keine geschlossene Darstellung von

$$\int \frac{\sin(x)}{x}\,dx \quad \text{und} \quad \int e^{-x^2}\,dx.$$

Der zweite Teil dieses Hauptsatzes liefert die wesentliche Methode, bestimmte Integrale zu berechnen:

Rezept: Berechnen des bestimmten Integrals

Zur Bestimmung des bestimmten Integrals $\int\limits_a^b f(x)\,dx$ gehe wie folgt vor:

(1) Berechne eine Stammfunktion $F : [a, b] \to \mathbb{R}$ zu f.

(2) Berechne $F(b) - F(a) = \int\limits_a^b f(x)\,dx$.

Beispiel 30.3 Wir berechnen das bestimmte Riemann-Integral $\int_1^3 2x\,dx$ nach dem obigen Verfahren:

(1) $F : [1, 3] \to \mathbb{R}$, $F(x) = x^2$ ist Stammfunktion zu $f : [1, 3] \to \mathbb{R}$, $f(x) = 2\,x$.

(2) Es ist $\int\limits_1^3 2x\,dx = F(3) - F(1) = 9 - 1 = 8$. ∎

Nun müssen wir noch wissen, wie man zu einer Funktion f eine Stammfunktion F findet. Man spricht hierbei vom **Integrieren** und nennt f den **Integranden** und F das **Integral**. Aus Kap. 26 kennen wir bereits einige Integrale F zu Integranden f:

f	x^n	$\cos(x)$	$\sin(x)$	$\exp(x)$	$\frac{1}{x}$	$\frac{1}{\cos^2(x)}$	$\frac{1}{\sin^2(x)}$
F	$\frac{1}{n+1}x^{n+1}$	$\sin(x)$	$-\cos(x)$	$\exp(x)$	$\ln(|x|)$	$\tan(x)$	$-\cot(x)$

f	0	$\frac{1}{1+x^2}$	$\frac{1}{\sqrt{1-x^2}}$	$-\frac{1}{\sqrt{1-x^2}}$	$-\frac{1}{1+x^2}$
F	c	$\arctan(x)$	$\arcsin(x)$	$\arccos(x)$	$\arccot(x)$

Für das Bestimmen weiterer Integrale sind die folgenden Regeln nützlich:

Integrationsregeln

- **Linearität:** Für alle $\lambda, \mu \in \mathbb{R}$:

$$\int \lambda f(x) + \mu g(x)\,dx = \lambda \int f(x)\,dx + \mu \int g(x)\,dx.$$

- **Partielle Integration:**

$$\int u(x)v'(x)\mathrm{d}x = u(x)v(x) - \int u'(x)v(x)\mathrm{d}x.$$

- **Substitutionsregel:**

$$\int f\big(\underbrace{g(x)}_{t}\big)\underbrace{g'(x)\mathrm{d}x}_{\mathrm{d}t} = \int f(t)\mathrm{d}t.$$

- **Logarithmische Integration:**

$$\int \frac{g'(x)}{g(x)}\mathrm{d}x = \ln\big(|g(x)|\big).$$

- **Integration von Potenzreihen:** Die Potenzreihenfunktion

$$f(x) = \sum_{k=0}^{\infty} a_k(x-a)^k$$

hat die Stammfunktion

$$F(x) = \sum_{k=0}^{\infty} \frac{a_k}{k+1}(x-a)^{k+1}.$$

Hat f den Konvergenzradius R, so auch F. Man spricht hier von **gliedweiser Integration.**

Diese Regeln begründen die folgenden rezeptartigen Empfehlungen zum Integrieren:

Rezept: Empfehlungen zum Integrieren
Bei der Bestimmung einer Stammfunktion $F(x) = \int f(x)\mathrm{d}x$ beachte die folgenden Empfehlungen:

- Wegen der Linearität sind nur *normierte* Summanden zu integrieren.
- Ist der Integrand $f = uv'$ ein Produkt von zwei Funktionen u und v', das nicht auf Anhieb integrierbar ist, aber sodass $u'v$ integrierbar ist, so wähle die partielle Integration.
- Enthält der Integrand eine Funktion in x als Faktor, der als Ableitung wieder auftaucht, so wähle die Substitutionsregel.

- Ist der Integrand ein Quotient, sodass der Zähler (bis evtl. auf ein Vielfaches) die Ableitung des Nenners ist, so wähle die logarithmische Integration.

Beispiel 30.4

- Mithilfe der partiellen Integration erhalten wir:

$$\int x \cos(x) dx = \begin{vmatrix} u = x & u' = 1 \\ v' = \cos(x) & v = \sin(x) \end{vmatrix}$$

$$= x \sin(x) - \int \sin(x) dx = x \sin(x) + \cos(x).$$

- Mit einem Trick lässt sich auch $\ln(x)$ partiell integrieren:

$$\int \ln(x) \, dx = \begin{vmatrix} u = \ln(x) & u' = \frac{1}{x} \\ v' = 1 & v = x \end{vmatrix} = x \ln(x) - \int \frac{1}{x} x \, dx = x \big(\ln(x) - 1 \big).$$

- Bei der Funktion $e^x \sin(x)$ müssen wir gleich zweimal partiell integrieren:

$$\int e^x \sin(x) \, dx = \begin{vmatrix} u = \sin(x) & u' = \cos(x) \\ v' = e^x & v = e^x \end{vmatrix} = e^x \sin(x) - \int e^x \cos(x) \, dx$$

$$= \begin{vmatrix} u = \cos(x) & u' = -\sin(x) \\ v' = e^x & v = e^x \end{vmatrix}$$

$$= e^x \sin(x) - \left(e^x \cos(x) + \int e^x \sin(x) \, dx \right)$$

$$= e^x \big(\sin(x) - \cos(x) \big) - \int e^x \sin(x) \, dx.$$

Durch Umstellen erhalten wir nun:

$$2 \int e^x \sin(x) \, dx = e^x \big(\sin(x) - \cos(x) \big) \Rightarrow \int e^x \sin(x) \, dx = \frac{e^x}{2} \big(\sin(x) - \cos(x) \big).$$

-

$$\int \cos \big(e^x \big) e^x \, dx = \begin{vmatrix} t = e^x \\ dt = e^x \, dx \end{vmatrix} = \int \cos(t) \, dt = \sin(t) = \sin \big(e^x \big).$$

-
$$\int \tan(x)\,dx = -\int \frac{1}{\cos(x)}\big(-\sin(x)\big)\,dx = \left|\begin{array}{l} t = \cos(x) \\ dt = -\sin(x)\,dx \end{array}\right|$$
$$= -\int \frac{1}{t}\,dt = -\ln\big(|t|\big) = -\ln\big(|\cos(x)|\big).$$

-
$$\int \frac{e^x}{(1+e^x)^2}\,dx = \left|\begin{array}{l} t = 1 + e^x \\ dt = e^x\,dx \end{array}\right| = \int \frac{1}{t^2}\,dt = -\frac{1}{t} = -\frac{1}{1+e^x}.$$

- Manchmal muss man partielle Integration und Substitution kombinieren:

$$\int \frac{x}{\sin^2(x)}\,dx = \left|\begin{array}{ll} u = x & u' = 1 \\ v' = \frac{1}{\sin^2(x)} & v = -\frac{\cos(x)}{\sin(x)} \end{array}\right| = -x\,\frac{\cos(x)}{\sin(x)} + \int \frac{\cos(x)}{\sin(x)}\,dx$$
$$= \left|\begin{array}{l} t = \sin(x) \\ dt = \cos(x)\,dx \end{array}\right| = -x\cot(x) + \int \frac{1}{t}\,dt = -x\cot(x) + \ln\big(|\sin(x)|\big).$$

-
$$\int \frac{3x}{x^2+1}\,dx = \frac{3}{2}\int \frac{2x}{x^2+1}\,dx = \frac{3}{2}\ln(x^2+1).$$

-
$$\int \frac{\cos(x)}{-2+\sin(x)}\,dx = \ln\big(|-2+\sin(x)|\big).$$

-
$$\int \frac{x+2}{x^2+4x+9}\,dx = \frac{1}{2}\int \frac{2x+4}{x^2+4x+9}\,dx = \frac{1}{2}\ln\big(|x^2+4x+9|\big).$$

- Wir betrachten die Funktion $f : \mathbb{R}_{>-1} \to \mathbb{R}$, $f(x) = \ln(x+1)$. Ihre Ableitung lautet

$$f'(x) = \frac{1}{1+x}.$$

Ist $|x| < 1$, lässt sich dieser Ausdruck auch als Potenzreihe darstellen, es gilt:

$$\frac{1}{1+x} = \sum_{k=0}^{\infty}(-x)^k.$$

Für $|x| < 1$ gilt also $f'(x) = \sum_{k=0}^{\infty}(-x)^k$, und gliedweise Integration liefert:

$$f(x) = \ln(x+1) = \int f'(x)\,dx = \int \sum_{k=0}^{\infty}(-x)^k\,dx = \sum_{k=0}^{\infty}\frac{(-1)^k}{k+1}x^{k+1}$$
$$= \sum_{k=1}^{\infty}\frac{(-1)^{k+1}}{k}x^k = x - \frac{x^2}{2} + \frac{x^3}{3} - \frac{x^4}{4} + - \dots$$

Die Konstante c im unbestimmten Integral ist 0, da auch $\ln(x+1)$ keine Konstante enthält. Diese Potenzreihe hat den Konvergenzbereich $(-1, 1]$, denn für $|x| < 1$ konvergiert sie nach dem obigen Satz und für die Ränder gilt:

$$x = -1 : \quad \sum_{k=1}^{\infty} \frac{(-1)^{k+1}}{k} (-1)^k = \sum_{k=1}^{\infty} \frac{(-1)^{2k+1}}{k} = -\sum_{k=1}^{\infty} \frac{1}{k} \quad \text{divergiert;}$$

$$x = 1 : \quad \sum_{k=1}^{\infty} \frac{(-1)^{k+1}}{k} \cdot 1^k = \sum_{k=1}^{\infty} \frac{(-1)^{k+1}}{k} \quad \text{konvergiert.}$$

Insbesondere gilt im Fall $x = 1$:

$$\sum_{k=1}^{\infty} \frac{(-1)^{k+1}}{k} = \ln(2).$$

Wir haben damit den Wert der alternierenden harmonischen Reihe bestimmt.

- Die Funktion $f : \mathbb{R} \to \mathbb{R}$, $f(x) = \mathrm{e}^{-x^2}$ hat keine elementare Stammfunktion. Aber mit der Exponentialreihe gilt:

$$\mathrm{e}^x = \sum_{k=0}^{\infty} \frac{x^k}{k!} \;\Rightarrow\; \mathrm{e}^{-x^2} = \sum_{k=0}^{\infty} \frac{(-1)^k}{k!} x^{2k}.$$

Wir können diese nun gliedweise integrieren und erhalten:

$$F : \mathbb{R} \to \mathbb{R}, \;\; F(x) = \sum_{k=0}^{\infty} \frac{(-1)^k}{(2k+1)\, k!} x^{2k+1}.$$

Das ist eine Stammfunktion von f. $\blacksquare$

Man kann die Substitution auch *umgekehrt* verwenden, indem man nicht einen Ausdruck in x durch t ersetzt, sondern x durch einen Ausdruck in t:

Beispiel 30.5

-
$$\int \frac{1}{\mathrm{e}^x + 1}\, \mathrm{d}x = \left| \begin{matrix} x = \ln(t) \\ \mathrm{d}x = \frac{1}{t}\, \mathrm{d}t \end{matrix} \right| = \int \frac{1}{t+1} \cdot \frac{1}{t}\, \mathrm{d}t = \int \frac{1}{t} - \frac{1}{t+1}\, \mathrm{d}t$$
$$= \ln\left(|t|\right) - \ln\left(|t+1|\right) = \ln\left(\left|\tfrac{t}{t+1}\right|\right) = \ln\left(\tfrac{\mathrm{e}^x}{\mathrm{e}^x+1}\right).$$

●

$$\int \arcsin(x)\,\mathrm{d}x = \begin{vmatrix} x = \sin(t) \\ \mathrm{d}x = \cos(t)\,\mathrm{d}t \end{vmatrix} = \int \arcsin\big(\sin(t)\big)\cos(t)\,\mathrm{d}t$$

$$= \int t\cos(t)\,\mathrm{d}t = \begin{vmatrix} u = t & u' = 1 \\ v' \cos(t) & v = \sin(t) \end{vmatrix}$$

$$= t\sin(t) - \int \sin(t)\,\mathrm{d}t = t\sin(t) + \cos(t)$$

$$= t\sin(t) + \sqrt{1 - \sin^2(t)} = x\,\arcsin(x) + \sqrt{1 - x^2}.$$

∎

In dem zweiten Rezept in Abschn. 30.2 hatten wir vorgeschlagen, ein bestimmtes Integral durch Bestimmen einer Stammfunktion und dann Auswertung dieser Stammfunktion an den Rändern zu bestimmen. Bei der partiellen Integration bzw. Substitution gibt es hierzu eine Alternative, die das Bestimmen der Stammfunktion vermeidet:

Rezept: Berechnen eines bestimmten Integrals mittels partieller Integration bzw. Substitution

Man erhält das bestimmte Integral wie folgt:

$$\int_a^b uv' = uv\Big|_a^b - \int_a^b u'v \quad \text{bzw.} \quad \int_a^b f\big(g(x)\big)\,g'(x)\,\mathrm{d}x = \int_{g(a)}^{g(b)} f(t)\,\mathrm{d}t.$$

Auf dem Weg zur Bestimmung einer Stammfunktion werden bereits die Ränder als *Obergrenze* bzw. *Untergrenze* eingesetzt.

Beispiel 30.6

●

$$\int_0^e x\mathrm{e}^x\,\mathrm{d}x = \begin{vmatrix} u = x & u' = 1 \\ v' = \mathrm{e}^x & v = \mathrm{e}^x \end{vmatrix} = x\mathrm{e}^x\Big|_0^e - \int_0^e \mathrm{e}^x\,\mathrm{d}x = \mathrm{e}^{e+1} - \mathrm{e}^e + 1.$$

●

$$\int_0^{\ln(2)} \frac{\mathrm{e}^x}{(1+\mathrm{e}^x)^2}\,\mathrm{d}x = \begin{vmatrix} t = \mathrm{e}^x \\ \mathrm{d}t = \mathrm{e}^x\,\mathrm{d}x \end{vmatrix} = \int_1^2 \frac{1}{(1+t)^2}\,\mathrm{d}t = -\frac{1}{1+t}\Big|_1^2 = -\frac{1}{3} + \frac{1}{2}.$$

∎

Wir haben in diesem Kapitel einige Integrationstechniken vorgestellt, mit deren Hilfe bei vielen verschiedenen Integranden eine Stammfunktion bestimmt werden kann. Im folgenden Kapitel behandeln wir weitere Integrationstechniken, um weitere Integranden, etwa rationale Funktionen, behandeln zu können.

30.3 Aufgaben

30.1 Begründen Sie: Ist F eine Stammfunktion zu f, so ist $\{F + c \mid c \in \mathbb{R}\}$ die Menge aller Stammfunktionen zu f.

30.2 Begründen Sie den Hauptsatz der Differential- und Integralrechung von Abschn. 30.2 (Rezeptebuch).

30.3 Berechnen Sie die folgenden bestimmten Integrale:

(a) $\int_0^{\pi/9} \sin(\pi/3 - 3x)\, dx$,

(b) $\int_0^{\ln 2} e^x \sqrt{e^x - 1}\, dx$,

(c) $\int_0^1 2x(1 - e^x)\, dx$,

(d) $\int_e^{e^2} (2x - \ln x)\, dx$,

(e) $\int_{-\sqrt{3}}^{-1} \frac{1}{(1+x^2)\arctan x}\, dx$,

(f) $\int_{\pi/6}^{\pi/2} \frac{x}{\sin^2 x}\, dx$,

(g) $\int_0^1 r^2 \sqrt{1 - r}\, dr$,

(h) $\int_0^1 \frac{e^x}{(1+e^x)^2}\, dx$,

(i) $\int_1^2 \frac{2x^3 - 3x^2 + 4x - 5}{x}\, dx$,

(j) $\int_0^\pi 1 - 2\sin^2 x\, dx$,

(k) $\int_0^1 \frac{2x-2}{1+x^2}\, dx$,

(l) $\int_0^1 2^{x+1}\, dx$,

(m) $\int_0^\pi \sqrt{1 + \sin x}\, dx$,

(n) $\int_0^\pi \frac{x^2 + 2\sqrt{x} + \sin x}{\tan(\sqrt{x})}\, dt$,

(o) $\int_0^{\pi/2} \frac{\sin(2x)}{\cos x + \cos^2 x}\, dx$,

(p) $\int_0^{\pi/2} \frac{\cos^3 x}{1 - \sin x}\, dx$,

(q) $\int_0^1 \frac{1}{1 + \sqrt{1+x}}\, dx$.

30.4 Berechnen Sie die folgenden unbestimmten Integrale:

(a) $\int x \sin x\, dx$,

(b) $\int \frac{x}{\cosh^2 x}\, dx$,

(c) $\int \frac{\ln(x^2)}{x^2}\, dx$,

(d) $\int \frac{x}{a^2 x^2 + c^2}\, dx$,

(e) $\int x\sqrt{1 + 4x^2}\, dx$,

(f) $\int \frac{1 - x^2}{1 + x^2}\, dx$,

(g) $4\int (x^2 + 1)e^{2x}\, dx$,

(h) $3\int \frac{x^3}{\sqrt{x^2+1}}\, dx$,

(i) $\int x^2 \cos x\, dx$,

(j) $\int \frac{\sin^2 x \cos^2 x}{(\cos^3 x + \sin^3 x)^2}\, dx$,

(k) $26\int e^{-x}\cos(5x)\, dx$,

(l) $\int \sin(\ln x)\, dx$,

(m) $\int x \sin(x^2)\cos^2(x^2)\, dx$,

(n) $2\int x \sin(x^2)\, dx$,

(o) $\int x^2 e^{-x}\, dx$,

(p) $4\int \frac{x \arcsin(x^2)}{\sqrt{1-x^4}}\, dx$,

(q) $15\int \sqrt{x}(x - 1)\, dx$,

(r) $\int \frac{\cos(\ln x)}{x}\, dx$,

(s) $\int \frac{e^x}{e^x + e^{-x}}\, dx$,

(t) $\int \frac{\ln^2 x}{x}\, dx$.

30.5 Es sei $f : \mathbb{R} \to \mathbb{R}$ stetig und $g : \mathbb{R} \to \mathbb{R}$ differenzierbar auf ganz $\mathbb{R}$. Die Funktion $F : \mathbb{R} \to \mathbb{R}$ sei definiert durch

$$F(x) = \int_0^{g(x)} f(t)\, \mathrm{d}t.$$

Zeigen Sie, dass F auf ganz $\mathbb{R}$ differenzierbar ist. Wie sieht die Ableitung $F'(x)$ aus?

30.6 Es seien $a, b > 0$. Berechnen Sie den Flächeninhalt der Ellipse, die erklärt ist durch $\frac{x^2}{a^2} + \frac{y^2}{b^2} = 1$.

Integration II 31

Inhaltsverzeichnis

Zu jeder rationalen Funktion lässt sich eine Stammfunktion bestimmen. Das Verfahren ist übersichtlich, aber rechenaufwendig und damit fehleranfällig. Wir geben eine Beschreibung dieses Verfahrens in einem Rezept an. Durch eine Standardsubstitution können Integranden, die *rationale Funktionen* in Sinus- und Kosinusfunktionen sind, stets in *echte* rationale Funktionen umgewandelt werden. Damit sind wir in der Lage, auch zu solchen Integranden Stammfunktionen zu bestimmen.

Die Anwendungen der Integration sind im Wesentlichen das Bestimmen von Flächeninhalten; aber mit etwas Interpretationswillen können wir auch Oberflächen und Volumina bestimmen, die von *rotierenden* Graphen eingeschlossen werden.

(Bestimmte) Integrale sind oftmals analytisch nicht exakt bestimmbar. Abhilfe schafft hier die *numerische Integration;* hierbei wird näherungsweise, aber eben exakt genug, ein bestimmtes Integral berechnet.

31.1 Integration rationaler Funktionen

Das Integrieren von Polynomen ist eine Kleinigkeit, das Integrieren von rationalen Funktionen ist ein Fall für die Höhere Mathematik, wenngleich es auch *einfach* ist: Wir müssen nämlich tatsächlich nur wissen, was die Integrale weniger einfacher rationaler Funktionen sind. Alle anderen rationalen Funktionen können wir dank Polynomdivision und Partial-

© Springer-Verlag GmbH Deutschland, ein Teil von Springer Nature 2022   341
C. Karpfinger, *Höhere Mathematik in Rezepten,*
https://doi.org/10.1007/978-3-662-63305-2_31

bruchzerlegung auf diese wenigen einfachen Integrale zurückführen. Vorab geben wir die Integrale dieser wenigen einfachen rationalen Funktionen an. Dass dies jeweils Integrale der angegebenen rationalen Funktionen sind, kann man einfach durch Ableiten nachprüfen:

Integrale der grundlegenden rationalen Funktionen

Es gilt für alle $m \in \mathbb{N}$ und Polynome $x^2 + px + q$ mit $p^2 - 4q < 0$:

- $\int \frac{dx}{(x-x_k)^m} = \begin{cases} \ln|x - x_k| & \text{für } m = 1 \\ -\frac{1}{(m-1)\,(x-x_k)^{m-1}} & \text{für } m \geq 2 \end{cases}$.

- $\int \frac{Bx+C}{x^2+px+q}\,dx = \frac{B}{2} \ln\left(x^2 + px + q\right) + \left(C - \frac{Bp}{2}\right) \int \frac{dx}{x^2+px+q}$.

- $\int \frac{dx}{x^2+px+q} = \frac{2}{\sqrt{4q-p^2}} \arctan \frac{2x+p}{\sqrt{4q-p^2}}$.

Für $m \geq 2$ gilt weiterhin

- $\int \frac{Bx+C}{(x^2+px+q)^m}\,dx = -\frac{B}{2\,(m-1)\,(x^2+px+q)^{m-1}} + \left(C - \frac{Bp}{2}\right) \int \frac{dx}{(x^2+px+q)^{m-1}}$.

- $\int \frac{dx}{(x^2+px+q)^m} = \frac{2x+p}{(m-1)\,(4q-p^2)\,(x^2+px+q)^{m-1}} + \frac{2\,(2\,m-3)}{(m-1)\,(4q-p^2)} \int \frac{dx}{(x^2+px+q)^{m-1}}$.

Achtung: Diese Formeln gelten wirklich nur für den Fall $p^2 < 4q$.

Nun können wir jede rationale Funktion $\frac{A(x)}{Q(x)}$ integrieren. Man gehe dabei so vor, wie im folgenden Rezept beschrieben:

Rezept: Integration rationaler Funktionen

Zur Bestimmung des Integrals einer rationalen Funktion, d. h. eines Integrals der Form

$$\int \frac{A(x)}{Q(x)}\,dx$$

mit Polynomen $A(x)$ und $Q(x)$, gehe wie folgt vor:

(1) Falls deg $A \geq$ deg Q, so führe eine Polynomdivision durch

$$\frac{A(x)}{Q(x)} = P(x) + \frac{B(x)}{Q(x)}$$

mit einem Polynom $P(x)$ und deg $B <$ deg Q (beachte die Box in Abschn. 5.1).

(2) Man zerlege das Polynom Q in weiter unzerlegbare Faktoren:

$$Q(x) = (x - a_1)^{r_1} \cdots (x - a_n)^{r_n} (x^2 + p_1 x + q_1)^{s_1} \cdots (x^2 + p_m x + q_m)^{s_m}.$$

Hierbei gilt $p_i^2 - 4q_i < 0$ für alle $i = 1, \ldots, m$ (beachte die Box in Abschn. 5.2).

(3) Man führe eine Partialbruchzerlegung von $\frac{B(x)}{Q(x)}$ durch:

$$\frac{B(x)}{Q(x)} = \frac{P_1}{(x-a_1)} + \cdots + \frac{P_l}{(x^2+p_m x+q_m)^{s_m}}.$$

Hierbei gilt deg $P_i \leq 1$ für alle $i = 1, \ldots, l$ (beachte die Box in Abschn. 5.4).

(4) Man integriere die einzelnen *Summanden* mit den obigen Formeln:

$$\int \frac{A(x)}{Q(x)} \, dx = \int P(x) \, dx + \int \frac{P_1}{(x-a_1)} \, dx + \cdots + \int \frac{P_l}{(x^2+p_m x+q_m)^{s_m}} \, dx.$$

Beispiel 31.1

• Wir bestimmen das Integral von

$$\frac{A(x)}{Q(x)} = \frac{2x^4+x^3+4x^2+1}{(x-1)(x^2+1)^2}.$$

(1) Wegen deg $A <$ deg Q müssen wir keine Polynomdivision durchführen.
(2) Die Zerlegung des Nenners in nicht weiter zerlegbare Faktoren ist bereits erfolgt.
(3) Die Partialbruchzerlegung lautet:

$$\frac{2x^4+x^3+4x^2+1}{(x-1)(x^2+1)^2} = \frac{2}{(x-1)} + \frac{1}{(x^2+1)} + \frac{x}{(x^2+1)^2}.$$

(4) Wegen

$$\int \frac{x}{(x^2+1)^2} \, dx = -\frac{1}{2(x^2+1)}$$

erhalten wir

$$\int \frac{2x^4+x^3+4x^2+1}{(x-1)(x^2+1)^2} \, dx = \int \frac{2}{(x-1)} \, dx + \int \frac{1}{(x^2+1)} \, dx + \int \frac{x}{(x^2+1)^2} \, dx$$

$$= 2 \ln |x - 1| + \arctan(x) - \frac{1}{2(x^2+1)}.$$

• Wir bestimmen das Integral

$$\frac{A(x)}{Q(x)} = \frac{4x^5+6x^3+x+2}{x^2+x+1}.$$

(1) Wegen $\deg A \geq \deg Q$ müssen wir eine Polynomdivision durchführen, wir haben das bereits in dem Beispiel 5.4 erledigt:

$$\frac{4x^5+6x^3+x+2}{x^2+x+1} = 4x^3 - 4x^2 + 6x - 2 + \frac{-3x+4}{x^2+x+1}.$$

(2) Die Zerlegung des Nenners in nicht weiter zerlegbare Faktoren ist bereits erfolgt.
(3) Eine Partialbruchzerlegung ist nicht mehr nötig.
(4) Wegen

$$\int \frac{-3x+4}{x^2+x+1} dx = \frac{-3}{2} \ln(x^2 + x + 1) + \left(4 - \frac{-3}{2}\right) \int \frac{dx}{x^2+x+1}$$

$$= \frac{-3}{2} \ln(x^2 + x + 1) + \frac{11}{2} \frac{2}{\sqrt{3}} \arctan\left(\frac{2x+1}{\sqrt{3}}\right)$$

erhalten wir:

$$\int \frac{4x^5+6x^3+x+2}{x^2+x+1} dx$$

$$= \int 4x^3 - 4x^2 + 6x - 2 \, dx + \int \frac{-3x+4}{x^2+x+1} dx$$

$$= x^4 - \frac{4}{3}x^3 + 3x^2 - 2x + \frac{-3}{2} \ln(x^2 + x + 1) + \frac{11}{\sqrt{3}} \arctan\left(\frac{2x+1}{\sqrt{3}}\right).$$

$\blacksquare$

31.2 Rationale Funktionen in Sinus und Kosinus

Unter einer **rationalen Funktion in Sinus und Kosinus** verstehen wir einen Quotienten $r(x)$, dessen Zähler und Nenner Polynome in $\sin(x)$ bzw. $\cos(x)$ sind, z. B.

$$r(x) = \frac{1}{\sin(x)} \quad \text{oder} \quad r(x) = \frac{\sin^2(x)}{1+\sin(x)}.$$

Wir geben eine Methode an, wie man zu jeder solchen rationalen Funktion eine Stammfunktion finden kann, dabei spielt die folgende Substitution die Schlüsselrolle:

$$t = \tan(x/2) \quad \text{liefert} \quad \frac{dt}{dx} = \frac{1}{2}\left(1 + \tan^2(x/2)\right).$$

Damit erhalten wir

$$dx = \frac{2}{t^2+1} dt \quad \sin(x) = \frac{2\tan(x/2)}{1+\tan^2(x/2)} = \frac{2t}{t^2+1}, \quad \cos(x) = \frac{1-\tan^2(x/2)}{1+\tan^2(x/2)} = \frac{1-t^2}{t^2+1}.$$

Rezept: Integration rationaler Funktionen in Sinus und Kosinus

Ist $r(x) = \frac{A(x)}{Q(x)}$ eine rationale Funktion in Sinus- und Kosinusfunktionen, so findet man eine Stammfunktion $R(x)$ zu $r(x)$ wie folgt:

(1) Ist der Zähler ein Vielfaches der Ableitung vom Nenner, also $A(x) = \lambda\, Q'(x)$? Falls ja, so ist $R(x) = \lambda \ln(|Q(x)|)$ eine Stammfunktion zu $r(x)$. Falls nein, nächster Schritt.

(2) Benutze die Substitution $t = \tan(x/2)$, d.h., ersetze

$$\mathrm{d}x = \frac{2}{t^2+1}\,\mathrm{d}t, \ \sin(x) = \frac{2t}{t^2+1}, \ \cos(x) = \frac{1-t^2}{t^2+1}$$

und erhalte

$$\int \frac{A(x)}{Q(x)}\mathrm{d}x = \int \frac{\tilde{A}(t)}{\tilde{Q}(t)}\mathrm{d}t$$

mit einer rationalen Funktion $\tilde{r}(t) = \frac{\tilde{A}(t)}{\tilde{Q}(t)}$.

(3) Bestimme mit dem Rezept in Abschn. 31.1 eine Stammfunktion $\tilde{R}(t)$ der rationalen Funktion $\tilde{r}(t) = \frac{\tilde{A}(t)}{\tilde{Q}(t)}$.

(4) Rücksubstitution liefert eine Stammfunktion $R(x)$ zu $r(x)$.

Beispiel 31.2 Wir bestimmen eine Stammfunktion zu $r(x) = \frac{\sin^2(x)}{1+\sin(x)}$:

(1) Der Zähler ist kein Vielfaches der Ableitung vom Nenner.

(2) Wir substituieren $t = \tan(x/2)$:

$$\int \frac{\sin^2(x)}{1+\sin(x)}\,\mathrm{d}x = \int \frac{\left(\frac{2t}{t^2+1}\right)^2}{1+\frac{2t}{t^2+1}}\,\frac{2}{1+t^2}\,\mathrm{d}t = \int \frac{8t^2}{(t^2+1)^2(1+t^2+2t)}\,\mathrm{d}t.$$

(3) Wir bestimmen eine Stammfunktion $\tilde{R}(t)$ zu $\tilde{r}(t) = \frac{8t^2}{(t^2+1)^2(1+t^2+2t)}$ (vgl. Übungsaufgaben):

$$\tilde{R}(t) = 2\int \frac{4t^2}{(1+t^2)^2(1+t)^2}\,\mathrm{d}t = 2\left(-\frac{1}{1+t} - \frac{1}{1+t^2} - \arctan(t)\right).$$

(4) Rücksubstitution liefert

$$R(x) = -\frac{2}{1+\tan(x/2)} - \frac{2}{1+\tan^2(x/2)} - x.$$

■

Wir könnten das Thema *Integration mit speziellen Integranden* fortsetzen und weitere Schemata präsentieren, mit deren Hilfe man Stammfunktionen spezieller Integranden bestimmen kann, brechen aber hier an dieser Stelle mit diesem Thema ab. Tatsächlich spielt das *händische* Integrieren in der Praxis bei Weitem keine so fundamentale Rolle, wie das zuerst der Eindruck sein mag, zumal ja auch das Integrieren ein Computer übernehmen kann. Im Folgenden zeigen wir, wie man mit MATLAB bestimmte und unbestimmte Integrale berechnet:

MATLAB Mit MATLAB können sowohl unbestimmte als auch bestimmte Integrale berechnet werden.

Ein unbestimmtes Integral $\displaystyle\int f(x)\mathrm{d}x$:

```
syms x;
int(f(x),x)
```

Z. B.

```
>> int(x^2*sin(x),x)
ans =
2*x*sin(x) - cos(x)*(x^2 - 2)
```

Ein bestimmtes Integral $\displaystyle\int_a^b f(x)\mathrm{d}x$:

```
syms x;
int(f(x),x,a,b)
```

Z. B.

```
>> int(x^2*sin(x),x,0,2)
ans =
4*sin(2) - 4*cos(1)^2
>> double(ans)
ans =
2.4695
```

Man beachte:

- Bei der unbestimmten Integration gibt MATLAB keine Integrationskonstante aus.
- Bei rationalen Funktionen kann es passieren, dass MATLAB kein Ergebnis ausgibt. Hier kann eine händisch durchgeführte Partialbruchzerlegung helfen.

31.3 Numerische Integration

Unter *numerischer Integration* versteht man das näherungsweise Berechnen eines bestimmten Integrals $\int_a^b f(x)\mathrm{d}x$. Das Vorgehen lässt sich plakativ wie folgt beschreiben:

Rezept: Strategie zur numerischen Integration

Zu bestimmen ist ein Näherungswert für $\displaystyle\int_a^b f(x)\mathrm{d}x$.

(1) Unterteile das Intervall $[a, b]$ in Teilintervalle $[x_i, x_{i+1}]$, $i = 0, 1, \ldots, n - 1$.
(2) Ersetze den Integranden f auf jedem Teilintervall $[x_i, x_{i+1}]$ durch eine einfach zu integrierende Funktion p_i für jedes $i = 0, 1, \ldots, n - 1$.
(3) Erhalte den Näherungswert

$$\int_a^b f(x)\mathrm{d}x \approx \sum_{i=0}^{n-1} \int_{x_i}^{x_{i+1}} p_i(x)\mathrm{d}x.$$

Wir betrachten nur die einfachsten Fälle:

- Die Teilintervalle sind äquidistant, d. h. $x_i = a + ih$ mit $i = 0, 1, \ldots, n$ und $h = \frac{b-a}{n}$.
- Die einfach zu integrierenden Funktionen p_i auf den Teilintervallen $[x_i, x_{i+1}]$ sind Polynome vom Grad 1 oder 2.

Beachte Abb. 31.1.

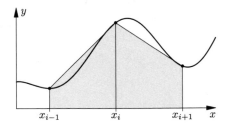 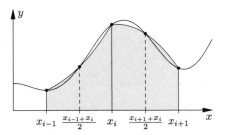

Abb. 31.1 Approximation der Fläche unter dem Graphen durch lineare bzw. quadratische Polynome

Und nun das Beste: Wir müssen gar nicht wissen, wie die Koeffizienten der Polynome lauten (diese kann man natürlich auch bestimmen), wir können die Summe in (3) in obigem Rezept auch direkt angeben:

Newton-Cotes-Formeln

Approximiert man zur Berechnung des Integrals $\int_a^b f(x)\mathrm{d}x$ den Integranden $f(x)$ auf jedem der äquidistanten Teilintervalle $[x_i, x_{i+1}]$, $i = 0, \ldots, n-1$ durch lineare bzw. quadratische Polynome, so erhält man mit $h = \frac{b-a}{n}$:

- **Trapezregel:** Approximation durch lineare Polynome, $n \in \mathbb{N}$:

$$T(h) = h\left(\tfrac{1}{2}f(x_0) + f(x_1) + \cdots + f(x_{n-1}) + \tfrac{1}{2}f(x_n)\right).$$

- **Simpsonregel:** Approximation durch quadratische Polynome, $n \in \mathbb{N}$:

$$S(h) = \frac{h}{6}\left(f(x_0) + 4f\left(\tfrac{x_0+x_1}{2}\right) + 2f(x_1) + 4f\left(\tfrac{x_1+x_2}{2}\right) + \cdots\right.$$
$$\left.\cdots + 2f(x_{n-1}) + 4f\left(\tfrac{x_{n-1}+x_n}{2}\right) + f(x_n)\right).$$

Durch Approximation mit Polynomen höheren Grades erhält man weitere Formeln, wir verzichten auf die Darstellung dieser Formeln. Für den Aufwand bzw. für die Fehlerabschätzung beachte man:

- Die Trapezregel erfordert $n + 1$ Funktionsauswertungen, der Fehler lässt sich abschätzen durch

$$\left|\int_a^b f(x)\mathrm{d}x - T(h)\right| \leq \frac{b-a}{12}h^2 \max_{a \leq x \leq b}|f''(x)|.$$

- Die Simpsonregel erfordert $2n + 1$ Funktionsauswertungen, der Fehler lässt sich abschätzen durch

$$\left|\int_a^b f(x)\mathrm{d}x - S(h)\right| \leq \frac{b-a}{180}h^4 \max_{a \leq x \leq b}|f^{(4)}(x)|.$$

MATLAB Es ist sehr einfach, die Trapez- und die Simpsonregel in MATLAB zu programmieren, wir haben das als Aufgabe 31.3 formuliert. Aber tatsächlich sind diese Regeln bereits in MATLAB umgesetzt: Das Integral $\int_a^b f(x)\mathrm{d}x$ wird mittels der Trapezregel durch Eingabe von `trapz(x,y)` berechnet. Hierbei sind die Zeilenvektoren x =[a, a+h ..., b] und y =[f(a), f(a+h) ..., f(b)] vorzugeben.

Die Simpsonregel steht mit quad('f(x)',a,b) in einer *adaptiven* Variante zur Verfügung, d. h., es findet eine *Schrittweitensteuerung* statt.

Beispiel 31.3 Wir berechnen das bestimmte Integral $\int_0^\pi x \sin(x) \mathrm{d}x$:

- Mit exakter Integration erhalten wir $\int_0^\pi x \sin(x) \mathrm{d}x = \pi = 3.14159265358979\ldots$
- Mit $h = 0.01$ erhalten wir mit x=0:0.01:pi und y=x.*sin(x):

$$\texttt{trapz(x,y)= 3.141562517136044.}$$

- Mit $h = 0.001$ erhalten wir mit x=0:0.001:pi und y=x.*sin(x):

$$\texttt{trapz(x,y)= 3.141591840234830.}$$

- Mit quad('x.*sin(x)',0,pi) erhalten wir

$$\texttt{quad('x.*sin(x)',0,pi) = 3.141592657032484.}$$

∎

31.4 Volumina und Oberflächen von Rotationskörpern

Wir lassen den Graphen von einer stetigen Funktion $f : [a, b] \to \mathbb{R}$ um die x-Achse rotieren und erhalten einen **Rotationskörper,** siehe Abb. 31.2.

Abb. 31.2 Ein
Rotationskörper entsteht durch
Rotation eines Graphen um die
x-Achse

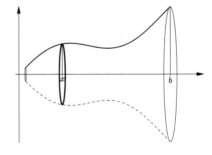

Das Volumen und die Oberfläche dieses Rotationskörpers erhalten wir folgendermaßen:

Volumen und Oberfläche eines Rotationskörpers

Durch die stetige Funktion $f : [a, b] \to \mathbb{R}$ entstehe ein Rotationskörper durch Rotation des Graphen von f um die x-Achse. Dann ist

- $V = \pi \int\limits_a^b (f(x))^2 \mathrm{d}x$ das Volumen und

- $O = 2\pi \int\limits_a^b f(x)\sqrt{1 + (f'(x))^2}\,\mathrm{d}x$ der Oberflächeninhalt

des Rotationskörpers.

Beispiel 31.4 Für jedes $r > 0$ ist der Graph von $f : [-r, r] \to \mathbb{R}$, $f(x) = \sqrt{r^2 - x^2}$ ein Halbkreis mit Radius r. Lassen wir diesen um die x-Achse rotieren, so erhalten wir eine Kugel vom Radius r.

Das Volumen dieser Kugel können wir nun berechnen, es gilt:

$$V_{\text{Kugel}} = \pi \int\limits_{-r}^r r^2 - x^2 \, \mathrm{d}x = \pi \left(r^2 x - \frac{1}{3}x^3 \Big|_{-r}^r \right)$$

$$= \pi \left(r^3 - \frac{1}{3}r^3 + r^3 - \frac{1}{3}r^3 \right) = \frac{4}{3}\pi r^3.$$

Und den Oberflächeninhalt dieser Kugel erhalten wir wegen

$$f'(x) = -\frac{x}{\sqrt{r^2 - x^2}}$$

durch:

$$O_{\text{Kugel}} = 2\pi \int\limits_{-r}^r \sqrt{r^2 - x^2} \sqrt{1 + \frac{x^2}{r^2 - x^2}} \, \mathrm{d}x = 2\pi \int\limits_{-r}^r \sqrt{r^2 - x^2 + x^2} \, \mathrm{d}x$$

$$= 2\pi \left(rx \Big|_{-r}^r \right) = 4\pi r^2.$$

$\blacksquare$

Diese Formeln funktionieren nach einfachem Umbenennen der Variablen natürlich auch für Rotationskörper, die durch Rotation von Graphen um die y-Achse entstehen.

31.5 Aufgaben

31.1 Man bestimme eine Stammfunktion von

(a) $\frac{1}{\sin x}$,

(b) $\frac{x}{(1+x)(1+x^2)}$,

(c) $\frac{\tan x}{1+\tan x}$,

(d) $\frac{x-4}{x^3+x}$,

(e) $\frac{x^2}{(x+1)(1-x^2)}$,

(f) $\frac{9x}{2x^3+3x+5}$,

(g) $\frac{4x^2}{(x+1)^2(x^2+1)^2}$,

(h) $\frac{\sin^2 x}{1+\sin x}$,

(i) $\frac{x^7-28x^3}{(x^2-8)(x^4+8x^2+16)}$,

(j) $\frac{x^3+1}{x(x-1)^3}$,

(k) $\frac{\sin^2 x \cos^2 x}{(\cos^3 x + \sin^3 x)^2}$,

(l) $\frac{x^2+1}{x^3+1}$,

(m) $\frac{3e^x + 4e^{-x} + 2}{1-e^{2x}}$.

31.2 Man bestimme die folgenden Integrale:

(a) $\displaystyle\int_1^{\sqrt{3}} \frac{x^4-4}{x^2(x^2+1)^2}\,dx$,

(b) $\displaystyle\int_0^{\pi/3} \frac{1}{\cos x}\,dx$.

31.3 Man programmiere die Trapez- und die Simpsonregel. Testen Sie beide Funktionen für $I = \int_0^\pi \sin(x)\,dx$ mit $n = 5$ und $n = 50$. Können Sie die Fehlerabschätzung von Abschn. 31.3 (Rezeptebuch) bestätigen?

31.4 Eine Zwiebel der Höhe h entsteht als Rotationskörper des Graphen der Funktion

$$f_{a,h} : [0,h] \to \mathbb{R}, \quad x \mapsto f_{a,h}(x) := \frac{ax}{h}\sqrt{\frac{x}{h} - \left(\frac{x}{h}\right)^2}$$

um die x-Achse. Hierbei ist a ein weiterer Parameter, der die halbe Breite b (das Maximum der Funktion f) der Zwiebel beeinflusst.

(a) Plotten Sie den Graphen der Funktion $f_{1,1}$, um eine Vorstellung von der Zwiebel zu bekommen.

(b) Bestimmen Sie die halbe Breite b der Zwiebel (in Abhängigkeit der Parameter a, h).

(c) Berechnen Sie das Zwiebelvolumen in Abhängigkeit von a, h. Zeigen Sie, dass es eine Konstante σ gibt, so dass das Zwiebelvolumen durch die Formel $V = \sigma b^2 h$ gegeben ist. Es heißt σ die *Zwiebelzahl*.

(d) Bestimmen Sie die Oberfläche der Zwiebel für $a = h = 1$ (näherungsweise) mit MATLAB.

31.5 Die Trapezregel für $n+1$ Knoten im Abstand h beginnend bei $x_0 = 0$ ist gegeben durch
$$T(f,h,n) = h\left(\frac{1}{2}f(0) + f(h) + \ldots + f((n-1)h) + \frac{1}{2}f(nh)\right).$$

Für $h = 1$ und $n = 1$ ergibt sich damit beispielsweise $T(f, 1, 1) = \frac{1}{2}(f(0) + f(1))$. Bestimmen Sie möglichst einfache stetig differenzierbare Funktionen g_1 und g_n, für die gilt

$$T(g_1, 1, 1) = 0 \text{ und } \int_0^1 g_1(x)\mathrm{d}x > 9000 \quad \text{bzw.} \quad T(g_n, 1, n) = 0 \text{ und } \int_0^n g_n(x)\mathrm{d}x > 0.$$

31.6 Für die numerische Berechnung des Integrals $\int_0^3 f(x)\mathrm{d}x$ betrachten wir die Formel

$$I(f) = w_0 f(0) + w_1 f(1) + w_2 f(2) + w_3 f(3).$$

Bestimmen Sie die Konstanten $w_0, \ldots, w_3$, so dass $I(x^k) = \int_0^3 x^k dx$ erfüllt ist für $k = 0, \ldots, 3$. Können Sie ausgehend von dieser Formel auch eine Formel $I_{a,b}(f)$ angeben, die das Integral $\int_a^b f(x)\mathrm{d}x$ approximiert?

Uneigentliche Integrale

32

Inhaltsverzeichnis

Wir bestimmen nun Intergrale über unbeschränkte Intervalle oder unbeschränkte Funktionen. Solche Integrale sind die Grundlage für *Integraltransformationen* wie die Laplace- oder Fouriertransformation. Das wesentliche Hilfsmittel zur Bestimmung solcher uneigentlicher Integrale ist der Begriff des Grenzwerts: Wir legen nämlich eine fiktive Grenze d fest und berechnen ein bestimmtes Integral $I = I(d)$ in Abhängigkeit von d und überlegen dann, ob z. B. der Grenzwert $\lim_{d \to \pm\infty} I(d)$ existiert.

32.1 Berechnung uneigentlicher Integrale

Ein **uneigentliches Integral** ist ein Integral über ein unbeschränktes Intervall oder über eine unbeschränkte Funktion (siehe Abb. 32.1).

Wir fassen alle wesentlichen Begriffe in diesem Zusammenhang in einer Box zusammen:

Uneigentliche Integrale

- **Unbeschränkte Intervalle:** Für $a, b \in \mathbb{R}$ und $f : [a, \infty) \to \mathbb{R}$ bzw. $f : (-\infty, b] \to \mathbb{R}$ bzw. $f : (-\infty, \infty) \to \mathbb{R}$ setze (falls die jeweiligen Grenzwerte existieren):

$$- \int_a^\infty f(x)\,\mathrm{d}x = \lim_{b \to \infty} \int_a^b f(x)\,\mathrm{d}x,$$

C. Karpfinger, *Höhere Mathematik in Rezepten*,
https://doi.org/10.1007/978-3-662-63305-2_32

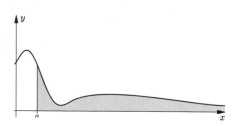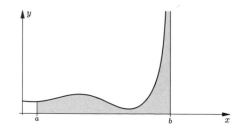

Abb. 32.1 Ein Integral über ein unbeschränktes Intervall bzw. unbeschränkte Funktion

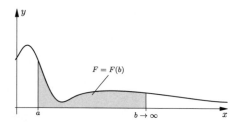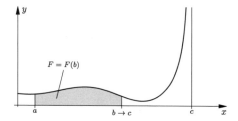

Abb. 32.2 Bei einem uneigentlichen Integral wird ein *übliches* Integral von a bis zu einem b rechts von a bestimmt, anschließend *geht b* gegen ∞ bzw. c

- $\displaystyle \int_{-\infty}^{b} f(x)\,\mathrm{d}x = \lim_{a \to -\infty} \int_{a}^{b} f(x)\,\mathrm{d}x,$

- $\displaystyle \int_{-\infty}^{\infty} f(x)\,\mathrm{d}x = \int_{-\infty}^{c} f(x)\,\mathrm{d}x + \int_{c}^{\infty} f(x)\,\mathrm{d}x$ mit $c \in \mathbb{R}$.

- $\displaystyle \mathrm{CHW} \int_{-\infty}^{\infty} f(x)\,\mathrm{d}x = \lim_{a \to \infty} \int_{-a}^{a} f(x)\,\mathrm{d}x$ nennt man den **Cauchyhauptwert** von f, falls dieser Grenzwert existiert.

- **Unbeschränkte Funktion:** Für $a, b \in \mathbb{R}$ und $f : [a, c) \to \mathbb{R}$ bzw. $f : (c, b] \to \mathbb{R}$ setze (falls die jeweiligen Grenzwerte existieren):

  - $\displaystyle \int_{a}^{c} f(x)\,\mathrm{d}x = \lim_{b \to c^{-}} \int_{a}^{b} f(x)\,\mathrm{d}x,$

  - $\displaystyle \int_{c}^{b} f(x)\,\mathrm{d}x = \lim_{a \to c^{+}} \int_{a}^{b} f(x)\,\mathrm{d}x.$

Falls der jeweilige Grenzwert existiert und endlich ist, so sagt man, dass das uneigentliche Integral **existiert** bzw. **konvergiert,** ansonsten nennt man es **nicht existent** oder **divergent.**

Die folgenden Skizzen in Abb. 32.2 zeigen die Bestimmung zweier uneigentlicher Integrale:

Beispiel 32.1

- $$\int_1^e \frac{1}{x\ln(x)}\, dx = \lim_{a\to 1^+} \int_a^e \frac{1}{x\ln(x)}\, dx = \left| \begin{array}{ll} t = \ln(x) & e \to 1 \\ dt = \frac{1}{x}\, dx & a \to \ln(a) \end{array} \right|$$

  $$= \lim_{a\to 1^+} \int_{\ln(a)}^1 \frac{1}{t}\, dt = \lim_{a\to 1^+} \ln(t)\Big|_{\ln(a)}^1 = \lim_{a\to 1^+} -\ln\big(\ln(a)\big)$$

  $$= -\lim_{b\to 0} \ln(b) = \infty.$$

  Das uneigentliche Integral ist also divergent bzw. existiert nicht.

- Nun ein Beispiel, in dem das uneigentliche Integral existiert:

  $$\int_1^\infty \frac{\ln(x)}{x^2}\, dx = \lim_{b\to\infty} \int_1^b \frac{\ln(x)}{x^2}\, dx = \left| \begin{array}{ll} u = \ln(x) & u' = \frac{1}{x} \\ v' = \frac{1}{x^2} & v = -\frac{1}{x} \end{array} \right|$$

  $$= \lim_{b\to\infty} \left(-\frac{\ln(x)}{x}\Big|_1^b + \int_1^b \frac{1}{x^2}\, dx \right) = \lim_{b\to\infty} -\frac{\ln(b)}{b} - \frac{1}{b} + 1 = 1.$$

- Das uneigentliche Integral $\int_{-\infty}^\infty \frac{1}{1+x^2}\, dx$ existiert, es gilt nämlich

  $$\int_{-\infty}^\infty \frac{1}{1+x^2}\, dx = \int_{-\infty}^0 \frac{1}{1+x^2}\, dx + \int_0^\infty \frac{1}{1+x^2}\, dx$$

  $$= \lim_{a\to -\infty} \int_a^0 \frac{1}{1+x^2}\, dx + \lim_{b\to\infty} \int_0^b \frac{1}{1+x^2}\, dx$$

  $$= \lim_{a\to -\infty} -\arctan(a) + \lim_{b\to\infty} \arctan(b) = \frac{\pi}{2} + \frac{\pi}{2} = \pi.$$

- Das uneigentliche Integral $\int_{-\infty}^\infty x\, dx$ existiert aber nicht, weil die uneigentlichen Integrale $\int_{-\infty}^c x\, dx$ und $\int_c^\infty x\, dx$ nicht existieren.

- Der Cauchyhauptwert der Funktion $f(x) = x$ ist 0, denn es gilt:

  $$\text{CHW} \int_{-\infty}^\infty x\, dx = \lim_{a\to\infty} \int_{-a}^a x\, dx = \lim_{a\to\infty} \frac{1}{2} x^2\Big|_{-a}^a = \lim_{a\to\infty} \left(\frac{a^2}{2} - \frac{a^2}{2} \right) = 0.$$

- $$\int_1^\infty \frac{1}{x}\, dx = \lim_{b\to\infty} \int_1^b \frac{1}{x}\, dx = \lim_{b\to\infty} \ln(b) = \infty.$$

- $$\int_0^1 \frac{1}{x}\, dx = \lim_{a\to 0^+} \int_a^1 \frac{1}{x}\, dx = \lim_{a\to 0^+} -\ln(a) = \infty.$$

■

MATLAB MATLAB kann auch uneigentliche Integrale berechnen, dabei setzt man `Inf` bzw. `-Inf` für die Grenzen $\pm\infty$ bei unbeschränkten Intervallen. Aber auch bei unbeschränkten Funktionen ist die Berechnung mit MATLAB möglich, z.B.

```
syms x;
int(1/sqrt(x), 0,1)
ans =
2
```

```
syms x;
int(1/x, 0,1)
ans =
Inf
```

```
syms x;
int(1/x^2,1,Inf)
ans =
1
```

32.2   Das Majorantenkriterium für uneigentliche Integrale

Wir werden oft vor dem Problem stehen, entscheiden zu müssen, ob ein uneigentliches Integral exisitiert oder nicht. Der tatsächliche Wert ist dann oftmals gar nicht interessant. Das *Majorantenkriterium* liefert eine solche Methode:

> **Das Majorantenkriterium**
> Sind $f, g : [a, \infty) \to \mathbb{R}$ Funktionen, die auf jedem beschränkten Intervall $[a, b]$ integrierbar sind, so gilt: Ist $|f(x)| \le g(x)$ für alle $x \in [a, \infty)$ und existiert $\int_a^\infty g(x)\, dx$, so existiert auch das uneigentliche Integral
>
> $$\int_a^\infty f(x) dx.$$
>
> Das Kriterium gilt analog für Funktionen $f, g : (-\infty, b] \to \mathbb{R}$.

Beispiel 32.2

- Das uneigentliche Integral $\int_1^\infty \frac{1}{x+x^2}\, dx$ existiert, da für alle $x \ge 1$ gilt:

$$\frac{1}{x+x^2} \leq \frac{1}{x^2} \quad \text{und} \quad \int_1^\infty \frac{1}{x^2} dx \text{ existiert,}$$

beachte hierzu Aufgabe 32.1.

- Das uneigentliche Integral $\int_0^1 \frac{1+\cos(x)}{x} dx$ dagegen existiert nicht, denn für alle $x \in [0, 1]$ ist $\cos(x) \geq 0$, also:
$$\frac{1+\cos(x)}{x} \geq \frac{1}{x}.$$

Da aber $\int_0^1 \frac{1}{x} dx$ nicht existiert, existiert auch $\int_0^1 \frac{1+\cos(x)}{x} dx$ nicht.

- Das uneigentliche Integral $\int_0^\infty e^{-x^2} dx$ existiert, denn wir können es zerlegen als

$$\int_0^\infty e^{-x^2} dx = \int_0^1 e^{-x^2} dx + \int_1^\infty e^{-x^2} dx,$$

wobei das Integral $\int_0^1 e^{-x^2} dx$ als eigentliches Integral existiert und das uneigentliche Integral $\int_1^\infty e^{-x^2} dx$ deshalb existiert, weil für $x \geq 1$ gilt:

$$x^2 \geq x \implies e^{x^2} \geq e^x \implies e^{-x^2} \leq e^{-x} \quad \text{und} \quad \int_1^\infty e^{-x} dx = \lim_{b \to \infty} -e^{-b} + e^{-1} = e^{-1}.$$

- Auch das uneigentliche Integral $\int_0^\infty \frac{\sin(x)}{x} dx$ existiert. Wieder zerlegen wir

$$\int_0^\infty \frac{\sin(x)}{x} dx = \int_0^1 \frac{\sin(x)}{x} dx + \int_1^\infty \frac{\sin(x)}{x} dx.$$

Das Integral $\int_0^1 \frac{\sin(x)}{x} dx$ existiert, da $\frac{\sin(x)}{x}$ auf $(0, 1]$ beschränkt und $\lim_{x \to 0+} \frac{\sin(x)}{x} = 1$ ist. Beim Integral $\int_1^\infty \frac{\sin(x)}{x} dx$ liegt die Abschätzung $\left| \frac{\sin(x)}{x} \right| \leq \frac{1}{x}$ nahe. Diese hilft aber leider nicht, da das uneigentliche Integral $\int_1^\infty \frac{1}{x} dx$ nicht existiert. Stattdessen behelfen wir uns mit einem Trick und integrieren zuerst partiell:

$$\int_1^b \frac{\sin(x)}{x} dx = \left| \begin{array}{cc} u = \frac{1}{x} & u' = -\frac{1}{x^2} \\ v' = \sin(x) & v = -\cos(x) \end{array} \right| = \underbrace{-\frac{\cos(x)}{x} \Big|_1^b}_{\overset{b \to \infty}{\longrightarrow} \cos(1)} - \int_1^b \frac{\cos(x)}{x^2} dx.$$

Das uneigentliche Integral $\int_1^\infty \frac{\cos(x)}{x^2} dx$ ist nun konvergent, da für alle $x \in [1, \infty)$ gilt:

$$\left| \frac{\cos(x)}{x^2} \right| \leq \frac{1}{x^2} \quad \text{und} \quad \int_1^\infty \frac{1}{x^2} dx \text{ existiert.}$$

Damit existiert auch $\int_1^\infty \frac{\sin(x)}{x} dx$ und somit auch $\int_0^\infty \frac{\sin(x)}{x} dx$.
Wie wir später sehen werden, gilt tatsächlich

$$\int_0^\infty \frac{\sin(x)}{x}\, dx = \frac{\pi}{2}.$$

■

Man beachte: Falls das uneigentliche Integral $\int_{-\infty}^\infty f(x)dx$ existiert, so ist es gleich seinem Cauchyhauptwert, also

$$\int_{-\infty}^\infty f(x)\, dx \text{ existiert} \quad \Rightarrow \quad \int_{-\infty}^\infty f(x)\, dx = \text{CHW} \int_{-\infty}^\infty f(x)\, dx.$$

32.3 Aufgaben

32.1 Zeigen Sie:

$$\int_0^1 \frac{dx}{x^\alpha} = \begin{cases} \infty, \text{ falls } \alpha \geq 1 \\ \frac{1}{1-\alpha}, \text{ falls } \alpha < 1 \end{cases} \quad \text{und} \quad \int_1^\infty \frac{dx}{x^\alpha} = \begin{cases} \frac{1}{\alpha-1}, \text{ falls } \alpha > 1 \\ \infty, \text{ falls } \alpha \leq 1 \end{cases}.$$

32.2 Untersuchen Sie die folgenden uneigentlichen Integrale auf Konvergenz und geben Sie ggf. deren Wert an:

(a) $\int_0^e |\ln x|\; dx$,   (d) $\int_1^\infty x^x e^{-x^2} dx$,   (g) $\int_{-\infty}^\infty |x|\, e^{-x^2} dx$,

(b) $\int_0^2 \frac{1}{\sqrt{|1-x^2|}}\, dx$,   (e) $\int_0^1 \ln x\; dx$,   (h) $\int_0^e \ln x\, dx$.

(c) $\int_1^2 \frac{dx}{\ln x}$,   (f) $\int_3^\infty \frac{4x}{x^2-4}\, dx$.

Separierbare und lineare Differentialgleichungen 1. Ordnung 33

Inhaltsverzeichnis

Das Thema *Differentialgleichungen* zählt zu den wichtigsten Themen der Ingenieur- und naturwissenschaftlichen Mathematik. Differentialgleichungen beschreiben Bewegungen, Strömungen, Biegungen, Modelle, Vorstellungen, …

Daher wird man mit Differentialgleichungen bei den Ingenieur- und Naturwissenschaften meist sehr früh im Studium konfrontiert, vor allem in der Physik. Manche Typen von Differentialgleichungen lassen sich mit den bisher entwickelten Methoden lösen. Wir behandeln in diesem und den nächsten Kapiteln einige solcher Typen und zeigen, wie man diese rezeptartig lösen kann.

Tatsächlich sind die Beispiele dieses Kapitels nicht repräsentativ für die Beispiele aus der Praxis. In der Praxis hat man viel kompliziertere Differentialgleichungen, bei denen sich eine Lösungsfunktion $x(t)$ meistens nicht analytisch angeben lässt; man benutzt dann numerische Methoden, um näherungsweise den Wert $x(t)$ an gewissen Stellen t der Lösung x zu erhalten. Auch diese Themen werden wir behandeln (siehe Kap. 36). Aber um überhaupt verstehen zu können, wo die Probleme bei der Lösungsfindung von Differentialgleichungen liegen, sollte man auch einmal ein paar einfache lösbare Gleichungen betrachten.

© Springer-Verlag GmbH Deutschland, ein Teil von Springer Nature 2022
C. Karpfinger, *Höhere Mathematik in Rezepten*,
https://doi.org/10.1007/978-3-662-63305-2_33

33.1   Erste Differentialgleichungen

Wir beginnen mit einer Bemerkung zur Notation: Bisher betrachteten wir meist Funktionen f in der Variablen x, also $f(x)$. Manchmal hatten wir auch eine Funktion y in der Variablen x, also $y(x)$. Da Differentialgleichungen typischerweise *Ortsfunktionen* in der Variablen t wie *time* beschreiben, ist es üblich und sinnvoll, Funktionen mit x in der Variablen t zu betrachten, also $x(t)$. Weiterhin ist es in der Physik üblich, einen Punkt anstelle eines Striches für die Ableitung zu verwenden; daher sollten wir hierbei nicht ausscheren und auch diese Notation verwenden, wir schreiben also $\dot{x}$ statt x', $\ddot{x}$ statt x'' usw.

Wir betrachten nun Gleichungen wie z. B.

$$\dot{x}(t) = -2t\,(x(t))^2.$$

Gesucht ist die Menge aller Funktionen $x = x(t)$, die eine solche Gleichung erfüllen. Eine Lösung dieser Gleichung ist etwa $x(t) = \frac{1}{t^2+1}$.

Eine Gleichung dieser Art, in der Funktionen $x = x(t)$ in **einer** Variablen t gesucht werden, nennt man **gewöhnliche Differentialgleichung.** Weitere Beispiele sind

$$\dot{x}(t) = 2\,x(t),\ t\,x(t) = \ddot{x}(t),\ \ddot{x}(t) = t\,\mathrm{e}^{x(t)}.$$

Da wir in diesem Abschnitt nur gewöhnliche Differentialgleichungen betrachten, lassen wir ab jetzt das Adjektiv *gewöhnlich* weg. Anstelle von *Differentialgleichung* schreiben wir kurz *DGL*.

Differentialgleichungen kommen aus den Naturwissenschaften und der mathematischen Modellbildung: Der Versuch, Naturgesetze, Bildungsgesetze, Modelle, ... mathematisch zu formulieren, endet mit einer DGL und zugehörigen Rand- oder Anfangswertbedingungen. Eine DGL drückt eine Abhängigkeit zwischen der Variablen t, der Funktion x und der Ableitung $\dot{x}$ dieser Funktion aus. Dabei beschreibt eine DGL das Änderungsverhalten dieser Größen zueinander. Als Beispiel betrachten wir den **radioaktiven Zerfall:**

Beispiel 33.1 Es ist eine Menge Q_0 radioaktiven Materials zum Zeitpunkt $t_0 = 0$ gegeben. Gesucht ist eine Funktion $Q = Q(t)$, die die zum Zeitpunkt t noch vorhandene Menge Q angibt. Aus physikalischen Beobachtungen und theoretischen Annahmen weiß man, dass die Rate, mit der das radioaktive Material zerfällt, direkt proportional zur Menge des noch vorhandenen Materials ist. Daraus ergibt sich folgende DGL:

$$\frac{\mathrm{d}Q}{\mathrm{d}t}(t) = \dot{Q}(t) = -r\,Q(t).$$

Außerdem wissen wir $Q(t_0) = Q_0$ (man spricht von einer *Anfangsbedingung*). Die Proportionalitätskonstante r, $r > 0$, ist die für jedes radioaktive Material unterschiedliche Zerfallsrate; diese Zahl r ist bekannt. Gesucht ist die Funktion $Q = Q(t)$. ∎

Bevor wir erste einfache Typen von analytisch lösbaren DGLen behandeln, führen wir ein paar suggestive Begriffe ein:

- Die **Ordnung** einer DGL ist die höchste Ableitung der gesuchten Funktion $x = x(t)$, die in der DGL vorkommt.
- Eine DGL heißt **linear,** falls x und alle Ableitungen von x in der DGL in erster Potenz und nicht in sin-, exp-, … Funktionen auftauchen.

Beispiel 33.2
- Die DGL $e^{\dot{x}} = \sin(x) + x^2$ ist eine nichtlineare DGL 1. Ordnung.
- Die DGL $\dddot{x} + 2\ddot{x} + 14 = 0$ ist eine lineare DGL 3. Ordnung.   ∎

Wir behandeln zwei Arten von DGLen, für die man ein einfaches Lösungsschema angeben kann: die separierbaren DGLen und die linearen DGLen 1. Ordnung.

33.2   Separierbare Differentialgleichungen

Man nennt eine DGL **separierbar,** wenn sie sich in der Form

$$\dot{x} = f(t)\,g(x)$$

schreiben lässt. Bei separierbaren DGLen kann man also $\dot{x}$ auf eine Seite schreiben, auf der anderen Seite steht ein Produkt von zwei Funktionen f und g, wobei f eine Funktion in t und g eine solche in x ist:

$$\dot{x} = \underbrace{2}_{=f(t)}\ \underbrace{x}_{=g(x)}\,,\ \dot{x} = \underbrace{t}_{=f(t)}\ \underbrace{x}_{=g(x)}\,,\ \dot{x} = \underbrace{-2t}_{=f(t)}\ \underbrace{x^2}_{=g(x)}\,.$$

33.2.1 Das Verfahren zur Lösung einer separierbaren Differentialgleichung

Eine separierbare DGL löst man nach dem folgenden Schema:

Rezept: Lösen separierbarer Differentialgleichungen

Gegeben ist eine separierbare DGL $\dot{x} = f(t)\,g(x)$.

(1) Separation der Variablen: Schreibe $\dot{x} = \frac{dx}{dt}$ und schiebe alles, was mit t zu tun hat, auf eine Seite der Gleichung und alles, was mit x zu tun hat, auf die andere:

$$\frac{dx}{dt} = f(t)\,g(x) \;\Rightarrow\; \frac{1}{g(x)}\,dx = f(t)\,dt.$$

(2) Integriere beidseits, die Integrationskonstanten c_l und c_r, die man auf der linken und der rechten Seite erhält, schiebt man nach rechts und setzt $c = c_r - c_l$:

$$\int \frac{1}{g(x)}\,dx = \int f(t)\,dt + c.$$

(3) Löse die in (2) erhaltene Gleichung $\int \frac{1}{g(x)}\,dx = \int f(t)\,dt + c$ nach $x = x(t)$ auf. Für jedes zulässige $c \in \mathbb{R}$ hat man dann eine Lösung.

(4) Gib zusätzlich die Lösungen $x = x(t)$ mit $g(x) = 0$ aus, die man durch Division durch $g(x)$ in (1) ausgeschlossen hat.

Beim Lösen separierbarer DGLen erhält man typischerweise in (2) eine Gleichung der Form

$$\ln(|x(t)|) = h(t) + c \;\text{ mit einer Funktion } h \text{ und einer Konstanten } c.$$

Wir lösen diese Gleichung durch Anwenden der Exponentialfunktion nach $x = x(t)$ auf:

$$\ln(|x(t)|) = h(t) + c \;\Rightarrow\; |x(t)| = e^{h(t)+c} = e^c e^{h(t)}$$
$$\Rightarrow\; x(t) = \pm \tilde{c}\, e^{h(t)}$$
$$\Rightarrow\; x(t) = c\, e^{h(t)}$$

mit einem *neuen* $c \in \mathbb{R} \setminus \{0\}$. Man beachte, dass c auch negativ sein darf, während e^c stets positiv ist. Wir werden dies in den folgenden Beispielen benutzen.

Beispiel 33.3

- Wir lösen die DGL $\dot{x} = 2x$.

(1) Separation der Variablen: $\frac{dx}{dt} = 2x \;\Rightarrow\; \frac{1}{x}\,dx = 2\,dt$.

(2) Wir integrieren beidseits:

$$\int \frac{1}{x}\,dx = \int 2\,dt \;\Rightarrow\; \ln|x| = 2t + c.$$

(3) Wir lösen nach $x = x(t)$ auf, indem wir die Exponentialfunktion beidseits anwenden, und erhalten für jedes $c \in \mathbb{R} \setminus \{0\}$ die Lösung

$$x(t) = c\, e^{2t}.$$

(4) Es ist auch x mit $x(t) = 0$ eine Lösung der DGL, zusammengefasst lauten unsere Lösungen $x(t) = c\, e^{2t}$ mit $c \in \mathbb{R}$.

- Wir lösen die DGL $t\, x = \dot{x}$.

(1) Separation der Variablen: $\frac{dx}{dt} = t\, x \ \Rightarrow \ \frac{1}{x}\, dx = t\, dt$.
(2) Wir integrieren beidseits:

$$\int \frac{1}{x}\, dx = \int t\, dt \ \Rightarrow \ \ln x = \frac{1}{2} t^2 + c.$$

(3) Wir lösen nach $x = x(t)$ auf, indem wir die Exponentialfunktion beidseits anwenden, und erhalten für jedes $c \in \mathbb{R} \setminus \{0\}$ die Lösung

$$x(t) = c\, e^{\frac{1}{2}t^2}.$$

(4) Es ist auch x mit $x(t) = 0$ eine Lösung der DGL, zusammengefasst lauten unsere Lösungen $x(t) = c\, e^{\frac{1}{2}t^2}$ mit $c \in \mathbb{R}$.

- Wir lösen die DGL $\dot{x} = -2\, t\, x^2$.

(1) Separation der Variablen: $\frac{dx}{dt} = -2\, t\, x^2 \ \Rightarrow \ \frac{1}{x^2}\, dx = -2\, t\, dt$.
(2) Wir integrieren beidseits:

$$\int \frac{1}{x^2}\, dx = \int -2\, t\, dt \ \Rightarrow \ -\frac{1}{x} = -t^2 + c.$$

(3) Wir lösen nach $x = x(t)$ auf, indem wir die Gleichung invertieren, und erhalten für jedes $c \in \mathbb{R}$ die Lösung
$$x(t) = \frac{1}{t^2 - c}.$$

(4) Es ist auch x mit $x(t) = 0$ eine Lösung der DGL. ∎

Das c wird durch eine Anfangsbedingung festgelegt, hierum kümmern wir uns nun.

33.2.2 Anfangswertprobleme

Eine DGL beschreibt im Allgemeinen eine *Bewegung* bzw. einen *Verlauf.* Die Lösung $x(t)$ kann man dann beispielsweise wie folgt interpretieren:

- Zum Zeitpunkt t befindet sich ein Teilchen an dem Ort $x(t)$, oder
- um Zeitpunkt t liegt das *Quantum* $Q(t)$ an radioaktivem Material vor (beachte obiges Beispiel zum radioaktiven Zerfall).

Die separierbare DGL beim radioaktiven Zerfall lässt sich einfach lösen, wir erhalten

$$\frac{\mathrm{d}\,Q}{\mathrm{d}\,t} = -r\,Q(t) \;\Rightarrow\; Q(t) = c\,\mathrm{e}^{-rt},\; c \in \mathbb{R}.$$

Das c bestimmt man nun mit einer **Anfangsbedingung** wie beispielsweise $Q(0) = Q_0$, d. h., zum Zeitpunkt $t = 0$, also zu Beginn der Beobachtung, liegt das Quantum Q_0 an radioaktivem Material vor. Wir setzen diese Bedingung nun in unsere Lösungsvielfalt $Q(t) = c\,\mathrm{e}^{-rt}$, $c \in \mathbb{R}$, ein und nageln hierdurch die Konstante c fest:

$$Q_0 = Q(0) = c\,\mathrm{e}^{-r0} = c.$$

Damit erhalten wir nun die eindeutig festgelegte Lösung

$$Q(t) = Q_0\,\mathrm{e}^{-rt}.$$

Diese Funktion erfüllt die DGL und die Anfangsbedingung:

$$\frac{\mathrm{d}\,Q}{\mathrm{d}\,t} = -r\,Q(t) \;\text{ und }\; Q(0) = Q_0.$$

Man spricht von einem **Anfangswertproblem,** kurz **AWP,** falls man es wie mit einer DGL **und** einer Anfangsbedingung zu tun hat. Zur Lösung eines AWP mit einer separierbaren DGL beachte das folgende Rezept:

Rezept: Lösen eines AWPs mit separierbarer DGL

Die Lösung des AWPs

$$\dot{x} = f(t)\,g(x),\; x(t_0) = x_0$$

erhält man wie folgt:

(1) Bestimme die allgemeine Lösung $x = x(t)$ der DGL $\dot{x} = f(t)\,g(x)$ (mit der Integrationskonstanten c) mit dem Rezept in Abschn. 33.2.1.
(2) Bestimme c aus der Gleichung $x(t_0) = x_0$ mit $x(t)$ aus (1).

Beispiel 33.4 Wir betrachten das AWP $\dot{x} = -2\,t\,x^2$, $x(1) = 1/2$.

(1) Die allgemeine Lösung der separierbaren DGL ist laut obigem Beispiel

$$x(t) = \frac{1}{t^2 - c} \quad \text{mit} \quad c \in \mathbb{R}.$$

(2) Wir berechnen c aus folgender Gleichung:

$$\frac{1}{2} = x(1) = \frac{1}{1-c} \;\Rightarrow\; c = -1.$$

Damit ist $x(t) = \frac{1}{t^2+1}$ die (eindeutig bestimmte) Lösung des AWPs. ∎

33.3 Die lineare Differentialgleichung 1. Ordnung

Wir betrachten in diesem Abschnitt lineare DGLen 1. Ordnung. Das allgemeine Aussehen einer linearen DGL 1. Ordnung lautet

$$b(t)\,\dot{x}(t) + a(t)\,x(t) = s(t).$$

Indem wir durch die Funktion $b(t)$ teilen, können wir gleich das folgende Aussehen einer linearen DGL 1. Ordnung voraussetzen:

$$\dot{x}(t) + a(t)\,x(t) = s(t).$$

Die Lösungsmenge dieser DGL lässt sich in einer Formel angeben, es gilt:

Die Lösungsformel für eine lineare Differentialgleichung 1. Ordnung
Die Lösungsmenge L der linearen DGL 1. Ordnung $\dot{x}(t) + a(t)\,x(t) = s(t)$ lautet

$$L = \left\{ \mathrm{e}^{-\int a(t)\mathrm{d}t} \left(\int \mathrm{e}^{\int a(t)\mathrm{d}t}\, s(t)\mathrm{d}t + c \right) \mid c \in \mathbb{R} \right\}.$$

Das Lösen einer linearen DGL 1. Ordnung ist also durch das Bestimmen des angegebenen Integrals erledigt. Man kann sich diese Formel aber nicht leicht merken. Das muss man auch gar nicht. Wir erhalten die Lösung durch einen einfachen Ansatz, den wir nun vorstellen, da wir ihn im nächsten Kapitel wieder benötigen werden. Wir betrachten die lineare DGL 1. Ordnung und die **dazugehörige homogene** DGL

$$\dot{x}(t) + a(t)\,x(t) = s(t) \;\longrightarrow\; \dot{x}(t) + a(t)\,x(t) = 0.$$

Die homogene DGL entsteht also aus der ursprünglichen, indem man die **Störfunktion** $s(t)$ durch die Nullfunktion 0 ersetzt.

Diese homogene DGL ist separierbar, es gilt

$$\frac{1}{x}\, dx = -a(t)\, dt,$$

sodass $x(t) = c\, e^{-\int a(t) dt}$ mit $x \in \mathbb{R}$ die allgemeine Lösung der homogenen DGL ist, es ist also

$$L_h = \left\{ c\, e^{-\int a(t) dt} \mid c \in \mathbb{R} \right\}$$

die Lösungsmenge der homogenen DGL.

Wir bestimmen nun die allgemeine Lösungsmenge der inhomogenen DGL. Diese setzt sich zusammen aus einer **partikulären** Lösung x_p, das ist *eine* Lösung der inhomogenen DGL, und der allgemeinen Lösungsmenge L_h der homogenen DGL (siehe Aufgabe 33.4):

$$L = x_p + L_h = \{ x_p + x_h \mid x_h \in L_h \}.$$

Um also die Lösungsmenge L bestimmen zu können, brauchen wir neben L_h noch eine partikuläre Lösung x_p. Eine solche finden wir durch **Variation der Konstanten** c der Lösung $x(t) = c\, e^{-\int a(t) dt}$ der homogenen DGL, d. h., man setzt

$$x_p(t) = c(t)\, e^{-\int a(t) dt}$$

mit einer *Funktion* $c(t)$ – in diesem Sinne wird die Konstante c variiert. Mit diesem Ansatz gehen wir in die inhomogene DGL ein und bestimmen dadurch die unbekannte Funktion $c(t)$, um so die spezielle Lösung $x_p(t) = c(t)\, e^{-\int a(t) dt}$ zu erhalten; es gilt wegen $\dot{x}_p = \dot{c}(t)\, e^{-\int a(t) dt} - a(t)\, c(t)\, e^{-\int a(t) dt}$:

$$\dot{x}_p + a(t) x_p = \dot{c}(t)\, e^{-\int a(t) dt} - a(t)\, c(t)\, e^{-\int a(t) dt} + a(t)\, c(t)\, e^{-\int a(t) dt}$$
$$= \dot{c}(t)\, e^{-\int a(t) dt} = s(t),$$

somit gilt

$$\dot{c}(t) = e^{\int a(t) dt}\, s(t), \quad \text{d. h.} \quad c(t) = \int e^{\int a(t) dt}\, s(t) dt$$

und damit

$$x_p(t) = c(t)\, e^{-\int a(t) dt} = \int e^{\int a(t) dt}\, s(t) dt\, e^{-\int a(t) dt}.$$

Wir fassen das Vorgehen rezeptartig zusammen, bemerken aber noch, dass man üblicherweise nicht die Lösungsmenge einer DGL angibt, vielmehr gibt man die **allgemeine Lösung** an, man schreibt kurz

$$x_a(t) = x_p(t) + c\, e^{-\int a(t) dt}, \quad c \in \mathbb{R} \text{ anstelle } L = \left\{ x_p(t) + c\, e^{-\int a(t) dt} \mid c \in \mathbb{R} \right\}.$$

> **Rezept: Lösen einer linearen Differentialgleichung 1. Ordnung**
> Wir erhalten wie folgt die allgemeine Lösung x_a der DGL
>
> $$\dot{x}(t) + a(t)\, x(t) = s(t).$$
>
> (1) Bestimme die allgemeine Lösung $x_h(t) = c\, e^{-\int a(t)dt}$ der separierbaren homogenen DGL $\dot{x}(t) + a(t)\, x(t) = 0$.
> (2) Bestimme durch Variation der Konstanten eine partikuläre Lösung $x_p(t) = c(t)\, e^{-\int a(t)dt}$: Setze dieses x_p in die inhomogene DGL ein und erhalte $c(t)$ und damit $x_p(t)$.
> (3) Gib die allgemeine Lösung $x_a(t) = x_p(t) + c\, e^{-\int a(t)dt}$, $c \in \mathbb{R}$ an.

Beispiel 33.5

- Wir bestimmen die allgemeine Lösung der folgenden linearen DGL 1. Ordnung

$$\dot{x} - \frac{1}{t}\, x = 3\, t.$$

(1)   Lösung der homogenen DGL: Die homogene DGL lautet $\dot{x} - \frac{1}{t}\, x = 0$. Separation liefert $x_h(t) = c\, t$, $c \in \mathbb{R}$.

(2)   Variation der Konstanten: Wir setzen $x_p(t) = c(t)\, t$ in die inhomogene DGL ein:

$$\dot{x}_p(t) - \frac{1}{t}\, x_p = \dot{c}(t)\, t + c(t) - \frac{1}{t}\, c(t)\, t = \dot{c}(t)\, t = 3\, t.$$

Damit erhalten wir $\dot{c}(t) = 3$, wir wählen $c(t) = 3\, t$ und erhalten die partikuläre Lösung

$$x_p(t) = 3\, t^2.$$

(3)   Die allgemeine Lösung lautet $x_a(t) = 3\, t^2 + c\, t$, $c \in \mathbb{R}$.   ∎

Bemerkungen

1.   Eine Anfangsbedingung $x(t_0) = x_0$ legt die Konstante c fest.
2.   Manchmal kann man eine partikuläre Lösung erraten oder durch einen geeigneten Ansatz (vgl. den Ansatz *vom Typ der rechten Seite* im nächsten Kapitel in Abschn. 34.2.2) finden. In diesem Fall entfällt der (meist recht aufwendige) Schritt (2).
3.   Wir halten der Deutlichkeit halber erneut fest: Für gewisse Typen von Differentialgleichungen gibt es ein Lösungsverfahren. Die *meisten* Differentialgleichungen sind jedoch analytisch nicht lösbar, man ist dann auf numerische Lösungsverfahren angewiesen.

33.4   Aufgaben

33.1 Geben Sie alle Lösungen der folgenden DGLen an:

(a) $\dot{x}\,t = 2\,x$,

(b) $\dot{x} = \frac{2t}{t^2+1}\,x$,

(c) $x\,(1-t)\,\dot{x} = 1 - x^2$,

(d) $\dot{x}\,(x+1)^2 + t^3 = 0$.

33.2 Lösen Sie folgende Anfangswertprobleme mit separierbaren DGLen:

(a) $\dot{x} = -\frac{t}{x}$, $x(1) = 1$,

(b) $\dot{x} = \mathrm{e}^x \sin t$, $x(0) = 0$,

(c) $t^2 x = (1+t)\dot{x}$, $x(0) = 1$.

33.3 Bestimmen Sie die Lösungen der folgenden Anfangswertprobleme. Benutzen Sie zur Bestimmung einer partikulären Lösung die Variation der Konstanten.

(a) $(1+t^2)\,\dot{x} - t\,x = \sqrt{1+t^2}$, $x(t_0) = x_0$,

(b) $\mathrm{e}^{-t}\dot{x} + 2\,\mathrm{e}^t\,x = \mathrm{e}^t$, $x(0) = \frac{1}{2} + \frac{1}{\mathrm{e}}$.

33.4 Begründen Sie: Ist x_p eine partikuläre Lösung einer linearen DGL 1. Ordnung und L_h die Lösungsmenge der zugehörigen homogenen DGL, so ist $L = x_p + L_h$ die Lösungsmenge der ursprünglichen DGL.

33.5 Gerade eben wurde Xaver seine Maß Bier kredenzt, die jedoch so hastig eingeschenkt wurde, dass sie komplett aus Schaum besteht. Annäherungsweise zerfällt Bierschaum exponentiell mit einer gewissen Halbwertszeit T_0, d. h., das Bierschaumvolumen $V(t)$ zur Zeit t ist gegeben durch $V(t) = V_0 \cdot (\frac{1}{2})^{t/T_0}$. Ein realistischer Wert ist $T_0 = 50\,\mathrm{s}$, und das Schaumvolumen zu Anfang ist $V_0 = 1\,\mathrm{l}$. Xaver setzt nun sofort an und beginnt durstig, ohne abzusetzen, zu trinken. Dabei trinkt er konstant $a = 20\,\mathrm{ml/s}$ Schaum weg.

(a) Zeigen Sie, dass das Bierschaumvolumen ohne Xavers Intervention einer DGL $\dot{V} = -kV$ genügt, und bestimmen Sie k in Abhängigkeit von T_0.

(b) Stellen Sie eine DGL für das Bierschaumvolumen V auf, die Xavers Durst berücksichtigt, und lösen Sie diese.

(c) Bestimmen Sie den Zeitpunkt T_e, zu dem der Schaum komplett verschwunden ist.

Lineare Differentialgleichungen mit konstanten Koeffizienten

34

Inhaltsverzeichnis

Bei den linearen Differentialgleichungen können wir zwei Arten unterscheiden: Es gibt solche, bei denen alle Koeffizienten konstant sind, und solche, bei denen das nicht der Fall ist, bei denen also manche Koeffizienten Funktionen in t sind. Man ahnt sofort, dass die Lösungsfindung bei jenen mit nichtkonstanten Koeffizienten im Allgemeinen schwieriger ist. Tatsächlich gibt es schon keine allgemeine Methode zur Lösungsfindung mehr, wenn nur die Ordnung größer gleich 2 ist. Umso erstaunlicher ist es, dass sich alle linearen Differentialgleichungen mit konstanten Koeffizienten im Allgemeinen durch ein übersichtliches Schema lösen lassen (sofern die Störfunktion nicht zu sehr stört). Wir behandeln dies im vorliegenden Kapitel.

Die allgemeine Form einer linearen Differentialgleichung n-ter Ordnung mit konstanten Koeffizienten lautet

$$a_n\, x^{(n)}(t) + a_{n-1}\, x^{(n-1)}(t) + \cdots + a_1\, \dot{x}(t) + a_0\, x(t) = s(t)$$

mit $a_n, \ldots, a_0 \in \mathbb{R}$ und $a_n \neq 0$. Ist die **Störfunktion** $s = s(t)$ die Nullfunktion, so nennt man die Differentialgleichung **homogen,** sonst **inhomogen.**

© Springer-Verlag GmbH Deutschland, ein Teil von Springer Nature 2022
C. Karpfinger, *Höhere Mathematik in Rezepten,*
https://doi.org/10.1007/978-3-662-63305-2_34

34.1   Homogene lineare Differentialgleichungen mit konstanten Koeffizienten

Die allgemeine Form einer homogenen linearen DGL mit konstanten Koeffizienten lautet

$$a_n x^{(n)}(t) + a_{n-1} x^{(n-1)}(t) + \cdots + a_1 \dot{x}(t) + a_0 x(t) = 0$$

mit $a_n, \ldots, a_0 \in \mathbb{R}$ und $a_n \neq 0$. Es ist nicht schwer zu zeigen, dass Summe und skalare Vielfache von Lösungen wieder Lösungen sind (siehe Aufgabe 34.1), allgemeiner gilt:

> **Der Lösungsraum einer homogenen linearen Differentialgleichung**
> Die Menge aller Lösungen einer homogenen linearen DGL n-ter Ordnung ist ein n-dimensionaler Untervektorraum L_h von $\mathbb{R}^{\mathbb{R}}$.
>   Sind $x_1, \ldots, x_n$ linear unabhängige Lösungen aus $\mathbb{R}^{\mathbb{R}}$, so ist
>
> $$L_h = \{c_1 x_1 + \cdots + c_n x_n \mid c_1, \ldots, c_n \in \mathbb{R}\}.$$
>
> Man nennt dann
>
> $$x_h(t) = c_1 x_1(t) + \cdots + c_n x_n(t) \text{ mit } c_1, \ldots, c_n \in \mathbb{R}$$
>
> die **allgemeine Lösung** der homogenen DGL. Eine Basis $\{x_1, \ldots, x_n\}$ von L_h nennt man auch ein **(reelles) Fundamentalsystem.**

Wir haben also dann alle Lösungen bestimmt, wenn es uns gelingt, n linear unabhängige Lösungen, also ein reelles Fundamentalsystem anzugeben. Um überhaupt erst einmal Lösungen zu finden, machen wir den Ansatz $x(t) = e^{\lambda t}$. Setzt man dieses $x(t)$ in die DGL

$$a_n x^{(n)}(t) + a_{n-1} x^{(n-1)}(t) + \cdots + a_1 \dot{x}(t) + a_0 x(t) = 0$$

ein, so erhält man wegen $\dot{x} = \lambda e^{\lambda t}, \ddot{x} = \lambda^2 e^{\lambda t}, \ldots, x^{(n)} = \lambda^n e^{\lambda t}$ die Gleichung

$$a_n \lambda^n e^{\lambda t} + a_{n-1} \lambda^{n-1} e^{\lambda t} + \cdots + a_1 \lambda e^{\lambda t} + a_0 e^{\lambda t} = 0.$$

Ausklammern und Kürzen von $e^{\lambda t} \neq 0$ liefert die **charakteristische Gleichung** $p(\lambda) = 0$ oder das **charakteristische Polynom** $p(\lambda)$:

$$p(\lambda) = a_n \lambda^n + a_{n-1} \lambda^{n-1} + \cdots + a_1 \lambda + a_0 = 0.$$

Für jede Lösung λ der charakteristischen Gleichung, also für jede Nullstelle des charakteristischen Polynoms p ist $x(t) = e^{\lambda t}$ eine Lösung der DGL. Und nun kommt das Beste: Sind

$\lambda_1, \ldots, \lambda_r$ verschiedene Lösungen, so sind die Funktionen $x_1 = e^{\lambda_1 t}, \ldots, x_r = e^{\lambda_r t}$ linear unabhängig. Wir müssen uns also kein Kopfzerbrechen machen, die lineare Unabhängigkeit bekommen wir geschenkt.

Beispiel 34.1 Wir betrachten die homogene lineare DGL

$$\ddot{x} + \dot{x} - 6x = 0 \text{ mit der charakteristischen Gleichung } \lambda^2 + \lambda - 6 = 0.$$

Die charakteristische Gleichung hat die zwei Lösungen $\lambda_1 = 2$ und $\lambda_2 = -3$. Es sind somit $x_1(t) = e^{2t}$ und $x_2(t) = e^{-3t}$ zwei linear unabhängige Lösungen der DGL, d. h., $\{e^{2t}, e^{-3t}\}$ ist ein reelles Fundamentalsystem der DGL. Die allgemeine Lösung lautet

$$x_a(t) = c_1 e^{2t} + c_2 e^{-3t} \text{ mit } c_1, c_2 \in \mathbb{R}.$$

∎

Hat das charakteristische Polynom eine mehrfache Nullstelle, so scheint erst einmal ein Problem vorzuliegen, da die Anzahl der verschiedenen Nullstellen dann echt geringer ist als die Dimension des gesuchten Lösungsraumes. Wir finden aber wiederum ganz einfach genügend linear unabhängige Lösungen, denn ist λ eine m-fache Nullstelle des charakteristischen Polynoms $p(\lambda) = \sum a_k \lambda^k$ der homogenen linearen DGL $\sum a_k x^{(k)} = 0$, so sind die Funktionen

$$x_1 = e^{\lambda t}, \ x_2 = t e^{\lambda t}, \ldots, x_m = t^{m-1} e^{\lambda t}$$

genau m linear unabhängige Lösungen.

Beispiel 34.2 Wir betrachten die homogene lineare DGL

$$\dddot{x} + 2\ddot{x} - 2\dot{x} - x = 0 \text{ mit der charakteristischen Gleichung } \lambda^4 + 2\lambda^3 - 2\lambda - 1 = 0.$$

Die charakteristische Gleichung hat die zwei Lösungen $\lambda_1 = 1$ (einfach) und $\lambda_2 = -1$ (dreifach), es gilt nämlich

$$\lambda^4 + 2\lambda^3 - 2\lambda - 1 = (\lambda - 1)(\lambda + 1)^3.$$

Es sind somit
$$x_1(t) = e^t, \ x_2(t) = e^{-t}, \ x_3(t) = t e^{-t}, \ x_4(t) = t^2 e^{-t}$$

vier linear unabhängige Lösungen der DGL, d. h., es ist $\{e^t, e^{-t}, t e^{-t}, t^2 e^{-t}\}$ ein reelles Fundamentalsystem der DGL. Die allgemeine Lösung lautet

$$x_a(t) = c_1 e^t + c_2 e^{-t} + c_3 t e^{-t} + c_4 t^2 e^{-t} \text{ mit } c_1, c_2, c_3, c_4 \in \mathbb{R}.$$

∎

Falls eine Nullstelle λ des charakteristischen Polynoms nicht reell ist, $\lambda = a + ib$ mit $b \neq 0$, so ist auch das konjugiert Komplexe $\overline{\lambda} = a - ib$ eine Nullstelle des charakteristischen Polynoms p. Zu jeder solchen Nullstelle λ erhält man also ein Paar von komplexen Lösungen $x_1(t) = e^{\lambda t}$ und $x_2(t) = e^{\overline{\lambda} t}$. Da man aber an reellen Lösungen interessiert ist, geht man nun wie folgt vor:

Man wählt eine der beiden komplexen Lösungen $x = x_1$ oder $x = x_2$ und verwirft die zweite komplexe Lösung. Die gewählte Lösung x zerlegt man in Real- und Imaginärteil:

$$x(t) = e^{\lambda t} = e^{(a+ib)t} = e^{at} e^{ibt} = e^{at}(\cos(b\,t) + i\sin(b\,t))$$
$$= e^{at}\cos(b\,t) + ie^{at}\sin(b\,t).$$

Es gilt also

$$\mathrm{Re}(x(t)) = e^{at}\cos(b\,t) \quad \text{und} \quad \mathrm{Im}(x(t)) = e^{at}\sin(b\,t).$$

Man kann zeigen, dass Real- und Imaginärteil einer komplexen Lösung einer homogenen linearen DGL zwei linear unabhängige reelle Lösungen dieser DGL sind. Insgesamt stimmt die Bilanz wieder: Jedes Paar λ, $\overline{\lambda}$ konjugiert komplexer Nullstellen des charakteristischen Polynoms liefert zwei reelle linear unabhängige Lösungen.

Übrigens ist jetzt auch klar, dass es egal ist, welche der beiden komplexen Lösungen man nimmt: Jede komplexe Lösung liefert ein Paar reeller Lösungen, die beiden Paare erzeugen denselben reellen Lösungsraum.

Beispiel 34.3 Wir betrachten die homogene lineare DGL

$$\ddot{x} - 4\dot{x} + 13\,x = 0 \quad \text{mit der charakteristischen Gleichung} \quad \lambda^2 - 4\lambda + 13 = 0.$$

Die charakteristische Gleichung hat die zwei Lösungen $\lambda_1 = 2 + 3\,i$ und $\lambda_2 = 2 - 3\,i$. Es sind somit

$$x_1(t) = e^{2t}\cos(3t) \quad \text{und} \quad x_2(t) = e^{2t}\sin(3t)$$

zwei linear unabhängige reelle Lösungen der DGL, d. h., es ist $\{e^{2t}\cos(3t),\ e^{2t}\sin(3t)\}$ ein reelles Fundamentalsystem der DGL. Die allgemeine Lösung lautet

$$x_a(t) = c_1 e^{2t}\cos(3t) + c_2 e^{2t}\sin(3t) \quad \text{mit} \quad c_1,\ c_2 \in \mathbb{R}.$$

∎

Wir schildern das allgemeine Vorgehen zur Lösung einer homogenen linearen DGL mit konstanten Koeffizienten:

Rezept: Lösen einer homogenen linearen DGL mit konstanten Koeffizienten
Man findet die allgemeine Lösung der folgenden DGL wie folgt:

$$a_n \, x^{(n)} + a_{n-1} \, x^{(n-1)} + \cdots + a_1 \, \dot{x} + a_0 \, x = 0 \text{ mit } a_0, \ldots, a_n \in \mathbb{R}.$$

(1) Stelle die charakteristische Gleichung $p(\lambda) = \sum_{k=0}^{n} a_k \lambda^k = 0$ auf.
(2) Bestimme alle Lösungen von $p(\lambda) = 0$, d.h., zerlege $p(\lambda)$ in die Form

$$p(\lambda) = (\lambda - \lambda_1)^{m_1} \cdots (\lambda - \lambda_r)^{m_r} = 0 \text{ mit } \lambda_1, \ldots, \lambda_r \in \mathbb{C}.$$

(3) Gib n linear unabhängige Lösungen $x_1, \ldots, x_n$ des Lösungsraums L_h der DGL wie folgt an:

– Falls $\lambda = \lambda_i \in \mathbb{R}$ mit $m = m_i \in \mathbb{N}$, so wähle

$$\mathrm{e}^{\lambda t}, \, t\mathrm{e}^{\lambda t}, \ldots, t^{m-1}\mathrm{e}^{\lambda t}.$$

– Falls $\lambda = a + \mathrm{i}\, b = \lambda_i \in \mathbb{C} \setminus \mathbb{R}$ mit $m = m_i \in \mathbb{N}$: Streiche $\overline{\lambda}_i$ und wähle

$$\mathrm{e}^{at} \, \cos(b\,t), \, t\mathrm{e}^{at} \, \cos(b\,t), \ldots, t^{m-1}\mathrm{e}^{at} \, \cos(b\,t)$$
$$\mathrm{e}^{at} \, \sin(b\,t), \, t\mathrm{e}^{at} \, \sin(b\,t), \ldots, t^{m-1}\mathrm{e}^{at} \, \sin(b\,t).$$

Das liefert insgesamt n linear unabhängige reelle Lösungen $x_1, \ldots, x_n$. Es ist dann $L_h = \{c_1 x_1 + \cdots + c_n x_n \mid c_1, \ldots, c_n \in \mathbb{R}\}$ der Lösungsraum der DGL und

$$x_h(t) = c_1 x_1(t) + \cdots + c_n x_n(t) \text{ mit } c_1, \ldots, c_n \in \mathbb{R}$$

die allgemeine Lösung der homogenen DGL.

Die Frage, ob gegebene n Lösungen $x_1, \ldots, x_n : I \to \mathbb{R}$ einer homogenen linearen DGL linear unabhängig sind, also ein Fundamentalsystem der DGL bilden, lässt sich mit der **Wronskideterminante**

$$W(t) = \det \begin{pmatrix} x_1(t) & \ldots & x_n(t) \\ \dot{x}_1(t) & \ldots & \dot{x}_n(t) \\ \vdots & & \vdots \\ x_1^{(n-1)}(t) & \ldots & x_n^{(n-1)}(t) \end{pmatrix}$$

entscheiden, es gilt nämlich:

Die Wronskideterminante
Die Lösungen $x_1, \ldots, x_n : I \to \mathbb{R}$ von

$$a_n(t)\, x^{(n)} + \cdots + a_1(t)\, \dot{x} + a_0(t)\, x = 0$$

bilden genau dann ein Fundamentalsystem, wenn $W(t) \neq 0$ für wenigstens ein $t \in I$. Es gilt dann $W(t) \neq 0$ für alle $t \in I$.

Beispiel 34.4 Die DGL $\ddot{x} + x = 0$ hat die zwei Lösungen sin und cos. Diese bilden wegen

$$W(t) = \det \begin{pmatrix} \sin(t) & \cos(t) \\ \cos(t) & -\sin(t) \end{pmatrix} = -1$$

ein Fundamentalsystem der DGL.   ■

34.2   Inhomogene lineare Differentialgleichungen mit konstanten Koeffizienten

Eine inhomogene lineare DGL mit konstanten Koeffizienten hat die Form

$$a_n\, x^{(n)} + a_{n-1}\, x^{(n-1)} + \cdots + a_1\, \dot{x} + a_0\, x = s(t)$$

mit $s(t) \neq 0$. Gesucht ist die Lösungsmenge L dieser DGL. Wir bezeichnen mit L_h den Lösungsraum der zu dieser DGL **gehörenden homogenen** DGL, die aus der DGL hervorgeht, indem man $s(t)$ durch die Nullfunktion 0 ersetzt. Den Lösungsraum L_h bestimmt man mit der Methode, die wir in Abschn. 34.1 geschildert haben. Für die Lösungsmenge L der inhomogenen DGL gilt:

Der Lösungsraum einer inhomogenen linearen Differentialgleichung mit konstanten Koeffizienten
Für die Menge L aller Lösungen einer linearen DGL n-ter Ordnung mit konstanten Koeffizienten gilt

$$L = x_p(t) + L_h = \{x_p(t) + x_h(t) \mid x_h \in L_h\},$$

wobei L_h der Lösungsraum der zu der DGL gehörenden homogenen DGL und $x_p(t)$ eine partikuläre Lösung der inhomogenen DGL ist. Die allgemeine Lösung x_a hat also die Form

$$x_a(t) = x_p(t) + x_h(t).$$

Um also die allgemeine Lösung einer inhomogenen linearen DGL mit konstanten Koeffizienten zu bestimmen, brauchen wir die allgemeine Lösung der dazugehörenden homogenen DGL und eine partikuläre Lösung. Eine solche partikuläre Lösung x_p findet man mittels eines der beiden Ansätze:

- Variation der Konstanten,
- Ansatz vom Typ der rechten Seite.

34.2.1 Variation der Konstanten

Ist $x_h(t) = c_1 x_1 + \cdots + c_n x_n$ die allgemeine Lösung der homogenen DGL n-ter Ordnung, so macht man bei der **Variation der Konstanten** den Ansatz

$$x_p(t) = c_1(t)\, x_1 + \cdots + c_n(t)\, x_n.$$

Man *variiert* die Konstanten $c_1, \ldots, c_n$, indem man sie als Funktionen in der Veränderlichen t auffasst, und geht damit in die inhomogene DGL ein. Man bestimmt bei diesem Ansatz Koeffizientenfunktionen $c_1(t), \ldots, c_n(t)$, sodass x_p eine Lösung der inhomogenen DGL ist. Wenn man mit diesem Ansatz in die inhomogene DGL der Ordnung n eingeht, ist darauf zu achten, dass bei der Ableitung die Produktregel angewandt werden muss, da die c_i Funktionen in t sind. Für die erste Ableitung erhalten wir so den bereits reichlich komplizierten Ausdruck

$$\dot{x}_p = (c_1 \dot{x}_1 + \cdots + c_n \dot{x}_n) + (\dot{c}_1 x_1 + \cdots + \dot{c}_n x_n).$$

Damit dieser Ansatz übersichtlich bleibt, setzen wir nun einfach $\dot{c}_1 x_1 + \cdots + \dot{c}_n x_n = 0$; für $\ddot{x}_p$ erhalten wir dann

$$\ddot{x}_p = (c_1 \ddot{x}_1 + \cdots + c_n \ddot{x}_n) + (\dot{c}_1 \dot{x}_1 + \cdots + \dot{c}_n \dot{x}_n).$$

Sind höhere Ableitungen von x_p nötig (falls also $n > 2$ gilt), so setzt man den zweiten Ausdruck gleich null, $\dot{c}_1 \dot{x}_1 + \cdots + \dot{c}_n \dot{x}_n = 0$, und verfährt weiter mit diesem Prinzip; für praktische Fälle kommt man mit $n = 2$ jedoch im Allgemeinen aus. Wir brechen daher an dieser Stelle ab. Im Fall $n = 2$ erhalten wir mit dem allgemeinen Ansatz $x_p(t) = c_1(t)\, x_1 + c_2(t)\, x_2$ und der Forderung $\dot{c}_1 x_1 + \cdots + \dot{c}_n x_n = 0$:

$$
\begin{aligned}
s(t) &= a_2 \ddot{x}_p + a_1 \dot{x}_p + a_0 x_p \\
&= a_2 [(c_1 \ddot{x}_1 + c_2 \ddot{x}_2) + (\dot{c}_1 \dot{x}_1 + \dot{c}_2 \dot{x}_2)] + a_1 (c_1 \dot{x}_1 + c_2 \dot{x}_2) + a_0 (c_1 x_1 + c_2 x_2) \\
&= c_1 (a_2 \ddot{x}_1 + a_1 \dot{x}_1 + a_0 x_1) + c_2 (a_2 \ddot{x}_2 + a_1 \dot{x}_2 + a_0 x_2) + a_2 (\dot{c}_1 \dot{x}_1 + \dot{c}_2 \dot{x}_2).
\end{aligned}
$$

Da $a_2 \ddot{x}_1 + a_1 \dot{x}_1 + a_0 x_1 = 0$ und $a_2 \ddot{x}_2 + a_1 \dot{x}_2 + a_0 x_2 = 0$, erhalten wir die Funktionen $c_1(t)$ und $c_2(t)$ wie folgt:

Rezept: Ermitteln einer partikulären Lösung mit Variation der Konstanten

Ist $x_h = c_1 x_1 + c_2 x_2$ die allgemeine Lösung der homogenen DGL $a_2 \ddot{x} + a_1 \dot{x} + a_0 x = 0$, so erhält man eine partikuläre Lösung x_p der inhomogenen DGL

$$a_2 \ddot{x} + a_1 \dot{x} + a_0 x = s(t)$$

durch den Ansatz $x_p = c_1(t) x_1 + c_2(t) x_2$.

Die Funktionen $c_1(t)$ und $c_2(t)$ erhält man dabei durch Lösen des Systems

$$\dot{c}_1 x_1 + \dot{c}_2 x_2 = 0$$
$$\dot{c}_1 \dot{x}_1 + \dot{c}_2 \dot{x}_2 = s(t)/a_2$$

und unbestimmter Integration der Lösungen $\dot{c}_1(t)$ und $\dot{c}_2(t)$.

Obwohl wir also mehr oder weniger willkürlich $\dot{c}_1 x_1 + \dot{c}_2 x_2 = 0$ gesetzt haben, liefert diese Methode eine Lösung (sofern das angegebene System lösbar ist und sich Stammfunktionen der Lösungen $\dot{c}_1(t)$ und $\dot{c}_2(t)$ angeben lassen). Das Verfahren funktioniert analog für höhere Ordnungen, im Fall $n = 3$ erhält man $\dot{c}_1(t)$, $\dot{c}_2(t)$, $\dot{c}_3(t)$ aus dem System

$$\dot{c}_1 x_1 + \dot{c}_2 x_2 + \dot{c}_3 x_3 = 0$$
$$\dot{c}_1 \dot{x}_1 + \dot{c}_2 \dot{x}_2 + \dot{c}_3 \dot{x}_3 = 0$$
$$\dot{c}_1 \ddot{x}_1 + \dot{c}_2 \ddot{x}_2 + \dot{c}_3 \ddot{x}_3 = s(t)/a_3 \, .$$

Wir lösen ein Beispiel im Fall $n = 2$.

Beispiel 34.5 Wir bestimmen eine partikuläre Lösung der inhomogenen DGL

$$\ddot{x} - 2\dot{x} + x = (1 + t)\,e^t .$$

Wegen $p(\lambda) = (\lambda - 1)^2$ lautet die allgemeine Lösung der zugehörigen homogenen DGL

$$x(t) = c_1 e^t + c_2\, t\, e^t ,$$

insbesondere ist $x_1 = e^t$ und $x_2 = t e^t$. Wir variieren die Konstanten, d. h., wir setzen

$$x_p(t) = c_1(t)\, e^t + c_2(t)\, t e^t .$$

Wir erhalten $\dot{c}_1$ und $\dot{c}_2$ als Lösungen des Systems

$$\dot{c}_1 e^t + \dot{c}_2\, t e^t = 0$$
$$\dot{c}_1 e^t + \dot{c}_2\, (1 + t) e^t = (1 + t) e^t .$$

Eine kurze Rechnung liefert

$$\dot{c}_1 = -\dot{c}_2 t \;\; \text{und} \;\; \dot{c}_2 = 1 + t.$$

Damit finden wir

$$c_1(t) = \frac{-t^2}{2} - \frac{t^3}{3} \;\; \text{und} \;\; c_2(t) = t + \frac{t^2}{2}.$$

Als spezielle Lösung der DGL erhalten wir damit

$$x_p(t) = e^t \left(\frac{t^2}{2} + \frac{t^3}{6} \right).$$

∎

Die Variation der Konstanten führt stets zu einer partikulären Lösung. Leider ist der Aufwand zur Bestimmung der Koeffizientenfunktionen $c_i(t)$ reichlich aufwendig, wenn die Ordnung $n \geq 2$ ist. Hier nimmt man gerne jede mögliche Abkürzung, die sich anbietet. Und eine solche Abkürzung gibt es auf jeden Fall immer dann, wenn die Störfunktion von besonderer Bauart ist. Hier bietet sich dann der *Ansatz vom Typ der rechten Seite* an.

34.2.2 Ansatz vom Typ der rechten Seite

Beim Ansatz vom Typ der rechten Seite geht man davon aus, dass eine partikuläre Lösung $x_p(t)$ von derselben Gestalt ist, wie die Störfunktion $s(t)$. Wir betrachten eine inhomogene lineare DGL mit konstanten Koeffizienten von der Form:

$$a_n x^{(n)} + a_{n-1} x^{(n-1)} + \cdots + a_1 \dot{x} + a_0 x = s(t).$$

Ansatz vom Typ der rechten Seite

Ist die Störfunktion $s(t)$ einer inhomogenen linearen DGL mit dem charakteristischen Polynom $p(\lambda) = a_n \lambda^n + \cdots + a_1 \lambda + a_0$ von der Form

$$s(t) = (b_0 + b_1 t + \cdots + b_m t^m) e^{at} \cos(b\,t) \;\; \text{oder}$$
$$s(t) = (b_0 + b_1 t + \cdots + b_m t^m) e^{at} \sin(b\,t),$$

so setze man im Fall $p(a + ib) \neq 0$

$$x_p(t) = [(A_0 + A_1 t + \cdots + A_m t^m) \cos(b\,t) + (B_0 + B_1 t + \cdots + B_m t^m) \sin(b\,t)] e^{at}$$

und im Fall, dass $a + ib$ eine r-fache Nullstelle von p ist,

$$x_p(t) = t^r[(A_0 + A_1 t + \cdots + A_m t^m)\cos(b\,t) + (B_0 + B_1 t + \cdots + B_m t^m)\sin(b\,t)]\,e^{at}.$$

Wir beschreiben diesen allgemeinen Ansatz vom Typ der rechten Seite noch für die Sonderfälle $a = 0$ und/oder $b = 0$ in der Störfunktion $s(t)$ in der folgenden Tabelle. Dabei setzen wir $b(t) = b_0 + b_1 t + \cdots + b_m t^m$, $A(t) = A_0 + A_1 t + \cdots + A_m t^m$ und $B(t) = B_0 + B_1 t + \cdots + B_m t^m$, außerdem kürzen wir Nullstelle mit NS ab:

$s(t)$	$x_p(t)$
$b(t)$	$A(t)$, falls $p(0) \neq 0$, $t^r A(t)$, falls 0 r-fache NS von p.
$b(t)\,e^{at}$	$A(t)\,e^{at}$, falls $p(a) \neq 0$, $t^r A(t)\,e^{at}$, falls a r-fache NS von p.
$b(t)\cos(b\,t)$	$A(t)\cos(b\,t) + B(t)\sin(b\,t)$, falls $p(ib) \neq 0$, $t^r[A(t)\cos(b\,t) + B(t)\sin(b\,t)]$, falls ib r-fache NS von p.
$b(t)\sin(b\,t)$	$A(t)\cos(b\,t) + B(t)\sin(b\,t)$, falls $p(ib) \neq 0$, $t^r[A(t)\cos(b\,t) + B(t)\sin(b\,t)]$, falls ib r-fache NS von p.
$b(t)\,e^{at}\cos(b\,t)$	$[A(t)\cos(b\,t) + B(t)\sin(b\,t)]\,e^{at}$, falls $p(a + ib) \neq 0$, $t^r[A(t)\cos(b\,t) + B(t)\sin(b\,t)]\,e^{at}$, falls $a + ib$ r-fache NS von p.
$b(t)\,e^{at}\sin(b\,t)$	$[A(t)\cos(b\,t) + B(t)\sin(b\,t)]\,e^{at}$, falls $p(a + ib) \neq 0$, $t^r[A(t)\cos(b\,t) + B(t)\sin(b\,t)]\,e^{at}$, falls $a + ib$ r-fache NS von p.

Ist $s(t)$ von der angegebenen Gestalt, so geht man mit dem entsprechenden Ansatz in die inhomogene DGL ein und erhält damit eine Gleichung, in der die Zahlen $A_0, \ldots, A_m$ bzw. $B_0, \ldots, B_m$ zu bestimmen sind. Das gelingt durch einen Koeffizientenvergleich.

Beispiel 34.6 Wir bestimmen eine partikuläre Lösung x_p der inhomogenen DGL

$$\ddot{x} - 2\,\dot{x} + x = (1 + t)\,e^t.$$

Die Störfunktion $s(t) = (1 + t)\,e^t$ ist von der Form

$$s(t) = (b_0 + b_1 t + \cdots + b_m t^m)e^{at}\cos(bt),$$

wobei $b_0 = 1 = b_1$, $m = 1$, $a = 1$ und $b = 0$. Da $\lambda = a + ib = 1$ eine doppelte Nullstelle von $p = \lambda^2 - 2\lambda + \lambda = (\lambda - 1)^2$ ist, machen wir den Ansatz

$$x_p(t) = t^2(A_0 + A_1 t)\,e^t.$$

Wir gehen mit diesem Ansatz in die inhomogene DGL ein und erhalten wegen

$$\dot{x}_p(t) = [2\,A_0 t + (A_0 + 3\,A_1)\,t^2 + A_1 t^3]\,\mathrm{e}^t \quad \text{und}$$

$$\ddot{x}_p(t) = [2\,A_0 + (4\,A_0 + 6\,A_1)\,t + (A_0 + 6\,A_1)\,t^2 + A_1 t^3]\,\mathrm{e}^t$$

die Gleichung

$$\ddot{x}_p - 2\,\dot{x}_p + x_p(t) = (2\,A_0 + 6\,A_1 t)\,\mathrm{e}^t = (1 + t)\,\mathrm{e}^t = s(t).$$

Ein Koeffizientenvergleich liefert $A_0 = 1/2$ und $A_1 = 1/6$, sodass also

$$x_p(t) = \left(\frac{t^2}{2} + \frac{t^3}{6} \right) \mathrm{e}^t$$

eine partikuläre Lösung ist. Man vergleiche dies mit dem Beispiel 34.5.   ∎

Damit ist das folgende Vorgehen zur Ermittlung der Lösungsmenge einer (inhomogenen) linearen DGL mit konstanten Koeffizienten angebracht:

Rezept: Lösen einer linearen DGL mit konstanten Koeffizienten

Die Lösungsmenge L der linearen DGL mit konstanten Koeffizienten

$$a_n\, x^{(n)} + a_{n-1}\, x^{(n-1)} + \cdots + a_1\, \dot{x} + a_0 x = s(t)$$

erhält man wie folgt:

(1) Bestimme die Lösungsmenge L_h der zugehörigen homogenen Differentialgleichung (setze $s(t) = 0$).
(2) Bestimme eine partikuläre Lösung x_p durch den *Ansatz vom Typ der rechten Seite* oder durch *Variation der Konstanten*.
(3) Erhalte L durch $L = x_p + L_h$.

Durch Vorgabe von n Anfangsbedingungen

$$x(t_0) = x_0, \ldots, x^{(n-1)}(t_0) = x_{n-1}$$

werden die Konstanten $c_1, \ldots, c_n$ festgelegt. Man beachte, dass die Anzahl der Anfangsbedingungen gerade die Ordnung der DGL ist. Klar, die Ordnung der DGL ist auch die Dimension des Lösungsraum der homogenen DGL und damit gleich der Anzahl der freien Konstanten $c_1, \ldots, c_n$; und um diese n Zahlen festzulegen, braucht man auch n Bedingungen.

MATLAB Mit MATLAB lösen wir eine DGL bzw. ein AWP mithilfe der Funktion
dsolve. Wir zeigen das an Beispielen, das allgemeine Vorgehen ist dann klar:

```
>> dsolve('Dx=2*x, x(0)=1')
ans =
exp(2*t)

>> dsolve('D2x=2*x')
ans =
C8*exp(2^(1/2)*t) + C9*exp(-2^(1/2)*t)

>> dsolve('D2x=2*t, x(0)=1, Dx(0)=1')
ans =
t^3/3 + t + 1
```

Wir beschließen dieses Kapitel mit einem nützlichen Hilfsmittel: Hat man eine lineare DGL
mit einer Störfunktion $s(t)$ zu lösen, die eine Summe von zwei Funktionen $s_1(t)$ und $s_2(t)$
ist, so hilft das *Superpositionsprinzip* weiter, wonach man nur für jeden Summanden $s_i(t)$
jeweils eine Lösung $x_i(t)$ zu bestimmen hat. Die Lösung für die kompliziertere Störfunktion
$s(t)$ erhält man dann durch *Superposition,* genauer:

Das Superpositionsprinzip
Ist x_1 eine Lösung der linearen DGL

$$x^{(n)} + a_{n-1}(t)\, x^{(n-1)} + \cdots + a_1(t)\, \dot{x} + a_0(t)\, x = s_1(t)$$

und x_2 eine Lösung der linearen DGL

$$x^{(n)} + a_{n-1}(t)\, x^{(n-1)} + \cdots + a_1(t)\, \dot{x} + a_0(t)\, x = s_2(t),$$

so ist $\alpha x_1 + \beta x_2$ mit $\alpha,\ \beta \in \mathbb{R}$ eine Lösung der linearen DGL

$$x^{(n)} + a_{n-1}(t)\, x^{(n-1)} + \cdots + a_1(t)\, \dot{x} + a_0(t)\, x = \alpha s_1(t) + \beta s_2(t).$$

Insbesondere ist mit je zwei Lösungen einer homogenen linearen DGL stets auch jede
Linearkombination wieder eine Lösung.

34.3 Aufgaben

34.1 Zeigen Sie, dass Summe und skalare Vielfache von Lösungen einer homogenen linearen DGL wieder Lösungen dieser linearen DGL sind.

34.2 Bestimmen Sie eine stetige Funktion $x : \mathbb{R} \to \mathbb{R}$, die für alle $t \in \mathbb{R}$ die folgende Gleichung erfüllt:

$$x(t) + \int_0^t x(\tau) \mathrm{d}\tau = \tfrac{1}{2}t^2 + 3t + 1.$$

Gehen Sie dabei wie folgt vor:

(a) Schreiben Sie zunächst die Integralgleichung in eine DGL mit Anfangsbedingung um.
(b) Wie lautet eine allgemeine Lösung x_h für die dazugehörige homogene DGL?
(c) Benutzen Sie zur Bestimmung einer partikulären Lösung $x_p(t)$ den Ansatz vom Typ der rechten Seite und geben Sie die allgemeine Lösung der DGL aus (a) an.
(d) Ermitteln Sie die Lösung des AWPs aus (a) und damit eine Lösung der Integralgleichung.

34.3 Lösen Sie die AWPe

(a) $x^{(4)} - x = t^3$, $x(0) = 2$, $\dot{x}(0) = 0$, $\ddot{x}(0) = 2$, $\dddot{x}(0) = -6$.
(b) $\ddot{x} + 2\dot{x} - 3x = \mathrm{e}^t + \sin t$, $x(0) = \dot{x}(0) = 0$.
(c) $\dddot{x} + \ddot{x} - 5\dot{x} + 3x = 6 \sinh 2t$, $x(0) = \dot{x}(0) = 0$, $\ddot{x}(0) = 4$.

34.4 Gegeben ist die DGL $\ddot{x} - 7\dot{x} + 6x = \sin t$.

(a) Bestimmen Sie die allgemeine Lösung.
(b) Für welche Anfangswerte $x(0)$, $\dot{x}(0)$ ist die Lösung periodisch?

34.5 Bestimmen Sie jeweils ein reelles Fundamentalsystem für die folgenden linearen DGLen:

(a) $\ddot{x} + 4\dot{x} - 77x = 0$.   (c) $\ddot{x} + 10\dot{x} + 29x = 0$.   (e) $\ddot{x} = 0$.
(b) $\ddot{x} + 8\dot{x} + 16x = 0$.   (d) $\ddot{x} + 2\dot{x} = 0$.

34.6 Untersuchen Sie mit Hilfe der Schwingungsgleichung

$$m\ddot{x} + b\dot{x} + cx = 0$$

die Bewegung einer Masse von $m = 50\,\text{kg}$, die mit einer elastischen Feder der Federkonstanten $c = 10200\,\text{N/m}$ verbunden ist, wenn das System den Dämpfungsfaktor $b = 2000\,\text{kg/s}$ besitzt. Dabei werde die Masse zu Beginn der Bewegung ($t = 0$) in der Gleichgewichtslage mit der Geschwindigkeit $v_0 = 2.8\,\text{m/s}$ angestoßen ($x(0) = 0\,\text{m}$, $\dot{x}(0) = 2.8\,\text{m/s}$). Skizzieren Sie den Verlauf der Bewegung.

34.7 Man bestimme alle Funktionen $w(t)$, $t \geq 0$, mit

$$w^{(4)} + 4a^4 w = 1, \quad a > 0, \quad w(0) = w''(0) = 0, \quad \lim_{t \to \infty} |w(t)| < \infty.$$

(Biegelinie einer einseitig unendlich langen Schiene im Schotterbett mit freiem Auflager bei $t = 0$.)

34.8 Man ermittle die allgemeinen Lösungen der DGLen

1. $\ddot{x} + 3\dot{x} - 10x = 50t + 250t^2$.
2. $9\ddot{x} - 6\dot{x} + x = 25e^t \sin \frac{t}{3}$.

3. $2\ddot{x} - 2\dot{x} + 5x = 13 \cos\left(t + \frac{\pi}{4}\right)$.

34.9 *Modellierung eines mechanischen Systems:* Ein (punktförmiger) Körper P der Masse $m = 2$ bewege sich längs der x-Achse und werde in Richtung des Ursprungs $x = 0$ von einer Kraft K, welche proportional zu x ist (Proportionalitätsfaktor 8), angezogen. Zum Zeitpunkt $t = 0$ befinde sich P an der Stelle $x = 10$ in Ruhelage.

1. Geben Sie ein mathematisches Modell für die Bewegung von P für den Fall an, dass

   – keine weiteren Kräfte auf P einwirken,
   – zusätzlich eine Dämpfungskraft berücksichtigt wird, deren Betrag den achtfachen Wert der augenblicklichen Geschwindigkeit hat.

2. Zeigen Sie: Lösungen von Teil 1 sind durch

   – $x(t) = 10 \cos(2t)$ bzw.
   – $x(t) = 10e^{-2t}(1 + 2t)$

gegeben. Skizzieren Sie die zugehörigen Kurven.

Einige besondere Typen von Differentialgleichungen

Inhaltsverzeichnis

Bei wenigen Typen von Differentialgleichungen lässt sich ein Lösungsverfahren zur analytischen Lösung angeben. Wir haben bereits die separierbaren, die linearen 1. Ordnung und die linearen Differentialgleichungen n-ter Ordnung mit konstanten Koeffizienten behandelt. In diesem Kapitel betrachten wir einige weitere Typen von Differentialgleichungen, die sich mit einem speziellen Ansatz lösen lassen.

   Um uns sicher zu sein, dass wir jeweils alle Lösungen erhalten, erinnern wir an das Ergebnis in Abschn. 34.1: Eine homogene lineare DGL n-ter Ordnung hat einen n-dimensionalen Lösungsraum. Wir haben also stets dann alle Lösungen einer homogenen linearen DGL n-ter Ordnung bestimmt, wenn wir n linear unabhängige Lösungen angeben können.

35.1   Die homogene Differentialgleichung

Eine **homogene Differentialgleichung** ist eine solche von der Form

$$\dot{x} = \varphi\left(\frac{x}{t}\right) \quad \text{mit stetigem} \ \varphi : I \to \mathbb{R}.$$

Beispiel 35.1 Ein Beispiel einer homogenen DGL, der man dies nicht sofort ansieht, lautet

$$t^2 \dot{x} = t\,x + x^2.$$

© Springer-Verlag GmbH Deutschland, ein Teil von Springer Nature 2022
C. Karpfinger, *Höhere Mathematik in Rezepten*,
https://doi.org/10.1007/978-3-662-63305-2_35

Eine Division durch t^2 liefert

$$\dot{x} = \tfrac{x}{t} + \left(\tfrac{x}{t}\right)^2,$$

wobei wir nun $t \neq 0$ berücksichtigen müssen. Die Funktion φ ist gegeben durch $\varphi(z) = z + z^2$. ∎

Durch die Substitution $z = \tfrac{x}{t}$ wird eine homogene DGL zu einer separierbaren Differentialgleichung, es gilt nämlich

$$x = t\,z, \quad \text{also} \quad \dot{x} = z + t\,\dot{z},$$

damit wird aus $\dot{x} = \varphi(\tfrac{x}{t})$ die separierbare DGL

$$z + t\,\dot{z} = \varphi(z), \quad \text{also} \quad \dot{z} = \tfrac{1}{t}\,(\varphi(z) - z).$$

Zur Lösung einer homogenen DGL gehe man also wie folgt vor:

Rezept: Lösen einer homogenen Differentialgleichung

Wir lösen die homogene DGL $\dot{x} = \varphi(\tfrac{x}{t})$:

(1) Führe durch die Substitution $z = \tfrac{x}{t}$ die gegebene homogene DGL in die separierbare DGL für $z(t)$ über:

$$\dot{z} = \tfrac{1}{t}\,(\varphi(z) - z).$$

(2) Löse die separierbare DGL durch Lösen des Integrals und anschließendem Auflösen nach $z(t)$:

$$\int \frac{\mathrm{d}z}{\varphi(z) - z} = \ln|t| + c.$$

Beachte, dass $t \neq 0$ und $\varphi(z) \neq z$ gelten muss.

(3) Man erhält die Lösung x durch Rücksubstitution: Ersetze z durch $\tfrac{x}{t}$.

Beispiel 35.2 Wir führen obiges Beispiel fort und gehen aus von der homogenen DGL $\dot{x} = \tfrac{x}{t} + \left(\tfrac{x}{t}\right)^2$.

(1) Mit der Substitution $z = \tfrac{x}{t}$ geht die gegebene DGL über in $z + t\,\dot{z} = z + z^2$, d. h. in die separierbare DGL

$$\dot{z} = \tfrac{1}{t}\,z^2.$$

(2) Wir lösen die separierbare DGL

$$\int \frac{\mathrm{d}z}{z^2} = \frac{-1}{z} = \ln|t| + c \quad \text{also} \quad z(t) = \frac{-1}{\ln|t| + c} \quad \text{bzw.} \quad z(t) = 0.$$

(3) Rücksubstitution $z = \frac{x}{t}$ liefert

$$x(t) = \frac{-t}{\ln|t| + c} \quad \text{bzw.} \quad x(t) = 0.$$

∎

35.2 Die Euler'sche Differentialgleichung

Eine **Euler'sche Differentialgleichung** ist eine lineare DGL n-ter Ordnung mit nichtkonstanten Koeffizienten $a_k(t) = a_k\, t^k$ für alle $k = 0, \ldots, n$, ausführlich

$$a_n\, t^n x^{(n)} + \cdots + a_1\, t\, \dot{x} + a_0\, x = s(t) \text{ mit } a_k \in \mathbb{R} \text{ und einer Störfunktion } s(t).$$

Die allgemeine Lösung L_a einer solchen DGL erhält man wieder durch die allgemeine Lösung L_h der zugehörigen homogenen DGL

$$a_n\, t^n x^{(n)} + \cdots + a_1\, t\, \dot{x} + a_0\, x = 0$$

und einer partikulären Lösung x_p der inhomogenen DGL; es gilt also

$$L_a = x_p + L_h,$$

wobei der Lösungsraum L_h ein n-dimensionaler Vektorraum ist, da die Euler'sche DGL linear ist. Die Zahl n ist hierbei die Ordnung der DGL. Die Angabe von n linear unabhängigen Lösungen $x_1, \ldots, x_n$ liefert damit die Lösung $x = c_1 x_1 + \cdots + c_n x_n$ der homogenen Euler'schen DGL.

Eine partikuläre Lösung findet man mit der mittlerweile vertrauten Variation der Konstanten (siehe Abschn. 34.2.1). Bleibt das Problem, die Lösung der homogenen DGL zu bestimmen.

Dazu macht man den Ansatz $x(t) = t^\alpha$, $t > 0$. Man geht mit diesem Ansatz in die zur Euler'schen gehörigen homogenen DGL ein und erhält wegen $(t^\alpha)^{(k)} = \alpha\,(\alpha - 1)\cdots(\alpha - (k-1))\, t^{\alpha - k}$ eine Gleichung vom Grad n für α:

$$
\begin{aligned}
0 &= a_n t^n \alpha\,(\alpha - 1)\cdots(\alpha - (n-1))\, t^{\alpha - n} + \cdots + a_1 t\, \alpha\, t^{\alpha - 1} + a_0 t^\alpha \\
&= a_n \alpha\,(\alpha - 1)\cdots(\alpha - (n-1))\, t^\alpha + \cdots + a_1 \alpha\, t^\alpha + a_0 t^\alpha \\
&= (a_n \alpha\,(\alpha - 1)\cdots(\alpha - (n-1)) + \cdots + a_1 \alpha + a_0)\, t^\alpha.
\end{aligned}
$$

Für $t \neq 0$ muss also α die polynomiale Gleichung

$$a_n \alpha\,(\alpha - 1)\cdots(\alpha - (n-1)) + \cdots + a_1 \alpha + a_0 = 0$$

vom Grad n in α erfüllen. Zur Lösung einer Euler'schen DGL gehe man wie im Fall einer linearen DGL mit konstanten Koeffizienten vor:

Rezept: Lösen einer Euler'schen Differentialgleichung
Gegeben ist die Euler'sche DGL

$$a_n t^n x^{(n)} + \cdots + a_1 t\, \dot{x} + a_0 x = s(t) \text{ mit } a_k \in \mathbb{R} \text{ und einer Störfunktion } s(t).$$

Die allgemeine Lösung x_a erhält man wie folgt:

(1) Stelle die charakteristische Gleichung $p(\alpha) = 0$ auf:

$$p(\alpha) = a_n \alpha\, (\alpha - 1) \cdots (\alpha - (n-1)) + \cdots + a_1 \alpha + a_0 = 0.$$

(2) Bestimme alle Lösungen von $p(\alpha) = 0$, d. h., zerlege $p(\alpha) = 0$ in die Form

$$p(\alpha) = (\alpha - \alpha_1)^{m_1} \cdots (\alpha - \alpha_r)^{m_r} = 0 \text{ mit } \alpha_1, \ldots, \alpha_r \in \mathbb{C}.$$

(3) Gib n linear unabhängige Lösungen $x_1, \ldots, x_n$ des Lösungsraums U der homogenen DGL wie folgt an:

   – Falls $\alpha = \alpha_i \in \mathbb{R}$ mit $m = m_i \in \mathbb{N}$, so wähle

$$t^\alpha, \ t^\alpha \ln(t), \ldots, t^\alpha (\ln(t))^{m-1}.$$

   – Falls $\alpha = a + \mathrm{i}\, b = \alpha_i \in \mathbb{C} \setminus \mathbb{R}$ mit $m = m_i \in \mathbb{N}$: Streiche $\overline{\alpha}_i$ und wähle

$$t^a \sin(b \ln(t)), \ t^a \sin(b \ln(t)) \ln(t), \ldots, t^a \sin(b \ln(t))(\ln(t))^{m-1},$$
$$t^a \cos(b \ln(t)), \ t^a \cos(b \ln(t)) \ln(t), \ldots, t^a \cos(b \ln(t))(\ln(t))^{m-1}.$$

   Das liefert insgesamt n linear unabhängige reelle Lösungen $x_1, \ldots, x_n$. Es ist dann $U = \{c_1 x_1 + \cdots + c_n x_n \mid c_1, \ldots, c_n \in \mathbb{R}\}$ der Lösungsraum der homogenen DGL und

$$x_h(t) = c_1 x_1(t) + \cdots + c_n x_n(t) \text{ mit } c_1, \ldots, c_n \in \mathbb{R}$$

   die Lösung der homogenen DGL.
(4) Bestimme durch Variation der Konstanten eine partikuläre Lösung x_p der inhomogenen DGL.
(5) Die allgemeine Lösung ist $x_a = x_p + x_h$.

Beispiel 35.3

- Wir lösen die homogene Euler'sche DGL

$$t^2\ddot{x} + t\,\dot{x} - n^2 x = 0 \ \text{ mit } n \in \mathbb{N}_0.$$

Mit dem Ansatz $x(t) = t^\alpha$ erhalten wir die charakteristische Gleichung

$$\alpha\,(\alpha - 1) + \alpha - n^2 = 0 \ \Leftrightarrow\ \alpha^2 = n^2 \ \Leftrightarrow\ \alpha = \pm n.$$

Damit erhalten wir die allgemeine Lösung

$$x(t) = \begin{cases} c_1 t^n + c_2 t^{-n}, & \text{falls } n \neq 0 \\ c_1 + c_2 \ln(t), & \text{falls } n = 0 \end{cases}.$$

∎

35.3   Die Bernoulli'sche Differentialgleichung

Eine nichtlineare DGL der Form

$$\dot{x}(t) = a(t)\,x(t) + b(t)\,x^\alpha(t) \ \text{ mit } \alpha \in \mathbb{R} \setminus \{0,\, 1\}$$

heißt **Bernoulli'sche DGL.** Die Substitution $z(t) = (x(t))^{1-\alpha}$, d. h. $x(t) = (z(t))^{\frac{1}{1-\alpha}}$, führt die nichtlineare Bernoulli'sche DGL für x in eine lineare DGL für z über. Zum Nachweis setzen wir $\dot{x}(t) = \frac{1}{1-\alpha}\dot{z}(t)x^\alpha(t)$, $x(t)$ und x^α in die Bernoulli'sche DGL ein und dividieren die entstehende Gleichung durch $x^\alpha(t)$:

$$\frac{1}{1-\alpha}\,\dot{z}(t)\,x^\alpha(t) = a(t)\,x(t) + b(t)\,x^\alpha(t) \ \Leftrightarrow\ \frac{1}{1-\alpha}\,\dot{z}(t) = a(t)\,z(t) + b(t).$$

Daher ergibt sich das folgende Vorgehen zum Lösen einer Bernoulli'schen DGL:

Rezept: Lösen einer Bernoulli'schen DGL
Zur Lösung der Bernoulli'schen DGL

$$\dot{x}(t) = a(t)\,x(t) + b(t)\,x^\alpha(t) \ \text{ mit } \alpha \in \mathbb{R} \setminus \{0,\, 1\}$$

gehe wie folgt vor:

(1) Bestimme mit dem Rezept in Abschn. 33.3 die allgemeine Lösung $z = z(t)$ der linearen DGL 1. Ordnung

$$\frac{1}{1-\alpha}\dot{z}(t) = a(t)\,z(t) + b(t).$$

(2) Erhalte durch Rücksubstitution die Lösung $x(t) = (z(t))^{\frac{1}{1-\alpha}}$.

(3) Eine eventuelle Anfangsbedingung legt die Konstante c fest.

Beispiel 35.4 Die **logistische DGL** lautet

$$\dot{x}(t) = a\,x(t) - b\,x^2(t)$$

und ist somit eine Bernoulli'sche DGL (mit $\alpha = 2$). Wir lösen ein AWP mit einer logistischen DGL, nämlich

$$\dot{x}(t) = x(t) - x^2(t) \;\; \text{mit } x(0) = 2.$$

(1) Wir lösen die lineare DGL $\dot{z}(t) = -z(t) + 1$:

Die Lösung der homogenen DGL lautet $z_h(t) = c\mathrm{e}^{-t}$, eine partikuläre Lösung lautet $z_p(t) = 1$ (*Variation der Konstanten* oder *Ansatz vom Typ der rechten Seite*). Damit ist

$$z_a(t) = 1 + c\,\mathrm{e}^{-t} \;\; \text{mit } c \in \mathbb{R}$$

die allgemeine Lösung der linearen DGL.

(2) Wir erhalten die allgemeine Lösung

$$x_a(t) = \frac{1}{1+c\,\mathrm{e}^{-t}} \;\; \text{mit } c \in \mathbb{R}.$$

(3) Die Anfangsbedingung $x(0) = 2$ liefert $2 = \frac{1}{1+c}$, also $c = -1/2$; wir erhalten die Lösung

$$x(t) = \frac{1}{1-\mathrm{e}^{-t}/2}.$$

■

35.4   Die Riccati'sche Differentialgleichung

Eine **Riccati'sche DGL** ist eine nichtlineare DGL 1. Ordnung der Form

$$\dot{x}(t) = a(t)\,x^2(t) + b(t)\,x(t) + r(t).$$

Es gibt kein allgemeines Lösungsverfahren für diese DGL. Kennt man aber eine partikuläre Lösung $x_p = x_p(t)$ dieser DGL, z. B. durch Probieren, so kann man alle Lösungen dieser DGL bestimmen:

Rezept: Lösen einer Riccati'schen DGL

Ist eine Lösung $x_p = x_p(t)$ der Riccati'schen DGL

$$\dot{x}(t) = a(t)x^2(t) + b(t)\,x(t) + r(t)$$

bekannt, so erhält man alle Lösungen dieser DGL wie folgt:

(1) Bestimme mit dem Rezept in Abschn. 35.3 die allgemeine Lösung $z_a = z_a(t)$ der Bernoulli'schen DGL

$$\dot{z}(t) = a(t)\,z(t)^2 + (2\,x_p(t)a(t) + b(t))z(t)\,.$$

(2) Gib die allgemeine Lösung $x_a = x_a(t)$ der Riccati'schen DGL an:

$$x_a(t) = x_p(t) + z_a(t).$$

(3) Eine eventuelle Anfangsbedingung legt die Konstante c fest.

Beispiel 35.5 Wir lösen die Riccati'sche DGL

$$\dot{x}(t) = -\frac{1}{t^2-t}x^2(t) + \frac{1+2t}{t^2-t}\,x(t) - \frac{2t}{t^2-t}\,.$$

Offenbar ist $x_p = x_p(t) = 1$ eine Lösung dieser DGL. Wir wenden obiges Rezept an:

(1) Wir bestimmen mit dem Rezept in Abschn. 35.3 die allgemeine Lösung $z_a = z_a(t)$ der folgenden Bernoulli'schen DGL mit $\alpha = 2$:

$$\dot{z}(t) = \frac{-1+2t}{t^2-t}\,z(t) + \frac{-1}{t^2-t}\,z^2(t)\,.$$

(1) Wir bestimmen mit dem Rezept in Abschn. 33.3 die allgemeine Lösung $y = y(t)$ der linearen DGL 1. Ordnung

$$\dot{y}(t) = \frac{1-2t}{t^2-t}\,y(t) + \frac{1}{t^2-t}\,.$$

(1) Es ist $y_h(t) = \frac{c}{t^2-t}$ (Separation der Variablen) die allgemeine Lösung der homogenen linearen DGL.

(2) Es ist $y_p(t) = \frac{1}{t-1}$ (Variation der Konstanten) eine partikuläre Lösung der linearen DGL.

(3) Es ist $y_a(t) = \frac{t+c}{t^2-t}$ die allgemeine Lösung der linearen DGL.

(2) Durch Rücksubstitution $z_a(t) = (y_a(t))^{\frac{1}{1-2}}$ erhalten wir die allgemeine Lösung der Bernoulli'schen DGL:

$$z_a(t) = \frac{t^2-t}{t+c}.$$

(2) Damit erhalten wir die allgemeine Lösung der Riccati'schen DGL:

$$x_a(t) = 1 + \frac{t^2-t}{t+c} = \frac{t^2+c}{t+c}.$$

■

Es gibt viele weitere spezielle Typen von DGLen, die sich durch geeignete Ansätze lösen lassen. Wir verzichten auf die Darstellung dieser Typen. Zum einen sollte dieser kurze Ausflug in das Thema Differentialgleichungen einen ersten und positiven Eindruck beim Leser hinterlassen: Ja, wir können viele DGLen mithilfe eines Schemas lösen. Zum anderen wollen wir aber auch nicht über die Realität hinwegtäuschen: Die DGLen, mit denen man es in der Praxis oft zu tun hat, sind nun einmal oft nicht analytisch lösbar. Will man dennoch *Lösungen* haben, so ist man auf numerische Methoden angewiesen. Auch auf diese Methoden werden wir zu sprechen kommen. Vorher aber geben wir noch eine letzte Methode an, mit der man Lösungen von DGLen (evtl. nur Taylorpolynome dieser) angeben kann. Diese Lösungsmethode entspringt gewissermaßen einem Akt der Verzweiflung, ist aber äußerst fruchtbar.

35.5   Der Potenzreihenansatz

Wir betrachten eine lineare DGL mit nicht notwendig konstanten Koeffizientenfunktionen

$$x^{(n)} + a_{n-1}(t)\, x^{(n-1)} + \cdots + a_1(t)\, \dot{x} + a_0(t)x = s(t).$$

Unsere bisherigen Lösungsmethoden versagen allesamt, wenn es sich hierbei nicht zufällig um eine Euler'sche, Bernoulli'sche, Riccati'sche DGL oder um eine solche mit konstanten Koeffizienten handelt. Eine Idee, dennoch an eine Lösung oder zumindest an ein Taylorpolynom einer Lösung zu gelangen, entspringt der folgenden Beobachtung: Sind alle Funktionen $a_0(t), \ldots, a_{n-1}(t)$, $s(t)$ in eine Taylorreihe um einen Punkt a entwickelbar (vgl. Kap. 28), so existiert eine Lösung x dieser DGL, die ebenfalls als Potenzreihe mit Entwicklungspunkt a darstellbar ist, d. h., es gilt

$$x(t) = \sum_{k=0}^{\infty} c_k (t - a)^k$$

in einer Umgebung von a. Die DGL mittels eines **Potenzreihenansatzes** zu lösen, bedeutet nun, die Koeffizienten c_k zu bestimmen. Kann man alle bestimmen, so hat man eine Lösungsfunktion x in Potenzreihendarstellung gefunden. Kann man nur die ersten $n+1$ Koeffizienten

$c_0, \ldots, c_n$ bestimmen, so hat man das Taylorpolynom $T_{n,x,a}(x)$ einer Lösungsfunktion x gefunden. Die Lösungsmethode lautet wie folgt:

Rezept: Lösen einer DGL mittels Potenzreihenansatz

Zur Lösung einer linearen DGL

$$x^{(n)} + a_{n-1}(t)\, x^{(n-1)} + \cdots + a_1(t)\, \dot{x} + a_0(t)x = s(t)$$

mittels eines Potenzreihenansatzes um den Entwicklungspunkt a gehe wie folgt vor:

(1) Man entwickle alle Funktionen $a_0(t), \ldots, a_{n-1}(t)$, $s(t)$ in Taylorreihen um a und erhalte die folgende Darstellung der DGL:

$$x^{(n)} + \sum_{k=0}^{\infty} c_k^{(a_{n-1})}(t-a)^k\, x^{(n-1)} + \cdots + \sum_{k=0}^{\infty} c_k^{(a_0)}(t-a)^k x = \sum_{k=0}^{\infty} c_k^{(s)}(t-a)^k.$$

(2) Setze $x(t) = \sum_{k=0}^{\infty} c_k(t-a)^k$ mit den unbekannten Koeffizienten c_k, $k \in \mathbb{N}_0$, in die DGL in (1) ein (hierbei darf man gliedweise differenzieren) und erhalte eine neue Darstellung der DGL.

(3) Fasse die Koeffizienten vor gleichen Potenzen von $t-a$ auf der linken Seite der DGL aus (2) möglichst kompakt zusammen; hierbei sind oft Indexverschiebungen nötig, man erhält:

$$d_0 + d_1(t-a) + d_2(t-a)^2 + \ldots = \sum_{k=0}^{\infty} c_k^{(s)}(t-a)^k,$$

wobei die d_l von c_k abhängen.

(4) Führe einen Koeffizientenvergleich durch, $d_k = c_k^{(s)}$. Dieser führt oft auf Rekursionsformeln, mit denen sich die Koeffizienten c_n, c_{n+1}, $\ldots$ durch die Koeffizienten $c_0, \ldots, c_{n-1}$ ausdrücken lassen. Sind Anfangsbedingungen $x(a) = x_0, \ldots, x^{(n-1)}(a) = x_{n-1}$ gegeben, so gilt

$$c_0 = x_0, \; c_1 = x_1, \; c_2 = \tfrac{1}{2}x_2, \ldots, c_{n-1} = \frac{1}{(n-1)!}x_{n-1}.$$

Das sollte man gleich bei den Rekursionsformeln berücksichtigen.

Im Allgemeinen muss man wegen des zunehmenden Rechenaufwandes die sukzessive Bestimmung der Koeffizienten c_0, c_1, $\ldots$ abbrechen und erhält so nur ein Taylorpolynom als Näherungslösung.

Beispiel 35.6 Wir wenden den Potenzreihenansatz auf das folgende AWP an:

$$\ddot{x} + (t - 1)\, x = e^t, \ x(1) = 2, \ \dot{x}(1) = -1.$$

Da die Anfangsbedingungen in $t_0 = 1$ gegeben sind, wählen wir als Entwicklungspunkt $a = 1$:

(1) Die Entwicklung der Koeffizientenfunktion $a_0(t) = t - 1$ um den Entwicklungspunkt $a = 1$ ist bereits erledigt. Es bleibt die Entwicklung der Störfunktion $s(t) = e^t$ um den Punkt $a = 1$, diese lautet wegen $e^t = e\, e^{t-1}$ offenbar $s(t) = \sum_{k=0}^{\infty} \frac{e}{k!}(t-1)^k$, damit erhalten wir

$$\ddot{x} + (t - 1)\, x = \sum_{k=0}^{\infty} \frac{e}{k!}(t-1)^k.$$

(2) Wir setzen $x(t) = \sum_{k=0}^{\infty} c_k(t-1)^k$ mit den unbekannten Koeffizienten c_k, $k \in \mathbb{N}_0$, in die Differentialgleichung ein; wegen $\dot{x}(t) = \sum_{k=1}^{\infty} k\, c_k\,(t-1)^{k-1}$ und $\ddot{x}(t) = \sum_{k=2}^{\infty}(k-1)\,k\, c_k\,(t-1)^{k-2}$ erhalten wir:

$$\sum_{k=2}^{\infty}(k-1)\,k\, c_k\,(t-1)^{k-2} + \sum_{k=0}^{\infty} c_k\,(t-1)^{k+1} = \sum_{k=0}^{\infty} \frac{e}{k!}(t-1)^k.$$

(3) Um die Koeffizienten vor gleichen Potenzen von $t - 1$ auf der linken Seite der DGL aus (2) zusammenfassen zu können, indizieren wir um und erhalten damit die Darstellung:

$$2\, c_2(t-1)^0 + \sum_{k=1}^{\infty}\left((k+1)\,(k+2)\, c_{k+2} + c_{k-1}\right)(t-1)^k = \sum_{k=0}^{\infty} \frac{e}{k!}(t-1)^k.$$

(4) Durch Einsetzen der Anfangsbedingungen erhalten wir:

$$2 = x(1) = c_0 \ \text{ und } \ -1 = \dot{x}(1) = c_1,$$

sodass wir also $c_0 = 2$ und $c_1 = -1$ bereits bestimmt haben. Wir vergleichen nun die Koeffizienten links und rechts des Gleichheitszeichens vor den gleichen Potenzen $(t-1)^k$ und berücksichtigen $c_0 = 2$ und $c_1 = -1$:

$$(t-1)^0 : c_2 = \frac{e}{2}$$

$$(t-1)^1 : 6\,c_3 + c_0 = e \quad \Rightarrow c_3 = \frac{1}{6}\,(e - 2)$$

$$(t-1)^2 : 12\,c_4 + c_1 = \frac{e}{2} \quad \Rightarrow c_4 = \frac{1}{12}\left(\frac{e}{2} + 1\right)$$

$$(t-1)^3 : 20\,c_5 + c_2 = \frac{e}{6} \quad \Rightarrow c_5 = \frac{1}{20}\left(\frac{e}{6} - \frac{e}{2}\right)$$

$$\vdots \qquad\qquad\qquad \vdots$$

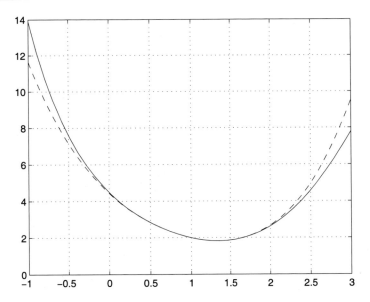

Abb. 35.1 Lösung und Näherung

Somit lauten die ersten Glieder der Taylorentwicklung der Lösung $x(t)$

$$x(t) = 2 - (t - 1) + \frac{e}{2}(t - 1)^2 + \frac{1}{6}(e - 2)(t - 1)^3 + \frac{1}{12}\left(\frac{e}{2} + 1\right)(t - 1)^4 \ldots$$

Abb. 35.1 zeigt neben dem Graphen der korrekten Lösung den Graphen dieser Näherungs-lösung (gestrichelte Linie) in einer Umgebung der 1. In einer Umgebung der 1 approximiert unsere Lösung die exakte Lösung. ∎

Auf die Voraussetzung, dass die betrachtete DGL linear ist, kann verzichtet werden: Mit dem Potenzreihenansatz kann man auch nichtlineare DGLen lösen. Nur sind dann z. B. Potenzen von Reihen zu berechnen; ein Koeffizientenvergleich wird dann im Allgemeinen rasch zu einer undurchschaubaren Geschichte. Für die praktischen Anwendungen entfällt diese Lösungsmethode, daher betrachten wir keine Beispiele dazu.

35.6 Aufgaben

35.1 Lösen Sie die AWPe:

(a) $\dot{x}\,t - 2x - t = 0, t > 0, x(2) = 6$,

(b) $\dot{x} - \frac{1}{2}\cot t\,x + \cos t\,x^3 = 0, 0 < t < \pi, x(\pi/2) = 1$.

35.2 Lösen Sie die folgenden DGLen:

(a) $4x\dot{x} - x^2 + 1 + t^2 = 0$,

(b) $t(t-1)\dot{x} - (1 + 2t)x + x^2 + 2t = 0$,

(c) $t\dot{x} = x + \sqrt{x^2 - t^2}$,

(d) $t^2\ddot{x} + t\dot{x} - x = 0$,

(e) $t^2 x^{(4)} + 3\ddot{x} - \frac{7}{t}\dot{x} + \frac{8}{t^2}x = 0$,

(f) $t^2\ddot{x} - t\dot{x} + 2x = 0$.

35.3 Gegeben ist das AWP $\dot{x} = tx + t$, $x(0) = 0$.

(a) Stellen Sie die Lösung als Potenzreihe dar, ermitteln Sie die ersten fünf nicht verschwindenden Glieder und berechnen Sie damit eine Näherung von $x(2)$.

(b) Bestimmen Sie durch wiederholtes Differenzieren der DGL die Taylorentwicklung von $x(t)$ an der Stelle $t_0 = 0$.

(c) Ermitteln Sie die Lösung $x(t)$ explizit in geschlossener Form, leiten Sie daraus die Potenzreihenentwicklung bei $t_0 = 0$ ab und berechnen Sie $x(2)$.

35.4 Mittels Potenzreihenansatz löse man das AWP für $(1 + t^2)\ddot{x} + t\dot{x} - x = 0$ mit den Anfangswerten $x(0) = 0$, $\dot{x}(0) = 1$ bzw. $x(0) = \dot{x}(0) = 1$.

35.5 Bestimmen Sie die allgemeine Lösung der folgenden DGLen mittels eines Potenzreihenansatzes:

(a) $\ddot{x} - tx = 0$.   (b) $\dot{x} + tx = 0$.   (c) $\dot{x} - tx = 1 + t$.

35.6 Es sei x die Lösung des AWP $\ddot{x} + tx + e^{t^2} = 0$ mit Anfangswerten $x(0) = \dot{x}(0) = 1$. Mit Hilfe eines (abgebrochenen) Potenzreihenansatzes bestimme man das Taylorpolynom $T_{4,x,0}$ von x vom Grad 4 um den Entwicklungspunkt 0.

35.7 Lösen Sie das folgende Anfangswertproblem:

$$(*) \quad \dot{x} = (t + x)^2 \quad \text{mit} \quad x(0) = 1.$$

Gehen Sie dabei wie folgt vor:

1. Durch die Substitution $u = t + x$ erhält man aus der DGL $\dot{x} = (t + x)^2$ eine neue DGL in der Funktion $u = u(t)$. Geben Sie diese DGL für u an.
2. Bestimmen Sie die allgemeine Lösung u_a der neuen DGL aus (a) per Separation der Variablen.
3. Wie lautet die allgemeine Lösung x_a der ursprünglichen DGL $(*)$?
4. Ermitteln Sie mit der Anfangsbedingung die gesuchte Lösung $x(t)$.

Numerik gewöhnlicher Differentialgleichungen I 36

Inhaltsverzeichnis

Differentialgleichungen und damit Anfangswertprobleme nehmen im Ingenieurwesen und in der Naturwissenschaft eine nicht zu unterschätzende Rolle ein. Wir haben dieser so fundamentalen Problematik zahlreiche Kapitel gewidmet. In den Kap. 33, 34 und 35 befassten wir uns mit der (exakten) analytischen Lösung von Differentialgleichungen bzw. Anfangswertproblemen. Wir haben in den genannten Kapiteln auch mehrfach angesprochen, dass Anfangswertprobleme nur in seltenen Fällen analytisch lösbar sind. In den meisten Fällen muss man sich mit Näherungslösungen begnügen. Dabei bestimmt man nicht die gesuchte Funktion $x = x(t)$ näherungsweise, sondern im Allgemeinen die Werte $x(t_i)$ der unbekannten Funktion x an diskreten Stellen $t_0, \ldots, t_n$.

36.1 Erste Verfahren

Gegeben ist ein Anfangswertproblem (AWP)

$$\dot{x} = f(t, x) \ \text{ mit } \ x(t_0) = x_0$$

mit einer Differentialgleichung (DGL) 1. Ordnung $\dot{x} = f(t, x)$. Wir gehen davon aus, dass das AWP eindeutig lösbar ist. Weiter soll kein explizites Lösungsverfahren bekannt sein, sodass man sich mit Näherungen begnügen muss.

Ein erstes Näherungsverfahren für die Lösung $x(t)$ des AWPs erhält man wie folgt: Wir unterteilen das Intervall $[t_0, t]$ für ein $t > t_0$ äquidistant mit der **Schrittweite** $h = \frac{t - t_0}{n}$

© Springer-Verlag GmbH Deutschland, ein Teil von Springer Nature 2022
C. Karpfinger, *Höhere Mathematik in Rezepten*,
https://doi.org/10.1007/978-3-662-63305-2_36

Abb. 36.1 Exakte Werte und
Näherungswerte

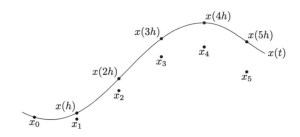

durch die **Stützstellen**

$$t_k = t_0 + k\,h \ \text{ mit } \ k = 0,\,1,\,\ldots,\,n\,,$$

also $t_n = t$, und bestimmen vom Anfangswert $x_0 = x(t_0)$ ausgehend der Reihe nach Näherungen $x_1, \ldots, x_n$ für die exakten (und unbekannten) Funktionswerte $x(t_1), \ldots, x(t_n)$. Man spricht von einer **Diskretisierung** des AWP.

Wir approximieren die exakten Werte $x(t_k)$ der Lösung x an den Stellen $t_k = t_0 + k\,h$ durch Zahlen x_k (in der nebenstehenden Abb. 36.1 wählen wir $t_0 = 0$). Die verschiedenen Verfahren unterscheiden sich in der Weise, wie x_{k+1} aus $x_0, \ldots, x_k$ berechnet wird. Man unterscheidet prinzipiell:

- **Einschrittverfahren**, hierbei wird x_{k+1} nur aus x_k berechnet, und
- **Mehrschrittverfahren**, hierbei wird x_{k+1} aus $x_{k-j+1}, \ldots, x_k$ für ein $j \in \{2, \ldots, k+1\}$ berechnet.

Einfache Einschrittverfahren

Mit den folgenden Verfahren erhalten wir Näherungslösungen x_k für die exakte Lösung $x(t_k)$ des AWP

$$\dot{x} = f(t, x) \ \text{ mit } \ x(t_0) = x_0$$

an den Stellen $t_k = t_0 + k\,h$ mit $k = 0,\,1,\,\ldots,\,n$ und $h = \frac{t-t_0}{n}$ für ein $n \in \mathbb{N}$.

- Beim **expliziten Eulerverfahren** werden die Näherungspunkte x_k für $x(t_k)$ rekursiv aus x_0 bestimmt durch

$$x_{k+1} = x_k + h\,f(t_k, x_k),\ k = 0,\,1,\,2\ldots.$$

- Bei der **Mittelpunktsregel** bestimmt man die x_k rekursiv gemäß

$$x_{k+1} = x_k + h\,f\left(\tfrac{t_k+t_{k+1}}{2},\ \tfrac{x_k+x_{k+1}}{2}\right),\ k = 0,\,1,\,2\ldots.$$

- Beim **impliziten Eulerverfahren** bestimmt man die x_k rekursiv gemäß

$$x_{k+1} = x_k + h\,f\,(t_{k+1}, x_{k+1})\,,\ k = 0,\,1,\,2\dots.$$

Beachte: Bei der Mittelpunktsregel und beim impliziten Eulerverfahren sind die Werte x_{k+1} für $k = 0,\,1,\,2\dots$ nicht explizit gegeben, sondern nur implizit. Zur Berechnung dieser Werte muss in jedem Iterationsschritt eine lineare oder nichtlineare Gleichung (abhängig von f) gelöst werden. Dafür bietet sich im Allgemeinen das Newtonverfahren an.

In allen drei Verfahren aber stellen die berechneten Werte x_k dann Approximationen an die exakten Werte $x(t_k)$ der Lösung des AWPs dar.

Beispiel 36.1 Wir betrachten das AWP

$$\dot{x} = t - x\,,\ x(0) = 1\,.$$

mit der exakten Lösung

$$x(t) = 2\,\mathrm{e}^{-t} + t - 1\,.$$

Wir ermitteln mit den drei angegebenen Verfahren nun Näherungslösungen x_k für $x(t_k)$ für die diskreten Stellen $t_1, \ldots, t_n$. Wir wählen

$$t = 0.6 \ \text{und} \ n = 10\,,\ \text{also} \ h = 0.06 \ \text{und} \ t_k = k \cdot 0.06 \ \text{mit} \ k = 0,\,1,,\ldots,10\,.$$

Mit MATLAB erhalten wir die Ergebnisse in der folgenden Tabelle:

t_k	x_k exakt	x_k Euler (expl.)	x_k Mittelpunktsregel	x_k Euler (impl.)
0.00	1.0000	1.0000	1.0000	1.0000
0.06	0.9435	0.9400	0.9435	0.9468
0.12	0.8938	0.8872	0.8938	0.9000
0.18	0.8505	0.8412	0.8505	0.8592
0.24	0.8133	0.8015	0.8131	0.8242
0.30	0.7816	0.7678	0.7815	0.7945
0.36	0.7554	0.7397	0.7552	0.7699
0.42	0.7341	0.7170	0.7339	0.7501
0.48	0.7176	0.6991	0.7174	0.7348
0.54	0.7055	0.6860	0.7053	0.7238
0.60	0.6976	0.6772	0.6974	0.7168

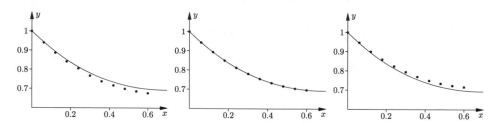

Abb. 36.2 Exakte Lösung und Näherungen mit explizitem Euler, der Mittelpunktsregel, implizitem Euler

In der Abb. 36.2 sind die erhaltenen Näherungswerte neben dem Graphen der exakten Lösung eingezeichnet.

∎

Bei den bisher behandelten Beispielen von Einschrittverfahren waren die Abstände zwischen den Zeiten $t_0, t_1, \ldots, t_n$ gleich, das muss so natürlich nicht sein, allgemeiner spricht man von einem **Zeitgitter**

$$\Delta = \{t_0, t_1, \ldots, t_n\} \subseteq \mathbb{R}$$

mit den **Schrittweiten** $h_j = t_{j+1} - t_j$ für $j = 0, \ldots, n-1$ und der **maximalen Schrittweite**

$$h_\Delta = \max\{h_j \mid j = 0, \ldots, n-1\}.$$

Bei der näherungsweisen Lösung eines AWP bestimmt man eine **Gitterfunktion**

$$x_\Delta : \Delta \to \mathbb{R}$$

mit $x_\Delta(t_j) \approx x(t_j)$ für alle $j = 0, \ldots, n-1$.

Bei einem Einschrittverfahren werden sukzessive

$$x_\Delta(t_1), \; x_\Delta(t_2), \ldots, x_\Delta(t_n)$$

berechnet, wobei bei der Berechnung von $x_\Delta(t_{k+1})$ nur $x_\Delta(t_k)$ eingeht. Dies kürzt man suggestiv mit der folgenden Notation ab:

$$x_\Delta(t_0) = x_0, \; x_\Delta(t_{k+1}) = \Psi(x_\Delta(t_k), \, t_k, \, h_k)$$

und spricht auch kurz vom Einschrittverfahren Ψ.

Bemerkung Im Kap. 73 werden wir die Begriffe *Konsistenzordnung* und *Konvergenzordnung* von Einschrittverfahren einführen, um eine Einschätzung der Güte dieser Verfahren zu erhalten. Die Konsistenzordnung und die Konvergenzordnung eines Verfahrens stimmen üblicherweise überein. Dabei wird bei der *Konsistenz* ein lokaler Fehler in Abhängigkeit von einer Schrittweite h betrachtet. Bei der *Konvergenz* hingegen erhält man eine globale Einschätzung der Güte eines Einschrittverfahrens in Abhängigkeit eines *Zeitgitters* $\{t_0, t_1, \ldots, t_n\}$. Eine hohe Konsistenzordnung sorgt also lokal dafür, dass der durch das Einschrittverfahren Ψ gemachte Fehler bei einer Verkleinerung der Schrittweite h *schnell* verschwindend klein wird. In dieser Sichtweise ist es also wünschenswert, Einschrittverfahren mit hoher Konsistenzordnung zur Hand zu haben. Wir nehmen vorweg:

- Das explizte Eulerverfahren hat die Konsistenzordnung $p = 1$.
- Die Mittelpunktsregel hat die Konsistenzordnung $p = 2$.
- Das im nächsten Abschnitt behandelte klassische Runge-Kuttaverfahren hat die Konsistenzordnung $p = 4$.

36.2 Runge-Kuttaverfahren

Zur Berechnung der Näherungslösungen x_k für die exakte Lösung $x(t_k)$ des AWP

$$\dot{x} = f(t, x) \text{ mit } x(t_0) = x_0$$

an den Stellen $t_k = t_0 + k h$ mit $k = 0, 1, \ldots, n$ und $h = \frac{t - t_0}{n}$ für ein $n \in \mathbb{N}$ haben wir in Abschn. 36.1 drei Einschrittverfahren angegeben, bei denen wir x_{k+1} durch den folgenden Ausdruck erhalten:

$$x_k + h f(t_k, x_k) \text{ bzw. } x_k + h f\left(\tfrac{t_k + t_{k+1}}{2}, \tfrac{x_k + x_{k+1}}{2}\right) \text{ bzw. } x_k + h f(t_{k+1}, x_{k+1})$$

für $k = 0, 1, 2 \ldots$. Das *2-stufige Runge-Kuttaverfahren* ist ein Einschrittverfahren, bei dem der Näherungswert x_{k+1} auf die folgende Art gewonnen wird:

$$x_{k+1} = x_k + h f\left(t_k + \frac{h}{2}, x_k + \frac{h}{2} f(t_k, x_k)\right).$$

Die *Form* ist die gleiche, und natürlich lässt sich das alles auf sogenannte *s-stufige Runge-Kuttaverfahren* verallgemeinern, die entsprechend komplizierter wirken, aber dennoch dasselbe Grundprinzip in sich tragen.

Bemerkung Die Idee der Runge-Kuttaverfahren entspringt der Taylorentwicklung der exakten Lösung x in t_0: Aus der Integraldarstellung des AWPs erhalten wir:

$$x(t_0 + h) = x_0 + \int_{t_0}^{t_0 + h} f(s, x(s)) \mathrm{d}s$$

$$= x_0 + h f\left(t_0 + \frac{h}{2}, x\left(t_0 + \frac{h}{2}\right)\right) + \cdots$$

$$= x_0 + h f\left(t_0 + \frac{h}{2}, x_0 + \frac{h}{2} f(t_0, x_0)\right) + \cdots.$$

Das allgemeine und das klassische Runge-Kuttaverfahren

Ein s-**stufiges Runge-Kuttaverfahren** lautet

$$x_{k+1} = x_k + h \sum_{i=1}^{s} b_i k_i$$

mit

$$k_i = f\left(t + c_i h, x + h \sum_{j=1}^{s} a_{ij} k_j\right)$$

für $i = 1, \ldots, s$. Hierbei nennt man k_i die **Stufen**, die Zahl s die **Stufenzahl** und die Koeffizienten b_i **Gewichte**.

Falls $a_{ij} = 0$ für $j \geq i$, so ist das Runge-Kuttaverfahren explizit, sonst ist es implizit.

Das **klassische Runge-Kuttaverfahren** ist ein Verfahren 4. Ordnung, es lautet

$$x_{k+1} = x_k + \frac{h}{6}(k_1 + 2k_2 + 2k_3 + k_4)$$

mit

$$k_1 = f(t_k, x_k), \quad k_2 = f\left(t_k + \frac{h}{2}, x_k + \frac{h}{2}k_1\right),$$

$$k_3 = f\left(t_k + \frac{h}{2}, x_k + \frac{h}{2}k_2\right), \quad k_4 = f(t_k + h, x_k + h k_3).$$

Ein Runge-Kuttaverfahren lässt sich durch die Größen

$$c = (c_1, \ldots, c_s)^{\top} \in \mathbb{R}^s, \ b = (b_1, \ldots, b_s)^{\top} \in \mathbb{R}^s \ \text{ und } \ A = (a_{ij})_{ij} \in \mathbb{R}^{s \times s}$$

eindeutig beschreiben. Man notiert dies übersichtlich im **Butcherschema**

$$\begin{array}{c|c} c & A \\ \hline & b \end{array}$$

Beispiel 36.2 Beim klassischen Runge-Kuttaverfahren haben wir das Butcherschema

$$\begin{array}{c|cccc} 0 & 0 & 0 & 0 & 0 \\ 1/2 & 1/2 & 0 & 0 & 0 \\ 1/2 & 0 & 1/2 & 0 & 0 \\ 1 & 0 & 0 & 1 & 0 \\ \hline & 1/6 & 1/3 & 1/3 & 1/6 \end{array}$$

Wir betrachten nun erneut das Beispiel 36.1 und erhalten mit dem klassischen Runge-Kuttaverfahren die Näherungslösungen:

t_k	$x(t_k)$ exakt	x_k Runge-Kuttaverfahren
0.00	1.0000	1.0000
0.06	0.943529067168497	0.943529080000000
0.12	0.893840873434315	0.893840897602823
0.18	0.850540422822544	0.850540456964110
0.24	0.813255722133107	0.813255765004195
0.30	0.781636441363436	0.781636491831524
0.36	0.755352652142062	0.755352709176929
0.42	0.734093639630113	0.734093702295764
0.48	0.717566783612282	0.717566851059467
0.54	0.705496504747979	0.705496576207267
0.60	0.697623272188053	0.697623346963412

In Abb. 36.3 sind die erhaltenen Näherungswerte neben dem Graphen der exakten Lösung eingezeichnet.   ■

Bemerkungen

1. Wir haben bisher immer eine feste Schrittweite h gewählt. Dabei darf die Schrittweite von Schritt zu Schritt variieren. Bei der sogenannten *Schrittweitensteuerung* gestaltet man die Schrittweite derart, dass einerseits der Rechenaufwand gering ist (die Schrittweite sollte hier groß sein), andererseits die Näherungslösung aber die exakte Lösung gut approximiert (die Schrittweite sollte hier klein sein). Wir verzichten auf eine nähere Darstellung der Schrittweitensteuerung, wollen aber hervorheben, dass gerade die Möglichkeit der

Abb. 36.3 Exakte Lösung und Näherungen mit klassischem Runge-Kuttaverfahren

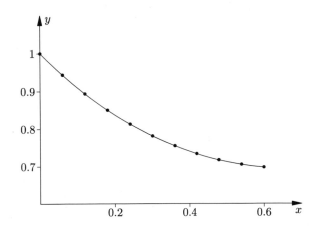

adaptiven Schrittweitensteuerung der wesentliche Vorteil der Einschrittverfahren gegenüber den Mehrschrittverfahren ist.

2. Die s-stufigen Runge-Kuttaverfahren werden mit großem s kompliziert; die Vorteile der hohen Ordnung werden durch die vielen nötigen Funktionsauswertungen schnell wieder aufgehoben. In der Praxis benutzt man s-stufige Verfahren mit $4 \le s \le 7$.

MATLAB   Bei MATLAB sind Verfahren zur numerischen Lösung von AWPen implementiert. Typische Funktionen lauten `ode45` oder `ode113`; man beachte die Beschreibungen dieser Funktionen durch Aufruf von z. B. `doc ode45`. Alle Verfahren werden ähnlich aufgerufen, die genauen Konventionen entnehme man der Beschreibung.

Hinter `ode113` verbirgt sich ein *Mehrschrittverfahren* mit *variabler Ordnungs- und Schrittweitensteuerung*.

36.3   Mehrschrittverfahren

In diesem abschließenden Abschnitt zur Numerik gewöhnlicher Differentialgleichungen gehen wir noch kurz auf *Mehrschrittverfahren* ein. Bei diesen Verfahren werden zur Berechnung eines Näherungswertes die Informationen aus den zuvor bereits errechneten Stützpunkten genutzt. Getragen wird man dabei von der Hoffnung, eine hohe Ordnung mit wenig f-Auswertungen zu erhalten.

Wir betrachten erneut das AWP:

$$\dot{x} = f(t, x) \text{ mit } x(t_0) = x_0 \,.$$

Die exakte (unbekannte) Lösung $x : [t_0, t] \to \mathbb{R}$ sei stetig differenzierbar. Bei einem Einschrittverfahren berechnet man eine Gitterfunktion $x_\Delta : \Delta \to \mathbb{R}$ auf einem Gitter $\Delta = \{t_0, \ldots, t_n\}$, sodass

$$x_\Delta \approx x \text{ auf } \Delta \,,$$

durch

$$x_\Delta(t_{j+1}) = \Psi(x_\Delta(t_j), t_j, h_j) \text{ für } j = 0, 1, 2, \ldots \,.$$

Dabei ist das zentrale Merkmal, dass zur Berechnung von $x_\Delta(t_{j+1})$ nur $x_\Delta(t_j)$ verwendet wird.

Bei einem **Mehrschrittverfahren** verwendet man für ein festes $k \in \mathbb{N}$ die Näherungswerte

$$x_\Delta(t_{j-k+1}), \ldots, x_\Delta(t_j) \,,$$

um den Näherungswert $x_\Delta(t_{j+1})$ zu berechnen. Dabei tun sich zwei Probleme auf:

- Für den ersten Schritt braucht man bei einem k-Schrittverfahren zusätzlich $k-1$ Anfangswerte.
- Es scheint ein äquidistantes Gitter nötig zu sein.

Das erste Problem löst man, indem man sich mit einem Einschrittverfahren die zusätzlich nötigen Werte verschafft. Auch das zweite Problem kann umgangen werden: Es gibt sehr wohl auch eine Schrittweitensteuerung bei Mehrschrittverfahren, jedoch ist diese deutlich komplizierter als bei Einschrittverfahren. Wir verzichten auf eine Diskussion dieser Problematik und betrachten nur Mehrschrittverfahren mit konstanter Schrittweite h.

Mehrschrittverfahren

Gegeben ist ein äquidistantes Gitter $\Delta = \{t_0, t_1, \ldots, t_n\}$ mit der Schrittweite $h = t_{j+1} - t_j$.

- Die **explizite Mittelpunktsregel**:

$$x_{j+1} = x_{j-1} + 2h\, f(t_j, x_j)$$

ist ein 2-Schrittverfahren der Konsistenzordnung $p = 2$.

- Das **Adams-Bashforthverfahren**:

$$x_{j+k} = x_{j+k-1} + \tau \sum_{i=0}^{k-1} \beta_i f(t_{j+i}, x_{j+i})$$

ist ein explizites k-Schrittverfahren der Konsistenzordnung $p = k$.

- Das **Adams-Moultonverfahren**:

$$x_{j+k} = x_{j+k-1} + \tau \sum_{i=0}^{k} \beta_i f(t_{j+i}, x_{j+i})$$

ist ein implizites k-Schrittverfahren der Konsistenzordnung $p = k+1$.

Die Mehrschrittverfahren entstehen aus der gemeinsamen Idee, aus der Darstellung

$$x_{j+k} = x_{j+k-1} + \int_{t_{j+k-1}}^{t_{j+k}} f(t, x(t)) \mathrm{d}t$$

den Integranden $f(t, x(t))$ durch ein Polynom $q(t)$ zu ersetzen, d. h.

$$q(t_{j+i}) = f(t_{j+i}, x_{j+i}) \quad \text{für} \quad j = 0, \ldots, k-1 \text{ oder } k.$$

Damit erhält man

$$x_{j+k} = x_{j+k-1} + \int_{t_{j+k-1}}^{t_{j+k}} q(t)\mathrm{d}t \, .$$

Durch Integration dieses Polynoms erhält man die Gewichte β_i der genannten Verfahren. Beachten Sie die folgenden Beispiele.

Beispiel 36.3 Für $k = 3, 4$ geben wir die Formeln (mit einer Indexverschiebung) mit den Gewichten an:

- Das Adams-Bashforthverfahren für $k = 3$:

$$x_{j+1} = x_j + \frac{h}{12}\big(23f(t_j, x_j) - 16f(t_{j-1}, x_{j-1}) + 5f(t_{j-2}, x_{j-2})\big) \, .$$

- Das Adams-Bashforthverfahren für $k = 4$:

$$x_{j+1} = x_j + \frac{h}{24}\big(55f(t_j, x_j) - 59f(t_{j-1}, x_{j-1})$$
$$+ 37f(t_{j-2}, x_{j-2}) - 9f(t_{j-3}, x_{j-3})\big) \, .$$

- Das Adams-Moultonverfahren für $k = 1$:

$$x_{j+1} = x_j + \frac{h}{2}\big(f(t_{j+1}, x_{j+1}) + f(t_j, x_j)\big) \, .$$

- Das Adams-Moultonverfahren für $k = 2$:

$$x_{j+1} = x_j + \frac{h}{12}\big(5f(t_{j+1}, x_{j+1}) + 8f(t_j, x_j) - f(t_{j-1}, x_{j-1})\big) \, .$$

- Das Adams-Moultonverfahren für $k = 3$:

$$x_{j+1} = x_j + \frac{h}{24}\big(9f(t_{j+1}, x_{j+1}) + 19f(t_j, x_j) - 5f(t_{j-1}, x_{j-1}) + f(t_{j-2}, x_{j-2})\big) \, .$$

- Das Adams-Moultonverfahren für $k = 4$:

$$x_{j+1} = x_j + \frac{h}{720}(251f(t_{j+1}, x_{j+1}) + 646f(t_j, x_j)$$
$$- 264f(t_{j-1}, x_{j-1}) + 106f(t_{j-2}, x_{j-2}) - 19f(t_{j-3}, x_{j-3})) \, .$$

■

36.4 Aufgaben

36.1 Programmieren Sie das explizite und implizite Eulerverfahren wie auch die Mittelpunktsregel.

36.2 Wir betrachten das AWP

$$\dot{x} = 1 + (x - t)^2, \quad x(0) = 1/2.$$

Wählen Sie als Schrittweite $h = 1/2$ und berechnen Sie den Wert $x(3/2)$ mittels des

(a) expliziten Eulerverfahrens,
(b) klassischen Runge-Kuttaverfahrens.

Vergleichen Sie Ihre Ergebnisse mit der exakten Lösung $x(t) = t + \frac{1}{2-t}$.

36.3 Implementieren Sie das klassische Runge-Kuttaverfahren. Wählen Sie als Schrittweiten $h = 0.1; 0.01; 0.001$ und berechnen Sie damit den Wert $x(1.8)$ für das AWP aus Aufgabe 36.2. Vergleichen Sie Ihre Ergebnisse mit der exakten Lösung.

36.4 Lösen Sie das AWP aus Aufgabe 36.2 mittels des Verfahrens nach Adams-Moulton. Verwenden Sie im ersten Schritt $k = 1$, im zweiten $k = 2$. Vergleichen Sie Ihr Ergebnis für den Wert $x(1)$ mit den Ergebnissen aus Aufgabe 36.2.

Hinweis: Verwenden Sie beim Lösen der quadratischen Gleichung für x_{j+1} jeweils denjenigen Wert, der am nächsten bei x_j liegt.

36.5 Bestimmen Sie für das zweistufige Runge-Kuttaverfahren die Koeffizienten von $A \in \mathbb{R}^{2 \times 2}, b, c \in \mathbb{R}^2$ des Butcherschemas.

36.6 Verwenden Sie das Eulerverfahren und das Runge-Kuttaverfahren, um das AWP $\dot{x} = 2t \sin(t^2) x$, $x(0) = 1$ auf dem Intervall $t \in [0, \sqrt{2\pi}]$ mit $N = 30$ Schritten zu lösen und plotten Sie beide Ergebnisse. Die exakte Lösung lautet $x(t) = e^{1 - \cos(t^2)}$. Können Sie ohne Plotten der exakten Lösung erkennen, welche der Näherungen genauer ist?

36.7 Ein Raketenauto der Masse 1000 kg habe zusätzliche 1000 kg Treibstoff getankt. Zum Zeitpunkt 0 (Auto steht) wird der Treibstoff gezündet, der nun explosionsartig verbrennt, so dass die Treibstoffrestmenge zur Zeit t bis zum Brennzeitende $t_e = 10$ s durch $1000 \text{ kg} - 10 \frac{\text{kg}}{s^2} t^2$ gegeben ist. Dabei wirkt auf das Fahrzeug zur Zeit $t < t_e$ die Antriebskraft $1000 N \cdot (t^2/s^2)$. Durch den Luftwiderstand wirkt auf das Auto außerdem die Kraft $0.7 \frac{Ns^2}{m^2} v^2$ entgegen der Fahrtrichtung.

(a) Bestimmen Sie die Differentialgleichung für die Geschwindigkeit v des Autos zur Zeit t mit Hilfe des 3. Newton'schen Axioms (Kraft=Masse mal Beschleunigung).

(b) Bestimmen Sie mit Hilfe des MATLAB-Befehls `ode45` die Geschwindigkeit des Autos zur Zeit t_e. Plotten Sie auch den Geschwindigkeitsverlauf. Wie viele Gitterpunkte hat MATLAB gewählt? Vergleichen Sie die Ergebnisse mit dem selbst implementierten Runge-Kuttaverfahren der vorherigen Aufgabe.

(c) Bestimmen Sie mit MATLAB, wie weit das Auto bis zur Zeit t_e gefahren ist.

Lineare Abbildungen und Darstellungsmatrizen 37

Inhaltsverzeichnis

Eine *lineare Abbildung* ist eine Abbildung $f : V \rightarrow W$ zwischen $\mathbb{K}$-Vektorräumen V und W mit der Eigenschaft $f(\lambda v + w) = \lambda f(v) + f(w)$ für alle $\lambda \in \mathbb{K}$ und $v, w \in V$. Eine solche Abbildung ist also mit der Vektoraddition und der Multiplikation mit Skalaren *verträglich*; man spricht auch von einer *strukturerhaltenden* Abbildung. Uns interessiert an solchen Abbildungen vor allem die Möglichkeit, eine solche nach Wahl von Basen B und C in den Vektorräumen V und W als Matrix *darstellen* zu können. Das Anwenden der linearen Abbildung f auf einen Vektor v wird dadurch zur Multiplikation der darstellenden Matrix M auf den Koordinatenvektor von v.

Wie schon in früheren Kapiteln zur linearen Algebra bezeichnet $\mathbb{K}$ wieder einen der beiden Zahlkörper $\mathbb{R}$ oder $\mathbb{C}$.

37.1 Definitionen und Beispiele

Wir betrachten zwei $\mathbb{K}$-Vektorräume V und W. Eine Abbildung $f : V \rightarrow W$ heißt **linear** oder **Homomorphismus**, falls für alle $\lambda \in \mathbb{K}$ und alle $v, w \in V$ gilt

$$f(\lambda v + w) = \lambda f(v) + f(w).$$

© Springer-Verlag GmbH Deutschland, ein Teil von Springer Nature 2022
C. Karpfinger, *Höhere Mathematik in Rezepten*,
https://doi.org/10.1007/978-3-662-63305-2_37

Wir halten fest:

Eigenschaften linearer Abbildungen

Es seien U, V und W Vektorräume über einem Körper $\mathbb{K}$.

- Ist $f : V \to W$ eine lineare Abbildung, so gilt $f(0_V) = 0_W$ für die Nullvektoren 0_V von V bzw. 0_W von W.
- Sind $f : V \to W$ und $g : W \to U$ lineare Abbildungen, so ist die Komposition $g \circ f : V \to U$ auch eine lineare Abbildung.
- Ist $f : V \to W$ eine bijektive lineare Abbildung, so ist auch die Umkehrabbildung $f^{-1} : W \to V$ eine bijektive lineare Abbildung.

Die Nachweise dieser Tatsachen haben wir als Übungsaufgabe 37.1 gestellt. Man beachte, dass die erste Eigenschaft eine gute Möglichkeit bietet, eine Abbildung als nichtlinear zu entlarven; den Nachweis, ob ein f linear oder nichtlinear ist, führe man wie folgt:

Rezept: Test, ob f linear ist oder nicht

Gegeben ist eine Abbildung $f : V \to W$ zwischen $\mathbb{K}$-Vektorräumen V und W. Um zu prüfen, ob f linear ist oder nicht, gehe man wie folgt vor:

(1) Gilt $f(0) = 0$?
- Falls nein, so ist f nicht linear.
- Falls ja, weiter im nächsten Schritt.

(2) Wähle $\lambda \in \mathbb{K}$ und $v, w \in V$ und versuche, eine der beiden gleichwertigen Bedingungen nachzuweisen:
- $f(\lambda v + w) = \lambda f(v) + f(w)$.
- $f(v + w) = f(v) + f(w)$ und $f(\lambda v) = \lambda f(v)$.

Gelingt der Nachweis nicht, weiter im nächsten Schritt.

(3) Suche nach Zahlen für λ bzw. Vektoren v und w, sodass eine der Gleichheiten in (2) nicht erfüllt ist.

Tauchen in der Abbildungsvorschrift von f höhere als erste Potenzen, nichtlineare Funktionen wie beispielsweise cos, exp oder Produkte von Koeffizienten von v bzw. w auf, so ist das ein Hinweis darauf, dass f nicht linear ist. Man beginne dann am besten mit Schritt (3).

Wegen seiner großen Bedeutung heben wir das erste Beispiel in einer Box hervor (vgl. auch die Beispiele 23.2 und 23.3), weitere Beispiele folgen unmittelbar danach:

Die lineare Abbildung $f_A : \mathbb{K}^n \to \mathbb{K}^m$, $f_A(v) = A\,v$
Gegeben sind Matrizen $A \in \mathbb{K}^{m \times n}$ und $B \in \mathbb{K}^{r \times m}$. Dann gilt:
- Die Abbildung $f_A : \mathbb{K}^n \to \mathbb{K}^m$ mit $f_A(v) = A\,v$ ist linear.
- Es ist $f_B \circ f_A = f_{BA}$ eine lineare Abbildung von $\mathbb{K}^n$ in $\mathbb{K}^r$.
- Es ist $f_A : \mathbb{K}^n \to \mathbb{K}^m$ genau dann umkehrbar, wenn $m = n$ und A invertierbar ist. In diesem Fall gilt $f_A^{-1} = f_{A^{-1}}$.

Die erste Aussage folgt hierbei aus:

$$f_A(\lambda\,v + w) = A\,(\lambda\,v + w) = \lambda\,A\,v + A\,w = \lambda\,f_A(v) + f_A(w)$$

für alle $\lambda \in \mathbb{K}$ und $v,\,w \in \mathbb{K}^n$.

Beispiel 37.1

- Es sei $n \in \mathbb{N}$. Für jede invertierbare Matrix $A \in \mathbb{K}^{n \times n}$ erfüllt die Abbildung $f : \mathbb{K}^{n \times n} \to \mathbb{K}^{n \times n}$ mit $f(X) = A\,X\,A^{-1}$ die Gleichung $f(0) = 0$. Die Abbildung ist linear, es gilt nämlich:

$$f_A(\lambda\,X + Y) = A\,(\lambda\,X + Y)\,A^{-1} = \lambda\,A\,X\,A^{-1} + A\,Y\,A^{-1} = \lambda\,f(X) + f(Y)\,.$$

- Es seien $V = W = \mathbb{R}[x]_n = \{a_0 + a_1 x + a_2 x^2 + \cdots + a_n x^n \mid a_i \in \mathbb{R}\}$ für $n \geq 1$. Die Abbildung

$$f : \mathbb{R}[x]_n \to \mathbb{R}[x]_n, \ f(p) = p'$$

erfüllt $f(0) = 0$. Die Abbildung ist linear, es gilt nämlich

$$f(\lambda p + q) = (\lambda p + q)' = \lambda p' + q' = \lambda f(p) + f(q)\,.$$

- Die Abbildung

$$f : \mathbb{R}^2 \to \mathbb{R}, \ f\left((v_1, v_2)^\top\right) = v_1\,v_2$$

erfüllt $f(0) = 0$, aber $f(v + w) = f(v) + f(w)$ ist offenbar nicht erfüllt, es gilt nämlich beispielsweise

$$1 = f\left((1, 1)^\top\right) = f\left((1, 0)^\top + (0, 1)^\top\right) \neq f\left((1, 0)^\top\right) + f\left((0, 1)^\top\right) = 0 + 0 = 0\,.$$

- Es sei $V = C(I)$ der Vektorraum der stetigen Abbildungen auf dem Intervall $I = [-\pi, \pi]$. Die Abbildung $f : V \to \mathbb{R}$, $f(g) = \int\limits_{-\pi}^{\pi} g(x)\mathrm{d}x$ ist linear. Es gilt nämlich

$$f(\lambda g + h) = \int\limits_{-\pi}^{\pi} \lambda g(x) + h(x)\mathrm{d}x = \lambda \int\limits_{-\pi}^{\pi} g(x)\mathrm{d}x + \int\limits_{-\pi}^{\pi} h(x)\mathrm{d}x$$

$$= \lambda f(g) + f(h)\,.$$

■

Bemerkung Man nennt eine Abbildung $f : V \to W$ zwischen $\mathbb{K}$-Vektorräumen V und W **affin-linear**, falls

$$f(v) = g(v) + a$$

mit einer linearen Abbildung $g : V \to W$ und einem konstanten Vektor $a \in W$. Eine affin-lineare Abbildung ist also von einer additiven Konstanten a abgesehen eine lineare Abbildung. Mit $a = 0$ erhält man, dass jede lineare Abbildung auch affin-linear ist.

37.2   Bild, Kern und die Dimensionsformel

Bild, Kern und die Dimensionsformel

Ist $f : V \to W$ linear, so sind

- $\ker(f) = f^{-1}(\{0\}) = \{v \in V \mid f(v) = 0\} \subseteq V$ – der **Kern von** f und
- $\mathrm{Bild}(f) = f(V) = \{f(v) \mid v \in V\} \subseteq W$ – das **Bild von** f

Untervektorräume von V bzw. W. Man nennt die Dimension

- des Kerns den **Defekt** von f und schreibt $\mathrm{def}(f) = \dim(\ker(f))$,
- des Bildes den **Rang** von f und schreibt $\mathrm{rg}(f) = \dim(\mathrm{Bild}(f))$.

Es gilt weiter:

- **Die Dimensionsformel für lineare Abbildungen:**

  $$\dim(V) = \dim(\ker(f)) + \dim(\mathrm{Bild}(f)) \quad \text{bzw.} \quad \dim(V) = \mathrm{def}(f) + \mathrm{rg}(f)\,.$$

- Die Abbildung f ist genau dann injektiv, wenn $\ker(f) = \{0\}$ bzw. $\mathrm{def}(f) = 0$.
- Sind V und W endlichdimensional, so gilt im Fall $\dim(V) = \dim(W)$:

  $$f \text{ ist surjektiv} \;\Leftrightarrow\; f \text{ ist injektiv} \;\Leftrightarrow\; f \text{ ist bijektiv}\,.$$

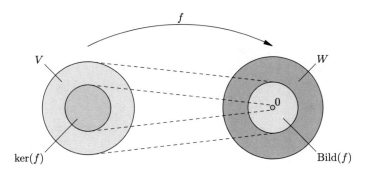

Abb. 37.1 Der Kern liegt in V, das Bild liegt in W

Abb. 37.1 zeigt Kern und Bild einer linearen Abbildung $f : V \to W$:

Die in obiger Box aufgeführten Behauptungen sind mit Ausnahme der Dimensionsformel leicht verifizierbar. Man beachte hierzu die Aufgabe 37.2.

Beispiel 37.2

- Für die lineare Abbildung $f : \mathbb{R} \to \mathbb{R}$, $f(v) = a\,v$ mit $a \in \mathbb{R}$ gilt:
  - Ist $a = 0$, so ist $\ker(f) = \mathbb{R}$, also $\operatorname{def}(f) = 1$, und $\operatorname{Bild}(f) = \{0\}$, also $\operatorname{rg}(f) = 0$.
  - Ist $a \neq 0$, so ist $\ker(f) = \{0\}$, also $\operatorname{def}(f) = 0$, und $\operatorname{Bild}(f) = \mathbb{R}$, also $\operatorname{rg}(f) = 1$.

  Im Fall $a = 0$ ist f weder injektiv noch surjektiv noch bijektiv, im Fall $a \neq 0$ hingegen injektiv und surjektiv und bijektiv.
- Für jede Matrix $A \in \mathbb{R}^{m \times n}$ ist $f_A : \mathbb{R}^n \to \mathbb{R}^m$, mit $f_A(v) = A\,v$ linear. Es gilt:
  - $\ker(f_A) = \ker(A)$ und $\operatorname{def}(f_A) = n - \operatorname{rg}(A)$.
  - $\operatorname{Bild}(f_A) = S_A = $ Spaltenraum von A und $\operatorname{rg}(f_A) = \operatorname{rg}(A)$.

  Die Abbildung f_A ist also genau dann injektiv, wenn $\operatorname{rg}(A) = n$, und genau dann surjektiv, wenn $\operatorname{rg}(A) = m$, und genau dann bijektiv, wenn $m = n$ und $\operatorname{rg}(A) = n$.
- Für die lineare Abbildung $f : \mathbb{R}[x]_n \to \mathbb{R}[x]_n$ mit $f(p) = p'$ gilt:
  - $\ker(f) = \{p \in \mathbb{R}[x]_n \mid \deg(p) \leq 0\} = \mathbb{R}$, also $\operatorname{def}(f) = 1$.
  - $\operatorname{Bild}(f) = \{p \in \mathbb{R}[x]_n \mid \deg(p) \leq n - 1\} = \mathbb{R}[x]_{n-1}$, also $\operatorname{rg}(f) = n$.

■

37.3 Koordinatenvektoren

Nach dem Merksatz zur eindeutigen Darstellbarkeit in der Box in Abschn. 15.1 ist jeder Vektor v eines n-dimensionalen $\mathbb{K}$-Vektorraums V mit Basis $B = \{b_1, \ldots, b_n\}$ von der Reihenfolge der Summanden abgesehen auf genau eine Weise in der Form $v = \lambda_1 b_1 + \cdots + \lambda_n b_n$ mit $\lambda_1, \ldots, \lambda_n \in \mathbb{K}$ darstellbar. Wir erreichen eine Eindeutigkeit, wenn wir die Reihenfolge der Basiselemente $b_1, \ldots, b_n$ festlegen:

Koordinatenvektor

Ist $B = (b_1, \ldots, b_n)$ eine **geordnete Basis** des $\mathbb{K}$-Vektorraums V, so kann man jeden Vektor $v \in V$ eindeutig als Linearkombination bezüglich B darstellen:

$$v = \lambda_1 b_1 + \cdots + \lambda_n b_n \,, \quad \text{wobei } \lambda_1, \ldots, \lambda_n \in \mathbb{K} \,.$$

Man nennt ${}_B v = (\lambda_1, \ldots, \lambda_n)^\top \in \mathbb{K}^n$ den **Koordinatenvektor** von v bezüglich B. Und es gilt für alle $\lambda \in \mathbb{K}$ und $v, \, w \in V$

$$_B(\lambda\, v + w) = \lambda\, {}_B v + {}_B w \,,$$

d. h., die bijektive Abbildung ${}_B : V \to \mathbb{K}^n, \, v \mapsto {}_B v$ ist linear.

Man beachte: Bei $B = \{b_1, \ldots, b_n\}$ spielt die Reihenfolge der Elemente keine Rolle, es gilt $\{b_1, \ldots, b_n\} = \{b_n, \ldots, b_1\}$, bei $B = (b_1, \ldots, b_n)$ hingegen spielt die Reihenfolge sehr wohl eine Rolle, es gilt $(b_1, \ldots, b_n) \neq (b_n, \ldots, b_1)$.

Beispiel 37.3

* Wir betrachten den $\mathbb{R}$-Vektorraum $\mathbb{R}^2$ mit den (geordneten) Basen

$$E_2 = (e_1, e_2) \,, \quad B = (e_2, e_1) \,, \quad C = (c_1 = (1, 1)^\top, c_2 = (1, 2)^\top)$$

und den Vektor $v = (2, 3)^\top \in \mathbb{R}^2$. Wegen

$$v = 2\, e_1 + 3\, e_2 = 3\, e_2 + 2\, e_1 = 1\, c_1 + 1\, c_2$$

erhalten wir die Koordinatenvektoren

$$_{E_2} v = \begin{pmatrix} 2 \\ 3 \end{pmatrix} \,, \quad {}_B v = \begin{pmatrix} 3 \\ 2 \end{pmatrix} \,, \quad {}_C v = \begin{pmatrix} 1 \\ 1 \end{pmatrix} \,.$$

* Der $\mathbb{R}$-Vektorraum $\mathbb{R}[x]_2$ hat die (geordneten) Basen

$$B = (b_1 = 1, b_2 = x, b_3 = x^2) \quad \text{und} \quad C = (c_1 = x^2 + x + 1, c_2 = x + 1, c_3 = 1) \,.$$

Das Polynom $p = 2\, x^2 + 11$ hat wegen

$$p = 11\, b_1 + 0\, b_2 + 2\, b_3 = 2c_1 - 2c_2 + 11c_3$$

die Koordinatenvektoren

$$_B p = \begin{pmatrix} 11 \\ 0 \\ 2 \end{pmatrix} \quad \text{bzw.} \quad _C p = \begin{pmatrix} 2 \\ -2 \\ 11 \end{pmatrix}.$$

∎

Bei den angegebenen Beispielen war es stets leicht, den Koordinatenvektor durch *Probieren* zu bestimmen, im Allgemeinen läuft das Bestimmen der Koeffizienten $\lambda_1, \ldots, \lambda_n \in \mathbb{K}$ in der Gleichung $v = \lambda_1 b_1 + \cdots + \lambda_n b_n$ auf das Lösen eines linearen Gleichungssystems hinaus. Dieses lineare Gleichungssystem ist eindeutig lösbar, da die Darstellung eines Vektors v als Linearkombination bezüglich einer geordneten Basis $B = (b_1, \ldots, b_n)$ eines n-dimensionalen $\mathbb{K}$-Vektorraums V eindeutig ist. Man vergleiche das Rezept in Abschn. 14.1, wobei dort $v_1, \ldots, v_n$ durch $b_1, \ldots, b_n$ zu ersetzen sind und in dem Schritt (2) des dortigen Rezepts auf jeden Fall die positive Antwort gültig ist. Man vergleiche auch die Aufgaben.

37.4 Darstellungsmatrizen

Nun stellen wir eine lineare Abbildung $f : V \to W$ zwischen endlichdimensionalen $\mathbb{K}$-Vektorräumen V und W dar:

Darstellungsmatrix

Es seien V und W endlichdimensionale $\mathbb{K}$-Vektorräume mit
- $\dim(V) = n$ und $B = (b_1, \ldots, b_n)$ eine Basis von V,
- $\dim(W) = m$ und $C = (c_1, \ldots, c_m)$ eine Basis von W.

   Ist $f : V \to W$ linear, so nennt man die $m \times n$-Matrix

$$_C M(f)_B = \bigl(_C f(b_1), \ldots, _C f(b_n) \bigr) \in \mathbb{K}^{m \times n}$$

die **Darstellungsmatrix von f bezüglich B und C**.

   In der i-ten Spalte der Darstellungsmatrix steht der Koordinatenvektor des Bildes des i-ten Basisvektors.

   Die Eigenschaften *injektiv, surjektiv* und *bijektiv* der Abbildung f finden sich in einer und damit jeder Darstellungsmatrix $A = {}_C M(f)_B$ wieder:

- f ist genau dann injektiv, wenn $\ker(A) = \{0\}$.
- f ist genau dann surjektiv, wenn $\mathrm{rg}(A) = m$.
- f ist genau dann bijektiv, wenn A invertierbar.

Wir klären, inwiefern die Matrix $_C M(f)_B$ die lineare Abbildung f *darstellt:* Dazu betrachten wir einen Vektor $v \in V$ und stellen diesen bezüglich der geordneten Basis $B = (b_1, \ldots, b_n)$ von V dar, $v = \lambda_1 b_1 + \cdots + \lambda_n b_n$. Nun wenden wir die lineare Abbildung f auf v an und stellen das Bild $f(v) \in W$ bezüglich der geordneten Basis C von W dar:

$$f(v) = \lambda_1 f(b_1) + \cdots + \lambda_n f(b_n), \quad \text{also} \quad _C f(v) = \lambda_1 \, _C f(b_1) + \cdots + \lambda_n \, _C f(b_n).$$

Nun multiplizieren wir andererseits die Darstellungsmatrix $_C M(f)_B$ mit dem Koordinatenvektor $_B v$ und erhalten:

$$_C M(f)_B \; _B v = (_C f(b_1), \ldots, {}_C f(b_n)) \begin{pmatrix} \lambda_1 \\ \vdots \\ \lambda_n \end{pmatrix} = \lambda_1 \, _C f(b_1) + \cdots + \lambda_n \, _C f(b_n).$$

Damit gilt also

$$_C M(f)_B \, _B v = {}_C f(v).$$

Das Anwenden von f auf v ist also letztlich die Multiplikation der Darstellungsmatrix $_C M(f)_B$ von f mit dem Koordinatenvektor von v.

Der Sonderfall $V = \mathbb{K}^n$ mit der Standardbasis $B = E_n$ und $W = \mathbb{K}^m$ mit der Standardbasis $C = E_m$ liefert also wegen $_{E_m} f(e_i) = f(e_i)$:

Die linearen Abbildungen von $\mathbb{K}^n$ in $\mathbb{K}^m$

Zu jeder linearen Abbildung $f : \mathbb{K}^n \to \mathbb{K}^m$ gibt es eine Matrix $A \in \mathbb{K}^{m \times n}$ mit $f = f_A : \mathbb{K}^n \to \mathbb{K}^m$, $f_A(v) = A \, v$. Die Matrix A erhält man dabei spaltenweise wie folgt

$$A = {}_{E_m} M(f)_{E_n} = (f(e_1), \ldots, f(e_n)).$$

Spätestens jetzt sollte auch klar sein, weshalb wir die Bedeutung des Beispiels $f_A : \mathbb{K}^n \to \mathbb{K}^m$, $f_A(v) = A \, v$ in Abschn. 37.1 derart hervorgehoben haben: Letztendlich ist jede lineare Abbildung von $\mathbb{K}^n$ in den $\mathbb{K}^m$ von dieser Form, allgemeiner sogar jede lineare Abbildung zwischen endlichdimensionalen Vektorräumen, wenn man die Vektoren mit ihren Koordinatenvektoren identifiziert.

Wir bringen weitere Beispiele von Darstellungsmatrizen.

Beispiel 37.4

- Die Darstellungsmatrix $_{E_2} M(f_A)_{E_3}$ der linearen Abbildung $f_A : \mathbb{R}^3 \to \mathbb{R}^2$, $f(v) = A \, v$ für $A = (a_1, a_2, a_3) \in \mathbb{R}^{2 \times 3}$ bezüglich der Standardbasen E_3 bzw. E_2 von $\mathbb{R}^3$ bzw. $\mathbb{R}^2$ ist wegen

$$f_A(e_1) = (a_1, a_2, a_3)\, e_1 = a_1 \,,$$
$$f_A(e_2) = (a_1, a_2, a_3)\, e_2 = a_2 \,,$$
$$f_A(e_3) = (a_1, a_2, a_3)\, e_3 = a_3$$

also die Matrix A, d. h. $A = {}_{E_2}M(f_A)_{E_3}$. Etwas allgemeiner gilt für jede lineare Abbildung $f_A : \mathbb{K}^n \to \mathbb{K}^m$, $f_A(v) = A\,v$ mit $A \in \mathbb{K}^{m \times n}$

$$_{E_m}M(f_A)_{E_n} = A \,.$$

- Nun seien $V = \mathbb{R}[x]_2 = W$ mit den Basen $B = (1, x, x^2) = C$. Die Abbildung $f : V \to W$, $p \mapsto xp'$ ist linear und hat die Darstellungsmatrix

$$_CM(f)_B = \begin{pmatrix} 0 & 0 & 0 \\ 0 & 1 & 0 \\ 0 & 0 & 2 \end{pmatrix} \in \mathbb{R}^{3 \times 3},$$

denn

$$f(1) = 0 = 0 \cdot 1 + 0 \cdot x + 0 \cdot x^2 \ \Rightarrow\ {}_C f(1) = (0,\, 0,\, 0)^\top \,,$$
$$f(x) = x = 0 \cdot 1 + 1 \cdot x + 0 \cdot x^2 \ \Rightarrow\ {}_C f(x) = (0,\, 1,\, 0)^\top \,,$$
$$f(x^2) = 2x^2 = 0 \cdot 1 + 0 \cdot x + 2 \cdot x^2 \ \Rightarrow\ {}_C f(x^2) = (0,\, 0,\, 2)^\top \,.$$

Mit $p = 2x^2 + 3x + 4$ gilt z. B.: $f(p) = f(2x^2 + 3x + 4) = x(4x + 3) = 4x^2 + 3x$ und

$$_CM(f)_B\, {}_B p = \begin{pmatrix} 0 & 0 & 0 \\ 0 & 1 & 0 \\ 0 & 0 & 2 \end{pmatrix} \begin{pmatrix} 4 \\ 3 \\ 2 \end{pmatrix} = \begin{pmatrix} 0 \\ 3 \\ 4 \end{pmatrix} = {}_C f(p) \,.$$

■

Bemerkung Wir schildern in Abschn. 38.3 das Verfahren zur Bestimmung der Darstellungsmatrix einer linearen Abbildung der Form $f : V \to V$ als Rezept. Bis dahin werden wir eine zweite Möglichkeit haben, eine solche Darstellungsmatrix zu bestimmen.

37.5 Aufgaben

37.1 Begründen Sie die Eigenschaften linearer Abbildungen in der Box in Abschn. 37.1 (Rezeptebuch).

37.2 Man verifiziere die Behauptungen in der Box in Abschn. 37.2 (Rezeptebuch) (abgesehen von der Dimensionsformel).

37.3 Bestimmen Sie jeweils Kern und Bild der linearen Abbildungen:

(a) $f : \mathbb{R}^2 \to \mathbb{R}^2, (v_1, v_2) \mapsto (v_2, v_1)$,
(b) $f : V \to W, v \mapsto 0$,
(c) $f : \mathbb{R}^3 \to \mathbb{R}^2, (v_1, v_2, v_3) \mapsto (v_1 + v_2, v_2)$,
(d) $\frac{\mathrm{d}}{\mathrm{d}x} : \mathbb{R}[x] \to \mathbb{R}[x], p \mapsto \frac{\mathrm{d}}{\mathrm{d}x}(p)$.

37.4 Gegeben sei die lineare Abbildung $f_A : \mathbb{R}^2 \to \mathbb{R}^3, v \mapsto A\,v$ mit $A = \begin{pmatrix} 1 & 3 \\ 4 & 2 \\ -1 & 0 \end{pmatrix}$.

(a) Bestimmen Sie das Bild und den Kern von f_A.
(b) Ist f_A injektiv, surjektiv, bijektiv?

37.5 Gibt es eine lineare Abbildung f vom $\mathbb{R}^2$ in den $\mathbb{R}^2$ mit ker $f = $ Bild f ?

37.6 Welche der folgenden Abbildungen sind linear? Geben Sie jeweils eine kurze Begründung bzw. ein Gegenbeispiel an!

(a) $f_1 : \mathbb{R} \to \mathbb{R}^3$ mit $f_1(v) = (v + 1, 2v, v - 3)^\top$,
(b) $f_2 : \mathbb{R}^4 \to \mathbb{R}^2$ mit $f_2(v_1, v_2, v_3, v_4) = (v_1 + v_2, v_1 + v_2 + v_3 + v_4)^\top$,
(c) $f_3 : \mathbb{R}^4 \to \mathbb{R}^2$ mit $f_3(v_1, v_2, v_3, v_4) = (v_1 v_2, v_3 v_4)^\top$,
(d) $f_4 : \mathbb{R}^n \to \mathbb{R}^2$ mit $f_4(v) = ((1, 0, 0, \ldots, 0)v) \cdot (1, 2)^\top$,
(e) $f_5 : \mathbb{R}[x]_3 \to \mathbb{R}[x]_4$ mit
   $f_5(a_0 + a_1 x + a_2 x^2 + a_3 x^3) = (a_0 + a_1) + 2(a_1 + a_2)x + 3(a_2 + a_3)x^2 + 4(a_3 + a_0)x^3 + 5x^4$.

37.7 Es seien die linearen Abbildungen $f_1, f_2 : \mathbb{R}^3 \to \mathbb{R}^3$ gegeben durch

$$f_1(x, y, z) = (3x, x - y, 2x + y + z)^\top \quad \text{und} \quad f_2(x, y, z) = (x - y, 2x + z, 0)^\top.$$

(a) Bestimmen Sie Basen von Bild(f_i), Bild$(f_1 \circ f_2)$, ker(f_i), ker$(f_1 \circ f_2)$, $i = 1, 2$.
(b) Sind die Abbildungen f_1 bzw. f_2 injektiv oder surjektiv?

37.8 Betrachten Sie für $n \geq 1$ die Abbildung $f : \mathbb{R}[x]_{n-1} \to \mathbb{R}[x]_n$, definiert durch

$$(f(p))(x) = \int\limits_0^x p(t)\mathrm{d}t.$$

(a) Zeigen Sie, dass f eine lineare Abbildung ist.

(b) Bestimmen Sie die Darstellungsmatrix A dieser linearen Abbildung bezüglich der Monombasen $(1, x, \ldots, x^{n-1})$ von $\mathbb{R}[x]_{n-1}$ bzw. $(1, x, \ldots, x^n)$ von $\mathbb{R}[x]_n$.

(c) Ist die Abbildung f injektiv? Ist sie surjektiv?

37.9 Es sei $a = (a_1, a_2, a_3)^\top \in \mathbb{R}^3$ mit $\|a\| = 1$ gegeben. Die lineare Abbildung $f : \mathbb{R}^3 \to \mathbb{R}^3$, $f(x) = x - 2(x^\top a)\, a$ ist eine Spiegelung an der auf a senkrecht stehenden Ebene durch den Ursprung.

(a) Man veranschauliche sich anhand einer Skizze die Abbildung f.

(b) Berechnen Sie $f \circ f$.

(c) Wie lautet die Darstellungsmatrix A von f bezüglich der kanonischen Basis?

(d) Finden Sie eine Basis $B = (b_1, b_2, b_3)$ mit $f(b_1) = -b_1$, $f(b_2) = b_2$, $f(b_3) = b_3$. Geben Sie die Darstellungsmatrix $\tilde{A}$ von f bezüglich B an.

37.10 Welche der folgenden Abbildungen sind linear?

(a) $f_1 : \mathbb{R}^2 \to \mathbb{R}^2$, $\begin{pmatrix} v_1 \\ v_2 \end{pmatrix} \mapsto \begin{pmatrix} v_2 - 1 \\ -v_1 + 2 \end{pmatrix}$,

(b) $f_2 : \mathbb{R}^{2 \times 2} \to \mathbb{R}$, $A \mapsto \det(A)$,

(c) $f_3 : \mathbb{R}^2 \to \mathbb{R}^2$, $\begin{pmatrix} v_1 \\ v_2 \end{pmatrix} \mapsto \begin{pmatrix} v_1 \\ -v_1^2\, v_2 \end{pmatrix}$,

(d) $f_4 : \mathbb{R}^3 \to \mathbb{R}^3$, $v \mapsto v - 2\,\langle a, v \rangle\, a$, $a \in \mathbb{R}^3$, $\|a\| = 1$.

Basistransformation

38

Inhaltsverzeichnis

Die Darstellungsmatrix einer linearen Abbildung ist nicht eindeutig, sie hängt von der Wahl der Basen B und C ab. Hat man erst einmal eine Darstellungsmatrix bezüglich der Basen B und C gegeben, so findet man mit der *Basistransformationsformel* die Darstellungsmatrix bzgl. anderer Basen B' und C'. Damit gewinnen wir nicht nur eine zweite Möglichkeit, eine Darstellungmatrix zu ermitteln, diese Basistransformationsformel hat entscheidende Auswirkungen auf die weitere Theorie von Darstellungsmatrizen linearer Abbildungen.

Wieder bezeichnet $\mathbb{K}$ einen der beiden Zahlkörper $\mathbb{R}$ oder $\mathbb{C}$.

38.1 Die Darstellungsmatrix der Verkettungen linearer Abbildungen

Jede lineare Abbildung f zwischen endlichdimensionalen $\mathbb{K}$-Vektorräumen V und W lässt sich nach Wahl von Basen von V und W durch eine Matrix darstellen. Ist nun g eine weitere lineare Abbildung von W in einen Vektorraum U, zu der es natürlich auch eine Darstellungsmatrix gibt, so ist die Darstellungsmatrix der Verkettung $g \circ f$ gerade das Produkt der Darstellungsmatrizen von f und g, wenn nur die Wahl der Basen passend getroffen wird, genauer:

© Springer-Verlag GmbH Deutschland, ein Teil von Springer Nature 2022
C. Karpfinger, *Höhere Mathematik in Rezepten*,
https://doi.org/10.1007/978-3-662-63305-2_38

Die Darstellungsmatrix der Verkettung linearer Abbildungen
Wir betrachten drei $\mathbb{K}$-Vektorräume

- V mit $\dim(V) = n$ und geordneter Basis $B = (b_1, \ldots, b_n)$,
- W mit $\dim(W) = m$ und geordneter Basis $C = (c_1, \ldots, c_m)$,
- U mit $\dim(U) = r$ und geordneter Basis $D = (d_1, \ldots, d_r)$

und lineare Abbildungen $f : V \to W$ und $g : W \to U$ mit den Darstellungsmatrizen $_C M(f)_B$ und $_D M(g)_C$. Dann gilt für die Darstellungsmatrix $_D M(g \circ f)_B$ von $g \circ f$ bzgl. der Basen B und D:

$$_D M(g \circ f)_B = {_D M(g)_C} \, {_C M(f)_B} \, .$$

Tatsächlich ist diese Formel die Motivation für die Matrizenmultiplikation: Wir erklärten die Multiplikation von Matrizen so, damit diese Formel gilt. Diese Formel hat weitreichende Konsequenzen, es folgt hieraus die *Basistransformationsformel*. Bevor wir hierauf zu sprechen kommen, verifizieren wir die Formel an einem Beispiel:

Beispiel 38.1 Wir betrachten die beiden linearen Abbildungen

$$f : \mathbb{R}[x]_2 \to \mathbb{R}[x]_1 \, , \ f(p) = p' \ \text{ und } \ g : \mathbb{R}[x]_1 \to \mathbb{R}[x]_3 \, , \ g(p) = x^2 p \, .$$

Die Komposition dieser beiden linearen Abbildungen ist die lineare Abbildung

$$g \circ f : \mathbb{R}[x]_2 \to \mathbb{R}[x]_3 \, , \ g \circ f(p) = g(f(p)) = x^2 p' \, .$$

Wir wählen die kanonischen Basen

$$B = (1, x, x^2) \text{ von } \mathbb{R}[x]_2 \ \text{ und } C = (1, x) \text{ von } \mathbb{R}[x]_1 \ \text{ und } D = (1, x, x^2, x^3) \text{ von } \mathbb{R}[x]_3$$

und erhalten die Darstellungsmatrizen

$$_C M(f)_B = \begin{pmatrix} 0 & 1 & 0 \\ 0 & 0 & 2 \end{pmatrix} \ \text{ und } \ _D M(g)_C = \begin{pmatrix} 0 & 0 \\ 0 & 0 \\ 1 & 0 \\ 0 & 1 \end{pmatrix} \ \text{ und } \ _D M(g \circ f)_B = \begin{pmatrix} 0 & 0 & 0 \\ 0 & 0 & 0 \\ 0 & 1 & 0 \\ 0 & 0 & 2 \end{pmatrix} \, .$$

Und es gilt auch

$$_D M(g \circ f)_B = {_D M(g)_C} \, {_C M(f)_B} \, .$$

■

38.2 Basistransformation

Ein Vektorraum hat im Allgemeinen viele verschiedene Basen. Und die Darstellungsmatrizen ein und derselben linearen Abbildung bezüglich verschiedener Basen haben natürlich verschiedenes Aussehen. Die *Basistransformationsformel* gestattet die Berechnung der Darstellungsmatrix einer linearen Abbildung bezüglich Basen B' und C', wenn die Darstellungsmatrix dieser linearen Abbildung bezüglich Basen B und C bereits bekannt ist:

Die Basistransformationsformel

Es seien $f : V \to W$ eine lineare Abbildung und außerdem

- $B = (b_1, \ldots, b_n)$ und $B' = (b'_1, \ldots, b'_n)$ zwei Basen von V sowie
- $C = (c_1, \ldots, c_m)$ und $C' = (c'_1, \ldots, c'_m)$ zwei Basen von W.

Es gilt dann die **Basistransformationsformel**:

$$_{C'}M(f)_{B'} = {_{C'}M(\mathrm{Id}_W)_C} \, {_C M(f)_B} \, {_B M(\mathrm{Id}_V)_{B'}} \, .$$

Hierbei sind

$$_{C'}M(\mathrm{Id})_C = (_{C'}c_1, \ldots, {_{C'}c_m}) \in \mathbb{K}^{m \times m} \quad \text{und} \quad {_B M(\mathrm{Id})_{B'}} = (_B b'_1, \ldots, {_B b'_n}) \in \mathbb{K}^{n \times n}$$

die Darstellungsmatrizen der Identitäten bezüglich der angegebenen Basen,

$$\mathrm{Id} : W \to W \,, \; \mathrm{Id}(w) = w \quad \text{und} \quad \mathrm{Id} : V \to V \,, \; \mathrm{Id}(v) = v \,.$$

Insbesondere gilt für die lineare Abbildung $f : \mathbb{K}^n \to \mathbb{K}^n$, $f(v) = A\,v$ mit $A \in \mathbb{K}^{n \times n}$ und einer Basis bzw. invertierbaren Matrix $B \in \mathbb{K}^{n \times n}$

$$_B M(f)_B = B^{-1} A\, B \,.$$

Das lässt sich leicht nachrechnen, denn mit der Aussage in der Box in Abschn. 38.1 gilt:

$$_{C'}M(f)_{B'} = {_{C'}M(\mathrm{Id} \circ f \circ \mathrm{Id})_{B'}} = {_{C'}M(\mathrm{Id})_C} \, {_C M(f)_B} \, {_B M(\mathrm{Id})_{B'}} \,.$$

Die Aussage in dem Sonderfall $V = \mathbb{K}^n = W$, $f : \mathbb{K}^n \to \mathbb{K}^n$, $f(v) = A\,v$, $A \in \mathbb{K}^{n \times n}$ ergibt sich ebenso ganz einfach aus $B = {_{E_n}M(\mathrm{Id})_B}$ und

$$_B M(\mathrm{Id})_{E_n} \, {_{E_n}M(\mathrm{Id})_B} = {_B M(\mathrm{Id})_B} = E_n \,,$$

es folgt hieraus nämlich

$$_B M (\mathrm{Id})_{E_n} = {}_{E_n} M (\mathrm{Id})_B^{-1} = B^{-1} \, .$$

Wichtig für unsere Zwecke ist die folgende Interpretation der Basistransformationsformel:
Ist $B = (b_1, \ldots, b_n)$ eine Basis des n-dimensionalen Vektorraums $\mathbb{K}^n$ und $f : \mathbb{K}^n \to \mathbb{K}^n$
die lineare Abbildung mit $f(v) = A \, v$, wobei $A \in \mathbb{K}^{n \times n}$, so gilt

$$_B M(f)_B = B^{-1} A \, B$$

mit der invertierbaren Matrix B. Man nennt allgemein zwei $n \times n$-Matrizen A und M **ähnlich**,
falls es eine invertierbare Matrix S gibt, sodass $M = S^{-1} A \, S$. Je zwei Darstellungsmatrizen einer linearen Abbildung sind also ähnlich zueinander. Ähnliche Matrizen haben viele
gemeinsame Eigenschaften, die wichtigsten haben wir in Abschn. 39.3 gesammelt.

38.3   Die zwei Methoden zur Bestimmung von Darstellungsmatrizen

Mit der Basistransformationsformel haben wir eine weitere Möglichkeit gefunden, die
Darstellungsmatrix einer linearen Abbildung bezüglich der gewählten Basen zu bestimmen. In den Anwendungen ist es vor allem wesentlich, eine Darstellungsmatrix der Form
$f : V \to V$, also einer linearen Abbildung von einem Vektorraum in sich, zu bestimmen. Als weitere *Vereinfachung* kommt hinzu, dass man üblicherweise nur eine Basis B,
also $B = C$, hat. Wir formulieren die Möglichkeiten, eine Darstellungsmatrix $_B M(f)_B$ zu
bestimmen, als Rezept:

Rezept: Bestimmen der Darstellungsmatrix $_B M(f)_B$

Ist $f : V \to V$ eine lineare Abbildung, so erhält man die Darstellungsmatrix $A = {}_B M(f)_B$ bezüglich der geordneten Basis $B = (b_1, \ldots, b_n)$ auf eine der folgenden
Arten:

- Im Fall $V = \mathbb{K}^n$ und $B = E_n$ gilt

$$A = (f(e_1), \ldots, f(e_n)) \, .$$

- Bestimme für jedes $i = 1, \ldots, n$ den Koordinatenvektor $_B f(b_i) = (\lambda_1, \ldots, \lambda_n)^\top$
  aus

$$f(b_i) = \lambda_1 b_1 + \cdots + \lambda_n b_n$$

und erhalte

$$A = ({}_B f(b_1), \ldots, {}_B f(b_n)) \, .$$

- Falls bereits eine Darstellungsmatrix $_C M(f)_C$ bekannt ist, so gilt

$$A = S^{-1} {}_C M(f)_C \, S \quad \text{mit} \quad S = {}_C M(\mathrm{Id})_B \, .$$

Beispiel 38.2

- Es sei $f : \mathbb{R}^3 \to \mathbb{R}^3$, $v = (v_1, v_2, v_3)^\top \mapsto f(v) = (v_1 + v_3,\ v_2 - v_1,\ v_1 + v_3)^\top$. Wir betrachten die Basis

$$B = \left(\begin{pmatrix} 1 \\ 0 \\ 0 \end{pmatrix}, \begin{pmatrix} 1 \\ 2 \\ 0 \end{pmatrix}, \begin{pmatrix} 1 \\ 0 \\ 1 \end{pmatrix} \right)$$

von $\mathbb{R}^3$. Die Darstellungsmatrix $_B M(f)_B$ lässt sich nun auf die folgenden zwei verschiedenen Arten berechnen.

1. Möglichkeit: Wir stellen die Bilder der Basisvektoren bezüglich der Basis B dar:

$$\bullet\ f\left(\begin{pmatrix} 1 \\ 0 \\ 0 \end{pmatrix} \right) = \begin{pmatrix} 1 \\ -1 \\ 1 \end{pmatrix} = {}^1\!/_2 \begin{pmatrix} 1 \\ 0 \\ 0 \end{pmatrix} + (-{}^1\!/_2) \begin{pmatrix} 1 \\ 2 \\ 0 \end{pmatrix} + 1 \begin{pmatrix} 1 \\ 0 \\ 1 \end{pmatrix},$$

$$\bullet\ f\left(\begin{pmatrix} 1 \\ 2 \\ 0 \end{pmatrix} \right) = \begin{pmatrix} 1 \\ 1 \\ 1 \end{pmatrix} = (-{}^1\!/_2) \begin{pmatrix} 1 \\ 0 \\ 0 \end{pmatrix} + {}^1\!/_2 \begin{pmatrix} 1 \\ 2 \\ 0 \end{pmatrix} + 1 \begin{pmatrix} 1 \\ 0 \\ 1 \end{pmatrix},$$

$$\bullet\ f\left(\begin{pmatrix} 1 \\ 0 \\ 1 \end{pmatrix} \right) = \begin{pmatrix} 2 \\ -1 \\ 2 \end{pmatrix} = {}^1\!/_2 \begin{pmatrix} 1 \\ 0 \\ 0 \end{pmatrix} + (-{}^1\!/_2) \begin{pmatrix} 1 \\ 2 \\ 0 \end{pmatrix} + 2 \begin{pmatrix} 1 \\ 0 \\ 1 \end{pmatrix}.$$

Die Spalten der Darstellungsmatrix sind nun die berechneten Koeffizienten:

$$_B M(f)_B = \begin{pmatrix} {}^1\!/_2 & -{}^1\!/_2 & {}^1\!/_2 \\ -{}^1\!/_2 & {}^1\!/_2 & -{}^1\!/_2 \\ 1 & 1 & 2 \end{pmatrix}.$$

2. Möglichkeit: Wir nutzen die Basistransformationsformel:

$$_B M(f)_B = {}_B M(\mathrm{Id})_{E_3}\ {}_{E_3} M(f)_{E_3}\ {}_{E_3} M(\mathrm{Id})_B .$$

Die Darstellungsmatrix bzgl. der Standardbasis E_3 lautet

$$_{E_3} M(f)_{E_3} = \begin{pmatrix} 1 & 0 & 1 \\ -1 & 1 & 0 \\ 1 & 0 & 1 \end{pmatrix}.$$

Die Matrix $S = {}_{E_3} M(\mathrm{Id})_B$ enthält die Elemente von B als Spalten und $_B M(\mathrm{Id})_{E_3}$ ist S^{-1}:

$$_{E_3} M(\mathrm{Id})_B = \begin{pmatrix} 1 & 1 & 1 \\ 0 & 2 & 0 \\ 0 & 0 & 1 \end{pmatrix} \quad \text{und} \quad _B M(\mathrm{Id})_{E_3} = \begin{pmatrix} 1 & -{}^1\!/_2 & -1 \\ 0 & {}^1\!/_2 & 0 \\ 0 & 0 & 1 \end{pmatrix}.$$

Damit gilt:

$$_BM(f)_B = {}^{1\!/\!2} \begin{pmatrix} 2 & -1 & -2 \\ 0 & 1 & 0 \\ 0 & 0 & 2 \end{pmatrix} \begin{pmatrix} 1 & 0 & 1 \\ -1 & 1 & 0 \\ 1 & 0 & 1 \end{pmatrix} \begin{pmatrix} 1 & 1 & 1 \\ 0 & 2 & 0 \\ 0 & 0 & 1 \end{pmatrix} = {}^{1\!/\!2} \begin{pmatrix} 1 & -1 & 1 \\ -1 & 1 & -1 \\ 2 & 2 & 4 \end{pmatrix}.$$

- Wir betrachten die lineare Abbildung

$$f : \mathbb{R}[x]_2 \to \mathbb{R}[x]_2, \ p \mapsto x^2 p'' + p'(1).$$

Weiter seien die geordneten Basen $B = (1, x, x^2)$ und $C = (x^2 + x + 1, \ x + 1, \ 1)$ des $\mathbb{R}$-Vektorraums $\mathbb{R}[x]_2$ aller Polynome vom Grad kleiner oder gleich 2 gegeben. Mit

$$f(x^2 + x + 1) = 2x^2 + 3 = 2(x^2 + x + 1) - 2(x + 1) + 3 \cdot 1$$
$$f(x + 1) = 1 = 0(x^2 + x + 1) + 0(x + 1) + 1 \cdot 1$$
$$f(1) = 0 = 0(x^2 + x + 1) + 0(x + 1) + 0 \cdot 1$$

sind

$$_BM(f)_B = \begin{pmatrix} 0 & 1 & 2 \\ 0 & 0 & 0 \\ 0 & 0 & 2 \end{pmatrix} \quad \text{und} \quad _CM(f)_C = \begin{pmatrix} 2 & 0 & 0 \\ -2 & 0 & 0 \\ 3 & 1 & 0 \end{pmatrix}$$

die Darstellungsmatrizen von f bzgl. B und C. Wiederum können wir nun $_CM(f)_C$ über die Basistransformationsformel berechnen. Es sind

$$S = {}_BM(\mathrm{Id})_C = \begin{pmatrix} 1 & 1 & 1 \\ 1 & 1 & 0 \\ 1 & 0 & 0 \end{pmatrix} \quad \text{und} \quad _CM(\mathrm{Id})_B = S^{-1} = \begin{pmatrix} 0 & 0 & 1 \\ 0 & 1 & -1 \\ 1 & -1 & 0 \end{pmatrix}$$

und damit

$$_CM(f)_C = \begin{pmatrix} 0 & 0 & 1 \\ 0 & 1 & -1 \\ 1 & -1 & 0 \end{pmatrix} \begin{pmatrix} 0 & 1 & 2 \\ 0 & 0 & 0 \\ 0 & 0 & 2 \end{pmatrix} \begin{pmatrix} 1 & 1 & 1 \\ 1 & 1 & 0 \\ 1 & 0 & 0 \end{pmatrix} = \begin{pmatrix} 2 & 0 & 0 \\ -2 & 0 & 0 \\ 3 & 1 & 0 \end{pmatrix}.$$

∎

Aber wozu das Ganze nun? Die Frage ist, ob man eine Basis B finden kann, für die die Darstellungsmatrix $_BM(f)_B$ eine Diagonalgestalt hat. Falls ja, so sind damit entscheidende Vorteile verbunden. Wir gehen auf diese Problematik im nächsten Abschnitt ein.

38.4 Aufgaben

38.1 Gegeben sind zwei geordnete Basen A und B des $\mathbb{R}^3$,

$$A = \left(\begin{pmatrix} 8 \\ -6 \\ 7 \end{pmatrix}, \begin{pmatrix} -16 \\ 7 \\ -13 \end{pmatrix}, \begin{pmatrix} 9 \\ -3 \\ 7 \end{pmatrix} \right), \quad B = \left(\begin{pmatrix} 1 \\ -2 \\ 1 \end{pmatrix}, \begin{pmatrix} 3 \\ -1 \\ 2 \end{pmatrix}, \begin{pmatrix} 2 \\ 1 \\ 2 \end{pmatrix} \right),$$

und eine lineare Abbildung $f : \mathbb{R}^3 \to \mathbb{R}^3$, die bezüglich der Basis A die folgende Darstellungsmatrix hat

$$_A M(f)_A = \begin{pmatrix} 1 & -18 & 15 \\ -1 & -22 & 15 \\ 1 & -25 & 22 \end{pmatrix}.$$

Bestimmen Sie die Darstellungsmatrix $_B M(f)_B$ von f bezüglich der Basis B.

38.2 Gegeben ist eine lineare Abbildung $f : \mathbb{R}^3 \to \mathbb{R}^3$. Die Darstellungsmatrix von f bezüglich der geordneten Standardbasis $E_3 = (e_1, e_2, e_3)$ des $\mathbb{R}^3$ lautet:

$$_{E_3} M(f)_{E_3} = \begin{pmatrix} 4 & 0 & -2 \\ 1 & 3 & -2 \\ 1 & 2 & -1 \end{pmatrix} \in \mathbb{R}^{3 \times 3}.$$

(a) Begründen Sie: $B = \left(\begin{pmatrix} 2 \\ 2 \\ 3 \end{pmatrix}, \begin{pmatrix} 1 \\ 1 \\ 1 \end{pmatrix}, \begin{pmatrix} 2 \\ 1 \\ 1 \end{pmatrix} \right)$ ist eine geordnete Basis des $\mathbb{R}^3$.

(b) Bestimmen Sie die Darstellungsmatrix $_B M(f)_B$ und die Transformationsmatrix S mit $_B M(f)_B = S^{-1} {}_{E_3} M(f)_{E_3} S$.

38.3 Es seien $f : \mathbb{R}^3 \to \mathbb{R}^2$ und $g : \mathbb{R}^2 \to \mathbb{R}^4$ mit

$$f(v_1, v_2, v_3) = \begin{pmatrix} v_1 + v_2 \\ 2v_1 + v_2 + v_3 \end{pmatrix} \quad \text{und} \quad g(v_1, v_2) = \begin{pmatrix} 2v_1 + v_2 \\ 2v_1 + v_2 \\ v_2 \\ v_1 + v_2 \end{pmatrix}$$

lineare Abbildungen, $B = E_3$, $C = E_2$ und $D = E_4$ die Standardbasen von $\mathbb{R}^3$, $\mathbb{R}^2$ und $\mathbb{R}^4$. Bestimmen Sie die Darstellungsmatrizen von f bzgl. B und C bzw. g bzgl. C und D bzw. von $g \circ f$ bzgl. B und D.

38.4 Gegeben sind die geordnete Standardbasis $E_2 = \left(\begin{pmatrix} 1 \\ 0 \end{pmatrix}, \begin{pmatrix} 0 \\ 1 \end{pmatrix} \right)$ des $\mathbb{R}^2$, $B =$

$\left(\begin{pmatrix} 1 \\ 1 \\ 1 \end{pmatrix}, \begin{pmatrix} 1 \\ 1 \\ 0 \end{pmatrix}, \begin{pmatrix} 1 \\ 0 \\ 0 \end{pmatrix} \right)$ des $\mathbb{R}^3$ und $C = \left(\begin{pmatrix} 1 \\ 1 \\ 1 \\ 1 \end{pmatrix}, \begin{pmatrix} 1 \\ 1 \\ 1 \\ 0 \end{pmatrix}, \begin{pmatrix} 1 \\ 1 \\ 0 \\ 0 \end{pmatrix}, \begin{pmatrix} 1 \\ 0 \\ 0 \\ 0 \end{pmatrix} \right)$ des $\mathbb{R}^4$.

Nun betrachten wir zwei lineare Abbildungen $f : \mathbb{R}^2 \to \mathbb{R}^3$ und $g : \mathbb{R}^3 \to \mathbb{R}^4$ definiert durch

$$f \left(\begin{pmatrix} v_1 \\ v_2 \end{pmatrix} \right) = \begin{pmatrix} v_1 - v_2 \\ 0 \\ 2\,v_1 - v_2 \end{pmatrix} \quad \text{und} \quad g \left(\begin{pmatrix} v_1 \\ v_2 \\ v_3 \end{pmatrix} \right) = \begin{pmatrix} v_1 + 2\,v_3 \\ v_2 - v_3 \\ v_1 + v_2 \\ 2\,v_1 + 3\,v_3 \end{pmatrix}.$$

Bestimmen Sie die Darstellungsmatrizen $_B M(f)_{E_2}$, $_C M(g)_B$ und $_C M(g \circ f)_{E_2}$.

38.5 Die lineare Abbildung $f : \mathbb{R}^3 \to \mathbb{R}^3$ sei festgelegt durch

$$f(e_1) = 3e_3, \quad f(e_2) = e_1 - e_2 - 9e_3 \quad \text{und} \quad f(e_3) = 2e_2 + 7e_3.$$

Geben Sie die Darstellungsmatrizen von f bzgl. der Standardbasis $E = (e_1, e_2, e_3)$ und bzgl. der folgenden Basis $B = (b_1, b_2, b_3)$ von $\mathbb{R}^3$ an:

$$b_1 = (1, 1, 1)^\top, \quad b_2 = (1, 2, 3)^\top \quad \text{und} \quad b_3 = (1, 3, 6)^\top.$$

38.6 Es sei die lineare Abbildung $f : \mathbb{R}^2 \to \mathbb{R}^3$ gegeben durch

$$f(x, y) = (y, 2x - 2y, 3x)^\top.$$

(a) Geben Sie die Darstellungsmatrix von f bzgl. der Standardbasen von $\mathbb{R}^2$, $\mathbb{R}^3$ an.
(b) Bestimmen Sie die Darstellungsmatrix von f bzgl. der Basen $B = (b_1, b_2)$ von $\mathbb{R}^2$ und $C = (c_1, c_2, c_3)$ von $\mathbb{R}^3$ mit

$$b_1 = (1, 1)^\top, \quad b_2 = (5, 3)^\top$$

und

$$c_1 = (1, 2, 2)^\top, \quad c_2 = (1, 3, 4)^\top, \quad c_3 = (2, 4, 5)^\top.$$

(c) Es sei $x = 2e_1 - 4e_2$. Welche Koordinaten besitzt $f(x)$ bzgl. der Basis (c_1, c_2, c_3)?

38.7 (a) Erstellen Sie eine Funktion `[ Anach ] = basistrafo( Avor, B )`,
die die Darstellungsmatrix `Anach` einer linearen Abbildung $f : \mathbb{R}^n \to \mathbb{R}^n$ bzgl. der

Basis B bestimmt, wobei die Darstellungsmatrix `Avor` von f bzgl. der kanonischen Basis E_n gegeben ist. Testen Sie Ihre Funktion an Beispielen.

(b) Verallgemeinern Sie Ihre Funktion aus (a), um die Darstellungsmatrix `Anach` von f bzgl. der Basis B zu erhalten, wobei die Darstellungsmatrix `Avor` von f bzgl. einer (beliebigen) Basis A gegeben ist. Testen Sie Ihre Funktion an Beispielen.

38.8 Wir betrachten den reellen Vektorraum $\mathbb{R}[x]_3$ aller Polynome über $\mathbb{R}$ vom Grad kleiner oder gleich 3, und es bezeichne $\frac{d}{dx} : \mathbb{R}[x]_3 \to \mathbb{R}[x]_3$ die Differentiation $p \mapsto p'$. Weiter sei $E = (1,\ x,\ x^2,\ x^3)$ die Standardbasis von $\mathbb{R}[x]_3$.

1. Bestimmen Sie die Darstellungsmatrix $A = {}_E M(\frac{d}{dx})_E$.
2. Bestimmen Sie die Darstellungsmatrix $C = {}_B M(\frac{d}{dx})_B$ von $\frac{d}{dx}$ bezüglich der Basis $B = (x^3,\ 3x^2,\ 6x,\ 6)$ von $\mathbb{R}[x]_3$.
3. Zu dem Polynom $p = x^3 + 3x^2 + 6x + 6$ bestimme man die Koordinatenvektoren ${}_E p,\ {}_B p,\ {}_E p',\ {}_B p'$ sowie $A\, {}_E p$ und $C\, {}_B p$.

Diagonalisierung – Eigenwerte und Eigenvektoren

39

Inhaltsverzeichnis

Mit dem *Diagonalisieren* von Matrizen sind wir im Zentrum der linearen Algebra angelangt. Den Schlüssel zum Diagonalisieren bilden Vektoren v ungleich dem Nullvektor mit $A\,v = \lambda\,v$ für ein $\lambda \in \mathbb{K}$ – man nennt v *Eigenvektor* und λ *Eigenwert*. Beim Diagonalisieren einer Matrix $A \in \mathbb{K}^{n \times n}$ bestimmt man alle Eigenwerte von A und eine Basis des $\mathbb{K}^n$ aus Eigenvektoren.

Die Anwendungen des Diagonalisierens von Matrizen sind vielfältig, Themen wie *Hauptachsentransformation*, *Singulärwertzerlegung* und *Matrixexponentialfunktion* zur Lösung von Differentialgleichungssystemen basieren auf dem Diagonalisieren.

Wie schon oftmals zuvor bezeichnet $\mathbb{K}$ einen der beiden Zahlkörper $\mathbb{R}$ oder $\mathbb{C}$.

39.1 Eigenwerte und Eigenvektoren von Matrizen

Wir beginnen mit den zentralen Begriffen:

Eigenwert, Eigenvektor, Eigenraum

Gegeben ist eine quadratische Matrix $A \in \mathbb{K}^{n \times n}$. Gilt

$$A\,v = \lambda\,v \ \text{ mit } \ v \neq 0 \ \text{ und } \ \lambda \in \mathbb{K},$$

© Springer-Verlag GmbH Deutschland, ein Teil von Springer Nature 2022
C. Karpfinger, *Höhere Mathematik in Rezepten*,
https://doi.org/10.1007/978-3-662-63305-2_39

so nennt man

- $v \in V \setminus \{0\}$ einen **Eigenvektor** von A zum **Eigenwert** $\lambda \in \mathbb{K}$ und
- $\lambda \in \mathbb{K}$ einen **Eigenwert** von A mit **Eigenvektor** $v \in V \setminus \{0\}$.

Ist λ ein Eigenwert von A, so nennt man den Untervektorraum

- $\mathrm{Eig}_A(\lambda) = \{v \in \mathbb{K}^n \mid A\,v = \lambda\,v\}$ den **Eigenraum** von A zum Eigenwert λ und
- $\dim(\mathrm{Eig}_A(\lambda))$ die **geometrische Vielfachheit** des Eigenwerts λ, man schreibt

$$\mathrm{geo}(\lambda) = \dim(\mathrm{Eig}_A(\lambda))\,.$$

Die Elemente $v \neq 0$ des Eigenraums $\mathrm{Eig}_A(\lambda)$ sind genau die Eigenvektoren von A zum Eigenwert λ; insbesondere ist jede Linearkombination von Eigenvektoren entweder wieder ein Eigenvektor oder der Nullvektor.

Die Tatsache, dass $\mathrm{Eig}_A(\lambda)$ ein Untervektorraum des $\mathbb{K}^n$ ist, folgt ganz einfach mit dem Rezept in Abschn. 13.2:

(1) Es gilt $0 \in \mathrm{Eig}_A(\lambda)$, da $A\,0 = \lambda\,0$.
(2) Sind $u,\ v \in \mathrm{Eig}_A(\lambda)$, so gilt $A\,u = \lambda\,u$ und $A\,v = \lambda\,v$. Es folgt

$$A\,(u + v) = A\,u + A\,v = \lambda\,u + \lambda\,v = \lambda\,(u + v)\,,$$

sodass $u + v \in \mathrm{Eig}_A(\lambda)$.
(3) Sind $u \in \mathrm{Eig}_A(\lambda)$ und $\mu \in \mathbb{K}$, so gilt $A\,u = \lambda\,u$. Es folgt

$$\mu\,A\,u = \mu\,\lambda\,u\,,\ \text{d.h.,}\ A\,(\mu\,u) = \lambda\,(\mu\,u)\,,$$

sodass $\mu\,u \in \mathrm{Eig}_A(\lambda)$.

Das hätten wir sogar noch einfacher haben können: Wegen

$$A\,v = \lambda\,v \ \Leftrightarrow\ (A - \lambda\,E_n)\,v = 0$$

gilt nämlich

$$\mathrm{Eig}_A(\lambda) = \ker(A - \lambda\,E_n)\,.$$

Und als Kern einer Matrix ist $\mathrm{Eig}_A(\lambda)$ natürlich ein Untervektorraum des $\mathbb{K}^n$.

Beispiel 39.1 Wir betrachten die Matrix $A = \begin{pmatrix} -4 & 6 \\ -3 & 5 \end{pmatrix}$. Wegen

$$\begin{pmatrix} -4 & 6 \\ -3 & 5 \end{pmatrix} \begin{pmatrix} 1 \\ 1 \end{pmatrix} = 2 \begin{pmatrix} 1 \\ 1 \end{pmatrix} \quad \text{und} \quad \begin{pmatrix} -4 & 6 \\ -3 & 5 \end{pmatrix} \begin{pmatrix} 2 \\ 1 \end{pmatrix} = -1 \begin{pmatrix} 2 \\ 1 \end{pmatrix}$$

hat die Matrix A zumindest die zwei verschiedenen Eigenwerte $\lambda_1 = 2$ und $\lambda_2 = -1$ mit zugehörigen Eigenvektoren $v_1 = (1, 1)^\top$ und $v_2 = (2, 1)^\top$. ∎

39.2 Diagonalisieren von Matrizen

Der zentrale Satz lautet: *Eine Matrix $A \in \mathbb{K}^{n \times n}$ ist genau dann diagonalisierbar, wenn es eine Basis des $\mathbb{K}^n$ aus Eigenvektoren von A gibt*, genauer:

Diagonalisieren von Matrizen

Man nennt eine Matrix $A \in \mathbb{K}^{n \times n}$ **diagonalisierbar**, falls es eine invertierbare Matrix $B \in \mathbb{K}^{n \times n}$ gibt, sodass

$$D = B^{-1} A B$$

eine Diagonalmatrix ist. In diesem Fall nennt man

- D eine **Diagonalform** zu A,
- B eine **die Matrix A diagonalisierende Matrix** und
- das Bestimmen von D und B das **Diagonalisieren von** A.

Die Matrix $A \in \mathbb{K}^{n \times n}$ ist genau dann diagonalisierbar, wenn es eine Basis des $\mathbb{K}^n$ aus Eigenvektoren von A gibt, d. h., es gibt eine geordnete Basis $B = (b_1, \ldots, b_n)$ des $\mathbb{K}^n$ und $\lambda_1, \ldots, \lambda_n \in \mathbb{K}$, die nicht notwendig alle verschieden sind, mit

$$A b_1 = \lambda_1 b_1, \ldots, A b_n = \lambda_n b_n.$$

In diesem Fall ist

- die Matrix $D = \text{diag}(\lambda_1, \ldots, \lambda_n)$ die Diagonalform zu A und
- die Matrix $B = (b_1, \ldots, b_n)$ eine A diagonalisierende Matrix.

Die Begründung ist einfach: Ist $A \in \mathbb{K}^{n \times n}$ diagonalisierbar, so gibt es eine Diagonalmatrix $D = \text{diag}(\lambda_1, \ldots, \lambda_n)$ und eine invertierbare Matrix $B = (b_1, \ldots, b_n)$ mit

$$D = B^{-1} A B \iff A B = B D$$

$$\iff (A b_1, \dots, A b_n) = (\lambda_1 b_1, \dots, \lambda_n b_n)$$

$$\iff A b_1 = \lambda_1 b_1, \dots, A b_n = \lambda_n b_n.$$

Da die Matrix B invertierbar ist, bilden die Spalten von B auch eine Basis des $\mathbb{K}^n$. Damit ist alles begründet.

Eine Matrix $A \in \mathbb{K}^{n \times n}$ zu diagonalisieren, bedeutet also

- die nicht notwendig verschiedenen Eigenwerte $\lambda_1, \dots, \lambda_n$ und
- eine geordnete Basis $B = (b_1, \dots, b_n)$ des $\mathbb{K}^n$ aus Eigenvektoren von A

zu bestimmen. Hieraus erhalten wir die Diagonalform $D = \mathrm{diag}(\lambda_1, \dots, \lambda_n)$ und die diagonalisierende Matrix $B = (b_1, \dots, b_n)$.

Nicht jede Matrix ist diagonalisierbar, Beispiele folgen später. Jetzt erst mal einmal Beispiel einer diagonalisierbaren Matrix:

Beispiel 39.2 Die Matrix $A = \begin{pmatrix} -4 & 6 \\ -3 & 5 \end{pmatrix} \in \mathbb{R}^{2 \times 2}$ aus Beispiel 39.1 ist diagonalisierbar, da

- $b_1 = (1, 1)^\top$ und $b_2 = (2, 1)^\top$ Eigenvektoren von A sind: Es gilt

$$A b_1 = \lambda_1 b_1 \text{ und } A b_2 = \lambda_2 b_2 \text{ mit } \lambda_1 = 2 \text{ und } \lambda_2 = -1.$$

- $B = (b_1, b_2)$ wegen der linearen Unabhängigkeit von b_1 und b_2 eine geordnete Basis des $\mathbb{R}^2$ ist.

Es gilt also

$$D = \begin{pmatrix} 2 & 0 \\ 0 & -1 \end{pmatrix} = \begin{pmatrix} 1 & 2 \\ 1 & 1 \end{pmatrix}^{-1} A \begin{pmatrix} 1 & 2 \\ 1 & 1 \end{pmatrix} \text{ bzw. } D = \begin{pmatrix} -1 & 0 \\ 0 & 2 \end{pmatrix} = \begin{pmatrix} 2 & 1 \\ 1 & 1 \end{pmatrix}^{-1} A \begin{pmatrix} 2 & 1 \\ 1 & 1 \end{pmatrix}.$$

Man beachte, dass diese Gleichheit nicht zu verifizieren ist, sie muss korrekt sein (was man gerne nachprüfen kann). ∎

Für das Verständnis späterer Sachverhalte ist die folgende Interpretation des *Diagonalisierens* nützlich: Eine Matrix A zu diagonalisieren bedeutet, eine zu A ähnliche Diagonalmatrix D zu bestimmen. Die Matrizen A und D sind Darstellungsmatrizen der linearen Abbildung $f_A : \mathbb{K}^n \to \mathbb{K}^n$ mit $f_A(v) = A v$. Die Spalten der die Matrix A auf Diagonalform transformierenden Matrix B bilden eine Basis aus Eigenvektoren $b_1, \dots, b_n$ von A zu den Eigenwerten $\lambda_1, \dots, \lambda_n$, daher gilt

$$A b_1 = \lambda_1 b_1, \dots, A b_n = \lambda_n b_n.$$

Mit der Merkregel *in der i-ten Spalte der Darstellungsmatrix steht der Koordinatenvektor des Bildes des i-ten Basisvektors* erhalten wir die Darstellungsmatrix $_B M(f_A)_B$ von f_A bezüglich B und der Basistransformationsformel:

$$_B M(f_A)_B = \begin{pmatrix} \lambda_1 & & \\ & \ddots & \\ & & \lambda_n \end{pmatrix} \quad \text{und} \quad _B M(f_A)_B = B^{-1} A B \,.$$

Aber wie bestimmt man nun die Eigenwerte bzw. Eigenvektoren einer Matrix? Das wesentliche Hilfsmittel ist das *charakteristische Polynom* von A.

39.3 Das charakteristische Polynom einer Matrix

Gesucht sind die Eigenwerte von $A \in \mathbb{K}^{n \times n}$, also die Zahlen $\lambda \in \mathbb{K}$ mit $A b = \lambda b$, wobei $b \in \mathbb{K}^n$ und $b \neq 0$. Wegen

$$A b = \lambda b \text{ mit } b \neq 0 \ \Leftrightarrow \ (A - \lambda E_n) b = 0 \text{ mit } b \neq 0 \ \Leftrightarrow \ \det(A - \lambda E_n) = 0$$

findet man die Eigenwerte λ somit als Nullstellen des folgenden Polynoms

$$\chi_A = \det(A - x E_n) \,.$$

Das charakteristische Polynom einer Matrix A

Zu $A \in \mathbb{K}^{n \times n}$ betrachte das **charakteristische Polynom**

$$\chi_A = \det(A - x E_n) \,.$$

Wir gehen im Folgenden davon aus, dass χ_A über $\mathbb{K}$ in Linearfaktoren zerfällt, d. h.

$$\chi_A = (\lambda_1 - x)^{\nu_1} \cdots (\lambda_r - x)^{\nu_r}$$

mit verschiedenen $\lambda_1, \ldots, \lambda_r \in \mathbb{K}$. Es gilt dann:

- $\lambda_1, \ldots, \lambda_r$ sind die verschiedenen Eigenwerte von A, weitere gibt es nicht.
- χ_A hat den Grad n, entsprechend gilt $\nu_1 + \cdots + \nu_r = n$.
- A hat höchstens n verschiedene Eigenwerte (falls $r = n$).
- Man nennt die Potenz ν_i die **algebraische Vielfachheit** des Eigenwerts λ_i, man schreibt $\mathrm{alg}(\lambda_i) = \nu_i$.
- Für $1 \leq i \leq r$ gilt: $1 \leq \mathrm{geo}(\lambda_i) \leq \mathrm{alg}(\lambda_i)$.

Man beachte, dass geo(λ) die Dimension des Eigenraums zum Eigenwert λ von $A \in \mathbb{K}^{n \times n}$ ist. Da Eigenvektoren zu verschiedenen Eigenwerten linear unabhängig sind (vgl. Aufgabe 39.2), ist die Vereinigung von Basen von Eigenräumen wieder eine linear unabhängige Menge. Ist nun zudem jeder Eigenraum so *groß* wie nur möglich, also geo(λ) = alg(λ) für jeden Eigenwert λ, so ist die Vereinigung der Basen aller Eigenräume eine n-elementige linear unabhängige Teilmenge des n-dimensionalen Vektorraums $\mathbb{K}^n$; wir haben in dieser Situation eine Basis des $\mathbb{K}^n$ aus Eigenvektoren von A bestimmt. Damit ist das folgende Kriterium zur Diagonalisierbarkeit und das sich anschließende Rezept zum Diagonalisieren einer Matrix plausibel:

Kriterium zur Diagonalisierbarkeit
Eine Matrix $A \in \mathbb{K}^{n \times n}$ ist genau dann diagonalisierbar, wenn das charakteristische Polynom χ_A über $\mathbb{K}$ in Linearfaktoren zerfällt und alg(λ) = geo(λ) für jeden Eigenwert λ von A gilt. Insbesondere ist jede Matrix $A \in \mathbb{K}^{n \times n}$ mit n verschiedenen Eigenwerten diagonalisierbar.

Will man eine Matrix A diagonalisieren, so gehe man wie folgt vor:

Rezept: Diagonalisieren einer Matrix A
Gegeben ist eine quadratische Matrix $A \in \mathbb{K}^{n \times n}$, die wir diagonalisieren wollen.

(1) Bestimme das charakteristische Polynom χ_A und zerlege dieses in Linearfaktoren, falls möglich:

$$\chi_A = (\lambda_1 - x)^{\nu_1} \cdots (\lambda_r - x)^{\nu_r}.$$

- Es gilt $\nu_1 + \cdots + \nu_r = n$.
- Es sind $\lambda_1, \ldots, \lambda_r$ die verschiedenen Eigenwerte mit der jeweiligen algebraischen Vielfachheit alg(λ_i) = ν_i.

Ist χ_A nicht vollständig in Linearfoktoren zerlegbar, STOP: A ist nicht diagonalisierbar, sonst:

(2) Bestimme zu jedem Eigenwert λ_i den Eigenraum $\text{Eig}_A(\lambda_i)$,

$$\text{Eig}_A(\lambda_i) = \ker(A - \lambda_i E_n) = \langle B_i \rangle,$$

durch Angabe einer Basis B_i von $\text{Eig}_A(\lambda_i)$. Es gilt $|B_i| = $ geo(λ_i).
Gilt geo(λ_i) $\neq$ alg(λ_i) für ein i, STOP: A ist nicht diagonalisierbar, sonst:

(3) Es ist $B = B_1 \cup \cdots \cup B_r$ eine Basis des $\mathbb{K}^n$ aus Eigenvektoren. Ordne die Basis $B = (b_1, \ldots, b_n)$ und erhalte im Fall $A\, b_1 = \lambda_1 b_1, \ldots, A\, b_n = \lambda_n b_n$

$$\mathrm{diag}(\lambda_1, \ldots, \lambda_n) = B^{-1} A\, B\,.$$

Beispiel 39.3

- Wir diagonalisieren die Matrix $A = \begin{pmatrix} -2 & -8 & -12 \\ 1 & 4 & 4 \\ 0 & 0 & 1 \end{pmatrix} \in \mathbb{R}^{3 \times 3}$.

(1) A hat das charakteristische Polynom

$$\chi_A = \det \begin{pmatrix} -2-x & -8 & -12 \\ 1 & 4-x & 4 \\ 0 & 0 & 1-x \end{pmatrix} = (1-x) \det \begin{pmatrix} -2-x & -8 \\ 1 & 4-x \end{pmatrix}$$

$$= (1-x)\big((-2-x)(4-x) - (-8) \cdot 1\big) = (1-x)\, x\, (x-2)\,.$$

Damit hat A die drei Eigenwerte $\lambda_1 = 0$, $\lambda_2 = 1$ und $\lambda_3 = 2$.

(2) Wir erhalten die Eigenräume:

$$\mathrm{Eig}_A(0) = \ker(A - 0 \cdot E_3) = \ker \begin{pmatrix} -2 & -8 & -12 \\ 1 & 4 & 4 \\ 0 & 0 & 1 \end{pmatrix} = \ker \begin{pmatrix} 1 & 4 & 4 \\ 0 & 0 & 1 \\ 0 & 0 & 0 \end{pmatrix} = \left\langle \begin{pmatrix} 4 \\ -1 \\ 0 \end{pmatrix} \right\rangle,$$

$$\mathrm{Eig}_A(1) = \ker(A - 1 \cdot E_3) = \ker \begin{pmatrix} -3 & -8 & -12 \\ 1 & 3 & 4 \\ 0 & 0 & 0 \end{pmatrix} = \ker \begin{pmatrix} 1 & 3 & 4 \\ 0 & 1 & 0 \\ 0 & 0 & 0 \end{pmatrix} = \left\langle \begin{pmatrix} -4 \\ 0 \\ 1 \end{pmatrix} \right\rangle,$$

$$\mathrm{Eig}_A(2) = \ker(A - 2 \cdot E_3) = \ker \begin{pmatrix} -4 & -8 & -12 \\ 1 & 2 & 4 \\ 0 & 0 & -1 \end{pmatrix} = \ker \begin{pmatrix} 1 & 2 & 4 \\ 0 & 0 & 1 \\ 0 & 0 & 0 \end{pmatrix} = \left\langle \begin{pmatrix} -2 \\ 1 \\ 0 \end{pmatrix} \right\rangle.$$

(3) Es ist $B = (b_1,\, b_2,\, b_2)$ mit

$$b_1 = \begin{pmatrix} 4 \\ -1 \\ 0 \end{pmatrix}, \; b_2 = \begin{pmatrix} -4 \\ 0 \\ 1 \end{pmatrix}, \; b_3 = \begin{pmatrix} -2 \\ 1 \\ 0 \end{pmatrix}$$

eine geordnete Basis des $\mathbb{R}^3$ aus Eigenvektoren von A. Wegen $A b_1 = 0\, b_1$, $A\, b_2 = 1\, b_2$ und $A\, b_3 = 2\, b_3$ gilt

$$D = \begin{pmatrix} 0 & 0 & 0 \\ 0 & 1 & 0 \\ 0 & 0 & 2 \end{pmatrix} = B^{-1} A B \ \text{ mit } \ B = (b_1, \, b_2, \, b_3) \, .$$

Beachte: Die Reihenfolge der Basisvektoren ist dabei von Bedeutung. Die Basis $C = (b_3, \, b_1, \, b_2)$ liefert beispielsweise die Diagonalmatrix

$$\tilde{D} = \begin{pmatrix} 2 & 0 & 0 \\ 0 & 0 & 0 \\ 0 & 0 & 1 \end{pmatrix} = C^{-1} A C \ \text{ mit } \ C = (b_3, \, b_1, \, b_2) \, .$$

- Nun diagonalisieren wir die Matrix $A = \begin{pmatrix} 1 & -4 \\ 1 & 1 \end{pmatrix} \in \mathbb{C}^{2\times 2}$.

(1) A hat das charakteristische Polynom

$$\begin{aligned} \chi_A(x) = \det(A - x \, E_2) &= \det \begin{pmatrix} 1 - x & -4 \\ 1 & 1 - x \end{pmatrix} \\ &= (1 - x)^2 + 4 = x^2 - 2x + 5 = \big(x - (1 - 2\mathrm{i})\big)\big(x - (1 + 2\mathrm{i})\big) \, . \end{aligned}$$

Die (komplexen) Eigenwerte sind damit $\lambda_1 = 1 - 2\mathrm{i}$ und $\lambda_2 = 1 + 2\mathrm{i}$.

(2) Die Eigenräume berechnen sich als

$$\mathrm{Eig}_A(1 - 2\mathrm{i}) = \ker \begin{pmatrix} 2\mathrm{i} & -4 \\ 1 & 2\mathrm{i} \end{pmatrix} = \ker \begin{pmatrix} 1 & 2\mathrm{i} \\ 0 & 0 \end{pmatrix} = \left\langle \begin{pmatrix} 2\mathrm{i} \\ -1 \end{pmatrix} \right\rangle \, ,$$

$$\mathrm{Eig}_A(1 + 2\mathrm{i}) = \ker \begin{pmatrix} -2\mathrm{i} & -4 \\ 1 & -2\mathrm{i} \end{pmatrix} = \ker \begin{pmatrix} 1 & -2\mathrm{i} \\ 0 & 0 \end{pmatrix} = \left\langle \begin{pmatrix} -2\mathrm{i} \\ -1 \end{pmatrix} \right\rangle \, .$$

(3) Es ist $B = (b_1, \, b_2)$ mit

$$b_1 = \begin{pmatrix} 2\mathrm{i} \\ -1 \end{pmatrix} , \ b_2 = \begin{pmatrix} -2\mathrm{i} \\ -1 \end{pmatrix}$$

eine geordnete Basis des $\mathbb{C}^2$ aus Eigenvektoren von A. Wegen $A \, b_1 = (1 - 2\mathrm{i}) \, b_1$ und $A \, b_2 = (1 + 2\mathrm{i}) \, b_2$ gilt

$$\begin{pmatrix} 1 - 2\mathrm{i} & 0 \\ 0 & 1 + 2\mathrm{i} \end{pmatrix} = B^{-1} A B \ \text{ mit } \ B = (b_1, \, b_2) \, .$$

Die **Spur** einer Matrix $S = (s_{ij})$ ist definiert als die Summe aller Diagonalelemente:

$$\mathrm{Spur}(S) = \sum_{i=1}^{n} s_{ii} \, .$$

Es ist eine Kleinigkeit, die Spur einer Matrix zu berechnen. Bemerkenswerterweise ist die Spur auch die Summe der Eigenwerte einer Matrix (selbst dann, wenn die Matrix nicht diagonalisierbar ist). Daher bietet die Spur eine wunderbare Möglichkeit, die Rechnung zu kontrollieren: Ist die Spur von A nicht die Summe der berechneten Eigenwerte, so hat man sich sicherlich verrechnet. Auch die Determinante von A hängt mit den Eigenwerten von A eng zusammen:

> **det(A) = Produkt der Eigenwerte, Spur(A) = Summe der Eigenwerte**
>
> Sind $\lambda_1, \ldots, \lambda_n$ die nicht notwendig verschiedenen Eigenwerte einer Matrix $A \in \mathbb{K}^{n \times n}$, so gilt:
>
> $$\det(A) = \lambda_1 \cdots \lambda_n \quad \text{und} \quad \operatorname{Spur}(A) = \lambda_1 + \cdots + \lambda_n,$$
>
> d. h., die Determinante von A ist das Produkt der Eigenwerte, die Spur von A ist die Summe der Eigenwerte.

Man prüfe diese Tatsachen bei obigen Beispielen nach.

Wir erinnern an den Begriff der *Ähnlichkeit* von Matrizen: Zwei $n \times n$-Matrizen A und B heißen ähnlich, wenn es eine invertierbare Matrix S mit $B = S^{-1} A S$ gibt, die wichtigsten gemeinsamen Eigenschaften ähnlicher Matrizen sind:

> **Gemeinsamkeiten ähnlicher Matrizen**
>
> Sind $A, B \in \mathbb{K}^{n \times n}$ ähnlich, so gilt:
>
> - $\chi_A = \chi_B$.
> - A und B haben die gleichen Eigenwerte.
> - Die Eigenwerte von A und B haben die gleichen algebraischen und geometrischen Vielfachheiten.

Bemerkung   Eine Matrix $A \in \mathbb{K}^{n \times n}$ ist etwa dann nicht diagonalisierbar, wenn

- χ_A über $\mathbb{K}$ nicht in Linearfaktoren zerfällt, z. B. $A = \begin{pmatrix} 0 & -1 \\ 1 & 0 \end{pmatrix} \in \mathbb{R}^{2 \times 2}$, oder

- $\operatorname{geo}(\lambda) < \operatorname{alg}(\lambda)$ für einen Eigenwert λ von A gilt, z. B. $A = \begin{pmatrix} 2 & 1 \\ 0 & 2 \end{pmatrix} \in \mathbb{R}^{2 \times 2}$; hier gilt

  $\chi_A(x) = (2 - x)^2$, also $\operatorname{alg}(2) = 2$, und $\operatorname{Eig}_A(2) = \langle (1, 0)^\top \rangle$, also $\operatorname{geo}(2) = 1$.

MATLAB Man erhält die Eigenwerte mit MATLAB durch `eig(A)`. Will man auch noch eine diagonalisierende Matrix B, so gebe man `[B,D]=eig(A)` ein. Ist man nur am charakteristischen Polynom χ_A einer Matrix A interessiert, so erhält man mit `poly(A)` die Koeffizienten $a_n, \ldots, a_0$ (in dieser Reihenfolge) von χ_A.

39.4   Diagonalisierung reeller symmetrischer Matrizen

Im Allgemeinen ist es schwer zu entscheiden, ob eine Matrix $A \in \mathbb{K}^{n \times n}$ diagonalisierbar ist. Es ist zu prüfen, ob das charakteristische Polynom in Linearfaktoren zerfällt und für jeden Eigenwert algebraische und geometrische Vielfachheiten übereinstimmen. Das ist bei einer reellen symmetrischen Matrix ganz anders. Für eine solche Matrix gilt:

Diagonalisierbarkeit einer reellen symmetrischen Matrix
Ist A eine reelle symmetrische Matrix, $A \in \mathbb{R}^{n \times n}$ mit $A^\top = A$, so gilt:

- A ist diagonalisierbar.
- Alle Eigenwerte von A sind reell.
- Eigenvektoren zu verschiedenen Eigenwerten stehen senkrecht aufeinander (bezüglich des Standardskalarprodukts $\langle v, w \rangle = v^\top w$).
- Die A diagonalisierende Matrix B kann orthogonal gewählt werden, d.h. $B^{-1} = B^\top$.

Da eine Matrix $B \in \mathbb{R}^{n \times n}$ genau dann orthogonal ist, wenn die Spalten $b_1, \ldots, b_n$ eine Orthonormalbasis des $\mathbb{R}^n$ bilden, besagt der letzte Punkt also, dass die Eigenvektoren $b_1, \ldots, b_n$ von A im Falle einer reellen symmetrischen Matrix A eine ONB des $\mathbb{R}^n$ bilden. Nach dem vorletzten Punkt sind Eigenvektoren zu verschiedenen Eigenvektoren per se orthogonal. Also müssen bei der Bestimmung einer ONB des $\mathbb{R}^n$ aus Eigenvektoren nur noch innerhalb der Eigenräume zueinander orthogonale Basisvektoren bestimmt werden; wir können also nach wie vor unser Rezept in Abschn. 39.3 zur Diagonalisierung einer Matrix A verwenden, wobei wir nur ergänzend ONBen B_i in den Eigenräumen angeben müssen.

Beispiel 39.4

- Wir betrachten die Matrix

$$A = \begin{pmatrix} 1 & 3 \\ 3 & 1 \end{pmatrix} \in \mathbb{R}^{2 \times 2}.$$

(1) A hat das charakteristische Polynom $\chi_A(x) = (1 - x)^2 - 9 = (x + 2)(x - 4)$, also die Eigenwerte $\lambda_1 = 4$ und $\lambda_2 = -2$.

(2) Als Eigenräume erhalten wir:

$$\text{Eig}_A(4) = \ker \begin{pmatrix} -3 & 3 \\ 3 & -3 \end{pmatrix} = \left\langle \begin{pmatrix} 1 \\ 1 \end{pmatrix} \right\rangle \quad \text{und} \quad \text{Eig}_A(-2) = \left\langle \begin{pmatrix} 1 \\ -1 \end{pmatrix} \right\rangle,$$

wobei wir $\text{Eig}_A(-2)$ einfach durch Angabe des zu $(1,1)^\top$ orthogonalen Vektors $(1,-1)^\top$ bestimmt haben.

(3) Wählt man nun

$$b_1 = \tfrac{1}{\sqrt{2}}(1,1)^\top \quad \text{und} \quad b_2 = \tfrac{1}{\sqrt{2}}(1,-1)^\top,$$

so ist $B = (b_1, b_2)$ eine ONB des $\mathbb{R}^2$ aus Eigenvektoren und damit

$$B^{-1}AB = B^\top AB = \begin{pmatrix} 4 & 0 \\ 0 & -2 \end{pmatrix}.$$

• Nun betrachten wir die Matrix

$$A = \begin{pmatrix} 1 & 1 & 1 \\ 1 & 1 & 1 \\ 1 & 1 & 1 \end{pmatrix} \in \mathbb{R}^{3\times3}.$$

(1) Das charakteristische Polynom von A ist

$$\begin{aligned}
\chi_A(x) &= \det \begin{pmatrix} 1-x & 1 & 1 \\ 1 & 1-x & 1 \\ 1 & 1 & 1-x \end{pmatrix} = \det \begin{pmatrix} 1-x & 1 & 1 \\ 1 & 1-x & 1 \\ 0 & x & -x \end{pmatrix} \\
&= x \cdot \det \begin{pmatrix} 1-x & 2 & 1 \\ 1 & 2-x & 1 \\ 0 & 0 & -1 \end{pmatrix} = -x \cdot \det \begin{pmatrix} 1-x & 2 \\ 1 & 2-x \end{pmatrix} \\
&= -x\big((1-x)(2-x) - 2\big) = -x(x^2 - 3x) = -x^2(x-3).
\end{aligned}$$

Die Matrix A besitzt also die beiden Eigenwerte $\lambda_1 = 0$ und $\lambda_2 = 3$ mit den algebraischen Vielfachheiten $\text{alg}(0) = 2$ und $\text{alg}(3) = 1$.

(2) Die zugehörigen Eigenräume sind

$$\text{Eig}_A(0) = \ker \begin{pmatrix} 1 & 1 & 1 \\ 1 & 1 & 1 \\ 1 & 1 & 1 \end{pmatrix} = \ker \begin{pmatrix} 1 & 1 & 1 \\ 0 & 0 & 0 \\ 0 & 0 & 0 \end{pmatrix} = \left\langle \begin{pmatrix} 1 \\ -1 \\ 0 \end{pmatrix}, \begin{pmatrix} 1 \\ 0 \\ -1 \end{pmatrix} \right\rangle,$$

$$\text{Eig}_A(3) = \ker \begin{pmatrix} -2 & 1 & 1 \\ 1 & -2 & 1 \\ 1 & 1 & -2 \end{pmatrix} = \ker \begin{pmatrix} 1 & 1 & -2 \\ 0 & -3 & 3 \\ 0 & 0 & 0 \end{pmatrix} = \left\langle \begin{pmatrix} 1 \\ 1 \\ 1 \end{pmatrix} \right\rangle.$$

(3) Mit der Wahl

$$b_1 = \tfrac{1}{\sqrt{2}}(1, -1, 0)^\top, \quad b_2 = \tfrac{1}{\sqrt{6}}(1, 1, -2)^\top, \quad b_3 = \tfrac{1}{\sqrt{3}}(1, 1, 1)^\top$$

erhält man mit $B = (b_1, b_2, b_3)$ eine ONB des $\mathbb{R}^3$ und damit

$$B^{-1}AB = B^\top AB = \begin{pmatrix} 0 & 0 & 0 \\ 0 & 0 & 0 \\ 0 & 0 & 3 \end{pmatrix}.$$

■

39.5 Aufgaben

39.1 Geben Sie die Eigenwerte und Eigenvektoren der folgenden komplexen Matrizen an:

(a) $A = \begin{pmatrix} 3 & -1 \\ 1 & 1 \end{pmatrix}$,   (b) $B = \begin{pmatrix} 0 & 1 \\ 1 & 0 \end{pmatrix}$,   (c) $C = \begin{pmatrix} 0 & -1 \\ 1 & 0 \end{pmatrix}$.

39.2 Begründen Sie, warum Eigenvektoren zu verschiedenen Eigenwerten linear unabhängig sind.

39.3 Diagonalisieren Sie, falls möglich, die folgenden reellen Matrizen:

(a) $A = \begin{pmatrix} 1 & 0 & 0 \\ 0 & 2 & 0 \\ 0 & 0 & 3 \end{pmatrix}$, (c) $C = \begin{pmatrix} 1 & 3 & 6 \\ -3 & -5 & -6 \\ 3 & 3 & 4 \end{pmatrix}$, (e) $F = \begin{pmatrix} -3 & 1 & -1 \\ -7 & 5 & -1 \\ -6 & 6 & -2 \end{pmatrix}$,

(b) $B = \begin{pmatrix} 2 & 1 & 0 \\ 0 & 2 & 0 \\ 0 & 0 & 3 \end{pmatrix}$, (d) $D = \begin{pmatrix} 1 & -3 & 3 \\ 3 & -5 & 3 \\ 6 & -6 & 4 \end{pmatrix}$, (f) $G = \begin{pmatrix} 1 & -1 & 1 \\ 0 & 3 & 0 \\ -1 & 0 & 3 \end{pmatrix}$.

39.4 Berechnen Sie alle Eigenwerte und zugehörige Eigenvektoren der folgenden Matrizen:

(a) $A = \begin{pmatrix} 0 & 1 & -1 \\ 0 & 1 & 0 \\ 1 & 0 & 0 \end{pmatrix}$,   (c) $C = \begin{pmatrix} 1 & 0 & 0 \\ 0 & \cos\alpha & -\sin\alpha \\ 0 & \sin\alpha & \cos\alpha \end{pmatrix}$,

(b) $B = \begin{pmatrix} 1 & 2 & 0 \\ 0 & 1 & 0 \\ -1 & 2 & -2 \end{pmatrix}$,   (d) $D = \begin{pmatrix} 2 & -2 & 2 \\ -2 & 2 & -2 \\ -2 & 2 & -2 \end{pmatrix}$.

39.5 Es sei $A \in \mathbb{R}^{n \times n}$ eine orthogonale Matrix und $\lambda \in \mathbb{C}$ ein Eigenwert von A. Zeigen Sie, dass $|\lambda| = 1$ gilt.

39.6

(a) Zeigen Sie folgende Aussage: Ist $A \in \mathbb{R}^{n \times n}$ eine symmetrische Matrix und sind v_1 und v_2 zwei Eigenvektoren von A zu den Eigenwerten λ_1 und λ_2, wobei $\lambda_1 \neq \lambda_2$ gelte, dann sind v_1 und v_2 orthogonal zueinander.

(b) Gegeben ist die Matrix $A = \begin{pmatrix} 0 & -1 & -2 \\ -1 & 0 & -2 \\ -2 & -2 & -3 \end{pmatrix}$.

Bestimmen Sie alle Eigenwerte von A und geben Sie eine Basis der Eigenräume an.

(c) Bestimmen Sie weiterhin eine orthogonale Matrix U, sodass $U^\top A U$ Diagonalform besitzt.

39.7 Es sei v ein Eigenvektor zum Eigenwert λ einer Matrix A.

(a) Ist v auch Eigenvektor von A^2? Zu welchem Eigenwert?

(b) Wenn A zudem invertierbar ist, ist dann v auch ein Eigenvektor zu A^{-1}? Zu welchem Eigenwert?

39.8 Geben Sie zu den folgenden Matrizen jeweils eine Basis aus Eigenvektoren an.

(a) $A = \begin{pmatrix} 1 & 2 \\ 2 & 1 \end{pmatrix}$ (b) $A = \begin{pmatrix} 2 & 0 & -1 & -4 \\ -3 & 1 & 3 & 0 \\ 2 & 0 & -1 & -2 \\ 1 & 0 & -1 & -3 \end{pmatrix}$ (c) $A = \begin{pmatrix} 1+i & 0 \\ -6 & 1-i \end{pmatrix}$.

39.9 Es sei die Matrix $A \in \mathbb{R}^{3 \times 3}$ gegeben als $A = \begin{pmatrix} 1 & 4 & 0 \\ 2 & 3 & 0 \\ 0 & 0 & 1 \end{pmatrix}$.

(a) Zeigen Sie, dass die Vektoren $v_1 = (1, 1, 0)^\top$ und $v_2 = (0, 0, 1)^\top$ Eigenvektoren von A sind. Bestimmen Sie die zugehörigen Eigenwerte.

(b) Besitzt A weitere Eigenwerte? Berechnen Sie ggf. diese Eigenwerte sowie zugehörige Eigenvektoren.

(c) Zeigen Sie, dass $\mathbb{R}^3$ eine Basis B besitzt, die aus Eigenvektoren von A besteht. Bestimmen Sie die Darstellungsmatrix der linearen Abbildung $f \colon x \mapsto Ax$ bezüglich der Basis B.

(d) Verwenden Sie die bisherigen Ergebnisse, um möglichst einfach die Matrix A^5 zu berechnen.

39.10 Die Fibonacci-Zahlen $F_0, F_1, F_2, \ldots$ sind rekursiv definiert durch die Vorschrift

$$F_0 = 0, \quad F_1 = 1, \quad F_n = F_{n-1} + F_{n-2} \text{ für } n \geq 2.$$

(a) Bestimmen Sie eine Matrix $A \in \mathbb{R}^{2\times 2}$, die die Gleichung $(F_n, F_{n-1})^\top = A\,(F_{n-1}, F_{n-2})^\top$ erfüllt.

(b) Wie muss $k \in \mathbb{N}$ gewählt werden, damit $(F_n, F_{n-1})^\top = A^k\,(F_1, F_0)^\top$ gilt?

(c) Berechnen Sie alle Eigenwerte und Eigenvektoren der Matrix A.

(d) Berechnen Sie eine invertierbare Matrix T und eine Diagonalmatrix D mit der Eigenschaft $D = T^{-1} A\,T$.

(e) Verwenden Sie die Darstellung von A aus Teilaufgabe (d), um A^k für das in Teilaufgabe (b) bestimmte k zu berechnen.

(f) Verwenden Sie die bisherigen Teilergebnisse, um eine explizite Darstellung für die Fibonacci-Zahlen F_n (ohne Rekursion) zu bestimmen.

39.11 Es sei $A \in \mathbb{R}^{n\times n}$. Begründen Sie:

(a) Ist $\lambda \in \mathbb{C}$ ein Eigenwert von A, so ist auch $\overline{\lambda} \in \mathbb{C}$ ein solcher.

(b) Ist $v \in \mathbb{C}^n$ ein Eigenvektor von A, so ist auch $\overline{v} \in \mathbb{C}^n$ ein solcher (dabei ist $\overline{v} = (\overline{v}_i)$ für $v = (v_i) \in \mathbb{C}^n$).

Geben Sie die komplexen Eigenwerte und Eigenvektoren der Matrix $\begin{pmatrix} 0 & 1 \\ -1 & 0 \end{pmatrix}$ an.

Numerische Berechnung von Eigenwerten und Eigenvektoren

40

Inhaltsverzeichnis

Die Berechnung der Eigenwerte λ einer Matrix A als Nullstellen des charakteristischen Polynoms χ_A ist numerisch ungünstig – kleine Fehler in den Koeffizienten der Matrix können zu wesentlich verschiedenen Nullstellen von χ_A führen. Wir geben in diesem Kapitel andere Methoden an, die es erlauben, die Eigenwerte und dazugehörige Eigenvektoren numerisch zu bestimmen. Zum Teil sind diese Verfahren auf spezielle Matrizen zugeschnitten.

40.1 Gerschgorinkreise

Eine erste, zwar grobe, aber doch oftmals nützliche Lokalisierung der Eigenwerte einer quadratischen Matrix $A = (a_{ij}) \in \mathbb{C}^{n \times n}$ erhält man mit den *Gerschgorinkreisen*:

Der Satz von Gerschgorin

Die n Eigenwerte der komplexen Matrix $A = (a_{ij}) \in \mathbb{C}^{n \times n}$ liegen in der Vereinigung $\bigcup_{i=1}^{n} K_i$ der n **Gerschgorinkreise**

$$K_i = \{z \in \mathbb{C} \mid |z - a_{ii}| \le \sum_{\substack{j=1 \\ j \ne i}}^{n} |a_{ij}|\}, \quad i = 1, \ldots, n.$$

© Springer-Verlag GmbH Deutschland, ein Teil von Springer Nature 2022
C. Karpfinger, *Höhere Mathematik in Rezepten*,
https://doi.org/10.1007/978-3-662-63305-2_40

Sind $M_1, \ldots, M_r$ verschiedene Kreisscheiben aus $\{K_1, \ldots, K_n\}$ und $M_{r+1}, \ldots, M_n$ die restlichen der n Kreisscheiben und gilt

$$\left(\bigcup_{i=1}^{r} M_i \right) \cap \left(\bigcup_{i=r+1}^{n} M_i \right) = \emptyset,$$

so enthält $\bigcup_{i=1}^{r} M_i$ genau r Eigenwerte und $\bigcup_{i=r+1}^{n} M_i$ genau $n - r$ Eigenwerte.

Man beachte, dass dieser Satz nicht garantiert, dass in jedem Gerschgorinkreis auch ein Eigenwert liegt, es sei denn, der Kreis ist disjunkt zu allen anderen Kreisen.

Beispiel 40.1 Die Matrix $A = \begin{pmatrix} -5 & 0 & 0 \\ 0 & 2 & 1 \\ 3 & -5 & 4 \end{pmatrix} \in \mathbb{C}^{3 \times 3}$ hat die drei Gerschgorinkreise

$$K_1 = \{-5\},$$
$$K_2 = \{z \in \mathbb{C} \mid |z - 2| \le 1\},$$
$$K_3 = \{z \in \mathbb{C} \mid |z - 4| \le 8\}.$$

Diese Kreise sind in Abb. 40.1 eingetragen. Der Kreis K_1 enthält wegen

$$K_1 \cap (K_2 \cup K_3) = \emptyset$$

genau einen Eigenwert. Dieser kann nur $\lambda_1 = -5$ sein. Der Kreis K_2 enthält keinen Eigenwert, er ist auch nicht disjunkt zu den anderen Kreisen. Tatsächlich hat die Matrix A die Eigenwerte $\lambda_1 = -5$, $\lambda_2 = 3 + 2\mathrm{i}$ sowie $\lambda_3 = 3 - 2\mathrm{i}$. ∎

Für einen Beweis des ersten Teils des Satzes von Gerschgorin siehe Aufgabe 40.1.

Man kennt die Eigenwerte nach dem Satz von Gerschgorin umso genauer, je kleiner diese Kreisscheiben sind. Im Extremfall einer Diagonalmatrix gibt der Satz von Gerschgorin die Eigenwerte sogar exakt an. Ansonsten liefert der Satz von Gerschgorin eine *eher gute* Näherung der Eigenwerte, wenn die Matrix **A strikt diagonaldominant** ist, d. h., die Beträge ihrer Diagonalelemente a_{ii} sind jeweils größer als die Summe der Beträge der restlichen jeweiligen Zeileneinträge a_{ij}:

$$\sum_{\substack{j=1 \\ j \ne i}}^{n} |a_{ij}| < |a_{ii}| \quad \text{für alle} \ \ i = 1, \ldots, n.$$

Abb. 40.1 Die drei
Gerschgorinkreise

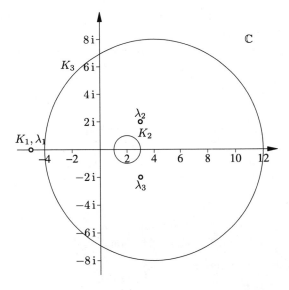

Abb. 40.2 Strikt
diagonaldominante Matrix

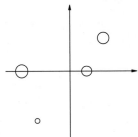

Die Gerschgorinkreise einer strikt diagonaldominanten Matrix haben einen *kleinen* Radius, sie sind in diesem Fall eher *klein,* siehe Abb. 40.2.

Die Gerschgorinkreise werden oft wie folgt benutzt: *Enthält kein Gerschgorinkreis einer Matrix A den Nullpunkt, so ist A invertierbar.*

In diesem Fall kann $\lambda = 0$ kein Eigenwert von A sein; die Determinante, das ist das Produkt der Eigenwerte, ist in diesem Fall nicht null. Somit ist A invertierbar.

40.2 Vektoriteration

Der betragsmäßig größte Eigenwert einer komplexen Matrix spielt oftmals eine wichtige Rolle. Man nennt die Zahl

$$\max\{|\lambda| \mid \lambda \text{ ist ein Eigenwert von } A \in \mathbb{C}^{n \times n}\}$$

den **Spektralradius** der Matrix A. Diese Zahl spielt eine wichtige Rolle bei verschiedenen numerischen Verfahren. Die *Vektoriteration* ist ein einfaches Verfahren, das zu einer diagonalisierbaren Matrix A den betragsmäßig größten Eigenwert von A mit einem dazugehörigen Eigenvektor bestimmt. Es ist hierbei nicht nötig, alle Eigenwerte von A zu bestimmen. Wir werden genauer:

Vektoriteration bzw. von-Mises-Iteration

Ist $A \in \mathbb{C}^{n \times n}$ eine diagonalisierbare Matrix mit den Eigenwerten $\lambda_1, \ldots, \lambda_n$ und dem betragsmäßig größten Eigenwert λ_1,

$$|\lambda_1| > |\lambda_2| \geq \cdots \geq |\lambda_n|,$$

so konvergieren für (fast) jeden Startvektor $v^{(0)} \in \mathbb{C}^n$ der Länge 1 die Folgen $(v^{(k)})_k$ von Vektoren und $(\lambda^{(k)})_k$ von komplexen Zahlen mit

$$v^{(k+1)} = \frac{A \, v^{(k)}}{\|A \, v^{(k)}\|} \quad \text{und} \quad \lambda^{(k+1)} = \frac{(v^{(k)})^{\top} A \, v^{(k)}}{(v^{(k)})^{\top} v^{(k)}}$$

gegen einen Eigenvektor v, $v^{(k)} \to v$, zum Eigenwert λ_1, $\lambda^{(k)} \to \lambda_1$, von A.

Die wesentliche Idee für eine Begründung dieser Aussage steckt in den folgenden Überlegungen: Ist $(v_1, \ldots, v_n)$ eine Basis des $\mathbb{C}^n$ aus Eigenvektoren der Matrix A, so können wir den normierten Startvektor $v^{(0)}$ als Linearkombination dieser Basis schreiben:

$$v^{(0)} = \mu_1 v_1 + \mu_2 v_2 + \cdots + \mu_n v_n \,.$$

Wir multiplizieren $v^{(0)}$ mit A und erhalten $w^{(1)} = A \, v^{(0)}$ und allgemeiner

$$w^{(k)} = A^k v^{(0)} = \mu_1 \, \lambda_1^k v_1 + \cdots + \mu_n \, \lambda_n^k v_n \,.$$

Es folgt

$$\frac{1}{\lambda_1^k} w^{(k)} = \mu_1 v_1 + \mu_2 \left(\frac{\lambda_2}{\lambda_1} \right)^k v_2 + \cdots + \mu_n \left(\frac{\lambda_n}{\lambda_1} \right)^k v_n \,.$$

Weil λ_1 betragsmäßig größer als die anderen Eigenwerte $\lambda_2, \ldots, \lambda_n$ ist, gilt für hinreichend großes $k \in \mathbb{N}$

$$\frac{1}{\lambda_1^k} w^{(k)} \approx \mu_1 v_1 \,,$$

sodass man wegen

$$A \, w^{(k)} = w^{(k+1)} \approx \lambda_1^{k+1} \, \mu_1 v_1 \approx \lambda_1 w^{(k)}$$

einen Näherungswert für den Eigenwert λ_1 wie auch einen Vektor $w^{(k)}$ bestimmt hat, den man im Fall $\mu_1 \neq 0$ näherungsweise als Eigenvektor zum Eigenwert λ_1 auffassen kann. Um Konvergenz zu erhalten, ist in jedem Schritt eine Normierung durchzuführen.

Bemerkung Theoretisch darf man den Startvektor nicht willkürlich wählen, es muss $\mu_1 \neq 0$ gelten. Aber in der Praxis kennt man den Eigenvektor v_1 gar nicht, sodass es dem Zufall überlassen werden muss, ob $\mu_1 \neq 0$ gilt. Das ist aber gar nicht problematisch, da die bei den Rechnungen auftretenden Rundungsfehler meist dafür sorgen, dass die Rechnungen auch ohne diese Voraussetzung zu einer Näherungslösung führen.

Die *Konvergenzgeschwindigkeit* hängt von der Größe $|\lambda_2/\lambda_1| < 1$ ab. Je kleiner dieser Quotient ist – man spricht dann von betragsmäßig *gut getrennten* Eigenwerten –, desto schneller konvergiert das Verfahren.

Beispiel 40.2 Wir bestimmen näherungsweise den betragsmäßig größten Eigenwert und einen zugehörigen Eigenvektor der Matrix $A = \begin{pmatrix} 1 & 1 & 0 \\ 3 & -1 & 2 \\ 2 & -1 & 3 \end{pmatrix}$. Als Startvektor wählen wir $v^{(0)} = (1, 0, 0)^\top$ und erhalten:

k	$x^{(k)}$	$\lambda^{(k)}$	k	$x^{(k)}$	$\lambda^{(k)}$
0	$(1.0000, 0.0000, 0.0000)^\top$		5	$(0.2970, 0.6109, 0.7339)^\top$	2.7303
1	$(0.2673, 0.8018, 0.5345)^\top$	1.0000	6	$(0.3086, 0.5942, 0.7427)^\top$	2.9408
2	$(0.5298, 0.5298, 0.6623)^\top$	1.8571	7	$(0.2979, 0.5996, 0.7428)^\top$	3.0306
3	$(0.2923, 0.6577, 0.6942)^\top$	3.4912	8	$(0.3005, 0.5958, 0.7448)^\top$	2.9869
4	$(0.3463, 0.5860, 0.7326)^\top$	2.7303	9	$(0.2981, 0.5970, 0.7448)^\top$	3.0068

Mit MATLAB erhalten wir zum Vergleich den Eigenvektor $v = (0.2981, 0.5963, 0.7454)^\top$ zum Eigenwert $\lambda = 3$. ∎

Als Abbruchkriterium für die Vektoriteration bietet sich an: STOP, falls die Differenz zweier aufeinanderfolgender Näherungen für λ eine Toleranzgrenze unterschreitet.

Bemerkung Durch eine *inverse* Vektoriteration kann man auch einen evtl. vorhandenen kleinsten positiven Eigenwert λ mit zugehörigem Eigenvektor v bestimmen. Dazu benutzt man im Wesentlichen die Tatsache, dass λ^{-1} dann ein größter Eigenwert von A^{-1} ist (mit gleichem Eigenvektor v). Wir behandeln dieses Verfahren nicht, sondern wenden uns gleich Verfahren zu, welche die Gesamtheit aller Eigenwerte einer Matrix numerisch bestimmen.

40.3 Das Jacobiverfahren

Das *Jacobiverfahren* führt eine reelle symmetrische Matrix $A \in \mathbb{R}^{n \times n}$ durch sukzessive Multiplikation mit besonders einfachen orthogonalen Matrizen $S_1, \ldots, S_r$ bzw. $S_1^\top, \ldots, S_r^\top$

auf (approximative) Diagonalform,

$$A \mapsto A^{(1)} = S_1^\top A \, S_1, \; A^{(1)} \mapsto A^{(2)} = S_2^\top A^{(1)} \, S_2, \; \ldots$$

Dabei wird in jedem Schritt $A^{(k)} \to A^{(k+1)}$ die Quadratsumme der nichtdiagonalen Komponenten der Matrizen $A^{(r)} = (a_{ij}^{(k)})$ verkleinert, das ist die Zahl

$$N(A^{(k)}) = \sum_{\substack{i,j=1 \\ i \neq j}}^{n} (a_{ij}^{(k)})^2 \, .$$

Führt man solange solche Transformationen durch bis die Summe der nichtdiagonalen Komponenten einer Matrix $A^{(r)} = D$ null ist, so hat man schließlich Diagonalgestalt erreicht. Die Eigenwerte bilden die Diagonaleinträge von D, und die Spalten der dann orthogonalen Matrix

$$S = S_1 \cdots S_r$$

bilden dann wegen $D = (S_1 \cdots S_r)^\top A \, (S_1 \cdots S_r)$ die gesuchten Eigenvektoren.

Tatsächlich wird man in der Praxis eine Fehlerschranke ε vorgeben und die Iteration abbrechen, sobald die Quadratsumme der Außerdiagonalelemente einer Matrix $A^{(r)}$ die Fehlerschranke ε unterschreitet.

Wir geben nun explizit die transformierenden orthogonalen Matrizen S_1, S_2, ... an, die eine Folge von Matrizen

$$A \to A^{(1)} \to A^{(2)} \cdots$$

liefern, die letztlich gegen eine Diagonalmatrix *konvergiert*.

Wir gehen im Folgenden davon aus, dass die symmetrische Matrix $A = (a_{ij}) \in \mathbb{R}^{n \times n}$ nicht schon Diagonalgestalt hat. Dann gibt es p, q mit $p < q$ und $a_{pq} \neq 0$. Wir wählen nun die transformierende Matrix so, dass die beiden von Null verschiedenen Einträge $a_{pq} = a_{qp}$ bei der Transformation verschwinden.

Mit Hilfe der reellen Zahlen a_{pq}, a_{pp} und a_{qq} können wir die folgenden drei Größen bilden:

$$D = \frac{a_{pp} - a_{qq}}{\sqrt{(a_{pp} - a_{qq})^2 + 4a_{pq}^2}}, \; c = \sqrt{\frac{1+D}{2}}, \; s = \begin{cases} \sqrt{\frac{1-D}{2}}, & \text{falls } a_{pq} > 0 \\ -\sqrt{\frac{1-D}{2}}, & \text{falls } a_{pq} < 0 \end{cases}.$$

Es gilt $c^2 + s^2 = 1$, daher gibt es ein $\alpha \in [0, 2\pi[$ mit $c = \cos\alpha$ und $s = \sin\alpha$.

Mit Hilfe der Größen c und s bilden wir nun die Matrix

$$S = \begin{pmatrix} 1 & & & & & \\ & \ddots & & & & \\ & & c & & -s & \\ & & & \ddots & & \\ & & s & & c & \\ & & & & & \ddots \\ & & & & & & 1 \end{pmatrix} \begin{matrix} \\ \\ \leftarrow p \\ \\ \leftarrow q \\ \\ \end{matrix} .$$

Diese Matrix S ist offenbar orthogonal, da $S^\top S = E_n$. Tatsächlich beschreibt die Matrix S eine Drehung um den Winkel α um die Null in der Ebene, die die p-te und q-te Koordinatenachse enthält. Daher auch der folgende Begriff:

Jacobirotation

Ist $A \in \mathbb{R}^{n \times n}$ eine symmetrische Matrix und S wie oben geschildert, so werden bei der Transformation $A \mapsto \tilde{A} = S^\top A S$ höchstens die Komponenten der p-ten und q-ten Zeile und Spalte geändert. Es gilt

$$N(\tilde{A}) = N(A) - 2 a_{pq}^2,$$

sodass die Quadratsumme der nichtdiagonalen Komponenten nach dem Durchführen einer solchen **Jacobirotation** echt kleiner wird. Weiterhin ist $\tilde{A}$ symmetrisch, sodass eine weitere Jacobirotation durchgeführt werden kann.

Man kommt im Allgemeinen schneller zum Ziel, wenn man p und q stets so wählt, dass das Element a_{pq} einen großen Betrag hat. Das Suchen dieses Elementes ist bei großem n aufwendig. Man *eliminiere* dann zeilenweise an den Stellen

$$(1, 2), \ (1, 3), \dots, (1, n), \ (2, 3), \dots, (n - 1, n),$$

wobei man ein Paar (p, q) auslässt, falls $|a_{pq}|$ kleiner als eine vorgegebene Fehlerschranke ist.

Man beachte, dass an den Stellen (p, q), an denen bereits Nullen erzeugt wurden, bei den folgenden Iterationen wieder Zahlen ungleich null entstehen können. Das ist kein Problem: Die Quadratsumme der nichtdiagonalen Komponenten nimmt ab. Um unterhalb einer gegebenen Toleranzschranke zu landen, sind eventuell mehrere Durchläufe vonnöten.

Beispiel 40.3 Üblicherweise verwendet man das Jacobiverfahren bei **Tridiagonalmatrizen**, d. h. bei Matrizen mit drei Diagonalen wie die folgende symmetrische Matrix

$$A = \begin{pmatrix} -2 & 1 & 0 & 0 \\ 1 & -2 & 1 & 0 \\ 0 & 1 & -2 & 1 \\ 0 & 0 & 1 & -2 \end{pmatrix} \in \mathbb{R}^{4\times4}.$$

Es gilt $N(A) = 6$; durch sukzessive Elimination an den Stellen $(1, 2)$, $(2, 3)$, $(3, 4)$ erhalten wir der Reihe nach:

$$A = \begin{pmatrix} -2 & 1 & 0 & 0 \\ 1 & -2 & 1 & 0 \\ 0 & 1 & -2 & 1 \\ 0 & 0 & 1 & -2 \end{pmatrix} \xrightarrow{c=s=\sqrt{1/2}} A^{(1)} = \begin{pmatrix} -1.000 & 0 & 0.7071 & 0 \\ 0 & -3.000 & 0.7071 & 0 \\ 0.7071 & 0.7071 & -2.0000 & 1.0000 \\ 0 & 0 & 1.0000 & -2.0000 \end{pmatrix}$$

$$\xrightarrow[c = 0.4597\; s = 0.8881]{} A^{(2)} = \begin{pmatrix} -1.000 & 0.6280 & 0.3251 & 0 \\ 0.6280 & -1.6340 & 0 & 0.8881 \\ 0.3251 & 0 & -3.3660 & 0.4597 \\ 0 & 0.8881 & 0.4597 & -2.0000 \end{pmatrix}$$

$$\xrightarrow[c = 0.3810\; s = 0.9246]{} A^{(3)} = \begin{pmatrix} -1.000 & 0.6280 & 0.0949 & -0.3109 \\ 0.6280 & -1.6340 & 0.8494 & 0.2592 \\ 0.0949 & 0.8494 & -1.8597 & 0 \\ -0.3109 & 0.2592 & 0 & -3.5063 \end{pmatrix}.$$

Nach einem weiteren solchen *sweep,* also einem Durchlauf durch alle von Null verschiedenen nichtdiagonalen Komponenten, erhalten wir

$$A^{(9)} = \begin{pmatrix} -0.4165 & 0.1519 & -0.1421 & -0.0587 \\ 0.1519 & -1.3582 & -0.0337 & -0.0085 \\ -0.1421 & -0.0337 & -2.6084 & 0 \\ -0.0587 & -0.0085 & 0 & -3.6169 \end{pmatrix}$$

mit $N(A^{(9)}) = 0.0959$. Ein weiterer *sweep* liefert die bereits *Fastdiagonalmatrix*

$$A^{(15)} = \begin{pmatrix} -0.3820 & 0.0007 & 0.0001 & 0.0000 \\ 0.0007 & -1.3820 & -0.0000 & -0.0000 \\ 0.0001 & -0.0000 & -2.6180 & -0.0000 \\ 0.0000 & -0.0000 & -0.0000 & -3.6180 \end{pmatrix}$$

mit $N(A^{(15)}) = 1.0393 \cdot 10^{-6}$. Und die Matrix $S_1 \cdots S_{15}$ mit den Näherungen der Eigenvektoren lautet

$$\begin{pmatrix} 0.3722 & -0.6012 & 0.6015 & -0.3717 \\ 0.6018 & -0.3713 & -0.3717 & 0.6015 \\ 0.6012 & 0.3722 & -0.3717 & -0.6015 \\ 0.3713 & 0.6018 & 0.6015 & 0.3717 \end{pmatrix}.$$

Die *exakten* Eigenwerte von A sind

$$\lambda_1 = -3.6180\,, \quad \lambda_2 = -2.6180\,, \quad \lambda_3 = -1.3820\,, \quad \lambda_4 = -0.3820\,.$$

■

Das Jacobiverfahren ist einfach, durchsichtig, numerisch stabil und leicht zu realisieren. Es eignet sich aber nur für symmetrische Matrizen. Es gibt auch Verfahren zur näherungsweisen Bestimmung von Eigenwerten und Eigenvektoren beliebiger Matrizen. Das wohl wichtigste Verfahren ist das sogenannte QR-Verfahren, das wir im nächsten Abschnitt besprechen.

40.4 Das QR-Verfahren

Beim QR-Verfahren werden die Eigenwerte einer beliebigen (quadratischen) Matrix näherungsweise bestimmt. Es ist ein häufig benutztes Verfahren. Wir schildern das prinzipielle Vorgehen und erinnern dabei an die QR-Zerlegung $A = QR$ einer (quadratischen) Matrix $A \in \mathbb{R}^{n \times n}$ mit einer orthogonalen Matrix $Q \in \mathbb{R}^{n \times n}$ und einer oberen Dreiecksmatrix $R \in \mathbb{R}^{n \times n}$ (siehe Kap. 19). Mit Hilfe der QR-Zerlegung erzeugen wir von einer quadratischen Matrix $A \in \mathbb{R}^{n \times n}$ ausgehend eine Folge $(A_k)_k$ von $n \times n$-Matrizen auf die folgende Art und Weise, dabei setzen wir $A_0 = A$:

- Wir bilden die QR-Zerlegung von A_0, d. h. $A_0 = Q_0 R_0$ und setzen $A_1 = R_0 Q_0$.
- Wir bilden die QR-Zerlegung von A_1, d. h. $A_1 = Q_1 R_1$ und setzen $A_2 = R_1 Q_1$
- ...
- Allgemein: Zerlege $A_k = Q_k R_k$ und setze $A_{k+1} = R_k Q_k$.

Man beachte, dass wegen $A_{k+1} = Q_k^\top A_k Q_k$ für jedes k die Matrix A_{k+1} zu A_k ähnlich ist und somit die Matrizen $A, A_1, A_2, \ldots$ alle dieselben Eigenwerte mit denselben Vielfachheiten haben.

Wir erhalten so eine Folge (A_k) von quadratischen Matrizen, die unter geeigneten Voraussetzungen gegen eine obere Dreiecksmatrix konvergiert, genauer:

Das QR-Verfahren

Die Folge (A_k) von Matrizen A_k konvergiert gegen eine Matrix der Form

$$
A_\infty = \begin{pmatrix} A_{11} & * & * & * \\ 0 & A_{22} & * & * \\ \vdots & \ddots & \ddots & * \\ 0 & \dots & 0 & A_{ss} \end{pmatrix}
$$

mit 1×1- oder 2×2-Matrizen $A_{11}, \dots, A_{ss}$. Es gilt:

- Die Eigenwerte von A sind die Eigenwerte der Matrizen $A_{11}, \dots, A_{ss}$.
- Falls A_{jj} eine 1×1-Matrix ist, so ist der Eigenwert von A_{jj} reell.
- Falls A_{jj} eine 2×2-Matrix ist, so sind die beiden Eigenwerte von A_{jj} komplex konjugiert zueinander.
- Falls $|\lambda_i| \neq |\lambda_j|$ für die n Eigenwerte von A gilt, so sind alle Kästchen $A_{11}, \dots, A_{ss}$ einreihig, d. h., A_∞ ist eine obere Dreiecksmatrix.
- Falls A symmetrisch ist und $|\lambda_i| \neq |\lambda_j|$ für die n Eigenwerte von A gilt, so konvergiert die Folge $(P_k)_k$ mit $P_k = Q_0 Q_1 \cdots Q_k$ gegen eine orthogonale Matrix, deren Spalten eine ONB des $\mathbb{R}^n$ aus Eigenvektoren von A bilden. Und A_∞ ist dann eine Diagonalmatrix mit den Eigenwerten von A auf der Diagonalen.

Das QR-Verfahren ist einfach zu programmieren, wenn man auf die in MATLAB implementierte QR-Zerlegung mit `[Q,R]=qr(A)` zurückgreift. Beachte Aufgabe 40.3.

Beispiel 40.4 Wir betrachten die Matrix $A = \begin{pmatrix} 1 & 2 & 3 \\ 2 & 4 & 5 \\ 3 & 5 & 6 \end{pmatrix}$. Mit `[V,D]=eig(A)` erhalten wir eine *exakte* Transformationsmatrix (sprich Eigenvektoren von A) und die *exakten* Eigenwerte

$$
V = \begin{pmatrix} 0.7370 & 0.5910 & 0.3280 \\ 0.3280 & -0.7370 & 0.5910 \\ -0.5910 & 0.3280 & 0.7370 \end{pmatrix} \quad \text{und} \quad D = \begin{pmatrix} -0.5157 & 0 & 0 \\ 0 & 0.1709 & 0 \\ 0 & 0 & 11.3448 \end{pmatrix}.
$$

Wir benutzen MATLAB, um die ersten Iterierten A_1, A_2, A_3, … der Matrix $A = \begin{pmatrix} 1 & 2 & 3 \\ 2 & 4 & 5 \\ 3 & 5 & 6 \end{pmatrix}$ zu bestimmen:

k	A_k	P_k
0	$\begin{pmatrix} 1.0000 & 2.0000 & 3.0000 \\ 2.0000 & 4.0000 & 5.0000 \\ 3.0000 & 5.0000 & 6.0000 \end{pmatrix}$	$\begin{pmatrix} -0.2673 & -0.3586 & -0.8944 \\ -0.5345 & -0.7171 & 0.4472 \\ -0.8018 & 0.5976 & -0.0000 \end{pmatrix}$
1	$\begin{pmatrix} 11.2143 & 1.1819 & 0.3586 \\ 1.1819 & -0.2143 & -0.2673 \\ 0.3586 & -0.2673 & 0.0000 \end{pmatrix}$	$\begin{pmatrix} 0.3316 & 0.8362 & -0.4369 \\ 0.5922 & 0.1759 & 0.7863 \\ 0.7344 & -0.5195 & -0.4369 \end{pmatrix}$
2	$\begin{pmatrix} 11.3446 & -0.0549 & -0.0062 \\ -0.0549 & -0.4896 & -0.1307 \\ -0.0062 & -0.1307 & 0.1450 \end{pmatrix}$	$\begin{pmatrix} -0.3278 & -0.6968 & -0.6380 \\ -0.5909 & -0.3756 & 0.7139 \\ -0.7371 & 0.6111 & -0.2886 \end{pmatrix}$
3	$\begin{pmatrix} 11.3448 & 0.0025 & 0.0001 \\ 0.0025 & -0.5128 & -0.0448 \\ 0.0001 & -0.0448 & 0.1680 \end{pmatrix}$	$\begin{pmatrix} 0.3280 & 0.7496 & -0.5749 \\ 0.5910 & 0.3119 & 0.7439 \\ 0.7370 & -0.5837 & -0.3408 \end{pmatrix}$
4	$\begin{pmatrix} 11.3448 & -0.0001 & -0.0000 \\ -0.0001 & -0.5154 & -0.0149 \\ -0.0000 & -0.0149 & 0.1706 \end{pmatrix}$	$\begin{pmatrix} -0.3280 & -0.7327 & -0.5963 \\ -0.5910 & -0.3333 & 0.7346 \\ -0.7370 & 0.5934 & -0.3237 \end{pmatrix}$
5	$\begin{pmatrix} 11.3448 & 0.0000 & 0.0000 \\ 0.0000 & -0.5157 & -0.0049 \\ 0.0000 & -0.0049 & 0.1709 \end{pmatrix}$	$\begin{pmatrix} 0.3280 & 0.7384 & -0.5892 \\ 0.5910 & 0.3262 & 0.7378 \\ 0.7370 & -0.5902 & -0.3294 \end{pmatrix}$
6	$\begin{pmatrix} 11.3448 & -0.0000 & -0.0000 \\ -0.0000 & -0.5157 & -0.0016 \\ -0.0000 & -0.0016 & 0.1709 \end{pmatrix}$	

■

Bemerkung In der Praxis bringt man die Matrix A zuerst auf eine sogenannte *Hessenberg-form*, d. h. auf eine obere Dreiecksform, bei der zugelassen ist, dass in der ersten unteren Nebendiagonalen von null verschiedene Einträge sind. Außerdem führt man, um die Konvergenz zu beschleunigen, bei jeder Zerlegung einen sogenannten *Shift* durch, d. h., man zerlegt nicht die Matrix A_k, sondern die Matrix $A_k - \sigma_k E_n$ für ein zu wählendes $\sigma_k \in \mathbb{R}$. Das Verfahren liefert dadurch im Allgemeinen sehr schnell die Eigenwerte auch von sehr großen Matrizen.

40.5 Aufgaben

40.1 Beweisen Sie, dass die Gesamtheit der Eigenwerte einer Matrix $A \in \mathbb{C}^{n \times n}$ in der Vereinigung der n Gerschgorin-Kreise dieser Matrix liegen.

40.2 Bestimmen Sie die Gerschgorin-Kreise zu folgenden Matrizen:

(a) $A = \begin{pmatrix} 4 & 1 & 0 \\ 1 & 4 & 1 \\ 0 & 1 & 4 \end{pmatrix}$, (b) $B = \begin{pmatrix} 2 & 1 & 0.5 \\ 0.2 & 5 & 0.7 \\ 1 & 0 & 6 \end{pmatrix}$, (c) $C = \begin{pmatrix} 3 & 0.1 & 0.1 \\ 0.1 & 7 & 1 \\ 0.1 & 1 & 5 \end{pmatrix}$.

Entscheiden Sie mit Hilfe der Gerschgorinkreise welche dieser Matrizen invertierbar ist. Nutzen Sie MATLAB, um die Eigenwerte der Matrizen zu ermitteln.

40.3 Programmieren Sie das QR-Verfahren.

40.4 Programmieren Sie die Vektoriteration. Dabei soll die Iteration abbrechen, wenn der Abstand zweier aufeinanderfolgender Iterierter $\lambda^{(k+1)}$ und $\lambda^{(k)}$ unterhalb einer gegebenen Toleranz tol liegt. Testen Sie Ihr Programm an folgender Matrix A mit Startvektor v:

$$A = \begin{pmatrix} 16 & 2 & 3 & 13 \\ 5 & 11 & 10 & 8 \\ 9 & 7 & 6 & 12 \\ 4 & 14 & 15 & 1 \end{pmatrix}, \quad v_0 = \begin{pmatrix} 2 \\ -2 \\ 3 \\ -3 \end{pmatrix}.$$

Warum sollte Sie das Ergebnis eigentlich wundern?

Quadriken 41

Inhaltsverzeichnis

Eine *Quadrik* ist die Nullstellenmenge eines quadratischen Polynoms in n Variablen. Für die praktischen Anwendungen sind vor allem die Fälle $n = 2$ und $n = 3$ wesentlich. Im Fall $n = 2$ lautet eine allgemeine quadratische Gleichung

$$ax^2 + bxy + cy^2 + dx + ey + f = 0$$

und im Fall $n = 3$

$$ax^2 + bxy + cxz + dy^2 + eyz + fz^2 + gx + hy + iz + j = 0\,.$$

Die Menge aller Punkte $(x, y)^\top$ des $\mathbb{R}^2$ bzw. $(x, y, z)^\top$ des $\mathbb{R}^3$, welche diese Gleichung lösen, bilden die *Quadrik,* man spricht auch von *Kurven* bzw. *Flächen zweiter Ordnung.* Diese Kurven bzw. Flächen weisen Symmetrien auf, tatsächlich gibt es nur wenige wesentlich verschiedene *Typen* solcher Quadriken. Bei der *Hauptachsentransformation* geht es darum, ein Koordinatensystem zu bestimmen, sodass die Koordinatenachsen parallel zu den Hauptachsen der Quadrik sind. In einem zweiten Schritt verschiebt man das Koordinatensystem in einen eventuellen *Mittelpunkt* der Quadrik. Es ist dann leicht möglich, den *Typ* der Quadrik anzugeben.

© Springer-Verlag GmbH Deutschland, ein Teil von Springer Nature 2022
C. Karpfinger, *Höhere Mathematik in Rezepten,*
https://doi.org/10.1007/978-3-662-63305-2_41

41.1 Begriffe und erste Beispiele

Sind $A \in \mathbb{R}^{n \times n}$ mit $A^\top = A$, $b \in \mathbb{R}^n$ und $c \in \mathbb{R}$, so nennt man die Funktion $q : \mathbb{R}^n \to \mathbb{R}$ mit

$$q(x) = x^\top A x + b^\top x + c$$

ein **quadratisches Polynom** in der Unbestimmten $x = (x_1, \ldots, x_n)^\top$ mit **quadratischem Anteil** $x^\top A x$ und **linearem Anteil** $b^\top x$. Diese Bezeichnungen sind ganz naheliegend, in den (für uns wichtigsten) Fällen $n = 2$ und $n = 3$ gilt nämlich mit $A = (a_{ij})$, $b = (b_i)$ und $x = (x_i)$:

$$q(x) = a_{11}x_1^2 + 2a_{12}x_1x_2 + a_{22}x_2^2 + b_1x_1 + b_2x_2 + c \quad \text{im Fall } n = 2 \text{ und im Fall } n = 3$$

$$q(x) = a_{11}x_1^2 + 2a_{12}x_1x_2 + 2a_{13}x_1x_3 + a_{22}x_2^2 + 2a_{23}x_2x_3 + a_{33}x_3^2 + b_1x_1 + b_2x_2 + b_3x_3 + c.$$

Quadriken

Die Menge Q aller $x \in \mathbb{R}^n$, die eine Gleichung der Form

$$x^\top A x + b^\top x + c = 0 \quad \text{mit } A \in \mathbb{R}^{n \times n}, \ A^\top = A, \ b \in \mathbb{R}^n, \ c \in \mathbb{R}$$

lösen, nennt man eine **Quadrik**.

Beispiel 41.1 Wir erhalten mit $A = \begin{pmatrix} 2 & 0 \\ 0 & -3 \end{pmatrix}$ und $b = 0$ und $c = -6$ die Gleichung

$$2\,x_1^2 - 3\,x_2^2 - 6 = 0 \quad \text{bzw.} \quad \left(\frac{x_1}{\sqrt{3}}\right)^2 - \left(\frac{x_2}{\sqrt{2}}\right)^2 = 1,$$

sodass $Q = \{x = (x_1, x_2)^\top \in \mathbb{R}^2 \mid 2\,x_1^2 - 3\,x_2^2 - 6 = 0\}$ eine Hyperbel ist. ∎

In diesem Beispiel war es sehr leicht zu erkennen, um welche Kurve es sich bei dieser Quadrik handelt. Aber welche Kurve wird z. B. durch die Gleichung

$$2\,x_1^2 - 2x_1x_2 + 2\,x_2^2 + x_1 + x_2 - 1 = 0$$

beschrieben? Wir können diese und andere Lösungsmengen mit MATLAB plotten:

MATLAB Mit MATLAB ist es ein Leichtes, sich ein Bild über die beschriebene Fläche im $\mathbb{R}^2$ bzw. $\mathbb{R}^3$ zu machen, man erhält die Nullstellenmenge von $q(x) = 2\,x_1^2 - 2x_1x_2 + 2\,x_2^2 + x_1 + x_2 - 1$ im $\mathbb{R}^2$ z. B. wie folgt

```
>> ezplot('2*x.^2-2*x.*y+2*y.^2+x+y-1',[-2,1,-2,1])
>> grid on
>> title('')
```

Beachte Abb. 41.1.

Tatsächlich gibt es nur wenige wesentlich verschiedene Typen von Quadriken im $\mathbb{R}^2$ bzw. im $\mathbb{R}^3$. Von welchem Typ die Quadrik ist, ist mittels der Eigenwerte von A zu entscheiden. Hierzu führt man eine *Hauptachsentransformation* und ggf. eine *Translation* durch: Das Ziel ist dabei, die Quadrik bezüglich einer anderen Basis zu beschreiben, sodass der Typ der Quadrik einfach zu erkennen ist.

Wir zeigen das zuerst an einem Beispiel, bevor wir das allgemeine Vorgehen formulieren:

Beispiel 41.2 Wir bestimmen die *Normalform* der Quadrik Q, die gegeben ist als Nullstellenmenge der Gleichung

$$2\,x_1^2 - 2x_1 x_2 + 2\,x_2^2 + x_1 + x_2 - 1 = 0.$$

In der Matrixschreibweise lautet diese Gleichung

$$x^\top A\,x + b^\top x + c = 0 \ \text{ mit }\ A = \begin{pmatrix} 2 & -1 \\ -1 & 2 \end{pmatrix},\ b = \begin{pmatrix} 1 \\ 1 \end{pmatrix},\ c = -1.$$

(1) Wir bestimmen eine ONB des $\mathbb{R}^2$ aus Eigenvektoren von A:

$$\chi_A = (2-x)^2 - 1 = (x-1)\,(x-3),\ \text{ sodass }\ \lambda_1 = 1,\ \lambda_2 = 3$$

die Eigenwerte von A sind. Wegen

Abb. 41.1 Hauptachsen der Ellipse

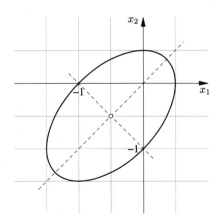

$$\mathrm{Eig}_A(1) = \ker(A - 1\,E_2) = \ker\begin{pmatrix} 1 & -1 \\ -1 & 1 \end{pmatrix} = \left\langle \begin{pmatrix} 1 \\ 1 \end{pmatrix} \right\rangle \text{ und}$$

$$\mathrm{Eig}_A(3) = \ker(A - 3\,E_2) = \ker\begin{pmatrix} -1 & -1 \\ -1 & -1 \end{pmatrix} = \left\langle \begin{pmatrix} 1 \\ -1 \end{pmatrix} \right\rangle$$

erhalten wir die ONB bzw. orthogonale Matrix

$$B = \begin{pmatrix} \frac{1}{\sqrt{2}} & \frac{1}{\sqrt{2}} \\ \frac{1}{\sqrt{2}} & \frac{-1}{\sqrt{2}} \end{pmatrix}.$$

Wir setzen nun $y = B^\top x$ und erhalten so ein neues Koordinatensystem (y_1, y_2), das wegen der Orthogonalität der Matrix B wie das Koordinatensystem (x_1, x_2) wieder rechtwinklig ist. Wegen $B^\top = B^{-1}$ gilt nun $x = B\,y$. Das setzen wir in die Gleichung $x^\top A\,x + b^\top x + c = 0$ ein und erhalten wegen

$$D = B^\top A\,B = \begin{pmatrix} 1 & 0 \\ 0 & 3 \end{pmatrix} \text{ und } d^\top = b^\top B = (\sqrt{2}, 0)$$

die folgende Gleichung der Quadrik bezüglich des kartesischen Koordinatensystems $y = (y_1, y_2)^\top$

$$0 = x^\top A\,x + b^\top x + c = y^\top B^\top A\,B\,y + b^\top B\,y + c$$

$$= y^\top \begin{pmatrix} 1 & 0 \\ 0 & 3 \end{pmatrix} y + \begin{pmatrix} \sqrt{2} \\ 0 \end{pmatrix}^\top y - 1 = y_1^2 + 3\,y_2^2 + \sqrt{2}\,y_1 - 1.$$

In dieser neuen Darstellung der Quadrik bezüglich des kartesischen Koordinatensystems (y_1, y_2) kommt kein gemischter Term $y_1 y_2$ mehr vor.

(2) In einem zweiten Schritt eliminieren wir mit einer quadratischen Ergänzung den linearen Anteil: Wegen

$$y_1^2 + \sqrt{2}\,y_1 = \left(y_1 + \frac{1}{\sqrt{2}}\right)^2 - \frac{1}{2}$$

setzen wir nun

$$z_1 = y_1 + \frac{1}{\sqrt{2}} \text{ und } z_2 = y_2$$

und erhalten damit

$$y_1^2 + 3\,y_2^2 + \sqrt{2}\,y_1 - 1 = 0 \iff z_1^2 + 3\,z_2^2 - \frac{3}{2} = 0.$$

(4) In einem letzten Schritt dividieren wir durch $3/2$ und erhalten die folgende Gleichung der Quadrik im kartesischen Koordinatensystem (z_1, z_2)

$$\left(\frac{z_1}{\sqrt{3/2}}\right)^2 + \left(\frac{z_2}{\sqrt{1/2}}\right)^2 = 1.$$

An dieser letzten Darstellung erkennt man, dass es sich um eine Ellipse mit den Halbachsen $a = \sqrt{3/2}$ und $b = \sqrt{1/2}$ handelt. ∎

Wir halten fest: Beim ersten Schritt werden durch das Diagonalisieren der Matrix A die gemischten Terme eliminiert, und beim zweiten Schritt wird durch das quadratische Ergänzen der lineare Anteil eliminiert. Man beachte, dass es sich bei diesem Beispiel um einen besonders glücklichen Fall handelt: Ist nämlich ein Eigenwert 0, so ist dann die Elimination eines eventuellen linearen Anteils durch quadratisches Ergänzen nicht möglich. Wir werden das im nächsten Beispiel sehen, halten aber schon einmal das prinzipielle Vorgehen auch für diesen Fall in einem Rezept fest.

41.2 Transformation auf Normalform

Wir erhalten die *Normalform* einer Quadrik Q wie im folgenden Rezept beschrieben:

Rezept: Bestimmen der Normalform einer Quadrik – Hauptachsentransformation
Gegeben ist eine Quadrik $Q = \{x \in \mathbb{R}^n \mid q(x) = 0\}$, wobei

$$q(x) = x^\top A x + b^\top x + c \ \text{ mit } A \in \mathbb{R}^{n \times n},\ A^\top = A,\ b \in \mathbb{R}^n,\ c \in \mathbb{R}.$$

(1) **Hauptachsentransformation zur Elimination der gemischten Terme:** Bestimme eine ONB $B = (b_1, \ldots, b_n)$ des $\mathbb{R}^n$ aus Eigenvektoren von A, $A b_1 = \lambda_1 b_1, \ldots, A b_n = \lambda_n b_n$, wobei

$$\lambda_1, \ldots, \lambda_r \neq 0 \ \text{ und } \ \lambda_{r+1}, \ldots, \lambda_n = 0 \ \text{ für } \ r \leq n.$$

Setze $y = B^\top x$, d. h. $x = B y$. Man erhält durch Einsetzen aus der Gleichung $x^\top A x + b^\top x + c = 0$ die Gleichung

$$y^\top D y + d^\top y + c = 0$$

mit $D = \operatorname{diag}(\lambda_1, \ldots, \lambda_n) \in \mathbb{R}^{n \times n}$ und $d = (d_i)$, wobei $d^\top = b^\top B \in \mathbb{R}^n$, d. h.

$$(\ast) \quad \lambda_1 y_1^2 + \cdots + \lambda_r y_r^2 + d_1 y_1 + \cdots + d_n y_n + c = 0.$$

(2) **Translation zur Elimination des linearen Anteils (quadratisches Ergänzen):**

- Im Fall $\lambda_i \neq 0$ und $d_i \neq 0$ setze $z_i = y_i + \frac{d_i}{2\lambda_i}$.
- Im Fall $\lambda_i = 0$ oder $d_i = 0$ setze $z_i = y_i$.

Man erhält hierdurch aus (∗) die Gleichung

(∗∗) $\quad \lambda_1 z_1^2 + \cdots + \lambda_r z_r^2 + d_{r+1} z_{r+1} + \cdots + d_n z_n + e = 0$ mit einem $e \in \mathbb{R}$,

wobei man e aus c durch Addition der Korrekturterme des quadratischen Ergänzens erhält.

(3) **Translation zur Elimination des konstanten Anteils:** Falls $d_k \neq 0$ für ein $k > r$, so setze $\tilde{z}_k = z_k + \frac{e}{d_k}$ für dieses k und $\tilde{z}_i = z_i$ sonst. Man erhält in diesem Fall aus (∗∗)

(∗∗∗) $\quad \lambda_1 \tilde{z}_1^2 + \cdots + \lambda_r \tilde{z}_r^2 + d_{r+1} \tilde{z}_{r+1} + d_{r+2} \tilde{z}_{r+2} + \cdots + d_n \tilde{z}_n = 0.$

(4) **Normalform:** Durch Rückbenennung und eventuelles Vertauschen der Variablen und Multiplikation mit einer geeigneten reellen Zahl $\neq 0$ erhält man aus (∗∗) bzw. (∗∗∗) in den Fällen $n = 2$ bzw. $n = 3$ eine der in Tabelle in Abschn. 41.2 angegebenen **Normalformen** für Q.

Bemerkung Etwas allgemeiner kann man zeigen, dass für beliebiges $n \in \mathbb{N}$ im Fall $Q \neq \emptyset$ eine der folgenden **Normalformen** erreichbar ist:

$$\left(\left(\frac{x_1}{\alpha_1} \right)^2 + \cdots + \left(\frac{x_p}{\alpha_p} \right)^2 \right) - \left(\left(\frac{x_{p+1}}{\alpha_{p+1}} \right)^2 + \cdots + \left(\frac{x_r}{\alpha_r} \right)^2 \right) = 0$$

$$\left(\left(\frac{x_1}{\alpha_1} \right)^2 + \cdots + \left(\frac{x_p}{\alpha_p} \right)^2 \right) - \left(\left(\frac{x_{p+1}}{\alpha_{p+1}} \right)^2 + \cdots + \left(\frac{x_r}{\alpha_r} \right)^2 \right) = 1$$

$$\left(\left(\frac{x_1}{\alpha_1} \right)^2 + \cdots + \left(\frac{x_p}{\alpha_p} \right)^2 \right) - \left(\left(\frac{x_{p+1}}{\alpha_{p+1}} \right)^2 + \cdots + \left(\frac{x_r}{\alpha_r} \right)^2 \right) - 2x_{r+1} = 0,$$

wobei in den ersten beiden Fällen $1 \leq p \leq r \leq n$ und im letzten Fall $1 \leq p \leq r \leq n - 1$ gilt. Begrifflich unterscheidet man diese Typen (der Reihe nach) mit **Kegel**, **Mittelpunktsquadriken** und **Paraboloide**.

Man beachte, dass bei der Translation zur Elimination des linearen Anteils im Fall $\lambda_i \neq 0$ und $d_i \neq 0$ durch diese Substitution gerade der lineare Term $d_i y_i$ durch quadratisches Ergänzen eliminiert wird, es gilt nämlich:

$$\lambda_i y_i^2 + d_i y_i = \lambda_i \left(y_i^2 + \frac{d_i}{\lambda_i} y_i \right) = \lambda_i \left(y_i + \frac{d_i}{2\lambda_i} \right)^2 - \frac{d_i^2}{4\lambda_i}.$$

In Aufgaben ist oftmals die Quadrikgleichung in der ausführlichen Darstellung angegeben. Es ist aber nichts dabei, diese ausführliche Darstellung in eine Matrixdarstellung umzuformen; man muss nur immer daran denken, dass man die gemischten Terme $x_i x_j$ an der Stelle

(i, j) der Matrix A mit dem Faktor $1/2$ gewichten muss (das schuldet man der Symmetrie der Matrix A). Beachte die folgenden Beispiele:

Beispiel 41.3

- Wir bestimmen die Normalform der Quadrik Q, die gegeben ist durch

$$x_1^2 + 4x_2^2 - 4x_1x_2 + 2x_1 + x_2 - 1 = 0.$$

In Matrizenschreibweise lautet diese Gleichung

$$x^\top A x + b^\top x + c = 0 \text{ mit } A = \begin{pmatrix} 1 & -2 \\ -2 & 4 \end{pmatrix}, \ b = \begin{pmatrix} 2 \\ 1 \end{pmatrix}, \ c = -1.$$

(1) **Hauptachsentransformation:** Wir bestimmen eine ONB des $\mathbb{R}^2$ aus Eigenvektoren von A:

$$\chi_A = (1 - x)(4 - x) - 4 = x(x - 5), \text{ sodass } \lambda_1 = 5, \ \lambda_2 = 0$$

die Eigenwerte von A sind. Wegen

$$\text{Eig}_A(5) = \ker(A - 5E_2) = \ker \begin{pmatrix} -4 & -2 \\ -2 & -1 \end{pmatrix} = \langle \tfrac{1}{\sqrt{5}} \begin{pmatrix} 1 \\ -2 \end{pmatrix} \rangle \text{ und}$$

$$\text{Eig}_A(0) = \ker(A) = \ker \begin{pmatrix} 1 & -2 \\ -2 & 4 \end{pmatrix} = \langle \tfrac{1}{\sqrt{5}} \begin{pmatrix} 2 \\ 1 \end{pmatrix} \rangle$$

erhalten wir die ONB bzw. orthogonale Matrix

$$B = \tfrac{1}{\sqrt{5}} \begin{pmatrix} 1 & 2 \\ -2 & 1 \end{pmatrix}.$$

Wir erhalten mit $y = B^\top x$ und $d^\top = b^\top B = (0, \sqrt{5})$ die Gleichung

$$(*) \quad 5y_1^2 + \sqrt{5}y_2 - 1 = 0.$$

(2) **Translation zur Elimination des linearen Anteils:** Quadratische Ergänzung entfällt, wir setzen $z_1 = y_1$ und $z_2 = y_2$ und erhalten

$$(**) \quad 5z_1^2 + \sqrt{5}z_2 - 1 = 0.$$

(3) **Translation zur Elimination des konstanten Anteils:** Wegen $d_2 = \sqrt{5} \neq 0$ setzen wir $\tilde{z}_2 = z_2 - \tfrac{1}{\sqrt{5}}$ und $\tilde{z}_1 = z_1$ und erhalten

$$(***) \quad 5\tilde{z}_1^2 + \sqrt{5}\tilde{z}_2 = 0.$$

(4) **Normalform:** Durch Rückbenennung $x_k = \tilde{z}_k$, Division durch $\sqrt{5}$ und Multiplikation der Gleichung mit 2 erhalten wir die Gleichung einer Parabel:

$$\left(\frac{x_1}{1/\sqrt[4]{20}}\right)^2 + 2x_2 = 0.$$

- Wir bestimmen die Normalform der Quadrik Q, die gegeben ist durch

$$7x_1^2 - 2x_2^2 + 7x_3^2 + 8x_1x_2 - 10x_1x_3 + 8x_2x_3 + \sqrt{6}x_1 - \sqrt{6}x_2 + 1 = 0.$$

In Matrizenschreibweise lautet diese Gleichung

$$x^\top A x + b^\top x + c = 0 \ \text{ mit } \ A = \begin{pmatrix} 7 & 4 & -5 \\ 4 & -2 & 4 \\ -5 & 4 & 7 \end{pmatrix}, \ b = \begin{pmatrix} \sqrt{6} \\ -\sqrt{6} \\ 0 \end{pmatrix}, \ c = 1.$$

(1) **Hauptachsentransformation:** Wir bestimmen eine ONB des $\mathbb{R}^2$ aus Eigenvektoren von A:

$$\chi_A = (-6 - x)(6 - x)(12 - x), \text{ sodass } \lambda_1 = -6, \ \lambda_2 = 6, \ \lambda_3 = 12$$

die Eigenwerte von A sind. Wegen

$$\text{Eig}_A(-6) = \ker(A + 6E_3) = \langle (1, -2, 1)^\top \rangle \ \text{ und}$$
$$\text{Eig}_A(6) = \ker(A - 6E_3) = \langle (1, 1, 1)^\top \rangle \ \text{ und}$$
$$\text{Eig}_A(12) = \ker(A - 12E_3) = \langle (1, 0, -1)^\top \rangle$$

erhalten wir nach Normieren der angegebenen Eigenvektoren die ONB bzw. orthogonale Matrix

$$B = \begin{pmatrix} \frac{1}{\sqrt{6}} & \frac{1}{\sqrt{3}} & \frac{1}{\sqrt{2}} \\ \frac{-2}{\sqrt{6}} & \frac{1}{\sqrt{3}} & 0 \\ \frac{1}{\sqrt{6}} & \frac{1}{\sqrt{3}} & \frac{-1}{\sqrt{2}} \end{pmatrix}.$$

Wir erhalten mit $y = B^\top x$ und $d^\top = b^\top B = (3, 0, \sqrt{3})$ die Gleichung

$$(*) \quad -6y_1^2 + 6y_2^2 + 12y_3^2 + 3y_1 + \sqrt{3}y_3 + 1 = 0.$$

(2) **Translation zur Elimination des linearen Anteils:** Wir setzen $z_1 = y_1 - \frac{3}{12}, z_2 = y_2$ und $z_3 = y_3 + \frac{\sqrt{3}}{24}$ und erhalten

$$(**) \quad -6z_1^2 + 6z_2^2 + 12z_3^2 + \frac{21}{16} = 0.$$

(3) **Translation zur Elimination des konstanten Anteils:** Entfällt.

(4) **Normalform:** Durch Rückbenennung $x_k = z_k$, Multiplikation mit -1 und Division durch $21/16$ erhalten wir die Gleichung

$$\frac{x_1^2}{\alpha_1^2} - \frac{x_2^2}{\alpha_2^2} - \frac{x_3^2}{\alpha_3^2} = 1 \text{ mit } \alpha_1 = \sqrt{21/16 \cdot 6}, \ \alpha_2 = \sqrt{21/16 \cdot 6}, \ \alpha_3 = \sqrt{21/16 \cdot 12}.$$

Das ist die Gleichung eines zweischaligen Hyperboloids.

■

41.3 Aufgaben

41.1 Bestimmen Sie die Normalformen der folgenden Quadriken Q, die gegeben sind durch:

(a) $13x_1^2 - 32x_1x_2 + 37x_2^2 = 45$,

(b) $x_1^2 - 4x_1x_2 + 4x_2^2 - 6x_1 + 12x_2 + 8 = 0$,

(c) $7x_2^2 + 24x_1x_2 - 2x_2 + 24 = 0$,

(d) $-2(x_1^2 + x_2^2 + x_3^2) + 2(x_1x_2 + x_1x_3 + x_2x_3) = 0$,

(e) $x_1^2 + x_2^2 + x_3^2 - 2(x_1x_2 + x_1x_3 + x_2x_3) + \sqrt{2}x_2 = 1$,

(f) $x_1^2 + 2x_2^2 + 2x_1 + 8x_2 + x_3 + 3 = 0$.

41.2 Für $c \geq 0$ sei Q die durch die Gleichung

$$c(x_1^2 + x_2^2 + x_3^2) + 6x_1x_2 - 8x_2x_3 + 8x_1 + 6x_3 = 0$$

gegebene Quadrik.

$\frac{x_1^2}{a_1^2} - \frac{x_2^2}{a_2^2} = 0$	sich schneidende Geraden		$\frac{x_1^2}{a_1^2} + \frac{x_2^2}{a_2^2} = 1$	Ellipse	
$\frac{x_1^2}{a_1^2} - \frac{x_2^2}{a_2^2} = 1$	Hyperbel		$\frac{x_1^2}{a_1^2} + \frac{x_2^2}{a_2^2} = 0$	Punkt	
$\frac{x_1^2}{a_1^2} = 1$	parallele Geraden		$\frac{x_1^2}{a_1^2} - 2x_2 = 0$	Parabel	
$\frac{x_1^2}{a_1^2} = 0$	Gerade		$-\frac{x_1^2}{a_2^2} = 1$ $-\frac{x_1^2}{a_1^2} - \frac{x_2^2}{a_2^2} = 1$	leere Menge	
$\frac{x_1^2}{a_1^2} + \frac{x_2^2}{a_2^2} + \frac{x_3^2}{a_3^2} = 1$	Ellipsoid		$\frac{x_1^2}{a_1^2} + \frac{x_2^2}{a_2^2} - \frac{x_3^2}{a_3^2} = 1$	einschaliges Hyperboloid	
$\frac{x_1^2}{a_1^2} + \frac{x_2^2}{a_2^2} + \frac{x_3^2}{a_3^2} = 0$	Punkt		$\frac{x_1^2}{a_1^2} + \frac{x_2^2}{a_2^2} - \frac{x_3^2}{a_3^2} = 0$	quadratischer Kegel	
$\frac{x_1^2}{a_1^2} - \frac{x_2^2}{a_2^2} - \frac{x_3^2}{a_3^2} = 1$	zweischaliges Hyperboloid		$-\frac{x_1^2}{a_1^2} - \frac{x_2^2}{a_2^2} - \frac{x_3^2}{a_3^2} = 1$	leere Menge	
$\frac{x_1^2}{a_1^2} + \frac{x_2^2}{a_2^2} - 2x_3 = 0$	elliptisches Paraboloid		$\frac{x_1^2}{a_1^2} - \frac{x_2^2}{a_2^2} - 2x_3 = 0$	hyperbolisches Paraboloid	
$\frac{x_1^2}{a_1^2} + \frac{x_2^2}{a_2^2} = 0$	eine Gerade		$\frac{x_1^2}{a_1^2} - 2x_3 = 0$	parabolischer Zylinder	
$\frac{x_1^2}{a_1^2} + \frac{x_2^2}{a_2^2} = 1$	elliptischer Zylinder		$\frac{x_1^2}{a_1^2} - \frac{x_2^2}{a_2^2} = 1$	hyperbolischer Zylinder	
$\frac{x_1^2}{a_1^2} - \frac{x_2^2}{a_2^2} = 0$	sich schneidende Ebenen		$x_1^2 = 0$	Ebene	
$\frac{x_1^2}{a_1^2} = 1$	parallele Ebenen		$-\frac{x_1^2}{a_2^2} = 1$ $-\frac{x_1^2}{a_1^2} - \frac{x_2^2}{a_2^2} = 1$	leere Menge	

(a) Schreiben Sie Q in der Form $x^\top A x + a^\top x + \alpha = 0$ mit $A^\top = A$ und bestätigen Sie, dass eine der Hauptachsenrichtungen von Q senkrecht auf der Ebene $E: 4x_1 + 3x_3 - 5 = 0$ steht.

(b) Bestimmen Sie ein Hauptachsensystem (n_1, n_2, n_3). Wie lautet die Gleichung von Q in den auf Hauptachsen transformierten Koordinaten (Fallunterscheidung!)?

41.3 Sind $r_i = (x_i, y_i, z_i) \in \mathbb{R}^3$ $(i = 1, \dots, n)$ Ortsvektoren von starr verbundenen Massenpunkten (die Verbindungen seien massenlos) mit den Massen m_i $(i = 1, \dots, n)$, so ist der Trägheitstensor dieses starren Körpers

$$J = \sum_i m_i \begin{pmatrix} y_i^2 + z_i^2 & -x_i y_i & -x_i z_i \\ -y_i x_i & x_i^2 + z_i^2 & -y_i z_i \\ -z_i x_i & -z_i y_i & x_i^2 + y_i^2 \end{pmatrix}.$$

(a) Man stelle den Trägheitstensor J für den Würfel mit den Ecken $r_i = (\pm 1, \pm 1, \pm 1)$, $i = 1, \dots, 8$ (Längeneinheit m) auf, bei dem in allen Ecken die Masse 1 kg sitzt und nur in $(-1, -1, -1)$ die Masse 2 kg.

(b) Man berechne die Hauptträgheitsmomente und -achsen des gegebenen Würfels (also die Eigenwerte und eine ONB aus Eigenvektoren).

Hinweis: Die Eigenwerte von J sind 19 und 16.

(c) Man bestimme alle $\omega \in \mathbb{R}^3$, für die $T_0 = \frac{1}{2}\omega^\top J \omega = 1.5 \, \frac{\text{kg}\,\text{m}^2}{\text{s}^2}$ ist.

Schurzerlegung und Singulärwertzerlegung 42

Inhaltsverzeichnis

Matrixfaktorisierungen wie etwa die $L\,R$-Zerlegung, $A = P\,L\,R$, die $Q\,R$-Zerlegung, $A = Q\,R$, die Diagonalisierung $A = B\,D\,B^{-1}$ sind bei den verschiedensten Anwendungen in der Ingenieurmathematik von Vorteil. Wir besprechen in diesem Kapitel weitere Faktorisierungen, nämlich die *Schurzerlegung* und die *Singulärwertzerlegung* einer Matrix A. Anwendungen finden diese Zerlegungen in der numerischen Mathematik, aber auch in der Signal- und Bildverarbeitung. Beide Methoden greifen Altbekanntes auf und wiederholen daher auch viele in früheren Kapiteln zur linearen Algebra entwickelte Konzepte. Wir formulieren diese Faktorisierungen rezeptartig und greifen dabei auf frühere Rezepte zurück.

42.1 Die Schurzerlegung

Wir erinnern uns: Eine Matrix $A \in \mathbb{K}^{n \times n}$ ist diagonalisierbar, falls es eine invertierbare Matrix $S \in \mathbb{K}^{n \times n}$ gibt, sodass $S^{-1} A\,S$ eine Diagonalmatrix ist. Es ist nur naheliegend, eine Matrix **triagonalisierbar** zu nennen, falls es eine invertierbare Matrix $S \in \mathbb{K}^{n \times n}$ gibt, sodass $S^{-1} A\,S$ eine obere Dreiecksmatrix ist,

© Springer-Verlag GmbH Deutschland, ein Teil von Springer Nature 2022   467
C. Karpfinger, *Höhere Mathematik in Rezepten*,
https://doi.org/10.1007/978-3-662-63305-2_42

$$
S^{-1} A S = R = \begin{pmatrix} \lambda_1 & \cdots & * \\ & \ddots & \vdots \\ 0 & & \lambda_n \end{pmatrix}.
$$

Wir erinnern uns weiter: Eine Matrix A ist genau dann diagonalisierbar, wenn das charakteristische Polynom χ_A in Linearfaktoren zerfällt und für jeden Eigenwert von A die geometrische und algebraische Vielfachheit übereinstimmen. Da das Triangulieren *schwächer* ist als das Diagonalisieren, erwartet man zu Recht, dass das Triagonalisieren einer Matrix auch unter schwächeren Bedingungen möglich ist. Und so ist es auch: Die zweite Bedingung zur Gleichheit der Vielfachheiten ist nicht nötig: *Eine quadratische Matrix A ist genau dann triagonalisierbar, wenn das charakteristische Polynom χ_A in Linearfaktoren zerfällt.* Es kommt noch besser: Die auf Triagonalform transformierende Matrix S kann dann sogar orthogonal gewählt werden, das besagt der folgende Satz:

Satz zur Schurzerlegung
Zu jeder Matrix $A \in \mathbb{R}^{n \times n}$ mit in Linearfaktoren zerfallendem charakteristischen Polynom χ_A gibt es eine orthogonale Matrix $Q \in \mathbb{R}^{n \times n}$, $Q^{-1} = Q^{\top}$, mit

$$
Q^{\top} A Q = R = \begin{pmatrix} \lambda_1 & \cdots & * \\ & \ddots & \vdots \\ 0 & & \lambda_n \end{pmatrix}.
$$

Man nennt diese Darstellung die **Schurzerlegung** von A.

Da die Matrizen $Q^{\top} A Q = R$ und A ähnlich sind und die (nicht notwendig verschiedenen) Eigenwerte von R die Diagonaleinträge $\lambda_1, \ldots, \lambda_n$ sind, sind diese Zahlen auch die Eigenwerte von A, d.h., $\lambda_1, \ldots, \lambda_n$ sind die Nullstellen des charakteristischen Polynoms χ_A. Es ist aber noch völlig offen, wie man die Matrix Q der Schurzerlegung bestimmt. Dazu kommen wir im folgenden Abschnitt.

Bemerkung Was kann man tun, wenn χ_A nicht in Linearfaktoren zerfällt? Dann lässt sich das Problem durch *Komplexifizierung* lösen: Man fasst die Matrix A als komplexe Matrix auf, $A \in \mathbb{C}^{n \times n}$; das charakteristische Polynom $\chi_A \in \mathbb{C}[x]$ zerfällt über $\mathbb{C}$ in Linearfaktoren; man hat es dann mit nichtreellen Eigenwerten und Eigenvektoren zu tun. Es existiert in diesem Fall eine ganz ähnliche *Schurzerlegung* von A, es gibt dann nämlich eine Matrix $Q \in \mathbb{C}^{n \times n}$ mit $\overline{Q}^{\top} Q = E_n$, d.h. $\overline{Q}^{\top} = Q^{-1}$, sodass $\overline{Q}^{\top} A Q = R$ eine obere Dreiecksmatrix ist. Man nennt eine Matrix $Q \in \mathbb{C}^{n \times n}$ mit $\overline{Q}^{\top} = Q^{-1}$ **unitär**, das ist die *komplexe Version* von orthogonal. Wir behandeln im Folgenden nur die reelle Schurzerlegung.

42.2 Berechnung der Schurzerlegung

Wir stellen ein Rezept vor, anhand dessen die Schurzerlegung einer Matrix $A \in \mathbb{R}^{n \times n}$ bestimmt werden kann. Dabei nehmen wir uns nacheinander die Spalten der Matrix A vor. Wir beginnen mit der ersten Spalte und bestimmen eine orthogonale Matrix Q_1, sodass die erste Spalte von $Q_1^\top A Q_1$ höchstens an der ersten Stelle einen von null verschiedenen Eintrag hat. In einem zweiten Schritt sorgen wir mit einer orthogonalen Matrix Q_2 dafür, dass dann die zweite Spalte von $Q_2^\top A Q_2$ höchstens an den ersten beiden Stellen von null verschiedene Einträge hat usw.:

$$
\underbrace{\begin{pmatrix} * & * & * \\ * & * & * \\ * & * & * \end{pmatrix}}_{=A} \longrightarrow \underbrace{\begin{pmatrix} * & * & * \\ 0 & * & * \\ 0 & * & * \end{pmatrix}}_{=Q_1^\top A Q_1} \longrightarrow \underbrace{\begin{pmatrix} * & * & * \\ 0 & * & * \\ 0 & 0 & * \end{pmatrix}}_{=Q_2^\top A Q_2} .
$$

Dabei bestimmen wir in jedem Schritt einen normierten Eigenvektor, den wir zu einer ONB ergänzen. Der Rechenaufwand hält sich in Grenzen, da das charakteristische Polynom nur für die Ausgangsmatrix A zu berechnen ist. Man erhält hierbei die n evtl. mehrfach auftretenden Eigenwerte $\lambda_1, \ldots, \lambda_n$, mit denen wir Spalte für Spalte auf die gewünschte Form bringen. Wir beschreiben das Vorgehen in einem Rezept, das im Grunde einen konstruktiven Beweis des Satzes zur Schurzerlegung liefert. Wir setzen nur voraus, dass das charakteristische Polynom in Linearfaktoren zerfällt:

Rezept: Bestimmen der Schurzerlegung einer Matrix

Die Schurzerlegung $R = Q^\top A Q$ mit einer oberen Dreiecksmatrix R und einer orthogonalen Matrix Q einer Matrix $A \in \mathbb{R}^{n \times n}$ mit dem in Linearfaktoren zerfallenden charakteristischen Polynom

$$
\chi_A = (\lambda_1 - x) \cdots (\lambda_n - x)
$$

erhält man nach spätestens $n - 1$ Schritten:

(1) Falls die erste Spalte $s = (s_1, \ldots, s_n)^\top$ von $A_1 = A$ kein Vielfaches von e_1 ist:

- Bestimme einen Eigenvektor v zum Eigenwert λ_1 von A_1 und ergänze diesen zu einer ONB des $\mathbb{R}^n$, d. h. zu einer orthogonalen Matrix $B_1 = (v, v_2, \ldots, v_n)$.
- Berechne

$$
B_1^\top A_1 B_1 = \left(\begin{array}{c|ccc} \lambda_1 & * & \cdots & * \\ \hline 0 & & & \\ \vdots & & A_2 & \\ 0 & & & \end{array} \right) \quad \text{mit } A_2 \in \mathbb{R}^{(n-1) \times (n-1)} .
$$

- Setze $Q_1 = B_1$.

(2) Falls die erste Spalte $s = (s_1, \ldots, s_{n-1})^\top$ von A_2 kein Vielfaches von e_1 ist:

  - Bestimme einen Eigenvektor v zum Eigenwert λ_2 von A_2 und ergänze diesen zu einer ONB des $\mathbb{R}^{n-1}$, d.h. zu einer orthogonalen Matrix $B_2 = (v, v_2, , \ldots, v_{n-1})$.
  - Berechne

$$B_2^\top A_2 B_2 = \begin{pmatrix} \lambda_2 & * & \cdots & * \\ \hline 0 & & & \\ \vdots & & A_3 & \\ 0 & & & \end{pmatrix} \quad \text{mit } A_3 \in \mathbb{R}^{(n-2)\times(n-2)}.$$

  - Setze $Q_2 = Q_1 \begin{pmatrix} 1 & 0 \\ \hline 0 & B_2 \end{pmatrix}$.

(3) $\cdots (n-1)$.

Setze schließlich $Q = Q_{n-1}$. Es gilt $Q^{-1} = Q^\top$, und die Schurzerlegung von A lautet

$$Q^\top A Q = \begin{pmatrix} \lambda_1 & \cdots & * \\ & \ddots & \vdots \\ 0 & & \lambda_n \end{pmatrix} = R.$$

Beispiel 42.1 Wir bestimmen die Schurzerlegung von $A = \begin{pmatrix} -3 & -4 & 0 \\ 4 & 5 & 0 \\ 3 & 5 & 1 \end{pmatrix} \in \mathbb{R}^{3\times3}$ mit $\chi_A = (1-x)^3$.

(1) Die erste Spalte $s = (-3, 4, 3)^\top$ von $A_1 = A$ ist kein Vielfaches von e_1:

  - Ein Eigenvektor v zum Eigenwert $\lambda_1 = 1$ von A_1 ist $v = (0, 0, 1)^\top$; wir ergänzen diesen zu einer ONB, d.h. zu einer orthogonalen Matrix $B_1 = (v, v_2, v_3)$ des $\mathbb{R}^3$:

$$B_1 = \begin{pmatrix} 0 & 1 & 0 \\ 0 & 0 & 1 \\ 1 & 0 & 0 \end{pmatrix}.$$

- Wir berechnen

$$B_1^\top A_1\, B_1 = \begin{pmatrix} 1 & 3 & 5 \\ \hline 0 & -3 & -4 \\ 0 & 4 & 5 \end{pmatrix} \ \text{mit} \ A_2 = \begin{pmatrix} -3 & -4 \\ 4 & 5 \end{pmatrix} \in \mathbb{R}^{2\times 2}.$$

- Wir setzen $Q_1 = \begin{pmatrix} 0 & 1 & 0 \\ 0 & 0 & 1 \\ 1 & 0 & 0 \end{pmatrix}$.

(2) Die erste Spalte $s = (-3, 4)^\top$ von A_2 ist kein Vielfaches von e_1:

- Ein Eigenvektor v zum Eigenwert $\lambda_1 = 1$ von A_2 ist $v = (1, -1)^\top$; wir ergänzen diesen zu einer ONB, d. h. zu einer orthogonalen Matrix $B_1 = (v, v_2)$ des $\mathbb{R}^2$:

$$B_2 = \frac{1}{\sqrt{2}} \begin{pmatrix} 1 & 1 \\ -1 & 1 \end{pmatrix}.$$

- Wir berechnen

$$B_2^\top A_2\, B_2 = \begin{pmatrix} 1 & -8 \\ \hline 0 & 1 \end{pmatrix} \ \text{mit} \ A_3 = (1) \in \mathbb{R}^{1\times 1}.$$

- Wir setzen

$$Q_2 = \begin{pmatrix} 0 & 1 & 0 \\ 0 & 0 & 1 \\ 1 & 0 & 0 \end{pmatrix} \begin{pmatrix} 1 & 0 & 0 \\ \hline 0 & 1/\sqrt{2} & 1/\sqrt{2} \\ 0 & -1/\sqrt{2} & 1/\sqrt{2} \end{pmatrix} = \begin{pmatrix} 0 & 1/\sqrt{2} & 1/\sqrt{2} \\ 0 & -1/\sqrt{2} & 1/\sqrt{2} \\ 1 & 0 & 0 \end{pmatrix}.$$

Mit $Q = Q_2$ erhalten wir nun die Schurzerlegung $Q^\top A\, Q = R$ von A:

$$\underbrace{\begin{pmatrix} 0 & 0 & 1 \\ 1/\sqrt{2} & -1/\sqrt{2} & 0 \\ 1/\sqrt{2} & 1/\sqrt{2} & 0 \end{pmatrix}}_{=Q^\top} \underbrace{\begin{pmatrix} -3 & -4 & 0 \\ 4 & 5 & 0 \\ 3 & 5 & 1 \end{pmatrix}}_{=A} \underbrace{\begin{pmatrix} 0 & 1/\sqrt{2} & 1/\sqrt{2} \\ 0 & -1/\sqrt{2} & 1/\sqrt{2} \\ 1 & 0 & 0 \end{pmatrix}}_{=Q} = \underbrace{\begin{pmatrix} 1 & -\sqrt{2} & 4\sqrt{2} \\ 0 & 1 & -8 \\ 0 & 0 & 1 \end{pmatrix}}_{=R}.$$

∎

MATLAB Mit MATLAB erhält man eine Schurzerlegung einer Matrix A durch die Eingabe von $[Q, R] = \text{schur}(A)$.

42.3   Singulärwertzerlegung

Bei der *Singulärwertzerlegung* wird eine beliebige Matrix $A \in \mathbb{R}^{m \times n}$ als Produkt dreier Matrizen U, Σ und $V^{\top}$ geschrieben,

$$A = U \, \Sigma \, V^{\top} \ \text{ mit } \ U \in \mathbb{R}^{m \times m} , \ \Sigma \in \mathbb{R}^{m \times n} , \ V \in \mathbb{R}^{n \times n} ,$$

wobei U und V orthogonal und Σ eine *Diagonalmatrix* ist (Abb. 42.1).

Satz von der Singulärwertzerlegung

Zu jeder Matrix $A \in \mathbb{R}^{m \times n}$ gibt es zwei orthogonale Matrizen $U \in \mathbb{R}^{m \times m}$ und $V \in \mathbb{R}^{n \times n}$ und eine *Diagonalmatrix* $\Sigma \in \mathbb{R}^{m \times n}$ mit

$$\Sigma = \begin{pmatrix} \sigma_1 & & 0 & 0 \ldots 0 \\ & \ddots & & \vdots & \vdots \\ 0 & & \sigma_m & 0 \ldots 0 \end{pmatrix} \quad \text{oder} \quad \Sigma = \begin{pmatrix} \sigma_1 & & 0 \\ & \ddots & \\ 0 & & \sigma_n \\ 0 & \ldots & 0 \\ \vdots & & \vdots \\ 0 & \ldots & 0 \end{pmatrix},$$

$$\text{im Fall } m \leq n \qquad\qquad\qquad \text{im Fall } n \leq m$$

wobei $\sigma_1 \geq \sigma_2 \geq \cdots \geq \sigma_k \geq 0$, $k = \min\{m, n\}$ und

$$A = U \, \Sigma \, V^{\top} .$$

Die Zahlen $\sigma_1, \ldots, \sigma_k$ nennt man die **Singulärwerte** von A und die Darstellung $A = U \, \Sigma \, V^{\top}$ eine **Singulärwertzerlegung** von A.

Im nächsten Abschnitt zeigen wir, wie wir zu einer Matrix A eine Singulärwertzerlegung bestimmen können.

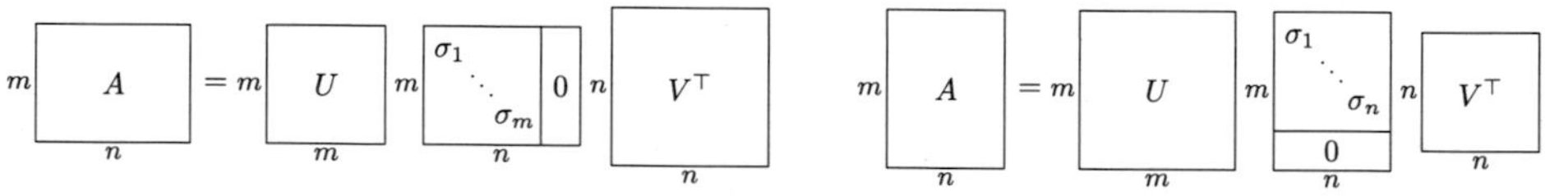

Abb. 42.1 Dimensionen der Matrizen A, U, Σ, $V^{\top}$ bei der Singulärwertzerlegung

Bemerkung Oftmals nennt man nur die σ_i mit $\sigma_i > 0$ Singulärwerte. Wir lassen auch $\sigma_i = 0$ zu.

42.4 Bestimmung der Singulärwertzerlegung

Die folgenden Betrachtungen motivieren die Konstruktion der Matrizen V, Σ, U einer Singulärwertzerlegung $A = U \Sigma V^\top$ von $A \in \mathbb{R}^{m \times n}$ mit orthogonalen Matrizen U, V:
   Wir betrachten die lineare Abbildung

$$f_A : \mathbb{R}^n \to \mathbb{R}^m \ \text{ mit } \ f_A(v) = A \, v \,.$$

Die Darstellungsmatrix bzgl. der kanonischen Basen E_n und E_m ist A:

$$A = {}_{E_m} M(f_A)_{E_n} \,.$$

Nun gilt nach der Basistransformationsformel (siehe Abschn. 38.2) mit den Basen U von $\mathbb{R}^m$ und V von $\mathbb{R}^n$:

$$ {}_U M(f_A)_V = {}_U M(\mathrm{Id})_{E_m} \, {}_{E_m} M(f_A)_{E_n} \, {}_{E_n} M(\mathrm{Id})_V \,.$$

Wegen $V = {}_{E_n} M(\mathrm{Id})_V$ und $U^\top = U^{-1} = {}_U M(\mathrm{Id})_{E_m}$ und $A = {}_{E_m} M(f_A)_{E_n}$ lautet diese letzte Gleichung

$$ {}_U M(f_A)_V = U^\top A \, V = \Sigma \,,$$

sodass Σ die Darstellungsmatrix der linearen Abbildung f_A bzgl. der Basen $V = (v_1, \ldots, v_n)$ und $U = (u_1, \ldots, u_m)$ ist. Da in der i-ten Spalte der Darstellungsmatrix der Koordinatenvektor des Bildes des i-ten Basisvektors steht, gilt

$$(*) \qquad A \, v_i = \sigma_i \, u_i \ \text{ für alle } \ i = 1, \ldots, \min\{m, n\} \,.$$

Wegen $A^\top = V \Sigma^\top U^\top$ hat $A^\top$ dieselben Singulärwerte wie A, es folgt:

$$(**) \qquad A^\top u_i = \sigma_i \, v_i \ \text{ für alle } \ i = 1, \ldots, \min\{m, n\}$$

und damit:

$$A^\top A \, v_i \overset{(*)}{=} \sigma_i \, A^\top u_i \overset{(**)}{=} \sigma_i^2 \, v_i \ \text{ für alle } \ i = 1, \ldots, n \,.$$

Wir erhalten also die Singulärwertzerlegung wie folgt:

Rezept: Bestimmen der Singulärwertzerlegung einer Matrix
Zur Bestimmung der Singulärwertzerlegung $A = U \Sigma V^\top$ einer Matrix $A \in \mathbb{R}^{m \times n}$ gehe man wie folgt vor:

(1) Bestimme die Eigenwerte $\lambda_1, \ldots, \lambda_n$ von $A^\top A \in \mathbb{R}^{n \times n}$ und ordne:

$$\lambda_1 \geq \lambda_2 \geq \cdots \geq \lambda_r > \lambda_{r+1} = \cdots = \lambda_n = 0 \text{ mit } 1 \leq r \leq n.$$

Bestimme eine ONB $(v_1, \ldots, v_n)$ des $\mathbb{R}^n$ aus Eigenvektoren von $A^\top A$, $A^\top A v_i = \lambda_i v_i$ und erhalte die orthogonale Matrix $V = (v_1, \ldots, v_n) \in \mathbb{R}^{n \times n}$.

(2) Setze

$$\Sigma = \begin{pmatrix} \sigma_1 & & 0 & 0 \ldots 0 \\ & \ddots & & \vdots & \vdots \\ 0 & & \sigma_m & 0 \ldots 0 \end{pmatrix} \quad \text{bzw.} \quad \Sigma = \begin{pmatrix} \sigma_1 & & 0 \\ & \ddots & \\ 0 & & \sigma_n \\ 0 & \ldots & 0 \\ \vdots & & \vdots \\ 0 & \ldots & 0 \end{pmatrix}$$

im Fall $m \leq n$ $\qquad\qquad$ im Fall $n \leq m$

mit $\sigma_i = \sqrt{\lambda_i}$ für alle $i = 1, \ldots, \min\{m, n\}$.

(3) Bestimme $u_1, \ldots, u_r$ aus

$$u_i = \frac{1}{\sigma_i} A v_i \text{ für } i = 1, \ldots, r$$

und ergänze im Fall $r < m$ die Vektoren $u_1, \ldots, u_r$ zu einer ONB bzw. zu einer orthogonalen Matrix $U = (u_1, \ldots, u_m)$.

Schritt (1) liefert V, Schritt (2) liefert Σ und Schritt (3) schließlich U.

Bemerkungen

1. Weil $A^\top A$ positiv semidefinit ist (vgl. Kap. 45), sind die λ_i auch alle größer oder gleich 0.
2. Für die Zahl r im Schritt (1) gilt $r = \mathrm{rg}(A)$.
3. Wegen

$$\langle u_i, u_j \rangle = u_i^\top u_j = \frac{1}{\sigma_i} \frac{1}{\sigma_j} v_i^\top A^\top A v_j = \frac{1}{\sigma_i} \frac{1}{\sigma_j} \lambda_j v_i^\top v_j = \delta_{ij} = \begin{cases} 1, & i = j \\ 0, & i \neq j \end{cases}$$

sind die Vektoren u_i, die man im dritten Schritt erhält, ohne weiteres Zutun Elemente einer ONB.

Beispiel 42.2 Wir bestimmen die Singulärwertzerlegung der Matrix $A = \begin{pmatrix} -1 & 1 & 0 \\ -1 & -1 & 1 \end{pmatrix} \in$ $\mathbb{R}^{2 \times 3}$.

(1) Wir berechnen zuerst die Eigenwerte und -vektoren des Produkts

$$A^\top A = \begin{pmatrix} 2 & 0 & -1 \\ 0 & 2 & -1 \\ -1 & -1 & 1 \end{pmatrix}.$$

Das charakteristische Polynom $\chi_{A^\top A} = x\,(2 - x)\,(3 - x)$ liefert die (nach Größe geordneten) Eigenwerte $\lambda_1 = 3$, $\lambda_2 = 2$ und $\lambda_3 = 0$. Die Eigenräume sind

$$\text{Eig}_{A^\top A}(3) = \langle \begin{pmatrix} 1 \\ 1 \\ -1 \end{pmatrix} \rangle, \quad \text{Eig}_{A^\top A}(2) = \langle \begin{pmatrix} 1 \\ -1 \\ 0 \end{pmatrix} \rangle, \quad \text{Eig}_{A^\top A}(0) = \langle \begin{pmatrix} 1 \\ 1 \\ 2 \end{pmatrix} \rangle.$$

Damit erhalten wir die orthogonale Matrix

$$V = \frac{1}{\sqrt{6}} \begin{pmatrix} \sqrt{2} & \sqrt{3} & 1 \\ \sqrt{2} & -\sqrt{3} & 1 \\ -\sqrt{2} & 0 & 2 \end{pmatrix}.$$

(2) Mit den Singulärwerten $\sigma_1 = \sqrt{3}$ und $\sigma_2 = \sqrt{2}$ sowie $m = 2 < 3 = n$ ergibt sich

$$\Sigma = \begin{pmatrix} \sqrt{3} & 0 & 0 \\ 0 & \sqrt{2} & 0 \end{pmatrix}.$$

(3) Wir bestimmen nun die Orthonormalbasis $U = (u_1, u_2)$ als

$$u_1 = \frac{1}{\sigma_1} A v_1 = \frac{1}{\sqrt{3}} \begin{pmatrix} -1 & 1 & 0 \\ -1 & -1 & 1 \end{pmatrix} \frac{1}{\sqrt{3}} \begin{pmatrix} 1 \\ 1 \\ -1 \end{pmatrix} = \begin{pmatrix} 0 \\ -1 \end{pmatrix},$$

$$u_2 = \frac{1}{\sigma_2} A v_2 = \frac{1}{\sqrt{2}} \begin{pmatrix} -1 & 1 & 0 \\ -1 & -1 & 1 \end{pmatrix} \frac{1}{\sqrt{2}} \begin{pmatrix} 1 \\ -1 \\ 0 \end{pmatrix} = \begin{pmatrix} -1 \\ 0 \end{pmatrix}.$$

Die Matrix U ist also

$$U = \begin{pmatrix} 0 & -1 \\ -1 & 0 \end{pmatrix}.$$

Die Singulärwertzerlegung von A lautet damit:

$$A = \begin{pmatrix} 0 & -1 \\ -1 & 0 \end{pmatrix} \begin{pmatrix} \sqrt{3} & 0 & 0 \\ 0 & \sqrt{2} & 0 \end{pmatrix} \frac{1}{\sqrt{6}} \begin{pmatrix} \sqrt{2} & \sqrt{2} & -\sqrt{2} \\ \sqrt{3} & -\sqrt{3} & 0 \\ 1 & 1 & 2 \end{pmatrix}.$$

∎

Bemerkung Eine wichtige Anwendung der Singulärwertzerlegung ist die Bildkompression. Ein (digitales) Bild mit $m\,n$ Pixeln lässt sich durch eine $m \times n$-Matrix darstellen. Bei vielen Bildern weist die Folge der Singulärwerte (σ_i) einen erheblichen Abfall auf, d. h., ab einem gewissen (kleinen) s sind die Werte σ_i für $i > s$ klein im Verhältnis zu den σ_i mit $i \leq s$. Setzt man in der Singulärwertzerlegung $A = U \Sigma V^\top$ alle σ_i mit $i > s$ gleich null, so erhält man eine neue Matrix $\tilde{\Sigma}$, sodass der Übergang von A zu $\tilde{A} = U \tilde{\Sigma} V^\top$ zwar einen Datenverlust darstellt, der aber im Bild kaum sichtbar ist. Der Gewinn ist, dass man für das Auswerten von $\tilde{A}$ nur die ersten s Spalten von $U\,\tilde{\Sigma}$ und von V speichern muss, insgesamt also $s\,(n + m)$ anstatt $m\,n$ Einträge. Das kann eine erhebliche Datenkompression zur Folge haben.

MATLAB Natürlich bietet MATLAB auch eine Funktion zur Singulärwertzerlegung einer Matrix A an, durch die Eingabe von `[U,S,V]` = `svd(A)` erhält man zu einer Matrix A gewünschte Matrizen U, V und $S = \Sigma$. Dabei steht *SVD* für *singular value decomposition*.

42.5   Aufgaben

42.1 Gegeben sei die Matrix $A = \begin{pmatrix} 3 & 1 & 2 \\ 0 & 2 & -1 \\ 0 & 1 & 4 \end{pmatrix}$.

(a) Zeigen Sie, dass $v = (1, 0, 0)^\top$ ein Eigenvektor von A ist und geben Sie den zugehörigen Eigenwert λ an.

(b) Bestimmen Sie die Schurzerlegung $R = Q^\top A Q$ von A so, dass $(1, 0, 0)^\top$ die erste Spalte von Q ist.

42.2 Bestimmen Sie die Schurzerlegungen der Matrizen

$$\text{(a)} \quad A = \begin{pmatrix} 1 & -1 & 1 \\ 0 & 3 & 0 \\ -1 & 0 & 3 \end{pmatrix}, \qquad \text{(b)} \quad A = \begin{pmatrix} 2 & 0 & 0 & 0 \\ 2 & 2 & 0 & 0 \\ 1 & -1 & 2 & -1 \\ 0 & 1 & 0 & 2 \end{pmatrix}.$$

42.3 Bestimmen Sie die Singulärwertzerlegungen der Matrizen

(a) $A = \begin{pmatrix} 1 & 1 & 3 \\ 1 & 1 & -3 \end{pmatrix}$, (c) $A^\top = \begin{pmatrix} 1 & 1 \\ 1 & 1 \\ 3 & -3 \end{pmatrix}$, (e) $C = \begin{pmatrix} 8 & -4 & 0 & 0 \\ -1 & -7 & 0 & 0 \\ 0 & 0 & 1 & -1 \end{pmatrix}$,

(b) $B = \begin{pmatrix} 2 \\ 2 \\ 1 \end{pmatrix}$, (d) $B^\top = (2, 2, 1)$, (f) $D = \begin{pmatrix} 2 & 1 & 2 \\ 1 & -2 & 1 \end{pmatrix}$.

42.4 Ein einfarbiges Bild in einem 3×3-Gitter wird durch eine reelle 3×3-Matrix gespeichert, deren Einträge den Graustufenwerten am jeweiligen Pixel entsprechen. Das Bild eines Fadenkreuzes wird so durch die Matrix $A = \begin{pmatrix} 0 & 1 & 0 \\ 1 & 1 & 1 \\ 0 & 1 & 0 \end{pmatrix} \in \mathbb{R}^{3 \times 3}$ repräsentiert. Führen Sie die Singulärwertzerlegung durch, und komprimieren Sie die Daten, indem Sie den kleinsten Singulärwert durch 0 ersetzen. Welches Graustufenbild ergibt sich nach Datenkompression?

42.5 Die untenstehende Tabelle zeigt den Zusammenhang von Strom und Spannung in einer einfachen elektrischen Schaltung.

(a) Verwenden Sie MATLAB, um eine Singulärwertzerlegung der Matrix auszurechnen, die aus den Werten in der Tabellen besteht (**U** sei die 1. Zeile und **I** die 2. Zeile der Matrix).
(b) Fertigen Sie (ebenfalls mit MATLAB) einen Plot der Datenpunkte an.
(c) Zeichnen Sie die Ergebnisse der Singulärwertzerlegung (soweit sinnvoll möglich) in den Plot ein. Interpretieren Sie das Ergebnis.

U	I
−1.03	−2.23
0.74	1.61
−0.02	−0.02
0.51	0.88
−1.31	−2.39
0.99	2.02
0.69	1.62
−0.12	−0.35
−0.72	−1.67
1.11	2.46

Die Jordannormalform I

43

Inhaltsverzeichnis

Nicht jede quadratische Matrix $A \in \mathbb{R}^{n \times n}$ ist diagonalisierbar. Zerfällt aber das charakteristische Polynom χ_A in Linearfaktoren, so existiert zumindest eine Schurzerlegung (siehe Kap. 42). Die *Jordannormalform* ist gewissermaßen eine Verbesserung der Schurzerlegung: Sie existiert unter denselben Voraussetzungen wie die Schurzerlegung und ist eine besonders einfache obere Dreiecksmatrix: Sie hat abgesehen von einigen Einsen auf der oberen Nebendiagonalen Diagonalgestalt. Das Wesentliche ist nun, dass zu jeder komplexen Matrix A eine solche *Jordannormalform* J existiert. Das Bestimmen der A auf Jordannormalform J transformierenden Matrix S, das ist die Matrix S mit $J = S^{-1} A S$, ist etwas aufwendig: Der erste Schritt dazu ist das Bestimmen der verallgemeinerten Eigenräume. Das erledigen wir im vorliegenden Kapitel, im nächsten Kapitel zeigen wir, wie man hieraus S erhält.

43.1 Existenz der Jordannormalform

Eine Matrix $(a_{ij}) \in \mathbb{C}^{s \times s}$ heißt ein **Jordankästchen** zu einem $\lambda \in \mathbb{C}$, wenn

$$a_{11} = \cdots = a_{ss} = \lambda \, , \ a_{12} = \cdots = a_{s-1,s} = 1 \ \text{und} \ a_{ij} = 0 \ \text{sonst} \, ,$$

d. h. (die Nullen lassen wir dabei weg),

© Springer-Verlag GmbH Deutschland, ein Teil von Springer Nature 2022
C. Karpfinger, *Höhere Mathematik in Rezepten*,
https://doi.org/10.1007/978-3-662-63305-2_43

$$(a_{ij}) = \begin{pmatrix} \lambda & 1 & & \\ & \ddots & \ddots & \\ & & \ddots & 1 \\ & & & \lambda \end{pmatrix}.$$

Ein Jordankästchen ist also, von den Einsen in der oberen Nebendiagonalen abgesehen, eine Diagonalmatrix, es sind

$$(\lambda)\,,\ \begin{pmatrix} \lambda & 1 \\ 0 & \lambda \end{pmatrix}\,,\ \begin{pmatrix} \lambda & 1 & 0 \\ 0 & \lambda & 1 \\ 0 & 0 & \lambda \end{pmatrix}\,,\ \begin{pmatrix} \lambda & 1 & 0 & 0 \\ 0 & \lambda & 1 & 0 \\ 0 & 0 & \lambda & 1 \\ 0 & 0 & 0 & \lambda \end{pmatrix}$$

Beispiele für Jordankästchen. Eine Matrix $J \in \mathbb{C}^{n \times n}$ heißt **Jordanmatrix**, falls

$$J = \begin{pmatrix} J_1 & & \\ & \ddots & \\ & & J_l \end{pmatrix}$$

eine Blockdiagonalgestalt mit Jordankästchen $J_1, \ldots, J_l$ hat. Dabei müssen die Diagonaleinträge λ_i der J_i nicht verschieden sein und natürlich dürfen auch 1×1-Jordankästchen vorkommen.

Beispiel 43.1

- Jordanmatrizen mit einem Jordankästchen:

$$\left(\boxed{1}\right)\,,\ \left(\boxed{\begin{matrix} 1 & 1 \\ 0 & 1 \end{matrix}}\right)\,,\ \left(\boxed{\begin{matrix} 0 & 1 \\ 0 & 0 \end{matrix}}\right)\,,\ \left(\boxed{\begin{matrix} 2 & 1 & 0 \\ 0 & 2 & 1 \\ 0 & 0 & 2 \end{matrix}}\right).$$

- Jordanmatrizen mit zwei Jordankästchen:

$$\left(\begin{matrix} \boxed{1} & \\ & \boxed{2} \end{matrix}\right)\,,\ \left(\begin{matrix} \boxed{0} & \\ & \boxed{0} \end{matrix}\right)\,,\ \left(\begin{matrix} \boxed{3} & \\ & \boxed{\begin{matrix} 2 & 1 \\ 0 & 2 \end{matrix}} \end{matrix}\right)\,,\ \left(\begin{matrix} \boxed{\begin{matrix} 0 & 1 \\ 0 & 0 \end{matrix}} & \\ & \boxed{-1} \end{matrix}\right).$$

- Jordanmatrizen mit drei Jordankästchen:

$$\begin{pmatrix} \boxed{2} & & \\ & \boxed{2} & \\ & & \boxed{2} \end{pmatrix}, \ \begin{pmatrix} \boxed{\begin{matrix} 2 & 1 \\ 0 & 2 \end{matrix}} & & \\ & \boxed{3} & \\ & & \boxed{-1} \end{pmatrix}, \ \begin{pmatrix} \boxed{1} & & \\ & \boxed{\begin{matrix} 0 & 1 \\ 0 & 0 \end{matrix}} & \\ & & \boxed{1} \end{pmatrix}.$$

■

Jordanbasis und Jordannormalform

Zu jeder Matrix $A \in \mathbb{K}^{n \times n}$ mit zerfallendem charakteristischen Polynom χ_A existiert eine geordnete Basis $B = (b_1, \ldots, b_n)$ des $\mathbb{K}^n$ und eine Jordanmatrix $J \in \mathbb{K}^{n \times n}$ mit Jordankästchen $J_1, \ldots, J_l$, sodass

$$J = \begin{pmatrix} J_1 & & \\ & \ddots & \\ & & J_l \end{pmatrix} = B^{-1} A B.$$

Man nennt jede solche Basis B eine **Jordanbasis** des $\mathbb{K}^n$ zu A und die Matrix J eine **Jordannormalform** zu A.

Insbesondere gibt es zu jeder komplexen Matrix eine Jordanbasis und eine Jordannormalform.

Bemerkung Eine Jordannormalform ist im Allgemeinen nicht eindeutig, beim Vertauschen der Kästchen entsteht wieder eine Jordannormalform, in der Jordanbasis werden dabei die dazugehörigen Jordanbasisvektoren mit vertauscht.

Eine Jordannormalform unterscheidet sich also von einer Diagonalform höchstens dadurch, dass sie einige Einsen in der ersten oberen Nebendiagonale hat.

Beispiel 43.2 Jede Diagonalmatrix hat Jordannormalform. Und auch die Matrizen

$$\begin{pmatrix} \boxed{\begin{matrix} 1 & 1 \\ 0 & 1 \end{matrix}} & & \\ & \boxed{\begin{matrix} 2 & 1 \\ 0 & 2 \end{matrix}} & \\ & & \boxed{\begin{matrix} 3 & 1 & 0 \\ 0 & 3 & 1 \\ 0 & 0 & 3 \end{matrix}} \end{pmatrix}, \ \begin{pmatrix} \boxed{0} & & \\ & \boxed{\begin{matrix} 0 & 1 & 0 \\ 0 & 0 & 1 \\ 0 & 0 & 0 \end{matrix}} & \\ & & \boxed{\begin{matrix} 0 & 1 & 0 \\ 0 & 0 & 1 \\ 0 & 0 & 0 \end{matrix}} \end{pmatrix}$$

haben Jordannormalform. Hingegen ist

$$A = \begin{pmatrix} 1 & 1 \\ 0 & -1 \end{pmatrix}$$

keine Jordannormalform, da in den Jordankästchen auf der Diagonale nur gleiche Einträge stehen dürfen. Aber es sind

$$J = \begin{pmatrix} \boxed{1} & \\ & \boxed{-1} \end{pmatrix} \quad \text{und} \quad J' = \begin{pmatrix} \boxed{-1} & \\ & \boxed{1} \end{pmatrix}$$

die zwei verschiedenen Jordannormalformen dieser Matrix A, da diese diagonalisierbar ist. Jordanbasen sind in diesem Beispiel Basen aus Eigenvektoren von A.

43.2   Verallgemeinerte Eigenräume

Ein wesentlicher Schritt beim Bestimmen einer Jordanbasis B zu einer Matrix $A \in \mathbb{K}^{n \times n}$ ist das Bestimmen der *verallgemeinerten Eigenräume* zu jedem Eigenwert λ von A. Dieser Schritt ist nicht kompliziert, aber rechenaufwendig bei großem A. Diese verallgemeinerten Eigenräume sind *ineinandergeschachtelte* Vektorräume $\ker(A - \lambda E_n)^i \subseteq \ker(A - \lambda E_n)^{i+1}$:

> **Verallgemeinerte Eigenräume**
>
> Zu einem Eigenwert λ einer Matrix $A \in \mathbb{K}^{n \times n}$ betrachte die Matrix $N = A - \lambda E_n$. Zu dieser Matrix $N \in \mathbb{K}^{n \times n}$ gibt es ein $r \in \mathbb{N}$ mit
>
> $$\{0\} \subsetneq \ker N \subsetneq \ker N^2 \subsetneq \cdots \subsetneq \ker N^r = \ker N^{r+1}.$$
>
> Man nennt die Räume $\ker N^i$ **verallgemeinerte Eigenräume** zum Eigenwert λ und den *größten* unter ihnen, also $\ker N^r$, auch **Hauptraum** zum Eigenwert λ. Es gilt:
>
> - Der erste verallgemeinerte Eigenraum $\ker N$ ist der Eigenraum von A zum Eigenwert λ.
> - Die Dimension von $\ker N$ ist die geometrische Vielfachheit des Eigenwerts λ, $\dim \ker N = \mathrm{geo}(\lambda)$.
> - Die Dimension von $\ker N^r$ ist die algebraische Vielfachheit des Eigenwerts λ, $\dim \ker N^r = \mathrm{alg}(\lambda)$.

Die Zahl r ist die kleinste natürliche Zahl mit $\ker N^r = \ker N^{r+1}$, man sagt, dass die Kette *stationär* wird. Bisher spielt die Zahl r, abgesehen davon, dass sie existiert, keine

Rolle. Tatsächlich spielt diese Zahl eine ganz entscheidende Rolle bei der Konstruktion der Jordanbasis. Aber dazu später mehr.

Als Vektorräume sind die verallgemeinerten Eigenräume durch Angabe einer Basis bereits vollständig bestimmt. Und da stets $\ker(A - \lambda E_n)^i \subseteq \ker(A - \lambda E_n)^{i+1}$ gilt, erhalten wir eine Basis des *größeren* verallgemeinerten Eigenraums $\ker(A - \lambda E_n)^{i+1}$ durch entsprechendes Ergänzen einer bereits bestimmten Basis von $\ker(A - \lambda E_n)^i$. Daher gehe man zur Bestimmung der verallgemeinerten Eigenräume wie folgt vor:

Rezept: Bestimmen der verallgemeinerten Eigenräume

Ist λ ein Eigenwert der geometrischen Vielfachheit s, $s = \text{geo}(\lambda)$, und algebraischen Vielfachheit t, $t = \text{alg}(\lambda)$, einer Matrix $A \in \mathbb{K}^{n \times n}$ und $N = A - \lambda E_n$, so erhält man die *Kette*

$$\{0\} \subsetneq \ker N \subsetneq \ker N^2 \subsetneq \cdots \subsetneq \ker N^r = \ker N^{r+1}$$

verallgemeinerter Eigenräume wie folgt:

(1) Bestimme eine geordnete Basis B_1 des Eigenraums $\ker N$. Falls $|B_1| = t$: STOP, sonst:

(2) Berechne N^2 und ergänze die Basis B_1 aus (1) zu einer Basis B_2 des verallgemeinerten Eigenraums $\ker N^2$. Falls $|B_2| = t$: STOP, sonst:

(3) Berechne N^3 und ergänze die Basis B_2 aus (2) zu einer Basis B_3 des verallgemeinerten Eigenraums $\ker N^3$. Falls $|B_3| = t$: STOP, sonst:

(4) …

Wir sind mit dem Schritt r fertig, falls die Basis $B_r = (b_1, \ldots, b_t)$ genau t Elemente hat, wobei t die algebraische Vielfachheit des Eigenwerts λ ist.

Beispiel 43.3

- Wir betrachten die Matrix $A = \begin{pmatrix} 1 & 1 & 1 \\ 0 & 1 & 1 \\ 0 & 0 & 1 \end{pmatrix}$ mit $\chi_A = (1 - x)^3$.

Die Matrix A hat den einzigen Eigenwert $\lambda = 1$ mit $t = \text{alg}(1) = 3$. Wir setzen

$$N = A - 1 E_3 = \begin{pmatrix} 0 & 1 & 1 \\ 0 & 0 & 1 \\ 0 & 0 & 0 \end{pmatrix}.$$

(1) Es gilt

$$\ker N = \ker \begin{pmatrix} 0 & 1 & 1 \\ 0 & 0 & 1 \\ 0 & 0 & 0 \end{pmatrix} = \langle \begin{pmatrix} 1 \\ 0 \\ 0 \end{pmatrix} \rangle,$$

also $B_1 = ((1, 0, 0)^\top)$.

(2) Es gilt

$$\ker N^2 = \ker \begin{pmatrix} 0 & 0 & 1 \\ 0 & 0 & 0 \\ 0 & 0 & 0 \end{pmatrix} = \langle \begin{pmatrix} 1 \\ 0 \\ 0 \end{pmatrix}, \begin{pmatrix} 0 \\ 1 \\ 0 \end{pmatrix} \rangle,$$

also $B_2 = ((1, 0, 0)^\top, (0, 1, 0)^\top)$.

(3) Es gilt

$$\ker N^3 = \ker \begin{pmatrix} 0 & 0 & 0 \\ 0 & 0 & 0 \\ 0 & 0 & 0 \end{pmatrix} = \langle \begin{pmatrix} 1 \\ 0 \\ 0 \end{pmatrix}, \begin{pmatrix} 0 \\ 1 \\ 0 \end{pmatrix}, \begin{pmatrix} 0 \\ 0 \\ 1 \end{pmatrix} \rangle,$$

also $B_3 = ((1, 0, 0)^\top, (0, 1, 0)^\top, (0, 0, 1)^\top)$. Wegen $|B_3| = 3 = \mathrm{alg}(1)$ sind wir fertig.

Zusammengefasst lautet die Kette $\{0\} \subsetneq \ker N \subsetneq \ker N^2 \subsetneq \ker N^3$ mit $r = 3$:

$$\{0\} \subsetneq \langle \begin{pmatrix} 1 \\ 0 \\ 0 \end{pmatrix} \rangle \subsetneq \langle \begin{pmatrix} 1 \\ 0 \\ 0 \end{pmatrix}, \begin{pmatrix} 0 \\ 1 \\ 0 \end{pmatrix} \rangle \subsetneq \langle \begin{pmatrix} 1 \\ 0 \\ 0 \end{pmatrix}, \begin{pmatrix} 0 \\ 1 \\ 0 \end{pmatrix}, \begin{pmatrix} 0 \\ 0 \\ 1 \end{pmatrix} \rangle.$$

- Wir betrachten die Matrix $A = \begin{pmatrix} 3 & 1 & 0 & 0 \\ -1 & 1 & 0 & 0 \\ 1 & 1 & 3 & 1 \\ -1 & -1 & -1 & 1 \end{pmatrix}$ mit $\chi_A = (2 - x)^4$.

Die Matrix A hat den einzigen Eigenwert $\lambda = 2$ mit $t = \mathrm{alg}(1) = 4$. Wir setzen

$$N = A - 2\,E_4 = \begin{pmatrix} 1 & 1 & 0 & 0 \\ -1 & -1 & 0 & 0 \\ 1 & 1 & 1 & 1 \\ -1 & -1 & -1 & -1 \end{pmatrix}.$$

(1) Es gilt

$$\ker N = \ker \begin{pmatrix} 1 & 1 & 0 & 0 \\ -1 & -1 & 0 & 0 \\ 1 & 1 & 1 & 1 \\ -1 & -1 & -1 & -1 \end{pmatrix} = \langle \begin{pmatrix} 1 \\ -1 \\ 0 \\ 0 \end{pmatrix}, \begin{pmatrix} 0 \\ 0 \\ 1 \\ -1 \end{pmatrix} \rangle,$$

also $B_1 = ((1, -1, 0, 0)^\top, (0, 0, 1, -1)^\top)$.

(2) Es gilt

$$\ker N^2 = \ker 0 = \langle \begin{pmatrix} 1 \\ -1 \\ 0 \\ 0 \end{pmatrix}, \begin{pmatrix} 0 \\ 0 \\ 1 \\ -1 \end{pmatrix}, \begin{pmatrix} 0 \\ 1 \\ 0 \\ 0 \end{pmatrix}, \begin{pmatrix} 0 \\ 0 \\ 0 \\ 1 \end{pmatrix} \rangle,$$

also $B_2 = ((1, -1, 0, 0)^\top, (0, 0, 1, -1)^\top, (0, 1, 0, 0)^\top, (0, 0, 0, 1)^\top)$. Wegen $|B_2| = 4 = \text{alg}(2)$ sind wir fertig.

Zusammengefasst lautet die Kette $\{0\} \subsetneq \ker N \subsetneq \ker N^2$ mit $r = 2$:

$$\{0\} \subsetneq \langle \begin{pmatrix} 1 \\ -1 \\ 0 \\ 0 \end{pmatrix}, \begin{pmatrix} 0 \\ 0 \\ 1 \\ -1 \end{pmatrix} \rangle \subsetneq \langle \begin{pmatrix} 1 \\ -1 \\ 0 \\ 0 \end{pmatrix}, \begin{pmatrix} 0 \\ 0 \\ 1 \\ -1 \end{pmatrix}, \begin{pmatrix} 0 \\ 1 \\ 0 \\ 0 \end{pmatrix}, \begin{pmatrix} 0 \\ 0 \\ 0 \\ 1 \end{pmatrix} \rangle.$$

- Wir betrachten die Matrix $A = \begin{pmatrix} -3 & -1 & 4 & -3 & -1 \\ 1 & 1 & -1 & 1 & 0 \\ -1 & 0 & 2 & 0 & 0 \\ 4 & 1 & -4 & 5 & 1 \\ -2 & 0 & 2 & -2 & 1 \end{pmatrix}$ mit $\chi_A = (1-x)^4(2-x)$.

Die Matrix A hat die beiden Eigenwerte 1 und 2.

Eigenwert $\lambda = 1$: Es ist $t = \text{alg}(1) = 4$. Wir setzen

$$N = A - 1 E_5 = \begin{pmatrix} -4 & -1 & 4 & -3 & -1 \\ 1 & 0 & -1 & 1 & 0 \\ -1 & 0 & 1 & 0 & 0 \\ 4 & 1 & -4 & 4 & 1 \\ -2 & 0 & 2 & -2 & 0 \end{pmatrix}.$$

(1) Es gilt

$$\ker N = \ker \begin{pmatrix} -4 & -1 & 4 & -3 & -1 \\ 1 & 0 & -1 & 1 & 0 \\ -1 & 0 & 1 & 0 & 0 \\ 4 & 1 & -4 & 4 & 1 \\ -2 & 0 & 2 & -2 & 0 \end{pmatrix} = \langle \begin{pmatrix} 1 \\ 0 \\ 1 \\ 0 \\ 0 \end{pmatrix}, \begin{pmatrix} 0 \\ -1 \\ 0 \\ 0 \\ 1 \end{pmatrix} \rangle,$$

also $B_1 = ((1, 0, 1, 0, 0)^\top, (0, -1, 0, 0, 1)^\top)$.

(2) Es gilt

$$\ker N^2 = \ker \begin{pmatrix} 1 & 1 & -1 & 1 & 1 \\ 1 & 0 & -1 & 1 & 0 \\ 3 & 1 & -3 & 3 & 1 \\ 3 & 0 & -3 & 3 & 0 \\ -2 & 0 & 2 & -2 & 0 \end{pmatrix} = \langle \begin{pmatrix} 1 \\ 0 \\ 1 \\ 0 \\ 0 \end{pmatrix}, \begin{pmatrix} 0 \\ -1 \\ 0 \\ 0 \\ 1 \end{pmatrix}, \begin{pmatrix} -1 \\ 0 \\ 0 \\ 1 \\ 0 \end{pmatrix} \rangle,$$

also $B_2 = ((1, 0, 1, 0, 0)^\top, (0, -1, 0, 0, 1)^\top, (-1, 0, 0, 1, 0)^\top)$.

(3) Es gilt

$$\ker N^3 = \ker \begin{pmatrix} 0 & 0 & 0 & 0 & 0 \\ 1 & 0 & -1 & 1 & 0 \\ 2 & 0 & -2 & 2 & 0 \\ 3 & 0 & -3 & 3 & 0 \\ -2 & 0 & 2 & -2 & 0 \end{pmatrix} = \langle \begin{pmatrix} 1 \\ 0 \\ 1 \\ 0 \\ 0 \end{pmatrix}, \begin{pmatrix} 0 \\ -1 \\ 0 \\ 0 \\ 1 \end{pmatrix}, \begin{pmatrix} -1 \\ 0 \\ 0 \\ 1 \\ 0 \end{pmatrix}, \begin{pmatrix} 0 \\ 0 \\ 0 \\ 0 \\ 1 \end{pmatrix} \rangle,$$

also $B_3 = ((1, 0, 1, 0, 0)^\top, (0, -1, 0, 0, 1)^\top, (-1, 0, 0, 1, 0)^\top, (0, 0, 0, 0, 1)^\top)$.
Wegen $|B_3| = 4 = \mathrm{alg}(1)$ sind wir fertig.

Zusammengefasst lautet die Kette $\{0\} \subsetneq \ker N \subsetneq \ker N^2 \subsetneq \ker N^3$ mit $r = 3$:

$$\{0\} \subsetneq \langle \begin{pmatrix} 1 \\ 0 \\ 1 \\ 0 \\ 0 \end{pmatrix}, \begin{pmatrix} 0 \\ -1 \\ 0 \\ 0 \\ 1 \end{pmatrix} \rangle \subsetneq \langle \begin{pmatrix} 1 \\ 0 \\ 1 \\ 0 \\ 0 \end{pmatrix}, \begin{pmatrix} 0 \\ -1 \\ 0 \\ 0 \\ 1 \end{pmatrix}, \begin{pmatrix} -1 \\ 0 \\ 0 \\ 1 \\ 0 \end{pmatrix} \rangle \subsetneq \langle \begin{pmatrix} 1 \\ 0 \\ 1 \\ 0 \\ 0 \end{pmatrix}, \begin{pmatrix} 0 \\ -1 \\ 0 \\ 0 \\ 1 \end{pmatrix}, \begin{pmatrix} -1 \\ 0 \\ 0 \\ 1 \\ 0 \end{pmatrix}, \begin{pmatrix} 0 \\ 0 \\ 0 \\ 0 \\ 1 \end{pmatrix} \rangle.$$

Eigenwert $\lambda = 2$: Es ist $t = \mathrm{alg}(2) = 1$. Wir setzen

$$N = A - 2E_5 = \begin{pmatrix} -5 & -1 & 4 & -3 & -1 \\ 1 & -1 & -1 & 1 & 0 \\ -1 & 0 & 0 & 0 & 0 \\ 4 & 1 & -4 & 3 & 1 \\ -2 & 0 & 2 & -2 & -1 \end{pmatrix}.$$

(1) Es gilt

$$\ker N = \ker \begin{pmatrix} -5 & -1 & 4 & -3 & -1 \\ 1 & -1 & -1 & 1 & 0 \\ -1 & 0 & 0 & 0 & 0 \\ 4 & 1 & -4 & 3 & 1 \\ -2 & 0 & 2 & -2 & -1 \end{pmatrix} = \langle \begin{pmatrix} 0 \\ 1 \\ 2 \\ 3 \\ -2 \end{pmatrix} \rangle,$$

also $B_1 = ((0, 1, 2, 3, -2)^\top)$. Wegen $|B_1| = 1 = \mathrm{alg}(2)$ sind wir fertig.

Die Kette $\{0\} \subsetneq \ker N$ mit $r = 1$ lautet:

$$\{0\} \subsetneq \langle (0, 1, 2, 3, -2)^\top \rangle \, .$$

■

Mit dieser Bestimmung der verallgemeinerten Eigenräume haben wir den rechenintensiven Teil zur Bestimmung einer Jordanbasis einer Matrix A vorweggenommen. Wir wenden uns im folgenden Kapitel der Konstruktion von Jordanbasen zu. Aufgaben zur Bestimmung verallgemeinerter Eigenräume findet man im nächsten Kapitel.

43.3 Aufgaben

43.1 Begründen Sie, warum für jede Matrix $A \in \mathbb{K}^{n \times n}$ mit dem Eigenwert $\lambda \in \mathbb{K}$ gilt

$$\ker(A - \lambda E_n)^i \subseteq \ker(A - \lambda E_n)^{i+1} \, .$$

43.2 Es sei $J = \begin{pmatrix} \boxed{\lambda} & & \\ & \boxed{\begin{matrix} \lambda & 1 \\ 0 & \lambda \end{matrix}} \end{pmatrix}$ eine Jordannormalform zu A mit der Jordanbasis $B =$

(b_1, b_2, b_3). Zeigen Sie, dass $\tilde{J} = \begin{pmatrix} \boxed{\begin{matrix} \lambda & 1 \\ 0 & \lambda \end{matrix}} & \\ & \boxed{\lambda} \end{pmatrix}$ eine Jordannormalform zu A mit der

Jordanbasis $\tilde{B} = (b_2, b_3, b_1)$ ist.

Die Jordannormalform II

44

Inhaltsverzeichnis

Zu jeder quadratischen komplexen Matrix A gibt es eine Jordannormalform J, d. h., es existiert eine invertierbare Matrix $B \in \mathbb{C}^{n \times n}$ mit $J = B^{-1} A B$. Die Spalten von B bilden eine zugehörige Jordanbasis. Wir erhalten eine solche Matrix bzw. Jordanbasis B durch *sukzessives Durchlaufen* der verallgemeinerten Eigenräume. Die Schlüsselrolle übernehmen dabei die Matrizen $N = A - \lambda E_n$ für die Eigenwerte λ von A.

44.1   Konstruktion einer Jordanbasis

Wir wollen kurz die Idee erläutern, die uns antreibt, eine Jordanbasis auf die angegebene Art und Weise zu konstruieren: Dazu betrachten wir exemplarisch eine Matrix $A \in \mathbb{R}^{6 \times 6}$ mit einer Jordanbasis $B = (b_1, \ldots, b_6)$ und der dazugehörigen Jordannormalform

$$
J = \begin{pmatrix} \mu & & & & & \\ & \lambda & 1 & & & \\ & 0 & \lambda & & & \\ & & & \lambda & 1 & 0 \\ & & & 0 & \lambda & 1 \\ & & & 0 & 0 & \lambda \end{pmatrix} = B^{-1} A B \ \text{ mit } \lambda \neq \mu \,.
$$

Unsere Frage ist: Wie findet man J bzw. B zu A? Die Diagonalelemente von J erhält man ganz einfach. Da A und J ähnlich sind, haben A und J auch dasselbe charakteristische

© Springer-Verlag GmbH Deutschland, ein Teil von Springer Nature 2022
C. Karpfinger, *Höhere Mathematik in Rezepten*,
https://doi.org/10.1007/978-3-662-63305-2_44

Polynom und auch dieselben Eigenwerte:

$$\chi_A = (\mu - x)\,(\lambda - x)^5\,.$$

Die Matrix A hat die Eigenwerte μ und λ mit $\mathrm{alg}(\mu) = 1$ und $\mathrm{alg}(\lambda) = 5$.

Da J außerdem die Darstellungsmatrix der linearen Abbildung $f : \mathbb{R}^6 \to \mathbb{R}^6$ mit $f(v) = A\,v$ bzgl. der Basis B ist (beachte die Basistransformationsformel in Abschn. 38.2), gelten die folgenden Gleichheiten:

- $A\,b_1 = \mu\,b_1,$
- $A\,b_2 = \lambda\,b_2,$
- $A\,b_3 = 1\,b_2 + \lambda\,b_3,$

- $A\,b_4 = \lambda\,b_4,$
- $A\,b_5 = 1\,b_4 + \lambda\,b_5,$
- $A\,b_6 = 1\,b_5 + \lambda\,b_6.$

An diesen Gleichungen erkennen wir, dass die Basiselemente b_1, b_2 und b_4 Eigenvektoren von A sind. Die anderen drei Gleichungen formulieren wir um zu:

$$A\,b_3 - \lambda\,b_3 = b_2\,,\ \ A\,b_5 - \lambda\,b_5 = b_4\,,\ \ A\,b_6 - \lambda\,b_6 = b_5\,.$$

Mit der Abkürzung $N = A - \lambda\,E_6$ lauten diese Gleichungen

$$N\,b_3 = b_2\,,\ \ N\,b_5 = b_4\,,\ \ N\,b_6 = b_5\,.$$

Beachte nun:

- Da b_2 im Eigenraum von A liegt, gilt $N\,b_2 = 0$, d. h. $b_2 \in \ker N$. Es folgt

$$b_3 \in \ker N^2 \setminus \ker N\,.$$

- Da b_4 im Eigenraum von A liegt, gilt $N\,b_4 = 0$, d. h. $b_4 \in \ker N$. Es folgt

$$b_5 \in \ker N^2 \setminus \ker N\,.$$

- Da b_5 im Kern von N^2 liegt, $N^2\,b_5 = 0$, folgt

$$b_6 \in \ker N^3 \setminus \ker N^2\,.$$

Hier erkennen wir, wie die verallgemeinerten Eigenräume zum Eigenwert λ ins Spiel kommen: Die Kette der verallgemeinerten Eigenräume zum Eigenwert λ lautet für das betrachtete A wie folgt

$$\{0\}\ \ \subsetneq\ \ \ker N\ \ \subsetneq\ \ \ker N^2\ \ \subsetneq\ \ \ker N^3$$
$$\phantom{\{0\}\ \ \subsetneq\ \ }b_2, b_4 \qquad b_2, b_4, b_3, b_5 \qquad b_2, b_4, b_3, b_5, b_6$$

mit den Dimensionen

$$\dim \ker N = 2, \ \dim \ker N^2 = 4, \ \dim \ker N^3 = 5.$$

Um nun die Vektoren $b_1, \ldots, b_6$ einer Jordanbasis zu bestimmen geht man wie folgt vor: Man bestimmt die Kette verallgemeinerter Eigenräume wie im Rezept in Abschn. 43.2 geschildert und ermittelt die Vektoren $b_1, \ldots, b_6$ wie folgt durch **sukzessives Durchlaufen** dieser Kette verallgemeinerter Eigenräume:

- Wähle $b_6 \in \ker N^3 \setminus \ker N^2$.
- Setze $b_5 = N b_6$. Es gilt dann $b_5 \in \ker N^2 \setminus \ker N$.
- Setze $b_4 = N b_5$. Es gilt dann $b_4 \in \ker N \setminus \{0\}$.

Da b_4 ein Eigenvektor zum Eigenwert λ ist, schließt hier ein Jordankästchen. Wir erhalten nach diesem *Durchlauf der Kette von hinten bis vorne* ein 3×3-Jordankästchen, die Zahl 3 kommt von $r = 3$. Bzgl. der bisher konstruierten Basis $B = (\ldots, b_4, b_5, b_6)$ lautet die Jordanmatrix

$$J = \begin{pmatrix} \ddots & & \\ & \boxed{\begin{matrix} \lambda & 1 & 0 \\ 0 & \lambda & 1 \\ 0 & 0 & \lambda \end{matrix}} \end{pmatrix} = B^{-1} A B.$$

Wegen $\dim \ker N^2 = \dim \ker N + 2$ gibt es in $\ker N^2 \setminus \ker N$ noch einen Vektor b_3, der zu dem bereits konstruierten b_5 linear unabhängig ist:

- Wähle $b_3 \in \ker N^2 \setminus \ker N$, linear unabhängig zu b_5.
- Setze $b_2 = N b_3$. Es gilt dann $b_2 \in \ker N \setminus \{0\}$.

Da b_2 ein Eigenvektor zum Eigenwert λ ist, schließt hier erneut ein Jordankästchen. Wir erhalten nach diesem *Durchlauf der Kette* ein 2×2-Jordankästchen. Bzgl. der bisher konstruierten Basis $B = (\ldots, b_2, b_3, b_4, b_5, b_6)$ lautet die Jordanmatrix

$$J = \begin{pmatrix} \ddots & & \\ & \boxed{\begin{matrix} \lambda & 1 \\ 0 & \lambda \end{matrix}} & \\ & & \boxed{\begin{matrix} \lambda & 1 & 0 \\ 0 & \lambda & 1 \\ 0 & 0 & \lambda \end{matrix}} \end{pmatrix} = B^{-1} A B.$$

Da λ die algebraische Vielfachheit 5 hat und wir zum Eigenwert λ bereits 5 Basisvektoren konstruiert haben, wenden wir uns nun dem nächsten Eigenwert μ zu. Hier ist die Situation besonders einfach:

- Wähle $b_1 \in \ker(A - \mu E_6) \setminus \{0\}$.

Es ist dann $B = (b_1, \ldots, b_6)$ eine Jordanbasis mit der wie ursprünglich angegebenen Jordannormalform J.

Wir halten ganz allgemein fest: Ist $b \in \ker N^{i+1} \setminus \ker N^i$, so ist $N b \in \ker N^i \setminus \ker N^{i-1}$ (beachte Aufgabe 44.1). Durch die sukzessive Multiplikation eines gewählten Vektors $b \in \ker N^r \setminus \ker N^{r-1}$ mit N *durchlaufen* wir die Kette verallgemeinerter Eigenräume von Hauptraum bis zum Eigenraum. Man erhält ein maximales Jordankästchen zum Eigenwert λ mit r Zeilen und r Spalten. Jedes weitere Durchlaufen führt zu höchstens gleich langen, im Allgemeinen aber kürzeren Jordankästchen. Folglich erhalten wir bei diesem sukzessiven Durchlaufen der Kette verallgemeinerter Eigenräume zu einem Eigenwert λ nach und nach kleinere Jordankästchen, die unser großes $r \times r$-Jordankästchen nach links oben hin fortsetzen. Auf diesen Überlegungen gründet das folgende Verfahren, anhand dessen man in den meisten Fällen problemlos eine Jordanbasis und natürlich auch eine zugehörige Jordannormalform bestimmen kann.

Rezept: Bestimmen einer Jordanbasis und einer Jordannormalform

Eine Jordanbasis $B = (b_1, \ldots, b_n)$ und eine Jordannormalform J einer Matrix $A \in \mathbb{K}^{n \times n}$ erhält man im Allgemeinen wie folgt:

(1) Bestimme das charakteristische Polynom $\chi_A \in \mathbb{K}[x]$:

- Falls χ_A nicht in Linearfaktoren zerfällt: STOP, es gibt keine Jordannormalform zu A, sonst:
- Erhalte die Zerlegung $\chi_A = (\lambda_1 - x)^{\nu_1} \cdots (\lambda_k - x)^{\nu_k}$ und damit die verschiedenen Eigenwerte $\lambda_1, \ldots, \lambda_k$ mit ihren algebraischen Vielfachheiten $\nu_1, \ldots, \nu_r$.

(2) Wähle einen Eigenwert λ von A und bestimme für $N = A - \lambda E_n$ die folgende Kette ineinanderliegender Untervektorräume wie im Rezept in Abschn. 43.2 beschrieben:

$$\{0\} \subsetneq \ker N \subsetneq \ker N^2 \subsetneq \cdots \subsetneq \ker N^r = \ker N^{r+1} .$$

(3) **Sukzessives Durchlaufen der Kette verallgemeinerter Eigenräume:**

- Wähle $b_r \in \ker N^r \setminus \ker N^{r-1}$ und setze

$$b_{r-1} = N b_r , \ b_{r-2} = N b_{r-1}, \ldots, b_1 = N b_2 \in \ker N .$$

Es ist dann $(b_1, \ldots, b_r)$ der *letzte Teil* zum Eigenwert λ der zu bestimmenden Jordanbasis $B = (\ldots, b_1, \ldots, b_r)$ zu A mit einem $r \times r$-Jordankästchen zum Eigenwert λ. STOP, falls $n = r$, B ist dann eine Jordanbasis zu A, sonst:
- Wähle im größten verallgemeinerten Eigenraum mit $\dim \ker N^s \geq \dim \ker N^{s-1} + 2$ ein $a_s \in \ker N^s \setminus \ker N^{s-1}$, das linear unabhängig zu dem bereits ermittelten $b_s \in \ker N^s$ aus vorherigem Schritt ist und setze

$$a_{s-1} = N\,a_s\,,\ a_{s-2} = N\,a_{s-1}, \ldots, a_1 = N\,a_2 \in \ker N\,.$$

Es ist dann $(a_1, \ldots, a_s)$ der *vorletzte Teil* zum Eigenwert λ der zu bestimmenden Jordanbasis $B = (\ldots, a_1, \ldots, a_s, b_1, \ldots, b_r)$ zu A mit einem $s \times s$-Jordankästchen zum Eigenwert λ. STOP, falls $n = r + s$, B ist dann eine Jordanbasis zu A, sonst:

- $\ldots$

(4) Überprüfe, ob die Vektoren aus gleichen verallgemeinerten Eigenräumen linear unabhängig sind. Falls ja, so sind alle Vektoren linear unabhängig, falls nein, so muss ein anderer *Startvektor* im größten verallgemeinerten Eigenraum bei dem Durchlauf gewählt werden, bei dem der Vektor erzeugt wurde, der zur linearen Abhängigkeit führte. (Das ist nur selten der Fall.)

(5) Wähle den nächsten Eigenwert λ und beginne bei (2).

Bei den typischen Aufgaben zur Jordannormalform hat man üblicherweise den Fall $n \leq 6$. Bei diesen *kurzen* Basen ist es sinnvoll, die Nummerierung der Basisvektoren $b_1, \ldots, b_n$ wie im einführenden Beispiel gleich von Beginn an beizubehalten und mit b_n anstatt b_r zu beginnen. Wir werden das auch in den folgenden Beispielen machen, wobei wir die Beispiele 43.3 um die Konstruktion einer Jordanbasis vervollständigen:

Beispiel 44.1

- Wir betrachten die Matrix $A = \begin{pmatrix} 1 & 1 & 1 \\ 0 & 1 & 1 \\ 0 & 0 & 1 \end{pmatrix}$.

(1) Es gilt $\chi_A = (1 - x)^3$.

(2) Mit $N = A - 1\,E_3$ haben wir die folgende Kette ineinander geschachtelter verallgemeinerter Eigenräume:

$$\{0\} \subsetneqq \left\langle \begin{pmatrix} 1 \\ 0 \\ 0 \end{pmatrix} \right\rangle \subsetneqq \left\langle \begin{pmatrix} 1 \\ 0 \\ 0 \end{pmatrix}, \begin{pmatrix} 0 \\ 1 \\ 0 \end{pmatrix} \right\rangle \subsetneqq \left\langle \begin{pmatrix} 1 \\ 0 \\ 0 \end{pmatrix}, \begin{pmatrix} 0 \\ 1 \\ 0 \end{pmatrix}, \begin{pmatrix} 0 \\ 0 \\ 1 \end{pmatrix} \right\rangle .$$

(3) Wir wählen $b_3 = (0, 0, 1)^\top \in \ker N^3 \setminus \ker N^2$ und setzen

$$b_2 = N\,b_3 = \begin{pmatrix} 0 & 1 & 1 \\ 0 & 0 & 1 \\ 0 & 0 & 0 \end{pmatrix} \begin{pmatrix} 0 \\ 0 \\ 1 \end{pmatrix} = \begin{pmatrix} 1 \\ 1 \\ 0 \end{pmatrix}$$

und

$$b_1 = N b_2 = \begin{pmatrix} 0\ 1\ 1 \\ 0\ 0\ 1 \\ 0\ 0\ 0 \end{pmatrix} \begin{pmatrix} 1 \\ 1 \\ 0 \end{pmatrix} = \begin{pmatrix} 1 \\ 0 \\ 0 \end{pmatrix} \in \ker N .$$

(4) und (5) entfallen.

Damit ist $B = (b_1, b_2, b_3)$ eine Jordanbasis zu A mit der Jordannormalform

$$J = \left(\boxed{\begin{matrix} 1\ 1\ 0 \\ 0\ 1\ 1 \\ 0\ 0\ 1 \end{matrix}} \right) = B^{-1} A B .$$

- Wir betrachten die Matrix $A = \begin{pmatrix} 3 & 1 & 0 & 0 \\ -1 & 1 & 0 & 0 \\ 1 & 1 & 3 & 1 \\ -1 & -1 & -1 & 1 \end{pmatrix}$.

(1) Es gilt $\chi_A = (2 - x)^4$.

(2) Mit $N = A - 2 E_4$ haben wir die folgende Kette ineinandergeschachtelter verallgemeinerter Eigenräume:

$$\{0\} \subsetneq \left\langle \begin{pmatrix} 1 \\ -1 \\ 0 \\ 0 \end{pmatrix}, \begin{pmatrix} 0 \\ 0 \\ 1 \\ -1 \end{pmatrix} \right\rangle \subsetneq \left\langle \begin{pmatrix} 1 \\ -1 \\ 0 \\ 0 \end{pmatrix}, \begin{pmatrix} 0 \\ 0 \\ 1 \\ -1 \end{pmatrix}, \begin{pmatrix} 0 \\ 1 \\ 0 \\ 0 \end{pmatrix}, \begin{pmatrix} 0 \\ 0 \\ 0 \\ 1 \end{pmatrix} \right\rangle .$$

(3) Wir wählen $b_4 = (0, 0, 0, 1)^\top \in \ker N^2 \setminus \ker N$ und setzen

$$b_3 = N b_4 = \begin{pmatrix} 1 & 1 & 0 & 0 \\ -1 & -1 & 0 & 0 \\ 1 & 1 & 1 & 1 \\ -1 & -1 & -1 & -1 \end{pmatrix} \begin{pmatrix} 0 \\ 0 \\ 0 \\ 1 \end{pmatrix} = \begin{pmatrix} 0 \\ 0 \\ 1 \\ -1 \end{pmatrix} \in \ker N .$$

Wir wählen $b_2 = (0, 1, 0, 0)^\top \in \ker N^2 \setminus \ker N$ und setzen

$$b_1 = N b_2 = \begin{pmatrix} 1 & 1 & 0 & 0 \\ -1 & -1 & 0 & 0 \\ 1 & 1 & 1 & 1 \\ -1 & -1 & -1 & -1 \end{pmatrix} \begin{pmatrix} 0 \\ 1 \\ 0 \\ 0 \end{pmatrix} = \begin{pmatrix} 1 \\ -1 \\ 1 \\ -1 \end{pmatrix} \in \ker N .$$

(4) Offenbar sind b_1 und b_3 linear unabhängig.

(5) entfällt.

Damit ist $B = (b_1, b_2, b_3, b_4)$ eine Jordanbasis zu A mit der Jordannormalform

$$
J = \begin{pmatrix} \boxed{\begin{matrix} 2 & 1 \\ & 2 \end{matrix}} & & \\ & \boxed{\begin{matrix} 2 & 1 \\ & 2 \end{matrix}} \end{pmatrix} = B^{-1} A B .
$$

- Wir betrachten die Matrix $A = \begin{pmatrix} -3 & -1 & 4 & -3 & -1 \\ 1 & 1 & -1 & 1 & 0 \\ -1 & 0 & 2 & 0 & 0 \\ 4 & 1 & -4 & 5 & 1 \\ -2 & 0 & 2 & -2 & 1 \end{pmatrix}$.

(1) Es gilt $\chi_A = (1 - x)^4 (2 - x)$.

(2) Wir wählen den Eigenwert $\lambda = 1$ und haben mit $N = A - 1 E_5$ die folgende Kette ineinander geschachtelter verallgemeinerter Eigenräume:

$$
\{0\} \subsetneq \left\langle \begin{pmatrix} 1 \\ 0 \\ 1 \\ 0 \\ 0 \end{pmatrix}, \begin{pmatrix} 0 \\ -1 \\ 0 \\ 0 \\ 1 \end{pmatrix} \right\rangle \subsetneq \left\langle \begin{pmatrix} 1 \\ 0 \\ 1 \\ 0 \\ 0 \end{pmatrix}, \begin{pmatrix} 0 \\ -1 \\ 0 \\ 0 \\ 1 \end{pmatrix}, \begin{pmatrix} -1 \\ 0 \\ 0 \\ 1 \\ 0 \end{pmatrix} \right\rangle \subsetneq \left\langle \begin{pmatrix} 1 \\ 0 \\ 1 \\ 0 \\ 0 \end{pmatrix}, \begin{pmatrix} 0 \\ -1 \\ 0 \\ 0 \\ 1 \end{pmatrix}, \begin{pmatrix} -1 \\ 0 \\ 0 \\ 1 \\ 0 \end{pmatrix}, \begin{pmatrix} 0 \\ 0 \\ 0 \\ 0 \\ 1 \end{pmatrix} \right\rangle .
$$

(3) Wir wählen $b_5 = (0, 0, 0, 0, 1)^\top \in \ker N^3 \setminus \ker N^2$ und setzen

$$
b_4 = N b_5 = \begin{pmatrix} -4 & -1 & 4 & -3 & -1 \\ 1 & 0 & -1 & 1 & 0 \\ -1 & 0 & 1 & 0 & 0 \\ 4 & 1 & -4 & 4 & 1 \\ -2 & 0 & 2 & -2 & 0 \end{pmatrix} \begin{pmatrix} 0 \\ 0 \\ 0 \\ 0 \\ 1 \end{pmatrix} = \begin{pmatrix} -1 \\ 0 \\ 0 \\ 1 \\ 0 \end{pmatrix} \quad \text{und}
$$

$$
b_3 = N b_4 = \begin{pmatrix} -4 & -1 & 4 & -3 & -1 \\ 1 & 0 & -1 & 1 & 0 \\ -1 & 0 & 1 & 0 & 0 \\ 4 & 1 & -4 & 4 & 1 \\ -2 & 0 & 2 & -2 & 0 \end{pmatrix} \begin{pmatrix} -1 \\ 0 \\ 0 \\ 1 \\ 0 \end{pmatrix} = \begin{pmatrix} 1 \\ 0 \\ 1 \\ 0 \\ 0 \end{pmatrix} \in \ker N .
$$

Wir wählen $b_2 = (0, -1, 0, 0, 1)^\top \in \ker N \setminus \{0\}$.

(4) entfällt.

(5) Wir wählen den Eigenwert $\lambda = 2$ und haben mit $N = A - 2 E_5$ die folgende Kette ineinander geschachtelter verallgemeinerter Eigenräume:

$$\{0\} \subsetneq \langle (0, 1, 2, 3, -2)^\top \rangle \, .$$

(3) Wir wählen $(0, 1, 2, 3, -2)^\top$.

(4) und (5) entfallen.

Damit ist $B = (b_1, b_2, b_3, b_4, b_5)$ eine Jordanbasis zu A mit der Jordannormalform

$$J = \begin{pmatrix} \boxed{2} & & & & \\ & \boxed{1} & & & \\ & & \begin{array}{ccc} 1 & 1 & 0 \\ 0 & 1 & 1 \\ 0 & 0 & 1 \end{array} \end{pmatrix} = B^{-1} A B \, .$$

44.2   Anzahl und Größe der Jordankästchen

Oftmals ist man nur an der Jordannormalform J interessiert und kann auf die Kenntnis einer Jordanbasis verzichten. Dann ist man zum Glück nicht immer darauf angewiesen, eine Jordanbasis zu bestimmen, eine Jordannormalform J von $A \in \mathbb{K}^{n \times n}$ ist nämlich für kleine $n \le 6$ bereits durch die folgenden Zahlen bekannt:

Zur Anzahl und Größe der Jordankästchen

Es sei $A \in \mathbb{K}^{n \times n}$ eine Matrix mit zerfallendem charakteristischem Polynom χ_A. Ist $\lambda \in \mathbb{K}$ ein Eigenwert von A mit der Kette der verallgemeinerten Eigenräume

$$\underbrace{\ker N}_{\dim = \text{geo}(\lambda)} \subsetneq \ker N^2 \subsetneq \cdots \subsetneq \underbrace{\ker N^r}_{\dim = \text{alg}(\lambda)} = \ker N^{r+1} \, ,$$

wobei $N = A - \lambda \, E_n$, so gilt:

1. Die Dimension des Eigenraums $\ker N$ ist die Anzahl der Jordankästchen zum Eigenwert λ.
2. Die Zahl r ist die Zeilenzahl des größten Jordankästchens zum Eigenwert λ.

Beispiel 44.2

- Ist $A \in \mathbb{C}^{3 \times 3}$ eine Matrix mit dem (einzigen) Eigenwert 2 mit $\text{alg}(2) = 3$ und $\text{geo}(2) = 2$, so kann eine Jordannormalform von A nur von einer der folgenden Arten sein:

$$\begin{pmatrix} \boxed{2} & & \\ & \boxed{\begin{matrix} 2 & 1 \\ 0 & 2 \end{matrix}} \end{pmatrix}, \quad \begin{pmatrix} \boxed{\begin{matrix} 2 & 1 \\ 0 & 2 \end{matrix}} & \\ & \boxed{2} \end{pmatrix}.$$

- Ist $A \in \mathbb{C}^{4 \times 4}$ eine Matrix mit dem (einzigen) Eigenwert 2 mit $\mathrm{alg}(2) = 4$ und $\mathrm{geo}(2) = 2$, so lautet eine Jordannormalform von A

$$\text{im Fall } r = 2: \quad \begin{pmatrix} \boxed{\begin{matrix} 2 & 1 \\ & 2 \end{matrix}} & \\ & \boxed{\begin{matrix} 2 & 1 \\ & 2 \end{matrix}} \end{pmatrix} \quad \text{und im Fall } r = 3: \quad \begin{pmatrix} \boxed{2} & & \\ & \boxed{\begin{matrix} 2 & 1 \\ & 2 & 1 \\ & & 2 \end{matrix}} \end{pmatrix}. \quad \blacksquare$$

MATLAB Mit `[B,J]=jordan(A)` erhält man bei MATLAB eine Jordannormalform J und eine dazugehörige *transformierende* Matrix B bzw. Jordanbasis B.

44.3 Aufgaben

44.1 Begründen Sie: Ist $b \in \ker N^{i+1} \setminus \ker N^i$, so ist $N b \in \ker N^i \setminus \ker N^{i-1}$.

44.2 Bestimmen Sie Jordannormalformen und zugehörige Jordanbasen der folgenden Matrizen A, d. h. Jordanmatrizen J und Jordanbasen B mit $J = B^{-1} A B$:

(a) $A = \begin{pmatrix} 7 & -1 \\ 4 & 3 \end{pmatrix}$,

(b) $A = \begin{pmatrix} -1 & 0 & 0 \\ 5 & -1 & 3 \\ 2 & 0 & -1 \end{pmatrix}$,

(c) $A = \begin{pmatrix} 2 & 1 & 1 \\ 0 & 2 & 4 \\ 0 & 0 & 3 \end{pmatrix}$,

(d) $A = \begin{pmatrix} 2 & 2 & 0 & 0 \\ 0 & 2 & 0 & 0 \\ 1 & 2 & 2 & 1 \\ 3 & 4 & 0 & 2 \end{pmatrix}$,

(e) $A = \begin{pmatrix} 3 & 1 & 0 & 0 \\ -1 & 1 & 0 & 0 \\ 1 & 1 & 3 & 1 \\ -1 & -1 & -1 & 1 \end{pmatrix}$.

44.3 Es sei $A \in \mathbb{C}^{n \times n}$ mit charakteristischem Polynom $\chi_A(x) = (\lambda - x)^n$. Weiter sei $s = \dim \mathrm{Eig}_A(\lambda)$ die geometrische Vielfachheit des Eigenwerts λ und r die kleinste natürliche Zahl mit $(A - \lambda E_n)^r = 0$. Bestimmen Sie die möglichen Jordannormalformen der Matrix A für die folgenden Tripel (n, s, r):

$$(5, 3, 1), \ (5, 3, 2), \ (5, 3, 3), \ (5, 1, 4), \ (6, 2, 3), \ (6, 1, 2).$$

Hinweis: Nicht jedes Tripel ist möglich!

44.4 Wir betrachten die Folge $(g_n)_{n \in \mathbb{N}_0}$ mit

$$g_0 = 0, \quad g_1 = 1, \quad g_{n+1} = -4g_{n-1} + 4g_n \quad \text{für } n \geq 1.$$

Bestimmen Sie das Folgenglied g_{20}. Gehen Sie dazu wie folgt vor:

(a) Beschreiben Sie die Rekursion durch eine Matrix A.

(b) Bestimmen Sie eine Jordannormalform J von A und die Transformationsmatrix S mit $S^{-1}AS = J$.

(c) Schreiben Sie J als Summe $D + N$ mit einer Diagonalmatrix D und einer Matrix N mit $N^2 = 0$.

(d) Benutzen Sie die Binomialformel $(D + N)^k = \sum_{i=0}^{k} \binom{k}{i} D^{k-i} N^i$, um J^{19} zu berechnen.

(e) Ermitteln Sie nun A^{19}.

Definitheit und Matrixnormen

45

Inhaltsverzeichnis

Eine reelle Zahl ist positiv oder negativ oder null. Für symmetrische Matrizen ist eine ähnliche Unterscheidung mittels der *Definitheit* möglich. Die Definitheit wird bei der Beurteilung von Extremalstellen einer Funktion mehrerer Veränderlicher eine entscheidende Rolle spielen. Beurteilen kann man die Definitheit einer symmetrischen Matrix mittels ihrer (reellen) Eigenwerte.

Es ist oftmals nicht nur sinnvoll, Matrizen in *positive* oder *negative* zu unterscheiden, man kann Matrizen auch eine *Länge* bzw. *Norm* zuordnen. Hierbei gibt es verschiedene Möglichkeiten. Die wichtigste Norm ist die *Spektralnorm* einer Matrix A. Sie wird mittels der Eigenwerte von $A^\top A$ gebildet.

45.1 Definitheit von Matrizen

Bei der Extremwertbestimmung einer Funktion in mehreren Veränderlichen, aber auch bei den Anwendungen der linearen Algebra spielt die *Definitheit* von Matrizen eine wichtige Rolle. Es ist schnell erklärt, was *positiv* oder *negativ definit* für eine Matrix heißt. Aber zu entscheiden, ob eine gegebene Matrix positiv oder negativ definit ist, ist leider vor allem bei größeren Matrizen nicht immer leicht: Wir lernen Kriterien kennen, die das Berechnen der Eigenwerte oder mehrerer Determinanten erfordert; das ist ein Unterfangen, das bei größeren Matrizen einen erheblichen Aufwand bedeutet. Wir beginnen mit den Begriffen:

© Springer-Verlag GmbH Deutschland, ein Teil von Springer Nature 2022
C. Karpfinger, *Höhere Mathematik in Rezepten*,
https://doi.org/10.1007/978-3-662-63305-2_45

Definitheit symmetrischer Matrizen

Wir nennen eine reelle symmetrische $n \times n$-Matrix A

- **positiv definit**, falls $v^\top A v > 0$ für alle $v \in \mathbb{R}^n \setminus \{0\}$ gilt,
- **negativ definit**, falls $v^\top A v < 0$ für alle $v \in \mathbb{R}^n \setminus \{0\}$ gilt,
- **positiv semidefinit**, falls $v^\top A v \geq 0$ für alle $v \in \mathbb{R}^n \setminus \{0\}$ gilt,
- **negativ semidefinit**, falls $v^\top A v \leq 0$ für alle $v \in \mathbb{R}^n \setminus \{0\}$ gilt,
- **indefinit**, falls es Vektoren $v,\, w \in \mathbb{R}^n$ mit $v^\top A v > 0$ und $w^\top A w < 0$ gibt.

Man beachte, dass die Symmetrie im Begriff der *Definitheit* steckt: Positiv definite Matrizen sind symmetrisch. Weiter ist eine positiv definite Matrix auch positiv semidefinit. Mit den folgenden Beispielen können wir auch leicht positiv semidefinite Matrizen angeben, die nicht positiv definit sind. Das gilt analog auch für negativ semidefinite Matrizen.

Beispiel 45.1

- Für eine Diagonalmatrix $D = \operatorname{diag}(\lambda_1, \ldots, \lambda_n) \in \mathbb{R}^{n \times n}$ gilt offenbar:

$$D \text{ ist positiv definit} \Leftrightarrow \lambda_1, \ldots, \lambda_n > 0,$$
$$D \text{ ist negativ definit} \Leftrightarrow \lambda_1, \ldots, \lambda_n < 0,$$
$$D \text{ ist positiv semidefinit} \Leftrightarrow \lambda_1, \ldots, \lambda_n \geq 0,$$
$$D \text{ ist negativ semidefinit} \Leftrightarrow \lambda_1, \ldots, \lambda_n \leq 0,$$
$$D \text{ ist indefinit} \Leftrightarrow \exists i,\, j \text{ mit } \lambda_i < 0,\, \lambda_j > 0.$$

- Die quadratische Matrix

$$A = \begin{pmatrix} 2 & 1 \\ 1 & 1 \end{pmatrix} \in \mathbb{R}^{2 \times 2}$$

ist positiv definit: A ist symmetrisch und für alle $v = (v_1,\, v_2)^\top \in \mathbb{R}^2 \setminus \{0\}$ gilt:

$$v^\top A v = (v_1,\, v_2) \begin{pmatrix} 2 & 1 \\ 1 & 1 \end{pmatrix} \begin{pmatrix} v_1 \\ v_2 \end{pmatrix} = 2v_1^2 + 2v_1 v_2 + 1v_2^2 = (v_1 + v_2)^2 + v_1^2 > 0.$$

Aber wie entscheidet man für eine größere symmetrische Matrix A, die nicht gerade Diagonalgestalt hat, ob A positiv oder negativ (semi-)definit oder indefinit ist? Wir geben zwei Kriterien an, dazu führen wir einen neuen Begriff ein:

Für jede reelle $n \times n$-Matrix $A = (a_{ij})_{n,n}$ und jede Zahl $k \in \{1, \ldots, n\}$ bezeichnet man die Determinante der linken oberen $k \times k$-Teilmatrix $(a_{ij})_{k,k}$ von A als **Hauptminor** oder **Hauptunterdeterminante**. Die n Hauptminoren einer $n \times n$-Matrix $A = (a_{ij})_{n,n}$ sind der Reihe nach gegeben durch:

$$|a_{11}| \,, \quad \begin{vmatrix} a_{11} & a_{12} \\ a_{21} & a_{22} \end{vmatrix} \,, \quad \begin{vmatrix} a_{11} & a_{12} & a_{13} \\ a_{21} & a_{22} & a_{23} \\ a_{31} & a_{32} & a_{33} \end{vmatrix} \,, \,, \ldots, \quad \begin{vmatrix} a_{11} & \cdots & a_{1n} \\ \vdots & & \vdots \\ a_{n1} & \cdots & a_{nn} \end{vmatrix} .$$

Kriterien zur Feststellung der Definitheit

- **Das Eigenwertkriterium:** Eine reelle symmetrische $n \times n$-Matrix $A \in \mathbb{R}^{n \times n}$ ist genau dann
  - positiv definit, wenn alle Eigenwerte von A positiv sind,
  - negativ definit, wenn alle Eigenwerte von A negativ sind,
  - positiv semidefinit, wenn alle Eigenwerte von A positiv oder null sind,
  - negativ semidefinit, wenn alle Eigenwerte von A negativ oder null sind,
  - indefinit, wenn A positive und negative Eigenwerte hat.
- **Das Hauptminorenkriterium:** Eine reelle symmetrische $n \times n$-Matrix $A \in \mathbb{R}^{n \times n}$ ist genau dann
  - positiv definit, wenn alle n Hauptminoren positiv sind,
  - negativ definit, wenn die n Hauptminoren wie folgt alternierend sind:

$$\det(a_{ij})_{11} < 0, \ \det(a_{ij})_{22} > 0, \ \det(a_{ij})_{33} < 0, \ \ldots$$

Die Eigenwerte einer symmetrischen reellen Matrix A sind nach einem Ergebnis in der Box in Abschn. 10 stets reell, sodass es auch sinnvoll ist, nach $\lambda \geq 0$ bzw. $\lambda \leq 0$ für die Eigenwerte λ von A zu fragen.

Beispiel 45.2

- Wir betrachten die symmetrische Matrix $A = \begin{pmatrix} 2 & 1 \\ 1 & 1 \end{pmatrix} \in \mathbb{R}^{2 \times 2}$:

  - Eigenwertkriterium: Die Eigenwerte der Matrix A sind die zwei positiven Zahlen $\frac{3 \pm \sqrt{5}}{2}$. Damit ist die Matrix A positiv definit.
  - Hauptminorenkriterium: Die Hauptminoren lauten

$$|2| = 2 > 0 \quad \text{und} \quad \begin{vmatrix} 2 & 1 \\ 1 & 1 \end{vmatrix} = 1 > 0 .$$

  Damit ist die Matrix positiv definit.

- Wir betrachten die Matrix $B = \begin{pmatrix} -1 & 0 & 2 \\ 0 & -1 & 0 \\ 2 & 0 & -8 \end{pmatrix} \in \mathbb{R}^{3 \times 3}$:

- Eigenwertkriterium: Die Eigenwerte der Matrix A sind die drei negativen Zahlen -1, $\frac{-9 \pm \sqrt{65}}{2}$. Damit ist die Matrix A negativ definit.
- Hauptminorenkriterium: Die Hauptminoren lauten

$$|-1| = -1 < 0, \quad \begin{vmatrix} -1 & 0 \\ 0 & -1 \end{vmatrix} = 1 > 0, \quad \begin{vmatrix} -1 & 0 & 2 \\ 0 & -1 & 0 \\ 2 & 0 & -8 \end{vmatrix} = - \begin{vmatrix} -1 & 2 \\ 2 & -8 \end{vmatrix} = -4 < 0.$$

Damit ist die Matrix A negativ definit.   ∎

Bei der Bestimmung von Extremalstellen bei Funktionen mehrerer Veränderlicher taucht die Problematik mit der Definitheit einer symmetrischen Matrix A wieder auf: Ist eine gewisse, zum Problem gehörende Matrix, positiv bzw. negativ bzw. indefinit, so ist die untersuchte Stelle ein Minimum bzw. Maximum bzw. Sattelpunkt. Dabei werden wir meistens 2×2-Matrizen zu untersuchen haben. Und gerade bei 2×2-Matrizen gibt es eine besonders einfache Möglichekeit, über die Definitheit einer Matrix zu entscheiden: Nach der Merkbox in Abschn. 39.3 ist die Determinante das Produkt der Eigenwerte und die Spur die Summe der Eigenwerte. Die reellen Eigenwerte λ_1 und λ_2 einer symmetrischen 2×2-Matrix A (wir wissen, dass reelle symmetrische Matrizen auch nur reelle Eigenwerte haben) erfüllen somit:

$$\lambda_1 \lambda_2 = \det(A) \quad \text{und} \quad \lambda_1 + \lambda_2 = \text{Spur}(A).$$

Deshalb gilt: Ist die Determinante von A negativ, so muss einer der beiden Eigenwerte positiv, der andere negativ sein, die Matrix ist somit indefinit. Und ist die Determinante positiv, so sind entweder beide Eigenwerte positiv oder beide negativ. Und dann kann man an der Spur entscheiden, ob sie beide positiv oder negativ sind: Ist die Determinante positiv und die Spur positiv, so müssen beiden Eigenwerte positiv sein. Und ist die Determinante positiv, die Spur aber negativ, so müssen beide Eigenwerte negativ sein. Schließlich gibt es noch die Möglichkeit, dass die Determinante null ist. In diesem Fall ist die Matrix echt semidefinit, da mindestens ein Eigenwert null ist. Wir halten das Vorgehen rezeptartig fest:

Rezept: Feststellen der Definitheit von 2×2-Matrizen

Um festzustellen, ob eine symmetrische 2×2-Matrix $A = \begin{pmatrix} a & b \\ b & c \end{pmatrix}$ positiv oder negativ (semi-)definit oder indefinit ist, gehe wie folgt vor:

(1) Bestimme $\det(A) = a\, c - b^2$ und $\text{Spur}(A) = a + c$.

(2) • Gilt $\det(A) < 0$, so ist A indefinit.
  • Gilt $\det(A) = 0$ und $\text{Spur}(A) \geq 0$, so ist A positiv semidefinit.
  • Gilt $\det(A) = 0$ und $\text{Spur}(A) \leq 0$, so ist A negativ semidefinit.
  • Gilt $\det(A) > 0$ und $\text{Spur}(A) > 0$, so ist A positiv definit.
  • Gilt $\det(A) > 0$ und $\text{Spur}(A) < 0$, so ist A negativ definit.

Beispiel 45.3

- Die symmetrische Matrix $A = \begin{pmatrix} 2 & 3 \\ 3 & 1 \end{pmatrix}$ ist wegen $\det(A) = -7$ indefinit.

- Die symmetrische Matrix $A = \begin{pmatrix} -2 & 3 \\ 3 & -6 \end{pmatrix}$ ist wegen $\det(A) = 3$ und $\mathrm{Spur}(A) = -8$ negativ definit.

- Die symmetrische Matrix $A = \begin{pmatrix} 4 & -3 \\ -3 & 3 \end{pmatrix}$ ist wegen $\det(A) = 3$ und $\mathrm{Spur}(A) = 7$ positiv definit. ∎

MATLAB Bei größeren Matrizen bieten sich die numerischen Verfahren zur näherungsweisen Bestimmung der Eigenwerte aus Kap. 40 an. MATLAB gibt mit der Funktion `eig` die Möglichkeit, die Eigenwerte der Matrix A zu bestimmen.

45.2 Matrixnormen

In Kap. 16, genauer in Abschn. 16.2, haben wir den Begriff *Länge* bzw. *Norm* eines Vektors in einem euklidischen Vektorraum mit Hilfe eines euklidischen Skalarprodukts $\langle \cdot , \cdot \rangle$ erklärt.

45.2.1 Normen

Wir führen nun einen solchen Längenbegriff auf einem beliebigen $\mathbb{R}$- oder $\mathbb{C}$-Vektorraum, unabhängig von einem Skalarprodukt ein. Wir schreiben $\mathbb{K}$ und meinen damit $\mathbb{R}$ oder $\mathbb{C}$:

Norm eines Vektorraums

Eine Abbildung $N : V \to \mathbb{R}$ eines $\mathbb{K}$-Vektorraums V heißt eine **Norm** auf V, falls gilt:

(N_1) $N(v) \geq 0$ für alle $v \in V$ und $N(v) = 0 \Leftrightarrow v = 0$.

(N_2) $N(\lambda v) = |\lambda|\, N(v)$ für alle $\lambda \in \mathbb{K}$, $v \in V$.

(N_3) $N(v + w) \leq N(v) + N(w)$ für alle $v, w \in V$. (Dreiecksungleichung)

Einen Vektorraum mit einer Norm nennt man auch **normierten Raum**.

Diese Bedingungen (N_1)–(N_3) sind ganz natürlich, wenn man nur bedenkt, dass wir ja mit dieser Norm einen *Längenbegriff* haben wollen. Man beachte, dass in der Definition kein Skalarprodukt auftaucht. Aber ist nun $\langle \cdot , \cdot \rangle$ ein Skalarprodukt eines reellen Vektorraums V, so ist die Abbildung $\| \cdot \| : V \to \mathbb{R}$ mit $\|v\| = \sqrt{\langle v, v \rangle}$ eine Norm in dem hier erklärten Sinne (beachte die Aufgabe 45.4).

In den folgenden Beispielen betrachten wir vor allem Normen auf dem Vektorraum $\mathbb{R}^n$, denken aber nun schon daran, dass wir an *Matrixnormen,* also an Normen auf dem Vektorraum $\mathbb{R}^{n \times n}$ quadratischer Matrizen interessiert sind; solche werden wir dann mit Hilfe der folgenden Normen auf dem $\mathbb{R}^n$ erklären.

Beispiel 45.4

- Wir betrachten die folgenden Abbildungen N_1, N_2 und N_∞ von $V = \mathbb{R}^n$ in $\mathbb{R}$, die gegeben sind durch

  - $N_1((v_1, \ldots, v_n)^\top) = \sum_{i=1}^{n} |v_i|$,

  - $N_2((v_1, \ldots, v_n)^\top) = \sqrt{\sum_{i=1}^{n} |v_i|^2}$,

  - $N_\infty((v_1, \ldots, v_n)^\top) = \max\{|v_i| \,|\, i = 1, \ldots, n\}$.

  Die Abbildungen N_1, N_2, N_∞ sind Normen des $\mathbb{R}^n$. Die Abb. 45.1 zeigt jeweils die Vektoren des $\mathbb{R}^2$, die bezüglich dieser drei verschiedenen Normen die Länge 1 haben. Man nennt

  - N_1 auch **1-Norm** und schreibt auch ℓ^1**-Norm,**
  - N_2 auch **euklidische Norm** und schreibt auch ℓ^2**-Norm,**
  - N_∞ auch **Maximumsnorm** und schreibt auch ℓ^∞**-Norm.**

  Es ist ℓ^2 natürlich gerade die bekannte euklidische Länge $\|v\| = \sqrt{\langle v, v \rangle}$, wobei $\langle \cdot, \cdot \rangle$ das kanonische Skalarprodukt auf dem $\mathbb{R}^n$ ist.

- Völlig analog zu N_2 aus obigem Beispiel kann man nachweisen, dass die Abbildung

  $$N : \mathbb{R}^{m \times n} \to \mathbb{R} \ \text{ mit } \ N(A) = \sqrt{\sum_{i=1}^{m} \sum_{j=1}^{n} a_{ij}^2}$$

  auf dem Vektorraum $V = \mathbb{R}^{m \times n}$ der $m \times n$-Matrizen eine Norm ist; man nennt diese Norm **Frobeniusnorm**. ∎

MATLAB Mit `norm(v,1)`, `norm(v,2)`, `norm(v,inf)` bzw. `norm(A,'fro')` erhält man bei MATLAB entsprechend unserer Notation die ℓ^1-, ℓ^2-, ℓ^∞-Norm eines Vektors v bzw. die Frobeniusnorm einer Matrix A.

45.2.2 Induzierte Matrixnorm

Wir sind an **Matrixnormen** des $\mathbb{R}^{n \times n}$ interessiert. Wir *konstruieren* solche Matrixnormen mithilfe von Vektornormen. Durch den wie folgt beschriebenen Prozess erhalten wir aus

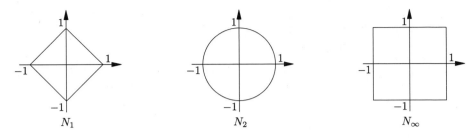

Abb. 45.1 Einheitskreise bzgl. der Normen N_1, N_2 und N_∞

jeder Vektornorm $\| \cdot \|_V$ auf dem Vektorraum $V = \mathbb{R}^n$ eine Matrixnorm $\| \cdot \|$ auf dem $\mathbb{R}^{n \times n}$; und nun kommt das Beste: Die so konstruierte Matrixnorm ist automatisch *submultiplikativ* und mit der Vektornorm $\| \cdot \|_V$, mit deren Hilfe sie entsteht, *verträglich*, genauer:

Induzierte bzw. natürliche Matrixnorm

Jede Vektornorm $\| \cdot \|_V$ des $\mathbb{R}^n$ definiert eine Matrixnorm $\| \cdot \|$ auf $\mathbb{R}^{n \times n}$. Man setzt dazu für $A \in \mathbb{R}^{n \times n}$:

$$\|A\| = \sup_{v \in \mathbb{R}^n, \, \|v\|_V = 1} \|Av\|_V \, .$$

Man nennt $\| \cdot \|$ die von $\| \cdot \|_V$ **induzierte** oder **natürliche Matrixnorm**.
Für die von der Vektornorm $\| \cdot \|_V$ induzierte Matrixnorm $\| \cdot \|$ gilt:

- Die Matrixnorm $\| \cdot \|$ ist mit der Vektornorm $\| \cdot \|_V$ **verträglich**, d. h. für alle $A \in \mathbb{R}^{n \times n}$ und $v \in \mathbb{R}^n$ gilt

$$\|Av\|_V \le \|A\| \, \|v\|_V \, .$$

- Die Matrixnorm $\| \cdot \|$ ist **submultiplikativ**, d. h. für alle $A, \, B \in \mathbb{R}^{n \times n}$ gilt:

$$\|A B\| \le \|A\| \, \|B\| \, .$$

Das Berechnen von $\|A\|$ mittels des angegebenen Supremums ist nicht sehr praktikabel. Wir werden das auch nicht oft tun: Wir überlegen uns, welche Matrixnormen von den oben dargestellten Vektornormen ℓ^1, ℓ^2 und ℓ^∞ des $\mathbb{R}^n$ auf dem $\mathbb{R}^{n \times n}$ induziert werden; die induzierten Normen werden wir mithilfe einfacher, nur von A abhängigen Größen bestimmen können. Wir haben die Begründungen der letzten Aussagen als Aufgabe 45.5 gestellt.

Bevor wir nun die wichtigsten Matrixnormen angeben, beachten wir noch zwei wesentliche Tatsachen:

Wichtige Eigenschaften natürlicher Matrixnormen

Für jede natürliche Matrixnorm $\| \cdot \|$ des $\mathbb{R}^{n \times n}$ gilt

- $\|E_n\| = 1$.
- $|\lambda| \le \|A\|$ für jeden Eigenwert λ von A.

Die Begründungen sind einfach nachzuvollziehen: Es gilt

$$\|E_n\| = \sup_{v \in \mathbb{R}^n,\, \|v\|_V = 1} \|E_n v\|_V = \sup_{v \in \mathbb{R}^n,\, \|v\|_V = 1} \|v\|_V = 1 \,.$$

Und ist λ ein Eigenwert von A mit zugehörigem, normiertem Eigenvektor $v \in \mathbb{R}^n$, $\|v\|_V = 1$, so gilt

$$\|Av\|_V = \|\lambda v\|_V = |\lambda|\,\|v\|_V = |\lambda| \quad \text{und} \quad \|Av\|_V \le \|A\|\|v\|_V = \|A\| \,.$$

Hieraus erhalten wir die zweite Behauptung.

Die von ℓ^1-, ℓ^2- und ℓ^∞-Norm induzierten Matrixnormen

Im Folgenden sei $A = (a_{ij}) \in \mathbb{R}^{n \times n}$ eine quadratische Matrix.

- Die ℓ^1-Norm auf dem $\mathbb{R}^n$ induziert auf dem $\mathbb{R}^{n \times n}$ die Matrixnorm $\| \cdot \|_1$ mit

$$\|A\|_1 = \max \{ |a_{1i}| + \cdots + |a_{ni}| \mid 1 \le i \le n \} \,,$$

es ist also $\|A\|_1$ die *betragsmäßig maximale Spaltensumme*.

- Die ℓ^∞-Norm auf dem $\mathbb{R}^n$ induziert auf dem $\mathbb{R}^{n \times n}$ die Matrixnorm $\| \cdot \|_\infty$ mit

$$\|A\|_\infty = \max \{ |a_{i1}| + \cdots + |a_{in}| \mid 1 \le i \le n \} \,,$$

es ist also $\|A\|_\infty$ die *betragsmäßig maximale Zeilensumme*.

- Die ℓ^2-Norm auf dem $\mathbb{R}^n$ induziert auf dem $\mathbb{R}^{n \times n}$ die Matrixnorm $\| \cdot \|_2$ mit

$$\|A\|_2 = \max\{ \sqrt{\mu} \mid \mu \text{ ist Eigenwert von } A^\top A \} \,,$$

es ist also $\|A\|_2$ die *Wurzel aus dem größten Eigenwert von* $A^\top A$. Man nennt $\| \cdot \|_2$ die **Spektralnorm**.

Ist $A \in \mathbb{R}^{n \times n}$ symmetrisch, $A^\top = A$, so gilt für die Spektralnorm:

$$\|A\|_2 = \max\{ |\mu| \mid \mu \text{ ist Eigenwert von } A \} \,.$$

Außerdem gilt für jede Matrix $A \in \mathbb{R}^{n \times n}$ und jede von einer Vektornorm induzierte Matrixnorm $\| \cdot \|$:

$$\|A\|_2 \leq \|A\|\,.$$

Man beachte, dass wegen der positiven Semidefinitheit der symmetrischen Matrix $A^\top A$ tatsächlich alle Eigenwerte von $A^\top A$ auch größer oder gleich 0 sind, sodass die Wurzel bei $\|A\|_2$ auch sinnvoll ist.

Wir zeigen die Behauptungen für die ℓ^∞- und ℓ^2-Norm für symmetrisches A. Die Behauptung für die ℓ^1-Norm zeigt man ähnlich zu jener für ℓ^∞:

- ℓ^∞ induziert $\| \cdot \|_\infty$: Für die Maximumsnorm $\| \cdot \|_\infty$ auf $\mathbb{R}^n$ gilt $\|v\|_\infty = \max \{|v_i| \mid 1 \leq i \leq n\}$. Für eine Matrix $A \in \mathbb{R}^{n \times n}$ mit den Zeilen $z_1, \ldots, z_n$ erhalten wir:

$$
\begin{aligned}
\|A\|_\infty = \sup_{\|v\|_\infty = 1} \|Av\|_\infty &= \sup_{\|v\|_\infty = 1} \|(z_1 v, \ldots, z_n v)^\top\|_\infty \\
&= \sup_{\|v\|_\infty = 1} \max \{|z_i v| \mid 1 \leq i \leq n\} \\
&= \sup_{\|v\|_\infty = 1} \max \{|z_{i1} v_1 + \cdots + z_{in} v_n| \mid 1 \leq i \leq n\} \\
&= \max \{|z_{i1}| + \cdots + |z_{in}| \mid 1 \leq i \leq n\}\,.
\end{aligned}
$$

Damit ist $\|A\|_\infty$ also die betragsmäßig maximale Zeilensumme von A.

- ℓ^2 induziert $\| \cdot \|_2$ (für symmetrisches A): Ist $A \in \mathbb{R}^{n \times n}$ eine reelle symmetrische Matrix, so existiert eine ONB $B = (b_1, \ldots, b_n)$ des $\mathbb{R}^n$ aus Eigenvektoren von A, also eine Basis B des $\mathbb{R}^n$ mit

$$A b_1 = \lambda_1 b_1, \ldots, A b_n = \lambda_n b_n \text{ und } \langle b_i, b_j \rangle = \delta_{ij}\,,$$

wobei wir $\lambda_{\max}$ für den größten der reellen Eigenwerte $\lambda_1, \ldots, \lambda_n$ schreiben. Wir stellen ein $v \in \mathbb{R}^n \setminus \{0\}$ bezüglich B dar,

$$v = \mu_1 b_1 + \cdots + \mu_n b_n \text{ mit } \mu_1, \ldots, \mu_n \in \mathbb{R}\,,$$

und berechnen die ℓ^2-Norm von v:

$$\|v\|_2 = \sqrt{\langle v, v \rangle} = \sqrt{\mu_1^2 + \cdots + \mu_n^2}\,.$$

Um nun $\|A\|_2$ für die von $\| \cdot \|_2$ induzierte Matrixnorm $\| \cdot \|_2$ zu berechnen, beachten wir noch:

$$\|Av\|_2 = \|\mu_1\lambda_1 b_1 + \cdots + \mu_n\lambda_n b_n\|_2 = \sqrt{(\mu_1\lambda_1)^2 + \cdots + (\mu_n\lambda_n)^2}$$

$$\leq |\lambda_{\max}| \sqrt{\mu_1^2 + \cdots + \mu_n^2} = |\lambda_{\max}| \|v\|_2 .$$

Damit erhalten wir:

$$\|A\|_2 = \sup_{v \in \mathbb{R}^n \setminus \{0\}} \frac{\|Av\|_2}{\|v\|_2} \leq |\lambda_{\max}| .$$

Da andererseits $|\lambda| \leq \|A\|_2$ für alle Eigenwerte λ von A gilt, folgt zusammen

$$|\lambda_{\max}| = \|A\|_2 .$$

Diese Ergebnisse besagen insbesondere, dass für jede von einer Vektornorm induzierte Matrixnorm $\|A\|$ eine obere Schranke für alle Eigenwerte von A ist. Es lassen sich also alle Eigenwerte durch die maximale Zeilensumme bzw. maximale Spaltensumme einschränken:

$$|\lambda| \leq \|A\|_\infty = \max_{1 \leq i \leq n} \sum_{j=1}^n |a_{ij}| \quad \text{und} \quad |\lambda| \leq \|A\|_1 = \max_{1 \leq j \leq n} \sum_{i=1}^n |a_{ij}|.$$

Beispiel 45.5

- Für die Matrix $A = \begin{pmatrix} 1 & -1 & 5 \\ 0 & 2 & 0 \\ 0 & 0 & 1 \end{pmatrix}$ gilt

$$\|A\|_1 = 6 \quad \text{und} \quad \|A\|_\infty = 7 \quad \text{und damit} \quad |\lambda| \leq 6$$

für jeden Eigenwert λ von A, was eine sehr grobe Abschätzung ist, es sind ja 1, 2 und 1 die exakten Eigenwerte von A.

- Wir berechnen die Spektralnormen zweier Matrizen.

  - Die Matrix $A = \begin{pmatrix} 1 & 1 \\ 1 & 1 \end{pmatrix}$ ist reell und symmetrisch und besitzt die Eigenwerte 0 und 2. Es gilt also

$$\|A\|_2 = 2.$$

  - Die Matrix $A = \begin{pmatrix} 1 & 1 \\ 0 & 1 \end{pmatrix}$ ist nicht symmetrisch, es müssen also die Eigenwerte von $A^\top A$ bestimmt werden: Die Eigenwerte von

$$A^\top A = \begin{pmatrix} 1 & 1 \\ 1 & 2 \end{pmatrix} \quad \text{sind} \quad \lambda_1 = \frac{3+\sqrt{5}}{2} \quad \text{und} \quad \lambda_2 = \frac{3-\sqrt{5}}{2},$$

sodass

$$\|A\|_2 = \sqrt{\frac{3+\sqrt{5}}{2}}.$$

∎

Abschließend bemerken wir noch, dass man die Gesamtheit der Eigenwerte einer Matrix auch das **Spektrum** von A nennt und dafür $\sigma(A)$ schreibt, d. h.

$$\sigma(A) = \{\lambda \in \mathbb{C} \mid \lambda \text{ ist Eigenwert von } A \in \mathbb{C}^{n \times n}\}.$$

Weiter nennt man

$$\rho(A) = \max\{|\lambda| \mid \lambda \in \sigma(A)\}$$

den **Spektralradius** von A. Der Begriff ist suggestiv: Ein Kreis vom Radius $\rho(A)$ um 0 in $\mathbb{C}$ enthält alle Eigenwerte von A; er ist der kleinste Kreis mit dieser Eigenschaft. Falls $A \in \mathbb{R}^{n \times n}$ symmetrisch ist, so ist $\|A\|_2$ gerade der Spektralradius.

45.3 Aufgaben

45.1 Eine Matrix $M \in \mathbb{R}^{n \times n}$ heißt positiv semidefinit, falls $v^\top M v \geq 0$ für alle $v \in \mathbb{R}^n$ gilt.

(a) Zeigen Sie, dass eine positiv semidefinite Matrix nur nichtnegative Eigenwerte besitzt.
(b) Folgern Sie aus Aufgabenteil (a), dass für $A \in \mathbb{R}^{m \times n}$ die Matrix $A^\top A$ nur nichtnegative Eigenwerte besitzt.

45.2 Berechnen Sie die Spektralnormen der folgenden Matrizen

$$A = \begin{pmatrix} 0 & -1 & -2 \\ -1 & 0 & -2 \\ -2 & -2 & -3 \end{pmatrix}, \quad B = \begin{pmatrix} 3 & 0 & -1 \\ 0 & 2 & 0 \\ -1 & 0 & 3 \end{pmatrix}.$$

45.3 Begründen Sie das Eigenwertkriterium zur Feststellung der Definitheit einer reellen symmetrischen Matrix.

45.4 Begründe, warum die Länge von Vektoren eines euklidischen Vektorraums eine Norm ist.

45.5 Begründen Sie die Aussagen in der Merkbox zu induzierten Matrixnormen in Abschn. 45.2.2 (Rezeptebuch).

45.6

(a) Zeigen Sie, dass die Frobeniusnorm eine Norm auf $\mathbb{R}^{n \times n}$ ist.

(b) Zeigen Sie, dass die Frobeniusnorm mit der euklidischen Vektornorm $\|\cdot\|_2$ verträglich und submultiplikativ ist.

(c) Warum ist die Frobeniusnorm für $n > 1$ von keiner Vektornorm induziert?

45.7 Berechnen Sie $\|A\|_1$ und $\|A\|_\infty$ für die Matrix $A = \begin{pmatrix} 1 & 2 & 3 \\ 2 & -3 & 4 \\ 2 & 4 & -5 \end{pmatrix} \in \mathbb{R}^{3 \times 3}$.

Funktionen mehrerer Veränderlicher

46

Inhaltsverzeichnis

Wir wenden uns nun der Analysis von Funktionen mehrerer Veränderlicher zu. Wir betrachten also Funktionen $f : D \to W$ mit $D \subseteq \mathbb{R}^n$ und $W \subseteq \mathbb{R}^m$ für natürliche Zahlen m und n. Dazu zeigen wir zuerst an etlichen Beispielen, welche Arten solcher Funktionen überhaupt noch veranschaulicht werden können. Schließlich verallgemeinern wir offene und abgeschlossene Intervalle, Folgen und Grenzwerte von Folgen auf den Vektorraum $\mathbb{R}^n$ und erklären abschließend die Stetigkeit von Funktionen mehrerer Veränderlicher analog zum Fall einer Funktion einer Veränderlichen.

Bei diesen Begrifflichkeiten tauchen einige neue Phänomene auf, aber es bleibt auch vieles aus der eindimensionalen Analysis in ihren Grundzügen erhalten.

46.1 Die Funktionen und ihre Darstellungen

Bisher hatten unsere betrachteten Funktionen immer die Form $f : D \subseteq \mathbb{R} \to \mathbb{R}, x \mapsto f(x)$, es wurde also jeweils einer reellen Zahl x eines Definitionsbereichs D ein reeller Funktionswert $f(x)$ zugewiesen. Das ist der Sonderfall $n = 1$ und $m = 1$ einer **vektorwertigen Funktion in** n **Veränderlichen**, also einer Funktion der Form

$$f : D \subseteq \mathbb{R}^n \to \mathbb{R}^m, \ x = \begin{pmatrix} x_1 \\ \vdots \\ x_n \end{pmatrix} \mapsto f(x) = \begin{pmatrix} f_1(x_1, \ldots, x_n) \\ \vdots \\ f_m(x_1, \ldots, x_n) \end{pmatrix}.$$

© Springer-Verlag GmbH Deutschland, ein Teil von Springer Nature 2022
C. Karpfinger, *Höhere Mathematik in Rezepten*,
https://doi.org/10.1007/978-3-662-63305-2_46

Im $\mathbb{R}^2$ bzw. $\mathbb{R}^3$ schreiben wir anstelle von x_1, x_2, x_3 einfacher x, y, z. Damit würden wir aber Gefahr laufen, den Vektor x mit der Variablen x zu verwechseln. Daher schreiben wir ab nun Vektoren fett, wir schreiben $\boldsymbol{x}$ oder $\boldsymbol{a}$, falls $\boldsymbol{x} \in \mathbb{R}^n$ oder $\boldsymbol{a} \in \mathbb{R}^n$. Für eine Funktion schreiben wir damit von nun an $\boldsymbol{x} \mapsto f(\boldsymbol{x})$.

Es ist üblich, die folgenden speziellen Arten von vektorwertigen Funktionen in n Veränderlichen zu unterscheiden:

- **Kurven**: $n = 1$ und $m \in \mathbb{N}$, speziell:
  - **ebene Kurven**: $\gamma : D \subseteq \mathbb{R} \to \mathbb{R}^2$, also $n = 1$ und $m = 2$,
  - **Raumkurven**: $\gamma : D \subseteq \mathbb{R} \to \mathbb{R}^3$, also $n = 1$ und $m = 3$.
- **Flächen**: $\phi : D \subseteq \mathbb{R}^2 \to \mathbb{R}^3$, also $n = 2$ und $m = 3$.
- **Skalarfelder**: $f : D \subseteq \mathbb{R}^n \to \mathbb{R}$, also $n \in \mathbb{N}$ und $m = 1$.
- **Vektorfelder**: $v : D \subseteq \mathbb{R}^n \to \mathbb{R}^n$, also $n = m$.

Bilder von Kurven:		
Bilder von Flächen:		
Graphen von Skalarfeldern:		
Bilder von Vektorfeldern:		

In der eindimensionalen Analysis konnten wir eine Funktion $f : D \to \mathbb{R}$ immer bzw. fast immer durch ihren Graphen $\mathrm{Graph}(f) = \{(x, f(x)) \mid x \in D\} \subseteq \mathbb{R} \times \mathbb{R}$ *darstellen*. Das funktioniert in der mehrdimensionalen Analysis leider nur mehr in Spezialfällen. Wir können im Allgemeinen darstellen:

- das Bild $\gamma(D)$ einer ebenen Kurve $\gamma : D \subseteq \mathbb{R} \to \mathbb{R}^2$ bzw. Raumkurve $\gamma : D \subseteq \mathbb{R} \to \mathbb{R}^3$,
- das Bild $\phi(D)$ einer Fläche $\phi : D \subseteq \mathbb{R}^2 \to \mathbb{R}^3$,
- den Graphen $\text{Graph}(f) = \{(x, y, f(x, y)) \mid (x, y) \in D\}$ eines Skalarfeldes $f : D \subseteq \mathbb{R}^2 \to \mathbb{R}$,
- das Bild eines Vektorfeldes $v : D \subseteq \mathbb{R}^2 \to \mathbb{R}^2$ bzw. $v : D \subseteq \mathbb{R}^3 \to \mathbb{R}^3$.

Die Bilder bzw. Graphen in obiger Tabelle stammen von den folgenden Beispielen:

Beispiel 46.1

- Kurven: Es ist
  - $\gamma : [0, 2\pi] \to \mathbb{R}^2$, $\gamma(t) = \begin{pmatrix} 2\cos(t) \\ \sin(t) \end{pmatrix}$ eine ebene Kurve.
  - $\gamma : [0, 8\pi] \to \mathbb{R}^3$, $\gamma(t) = \begin{pmatrix} e^{-0.1t}\cos(t) \\ e^{-0.1t}\sin(t) \\ t \end{pmatrix}$ eine Raumkurve.
- Flächen: Es ist
  - $\phi : [0, 2\pi] \times [0, 2] \to \mathbb{R}^3$, $\phi(u, v) = \begin{pmatrix} \cos(u) \\ \sin(u) \\ v \end{pmatrix}$ eine Fläche.
  - $\phi : [0, 2\pi] \times [0, 2\pi] \to \mathbb{R}^3$, $\phi(u, v) = \begin{pmatrix} (2 + \cos(u))\cos(v) \\ (2 + \cos(u))\sin(v) \\ \sin(u) \end{pmatrix}$ eine Fläche.
- Skalarfelder:
  Es ist
  - $f : [-4, 4] \times [-5, 5] \to \mathbb{R}$, $f(x, y) = 2(x^2 + y^2)$ ein Skalarfeld.
  - $f : \mathbb{R}^2 \to \mathbb{R}$, $f(x, y) = x\,y\,e^{-(x^2 + y^2)}$ ein Skalarfeld.
- Vektorfelder:
  Es ist
  - $v : \mathbb{R}^2 \to \mathbb{R}^2$, $v(x, y) = \begin{pmatrix} -y \\ x \end{pmatrix}$ ein Vektorfeld.
  - $v : \mathbb{R}^3 \to \mathbb{R}^3$, $v(x, y, z) = \begin{pmatrix} z \\ y \\ -x \end{pmatrix}$ ein Vektorfeld. ∎

MATLAB Obige Bilder (und auf analoge Art und Weise natürlich auch viele weitere Bilder) erhält man der Reihe nach mit MATLAB z. B. wie folgt

```
>> ezplot('2*cos(t)','sin(t)',[0,2*pi])
>> ezplot3('exp(-0.1*t)*cos(t)','exp(-0.1*t)*
          sin(t)','t',[0,8*pi])
>> ezsurf('cos(u)','sin(u)','v',[0,2*pi,0,2])
>> ezsurf('(2+cos(u))*cos(v)','
```

```
            (2+cos(u))*sin(v)','sin(u)',[0,2*pi,0,2*pi])
>> ezmesh('2*(x^2+y^2)',[-4,4,-5,5])
>> ezmesh('x*y*exp(-(x^2+y^2))')
>> [x,y] = meshgrid(-2:0.5:2); quiver(x,y,-y,x)
>> [x,y,z] = meshgrid(-2:0.5:2); quiver3(x,y,z,z,y,-x)
```

46.2   Einige topologische Begriffe

Bei der Analysis einer Veränderlichen waren die Definitonsbereiche überwiegend *offene*, *halboffene* oder *abgeschlossene* Intervalle, also (a, b), $(a, b]$, $[a, b)$ oder $[a, b]$, die Punkte a und b nannten wir suggestiv *Randpunkte*. Ähnliche Begriffe treffen wir nun im Mehrdimensionalen wieder.

Für jede Teilmenge $D \subseteq \mathbb{R}^n$ bezeichnen wir mit $D^c = \mathbb{R}^n \setminus D$ das Komplement von D im $\mathbb{R}^n$, und $\| \cdot \|$ sei die euklidische Norm auf dem $\mathbb{R}^n$, also

$$\|(x_1, \ldots, x_n)^\top\| = \sqrt{x_1^2 + \cdots + x_n^2} \,.$$

- Ein Punkt $x_0 \in D$ heißt **innerer Punkt** von D, falls ein $\varepsilon > 0$ existiert, sodass die ε**-Kugel**

$$B_\varepsilon(x_0) = \{x \in \mathbb{R}^n \mid \|x - x_0\| < \varepsilon\} \subseteq D \,,$$

  d. h., es gibt eine (offene) Kugel um x_0, die vollständig in D enthalten ist.

- Die Menge aller inneren Punkte von D heißt **das Innere** von D und wird mit $\overset{\circ}{D}$ bezeichnet.

- Die Menge D heißt **offen**, wenn $\overset{\circ}{D} = D$ gilt, d. h., wenn jeder Punkt von D ein innerer Punkt ist.

- Ein Punkt $x_0 \in \mathbb{R}^n$ heißt **Randpunkt** von D, falls für alle $\varepsilon > 0$ gilt:

$$B_\varepsilon(x_0) \cap D \neq \emptyset \quad \text{und} \quad B_\varepsilon(x_0) \cap D^c \neq \emptyset,$$

  d. h., jede ε-Kugel um x_0 enthält sowohl Punkte von D als auch aus dem Komplement von D.

- Die Menge aller Randpunkte von D, nennt man den **Rand** von D. Sie wird mit ∂D bezeichnet.

- Die Menge $\overline{D} = D \cup \partial D$ wird der **Abschluss** von D genannt.

- Die Menge D heißt **abgeschlossen**, falls $\partial D \subseteq D$, also $\overline{D} = D$.

- Die Menge D heißt **beschränkt**, falls es eine Schranke $K \in \mathbb{R}$ gibt, sodass $\|x\| < K$ für alle $x \in D$.

- Die Menge D heißt **kompakt**, falls D abgeschlossen und beschränkt ist.

- Die Menge D heißt **konvex**, wenn für alle x, $y \in D$ und für alle $\lambda \in \mathbb{R}$ mit $0 \le \lambda \le 1$ gilt $\lambda x + (1 - \lambda) y \in D$. Das besagt, dass die Verbindungsstrecke zwischen x und y ganz in D verläuft. Siehe Abb. 46.1.

Randpunkte und innere Punkte sind auch genau das, was man sich darunter vorstellt, das zeigt beispielhaft Abb. 46.2 mit einer Teilmenge D im $\mathbb{R}^2$.

Beispiel 46.2

- Die Menge $D = [0, 1] \subseteq \mathbb{R}$ ist beschränkt (es gilt $|x| < 2$ für alle $x \in D$) und abgeschlossen (der Rand $\partial D = \{0, 1\}$ ist in D enthalten). Daher ist D kompakt.
- Die Menge $D = [0, 1) \subseteq \mathbb{R}$ ist beschränkt (siehe oben) und nicht abgeschlossen (der Randpunkt 1 ist nicht in D enthalten). Daher ist D nicht kompakt. D ist aber auch nicht offen, $0 \in D$ ist nämlich kein innerer Punkt.
- Für jedes $x_0 \in \mathbb{R}^n$ und $r > 0$ ist die Kugel $B_r(x_0) = \{x \in \mathbb{R}^n \mid \|x - x_0\| < r\}$ offen: Jeder Punkt ist ein innerer Punkt, beachte auch die nebenstehende Abb. 46.3. Damit gilt $\overset{\circ}{B}_r(x_0) = B_r(x_0)$. Außerdem gilt offenbar

$$\partial B_r(x_0) = \left\{x \in \mathbb{R}^n \mid \|x - x_0\| = r\right\} .$$

Der Abschluss ist also

$$\overline{B_r(x_0)} = K_r(x_0) = \left\{x \in \mathbb{R}^n \mid \|x - x_0\| \le r\right\} .$$

Abb. 46.1 Eine konvexe und eine nichtkonvexe Menge

konvex   nicht konvex

Abb. 46.2 Innere Punkte und Randpunkte

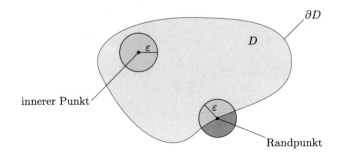

Abb. 46.3 x ist innerer Punkt

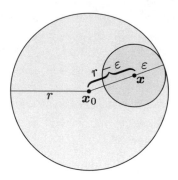

Für $K_r(\boldsymbol{x}_0)$ gilt damit

$$\overline{K_r(\boldsymbol{x}_0)} = K_r(\boldsymbol{x}_0) \ \text{ und } \ \overset{\circ}{K}_r(\boldsymbol{x}_0) = B_r(\boldsymbol{x}_0) \,.$$

- Für $D = \mathbb{R}^n$ gilt:
  - $\mathbb{R}^n$ ist abgeschlossen, da $\partial\,\mathbb{R}^n = \emptyset$ und $\emptyset \subseteq \mathbb{R}^n$, und
  - $\mathbb{R}^n$ ist offen, da jeder Punkt des $\mathbb{R}^n$ ein innerer Punkt ist.
- Für $D = \emptyset$ gilt:
  - $\emptyset$ ist abgeschlossen, da $\partial\,\emptyset = \emptyset$ und $\emptyset \subseteq \emptyset$, und
  - $\emptyset$ ist offen, da jeder Punkt der leeren Menge ein innerer Punkt ist.   ■

Das Komplement einer offenen Menge ist abgeschlossen, und das Komplement einer abge-schlossenen Menge ist offen: Mit diesem Ergebnis folgen die Behauptungen des letzten Beispiels ganz einfach aus denen des vorletzten Beispiels. Wir halten diese und weitere Ergebnisse in einer Box fest:

Offene und abgeschlossene Mengen und ihre Komplemente

- Ist $D \subseteq \mathbb{R}^n$ offen, so ist das Komplement $D^c = \mathbb{R}^n \setminus D$ abgeschlossen.

- Ist $D \subseteq \mathbb{R}^n$ abgeschlossen, so ist D^c offen.

- Sind D, D' offen, so sind auch $D \cup D'$ und $D \cap D'$ offen.

- Sind D, D' abgeschlossen, so sind auch $D \cup D'$ und $D \cap D'$ abgeschlossen.

46.3 Folgen, Grenzwerte, Stetigkeit

Wie im Eindimensionalen erklären wir die *Stetigkeit* einer Funktion mit Hilfe von *Folgen*. Anstelle der Folgen $(x_k)_{k \in \mathbb{N}_0}$ reeller Zahlen im $\mathbb{R}^1$ betrachten wir nun **Folgen** $(x^{(k)})_{k \in \mathbb{N}_0}$ von Vektoren im $\mathbb{R}^n$, d. h. $x^{(k)} = (x_1^{(k)}, \ldots, x_n^{(k)})^\top \in \mathbb{R}^n$ für jedes $k \in \mathbb{N}_0$.

Wir sagen, die Folge $(x^{(k)})_{k \in \mathbb{N}_0}$ **konvergiert gegen den Grenzwert** x, falls

$$\lim_{k \to \infty} \| x^{(k)} - x \| = 0 \,.$$

Das heißt, eine Folge von Vektoren $(x^{(k)})$ konvergiert gegen x, falls die reelle Folge $(\| x^{(k)} - x \|)$ der Abstände gegen null konvergiert. Wir schreiben in diesem Fall

$$x^{(k)} \overset{k \to \infty}{\longrightarrow} x \quad \text{bzw.} \quad x^{(k)} \to x \quad \text{bzw.} \quad \lim_{k \to \infty} x^{(k)} = x \,.$$

Man überlegt sich leicht:

Konvergenz = komponentenweise Konvergenz

Es gilt

$$x^{(k)} = \begin{pmatrix} x_1^{(k)} \\ \vdots \\ x_n^{(k)} \end{pmatrix} \to x = \begin{pmatrix} x_1 \\ \vdots \\ x_n \end{pmatrix} \Leftrightarrow x_1^{(k)} \to x_1, \ldots, x_n^{(k)} \to x_n \,.$$

Beispiel 46.3 Wir betrachten die Folge $(x^{(k)})_{k \in \mathbb{N}}$ mit $x^{(k)} = (2 + (-1)^k/k, \, 2/k^2)^\top \in \mathbb{R}^2$. Wegen $2 + (-1)^k/k \to 2$ und $2/k^2 \to 0$ gilt

$$x^{(k)} = \begin{pmatrix} 2 + \frac{(-1)^k}{k} \\ \frac{2}{k^2} \end{pmatrix} \to \begin{pmatrix} 2 \\ 0 \end{pmatrix} \,.$$

∎

Wir kommen nun zu dem zentralen Begriff der *Stetigkeit* in diesem ersten Kapitel zu Funktionen in mehreren Veränderlichen. Dabei erklären wir diesen Begriff völlig analog zum eindimensionalen Fall, wobei wir nun den Umweg über die Grenzwerte von Funktionen (die im eindimensionalen Fall für sich interessant sind, im mehrdimensionalen Fall aber deutlich weniger Bedeutung haben) vermeiden:

Stetigkeit von Funktionen mehrerer Veränderlicher

Gegeben ist eine vektorwertige Funktion $f : D \subseteq \mathbb{R}^n \to \mathbb{R}^m$ in n Veränderlichen. Wir sagen, die Funktion f ist

- **stetig in** $a \in D$, falls für jede Folge $(x^{(k)})_{k \in \mathbb{N}_0}$ in D mit $x^{(k)} \to a$ die Folge $(f(x^{(k)}))_{k \in \mathbb{N}_0}$ in $\mathbb{R}^m$ gegen $f(a)$ konvergiert, und

- **stetig auf** D, falls f in jedem $a \in D$ stetig ist.

Stetigkeit $=$ komponentenweise Stetigkeit: Eine vektorwertige Funktion

$$f : D \subseteq \mathbb{R}^n \to \mathbb{R}^m, \quad \begin{pmatrix} x_1 \\ \vdots \\ x_n \end{pmatrix} \mapsto \begin{pmatrix} f_1(x_1, \ldots, x_n) \\ \vdots \\ f_m(x_1, \ldots, x_n) \end{pmatrix}$$

ist genau dann stetig in a bzw. auf D, wenn jede Komponentenfunktion

$$f_i : D \to \mathbb{R}, \quad (x_1, \ldots, x_n)^\top \to f_i(x_1, \ldots, x_n), \quad i \in \{1, \ldots, n\},$$

stetig in a bzw. auf D ist.

Dank dieses letzten Satzes müssen wir uns nur überlegen, wann Skalarfelder stetig sind. Und hierfür gilt wie im eindimensionalen Fall:

Stetige Funktionen

Sind $f, g : D \subseteq \mathbb{R}^n \to \mathbb{R}$ stetige Funktionen, so auch

$$\lambda f + \mu g, \quad f g, \quad \frac{f}{g},$$

wobei λ, $\mu \in \mathbb{R}$ reelle Zahlen sind und beim Quotienten f/g vorausgesetzt wird, dass $g(x) \neq 0$ ist für alle $x \in D$.

Und sind $g : D \subseteq \mathbb{R}^n \to W \subseteq \mathbb{R}^m$ und $f : W \subseteq \mathbb{R}^m \to \mathbb{R}^p$ stetige Abbildungen, so auch

$$f \circ g.$$

Beispiel 46.4

- Alle Funktionen im Beispiel 46.1 sind auf ihrem jeweiligen Definitionsbereich stetig.
- Wir betrachten die Funktion

$$f : \mathbb{R}^2 \to \mathbb{R}, \ f(x, y) = \begin{cases} \frac{2xy}{x^2+y^2}, & (x, y) \neq (0, 0) \\ 0, & (x, y) = (0, 0) \end{cases}.$$

Man beachte, dass die Funktion f auf $\mathbb{R}^2 \setminus \{(0, 0)\}$ als rationale Funktion stetig ist. Einzig die Stelle $(0, 0)$ ist kritisch. Auf den Koordinatenachsen $y = 0$ bzw. $x = 0$ ist die Funktion außerhalb des Nullpunktes $(0, 0)$ konstant null, also bietet sich die vorgeschlagene *Fortsetzung* der Funktion mit $f(0, 0) = 0$ an. Aber dennoch: Die Funktion f ist nicht stetig in $(0, 0)$.

Denn betrachten wir die Folge $(\boldsymbol{x}^{(k)})$ mit $\boldsymbol{x}^{(k)} = (x^{(k)}, y^{(k)}) = (1/k, 1/k)$, die gegen $(0, 0)$ konvergiert, so gilt für die Bildfolge

$$f(\boldsymbol{x}^{(k)}) = \frac{2/k^2}{1/k^2 + 1/k^2}$$
$$= 1 \quad \forall k \in \mathbb{N}_0.$$

Es gilt also

$$f(\boldsymbol{x}^{(k)}) \to 1 \neq 0 = f(0, 0);$$

und das besagt, dass die Funktion f in $(0, 0)$ nicht stetig ist (beachte Abb. 46.4).

∎

Eine stetige Funktion $f : [a, b] \to \mathbb{R}$ auf dem kompakten Intervall $[a, b] \subset \mathbb{R}$ nimmt ein Maximum und ein Minimum an (siehe Abschn. 25.4). Dieser Satz vom Maximum und Minimum gilt auch für Skalarfelder:

Abb. 46.4 Eine in $(0, 0)$
unstetige Funktion

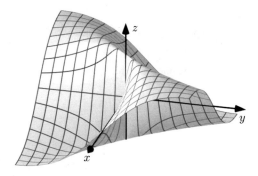

Satz vom Maximum und Minimum

Ist $D \subset \mathbb{R}^n$ kompakt und $f : D \to \mathbb{R}$ ein stetiges Skalarfeld, so nimmt f auf D ein Maximum und ein Minimum an, d. h., es gibt

$$x_{\min}, \; x_{\max} \in D \;\; \text{mit} \;\; f(x_{\min}) \leq f(x) \leq f(x_{\max}) \;\; \text{für alle} \;\; x \in D.$$

Die Antwort auf die Frage, wie sich diese $x_{\min}$ und $x_{\max}$ konkret bestimmen lassen, liefert wie im eindimensionalen Fall die Differentialrechnung.

46.4   Aufgaben

46.1 Es sei $D \subseteq \mathbb{R}^n$. Mit $D^c = \mathbb{R}^n \setminus D$ bezeichnen wir das Komplement von D. Begründen Sie:

(a) Jeder Punkt von D ist entweder innerer Punkt von D oder Randpunkt von D.
(b) Ist D offen, so ist $D \cap \partial D = \emptyset$.
(c) Ist D offen, so ist D^c abgeschlossen.
(d) Ist D abgeschlossen, so ist D^c offen.

46.2 Untersuchen Sie die Teilmengen des $\mathbb{R}^2$, $M_1 = \;]-1, 1[^2$, $M_2 = \;]-1, 1]^2$, $M_3 = [-1, 1]^2$, $\mathbb{R}^2$ und $\emptyset$ auf innere Punkte und Randpunkte. Welche der Mengen sind offen bzw. abgeschlossen?

46.3 Zeigen Sie, dass für jedes $a \in \mathbb{R}^n$ die Menge $\{a\}$ abgeschlossen ist.

46.4 Untersuchen Sie die folgenden Funktionen auf Stetigkeit.

(a) $f : \mathbb{R}^2 \to \mathbb{R}, \; f(x, y) = \begin{cases} \frac{2x^3}{\sqrt{x^4+y^4}}, & (x, y) \neq (0, 0) \\ 0, & (x, y) = (0, 0) \end{cases}$.

(b) $f : \mathbb{R}^2 \to \mathbb{R}, \; f(x, y) = \begin{cases} \frac{x^2 y}{x^4+y^2}, & (x, y) \neq (0, 0) \\ 0, & (x, y) = (0, 0) \end{cases}$.

Partielle Differentiation – Gradient, Hessematrix, Jacobimatrix $\quad$ 47

Inhaltsverzeichnis

Bei der Differentiation einer Funktion f einer Veränderlichen x untersucht man das Änderungsverhalten von *f in Richtung x*. Bei einem Skalarfeld f in den n Veränderlichen $x_1, \ldots, x_n$ bieten sich viele *Richtungen* an, in die sich die Funktion verändern kann. Die *partiellen Ableitungen* geben dieses Änderungsverhalten in die Richtungen der Achsen an, die *Richtungsableitung* viel allgemeiner in jede beliebige Richtung. Dieses *partielle Ableiten* (und auch das Bilden der *Richtungsableitung*) bringt zum Glück keine neuen Schwierigkeiten mit sich: Man leitet einfach nach der betrachteten Veränderlichen ab, wie man es vom eindimensionalen Fall gewohnt ist, und *friert* dabei alle anderen Veränderlichen ein. Auf diese Art und Weise erhalten wir leicht den *Gradienten* als Sammlung der ersten partiellen Ableitungen, und die *Hessematrix* als Sammlung der zweiten partiellen Ableitungen eines Skalarfeldes f und die *Jacobimatrix* als Sammlung der ersten partiellen Ableitungen einer vektorwertigen Funktion in mehreren Veränderlichen.

47.1 Der Gradient

Der Graph eines stetigen Skalarfeldes $f : D \subseteq \mathbb{R}^2 \to \mathbb{R}$, D offen, in zwei Veränderlichen x und y ist eine Fläche im $\mathbb{R}^3$. Wir betrachten beispielhaft eine solche Fläche in Abb. 47.1.

Durch den fett markierten Punkt des Definitionsbereiches verlaufen drei Geradenstücke in die Richtungen der x-Achse, y-Achse und v. Die Bilder dieser Geradenstücke sind auf dem Graphen gekennzeichnet. Wir können an diesen Linien das Änderungsverhalten der

© Springer-Verlag GmbH Deutschland, ein Teil von Springer Nature 2022 $\qquad$ 521
C. Karpfinger, *Höhere Mathematik in Rezepten*,
https://doi.org/10.1007/978-3-662-63305-2_47

Abb. 47.1 Steigung in
verschiedene Richtungen

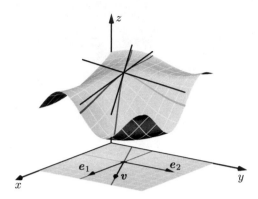

Funktion in diese Richtungen beobachten und als Maß dieses Änderungsverhaltens die Steigung der Tangente an dieser Stelle in die betrachtete Richtung bestimmen.

Wie das funktioniert, wissen wir aus der eindimensionalen Analysis, da wir nach Einschränkung der mehrdimensionalen Funktion auf eine Richtung $e_1 = (1, 0)^\top$ oder $e_2 = (0, 1)^\top$ oder $v = (v_1, v_2)^\top$ im Wesentlichen nur noch eine Funktion in einer Variablen haben. Wir erklären gleich allgemeiner für eine Funktion in n Variablen:

Richtungsableitung, partielle Ableitung, Gradient

Gegeben ist ein Skalarfeld

$$f : D \subseteq \mathbb{R}^n \to \mathbb{R}, \ x = (x_1, \dots, x_n)^\top \mapsto f(x) = f(x_1, \dots, x_n).$$

- Für jeden Vektor v mit $\|v\| = 1$ bezeichnet für $a \in D$ die Zahl

$$\frac{\partial f}{\partial v}(a) = \partial_v f(a) = f_v(a) = \lim_{h \to 0} \frac{f(a + h\,v) - f(a)}{h}$$

  die **Richtungsableitung** von f in a in Richtung v, falls dieser Grenzwert existiert.
- Die Richtungsableitung

$$\frac{\partial f}{\partial x_i}(a) = \partial_i f(a) = f_{x_i}(a) = \lim_{h \to 0} \frac{f(a + h\,e_i) - f(a)}{h}$$

  in a in Richtung der Koordinatenachsen $e_1, \dots, e_n$ bezeichnet man als **partielle Ableitung** von f in a nach x_i, falls dieser Grenzwert existiert.
- Existieren die n partiellen Ableitungen $f_{x_1}, \dots, f_{x_n}$ in $a \in D$, so nennt man f **partiell differenzierbar** in a und den Vektor

$$\nabla f(a) = \begin{pmatrix} f_{x_1}(a) \\ \vdots \\ f_{x_n}(a) \end{pmatrix}$$

den **Gradienten** von f in a. Das Symbol ∇ nennt man auch **Nabla-Operator** und schreibt auch grad $f(a) = \nabla f(a)$.

- Falls die Funktionen $f_{x_1}, \ldots, f_{x_n}$ stetig sind, gilt für v mit $\|v\| = 1$ und $a \in D$

$$\frac{\partial f}{\partial v}(a) = \langle \nabla f(a), v \rangle .$$

Ausführlich geschrieben lautet die partielle Ableitung von f in x nach x_i wie folgt:

$$\frac{\partial f}{\partial x_i}(x) = \lim_{h \to 0} \frac{f(x_1, \ldots, x_{i-1}, x_i + h, x_{i+1}, \ldots, x_n) - f(x_1, \ldots, x_n)}{h} .$$

An dieser Darstellung erkennt man, dass beim partiellen Ableiten nach x_i wie im eindimensionalen Fall nach x_i differenziert wird und alle anderen Variablen als Konstanten betrachtet werden. Beim partiellen Differenzieren passiert also nichts *Neues,* und die Richtungsableitung einer Funktion f in einem Punkt x in Richtung eines normierten Vektors v erhalten wir ganz einfach durch Skalarproduktbildung von v mit dem Gradienten von f an der betrachteten Stelle.

Beispiel 47.1

- Für $f : \mathbb{R}^2 \to \mathbb{R}, \ f(x, y) = x^2 y^3 + x$ sind die partiellen Ableitungen

$$f_x(x, y) = 2xy^3 + 1, \ f_y(x, y) = 3x^2 y^2, \ \text{also} \ \nabla f(x, y) = \begin{pmatrix} 2xy^3 + 1 \\ 3x^2 y^2 \end{pmatrix} .$$

- Für $f : \mathbb{R}^3 \to \mathbb{R}, \ f(x, y, z) = x^2 + e^{yz}$ und $v = \frac{1}{\sqrt{3}}(1, 1, 1)^\top$ sind die partiellen Ableitungen

$$f_x(x, y, z) = 2x, \ f_y(x, y, z) = z e^{yz}, \ f_z(x, y, z) = y e^{yz},$$

also

$$\nabla f(x, y, z) = \begin{pmatrix} 2x \\ z e^{yz} \\ y e^{yz} \end{pmatrix} \ \text{und z. B.} \ \frac{\partial f}{\partial v}(1, 1, 0) = \left\langle \begin{pmatrix} 2 \\ 0 \\ 1 \end{pmatrix}, \frac{1}{\sqrt{3}} \begin{pmatrix} 1 \\ 1 \\ 1 \end{pmatrix} \right\rangle = \sqrt{3}.$$

- Für $f : \mathbb{R}^n \to \mathbb{R}, \ f(x) = a^\top x$, wobei $a = (a_1, \ldots, a_n)^\top \in \mathbb{R}^n$, gilt:

$$\frac{\partial f}{\partial x_i}(x) = a_i \ \text{für jedes} \ i = 1, \ldots, n, \ \text{also} \ \nabla f(x) = a .$$

- Die partiellen Ableitungen und damit den Gradienten des Skalarfeldes $f : \mathbb{R}^n \rightarrow \mathbb{R}$ mit $f(x) = x^\top A x$ mit einer Matrix $A \in \mathbb{R}^{n \times n}$, erhält man wohl am einfachsten durch Bestimmen des Grenzwertes $\lim_{h \to 0} \frac{f(x+he_i)-f(x)}{h}$. Dazu betrachten wir zuerst einmal den Differenzenquotienten

$$
\frac{f(x+h\,e_i)-f(x)}{h} = \frac{1}{h}\left(x^\top A x + h\,x^\top A e_i + h\,e_i^\top A x + h^2 e_i^\top A e_i - x^\top A x \right)
$$

$$
= x^\top A e_i + e_i^\top A x + h\,e_i^\top A e_i \,.
$$

Nun lassen wir h gegen 0 gehen und erhalten

$$
\lim_{h \to 0} \frac{f(x+h\,e_i)-f(x)}{h} = x^\top A e_i + e_i^\top A x = e_i^\top A^\top x + e_i^\top A x
$$

$$
= e_i^\top (A^\top + A)\, x \,.
$$

Damit gilt

$$
\nabla f(x) = (A^\top + A)\, x \ \text{ bzw. } \ \nabla f(x) = 2\,A\,x\,, \ \text{ falls } A^\top = A \,.
$$

■

Die Bedeutung des Gradienten bzw. der Richtungsableitung liegt in der folgenden Interpretation, die wir, um Klarheit zu schaffen, sehr anschaulich wiedergeben:

Wir fassen den Graphen einer Funktion f in zwei Veränderlichen x und y als eine *Gebirgslandschaft* auf und befinden uns dabei in diesem Gebirge auf dem Punkt P: Gehen wir nun in Richtung der positiven x-Achse, so steigen wir bergab, die Richtungsableitung in diese Richtung ist also negativ. Wandern wir hingegen in die Richtung der negativen x-Achse, so geht es bergauf, die Richtungsableitung in diese Richtung ist positiv. Siehe Abb. 47.2.

Abb. 47.2 Richtungsableitung in verschiedene Richtungen

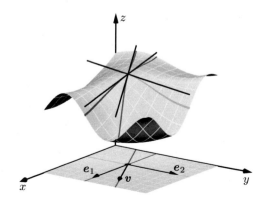

Man beachte, dass man beim Gehen in Richtung v offenbar viel schneller talwärts gelangt, die Richtungsableitung ist negativ und dabei betragsmäßig deutlich größer als jene in Richtung der positiven x-Achse. Das Bemerkenswerte dabei ist nun, dass wir die Richtung des steilsten Anstiegs bzw. steilsten Abstiegs bestimmen können, ohne den Graphen zu kennen. Diese Richtungen sind nämlich durch den Gradienten der Funktion f an der betrachteten Stelle gegeben:

Der Gradient gibt die Richtung des steilsten Anstiegs an

Ist $f : D \subseteq \mathbb{R}^n \to \mathbb{R}$, D offen, ein partiell differenzierbares Skalarfeld mit stetigen Ableitungen $f_{x_1}, \ldots, f_{x_n}$ und $a \in D$, so gilt im Fall $\nabla f(a) \neq 0$:

- f wächst am stärksten in Richtung $\nabla f(a)$ bzw.
- f fällt am stärksten in Richtung $-\nabla f(a)$.

Weiterhin steht der Gradient senkrecht auf den **Höhenlinien** bzw. **Niveaumengen** $N_c = \{x \in D \mid f(x) = c\}$ mit $c \in f(D) \subseteq \mathbb{R}$.

Die Aussage zur Orthogonalität des Gradienten mit den Höhenlinien kann man mit Hilfe der *Kettenregel* begründen. Wir haben diese Begründung wie auch die Begründung der Aussage zum extremalen Wachstum in Richtung des Gradienten bzw. entgegengesetzt als Aufgabe 47.1 gestellt.

Hier belassen wir es mit einer anschaulichen Erklärung im Fall $n = 2$ zu dieser Orthogonalität und bemerken vorab, dass sich das *Senkrechtstehen* des Gradienten $\nabla f(x)$ auf der Höhenlinie N_c natürlich auf das Senkrechtstehen des Gradienten auf der Tangente an

Abb. 47.3 Niveaulinien einer Funktion

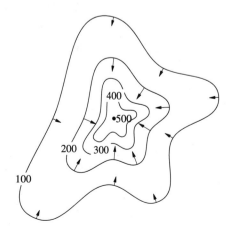

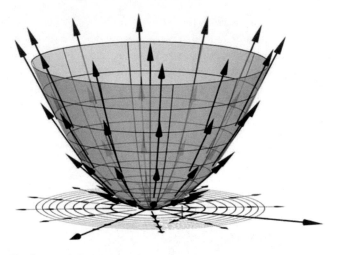

Abb. 47.4 Der Gradient und die Richtung des stärksten Wachstums

die Höhenlinie bezieht. Man kann die Höhenlinien von f als Höhenlinien einer (Gebirgs-) Landschaft interpretieren (man denke an eine topografische Karte), siehe Abb. 47.3.

Betrachtet man nun zwei eng *benachbarte* Höhenlinien zum Niveau c und $c + \varepsilon$, so findet man lokal den kürzesten Weg von einem Punkt der Höhenlinie N_c zur Höhenlinie $N_{c+\varepsilon}$, indem man im rechten Winkel zu den näherungsweise parallel verlaufenden Höhenlinien geht. Das besagt gerade, dass der Gradient senkrecht auf der Höhenlinie steht.

Beispiel 47.2 Wir bestimmen die Richtung, in die der Graph des Skalarfeldes $f : \mathbb{R}^2 \to \mathbb{R}$, $f(x, y) = \frac{1}{2}(x^2 + y^2)$ an der Stelle $a = (1, 1)$ am stärksten fällt bzw. wächst: Wegen $\nabla f(x, y) = (x, y)^\top$ wächst die Funktion am stärksten in die Richtung $(1, 1)^\top$ und fällt am stärksten in Richtung $(-1, -1)^\top$, siehe Abb. 47.4.

Bemerkung Auf obiger anschaulicher Darstellung der Abstiegsrichtung beim *Wandern im Gebirge* gründet das *Abstiegsverfahren* bzw. *Gradientenverfahren* zur Bestimmung lokaler Minima einer Funktion in mehreren Veränderlichen. Wir werden dieses Verfahren in Kap. 72 besprechen.

47.2 Die Hessematrix

Die partiellen Ableitungen $f_{x_1}, \ldots, f_{x_n}$ eines Skalarfeldes $f : D \subseteq \mathbb{R}^n \to \mathbb{R}$, D offen, sind selbst wieder Skalarfelder, $f_{x_1}, , \ldots, f_{x_n} : D \subseteq \mathbb{R}^n \to \mathbb{R}$. Sind diese Skalarfelder stetig, so nennen wir f **stetig partiell differenzierbar** Und sind diese partiellen Ableitungen wiederum partiell differenzierbar, so können wir die **zweiten partiellen Ableitungen** von

f bilden, wir schreiben dafür

$$\partial_{x_j}\partial_{x_i}f(\boldsymbol{x}) = \frac{\partial^2 f}{\partial x_j \partial x_i}(\boldsymbol{x}) = \partial_j \partial_i f(\boldsymbol{x}) = f_{x_i x_j}(\boldsymbol{x})\,.$$

Wir werden nur ganz selten *höhere* partielle Ableitungen benötigen. Es ist aber ganz selbstverständlich, wie es nun weitergeht bzw. was man unter den k-**ten partiellen Ableitungen** bzw. allgemein unter **höheren partiellen Ableitungen** von f zu verstehen hat. Sind die k-ten partiellen Ableitungen zudem alle stetig, so nennen wir f verständlicherweise k-**fach stetig partiell differenzierbar** oder kurz eine C^k-**Funktion**, d. h., $f \in C^k(D)$ mit $k \in \mathbb{N}_0 \cup \{\infty\}$, wobei:

- $C^0(D) = \{f : D \subseteq \mathbb{R}^n \to \mathbb{R} \mid f \text{ ist stetig}\}$,
- $C^k(D) = \{f : D \subseteq \mathbb{R}^n \to \mathbb{R} \mid f \text{ ist } k\text{-fach stetig partiell differenzierbar}\}$, $k \in \mathbb{N}$,
- $C^\infty(D) = \{f : D \subseteq \mathbb{R}^n \to \mathbb{R} \mid f \text{ ist beliebig oft stetig partiell differenzierbar}\}$.

Beispiel 47.3 Das Skalarfeld $f : \mathbb{R}^2 \to \mathbb{R}$, $f(x, y) = 3x^2 y^2$ hat die ersten und zweiten partiellen Ableitungen

$$f_x(x, y) = 6xy^2, \quad f_y(x, y) = 6x^2 y$$
$$f_{xx}(x, y) = 6y^2, \quad f_{xy}(x, y) = 12xy, \quad f_{yx}(x, y) = 12xy, \quad f_{yy}(x, y) = 6x^2\,.$$

∎

In diesem Beispiel sind die gemischten zweiten partiellen Ableitungen gleich: $f_{xy}(x, y) = 12xy = f_{yx}(x, y)$. Das ist kein Zufall, sondern Inhalt des folgenden wichtigen Satzes:

Der Satz von Schwarz

Ist $f : D \subseteq \mathbb{R}^n \to \mathbb{R}$ ein Skalarfeld und $f \in C^2(D)$, so gilt für alle $i, j = 1, \ldots, n$:

$$f_{x_i x_j} = f_{x_j x_i}\,.$$

Es ist gar nicht einfach, ein Beispiel für eine Funktion f mit verschiedenen gemischten zweiten partiellen Ableitungen zu finden. Nach dem Satz von Schwarz sollten diese zweiten partiellen Ableitungen einer solchen Funktion nicht stetig sein. Eine solche Funktion ist z. B.

$$f : \mathbb{R}^2 \to \mathbb{R}, \ f(x, y) = \begin{cases} \frac{xy(x^2 - y^2)}{x^2 + y^2} & (x, y) \neq (0, 0) \\ 0 & (x, y) = (0, 0) \end{cases}\,.$$

Mit etwas Mühe kann man nachweisen, dass $f_{xy}(0, 0) = -1$ und $f_{yx}(0, 0) = 1$ für dieses f gilt. Solche Beispiele sind aber eher *Ausnahmen,* bei allen weiteren Beispielen, mit denen wir es zu tun haben werden, werden die Voraussetzungen des Satzes von Schwarz erfüllt sein.

Die Hessematrix

Ist $f : D \subseteq \mathbb{R}^n \to \mathbb{R}$ zweimal partiell differenzierbar, so nennt man die $n \times n$-Matrix

$$H_f(x) = \begin{pmatrix} f_{x_1 x_1}(x) & \cdots & f_{x_1 x_n}(x) \\ \vdots & & \vdots \\ f_{x_n x_1}(x) & \cdots & f_{x_n x_n}(x) \end{pmatrix}$$

die **Hessematrix** von f in x. Die Hessematrix ist symmetrisch, falls $f \in C^2(D)$.

Beispiel 47.4

- Für jedes $a \in \mathbb{R}^n$ hat das Skalarfeld $f : \mathbb{R}^n \to \mathbb{R}$, $f(x) = a^\top x$ den Gradienten $\nabla f(x) = a$ und damit die Hessematrix

$$H_f(x) = 0.$$

- Für jedes $A \in \mathbb{R}^{n \times n}$ hat das Skalarfeld $f : \mathbb{R}^n \to \mathbb{R}$, $f(x) = x^\top A x$ den Gradienten $\nabla f(x) = (A^\top + A) x$ und damit die Hessematrix

$$H_f(x) = A^\top + A \quad \text{bzw.} \quad 2A, \quad \text{falls } A \text{ symmetrisch ist.}$$

- Ist $f : \mathbb{R}^2 \to \mathbb{R}$, $f(x, y) = x^2 + y \sin(x)$, so gilt:

$$\nabla f(x, y) = \begin{pmatrix} 2x + y \cos(x) \\ \sin(x) \end{pmatrix} \quad \text{und damit} \quad H_f(x, y) = \begin{pmatrix} 2 - y \sin(x) & \cos(x) \\ \cos(x) & 0 \end{pmatrix}.$$

- Für $f : \mathbb{R}^n \setminus \{0\} \to \mathbb{R}$, $f(x) = \|x\|$ erhalten wir:

$$\nabla f(x) = \frac{1}{\|x\|} x \quad \text{und damit} \quad H_f(x) = \frac{1}{\|x\|} E_n - \frac{1}{\|x\|^3} x x^\top,$$

wobei E_n die $n \times n$-Einheitsmatrix bezeichnet. ∎

Wir schließen diesen Abschnitt mit drei Bemerkungen, die auf zukünftige Problemstellungen hinweisen.

Bemerkungen

1. Gradient und Hessematrix eines Skalarfeldes werden die Rollen der ersten und zweiten Ableitung einer reellen Funktion in einer Veränderlichen übernehmen: Die Nullstellen des Gradienten werden die Kandidaten für die Extremalstellen sein, mit Hilfe der Hessematrix werden wir in vielen Fällen entscheiden können, ob es sich bei den Kandidaten tatsächlich um Extremalstellen handelt.

2. Die partielle Ableitung eines Skalarfeldes ist nicht die *Ableitung* des Skalarfeldes. Bei Funktionen mehrerer Veränderlicher ist der Ableitungsbegriff leider nicht ganz so einfach wie im eindimensionalen Fall. Hier betrachtet man neben der partiellen Differenzierbarkeit auch die *totale Differenzierbarkeit*. Mehr dazu im Kap. 51.

3. Eine **partielle Differentialgleichung** ist eine Gleichung, in der neben der gesuchten Funktion f in mehreren Veränderlichen auch partielle Ableitungen von f und die Veränderlichen der Funktion f auftauchen können, z. B. ist die **Laplacegleichung** $f_{xx} + f_{yy} = 0$ eine solche partielle Differentialgleichung. Während das Bestimmen von Lösungen solcher partieller Differentalgleichungen ein meist sehr schwieriges Unterfangen ist, ist es sehr einfach zu überprüfen, ob eine gegebene Funktion eine Lösung dieser partiellen Differentialgleichung ist. Es ist etwa $f(x, y) = x^2 - y^2$ eine Lösung der Laplacegleichung. Man beachte die Aufgaben für weitere Beispiele.

47.3 Die Jacobimatrix

Die partielle Differenzierbarkeit haben wir bisher nur für Skalarfelder $f : D \subseteq \mathbb{R}^n \to \mathbb{R}$ erklärt. Wir übertragen nun einfach die (k-fach stetige) partielle Differenzierbarkeit *komponentenweise* auf vektorwertige Funktionen in mehreren Veränderlichen. Wir nennen eine Funktion

$$f : D \subseteq \mathbb{R}^n \to \mathbb{R}^m \text{ mit } \boldsymbol{x} = (x_1, \ldots, x_n) \mapsto \begin{pmatrix} f_1(x_1, \ldots, x_n) \\ \vdots \\ f_m(x_1, \ldots, x_n) \end{pmatrix}$$

in einem $\boldsymbol{a} \in D$ bzw. auf D **partiell differenzierbar** bzw. k-**fach stetig partiell differenzierbar** für $k \in \mathbb{N}_0 \cup \{\infty\}$, falls alle Komponentenfunktionen $f_1, \ldots, f_m$ in $\boldsymbol{a} \in D$ bzw. auf D partiell differenzierbar bzw. k-fach stetig partiell differenzierbar sind; man spricht dann auch kurz von einer C^k-**Funktion** und schreibt $f \in C^k(D)$.

Ist $f : D \subseteq \mathbb{R}^n \to \mathbb{R}^m$ auf D partiell differenzierbar, so existieren die $m\,n$ partiellen Ableitungen $\frac{\partial f_i}{\partial x_j}$ für $1 \le i \le m$, $1 \le j \le n$. Diese partiellen Ableitungen fasst man in der **Jacobimatrix** bzw. **Funktionalmatrix** $Df(\boldsymbol{x})$ zusammen, das ist die $m \times n$-Matrix

$$Df(\boldsymbol{x}) = \left(\frac{\partial f_i}{\partial x_j}(\boldsymbol{x})\right)_{ij} = \begin{pmatrix} \frac{\partial f_1}{\partial x_1}(\boldsymbol{x}) & \cdots & \frac{\partial f_1}{\partial x_n}(\boldsymbol{x}) \\ \vdots & & \vdots \\ \frac{\partial f_m}{\partial x_1}(\boldsymbol{x}) & \cdots & \frac{\partial f_m}{\partial x_n}(\boldsymbol{x}) \end{pmatrix} = \begin{pmatrix} \nabla f_1(\boldsymbol{x})^\top \\ \vdots \\ \nabla f_m(\boldsymbol{x})^\top \end{pmatrix}.$$

Die Zeilen von $Df(\boldsymbol{x})$ sind der Reihe nach die transponierten Gradienten der Skalarfelder $f_1, \ldots, f_m$. Insbesondere gilt im Fall $m = 1$

$$Df(\boldsymbol{x}) = \nabla f(\boldsymbol{x})^\top.$$

Neben der Bezeichnung $Df(\boldsymbol{x})$ ist auch die Notation $J_f(\boldsymbol{x})$ für die Jacobimatrix üblich.

Beispiel 47.5

- Für $f : \mathbb{R}^2 \to \mathbb{R}^3$, $f(x, y) = (x^2 y, \, \sin(y), \, x^2 + y^2)^\top$ lautet die Jacobimatrix

$$Df(x, y) = \begin{pmatrix} 2xy & x^2 \\ 0 & \cos(y) \\ 2x & 2y \end{pmatrix}.$$

- Für $f : \mathbb{R}^n \to \mathbb{R}^m$, $f(x) = A\,\boldsymbol{x}$ mit $A \in \mathbb{R}^{m \times n}$ lautet die Jacobimatrix $Df(\boldsymbol{x}) = A$.
- Ist $g : D \subseteq \mathbb{R}^n \to \mathbb{R}$, $g \in C^2(D)$ ein zweimal stetig differenzierbares Skalarfeld, so ist $f = \nabla g : D \subseteq \mathbb{R}^n \to \mathbb{R}^n$ mit

$$f(x_1, \ldots, x_n) = \nabla g(x_1, \ldots, x_n) = \begin{pmatrix} g_{x_1}(x_1, \ldots, x_n) \\ \vdots \\ g_{x_n}(x_1, \ldots, x_n) \end{pmatrix}$$

ein Vektorfeld mit der Jacobimatrix

$$Df(\boldsymbol{x}) = \begin{pmatrix} g_{x_1 x_1}(\boldsymbol{x}) & \cdots & g_{x_1 x_n}(\boldsymbol{x}) \\ \vdots & & \vdots \\ g_{x_n x_1}(\boldsymbol{x}) & \cdots & g_{x_n x_n}(\boldsymbol{x}) \end{pmatrix}.$$

Es ist $Df(\boldsymbol{x}) = H_g(\boldsymbol{x})$ die Hessematrix von g. ∎

Wir halten abschließend die folgenden Rechenregeln für die Jacobimatrix fest:

Rechenregeln für die Jacobimatrix

Sind $f, g : D \subseteq \mathbb{R}^n \to \mathbb{R}^m$ partiell differenzierbar, so gilt für alle $\boldsymbol{x} \in D$:

- $D(f + g)(\boldsymbol{x}) = Df(\boldsymbol{x}) + Dg(\boldsymbol{x})$, **(Additivität)**
- $D(\lambda f)(\boldsymbol{x}) = \lambda\, Df(\boldsymbol{x})$ für alle $\lambda \in \mathbb{R}$, **(Homogenität)**
- $D(f(\boldsymbol{x})^\top g(\boldsymbol{x})) = f(\boldsymbol{x})^\top Dg(\boldsymbol{x}) + g(\boldsymbol{x})^\top Df(\boldsymbol{x})$. **(Produktregel)**

Sind $f : D \subseteq \mathbb{R}^n \to \mathbb{R}^m$ und $g : D' \subseteq \mathbb{R}^l \to \mathbb{R}^n$ mit $g(D') \subseteq D$ partiell differenzierbar, so gilt außerdem:

- $D(f \circ g)(\boldsymbol{x}) = Df(g(\boldsymbol{x}))\, Dg(\boldsymbol{x})$. **(Kettenregel)**

Diese Kettenregel lautet komponentenweise für $h = f \circ g$:

$$\frac{\partial h_i}{\partial x_j}(\boldsymbol{x}) = \sum_{k=1}^{n} \frac{\partial f_i}{\partial x_k}(g(\boldsymbol{x}))\, \frac{\partial g_k}{\partial x_j}(\boldsymbol{x}) \text{ für } 1 \le i \le m,\ 1 \le j \le l \,.$$

Wir formulieren die Kettenregel noch für die folgenden Spezialfälle, die in den Anwendungen von großer Bedeutung sind:

- $n = 1$ und $m = 1$: Ist $f : D \subseteq \mathbb{R} \to \mathbb{R}$ eine Funktion und $g : D' \subseteq \mathbb{R}^l \to \mathbb{R}$ ein Skalarfeld, so ist $h = f \circ g : D' \subseteq \mathbb{R}^l \to \mathbb{R}$ ein Skalarfeld, und es gilt:

$$D(f \circ g)(\boldsymbol{x}) = f'(g(\boldsymbol{x}))\, Dg(\boldsymbol{x})\,, \quad \text{d.h. } \frac{\partial h}{\partial x_j}(\boldsymbol{x}) = f'(g(\boldsymbol{x}))\, \frac{\partial g}{\partial x_j}(\boldsymbol{x})\,, \quad j = 1, \ldots, l\,.$$

- $l = 1$ und $m = 1$: Ist $f : D \subseteq \mathbb{R}^n \to \mathbb{R}$ ein Skalarfeld und $g : [a, b] \to \mathbb{R}^n$ eine Kurve, so ist die Komposition $h = f \circ g : [a, b] \to \mathbb{R}$ eine Funktion in einer Veränderlichen t, und es gilt

$$\dot{h}(t) = \nabla(f(g(t))^\top \dot{g}(t) = \sum_{k=1}^{n} \frac{\partial f}{\partial x_k}(g(t))\, \dot{g}_k(t)\,.$$

Beispiel 47.6

- Wir betrachten die Funktionen $f : \mathbb{R}_{>0} \to \mathbb{R}$ mit $f(x) = \ln(x)$ und $g : \mathbb{R}^l \setminus \{0\} \to \mathbb{R}$ mit $g(\boldsymbol{x}) = \|\boldsymbol{x}\| = \sqrt{\sum_{i=1}^{l} x_i^2}$. Dann ist

$$h = f \circ g : \mathbb{R}^l \setminus \{0\} \to \mathbb{R},\ h(\boldsymbol{x}) = \ln(\|\boldsymbol{x}\|)$$

ein Skalarfeld. Wegen $\frac{\partial g}{\partial x_i}(x) = \frac{x_i}{\|x\|}$ erhalten wir den Gradienten $\nabla g(x) = \frac{x}{\|x\|}$. Also liefert die Kettenregel:

$$\nabla h(x) = f'(g(x)) \nabla g(x) = \frac{1}{\|x\|} \frac{x}{\|x\|} = \frac{x}{\|x\|^2} \, .$$

Die Funktion h ist **radialsymmetrisch**, d. h. aus $\|x\| = \|y\|$ folgt $h(x) = h(y)$.

- Es sei $g : [0, 2\pi] \to \mathbb{R}^2$, $g(t) = (\cos(t), \sin(t))^\top$ eine ebene Kurve und außerdem $f : \mathbb{R}^2 \to \mathbb{R}$, $f(x, y) = x^2 + xy + y^2$ ein Skalarfeld. Dann ist

$$h = f \circ g : [0, 2\pi] \to \mathbb{R}, \ h(t) = 1 + \cos(t)\sin(t)$$

eine reelle Funktion einer Variablen. Weil $\nabla f(x, y) = (2x + y, 2y + x)^\top$ ist und $\dot{g}(t) = (-\sin(t), \cos(t))^\top$, gilt nach der Kettenregel:

$$\dot{h}(t) = \nabla f(g(t))^\top \dot{g}(t) = \begin{pmatrix} 2\cos(t) + \sin(t) \\ 2\sin(t) + \cos(t) \end{pmatrix}^\top \begin{pmatrix} -\sin(t) \\ \cos(t) \end{pmatrix}$$

$$= -2\sin(t)\cos(t) - \sin^2(t) + 2\sin(t)\cos(t) + \cos^2(t) = \cos^2(t) - \sin^2(t) \, .$$

47.4 Aufgaben

47.1 Begründen Sie die Aussagen zum Gradient in der Merkbox in Abschn. 47.1 (Rezeptebuch).

47.2 Berechnen Sie die ersten und zweiten partiellen Ableitungen, den Gradienten und die Richtungsableitung in Richtung $(1, -1)^\top$ der folgenden Funktionen von $\mathbb{R}^2$ nach $\mathbb{R}$:

(a) $f(x, y) = 2x^2 + 3xy + y$,
(b) $g(x, y) = xy^2 + ye^{-xy}$,
(c) $h(x, y) = x \sin y$.

47.3

(a) Zeigen Sie, dass die Funktion $f : \mathbb{R}^2 \to \mathbb{R}$ gegeben durch $f(x, y) = xy + x \ln(y/x)$ für $x, y > 0$ die folgende Gleichung erfüllt:

$$x\partial_x f + y\partial_y f = xy + f \, .$$

(b) Überlegen Sie sich, dass der Rand von D aus dem positiven Teil der x-Achse, dem positiven Teil der y-Achse und dem Ursprung besteht. Bestimmen Sie für jeden Randpunkt $(x_*, y_*) \in \partial D$ den Grenzwert $\lim_{(x,y)\to(x_*,y_*)} f(x, y)$, falls er existiert.

47.4 Berechnen Sie für die folgenden Funktionen $f \colon \mathbb{R}^2 \to \mathbb{R}$ jeweils den Gradienten:

(a) $f(x, y) = 2x + 3y$,

(b) $f(x, y) = \sqrt{x^2 + y^2}$,

(c) $f(x, y) = \ln(1 + x^2 y^4)$,

(d) $f(x, y) = 8 - 3x \sin y$.

47.5 Berechnen Sie für die Hintereinanderausführung folgender Funktionen mit Hilfe der Kettenregel den Gradienten bzw. die erste Ableitung. Überprüfen Sie das Ergebnis, indem Sie die Komposition direkt ableiten:

(a) $f(x, y) = f_2(f_1(x, y))$ mit $f_1(x, y) = xy$ und $f_2(t) = e^t$,

(b) $h(t) = h_2(h_1(t))$ mit $h_1(t) = (\cos t, \sin t)$ und $h_2(x, y) = x^2 + y^2$.

47.6 Begründen Sie, warum es keine zweimal stetig differenzierbare Funktion $f \colon \mathbb{R}^2 \to \mathbb{R}$ geben kann, die $\frac{\partial}{\partial x} f(x, y) = x^2 y$ und $\frac{\partial}{\partial y} f(x, y) = x^3$ erfüllt.

47.7 Verifizieren Sie, dass für $f \colon \mathbb{R}^2 \setminus \{(0, 0)\} \to \mathbb{R}$ mit $f(x, y) = \frac{x-y}{x^2+y^2}$ die Identität $\partial_x \partial_y f = \partial_y \partial_x f$ gilt.

47.8 Man berechne die Jacobimatrizen der Funktionen

$$\text{(a) } f(x, y, z) = \begin{pmatrix} x + y \\ x^2 z \end{pmatrix}, \quad \text{(c) } f(x, y, z) = \begin{pmatrix} e^{xy} + \cos^2 z \\ xyz - e^{-z} \\ \sinh(xz) + y^2 \end{pmatrix},$$

$$\text{(b) } f(x, y, z) = \begin{pmatrix} z + x^2 \\ xy \\ 2y \end{pmatrix}, \quad \text{(d) } f(x, y, z) = x^2 + yz + 2.$$

47.9 Es sei $f \colon \mathbb{R}^3 \to \mathbb{R}^3$ definiert durch

$$f(x, y, z) = (y + \exp z, \ z + \exp x, \ x + \exp y)^\top.$$

Bestimmen Sie die Jacobimatrix der Umkehrfunktion von f im Punkt $(1 + e, 2, e)^\top$.

47.10 Es sei $f \colon \mathbb{R}^2 \to \mathbb{R}^2$ definiert durch

$$f(x, y) = (x + 2y^2, \ y - \sin x)^\top.$$

Bestimmen Sie die Jacobimatrix der Umkehrfunktion von f im Punkt $(2 + \frac{\pi}{2}, 0)^\top$.

47.11 Berechnen Sie für $g = g_2 \circ g_1$ mit Hilfe der Kettenregel die Jacobimatrix und überprüfen Sie das Ergebnis, indem Sie direkt ableiten. Dabei seien $g_1 \colon \mathbb{R}^3 \to \mathbb{R}^2$ und $g_2 \colon \mathbb{R}^2 \to \mathbb{R}^3$ gegeben durch

$$g_1(x, y, z) = (x + y, y + z)^\top \quad \text{und} \quad g_2(u, v) = (uv, u + v, \sin(u + v))^\top.$$

47.12 Es seien $v_1 : \mathbb{R}^3 \to \mathbb{R}^2$ und $v_2 : \mathbb{R}^2 \to \mathbb{R}^3$ definiert durch

$$v_1(x, y, z) = (x + y, y + z)^\top \quad \text{und} \quad v_2(x, y) = (xy, x + y, \sin(x + y))^\top.$$

Berechnen Sie die Jacobimatrix des Vektorfeldes $v = v_2 \circ v_1$ an der Stelle $x = (x, y, z)$.

47.13 Es sei $f_1 : \mathbb{R}^2 \to \mathbb{R}^4$ definiert durch

$$f_1(x_1, x_2) = (x_1 x_2, x_2^2, \sin^2 x_2^3, x_1)^\top$$

und $f_2 : \mathbb{R}^4 \to \mathbb{R}^3$ durch

$$f_2(x_1, x_2, x_3, x_4) = (\arctan(x_1 x_2), 5 \cos x_4, \ln(1 + x_1^2 + x_2^2))^\top.$$

Berechnen Sie die Jacobimatrix des Vektorfeldes $f = f_2 \circ f_1$ an der Stelle $(0, 0)$.

47.14 Zeigen Sie, dass die Funktion

$$u(x, y, t) = \frac{1}{t} \exp\left(-\frac{x^2 + y^2}{4t}\right)$$

für $(x, y) \in \mathbb{R}^2$ und $t > 0$ die partielle DGL

$$u_t = u_{xx} + u_{yy}$$

(die *Wärmeleitungsgleichung*) erfüllt.

47.15 Bestimmen Sie $\frac{du}{dt}$ für $u(x, y, z) = e^{xy^2} + z$ mit $x = t \cos t$, $y = t \sin t$, $z = t^2$.

47.16

(a) Betrachten Sie die Funktion $\gamma : [-2, +2] \to \mathbb{R}^2$, $t \mapsto (t^2, t^3)$. Plotten Sie das Bild der Kurve γ und zeichnen Sie zusätzlich den sogenannten Tangentialvektor $\gamma'(t)$ an einigen Punkten ein (nutzen Sie hierfür `ezplot` und `quiver` zusammen). An welcher Stelle t ist der Tangentialvektor am kürzesten?

(b) Plotten Sie die Graphen der beiden folgenden Skalarfelder $f_1, f_2 : \mathbb{R}^2 \to \mathbb{R}$, gegeben durch

$$f_1(x, y) = xy e^{-(x^2 + y^2)}, \quad f_2(x, y) = x^4 + y^4 + 2x^2 y^2 - 2x^2 - 2y^2 + 1,$$

und bestimmen Sie anhand der Visualisierung, wieviele lokale Extrema es gibt.

Anwendungen der partiellen Ableitungen 48

Inhaltsverzeichnis

In Kap. 28 haben wir Anwendungen der Differentiation einer Veränderlichen angesprochen. Das machen wir nun entsprechend mit der (partiellen) Differentiation von Funktionen mehrerer Veränderlicher: Wir beschreiben das *(mehrdimensionale) Newton-Verfahren* zur Bestimmung von Nullstellen von Vektorfeldern und die *Taylorentwicklung* für Skalarfelder, um gegebene Skalarfelder lokal durch eine *Tangentialebene* oder *Schmiegparabel* zu approximieren. Dazu müssen wir inhaltlich nichts Neues lernen, sondern nur bisher geschaffenes Wissen zusammentragen.

48.1 Das (mehrdimensionale) Newtonverfahren

Wir erinnern kurz an das (eindimensionale) Newtonverfahren zur näherungsweisen Bestimmung einer Nullstelle x^* einer zweimal stetig differenzierbaren Funktion $f : I \subseteq \mathbb{R} \to \mathbb{R}$. Ausgehend von einem Startwert x_0 bildet man die Folgenglieder

$$x_{k+1} = x_k - \frac{f(x_k)}{f'(x_k)} \ \text{ für } \ k = 0, \ 1, \ 2, \ \dots .$$

Nach dem Rezept in Abschn. 28.1 wissen wir, dass diese Folge *schnell* gegen die gesuchte Nullstelle x^* konvergiert, falls nur der Startwert x_0 in der Nähe von x^* liegt. Die unmittelbare Verallgemeinerung auf den mehrdimensionalen Fall lautet nun:

© Springer-Verlag GmbH Deutschland, ein Teil von Springer Nature 2022
C. Karpfinger, *Höhere Mathematik in Rezepten*,
https://doi.org/10.1007/978-3-662-63305-2_48

Ist $f : D \subseteq \mathbb{R}^n \to \mathbb{R}^n$ ein Vektorfeld und $x^* \in D$ eine **Nullstelle** von f, also $f(x^*) = 0$, so bilde man ausgehend von einem Startvektor $x_0 \in D$ weitere Folgenglieder durch die Iteration

$$x_{k+1} = x_k - (Df(x_k))^{-1} f(x_k) \quad \text{für} \quad k = 0, 1, 2, \dots,$$

wobei $Df(x_k)$ die Jacobimatrix der Funktion f an der Stelle x_k ist. Dabei wird man von der Hoffnung getragen, dass mit wachsendem k die Folgenglieder x_k eine gesuchte Nullstelle x^* approximieren.

Bevor wir dieses Newtonverfahren allgemein schildern, machen wir auf zwei Problematiken aufmerksam:

- **Vermeide die explizite Berechnung von** $(Df(x_k))^{-1}$**:** Bei jeder Iteration ist (theoretisch) das Inverse $(Df(x_k))^{-1}$ der Jacobimatrix zu bestimmen. Das Invertieren von Matrizen ist aber aufwendig und sollte insbesondere bei einer Implementierung auf dem Rechner vermieden werden. Das ist zum Glück auch ganz einfach möglich. Wir zerlegen die Iterationsvorschrift in zwei Teile: Wir berechnen zuerst Δx_k als Lösung des linearen Gleichungssystems $Df(x_k)\Delta x_k = f(x_k)$ mit der erweiterten Koeffizientenmatrix $(Df(x_k) \mid f(x_k))$ (z. B. mit der numerisch stabilen LR-Zerlegung) und erhalten dann x_{k+1} als Differenz von x_k mit diesem Δx_k, kurz:

$$x_{k+1} = x_k - \Delta x_k, \quad \text{wobei} \quad Df(x_k)\Delta x_k = f(x_k) \quad \text{für} \quad k = 0, 1, 2, \dots.$$

- **Abbruchkriterien:** Wie im eindimensionalen Fall sollte man die Iteration abbrechen, wenn eine gesuchte Nullstelle x^* hinreichend gut approximiert wird bzw. wenn keine Konvergenz zu erwarten ist. Während wie im eindimensionalen Fall eine Nullstelle dann hinreichend gut approximiert wird, d. h. $\|x_k - x^*\| < \text{tol}$ für ein vorgegebenes $\text{tol} > 0$, falls zwei aufeinanderfolgende Iterierte x_k und x_{k+1} hinreichend eng beieinander liegen, d. h. $\|x_k - x_{k+1}\| < \text{tol}$, lässt sich leider das zweite Abbruchkriterium aus dem eindimensionalen Fall nicht retten: Man bricht die Iteration vielmehr dann ab, wenn der **natürliche Monotonietest** scheitert, d. h. STOP, falls

$$\|Df(x_k)^{-1} f(x_{k+1})\| > \|Df(x_k)^{-1} f(x_k)\| \; (= \|\Delta x_k\|).$$

Wir halten dieses Vorgehen rezeptartig fest:

Rezept: Das (mehrdimensionale) Newtonverfahren
Gegeben ist eine C^2-Funktion $f : D \subseteq \mathbb{R}^n \to \mathbb{R}^n$, D offen und konvex. Zur näherungsweisen Bestimmung einer Nullstelle $x^* \in D$ von f gehe nach Wahl einer Toleranzgrenze $\text{tol} > 0$ wie folgt vor:
(1) Wähle ein $x_0 \in D$ in der Nähe von x^*.

(2) Solange $\|\boldsymbol{x}_{k+1} - \boldsymbol{x}_k\| \geq$ tol und $\|Df(\boldsymbol{x}_k)^{-1} f(\boldsymbol{x}_{k+1})\| \leq \|Df(\boldsymbol{x}_k)^{-1} f(\boldsymbol{x}_k)\|$
   bestimme

$$\boldsymbol{x}_{k+1} = \boldsymbol{x}_k - \Delta\boldsymbol{x}_k \ \text{ mit } \ Df(\boldsymbol{x}_k)\Delta\boldsymbol{x}_k = f(\boldsymbol{x}_k), \ k = 0, 1, 2, \ldots.$$

Ist dabei det $Df(\boldsymbol{x}^*) \neq 0$, so existiert eine Umgebung U von $\boldsymbol{x}^*$, sodass diese Iteration

$$\boldsymbol{x}_0 \in U \ \text{ und } \ \boldsymbol{x}_{k+1} = \boldsymbol{x}_k - (Df(\boldsymbol{x}_k))^{-1} f(\boldsymbol{x}_k), \ k = 0, 1, 2, \ldots$$

für jedes $\boldsymbol{x}_0$ aus U gegen die Nullstelle $\boldsymbol{x}^*$ konvergiert. Die Konvergenz ist dabei **quadratisch**, d. h.

$$\|\boldsymbol{x}_{k+1} - \boldsymbol{x}^*\| = C \|\boldsymbol{x}_k - \boldsymbol{x}^*\|^2 \ \text{ für ein } \ C \in \mathbb{R}.$$

Es ist nicht schwer, das MATLAB-Programm zum (eindimensionalen) Newtonverfahren aus Aufgabe 28.8 auf das mehrdimensionale Verfahren zu verallgemeinern. Das sollte man zur Übung unbedingt tun und das folgende Beispiel wie auch die Beispiele in den Übungsaufgaben überprüfen.

Bemerkungen

1. Beim Rechnen mit Bleistift und Papier ist der Rechenaufwand bei großem n für die Berechnung von $(Df(\boldsymbol{x}_k))^{-1}$ sehr hoch. Es empfiehlt sich, von einer Stelle k an, mit festem $(Df(\boldsymbol{x}_k))^{-1}$ zu arbeiten oder dieses nach wenigen Schritten zu aktualisieren. Allerdings ist die Konvergenz dann nicht mehr quadratisch. Man spricht vom *vereinfachten Newtonverfahren*.
2. Für die Wahl des Startvektors $\boldsymbol{x}_0$ gibt es kein systematisches Vorgehen. Der Startvektor sollte in der Nähe der gesuchten Lösung sein. Hier ist man oft auf Abschätzungen und viel Hintergrundinformationen der gegebenen Problematik angewiesen.

Beispiel 48.1 Wir bestimmen mit dem Newtonverfahren eine Näherungslösung des nichtlinearen Gleichungssystems

$$x = 0.1\, x^2 + \sin(y)$$
$$y = \cos(x) + 0.1\, y^2.$$

Die Lösungen sind die Nullstellen der Funktion

$$f(x, y) = \begin{pmatrix} 0.1\, x^2 + \sin(y) - x \\ \cos(x) + 0.1\, y^2 - y \end{pmatrix} = \begin{pmatrix} 0 \\ 0 \end{pmatrix}.$$

Es gilt

$$Df(x, y) = \begin{pmatrix} 0.2\,x - 1 & \cos(y) \\ -\sin(x) & 0.2\,y - 1 \end{pmatrix},$$

also

$$(Df(x, y))^{-1} = \frac{1}{\Delta(x,y)} \begin{pmatrix} 0.2\,y - 1 & -\cos(y) \\ \sin(x) & 0.2\,x - 1 \end{pmatrix}$$

mit $\Delta(x, y) = (0.2x - 1)(0.2y - 1) + \sin(x)\cos(y)$. Der allgemeine Schritt im Newton-verfahren lautet also

$$\begin{pmatrix} x_{k+1} \\ y_{k+1} \end{pmatrix} = \begin{pmatrix} x_k \\ y_k \end{pmatrix} - \frac{1}{\Delta(x_k, y_k)} \begin{pmatrix} 0.2\,y_k - 1 & -\cos(y_k) \\ \sin(x_k) & 0.2\,x_k - 1 \end{pmatrix} \begin{pmatrix} 0.1\,x_k^2 + \sin(y_k) - x_k \\ \cos(x_k) + 0.1\,y_k^2 - y_k \end{pmatrix}.$$

Mit den Startwerten $x_0 = 0.8$ und $y_0 = 0.8$ erhalten wir:

k	x_k	y_k
0	0.800000000000000	0.800000000000000
1	0.764296288278366	0.783713076688571
2	0.764070576897057	0.783396762842286
3	0.764070550812738	0.783396774300478
4	0.764070550812738	0.783396774300478

48.2 Taylorentwicklung

Wie im eindimensionalen Fall approximieren wir nun eine Funktion durch ein *Taylorpoly-nom*. Weil wir Funktionen in mehreren Veränderlichen betrachten, sind auch die zugehöri-gen Taylorpolynome Polynome in mehreren Veränderlichen. Solche Polynome kennen wir bereits aus dem Kap. 41 zu den Quadriken.

48.2.1 Das nullte, erste und zweite Taylorpolynom

Das m-te Taylorpolynom um den Entwicklungspunkt $a \in I$ einer (m-fach differenzierbaren) Funktion $f : I \subseteq \mathbb{R} \to \mathbb{R}$, $x \mapsto f(x)$ in einer Veränderlichen lautet nach Abschn. 28.2:

$$T_{m,f,a}(x) = f(a) + f'(a)(x - a) + \frac{1}{2} f''(a)(x - a)^2 + \cdots + \frac{1}{m!} f^{(m)}(a)(x - a)^m.$$

Die Rolle der ersten und zweiten Ableitung f' und f'' übernehmen bei einem Skalarfeld $f : D \subseteq \mathbb{R}^n \to \mathbb{R}$ der Gradient ∇f und die Hessematrix H_f. Damit erhalten wir die ersten *Taylorpolynome* für ein Skalarfeld:

Nulltes, erstes und zweites Taylorpolynom eines Skalarfeldes

Gegeben ist eine offene und konvexe Menge $D \subseteq \mathbb{R}^n$ und ein $a \in D$. Ist $f : D \subseteq \mathbb{R}^n \to \mathbb{R}$ ein zweimal stetig partiell differenzierbares Skalarfeld, so nennt man

- $T_{0,f,a}(x) = f(a)$ das **nullte** bzw.
- $T_{1,f,a}(x) = f(a) + \nabla f(a)^\top (x - a)$ das **erste** bzw.
- $T_{2,f,a}(x) = f(a) + \nabla f(a)^\top (x - a) + \frac{1}{2}(x - a)^\top H_f(a)(x - a)$ das **zweite Taylorpolynom** im **Entwicklungspunkt** $a \in D$.

Man beachte, dass wie im eindimensionalen Fall gilt

$$f(a) = T_{2,f,a}(a), \quad \nabla f(a) = \nabla T_{2,f,a}(a), \quad H_f(a) = H_{T_{2,f,a}}(a),$$

sodass wir das Taylorpolynom wieder als *Approximation* des Skalarfeldes f um den Entwicklungspunkt a auffassen können. Natürlich können wir auch für $m > 2$ ein m-tes Taylorpolynom zu Skalarfeldern erklären, der Formalismus ist nur etwas komplizierter. Wir machen das nach den folgenden Beispielen und Erläuterungen.

Beispiel 48.2

- Wir bestimmen die ersten drei Taylorpolynome des Skalarfeldes $f : \mathbb{R}^2 \to \mathbb{R}$ mit $f(x, y) = x^2 - y + xy$ im Entwicklungspunkt $a = (1, 0)^\top \in \mathbb{R}^2$. Dazu bestimmen wir vorab alle partiellen Ableitungen 1. und 2. Ordnung:

$$f_x(x, y) = 2x + y, \quad f_y(x, y) = -1 + x,$$
$$f_{xx}(x, y) = 2, \quad f_{xy}(x, y) = 1 = f_{yx}(x, y), \quad f_{yy}(x, y) = 0.$$

Damit lauten Gradient und Hessematrix in $a = (1, 0)^\top$:

$$\nabla f(1, 0) = \begin{pmatrix} 2 \\ 0 \end{pmatrix} \quad \text{und} \quad H_f(1, 0) = \begin{pmatrix} 2 & 1 \\ 1 & 0 \end{pmatrix}.$$

Man erhält also für die ersten drei Taylorpolynome:

$$T_{0,f,a}(x, y) = f(1, 0) = 1,$$

$$T_{1,f,a}(x, y) = f(1, 0) + \nabla f(1, 0)^\top \begin{pmatrix} x - 1 \\ y - 0 \end{pmatrix} = 1 + 2(x - 1) + 0(y - 0) = 2x - 1,$$

$$T_{2,f,a}(x, y) = f(1, 0) + \nabla f(1, 0)^\top \begin{pmatrix} x - 1 \\ y - 0 \end{pmatrix} + \frac{1}{2}(x - 1, y - 0)H_f(1, 0)\begin{pmatrix} x - 1 \\ y - 0 \end{pmatrix}$$

$$= 2x - 1 + \frac{1}{2}(2(x - 1)^2 + 2(x - 1)y) = x^2 + xy - y.$$

Abb. 48.1 Die Funktion und
Taylorpolynome

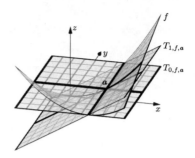

Wir haben die Graphen der drei Taylorpolynome $T_{0,f,a}$, $T_{1,f,a}$ und $T_{2,f,a}$ in die Abb. 48.1 eingezeichnet.

- Wir bestimmen die ersten drei Taylorpolynome des Skalarfeldes $f : \mathbb{R}^2 \to \mathbb{R}$ mit $f(x, y) = x^3 e^y$ im Entwicklungspunkt $a = (1, 0)^\top \in \mathbb{R}^2$. Dazu bestimmen wir vorab alle partiellen Ableitungen 1. und 2. Ordnung:

$$f_x(x, y) = 3\,x^2 e^y\,,\quad f_y(x, y) = x^3 e^y\,,$$
$$f_{xx}(x, y) = 6\,x e^y\,,\quad f_{xy}(x, y) = 3\,x^2 e^y = f_{yx}(x, y)\,,\quad f_{yy}(x, y) = x^3 e^y\,.$$

Damit lauten Gradient und Hessematrix in $a = (1, 0)^\top$:

$$\nabla f(1, 0) = \begin{pmatrix} 3 \\ 1 \end{pmatrix} \quad \text{und} \quad H_f(a) = \begin{pmatrix} 6 & 3 \\ 3 & 1 \end{pmatrix}\,.$$

Man erhält also für die ersten drei Taylorpolynome:

$$T_{0,f,a}(x, y) = f(1, 0) = 1\,,$$
$$T_{1,f,a}(x, y) = 1 + 3(x - 1) + 1(y - 0) = 3x + y - 2\,,$$
$$T_{2,f,a}(x, y) = 1 + 3(x - 1) + 1(y - 0) + \tfrac{1}{2}\big(6(x - 1)^2 + 6(x - 1)y + y^2\big)$$
$$= 1 + 3(x - 1) + y + 3(x - 1)^2 + \tfrac{1}{2}y^2 + 3(x - 1)y\,.$$

∎

Die von $T_{1,f,a}$ beschriebene Menge wird als **Tangentialebene** in a bezeichnet, die von $T_{2,f,a}$ als **Schmiegparabel.** Eine Vorstellung davon ist im Fall $n = 2$ möglich: Das Bild der Funktion $T_{1,f,a}$ ist die Menge $\{z = f(a) + \nabla f(a)^\top (x - a) \in \mathbb{R}^3 \mid x \in D\}$. Die Menge aller dieser Punkte ist gegeben durch eine Ebenengleichung der Form

$$r\,x + s\,y - z = t\,.$$

Abb. 48.2 Die Funktion und
Taylorpolynome

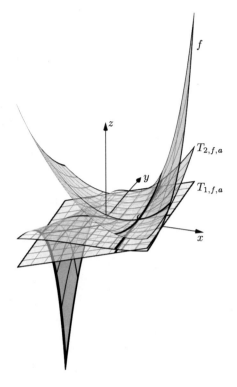

Im ersten Beispiel lautet die Ebenengleichung der Tangentialebene an f im Punkt $\boldsymbol{a} = (1, 0)^\top$ damit $2x - z = 1$ und im zweiten Beispiel erhalten wir die Gleichung für die Tangentialebene $3x + y - z = 2$.

In Abb. 48.2 haben wir den Graphen des Skalarfeldes $f : \mathbb{R}^2 \to \mathbb{R}$ mit $f(x, y) = x^3 \mathrm{e}^y$, die Tangentialebene im Punkt $(1, 0)^\top$ und die Schmiegparabel im Punkt $(1, 0)^\top$ eingetragen.

Erstellt man den Plot mit MATLAB, so kann man den Graphen mit seinen Taylorapproximationen in alle Richtungen drehen.

48.2.2 Das allgemeine Taylorpolynom

Manchmal benötigt man auch Taylorpolynome höher als 2. Ordnung. Um auch für diese Situation eine *Taylorformel* zur Verfügung zu stellen, erinnern wir uns kurz an die Motivation der Taylorentwicklung: Das Taylorpolynom m-ter Ordnung soll für alle $k \leq m$ dieselben k-ten partiellen Ableitungen im Entwicklungspunkt a haben wie die Funktion f. Außerdem soll das Taylorpolynom m-ter Ordnung natürlich auch ein Polynom vom Grad m sein. Ein solches allgemeines Polynom vom Grad m im Entwicklungspunkt $\boldsymbol{a} = (a_1, \ldots, a_n)^\top \in \mathbb{R}^n$ lautet:

$$p_m(x_1, \ldots, x_n) = \sum_{k_1 + \ldots + k_n \le m} a_{k_1, \ldots, k_n} (x_1 - a_1)^{k_1} \ldots (x_n - a_n)^{k_n}.$$

Beispiel 48.3 Das allgemeine Polynom vom Grad 3 in den Veränderlichen x und y und Entwicklungspunkt $\boldsymbol{a} = (1, 0)^\top$ lautet

$$\begin{aligned}
p_3(x, y) = \ & a_{0,0} \\
& + a_{1,0}(x - 1) + a_{0,1}y \\
& + a_{2,0}(x - 1)^2 + a_{1,1}(x - 1)y + a_{0,2}y^2 \\
& + a_{3,0}(x - 1)^3 + a_{2,1}(x - 1)^2 y + a_{1,2}(x - 1)y^2 + a_{0,3}y^3 \\
= \ & \sum_{k_1 + k_2 \le 3} a_{k_1, k_2}(x - 1)^{k_1} y^{k_2}.
\end{aligned}$$

∎

Die Bedingung, dass das Polynom p_m dieselben k-ten partiellen Ableitungen in a hat wie eine gegebene Funktion f, liefert eine Bestimmungsgleichung für die Koeffizienten $a_{k_1, \ldots, k_n}$, diese lautet:

Das m-te Taylorpolynom

Ist $f : D \subseteq \mathbb{R}^n \to \mathbb{R}$ ein m-mal stetig partiell differenzierbares Skalarfeld, so lautet das m-te Taylorpolynom in einem Entwicklungspunkt $\boldsymbol{a} = (a_1, \ldots, a_n)^\top \in D$:

$$T_{m, f, a}(x) = \sum_{k_1 + \ldots + k_n \le m} a_{k_1, \ldots, k_n} (x_1 - a_1)^{k_1} \ldots (x_n - a_n)^{k_n}$$

mit

$$a_{k_1, \ldots, k_n} = \frac{1}{k_1! \ldots k_n!} \frac{\partial^{k_1 + \ldots + k_n}}{\partial x_1^{k_1} \ldots \partial x_n^{k_n}} f(\boldsymbol{a}).$$

Beispiel 48.4 Wir bestimmen das dritte Taylorpolynom $T_{3, f, a}$ des Skalarfeldes $f : \mathbb{R}^2 \to \mathbb{R}$ mit $f(x, y) = x^3 \mathrm{e}^y$ im Entwicklungspunkt $\boldsymbol{a} = (1, 0)^\top \in \mathbb{R}^2$ (vgl. das Beispiel 48.2). Dazu bestimmen wir vorab alle partiellen Ableitungen 1., 2. und 3. Ordnung an der Stelle $\boldsymbol{a}$, wobei wir für das Polynom vom Grad 3 nach Beispiel 48.3 nur die fettgedruckten partiellen Ableitungen benötigen:

- $\boldsymbol{f_x(a) = 3x^2 \, e^y \,|_a = 3}$,
- $\boldsymbol{f_{xy}(a) = 3x^2 \, e^y \,|_a = 3}$,
- $\boldsymbol{f_{xxx}(a) = 6 \, e^y \,|_a = 6}$,
- $\boldsymbol{f_y(a) = x^3 \, e^y \,|_a = 1}$,
- $f_{yx}(a) = 3x^2 \mathrm{e}^y |_a = 3$,
- $\boldsymbol{f_{xxy}(a) = 6x \, e^y \,|_a = 6}$,
- $\boldsymbol{f_{xx}(a) = 6x \, e^y \,|_a = 6}$,
- $f_{yy}(a) = x^3 \, e^y \,|_a = 1$,
- $f_{xyx}(a) = 6x\mathrm{e}^y |_a = 6$,

- $f_{xyy}(a) = 3x^2 e^y |_a = 3,$

- $f_{yxx}(a) = 6xe^y|_a = 6,$
- $f_{yxy}(a) = 3x^2e^y|_a = 3,$

- $f_{yyx}(a) = 3x^2e^y|_a = 3,$
- $f_{yyy}(a) = x^3 e^y |_a = 1.$

Mit $f(a) = 1$ erhalten wir damit das Taylorpolynom dritten Grades:

$$T_{3,f,a}(x, y) = 1 + 3(x - 1) + 1y + 3(x - 1)^2 + 3(x - 1)y + \frac{1}{2}y^2 +$$
$$+ 1(x - 1)^3 + 3(x - 1)^2y + \frac{3}{2}(x - 1)y^2 + \frac{1}{6}y^3.$$

∎

Die allgemeine Formulierung der *Taylorformel* für ein Skalarfeld $f : D \subseteq \mathbb{R}^n \to \mathbb{R}$ in einem Entwicklungspunkt $a \in \mathbb{R}^n$ gelingt mithilfe des folgenden Formalismus knapp und elegant: Wir ersetzen dazu x durch $a + h$ mit $h = (h_1, \ldots, h_n)^\top \in \mathbb{R}^n$. Damit wird aus *$x$ liegt in der Umgebung von a* ein *h liegt in der Umgebung von null*. Wir rechnen nun formal mit dem Nabla-Operator wie folgt:

$$h \cdot \nabla = h_1 \frac{\partial}{\partial x_1} + \cdots + h_n \frac{\partial}{\partial x_n} = \sum_{i=1}^{n} h_i \frac{\partial}{\partial x_i}$$

und damit

$$h \cdot \nabla f(x) = h_1 \frac{\partial}{\partial x_1} f(x) + \cdots + h_n \frac{\partial}{\partial x_n} f(x) = \sum_{i=1}^{n} h_i \frac{\partial}{\partial x_i} f(x)$$

und analog mit Potenzen von $h \cdot \nabla$:

$$(h \cdot \nabla)^k = \sum_{i_1, \ldots, i_k=1}^{n} h_{i_1} \cdots h_{i_k} \frac{\partial^k}{\partial x_{i_1} \cdots \partial x_{i_k}}$$

und damit

$$(h \cdot \nabla)^k f(x) = \sum_{i_1, \ldots, i_k=1}^{n} h_{i_1} \cdots h_{i_k} \frac{\partial^k}{\partial x_{i_1} \cdots \partial x_{i_k}} f(x).$$

Das merkt man sich einfach mit $(h \cdot \nabla)^k = \left(h_1 \frac{\partial}{\partial x_1} + \cdots + h_n \frac{\partial}{\partial x_n} \right)^k$. Damit lautet nun die Taylorformel ganz einfach:

Satz von Taylor – die Taylorformel

Ist $f : D \subseteq \mathbb{R}^n \to \mathbb{R}$ ein $(m+1)$-mal stetig partiell differenzierbares Skalarfeld, D offen und konvex, so gilt für $a \in D$ und $h \in \mathbb{R}^n$ mit $a + h \in D$ die **Taylorformel**

$$f(a+h) = f(a) + (h \cdot \nabla)f(a) + \frac{1}{2!}(h \cdot \nabla)^2 f(a) + \cdots + \frac{1}{m!}(h \cdot \nabla)^m f(a) + R_{m+1}(a, h)$$

mit einem Restglied

$$R_{m+1}(a, h) = \frac{1}{(m+1)!}(h \cdot \nabla)^{m+1} f(a + \xi h) \quad \text{für ein } \xi \in (0, 1).$$

48.3 Aufgaben

48.1 Gesucht ist eine Lösung des nichtlinearen Gleichungssystems

$$10x - \cos y = 0,$$
$$-\cos x + 5y = 0.$$

Wir wählen den Startvektor $x_0 = (0, 0)^\top$.
  (*Hinweis:* Es ist $\cos 0.1 = 0.995$, $\cos 0.2 = 0.98$.)

(a) Berechnen Sie mit dem Newtonverfahren x_1.
(b) Berechnen Sie mit dem vereinfachten Newtonverfahren x_1, x_2.

Anmerkung: Das vereinfachte Newtonverfahren berechnet nur in jedem k-ten Schritt, für ein festes $k \geq 2$, $Df(x_n)$ neu, dazwischen wird jeweils die alte Ableitungsmatrix verwendet.

48.2 Es sei $f(x, y) = \begin{pmatrix} x^2 + y^2 - 2 \\ y - 1/x \end{pmatrix}$.

(a) Bestimmen Sie die Jacobimatrix von f.
(b) Formulieren Sie das Newtonverfahren zum Lösen der Gleichung $f(x, y) = 0$.
(c) Berechnen Sie eine Iterierte zum Startwert $(x_0, y_0) = (5/4, 5/4)$.

48.3 Schreiben Sie eine MATLAB-Funktion

```
function[ x,xvec,deltax ] = newtonverf( f,Df,x,TOL ),
```

welche Funktionshandle f und Df, einen Startwert x und eine gewünschte Genauigkeit TOL als Eingabe erhält. Diese Funktion soll dann das Newtonverfahren bis auf die gewünschte

Genauigkeit oder bis der natürliche Monotonietest verletzt ist berechnen. Als Rückgabe soll die Approximation x der Nullstelle, die Folge der Iterierten und die Genauigkeit bei der letzten Iteration zurückgegeben werden.

48.4 Geben Sie die Ausdrücke $f(\boldsymbol{a}) + (\boldsymbol{h} \cdot \nabla) f(\boldsymbol{a})$ und $f(\boldsymbol{a}) + (\boldsymbol{h} \cdot \nabla) f(\boldsymbol{a}) + \frac{1}{2!}(\boldsymbol{h} \cdot \nabla)^2 f(\boldsymbol{a})$ aus der Taylorformel für den Fall $n = 2$ explizit an und vergleichen Sie dies mit den Taylorpolynomen T_1 und T_2.

48.5 Bestimmen Sie im Punkt $\boldsymbol{p} = (1, 0, f(1, 0))^\top$ die Tangentialebene an den Graphen der Funktion $f(x, y) = x^2 - y - x e^y$.

48.6 Es sei $f \colon \mathbb{R}^2 \to \mathbb{R}$ gegeben durch

$$f(x, y) = 2x^3 - 5x^2 + 3xy - 2y^2 + 9x - 9y - 9.$$

Berechnen Sie das Taylorpolynom dritten Grades von f an der Stelle $\boldsymbol{a} = (1, -1)^\top$.

48.7 Man entwickle die Funktion $f \colon \mathbb{R}^2 \to \mathbb{R}$, um $\boldsymbol{a} = (1/e, -1)^\top$ in ein Taylorpolynom 2. Ordnung mit

$$f(x, y) = y \ln x + x e^{y+2}.$$

48.8 Man entwickle $f(x, y) = x^y$ an der Stelle $\boldsymbol{a} = (1, 1)^\top$ in ein Taylorpolynom 2. Ordnung und berechne damit näherungsweise $\sqrt[10]{(1.05)^9}$.

48.9 Es sei $f \colon \mathbb{R}^2 \to \mathbb{R}$ gegeben durch

$$f(x, y) = \exp(x^2 + y^3) + xy(x + y).$$

Berechnen Sie das Taylorpolynom dritten Grades von f an der Stelle $\boldsymbol{a} = (0, 0)^\top$.

48.10 Gegeben sei die Funktion $f \colon D \subseteq \mathbb{R}^2 \to \mathbb{R}, \quad f(x, y) = \ln |x^{\frac{3}{2}} \cos(y)|$.

(a) Berechnen Sie den Wert der Funktion und ihrer partiellen Ableitungen bis einschließlich 2. Ordnung im Punkt $\boldsymbol{a} = (1, 0)^\top \in D$.
(b) Geben Sie das Taylorpolynom 2. Grades der Funktion im Punkt $\boldsymbol{a} = (1, 0)^\top$ an.
(c) Die Gleichung $f(x, y) = 0$ läßt sich mit Hilfe des Taylorpolynoms durch eine Quadrikgleichung approximieren, geben Sie diese an.
(d) Bestimmen Sie die Normalform der Quadrik aus (c) an.

48.11 Bestimmen Sie für $f(x, y) = \ln(x - y)$ das Taylorpolynom 2-ter Ordnung, wobei nur Potenzen von x und $y + 1$ in der Entwicklung vorkommen.

Extremwertbestimmung 49

Inhaltsverzeichnis

Die Wertemenge eines Skalarfeldes $f : D \subseteq \mathbb{R}^n \to \mathbb{R}$ liegt in $\mathbb{R}$. Damit ist es möglich, die Werte eines Skalarfeldes der Größe nach zu unterscheiden und der Frage nachzugehen, ob lokal oder global *extremale* Werte angenommen werden. Erfreulicherweise kann diese Suche nach *Extremalstellen* und *Extrema* analog zum eindimensionalen Fall behandelt werden: Man bestimmt die Kandidaten als Nullstellen des Gradienten (dem Pendant der ersten Ableitung) und prüft dann mit der Hessematrix (dem Pendant der zweiten Ableitung) nach, ob es sich bei den Kandidaten tatsächlich um Extremalstellen handelt. Bei der Suche nach globalen Extrema ist dann noch der *Rand* des Definitionsbereiches von f zu berücksichtigen.

49.1 Lokale und globale Extrema

Nach dem Satz vom Maximum und Minimum in Abschn. 46.3 nimmt ein stetiges Skalarfeld $f : D \subseteq \mathbb{R}^n \to \mathbb{R}$ für ein kompaktes D ein (globales) Maximum und (globales) Minimum an. Wie im eindimensionalen Fall können natürlich auch bei nichtkompaktem D solche *globalen Extrema* neben weiteren *lokalen Extrema* existieren, wir definieren (vgl. Abschn. 27.2):

© Springer-Verlag GmbH Deutschland, ein Teil von Springer Nature 2022   547
C. Karpfinger, *Höhere Mathematik in Rezepten*,
https://doi.org/10.1007/978-3-662-63305-2_49

Extrema und Extremalstellen

Wir betrachten ein Skalarfeld $f : D \subseteq \mathbb{R}^n \to \mathbb{R}$. Man nennt ein $x_0 \in D$ **Stelle eines**

- **globalen Maximums**, falls $f(x_0) \geq f(x) \quad \forall x \in D$.
  Man nennt dann $f(x_0)$ **das globale Maximum**.
- **globalen Minimums**, falls $f(x_0) \leq f(x) \quad \forall x \in D$.
  Man nennt dann $f(x_0)$ **das globale Minimum**.
- **lokalen Maximums**, falls $\exists \varepsilon > 0 : f(x_0) \geq f(x) \quad \forall x \in B_\varepsilon(x_0)$.
  Man nennt dann $f(x_0)$ **ein lokales Maximum**.
- **lokalen Minimums**, falls $\exists \varepsilon > 0 : f(x_0) \leq f(x) \quad \forall x \in B_\varepsilon(x_0)$.
  Man nennt dann $f(x_0)$ **ein lokales Minimum**.

Gilt sogar $>$ anstelle $\geq$ bzw. $<$ anstelle $\leq$, so spricht man von **strengen** oder **strikten** lokalen oder globalen Extrema.

Dabei ist wie üblich $B_\varepsilon(x_0) = \{x \in \mathbb{R}^n \mid \|x - x_0\| < \varepsilon\}$ die ε-Umgebung von x_0.

Im Fall $n = 2$ ist der Graph von $f : D \subseteq \mathbb{R}^2 \to$ eine Fläche im $\mathbb{R}^3$, die Extrema, lokal und global, entsprechen genau der Vorstellung bzw. dem bekannten Fall einer Funktion einer Veränderlichen: Globale Extrema sind der insgesamt größte und kleinste Wert der Funktion auf D, lokale Extrema sind lokal, also für die Einschränkung der Funktion f auf eine evtl. sehr kleine Umgebung U der betrachteten Stelle, größter und kleinster Wert von f auf U, siehe Abb. 49.1.

Wie bestimmt man die Extrema eines Skalarfeldes? Ist $x_0 \in D$ Stelle eines lokalen Extremums des stetig partiell differenzierbaren Skalarfeldes $f : D \subseteq \mathbb{R}^n \to \mathbb{R}$, so ist die Tangentialebene im Punkt $(x_0, f(x_0))$ an den Graphen von f horizontal. Also findet man die Stellen lokaler Extrema einer partiell differenzierbaren Funktion unter den **Nullstellen**

Abb. 49.1 Lokale und globale Extrema

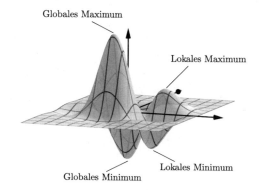

Globales Maximum

Lokales Maximum

Lokales Minimum

Globales Minimum

von $\nabla f(x)$: Man nennt jedes $x_0 \in D$ mit $\nabla f(x_0) = 0$ eine **stationäre** oder **kritische Stelle** von f.

Man beachte: Gilt $\nabla f(x_0) = 0$, so *kann* in x_0 ein lokales Extremum sein, dass *muss* es aber nicht. Beispielsweise hat die Funktion $f : \mathbb{R}^2 \to \mathbb{R}$, $f(x, y) = x^3$ in $x_0 = (0, 0)$ kein lokales Extremum, obwohl $\nabla f(0, 0) = (0, 0)^\top$ gilt. Jede stationäre Stelle, die weder Stelle eines lokalen Minimums, noch Stelle eines lokalen Maximums ist, heißt **Stelle eines Sattelpunktes** oder kurz **Sattelpunkt.**

Die Frage, ob in einer kritischen Stelle $x_0 \in D$ ein lokales Extremum oder Sattelpunkt vorliegt, kann man oft mit dem folgenden Extremstellenkriterium beantworten:

Extremstellenkriterium

Ist $f : D \subseteq \mathbb{R}^n \to \mathbb{R}$ ein zweimal stetig partiell differenzierbares Skalarfeld mit der (symmetrischen) Hessematrix H_f und D offen, so gilt für eine kritische Stelle $x_0 \in D$:

- Ist $H_f(x_0)$ negativ definit, so ist x_0 Stelle eines lokalen Maximums.
- Ist $H_f(x_0)$ positiv definit, so ist x_0 Stelle eines lokalen Minimums.
- Ist $H_f(x_0)$ indefinit, so ist x_0 Stelle eines Sattelpunktes.
- Ist $H_f(x_0)$ semidefinit (und nicht definit), so ist keine allgemeine Aussage möglich.

Ob eine Matrix A positiv, negativ, semi- oder indefinit ist, entscheidet man mithilfe der Kriterien zur Definitheit aus Kap. 45.

Bemerkungen

1. Manchmal definiert man den Begriff *Sattelpunkt* anders, nämlich als einen Punkt $x_0 \in D$, sodass in jeder Umgebung von x_0 Punkte a und b liegen mit $f(a) < f(x_0) < f(b)$, so wie es eben bei einem *Sattel* der Fall ist. Auch bei dieser Definition ist obiges Kriterium gültig.
2. Ist $H_f(x_0)$ semidefinit (und nicht definit), so kann alles passieren: Beispielsweise haben die folgenden Skalarfelder $f_i : \mathbb{R}^2 \to \mathbb{R}$ mit

$$f_1(x, y) = x^4 + y^2, \quad f_2(x, y) = -(x^4 + y^2), \quad f_3(x, y) = x^3 - y^2$$

alle eine stationäre Stelle in $x_0 = (0, 0)^\top$, und es sind auch die jeweiligen Hessematrizen $H_{f_1}(0, 0)$, $H_{f_2}(0, 0)$, $H_{f_3}(0, 0)$ in x_0 semidefinit (und nicht definit). Aber dennoch hat f_1 in $(0, 0)$ ein lokales Minimum, f_2 hat in $(0, 0)$ ein lokales Maximum und f_3 hat weder ein Minimum noch ein Maximum in $(0, 0)$ (setzt man in diesem letzten Beispiel $y = 0$, so sieht man, dass die Funktion für jedes positive x positive Werte und für jedes negative x negative Werte annimmt).

Beispiel 49.1 Um eine bessere Vorstellung von einem *Sattel* zu haben, betrachten wir den **Affensattel**, das ist der Graph des Skalarfeldes

$$f : \mathbb{R}^2 \to \mathbb{R} \text{ mit } f(x, y) = x^3 - 3 x y^2 .$$

Wir ermitteln den Gradient $\nabla f(x, y)$ und die Hessematrix $H_f(x, y)$:

$$\nabla f(x, y) = \begin{pmatrix} 3x^2 - 3y^2 \\ -6xy \end{pmatrix} \text{ und } H_f(x, y) = \begin{pmatrix} 6x & -6y \\ -6y & -6x \end{pmatrix} .$$

Die Nullstellen des Gradienten erhalten wir in diesem Fall ganz einfach: Damit die zweite Komponente $-6xy$ null ist, muss $x = 0$ oder $y = 0$ gelten. In jedem dieser beiden Fälle ist die erste Komponente $3x^2 - 3y^2$ nur dann null, wenn die jeweils andere Veränderliche null ist: Damit ist $x_0 = (0, 0)$ die einzige stationäre Stelle dieses Skalarfeldes. Die Hessematrix ist in der stationären Stelle $x_0 = (0, 0)^\top$ die Nullmatrix, $H_f(0, 0) = 0$, und damit semidefinit (und nicht definit). Damit ist unser Extremstellenkriterium nicht anwendbar. Das typische Vorgehen, um dennoch eine Entscheidung herbeizuführen, ist wie folgt:

Wir schränken das Skalarfeld $f(x, y) = x^3 - 3 x y^2$ auf eine Gerade ein. Dazu wählen wir die x-Achse, es ist dann nämlich $y = 0$ und die Funktionsvorschrift lautet $f(x, 0) = x^3$; in jeder Umgebung der Stelle $x_0 = (0, 0)$ liegen damit Stellen a und b mit $f(a) < f(x_0) < f(b)$, nämlich für $a = (-\varepsilon, 0)$ auf der negativen x-Achse und $b = (\varepsilon, 0)$ auf der positiven x-Achse.

Dieses Einschränken eines Skalarfeldes auf eine Gerade wie hier auf die x-Achse ist eine äußerst nützliche und vielfältig einsetzbare Methode, um weitere Information über das lokale oder globale Verhalten der Funktion f zu erhalten. Z. B. sieht man, dass $x_0 = (0, 0)$ Stelle eines Sattelpunktes ist, wir sehen aber auch, dass wegen

$$\lim_{x \to \infty} f(x, 0) = \infty \text{ und } \lim_{x \to -\infty} f(x, 0) = -\infty$$

die Funktion f nach oben und unten unbeschränkt ist, insbesondere also auch keine globalen Extrema hat.

Der Graph von f, der Affensattel, ist in der nebenstehenden Abb. 49.2 dargestellt: Er hat drei Senken. Zwei Senken dienen wie bei jedem anderen Sattel auch für die Beine des Affen und eine dritte Senke ist für den Schwanz. Wenn Sie den Graph mit MATLAB plotten, so können Sie ihn in alle Richtungen drehen und dabei deutlich den Sattelpunkt $(0, 0)$ erkennen. ∎

Das letzte Beispiel zeigt das typische Vorgehen bei der Untersuchung einer stationären Stelle mit semidefiniter (und nicht definiter) Hessematrix. Ein ähnliches Vorgehen sollte im Fall $f''(x_0) = 0$ aus der eindimensionalen Analysis bekannt sein.

Abb. 49.2 Der Affensattel

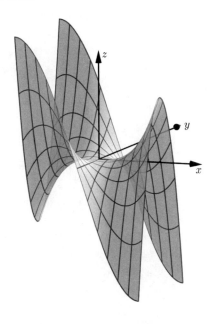

49.2 Bestimmung der Extrema und Extremalstellen

Das Bestimmen der lokalen Extrema von $f : D \subseteq \mathbb{R}^n \to \mathbb{R}$ ist prinzipiell unproblematisch: Man bestimmt die Nullstellen von ∇f, also die stationären Stellen (das ist zwar rechnerisch oftmals mühsam, aber notfalls per Rechner, z.B. mit dem Newtonverfahren, lösbar) und entscheidet mit obigem Kriterium, ob es sich bei den einzelnen stationären Stellen um Extrema oder Sattelpunkte handelt.

Die globalen Extrema von $f : D \subseteq \mathbb{R}^n \to \mathbb{R}$ findet man wie im eindimensionalen Fall unter den lokalen Extrema und den Werten von f auf dem Rand von D, sofern f dort erklärt ist. Das war im eindimensionalen Fall meist unproblematisch, da die Ränder einfach nur Zahlen a und b oder $\pm\infty$ waren. Im Mehrdimensionalen können Ränder leider sehr kompliziert werden. In den typischen Aufgaben zu diesem Thema hat man es meistens mit dem Fall $n = 2$ zu tun, die Ränder von D sind dabei Ränder von Kreisen oder Rechtecken, oder der Definitionsbereich D ist unbeschränkt.

Auf jeden Fall gibt es dann kein globales Maximum, wenn die Funktion f nach oben unbeschränkt ist; es gibt in dieser Situation nämlich keinen größten Funktionswert, analog existiert kein globales Minimum, wenn f nach unten unbeschränkt ist. Eine solche Entscheidung trifft man meistens folgendermaßen: Man fixiert alle bis auf eine Veränderliche x_i von f und betrachtet dann $\lim_{x_i \to a} f(\ldots, x_i, \ldots)$ für ein $a \in \mathbb{R} \cup \{\infty\}$, kurz: Man schränkt f auf eine Gerade ein (siehe obiges Beispiel zum Affensattel).

Wir fassen zusammen und ergänzen:

Rezept: Bestimmen der Extremalstellen

Die Extremalstellen eines zweimal stetig differenzierbaren Skalarfeldes

$$f : D \subseteq \mathbb{R}^n \to \mathbb{R}, \ x \mapsto f(x)$$

findet man wie folgt:

(1) Berechne ∇f.

(2) Bestimme die kritischen Stellen von f im Inneren von D, also die Nullstellen $a_1, \ldots, a_n \in \overset{\circ}{D}$ von ∇f.

(3) Entscheide mit dem Extremstellenkriterium in Abschn. 2, ob in $a_1, \ldots, a_n$ ein lokales Maximum oder Minimum oder ein Sattelpunkt vorliegt.
     Im Falle einer semidefiniten (und nicht definiten) Hessematrix in a_k betrachte die Funktionswerte der Punkte einer (beliebig kleinen) Umgebung von a_k; oftmals lässt sich so entscheiden, ob ein Extremum oder ein Sattelpunkt in a_k vorliegt.

(4) Erhalte die lokalen Extrema: Bestimme die Werte $f(a_i)$, falls in a_i ein lokales Extremum vorliegt.

(5) Bestimme die *Randextrema:*
     - 1. Fall: f ist auf ∂D erklärt: Bestimme die Extremalstellen und Extremal-werte der Funktion f eingeschränkt auf den Rand (evtl. benutze man die Lagrange'sche Multiplikatorenregel, siehe Abschn. 50.3).
     - 2. Fall: f ist auf ∂D nicht erklärt bzw. D ist unbeschränkt: Bestimme die Grenzwerte von f an den Randpunkten bzw. für *große* $x \in D$.

(6) Entscheide durch Vergleich der Werte aus (4) und (5), ob und, wenn ja, an welchen Stellen das globale Maximum und das globale Minimum angenommen wird:
     - Existiert ein kleinster reeller Wert y_{min}? Falls ja, so ist y_{min} das globale Minimum, es sind alle a_i mit $f(a_i) = y_{min}$ Stellen des globalen Minimums.
     - Existiert ein größter reeller Wert y_{max}? Falls ja, so ist y_{max} das globale Maximum, es sind alle a_i mit $f(a_i) = y_{max}$ Stellen des globalen Maximums.
     - Sonst gibt es kein globales Extremum und damit auch keine Stellen globaler Extrema.

Beispiel 49.2

- Wir bestimmen die Extremalstellen und Extrema des Skalarfeldes

$$f : \mathbb{R}^2 \to \mathbb{R}, \ f(x, y) = x^2 + 3y^4 .$$

(1) Der Gradient ist $\nabla f(x, y) = (2x, 12y^3)^\top$.

(2) Wegen

$$\nabla f(x, y) = \begin{pmatrix} 2x \\ 12y^3 \end{pmatrix} = \begin{pmatrix} 0 \\ 0 \end{pmatrix} \Leftrightarrow \begin{pmatrix} x \\ y \end{pmatrix} = \begin{pmatrix} 0 \\ 0 \end{pmatrix}$$

ist $a = (0, 0)^\top$ die einzige stationäre Stelle von f.

(3) Wir ermitteln $H_f(a)$:

$$H_f(x, y) = \begin{pmatrix} 2 & 0 \\ 0 & 36y^2 \end{pmatrix} \Rightarrow H_f(0, 0) = \begin{pmatrix} 2 & 0 \\ 0 & 0 \end{pmatrix}.$$

Die Matrix $H_f(0, 0)$ ist positiv semidefinit. Daher betrachten wir eine (beliebig kleine) ε-Umgebung von $a = (0, 0)$. Es gilt für alle $(x, y) \in B_\varepsilon(0, 0)$:

$$f(x, y) \geq 0 \text{ und } f(x, y) = 0 \Leftrightarrow (x, y) = (0, 0).$$

Die Stelle $a = (0, 0)$ ist demnach Stelle eines lokalen Minimums von f.

(4) Das lokale Minimum hat den Wert $f(0, 0) = 0$.

(5) Wegen $D = \mathbb{R}^2$ betrachten wir $f(x, y)$ für *große* x bzw. y. Offenbar gibt es zu jedem $K \in \mathbb{R}$ reelle Zahlen x und y mit $f(x, y) > K$, sodass f nach oben unbeschränkt ist. Genauer: Setzt man $y = 0$, so gilt

$$\lim_{x \to \infty} f(x, 0) = \lim_{x \to \infty} x^2 = \infty,$$

die Funktion f besitzt damit kein globales Maximum. Das gilt auch für jede andere Gerade im $\mathbb{R}^2$.

(6) Es ist $f_{min} = 0$ der kleinste Funktionswert, also das globale Minimum. Und $a = (0, 0)$ ist die (einzige) Stelle des globalen Minimums. Ein globales Maximum existiert nicht.

- Wir bestimmen die Extremalstellen und Extrema des Skalarfeldes

$$f : \mathbb{R}^2 \to \mathbb{R} \text{ mit } f(x, y) = (x - 1)^2 - y^4 - 4y.$$

(1) Der Gradient ist $\nabla f(x, y) = (2x - 2, -4y^3 - 4)^\top$.

(2) Wegen

$$\nabla f(x, y) = \begin{pmatrix} 2x - 2 \\ -4y^3 - 4 \end{pmatrix} = \begin{pmatrix} 0 \\ 0 \end{pmatrix} \Leftrightarrow \begin{pmatrix} x \\ y \end{pmatrix} = \begin{pmatrix} 1 \\ -1 \end{pmatrix}$$

ist $a = (1, -1)^\top$ die einzige stationäre Stelle von f.

(3) Wir ermitteln $H_f(a)$:

$$H_f(x, y) = \begin{pmatrix} 2 & 0 \\ 0 & -12y^2 \end{pmatrix} \Rightarrow H_f(1, -1) = \begin{pmatrix} 2 & 0 \\ 0 & -12 \end{pmatrix}.$$

Die Hessematrix $H_f(a)$ ist indefinit, a ist damit Stelle eines Sattelpunktes.

(4) entfällt.

(5) Wegen $D = \mathbb{R}^2$ betrachten wir $f(x, y)$ für *große* x bzw. y. Offenbar gibt es zu jedem $K \in \mathbb{R}$ reelle Zahlen x und y mit $f(x, y) > K$ bzw. $f(x, y) < K$, sodass f nach oben und unten unbeschränkt ist. Genauer: Setzt man $x = 1$ bzw. $y = 0$, so gilt

$$\lim_{y \to \infty} f(1, y) = -\infty \ \text{ bzw. } \ \lim_{x \to \infty} f(x, 0) = \infty \,.$$

(6) Die Funktion hat weder ein globales Maximum noch ein globales Minimum.

- Wir bestimmen die Extremalstellen und Extrema des Skalarfeldes

$$f : [-2, 2] \times [-3, 3] \to \mathbb{R} \ \text{ mit } \ f(x, y) = \frac{x^3 - 3x}{1 + y^2} \,.$$

(1) Der Gradient ist $\nabla f(x, y) = \left(\frac{3(x^2-1)}{1+y^2}, -\frac{x^3-3x}{(1+y^2)^2} \cdot 2y \right)^\top$.

(2) Wegen

$$\nabla f(x, y) = \begin{pmatrix} \frac{3(x^2-1)}{1+y^2} \\ -\frac{x^3-3x}{(1+y^2)^2} \cdot 2y \end{pmatrix} = \begin{pmatrix} 0 \\ 0 \end{pmatrix} \Leftrightarrow \begin{pmatrix} x \\ y \end{pmatrix} = \begin{pmatrix} 1 \\ 0 \end{pmatrix} \ \text{ oder } \ \begin{pmatrix} x \\ y \end{pmatrix} = \begin{pmatrix} -1 \\ 0 \end{pmatrix}$$

sind $\boldsymbol{a}_1 = (1, 0)^\top$ und $\boldsymbol{a}_2 = (-1, 0)^\top$ die einzigen stationären Stellen von f.

(3) Wir ermitteln $H_f(\boldsymbol{a}_k)$, dazu benötigen wir erst einmal die Hessematrix

$$H_f(x, y) = \begin{pmatrix} \frac{6x}{1+y^2} & -\frac{6y(x^2-1)}{(1+y^2)^2} \\ -\frac{6y(x^2-1)}{(1+y^2)^2} & \frac{(x^3-3x)(6y^4+4y^2-2)}{(1+y^2)^4} \end{pmatrix} \,.$$

Durch Einsetzen der stationären Stellen erhalten wir

$$H_f(1, 0) = \begin{pmatrix} 6 & 0 \\ 0 & 4 \end{pmatrix} \ \text{ und } \ H_f(-1, 0) = \begin{pmatrix} -6 & 0 \\ 0 & -4 \end{pmatrix} \,.$$

Die Matrix $H_f(1, 0)$ ist positiv definit, daher ist $\boldsymbol{a}_1 = (1, 0)^\top$ Stelle eines lokalen Minimums, und die Matrix $H_f(-1, 0)$ ist negativ definit, sodass $\boldsymbol{a}_2 = (-1, 0)^\top$ Stelle eines lokalen Maximums ist.

(4) Als Werte für das lokale Minimum und lokale Maximum erhalten wir

$$f(1, 0) = -2 \ \text{ und } \ f(-1, 0) = 2 \,.$$

(5) Wegen $D = [-2, 2] \times [-3, 3]$ betrachten wir $f(x, y)$ auf den vier Randstücken:

$$D_1 = \{(x, y)^\top \mid x = 2,\ y \in [-3, 3]\},$$

$$D_2 = \{(x, y)^\top \mid x = -2,\ y \in [-3, 3]\},$$

$$D_3 = \{(x, y)^\top \mid x \in [-2, 2],\ y = 3\},$$

$$D_4 = \{(x, y)^\top \mid x \in [-2, 2],\ y = -3\}.$$

Wir haben diese Randstücke in der Abb. 49.3 eingetragen.

Wir untersuchen nun das Skalarfeld f auf Extrema auf den Rändern:

D_1: $f : [-3, 3] \to \mathbb{R}$, $f(2, y) = \frac{2}{1+y^2}$: Diese Funktion hat ein lokales Maximum in $y = 0$ mit dem Wert $f(2, 0) = 2$.

D_2: $f : [-3, 3] \to \mathbb{R}$, $f(-2, y) = \frac{-2}{1+y^2}$: Diese Funktion hat ein lokales Minimum in $y = 0$ mit dem Wert $f(-2, 0) = -2$.

D_3: $f : [-2, 2] \to \mathbb{R}$, $f(x, 3) = \frac{1}{10}(x^3 - 3x)$: Diese Funktion hat ein lokales Minimum in $x = 1$ mit dem Wert $f(1, 3) = \frac{-2}{10}$ und ein lokales Maximum in $x = -1$ mit Wert $f(-1, 3) = \frac{2}{10}$.

D_4: $f : [-2, 2] \to \mathbb{R}$, $f(x, -3) = \frac{1}{10}(x^3 - 3x)$: Diese Funktion hat ein lokales Minimum in $x = 1$ mit dem Wert $f(1, -3) = \frac{-2}{10}$ und ein lokales Maximum in $x = -1$ mit Wert $f(-1, -3) = \frac{2}{10}$.

Es bleiben noch die Werte in den Randpunkten der Ränder, also in den Ecken zu bestimmen, es gilt

$$f(2, 3) = \frac{2}{10},\ f(2, -3) = \frac{2}{10},\ f(-2, 3) = \frac{-2}{10},\ f(-2, -3) = \frac{-2}{10}.$$

(6) Das globale Maximum 2 wird an den Stellen $(2, 0)$ und $(-1, 0)$ angenommen.

Das globale Minimum -2 wird an den Stellen $(-2, 0)$ und $(1, 0)$ angenommen.

Abb. 49.4 zeigt den Graphen der untersuchten Funktion f. Man versäume nicht, diesen Graphen mit MATLAB zu plotten (der Graph lässt sich dann in alle Richtungen drehen) und insbesondere die Graphen der vier *Randfunktionen* im Bild zu bestimmen. ∎

Die Aufgabenstellung des letzten Beispiels kann auch anders formuliert werden: Bestimme die Extrema des Skalarfeldes

$$f : \mathbb{R}^2 \to \mathbb{R} \ \text{ mit } \ f(x, y) = \frac{x^3 - 3x}{1+y^2}$$

unter den Nebenbedingungen $|x| \leq 2$ und $|y| \leq 3$, das sind nämlich genau jene Extrema im Rechteck $[-2, 2] \times [-3, 3]$. Damit haben wir in diesem letzten Beispiel bereits eine Extremwertbestimmung *unter Nebenbedingungen* durchgeführt. Die Nebenbedingung war in diesem Fall besonders einfach, sodass wir diese Aufgabe mit Hilfe der bisher ermittelten Methoden lösen konnten. Ist die Nebenbedingung aber *komplizierter*, so sind andere

Abb. 49.3 Die Randstücke
von D

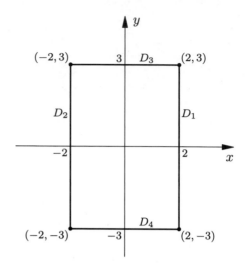

Abb. 49.4 Die Funktion auf D

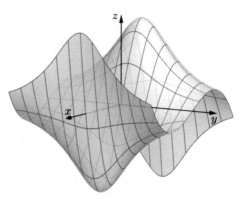

Geschütze zur Lösung des Extremwertproblems aufzufahren. Das machen wir im nächsten
Kapitel.

49.3   Aufgaben

49.1 Es sei $f : \mathbb{R}^2 \to \mathbb{R}$ gegeben durch

$$f(x, y) = x^3 + y^3 - 3xy.$$

Bestimmen Sie alle lokalen und globalen Extrema von f.

49.2 Gegeben sei die durch

$$f(x, y) = 2x^2 - 3xy^2 + y^4$$

definierte Funktion $f : \mathbb{R}^2 \to \mathbb{R}$.

(a) Zeigen Sie, dass f entlang jeder Geraden durch den Nullpunkt $(0, 0)^\top$ ein lokales Minimum in $(0, 0)^\top$ besitzt.

(b) Zeigen Sie, dass f im Nullpunkt $(0, 0)^\top$ jedoch kein lokales Minimum hat.

49.3 Gegeben sei ein Quader mit den Seitenlängen $x, y, z > 0$. Die Summe der Seiten sei durch die Bedingung $x + y + z = 1$ festgelegt.

(a) Stellen Sie die Oberfläche als Funktion $f : (0, 1) \times (0, 1) \to \mathbb{R}$ dar.

(b) Bestimmen Sie die kritischen Punkte von f.

(c) Geben Sie die maximale Oberfläche des Quaders an, und zeigen Sie, dass dies tatsächlich ein lokales Maximum ist.

49.4 Zeigen Sie, dass $(0, 0, 0)^\top$ ein stationärer Punkt der Funktion $f : \mathbb{R}^3 \to \mathbb{R}$ mit

$$f(x, y, z) = \cos^2 z - x^2 - y^2 - \exp(xy)$$

ist. Untersuchen Sie, ob f an dieser Stelle ein lokales Maximum oder Minimum besitzt.

49.5 Berechnen Sie alle stationären Punkte der folgenden Funktionen und klassifizieren Sie diese:

(a) $f(x, y) = xy + x - 2y - 2$,

(b) $f(x, y) = x^2 y^2 + 4x^2 y - 2xy^2 + 4x^2 - 8xy + y^2 - 8x + 4y + 4$,

(c) $f(x, y) = 4e^{x^2 + y^2} - x^2 - y^2$,

(d) $f(x, y, z) = -\ln(x^2 + y^2 + z^2 + 1)$.

49.6 Bestimmen Sie für die Funktion $f(x, y) = y^4 - 3xy^2 + x^3$

(a) lokale und globale Extremstellen und Sattelpunkte,

(b) Maximum und Minimum für $(x, y) \in [-\frac{5}{2}, \frac{5}{2}] \times [-2, 2]$.

49.7 Bestimmen Sie die Lage und Art der lokalen Extremstellen von

$$f(x, y) = (x^2 + y^2)e^{-(x+y)}.$$

49.8 Gegeben ist die Funktion $f \colon \mathbb{R}^2 \to \mathbb{R}$, $f(x, y) = x^3 + y^3 - 3\,a\,x\,y$ mit $a \in \mathbb{R}$. Bestimmen Sie

(a) die stationären Stellen von f,

(b) lokale und globale Extremstellen sowie Sattelpunkte von f

in Abhängigkeit von a.

49.9 Zeigen Sie für jede der Funktionen

$$g_1(x, y) = x^2 + y^4, \quad g_2(x, y) = x^2, \quad g_3(x, y) = x^2 + y^3,$$

dass $(0, 0)$ ein stationärer Punkt ist und die Hesse-Matrix an diesem Punkt $\left(\begin{smallmatrix} 2 & 0 \\ 0 & 0 \end{smallmatrix}\right)$ lautet (also positiv semidefinit ist).

Begründen Sie durch Inspektion der konkreten Funktionsterme, dass bei $(0, 0)$

- ein striktes lokales Minimum von g_1,
- ein nicht-striktes lokales Minimum von g_2 und
- weder Minimum noch Maximum von g_3 vorliegt.

Extremwertbestimmung unter Nebenbedingungen

50

Inhaltsverzeichnis

In der Praxis sind üblicherweise Extrema von Skalarfeldern in n Variablen $x_1, \ldots, x_n$ *unter Nebenbedingungen* zu bestimmen. Solche Nebenbedingungen lassen sich vielfach als Nullstellenmengen partiell differenzierbarer Funktionen in den Variablen $x_1, \ldots, x_n$ beschreiben. Es gibt dann im Wesentlichen zwei Methoden, die gesuchten Extremalstellen und Extrema zu bestimmen, die *Einsetzmethode* und die *Lagrange'sche Multiplikatorenregel*. Bei der Einsetzmethode passiert nichts Neues, hierzu haben wir sogar schon ein erstes Beispiel im letzten Kapitel betrachtet; nur ist die Einsetzmethode nicht so universell anwendbar wie die Multiplikatorenregel von Lagrange, die aber wiederum den Nachteil hat, dass sie oft zu nur schwer lösbaren nichtlinearen Gleichungssystemen führt.

50.1 Extrema unter Nebenbedingungen

Ist $f : D \subseteq \mathbb{R}^n \to \mathbb{R}$ ein partiell differenzierbares Skalarfeld, so können wir prinzipiell mit den Methoden aus Kap. 49 die lokalen und globalen Extrema dieses Skalarfeldes auf D bestimmen. Ist nun D_z eine Teilmenge von D, $D_z \subseteq D$, so werden die globalen Extrema von f auf D_z im Allgemeinen andere sein als jene auf D; wir betrachten f nur auf einer evtl. sehr kleinen Teilmenge D_z von D.

© Springer-Verlag GmbH Deutschland, ein Teil von Springer Nature 2022
C. Karpfinger, *Höhere Mathematik in Rezepten*,
https://doi.org/10.1007/978-3-662-63305-2_50

Abb. 50.1 D_z und $f(D_z)$

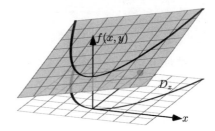

Beispiel 50.1 Das Skalarfeld $f : \mathbb{R}^2 \to \mathbb{R}$, $f(x, y) = x + y + 5$ hat auf $D = \mathbb{R}^2$ weder lokale noch globale Extrema. Schränkt man aber den Definitionsbereich D von f auf die Menge $D_z = \{(x, y) \in \mathbb{R}^2 \mid x^2 - y = 0\}$ ein, so hat f auf D_z sehr wohl ein globales Minimum (aber kein Maximum), beachten Sie Abb. 50.1. ∎

Die Aufgabe, die Extrema der Funktion f auf D_z im letzten Beispiel zu bestimmen, lässt sich auch wie folgt formulieren: Bestimme die Extrema der Funktion

$$f : \mathbb{R}^2 \to \mathbb{R}, \quad f(x, y) = x + y + 5 \quad \text{unter der Nebenbedingung} \quad g(x, y) = x^2 - y = 0.$$

Wir verallgemeinern das Vorgehen auf n Variablen:

Extremwertprobleme mit Nebenbedingungen

Unter einem **Extremwertproblem mit Nebenbedingungen** verstehen wir die Aufgabe, die Extremalstellen und Extrema eines Skalarfeldes $f : D \subseteq \mathbb{R}^n \to \mathbb{R}$ auf einer Teilmenge $D_z \subseteq D$ zu bestimmen. Die Menge D_z der **zulässigen Punkte** ist dabei üblicherweise als Nullstellenmenge eines oder mehrerer Skalarfelder $g_1, \ldots, g_m$ mit $m < n$ gegeben, also

$$D_z = \{x \in D \mid g_1(x) = \cdots = g_m(x) = 0\}.$$

Wir beschreiben ein solches Problem kurz mit: *Bestimme die Extrema von* $f : D \subseteq \mathbb{R}^n \to \mathbb{R}$ *unter den Nebenbedingungen* $g_1(x) = \cdots = g_m(x) = 0$.

Es gibt zwei wesentliche Lösungsmethoden für dieses Problem:

- Das **Einsetzverfahren:** Bietet sich vor allem im Fall $m = 1$ und $n = 2$ an (eine Nebenbedingung und zwei Variablen x und y): Löse, falls möglich, die Nebenbedingung $g(x, y) = 0$ nach x oder y auf und setze diese Nebenbedingung in das Skalarfeld f ein. Man erhält dann eine Funktion in einer Veränderlichen, deren Extremalstellen und Extrema bestimmbar sind.

- Die **Lagrange'sche Multiplikatorenregel**: Bietet sich vor allem dann an, wenn ein Auflösen der Nebenbedingung nach einer Veränderlichen nicht möglich ist oder $n \geq 3$ oder $m \geq 2$ ist: Man stellt die *Lagrangefunktion L* auf, bildet deren Gradienten, bestimmt die Nullstellen dieses Gradienten und erhält so die Kandidaten für die Extremalstellen.

Die Forderung, dass die Anzahl der Nebenbedingungen m kleiner ist als die Anzahl der Variablen, ist notwendig, aber auch *natürlich*: Gibt es mehr Bedingungen als Variablen, so ist die Menge D_z der zulässigen Punkte im Allgemeinen leer.

In den beiden folgenden Abschnitten behandeln wir nacheinander das Einsetzverfahren und die Lagrange'sche Multiplikatorenregel für eine Nebenbedingung $g(x) = 0$. In einem weiteren Abschnitt gehen wir dann auf die Lagrange'sche Multiplikatorenregel für mehrere Nebenbedingungen ein.

50.2 Das Einsetzverfahren

Die Funktionsweise des Einsetzverfahrens ist leicht klar zu machen: Ist $f : D \subseteq \mathbb{R}^2 \to \mathbb{R}$ ein Skalarfeld in zwei Variablen x und y und lässt sich die Nebenbedingung $g(x, y) = 0$ nach einer Variablen x oder y auflösen, etwa $y = h(x)$, so ist die Funktion $\tilde{f}(x) = f(x, h(x))$ eine Funktion in der einzigen Variablen x. Es ist dann $\tilde{f}$ die Einschränkung der Funktion f auf die Menge der zulässigen Punkte. Daher ergibt sich das folgende Rezept:

Rezept: Lösen des Extremwertproblems unter einer Nebenbedingung mit dem Einsetzverfahren

Die Extrema von $f : D \subseteq \mathbb{R}^2 \to \mathbb{R}$ unter der Nebenbedingung $g(x, y) = 0$ erhält man bei auflösbarer Nebenbedingung wie folgt:

(1) Löse die Nebenbedingung $g(x, y) = 0$ nach x bzw. y auf und erhalte $y = h(x)$ bzw. $x = h(y)$ (evtl. ist eine Fallunterscheidung nötig).

(2) Ersetze x bzw. y in $f(x, y)$ durch $h(y)$ bzw. $h(x)$ und erhalte $\tilde{f}(y)$ bzw. $\tilde{f}(x)$.

(3) Bestimme die Extremalstellen $a_1, \ldots, a_n$ und Extrema $\tilde{f}(a_1), \ldots, \tilde{f}(a_n)$ von $\tilde{f}$.

(4) Gib die Extremalstellen $(a_i, h(a_i))$ bzw. $(h(a_i), a_i)$ und Extrema $\tilde{f}(a_i)$ für alle i von f unter der Nebenbedingung $g(x, y) = 0$ an.

Beispiel 50.2

- Vergleiche obiges Beispiel 50.1: Wir lösen mit dem Einsetzverfahren das Extremwert-problem

  $f : \mathbb{R}^2 \to \mathbb{R}$, $f(x, y) = x + y + 5$ unter der Nebenbedingung $g(x, y) = x^2 - y = 0$.

  (1) Wir lösen $g(x, y) = 0$ nach einer Variablen auf:

  $$y = x^2.$$

  (2) Einsetzen von $y = x^2$ in das Skalarfeld liefert die Funktion

  $$\tilde{f} : \mathbb{R} \to \mathbb{R} \text{ mit } \tilde{f}(x) = x + x^2 + 5.$$

  (3) Als Stelle eines lokalen und globalen Minimums von $\tilde{f}$ erhalten wir $a = -1/2$ mit $\tilde{f}(a) = 19/4$.

  (4) Es ist damit

  $$\left(\frac{-1}{2}, \frac{1}{4}\right) \text{ bzw. } f\left(\frac{-1}{2}, \frac{1}{4}\right) = \frac{19}{4}$$

  Stelle bzw. Wert des globalen Minimums der Funktion f unter der Nebenbedingung $g(x, y) = 0$.

- Wir lösen mit dem Einsetzverfahren das Extremwertproblem

  $f : \mathbb{R}^2 \to \mathbb{R}$, $f(x, y) = x^3 y^3$ unter der Nebenbedingung $g(x, y) = x^2 + 2y^2 - 1 = 0$.

  (1) Wir lösen $g(x, y) = 0$ nach einer Variablen auf:

  $$1. \text{ Fall: } x = \sqrt{1 - 2y^2} \text{ und } 2. \text{ Fall: } x = -\sqrt{1 - 2y^2}.$$

  (2) 1. Fall: Einsetzen von $x = \sqrt{1 - 2y^2}$ in das Skalarfeld liefert die Funktion

  $$\tilde{f}_1 : \left[\frac{-1}{\sqrt{2}}, \frac{1}{\sqrt{2}}\right] \to \mathbb{R} \text{ mit } \tilde{f}_1(y) = (1 - 2y^2)^{3/2} y^3.$$

  2. Fall: Einsetzen von $x = -\sqrt{1 - 2y^2}$ in das Skalarfeld liefert die Funktion

  $$\tilde{f}_2 : \left[\frac{-1}{\sqrt{2}}, \frac{1}{\sqrt{2}}\right] \to \mathbb{R} \text{ mit } \tilde{f}_2(y) = -(1 - 2y^2)^{3/2} y^3.$$

  (3) 1. Fall: Als Kandidaten von Extremalstellen erhalten wir wegen $\tilde{f}_1'(y) = -3y^2\sqrt{1 - 2y^2}(4y^2 - 1)$ die Stellen

  $$a_1 = \frac{-1}{\sqrt{2}}, \ a_2 = \frac{-1}{2}, \ a_3 = 0, \ a_4 = \frac{1}{2}, \ a_5 = \frac{1}{\sqrt{2}}.$$

Aus $\tilde{f}_1''(y) = \frac{6y(20y^4-11y^2+1)}{\sqrt{1-2y^2}}$ und einer Vorzeichenbetrachtung von $\tilde{f}_1'$ in einer Umgebung von $a_3 = 0$ sowie Bestimmen der Werte an den Randpunkten a_1 und a_5 erhalten wir:

- $\tilde{f}_1$ hat ein lokales Minimum in $a_2 = -1/2$ mit dem Wert $\tilde{f}_1(a_2) = -\sqrt{2}/32$.
- $\tilde{f}_1$ hat kein lokales Extremum in $a_3 = 0$.
- $\tilde{f}_1$ hat ein lokales Maximum in $a_4 = 1/2$ mit dem Wert $\tilde{f}_1(a_4) = \sqrt{2}/32$.
- $\tilde{f}_1$ hat kein Extremum in $a_1 = -1/\sqrt{2}$ bzw. $a_5 = 1/\sqrt{2}$, da $\tilde{f}_1(a_1) = 0 = \tilde{f}_1(a_5)$.

2. Fall: Aus Symmetriegründen erhalten wir für $\tilde{f}_2$:

- $\tilde{f}_2$ hat ein lokales Maximum in $a_2 = -1/2$ mit dem Wert $\tilde{f}_2(a_2) = \sqrt{2}/32$.
- $\tilde{f}_2$ hat kein lokales Extremum in $a_3 = 0$.
- $\tilde{f}_2$ hat ein lokales Minimum in $a_4 = 1/2$ mit dem Wert $\tilde{f}_2(a_4) = -\sqrt{2}/32$.
- $\tilde{f}_2$ hat kein Extremum in $a_1 = -1/\sqrt{2}$ bzw. $a_5 = 1/\sqrt{2}$, da $\tilde{f}_2(a_1) = 0 = \tilde{f}_2(a_5)$.

(4) Es sind damit

- $(1/\sqrt{2}, -1/2)$ Stelle eines lokalen Minimums mit $f(1/\sqrt{2}, -1/2) = -\sqrt{2}/32$.
- $(-1/\sqrt{2}, -1/2)$ Stelle eines lokalen Maximums mit $f(-1/\sqrt{2}, -1/2) = \sqrt{2}/32$.
- $(1/\sqrt{2}, 1/2)$ Stelle eines lokalen Maximums mit $f(1/\sqrt{2}, -1/2) = \sqrt{2}/32$.
- $(-1/\sqrt{2}, 1/2)$ Stelle eines lokalen Minimums mit $f(-1/\sqrt{2}, -1/2) = -\sqrt{2}/32$.

Jedes lokale Extremum ist auch ein globales. Die obenstehende Abb. 50.2 zeigt die *Fläche* $\{(x, y, f(x, y)) \mid x^2 + 2y^2 \leq 1\}$ des Graphen des Skalarfeldes $f(x, y) = x^3 y^3$. Man erkennt am Rand dieser Fläche die symmetrisch liegenden Extrema.

Mit MATLAB erhält man das Bild der Ellipse $x^2 + 2y^2 = 1$ unter f mit

```
ezplot3('cos(t)','sin(t)/sqrt(2)','(cos(t)).^3.
        *(sin(t)/sqrt(2)).^3')
```

Das ist die Kurve, deren Extrema wir bestimmt haben. ∎

Abb. 50.2 Der Graph von f

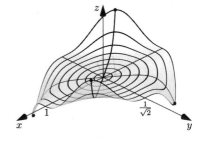

50.3   Die Lagrange'sche Multiplikatorenregel

Die *Lagrange'sche Multiplikatorenregel* ist ein theoretisch sehr einfaches Verfahren, um ein Extremwertproblem mit einem Skalarfeld in n Variablen und einer (bzw. mehreren – aber dazu erst im nächsten Abschnitt) Nebenbedingung(en), die nicht nach einer Variablen auflösbar sein muss, zu lösen: Man stellt die *Lagrangefunktion* auf, bestimmt den Gradienten und dessen Nullstellen und sucht unter diesen nach den Extrema, genauer:

Rezept: Lösen eines Extremwertproblems unter einer Nebenbedingung mit der Lagrange'schen Multiplikatorregel

Die Extrema des Skalarfeldes $f : D \subseteq \mathbb{R}^n \to \mathbb{R}$ in den Veränderlichen $x_1, \ldots, x_n$ unter der Nebenbedingung $g(x_1, \ldots, x_n) = 0$ erhält man mit der **Lagrange'schen Multiplikatorenregel** wie folgt:

(1)   Stelle die **Lagrangefunktion** in den Veränderlichen $x_1, \ldots, x_n$, λ auf:

$$L(x_1, \ldots, x_n, \lambda) = f(x_1, \ldots, x_n) + \lambda\, g(x_1, \ldots, x_n).$$

(2)   Bestimme die Nullstellen $a_1, \ldots, a_k \in \mathbb{R}^n$ des Gradienten

$$\nabla L(x_1, \ldots, x_n, \lambda) = \begin{pmatrix} f_{x_1}(x_1, \ldots, x_n) + \lambda\, g_{x_1}(x_1, \ldots, x_n) \\ \vdots \\ f_{x_n}(x_1, \ldots, x_n) + \lambda\, g_{x_n}(x_1, \ldots, x_n) \\ g(x_1, \ldots, x_n) \end{pmatrix}.$$

Diese Nullstellen $a_1, \ldots, a_k \in \mathbb{R}^n$ sind **Kandidaten für Extremalstellen**.

(3)   Bestimme weiter die Nullstellen $b_1, \ldots, b_l \in \mathbb{R}^n$ des Gradienten

$$\nabla g(x_1, \ldots, x_n) = \begin{pmatrix} g_{x_1}(x_1, \ldots, x_n) \\ \vdots \\ g_{x_n}(x_1, \ldots, x_n) \end{pmatrix}.$$

Füge alle b_i mit $g(b_i) = 0$ zu den Kandidaten für Extremalstellen hinzu.

(4)   Bestimme die Werte $f(a_i)$ und $f(b_i)$ für alle Kandidaten für Extremalstellen und entscheide, wo die globalen Extrema liegen. Falls solche existieren, so befinden sich diese unter den Kandidaten.

Bemerkung

1. Die Werte für λ interessieren gar nicht, dennoch ist es oftmals sinnvoll, zuerst die möglichen Werte für λ zu bestimmen, um dann an die möglichen Werte für $\boldsymbol{a}_i$ zu kommen.
2. Die Kandidaten $\boldsymbol{b}_i$ sind selten (wir zeigen ein Beispiel, das lehrt, sie nicht zu vergessen).
3. Die größte Problematik liegt in der Bestimmung der Nullstellen des Gradienten $\nabla L(x_1, \ldots, x_n, \lambda)$. Falls man keine Lösung findet, so bietet sich eine Lösung per Newtonverfahren an.

Wir probieren das Verfahren an den zwei obigen Beispielen aus Beispiel 50.2 aus und vergleichen den Aufwand:

Beispiel 50.3

- Wir lösen mit der Lagrange'schen Multiplikatorenregel das Extremwertproblem

$$f : \mathbb{R}^2 \to \mathbb{R}, \ f(x, y) = x + y + 5 \text{ unter der Nebenbedingung } g(x, y) = x^2 - y = 0.$$

(1) Die Lagrangefunktion lautet:

$$L(x, y, \lambda) = x + y + 5 + \lambda\,(x^2 - y).$$

(2) Wir bestimmen die Nullstellen des Gradienten $\nabla L(x, y, \lambda)$:

$$\nabla L(x, y, \lambda) = \begin{pmatrix} 1 + 2\,\lambda\,x \\ 1 - \lambda \\ x^2 - y \end{pmatrix} = 0 \ \Leftrightarrow \ \lambda = 1, \ x = {}^{-1}\!/\!2, \ y = {}^1\!/\!4.$$

Damit erhalten wir den Kandidaten $(x, y) = (-1/2, 1/4)$.

(3) Nullstellen des Gradienten von g gibt es nicht, es gilt nämlich

$$\nabla g(x, y) = \begin{pmatrix} 2x \\ -1 \end{pmatrix} \neq 0 \ \text{ für alle } (x, y).$$

Damit sind keine weiteren Kandidaten zu ergänzen.

(4) Es ist $(-1/2, 1/4)$ Stelle des globalen Minimums $f(-1/2, 1/4) = {}^{19}\!/\!4$.

- Wir lösen mit der Lagrange'schen Multiplikatorenregel das Extremwertproblem

$$f : \mathbb{R}^2 \to \mathbb{R}, \ f(x, y) = x^3 y^3 \text{ unter der Nebenbedingung } g(x, y) = x^2 + 2\,y^2 - 1 = 0.$$

(1) Die Lagrangefunktion lautet:

$$L(x, y, \lambda) = x^3 y^3 + \lambda(x^2 + 2y^2 - 1).$$

(2) Wir bestimmen die Nullstellen des Gradienten $\nabla L(x, y, \lambda)$:

$$\nabla L(x, y, \lambda) = \begin{pmatrix} 3x^2y^3 + 2\lambda x \\ 3x^3y^2 + 4\lambda y \\ x^2 + 2y^2 - 1 \end{pmatrix} = 0 \Leftrightarrow \begin{matrix} 3x^2y^3 + 2\lambda x = 0 \\ 3x^3y^2 + 4\lambda y = 0 \\ x^2 + 2y^2 - 1 = 0 \end{matrix} \,.$$

Durch Subtraktion des y-Fachen der zweiten Gleichung vom x-Fachen der ersten erhalten wir:

$$xL_x(x, y, \lambda) - yL_y(x, y, \lambda) = 3x^3y^3 + 2\lambda x^2 - 3x^3y^3 - 4\lambda y^2$$
$$= 2\lambda(x^2 - 2y^2) = 0$$
$$\Leftrightarrow \lambda = 0 \lor x = \pm\sqrt{2}y.$$

Wir unterscheiden nun mehrere Fälle und Unterfälle, um alle Lösungen zu finden:

Fall 1. $\lambda = 0$: Es folgt aus der ersten Gleichung $x = 0 \lor y = 0$.

   Fall 1a. $x = 0$: Es ist dann $y = \pm\sqrt{1/2}$.
   Fall 1b. $y = 0$: Es ist dann $x = \pm 1$.

In diesem Fall ergeben sich als Kandidaten für Extremalstellen

$$\boldsymbol{a}_1 = (0, \tfrac{1}{\sqrt{2}}), \ \boldsymbol{a}_2 = (0, \tfrac{-1}{\sqrt{2}}), \ \boldsymbol{a}_3 = (1, 0) \text{ und } \boldsymbol{a}_4 = (-1, 0).$$

Fall 2. $x = \pm\sqrt{2}y$: Aus der dritten Gleichung folgt dann $y = \pm 1/2$, $x = \pm 1/\sqrt{2}$. Hier erhalten wir die weiteren Kandidaten für Extremalstellen

$$\boldsymbol{a}_5 = \left(\tfrac{1}{\sqrt{2}}, \tfrac{1}{2}\right), \ \boldsymbol{a}_6 = \left(\tfrac{1}{\sqrt{2}}, \tfrac{-1}{2}\right), \ \boldsymbol{a}_7 = \left(\tfrac{-1}{\sqrt{2}}, \tfrac{1}{2}\right) \text{ und } \boldsymbol{a}_8 = \left(\tfrac{-1}{\sqrt{2}}, \tfrac{-1}{2}\right).$$

(3) Wegen $g(0, 0) \neq 0$ ist die einzige Nullstelle $(0, 0)$ des Gradienten kein weiterer Kandidat.

(4) Wir bestimmen nun die Funktionswerte an den Stellen $\boldsymbol{a}_1, \dots, \boldsymbol{a}_8$ und erhalten:

$$f(0, \tfrac{\pm 1}{\sqrt{2}}) = f(\pm 1, 0) = 0,$$
$$f\left(\tfrac{1}{\sqrt{2}}, \tfrac{1}{2}\right) = f\left(\tfrac{-1}{\sqrt{2}}, \tfrac{-1}{2}\right) = \tfrac{\sqrt{2}}{32},$$
$$f\left(\tfrac{-1}{\sqrt{2}}, \tfrac{1}{2}\right) = f\left(\tfrac{1}{\sqrt{2}}, \tfrac{-1}{2}\right) = \tfrac{-\sqrt{2}}{32}.$$

Die Funktion f besitzt also das globale Minimum $-\sqrt{2}/32$ an den zwei Stellen $(-1/\sqrt{2}, 1/2)$, $(1/\sqrt{2}, -1/2)$ und das globale Maximum $\sqrt{2}/32$ an den zwei Stellen $(1/\sqrt{2}, 1/2)$, $(-1/\sqrt{2}, -1/2)$. ∎

Abb. 50.3 Die Kurve $g = 0$ und Höhenlinien von f

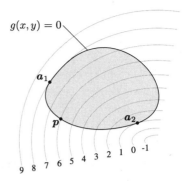

Wir erläutern die Idee, auf der die Lagrange'sche Multiplikatorenregel beruht: Dazu betrachten wir die untenstehende Abb. 50.3, die zum einen die *Kurve* der Punkte (x, y) mit $g(x, y) = 0$ zeigt und zum anderen einige Höhenlinien der Funktion f, deren Extrema unter der Nebenbedingung $g(x, y) = 0$ gesucht sind. Die gesuchten Extremalstellen lassen sich nun wie folgt charakterisieren:

An der Stelle p liegt sicher kein Extremum vor, da beim Wandern auf der Kurve im Uhrzeigersinn die Funktionswerte wachsen, beim Wandern gegen des Uhrzeigersinn hingegen fallen (das besagen die Höhenlinien der Funktion). An der Stelle a_1 liegt ein Maximum vor: Sowohl beim Wandern im wie auch gegen den Uhrzeigersinn fallen die Funktionswerte. Im Punkt a_2 ist die Situation genau umgekehrt; es liegt in a_2 ein Minimum vor. Diese Punkte a_1 und a_2 lassen sich durch f und g ganz einfach bestimmen: In a_1 und a_2 sind nämlich die Gradienten von f und g linear abhängig, die Gradienten von f und g stehen senkrecht auf den Höhenlinien von f und g. Damit folgt: Es gibt ein $\lambda \in \mathbb{R}$ mit $\nabla f(a_1) + \lambda \nabla g(a_1) = 0$, analog für a_2. Diese Bedingung besagt aber gerade, dass wir die Extremalstellen unter den Nullstellen des Gradienten der Lagrangefunktion finden.

Wir zeigen schließlich noch an einem Beispiel, dass man gut daran tut, die Kandidaten b_i aus Schritt (3) des obigen Rezeptes nicht zu vergessen:

Beispiel 50.4

- Wir lösen mit der Lagrange'schen Multiplikatorenregel das Extremwertproblem

$$f : \mathbb{R}^2 \to \mathbb{R}, \ f(x, y) = y \text{ unter der Nebenbedingung } g(x, y) = x^2 - y^3 = 0.$$

(1) Die Lagrangefunktion lautet:

$$L(x, y, \lambda) = y + \lambda(x^2 - y^3).$$

(2) Der Gradient $\nabla L(x, y, \lambda)$ lautet:

$$\nabla L(x, y, \lambda) = \begin{pmatrix} 2\lambda x \\ 1 - 3\lambda y^2 \\ x^2 - y^3 \end{pmatrix}.$$

Dieser hat offenbar keine Nullstellen, sodass es keine Kandidaten a_i gibt.

(3) Als einzige Nullstelle des Gradienten ∇g erhalten wir $(0, 0)$. Wegen $g(0, 0) = 0$ erhalten wir den Kandidaten $b_1 = (0, 0)$ für eine Extremalstelle.

(4) Es ist $(0, 0)$ Stelle des globalen Minimums $f(0, 0) = 0$. ∎

Oftmals ist die Nebenbedingung auch durch eine Ungleichung gegeben, z. B.

Bestimme die Extrema von $f(x, y)$ unter der Nebenbedingung $g(x, y) = x^2 + y^2 \le 1$.

Ein solches Problem löst man ganz einfach und pragmatisch:

(1) Man bestimme die lokalen Extrema von f im Inneren des Kreises.

(2) Man bestimme die Extrema von f auf dem Rand, d. h. unter der Nebenbedingung $g(x, y) = x^2 + y^2 - 1 = 0$ mittels des Einsetzverfahrens oder der Lagrange'schen Multiplikatorenregel.

50.4   Extrema unter mehreren Nebenbedingungen

Das obige Verfahren lässt sich leicht auf die Extremwertbestimmung einer Funktion $f : D \subseteq \mathbb{R}^n \to \mathbb{R}$ in n Variablen unter $m < n$ Nebenbedingungen verallgemeinern, wir formulieren das Verfahren in einem Rezept:

Rezept: Lösen eines Extremwertproblems unter mehreren Nebenbedingungen mit der Lagrange'schen Multiplikatorenregel

Die Extrema des Skalarfeldes $f : D \subseteq \mathbb{R}^n \to \mathbb{R}$ unter den $m < n$ Nebenbedingungen

$$g_1(x) = 0, \ldots, g_m(x) = 0$$

erhält man mit der **Lagrange'schen Multiplikatorenregel** wie folgt:

(1) Stelle die **Lagrangefunktion** in den Veränderlichen $x = (x_1, \ldots, x_n)$, $\lambda_1, \ldots, \lambda_m$ auf:

$$L(x, \lambda_1, \ldots, \lambda_m) = f(x) + \lambda_1 g_1(x) + \cdots + \lambda_m g_m(x).$$

(2) Bestimme die Nullstellen $a_1, \ldots, a_k$ des Gradienten

$$\nabla L(x_1, \ldots, x_n, \lambda_1, \ldots, \lambda_m).$$

Diese Nullstellen $a_1, \ldots, a_k \in \mathbb{R}^n$ sind **Kandidaten für Extremalstellen**.

(3) Bestimme weiter die Vektoren $b_1, \ldots, b_l \in \mathbb{R}^n$ mit $\operatorname{rg} Dg(b_i) < m$ für die Jacobimatrix

$$Dg(x_1, \ldots, x_n) = \left(\frac{\partial g_i}{\partial x_j}(x_1, \ldots, x_n) \right)_{i,j} \in \mathbb{R}^{m \times n}$$

der Funktion

$$g : \mathbb{R}^n \to \mathbb{R}^m, (x_1, \ldots, x_n) \mapsto \left(g_1(x_1, \ldots, x_n), \ldots, g_m(x_1, \ldots, x_n) \right)^\top.$$

Füge alle b_i mit $g_1(b_i) = \cdots = g_m(b_i) = 0$ zu den Kandidaten für Extremalstellen hinzu.

(4) Bestimme die Werte $f(a_i)$ und $f(b_i)$ für alle Kandidaten für Extremalstellen und entscheide, wo die globalen Extrema liegen. Falls solche existieren, so befinden sich diese unter den Kandidaten.

Beispiel 50.5 Gesucht sind die Extrema der Funktion

$$f : \mathbb{R}^3 \to \mathbb{R}, \ f(x, y, z) = x^2$$

unter den Nebenbedingungen

$$g_1(x, y, z) = x^2 + y^2 + z^2 - 1 = 0 \quad \text{und} \quad g_2(x, y, z) = x - z = 0.$$

(1) Die Lagrangefunktion lautet:

$$L(x, y, z, \lambda, \mu) = x^2 + \lambda(x^2 + y^2 + z^2 - 1) + \mu(x - z).$$

(2) Wir bestimmen die Nullstellen des Gradienten $\nabla L(x, y, z\lambda, \mu)$:

$$\nabla L(x, y, z, \lambda, \mu) = 0 \iff \begin{aligned} 2x + 2\lambda x + \mu &= 0 \\ 2\lambda y &= 0 \\ 2\lambda z - \mu &= 0 \\ x^2 + y^2 + z^2 - 1 &= 0 \\ x - z &= 0 \end{aligned}.$$

Wir unterscheiden zwei Fälle:

Fall 1. $\lambda = 0$: Es gilt dann der Reihe nach $\mu = 0$, $x = 0$, $z = 0$, $y = \pm 1$. Wir erhalten so die Kandidaten:

$$(0,\, 1,\, 0) \quad \text{und} \quad (0,\, -1,\, 0).$$

Fall 2. $\lambda \neq 0$: Es folgt direkt $y = 0$ und $x = z$ und damit die Gleichung $2x^2 = 1$. Hier findet man als Kandidaten demnach die Stellen

$$(\tfrac{1}{\sqrt{2}},\, 0,\, \tfrac{1}{\sqrt{2}}) \quad \text{und} \quad (\tfrac{-1}{\sqrt{2}},\, 0,\, \tfrac{-1}{\sqrt{2}}).$$

(3) Wir bestimmen nun die Jacobimatrix Dg der Funktion $g : \mathbb{R}^3 \to \mathbb{R}^2$, $g(x, y, z) = \big(g_1(x, y, z),\, g_2(x, y, z)\big)^\top$:

$$Dg(x, y, z) = \begin{pmatrix} 2x & 2y & 2z \\ 1 & 0 & -1 \end{pmatrix}.$$

Diese hat genau dann einen Rang ungleich 2, wenn $y = 0$ und $x = -z$ sind. Damit die Nebenbedingung $g_2(x, y, z) = 0$ erfüllt ist, muss $x = y = z = 0$ sein, und damit ist $g_1(x, y, z) = -1 \neq 0$. Es gibt also keine weiteren Kandidaten für Extremalstellen.

(4) Wir bestimmen die Funktionswerte an den Stellen aus (2):

$$f(0,\, 1,\, 0) = f(0,\, -1,\, 0) = 0\,, \ \ f(\tfrac{1}{\sqrt{2}},\, 0,\, \tfrac{1}{\sqrt{2}}) = f(\tfrac{-1}{\sqrt{2}},\, 0,\, \tfrac{-1}{\sqrt{2}}) = \tfrac{1}{2}$$

und erhalten somit Minimalstellen bei $(0, 1, 0)$ und $(0, -1, 0)$ sowie Maximalstellen bei $(1/\sqrt{2}, 0, 1/\sqrt{2})$ und $(-1/\sqrt{2}, 0, -1/\sqrt{2})$. ∎

50.5 Aufgaben

50.1 Es sei $D = \{(x, y) \in \mathbb{R}^2 \mid x^2 + y^2 \leq 1\}$ die Einheitskreisscheibe. Bestimmen Sie die Extremalstellen und Extrema der Funktion

$$f : D \to \mathbb{R}^2 \ \text{ mit } \ f(x, y) = x^2 - xy + y^2 - x.$$

50.2 Bestimmen Sie die Extrema von $f : \mathbb{R}^2 \to \mathbb{R}$, $f(x, y) = x^2 + y^2$ unter der Nebenbedingung $g : \mathbb{R}^2 \to \mathbb{R}$, $g(x, y) = y - x^2 + 3 = 0$.

50.3 Bestimmen Sie die Maxima und Minima des Polynoms

$$f(x, y) = 4x^2 - 3xy$$

auf der abgeschlossenen Kreisscheibe

$$K = \{(x, y)^\top \in \mathbb{R}^2 \mid x^2 + y^2 \leq 1\}.$$

Hinweis: Betrachten Sie f im Inneren und auf dem Rand von K und verwenden Sie zur Untersuchung der Funktion auf dem Rand von K den Ansatz mit Lagrange-Multiplikatoren.

50.4 Bestimmen Sie mithilfe der Lagrange-Multiplikatorenregel diejenigen Punkte auf dem Kreisrand

$$x^2 + y^2 - 2x + 2y + 1 = 0,$$

die vom Punkt $(-1, 1)$ den kleinsten bzw. den größten Abstand haben und geben Sie die Abstände an.

50.5 Bestimmen Sie die lokalen und globalen Extrema der Funktion

$$f : E \to \mathbb{R}, \ f(x, y) = x^2 - \tfrac{xy}{2} + \tfrac{y^2}{4} - x,$$

wobei

$$E = \left\{ (x, y)^\top \in \mathbb{R}^2 \mid x^2 + \tfrac{y^2}{4} \le 1 \right\}.$$

Hinweis: Verwenden Sie zur Untersuchung der Funktion auf dem Rand von E den Ansatz mit Lagrange-Multiplikatoren.

50.6 Bestimmen Sie die globalen Extrema der Funktion $f(x, y) = x^2 - xy + y^2 - x$ auf der Menge $S = \{(x, y) \in \mathbb{R}^2 \mid x^2 + y^2 \le 1\}$.

50.7 Gegeben sei der Punkt $P = (0, 1)$ und die Hyperbel $x^2 - y^2 = 2$. Bestimmen Sie die Punkte auf der Hyperbel welche zu P den kürzesten Abstand haben. Gehen Sie dabei wie folgt vor:

(a) Geben Sie die entsprechende Lagrangefunktion $L(x, y, \lambda)$ an.
(b) Bestimmen Sie die lokalen Extrema.
(c) Welche Punkte der Hyperbel haben den kleinsten Abstand zu P und wie groß ist dieser.

50.8 Welche Punkte der Ellipse $4x^2 + y^2 - 4 = 0$ haben vom Punkt $(2, 0)$ extremalen Abstand?

50.9 Stellen Sie sich vor, Sie haben 4 M Draht zur Verfügung. Modellieren Sie daraus das Gerüst eines Quaders mit größtmöglicher Oberfläche. Wie groß ist die Oberfläche Ihres Quaders?

Anleitung: Führen Sie Bezeichnungen für die Kantenlängen ein und formulieren Sie dann die „Zielfunktion" (Oberfläche) sowie die Nebenbedingung mathematisch. Finden Sie das „Maximum unter Nebenbedingung", indem Sie das Einsetzverfahren benutzen.

50.10 Bei einem Experiment wurde jeweils die Geschwindigkeit v eines Fahrzeugs gemessen, nachdem die Strecke von x Metern zurückgelegt wurde.

x_i (in m)	1	2	3	4
v_i (in m/s)	0.1	1.8	4.1	5.9

Aus theoretischen Überlegungen wird ein linearer Zusammenhang $v = Ax + B$ mit $A, B \in \mathbb{R}$ vermutet. Wie müssen A und B gewählt werden, damit die Fehlerquadratsumme minimal wird?

(a) Bestimmen Sie das Minimum der Funktion

$$F(A, B) = \sum_{i=1}^{4} (v_i - (Ax_i + B))^2$$

und zeigen Sie, dass es sich um ein Minimum handelt. Setzen Sie die konkreten Werte zunächst noch nicht ein.

(b) Berechnen Sie nun mithilfe von (a) die konkreten Werte für A und B, die zur genannten Messreihe gehören. Dabei können Sie gern Rechenhilfen verwenden. Überprüfen Sie Ihr Ergebnis mit Matlab (z. B. mit dem Befehl "regress").

Totale Differentiation, Differentialoperatoren 51

Inhaltsverzeichnis

Wir haben bisher bei Funktionen in mehreren Veränderlichen *nur* partielle Ableitungen bzw. Richtungsableitungen betrachtet. Neben diesen *speziellen* Ableitungsbegriffen gibt es auch noch die *totale Ableitung.* Diese totale Ableitung ist erklärt als eine lokale Approximation einer Funktion f durch eine lineare Funktion und führt schließlich zum *totalen Differential,* das eine linearisierte Fehlerabschätzung ermöglicht.

Wir stellen schließlich noch übersichtlich die in den folgenden Kapiteln wichtigen Differentialoperatoren *Gradient, Laplace, Divergenz* und *Rotation* und zum Teil ihre Deutungen zusammen.

51.1   Totale Differenzierbarkeit

Während die Richtungsableitungen und damit insbesondere die partiellen Ableitungen das Verhalten bzw. die Steigung einer Funktion in eine isolierte Richtung beschreiben, wird bei der *totalen Ableitung* der Graph der Funktion f durch eine *Tangentialhyperebene* (Abb. 51.1) approximiert; es wird dabei insbesondere das Verhalten der Funktion in jede Richtung beurteilt. Diese *totale Differenzierbarkeit* ist deutlich stärker als die partielle Differenzierbarkeit: Ist eine Funktion total differenzierbar, so ist sie auch partiell differenzierbar, aber es gibt partiell differenzierbare Funktionen, die nicht total differenzierbar sind.

© Springer-Verlag GmbH Deutschland, ein Teil von Springer Nature 2022   573
C. Karpfinger, *Höhere Mathematik in Rezepten,*
https://doi.org/10.1007/978-3-662-63305-2_51

Abb. 51.1 Eine
Tangentialebene

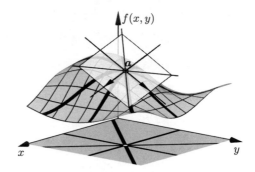

Totale Differenzierbarkeit

Eine (vektorwertige) Funktion $f : D \subseteq \mathbb{R}^n \to \mathbb{R}^m$, D offen, in n Veränderlichen heißt **total differenzierbar**

- **in** $a \in D$, falls es eine lineare Abbildung $L : \mathbb{R}^n \to \mathbb{R}^m$ gibt mit

$$(*) \quad \lim_{h \to 0} \frac{f(a+h) - f(a) - L(h)}{\|h\|} = 0 \,,$$

- **auf** D, falls f in jedem $a \in D$ (total) differenzierbar ist.

Die (im Allgemeinen von $a \in D$ abhängige) lineare Abbildung L nennt man das **totale Differential** von f in a und schreibt dafür $\mathrm{d} f(a)$. Es gilt:

- **Darstellungsmatrix:** Die Jacobimatrix $Df(a)$ ist die Darstellungsmatrix von $\mathrm{d} f(a)$ bezüglich der kanonischen Basen E_n und E_m, $Df(a) = {}_{E_m} M(\mathrm{d} f(a))_{E_n}$.
- **Kettenregel:** Ist $g : D \subseteq \mathbb{R}^n \to \mathbb{R}^m$ und $f : D' \subseteq \mathbb{R}^m \to \mathbb{R}^l$ mit $g(D) \subseteq D'$, so lässt sich die Komposition

$$f \circ g : D \subseteq \mathbb{R}^n \to \mathbb{R}^l$$

bilden. Ist g an der Stelle $a \in D$ und f an der Stelle $g(a) \in D'$ total differenzierbar, so gilt für die Differentiale:

$$\mathrm{d}\,(f \circ g)(a) = \mathrm{d}\,f(g(a)) \circ \mathrm{d}\,g(a) \,.$$

Bemerkungen Im Spezialfall $n = m = 1$ bedeutet die Bedingung $(*)$ gerade die Existenz des Grenzwerts $f'(a) = \lim_{h \to 0} \frac{f(a+h) - f(a)}{h}$, sodass wir also den Differenzierbarkeitsbegriff für eine reelle Funktion einer Veränderlichen aus Kap. 26 zurückerhalten.

Beispiel 51.1 Die Funktion $f : \mathbb{R}^n \to \mathbb{R}^m$ mit $f(\boldsymbol{x}) = A\,\boldsymbol{x} + \boldsymbol{b}$, wobei $A \in \mathbb{R}^{m \times n}$ und $\boldsymbol{b} \in \mathbb{R}^m$, ist total differenzierbar. Mit der linearen Abbildung $L : \mathbb{R}^n \to \mathbb{R}^m$, $L(\boldsymbol{x}) = A\boldsymbol{x}$ gilt nämlich $f(\boldsymbol{a} + \boldsymbol{h}) = f(\boldsymbol{a}) + L(\boldsymbol{h})$ für jedes $\boldsymbol{a} \in \mathbb{R}^n$, sodass unabhängig von $\boldsymbol{h}$ gilt:

$$\frac{f(\boldsymbol{a}+\boldsymbol{h}) - f(\boldsymbol{a}) - L(\boldsymbol{h})}{\|\boldsymbol{h}\|} = \boldsymbol{0}.$$

∎

In Zukunft werden wir nicht mehr auf die Definition der totalen Differenzierbarkeit zurückgreifen, wenn wir entscheiden wollen, ob eine Funktion total differenzierbar ist. Viel einfacher ist üblicherweise das folgende Kriterium anzuwenden:

Kriterium für totale Differenzierbarkeit
Ist $f : D \subseteq \mathbb{R}^n \to \mathbb{R}^m$ stetig partiell differenzierbar, so ist f total differenzierbar.

Damit ist jede partiell differenzierbare Funktion, deren Jacobimatrix stetige Funktionen als Einträge enthält, total differenzierbar.

Der Zusammenhang zwischen der partiellen Differenzierbarkeit, der Existenz aller Richtungsableitungen und der totalen Differenzierbarkeit ist nicht ganz einfach. Wir listen einige Tatsachen für ein Skalarfeld $f : D \subseteq \mathbb{R}^n \to \mathbb{R}$ auf:

- Ist ein f total differenzierbar, so ist f partiell differenzierbar und es existieren in jedem Punkt $\boldsymbol{a} \in D$ auch alle Richtungsableitungen. Die Gesamtheit der Tangenten in einem Punkt $\boldsymbol{a}$ ergibt die *Tangentialhyperebene,* im $\mathbb{R}^3$ also die Tangentialebene.
- Ist f partiell differenzierbar, so ist f nicht notwendig auch total differenzierbar.
- Ist f total differenzierbar, so ist f auch stetig. Es gibt nichtstetige Funktionen, die partiell differenzierbar sind.
- Existieren für f in jedem $\boldsymbol{a} \in D$ alle Richtungsableitungen, so ist f nicht notwendig auch total differenzierbar.

51.2 Das totale Differential

Wir betrachten ein total differenzierbares Skalarfeld $f : D \subseteq \mathbb{R}^n \to \mathbb{R}$ mit der Jacobimatrix $\nabla f(\boldsymbol{x})^\top$. Für ein kleines $\Delta\boldsymbol{x} = (\Delta x_1, \ldots, \Delta x_n)^\top$ erhält man dann wegen $L(\Delta\boldsymbol{x}) = \nabla f(\boldsymbol{x})^\top \Delta\boldsymbol{x}$ *in erster Näherung* für den Fehler

$$\Delta f = f(\boldsymbol{x} + \Delta\boldsymbol{x}) - f(\boldsymbol{x}) \approx \nabla f(\boldsymbol{x})^\top \Delta\boldsymbol{x} = \frac{\partial f}{\partial x_1}(\boldsymbol{x})\Delta x_1 + \cdots + \frac{\partial f}{\partial x_n}(\boldsymbol{x})\Delta x_n.$$

Man nennt Δf den **linearen Fehler** und die Größe

$$\left|\frac{\partial f}{\partial x_1}(\boldsymbol{x})\right||\Delta x_1| + \cdots + \left|\frac{\partial f}{\partial x_n}(\boldsymbol{x})\right||\Delta x_n|$$

den **maximalen linearen Fehler**.

Beispiel 51.2 Wir betrachten das Skalarfeld $f : \mathbb{R}^3_{>0} \to \mathbb{R}$ mit $f(x, y, z) = x\,y\,z$, d.h., f ordnet den *Kantenlängen* x, y und z das Volumen $x\,y\,z$ eines Quaders mit den Kantenlängen x, y und z zu.

Bei der Längenmessung eines solchen Quaders erhalten wir $x = l$, $y = b$ und $z = h$ mit einer Messgenauigkeit von $|\Delta x|$, $|\Delta y|$, $|\Delta z| \le 0.1$. Wegen $\nabla f(x, y, z) = (y\,z, x\,z, x\,y)^\top$ erhalten wir für den maximalen linearen Fehler

$$b\,h\,|\Delta x| + l\,h\,|\Delta y| + l\,b\,|\Delta z| \le \frac{1}{10}(b\,h + l\,h + l\,b).$$

■

In Naturwissenschaften und Technik ist die folgende Auffassung des totalen Differentials üblich: In obiger Betrachtung, also der *ersten Näherung*

$$\Delta f \approx \frac{\partial f}{\partial x_1}\Delta x_1 + \cdots + \frac{\partial f}{\partial x_n}\Delta x_n,$$

betrachten wir *infinitesimal* kleine Δx_i und schreiben dafür $\mathrm{d}x_i$. Dabei ist mit *infinitesimal* klein die kleinste messbare Größe der jeweils betrachteten Problematik gemeint. Wir erhalten die folgende Darstellung des totalen Differentials:

Das totale Differential

Ist f total differenzierbar, so hat das **totale Differential** die Darstellung

$$\mathrm{d}f = \frac{\partial f}{\partial x_1}\mathrm{d}x_1 + \cdots + \frac{\partial f}{\partial x_n}\mathrm{d}x_n \ \text{ bzw. } \mathrm{d}f(\boldsymbol{x}) = \frac{\partial f}{\partial x_1}(\boldsymbol{x})\mathrm{d}x_1 + \cdots + \frac{\partial f}{\partial x_n}(\boldsymbol{x})\mathrm{d}x_n.$$

Man nennt $\mathrm{d}x_1, \ldots, \mathrm{d}x_n$ auch **Differentiale** der Koordinaten $x_1, \ldots, x_n$. In dieser Darstellung hat das totale Differential die Interpretation: Ist f eine (total differenzierbare) Funktion in den Veränderlichen $x_1, \ldots, x_n$, so haben kleine Änderungen $\mathrm{d}x_1, \ldots, \mathrm{d}x_n$ in den Veränderlichen die Änderung $\mathrm{d}f$ zur Folge.

Man beachte, dass wegen der infinitesimalen Kleinheit der $\mathrm{d}x_i$ das Gleichheitszeichen $=$ anstelle von $\approx$ gerechtfertigt ist.

Beispiel 51.3 Wir betrachten das Volumen $V = V(T, P)$ eines idealen Gases bei der Temperatur T und unter dem Druck P:

$$V(T, P) = \frac{nRT}{P}$$

mit Konstanten n und R. Ändern sich Temperatur und Druck gleichzeitig, so erhält man die Änderung des Volumens als totales Differential

$$dV = \frac{\partial V}{\partial T} dT + \frac{\partial V}{\partial P} dP = \frac{nR}{P} dT - \frac{nRT}{P^2} dP.$$

Insbesondere erhält man die Volumenänderung

$$dV = \frac{nR}{P} dT \quad \text{bzw.} \quad dV = -\frac{nRT}{P^2} dP,$$

falls man nur die Temperatur ändert und den Druck beibehält ($dP = 0$) bzw. nur den Druck verändert und die Temperatur belässt ($dT = 0$). ∎

51.3 Differentialoperatoren

Ein **Differentialoperator** ist eine Abbildung, die einer Funktion eine andere Funktion zuordnet, wobei die Ableitung dabei eine grundlegende Rolle spielt. Ein wichtiger Differentialoperator in der Analysis mehrerer Veränderlicher ist der Gradient $\nabla : f \to \nabla f$. Es gibt weitere wichtige Operatoren, die wir in der folgenden Box zusammenstellen. Dabei benutzen wir die für diesen Fall vorteilhafte Schreibweise $\partial_i f$ für f_{x_i} und entsprechend $\partial_j \partial_i f$ für $f_{x_i x_j}$ bzw. $\partial_i^2 f$ für $\partial_i \partial_i f$:

Differentialoperatoren – Gradient, Laplace, Divergenz und Rotation

In den folgenden Formeln sollen alle partiellen Ableitungen existieren und stetig sein:

- **Gradient**: Der Gradient ∇ ordnet einem Skalarfeld $f : D \subseteq \mathbb{R}^n \to \mathbb{R}$ das Vektorfeld ∇f zu:

$$\nabla f = \begin{pmatrix} \partial_1 f \\ \vdots \\ \partial_n f \end{pmatrix}.$$

- **Laplaceoperator**: Der Laplaceoperator Δ ordnet einem Skalarfeld $f : D \subseteq \mathbb{R}^n \to \mathbb{R}$ ein Skalarfeld Δf zu:

$$\Delta f = \sum_{i=1}^{n} \partial_i^2 f = \partial_1^2 f + \cdots + \partial_n^2 f.$$

- **Divergenz:** Die Divergenz div ordnet einem Vektorfeld $v = (v_1, \ldots, v_n)^\top : D \subseteq$ $\mathbb{R}^n \to \mathbb{R}^n$ ein Skalarfeld div v zu:

$$\operatorname{div} v = \sum_{i=1}^n \partial_i v_i = \partial_1 v_1 + \cdots + \partial_n v_n.$$

- **Rotation:** Die Rotation rot ordnet einem Vektorfeld $v = (v_1, v_2, v_3)^\top : D \subseteq$ $\mathbb{R}^3 \to \mathbb{R}^3$ ein Vektorfeld rot v zu:

$$\operatorname{rot} v = \begin{pmatrix} \partial_2 v_3 - \partial_3 v_2 \\ \partial_3 v_1 - \partial_1 v_3 \\ \partial_1 v_2 - \partial_2 v_1 \end{pmatrix}.$$

Man beachte, dass man die Divergenz und die Rotation formal als Skalarprodukt bzw. Vektorprodukt von ∇ mit v erhält:

$$\operatorname{div} v = \langle \nabla, v \rangle = \langle \begin{pmatrix} \partial_1 \\ \vdots \\ \partial_n \end{pmatrix}, \begin{pmatrix} v_1 \\ \vdots \\ v_n \end{pmatrix} \rangle \quad \text{bzw.} \quad \operatorname{rot} v = \nabla \times v = \begin{pmatrix} \partial_1 \\ \partial_2 \\ \partial_3 \end{pmatrix} \times \begin{pmatrix} v_1 \\ v_2 \\ v_3 \end{pmatrix}.$$

Beispiel 51.4

- Das Vektorfeld $v : \mathbb{R}^3 \to \mathbb{R}^3$, $v(x, y, z) = (x^2, z, \sin(y))^\top$ hat die Divergenz div $v(x, y, z) = 2x$.
- Das Vektorfeld $v : \mathbb{R}^3 \to \mathbb{R}^3$, $v(x, y, z) = (xy, y^2, xz)^\top$ hat die Rotation rot $v(x, y, z) = (0, -z, -x)^\top$.   ∎

Es gelten etliche nützliche Identitäten für die betrachteten Differentialoperatoren, wir fassen diese übersichtlich zusammen und verweisen für Nachweise mancher dieser Formeln auf die Übungsaufgaben:

Formeln für Gradient, Laplace, Divergenz und Rotation

Sind v und u zweimal stetig differenzierbare Vektorfelder und g ein zweimal stetig differenzierbares Skalarfeld, so gelten (mit der Vereinbarung $\Delta v = (\Delta v_1, \Delta v_2, \Delta v_3)^\top$):

- $\operatorname{div}(\operatorname{rot}(v)) = 0$.
- $\operatorname{rot}(\nabla f) = \mathbf{0}$.
- $\operatorname{div}(\nabla f) = \Delta f$.
- $\nabla(\operatorname{div} v) = \operatorname{rot}\operatorname{rot}(v) + \Delta v$.

- $\operatorname{rot}(g\,v) = g\operatorname{rot} v - v \times \nabla g$.
- $\operatorname{rot}(g\,\nabla g) = \mathbf{0}$.
- $\operatorname{rot}(v \times u) = (u\nabla)v - (v\nabla)u + v\operatorname{div} u - u\operatorname{div} v$.

Wir deuten die Divergenz und die Rotation:

Divergenz: Wir betrachten einen kleinen Quader (bzw. ein kleines Rechteck im $\mathbb{R}^2$) in einer *Strömung*, gegeben durch ein differenzierbares Geschwindigkeitsfeld $v = (v_1, v_2, v_3)^\top$. In den Quader fließt Flüssigkeit hinein und kommt evtl. auch wieder heraus. Wir bestimmen, wie viel Flüssigkeit netto den Quader verlässt, d. h. wie viel mehr herausfließt als hinein. Dazu betrachten wir vorab nur die x-Richtung, siehe Abb. 51.2.

Die Flüssigkeitsmenge (in x-Richtung) ist

$$[v_1(x + \mathrm{d}x, y, z) - v_1(x, y, z)]\,\mathrm{d}y\,\mathrm{d}z = \frac{v_1(x+\mathrm{d}x,y,z)-v_1(x,y,z)}{\mathrm{d}x}\,\mathrm{d}x\mathrm{d}y\mathrm{d}z.$$

Analoge Ausdrücke erhält man für die y- und z-Richtungen. Damit erhalten wir den gesamten Volumengewinn

$$\left(\frac{v_1(x+\mathrm{d}x,y,z)-v_1(x,y,z)}{\mathrm{d}x} + \frac{v_2(x,y+\mathrm{d}y,z)-v_2(x,y,z)}{\mathrm{d}y} \right.$$
$$\left. + \frac{v_3(x,y,z+\mathrm{d}z)-v_3(x,y,z)}{\mathrm{d}z}\right)\,\mathrm{d}x\mathrm{d}y\mathrm{d}z.$$

Division durch das Volumenelement $\mathrm{d}x\mathrm{d}y\mathrm{d}z$ liefert den Volumengewinn pro Volumenelement; im Grenzübergang erhält man schließlich die Divergenz

$$\operatorname{div}(v) = \frac{\partial v_1}{\partial x} + \frac{\partial v_2}{\partial y} + \frac{\partial v_3}{\partial z}.$$

Die Divergenz gibt also an, ob an einer Stelle $(x, y, z) \in D$ Flüssigkeit *entsteht* oder *verloren geht* oder ob *Gleichgewicht* besteht:

Abb. 51.2 Ein Quader wird durch v *durchströmt*, hier in x-Richtung

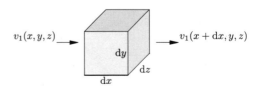

$v_1(x, y, z)$ $v_1(x + \mathrm{d}x, y, z)$

$$\mathrm{div}(\boldsymbol{v}) > 0 \;\Rightarrow\; \text{Es fließt mehr ab als zu:} \quad \textbf{Quelle}$$

$$\mathrm{div}(\boldsymbol{v}) < 0 \;\Rightarrow\; \text{Es fließt mehr zu als ab:} \quad \textbf{Senke}$$

$$\mathrm{div}(\boldsymbol{v}) = 0 \;\Rightarrow\; \text{Es fließt genauso viel zu wie ab:} \quad \textbf{quellenfrei}$$

Man nennt $\mathrm{div}(\boldsymbol{v})$ daher auch die **Quelldichte** von $\boldsymbol{v}$.

Rotation: Die Rotation eines Vektorfeldes $\boldsymbol{v} = (v_1,\ v_2,\ v_3)^\top$ ist definiert als

$$\mathrm{rot}(\boldsymbol{v}) = \begin{pmatrix} \partial_2 v_3 - \partial_3 v_2 \\ \partial_3 v_1 - \partial_1 v_3 \\ \partial_1 v_2 - \partial_2 v_1 \end{pmatrix} \in \mathbb{R}^3.$$

Wir betrachten die Abb. 51.3. Das Vektorfeld hat hier die Form $\boldsymbol{v}(x, y, z) = (-y,\ x,\ 0)^\top$. Das eingezeichnete Quadrat wird sich bei dieser Strömung gegen den Uhrzeigersinn um die eigene Achse drehen (rotieren), die Drehachse zeigt aus der Zeichenebene heraus.

Die Drechachse ist

$$\mathrm{rot}(\boldsymbol{v}) = \begin{pmatrix} 0 & - & 0 \\ 0 & - & 0 \\ \partial_1 v_2 & - & \partial_2 v_1 \end{pmatrix} = \begin{pmatrix} 0 \\ 0 \\ 2 \end{pmatrix}.$$

Bei den Komponenten der Rotation wird die Änderung der i-ten Komponente in j-Richtung verglichen mit der Änderung der j-ten Komponente in i-Richtung. Man spricht bei der Rotation auch von der **Wirbeldichte** von $\boldsymbol{v}$. Und man nennt ein Vektorfeld $\boldsymbol{v} : D \subseteq \mathbb{R}^3 \to \mathbb{R}^3$ **wirbelfrei**, falls $\mathrm{rot}(\boldsymbol{v}) = \boldsymbol{0}$ auf D.

Abb. 51.3 Das Vektorfeld bringt das Quadrat zum Rotieren

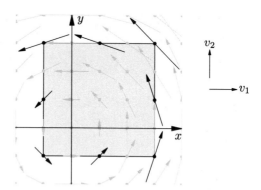

51.4 Aufgaben

51.1 Zeigen Sie folgende Aussagen:

(a) Für ein zweimal stetig differenzierbares Vektorfeld $v\colon D \subseteq \mathbb{R}^3 \to \mathbb{R}^3$ gilt für alle $x \in D$

$$\operatorname{div}(\operatorname{rot} v(x)) = 0.$$

(b) Für ein zweimal stetig differenzierbares Skalarfeld $f\colon D \subseteq \mathbb{R}^3 \to \mathbb{R}$ gilt für alle $x \in D$

$$\operatorname{rot}(\nabla f(x)) = \mathbf{0}.$$

(c) Für stetig differenzierbare Funktionen $g\colon D \subseteq \mathbb{R}^3 \to \mathbb{R}$ und $v\colon D \subseteq \mathbb{R}^3 \to \mathbb{R}^3$ gilt für alle $x \in D$

$$\operatorname{div}(g(x)v(x)) = g(x)\operatorname{div} v(x) + v(x)^\top \nabla g(x).$$

51.2 Man zeige

$$\operatorname{rot}(\operatorname{rot} v) = -\Delta v + \operatorname{grad}(\operatorname{div} v),$$

wobei die Komponenten von v zweimal stetig partiell differenzierbar sein sollen.

51.3 Gegeben seien die Funktionen

$$f = xy + yz + zx, \quad g = x^2 + y^2 + z^2, \quad h = x + y + z.$$

(a) Man berechne die totalen Differentiale der Funktionen.
(b) Zwischen den Funktionen f, g und h besteht ein funktionaler Zusammenhang der Form $f = U(g, h)$. Man bestimme die Funktion $U(g, h)$ mithilfe der totalen Differentiale.

51.4 Gegeben sei die Zustandsgleichung eines Gases in impliziter Form

$$f(P, V, T) = 0,$$

wobei P den Druck, V das Volumen und T die Temperatur des Gases bezeichnen. Man zeige, dass die partiellen Ableitungen $\frac{\partial P}{\partial T}\big|_V$, $\frac{\partial T}{\partial V}\big|_P$ und $\frac{\partial P}{\partial V}\big|_T$, wobei ein Index die konstant gehaltene Variable anzeigt, folgende Gleichung erfüllen

$$\frac{\partial P}{\partial T}\bigg|_V \, \frac{\partial T}{\partial V}\bigg|_P = -\frac{\partial P}{\partial V}\bigg|_T.$$

51.5

(a) Zeigen Sie, dass die Funktion

$$u(x, y) = \cosh x \sin y - x^2$$

die zweidimensionale Poissongleichung $-\Delta u = 2$ löst.

(b) Zeigen Sie, dass die eindimensionale Wärmeleitungsgleichung $u_t - k\Delta u = 0$ mit $k > 0$ von der Funktion

$$u(x, t) = \mathrm{e}^{-t} \sin(x/\sqrt{k})$$

gelöst wird.

(c) Zeigen Sie, dass mit $r = \sqrt{x^2 + y^2 + z^2}$ und $(x, y, z) \neq (0, 0, 0)$ die Funktion

$$u(r, t) = \frac{1}{r} \sin(r - ct)$$

die dreidimensionale Wellengleichung $u_{tt} - c^2 \Delta u = 0$ löst.

51.6 Berechnen Sie für das Vektorfeld $v(x, y, z) = \begin{pmatrix} x \\ -y \\ xz \end{pmatrix}$:

(a) $\operatorname{div} v = \nabla \cdot v$

(b) $\operatorname{rot} v = \nabla \times v$

(c) $\operatorname{div} \operatorname{rot} v = \nabla \cdot (\nabla \times v)$

(d) $\operatorname{rot}(\operatorname{rot} v) = \nabla \times (\nabla \times v)$

(e) $\nabla(\operatorname{div} v) = \nabla(\nabla \cdot v)$

51.7 Gegeben sind die beiden Vektorfelder

$$v(x, y, z) = \begin{pmatrix} x^3 + xy^2 + xz^2 \\ x^2 y + y^3 + yz^2 \\ x^2 z + y^2 z + z^3 \end{pmatrix} \quad \text{und} \quad w(x, y, z) = \begin{pmatrix} y \\ -x \\ 0 \end{pmatrix}.$$

(a) Berechnen Sie: $\operatorname{div}(v)$, $\operatorname{rot}(v)$, $\operatorname{div}(w)$, $\operatorname{rot}(w)$, $\nabla(\langle v, w \rangle)$.

(b) Gibt es eine Funktion $\varphi : \mathbb{R}^3 \to \mathbb{R}$, sodass $v(x, y, z) = \nabla\varphi(x, y, z)$ an jedem Punkt $(x, y, z) \in \mathbb{R}^3$ gilt?

Implizite Funktionen

52

Inhaltsverzeichnis

Wir haben bereits im Kap. 23 das Thema *implizite Funktionen* angesprochen: In der Praxis sind Funktionen oft nicht durch explizite Angabe der Abbildungsvorschrift gegeben, sondern implizit durch eine Gleichung bestimmt. Diese Problematik trafen wir mehrfach bei den Lösungen von Differentialgleichungen an. Wir stellen in diesem Kapitel eine Methode zur Verfügung, wie wir dennoch mit impliziten Funktionen hantieren können. Es wird z. B. unter gewissen Voraussetzungen möglich sein, die Ableitung einer impliziten Funktion an einer Stelle x zu bestimmen, ohne eine explizite Abbildungsvorschrift dieser Funktion zu kennen.

52.1   Implizite Funktionen – der einfache Fall

Eine Funktion $y : I \to \mathbb{R}$ ist oftmals durch eine Gleichung der Form $F(x, y) = 0$ gegeben, die evtl. nicht explizit nach $y = y(x)$ aufgelöst werden kann.

Wir betrachten eine solche Gleichung $F(x, y) = 0$ in den Variablen x und y, die die Nullstellenmenge $N_0 = \{(x, y) \in \mathbb{R}^2 \mid F(x, y) = 0\}$ beschreibt. Es ist N_0 die *Niveaumenge* der Funktion F zum Niveau 0, also die Schnittmenge des Graphen von F mit der x-y-Ebene.

Beispiel 52.1

- Wir betrachten die Funktion $F(x, y) = x^2 (1 - x^2) - y^2$. Der Graph dieser Funktion ist mit einigen Niveaulinien in der folgenden Abbildung zu sehen. Die Gleichung $F(x, y) = 0$ liefert die in Abb. 52.1 gezeigte Nullstellenmenge, die **Lemniskate**.

© Springer-Verlag GmbH Deutschland, ein Teil von Springer Nature 2022
C. Karpfinger, *Höhere Mathematik in Rezepten*,
https://doi.org/10.1007/978-3-662-63305-2_52

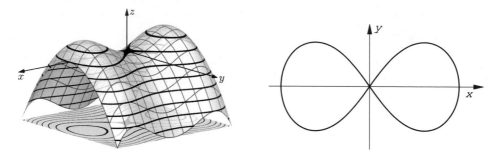

Abb. 52.1 Die Lemniskate ist die Niveaulinie zum Niveau 0 der Funktion F

Diese Menge ist sicher nicht Graph einer Funktion $f : \mathbb{R} \to \mathbb{R}$. Schränken wir aber den Definitionsbereich von F auf $]0, 1[\times]0, \infty[$ ein, so können wir die Gleichung $F(x, y) = 0$ nach y auflösen:

$$x^2 (1 - x^2) - y^2 = 0 \iff y = \sqrt{x^2(1 - x^2)}\,.$$

Der Graph der Funktion

$$f :]0, 1[\to \mathbb{R} \text{ mit } f(x) = \sqrt{x^2(1 - x^2)}$$

ist der rechte obere Teil der Lemniskate (siehe Abb. 52.2).

Mit etwas Mühe können wir die Gleichung auch nach x auflösen: Dazu schränken wir F auf $]1/\sqrt{2}, \infty[\times]-1/2, 1/2[$ ein und erhalten:

$$x^2 (1 - x^2) - y^2 = 0 \iff x = \sqrt{1/2 + 1/2\sqrt{1 - 4y^2}}\,.$$

Der Graph der Funktion

$$g :]-1/2, 1/2[\to \mathbb{R} \text{ mit } g(y) = \sqrt{1/2 + 1/2\sqrt{1 - 4y^2}}$$

ist der rechte Teil der Lemniskate (siehe Abb. 52.2).

Man beachte, dass die Bilder von f und g jeweils wiederum nicht Graph der jeweils anderen Variablen sind; Graphen von reellwertigen Funktionen einer reellen Veränderlichen haben keine vertikalen Tangenten.

- Wir betrachten die Funktion $F(x, y) = e^y + y^3 - x$. Die Gleichung $F(x, y) = 0$ liefert die in Abb. 52.3 gezeigte Nullstellenmenge. Diese Niveaumenge ist Graph einer Funktion $y = y(x)$.

Abb. 52.2 Der jeweils *schattierte* Teil der Lemniskate ist Graph einer Funktion in x bzw. y

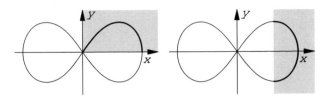

Abb. 52.3 Graph einer Funktion y

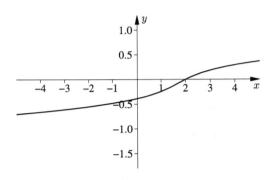

Aber diese Funktion y ist nicht explizit anzugeben, da die Gleichung

$$\mathrm{e}^y + y^3 - x = 0$$

nicht nach y auflösbar ist. ∎

Bei diesen Beispielen war jeweils eine Funktion *implizit* durch eine Gleichung $F(x, y) = 0$ gegeben, genauer:

> **Implizite Funktion**
> Wir betrachten eine Gleichung $F(x, y) = 0$, wobei $F : D \subseteq \mathbb{R}^2 \to \mathbb{R}$ eine Funktion in den Veränderlichen x und y ist. Diese Gleichung $F(x, y) = 0$ erklärt eine **implizite Funktion** $f : I \to J$, wenn $I \times J \subseteq D$ und es zu jedem $x \in I$ genau ein $y = f(x) \in J$ gibt, sodass $F(x, f(x)) = 0$ erfüllt ist.
> Hierbei dürfen auch die Rollen von x und y vertauscht sein.

Man benutzt auch die suggestive Sprechweise *die Nullstellenmenge* $F(x, y) = 0$ *ist lokal Graph einer Funktion* f in dem Sinne, dass eine Teilmenge der Nullstellenmenge von $F : D \subseteq \mathbb{R}^2 \to \mathbb{R}$ Graph einer Funktion $f : I \to J$ einer Veränderlichen ist (siehe Abb. 52.4).

Nun ist die Frage, wie man der Funktion F ansehen kann, ob durch die Gleichung $F(x, y) = 0$ eine implizite Funktion f erklärt wird. Aus obigem Beispiel zur Lemniskate wissen wir bereits, dass eine *vertikale Tangente* gegen eine lokale Auflösbarkeit spricht. Der

Abb. 52.4 Graph einer
Funktion f

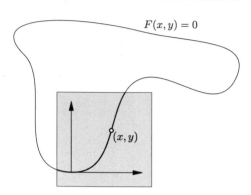

folgende Satz über implizite Funktionen gibt darüber Auskunft und erlaubt uns sogar die
Ableitung der impliziten Funktion f an einer Stelle x mithilfe der Funktion F zu ermitteln:

Satz über implizite Funktionen – der einfache Fall

Wir betrachten eine Gleichung $F(x, y) = 0$, wobei $F : D \subseteq \mathbb{R}^2 \to \mathbb{R}$ eine Funktion
in den Veränderlichen x und y ist. Es gelte:

- $D \subseteq \mathbb{R}^2$ ist offen.
- $F : D \to \mathbb{R}$ ist stetig partiell differenzierbar auf D.
- Es gibt $(x_0, y_0) \in D$ mit $F(x_0, y_0) = 0$.
- $F_y(x_0, y_0) \neq 0$.

Dann gibt es offene Intervalle $I \subseteq \mathbb{R}$ mit $x_0 \in I$ und $J \subseteq \mathbb{R}$ mit $y_0 \in J$ mit

$$I \times J \subseteq D \quad \text{und} \quad F_y(x, y) \neq 0 \quad \text{für alle} \quad (x, y) \in I \times J.$$

Es gibt außerdem eine implizite Funktion $f : I \to J$ mit $F(x, f(x)) = 0$ für alle
$x \in I$, wobei für alle $x \in I$ gilt:

$$f'(x) = \frac{-F_x(x, f(x))}{F_y(x, f(x))} \quad \text{und}$$

$$f''(x) = \frac{-(F_{xx}(x, f(x)) + 2F_{xy}(x, f(x))f'(x) + F_{yy}(x, f(x))(f'(x))^2)}{F_y(x, f(x))},$$

wobei $F \in C^2(D)$ für die zweite Ableitung gelte.

Es ist beachtlich, dass man mit diesem Satz die Ableitung von f bestimmen kann, auch wenn man f selbst gar nicht kennt. Dieser Umstand resultiert aus der Kettenregel: Zuerst schreiben wir $F(x, y)$ um, es gilt:

$$F(x, y) = F \circ \gamma(x) \text{ mit } \gamma(x) = \begin{pmatrix} x \\ f(x) \end{pmatrix}.$$

Nun leiten wir die Gleichung $F(x, y) = 0$ nach der Kettenregel ab und erhalten:

$$0 = (F \circ \gamma)'(x) = \nabla F(\gamma(x))^\top \dot{\gamma}(x) = \Big(F_x(x, f(x)), \; F_y(x, f(x)) \Big) \begin{pmatrix} 1 \\ f'(x) \end{pmatrix}$$

$$= F_x(x, f(x)) + F_y(x, f(x)) \, f'(x).$$

Hieraus folgt die Formel für f', durch nochmaliges Ableiten erhalten wir dann auch die Formel für f''.

Beispiel 52.2 Wir betrachten die Funktion $F : \mathbb{R}^2 \to \mathbb{R}$ mit $F(x, y) = x^2 (1 - x^2) - y^2$ (siehe obiges Beispiel 52.1). Es gilt:

- $D = \mathbb{R}^2$ ist offen.
- F ist stetig partiell differenzierbar auf $D = \mathbb{R}^2$.
- $(\frac{1}{\sqrt{2}}, \frac{1}{2})^\top \in D$ erfüllt $F(\frac{1}{\sqrt{2}}, \frac{1}{2}) = 0$.
- $F_y(\frac{1}{\sqrt{2}}, \frac{1}{2}) = -1 \neq 0$.

Mit dem Satz über implizite Funktionen folgt daher die Existenz zweier Intervalle $I \subseteq \mathbb{R}$ mit $1/\sqrt{2} \in I$ und $J \subseteq \mathbb{R}$ mit $1/2 \in J$ sowie einer Funktion $f : I \to J$ mit

$$F(x, f(x)) = 0 \text{ für alle } x \in I.$$

Wir bestimmen die Ableitung f', es gilt:

$$f'(x) = -F_x(x, f(x))/F_y(x, f(x)) = \frac{x - 2x^3}{y}.$$

Mit $x = 1/\sqrt{2}$ erhalten wir einen Kandidaten für ein Extremum von f, obwohl wir f nicht explizit angegeben haben. ∎

Gilt in der Situation des obigen Satzes über implizite Funktionen $f'(x) = 0$, ist also x ein Kandidat für ein Extremum der impliziten Funktion f, so lautet die zweite Ableitung $f''(x) = -F_{xx}(x, f(x))/F_y(x, f(x))$, sodass wir anhand des folgenden Rezeptes ggf. Extremalstellen einer impliziten Funktion beurteilen können:

Rezept: Bestimmen von Extrema einer impliziten Funktion

Extrema einer impliziten Funktion $f : I \to J$, die durch eine Gleichung $F(x, y) = 0$ mit einer C^2-Funktion F gegeben ist, findet man wie folgt:

(1) Bestimme Stellen (x_0, y_0) mit $x_0 \in I$ und $F(x_0, y_0) = 0$ und $F_x(x_0, y_0) = 0$.

(2) • Gilt $F_{xx}(x_0,y_0)/F_y(x_0,y_0) < 0$, so ist x_0 Stelle eines lokalen Minimums von f.

   • Gilt $F_{xx}(x_0,y_0)/F_y(x_0,y_0) > 0$, so ist x_0 Stelle eines lokalen Maximums von f.

Beispiel 52.3 Wir betrachten erneut die Funktion $F : \mathbb{R}^2 \to \mathbb{R}$ mit $F(x, y) = x^2 (1 - x^2) - y^2$.

(1) Nach obigem Beispiel erfüllt die Stelle $(x_0, y_0) = (1/\sqrt{2}, 1/2)$ sowohl $x \in I$ als auch $F(x, y) = 0$ und $F_x(x, y) = 0$.

(2) Wegen $F_{xx}(x,y)/F_y(x,y) = (6x^2-1)/y$ gilt $F_{xx}(x_0,y_0)/F_y(x_0,y_0) > 0$, sodass die implizite Funktion f in $x_0 = 1/\sqrt{2}$ ein lokales Maximum hat.   ∎

52.2 Implizite Funktionen – der allgemeine Fall

Wir haben bisher *Kurven* im $\mathbb{R}^2$ lokal als Graphen impliziter Funktionen dargestellt, indem wir eine Gleichung der Form $F(x, y) = 0$ für ein Skalarfeld F in den zwei Variablen x und y *aufgelöst* haben. Nun fragen wir viel allgemeiner nach der *Auflösbarkeit* einer Gleichung der Form $F(x_1, \ldots, x_n) = \mathbf{0}$, wobei F nicht nur ein Skalarfeld, sondern auch eine vektorwertige Funktion in den n Variablen $x_1, \ldots, x_n$ sein kann:

$$F : D \subseteq \mathbb{R}^n \to \mathbb{R}^m \text{ mit } F(x_1, \ldots, x_n) = \begin{pmatrix} F_1(x_1, \ldots, x_n) \\ \vdots \\ F_m(x_1, \ldots, x_n) \end{pmatrix} \text{ und } m < n.$$

Die Bedingung $m < n$ ist dabei ganz natürlich, da dadurch das Gleichungssystem $F(x_1, \ldots, x_n) = 0$ *unterbestimmt* ist und im Allgemeinen eine nichtleere Lösungsmenge hat. Es folgt

$$n = k + m \text{ für ein } k \in \mathbb{N}.$$

Damit ist F eine Funktion vom $\mathbb{R}^{k+m}$ in den $\mathbb{R}^m$, und jedes $z \in \mathbb{R}^{k+m}$ hat eine Zerlegung der Form:

$$z = (x, y) \text{ für ein } x \in \mathbb{R}^k \text{ und ein } y \in \mathbb{R}^m.$$

Für $k = m = 1$ entspricht das dem *einfachen Fall,* den wir im letzten Abschnitt betrachtet hatten.

- Im *einfachen Fall* wurde zu der Gleichung $F(x, y) = 0, x \in \mathbb{R}, y \in \mathbb{R}$ und $(x_0, y_0) \in \mathbb{R}^2$ mit $F(x_0, y_0) = 0$ nach einer Funktion $f : I \subseteq \mathbb{R} \to J \subseteq \mathbb{R}$ mit $F(x, f(x)) = 0$ gesucht, wobei $x_0 \in I$ und $y_0 \in J$ gilt.
- Im *allgemeinen Fall* suchen wir zu der Gleichung $F(\boldsymbol{x}, \boldsymbol{y}) = \boldsymbol{0}, \boldsymbol{x} \in \mathbb{R}^k, \boldsymbol{y} \in \mathbb{R}^m$ und $(\boldsymbol{x}_0, \boldsymbol{y}_0) \in \mathbb{R}^{k+m}$ mit $F(\boldsymbol{x}_0, \boldsymbol{y}_0) = \boldsymbol{0}$ nach einer Funktion $f : I \subseteq \mathbb{R}^k \to J \subseteq \mathbb{R}^m$ mit $F(\boldsymbol{x}, f(\boldsymbol{x})) = \boldsymbol{0}$, wobei $\boldsymbol{x}_0 \in I$ und $\boldsymbol{y}_0 \in J$ gilt.

Wie hier bereits angedeutet, lösen wir nun immer nach dem *hinteren Teil* $\boldsymbol{y} \in \mathbb{R}^m$ auf. Nach einer Umbenennung der Variablen und einem sich anschließenden Umsortieren kann man das stets erreichen.

Satz über implizite Funktionen – der allgemeine Fall

Wir betrachten eine Gleichung $F(\boldsymbol{x}, \boldsymbol{y}) = \boldsymbol{0}, \boldsymbol{x} \in \mathbb{R}^k$ und $\boldsymbol{y} \in \mathbb{R}^m$, wobei $F : D \subseteq \mathbb{R}^k \times \mathbb{R}^m \to \mathbb{R}^m$ eine Funktion in den $n = k + m$ Veränderlichen $\boldsymbol{x} = (x_1, \dots, x_k)$ und $\boldsymbol{y} = (y_1, \dots, y_m)$ ist. Es gelte:

- $D \subseteq \mathbb{R}^k \times \mathbb{R}^m$ ist offen.
- $F : D \to \mathbb{R}^m$ ist stetig differenzierbar auf D.
- Es gibt $(\boldsymbol{x}_0, \boldsymbol{y}_0) \in D, \boldsymbol{x}_0 \in \mathbb{R}^k$ und $\boldsymbol{y}_0 \in \mathbb{R}^m$, mit $F(\boldsymbol{x}_0, \boldsymbol{y}_0) = \boldsymbol{0}$.
- Die Teilmatrix

$$DF_{\boldsymbol{y}}(\boldsymbol{x}_0, \boldsymbol{y}_0) = \left(\frac{\partial F_i}{\partial y_j}(\boldsymbol{x}_0, \boldsymbol{y}_0) \right)_{\substack{i=1,\dots,m \\ j=1,\dots,m}}$$

  der Jacobimatrix $DF(\boldsymbol{x}_0, \boldsymbol{y}_0)$ ist invertierbar.

Dann gibt es offene Mengen $I \subseteq \mathbb{R}^k$ mit $\boldsymbol{x}_0 \in I$ und $J \subseteq \mathbb{R}^m$ mit $\boldsymbol{y}_0 \in J$ mit

$$I \times J \subseteq D \quad \text{und} \quad DF_{\boldsymbol{y}}(\boldsymbol{x}, \boldsymbol{y}) \text{ ist invertierbar für alle } (\boldsymbol{x}, \boldsymbol{y}) \in I \times J.$$

Es gibt außerdem eine implizite Funktion $f : I \to J$ mit $F(\boldsymbol{x}, f(\boldsymbol{x})) = \boldsymbol{0}$ für alle $\boldsymbol{x} \in I$, wobei für alle $\boldsymbol{x} \in I$ gilt:

$$Df(\boldsymbol{x}) = -(DF_{\boldsymbol{y}}(\boldsymbol{x}, f(\boldsymbol{x})))^{-1} DF_{\boldsymbol{x}}(\boldsymbol{x}, f(\boldsymbol{x})).$$

Beispiel 52.4

- Wir betrachten die Funktion

$$F : \mathbb{R}^3 \to \mathbb{R} \ \text{ mit } \ F(x, y, z) = \sin(z + y - x^2) - \frac{1}{\sqrt{2}}.$$

Wir sind also im Fall $n = 3$, $m = 1$, $k=2$; gesucht ist eine Funktion $f{:}I \subseteq \mathbb{R}^2 \to \mathbb{R}$. Der Punkt $(x_0, y_0, z_0) = (0, 0, \pi/4)^\top$ erfüllt $F(x_0, y_0, z_0) = 0$. Die Jacobimatrix DF lautet

$$DF(x, y, z) = \left(-2x \cos(z + y - x^2), \ \cos(z + y - x^2), \ \cos(z + y - x^2) \right), \ \text{ also}$$

$$DF(0, 0, \tfrac{\pi}{4}) = \left(0, \ \tfrac{1}{\sqrt{2}}, \ \tfrac{1}{\sqrt{2}} \right).$$

Damit lässt sich F nach y oder z *auflösen*, nicht aber nach x, da die erste Komponente 0 ist. Wir lösen nach z auf, sind also in der Situation $\boldsymbol{x} = (x, y) \in \mathbb{R}^2$ und $\boldsymbol{y} = z$, wobei $\boldsymbol{x}_0 = (0, 0)$, $\boldsymbol{y}_0 = \pi/4$, da $x_0 = y_0 = 0$ und $z_0 = \pi/4$.

Nach dem Satz über implizite Funktionen gibt es offene Mengen $I = B_\varepsilon((0, 0)) \subseteq \mathbb{R}^2$ und $J = B_\delta(\pi/4)$ und eine Funktion

$$f : I \to J, \ (x, y) \mapsto z \ \text{ mit } \ F(x, y, f(x, y)) = 0 \ \text{ für alle } \ (x, y) \in B_\varepsilon((0, 0)).$$

Die Jacobimatrix der Funktion f lautet nach dem Satz über implizite Funktionen:

$$\begin{aligned}
Df(x, y) &= -(DF_{\boldsymbol{y}}(\boldsymbol{x}, f(\boldsymbol{x})))^{-1} DF_{\boldsymbol{x}}(\boldsymbol{x}, f(\boldsymbol{x})) \\
&= -(\cos(z + y - x^2))^{-1}(-2x \cos(z + y - x^2), \ \cos(z + y - x^2)) \\
&= (2x, -1).
\end{aligned}$$

Tatsächlich lässt sich die Funktion f in diesem Fall sogar konkret angeben:

$$\sin(z + y - x^2) = 1/\sqrt{2} \ \Leftrightarrow \ z = f(x, y) = \pi/4 + x^2 - y.$$

Wegen $f_x = 2x$ und $f_y = -1$ finden wir unsere Berechnungen bestätigt.

- Wir betrachten die Funktion

$$F : \mathbb{R}^3 \to \mathbb{R}^2 \ \text{ mit } \ F(x, y, z) = \begin{pmatrix} x^2 + y^2 - z^2 - 8 \\ \sin(\pi x) + \sin(\pi y) + \sin(\pi z) \end{pmatrix}.$$

Wir sind also im Fall $n=3$, $m=2$, $k=1$; gesucht ist eine Funktion $f : I \subseteq \mathbb{R} \to \mathbb{R}^2$. Der Punkt $(x_0, y_0, z_0) = (2, 2, 0)^\top$ erfüllt $F(x_0, y_0, z_0) = \boldsymbol{0}$. Die Jacobimatrix DF lautet

$$DF(x, y, z) = \begin{pmatrix} 2x & 2y & -2z \\ \pi \cos(\pi x) & \pi \cos(\pi y) & \pi \cos(\pi z) \end{pmatrix},$$

also

$$DF(2, 2, 0) = \begin{pmatrix} 4 & 4 & 0 \\ \pi & \pi & \pi \end{pmatrix}.$$

Damit lässt sich F nach y und z oder nach x und z *auflösen*, nicht aber nach x und y, da die Matrix, bestehend aus den ersten beiden Spalten nicht invertierbar ist. Wir lösen nach y und z auf, sind also in der Situation $\boldsymbol{x} = x \in \mathbb{R}$ und $\boldsymbol{y} = (y, z) \in \mathbb{R}^2$, wobei $\boldsymbol{x}_0 = 2$, $\boldsymbol{y}_0 = (2, 0)$, da $x_0 = y_0 = 2$ und $z_0 = 0$.

Nach dem Satz über implizite Funktionen gibt es offene Mengen $I = B_\varepsilon(2) \subseteq \mathbb{R}$ und $J = B_\delta(2, 0)$ und eine Funktion

$$f : I \to J, \ x \mapsto (y, z) \ \text{mit} \ F(x, f(x)) = \boldsymbol{0} \ \text{für alle} \ x \in B_\varepsilon(2).$$

Die Jacobimatrix der Funktion f lautet nach dem Satz über implizite Funktionen:

$$Df(x) = -(DF_{\boldsymbol{y}}(\boldsymbol{x}, f(\boldsymbol{x})))^{-1} DF_{\boldsymbol{x}}(\boldsymbol{x}, f(\boldsymbol{x}))$$

$$= - \begin{pmatrix} 2y & -2z \\ \pi \cos \pi y & \pi \cos \pi z \end{pmatrix}^{-1} \begin{pmatrix} 2x \\ \pi \cos \pi x \end{pmatrix}.$$

∎

52.3 Aufgaben

52.1 Es sei $F : D \subseteq \mathbb{R}^2 \to \mathbb{R}$, D offen, eine C^1-Funktion. Die Niveaulinien $N_c = \{(x, y) \mid F(x, y) = c\} \neq \emptyset$ definieren (implizit) Kurven (evtl. zu einem Punkt entartet). Man begründe:

(a) Ist $F_x(x, y) = 0$ und $\nabla F(x, y) \neq 0$, so hat N_c dort eine horizontale Tangente.
(b) Ist $F_y(x, y) = 0$ und $\nabla F(x, y) \neq 0$, so hat N_c dort eine vertikale Tangente.

52.2 Es sei $F(x, y) = x^2 - xy + y^2$.

(a) Wo hat die durch $F(x, y) = 2$ implizit definierte Kurve horizontale und vertikale Tangenten?
(b) Wieso lässt sich die Kurve in einer Umgebung von $(\sqrt{2}, 0)$ als Graph einer C^1-Funktion $y = f(x)$ darstellen?
(c) Man berechne $f'(\sqrt{2})$.

52.3 Gegeben sei das nichtlineare Gleichungssystem

$$F(x, y, z) = \begin{pmatrix} x^2 + y^2 + z^2 - 6\sqrt{x^2 + y^2} + 8 \\ x^2 + y^2 + z^2 - 2x - 6y + 8 \end{pmatrix} = \begin{pmatrix} 0 \\ 0 \end{pmatrix}.$$

(a) Zeigen Sie, dass $F(0, 3, 1) = 0$ gilt.

(b) Überprüfen Sie mit Hilfe des Satzes über implizite Funktionen, ob sich die Gleichung $F(x, y, z) = 0$ im Punkt $(0, 3, 1)$ lokal nach x und y oder nach x und z oder nach y und z auflösen lässt und führen Sie ggf. diese Auflösung durch.

52.4 Man begründe, dass sich $F(x, y, z) = z^3 + 4z - x^2 + xy^2 + 8y - 7 = 0$ in der Umgebung jedes $(x, y) \in \mathbb{R}^2$ als Graph einer Funktion $z = f(x, y)$ darstellen lässt. Man berechne dort den Gradienten von f.

52.5 Es sei $F(x, y) = x^3 + y^3 - 3xy$. Wo hat die durch $F(x, y) = 0$ implizit definierte Kurve horizontale und vertikale Tangenten, wo singuläre Punkte (das sind Punkte (x_0, y_0) mit $F_x(x_0, y_0) = 0 = F_y(x_0, y_0)$? Wieso lässt sich in jeder Umgebung eines Punktes mit $x < 0$ die Kurve als Graph einer C^1-Funktion $y = f(x)$ darstellen? Man berechne dort $f'(x)$.

52.6 Untersuchen Sie, ob die nichtlinearen Gleichungssysteme

$$\begin{matrix} x + y - \sin z = 0 \\ \exp z - x - y^3 = 1 \end{matrix} \quad \text{und} \quad \begin{matrix} x + y - \sin z = 0 \\ \exp x - x^2 + y = 1 \end{matrix}$$

in einer Umgebung von $(0, 0, 0)^\top$ nach (y, z) aufgelöst werden können.

52.7 Es sei $F(x, y, z) = z^2 - x^2 - y^2 - 2xz - 2yz - 2xy - 1$ und $N_0 = \{(x, y, z) \mid F(x, y, z) = 0\}$.

(a) Man begründe: Zu jedem $(x, y) \in \mathbb{R}^2$ gibt es eine Umgebung U, in der sich N_0 als Graph einer Funktion $z = f(x, y)$ darstellen lässt.

(b) Man berechne deren Gradienten $\nabla f(x, y)$.

52.8 Gegeben sei die Funktion

$$F(x, y) = x^3 - 3xy^2 + 16.$$

Man begründe: Für $x, y > 0$ lässt sich $F(x, y) = 0$ als Graph einer Funktion $y = f(x)$ darstellen. Man bestimme die lokalen Extrema von $f(x)$.

52.9 Gegeben sei das nichtlineare Gleichungssystem

$$F(x, y, z) = \begin{pmatrix} 2\sin x + z e^y \\ \sqrt{x^2 + y^2 + 3} \end{pmatrix} = \begin{pmatrix} 0 \\ 2 \end{pmatrix}$$

(a) Berechnen Sie die Jacobimatrix der Funktion F.

(b) Überprüfen Sie, ob sich das Gleichungssystem im Punkt $(0, 1, 0)$ lokal nach x und y oder nach x und z oder nach y und z auflösen lässt.

52.10

(a) Beweisen Sie die lokale Auflösbarkeit von

$$x^2 - 2xy - y^2 - 2x + 2y + 2 = 0$$

nach x in einer Umgebung von $(x_0, y_0) = (3, 1)$ und berechnen Sie $h'(1)$ und $h''(1)$ für die implizit definierte Funktion $x = h(y)$.

(b) Berechnen Sie explizit die Funktion $h(y)$ aus (a), geben Sie deren maximalen Definitionsbereich an und bestätigen Sie die berechneten Ableitungswerte.

52.11 Es sei $F : \mathbb{R}^2 \to \mathbb{R}$ definiert durch

$$F(x, y) = x e^{-xy} - 4y.$$

(a) Zeigen Sie, dass durch $F(x, y) = 0$ eine Funktion $y = f(x)$ für alle $x \in \mathbb{R}$ implizit definiert ist.

(b) Berechnen Sie die Werte $f(0)$ und $f'(0)$.

(c) Bestimmen Sie die stationären Punkte von f.

Koordinatentransformationen

53

Inhaltsverzeichnis

Wir haben in $\mathbb{C} = \mathbb{R}^2$ zwei Möglichkeiten kennengelernt, jedes Element $z \neq 0$ eindeutig darzustellen: $z = (a, b)$ mit den kartesischen Koordinaten a und b bzw. $z = (r, \varphi)$ mit den Polarkoordinaten r und φ. Hinter dieser Darstellung von Elementen bzgl. verschiedener Koordinatensysteme verbirgt sich eine *Koordinatentransformation* $(r, \varphi) \to (a, b)$. Im $\mathbb{R}^3$ sind gleich mehrere solcher Transformationen von besonderem Interesse, insbesondere Zylinder- und Kugelkoordinaten spielen in der mehrdimensionalen Ingenieuranalysis eine fundamentale Rolle, da sich viele Probleme der Ingenieurmathematik in speziellen Koordinaten viel leichter beschreiben und auch lösen lassen.

53.1 Transformationen und Transformationsmatrizen

Jeder Punkt im $\mathbb{R}^3$ ist eindeutig durch seine kartesischen Koordinaten x, y und z bestimmt. Diese Eindeutigkeit der Darstellung jedes Elementes erwartet man von jedem Koordinatensystem. Hat man also zwei Koordinatensysteme, so erwartet man, dass es eine Bijektion ϕ von der Menge aller Punkte bzgl. eines Koordinatensystems K_1 auf die Menge aller Punkte bzgl. des anderen Koordinatensystems K_2 gibt, $\phi : x_{K_1} \to x_{K_2}$. Diese abstrakte Vorstellung eines *Koordinatensystemwechsels* führt zu der folgenden Definition:

© Springer-Verlag GmbH Deutschland, ein Teil von Springer Nature 2022
C. Karpfinger, *Höhere Mathematik in Rezepten*,
https://doi.org/10.1007/978-3-662-63305-2_53

Koordinatentransformation und Transformationsmatrix

Sind B und D offene Teilmengen des $\mathbb{R}^n$, so nennt man eine stetig differenzierbare Bijektion $\phi : B \to D$ eine **Koordinatentransformation**, falls ϕ^{-1} ebenfalls stetig differenzierbar ist.

Ist $\phi : B \to D$ eine Koordinatentransformation, so nennt man die quadratische Jacobimatrix $D\phi$ **Transformationsmatrix** und die Determinante det $D\phi$ die **Funktionaldeterminante** bzw. **Jacobideterminante**.

Neben den kartesischen Koordinaten sind die wichtigsten Koordinaten des $\mathbb{R}^3$ Zylinder- und Kugelkoordinaten:

$$\underbrace{(x,\ y,\ z)}_{\text{kartesisch}} \qquad \underbrace{(r,\ \varphi,\ z)}_{\text{Zylinder}} \qquad \underbrace{(r,\ \varphi,\ \vartheta)}_{\text{Kugel}}\ .$$

Im $\mathbb{R}^2$ spielen die Polarkoordinaten eine fundamentale Rolle. Im folgenden Abschnitt betrachten wir diese Koordinaten und die dazugehörigen Transformationsmatrizen bzw. Jacobideterminanten.

53.2 Polar-, Zylinder- und Kugelkoordinaten

Polarkoordinaten bilden ein Koordinatensystem im $\mathbb{R}^2$, *Zylinderkoordinaten* ergänzen die Polarkoordinaten um die z-Koordinate zu einem Koordinatensystem des $\mathbb{R}^3$. Neben den Zylinderkoordinaten sind die *Kugelkoordinaten* ein häufig benutztes Koordinatensystem des $\mathbb{R}^3$.

Polar-, Zylinder- und Kugelkoordinaten

- **Polarkoordinaten.** Es ist

$$\phi : \begin{cases} \mathbb{R}_{>0} \times [0, 2\pi[\to & \mathbb{R}^2 \setminus \{0\} \\[2mm] \begin{pmatrix} r \\ \varphi \end{pmatrix} \quad \mapsto \begin{pmatrix} x \\ y \end{pmatrix} = \begin{pmatrix} r\cos\varphi \\ r\sin\varphi \end{pmatrix} \end{cases}$$

eine Koordinatentransformation mit der Transformationsmatrix und Funktionaldeterminante

$$D\phi(r, \varphi) = \begin{pmatrix} \cos\varphi & -r\sin\varphi \\ \sin\varphi & r\cos\varphi \end{pmatrix} \quad \text{und} \quad \det D\phi(r, \varphi) = r.$$

Man nennt r, φ **Polarkoordinaten**.

- **Zylinderkoordinaten.** Es ist

$$\phi : \begin{cases} \mathbb{R}_{>0} \times [0, 2\pi[\times \mathbb{R} \to & \mathbb{R}^3 \setminus z\text{-Achse} \\ \begin{pmatrix} r \\ \varphi \\ z \end{pmatrix} \mapsto & \begin{pmatrix} x \\ y \\ z \end{pmatrix} = \begin{pmatrix} r\cos\varphi \\ r\sin\varphi \\ z \end{pmatrix} \end{cases}$$

eine Koordinatentransformation mit der Transformationsmatrix und Funktionaldeterminante

$$D\phi(r, \varphi, z) = \begin{pmatrix} \cos\varphi & -r\sin\varphi & 0 \\ \sin\varphi & r\cos\varphi & 0 \\ 0 & 0 & 1 \end{pmatrix} \quad \text{und} \quad \det D\phi(r, \varphi, z) = r.$$

Man nennt r, φ, z **Zylinderkoordinaten**.

- **Kugelkoordinaten.** Es ist

$$\phi : \begin{cases} \mathbb{R}_{>0} \times [0, 2\pi[\times]0, \pi[\to & \mathbb{R}^3 \setminus z\text{-Achse} \\ \begin{pmatrix} r \\ \varphi \\ \vartheta \end{pmatrix} \mapsto & \begin{pmatrix} x \\ y \\ z \end{pmatrix} = \begin{pmatrix} r\cos\varphi\sin\vartheta \\ r\sin\varphi\sin\vartheta \\ r\cos\vartheta \end{pmatrix} \end{cases}$$

eine Koordinatentransformation mit der Transformationsmatrix und Funktionaldeterminante

$$D\phi(r, \varphi, \vartheta) = \begin{pmatrix} \cos\varphi\sin\vartheta & -r\sin\varphi\sin\vartheta & r\cos\varphi\cos\vartheta \\ \sin\varphi\sin\vartheta & r\cos\varphi\sin\vartheta & r\sin\varphi\cos\vartheta \\ \cos\vartheta & 0 & -r\sin\vartheta \end{pmatrix} \quad \text{und}$$

$$\det D\phi(r, \varphi, \vartheta) = -r^2 \sin\vartheta.$$

Man nennt r, φ, ϑ **Kugelkoordinaten**.

Die folgende Abb. 53.1 zeigt, wie ein (beliebiger) Punkt P des $\mathbb{R}^2$ bzw. $\mathbb{R}^3$ bzgl. Polar-, Zylinder- und Kugelkoordinaten dargestellt wird.

In manchen Büchern wird bei den Kugelkoordinaten der Winkel $\tilde{\vartheta}$ statt ϑ benutzt (siehe 3. Bild in Abb. 53.1). Wegen $\tilde{\vartheta} = \pi/2 - \vartheta$ sind dann $]0, \pi[$ durch $]-\pi/2, \pi/2[$ und $\sin\vartheta$ durch $\cos\tilde{\vartheta}$ und $\cos\vartheta$ durch $\sin\tilde{\vartheta}$ zu ersetzen.

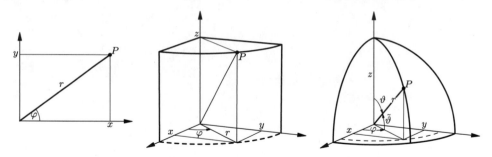

Abb. 53.1 Polarkoordinaten im $\mathbb{R}^2$ und Zylinder- und Kugelkoordinaten im $\mathbb{R}^3$

Polarkoordinaten sind besonders bei punktsymmetrischen Problemen im $\mathbb{R}^2$ günstig. Zylinderkoordinaten setzt man vorteilhaft bei achsensymmetrischen Problemen ein. Und Kugelkoordinaten sind besonders bei punktsymmetrischen Problemen vorteilhaft.

Gelegentlich benötigt man weitere Koordinatensysteme, wir geben der Vollständigkeit halber an:

- **affine Koordinaten:**

$$\phi : \begin{cases} \mathbb{R}^n & \to & \mathbb{R}^n \\ \begin{pmatrix} u_1 \\ \vdots \\ u_n \end{pmatrix} & \mapsto & \begin{pmatrix} x_1 \\ \vdots \\ x_n \end{pmatrix} = A \begin{pmatrix} u_1 \\ \vdots \\ u_n \end{pmatrix} + b \end{cases} \quad \text{mit inv. } A \in \mathbb{R}^{n \times n} \text{ und } b \in \mathbb{R}^n.$$

- **elliptische Koordinaten:**

$$\phi : \begin{cases} \mathbb{R}_{>0} \times [0, 2\pi[& \to & \mathbb{R}^2 \\ \begin{pmatrix} \eta \\ \varphi \end{pmatrix} & \mapsto & \begin{pmatrix} x \\ y \end{pmatrix} = \begin{pmatrix} c \cosh \eta \cos \varphi \\ c \sinh \eta \sin \varphi \end{pmatrix} \end{cases} \quad \text{mit } c \in \mathbb{R}_{>0}.$$

- **parabolische Koordinaten:**

$$\phi : \begin{cases} \mathbb{R}_{>0} \times \mathbb{R}_{>0} \times [0, 2\pi[& \to & \mathbb{R}^3 \\ \begin{pmatrix} \xi \\ \eta \\ \varphi \end{pmatrix} & \mapsto & \begin{pmatrix} x \\ y \\ z \end{pmatrix} = \begin{pmatrix} \xi \eta \cos \varphi \\ \xi \eta \sin \varphi \\ 1/2 \, (\xi^2 - \eta^2) \end{pmatrix} \end{cases} .$$

53.3   Die Differentialoperatoren in kartesischen Zylinder- und Kugelkoordinaten

Die Differentialoperatoren ∇, Δ, div und rot sind aus den Kap. 47 und 51 bekannt. Dabei ist ein *Operator* eine Abbildung, die einer Funktion eine Funktion zuordnet:

- ∇ ordnet einem Skalarfeld f das Vektorfeld ∇f zu,
- Δ ordnet dem Skalarfeld f das Skalarfeld Δf zu,
- div ordnet dem Vektorfeld v das Skalarfeld div v zu,
- rot ordnet dem Vektorfeld v das Vektorfeld rot v zu.

Wir haben diese Differentialoperatoren bisher nur in kartesischen Koordinaten betrachtet. Haben wir ein Skalarfeld f bzw. Vektorfeld v hingegen in Zylinder- oder Kugelkoordinaten gegeben, also $f = f(r, \varphi, z)$ bzw. $v = v(r, \varphi, z)$ oder $f = f(r, \varphi, \vartheta)$ bzw. $v = v(r, \varphi, \vartheta)$, so erwartet man natürlich, dass auch diese Operatoren in den jeweiligen Koordinatensystemen ihre individuellen Darstellungen haben. Die *Umrechnungen* der Operatoren sind im Allgemeinen sehr mühsam und machen regen Gebrauch von der Kettenregel, in der folgenden Box findet man eine übersichtliche Darstellung der angesprochenen Operatoren in kartesischen, Zylinder- und Kugelkoordinaten (für die Umrechnung vgl. die Übungsaufgaben):

Die Differentialoperatoren in kartesischen, Zylinder- und Kugelkoordinaten

Die Differentialoperatoren ∇, Δ, rot und div haben bezüglich der verschiedenen Koordinatensysteme das folgende Aussehen:

- **Kartesische Koordinaten.** Gegeben ist ein Skalarfeld $f = f(x, y, z)$ bzw. ein Vektorfeld $v = (v_1(x, y, z), v_2(x, y, z), v_3(x, y, z))^\top$:
  - Gradient ∇:

$$\nabla f(x, y, z) = \begin{pmatrix} \frac{\partial f}{\partial x} \\ \frac{\partial f}{\partial y} \\ \frac{\partial f}{\partial z} \end{pmatrix}.$$

  - Laplace Δ:

$$\Delta f(x, y, z) = \frac{\partial^2 f}{\partial x \partial x} + \frac{\partial^2 f}{\partial y \partial y} + \frac{\partial^2 f}{\partial z \partial z}.$$

  - Divergenz div:

$$\operatorname{div} v(x, y, z) = \frac{\partial v_1}{\partial x} + \frac{\partial v_2}{\partial y} + \frac{\partial v_3}{\partial z}.$$

– Rotation rot:

$$\operatorname{rot} v(x, y, z) = \begin{pmatrix} \frac{\partial v_3}{\partial y} - \frac{\partial v_2}{\partial z} \\ \frac{\partial v_1}{\partial z} - \frac{\partial v_3}{\partial x} \\ \frac{\partial v_2}{\partial x} - \frac{\partial v_1}{\partial y} \end{pmatrix}.$$

● **Polarkoordinaten.** Gegeben ist ein Skalarfeld $f = f(r, \varphi)$:
  – Gradient ∇:

$$\nabla f(r, \varphi) = \begin{pmatrix} \frac{\partial f}{\partial r} \\ \frac{1}{r} \frac{\partial f}{\partial \varphi} \end{pmatrix}.$$

  – Laplace Δ:

$$\Delta f(r, \varphi) = \frac{\partial^2 f}{\partial r \partial r} + \frac{1}{r} \frac{\partial f}{\partial r} + \frac{1}{r^2} \frac{\partial^2 f}{\partial \varphi \partial \varphi}.$$

● **Zylinderkoordinaten.** Gegeben ist ein Skalarfeld $f = f(r, \varphi, z)$ bzw. ein Vektorfeld $v = (v_1(r, \varphi, z), v_2(r, \varphi, z), v_3(r, \varphi, z))^\top$:
  – Gradient ∇:

$$\nabla f(r, \varphi, z) = \begin{pmatrix} \frac{\partial f}{\partial r} \\ \frac{1}{r} \frac{\partial f}{\partial \varphi} \\ \frac{\partial f}{\partial z} \end{pmatrix}.$$

  – Laplace Δ:

$$\Delta f(r, \varphi, z) = \frac{\partial^2 f}{\partial r \partial r} + \frac{1}{r} \frac{\partial f}{\partial r} + \frac{1}{r^2} \frac{\partial^2 f}{\partial \varphi \partial \varphi} + \frac{\partial^2 f}{\partial z \partial z}.$$

  – Divergenz div:

$$\operatorname{div} v(r, \varphi, z) = \frac{1}{r} \frac{\partial (r v_1)}{\partial r} + \frac{1}{r} \frac{\partial v_2}{\partial \varphi} + \frac{\partial v_3}{\partial z}.$$

  – Rotation rot:

$$\operatorname{rot} v(r, \varphi, z) = \begin{pmatrix} \frac{1}{r} \frac{\partial v_3}{\partial \varphi} - \frac{\partial v_2}{\partial z} \\ \frac{\partial v_1}{\partial z} - \frac{\partial v_3}{\partial r} \\ \frac{1}{r} \frac{\partial (r v_2)}{\partial r} - \frac{1}{r} \frac{\partial v_1}{\partial \varphi} \end{pmatrix}.$$

● **Kugelkoordinaten.** Gegeben ist ein Skalarfeld $f = f(r, \varphi, \vartheta)$ bzw. ein Vektorfeld $v = (v_1(r, \varphi, \vartheta), v_2(r, \varphi, \vartheta), v_3(r, \varphi, \vartheta))^\top$:
  – Gradient ∇:

$$\nabla f(r, \varphi, \vartheta) = \begin{pmatrix} \frac{\partial f}{\partial r} \\ \frac{1}{r \sin \vartheta} \frac{\partial f}{\partial \varphi} \\ \frac{1}{r} \frac{\partial f}{\partial \vartheta} \end{pmatrix}.$$

– Laplace Δ:

$$\Delta f(r, \varphi, \vartheta) = \frac{\partial^2 f}{\partial r \partial r} + \frac{2}{r} \frac{\partial f}{\partial r} + \frac{1}{r^2 \sin^2 \vartheta} \frac{\partial^2 f}{\partial \varphi \partial \varphi} + \frac{\cos \vartheta}{r^2 \sin \vartheta} \frac{\partial f}{\partial \vartheta} + \frac{1}{r^2} \frac{\partial^2 f}{\partial \vartheta \partial \vartheta}.$$

– Divergenz div:

$$\operatorname{div} v(r, \varphi, \vartheta) = \frac{1}{r^2} \frac{\partial (r^2 v_1)}{\partial r} + \frac{1}{r \sin \vartheta} \frac{\partial v_2}{\partial \varphi} + \frac{1}{r \sin \vartheta} \frac{\partial (v_3 \sin \vartheta)}{\partial \vartheta}.$$

– Rotation rot:

$$\operatorname{rot} v(r, \varphi, \vartheta) = \begin{pmatrix} \frac{1}{r \sin \vartheta} \frac{\partial (v_2 \sin \vartheta)}{\partial \vartheta} - \frac{1}{r \sin \vartheta} \frac{\partial v_3}{\partial \varphi} \\ \frac{1}{r} \frac{\partial (r v_3)}{\partial r} - \frac{1}{r} \frac{\partial v_1}{\partial \vartheta} \\ \frac{1}{r \sin \vartheta} \frac{\partial v_1}{\partial \varphi} - \frac{1}{r} \frac{\partial (r v_2)}{\partial r} \end{pmatrix}.$$

Hierbei muss man sich die Vektoren in kartesischen, Zylinder- bzw. Kugelkoordinaten natürlich auch als Vektoren bezüglich der entsprechenden Basen vorstellen, also als Koordinatenvektoren bezüglich der Basen e_x, e_y, e_z bzw. e_r, e_φ, e_z bzw. $e_r, e_\varphi, e_\vartheta$.

Beispiel 53.1

- Für das Vektorfeld $v(r, \varphi, z) = (z, 0, r)^\top$ in Zylinderkoordinaten gilt:

$$\operatorname{div} v(r, \varphi, z) = \frac{z}{r} \quad \text{und} \quad \operatorname{rot} v(r, \varphi, z) = \begin{pmatrix} 0 \\ 0 \\ 0 \end{pmatrix}.$$

- Für das Skalarfeld $f(r, \varphi, z) = r^2 + z^3$ in Zylinderkoordinaten gilt:

$$\nabla f(r, \varphi, z) = \begin{pmatrix} 2r \\ 0 \\ 3z^2 \end{pmatrix} \quad \text{und} \quad \Delta f(r, \varphi, z) = 4 + 6z.$$

- Betrachtet man $f(x, y, z) = x^2 + y^2 + z^3$, so erhält man

$$\nabla f(x, y, z) = \begin{pmatrix} 2x \\ 2y \\ 3z^2 \end{pmatrix} \quad \text{und} \quad \Delta f(x, y, z) = 2 + 2 + 6z = 4 + 6z.$$

- Für das Skalarfeld $f(r, \varphi, \vartheta) = r^2 + r$ in Kugelkoordinaten gilt:

$$\nabla f(r, \varphi, \vartheta) = \begin{pmatrix} 2r+1 \\ 0 \\ 0 \end{pmatrix} \quad \text{und} \quad \Delta f(r, \varphi, \vartheta) = 6 + \frac{2}{r}.$$

- Für das Vektorfeld $\boldsymbol{v}(r, \varphi, \vartheta) = \frac{1}{r} (\cos^2 \vartheta, \, \sin \vartheta, \, -\sin \vartheta \cos \vartheta)^\top$ in Kugelkoordinaten gilt:

$$\text{div } \boldsymbol{v}(r, \varphi, \vartheta) = \frac{1}{r^2} \frac{\partial}{\partial r} \left(r \cos^2 \vartheta \right) + \frac{1}{r \sin \vartheta} \frac{\partial}{\partial \varphi} \left(\frac{\sin \vartheta}{r} \right)$$

$$+ \frac{1}{r \sin \vartheta} \frac{\partial}{\partial \vartheta} \left(-\frac{\sin^2 \vartheta \cos \vartheta}{r} \right)$$

$$= \frac{\cos^2 \vartheta}{r^2} + \frac{1}{r^2 \sin \vartheta} \left(-2 \sin \vartheta \cos^2 \vartheta + \sin^3 \vartheta \right)$$

$$= \frac{\sin^2 \vartheta - \cos^2 \vartheta}{r^2}.$$

∎

53.4 Umrechnung von Vektorfeldern und Skalarfeldern

Oftmals ist es wünschenswert, ein gegebenes Vektorfeld oder Skalarfeld in kartesischen Koordinaten als Vektorfeld in Zylinder- oder Kugelkoordinaten darzustellen (oder umgekehrt), um etwa gewisse Symmetrien auszunutzen. So wird das Integrieren oder das Anwenden von Differentialoperatoren in passenden Koordinatensystemen oftmals deutlich einfacher.

Beispiel 53.2

- Die folgenden beiden Skalarfelder

$$f_{\text{kart}}(x, y, z) = \sqrt{x^2 + y^2 + z^2} \quad \text{und} \quad f_{\text{Kug}}(r, \varphi, \vartheta) = r$$

ordnen jedem Punkt des $\mathbb{R}^3$ seinen Abstand vom Ursprung zu. Wir erhalten beispielhaft

$$\nabla f_{\text{kart}}(x, y, z) = \frac{1}{\sqrt{x^2 + y^2 + z^2}} \begin{pmatrix} x \\ y \\ z \end{pmatrix} \quad \text{und} \quad \nabla f_{\text{Kug}}(r, \varphi, \vartheta) = \begin{pmatrix} 1 \\ 0 \\ 0 \end{pmatrix}.$$

- Die folgenden beiden Vektorfelder

$$\boldsymbol{v}_{\text{kart}}(x, y, z) = \frac{1}{\sqrt{x^2 + y^2 + z^2}} \begin{pmatrix} x \\ y \\ z \end{pmatrix} \quad \text{und} \quad \boldsymbol{v}_{\text{Kug}}(r, \varphi, \vartheta) = \begin{pmatrix} 1 \\ 0 \\ 0 \end{pmatrix}$$

normieren jeden Vektor aus $\mathbb{R}^3 \setminus \{0\}$. Wir erhalten beispielhaft

$$\operatorname{div} \boldsymbol{v}_{\text{kart}}(x, y, z) = \frac{2}{\sqrt{x^2+y^2+z^2}} \quad \text{und} \quad \operatorname{div} \boldsymbol{v}_{\text{Kug}}(r, \varphi, \vartheta) = \frac{2}{r}.$$

■

Mithilfe der jeweiligen Transformationsmatrix ist es ein Leichtes, ein Skalarfeld bzw. ein Vektorfeld in kartesischen Koordinaten in ein Skalarfeld bzw. Vektorfeld in Zylinder- bzw. Kugelkoordinaten umzurechnen. Wir geben dieses Umrechnen rezeptartig an:

Rezept: Umrechnung von Skalar- und Vektorfeldern in Zylinder- bzw. Kugelkoordinaten

Wir betrachten im Folgenden ein Skalarfeld $f : D \subseteq \mathbb{R}^3 \to \mathbb{R}$ bzw. ein Vektorfeld $\boldsymbol{v} : D \subseteq \mathbb{R}^3 \to \mathbb{R}^3$, wobei

$$f_{\text{kart}} \text{ bzw. } f_{\text{Zyl}} \text{ bzw. } f_{\text{Kug}} \text{ und } \boldsymbol{v}_{\text{kart}} \text{ bzw. } \boldsymbol{v}_{\text{Zyl}} \text{ bzw. } \boldsymbol{v}_{\text{Kug}}$$

die Darstellungen dieses Skalarfeldes und Vektorfeldes in kartesischen bzw. Zylinder- bzw. Kugelkoordinaten bezeichnen. Wir erhalten die jeweils andere Darstellung mittels der orthogonalen Matrix S_{Zyl} bzw. S_{Kug} (beachte $S_{\text{Zyl}}^{-1} = S_{\text{Zyl}}^{\top}$ bzw. $S_{\text{Kug}}^{-1} = S_{\text{Kug}}^{\top}$),

$$S_{\text{Zyl}} = \begin{pmatrix} \cos\varphi & -\sin\varphi & 0 \\ \sin\varphi & \cos\varphi & 0 \\ 0 & 0 & 1 \end{pmatrix} \quad \text{bzw.} \quad S_{\text{Kug}} = \begin{pmatrix} \cos\varphi\sin\vartheta & -\sin\varphi & \cos\varphi\cos\vartheta \\ \sin\varphi\sin\vartheta & \cos\varphi & \sin\varphi\cos\vartheta \\ \cos\vartheta & 0 & -\sin\vartheta \end{pmatrix},$$

wie folgt:

- Gegeben ist $f_{\text{kart}} = f_{\text{kart}}(x, y, z)$:
  - Erhalte $f_{\text{Zyl}} = f_{\text{Zyl}}(r, \varphi, z)$ durch Einsetzen von $x = r\cos\varphi$, $y = r\sin\varphi$, $z = z$ in f_{kart}:

    $$f_{\text{Zyl}}(r, \varphi, z) = f_{\text{kart}}(r\cos\varphi, r\sin\varphi, z).$$

  - Erhalte $f_{\text{Kug}} = f_{\text{Kug}}(r, \varphi, \vartheta)$ durch Einsetzen von $x = r\cos\varphi\sin\vartheta$, $y = r\sin\varphi\sin\vartheta$, $z = r\cos\vartheta$ in f_{kart}:

    $$f_{\text{Kug}}(r, \varphi, \vartheta) = f_{\text{kart}}(r\cos\varphi\sin\vartheta, r\sin\varphi\sin\vartheta, r\cos\vartheta).$$

- Gegeben ist $\boldsymbol{v}_{\text{kart}} = \boldsymbol{v}_{\text{kart}}(x, y, z)$:
  - Erhalte $\boldsymbol{v}_{\text{Zyl}} = \boldsymbol{v}_{\text{Zyl}}(r, \varphi, z)$ durch Einsetzen von $x = r\cos\varphi$, $y = r\sin\varphi$, $z = z$ in $\boldsymbol{v}_{\text{kart}}$ und Multiplikation mit S_{Zyl}^{-1}:

    $$\boldsymbol{v}_{\text{Zyl}}(r, \varphi, z) = S_{\text{Zyl}}^{-1} \boldsymbol{v}_{\text{kart}}(r\cos\varphi, r\sin\varphi, z).$$

– Erhalte $v_{\text{Kug}} = v_{\text{Kug}}(r, \varphi, \vartheta)$ durch Einsetzen von $x = r \cos\varphi \sin\vartheta$, $y = r \sin\varphi \sin\vartheta$, $z = r \cos\vartheta$ in v_{kart} und Multiplikation mit S_{Kug}^{-1}:

$$v_{\text{Kug}}(r, \varphi, \vartheta) = S_{\text{Kug}}^{-1}\, v_{\text{kart}}(r \cos\varphi \sin\vartheta, r \sin\varphi \sin\vartheta, r \cos\vartheta).$$

Beispiel 53.3

- Die Darstellung des Skalarfeldes $f_{\text{kart}}(x, y, z) = x^2 + y^2 + z^3$ lautet in Zylinderkoordinaten wie folgt:

$$f_{\text{Zyl}}(r, \varphi, z) = r^2 \cos^2\varphi + r^2 \sin^2\varphi + z^3 = r^2 + z^3.$$

- Die Darstellung des Skalarfeldes $f_{\text{kart}}(x, y, z) = x^2 + y^2 + z^2 + \sqrt{x^2 + y^2 + z^2}$ lautet in Kugelkoordinaten wie folgt:

$$f_{\text{Kug}}(r, \varphi, \vartheta) = r^2 + r.$$

- Die Darstellung des Vektorfeldes $v_{\text{kart}}(x, y, z) = \frac{1}{\sqrt{x^2+y^2}}(xz, yz, x^2 + y^2)^\top$ lautet in Zylinderkoordinaten wie folgt:

$$v_{\text{Zyl}}(r, \varphi, z) = \begin{pmatrix} \cos\varphi & \sin\varphi & 0 \\ -\sin\varphi & \cos\varphi & 0 \\ 0 & 0 & 1 \end{pmatrix} \frac{1}{r} \begin{pmatrix} r\cos\varphi\, z \\ r\sin\varphi\, z \\ r^2 \end{pmatrix} = \begin{pmatrix} z \\ 0 \\ r \end{pmatrix}.$$

- Die Darstellung des Vektorfeldes $v_{\text{kart}}(x, y, z) = \frac{1}{x^2+y^2+z^2}(-y, x, z)^\top$ lautet in Kugelkoordinaten wie folgt:

$$v_{\text{Kug}}(r, \varphi, \vartheta) = \frac{1}{r^2} \begin{pmatrix} \cos\varphi \sin\vartheta & \sin\varphi \sin\vartheta & \cos\vartheta \\ -\sin\varphi & \cos\varphi & 0 \\ \cos\varphi \cos\vartheta & \sin\varphi \cos\vartheta & -\sin\vartheta \end{pmatrix} \begin{pmatrix} -r\sin\varphi \sin\vartheta \\ r\cos\varphi \sin\vartheta \\ r\cos\vartheta \end{pmatrix}$$

$$= \frac{1}{r^2} \begin{pmatrix} r\cos^2\vartheta \\ r\sin\vartheta \\ -r\sin\vartheta \cos\vartheta \end{pmatrix}.$$ ∎

Die obigen Formeln lassen sich alle mit Hilfe der Kettenregel herleiten. Neben den angesprochenen Zylinder- und Kugelkoordinaten gibt es noch weitere Koordinatensysteme, allgemein spricht man dabei von *krummlinigen Koordinatensystemen*. Bei der Untersuchung von Differentialgleichungen ist es üblich und nützlich, diese in verschiedenen Koordinatensystemen darzustellen.

53.5 Aufgaben

53.1 Man berechne rot v und div v in kartesischen Koordinaten und in Zylinderkoordinaten, wobei:

$$v(x, y, z) = \frac{1}{\sqrt{x^2+y^2}} \begin{pmatrix} xz \\ yz \\ x^2 + y^2 \end{pmatrix}.$$

53.2 Gegeben sei das Skalarfeld $f(x, y, z) = (x^2 + y^2 + z^2)^2$.

Man berechne ∇f und Δf in kartesischen Koordinaten und in Kugelkoordinaten.

53.3 Gegeben sei das Vektorfeld v auf $\mathbb{R}^3 \setminus z$-Achse mit

$$v(x, y, z) = \frac{1}{x^2+y^2} \begin{pmatrix} -y \\ x \\ z \end{pmatrix}.$$

Stellen Sie das Vektorfeld v in Kugelkoordinaten dar und berechnen Sie rot v und div v in kartesischen Koordinaten und in Kugelkoordinaten.

53.4 Gegeben sei das Skalarfeld $f(x, y, z) = x^2 + y^3 + z^2 + xz$.

Man berechne ∇f und Δf in kartesischen Koordinaten und in Zylinderkoordinaten.

53.5 Leiten Sie die Darstellung des Laplaceoperators in Zylinderkoordinaten her:

$$\Delta = \frac{1}{r} \frac{\partial}{\partial r} \left(r \frac{\partial}{\partial r} \right) + \frac{1}{r^2} \frac{\partial^2}{\partial \varphi^2} + \frac{\partial^2}{\partial z^2}.$$

Kurven I

54

Inhaltsverzeichnis

Mit dem Thema *Kurven* kann man Bücher füllen. Schon über die Definition des Begriffs *Kurve* kann man stundenlang debattieren. Wir tun das nicht. Uns interessieren auch nur *ebene Kurven* und *Raumkurven,* pathologische Ausnahmen betrachten wir nicht. Ebene Kurven und Raumkurven haben einen Anfang und ein Ende, eine Länge und eine Krümmung, sie können sich schneiden oder unterschiedlich dargestellt werden. Das sind suggestive Begriffe und Tatsachen, die tatsächlich genau das bedeuten, was man sich auch darunter vorstellt.

In den Anwendungen der Mathematik tauchen vielfach Kurven auf: Drähte mit einer Ladungsdichte, Bahnkurven von Teilchen, spiralförmige Bauteile mit einer Dichte – mithilfe von Kurvenintegralen werden wir die Gesamtladung oder Masse von solchen *Kurven* bestimmen können.

54.1 Begriffe

Der Begriff *Kurve* taucht bereits in Abschn. 46.1 auf: Wir erklärten eine *Kurve* γ als Abbildung von $D \subseteq \mathbb{R}$ in den $\mathbb{R}^n$. Diese Definition ist für unsere Zwecke viel zu allgemein. Wir wollen *glatte Linien* haben, die im $\mathbb{R}^2$ oder $\mathbb{R}^3$ verlaufen und Drähte oder Bahnen von Teilchen darstellen. Um mehr Freiheiten zu haben, wollen wir auch *nahtlose Zusammenstellungen* solcher *glatten Linien* wieder als Kurven bezeichnen (siehe Abb. 54.1).

Die *Glattheit* erreichen wir durch Forderung nach stetiger Differenzierbarkeit, das *nahtlose Zusammenstellen* durch Forderung nach stückweiser Stetigkeit:

© Springer-Verlag GmbH Deutschland, ein Teil von Springer Nature 2022
C. Karpfinger, *Höhere Mathematik in Rezepten,*
https://doi.org/10.1007/978-3-662-63305-2_54

Abb. 54.1 Beispiele von Kurven, genauer: Spuren von Kurven

Kurven bzw. stückweise stetig differenzierbare Kurven
Eine **Kurve** ist eine Abbildung

$$\gamma : I \subseteq \mathbb{R} \to \mathbb{R}^n \ \text{ mit } \ \gamma(t) = \begin{pmatrix} x_1(t) \\ \vdots \\ x_n(t) \end{pmatrix}$$

eines Intervalls I mit stetigen Komponentenfunktionen $x_1, \ldots, x_n : I \to \mathbb{R}$.

- Im Fall $n = 2$ spricht man von einer **ebenen Kurve**.
- Im Fall $n = 3$ spricht man von einer **Raumkurve**.
- Das Bild $\gamma(I) = \{(x_1(t), \ldots, x_n(t))^\top \mid t \in I\}$ nennt man die **Spur von** γ .
- Im Fall $I = [a, b]$ nennt man $\gamma(a)$ den **Anfangspunkt** und $\gamma(b)$ den **Endpunkt** von γ. Man nennt γ **geschlossen**, falls $\gamma(a) = \gamma(b)$.

Weiter nennt man γ

- **stetig differenzierbar** oder kurz C^1-**Kurve**, falls die Komponentenfunktionen $x_1, \ldots, x_n$ stetig differenzierbar sind, und
- **zweimal stetig differenzierbar** oder kurz C^2-**Kurve**, falls die Komponentenfunktionen $x_1, \ldots, x_n$ zweimal stetig differenzierbar sind, und
- **stückweise stetig differenzierbar** oder kurz **stückweise** C^1-**Kurve,** falls das Intervall I so aufgeteilt werden kann, dass $x_1, \ldots, x_n$ auf jedem Teilintervall stetig differenzierbar sind.

Es ist üblich, auf die feine Unterscheidung *Kurve* (= Abbildung) und *Spur der Kurve* (= das Bild der Abbildung) zu verzichten und die Kurve mit der Spur gleichzusetzen. Man beachte, dass eine (Spur einer) Kurve nicht nur eine Punktmenge ist, sondern ganz wesentlich auch eine *Durchlaufrichtung* hat. Diese *Durchlaufrichtung* ist aus der Spur nicht zu ersehen, sie ergibt sich aus der Abbildungsvorschrift. Es wird sich immer wieder als nützlich erweisen, die Durchlaufrichtung einer Kurve umzudrehen, das geht zum Glück ganz einfach, falls I ein abgeschlossenes Intervall ist: Ist $\gamma : [a, b] \to \mathbb{R}^n, t \to \gamma(t)$, eine Kurve, so durchläuft die Kurve $\tilde{\gamma} : [a, b] \to \mathbb{R}$, $\tilde{\gamma}(t) = \gamma(a + b - t)$ die gleiche Spur in der umgekehrten Durchlaufrichtung.

Beispiel 54.1 Die Spur der Kurve $\gamma : [0, 10\pi] \to \mathbb{R}^3$ mit $\gamma(t) = \begin{pmatrix} 4\cos(t) \\ \sin(t) \\ 0.1\,t \end{pmatrix}$ ist eine *Schraubenlinie*. Die Kurve

$$\tilde{\gamma} : [0, 10\pi] \to \mathbb{R}^3 \text{ mit } \tilde{\gamma}(t) = \begin{pmatrix} 4\cos(10\pi - t) \\ \sin(10\pi - t) \\ 0.1\,(10\pi - t) \end{pmatrix}$$

durchläuft dieselbe Spur; aber von *oben nach unten* (siehe Abb. 54.2). ∎

Die Kurven, mit denen wir es zu tun haben werden, werden immer stückweise stetig differenzierbar sein. Eine stückweise stetig differenzierbare Kurve erhält man auch durch Zusammensetzen von Kurven: Sind $\gamma_1 : I_1 \to \mathbb{R}^n, \ldots, \gamma_k : I_k \to \mathbb{R}^n$ Kurven, deren Spuren *zusammenhängen*, d. h., der Endpunkt von γ_i ist der Anfangspunkt von γ_{i+1}, so schreiben wir $\gamma_1 + \cdots + \gamma_k$ für die *Gesamtkurve* γ, die stückweise stetig differenzierbar ist, falls die einzelnen Kurven $\gamma_1, \ldots, \gamma_k$ stetig differenzierbar sind.

In den folgenden Beispielen sind alle Kurven stückweise stetig diferenzierbar.

Beispiel 54.2

- $\gamma : [0, 2\pi] \to \mathbb{R}^2$, $\gamma(t) = \begin{pmatrix} a\cos(t) \\ b\sin(t) \end{pmatrix}$ hat als Spur eine Ellipse mit den Halbachsen a und b, im Fall $a = b$ erhalten wir einen Kreis vom Radius a (siehe Abb. 54.3).
- Die Spur der Kurve $\gamma : [0, 4] \to \mathbb{R}^2$, $\gamma(t) = (t, \sqrt{t})^\top$ ist der Graph der Funktion $f : [0, 4] \to \mathbb{R}_{>0}$ mit $f(x) = \sqrt{x}$. Allgemein hat für jede Funktion $f : [a, b] \to \mathbb{R}$ die Kurve

$$\gamma : [a, b] \to \mathbb{R}^2, \gamma(t) = \begin{pmatrix} t \\ f(t) \end{pmatrix}$$

als Spur den Graphen von f (siehe Abb. 54.4).

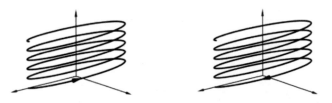

Abb. 54.2 Die Spuren sind gleich, die Durchlaufrichtungen sind verschieden

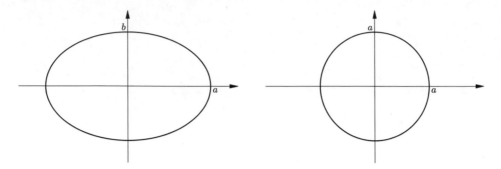

Abb. 54.3 Ein Kreis ist eine Ellipse mit gleichen Halbachsen

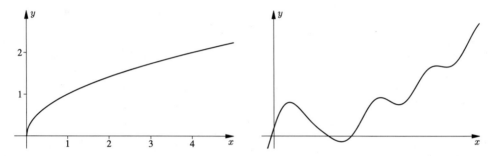

Abb. 54.4 Graphen von Funktionen sind Spuren spezieller Kurven

- Die Kurve

$$\gamma : [0, 2\pi n] \to \mathbb{R}^3, \ \gamma(t) = \begin{pmatrix} r\cos(t) \\ r\sin(t) \\ ht \end{pmatrix}$$

mit r, $h \in \mathbb{R}_{>0}$ hat als Spur eine **Schraubenlinie** mit Durchmesser $2r$, **Ganghöhe** $2\pi h$ und **Windungszahl** n (siehe Abb. 54.5).
- Setzt man die folgenden Kurven $\gamma_1 : [0, \pi] \to \mathbb{R}^2$, $\gamma_2 : [0, 1] \to \mathbb{R}^2$, $\gamma_3 : [\pi/2, 3\pi/2] \to \mathbb{R}^2$ mit

$$\gamma_1(t) = \begin{pmatrix} -\cos(t) \\ \sin(t) \end{pmatrix}, \quad \gamma_2(t) = \begin{pmatrix} 1+t \\ t \end{pmatrix}, \quad \gamma_3(t) = \begin{pmatrix} 2-\cos(t) \\ \sin(t) \end{pmatrix}$$

Abb. 54.5 Die Ganghöhe ist $2\pi h$

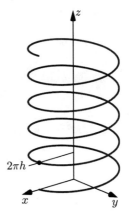

Abb. 54.6 Eine zusammengesetzte Kurve

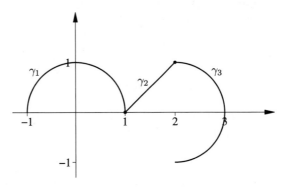

zusammen, so erhält man die stückweise stetig differenzierbare Kurve $\gamma = \gamma_1 + \gamma_2 + \gamma_3$. Die Spur dieser Kurve haben wir in Abb. 54.6 dargestellt. ∎

Es folgt eine Liste von Begriffen, die allesamt sehr suggestiv sind:

Begriffe für Kurven

Gegeben ist eine stückweise C^1-Kurve,

$$\gamma : I \to \mathbb{R}^n \ \text{ mit } \ \gamma(t) = (x_1(t), \ldots, x_n(t))^{\top}.$$

- Man nennt dann

$$\dot{\gamma}(t) = (\dot{x}_1(t), \ldots, \dot{x}_n(t))^{\top}$$

den **Tangentenvektor** oder **Geschwindigkeitsvektor** von γ zur *Zeit t* und

$$\|\dot{\gamma}(t)\| = \sqrt{\dot{x}_1(t)^2 + \cdots + \dot{x}_n(t)^2}$$

die **Geschwindigkeit** zur Zeit t.
Weiter nennt man einen Kurvenpunkt $\gamma(t_0)$

- **singulär**, falls $\dot{\gamma}(t_0) = 0$ bzw.
- **Doppelpunkt**, falls es t_0, $t_1 \in I$, $t_0 \neq t_1$, gibt mit $\gamma(t_0) = \gamma(t_1)$.

Schließlich nennt man eine C^1-Kurve ohne singuläre Punkte **regulär**.

Beispiel 54.3

- Der Tangentenvektor am Einheitskreis hat stets die Länge 1 (siehe Abb. 54.7):
  Für $\gamma : [0, 2\pi] \to \mathbb{R}^2$ mit $\gamma(t) = (\cos(t), \sin(t))^\top$ gilt nämlich

$$\dot{\gamma}(t) = \begin{pmatrix} -\sin(t) \\ \cos(t) \end{pmatrix}.$$

Insbesondere ist γ regulär.
Für $t = 0$ und $t = \pi$ erhält man die vertikalen Tangenten $(0, 1)^\top$ und $(0, -1)^\top$. Für
$t = \pi/2$ und $t = 3\pi/2$ erhält man die horizontalen Tangenten $(-1, 0)^\top$ und $(1, 0)^\top$.
- Wir betrachten die Kurve

$$\gamma : [0, 1] \to \mathbb{R}^2 \text{ mit } \gamma(t) = \begin{pmatrix} t^2 - t \\ t^3 - t \end{pmatrix},$$

deren Spur in Abb. 54.8 abgebildet ist. Wir untersuchen die Kurve auf singuläre Punkte.
Der Tangentenvektor lautet

$$\dot{\gamma}(t) = \begin{pmatrix} 2t - 1 \\ 3t^2 - 1 \end{pmatrix}.$$

Wegen

$$2t - 1 = 0 \Leftrightarrow t = \tfrac{1}{2}$$

und

$$3t^2 - 1 = 0 \Leftrightarrow t = \pm\frac{1}{\sqrt{3}}$$

erhalten wir:

- Es gibt keine singulären Punkte, die Kurve γ ist regulär.
- Im Kurvenpunkt $\gamma(1/2)$ hat die Kurve die vertikale Tangente $(0, -1/4)^\top$.
- Im Kurvenpunkt $\gamma(1/\sqrt{3})$ hat die Kurve die horizontale Tangente $((2-\sqrt{3})/\sqrt{3}, 0)^\top$.

Um die Doppelpunkte zu bestimmen, machen wir den Ansatz:

$$t_1^2 - t_1 = t_2^2 - t_2 \text{ und } t_1^3 - t_1 = t_2^3 - t_2.$$

Abb. 54.7 Tangentenvektor
am Kreis

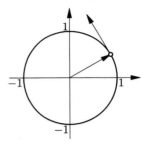

Abb. 54.8 Eine reguläre
Kurve

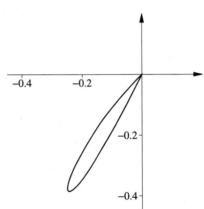

Wegen

$$t_i^2 - t_i = t_i(t_i - 1) \quad \text{und} \quad t_i^3 - t_i = t_i(t_i - 1)(t_i + 1)$$

erhalten wir die Lösungen $t_1 = 0 \land t_2 = 1$ bzw. $t_1 = 1 \land t_2 = 0$ bzw. $t_1 = t_2$ (man beachte, dass sich im Fall $t_i(t_i - 1) \neq 0$ dieser Faktor kürzen lässt). Damit hat die Kurve γ einen Doppelpunkt in $\gamma(0) = (0, 0)^\top = \gamma(1)$, weitere Doppelpunkte gibt es nicht. ■

54.2 Länge einer Kurve

Die Länge einer differenzierbaren Kurve lässt sich durch ein Integral bestimmen. Wir motivieren die einfache und prägnante Formel, die die Länge einer Kurve angibt. Dazu betrachten wir eine Kurve $\gamma : [a, b] \to \mathbb{R}^2$, deren Spur wir durch einen Polygonzug wie folgt approximieren: Wir zerlegen das Intervall $[a, b]$ in r Teilintervalle,

$$I_1 = [t_0, t_1], \ldots, I_r = [t_{r-1}, t_r], \quad \text{wobei} \quad a = t_0 < t_1 < \cdots < t_{r-1} < t_r = b,$$

Abb. 54.9 Approximation der
Länge durch einen Streckenzug

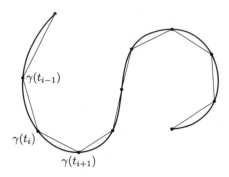

und betrachten die zusammengesetzte Kurve $\tilde{\gamma} = \gamma_1 + \cdots + \gamma_r$, wobei γ_i die Kurvenpunkte $\gamma(t_{i-1})$ und $\gamma(t_i)$ durch einen Streckenzug verbindet, siehe Abb. 54.9. Die Länge der Kurve $\tilde{\gamma}$

$$L(\tilde{\gamma}) = \sum_{i=1}^{r} \|\gamma(t_i) - \gamma(t_{i-1})\|.$$

Nun wenden wir den Mittelwertsatz der Differentialrechnung an:
   Dieser besagt, dass es jeweils $t_i^{(x)}, t_i^{(y)} \in I_i$ gibt mit

$$\gamma(t_i) - \gamma(t_{i-1}) = \begin{pmatrix} x(t_i) - x(t_{i-1}) \\ y(t_i) - y(t_{i-1}) \end{pmatrix}$$

$$= (t_i - t_{i-1}) \begin{pmatrix} \dot{x}(t_i^{(x)}) \\ \dot{y}(t_i^{(y)}) \end{pmatrix}.$$

Durch *Verfeinern* der Zerlegung (die maximale Intervalllänge geht dabei gegen 0) erhalten wir in der Längenformel für die Summe ein Integral:

Die Länge einer Kurve
   Ist $\gamma : [a, b] \to \mathbb{R}^n$ eine C^1-Kurve, so nennt man

$$L(\gamma) = \int_a^b \|\dot{\gamma}(t)\| \mathrm{d}t$$

die **Bogenlänge** oder **Länge** der Kurve γ. Die **Bogenlängenfunktion**

$$s : [a, b] \to [0, L(\gamma)], \ s(t) = \int_a^t \|\dot{\gamma}(\tau)\| d\tau$$

ordnet jedem $t \in [a, b]$ die Länge der Kurve von $\gamma(a)$ bis $\gamma(t)$ zu.

Im Fall

- einer zusammengesetzten Kurve $\gamma = \gamma_1 + \cdots + \gamma_r$ gilt die Formel

$$L(\gamma) = L(\gamma_1) + \cdots + L(\gamma_r),$$

- einer Kurve mit unbeschränktem *Zeitintervall* $I = [a, \infty)$, also $\gamma : [a, \infty) \to \mathbb{R}^n$ gilt

$$L(\gamma) = \int_a^\infty \|\dot{\gamma}(t)\| dt,$$

- einer Kurve, die den Graphen einer differenzierbaren Funktion $f : [a, b] \to \mathbb{R}$ parametrisiert, $\gamma : [a, b] \to \mathbb{R}^2$ mit $\gamma(t) = (t, f(t))^\top$, erhalten wir für die Länge des Graphen von f wegen $\|\dot{\gamma}(t)\| = \sqrt{1 + (f'(t))^2}$ die Formel

$$L(\text{Graph}(f)) = L(\gamma) = \int_a^b \sqrt{1 + (f'(t))^2} dt.$$

Beispiel 54.4

- Die Spur von

$$\gamma : [0, 2\pi] \to \mathbb{R}^2, \ \gamma(t) = \begin{pmatrix} r \cos(t) \\ r \sin(t) \end{pmatrix} \ \text{mit} \ \dot{\gamma}(t) = \begin{pmatrix} -r \sin(t) \\ r \cos(t) \end{pmatrix}$$

ist ein Kreis vom Radius r. Der Kreisumfang ist die Länge der Kurve, also

$$L(\gamma) = \int_0^{2\pi} \sqrt{r^2 \sin^2(t) + r^2 \cos^2(t)} \, dt = \int_0^{2\pi} r \, dt = rt \Big|_0^{2\pi} = 2\pi r.$$

- Wir bestimmen die Bogenlängenfunktion für die **logarithmische Spirale**

$$\gamma : [0, \infty) \to \mathbb{R}^2, \ \gamma(t) = \begin{pmatrix} e^{-t} \cos(t) \\ e^{-t} \sin(t) \end{pmatrix}.$$

Beachte die Abb. 54.10.

Für die Bogenlängenfunktion benötigen wir den Geschwindigkeitsvektor, dieser lautet

$$\dot{\gamma}(t) = \begin{pmatrix} -e^{-t}(\cos(t) + \sin(t)) \\ -e^{-t}(\sin(t) - \cos(t)) \end{pmatrix}.$$

Damit erhalten wir nun die Bogenlängenfunktion

$$s(t) = \int_0^t \sqrt{2e^{-2\tau}\left(\cos^2(\tau) + \sin^2(\tau)\right)}d\tau = \sqrt{2}\int_0^t e^{-\tau}d\tau = \sqrt{2}(1 - e^{-t}).$$

Wegen $\lim_{t\to\infty} \sqrt{2}(1 - e^{-t}) = \sqrt{2}$ gilt $L(\gamma) = \sqrt{2}$.

- Die Länge des Graphen von $f : [0, 2] \to \mathbb{R}$ mit $f(t) = t^2$ ist

$$L(f) = \int_0^2 \sqrt{1 + 4t^2}dt = \frac{1}{2}t\sqrt{4t^2 + 1} + \frac{1}{4}\ln(2t + \sqrt{4t^2 + 1})\Big|_0^2$$

$$= \sqrt{17} + \frac{\ln(4 + \sqrt{17})}{4},$$

dabei haben wir die angegebene Stammfunktion mit MATLAB erhalten.

■

Abb. 54.10 Logarithmische
Spirale

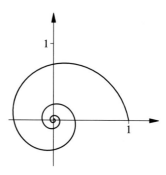

54.3 Aufgaben

54.1 Gegeben sei die Kurve $\gamma(t) = (t^2, t + 2)^\top$, $t \in \mathbb{R}_{\geq 0}$.

(a) Man bestimme singuläre Punkte sowie horizontale und vertikale Tangenten.
(b) Man berechne die Bogenlängenfunktion.

54.2 Berechnen Sie die Bogenlänge der folgenden Kurve:

$$\gamma : [0, a] \to \mathbb{R}^3 \text{ mit } \gamma(t) = t\,(\cos t, \sin t, 1)^\top.$$

54.3 Wir betrachten den Kegel, der durch die Gleichung $x^2 + y^2 = (z - 2)^2$ mit $0 \leq z \leq 2$ gegeben ist. Eine Ameise erklimme diesen Kegel auf einem Weg, der (i) im Punkt $(2, 0, 0)$ beginnt, (ii) in der Kegelspitze endet, (iii) den Kegel dreimal umrundet und (iv) linear an Höhe zunimmt.

(a) Finden Sie eine Parametrisierung $\gamma : [0, 1] \to \mathbb{R}^3$ dieses Weges und überzeugen Sie sich davon, dass dieser Weg wirklich **auf** dem Kegel verläuft.
(b) Berechnen Sie den Geschwindigkeitsvektor $\dot{\gamma}(t)$ und den Beschleunigungsvektor $\ddot{\gamma}(t)$.
(c) Stellen Sie einen Ausdruck für die Länge der Kurve γ auf und werten Sie diesen mithilfe von Matlab aus.
(d) Auf dem Rückweg nimmt die Ameise denselben Weg. Geben Sie eine Parametrisierung der Form $\tilde{\gamma} : [0, 2\pi] \to \mathbb{R}^3$ für ihren Rückweg an.

54.4 Bestimmen Sie die Bogenlängenfunktion zu der Kurve

$$\gamma(t) = \begin{pmatrix} -t\cos(t) + \sin(t) \\ \cos(t) + t\sin(t) \\ \frac{t^2}{4} \end{pmatrix} \quad t \in [0, 4Pi].$$

54.5 Berechnen Sie die Länge der *Kettenlinie* $\gamma : [-1, 1] \to \mathbb{R}^2$ mit $\gamma(x) := \left(x, \frac{1}{2}\cosh(2x)\right)$.

Kurven II

55

Inhaltsverzeichnis

Nachdem wir nun zahlreiche Beispiele von ebenen Kurven und Raumkurven kennen und auch die Länge von Kurven berechnen können, wenden wir uns weiteren speziellen Eigenschaften von Kurven zu: Kurven können auf vielfache Art und Weise parametrisiert werden. Unter diesen vielen Arten spielt die *Parametrisierung nach der Bogenlänge* eine herausragende Rolle. Wir stellen diese Parametrisierung vor. Weiter haben Kurvenpunkte im Allgemeinen ein *begleitendes Dreibein,* eine *Krümmung* und eine *Torsion.* Diese Vektoren bzw. Größen sind einfach zu bestimmen. Die *Leibniz'sche Sektorformel* gestattet die Berechnung von Flächeninhalten, die von Kurven eingeschlossen werden, bzw. allgemeiner den Flächeninhalt, der von einem *Fahrstrahl* überstrichen wird.

55.1   Umparametrisierung einer Kurve

Die folgenden Kurven haben als Spur jeweils den Einheitskreis:

$$\gamma_1 : [0, 2\pi] \to \mathbb{R}^2, \ \gamma_1(t) = \begin{pmatrix} \cos(t) \\ \sin(t) \end{pmatrix} \ \text{ und } \ \gamma_2 : [0, 1] \to \mathbb{R}^2, \ \gamma_2(t) = \begin{pmatrix} \cos(2\pi t^2) \\ \sin(2\pi t^2) \end{pmatrix}.$$

Die Geschwindigkeiten $\|\dot{\gamma}_i(t)\|$, mit denen der Einheitskreis durchlaufen wird, sind allerdings verschieden:

$$\|\dot{\gamma}_1(t)\| = 1 \ \text{ und } \ \|\dot{\gamma}_2(t)\| = 4\pi t.$$

© Springer-Verlag GmbH Deutschland, ein Teil von Springer Nature 2022
C. Karpfinger, *Höhere Mathematik in Rezepten,*
https://doi.org/10.1007/978-3-662-63305-2_55

Die Kurven γ_1 und γ_2 können durch **Umparametrisierung** ineinander überführt werden. Es gilt:

$$\gamma_2(t) = \gamma_1(2\pi t^2).$$

Umparametrisierung einer Kurve

Ist $\gamma : [a, b] \to \mathbb{R}^n$ eine Kurve und $h : [c, d] \to [a, b]$ eine streng monoton wachsende Funktion mit $h(c) = a$ und $h(d) = b$, so ist

$$\tilde{\gamma} : [c, d] \to \mathbb{R}^n \text{ mit } \tilde{\gamma}(t) = \gamma(h(t))$$

eine Kurve mit derselben Spur wie γ, d. h. $\tilde{\gamma}([c, d]) = \gamma([a, b])$.

Man sagt, $\tilde{\gamma}$ entsteht aus γ durch **Umparametrisierung**.

Unter den vielen möglichen Parametrisierungen einer regulären Kurve ist eine ausgezeichnet; man spricht von der *natürlichen Parametrisierung* bzw. von der *Parametrisierung nach der Bogenlänge*. Man erhält diese wie folgt:

Rezept: Parametrisierung nach der Bogenlänge

Gegeben ist eine reguläre Kurve $\gamma : [a, b] \to \mathbb{R}^n$. Die **Parametrisierung nach der Bogenlänge** bzw. **natürliche Parametrisierung** $\tilde{\gamma}$ von γ erhält man wie folgt:

(1) Bestimme die Bogenlängenfunktion $s(t)$, insbesondere die Länge $L(\gamma)$.
(2) Bestimme die Umkehrfunktion $s^{-1}(t)$, $t \in [0, L(\gamma)]$; es gilt

$$s^{-1}(0) = a \text{ und } s^{-1}(L(\gamma)) = b.$$

(3) Erhalte die natürliche Parametrisierung $\tilde{\gamma}$

$$\tilde{\gamma} : [0, L(\gamma)] \to \mathbb{R}^n \text{ mit } \tilde{\gamma}(t) = \gamma(s^{-1}(t)).$$

Es gilt $\|\dot{\tilde{\gamma}}(t)\| = 1$ für alle $t \in [0, L(\gamma)]$.

Wir haben zwar bisher immer Kurven auf abgeschlossenen Intervallen $[a, b]$ betrachtet, da der Formalismus hierfür etwas einfacher ist, aber natürlich können wir auch Kurven auf unbeschränkten Intervallen wie $[a, \infty)$ betrachten. Wir machen das gleich in dem folgenden Beispiel.

Beispiel 55.1 Wir bestimmen die natürliche Parametrisierung der logarithmischen Spirale

$$\gamma : [0, \infty) \to \mathbb{R}^2 \text{ mit } \gamma(t) = \begin{pmatrix} e^{-t} \cos(t) \\ e^{-t} \sin(t) \end{pmatrix}.$$

(1) Nach Beispiel 54.4 gilt:

$$s(t) = \int_0^t \sqrt{2} e^{-\tau} d\tau = \sqrt{2}(1 - e^{-t}) \text{ und } L(\gamma) = \sqrt{2}.$$

(2) Um s^{-1} zu erhalten, lösen wir den Term $s = \sqrt{2}(1 - e^{-t})$ nach t auf:

$$s = \sqrt{2} - \sqrt{2} e^{-t} \Leftrightarrow e^{-t} = \frac{\sqrt{2}-s}{\sqrt{2}} \Leftrightarrow -t = \ln\left(\frac{\sqrt{2}-s}{\sqrt{2}}\right)$$

$$\Leftrightarrow t = \ln\left(\frac{\sqrt{2}}{\sqrt{2}-s}\right).$$

Damit lautet die Umparametrisierungsfunktion

$$s^{-1} : [0, \sqrt{2}) \to [0, \infty), \ s^{-1}(t) = \ln\left(\frac{\sqrt{2}}{\sqrt{2}-t}\right).$$

(3) Wir erhalten nun die natürliche Parametrisierung $\tilde{\gamma} : [0, \sqrt{2}) \to \mathbb{R}^2$ mit

$$\tilde{\gamma}(t) = \gamma\left(s^{-1}(t)\right) = \begin{pmatrix} e^{-\ln\left(\frac{\sqrt{2}}{\sqrt{2}-t}\right)} \cos\left(\ln\left(\frac{\sqrt{2}}{\sqrt{2}-t}\right)\right) \\ e^{-\ln\left(\frac{\sqrt{2}}{\sqrt{2}-t}\right)} \sin\left(\ln\left(\frac{\sqrt{2}}{\sqrt{2}-t}\right)\right) \end{pmatrix} = \begin{pmatrix} \frac{\sqrt{2}-t}{\sqrt{2}} \cos\left(\ln\left(\frac{\sqrt{2}}{\sqrt{2}-t}\right)\right) \\ \frac{\sqrt{2}-t}{\sqrt{2}} \sin\left(\ln\left(\frac{\sqrt{2}}{\sqrt{2}-t}\right)\right) \end{pmatrix}.$$

∎

Die natürliche Parametrisierung einer Kurve hat viele Vorteile, z. B. werden viele Formeln bei dieser Parametrisierung deutlich einfacher. Im nächsten Abschnitt werden wir zahlreiche Formel für Kurven vorstellen. Man beachte, wie sehr sich diese Formeln vereinfachen, wenn γ nach Bogenlänge parametrisiert ist, es gilt dann nämlich $\|\dot{\gamma}(t)\| = 1$ für alle t.

55.2 Begleitendes Dreibein, Krümmung und Torsion

In jedem Kurvenpunkt $\gamma(t)$ einer (Raum-)Kurve γ lassen sich das *begleitende Dreibein* bzw. die *Krümmung* bzw. die *Torsion* angeben:

- Das begleitende Dreibein ist eine Orthonormalbasis, bestehend aus dem Tangentenein-heitsvektor $T(t)$, dem Binormaleneinheitsvektor $B(t)$ und dem Hauptnormaleneinheitsvektor $N(t)$, die jedem Kurvenpunkt $\gamma(t)$ anhaftet. Hierbei erzeugen $T(t)$ und $N(t)$ die *Schmiegebene E*, das ist die Ebene, an die sich die Kurve in $\gamma(t)$ anschmiegt.

- Die Krümmung ist ein Maß für die Abweichung vom geraden Verlauf. Ist die Krümmung null, so verläuft die Bewegung geradlinig. Die Krümmung wird als Änderungsrate des Tangenteneinheitsvektors bezogen auf die Bogenlänge erklärt.

- Die Torsion ist ein Maß für die Abweichung der Kurve vom ebenen Verlauf. Ist die Torsion null, so verläuft die Bewegung in einer Ebene. Die Torsion wird erklärt als Änderungsrate des Binormaleneinheitsvektors, bezogen auf die Bogenlänge.

Wir fassen die wesentlichen Formeln zusammen.

Begleitendes Dreibein, Schmiegebene, Krümmung, Torsion

Gegeben ist eine dreimal differenzierbare Kurve

$$\gamma : I \to \mathbb{R}^n \ \text{ mit } \ \gamma(t) = (x_1(t), \dots, x_n(t))^\top \ \text{ mit } \ \dot{\gamma}(t) \times \ddot{\gamma}(t) \neq \mathbf{0}.$$

- Fall $n = 2$: Der Tangentenvektor $\dot{\gamma}(t) = (\dot{x}_1(t), \dot{x}_2(t))^\top$ und der **Normalenvektor** $n(t) = (-\dot{x}_2(t), \dot{x}_1(t))^\top$ sind im Kurvenpunkt $\gamma(t)$ senkrecht.

- Fall $n = 3$: Das **begleitende Dreibein** ist das Rechtssystem $(T(t), N(t), B(t))$ der drei normierten und orthogonalen Vektoren

$$T(t) = \frac{\dot{\gamma}(t)}{\|\dot{\gamma}(t)\|}, \quad B(t) = \frac{(\dot{\gamma}(t) \times \ddot{\gamma}(t))}{\|\dot{\gamma}(t) \times \ddot{\gamma}(t)\|}, \quad N(t) = B(t) \times T(t).$$

Man nennt

- $T(t)$ den **Tangenteneinheitsvektor**,
- $B(t)$ den **Binormaleneinheitsvektor** und
- $N(t)$ den **Hauptnormaleneinheitsvektor**.

Die Vektoren T und N spannen die **Schmiegebene** auf. Diese Schmiegebene E hat im Kurvenpunkt $\gamma(t)$ die Ebenengleichung:

$$E : x = \gamma(t) + \lambda\, T(t) + \mu\, N(t) \ \text{ mit } \lambda, \mu \in \mathbb{R}.$$

- Die **Krümmung** einer ebenen Kurve ($n = 2$) lautet

$$\kappa(t) = \frac{|\det(\dot{\gamma}(t), \ddot{\gamma}(t))|}{\|\dot{\gamma}(t)\|^3} = \frac{|\dot{x}_1(t)\,\ddot{x}_2(t) - \dot{x}_2(t)\,\ddot{x}_1(t)|}{(\dot{x}_1(t)^2 + \dot{x}_2(t)^2)^{3/2}}.$$

- Die **Krümmung** einer Raumkurve ($n = 3$) lautet

$$\kappa(t) = \frac{\|\dot{\gamma}(t) \times \ddot{\gamma}(t)\|}{\|\dot{\gamma}(t)\|^3}.$$

- Die **Torsion** einer Raumkurve ($n = 3$) lautet

$$\tau(t) = \frac{|\det(\dot{\gamma}(t), \ddot{\gamma}(t), \dddot{\gamma}(t))|}{\|\dot{\gamma}(t) \times \ddot{\gamma}(t)\|^2}.$$

Abb. 55.1 zeigt eine ebene Kurve mit Tangenten- und Normalenvektor wie auch eine Raumkurve mit begleitendem Dreibein und Schmiegebene in einem Kurvenpunkt.

Beispiel 55.2 Wir betrachten die Schraubenlinie

$$\gamma : [0, 2\pi] \to \mathbb{R}^3 \quad \text{mit} \quad \gamma(t) = \begin{pmatrix} r\cos(t) \\ r\sin(t) \\ h\,t \end{pmatrix} \quad \text{mit } r, h \in \mathbb{R}_{>0}.$$

Vorab berechnen wir die ersten drei Ableitungen:

$$\dot{\gamma}(t) = \begin{pmatrix} -r\sin(t) \\ r\cos(t) \\ h \end{pmatrix}, \quad \ddot{\gamma}(t) = \begin{pmatrix} -r\cos(t) \\ -r\sin(t) \\ 0 \end{pmatrix}, \quad \dddot{\gamma}(t) = \begin{pmatrix} r\sin(t) \\ -r\cos(t) \\ 0 \end{pmatrix}$$

und damit die Größen

$$\|\dot{\gamma}(t)\| = \sqrt{r^2 + h^2}, \quad \dot{\gamma}(t) \times \ddot{\gamma}(t) = \begin{pmatrix} rh\sin(t) \\ -rh\cos(t) \\ r^2 \end{pmatrix}, \quad \|\dot{\gamma}(t) \times \ddot{\gamma}(t)\| = r\sqrt{r^2 + h^2}$$

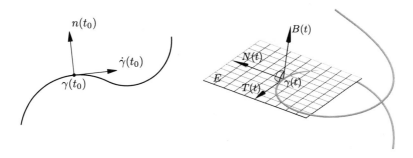

Abb. 55.1 Tangenten- und Normalenvektor sowie begleitendes Dreibein und Schmiegebene

und

$$\det(\dot{\gamma}(t), \ddot{\gamma}(t), \dddot{\gamma}(t)) = \begin{vmatrix} -r\sin(t) & -r\cos(t) & r\sin(t) \\ r\cos(t) & -r\sin(t) & -r\cos(t) \\ h & 0 & 0 \end{vmatrix} = h\,r^2.$$

Nach dieser Vorarbeit müssen wir nur noch die Ergebnisse angeben:

$$T(t) = \frac{1}{\sqrt{r^2+h^2}} \begin{pmatrix} -r\sin(t) \\ r\cos(t) \\ h \end{pmatrix}, \quad B(t) = \frac{1}{\sqrt{r^2+h^2}} \begin{pmatrix} h\sin(t) \\ -h\cos(t) \\ r \end{pmatrix}, \quad N(t) = \begin{pmatrix} -\cos(t) \\ -\sin(t) \\ 0 \end{pmatrix}$$

und

$$\kappa(t) = \frac{r}{r^2+h^2} \quad \text{bzw.} \quad \tau(t) = \frac{h}{r^2+h^2}.$$

∎

55.3   Die Leibniz'sche Sektorformel

Mit der Leibniz'schen Sektorformel berechnet man den (orientierten) Flächeninhalt, den ein Fahrstrahl eines doppelpunktfreien Kurvenabschnitts überstreicht. Insbesondere kann man den Flächeninhalt eines Gebietes bestimmen, das von einer Kurve eingeschlossen wird.

Der in der folgenden Abb. 55.2 eingezeichnete *Fahrstrahl,* die bewegte Verbindungsstrecke zwischen 0 und $\gamma(t)$ einer doppelpunktfreien C^1-Kurve γ, überstreicht eine Fläche, die zwischen dem Anfangsstrahl $\overline{0\,\gamma(a)}$ und dem Endstrahl $\overline{0\,\gamma(b)}$ liegt. Eventuell werden Teile der Fläche mehrfach überstrichen.

Mithilfe der folgenden Leibniz'schen Sektorformel wird in jedem Fall der Flächeninhalt F berechnet. Flächeninhalte, die mehrfach überstrichen werden, *kürzen* sich heraus, da ein *orientierter* Flächeninhalt ermittelt wird, d. h., Flächen, die bei einer Umkehrung der Richtung des Fahrstrahls überstrichen werden, werden negativ gerechnet. Will man explizit aber den gesamten Flächeninhalt bestimmen, der vom Fahrstrahl (unabhängig von der Orientierung) überstrichen wird, so bietet die Sektorformel auch hierfür die Möglichkeit:

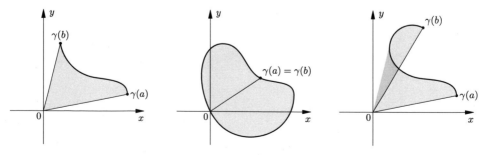

Abb. 55.2 Die Leibniz'sche Sektorformel liefert den vom Fahrstrahl überstrichenen Flächeninhalt

Die Leibniz'sche Sektorformel

Die Fläche, die der Fahrstrahl einer ebenen doppelpunktfreien C^1-Kurve $\gamma : [a, b] \rightarrow \mathbb{R}^2$ mit $\gamma(t) = (x(t), y(t))^\top$ einschließt, ist

$$F(\gamma) = \frac{1}{2} \left| \int_a^b x(t)\dot{y}(t) - \dot{x}(t)y(t)\mathrm{d}t \right|.$$

Es ist

$$\tilde{F}(\gamma) = \frac{1}{2} \int_a^b |x(t)\dot{y}(t) - \dot{x}(t)y(t)|\,\mathrm{d}t$$

der Flächeninhalt, der insgesamt vom Fahrstrahl überstrichen wird.

Beispiel 55.3 Wir berechnen den Flächeninhalt $F = F(\gamma)$, der von der **Kardioide**

$$\gamma : [0, 2\pi] \rightarrow \mathbb{R}^2 \ \text{mit} \ \gamma(t) = \begin{pmatrix} a \cos t \, (1 + \cos t) \\ a \sin t \, (1 + \cos t) \end{pmatrix}$$

mit $a > 0$ eingeschlossen wird. Für die untenstehende Abb. 55.3 haben wir $a = 1$ gewählt. Es gilt:

$$F(\gamma) = \frac{1}{2} \left| \int_0^{2\pi} x(t)\dot{y}(t) - \dot{x}(t)y(t)\mathrm{d}t \right|$$

$$= \frac{a^2}{2} \left| \int_0^{2\pi} 1 + 2\cos^3 t + \cos^4 t + 2\cos t \sin^2 t + \cos^2 t \sin^2 t \, \mathrm{d}t \right| = \frac{3a^2\pi}{2},$$

zur Berechnung dieses Integrals haben wir MATLAB bemüht. ∎

Abb. 55.3 Die Kardioide

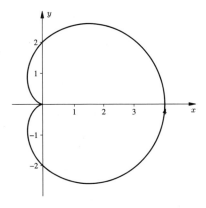

55.4 Aufgaben

55.1 Begründen Sie, warum das Rezept zur Bestimmung der natürlichen Parametrisierung in Abschn. 55.1 funktioniert, insbesondere, warum $\|\dot{\tilde{\gamma}}(t)\| = 1$ für alle t gilt.

55.2 Parametrisieren Sie folgende Kurve nach der Bogenlänge:

$$\gamma(t) = (x(t), y(t)) = \left(\ln\sqrt{1+t^2}, \arctan t\right)^\top, \quad t \in [0, 2].$$

55.3 Es seien $a, b > 0$. Gegeben sei die Kurve $\gamma(t) = (x(t), y(t))^\top, t \in [0, 2\pi]$ mit

$$x(t) = a\cos t \quad \text{und} \quad y(t) = b\sin t,$$

die eine Ellipse durchläuft.

(a) Bestimmen Sie die Punkte (x, y) der Kurve, an denen die Krümmung maximal ist.
(b) Berechnen Sie mit Hilfe der Leibniz'schen Sektorformel den Flächeninhalt der Ellipse.

55.4 Berechnen Sie mit Hilfe der Leibniz'schen Sektorformel den Flächeninhalt des von den beiden Kurven

$$\gamma_1(t) = \begin{pmatrix} 2 - t^2 \\ t \end{pmatrix}, \qquad \gamma_2(t) = \begin{pmatrix} 1 \\ t \end{pmatrix} \qquad t \in \mathbb{R}$$

eingeschlossenen Gebiets.

55.5 Ein Punkt P auf der Lauffläche eines rollenden Rades beschreibt eine periodische Kurve, welche als Zykloide bezeichnet wird (siehe Abbildung).

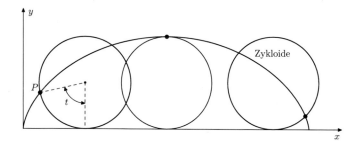

(a) Geben Sie eine Parameterdarstellung für die Zykloide an. Verwenden Sie hierzu als Parameter den in der Abbildung eingezeichneten Winkel t.
(b) Berechnen Sie die Fläche unter einem Zykloidbogen mit Hilfe der Leibniz'schen Sektorformel.
(c) Berechnen Sie die Krümmung der Zykloide für $0 < t < 2\pi$.

55.6 Berechnen Sie die Bogenlänge der folgenden Kurve und ihre Umparametrisierung nach der Bogenlänge:

$$\gamma(t) = (x(t), y(t)) = (t, \cosh(t/2) - 1)^\top, \quad |t| \leq 5.$$

55.7 Bestimmen Sie die Krümmung der Kurve γ gegeben durch

$$\gamma(t) = (t, 1 - \cos t)^\top, \quad t \in [0, 1].$$

55.8 Berechnen Sie die Bogenlänge der Kurve γ definiert durch

$$\gamma(t) = e^{-2t}(\cos t, \sin t)^\top, \quad t \in [0, \infty),$$

und bestimmen Sie die Umparametrisierung von γ nach der Bogenlänge.

55.9 Berechnen Sie das begleitende Dreibein (T, B, N) der Kurve

$$\gamma : [0, 2\pi] \to \mathbb{R}^3 \quad \gamma(t) = \begin{pmatrix} t^2 + t \\ t^2 - t \\ t^2 \end{pmatrix}$$

55.10 Gegeben Sei die räumliche Spirale

$$\gamma : [0, 2\pi] \to \mathbb{R}^3 \quad \gamma(t) = \begin{pmatrix} t \cos t \\ t \sin t \\ 2t \end{pmatrix}.$$

(a) Berechnen Sie das begleitende Dreibein (T, B, N) der Kurve.
(b) Wie groß ist die Krümmung und die Torsion am Punkt $t = 0$?

55.11 Bestimmen Sie die Krümmung der Kurve $\gamma(t) = (x(t), y(t))^\top$ mit

$$x(t) = R(t - \sin t), \quad y(t) = R(1 - \cos t), \quad t \in [0, 1], \quad R > 0,$$

in Abhängigkeit vom Parameter R.

Kurvenintegrale

56

Inhaltsverzeichnis

Wir unterscheiden zwei Arten von Kurvenintegralen: *Skalare Kurvenintegrale* und *vektorielle Kurvenintegrale*. Bei einem skalaren Kurvenintegral wird ein Skalarfeld längs einer Kurve integriert, beim vektoriellen ein Vektorfeld. In den Anwendungen wird bei den skalaren Integralen eine Masse oder Ladung der beschriebenen Kurve bestimmt, bei den vektoriellen eine Arbeit, die geleistet wird, wenn ein Teilchen längs der Kurve bewegt wird.

56.1 Skalare und vektorielle Kurvenintegrale

Wir wollen ein Skalarfeld bzw. ein Vektorfeld längs einer Kurve integrieren. Es ist klar, was wir dazu brauchen: Im skalaren Fall eine Kurve und ein Skalarfeld, im vektoriellen Fall eine Kurve und ein Vektorfeld. Wir beginnen mit der Definition und Beispielen und erläutern die Hintergründe bzw. Vorstellungen im Nachhinein.

Das skalare und das vektorielle Kurvenintegral

Gegeben ist eine Kurve $\gamma : [a, b] \to \mathbb{R}^n$ mit $\gamma(t) = \left(x_1(t), \ldots, x_n(t)\right)^\top$.

- Für ein Skalarfeld $f : D \subseteq \mathbb{R}^n \to \mathbb{R}$ mit $\gamma([a, b]) \subseteq D$ nennt man das Integral

$$\int_\gamma f \, \mathrm{d}s = \int_a^b f\big(\gamma(t)\big) \, \|\dot\gamma(t)\| \, \mathrm{d}t$$

© Springer-Verlag GmbH Deutschland, ein Teil von Springer Nature 2022
C. Karpfinger, *Höhere Mathematik in Rezepten*,
https://doi.org/10.1007/978-3-662-63305-2_56

das **skalare Kurvenintegral** von f längs γ.

- Für ein Vektorfeld $v : D \subseteq \mathbb{R}^n \to \mathbb{R}^n$ mit $\gamma([a, b]) \subseteq D$ nennt man das Integral

$$\int_\gamma v \cdot \mathrm{d}s = \int_a^b v(\gamma(t))^\top \dot{\gamma}(t)\, \mathrm{d}t$$

das **vektorielle Kurvenintegral** von v längs γ.

Man beachte die Unterscheidung in der Notation: Der Malpunkt vor dem $\mathrm{d}s$ beim vektoriellen Kurvenintegral soll an das Skalarprodukt erinnern, mit dessen Hilfe dieses Kurvenintegral gebildet wird. Wir werden konsequent diesen Malpunkt zur Unterscheidung von skalaren und vektoriellen Kurvenintegralen benutzen.

Bevor wir mit theoretischen Betrachtungen weitermachen, zeigen wir an zwei Beispielen, wie *einfach* es ist, die Kurvenintegrale aufzustellen, wenn nur die Zutaten Kurve und Skalarfeld bzw. Vektorfeld bereitstehen. Die einzige *Hürde*, die überwunden werden muss, ist die Akzeptanz der einfachen Tatsache, dass

$$f(\gamma(t)) \quad \text{bzw.} \quad v(\gamma(t))$$

nur bedeutet, dass die Variable x_i in f bzw. v durch die i-te Komponente $x_i(t)$ der Kurve γ zu ersetzen ist.

Beispiel 56.1 Gegeben ist die Kurve $\gamma : [0, 2\pi] \to \mathbb{R}^2$ mit $\gamma(t) = (2\cos(t),\, \sin(t))^\top$ und das Skalarfeld f bzw. Vektorfeld v:

$$f : \mathbb{R}^2 \to \mathbb{R},\ f(x, y) = x\, y^2 \quad \text{bzw.} \quad v : \mathbb{R}^2 \to \mathbb{R}^2,\ v(x, y) = \begin{pmatrix} -y \\ x^2 \end{pmatrix}.$$

- Das skalare Kurvenintegral lautet wegen $f(\gamma(t)) = 2\cos(t)\sin^2(t)$ und $\|\dot{\gamma}(t)\| = \sqrt{4\sin^2(t) + \cos^2(t)}$:

$$\int_\gamma f\, \mathrm{d}s = \int_a^{2\pi} f(\gamma(t))\, \|\dot{\gamma}(t)\|\ \mathrm{d}t = \int_0^{2\pi} 2\, \cos(t)\, \sin^2(t)\, \sqrt{4\sin^2(t) + \cos^2(t)}\, \mathrm{d}t.$$

- Das vektorielle Kurvenintegral lautet wegen $v(\gamma(t)) = (-\sin(t), 4\cos^2(t))^\top$ und $\dot{\gamma}(t) = (-2\sin(t), \cos(t))^\top$:

$$\int_\gamma v \cdot \mathrm{d}s = \int_0^{2\pi} v(\gamma(t))^\top \dot{\gamma}(t)\, \mathrm{d}t = \int_a^b \begin{pmatrix} -\sin t \\ 4\cos^2 t \end{pmatrix}^\top \begin{pmatrix} -2\,\sin t \\ \cos t \end{pmatrix}\, \mathrm{d}t$$

$$= \int_0^{2\pi} 2\, \sin^2(t) + 4\, \cos^3(t)\, \mathrm{d}t.$$

Das Bestimmen dieser Integrale soll uns nun nicht kümmern; wir wollten uns nur davon überzeugen, dass das Aufstellen der Integrale ein Klacks ist, wenn nur die Zutaten bereitstehen. ∎

Gilt $\gamma(a) = \gamma(b)$, so nennt man die Kurve γ geschlossen. Für die Kurvenintegrale längs einer geschlossenen Kurve γ schreibt man auch

$$\oint_\gamma f \, \mathrm{d}s = \int_\gamma f \, \mathrm{d}s \quad \text{und} \quad \oint_\gamma \boldsymbol{v} \cdot \mathrm{d}s = \int_\gamma \boldsymbol{v} \cdot \mathrm{d}s.$$

Das vektorielle Kurvenintegral längs einer geschlossenen Kurve nennt man auch **Zirkulation** von $\boldsymbol{v}$ längs γ.

Die folgenden Rechenregeln für skalare bzw. vektorielle Kurvenintegrale leuchten unmittelbar ein:

Rechenregeln für Kurvenintegrale

Für eine Kurve $\gamma : [a, b] \to \mathbb{R}^n$ gilt:

- Für alle $\lambda, \mu \in \mathbb{R}$ und Skalarfelder $f, g : D \subseteq \mathbb{R}^n \to \mathbb{R}$ bzw. Vektorfelder $\boldsymbol{v}, \boldsymbol{w} : D \subseteq \mathbb{R}^n \to \mathbb{R}^n$ gilt:

$$\int_\gamma (\lambda f + \mu g) \mathrm{d}s = \lambda \int_\gamma f \, \mathrm{d}s + \mu \int_\gamma g \, \mathrm{d}s \text{ bzw. } \int_\gamma (\lambda \boldsymbol{v} + \mu \boldsymbol{w}) \cdot \mathrm{d}s = \lambda \int_\gamma \boldsymbol{v} \cdot \mathrm{d}s + \mu \int_\gamma \boldsymbol{w} \cdot \mathrm{d}s.$$

- Ist $\gamma = \gamma_1 + \ldots + \gamma_r$ zusammengesetzt, so gilt:

$$\int_\gamma f \, \mathrm{d}s = \int_{\gamma_1} f \, \mathrm{d}s + \ldots + \int_{\gamma_r} f \, \mathrm{d}s \text{ bzw. } \int_\gamma \boldsymbol{v} \cdot \mathrm{d}s = \int_{\gamma_1} \boldsymbol{v} \cdot \mathrm{d}s + \ldots + \int_{\gamma_r} \boldsymbol{v} \cdot \mathrm{d}s.$$

- Kehrt man die Orientierung von γ um, d. h. $\gamma \to -\gamma$, so gilt:

$$\int_{-\gamma} f \, \mathrm{d}s = \int_\gamma f \, \mathrm{d}s \text{ bzw. } \int_{-\gamma} \boldsymbol{v} \cdot \mathrm{d}s = -\int_\gamma \boldsymbol{v} \cdot \mathrm{d}s.$$

In den typischen Aufgaben zu diesem Thema bzw. Anwendungen sind die Kurven, entlang denen integriert wird, durch Skizzen gegeben. Die Kunst besteht dann darin, eine Parametrisierung der einzelnen Kurvenstücke zu finden. Der Rest lässt sich nach folgendem Rezept abarbeiten:

Rezept: Berechnen eines Kurvenintegrals

Zur Berechnung eines skalaren Kurvenintegrals $\int_\gamma f \, \mathrm{d}s$ oder vektoriellen Kurvenintegrals $\int_\gamma \boldsymbol{v} \cdot \mathrm{d}s$ gehe man wie folgt vor:

(1) Bestimme eine Parametrisierung der Kurve $\gamma = \gamma_1 + \cdots + \gamma_r$, d. h.

$$\gamma_i : [a_i, b_i] \to \mathbb{R}^n \ \text{ mit } \ \gamma_i(t) = (x_1^{(i)}(t), \ldots, x_n^{(i)}(t))^\top \ \text{ für alle } \ i = 1, \ldots, r.$$

(2) Bestimme für jedes $i = 1, \ldots, r$ das bestimmte Integral:

- im Fall eines skalaren Kurvenintegrals:

$$I_i = \int_{\gamma_i} f \, \mathrm{d}s = \int_{a_i}^{b_i} f(\gamma_i(t)) \, \|\dot{\gamma}_i(t)\| \mathrm{d}t,$$

- im Fall eines vektoriellen Kurvenintegrals:

$$I_i = \int_{\gamma_i} \boldsymbol{v} \cdot \mathrm{d}s = \int_a^b \boldsymbol{v}(\gamma_i(t))^\top \dot{\gamma}_i(t) \mathrm{d}t.$$

(3) Erhalte $I = \displaystyle\int_\gamma f \, \mathrm{d}s$ bzw. $I = \displaystyle\int_\gamma \boldsymbol{v} \cdot \mathrm{d}s$ durch $I = I_1 + \cdots + I_r$.

Problematisch ist gelegentlich die Bestimmung der *gewöhnlichen* Integrale im Schritt (2); vor allem die Wurzel bei den skalaren Kurvenintegralen sorgt schnell für elementar nicht mehr bestimmbare Integrale. Zum Lösen dieser Integrale greift man auf die Methoden aus den Kap. 30 und 31 zurück bzw. auf Integraltabellen oder MATLAB.

Beispiel 56.2

- Gegeben ist die Kurve $\gamma : [0, 2\pi] \to \mathbb{R}^2$ mit $\gamma(t) = \big(\cos(t), \, \sin(t)\big)^\top$ und das Skalarfeld $f : \mathbb{R}^2 \to \mathbb{R}$ mit $f(x, y) = 2$. Das Kurvenintegral von f längs γ ist:

$$\int_\gamma f \, \mathrm{d}s = \int_0^{2\pi} f(\gamma(t)) \, \|\dot{\gamma}(t)\| \, \mathrm{d}t = \int_0^{2\pi} 2 \cdot 1 \, \mathrm{d}t = 4\pi.$$

Das ist die Mantelfläche eines Zylinders der Höhe 2 vom Radius 1.

- Gegeben ist die Kurve $\gamma : [0, 2] \to \mathbb{R}^3$, $\gamma(t) = \big(t, \, t^3, \, 3\big)^\top$ und das Vektorfeld $\boldsymbol{v} : \mathbb{R}^3 \to \mathbb{R}^3$, $\boldsymbol{v}(x, y, z) = \big(xy, \, x - z, \, xz\big)^\top$. Das vektorielle Kurvenintegral von $\boldsymbol{v}$ längs γ hat den Wert

$$\int_\gamma \boldsymbol{v} \cdot \mathrm{d}s = \int_0^2 \boldsymbol{v}\big(\gamma(t)\big)^\top \dot{\gamma}(t)\mathrm{d}t = \int_0^2 \begin{pmatrix} t^4 \\ t-3 \\ 3t \end{pmatrix}^\top \begin{pmatrix} 1 \\ 3t^2 \\ 0 \end{pmatrix} \mathrm{d}t = \int_0^2 t^4 + 3t^3 - 9t^2 \mathrm{d}t = -\frac{28}{5}.$$

- Gegeben ist die geschlossene Kurve $\gamma : [0, 2\pi] \to \mathbb{R}^2$, $\gamma(t) = \big(\cos(t), \sin(t)\big)^\top$ und das Vektorfeld $\boldsymbol{v} : \mathbb{R}^2 \to \mathbb{R}^2$, $\boldsymbol{v}(x, y) = \big(-y, x\big)^\top$. Das vektorielle Kurvenintegral von $\boldsymbol{v}$ längs γ ist dann

$$\oint_\gamma \boldsymbol{v} \cdot \mathrm{d}s = \int_0^{2\pi} \begin{pmatrix} -\sin(t) \\ \cos(t) \end{pmatrix}^\top \begin{pmatrix} -\sin(t) \\ \cos(t) \end{pmatrix} \mathrm{d}t = 2\pi.$$

- Wählen wir erneut die geschlossene Kurve γ aus dem letzten Beispiel und das Vektorfeld $\boldsymbol{v} : \mathbb{R}^2 \to \mathbb{R}^2$, $\boldsymbol{v}(x, y) = \big(3x, 0\big)^\top$, so gilt:

$$\oint_\gamma \boldsymbol{v} \cdot \mathrm{d}s = \int_0^{2\pi} \begin{pmatrix} 3\cos(t) \\ 0 \end{pmatrix}^\top \begin{pmatrix} -\sin(t) \\ \cos(t) \end{pmatrix} \mathrm{d}t = \int_0^{2\pi} -3\cos(t)\sin(t)\mathrm{d}t = \frac{3}{2}\cos^2(t)\Big|_0^{2\pi} = 0.$$

■

Eine Interpretation des skalaren Kurvenintegrals im Fall $n = 2$ ist einfach: Die Spur der Kurve γ verläuft in der x-y-Ebene, das Skalarfeld f hat am Kurvenpunkt $\gamma(t)$ den Wert $f(\gamma(t))$. Bei dem skalaren Kurvenintegral

$$\int_\gamma f\mathrm{d}s = \int_a^b f(\gamma(t)) \,\|\dot{\gamma}(t)\|\mathrm{d}t$$

wird der Flächeninhalt bestimmt, der vom Graphen von f mit der Spur von γ eingeschlossen wird (siehe Abb. 56.1). Dabei wird im *Bogenelement* $\mathrm{d}s = \|\dot{\gamma}(t)\|\mathrm{d}t$ die *Krümmung* der Spur von γ mittels der Länge des Tangentialvektors $\dot{\gamma}$ am betrachteten Kurvenpunkt berücksichtigt. Falls γ etwa auf der x-Achse verläuft, so gilt $\mathrm{d}s = \mathrm{d}t$.

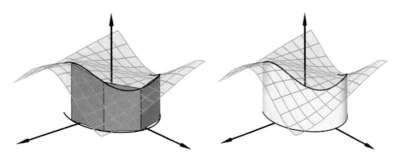

Abb. 56.1 Beim skalaren Kurvenintegral wird der Flächeninhalt zwischen γ und $f(\gamma)$ bestimmt

Das Kurvenintegral über das Skalarfeld $f = 1$ liefert damit die Bogenlänge der Kurve (siehe Abschn. 54.2).

56.2   Anwendungen der Kurvenintegrale

Kurvenintegrale haben in Naturwissenschaften und Technik viele Anwendungen. Das liegt an den folgenden Interpretationen:

- **skalares Kurvenintegral:** Der Skalar $f(\gamma(t))$ kann als *Belegung* des Kurvenpunktes $\gamma(t)$ aufgefasst werden; dieses Skalarfeld f kann eine Massendichte oder eine Ladungsdichte sein. Das Integral des Skalarfeldes f längs dieser Kurve liefert dann die Gesamtmasse oder Gesamtladung von γ,
- **vektorielles Kurvenintegral:** Der Vektor $v(\gamma(t))$ kann als wirkende *Kraft* an der Stelle $\gamma(t)$ auf ein dort befindliches Teilchen, das sich längs der Kurve γ bewegt, aufgefasst werden. Durch das Skalarprodukt $v(\gamma(t))^{\top}\dot{\gamma}(t)$ wird die Tangentialkomponente dieser Kraft längs γ berechnet (siehe Abb. 56.2). Das Integral des Vektorfeldes v längs dieser Kurve liefert dann die geleistete Arbeit, die erbracht werden muss, um das Teilchen längs γ zu bewegen.

Wir betrachten in der folgenden Box eine typische Anwendung des skalaren Kurvenintegrals:

Gesamtmasse, Gesamtladung, Schwerpunkt, geometrischer Schwerpunkt
Ist $\rho(x, y)$ bzw. $\rho(x, y, z)$ eine **Massendichte** bzw. **Ladungsdichte** eines Kurvenstücks γ (z. B. ein Draht), so ist die **Gesamtmasse** bzw. **Gesamtladung**:

$$M(\gamma) = \int_{\gamma} \rho \, \mathrm{d}s.$$

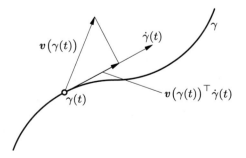

Abb. 56.2 Tangentialkomponente einer Kraft

Und den **Schwerpunkt** $S = (s_1, s_2)$ bzw. $S = (s_1, s_2, s_3)$ erhalten wir durch

$$s_1 = \frac{1}{M(\gamma)} \int_\gamma x\rho \, ds, \quad s_2 = \frac{1}{M(\gamma)} \int_\gamma y\rho \, ds, \quad s_3 = \frac{1}{M(\gamma)} \int_\gamma z\rho \, ds.$$

Mit $\rho = 1$ erhält man den **geometrischen Schwerpunkt,** es gilt dann $M(\gamma) = L(\gamma)$.

Beispiel 56.3 Gegeben sei die Massendichte $\rho : \mathbb{R}^2 \to \mathbb{R}$, $\rho(x, y) = x$ und die Kurve $\gamma = \gamma_1 + \gamma_2$, wobei

$$\gamma_1 : [0, 1] \to \mathbb{R}^2, \ \gamma_1(t) = \begin{pmatrix} t \\ t^2 \end{pmatrix} \quad \text{und} \quad \gamma_2 : [0, 1] \to \mathbb{R}^2, \ \gamma_2(t) = \begin{pmatrix} 1 - t \\ 1 \end{pmatrix}.$$

Für die Gesamtmasse von γ gilt dann:

$$M(\gamma) = \int_\gamma \rho \, ds = \int_{\gamma_1} \rho \, ds + \int_{\gamma_2} \rho \, ds = \int_0^1 t\sqrt{1 + 4t^2} \, dt + \int_0^1 (1 - t) \, dt$$

$$= \frac{1}{12}\left(1 + 4t^2\right)^{3/2}\Big|_0^1 + t\Big|_0^1 - \frac{1}{2}t^2\Big|_0^1 = \frac{1}{12}\left(5^{3/2} - 1\right) + \frac{1}{2} = 1.3484.$$

Für die Koordinaten s_1, s_2 des Schwerpunkts $S = (s_1, s_2)$ erhalten wir (mit MATLAB):

$$s_1 = \frac{1}{M(\gamma)} \int_\gamma x\rho \, ds = \frac{1}{M(\gamma)} \left(\int_0^1 t^2\sqrt{1 + 4t^2} \, dt + \int_0^1 (1 - t)^2 \, dt \right) = 0.6969,$$

$$s_2 = \frac{1}{M(\gamma)} \int_\gamma y\rho \, ds = \frac{1}{M(\gamma)} \left(\int_0^1 t^3\sqrt{1 + 4t^2} \, dt + \int_0^1 (1 - t) \, dt \right) = 0.7225.$$

Wir bestimmen auch noch den geometrischen Schwerpunkt $\tilde{S} = (\tilde{s}_1, \tilde{s}_2)$, wobei wir für die Rechnungen MATLAB benutzen. Dazu benötigen wir zuerst die Länge der Kurve γ:

$$L(\gamma) = \int_0^1 \sqrt{1 + 4t^2} \, dt + \int_0^1 1 \, dt = 2.4789.$$

Nun erhalten wir die Koordinaten $\tilde{s}_1$ und $\tilde{s}_2$ des geometrischen Schwerpunkts:

$$\tilde{s}_1 = \frac{1}{L(\gamma)} \left(\int_0^1 t\sqrt{1 + 4t^2} \, dt + \int_0^1 (1 - t) \, dt \right) = 0.5439,$$

$$\tilde{s}_2 = \frac{1}{L(\gamma)} \left(\int_0^1 t^2\sqrt{1 + 4t^2} \, dt + \int_0^1 1 \, dt \right) = 0.6480.$$

Abb. 56.3 Die Schwerpunkte
S und $\tilde{S}$

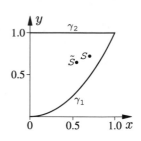

Abb. 56.3 zeigt die Kurve $\gamma = \gamma_1 + \gamma_2$ mit dem Schwerpunkt S mit der gegebenen Dichte ρ und dem geometrischen Schwerpunkt $\tilde{S}$.   ∎

56.3 Aufgaben

56.1 Bestimmen Sie die folgenden skalaren bzw. vektoriellen Kurvenintegrale:

(a) $\gamma : [0, 2\pi] \to \mathbb{R}^3$, $\gamma(t) = (\cos t, \sin t, t)^\top$ und $f(x, y, z) = x^2 + y z$.
(b) γ ist die Verbindungsstrecke von $(0, 0)^\top$ nach $(1, 1)^\top$ und $\boldsymbol{v}(x, y) = (2y, \mathrm{e}^x)^\top$.

56.2 Eine Schraubenfeder ist durch die Kurve $\gamma : [0, 4\pi] \to \mathbb{R}^3$ mit $\gamma(t) = (\cos t, \sin t, \frac{1}{2}t)^\top$ mit der Linienmassendichte $\rho(x, y, z) = z$ gegeben. Berechnen Sie die Masse und den Schwerpunkt der Schraubenfeder.

56.3 Gegeben seien die Vektorfelder $\boldsymbol{v} \colon \mathbb{R}^2 \to \mathbb{R}^2$ und $\boldsymbol{w} \colon \mathbb{R}^2 \to \mathbb{R}^2$ durch

$$\boldsymbol{v}(x, y) = \begin{pmatrix} x^2 - y \\ x + y^2 \end{pmatrix} \quad \text{und} \quad \boldsymbol{w}(x, y) = \begin{pmatrix} x + y^2 \\ 2xy \end{pmatrix}.$$

Berechnen Sie sowohl für $\boldsymbol{v}$ als auch für $\boldsymbol{w}$ jeweils das Kurvenintegral von $A = (0, 1)^\top$ nach $B = (1, 2)^\top$

(a) längs der Verbindungsgeraden,
(b) längs des Streckenzugs bestehend aus den Strecken von A nach $(1, 1)^\top$ und von $(1, 1)^\top$ nach B,
(c) längs der Parabel $y = x^2 + 1$.

56.4 Es sei $G \subseteq \mathbb{R}^2$ das beschränkte Gebiet, das durch die beiden Graphen der Funktionen $x = 1 - \frac{1}{4}y^2$ und $x = \frac{1}{2}(y^2 - 1)$ begrenzt wird. Außerdem sei ein Vektorfeld $\boldsymbol{v}$ definiert durch $\boldsymbol{v}(x, y) = (xy, y^2)^\top$.

(a) Parametrisieren Sie die G begrenzende Kurve.

(b) Berechnen Sie $\displaystyle\oint_{\partial G} \boldsymbol{v} \cdot \mathrm{d}s$.

Gradientenfelder

57

Inhaltsverzeichnis

Die meisten Vektorfelder, mit denen man es in Technik und Naturwissenschaften zu tun hat, sind *Kraftfelder*. In der Mathematik fasst man diese und weitere Felder unter dem Begriff *Gradientenfelder* zusammen. Das Berechnen von vektoriellen Kurvenintegralen wird in solchen Feldern im Allgemeinen deutlich einfacher: Man bestimmt eine *Stammfunktion* des Feldes und erhält den Wert des vektoriellen Kurvenintegrals durch Einsetzen von Anfangs- und Endpunkt der Kurve in die Stammfunktion; die Differenz dieser Werte ist der Wert des vektoriellen Kurvenintegrals. Insbesondere ist der Wert nicht abhängig vom Verlauf der Kurve.

57.1   Definitionen

In diesem Abschnitt ist D stets ein **Gebiet**, d.h.

- D ist offen, und
- zu je zwei Punkten A, $B \in D$ gibt es eine C^1-Kurve $\gamma : [a, b] \to D$ mit $\gamma(a) = A$, $\gamma(b) = B$.

Man beachte, dass die Spur der Kurve, die je zwei Punkte aus dem Gebiet D verbindet, auch ganz in D verlaufen muss.

© Springer-Verlag GmbH Deutschland, ein Teil von Springer Nature 2022
C. Karpfinger, *Höhere Mathematik in Rezepten*,
https://doi.org/10.1007/978-3-662-63305-2_57

Wir kommen gleich zum entscheidenden Begriff des *Gradientenfeldes*. Das ist ein Vektorfeld, zu dem es eine *Stammfunktion* gibt:

Gradientenfeld, Stammfunktion

Ein stetiges Vektorfeld $v : D \subseteq \mathbb{R}^n \rightarrow \mathbb{R}^n$ heißt ein **Gradientenfeld**, falls es ein Skalarfeld $f : D \subseteq \mathbb{R}^n \rightarrow \mathbb{R}$ gibt mit

$$\nabla f = v, \quad \text{d.h. } f_{x_1} = v_1, \ldots, f_{x_n} = v_n.$$

In diesem Fall nennt man f eine **Stammfunktion** von v.

Ein Gradientenfeld v nennt man auch **Potenzialfeld** bzw. **konservatives Feld**. Und ist f eine Stammfunktion von v, so nennt man $-f$ auch **Potenzial** von v.

Beispiel 57.1

- Das Vektorfeld $v : \mathbb{R}^2 \rightarrow \mathbb{R}^2$, $v(x, y) = (x, y)^\top$ ist ein Gradientenfeld, es hat die Stammfunktion
$$f : \mathbb{R}^2 \rightarrow \mathbb{R}, \ f(x, y) = \tfrac{1}{2}(x^2 + y^2).$$

- Das Vektorfeld $v : \mathbb{R}^2 \rightarrow \mathbb{R}^2$, $v(x, y) = (-y, x)^\top$ ist kein Gradientenfeld, es hat keine Stammfunktion: Wäre nämlich $f = f(x, y)$ eine Stammfunktion, so hätte f wegen $f_x = -y$ und $f_y = x$ das folgende Aussehen

$$-xy + g(y) = f(x, y) = xy + h(x).$$

Das ist nicht erfüllbar, denn es müsste dann gelten: $2xy = g(y) - h(x)$.   ∎

Wir fassen die wesentlichen Eigenschaften von Gradientenfeldern, insbesondere den Zusammenhang mit vektoriellen Kurvenintegralen, übersichtlich zusammen:

Vektorielle Kurvenintegrale in Gradientenfeldern

Ist $v : D \subseteq \mathbb{R}^n \rightarrow \mathbb{R}^n$ ein stetiges Gradientenfeld mit Stammfunktion f, so gilt für jede stückweise C^1-Kurve $\gamma : [a, b] \rightarrow D$:

$$\int_\gamma v \cdot \mathrm{d}s = f(\gamma(b)) - f(\gamma(a)).$$

Insbesondere gilt:

- $\oint_{\gamma} \boldsymbol{v} \cdot \mathrm{d}s = 0$ für jede geschlossene Kurve γ.

- $\int \boldsymbol{v} \cdot \mathrm{d}s$ ist **wegunabhängig**, d. h.

$$\int_{\gamma} \boldsymbol{v} \cdot \mathrm{d}s = \int_{\tilde{\gamma}} \boldsymbol{v} \cdot \mathrm{d}s$$

für je zwei stückweise C^1-Kurven γ und $\tilde{\gamma}$ mit gleichem Anfangs- und Endpunkt. Ist g eine weitere Stammfunktion von $\boldsymbol{v}$, so gilt $g = f + c$ mit einem $c \in \mathbb{R}$.

Wir fassen zusammen: Ein Gradientenfeld ist ein Vektorfeld $\boldsymbol{v}$ mit einer Stammfunktion f. Ist f eine Stammfunktion von $\boldsymbol{v}$, so kostet es nicht viel Mühe, ein vektorielles Kurvenintegral für dieses $\boldsymbol{v}$ zu bestimmen. Um dies ausnutzen zu können, sollten wir die folgenden zwei Probleme lösen:

- Wie sieht man einem Vektorfeld $\boldsymbol{v} : D \subseteq \mathbb{R}^n \to \mathbb{R}^n$ an, ob es ein Gradientenfeld ist?
- Wie bestimmt man zu einem Gradientenfeld $\boldsymbol{v}$ eine Stammfunktion f?

Wir lösen diese zwei Probleme nacheinander in den nächsten beiden Abschnitten.

57.2 Existenz einer Stammfunktion

Ein Gebiet $D \subseteq \mathbb{R}^n$ heißt **einfach zusammenhängend**, falls jede geschlossene Kurve in D ohne Doppelpunkt innerhalb von D stetig auf einen Punkt aus D zusammenziehbar ist.

Beispiel 57.2

- Einfach zusammenhängende Gebiete im $\mathbb{R}^2$ sind: $\mathbb{R}^2$, jede Halbebene, jeder Kreis, jedes konvexe Gebiet, ...
- Nicht einfach zusammenhängende Gebiete im $\mathbb{R}^2$ sind: $\mathbb{R}^2 \setminus \{0\}$, jeder punktierte Kreis, ...
- Einfach zusammenhängende Gebiete im $\mathbb{R}^3$ sind: $\mathbb{R}^3$, jeder Halbraum, jede Kugel, jeder punktierte Halbraum, jede punktierte Kugel, jedes konvexe Gebiet, ...
- Nicht einfach zusammenhängende Gebiete im $\mathbb{R}^3$ sind: $\mathbb{R}^3 \setminus x$-Achse, jeder Torus, ... ∎

Mit diesem Begriff erhalten wir nun eine Lösung unseres ersten Problems:

> **Existenz einer Stammfunktion**
> Ein stetig differenzierbares Vektorfeld $v : D \subseteq \mathbb{R}^n \to \mathbb{R}^n$, $v = (v_1, \ldots, v_n)^\top$ ist ein Gradientenfeld, falls gilt:
>
> - D ist einfach zusammenhängend, und
> - es gilt die **Integrabilitätsbedingung** $\frac{\partial v_i}{\partial x_k} = \frac{\partial v_k}{\partial x_i}$ für alle $1 \le i, k \le n$.
> Insbesondere besitzt v dann eine Stammfunktion f.

Da wir nur ebene Kurven bzw. Raumkurven betrachten, interessieren uns nur die Fälle $n = 2$ und $n = 3$:

- Im Fall $n = 2$ lautet die Bedingung $\frac{\partial v_1}{\partial y} = \frac{\partial v_2}{\partial x}$.
- Im Fall $n = 3$ lautet sie $\frac{\partial v_1}{\partial y} = \frac{\partial v_2}{\partial x}$, $\frac{\partial v_2}{\partial z} = \frac{\partial v_3}{\partial y}$, $\frac{\partial v_3}{\partial x} = \frac{\partial v_1}{\partial z}$.

Mit Hilfe der Rotation bekommt man beide Fälle unter einen Hut: Wir können die Integrabilitätsbedingung kurz formulieren als

$$\operatorname{rot}\, v = 0.$$

Dabei fasst man ein zweidimensionales Vektorfeld $v = (v_1, v_2)^\top$ wie folgt als ein ebenes dreidimensionales Vektorfeld auf

$$v = \begin{pmatrix} v_1 \\ v_2 \end{pmatrix} \to v = \begin{pmatrix} v_1 \\ v_2 \\ 0 \end{pmatrix} \Rightarrow \operatorname{rot}\, v = \begin{pmatrix} \frac{\partial v_3}{\partial y} - \frac{\partial v_2}{\partial z} \\ \frac{\partial v_1}{\partial z} - \frac{\partial v_3}{\partial x} \\ \frac{\partial v_2}{\partial x} - \frac{\partial v_1}{\partial y} \end{pmatrix} = \begin{pmatrix} 0 \\ 0 \\ \frac{\partial v_2}{\partial x} - \frac{\partial v_1}{\partial y} \end{pmatrix},$$

da ein solches ebenes Vektorfeld von z unabhängig ist und $v_3 = 0$ gilt.

Beispiel 57.3

- Das Vektorfeld

$$v : \mathbb{R}^3 \to \mathbb{R}^3, \; v(x, y, z) = \begin{pmatrix} e^x y + 1 \\ e^x + z \\ y \end{pmatrix}$$

ist ein Gradientenfeld, denn v ist stetig differenzierbar, $\mathbb{R}^3$ ist einfach zusammenhängend, und es gilt

$$\operatorname{rot}\, v = \begin{pmatrix} 1 - 1 \\ 0 - 0 \\ e^x - e^x \end{pmatrix} = \begin{pmatrix} 0 \\ 0 \\ 0 \end{pmatrix}.$$

- Beim Vektorfeld

$$\boldsymbol{v} : \mathbb{R}^2 \setminus \{0\} \to \mathbb{R}^2, \ \boldsymbol{v}(x, y) = \frac{1}{x^2 + y^2} \begin{pmatrix} -y \\ x \end{pmatrix}$$

dagegen gilt zwar die Integrabilitätsbedingung rot $\boldsymbol{v} = \boldsymbol{0}$, da

$$\frac{\partial v_1}{\partial y} = \frac{-(x^2 + y^2) + y \cdot 2y}{(x^2 + y^2)^2} = \frac{(x^2 + y^2) - x \cdot 2x}{(x^2 + y^2)^2} = \frac{\partial v_2}{\partial x},$$

aber $\mathbb{R}^2 \setminus \{0\}$ ist nicht einfach zusammenhängend.

In diesem Fall muss ein vektorielles Kurvenintegral über eine geschlossene Kurve nicht notwendig null ergeben. Wir testen das mit der geschlossenen Kurve $\gamma : [0, 2\pi] \to \mathbb{R}^2$, $\gamma(t) = \big(\cos(t), \sin(t)\big)^\top$. Es gilt tatsächlich:

$$\oint_\gamma \boldsymbol{v} \cdot \mathrm{d}s = \int_0^{2\pi} \begin{pmatrix} -\sin(t) \\ \cos(t) \end{pmatrix}^\top \begin{pmatrix} -\sin(t) \\ \cos(t) \end{pmatrix} \mathrm{d}t = 2\pi \neq 0.$$

Verschiebt man die Kurve allerdings so, dass sie den Ursprung nicht mehr umläuft, betrachtet man also beispielsweise die Kurve

$$\widetilde{\gamma} : [0, 2\pi] \to \mathbb{R}^2, \ \widetilde{\gamma}(t) = \begin{pmatrix} 3 + \cos(t) \\ 4 + \sin(t) \end{pmatrix},$$

so liegt deren Spur im einfach zusammenhängenden Gebiet $D = \big\{(x, y) \mid x, y > 0\big\}$, und damit gilt

$$\oint_{\widetilde{\gamma}} \boldsymbol{v} \cdot \mathrm{d}s = 0.$$

∎

57.3 Bestimmung einer Stammfunktion

Nun kümmern wir uns um das zweite Problem: Ist $\boldsymbol{v} : D \subseteq \mathbb{R}^n \to \mathbb{R}^n$ mit $n = 2$ bzw. $n = 3$ ein Gradientenfeld, $\boldsymbol{v} = (v_1, v_2)^\top$ bzw. $\boldsymbol{v} = (v_1, v_2, v_3)^\top$, so gibt es eine Stammfunktion f zu $\boldsymbol{v}$, d.h., es gibt ein Skalarfeld $f : D \subseteq \mathbb{R}^n \to \mathbb{R}$ mit

- $n = 2$: $f_x = v_1$, $f_y = v_2$ bzw.
- $n = 3$: $f_x = v_1$, $f_y = v_2$, $f_z = v_3$.

Es liegt daher nahe, f durch sukzessive Integration wie im folgenden Rezept beschrieben zu bestimmen:

Rezept: Bestimmen einer Stammfunktion eines Gradientenfeldes

- Fall $n = 2$: Ist $v : D \subseteq \mathbb{R}^2 \to \mathbb{R}^2$ ein Gradientenfeld, $v = (v_1, v_2)^\top$, so findet man eine Stammfunktion f von v wie folgt:

  (1) Integration von v_1 nach x:

  $$f(x, y) = \int v_1(x, y) \mathrm{d}x + g(y).$$

  (2) Ableiten von f aus (1) nach y und Gleichsetzen mit v_2 liefert eine Gleichung für $g_y(y)$:

  $$f_y(x, y) = v_2(x, y) \ \Rightarrow \ g_y(y).$$

  (3) Integration von $g_y(y)$ nach y mit der Konstanten $c = 0$ liefert $g(y)$.

  (4) Setze $g(y)$ aus (3) in f aus (1) ein und erhalte eine Stammfunktion f.

- Fall $n = 3$: Ist $v : D \subseteq \mathbb{R}^3 \to \mathbb{R}^3$ ein Gradientenfeld, $v = (v_1, v_2, v_3)^\top$, so findet man eine Stammfunktion f von v wie folgt:

  (1) Integration von v_1 nach x:

  $$f(x, y, z) = \int v_1(x, y, z) \mathrm{d}x + g(y, z).$$

  (2) Ableiten von f aus (1) nach y und Gleichsetzen mit v_2 liefert eine Gleichung für $g_y(y, z)$:

  $$f_y(x, y, z) = v_2(x, y, z) \ \Rightarrow \ g_y(y, z).$$

  (3) Integration von $g_y(y, z)$ nach y liefert:

  $$g(y, z) = \int g_y(y, z) \mathrm{d}y + h(z).$$

  Dieses $g(y, z)$ trägt man in das f aus (1) ein und erhält damit f bis auf den unbestimmten Summanden $h(z)$.

  (4) Ableiten von f aus (3) nach z und Gleichsetzen mit v_3 liefert eine Gleichung für $h_z(z)$:

  $$f_z(x, y, z) = v_3(x, y, z) \ \Rightarrow \ h_z(z).$$

  (5) Integration von $h_z(z)$ nach z mit der Konstanten $c = 0$ liefert $h(z)$.

  (6) Setze $h(z)$ aus (5) in f aus (3) ein und erhalte eine Stammfunktion f.

Die Reihenfolge der Veränderlichen, nach denen sukzessive integriert wird, darf hierbei natürlich beliebig vertauscht werden.

Beispiel 57.4 Wir haben bereits festgestellt, dass das Vektorfeld

$$\boldsymbol{v} : \mathbb{R}^3 \to \mathbb{R}^3, \ \boldsymbol{v}(x, y, z) = \begin{pmatrix} v_1 \\ v_2 \\ v_3 \end{pmatrix} = \begin{pmatrix} \mathrm{e}^x y + 1 \\ \mathrm{e}^x + z \\ y \end{pmatrix}$$

ein Gradientenfeld ist. Wir berechnen nun eine Stammfunktion $f : \mathbb{R}^3 \to \mathbb{R}$ von $\boldsymbol{v}$.

(1) Aus $f_x(x, y, z) = v_1(x, y, z) = \mathrm{e}^x y + 1$ folgt durch Integration nach x:

$$f(x, y, z) = \mathrm{e}^x y + x + g(y, z).$$

(2) Leiten wir f aus (1) nach y ab, so erhalten wir durch Gleichsetzen mit v_2:

$$f_y(x, y, z) = \mathrm{e}^x + g_y(y, z) = \mathrm{e}^x + z$$

und damit $g_y(y, z) = z$.

(3) Wir integrieren $g_y(y, z) = z$ nach y und erhalten $g(y, z) = yz + h(z)$ und somit mit (1)

$$f(x, y, z) = \mathrm{e}^x y + x + yz + h(z).$$

(4) Ableiten von f aus (3) nach z und Gleichsetzen des Ergebnisses mit v_3 liefert:

$$f_z(x, y, z) = y + h_z(z) = y.$$

(5) Es ist also $h_z(z) = 0$ und damit $h(z) = 0$.

(6) Mit h aus (5) erhalten wir aus (3) die Stammfunktion $f(x, y, z) = \mathrm{e}^x y + x + yz$.

∎

57.4 Aufgaben

57.1 Bestimme den Wert des vektoriellen Kurvenintegrals $\int_\gamma \boldsymbol{v} \cdot \mathrm{d}s$, wobei

$$\boldsymbol{v} : \mathbb{R}^3 \to \mathbb{R}^3, \ \boldsymbol{v}(x, y, z) = \begin{pmatrix} 2x + y \\ x + 2yz \\ y^2 + 2z \end{pmatrix}$$

und

$$\gamma : [0, 2\pi] \to \mathbb{R}^3, \ \gamma(t) = \begin{pmatrix} \sin^2(t) + t \\ \cos(t)\sin(t) + \cos^2(t) \\ \sin(t) \end{pmatrix}.$$

57.2 Gegeben sei das Vektorfeld

$$v(x, y) = \begin{pmatrix} x^2 - y \\ y^2 + x \end{pmatrix}.$$

(a) Gibt es zu v eine Stammfunktion $f(x, y)$?

(b) Man berechne das Kurvenintegral $\int_\gamma v \cdot ds$ entlang
   (i)   einer Geraden von $(0, 1)$ nach $(1, 2)$,
   (ii) der Parabel $y = x^2 + 1$ von $(0, 1)$ nach $(1, 2)$.

57.3 Gegeben sei das Vektorfeld

$$v(x, y, z) = \begin{pmatrix} 2xz^3 + 6y \\ 6x - 2yz \\ 3x^2z^2 - y^2 \end{pmatrix}.$$

(a) Berechne rot v.

(b) Berechne das Kurvenintegral $\int_\gamma v \cdot ds$ entlang der Spirale γ mit Parametrisierung $\gamma(t) = (\cos t, \sin t, t)^\top$ für $t \in [0, 2\pi]$.

57.4 Wir betrachten das folgende Vektorfeld v und die Kurve γ:

$$v(x) = \begin{pmatrix} z^3 + y^2 \cos x \\ -4 + 2y \sin x \\ 2 + 3xz^2 \end{pmatrix}, \quad x \in \mathbb{R}^3, \quad \gamma(t) = \begin{pmatrix} \tan t \\ \tan^2 t \\ \tan^3 t \end{pmatrix}, \quad t \in [0, \tfrac{\pi}{4}].$$

Zeigen Sie, dass v ein Gradientenfeld ist, und berechnen Sie eine Stammfunktion von v und damit das Kurvenintegral $\int_\gamma v \cdot ds$.

57.5 Gegeben sind das Vektorfeld v und die Kurve γ

$$v(x) = \begin{pmatrix} 3x^2 y \\ x^3 + 2z^3 \\ 6yz^2 \end{pmatrix}, \quad x \in \mathbb{R}^3, \quad \gamma(t) = \begin{pmatrix} \sin t \\ -\cos t \\ t \end{pmatrix}, \quad t \in [0, \pi].$$

Man berechne rot v und $\int_\gamma v \cdot ds$.

57.6 Gegeben sei das ebene Vektorfeld

$$v: \mathbb{R}^2 \to \mathbb{R}^2, \quad x = \begin{pmatrix} x \\ y \end{pmatrix} \mapsto v(x) = \begin{pmatrix} 1 + x + y^2 \\ y + 2xy \end{pmatrix}$$

(a) Prüfen Sie, ob v ein Potentialfeld ist.
(b) Berechnen Sie das Kurvenintegral $\int_C v(x)\,dx$, wobei C der in der oberen Halbebene gelegene und positiv orientierte Teil des Einheitskreises ist.

Bereichsintegrale

58

Inhaltsverzeichnis

Das bestimmte Integral $\int_a^b f(x)\mathrm{d}x$ liefert den Flächeninhalt, der zwischen $[a, b] \subseteq \mathbb{R}$ und dem Graphen von f eingeschlossen wird. Diese Vorstellung lässt sich leicht verallgemeinern: Bei einem *Bereichsintegral* $\int_D f(x_1, \dots, x_n)\mathrm{d}x_1 \cdots \mathrm{d}x_n$ wird das *Volumen* bestimmt, das zwischen dem Bereich $D \subseteq \mathbb{R}^n$ und dem Graphen von f eingeschlossen ist. Ist D eine Teilmenge des $\mathbb{R}^2$, so ist das ein (dreidimensionales) Volumen.

58.1 Integration über Rechtecke bzw. Quader

Wir betrachten ein (stetiges) Skalarfeld $f : D = [a, b] \times [c, d] \subseteq \mathbb{R}^2 \to \mathbb{R}$ in zwei Veränderlichen. Der Definitionsbereich D ist das Rechteck $[a, b] \times [c, d]$ im $\mathbb{R}^2$, und der Graph von f schließt mit diesem Rechteck ein Volumen ein (in Abb. 58.1 ist ein Querschnitt dieses Volumens eingezeichnet), das wir nun berechnen werden.

Betrachten wir eine feste Zahl $y_0 \in [c, d]$, so ist das Integral

$$F(y_0) = \int_{x=a}^{b} f(x, y_0)\mathrm{d}x$$

die Fläche des Querschnitts $\{(x, y_0, f(x, y_0)) \mid x \in [a, b]\}$ des eingeschlossenen Volumens V (siehe Abb. 58.1). Durch eine Integration von $F(y)$, $y \in [c, d]$, über das Intervall $[c, d]$ erhalten wir das eingeschlossene Volumen V,

© Springer-Verlag GmbH Deutschland, ein Teil von Springer Nature 2022
C. Karpfinger, *Höhere Mathematik in Rezepten*,
https://doi.org/10.1007/978-3-662-63305-2_58

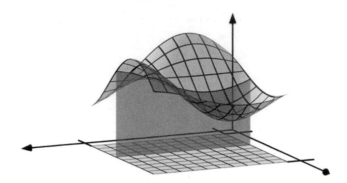

Abb. 58.1 Ein Querschnitt des zu bestimmenden Volumens

$$V = \int\limits_{y=c}^{d} F(y)\mathrm{d}y = \int\limits_{y=c}^{d} \left(\int\limits_{x=a}^{b} f(x,y)\mathrm{d}x \right) \mathrm{d}y.$$

Dabei ist es egal, ob man zuerst nach x und dann nach y oder umgekehrt integriert, solange die Funktion f stetig auf dem Rechteck $[a,b] \times [c,d]$ ist. Das kann man analog für dreidimensionale *Rechtecke,* also Quader $[a,b] \times [c,d] \times [e,f] \subseteq \mathbb{R}^3$ für Funktionen $f = f(x,y,z)$ in drei Veränderlichen erklären. Damit erhalten wir die einfachsten **Bereichsintegrale** als Integrale über die Bereiche Rechteck und Quader. Wir fassen zusammen:

Integration über ein Rechteck bzw. einen Quader

Ist $f : D = [a,b] \times [c,d] \to \mathbb{R}$ bzw. $f : D = [a,b] \times [c,d] \times [e,f] \to \mathbb{R}$ ein Skalarfeld, so erklärt man die **iterierten Integrale**

$$\iint\limits_{D} f(x,y)\mathrm{d}x\mathrm{d}y = \int\limits_{c}^{d}\int\limits_{a}^{b} f(x,y)\mathrm{d}x\mathrm{d}y = \int\limits_{c}^{d} \left(\int\limits_{a}^{b} f(x,y)\mathrm{d}x \right) \mathrm{d}y$$

und

$$\iint\limits_{D} f(x,y)\mathrm{d}y\mathrm{d}x = \int\limits_{a}^{b}\int\limits_{c}^{d} f(x,y)\mathrm{d}y\mathrm{d}x = \int\limits_{a}^{b} \left(\int\limits_{c}^{d} f(x,y)\mathrm{d}y \right) \mathrm{d}x,$$

analog für dreifache Integrale, z. B.:

$$\iiint\limits_{D} f(x,y,z)\mathrm{d}x\mathrm{d}y\mathrm{d}z = \int\limits_{e}^{f}\int\limits_{c}^{d}\int\limits_{a}^{b} f(x,y,z)\mathrm{d}x\mathrm{d}y\mathrm{d}z = \int\limits_{e}^{f} \left(\int\limits_{c}^{d} \left(\int\limits_{a}^{b} f(x,y,z)\mathrm{d}x \right) \mathrm{d}y \right) \mathrm{d}z.$$

> **Satz von Fubini:** Ist f stetig, so haben die iterierten Integrale den gleichen Wert, z. B.
>
> $$\int\limits_{c}^{d}\int\limits_{a}^{b} f(x, y)\,\mathrm{d}x\,\mathrm{d}y = \int\limits_{a}^{b}\int\limits_{c}^{d} f(x, y)\,\mathrm{d}y\,\mathrm{d}x.$$

Beispiel 58.1

- Wir bestimmen das Bereichsintegral über den Bereich $D = [a, b] \times [c, d]$ für das Skalarfeld $f : [a, b] \times [c, d] \to \mathbb{R}$ mit $f(x, y) = 1$:

$$\int\limits_{y=c}^{d}\int\limits_{x=a}^{b} 1\,\mathrm{d}x\,\mathrm{d}y = \int\limits_{y=c}^{d} x\Big|_{a}^{b}\,\mathrm{d}y = \int\limits_{y=c}^{d} b - a\,\mathrm{d}y = (b-a)y\Big|_{y=c}^{d} = (b-a)(d-c).$$

- Analog für $D = [a, b] \times [c, d] \times [e, f]$ und $f(x, y, z) = 1$:

$$\int\limits_{z=e}^{f}\int\limits_{y=c}^{d}\int\limits_{x=a}^{b} 1\,\mathrm{d}x\,\mathrm{d}y\,\mathrm{d}z = \int\limits_{z=e}^{f}\int\limits_{y=c}^{d} (b-a)\,\mathrm{d}y\,\mathrm{d}z = \int\limits_{z=e}^{f} (b-a)\,(d-c)\,\mathrm{d}z$$

$$= (b-a)\,(d-c)\,(f-e).$$

- Wir bestimmen das Integral des Skalarfeldes $f : [0, 1] \times [1, 2] \times [2, 3] \to \mathbb{R}$ mit $f(x, y, z) = x + y + z$:

$$\int\limits_{z=2}^{3}\int\limits_{y=1}^{2}\int\limits_{x=0}^{1} x + y + z\,\mathrm{d}x\,\mathrm{d}y\,\mathrm{d}z = \int\limits_{z=2}^{3}\int\limits_{y=1}^{2} \tfrac{1}{2}x^2 + yx + zx\Big|_{x=0}^{1}\,\mathrm{d}y\,\mathrm{d}z$$

$$= \int\limits_{z=2}^{3}\int\limits_{y=1}^{2} \tfrac{1}{2} + y + z\,\mathrm{d}y\,\mathrm{d}z = \int\limits_{z=2}^{3} \tfrac{1}{2}y + \tfrac{1}{2}y^2 + zy\Big|_{y=1}^{2}\,\mathrm{d}z$$

$$= \int\limits_{z=2}^{3} \tfrac{1}{2} + \tfrac{3}{2} + z\,\mathrm{d}z = 2z + \tfrac{1}{2}z^2\Big|_{z=2}^{3} = \tfrac{9}{2}.$$

∎

Wie die ersten Beispiele zeigen, erhält man durch Integration der *Einsfunktion* f mit $f(x, y) = 1$ bzw. $f(x, y, z) = 1$ über den Bereich D den Flächeninhalt von D: Man ermittelt nämlich das *Volumen* V mit der Höhe $h = 1$ über dem Bereich D. Das ist größenmäßig der Flächeninhalt des Bereichs D. Damit gelingt uns im nächsten Abschnitt das Bestimmen von Flächeninhalten und Volumina *komplizierterer* Bereiche.

Manchmal will man sich vor zu vielen Integralzeichen schützen, um den Blick auf die wesentlichen Dinge freizuhalten, und schreibt dann z. B.

$$\int_D f = \int_D f\,\mathrm{d}F = \iint_D f\,\mathrm{d}x\mathrm{d}y \ \text{ bzw. } \ \int_D f = \int_D f\,\mathrm{d}V = \iiint_D f\,\mathrm{d}x\mathrm{d}y\mathrm{d}z$$

für einen Bereich $D \subseteq \mathbb{R}^2$ bzw. $D \subseteq \mathbb{R}^3$.

MATLAB Mit MATLAB erhält man iterierte Integrale beispielsweise mit

```
>> syms x y z
>> int(int(int(x+y+z,x,0,1),y,1,2),z,2,3)
ans = 9/2
```

58.2 Normalbereiche

Allgemeiner als Rechtecke im $\mathbb{R}^2$ sind die Bereiche des $\mathbb{R}^2$ der Form

$$D = \{(x, y) \mid a \le x \le b, u(x) \le y \le o(x)\} \ \text{ bzw.}$$
$$D = \{(x, y) \mid c \le y \le d, u(y) \le x \le o(y)\},$$

wobei u bzw. o Funktionen in einer Veränderlichen sind, u steht für *untere Grenze*, o für *obere Grenze*. Bei einem solchen Bereich lässt sich also eine Variable zwischen reellen Zahlen einschränken, die andere Variable nimmt Werte zwischen einer *Unterfunktion u* und einer *Oberfunktion o* an. Man spricht von einem **Normalbereich** D, wenn sich D in dieser Form schreiben lässt, man beachte Abb. 58.2.

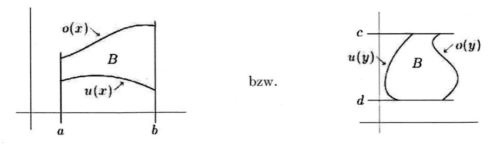

Abb. 58.2 Ein Normalbereich verallgemeinert ein Rechteck: Zwei Seiten bleiben gerade und parallel, die anderen zwei Seiten sind Graphen von Funktionen u und o

Jedes Rechteck $D = [a, b] \times [c, d]$ ist ein Normalbereich, es gilt nämlich mit $o(x) = d$ und $u(x) = c$ bzw. $o(y) = b$ und $u(y) = a$ jeweils

$$D = \{(x, y) \mid a \leq x \leq b, \ c \leq y \leq d\}.$$

Wir erklären nun entsprechend **Normalbereiche** D im $\mathbb{R}^3$, ein solcher hat die Form

$$D = \{(x, y, z) \mid a \leq x \leq b, \ u(x) \leq y \leq o(x), \ \tilde{u}(x, y) \leq z \leq \tilde{o}(x, y)\},$$

bzw. $D = \{(x, y, z) \mid c \leq y \leq d, \ u(y) \leq x \leq o(y), \ \tilde{u}(x, y) \leq z \leq \tilde{o}(x, y)\}$,

bzw. $D = \{(x, y, z) \mid e \leq z \leq f, \ u(z) \leq x \leq o(z), \ \tilde{u}(x, z) \leq y \leq \tilde{o}(x, z)\}$,

bzw. $D = \{(x, y, z) \mid a \leq x \leq b, \ u(x) \leq z \leq o(x), \ \tilde{u}(x, z) \leq y \leq \tilde{o}(x, z)\}$,

bzw. $D = \{(x, y, z) \mid c \leq y \leq d, \ u(y) \leq z \leq o(y), \ \tilde{u}(y, z) \leq x \leq \tilde{o}(y, z)\}$,

bzw. $D = \{(x, y, z) \mid e \leq z \leq f, \ u(z) \leq y \leq o(z), \ \tilde{u}(y, z) \leq x \leq \tilde{o}(y, z)\}$.

Jeder Quader im $\mathbb{R}^3$ ist ein Normalbereich mit jeweils konstanten Unter- und Oberfunktionen $u, o, \tilde{u}, \tilde{o}$. Einen etwas komplizierteren Normalbereich vom Typ $a \leq x \leq b, u(x) \leq y \leq o(x), \tilde{u}(x, y) \leq z \leq \tilde{o}(x, y)$ sieht man in Abb. 58.3.

Wenn D kein Normalbereich ist, so lässt sich die Menge D im Allgemeinen problemlos disjunkt in Teilbereiche zerlegen, $D = D_1 \cup \cdots \cup D_r$ mit $D_i \cap D_j = \emptyset$ für $i \neq j$, wobei die einzelnen Teile $D_1, \ldots, D_r$ dann Normalbereiche sind (siehe Abb. 58.4).

Abb. 58.3 Ein Normalbereich im $\mathbb{R}^3$

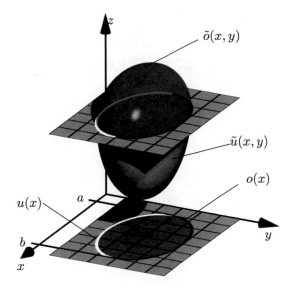

Abb. 58.4 D_1 und D_2 sind
Normalbereiche

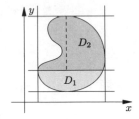

58.3 Integration über Normalbereiche

Wir erklären nun eine Integration von Funktionen f über Normalbereiche D: Der Normal-bereich D ist dabei der Definitionsbereich der Funktion f, und bestimmt wird bei dieser Integration das Volumen, das zwischen dem Normalbereich D und dem Graphen von f eingeschlossen wird.

Integration über Normalbereiche
Ist D ein Normalbereich, z. B.

$$D = \{(x, y) \mid a \leq x \leq b,\ u(x) \leq y \leq o(x)\}\ \text{bzw.}$$
$$D = \{(x, y, z) \mid a \leq x \leq b,\ u(x) \leq y \leq o(x),\ \widetilde{u}(x, y) \leq z \leq \widetilde{o}(x, y)\},$$

so nennen wir

$$\iint\limits_{D} f(x, y) \mathrm{d}y\mathrm{d}x = \int\limits_{x=a}^{b} \int\limits_{y=u(x)}^{o(x)} f(x, y)\mathrm{d}y\mathrm{d}x\ \text{bzw.}$$

$$\iiint\limits_{D} f(x, y, z)\mathrm{d}z\mathrm{d}y\mathrm{d}x = \int\limits_{x=a}^{b} \int\limits_{y=u(x)}^{o(x)} \int\limits_{z=\widetilde{u}(x,y)}^{\widetilde{o}(x,y)} f(x, y, z)\mathrm{d}z\mathrm{d}y\mathrm{d}x$$

das **(Doppel-)Integral** bzw. **(Dreifach-)Integral** über den Normalbereich D.
Ist $D = D_1 \cup \cdots \cup D_r$ eine disjunkte Zerlegung von D in Normalbereiche $D_1, \ldots, D_r$, so gilt

$$\int\limits_{D} f = \int\limits_{D_1} f + \cdots + \int\limits_{D_r} f.$$

Durch Integration der Einsfunktion $f : D \to \mathbb{R}$, $f(x, y) = 1$ bzw. $f(x, y, z) = 1$ erhält man den Flächeninhalt bzw. das Volumen von D:

$$\int_D 1 = \text{Flächeninhalt bzw. Volumen von } D.$$

Wenn es sich bei D nicht gerade um ein Rechteck handelt, darf man die Integrationsreihenfolge nicht vertauschen, man kann es eigentlich auch gar nicht: Bei dieser Integration über einen Normalbereich wird nämlich sukzessive bei jeder Integration eine Variable *verbraucht,* zum Schluss bleibt eine relle Zahl. Würde man die Reihenfolge vertauschen, so würde das nicht mehr funktionieren.

Beispiel 58.2

- Wir betrachten den Flächeninhalt, der durch die Graphen von zwei reellen Funktionen $u = u(x)$ und $o = o(x)$ einer Veränderlichen x über dem Intervall $[a, b]$ eingeschlossen wird, das ist der Normalbereich (siehe auch Abb. 58.5):

$$B = \{(x, y) \mid a \le x \le b, \ u(x) \le y \le o(x)\}.$$

Durch Integration der Einsfunktion erhalten wir den Flächeninhalt von B:

$$\int_B f = \int_{x=a}^{b} \int_{y=u(x)}^{o(x)} 1 \, \mathrm{d}y \, \mathrm{d}x = \int_{x=a}^{b} o(x) - u(x) \, \mathrm{d}x = \int_{x=a}^{b} o(x) \, \mathrm{d}x - \int_{x=a}^{b} u(x) \, \mathrm{d}x.$$

Abb. 58.5 Der Normalbereich zwischen $o(x)$ und $u(x)$

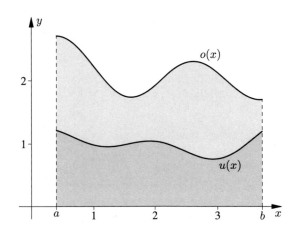

Das sollte nun niemanden verwundern: Natürlich ist der gesuchte Flächeninhalt gerade
die Differenz der Integrale über $o(x)$ und $u(x)$.

- Wir integrieren die Funktion $f : D \subseteq \mathbb{R}^2 \to \mathbb{R}$ mit $f(x, y) = x + y$ für den folgenden
  Normalbereich D, den wir auf zweierlei Art als einen solchen auffassen können:

$$D = \{(x, y) \mid 0 \leq x \leq 1, \ x^2 \leq y \leq x\} \quad \text{bzw.}$$
$$D = \{(x, y) \mid 0 \leq y \leq 1, \ y \leq x \leq \sqrt{y}\},$$

vgl. die beiden Bilder in Abb. 58.6:

Nun ermitteln wir die Doppelintegrale über die zwei Darstellungen des Normalbereichs:

$$\iint_D f = \int_{x=0}^1 \int_{y=x^2}^x x + y \, dy \, dx = \int_{x=0}^1 xy + \frac{1}{2}y^2 \Big|_{y=x^2}^x dx$$

$$= \int_{x=0}^1 \frac{3}{2}x^2 - x^3 - \frac{1}{2}x^4 \, dx = \frac{1}{2}x^3 - \frac{1}{4}x^4 - \frac{1}{10}x^5 \Big|_{x=0}^1 = \frac{3}{20}$$

bzw.

$$\iint_D f = \int_{y=0}^1 \int_{x=y}^{\sqrt{y}} x + y \, dx \, dy = \int_{y=0}^1 \frac{1}{2}x^2 + xy \Big|_{x=y}^{\sqrt{y}} dy$$

$$= \int_{y=0}^1 \frac{1}{2}y + y^{3/2} - \frac{3}{2}y^2 \, dy = \frac{1}{4}y^2 + \frac{2}{5}y^{5/2} - \frac{1}{2}y^3 \Big|_{y=0}^1 = \frac{3}{20}.$$

- Wir bestimmen das Volumen von

$$D = \{(x, y, z) \mid -2 \leq x \leq 2, \ 0 \leq y \leq 3 - x, \ 0 \leq z \leq 36 - x^2 - y^2\}.$$

Abb. 58.6 Ein Normalbereich,
links bzgl. x, *rechts* bzgl. y

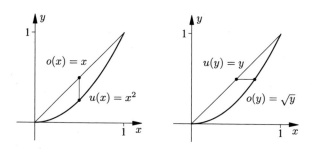

Es ist

$$
V = \int_D 1 = \int_{x=-2}^{2} \int_{y=0}^{3-x} \int_{z=0}^{36-x^2-y^2} 1 \, dz \, dy \, dx = \int_{x=-2}^{2} \int_{y=0}^{3-x} 36 - x^2 - y^2 \, dy \, dx
$$

$$
= \int_{x=-2}^{2} (36 - x^2)y - \frac{1}{3}y^3 \Big|_{y=0}^{3-x} dx = \int_{x=-2}^{2} 108 - 3x^2 - 36x + x^3 - \frac{1}{3}(3-x)^3 \, dx
$$

$$
= 108x - x^3 - 18x^2 + \frac{1}{4}x^4 + \frac{1}{12}(3-x)^4 \Big|_{x=-2}^{2}
$$

$$
= 216 - 8 - 72 + 4 + \frac{1}{12} + 216 - 8 - 4 + 72 - \frac{625}{12} = 364.
$$

- Schließlich bestimmen wir das Volumen eines Zylinders D mit Radius R und Höhe h. Dazu schreiben wir D als Normalbereich, z. B.

$$
D = \{(x, y, z) \mid -R \leq x \leq R, \ -\sqrt{R^2 - x^2} \leq y \leq \sqrt{R^2 - x^2}, \ 0 \leq z \leq h\}.
$$

Damit erhalten wir das Volumen

$$
V_{\text{Zyl}} = \int_D 1 = \int_{x=-R}^{R} \int_{y=-\sqrt{R^2-x^2}}^{\sqrt{R^2-x^2}} \int_{z=0}^{h} 1 \, dz \, dy \, dx
$$

$$
= \int_{x=-R}^{R} \int_{y=-\sqrt{R^2-x^2}}^{\sqrt{R^2-x^2}} h \, dy \, dx = \int_{x=-R}^{R} 2h\sqrt{R^2 - x^2} \, dx
$$

$$
= h \left[x\sqrt{R^2 - x^2} + R^2 \arcsin(x/R) \right]_{x=-R}^{R} = \pi R^2 h,
$$

wobei wir mit MATLAB die folgende Stammfunktion erhalten haben:

$$
\int \sqrt{R^2 - x^2} dx = \frac{1}{2} \left(x\sqrt{R^2 - x^2} + R^2 \arcsin(x/R) \right).
$$

∎

Der Zylinder D im letzten Beispiel lautet in Zylinderkoordinaten (siehe Kap. 53)

$$
D = \{(r, \varphi, z) \mid 0 \leq r \leq R, \ 0 \leq \varphi \leq 2\pi, \ 0 \leq z \leq h\}.
$$

Damit ist D ein *Quader* in Zylinderkoordinaten. Es ist zu erwarten, dass die Integration in Zylinderkoordinaten deutlich einfacher ist. Leider dürfen wir nicht einfach nur die Koordinaten wechseln, wir müssen auch das *infinitesimal kleine* Volumenelement $dx\,dy\,dz$ in Zylinderkoordinaten darstellen. Wie das geht, gibt die *Transformationsformel,* die Inhalt des nächsten Kapitels ist, wieder.

MATLAB Mit MATLAB erhält man Integrale über Normalbereiche beispielsweise wie folgt

```
>> syms x y z
>> int(int(int(1,z,0,36-x^2-y^2),y,0,3-x),x,-2,2)
ans = 364
```

58.4 Aufgaben

58.1 Es bezeichne D den von $x = y^2$ und $y = \frac{1}{2}x - \frac{3}{2}$ eingeschlossenen Bereich im $\mathbb{R}^2$. Berechnen Sie das Doppelintegral $\iint_B (x + y)\,dF$ auf zwei Arten, indem Sie zum einen $dF = dx\,dy$ und zum anderen $dF = dy\,dx$ benutzen.

58.2 Berechnen Sie das Integral der Funktion $f(x, y) = x^2 y$ über das Gebiet

$$D = \{(x, y) \in \mathbb{R}^2 \mid 0 \le y \le \tfrac{1}{2}x, \ x \le y^2 + 1, \ x \le 2\}$$

für beide Integrationsreihenfolgen.

58.3 Bestimmen Sie den Flächeninhalt der durch die Kurven

$$y^2 + x - 1 = 0 \ \text{ und } \ y^2 - x - 1 = 0$$

eingeschlossenen Fläche.

58.4 Gegeben ist das Doppelintegral

$$\int\limits_{-1}^{1} \int\limits_{x^2}^{1} f(x, y)\,dy\,dx$$

(a) Skizzieren Sie das Integrationsgebiet.
(b) Geben Sie das Doppelintegral mit vertauschter Integrationsreihenfolge an.
(c) Berechnen Sie das Integral für $f(x, y) = 2x \sin x^2$.

58.5 Zeigen Sie, dass für $f : \mathbb{R}^2 \to \mathbb{R}$, $f(x, y) = (2 - xy)xye^{-xy}$ gilt:

$$\int\limits_0^1 \int\limits_0^\infty f(x, y) \mathrm{d}y \mathrm{d}x \neq \int\limits_0^\infty \int\limits_0^1 f(x, y) \mathrm{d}x \mathrm{d}y$$

Was ist daraus zu schließen?

58.6 Berechnen Sie die folgenden Integrale:

(a) $\iiint_D xyz\, \mathrm{d}x\mathrm{d}y\mathrm{d}z$, wobei $D \subset \mathbb{R}^3$ dasjenige Volumen bezeichnet, das übrig bleibt, wenn man vom Quader mit den Eckpunkten $P_1 = (0, 0, 0)$, $P_2 = (3, 0, 0)$, $P_3 = (3, 0, 1)$, $P_4 = (0, 0, 1)$, $P_5 = (0, 2, 0)$, $P_6 = (3, 2, 0)$, $P_7 = (3, 2, 1)$, $P_8 = (0, 2, 1)$ das durch P_6, P_7, P_8, P_3 definierte Tetraeder abschneidet.

(b) $\iiiint_D x_2\, \mathrm{d}x_1\mathrm{d}x_2\mathrm{d}x_3\mathrm{d}x_4$, wobei $D \subset \mathbb{R}^4$ definiert ist durch $D : 0 < x_1 < 1, 0 < x_2 < 2, 0 < x_3 < x_1, 0 < x_4 < x_2x_3$.

(c) $Q = \sqrt{2g} \iint\limits_D \sqrt{y} \mathrm{d}x\mathrm{d}y$, wobei D das durch die vier Punkte $(-b/2, c)$, $(b/2, c)$, $(-a/2, c + d)$ und $(a/2, c + d)$ definierte Trapez ist. Die Zahlenwerte sind: $a = 8\,\mathrm{cm}$, $b = 3\,\mathrm{cm}$, $c = 4\,\mathrm{cm}$, $d = 5\,\mathrm{cm}$ und $g = 981\,\mathrm{cm/s}^2$ (Erdfallbeschleunigung). Q ist nach Torricelli die Ausflussgeschwindigkeit durch die Öffnung D.

58.7 Berechnen Sie die folgenden Integrale, sofern möglich, für beide möglichen Integrationsreihenfolgen:

(a) $\int\limits_B (x^2 - y^2)\, \mathrm{d}F$ mit dem Gebiet $B \subseteq \mathbb{R}^2$ zwischen den Graphen der Funktionen mit $y = x^2$ und $y = x^3$ für $x \in [0, 1]$.

(b) $\int\limits_B \frac{\sin(y)}{y}\, \mathrm{d}F$ mit $B = \{(x, y)^\top \in \mathbb{R}^2 \mid 0 \leq x \leq y \leq \frac{\pi}{2}\}$.

Welche Integrationsreihenfolge ist die günstigere?

Die Transformationsformel

59

Inhaltsverzeichnis

Beim *Integrieren* im Mehrdimensionalen, also über x, y und z, bleibt alles beim Alten: Man integriert sukzessive über die einzelnen Variablen. Diese mehrdimensionale Integration ist zumindest theoretisch unproblematisch. Rechnerische Schwierigkeiten tauchen üblicherweise dann auf, wenn der Bereich D, über den sich das Integral erstreckt, nur mit Komplikationen bezüglich kartesischer Koordinaten dargestellt werden kann. Oftmals ist die Darstellung des Bereichs D einfacher durch die Wahl von z. B. Polar-, Zylinder- oder Kugelkoordinaten. Man integriert dann besser über diese Koordinaten, wobei die *Transformationsformel* angibt, welchen *Korrekturfaktor* man beim Wechsel des Koordinatensystems berücksichtigen muss.

59.1   Integration über Polar-, Zylinder-, Kugel- und weitere Koordinaten

Oftmals sind Integrale über Normalbereiche $D \subseteq \mathbb{R}^n$ zu bilden, die bezüglich der gegebenen kartesischen Koordinaten zu nur schwer bzw. nicht elementar integrierbaren Funktionen führen, da die unteren und oberen Grenzen, z. B. $u(x)$, $\tilde{u}(x, y)$ und $o(x)$, $\tilde{o}(x, y)$ nach dem Einsetzen in die Stammfunktionen auch einfacher Integranden zu komplizierten Integralen führen. Ein Ausweg aus dieser schwierigen Lage bietet die Möglichkeit, zu anderen Koordinatensystemen zu wechseln, wenn möglich so, dass sich diese Bereiche D bezüglich dieser Koordinatensysteme als Rechtecke oder Quader beschreiben lassen. Beispielsweise lassen sich

- Kreisringe oder Kreise in Polarkoordinaten als Rechtecke,
- Zylinder in Zylinderkoordinaten als Quader,
- Kugeln oder Halbkugeln in Kugelkoordinaten als Quader

beschreiben.

Beispiel 59.1

- Die Punkte des Kreisrings $D = \{(x, y) \mid R_1 \leq \sqrt{x^2 + y^2} \leq R_2\}$ für $R_1, R_2 \in \mathbb{R}_{>0}$ haben die Polarkoordinaten

$$(r, \varphi) \text{ mit } r \in [R_1, R_2] \text{ und } \varphi \in [0, 2\pi[.$$

Siehe Abb. 59.1.

- Die Punkte des Zylinders $D = \{(x, y, z) \mid \sqrt{x^2 + y^2} \leq R, \, 0 \leq z \leq h\}$ für $R \in \mathbb{R}_{>0}$ haben die Polarkoordinaten

$$(r, \varphi, z) \text{ mit } r \in [0, R], \, \varphi \in [0, 2\pi[\text{ und } z \in [0, h].$$

Siehe Abb. 59.2.

- Die Punkte der *Nordhalbkugel* $D = \{(x, y, z) \mid \sqrt{x^2 + y^2 + z^2} \leq R, \, 0 \leq z \leq R\}$ für $R \in \mathbb{R}_{>0}$ haben die Kugelkoordinaten

$$(r, \varphi, \vartheta) \text{ mit } r \in [0, R], \, \varphi \in [0, 2\pi[\text{ und } \vartheta \in [0, \pi/2].$$

Siehe Abb. 59.3.   ∎

Wir betrachten eine Koordinatentransformation $\phi : B \to D, \, B, \, D \subseteq \mathbb{R}^n$. Hierbei ist ϕ eine stetig differenzierbare Bijektion, deren Umkehrabbildung wieder stetig differenzierbar ist, siehe Kap. 53. Ist nun $f : D \subseteq \mathbb{R}^n \to \mathbb{R}$ ein Skalarfeld, so ist auch $f \circ \phi : B \to \mathbb{R}$ ein solches, das sich von f nur um die Bijektion ϕ unterscheidet. Die jeweiligen Integrale über den Definitionsbereich unterscheiden sich *nur* um den Faktor $|\det D\phi|$, genauer:

Abb. 59.1 Polarkoordinaten

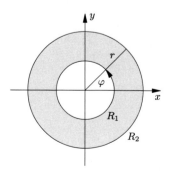

Abb. 59.2 Zylinder-
koordinaten

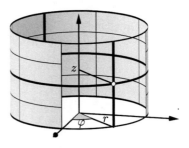

Abb. 59.3 Kugelkoordinaten

Die Transformationsformel
Sind B und D offene Teilmengen des $\mathbb{R}^n$ und $\phi : B \to D$ eine Koordinatentransformation, so gilt:

$$\int_D f(x_1, \ldots, x_n)\mathrm{d}x_1 \cdots \mathrm{d}x_n$$

$$= \int_B f\big(\phi(y_1, \ldots, y_n)\big)\big|\det D\phi(y_1, \ldots, y_n)\big|\mathrm{d}y_1 \cdots \mathrm{d}y_n.$$

Um also ein Integral $\int_D f$ über einen *komplizierten* Bereich D zu berechnen, wählt man eine geschickte Koordinatentransformation $\phi : B \to D$, sodass das Integral $\int_B f |\det D\phi|$ einfach zu bestimmen ist. Typischerweise wird B ein Rechteck, falls $n = 2$, bzw. ein Quader, falls $n = 3$, und typischerweise geht es um Polar-, Zylinder- oder Kugelkoordinaten; wir geben für diese wichtigsten Fälle die Transformationsformeln explizit an, die Determinanten der Jacobimatrizen sind nach Kap. 53 bestens bekannt:

Integration in Polar-, Zylinder- und Kugelkoordinaten

Ist $D \subseteq \mathbb{R}^n$ ein Bereich in kartesischen Koordinaten und $\phi : B \to D$ eine Koordinatentransformation auf Polar-, Zylinder- oder Kugelkoordinaten, so gilt

- $\displaystyle \iint_D f(x, y) \mathrm{d}y \mathrm{d}x = \iint_B f(r \cos \varphi, r \sin \varphi) \, \boldsymbol{r} \, \mathrm{d}r \mathrm{d}\varphi,$

- $\displaystyle \iiint_D f(x, y, z) \mathrm{d}x \mathrm{d}y \mathrm{d}z = \iiint_B f(r \cos \varphi, r \sin \varphi, z) \, \boldsymbol{r} \, \mathrm{d}r \, \mathrm{d}\varphi \, \mathrm{d}z,$

- $\displaystyle \iiint_D f(x, y, z) \, \mathrm{d}x \mathrm{d}y \mathrm{d}z$

  $\displaystyle = \iiint_B f(r \cos \varphi \sin \vartheta, r \sin \varphi \sin \vartheta, r \cos \vartheta) \, \boldsymbol{r^2 \sin \vartheta} \, \mathrm{d}r \mathrm{d}\varphi \mathrm{d}\vartheta.$

Ein häufiger Fehler ist, dass die Funktionaldeterminante $|D\phi|$ im Integranden vergessen wird; wir haben daher diese Funktionaldeterminanten in obiger Formel durch Fettdruck hervorgehoben.

Beispiel 59.2

- Das Volumen des Zylinders von oben berechnet sich damit als

$$
V = \int_{r=0}^{R} \int_{\varphi=0}^{2\pi} \int_{z=0}^{h} 1 \cdot r \, \mathrm{d}z \, \mathrm{d}\varphi \, \mathrm{d}r = \pi R^2 h.
$$

- Es sei $D = \{(x, y) \in \mathbb{R}^2 \mid x > 0, 1 \leq x^2 + y^2 \leq 4\}$ ein halber Kreisring mit Außenkreisradius 2 und Innenkreisradius 1. Wir verwenden Polarkoordinaten, um die Funktion $f(x, y) = x(x^2 + y^2)$ über D zu integrieren:

$$
\iint_D x(x^2 + y^2) \, \mathrm{d}x \, \mathrm{d}y = \int_{\varphi=-\pi/2}^{\pi/2} \int_{r=1}^{2} r \cos \varphi (r^2 \cos^2 \varphi + r^2 \sin^2 \varphi) r \, \mathrm{d}r \mathrm{d}\varphi
$$

$$
= \int_{\varphi=-\pi/2}^{\pi/2} \int_{r=1}^{2} r^4 \cos \varphi \, \mathrm{d}r \mathrm{d}\varphi
$$

$$
= \int_{\varphi=-\pi/2}^{\pi/2} \frac{r^5}{5} \cos \varphi \Big|_1^2 \, \mathrm{d}\varphi
$$

$$
= \int_{\varphi=-\pi/2}^{\pi/2} \frac{31}{5} \cos \varphi \, \mathrm{d}\varphi = \frac{31}{5} \sin \varphi \Big|_{-\pi/2}^{\pi/2} = \frac{62}{5}.
$$

- Wir bestimmen nun das folgende Integral

$$\int\limits_{x=0}^{1} \int\limits_{y=0}^{1-x} e^{\frac{y}{x+y}} \, dy \, dx$$

über das Dreieck D mit den Ecken $(0, 0)$, $(0, 1)$ und $(1, 0)$.
Wir setzen

$$x = u\,(1 - v) \quad \text{und} \quad y = u\,v,$$

denn dadurch wird wegen $\frac{y}{x+y} = \frac{u\,v}{u(1-v)+uv} = v$ der Integrand deutlich vereinfacht:

$$e^{\frac{y}{x+y}} \longrightarrow e^{v}.$$

Der Integrationsbereich D in x-y-Koordinaten ist in u-v-Koordinaten das Rechteck $[0, 1] \times [0, 1]$, da gilt:

$$0 < x < 1 \Leftrightarrow 0 < u(1 - v) < 1 \quad \text{und}$$

$$0 < y < 1 - x \Leftrightarrow 0 < uv < uv + 1 - u$$

d. h.

$$0 < u < 1 \quad \text{und} \quad 0 < v < 1.$$

Damit erhalten wir die wie folgt gegebene Koordinatentransformation:

$$\phi : (0, 1) \times (0, 1) \to D \quad \text{mit} \quad \phi(u, v) = \begin{pmatrix} u(1 - v) \\ uv \end{pmatrix}.$$

Die Jacobideterminante $\det D\phi$ erhalten wir mit der Jacobimatrix:

$$D\phi(u, v) = \begin{pmatrix} 1 - v & -u \\ v & u \end{pmatrix} \Rightarrow |\det(D\phi)| = u.$$

Mit der Transformationsformel gilt somit:

$$\int\limits_{x=0}^{1} \int\limits_{y=0}^{1-x} e^{\frac{y}{x+y}} \, dy \, dx = \int\limits_{u=0}^{1} \int\limits_{v=0}^{1} e^{v} u \, dv \, du = \int\limits_{0}^{1} \tfrac{1}{2} e^{v} \, dv = \tfrac{1}{2}(e - 1).$$

Man beachte: Im Allgemeinen besteht die Schwierigkeit gerade im Finden einer passenden Koordinatentransformation, die man eben so zu wählen hat, dass zum einen der Bereich B möglichst ein Rechteck (bzw. ein Quader im dreidimensionalen Fall) ist und der Integrand in den neuen Koordinaten mitsamt der Jacobideterminante auch noch problemlos integrierbar ist. ∎

MATLAB Mit MATLAB ist es möglich, mehrfache Integrale bezüglich beliebiger Koordinatensysteme auszuwerten. Wir erhalten z. B. den Wert des obigen ersten Beispiels mit

```
>> syms r phi
>> int(int(r^4*cos(phi),r,1,2),phi,-pi/2,pi/2)
ans = 62/5
```

Das Integral über diesen *rechten Halbkreisring D* hätten wir auch in kartesischen Koordinaten bestimmen können, zumal mit MATLAB die Integration problemlos durchführbar ist. Der halbe Kreisring D lässt sich als eine disjunkte Vereinigung dreier Normalbereiche schreiben, $D = D_1 \cup D_2 \cup D_3$, wobei

$$D_1 = \{(x, y) \mid -2 \leq y \leq -1, \, 0 \leq x \leq \sqrt{4 - y^2}\},$$

$$D_2 = \{(x, y) \mid -1 \leq y \leq 1, \, \sqrt{1 - y^2} \leq x \leq \sqrt{4 - y^2}\},$$

$$D_3 = \{(x, y) \mid 1 \leq y \leq 2, \, 0 \leq x \leq \sqrt{4 - y^2}\}.$$

Wir erhalten mit MATLAB

```
>> syms x y
>> I1=int(int(x*(x^2 + y^2),x,0,sqrt(4-y^2)),y,-2,-1);
>> I2=int(int(x*(x^2 + y^2),x,sqrt(1-y^2),sqrt(4-y^2)),y,-1,1);
>> I3=int(int(x*(x^2 + y^2),x,0,sqrt(4-y^2)),y,1,2);
>> I1+I2+I3
ans = 62/5
```

59.2 Anwendung: Massen- und Schwerpunktbestimmung

Eine typische Anwendung der Bereichsintegration ist das Bestimmen von Massen oder Ladungen und Schwerpunkten zwei- oder dreidimensionaler Bereiche D, wobei eine Massen- oder Ladungsdichte $\rho = \rho(x, y)$ bzw. $\rho = \rho(x, y, z)$ gegeben ist. In der Praxis sind zur Beschreibung der Bereiche D meistens Polar-, Zylinder- oder Kugelkoordinaten zu bevorzugen. Man sollte dann unbedingt diese Integrale mittels dieser Koordinaten bestimmen, man beachte dazu obige Transformationsformeln:

Masse, Schwerpunkt, geometrischer Schwerpunkt

Ist $D \subseteq \mathbb{R}^2$ bzw. $D \subseteq \mathbb{R}^3$ ein Bereich mit der Dichte $\rho(x, y)$ bzw. $\rho(x, y, z)$, so ist

$$M = \int_D \rho \, \mathrm{d}x \mathrm{d}y \quad \text{bzw.} \quad M = \int_D \rho \, \mathrm{d}x \mathrm{d}y \mathrm{d}z$$

die **Masse** von D, und es ist $S = (s_1, s_2)^\top$ bzw. $S = (s_1, s_2, s_3)^\top$ mit

$$s_1 = \frac{1}{M} \int_D \rho \, x, \quad s_2 = \frac{1}{M} \int_D \rho \, y, \quad s_3 = \frac{1}{M} \int_D \rho \, z$$

der **Schwerpunkt**. Mit $\rho = 1$ erhält man den **geometrischen Schwerpunkt**.

Beispiel 59.3 Wir bestimmen den Schwerpunkt der Nordhalbkugel

$$H = \{(x, y, z) \mid -1 \leq x \leq 1, \ -\sqrt{1 - x^2} \leq y \leq \sqrt{1 - x^2}, \ 0 \leq z \leq \sqrt{1 - x^2 - y^2}\},$$

wobei $\rho(x, y, z) = z$ sei. Zuerst benötigen wir dabei die Masse. Wir verwenden Kugelkoordinaten und erhalten:

$$M = \int_{\vartheta=0}^{\pi/2} \int_{\varphi=0}^{2\pi} \int_{r=0}^{1} r \cos\vartheta \, r^2 \sin\vartheta \, \mathrm{d}r \mathrm{d}\varphi \mathrm{d}\vartheta = \int_{\vartheta=0}^{\pi/2} \frac{\pi}{2} \cos\vartheta \sin\vartheta \, \mathrm{d}\vartheta = \frac{\pi}{2} \cdot \frac{1}{2} \sin^2\vartheta \Big|_0^{\pi/2} = \frac{\pi}{4}.$$

Aus Symmetriegründen ist $s_1 = 0 = s_2$. Außerdem

$$s_3 = \frac{4}{\pi} \int_{\vartheta=0}^{\pi/2} \int_{\varphi=0}^{2\pi} \int_{r=0}^{1} r^2 \cos^2\vartheta \, r^2 \sin\vartheta \, \mathrm{d}r \, \mathrm{d}\varphi \, \mathrm{d}\vartheta = 8 \int_{\vartheta=0}^{\pi/2} \frac{1}{5} \cos^2\vartheta \, \sin\vartheta \, \mathrm{d}\vartheta$$

$$= \frac{-8}{15} \cos^3\vartheta \Big|_{\vartheta=0}^{\pi/2} = \frac{8}{15}.$$

■

59.3   Aufgaben

59.1 Zu bestimmen ist das Bereichsintegral

$$\int\limits_D \arctan \tfrac{x-y}{x+y} \, dx \, dy, \quad \text{wobei} \ \ D = \{(x, y)^\top \mid x^2 + y^2 \le 2\}.$$

(a) Führen Sie die Koordinatentransformation

$$x = s \, (\cos t + \sin t), \quad y = s \, (\cos t - \sin t) \ \ \text{mit} \ \ s \in [0, \infty[, \quad t \in [0, 2\pi[$$

im gegebenen Integral durch und geben Sie das Bereichsintegral in den neuen Koordinaten an.

(b) Berechnen Sie das Bereichsintegral.

59.2 Man berechne das Bereichsintegral

$$\int\limits_D e^{(x+y)/(x-y)} \, dx \, dy,$$

wobei D der trapezförmige Bereich mit den Eckpunkten $(1, 0)$, $(2, 0)$, $(0, -2)$ und $(0, -1)$ sei.

Hinweis: Man führe die Koordinatentransformation $s = x + y, t = x - y$ durch.

59.3 Das für viele Anwendungen wichtige Fehlerintegral

$$\mathcal{I} = \int\limits_0^\infty e^{-x^2} \, dx$$

kann nicht über eine analytisch berechnete Stammfunktion bestimmt werden. Um dennoch seinen Wert exakt zu bestimmen, kann folgender Umweg über Bereichsintegrale genommen werden:

(a) Man berechne zuerst das Bereichsintegral

$$\mathcal{K}_R = \int\limits_{D_R} e^{-x^2} e^{-y^2} \, dx \, dy$$

bezüglich des ersten Quadranten einer Kreisscheibe D_R vom Radius R, d.h. $D_R = \{(x, y) \in \mathbb{R}^2 \mid \sqrt{x^2 + y^2} \le R, \ x, y \ge 0\}$.

(b) Wie man sich leicht überzeugt, gilt für das uneigentliche Integral

$$\mathcal{I}^2 = \lim_{A \to \infty} \int_0^A e^{-x^2} \, dx \int_0^A e^{-y^2} \, dy = \lim_{A \to \infty} \int_0^A \int_0^A e^{-x^2} e^{-y^2} \, dx \, dy.$$

Man schätze das Integral

$$\mathcal{I}_A^2 = \int_0^A \int_0^A e^{-x^2} e^{-y^2} \, dx \, dy$$

von oben und unten durch Bereichsintegrale $\mathcal{K}_R$ ab und berechne hieraus das Fehlerintegral per $A \to \infty$.

59.4 Es seien R und α positiv. Die kreisförmige Platte $B = \{(x, y) \in \mathbb{R}^2 \mid x^2 + y^2 \leq R^2\}$ eines Kondensators werde durch Elektronen aufgeladen, welche sich gemäß der Flächenladungsdichte $\varrho(x, y) = -\alpha(R^2 - x^2 - y^2)$ auf B verteilen.

(a) Berechnen Sie die Gesamtladung $Q = \iint_B \varrho \, dF$ der Platte direkt.
(b) Benutzen Sie Polarkoordinaten, um die Rechnung zu vereinfachen.

59.5 Es sei $D = \{(x, y) \in \mathbb{R}^2 \mid 4 \geq x^2 + y^2 \geq 1, x \geq y \geq 0\}$. Berechnen Sie unter Verwendung von Polarkoordinaten das Integral $\iint_D \frac{y}{x^4} dx \, dy$.

59.6 Bestimmen Sie den Schwerpunkt der Nordhalbkugel $D = \{(x, y, z) \mid x^2 + y^2 + z^2 \leq R^2 \text{ mit } z \geq 0\}$ mit der Dichte $\rho(x, y, z) = z$.

59.7 Man betrachte den Kegel K im $\mathbb{R}^3$ mit der Spitze $(0, 0, 3)^\top$ und der Grundfläche $x^2 + y^2 \leq 1$ in der Ebene $z = 0$. Die (inhomogene) Massendichte ρ von K sei gegeben durch $\rho(x, y, z) = 1 - \sqrt{x^2 + y^2}$.

(a) Bestimmen Sie mithilfe von Zylinderkoordinaten das Volumen V und die Gesamtmasse M von K.
(b) Bestimmen Sie den Massenschwerpunkt des Kegels.

59.8 Es seien D das Dreieck mit den Ecken $(0, 0)$, $(1, 0)$ und $(1, 1)$ sowie $K = \{(x, y) \in \mathbb{R}^2 \mid x^2 + y^2 \leq a^2\}$ mit $a > 0$. Man berechne:

(a) $\iint_D x \, y \, dx \, dy$

(b) $\iint_D \frac{2y}{x+1} dx \, dy$

(c) $\iint_D e^{-x^2} dx \, dy$

(d) $\iint_K e^{-x^2 - y^2} dx \, dy$

(e) $\iint_K \frac{dx \, dy}{1 + x^2 + y^2}$

(f) $\iint_K \sin(x^2 + y^2) dx \, dy$

Flächen und Flächenintegrale 60

Inhaltsverzeichnis

Den Begriff einer *Fläche* haben wir bereits in Kap. 46 angesprochen: Während eine Raumkurve eine Funktion in einem Parameter t ist, ist eine Fläche eine Funktion in zwei Parametern u und v. Das Beste ist: Eine Fläche ist auch genau das, was man sich darunter vorstellt. Wichtig sind Oberflächen einfacher Körper wie Kugeln, Zylinder, Tori, Kegel, aber auch Graphen von Skalarfeldern $f : D \subseteq \mathbb{R}^2 \to \mathbb{R}$.

Analog zu den skalaren und vektoriellen Kurvenintegralen werden wir skalare und vektorielle *Flächenintegrale* einführen. Diese Integrale für Flächen haben eine ähnlich anschauliche Interpretation wie jene für Kurven.

60.1 Reguläre Flächen

Bei Kurven unterschieden wir zuerst zwischen Kurve und Bild der Kurve: Die Kurve war die Abbildung, das Bild der Kurve war dann das, was man sich unter der Kurve vorstellt. Das wird nun bei den *Flächen* ganz ähnlich sein.

In den Anwendungen werden vor allem *geschlossene* Flächen eine wichtige Rolle spielen, also Kugel-, Würfel- oder Zylinderoberflächen. Um auch solche Oberflächen unter dem Begriff *Fläche* erfassen zu können, ist eine Feinheit zu berücksichtigen: Eine Kugeloberfläche besteht gewissermaßen aus einem Stück, eine Zylinderoberfläche hingegen aus einer Mantelfläche, Boden und Deckel. Diese Oberfläche ist also wie beim Würfel aus Flächenstücken zusammengesetzt. Wir können solche *Flächen* unter einen Hut bringen, indem

© Springer-Verlag GmbH Deutschland, ein Teil von Springer Nature 2022
C. Karpfinger, *Höhere Mathematik in Rezepten*,
https://doi.org/10.1007/978-3-662-63305-2_60

wir stückweise stetig differenzierbare Flächen betrachten, damit lassen wir auch Flächen
wie die Zylinderoberfläche zu – die *Nahtstellen* von Mantel, Boden und Deckel sind die
Grenzen stetig differenzierbarer Flächenstücke.

Flächen, reguläre Flächen

Man nennt eine stetige, stückweise stetig differenzierbare Funktion

$$\phi : B \subseteq \mathbb{R}^2 \to \mathbb{R}^3 \text{ mit } \phi(u, v) = \begin{pmatrix} x(u, v) \\ y(u, v) \\ z(u, v) \end{pmatrix}$$

eine **Fläche**. Falls $\phi_u(u, v) \times \phi_v(u, v) \neq 0$ in allen (u, v) bis auf möglicherweise
endlich vielen Ausnahmen gilt, so nennt man die Fläche ϕ **regulär**.

Das Bild einer Fläche ist eine Fläche im Raum. Wir werden im Folgenden nicht mehr so
penibel zwischen der Abbildung *Fläche* und der *Fläche* als Bild der Abbildung unterscheiden
und werden auch immer wieder von einer **Parametrisierung** ϕ einer Fläche sprechen, wobei
wir damit eine Funktion ϕ meinen, deren Bild die gegebene Fläche darstellt.

Man beachte: Da ϕ partiell differenzierbar ist, können wir die **Tangentenvektoren**

$$\frac{\partial \phi}{\partial u}(u, v) = \phi_u(u, v) \text{ und } \frac{\partial \phi}{\partial v}(u, v) = \phi_v(u, v)$$

in jedem Punkt (u, v) betrachten. Die Fläche ϕ ist regulär, falls die beiden Tangenten-
vektoren $\frac{\partial \phi}{\partial u}$ und $\frac{\partial \phi}{\partial v}$ in allen (u, v) (bis auf möglicherweise endlich vielen Ausnahmen)
linear unabhängig sind, es ist nämlich genau dann der zu ϕ_u und ϕ_v orthogonale Vek-
tor $\phi_u(u, v) \times \phi_v(u, v)$, der senkrecht auf der Fläche ϕ steht, nicht der Nullvektor (siehe
Abb. 60.1).

Abb. 60.1 Eine reguläre
Fläche mit linear unabhängigen
Tangentenvektoren ϕ_u, ϕ_v und
dazu senkrechtem
Normalenvektor $\phi_u \times \phi_v$

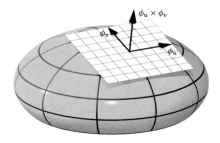

Beispiel 60.1

- Der Funktionsgraph einer stetigen Abbildung $f : [a, b] \times [c, d] \to \mathbb{R}$ ist eine Fläche, eine Parametrisierung dieser Fläche lautet:

$$\phi : [a, b] \times [c, d] \to \mathbb{R}^3, \ \phi(u, v) = \begin{pmatrix} u \\ v \\ f(u, v) \end{pmatrix}.$$

- Die Mantelfläche eines Zylinders vom Radius $R \in \mathbb{R}_{>0}$ und Höhe h hat die Parametrisierung:

$$\phi : [0, 2\pi] \times [0, h] \to \mathbb{R}^3, \ \phi(u, v) = \begin{pmatrix} R \cos u \\ R \sin u \\ v \end{pmatrix}.$$

- Eine Kugelfläche vom Radius $R \in \mathbb{R}_{>0}$ hat die Parametrisierung

$$\phi : [0, \pi] \times [0, 2\pi] \to \mathbb{R}^3, \ \phi(\vartheta, \varphi) = \begin{pmatrix} R \cos \varphi \sin \vartheta \\ R \sin \varphi \sin \vartheta \\ R \cos \vartheta \end{pmatrix}.$$

Es gilt:

$$\phi_\vartheta \times \phi_\varphi = \begin{pmatrix} R \cos \varphi \cos \vartheta \\ R \sin \varphi \cos \vartheta \\ -R \sin \vartheta \end{pmatrix} \times \begin{pmatrix} -R \sin \varphi \sin \vartheta \\ R \cos \varphi \sin \vartheta \\ 0 \end{pmatrix} = R^2 \sin \vartheta \begin{pmatrix} \cos \varphi \sin \vartheta \\ \sin \varphi \sin \vartheta \\ \cos \vartheta \end{pmatrix},$$

das kann man sich gut merken: $\phi_\vartheta \times \phi_\varphi$ ist das $R \sin \vartheta$-Fache der *Kugelkoordinaten*. Wir werden in den nächsten Seiten und Kapiteln oft auf dieses Ergebnis zurückgreifen. Wir ermitteln auch noch die Länge von $\phi_\vartheta \times \phi_\varphi$:

$$\|\phi_\vartheta \times \phi_\varphi\| = R^2 |\sin \vartheta| \sqrt{\sin^2 \vartheta \left(\cos^2 \varphi + \sin^2 \varphi \right) + \cos^2 \vartheta} = R^2 \sin \vartheta,$$

dabei haben wir beim letzten Gleichheitszeichen benutzt, dass $\vartheta \in [0, \pi]$ gilt.

- Eine **Wendelfläche** erhält man durch folgende Parametrisierung:

$$\phi : [0, a] \times [c, d] \to \mathbb{R}^3 \ \text{mit} \ \phi(u, v) = \begin{pmatrix} u \cos v \\ u \sin v \\ b v \end{pmatrix}$$

mit einem $b \in \mathbb{R}_{>0}$ (siehe Abb. 60.2).

- Ein **Torus** mit *innerem Radius* r und *äußerem Radius* R, $r < R$, entsteht durch Rotation eines Kreises vom Radius r in der x-z-Ebene mit Mittelpunkt $(R, 0)^\top$ um die z-Achse. Es entsteht dabei ein *Donut*, siehe Abb. 60.3. Dieser Donut hat folgende Parametrisierung:

Abb. 60.2 Eine Wendelfläche

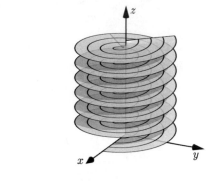

Abb. 60.3 Ein Torus

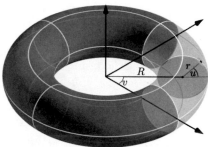

$$\phi : [0, 2\pi] \times [0, 2\pi] \to \mathbb{R}^3, \quad \phi(u, v) = \begin{pmatrix} (R + r \cos u) \cos v \\ (R + r \cos u) \sin v \\ r \sin u \end{pmatrix}.$$

∎

60.2 Flächenintegrale

Die Rolle, die $\dot{\gamma}(t)$ bei den Kurvenintegralen spielt, wird bei Flächenintegralen von $\phi_u(u, v) \times \phi_v(u, v)$ übernommen. Vertauscht man hierbei die beiden Parameter u und v, so erhält man wegen $\phi_v(v, u) \times \phi_u(v, u) = -\phi_u(u, v) \times \phi_v(u, v)$ das Negative des zu ϕ_u und ϕ_v orthogonalen Vektors, der natürlich auch zu ϕ_u und ϕ_v senkrecht ist. Dieses Vertauschen der Parameter entspricht damit etwa dem Umorientieren einer Kurve, $\gamma \to -\gamma$. Bei dem folgenden vektoriellen Flächenintegral wird damit das *längs der Kurve γ* des vektoriellen Kurvenintegrals ersetzt durch *in Richtung $\phi_u \times \phi_v$:*

Das skalare und das vektorielle Flächenintegral

Gegeben ist eine reguläre Fläche

$$\phi : B \subseteq \mathbb{R}^2 \to \mathbb{R}^3 \text{ mit } \phi(u, v) = \big(x(u, v), y(u, v), z(u, v)\big)^\top.$$

- Für ein Skalarfeld $f : D \subseteq \mathbb{R}^3 \to \mathbb{R}$ mit $\phi(B) \subseteq D$ nennt man das Integral

$$\iint\limits_\phi f \, ds = \iint\limits_B f\big(\phi(u, v)\big) \, \|\phi_u(u, v) \times \phi_v(u, v)\| du dv$$

das **skalare Flächenintegral** von f über ϕ.

- Für ein Vektorfeld $v : D \subseteq \mathbb{R}^3 \to \mathbb{R}^3$ mit $\phi(B) \subseteq D$ nennt man das Integral

$$\iint\limits_\phi v \cdot ds = \iint\limits_B v\big(\phi(u, v)\big)^\top \big(\phi_u(u, v) \times \phi_v(u, v)\big) du dv$$

das **vektorielle Flächenintegral** oder den **Fluss** von v durch ϕ **in Richtung** $\phi_u(u, v) \times \phi_v(u, v)$.

Der Wert des skalaren Flächenintegrals mit der *Einsfunktion* $f(x, y, z) = 1$ ist der Flächeninhalt $O(\phi)$ von ϕ, genauer

$$O(\phi) = \iint\limits_\phi ds = \iint\limits_B \|\phi_u \times \phi_v\| du dv.$$

Natürlich sind auch die Flächenintegrale wie das Bereichsintegral und auch die Kurvenintegrale *additiv*, d. h., für jede zusammengesetzte Fläche $\phi = \phi_1 + \cdots + \phi_r$ gilt:

$$\iint\limits_\phi = \iint\limits_{\phi_1} + \cdots + \iint\limits_{\phi_r}.$$

Beispiel 60.2

- Wir betrachten die Funktion $f : \mathbb{R}^3 \to \mathbb{R}$, $f(x, y, z) = z^2$ und dazu die *obere* Halbkugel vom Radius $R = 1$,

$$\phi : [0, \pi/2] \times [0, 2\pi] \to \mathbb{R}^3, \ \phi(\vartheta, \varphi) = \begin{pmatrix} \cos\varphi \sin\vartheta \\ \sin\varphi \sin\vartheta \\ \cos\vartheta \end{pmatrix}.$$

Das skalare Flächenintegral von f über ϕ hat wegen $\|\phi_\vartheta \times \phi_\varphi\| = \sin \vartheta$ (siehe Beispiel 60.1) den Wert:

$$\iint\limits_{\phi} f \, ds = \int\limits_{\vartheta=0}^{\pi/2} \int\limits_{\varphi=0}^{2\pi} \cos^2 \vartheta \sin \vartheta \, d\varphi \, d\vartheta = 2\pi \frac{-1}{3} \cos^3 \vartheta \Big|_{\vartheta=0}^{\pi/2} = \frac{2\pi}{3}.$$

- Wir betrachten das Vektorfeld $v : \mathbb{R}^3 \to \mathbb{R}^3$, $v(x, y, z) = (y, \, x, \, z)^\top$ und die Fläche

$$\phi : [0, \pi/2] \times [0, 2\pi] \to \mathbb{R}^3, \quad \phi(\vartheta, \varphi) = \begin{pmatrix} \cos \varphi \sin \vartheta \\ \sin \varphi \sin \vartheta \\ \cos \vartheta \end{pmatrix}.$$

Aus Beispiel 60.1 wissen wir:

$$\phi_\vartheta(\vartheta, \varphi) \times \phi_\varphi(\vartheta, \varphi) = \sin \vartheta \begin{pmatrix} \cos \varphi \sin \vartheta \\ \sin \varphi \sin \vartheta \\ \cos \vartheta \end{pmatrix}.$$

Für das vektorielle Flächenintegral gilt damit:

$$\iint\limits_{\phi} v \cdot ds = \int\limits_{\vartheta=0}^{\pi/2} \int\limits_{\varphi=0}^{2\pi} \begin{pmatrix} \sin \varphi \sin \vartheta \\ \cos \varphi \sin \vartheta \\ \cos \vartheta \end{pmatrix}^\top \begin{pmatrix} \sin^2 \vartheta \cos \varphi \\ \sin^2 \vartheta \sin \varphi \\ \sin \vartheta \cos \vartheta \end{pmatrix} d\varphi \, d\vartheta$$

$$= \int\limits_{\vartheta=0}^{\pi/2} \int\limits_{\varphi=0}^{2\pi} 2 \sin^3 \vartheta \sin \varphi \cos \varphi + \sin \vartheta \cos^2 \vartheta \, d\varphi \, d\vartheta = 2\pi/3.$$

- Als Oberfläche der Kugel vom Radius R erhalten wir mit $\|\phi_\vartheta \times \phi_\varphi\| = R^2 \sin \vartheta$:

$$O(\phi) = \int\limits_{\vartheta=0}^{\pi} \int\limits_{\varphi=0}^{2\pi} R^2 \sin \vartheta \, d\varphi \, d\vartheta = 2\pi R^2 \big(-\cos \vartheta \big) \Big|_{\vartheta=0}^{\pi} = 4\pi R^2.$$

- Wir haben gesehen, dass wir den Graphen einer Funktion $f : B \subseteq \mathbb{R}^2 \to \mathbb{R}$ als Fläche parametrisieren können durch

$$\phi(u, v) = \begin{pmatrix} u \\ v \\ f(u, v) \end{pmatrix}.$$

Es sind daher $\phi_u(u, v) = (1, \, 0, \, f_u(u, v))^\top$ und $\phi_v(u, v) = (0, \, 1, \, f_v(u, v))^\top$, und für den Flächeninhalt dieser Fläche gilt:

Abb. 60.4 Durch eine Masche
dringt ein Spat

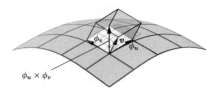

$$O(f) = \iint_B \|\phi_u \times \phi_v\| \, du \, dv = \int_B \sqrt{1 + f_u^2 + f_v^2} \, du \, dv.$$

■

Der Fluss: Ein Vektorfeld $v : D \subseteq \mathbb{R}^3 \to \mathbb{R}^3$ kann als Geschwindigkeitsfeld einer strömenden Flüssigkeit aufgefasst werden. Wir betrachten eine Fläche $\phi : B \subseteq \mathbb{R}^2 \to \mathbb{R}^3$ mit $\phi(B) \subseteq D$, d. h., ϕ wird von v *durchströmt*. Dann ist $\iint_\phi v \cdot ds$ die Flüssigkeitsmenge, die pro Zeiteinheit die Fläche $\phi(B)$ durchströmt (siehe Abb. 60.4).

Das erklärt man sich wie folgt: Es entspricht $\|\phi_u \times \phi_v\|$ der Fläche der Masche (Parallelogramm), auf der $\phi_u \times \phi_v$ senkrecht steht. Pro Zeiteinheit durchströmt ein Spat (Parallelepiped) diese Masche. Das Volumen dieses Spates ist $v(\phi(u, v))^\top (\phi_u \times \phi_v)$. Aufsummieren von allen infinitesimal kleinen Maschen führt auf

$$\iint_\phi v \cdot ds = \iint_B v(\phi(u, v))^\top (\phi_u \times \phi_v) \, du \, dv.$$

60.3 Übersicht über die behandelten Integrale

Wir geben einen Überblick über die behandelten Integrale und die Bedeutung ihrer Werte, da dies für das Verständnis der *Integralsätze* im nächsten Kapitel wichtig ist.

> **Übersicht über die Integrale**
> - **Bereichsintegrale:** Gegeben ist ein Skalarfeld $f : D \subseteq \mathbb{R}^n \to \mathbb{R}$.
>   - $n = 2$: $\iint_D f \, dx \, dy$ ist das Volumen, das zwischen dem Graphen von f und dem Bereich D eingeschlossen wird. Ist f eine Massendichte, so wird die Masse von D bestimmt.

- $n = 3$: $\iiint\limits_{D} f \mathrm{d}x \mathrm{d}y \mathrm{d}z$ ist die Masse von D, falls f eine Massendichte ist.

Zur Berechnung des Integrals $\iint\limits_{D} f$ bzw. $\iiint\limits_{D} f$ ist es oftmals von Vorteil, ein anderes Koordinatensystem zu verwenden (man beachte hierzu die Transformationsformel).

- **Kurvenintegrale:** Gegeben ist eine Kurve $\gamma : [a, b] \subseteq \mathbb{R} \to \mathbb{R}^n$ und ein Skalarfeld $f : D \subseteq \mathbb{R}^n \to \mathbb{R}$ mit $\gamma([a, b]) \subseteq D$ bzw. ein Vektorfeld $v : D \subseteq \mathbb{R}^n \to \mathbb{R}^n$ mit $\gamma([a, b]) \subseteq D$:

  - skalares Kurvenintegral: $\int_{\gamma} f \, \mathrm{d}s = \int\limits_{a}^{b} f(\gamma(t)) \|\dot{\gamma}(t)\| \, \mathrm{d}t$.

    Berechnet wird der Flächeninhalt zwischen $\gamma(t)$ und $f(\gamma(t))$. Ist $f = 1$, so wird die Kurvenlänge von γ bestimmt. Ist f eine Massendichte, so wird die Masse von γ bestimmt.

  - vektorielles Kurvenintegral: $\int_{\gamma} v \cdot \mathrm{d}s = \int\limits_{a}^{b} v(\gamma(t))^{\top} \dot{\gamma}(t) \, \mathrm{d}t$.

    Berechnet wird dabei die Arbeit, die geleistet werden muss, um ein Teilchen von $\gamma(a)$ nach $\gamma(b)$ zu bringen.

- **Flächenintegrale:** Gegeben ist eine Fläche $\phi : B \subseteq \mathbb{R}^2 \to \mathbb{R}^3$ und ein Skalarfeld $f : D \subseteq \mathbb{R}^3 \to \mathbb{R}$ mit $\phi(B) \subseteq D$ bzw. ein Vektorfeld $v : D \subseteq \mathbb{R}^3 \to \mathbb{R}^3$ mit $\phi(B) \subseteq D$:

  - skalares Flächenintegral: $\iint_{\phi} f \, \mathrm{d}s = \iint_{B} f(\phi(u, v)) \|\phi_u \times \phi_v\| \, \mathrm{d}u \, \mathrm{d}v$.
    Man berechnet damit das dreidimensionale Volumen, das zwischen $\phi(u, v)$ und $f(\phi(u, v))$ eingeschlossen ist. Ist $f = 1$, so wird der Flächeninhalt von ϕ bestimmt.

  - vektorielles Flächenintegral: $\iint_{\phi} v \cdot \mathrm{d}s = \iint_{B} v(\phi(u, v))^{\top} (\phi_u \times \phi_v) \, \mathrm{d}u \, \mathrm{d}v$.
    Berechnet wird dabei der Fluss von v durch ϕ in Richtung $\phi_u \times \phi_v$.

60.4 Aufgaben

60.1 Man berechne den Flächeninhalt des Gebiets der Oberfläche der Kugel $\{(x, y) \mid x^2 + y^2 + z^2 \le a^2\}$ welches durch den Zylinder $(x - \frac{a}{2})^2 + y^2 = \frac{a^2}{4}$ ausgeschnitten wird. Siehe nachstehende Abbildung.

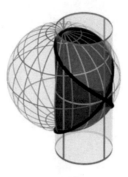

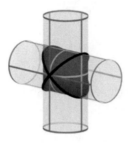

60.2 Man berechne den Flächeninhalt der Oberfläche des Schnitts der beiden Zylinder $x^2 + z^2 \leq a^2$ und $y^2 + z^2 \leq a^2$. Siehe obenstehende Abbildung.

60.3 Man berechne den Flächeninhalt der Schraubenfläche

$$\phi(r, \varphi) = \begin{pmatrix} r\cos\varphi \\ r\sin\varphi \\ \varphi \end{pmatrix}, \quad r \in [0, 1], \ \varphi \in [0, 2\pi].$$

60.4 Gegeben sei der Zylinder Z der Höhe $h > 0$ über dem in der x-y-Ebene gelegenen Kreis mit Radius $R > 0$ um den Ursprung.

(a) Beschreiben Sie den Zylindermantel von Z in geeigneten Koordinaten.
(b) Berechnen Sie den Fluss des Vektorfelds $\boldsymbol{v}$ durch die Mantelfläche von Z von innen nach außen, wobei

$$\boldsymbol{v} : \mathbb{R}^3 \to \mathbb{R}^3, \quad (x, y, z)^\top \mapsto (xz + y, yz - x, z)^\top.$$

60.5 Ein Bleistift habe die Grundfläche eines regulären Sechsecks mit Kantenlänge $a = 4\,\text{mm}$. Berechnen Sie die Oberfläche der Bleistiftspitze unter der Annahme, dass die Seitenfläche mit der Bleistiftmine einen Winkel von $10°$ einschließt.

Hinweis: Verwenden Sie die Transformationsformel und die Tatsache, dass die Bleistift-spitze, die Teilmenge eines gewissen Kreiskegels der Form $(mz)^2 = x^2 + y^2$ ist, sich als Graph über dem ebenen Sechseck schreiben lässt.

60.6 Gegeben sind die Fläche

$$\phi = \left\{ (x, y, z) \in \mathbb{R}^3 \mid x^2 + y^2 = z^2, \, z \in [0, 2] \right\}$$

und das Skalarfeld $f : \mathbb{R}^3 \to \mathbb{R}$ mit $f(x, y, z) = z^2$.

(a) Berechnen Sie das skalare Flächenintegral

$$\iint\limits_{\phi} f \, \mathrm{d}s.$$

(b) Berechnen Sie den Flächeninhalt von ϕ.

Integralsätze I

61

Inhaltsverzeichnis

Die *Integralsätze von Green, Gauß und Stokes* bilden den Kern der *Vektoranalysis.* Diesen Sätzen ist gemeinsam, dass jeweils zwei verschiedene Integrale für einen beschränkten und berandeten Bereich B gleich sind, wenn nur die Integranden in einem engen Zusammenhang stehen.

In diesem ersten Teil zu den Integralsätzen behandeln wir die *ebenen Sätze* von Green und Gauß. Es sind natürlich nicht die Sätze eben, nein, sie heißen so, weil sie sich in der Ebene $\mathbb{R}^2$ abspielen.

61.1   Der ebene Satz von Green

Wir beginnen mit einer einfachen Version des ebenen Satzes von Green. Versteht man diese einfache Version, so bereitet die allgemeine Version auch keine Schwierigkeiten.

Zur Formulierung des ebenen Satzes von Green brauchen wir den folgenden Begriff: Ist B ein (beschränktes) Gebiet im $\mathbb{R}^2$ mit einem (geschlossenen) Rand ∂B wie in der Abb. 61.1, so sagt man, der Rand ∂B von B ist **positiv orientiert** oder ∂B ist **positiv parametrisiert**, falls bei einer gewählten Parametrisierung $\gamma : [a, b] \to \mathbb{R}^2$ des Randes ∂B dieser Rand so durchlaufen wird, dass B beim Durchlauf links von ∂B liegt.

Bemerkung Es ist an dieser Stelle ganz nützlich, einen Blick in Kap. 54 zu werfen: Ist $\gamma : [a, b] \to \mathbb{R}^2$ eine Parametrisierung von ∂B, so ist $\tilde{\gamma} : [a, b] \to \mathbb{R}^2$ mit $\tilde{\gamma}(t) = \gamma(a+b-t)$ ebenfalls eine Parametrisierung von ∂B, wobei die Durchlaufrichtung umgekehrt

© Springer-Verlag GmbH Deutschland, ein Teil von Springer Nature 2022   681
C. Karpfinger, *Höhere Mathematik in Rezepten,*
https://doi.org/10.1007/978-3-662-63305-2_61

Abb. 61.1 ∂B ist positiv
orientiert

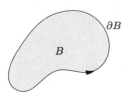

wird. Haben wir also eine Parametrisierung eines Randes gefunden, so finden wir auch eine positive Parametrisierung (notfalls muss man die Durchlaufrichtung ändern, und das ist eine Kleinigkeit). Übrigens ändert sich durch das Umdrehen der Durchlaufrichtung nur das Vorzeichen des vektoriellen Kurvenintegrals, beachte Abschn. 56.1.

Damit sind wir schon in der Lage, den ersten Integralsatz (in einer einfachen Version) zu formulieren:

Der ebene Satz von Green – einfache Version

Ist B ein Bereich im $\mathbb{R}^2$ mit einem (geschlossenen) positiv parametrisierten Rand ∂B, so gilt für jedes stetig differenzierbare Vektorfeld $v : D \subseteq \mathbb{R}^2 \to \mathbb{R}^2$ mit $v(x, y) = \big(v_1(x, y),\ v_2(x, y)\big)^\top$ und $B \subseteq D$:

$$\iint\limits_B \frac{\partial v_2}{\partial x} - \frac{\partial v_1}{\partial y}\ \mathrm{d}x\mathrm{d}y = \int\limits_{\partial B} v \cdot \mathrm{d}s.$$

Man beachte: Der ebene Satz von Green besagt, dass das Bereichsintegral über den Bereich B für das Skalarfeld $\frac{\partial v_2}{\partial x} - \frac{\partial v_1}{\partial y}$ denselben Wert hat wie das vektorielle Kurvenintegral über den positiv orientierten Rand von B für das Vektorfeld v. Man erhält also den Wert eines dieser Integrale, indem man den Wert des anderen Integrals berechnet. Ist es beispielsweise kompliziert, das vektorielle Kurvenintegral $\int_{\partial B} v \cdot \mathrm{d}s$ zu bestimmen, so bestimme man das vielleicht deutlich einfacher berechenbare Bereichsintegral $\iint_B \frac{\partial v_2}{\partial x} - \frac{\partial v_1}{\partial y} \mathrm{d}x\mathrm{d}y$.

Es bietet sich an, diesen Satz von Green an einem Beispiel zu verifizieren, d.h., wir rechnen für einen gewählten Bereich B und Vektorfeld v beide Integrale aus und überzeugen uns davon, dass beide Male dasselbe Ergebnis herauskommt:

Beispiel 61.1 Wir betrachten den Bereich

$$B = \left\{ (x, y) \in \mathbb{R}^2 \mid \frac{x^2}{a^2} + \frac{y^2}{b^2} \leq 1 \right\}.$$

Das ist eine Ellipse mit den Halbachsen a und b, $a,\ b > 0$. Eine positive Parametrisierung von ∂B lautet

$$\gamma : [0, 2\pi] \to \mathbb{R}^2, \; \gamma(t) = \begin{pmatrix} a\cos(t) \\ b\sin(t) \end{pmatrix}.$$

Wir überprüfen nun für das Vektorfeld $v : \mathbb{R}^2 \to \mathbb{R}^2$, $v(x, y) = (-y, x)^\top$ den Satz von Green, indem wir beide Integrale berechnen.

- Für das Bereichsintegral erhalten wir:

$$\iint_B \frac{\partial v_2}{\partial x} - \frac{\partial v_1}{\partial y} \, dx \, dy = \int_{x=-a}^{a} \int_{y=-b\sqrt{1-\frac{x^2}{a^2}}}^{b\sqrt{1-\frac{x^2}{a^2}}} 2 \, dy \, dx = \frac{4b}{a} \int_{x=-a}^{a} \sqrt{a^2 - x^2} \, dx$$

$$= \frac{4b}{a} \left[\frac{1}{2} \left(x\sqrt{a^2 - x^2} + a^2 \arcsin\left(\frac{x}{a}\right)\right) \right]_{x=-a}^{a}$$

$$= \frac{2b}{a} \left(a^2 \frac{\pi}{2} + a^2 \frac{\pi}{2} \right) = 2\,a\,b\,\pi,$$

  wobei wir zur Ermittlung der angegebenen Stammfunktion MATLAB benutzt haben.
- Für das vektorielle Kurvenintegral erhalten wir:

$$\int_{\partial B} v \cdot ds = \int_0^{2\pi} \begin{pmatrix} -b\sin(t) \\ a\cos(t) \end{pmatrix}^\top \begin{pmatrix} -a\sin(t) \\ b\cos(t) \end{pmatrix} \, dt = ab \int_0^{2\pi} 1 \, dt = 2\,a\,b\,\pi.$$

Tatsächlich liefern also beide Integrale das gleiche Ergebnis, wie es der Satz von Green vorhersagt.

∎

Eine nützliche Anwendung dieses Satzes von Green ist die folgende Formel zur Berechnung des Flächeninhalts von B mittels eines vektoriellen Kurvenintegrals. Wählt man nämlich das (stetig differenzierbare) Vektorfeld $v(x, y) = (-y, x)^\top$, so gilt nach dem ebenen Satz von Green:

$$\int_{\partial B} v \cdot ds = \iint_B \frac{\partial x}{\partial x} + \frac{\partial y}{\partial y} dx dy = 2 \iint_B 1 dx dy,$$

sodass wir den Flächeninhalt $F(B) = \iint_B 1 dx dy$ von B durch Integration von v längs des positiv orientierten Randes von ∂B erhalten, genauer:

Flächenberechnung mit dem ebenen Satz von Green

Ist B ein (beschränktes) Gebiet im $\mathbb{R}^2$ mit einem (geschlossenen) positiv parametrisierten Rand ∂B, so erhält man den Flächeninhalt $F(B)$ von B durch:

$$F(B) = \frac{1}{2} \int\limits_{\partial B} \begin{pmatrix} -y \\ x \end{pmatrix} \cdot \mathrm{d}s.$$

Diese Formel kennen wir bereits: Das ist nämlich gerade die Leibniz'sche Sektorformel für geschlossene Bereiche (siehe Abschn. 55.3).

Der Satz von Green lässt sich auch allgemeiner für kompliziertere Bereiche B formulieren. Dabei betrachten wir Gebiete, deren Ränder aus zusammengesetzten Kurven bestehen. Man beachte Abb. 61.2. Hier müssen die Randstücke dann jeweils so parametrisiert sein, dass insgesamt der Rand ∂B positiv orientiert ist, sprich, dass B links von ∂B liegt.

Der ebene Satz von Green – allgemeine Version

Es sei $B \subseteq \mathbb{R}^2$ ein berandetes Gebiet, dessen Rand ∂B Vereinigung endlich vieler geschlossener, stückweise stetig differenzierbarer, positiv parametrisierter Kurven $\gamma_1, \ldots, \gamma_k$ ist.

Für jedes stetig differenzierbare Vektorfeld $v : D \subseteq \mathbb{R}^2 \to \mathbb{R}^2$ mit $v(x, y) = \bigl(v_1(x, y),\, v_2(x, y)\bigr)^\top$ und $B \subseteq D$ gilt dann:

$$\iint\limits_B \frac{\partial v_2}{\partial x} - \frac{\partial v_1}{\partial y} \,\mathrm{d}x\mathrm{d}y = \int\limits_{\partial B} v \cdot \mathrm{d}s = \sum_{i=1}^k \int\limits_{\gamma_i} v \cdot \mathrm{d}s.$$

Abb. 61.2 Zusammengesetzter Rand

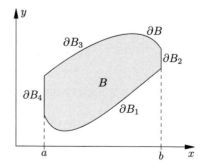

61.2   Der ebene Satz von Gauß

Wir gehen vor wie beim ebenen Satz von Green und beginnen mit einer einfachen Variante
des Satzes:

Wieder betrachten wir einen Bereich B mit positiv parametrisiertem Rand ∂B (d.h. ∂B
wird so durchlaufen, dass B links liegt). Zusätzlich betrachten wir den Normalenvektor n
auf ∂B, der an jeder Stelle von ∂B *nach außen* zeigt, siehe Abb. 61.3.

Dieser Vektor n hat die Länge 1, ist also normiert, und ist orthogonal zum Tangentialvektor
$\dot{\gamma}(t)$, falls ∂B durch γ gegeben ist. Daher erhalten wir n ganz einfach durch

$$\dot{\gamma}(t) = \begin{pmatrix} a \\ b \end{pmatrix} \;\Rightarrow\; n = \pm \frac{1}{\sqrt{a^2+b^2}} \begin{pmatrix} b \\ -a \end{pmatrix},$$

wobei das Vorzeichen noch so zu wählen ist, dass n nach außen zeigt.

Damit können wir den zweiten Integralsatz (in einer einfachen Version) formulieren:

> **Der ebene Satz von Gauß – einfache Version**
> Ist B ein Bereich im $\mathbb{R}^2$ mit einem (geschlossenen) positiv parametrisierten Rand ∂B
> und einem nach außen zeigenden Normalenvektor n, so gilt für jedes stetig differen-
> zierbare Vektorfeld $v : D \subseteq \mathbb{R}^2 \to \mathbb{R}^2$ mit $v(x, y) = \big(v_1(x, y), v_2(x, y)\big)^\top$ und
> $B \subseteq D$:
> $$\iint_B \operatorname{div} v \, \mathrm{d}x\mathrm{d}y = \int_{\partial B} v^\top n \, \mathrm{d}s.$$

Man beachte: Die Notation $v^\top n$ ist üblich, aber gewöhnungsbedürftig: Eigentlich ist v ein
Vektor mit Komponentenfunktionen in x und y und n ein Vektor mit Komponentenfunktionen in t; das passt nicht zusammen. Gemeint ist mit $v^\top n$ eigentlich $(v \circ \gamma)^\top n$ mit der
positiven Parametrisierung γ des Randes ∂B.

Abb. 61.3 Der Rand ist positiv
orientiert und der
Normalenvektor zeigt nach
außen

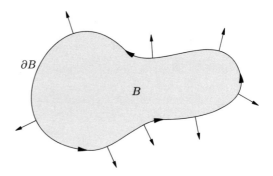

Der ebene Satz von Gauß besagt, dass das skalare Kurvenintegral über den positiv orientierten Rand von B für das Skalarfeld $v^\top n$ denselben Wert hat wie das Bereichsintegral
über den Bereich B für das Skalarfeld div v. Man erhält also den Wert eines dieser Integrale,
indem man den Wert des anderen Integrals berechnet. Ist es beispielsweise kompliziert,
das Bereichsintegral $\iint_B$ div v dxdy zu bestimmen, so bestimme man das vielleicht deutlich
einfacher berechenbare skalare Kurvenintegral $\int_{\partial B} v^\top n$ ds.

Auch diesen Integralsatz wollen wir an einem Beispiel verifizieren:

Beispiel 61.2 Wir betrachten noch einmal die Ellipse

$$B = \left\{ (x, y) \in \mathbb{R}^2 \ \middle|\ \frac{x^2}{a^2} + \frac{y^2}{b^2} \leq 1 \right\}$$

mit den Halbachsen a und b, $a, b > 0$. Auch die positive Parametrisierung wählen wir wie
oben:

$$\gamma : [0, 2\pi] \to \mathbb{R}^2, \ \gamma(t) = \begin{pmatrix} a\cos(t) \\ b\sin(t) \end{pmatrix}.$$

Das Vektorfeld $v : \mathbb{R}^2 \to \mathbb{R}^2$, $v(x, y) = (x, y)^\top$ hat die Divergenz div $v = 2$.
Wir berechnen wiederum beide Integrale des Satzes, um deren Gleichheit zu überprüfen.

- Für das Gebietsintegral erhalten wir (mit der Rechnung von oben):

$$\iint_B \text{div } v \, \text{dx} \text{dy} = \iint_B 2 \, \text{dx} \, \text{dy} = 2 \, a \, b \, \pi.$$

- Um das Kurvenintegral zu lösen, bestimmen wir zuerst den Normalenvektor:

$$\dot{\gamma}(t) = \begin{pmatrix} -a\sin(t) \\ b\cos(t) \end{pmatrix} \Rightarrow n = \frac{1}{\sqrt{a^2 \sin^2(t) + b^2 \cos^2(t)}} \begin{pmatrix} b\cos(t) \\ a\sin(t) \end{pmatrix}.$$

Wie man sich leicht für $t = 0$ ($\gamma(0) = (a, 0)^\top$) überlegt, muss das Vorzeichen wie
angegeben gewählt werden, damit n nach außen zeigt. Wir berechnen nun das Integral:

$$\int_{\partial B} \boldsymbol{v}^\top n \, ds = \int_0^{2\pi} \boldsymbol{v}\big(\gamma(t)\big)^\top n \, \|\dot{\gamma}(t)\| \, dt$$

$$= \int_0^{2\pi} \frac{1}{\sqrt{a^2 \sin^2(t) + b^2 \cos^2(t)}} \begin{pmatrix} a\cos(t) \\ b\sin(t) \end{pmatrix}^\top \begin{pmatrix} b\cos(t) \\ a\sin(t) \end{pmatrix} \left\| \begin{pmatrix} -a\sin(t) \\ b\cos(t) \end{pmatrix} \right\| \, dt$$

$$= \int_0^{2\pi} \frac{1}{\sqrt{a^2 \sin^2(t) + b^2 \cos^2(t)}} \left(ab\cos^2(t) + ab\sin^2(t)\right) \sqrt{a^2 \sin^2(t) + b^2 \cos^2(t)} \, dt$$

$$= 2 \, a \, b \, \pi.$$

Tatsächlich erhalten wir wieder für beide Integrale das gleiche Ergebnis. ∎

Wie der ebene Satz von Green lässt sich auch der ebene Satz von Gauß entsprechend auf kompliziertere Bereiche B verallgemeinern, die von zusammengesetzten Kurvenstücken berandet sind.

Der ebene Satz von Gauß – allgemeine Version

Es sei $B \subseteq \mathbb{R}^2$ ein berandetes Gebiet, dessen Rand ∂B Vereinigung endlich vieler geschlossener, stückweise stetig differenzierbarer, positiv parametrisierter Kurven $\gamma_1, \dots, \gamma_k$ mit den jeweils nach außen zeigenden Normalenvektoren $n_1, \dots, n_k$ ist. Für jedes stetig differenzierbare Vektorfeld $\boldsymbol{v} : D \subseteq \mathbb{R}^2 \to \mathbb{R}^2$ mit $B \subseteq D$ gilt dann:

$$\iint_B \operatorname{div} \boldsymbol{v}, \, dxdy = \int_{\partial B} \boldsymbol{v}^\top n \, ds = \sum_{i=1}^k \int_{\gamma_i} \boldsymbol{v}^\top n_i \, ds.$$

Die ebenen Sätze von Green und Gauß spielen sich (wie der Name schon sagt) im $\mathbb{R}^2$ ab. Es war jeweils ein Bereichsintegral über einen Bereich B des $\mathbb{R}^2$ gleich einem Kurvenintegral über die ebene Kurve ∂B. Wir behandeln nun zwei weitere Integralsätze, die ihr Dasein im $\mathbb{R}^3$ fristen: Wir werden dabei also räumlich beschränkte Bereiche B und deren Ränder ∂B betrachten. Dabei gibt es prinzipiell zwei Möglichkeiten:

- Der Bereich B ist *geschlossen* wie etwa ein Würfel, der Rand ist dann die Würfeloberfläche, insbesondere eine Fläche (→ *Divergenzsatz von Gauß*).
- Der Bereich B ist *offen* wie etwa ein Flächenstück, der Rand ist dann die Berandung des Flächenstücks, insbesondere eine Raumkurve (→ *Satz von Stokes*).

Damit erahnen wir jetzt schon, welche Integrale gleich sein werden: Im ersten Fall ein (drei-dimensionales) Bereichsintegral und ein Flächenintegral, im zweiten Fall ein Flächenintegral und ein Kurvenintegral.

61.3   Aufgaben

61.1 Man verifiziere für das Vektorfeld $v(x, y) = (2xy - x^2, x + y^2)^\top$ und das Gebiet B, das durch $y = x^2$ und $y^2 = x$ begrenzt wird, den Satz von Green.

61.2 Man bestätige den Satz von Gauß in der Ebene für die Funktion $u(x, y) = (x^2 + y^2)^{5/2}$:

$$\iint_B \Delta u \, dx dy = \oint_{\partial B} \langle \nabla u, n \rangle \, ds,$$

wobei B eine Kreisscheibe vom Radius R sei.

61.3 Gegeben sei das Parallelogramm P mit den Eckpunkten $(0, 0), (1, 0), (1, 1)$ und $(2, 1)$.

(a) Geben Sie die Grenzen des Bereichsintegrals

$$\iint_P f(x, y) \, dx dy$$

in der angegebenen Integrationsreihenfolge an.

(b) Berechnen Sie das Bereichsintegral für die Funktion $f(x, y) = y e^{-y^2}$.

(c) Berechnen Sie das Kurvenintegral $\int_{\partial P} v \cdot ds$ über den Rand ∂P von P (positiver Umlaufsinn) für das Vektorfeld $v(x, y) = (-y^3, xy^2)^\top$. Verwenden Sie den Satz von Green.

61.4 Das Vektorfeld $v : B \to \mathbb{R}^2$ sei auf dem beschränkten Gebiet $B \subseteq \mathbb{R}^2$ stetig differenzierbar. Der Rand ∂B von B sei positiv parametrisiert durch eine stetig differenzierbare Kurve. Der Satz von Green besagt:

$$\int_{\partial B} v \cdot ds = \iint_B (\partial_1 v_2 - \partial_2 v_1) \, dF.$$

Wir betrachten konkret $B = \{(x, y) \in \mathbb{R}^2 \mid x^2 + y^2 \leq 1, \ y \geq 0\}$ und $v(x, y) = (x - y, x^2 + y^2)^\top$.

1. Berechnen Sie $\iint_B (\partial_1 v_2 - \partial_2 v_1) \, dF$ durch Einführung geeigneter Koordinaten.
2. Berechnen Sie die *Zirkulation* $\int_{\partial B} v \cdot ds$ und bestätigen Sie damit den Satz von Green.

61.5 Berechnen Sie unter Verwendung des Satzes von Green den Flächeninhalt der Menge $B \subseteq \mathbb{R}^2$, die von den Kurven c_1, $c_2 \colon [0, 2\pi] \to \mathbb{R}^2$,

$$c_1(t) = \begin{pmatrix} 2\pi - t + \sin(t) \\ 1 - \cos(t) \end{pmatrix} \quad \text{und} \quad c_2(t) = \begin{pmatrix} t \\ 0 \end{pmatrix},$$

begrenzt wird.

Integralsätze II

62

Inhaltsverzeichnis

Der *Divergenzsatz von Gauß* und der *Satz von Stokes* sind *räumliche* Integralsätze, sie spielen sich nämlich im $\mathbb{R}^3$ ab. Wir setzen unsere Tradition fort: Wir schildern zuerst einfache Versionen dieser Sätze, verifizieren diese anhand von Beispielen und geben dann allgemeinere Versionen an.

Der wahre Nutzen dieser Sätze zeigt sich erst in der Hydrodynamik und Elektrizitätslehre. Mit Hilfe dieser *Integralsätze* gelingen elegante Schreibweisen physikalischer Zusammenhänge, wie z. B. die Darstellung der Maxwell'schen Gleichungen in differentieller bzw. integraler Form.

62.1   Der Divergenzsatz von Gauß

Wie zuvor betrachten wir zunächst eine einfache Version des Satzes. Dazu sei B einer Bereiche aus Abb. 62.1 mit der jeweiligen Oberfläche $\phi = \partial B$ und den jeweiligen nach außen gerichteten Normalenvektoren $\phi_u \times \phi_v$, die wir (weil wir sie brauchen werden) gleich auf jedem Flächenstück eintragen:

Wir betrachten der Einfachheit halber vorerst nur diese speziellen räumlichen Bereiche, also Halbkugel, Kugel, Zylinder, Kegel, Torus oder Quader, die den folgenden großen Vorteil haben: Durch eventuelle Wahl spezieller Koordinaten können wir sowohl die Bereiche B (also die Volumina) als auch die Oberflächen ∂B (also die Flächenstücke) einfach beschreiben. Allgemeineren *räumlichen Bereichen* mit *komplizierteren Oberflächen* wenden wir uns später zu und werden es dabei bei der Theorie belassen.

© Springer-Verlag GmbH Deutschland, ein Teil von Springer Nature 2022
C. Karpfinger, *Höhere Mathematik in Rezepten,*
https://doi.org/10.1007/978-3-662-63305-2_62

Abb. 62.1 Wir betrachten vorab nur Halbkugeln, Kugeln, Zylinder, Kegel, Tori

---

Der Divergenzsatz von Gauß – einfache Version

Ist B eine Halbkugel, Kugel, Zylinder, Kegel, Torus oder Quader mit der Oberfläche $\phi = \partial B$, wobei $\phi_u \times \phi_v$ nach außen zeigt, so gilt für jedes stetig differenzierbare Vektorfeld $v : G \subseteq \mathbb{R}^3 \to \mathbb{R}^3$ mit $B \subseteq G$:

$$\iiint\limits_{B} \operatorname{div} v \, dx \, dy \, dz = \iint\limits_{\partial B} v \cdot ds,$$

hierbei wird der Fluss in Richtung $\phi_u \times \phi_v$ berechnet.

Man beachte: Der Divergenzsatz von Gauß besagt, dass das Bereichsintegral über den Bereich B für das Skalarfeld $\operatorname{div} v$ denselben Wert hat wie das vektorielle Flächenintegral über $\phi = \partial B$ in Richtung von $\phi_u \times \phi_v$. Das ist der Fluss durch die Oberfläche *nach außen* für das Vektorfeld v. Man erhält also den Wert eines dieser Integrale, indem man den Wert des anderen Integrals berechnet. Ist es beispielsweise kompliziert, das vektorielle Flächenintegral $\iint_{\partial B} v \cdot ds$ zu bestimmen, so bestimme man das vielleicht deutlich einfacher berechenbare Bereichsintegral $\iiint_B \operatorname{div} v \, dx \, dy \, dz$.

Wir wollen auch nicht versäumen, die typische Interpretation dieses Satzes zu vermitteln: Das, was durch die Oberfläche von innen nach außen fließt, entsteht in einer Quelle im Inneren. Analog verschwindet in einer Senke im Inneren genauso viel wie der negative Fluss von innen nach außen angibt. Das eindimensionale Analogon dieses Divergenzsatzes ist wohlvertraut: Für $B = [a, b]$ gilt $\partial B = \{a, b\}$ und $\operatorname{div} f = f'$:

$$\int\limits_{a}^{b} f'(x) dx = f(b) - f(a).$$

Bemerkung Oftmals wird dieser Integralsatz mit Hilfe eines Normaleneinheitsvektors n, der senkrecht auf B steht und dabei nach außen zeigt, formuliert. Typischerweise findet man dann für den Divergenzsatz die Schreibweise

$$\iiint_B \operatorname{div} \boldsymbol{v} \, \mathrm{d}x \, \mathrm{d}y \, \mathrm{d}z = \iint_{\partial B} \boldsymbol{v}^\top \boldsymbol{n} \, \mathrm{d}s,$$

wobei $\boldsymbol{v}^\top \boldsymbol{n}$ wieder im Sinne von $(\boldsymbol{v} \circ \phi)^\top \boldsymbol{n}$ zu verstehen ist (siehe den Kommentar zum ebenen Satz von Gauß in Abschn. 61.2). Tatsächlich ist dieses Integral aber gleich dem von uns angegebenen Integral, denn es gilt:

$$\iint_{\partial B} \boldsymbol{v}^\top \boldsymbol{n} \, \mathrm{d}s = \iint_{\partial B} \boldsymbol{v}(\phi(u, v))^\top \frac{\pm 1}{\|\phi_u \times \phi_v\|} (\phi_u \times \phi_v) \, \|\phi_u \times \phi_v\| \mathrm{d}u \mathrm{d}v = \iint_{\partial B} \boldsymbol{v} \cdot \mathrm{d}s.$$

Wir verifizieren den Divergenzsatz von Gauß an einem Beispiel.

Beispiel 62.1 Wir wählen als B die obere Halbkugel vom Radius $R > 0$,

$$B = \left\{ (x, y, z)^\top \in \mathbb{R}^3 \mid x^2 + y^2 \le R^2, \; 0 \le z \le \sqrt{R^2 - x^2 - y^2} \right\}.$$

Weiter sei das folgende Vektorfeld $\boldsymbol{v}$ gegeben:

$$\boldsymbol{v} : \mathbb{R}^3 \to \mathbb{R}^3, \; \boldsymbol{v}(x, y, z) = \begin{pmatrix} xz^2 \\ x^2 y \\ y^2 z \end{pmatrix}.$$

Wir parametrisieren die Oberfläche ∂B von B, die aus zwei Flächenstücken besteht: $\partial B = \phi^{(1)} + \phi^{(2)}$; das *Dach* $\phi^{(1)}$ und der *Boden* $\phi^{(2)}$:

$$\phi^{(1)} : (\vartheta, \varphi) \mapsto \begin{pmatrix} R \cos \varphi \sin \vartheta \\ R \sin \varphi \sin \vartheta \\ R \cos \vartheta \end{pmatrix} \quad \text{mit} \quad \vartheta \in [0, \pi/2], \; \varphi \in [0, 2\pi],$$

$$\phi^{(2)} : (r, \varphi) \mapsto \begin{pmatrix} r \cos \varphi \\ r \sin \varphi \\ 0 \end{pmatrix} \quad \text{mit} \quad r \in [0, R], \; \varphi \in [0, 2\pi].$$

Den Normalenvektor $\phi_\vartheta^{(1)} \times \phi_\varphi^{(1)}$ des Daches haben wir bereits in dem Beispiel 60.1 ermittelt, und für den Normalenvektor $\phi_\varphi^{(2)} \times \phi_r^{(2)}$ des Bodens erhalten wir:

$$\phi_\vartheta^{(1)} \times \phi_\varphi^{(1)} = R^2 \sin \vartheta \begin{pmatrix} \cos \varphi \sin \vartheta \\ \sin \varphi \sin \vartheta \\ \cos \vartheta \end{pmatrix} \text{ und } \phi_\varphi^{(2)} \times \phi_r^{(2)} = \begin{pmatrix} -r \sin \varphi \\ r \cos \varphi \\ 0 \end{pmatrix} \times \begin{pmatrix} \cos \varphi \\ \sin \varphi \\ 0 \end{pmatrix} = \begin{pmatrix} 0 \\ 0 \\ -r \end{pmatrix}.$$

Wegen $\cos \vartheta \ge 0$ für $\vartheta \in [0, \pi/2]$ und $r > 0$ zeigen beide Normalenvektoren nach außen. (Wäre dem nicht so, könnte man durch ein Vertauschen der Faktoren im Vektorprodukt die Orientierung umdrehen.)

Nun haben wir alle Zutaten, um die beiden Integrale im Divergenzsatz berechnen zu können:

- Für das Bereichsintegral erhalten wir mittels Kugelkoordinaten:

$$\iiint\limits_{B} \operatorname{div} v \, \mathrm{d}x\mathrm{d}y\mathrm{d}z = \iiint\limits_{B} x^2 + y^2 + z^2 \mathrm{d}x\mathrm{d}y\mathrm{d}z$$

$$= \int\limits_{r=0}^{R} \int\limits_{\varphi=0}^{2\pi} \int\limits_{\vartheta=0}^{\pi/2} r^2 r^2 \sin\vartheta \, \mathrm{d}\vartheta \, \mathrm{d}\varphi \mathrm{d}r = 2\pi \, \frac{1}{5} R^5 = \frac{2}{5}\pi R^5.$$

- Und für das Flächenintegral erhalten wir mit den Abkürzungen s_ϑ für $\sin\vartheta$, c_ϑ für $\cos\vartheta$ usw.:

$$\iint\limits_{\partial B} v \cdot \mathrm{d}s = \iint\limits_{\partial\phi_1} v \cdot \mathrm{d}s + \iint\limits_{\partial\phi_2} v \cdot \mathrm{d}s$$

$$= \int\limits_{\vartheta=0}^{\pi/2} \int\limits_{\varphi=0}^{2\pi} \begin{pmatrix} R^3 c_\vartheta^2 c_\varphi s_\vartheta \\ R^3 s_\vartheta^3 c_\varphi^2 s_\varphi \\ R^3 s_\vartheta^2 s_\varphi^2 c_\vartheta \end{pmatrix}^\top \begin{pmatrix} c_\varphi s_\vartheta \\ s_\varphi s_\vartheta \\ c_\vartheta \end{pmatrix} R^2 s_\vartheta \, \mathrm{d}\varphi\mathrm{d}\vartheta + \int\limits_{r=0}^{R} \int\limits_{\varphi=0}^{2\pi} \begin{pmatrix} 0 \\ r^3 c_\varphi^2 s_\varphi \\ 0 \end{pmatrix}^\top \begin{pmatrix} 0 \\ 0 \\ -r \end{pmatrix} \mathrm{d}\varphi\mathrm{d}r$$

$$= \int\limits_{\vartheta=0}^{\pi/2} \int\limits_{\varphi=0}^{2\pi} R^5 c_\vartheta^2 c_\varphi^2 s_\vartheta^3 + R^5 s_\vartheta^5 c_\varphi^2 s_\varphi^2 + R^5 s_\vartheta^3 s_\varphi^2 c_\vartheta^2 \mathrm{d}\varphi\mathrm{d}\vartheta$$

$$= R^5 \int\limits_{\vartheta=0}^{\pi/2} \int\limits_{\varphi=0}^{2\pi} s_\vartheta^5 c_\varphi^2 s_\varphi^2 + s_\vartheta^3 c_\vartheta^2 \left(s_\varphi^2 + c_\varphi^2 \right) \mathrm{d}\varphi\mathrm{d}\vartheta$$

$$= R^5 \int\limits_{\vartheta=0}^{\pi/2} \int\limits_{\varphi=0}^{2\pi} \sin^5\vartheta \cos^2\varphi \sin^2\varphi + \sin^3\vartheta \cos^2\vartheta \, \mathrm{d}\varphi\mathrm{d}\vartheta$$

$$= R^5 \int\limits_{\vartheta=0}^{\pi/2} 2\pi \cos^2\vartheta \sin^3\vartheta + \sin^5\vartheta \, \frac{1}{4}\pi \, \mathrm{d}\vartheta$$

$$= R^5 \left(2\pi \, \frac{2}{15} + \frac{1}{4}\pi \, \frac{8}{15} \right) = R^5 \, \frac{6\pi}{15} = \frac{2}{5}\pi R^5.$$

∎

Eine Verallgemeinerung des Divergenzsatzes von Gauß ist möglich: Wesentlich ist, dass der betrachtete Bereich B analog den oben betrachteten Kugeln, Halbkugeln, Zylindern, … beschränkt mit einer geschlossenen Oberfläche ist. Eine exakte mathematische Beschreibung dieser einfachen Vorstellung ist reichlich schwierig; daher klingt dieser Divergenzsatz mit seiner so einfach vorstellbaren Aussage schnell furchtbar kompliziert, dahinter steckt aber nur: Was durch die Oberfläche nach außen fließt, muss innen entstehen.

Divergenzsatz von Gauß – allgemeine Version
Ist B ein Gebiet des $\mathbb{R}^3$ mit stückweise stetig differenzierbarer Oberfläche ∂B, so gilt für jedes stetig differenzierbare Vektorfeld $v : D \subseteq \mathbb{R}^3 \to \mathbb{R}^3$ mit $B \subseteq D$:

$$\iiint_B \operatorname{div} v \, dx dy dz = \iint_{\partial B} v \cdot ds,$$

wobei beim Flächenintegral die Parametrisierung ϕ für jede Teilfläche so zu wählen ist, dass $\phi_u \times \phi_v$ nach außen zeigt.

62.2 Der Satz von Stokes

Nun zum vierten und letzten Integralsatz, dem *Satz von Stokes*. Auch bei diesem Satz betrachten wir erst einmal eine einfache Version und gehen von einer (beschränkten) Fläche ϕ mit einem geschlossenen Rand $\partial\phi$ aus. Dabei unterstellen wir, dass die Fläche ϕ keine *Pathologien* aufweist, also zwei Seiten hat, regulär ist usw. Der Rand dieser Fläche ist eine Raumkurve, die wir in zwei verschiedene Richtungen durchlaufen können. Wir können auch auf beiden Seiten an jedem Punkt einen Normalenvektor n erklären. Graphen von stetig differenzierbaren Skalarfeldern in zwei Veränderlichen auf einem beschränkten Definitionsbereich haben solche Eigenschaften, siehe unten stehende Abb. 62.2.

Wir legen die Durchlaufrichtung des Randes $\partial\phi$ durch die Wahl einer Flächenseite fest: Wir nennen die Raumkurve $\partial\phi$ **positiv orientiert** oder **positiv parametrisiert** bezüglich $\phi_u \times \phi_v$, falls beim Greifen des Vektors $\phi_u \times \phi_v$ mit der rechten Hand, wobei der Vektor in Richtung des nach oben gestreckten Daumens verläuft, die Durchlaufrichtung der Kurve dabei in Richtung der gekrümmten Finger zeigt (siehe Abb. 62.2).

Abb. 62.2 Ein positiv orientierter Rand einer Fläche

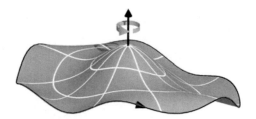

Damit können wir bereits den Satz von Stokes in einer einfachen Version formulieren:

Der Satz von Stokes – einfache Version

Ist ϕ eine reguläre Fläche im $\mathbb{R}^3$ mit einem (geschlossenen) positiv parametrisierten Rand $\partial\phi$ bezüglich $\phi_u \times \phi_v$, so gilt für jedes stetig differenzierbare Vektorfeld v : $D \subseteq \mathbb{R}^3 \to \mathbb{R}^3$ mit $\phi \subseteq D$:

$$\iint_\phi \mathrm{rot}\, v \cdot \mathrm{d}s = \int_{\partial\phi} v \cdot \mathrm{d}s.$$

Der Satz von Stokes besagt, dass das vektorielle Kurvenintegral über den positiv orientierten Rand $\partial\phi$ von ϕ für das Vektorfeld v denselben Wert hat wie das Flächenintegral über die Fläche ϕ in Richtung $\phi_u \times \phi_v$ für das Vektorfeld $\mathrm{rot}\, v$, das ist der Fluss von $\mathrm{rot}\, v$ durch ϕ in Richtung $\phi_u \times \phi_v$. Man erhält also den Wert eines dieser Integrale, indem man den Wert des anderen Integrals berechnet. Ist es beispielsweise kompliziert, das vektorielle Flächenintegral $\iint_\phi \mathrm{rot}\, v \cdot \mathrm{d}s$ zu bestimmen, so bestimme man das vielleicht deutlich einfacher berechenbare vektorielle Kurvenintegral $\int_{\partial\phi} v \cdot \mathrm{d}s$.

Übrigens: Während man $\iint_\phi v \cdot \mathrm{d}s$ den Fluss von v durch ϕ in Richtung $\phi_u \times \phi_v$ nennt, bezeichnet man das Flächenintegral $\iint_\phi \mathrm{rot}\, v \cdot \mathrm{d}s$ als **Wirbelfluss** von v durch ϕ in Richtung $\phi_u \times \phi_v$. Damit lässt sich die Aussage des Satzes von Stokes anschaulich zusammenfassen: *Die Zirkulation von v längs $\partial\phi$ ist gleich dem Wirbelfluss von v durch ϕ.*

Bemerkung Auch für diesen Satz ist in der Literatur eine andere Notation mithilfe eines Normaleneinheitsvektors n, der senkrecht auf der Fläche ϕ steht, üblich. Typischerweise findet man dann die Schreibweise

$$\iint_\phi \mathrm{rot}\, v^\top n \, \mathrm{d}s = \oint_{\partial\phi} v \cdot \mathrm{d}s$$

für den Satz von Stokes, die, wie bereits in Abschn. 62.1. geschildert, nur eine Umformulierung unseres vektoriellen Flächenintegrals in ein skalares Flächenintegral darstellt.

Auch diesen Integralsatz wollen wir an einem Beispiel verifizieren:

Beispiel 62.2 Wir betrachten die Oberfläche ϕ der oberen Halbkugel vom Radius 2,

$$\phi = \left\{ (x, y, z)^\top \in \mathbb{R}^3 \mid x^2 + y^2 \le 4, \ z = \sqrt{4 - x^2 - y^2} \right\},$$

mit dem Rand $\partial\phi = \{(x, y, 0) \mid x^2 + y^2 = 4\}$. Wir prüfen den Satz von Stokes für das Vektorfeld

$$
\boldsymbol{v} : \mathbb{R}^3 \to \mathbb{R}^3, \ \boldsymbol{v}(x, y, z) = \begin{pmatrix} -y \\ x \\ 1 \end{pmatrix} \quad \text{mit} \ \ \text{rot}\,\boldsymbol{v} = \begin{pmatrix} \partial_2 v_3 - \partial_3 v_2 \\ \partial_3 v_1 - \partial_1 v_3 \\ \partial_1 v_2 - \partial_2 v_1 \end{pmatrix} = \begin{pmatrix} 0 \\ 0 \\ 2 \end{pmatrix}.
$$

Wir parametrisieren ϕ durch

$$
\phi : (\vartheta, \varphi) \mapsto \begin{pmatrix} 2 \cos \varphi \sin \vartheta \\ 2 \sin \varphi \sin \vartheta \\ 2 \cos \vartheta \end{pmatrix} \quad \text{mit} \ \ \vartheta \in [0, \pi/2], \ \ \varphi \in [0, 2\pi].
$$

Folglich ist dann

$$
\partial \phi : t \mapsto \begin{pmatrix} 2 \cos t \\ 2 \sin t \\ 0 \end{pmatrix}, \ t \in [0, 2\pi] \ \ \text{und} \ \ \phi_\vartheta \times \phi_\varphi = 4 \sin \vartheta \begin{pmatrix} \cos \varphi \sin \vartheta \\ \sin \varphi \sin \vartheta \\ \cos \vartheta \end{pmatrix}.
$$

Wir können nun beide Integrale berechnen.

- Für das vektorielle Flächenintegral erhalten wir:

$$
\iint\limits_\varphi \text{rot}\,\boldsymbol{v} \cdot \mathrm{d}\boldsymbol{s} = \int\limits_{\varphi=0}^{2\pi} \int\limits_{\vartheta=0}^{\pi/2} \begin{pmatrix} 0 \\ 0 \\ 2 \end{pmatrix}^{\!\top} 4 \sin \vartheta \begin{pmatrix} \sin \vartheta \cos \varphi \\ \sin \vartheta \sin \varphi \\ \cos \vartheta \end{pmatrix} \mathrm{d}\vartheta \, \mathrm{d}\varphi
$$

$$
= 4 \int\limits_{\varphi=0}^{2\pi} \int\limits_{\vartheta=0}^{\pi/2} 2 \sin \vartheta \cos \vartheta \, \mathrm{d}\vartheta \, \mathrm{d}\varphi
$$

$$
= 4 \int\limits_{\varphi=0}^{2\pi} \left[\sin^2 \vartheta \right]_{\vartheta=0}^{\pi/2} \mathrm{d}\varphi = 4 \int\limits_{\varphi=0}^{2\pi} 1 \, \mathrm{d}\varphi = 8\,\pi.
$$

- Für das vektorielle Kurvenintegral erhalten wir:

$$
\int\limits_{\partial \phi} \boldsymbol{v} \cdot \mathrm{d}\boldsymbol{s} = \int\limits_0^{2\pi} \begin{pmatrix} -2 \sin t \\ 2 \cos t \\ 1 \end{pmatrix}^{\!\top} \begin{pmatrix} -2 \sin t \\ 2 \cos t \\ 0 \end{pmatrix} \mathrm{d}t = \int\limits_0^{2\pi} 4 \, \mathrm{d}t = 8\,\pi.
$$

∎

Abb. 62.3 Das Möbiusband ist
nicht zweiseitig

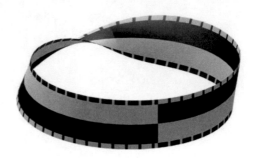

Auch der Satz von Stokes lässt sich allgemeiner formulieren:

Satz von Stokes – allgemeine Version

Ist ϕ eine *zweiseitige*, stückweise reguläre Fläche mit doppelpunktfreiem geschlossenen Rand $\partial\phi$, so gilt dann für jedes Vektorfeld $v : D \to \mathbb{R}^3$ mit $\phi \subseteq D$:

$$\iint_{\phi} \operatorname{rot} v \cdot ds = \int_{\partial\phi} v \cdot ds,$$

falls $\partial\phi$ positiv orientiert durchlaufen wird.

Insbesondere gilt: Sind ϕ_1 und ϕ_2 Flächen mit dem gleichen Rand $\partial\phi_1 = \partial\phi_2$, so gilt:

$$\iint_{\phi_1} \operatorname{rot} v \cdot ds = \iint_{\phi_2} \operatorname{rot} v \cdot ds.$$

Unter *zweiseitig* versteht man, dass man zwei Seiten unterscheiden kann. Reguläre Flächen sind immer zweiseitig: Man wähle dazu einfach das Vorzeichen von $\pm(\phi_u \times \phi_v)$ einheitlich für alle Punkte auf ϕ. Ein Beispiel für eine nicht zweiseitige Fläche ist das Möbiusband, das in der Abb. 62.3 gezeigt wird.

Abschließend geben wir noch die folgenden Formeln an, die herangezogen werden, um die Eindeutigkeit von Lösungen partieller Differentialgleichungen zu zeigen. Diese Formeln folgen dabei aus dem Divergenzsatz von Gauß:

Die Green'schen Integralformeln

Sind f und g Skalarfelder (zweimal differenzierbar) und B ein beschränkter Bereich mit dem Rand ∂B, so gilt:

$$\iiint_B f\,\Delta g + \langle \nabla f, \nabla g \rangle\,\mathrm{d}x\mathrm{d}y\mathrm{d}z = \iint_{\partial B} f\,\nabla g \cdot \mathrm{d}s$$

und

$$\iiint_B f\,\Delta g - g\,\Delta f\,\mathrm{d}x\mathrm{d}y\mathrm{d}z = \iint_{\partial B} f\,\nabla g - g\,\nabla f \cdot \mathrm{d}s.$$

Insbesondere gilt für $f = 1$:

$$\iint_B \Delta g\,\mathrm{d}x\mathrm{d}y\mathrm{d}z = \iint_{\partial B} \nabla g \cdot \mathrm{d}s.$$

62.3 Aufgaben

62.1 Leiten Sie mithilfe der Integralsätze aus der folgenden differentiellen Form der **Maxwell-Gleichungen** die integrale Darstellung her:

- $\mathrm{rot}(H) - \dot{D} = j$,   • $\mathrm{rot}(E) + \dot{B} = 0$,   • $\mathrm{div}(D) = \rho$,   • $\mathrm{div}(B) = 0$.

62.2 Zeigen Sie, dass der ebene Satz von Green ein Spezialfall des Satzes von Stokes ist.

62.3 Man bestätige den Satz von Stokes

$$\iint_\phi \mathrm{rot}v \cdot \mathrm{d}s = \oint_{\partial\phi} v \cdot \mathrm{d}s \quad \text{für das Vektorfeld} \quad v(x,y,z) = \begin{pmatrix} 3y \\ -xz \\ yz^2 \end{pmatrix},$$

wobei ϕ die Fläche des Paraboloids $2z = x^2 + y^2$ mit negativer z-Komponente des Flächennormalenvektors darstellt, welches durch die Ebene $z = 2$ mit dem Rand $\partial\phi$ begrenzt ist.

62.4 Gegeben sind das Vektorfeld v und die Fläche ϕ

$$v(x) = \begin{pmatrix} 1 \\ xz \\ xy \end{pmatrix}, \ x \in \mathbb{R}^3 \ \text{und} \ \phi(\varphi, \vartheta) = \begin{pmatrix} \cos\varphi\sin\vartheta \\ \sin\varphi\sin\vartheta \\ \cos\vartheta \end{pmatrix}, \ \varphi \in [0, 2\pi], \ \vartheta \in \left[0, \tfrac{\pi}{4}\right].$$

Man berechne mit Hilfe des Satzes von Stokes das Flächenintegral $\iint_\phi \mathrm{rot}\, v \cdot \mathrm{d}s$.

62.5 Man berechne mit Hilfe des Divergenzsatzes von Gauß das Flächenintegral

$$\iint_\phi v \cdot \mathrm{d}s \quad \text{für das Vektorfeld} \quad v(x, y, z) = \begin{pmatrix} z^2 - x \\ -xy \\ 3z \end{pmatrix},$$

wobei ϕ die Oberfläche des Gebietes B ist, welches durch die Fläche $z = 4 - y^2$ und die drei Ebenen $x = 0$, $x = 3$, $z = 0$ begrenzt ist.

62.6 Zu festem $R > 0$ werden mittels

$$T : [0, R] \times [0, 2\pi] \times [0, 2\pi] \to \mathbb{R}^3, \quad \begin{pmatrix} \varrho \\ \varphi \\ \vartheta \end{pmatrix} \mapsto \begin{pmatrix} (R + \varrho \cos \vartheta) \cos \varphi \\ (R + \varrho \cos \vartheta) \sin \varphi \\ \varrho \sin \vartheta \end{pmatrix}$$

Toruskoordinaten eingeführt. Bestimmen Sie

(a) die Punkte des $\mathbb{R}^3$, die sich dadurch darstellen lassen,
(b) den Flächeninhalt des Torus $T_R^r = T([0, r] \times [0, 2\pi] \times [0, 2\pi])$ mit $r \in [0, R]$,
(c) den Fluss des Vektorfeldes $v : \mathbb{R}^3 \to \mathbb{R}^3$, $v(x) = x$, durch die Oberfläche von T_R^r,
(d) den Fluss des Vektorfeldes $v : \mathbb{R}^3 \to \mathbb{R}^3$, $v(x) = x$, durch die Oberfläche von T_R^r mit Hilfe des Satzes von Gauß.

62.7 Wir betrachten den Torus T gegeben durch die Parametrisierung

$$\phi : [0, 1] \times [0, 2\pi) \times [0, 2\pi) \longrightarrow \mathbb{R}^3 \quad \text{mit} \quad \phi(r, \theta, \varphi) = \begin{pmatrix} (2 + r \cos \theta) \cos \varphi \\ (2 + r \cos \theta) \sin \varphi \\ r \sin \theta \end{pmatrix}.$$

(a) Der Torus T schneidet die Halbebene $\{(x, y, z) \in \mathbb{R}^3 | y = 0, x \geq 0\}$. Geben Sie eine Parametrisierung der Schnittfläche S an.
(b) Berechnen Sie den Fluss $\int_S \mathrm{rot}\, v \cdot \mathrm{d}F$ für das Vektorfeld

$$v = \begin{pmatrix} y\mathrm{e}^z \\ z\mathrm{e}^x \\ x\mathrm{e}^y \end{pmatrix},$$

wobei der Normalenvektor der Schnittfläche S mit $n = (0, 1, 0)^\top$ gegeben sei.
(c) Geben Sie eine Parametrisierung der Kurve an, welche man durchlaufen muss, um den Satz von Stokes zur Berechnung des Oberflächenintegrals anwenden zu können.

62.8 Gegeben sei das Skalarfeld

$$u : \mathbb{R}^3 \setminus \{0\} \to \mathbb{R} \quad \text{mit} \quad u(x, y, z) = \frac{1}{\sqrt{x^2 + y^2 + z^2}}.$$

(a) Berechnen Sie ∇u und div (∇u).

(b) Bestimmen Sie den Fluss des Vektorfelds ∇u durch die Kugeloberfläche ∂K (von innen nach außen), wobei die Kugel K gegeben ist durch

$$(x - 2)^2 + y^2 + z^2 \leq 1.$$

62.9 Berechnen Sie das Integral

$$I = \int_{\partial W} \begin{pmatrix} x^2 + e^{y^2 + z^2} \\ y^2 + x^2 z^2 \\ z^2 - e^y \end{pmatrix} \cdot d s,$$

wobei W der Einheitswürfel mit den Ecken in $(0, 0, 0)$, $(1,0,0)$, $(0,1,0)$, $(0,0,1)$, $(0,1,1)$, $(1,0,1)$, $(0,1,1)$ und $(1,1,1)$ ist

62.10 Berechnen Sie das Kurvenintegral

$$I = \int_{\gamma} v \cdot \dot{s} \text{ mit } v = \begin{pmatrix} x - z \\ -xz \\ y^2 \end{pmatrix}$$

entlang der positiv orientierten Schnittkurve des Zylinders $x^2 + y^2 = 4$ mit der Ebene $z = 3$ mit Hilfe des Satzes von Stokes.

62.11 Berechnen Sie für das Vektorfeld

$$v(x, y, z) = \begin{pmatrix} x^2 + \frac{\cosh y}{\cosh z} \\ y^2 + 2xz - x^2 \sin z \\ x^2 z^2 - e^{\sin y} \end{pmatrix}$$

das Flächenintegral über die Oberfläche der oberen Halbkugel mit Mittelpunkt $(0,0,0)$, Radius 2 und nach außen orientiertem Normalvektor.

62.12 Verifizieren Sie den Satz von Stokes für das Vektorfeld $v : \mathbb{R}^3 \to \mathbb{R}^3$, $v(x, y, z) = (xz, y, yz)^\top$ auf dem Stück des Kegelmantels $x^2 + y^2 = z^2$, das zwischen den Ebenen $z = 0$ und $z = 1$ liegt. Worauf ist bei der Parametrisierung der Randkurve des Kegelmantelstücks zu achten?

62.13 Berechnen Sie mit dem Satz von Gauß für das Vektorfeld

$$v(x, y, z) = \left(yz, \ \mathrm{e}^x + z, \ 1\right)^\top$$

den Fluss durch den Mantel M eines Kegels, dessen Spitze im Ursprung liegt, und dessen Grundfläche G ein Kreis mit Radius 2 und Mittelpunkt $(0, 0, -2)^\top$ ist.

Allgemeines zu Differentialgleichungen $\quad$ 63

Inhaltsverzeichnis

Wir setzen die Diskussion von Differentialgleichungen (kurz DGLen) fort, die wir im Kap. 36 mit der Numerik von Differentialgleichungen vorerst beendet hatten. Wir beginnen mit der Betrachtung des *Richtungsfeldes* einer DGL 1. Ordnung und geben Aufschluss darüber, unter welchen Voraussetzungen ein Anfangswertproblem genau eine Lösung hat. Mithilfe von Matrizen und der Theorie von Funktionen mehrerer Veränderlicher sind wir in der Lage, jede explizite Differentialgleichung n-ter Ordnung auf ein Differentialgleichungssystem 1. Ordnung zurückzuführen. Daher leiten wir unser Augenmerk in den weiteren Kapiteln zu Differentialgleichungen auf Differentialgleichungssysteme (kurz DGL-Systeme) 1. Ordnung.

63.1 Das Richtungsfeld

Wir betrachten eine **explizite** DGL 1. Ordnung, d. h. eine DGL der Form

$$\dot{x} = f(t, x)$$

mit einer Funktion $f : G \subseteq \mathbb{R}^2 \to \mathbb{R}$ (*explizit* bedeutet dabei, dass die DGL – wie angegeben – nach $\dot{x}$ aufgelöst werden kann).

Durch diese DGL wird jedem Punkt $(t, x) \in G$ die *Richtung* $(1, f(t, x))^\top$ zugeordnet.

Zur Veranschaulichung zeichnet man in $G \subseteq \mathbb{R}^2$ eine durch den Punkt $(t, x)^\top$ gehende kurze Strecke mit der Steigung $\dot{x} = f(t, x)$ ein. Man spricht von einem **Linienelement**.

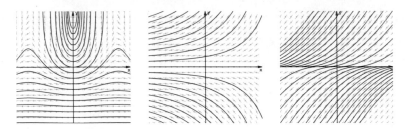

Abb. 63.1 Richtungsfelder der drei angegebenen Differentialgleichungen inkl. der Graphen mancher Lösungen

Die Gesamtheit aller Linienelemente in $G \subseteq \mathbb{R}^2$ nennt man das **Richtungsfeld** (beachte Abb. 63.1).

Eine Lösung $x = x(t)$ der DGL $\dot{x} = f(t, x)$ ist eine Funktion, deren Steigung in jedem Punkt ihres Graphen mit der Steigung des zugehörigen Linienelements übereinstimmt. Graphen von Lösungen der DGL kann man in dem Richtungsfeld erahnen, beachte die Graphen von Lösungen in Abb. 63.1. Hierdurch erhält man zwar keine analytische Formel für die Lösung, aber immerhin einen Überblick über den Verlauf der Lösung. Etwas präziser ausgedrückt, bedeutet das: Eine Funktion $x = x(t)$ ist genau dann eine Lösung der DGL $\dot{x} = f(t, x)$, wenn der Graph von x eine **Feldlinie** ist, d. h. wenn die Tangente an den Graphen von x in jedem Punkt $(t, x(t))$ das Linienelement durch $(t, x) \in G$ enthält. Zusätzlich kann man **Isoklinen** einzeichnen, das sind die Kurven, auf denen $\dot{x} = f(t, x) = c$ konstant ist. Auf den Isoklinen haben die Linienelemente die gleiche Steigung.

Die drei Bilder in Abb. 63.1 zeigen das Richtungsfeld und einige Feldlinien der DGLen

$$\dot{x} = e^x \sin(t) \text{ bzw. } \dot{x} = x\,e^t \text{ bzw. } \dot{x} = \sqrt{|x|}.$$

63.2 Existenz und Eindeutigkeit von Lösungen

Bei den bisherigen Anfangswertproblemen haben wir stets eine eindeutige Lösung gefunden. Das ist kein Zufall, dahinter steckt ein tiefliegender Existenz- und Eindeutigkeitssatz, der besagt, dass unter gewissen Bedingungen eben genau eine Lösung des Anfangswertproblemes besteht. Mathematiker versuchen diese Bedingungen so schwach wie möglich zu fomulieren, damit dieser Satz auf möglichst viele Anfangswertprobleme anwendbar ist. Wir machen es uns ein bisschen einfacher und setzen mehr als unbedingt nötig voraus:

Existenz- und Eindeutigkeitssatz
Gegeben ist das Anfangswertproblem (AWP)

$$x^{(n)} = f(t, x, , \dots, x^{(n-1)}), \ x(t_0) = x_0, \dots, x^{(n-1)}(t_0) = x_{n-1}$$

mit einer expliziten DGL. Gibt es dann eine Umgebung $G \subseteq \mathbb{R}^{n+1}$ von $(t_0, x_0, \dots, x_{n-1})$, sodass

- die Funktion f stetig auf G ist und
- die Funktion f nach der 2., 3., $\dots$, $(n + 1)$-ten Komponente stetig partiell differenzierbar auf G ist,

so existiert zu dem AWP genau eine Lösung $x = x(t)$, die auf einem Intervall $I \subseteq \mathbb{R}$ mit $t_0 \in I$ erklärt ist.

Wir können sofort eine interessante Eigenschaft von verschiedenen Lösungen einer DGL folgern, falls jedes AWP mit dieser DGL eindeutig lösbar ist: Die Graphen von unterschiedlichen Lösungen x_1 und x_2 einer solchen DGL können sich nicht schneiden, d. h., entweder zwei Lösungen stimmen komplett überein oder sie stimmen zu keiner Zeit überein.

Wählt man das Intervall I maximal, so nennt man die zugehörige Lösung $x : I \to \mathbb{R}$ eine **maximale Lösung** des AWP. Es ist oftmals sehr schwierig, die maximale Lösung zu bestimmen.

Beispiel 63.1

- Das AWP
$$\ddot{x} = 0 \ \text{mit} \ x(1) = 0, \ \dot{x}(1) = 1, \ \ddot{x}(1) = 2$$

hat genau eine Lösung, da die Funktion $f(t, x, \dot{x}, \ddot{x}) = 0$ stetig in jeder Umgebung $G \subseteq \mathbb{R}^4$ von $(1, 0, 1, 2)^\top$ ist und f offenbar nach der 2., 3. und 4. Komponente stetig partiell differenzierbar ist.
Die eindeutig bestimmte Lösung lautet

$$x(t) = t^2 - t,$$

sie ist auf $I = \mathbb{R}$ erklärt.
- Das AWP
$$\dot{x} = \frac{\sqrt{1-x^2}}{t^2} \ \text{mit} \ x(1) = 0$$

hat genau eine Lösung, da die Funktion $f(t, x) = \frac{\sqrt{1-x^2}}{t^2}$ in einer Umgebung von $(1, 0)^\top \in \mathbb{R}^2$, z. B. in $G = (0, \infty) \times (-1, 1)$, stetig und in dieser Umgebung auch nach x partiell differenzierbar ist. Mit einer Separation der Veränderlichen erhalten wir die Lösung

$$x(t) = \sin(c - 1/t).$$

Als maximales Intervall I erhalten wir wegen der Anfangsbedingung $I = (0, \infty)$.

- Das AWP

$$\dot{x} = 3\,x^{2/3} \ \text{mit} \ x(0) = 0$$

hat die zwei verschiedenen Lösungen

$$x(t) = t^3 \ \text{und} \ x(t) = 0.$$

Da die Funktion $f(t, x) = 3\,x^{2/3}$ in jeder Umgebung G von $(0, 0)^\top \in \mathbb{R}^2$ nicht stetig partiell differenzierbar ist nach der 2. Komponente, ist der Existenz- und Eindeutigkeitssatz auch nicht anwendbar.

- Das AWP

$$\dot{x} = x\,(x - 2)\,\mathrm{e}^{\cos(x)} \ \text{mit} \ x(0) = 1$$

hat genau eine Lösung, da die Funktion $f(t, x) = x\,(x - 2)\,\mathrm{e}^{\cos(x)}$ in einer Umgebung G von $(0, 1)^\top \in \mathbb{R}^2$ stetig und auch stetig partiell differenzierbar ist nach der 2. Komponente x. Die (eindeutig bestimmte) Lösung dieses AWP lässt sich nicht mit einfachen Methoden ermitteln, aber dennoch können wir einige Aussagen zur Lösung erhalten: Offenbar hat die DGL die beiden konstanten Lösungen $x_0(t) = 0$ für alle $t \in \mathbb{R}$ und $x_2(t) = 2$ für alle $t \in \mathbb{R}$, da einerseits $\dot{x}_0 = 0$ bzw. $\dot{x}_2 = 0$ sowie andererseits $x_0\,(x_0 - 2)\,\mathrm{e}^{\cos(x_0)} = 0$ bzw. $x_2\,(x_2 - 2)\,\mathrm{e}^{\cos(x_2)} = 0$ gilt: Die beiden konstanten Funktionen x_0 und x_2 sind somit Lösungen der DGL (aber natürlich nicht Lösungen des AWP, da die Anfangsbedingung von keiner der beiden Funktionen x_0, x_2 erfüllt wird).

Der Graph der Lösung $x = x(t)$ des AWP verläuft wegen $x(0) = 1 \in (0, 2)$ somit für alle Zeiten t, für die diese Lösung existiert, zwischen den beiden Graphen der Funktionen x_0 und x_2, da sich Graphen verschiedener Lösungen einer solchen DGL nicht schneiden (beachte Abb. 63.2).

Da nun gewiss ist, dass die Funktionswerte $x(t)$ der Lösung x für alle t zwischen 0 und 2 liegen, ist der Ausdruck auf der rechten Seite der DGL für alle Zeiten t negativ:

$$\dot{x}(t) = x(t)\,(x(t) - 2)\,\mathrm{e}^{\cos(x(t))} < 0,$$

da $x(t) > 0$, $x(t) - 2 < 0$ und $\mathrm{e}^{\cos(x(t))} > 0$ gilt. Somit ist die Lösung x wegen $\dot{x}(t) < 0$ streng monoton fallend auf ihrem maximalen Existenzintervall.

Mit etwas Aufwand (den wir hier nicht betreiben wollen), kann man zeigen, dass das maximale Existenzintervall für die Lösung x ganz $\mathbb{R}$ ist und sogar gilt $\lim_{t \to -\infty} x(t) = 2$

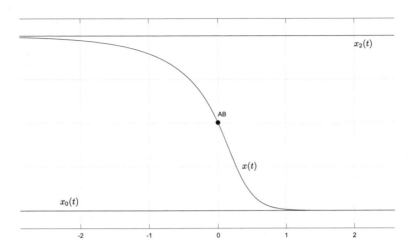

Abb. 63.2 Der Graph der eindeutig bestimmten Lösung x verläuft zwischen den konstanten Lösungen x_0 und x_2

und $\lim_{t \to \infty} x(t) = 0$ gilt. Wir haben in der Abb. 63.2 den (mit numerischen Methoden bestimmten) Graphen der Lösung x eingetragen. ∎

Bemerkung Wir betrachten erneut das AWP

$$x^{(n)} = f(t, x, , \ldots, x^{(n-1)}), \ x(t_0) = x_0, \ldots, x^{(n-1)}(t_0) = x_{n-1}.$$

In der Praxis sind die Anfangsbedingungen oder die Funktion f mit Fehlern behaftet; der **Stabilitätssatz** besagt, dass im Falle einer stetig differenzierbaren Funktion f kleine Fehler in f oder in den Anfangsbedingungen auch nur kleine Fehler bei der Lösung nach sich ziehen.

63.3 Transformation auf Systeme 1. Ordnung

Wir betrachten eine explizite lineare DGL n-ter Ordnung

$$x^{(n)} + a_{n-1}(t)\, x^{(n-1)} + \cdots + a_1(t)\, \dot{x} + a_0(t)\, x = s(t).$$

Gesucht ist die Menge aller Funktionen x, die diese DGL erfüllen. Wir wollen nun zeigen, dass sich die DGL auf ein **Differentialgleichungssystem**, kurz DGL-System, 1. Ordnung zurückführen lässt, d. h. auf eine DGL der Form

$$\dot{z} = A\, z + s$$

mit einem Vektor $z = z(t) = (z_1(t), \ldots, z_n(t))^\top$, einer quadratischen Matrix $A = A(t)$ mit n Zeilen und einem Vektor $s = s(t) = (s_1(t), \ldots, s_n(t))^\top$.

Wir führen hierzu Hilfsfunktionen ein, wir setzen

$$z_0 = x^{(0)}, \; z_1 = x^{(1)} = \dot{z}_0, \; z_2 = x^{(2)} = \dot{z}_1, \ldots, \; z_{n-1} = x^{(n-1)} = \dot{z}_{n-2}.$$

Wir erklären nun die vektorwertige Funktion

$$z(x) = \begin{pmatrix} z_0(t) \\ z_1(t) \\ \vdots \\ z_{n-1}(t) \end{pmatrix} \quad \text{mit der Ableitung} \quad \dot{z}(t) = \begin{pmatrix} \dot{z}_0(t) \\ \dot{z}_1(t) \\ \vdots \\ \dot{z}_{n-1}(t) \end{pmatrix}.$$

Da zwei Vektoren genau dann gleich sind, wenn sie komponentenweise übereinstimmen, und weil

$$\dot{z}_{n-1} = x^{(n)} = -a_{n-1} x^{(n-1)} - \cdots - a_1 \dot{x} - a_0 x + s(t)$$

gilt, erhalten wir mit den oben erklärten Hilfsfunktionen

$$\underbrace{\begin{pmatrix} 0 & 1 & 0 & \cdots & 0 \\ 0 & 0 & 1 & \cdots & 0 \\ \vdots & & & \ddots & \vdots \\ 0 & \cdots & & 0 & 1 \\ -a_0 & -a_1 & \cdots & \cdots & -a_{n-1} \end{pmatrix}}_{=:A} \begin{pmatrix} z_0 \\ z_1 \\ \vdots \\ z_{n-2} \\ z_{n-1} \end{pmatrix} + \underbrace{\begin{pmatrix} 0 \\ 0 \\ \vdots \\ 0 \\ s(t) \end{pmatrix}}_{=:s} = \begin{pmatrix} \dot{z}_0 \\ \dot{z}_1 \\ \vdots \\ \dot{z}_{n-2} \\ \dot{z}_{n-1} \end{pmatrix}.$$

Mit den vektorwertigen Funktionen z, $\dot{z}$ und s und der matrixwertigen Funktion A erhalten wir das DGL-System 1. Ordnung

$$\dot{z} = A z + s.$$

Reduktion auf Systeme 1. Ordnung

Reduziert man eine DGL n-ter Ordnung auf ein DGL-System 1. Ordnung, so gilt:

- Ist x eine Lösung der DGL n-ter Ordnung, so ist $(x, \dot{x}, \ldots, x^{(n-1)})^\top$ eine Lösung des DGL-Systems 1. Ordnung.
- Ist $(x_1, x_2, \ldots, x_n)^\top$ eine Lösung des DGL-Systems 1. Ordnung, so ist x_1 eine Lösung der DGL n-ter Ordnung.

Genügt zudem eine Lösung x der DGL n-ter Ordnung den Anfangsbedingungen

$$x(t_0) = x_0, \ldots, x^{(n-1)}(t_0) = x_{n-1},$$

so erfüllt die zugehörige Lösung $(x_1, \ldots, x_n)^\top$ des DGL-Systems 1. Ordnung die Anfangsbedingung

$$x_1(t_0) = x_0, \ldots, x_n(t_0) = x_{n-1}.$$

Dieses Ergebnis lässt sich noch allgemeiner für beliebige explizite DGLen formulieren und hat damit eine weitreichende Bedeutung: Es genügt, DGL-Systeme 1. Ordnung zu betrachten; alle anderen DGLen lassen sich auf solche Systeme zurückführen.

Beispiel 63.2

- Das AWP

$$\ddot{x} - \dot{x} - 2x = 0 \ \text{mit} \ x(0) = 1 \ \text{und} \ \dot{x}(0) = 2$$

mit einer DGL 2. Ordnung wird reduziert auf das DGL-System 1. Ordnung mit der Anfangsbedingung

$$\dot{z} = \begin{pmatrix} \dot{z}_0 \\ \dot{z}_1 \end{pmatrix} = \begin{pmatrix} 0 & 1 \\ 1 & 2 \end{pmatrix} \begin{pmatrix} z_0 \\ z_1 \end{pmatrix} = A\,z \ \text{mit} \ z(0) = \begin{pmatrix} 1 \\ 2 \end{pmatrix}.$$

- Die DGL

$$\ddddot{x} - 3\dddot{x} - \sin(t)\,\dot{x} + t^2 x = t\,\mathrm{e}^t$$

4. Ordnung wird reduziert auf das DGL-System

$$\dot{z} = \begin{pmatrix} \dot{z}_0 \\ \dot{z}_1 \\ \dot{z}_2 \\ \dot{z}_3 \end{pmatrix} = \begin{pmatrix} 0 & 1 & 0 & 0 \\ 0 & 0 & 1 & 0 \\ 0 & 0 & 0 & 1 \\ -t^2 & \sin(t) & 0 & 3 \end{pmatrix} \begin{pmatrix} z_0 \\ z_1 \\ z_2 \\ z_3 \end{pmatrix} + \begin{pmatrix} 0 \\ 0 \\ 0 \\ t\mathrm{e}^t \end{pmatrix} = A\,z + s$$

1. Ordnung. ∎

63.4 Aufgaben

63.1 Für die DGL $\dot{x} = \sqrt{1 - tx}$ skizziere man das Richtungsfeld und zeichne einige Lösungskurven ein.

Auf welchen Kurven liegen die Punkte, in denen die Lösungskurven $x = x(t)$ verschwindende bzw. extremale Steigung haben?

63.2 Gegeben sei die DGL $\dot{x} = |t + x|$, $(t, x) \in \mathbb{R}^2$.

(a) Ermitteln Sie die Isoklinen $\dot{x} = c$ mit $c \in \{0, 1, 2, 3\}$ und skizzieren Sie mit deren Hilfe das Richtungsfeld der DGL.

(b) Skizzieren Sie den ungefähren Verlauf der Lösungskurven durch die Punkte $(1, 0)^\top$ und $(-1, 0)^\top$.

63.3 Ist das AWP $\dot{x} = e^x t$ mit $x(0) = x_0$ eindeutig lösbar? Bestimmen Sie gegebenenfalls die maximale Lösung.

63.4 Bestimmen Sie die maximale Lösung des AWP

(a) $\dot{x} = t\, x^2$, $x(0) = 1$.

(b) $\dot{x} = t\, x^2$, $x(0) = -1$.

63.5 Formulieren Sie die DGL $\ddot{x} = -x$ mit der Anfangsbedingung $x(t_0) = x_0$, $\dot{x}(t_0) = x_1$ als DGL-System 1. Ordnung mit entsprechender Anfangsbedingung.

63.6

(a) Finden Sie unendlich viele nichtnegative Lösungen $x(t)$ des AWP $\dot{x} = \sqrt{x}$, $x(0) = 0$.
   Hinweis: Nichtnegative Lösung heißt $x(t) \geq 0$ für alle t.

(b) Wir betrachten das AWP $\dot{x} = x(1 - x^2)$, $x(0) = x_0$. Finden Sie (ohne die DGL zu lösen) für jeden Anfangswert $x_0 \in \mathbb{R}$ heraus, wie sich die zugehörige Lösung auf lange Zeit verhält. Skizzieren Sie hierfür den Graphen von $f(x) = x(1 - x^2)$ und überlegen Sie sich zuerst, wie das Vorzeichen der Funktion f bei $x(t)$ mit dem Verhalten von $x(t)$ zusammenhängt.

63.7 Wir betrachten die Gleichung $\ddot{x} = -\sin(x)$ für $x \in [-2\pi, 2\pi]$. *Dabei handelt es sich um das Newtonsche Gesetz in einer Dimension zur Beschreibung des mathematischen Pendels, wobei x den Auslenkwinkel bezeichnet.*

(a) Schreiben Sie die DGL als ein DGL-System erster Ordnung in der Form

$$\begin{pmatrix} \dot{x}_1 \\ \dot{x}_2 \end{pmatrix} = f(x_1, x_2).$$

(b) Bestimmen Sie diejenigen fünf Punkte im Streifen $\{(x_1, x_2) \in \mathbb{R}^2 : -2\pi \leq x_1 \leq 2\pi, \}$, an denen $f(x_1, x_2) = 0$ gilt; diese Punkte heißen *Ruhelagen*.

(c) Plotten Sie das Vektorfeld $f(x_1, x_2)$ mit MATLAB und skizzieren Sie einige Lösungen in der x_1-x_2-Ebene. Gibt es geschlossene Lösungskurven?

63.8 Reduzieren Sie die folgenden DGLen bzw. DGL-Systeme auf lineare DGL-Systeme erster Ordnung:

(a) $\dddot{x}(t) - 3\ddot{x}(t) - 3\dot{x}(t) - 7x(t) = 0$,

(b) $\ddot{x}(t) - y(t) + 2x(t) = 1$, $\ddot{y}(t) - 3\dot{x}(t) = 2t$,

(c) $\ddot{x}(t) + \dot{x}(t) - x(t) = t$,

(d) $\dot{u}(t) - 3\ddot{v}(t) + 5\ddot{u}(t) = 1$, $\ddot{v}(t) - 2\dot{v}(t) = -t$.

Die exakte Differentialgleichung

64

Inhaltsverzeichnis

Nicht für jede Differentialgleichung 1. Ordnung gibt es ein Lösungsverfahren. Ist sie jedoch *exakt,* so finden wir mit der Methode, eine Stammfunktion zu einem Gradientenfeld zu bestimmen, ein übersichtliches Verfahren zur Lösungsfindung einer solchen DGL. Das Beste ist: Selbst wenn eine DGL nicht exakt ist, so lässt sich dennoch oft durch Multiplikation mit einem *Multiplikator* exakt machen.

64.1 Definition exakter DGLen

Sind $f(t, x)$ und $g(t, x)$ stetig differenzierbare Funktionen, so nennt man eine DGL der Form

$$f(t, x) + g(t, x)\,\dot{x} = 0$$

eine **exakte Differentialgleichung**, falls $f_x = g_t$ gilt.

Anstelle von $\dot{x}$ können wir auch $\frac{\mathrm{d}x}{\mathrm{d}t}$ schreiben. Setzt man das in obige DGL ein und multipliziert man mit $\mathrm{d}t$ durch, so erhält man die sonst auch übliche Schreibweise für eine exakte DGL:

$$f(t, x)\,\mathrm{d}t + g(t, x)\,\mathrm{d}x = 0 \ \text{ mit } \ f_x = g_t.$$

Beispiel 64.1 Die folgenden DGLen sind exakt:

- $(-2t - x \sin(t)) + (2x + \cos t)\, \dot{x} = 0$.
- $3t^2 - 2at + ax - 3x^2\dot{x} + at\,\dot{x} = 0$ für jedes $a \in \mathbb{R}$.
- Jede separierbare DGL $\dot{x} = f(t)\,g(x)$ mit stetig differenzierbaren f und g und $g(x) \neq 0$ ist exakt, sie lässt sich nämlich in der Form

$$-f(t)\,\mathrm{d}t + \frac{1}{g(x)}\,\mathrm{d}x = 0$$

schreiben. Beachte nun, dass $f_x = 0 = g_t$ gilt.

- Die DGL

$$\dot{x} + x - t\,x^2 = 0$$

ist zwar nicht exakt, multiplizieren wir sie jedoch mit dem Faktor $\mu(t, x) = \frac{\mathrm{e}^{-t}}{x^2}, x \neq 0$ durch, so erhalten wir die exakte DGL

$$\frac{\mathrm{e}^{-t}}{x^2}\,\dot{x} + \frac{\mathrm{e}^{-t}}{x}\,(1 - tx) = 0.$$

∎

64.2 Das Lösungsverfahren

Um die Lösung $x = x(t)$ einer exakten DGL zu bestimmen, greifen wir auf das altbekannte Schema zur Bestimmung einer Stammfunktion eines Gradientenfeldes zurück (vgl. Rezept in Abschn. 57.3): Ist nämlich $F(t, x)$ eine Stammfunktion des Gradientenfeldes (man beachte, dass $f_x = g_t$ gerade die Integrabilitätsbedingung ist)

$$\boldsymbol{v}(t, x) = \begin{pmatrix} f(t, x) \\ g(t, x) \end{pmatrix},$$

so gilt $F_t = f(t, x)$ und $F_x = g(t, x)$. Löst man daher für ein $c \in \mathbb{R}$ die Gleichung $F(t, x) = c$ nach $x = x(t)$ auf, so erhält man mit diesem x eine Funktion in t, die wegen der Kettenregel und beidseitigem Differenzieren der Gleichung $F(t, x) = c$ die Gleichung

$$\frac{\mathrm{d}}{\mathrm{d}t}F(t, x) = F_t + F_x\,\dot{x} = f(t, x) + g(t, x)\,\dot{x} = 0$$

erfüllt. Somit ist $x = x(t)$ eine Lösung der gegebenen exakten DGL. Zum Lösen einer exakten DGL gehe man also wie folgt vor:

> **Rezept: Lösen einer exakten Differentialgleichung**
> Gegeben ist die exakte DGL
>
> $$f(t, x) + g(t, x)\,\dot{x} = 0 \text{ (es gilt } f_x = g_t\text{)}.$$
>
> Man erhält die allgemeine Lösung $x(t)$ (evtl. nur in impliziter Form $F(t, x) = c$) wie folgt:
>
> (1) Bestimme eine Stammfunktion $F(t, x)$ von $\ v = \begin{pmatrix} f \\ g \end{pmatrix}$ durch sukzessive Integration:
>   - $F(t, x) = \int f\,\mathrm{d}t + G(x)$.
>   - Bestimme $G_x(x)$ aus $F_x = \frac{\partial}{\partial x}(\int f\,\mathrm{d}t) + G_x(x) = g$.
>   - Bestimme $G(x)$ aus $G_x(x)$ durch Integration.
>   - Erhalte $F(t, x)$ aus dem ersten Schritt.
> (2) Löse die Gleichung $F(t, x) = c$ mit $c \in \mathbb{R}$ nach $x = x(t)$ auf (falls möglich).
> (3) Die von c abhängige Lösung $x = x(t)$ ist die allgemeine Lösung der exakten DGL.
> (4) Das c wird durch eine evtl. vorhandene Anfangsbedingung ermittelt.

Der Schritt (2) ist oftmals nicht durchführbar. Die Lösung $x(t)$ ist dann implizit durch die implizite Gleichung $F(t, x) = c$ gegeben. Das c kann dennoch durch eine evtl. vorhandene Anfangsbedingung ermittelt werden.

Beispiel 64.2 Wir lösen die exakte DGL

$$(-2t - x\sin(t)) + (2x + \cos t)\,\dot{x} = 0.$$

Die DGL ist exakt, denn

$$\frac{\partial}{\partial t}(2x + \cos t) = -\sin t \ \text{ und } \ \frac{\partial}{\partial x}(-2t - x\sin t) = -\sin t.$$

(1) Durch Aufintegrieren erhalten wir eine Stammfunktion,

$$F(t, x) = \int -2t - x\sin(t)\mathrm{d}t + G(x) = -t^2 + x\cos(t) + G(x),$$

$$F_x(t, x) = \cos(t) + G_x(x) = 2x + \cos(t),$$

also $G_x(x) = 2x$, d. h. $G(x) = x^2$. Somit erhalten wir $F(t, x) = -t^2 + x\cos(t) + x^2$.

(2) Die Gleichung $F(t, x) = c$ lautet

$$x^2 + \cos(t)x - (t^2 + c) = 0.$$

Auflösen nach x liefert für x die beiden Möglichkeiten

$$x_{1/2}(t) = \frac{-\cos(t) \pm \sqrt{\cos^2(t) + 4(t^2 + c)}}{2}.$$

(3) Die allgemeine Lösung lautet

$$x(t) = \begin{cases} \frac{-\cos(t) + \sqrt{\cos^2(t) + 4(t^2 + c)}}{2} & \text{oder} \\ \frac{-\cos(t) - \sqrt{\cos^2(t) + 4(t^2 + c)}}{2} & \end{cases},$$

je nachdem, welche Anfangsbedingung zu erfüllen ist. Man beachte, dass z. B. für $c \geq 0$ der Graph der ersten Lösung (mit dem $+$-Zeichen) in der oberen Halbebene ($x(t) \geq 0$ für alle $t \in \mathbb{R}$) verläuft, der Graph der zweiten Lösung (mit dem $-$-Zeichen) hingegen in der unteren Halbebene ($x(t) \leq 0$ für alle $t \in \mathbb{R}$) verläuft.

(4) Für die Anfangsbedingung $x(0) = 0$ erhalten wir wegen

$$x_{1/2}(0) = \frac{-1 \pm \sqrt{1 + 4c}}{2} = 0$$

sofort $c = 0$, und die Wahl des $+$-Zeichens in der allgemeinen Lösung, d. h.

$$x(t) = \frac{-\cos(t) + \sqrt{\cos^2(t) + 4t^2}}{2},$$

ist die Lösung des AWP mit der gegebenen exakten DGL und der Anfangsbedingung $x(0) = 0$.

■

64.2.1 Integrierende Faktoren – der Euler'sche Multiplikator

Die zuletzt betrachtete DGL im Beispiel 64.1 war zuerst nicht exakt, nach Multiplikation mit dem Faktor $\mu(t, x) \neq 0$ jedoch schon. Man spricht in diesem Fall von einem **integrierenden Faktor** oder auch **Euler'schen Multiplikator** $\mu(t, x)$: Durch Multiplikation der Gleichung mit diesem Faktor wird eine zuerst nichtexakte DGL exakt:

$$f(t, x)\mathrm{d}t + g(t, x)\,\mathrm{d}x = 0 \quad \longrightarrow \quad \underbrace{\mu(t, x)\, f(t, x)}_{=: \tilde{f}(t,x)}\mathrm{d}t + \underbrace{\mu(t, x)\, g(t, x)}_{=: \tilde{g}(t,x)}\,\mathrm{d}x = 0,$$

wobei $\tilde{f}_x(t, x) = \tilde{g}_t(t, x)$, d. h., $\mu(t, x)$ erfüllt wegen der Produktregel die Gleichung

$$\mu_x f + \mu\, f_x = \mu_t g + \mu\, g_t.$$

Ist $x = x(t)$ die allgemeine Lösung dieser exakten DGL, so ist $x(t)$ auch die allgemeine Lösung der ursprünglichen nichtexakten DGL (siehe Aufgabe 64.1).
Wir fassen zusammen:

> **Lösung einer nichtexakten Differentialgleichung mit einem integrierenden Faktor**
> Wenn μ ein integrierender Faktor ist, der die nichtexakte DGL $f + g\,\dot{x} = 0$ exakt macht, dann ist die Lösung der exakten DGL $\mu\,f + \mu\,g\,y\dot{x} = 0$ die gesuchte Lösung der DGL $f + g\,\dot{x} = 0$.
> Die Lösung der exakten DGL $\mu\,f + \mu\,g\,\dot{x} = 0$ erhält man mit dem Verfahren, das in Abschn. 64.2). geschildert ist.

Jetzt besteht nur noch ein Problem: Wie findet man einen integrierenden Faktor $\mu = \mu(t, x)$? Den entscheidenden Hinweis liefert die Gleichung

$$\mu_x f + \mu\,f_x = \mu_t g + \mu\,g_t.$$

Wenn $\mu = \mu(t, x)$ diese Gleichung für gegebenes f und g löst, so ist μ ein integrierender Faktor. Bei dieser Gleichung handelt es sich um eine partielle DGL, deren Lösungen im Allgemeinen nur schwer zu bestimmen sind. Aber wir müssen ja nicht alle Lösungen bestimmen, es reichen bestimmte, möglichst einfache.

Es ist zwar möglich, das Vorgehen zur Lösung eines solchen Problems in Spezialfällen systematisch zu schildern. Wir verzichten dennoch darauf. Tatsächlich wird diese Schilderung reichlich kompliziert; und dieser Aufwand ist nicht vertretbar. In den praxisrelevanten Beispielen spielt diese Lösungsmethode, eine nichtexakte DGL mittels eines integrierenden Faktors exakt zu machen, nämlich kaum eine Rolle; nur bei sehr *künstlichen* Beispielen kommt man hier auf Lösungen. In der Praxis verwendet man numerische Methoden zum Lösen von solchen nichtexakten DGLen. Wir verzichten daher auf die Systematik und zeigen an Beispielen, wie man in einfachen Spezialfällen einen integrierenden Faktor erraten kann.

Der einfachste Fall ist, dass μ nur von einer der beiden Variablen t oder x abhängt. Dann ist $\mu_x = 0$ oder $\mu_t = 0$, und die partielle DGL wird deutlich einfacher:

Beispiel 64.3 Für eine (nichtexakte) DGL der Form

$$f(t, x) + \dot{x} = 0$$

mit $f_x \neq 0$ und $g(t, x) = 1$ lautet die partielle DGL für den integrierenden Faktor $\mu = \mu(t, x)$

$$\mu_x f + \mu\,f_x = \mu_t.$$

Konkret für $f(t, x) = t^2 + x \sin(t)$ erhalten wir die nichtexakte DGL mit der dazugehörigen partiellen DGL

$$t^2 + x \sin(t) + \dot{x} = 0 \;\text{ mit }\; \mu_x(t^2 + x \sin(t)) + \mu \sin(t) = \mu_t.$$

Wir fassen ein μ ins Auge, das $\mu_x = 0$ erfüllt, denn dann bleibt die deutlich einfachere DGL $\mu \sin(t) = \mu_t$ übrig, die offenbar die Lösung $\mu(t, x) = \mathrm{e}^{-\cos(t)}$ hat. Damit haben wir einen integrierenden Faktor gefunden. Wir erhalten mit diesem μ die exakte DGL

$$\mathrm{e}^{-\cos(t)} t^2 + \mathrm{e}^{-\cos(t)} x \sin(t) + \mathrm{e}^{-\cos(t)} \dot{x} = 0.$$

∎

Etwas allgemeiner als in diesem Beispiel kann man begründen:

Integrierende Faktoren bei Spezialfällen
Gegeben ist die nichtexakte DGL $f + g\dot{x} = 0$.
- Ist

$$\frac{f_x - g_t}{g} = u(t)$$

  nur von t abhängig, so ist $\mu = \mu(t, x) = \mathrm{e}^{\int u(t)\mathrm{d}t}$ ein integrierender Faktor.

- Ist

$$\frac{g_t - f_x}{f} = u(x)$$

  nur von x abhängig, so ist $\mu = \mu(t, x) = \mathrm{e}^{\int u(x)\mathrm{d}x}$ ein integrierender Faktor.

Bemerkung Es kann durchaus sinnvoll sein, eine Koordinatentransformation auf Polarkoordinaten durchzuführen: Eine DGL in den (kartesischen) Koordinaten t und x geht dabei über in eine DGL in Polarkoordinaten r und φ. Diese neue DGL kann dabei durchaus einfacher zu behandeln sein als die ursprüngliche DGL. Beachte das Beispiel in den Aufgaben.

64.3 Aufgaben

64.1 Begründen Sie: Ist $x(t)$ die allgemeine Lösung der exakten DGL, die durch einen Euler'schen Multiplikator $\mu(t, x)$ aus einer nichtexakten $f + g\,\dot{x} = 0$ DGL entsteht, so ist $x(t)$ auch Lösung der ursprünglichen nichtexakten DGL.

64.2 Bestimmen Sie die Lösungen der folgenden DGLen, bestimmen Sie evtl. einen integrierenden Faktor:

(a) $t + x - (x - t)\dot{x} = 0$.

(b) $(1 + tx)\dot{x} + x^2 = 0$.

(c) $\frac{1 - \cosh x \cos t}{(\cosh x - \cos t)^2}\dot{x} - \frac{\sinh x \sin t}{(\cosh x - \cos t)^2} = 0$.

64.3 Lösen Sie die folgenden Anfangswertprobleme, bestimmen Sie evtl. einen integrierenden Faktor:

(a) $\dot{x} = \frac{x - t^2}{t}$ mit $x(1) = 2$.

(b) $2t + 3\cos(x) + (2x - 3t\sin(x))\dot{x} = 0$ mit $x(1) = 0$.

(c) $tx^2 - 1 + (t^2 x - 1)\dot{x} = 0$ mit $x(0) = 0$.

64.4 Lösen Sie die folgende DGL:

$$x - \left[(t^2 + x^2)^{3/2} + t\right]\dot{x} = 0.$$

Hinweis: Führen Sie Polarkoordinaten ein.

64.5

(a) Zeigen Sie, dass die Differentialgleichung $5t - 4x + (5x - 4t)\dot{x} = 0$ exakt ist und bestimmen Sie die allgemeine Lösung.

(b) Ermitteln Sie den Typ der Lösungskurven in Abhängigkeit von der Integrationskonstanten und skizzieren Sie die Kurvenschar der Lösungen.

Lineare Differentialgleichungssysteme I

65

Inhaltsverzeichnis

Wir betrachten explizite lineare Differentialgleichungssysteme 1. Ordnung,

$$\dot{x}(t) = A(t)\, x(t) + s(t).$$

Hierbei ist $A(t)$ eine $n \times n$-Matrix mit den Komponentenfunktionen $a_{ij}(t)$ und $s(t)$ eine Kurve, also ein $n \times 1$-Vektor, die **Störfunktion**. Gesucht ist die Menge aller Lösungskurven $x = x(t)$.

In dieser Allgemeinheit kann das DGL-System aber nicht gelöst werden. Nur in speziellen Fällen ist es möglich, die Gesamtheit aller Lösungen explizit anzugeben.

Wir betrachten in diesem ersten Kapitel zu linearen DGL-Systemen den Fall einer konstanten und diagonalisierbaren Matrix $A \in \mathbb{R}^{n \times n}$ und einer Störfunktion, die nicht stört, nämlich $s(t) = 0$.

Mithilfe der Eigenwerte und Eigenvektoren von A wird es leicht möglich sein, diesen Fall vollständig zu lösen. Das wesentliche Hilfsmittel hierzu ist die Exponentialfunktion für Matrizen, die auch im allgemeineren Fall, den wir im nächsten Kapitel behandeln, Grundlage sein wird.

© Springer-Verlag GmbH Deutschland, ein Teil von Springer Nature 2022
C. Karpfinger, *Höhere Mathematik in Rezepten*,
https://doi.org/10.1007/978-3-662-63305-2_65

65.1 Die Exponentialfunktion für Matrizen

Wir erinnern an die Reihendarstellung der Exponentialfunktion, es gilt für jede reelle Zahl b:

$$e^b = \sum_{k=0}^{\infty} \frac{b^k}{k!} = 1 + b + \frac{b^2}{2!} + \cdots \in \mathbb{R}.$$

Daher definieren wir für jede quadratische Matrix $B \in \mathbb{R}^{n \times n}$:

$$e^B = \sum_{k=0}^{\infty} \frac{1}{k!} B^k = E_n + B + \frac{1}{2!} B^2 + \cdots \in \mathbb{R}^{n \times n}.$$

Beispiel 65.1

- Wir berechnen e^B für die Matrix $B = \begin{pmatrix} 1 & 1 \\ 0 & 0 \end{pmatrix}$. Wegen $B^k = B$ für $k \geq 1$ gilt:

$$e^B = \begin{pmatrix} 1 & 0 \\ 0 & 1 \end{pmatrix} + \begin{pmatrix} 1 & 1 \\ 0 & 0 \end{pmatrix} + \frac{1}{2} \begin{pmatrix} 1 & 1 \\ 0 & 0 \end{pmatrix} + \cdots = \begin{pmatrix} e & e-1 \\ 0 & 1 \end{pmatrix}.$$

- Und für die Matrix $E_{12} = \begin{pmatrix} 0 & 1 \\ 0 & 0 \end{pmatrix} \in \mathbb{R}^{2 \times 2}$ gilt wegen $E_{12}^k = \begin{pmatrix} 0 & 0 \\ 0 & 0 \end{pmatrix}$ für $k \geq 2$:

$$e^{E_{12}} = \begin{pmatrix} 1 & 0 \\ 0 & 1 \end{pmatrix} + \begin{pmatrix} 0 & 1 \\ 0 & 0 \end{pmatrix} + \frac{1}{2} \begin{pmatrix} 0 & 0 \\ 0 & 0 \end{pmatrix} + \cdots = \begin{pmatrix} 1 & 1 \\ 0 & 1 \end{pmatrix}.$$

- Für Diagonalmatrizen gilt die Regel:

$$\exp \begin{pmatrix} \lambda_1 & \cdots & 0 \\ \vdots & \ddots & \vdots \\ 0 & \cdots & \lambda_n \end{pmatrix} = \begin{pmatrix} 1 & \cdots & 0 \\ \vdots & \ddots & \vdots \\ 0 & \cdots & 1 \end{pmatrix} + \begin{pmatrix} \lambda_1 & \cdots & 0 \\ \vdots & \ddots & \vdots \\ 0 & \cdots & \lambda_n \end{pmatrix} + \begin{pmatrix} \frac{1}{2}\lambda_1^2 & \cdots & 0 \\ \vdots & \ddots & \vdots \\ 0 & \cdots & \frac{1}{2}\lambda_n^2 \end{pmatrix} + \cdots$$

$$= \begin{pmatrix} e^{\lambda_1} & \cdots & 0 \\ \vdots & \ddots & \vdots \\ 0 & \cdots & e^{\lambda_n} \end{pmatrix}.$$

■

In den letzten Beispielen konnten wir nur deshalb e^B explizit bestimmen, da wir B^k für alle natürlichen Zahlen angeben konnten. Das ist im allgemeinen Fall natürlich nicht so. Aber mithilfe der folgenden Rechenregeln können wir e^B für alle diagonalisierbaren Matrizen explizit bestimmen.

Rechenregeln für die Exponentialfunktion für Matrizen

(a) Für alle A, $B \in \mathbb{R}^{n \times n}$ mit $A\,B = B\,A$ gilt:

$$\mathrm{e}^{A+B} = \mathrm{e}^A\,\mathrm{e}^B.$$

(b) Für jede invertierbare Matrix $S \in \mathbb{R}^{n \times n}$ gilt:

$$S^{-1}\,\mathrm{e}^A\,S = \mathrm{e}^{S^{-1}\,A\,S}.$$

Insbesondere gilt für jede diagonalisierbare Matrix $A \in \mathbb{R}^{n \times n}$ mit den Eigenwerten $\lambda_1, \ldots, \lambda_n$ und Eigenvektoren $v_1, \ldots, v_n$ für $S = (v_1, \ldots, v_n)$:

$$\mathrm{e}^A = S \begin{pmatrix} \mathrm{e}^{\lambda_1} & \cdots & 0 \\ \vdots & \ddots & \vdots \\ 0 & \cdots & \mathrm{e}^{\lambda_n} \end{pmatrix} S^{-1}.$$

Wir überlegen uns, dass der Zusatz korrekt ist: Ist $A \in \mathbb{R}^{n \times n}$ eine diagonalisierbare Matrix, so existieren eine invertierbare Matrix $S \in \mathbb{C}^{n \times n}$ und komplexe Zahlen $\lambda_1, \ldots, \lambda_n$ mit der Eigenschaft

$$S^{-1}\,A\,S = \begin{pmatrix} \lambda_1 & \cdots & 0 \\ \vdots & \ddots & \vdots \\ 0 & \cdots & \lambda_n \end{pmatrix} = D, \text{ d.h., } A = S\,D\,S^{-1}.$$

Nun erhalten wir mit den Rechenregeln:

$$\mathrm{e}^A = \mathrm{e}^{S\,D\,S^{-1}} = S\,\mathrm{e}^D\,S^{-1}.$$

Damit können wir e^A für diagonalisierbare Matrizen stets berechnen:

Rezept: Bestimmen von e^A für ein diagonalisierbares A

Ist $A \in \mathbb{R}^{n \times n}$ eine diagonalisierbare Matrix, so erhalte e^A wie folgt:

(1) Bestimme die Eigenwerte $\lambda_1, \ldots, \lambda_n \in \mathbb{R}$ und eine zugehörige Basis $v_1, \ldots, v_n$ des $\mathbb{R}^n$ aus Eigenvektoren von A.
(2) Setze $S = (v_1, \ldots, v_n)$ und $D = \mathrm{diag}(\lambda_1, \ldots, \lambda_n)$.
(3) Bestimme S^{-1}.
(4) Bilde das Produkt $\mathrm{e}^A = S \,\mathrm{diag}(\mathrm{e}^{\lambda_1}, \ldots, \mathrm{e}^{\lambda_n})\,S^{-1}$.

MATLAB Bei MATLAB ruft man die Exponentialfunktion für Matrizen mit `expm(A)` für ein vorher erklärtes A auf.

Beispiel 65.2 Wir bestimmen e^A für die diagonalisierbare Matrix $A = \begin{pmatrix} 1 & 1 & 1 \\ 1 & 1 & 1 \\ 1 & 1 & 1 \end{pmatrix}$.

(1) Die Eigenwerte sind offenbar $\lambda_1 = 0, \lambda_2 = 0$ und $\lambda_3 = 3$. Eine Basis aus Eigenvektoren ist leicht zu erraten:

$$v_1 = \begin{pmatrix} 1 \\ -1 \\ 0 \end{pmatrix}, \ v_2 = \begin{pmatrix} 1 \\ 0 \\ -1 \end{pmatrix}, \ v_3 = \begin{pmatrix} 1 \\ 1 \\ 1 \end{pmatrix}.$$

(2) Wir erhalten die Matrizen;

$$S = \begin{pmatrix} 1 & 1 & 1 \\ -1 & 0 & 1 \\ 0 & -1 & 1 \end{pmatrix} \ \text{und } e^D = \begin{pmatrix} 1 & 0 & 0 \\ 0 & 1 & 0 \\ 0 & 0 & e^3 \end{pmatrix}.$$

(3) Als Inverses von S berechnet man:

$$S^{-1} = \begin{pmatrix} 1/3 & -2/3 & 1/3 \\ 1/3 & 1/3 & -2/3 \\ 1/3 & 1/3 & 1/3 \end{pmatrix}.$$

(4) Schließlich berechnen wir das Produkt $S e^D S^{-1}$ und erhalten

$$e^A = \begin{pmatrix} 1 & 1 & 1 \\ -1 & 0 & 1 \\ 0 & -1 & 1 \end{pmatrix} \begin{pmatrix} 1 & 0 & 0 \\ 0 & 1 & 0 \\ 0 & 0 & e^3 \end{pmatrix} \frac{1}{3} \begin{pmatrix} 1 & -2 & 1 \\ 1 & 1 & -2 \\ 1 & 1 & 1 \end{pmatrix} = \frac{1}{3} \begin{pmatrix} 2+e^3 & -1+e^3 & -1+e^3 \\ -1+e^3 & 2+e^3 & -1+e^3 \\ -1+e^3 & -1+e^3 & 2+e^3 \end{pmatrix}.$$

■

65.2   Die Exponentialfunktion als Lösung linearer DGL-Systeme

Mit Hilfe der Exponentialfunktion für Matrizen können wir nun DGL-Systeme lösen: Wir erinnern an den einfachen Fall $n = 1$: Wir betrachten für ein $a \in \mathbb{R}$

$$\text{die DGL } \ \dot{x} = a\,x \ \text{ bzw. das AWP } \ \dot{x} = a\,x \ \text{ und } x(t_0) = x_0.$$

Dann ist

$$x(t) = c\,e^{at} \ \text{ mit } c \in \mathbb{R} \ \text{ bzw. } x(t) = x_0\,e^{a(t-t_0)}$$

die allgemeine Lösung der DGL bzw. die eindeutig bestimmte Lösung des AWP.

Wie man sich leicht mit den Regeln zur Ableitung von differenzierbaren Funktionen in mehreren Variablen überzeugen kann, gilt völlig analog zum Fall $n = 1$ für ein beliebiges $n \in \mathbb{N}$:

Die Lösung eines homogenen linearen DGL-Systems bzw. eines AWP

Gegeben ist

$$\text{das DGL-System} \quad \dot{x} = Ax \quad \text{bzw. das AWP} \quad \dot{x} = Ax \quad \text{mit } x(t_0) = x_0$$

mit $A \in \mathbb{R}^{n \times n}$ und $x_0 \in \mathbb{R}^n$. Dann ist die Funktion

$$x = x(t) = \mathrm{e}^{tA} c \quad \text{mit einem} \quad c \in \mathbb{R}^n \quad \text{bzw.} \quad x = x(t) = \mathrm{e}^{(t-t_0)A} x_0$$

die allgemeine Lösung des DGL-Systems bzw. die eindeutige Lösung des AWP.

Diese Formeln kann man sich leicht merken, das ist alles analog zum eindimensionalen Fall. Um nun die Lösung noch konkret anzugeben, ist nur noch $\mathrm{e}^{tA} c$ bzw. $\mathrm{e}^{(t-t_0)A} x_0$ zu berechnen. Aber dazu ist ja *nur* die Matrix e^{tA} bzw. $\mathrm{e}^{(t-t_0)A}$ zu bestimmen und dann mit dem (unbestimmten) Vektor c bzw. mit dem (bestimmten) Vektor x_0 zu multiplizieren. Das t bzw. das $t - t_0$ stört dabei nicht sehr, das ist eine Zahl, die sich an jeder Matrix *vorbeiziehen* lässt. Damit ist der folgende Lösungsweg scheinbar vorgezeichnet:

Rezept: Lösen eines DGL-Systems bzw. eines AWP bei diagonalisierbarem A – 1. Fassung

Gegeben ist das DGL-System bzw. das AWP mit diagonalisierbarer Matrix $A \in \mathbb{R}^{n \times n}$:

$$\dot{x} = Ax \quad \text{bzw.} \quad \dot{x} = Ax \quad \text{mit } x(0) = x_0.$$

Zur Bestimmung der Lösung x_a bzw. x gehe man wie folgt vor:

(1) Bestimme die nicht notwendig verschiedenen Eigenwerte $\lambda_1, \ldots, \lambda_n$ mit zugehörigen Eigenvektoren $v_1, \ldots, v_n$ und erhalte $S = (v_1, \ldots, v_n)$ und $D = \mathrm{diag}(\lambda_1, \ldots, \lambda_n)$.

(2) Die allgemeine (komplexe) Lösung des DGL-Systems lautet:

$$x_a(t) = \mathrm{e}^{tA} c = S \mathrm{e}^{tD} S^{-1} c \quad \text{mit} \quad c = (c_1, \ldots, c_n)^\top \in \mathbb{C}^n,$$

und die eindeutig bestimmte (komplexe) Lösung des AWP lautet:

$$x(t) = \mathrm{e}^{(t-t_0)A} x_0 = S \mathrm{e}^{(t-t_0)D} S^{-1} x_0.$$

Diese Methode zur Lösung des DGL-Systems bzw. AWP klingt sehr einfach, ist aber tatsächlich sehr rechenaufwendig; man muss eine Basis S aus Eigenvektoren bestimmen, die Matrix S invertieren und schließlich das Produkt von drei Matrizen berechnen, um diese Matrix dann mit c bzw. x_0 zu multiplizieren. Tatsächlich geht man anders vor; wir zeigen im folgenden Abschnitt, wie das möglich ist.

65.3 Die Lösung für ein diagonalisierbares A

Es ist $x(t) = \mathrm{e}^{tA} c$ mit $c \in \mathbb{R}^n$ die allgemeine Lösung, d. h., ist $S = (v_1, \ldots, v_n)$ eine Basis aus Eigenvektoren der diagonalisierbaren Matrix A und $D = \mathrm{diag}(\lambda_1, \ldots, \lambda_n)$ die Diagonalmatrix mit den Eigenwerten $\lambda_1, \ldots, \lambda_n$ auf der Diagonalen, so gilt mit der Abkürzung $\tilde{c} = S^{-1} c$, wobei wir wieder $\tilde{c} = (c_1, \ldots, c_n)^\top$ setzen,

$$
x_a(t) = \mathrm{e}^{tA} c = S \mathrm{e}^{tD} S^{-1} c = (v_1, \ldots, v_n)
\begin{pmatrix}
\mathrm{e}^{\lambda_1 t} & & 0 \\
& \ddots & \\
0 & & \mathrm{e}^{\lambda_n t}
\end{pmatrix}
\begin{pmatrix}
c_1 \\
\vdots \\
c_n
\end{pmatrix}
$$

$$
= c_1 \mathrm{e}^{\lambda_1 t} v_1 + \cdots + c_n \mathrm{e}^{\lambda_n t} v_n .
$$

Die Lösung $x(t) = \mathrm{e}^{(t-t_0)A} x_0$ des AWP $\dot{x} = A x$ mit $x(t_0) = x_0$ erhält man dann aus dieser allgemeinen Lösung $x_a(t)$ des DGL-Systems, indem man das Gleichungssystem

$$
x_a(t_0) = c_1 \mathrm{e}^{\lambda_1 t_0} v_1 + \cdots + c_n \mathrm{e}^{\lambda_n t_0} v_n = x_0
$$

löst und dabei die Zahlen $c_1, \ldots, c_n$ erhält. Damit ist dann die Lösung $x(t)$ gefunden.

Wir haben bisher nur eine Problematik außer Acht gelassen: Wenn das DGL-System reell ist (und davon gehen wir immer aus), dann kann es doch sein, dass manche Eigenwerte nichtreell sind. Die von uns konstruierte Lösung ist dann ebenfalls nichtreell, und so etwas will man nicht haben. Das Problem lässt sich beseitigen: Ist $\lambda = a + \mathrm{i}b \in \mathbb{C} \setminus \mathbb{R}$ ein Eigenwert von $A \in \mathbb{R}^{n \times n}$ mit zugehörigem Eigenvektor $v \in \mathbb{C}^n$, so ist auch $\bar{\lambda} = a - \mathrm{i}b$ ein Eigenwert von A mit zugehörigem Eigenvektor $\bar{v}$. Wir erhalten mit unserer bisherigen Systematik die zwei nichtreellen Lösungen

$$
\mathrm{e}^{\lambda t} v \quad \text{und} \quad \mathrm{e}^{\bar{\lambda} t} \bar{v} .
$$

Nun streichen wir eine der beiden Lösungen, z. B. $\mathrm{e}^{\bar{\lambda} t} \bar{v}$, und wählen den Realteil und Imaginärteil der verbleibenden Lösung $\mathrm{e}^{\lambda t} v$; diese liefern zwei reelle linear unabhängige Lösungen

$$
\mathrm{Re}(\mathrm{e}^{\lambda t} v) = \mathrm{e}^{at}(\cos(b\,t)\mathrm{Re}(v) - \sin(b\,t)\mathrm{Im}(v)) \quad \text{und}
$$

$$
\mathrm{Im}(\mathrm{e}^{\lambda t} v) = \mathrm{e}^{at}(\sin(b\,t)\mathrm{Re}(v) + \cos(b\,t)\mathrm{Im}(v)) .
$$

Somit geht man zur Lösung wie folgt beschrieben vor:

Rezept: Lösen eines DGL-Systems bzw. eines AWP bei diagonalisierbarem A – 2. Fassung

Gegeben ist das DGL-System bzw. das AWP mit diagonalisierbarer Matrix $A \in \mathbb{R}^{n \times n}$:

$$\dot{x} = A x \text{ bzw. } \dot{x} = A x \text{ mit } x(0) = x_0.$$

Zur Bestimmung der Lösung x_a bzw. x gehe man wie folgt vor:

(1) Bestimme die nicht notwendig verschiedenen Eigenwerte $\lambda_1, \ldots, \lambda_n$ mit zugehörigen Eigenvektoren $v_1, \ldots, v_n$.

(2) Die allgemeine komplexe Lösung des DGL-Systems lautet:

$$x_a(t) = c_1 e^{\lambda_1 t} v_1 + \cdots + c_n e^{\lambda_n t} v_n \text{ mit } c_1, \ldots, c_n \in \mathbb{C}.$$

(3) Die allgemeine reelle Lösung erhält man aus der allgemeinen komplexen Lösung: Sind λ, $\bar{\lambda} \in \mathbb{C} \setminus \mathbb{R}$ mit $\lambda = a + ib$ komplexe Eigenwerte von A mit den Eigenvektoren v, $\bar{v}$, so streiche in der komplexen Lösung den Summanden $d e^{\bar{\lambda} t} \bar{v}$ und ersetze den Summanden mit $c e^{\lambda t} v$ durch

$$d_1 e^{at} (\cos(b t) \mathrm{Re}(v) - \sin(b t) \mathrm{Im}(v)) + d_2 e^{at} (\sin(b t) \mathrm{Re}(v) + \cos(b t) \mathrm{Im}(v))$$

mit d_1, $d_2 \in \mathbb{R}$.

(4) Bestimme mit dem $x_a(t)$ aus (3) die Zahlen $c_1, \ldots, c_n$ aus dem LGS

$$x_a(t_0) = c_1 e^{\lambda_1 t_0} v_1 + \cdots + c_n e^{\lambda_n t_0} v_n = x_0$$

und erhalte die eindeutig bestimmte Lösung des AWP:

$$x(t) = c_1 e^{\lambda_1 t} v_1 + \cdots + c_n e^{\lambda_n t} v_n.$$

Man beachte, dass die Exponentialfunktion bei der Lösungsfindung gar nicht auftaucht.

Beispiel 65.3

- Man vergleiche Beispiel 65.2: Wir bestimmen die allgemeine Lösung des DGL-Systems bzw. des AWP

$$\dot{x} = A x \text{ bzw. } \dot{x} = A x \text{ mit } x(1) = \begin{pmatrix} 1 \\ 0 \\ 1 \end{pmatrix} \text{ und } A = \begin{pmatrix} 1 & 1 & 1 \\ 1 & 1 & 1 \\ 1 & 1 & 1 \end{pmatrix}.$$

(1) Als Eigenwerte mit zugehörigen Eigenvektoren erhalten wir $\lambda_1 = 0$, $\lambda_2 = 0$ und $\lambda_3 = 3$ mit

$$v_1 = \begin{pmatrix} 1 \\ -1 \\ 0 \end{pmatrix}, \quad v_2 = \begin{pmatrix} 1 \\ 0 \\ -1 \end{pmatrix}, \quad v_3 = \begin{pmatrix} 1 \\ 1 \\ 1 \end{pmatrix}.$$

(2) Wir erhalten die allgemeine Lösung $x_a(t)$ des DGL-Systems:

$$x_a(t) = c_1 \begin{pmatrix} 1 \\ -1 \\ 0 \end{pmatrix} + c_2 \begin{pmatrix} 1 \\ 0 \\ -1 \end{pmatrix} + c_3 e^{3t} \begin{pmatrix} 1 \\ 1 \\ 1 \end{pmatrix}, \quad c_1, c_2, c_3 \in \mathbb{C}.$$

(3) wie (2) (schreibe $\mathbb{R}$ statt $\mathbb{C}$).

(4) Zur Lösung des AWP ist das folgende Gleichungssystem zu lösen:

$$x_a(1) = c_1 \begin{pmatrix} 1 \\ -1 \\ 0 \end{pmatrix} + c_2 \begin{pmatrix} 1 \\ 0 \\ -1 \end{pmatrix} + c_3 e^3 \begin{pmatrix} 1 \\ 1 \\ 1 \end{pmatrix} = \begin{pmatrix} 1 \\ 0 \\ 1 \end{pmatrix}.$$

Eine Lösung ist offenbar $c_1 = \frac{2}{3}$, $c_2 = \frac{-1}{3}$ und $c_3 = \frac{2}{3e^3}$; damit lautet die eindeutig bestimmte Lösung des AWP

$$x(t) = \begin{pmatrix} 1/3 \\ -2/3 \\ 1/3 \end{pmatrix} + e^{3(t-1)} \begin{pmatrix} 2/3 \\ 2/3 \\ 2/3 \end{pmatrix}.$$

- Wir lösen das AWP $\dot{x} = A x$, ausführlich

$$\dot{x} = \begin{pmatrix} \dot{x}_1 \\ \dot{x}_2 \end{pmatrix} = \begin{pmatrix} -x_2 \\ x_1 \end{pmatrix} \text{ mit } x(0) = \begin{pmatrix} 1 \\ 1 \end{pmatrix}.$$

(1) Die Matrix $A = \begin{pmatrix} 0 & -1 \\ 1 & 0 \end{pmatrix}$ hat die Eigenwerte $\lambda_1 = i$ und $\lambda_2 = -i$ mit den zugehörigen Eigenvektoren

$$v_1 = \begin{pmatrix} 1 \\ -i \end{pmatrix} \quad \text{und} \quad v_2 = \begin{pmatrix} 1 \\ i \end{pmatrix}.$$

(2) Wir erhalten die allgemeine Lösung $x_a(t)$ des DGL-Systems:

$$x_a(t) = c_1 e^{it} \begin{pmatrix} 1 \\ -i \end{pmatrix} + c_2 e^{-it} \begin{pmatrix} 1 \\ i \end{pmatrix}, \quad c_1, c_2, \in \mathbb{C}.$$

(3) Streiche $c_2 \mathrm{e}^{-\mathrm{i}t} \boldsymbol{v}_2$ und zerlege $c_1 \mathrm{e}^{\mathrm{i}t} \boldsymbol{v}_1$ in Real- und Imaginärteil:

$$\mathrm{e}^{\mathrm{i}t} \begin{pmatrix} 1 \\ -\mathrm{i} \end{pmatrix} = (\cos(t) + \mathrm{i} \sin(t)) \left(\begin{pmatrix} 1 \\ 0 \end{pmatrix} + \mathrm{i} \begin{pmatrix} 0 \\ -1 \end{pmatrix} \right) = \begin{pmatrix} \cos(t) \\ \sin(t) \end{pmatrix} + \mathrm{i} \begin{pmatrix} \sin(t) \\ -\cos(t) \end{pmatrix}.$$

Damit lautet die allgemeine reelle Lösung des DGL-Systems

$$\boldsymbol{x}_a(t) = c_1 \begin{pmatrix} \cos(t) \\ \sin(t) \end{pmatrix} + c_2 \begin{pmatrix} \sin(t) \\ -\cos(t). \end{pmatrix}, \quad c_1, c_2, \in \mathbb{R}.$$

(4) Durch Lösen des Gleichungssystems $\boldsymbol{x}_a(0) = (1, 1)^\top$ erhalten wir die eindeutig bestimmte Lösung des AWP

$$\boldsymbol{x}(t) = \begin{pmatrix} \cos(t) - \sin(t) \\ \sin(t) + \cos(t) \end{pmatrix}.$$

∎

65.4 Aufgaben

65.1 Geben Sie ein Beispiel dafür an, dass $\mathrm{e}^{A+B} = \mathrm{e}^A \, \mathrm{e}^B$ nicht allgemein gilt.

65.2 Bestimmen Sie die Lösungen der folgenden AWPe bzw. DGL-Systeme:

(a) $\dot{\boldsymbol{x}} = A\boldsymbol{x}, \quad \boldsymbol{x}(0) = \begin{pmatrix} 0 \\ 2 \\ 2 \end{pmatrix}$ mit $A = \begin{pmatrix} 5 & 0 & 4 \\ 0 & 4 & 0 \\ 4 & 0 & 5 \end{pmatrix}$,

(b) $\dot{\boldsymbol{x}} = A\boldsymbol{x}, \quad \boldsymbol{x}(0) = \begin{pmatrix} 1 \\ 1 \end{pmatrix}$ mit $A = \begin{pmatrix} -1 & 1 \\ -1 & -1 \end{pmatrix}$.

65.3 Wir betrachten eine Population aus Wildschweinen (W) und Schnecken (S), deren Bestand durch reelle Funktionen $W, S : \mathbb{R}_{\geq 0} \to \mathbb{R}_{\geq 0}$ beschrieben wird. Diese sollen der folgenden DGL genügen:

$$\dot{W}(t) = -W(t) + S(t) - 2 \quad \text{und} \quad \dot{S}(t) = S(t) - 2W(t) \quad (\ast).$$

(a) Finden Sie ein Paar $(w_0, s_0) \in \mathbb{R}^2$, so dass $W(t) = w_0$, $S(t) = s_0$ für $t \in \mathbb{R}$ eine konstante Lösung von $(\ast)$ beschreibt.

(b) Finden Sie eine Lösung von (∗) mit $W(0) = 3$, $S(0) = 6$, indem Sie den Ansatz

$$W(t) = w(t) + w_0, \quad S(t) = s(t) + s_0 \quad (t \in \mathbb{R})$$

machen und die entstehende DGL für $w, s : \mathbb{R} \to \mathbb{R}$ lösen.

(c) Skizzieren Sie die Lösung $t \mapsto (W(t), S(t))$.

65.4 Bestimmen Sie die Lösungen des folgenden AWP:

$$\ddot{x} = x + 3\,y$$
$$\dot{y} = \dot{x}$$

mit den Anfangsbedingungen $x(0) = 5$, $\dot{x}(0) = 0$, $y(0) = 1$.

Lineare Differentialgleichungssysteme II 66

Inhaltsverzeichnis

Wir betrachten weiterhin explizite lineare Differentialgleichungssysteme 1. Ordnung,

$$\dot{x}(t) = A(t)\,x(t) + s(t),$$

wobei wir in diesem zweiten Kapitel zu diesem Thema nach wie vor eine konstante, aber nicht notwendig diagonalisierbare Matrix $A \in \mathbb{R}^{n \times n}$ betrachten und erneut $s = 0$ setzen.

Mit Hilfe der Jordannormalform von A wird es möglich sein, auch diesen Fall vollständig zu lösen. Erneut liegt der Schlüssel zum Ziel in der Exponentialfunktion für Matrizen.

66.1 Die Exponentialfunktion als Lösung linearer DGL-Systeme

Es sei eine reelle Matrix $A \in \mathbb{R}^{n \times n}$ gegeben. Laut der Merkbox in Abschn. 65.2 lautet die Lösung des DGL-Systems $\dot{x} = A\,x$ bzw. des AWP $\dot{x} = A\,x$ mit $x(0) = x_0$ auf jeden Fall

$$x(t) = \mathrm{e}^{tA}\,c \ \text{ mit einem } c \in \mathbb{R}^n \ \text{ bzw. } \ x = x(t) = \mathrm{e}^{(t-t_0)A}\,x_0.$$

Die Frage ist nur, wie man diese Matrizen bestimmt. Ist A diagonalisierbar, so liefert der Lösungsalgorithmus in Abschn. 65.3 die Lösung. Aber was ist zu tun, wenn A nicht diagonalisierbar ist? Die Matrix A ist genau dann diagonalisierbar, wenn

- das charakteristische Polynom χ_A zerfällt und
- für jeden Eigenwert λ von A $\mathrm{alg}(\lambda) = \mathrm{geo}(\lambda)$ gilt.

© Springer-Verlag GmbH Deutschland, ein Teil von Springer Nature 2022
C. Karpfinger, *Höhere Mathematik in Rezepten*,
https://doi.org/10.1007/978-3-662-63305-2_66

Ist dies nicht erfüllt, so lässt sich das DGL-System bzw. das AWP dennoch lösen:

- Falls das charakteristische Polynom χ_A nicht zerfällt, so fassen wir die Matrix A als komplexe Matrix auf. Über $\mathbb{C}$ zerfällt χ_A.
- Falls $\mathrm{alg}(\lambda) \neq \mathrm{geo}(\lambda)$ für einen Eigenwert λ von A gilt, so ist A zwar nicht diagonalisierbar, es existiert aber eine Jordannormalform zu A.

Wir halten fest:

Die Exponentialfunktion für eine nichtdiagonalisierbare Matrix

Zu jeder Matrix $A \in \mathbb{R}^{n \times n}$ gibt es (evtl. nichtreelle) Matrizen J und S aus $\mathbb{C}^{n \times n}$, sodass

$$J = S^{-1}A\,S = \begin{pmatrix} \lambda_1 & \varepsilon_1 & & \\ & \ddots & \ddots & \\ & & \ddots & \varepsilon_{n-1} \\ & & & \lambda_n \end{pmatrix} = \underbrace{\begin{pmatrix} \lambda_1 & & \\ & \ddots & \\ & & \lambda_n \end{pmatrix}}_{=:D} + \underbrace{\begin{pmatrix} 0 & \varepsilon_1 & & \\ & \ddots & \ddots & \\ & & \ddots & \varepsilon_{n-1} \\ & & & 0 \end{pmatrix}}_{=:N}$$

mit $\varepsilon_i \in \{0,\ 1\}$, und es gilt

$$\mathrm{e}^A = S\,\mathrm{diag}\left(\mathrm{e}^{\lambda_1}, \ldots, \mathrm{e}^{\lambda_n}\right)\left(E_n + N + \tfrac{1}{2}N^2 + \cdots\right) S^{-1}.$$

Wegen $D\,N = N\,D$ gilt nämlich nach der Rechenregel (a) in Abschn. 65.1:

$$\mathrm{e}^A = \mathrm{e}^{SJS^{-1}} = S\,\mathrm{e}^J\,S^{-1} = S\,\mathrm{e}^{D+N}\,S^{-1} = S\,\mathrm{e}^D\mathrm{e}^N\,S^{-1}$$

$$= S\,\mathrm{diag}\left(\mathrm{e}^{\lambda_1}, \ldots, \mathrm{e}^{\lambda_n}\right)\left(E_n + N + \tfrac{1}{2}N^2 + \cdots\right) S^{-1}.$$

Da es zu N wegen ihrer speziellen Gestalt eine natürliche Zahl k gibt mit $N^k = 0$, $k < n$, bricht diese Summe $E_n + N + \tfrac{1}{2}N^2 + \cdots$ rasch ab. Wir zeigen das beispielhaft für $n = 4$ im *schlimmsten* Fall $\varepsilon_i = 1$ für alle i:

$$\begin{pmatrix} 0 & 1 & 0 & 0 \\ 0 & 0 & 1 & 0 \\ 0 & 0 & 0 & 1 \\ 0 & 0 & 0 & 0 \end{pmatrix} \xrightarrow{N\cdot} \begin{pmatrix} 0 & 0 & 1 & 0 \\ 0 & 0 & 0 & 1 \\ 0 & 0 & 0 & 0 \\ 0 & 0 & 0 & 0 \end{pmatrix} \xrightarrow{N\cdot} \begin{pmatrix} 0 & 0 & 0 & 1 \\ 0 & 0 & 0 & 0 \\ 0 & 0 & 0 & 0 \\ 0 & 0 & 0 & 0 \end{pmatrix} \xrightarrow{N\cdot} \begin{pmatrix} 0 & 0 & 0 & 0 \\ 0 & 0 & 0 & 0 \\ 0 & 0 & 0 & 0 \\ 0 & 0 & 0 & 0 \end{pmatrix},$$

bei jeder Multiplikation *rutscht* die Diagonale mit den Einsen um eine Reihe hoch.

Man nennt eine solche Matrix N mit der Eigenschaft $N^k = 0$ für eine natürliche Zahl k **nilpotent**; eine Potenz von N ist *nil,* d. h. *nichts,* also 0.

Damit haben wir also eine Möglichkeit, e^A für beliebige konstante Matrizen A zu berechnen, man gehe dazu vor, wie im folgenden Rezept beschrieben:

Rezept: Bestimmen von e^A für ein nichtdiagonalisierbares A

Gegeben ist eine Matrix $A \in \mathbb{R}^{n \times n}$. Um e^A zu berechnen, gehe wie folgt vor:

(1) Bestimme eine Jordannormalform mit dazugehöriger Jordanbasis S,

$$J = S^{-1} A S.$$

(2) Schreibe $J = D + N$ mit einer Diagonalmatrix D und nilpotenten Matrix N (mit $N^k = N^{k+1} = \cdots = 0$).

(3) Erhalte

$$e^A = S \operatorname{diag}\left(e^{\lambda_1}, \ldots, e^{\lambda_n}\right)\left(E_n + N + \frac{1}{2}N^2 + \cdots + \frac{1}{(k-1)!}N^{k-1}\right) S^{-1}.$$

Beispiel 66.1

- Wir betrachten die Matrix $A = \begin{pmatrix} -1 & 1 & 0 \\ 0 & -1 & 1 \\ 0 & 0 & -1 \end{pmatrix}$.

(1) Die Matrix A ist bereits in Jordannormalform, $J = A$, es gilt $S = E_3$.

(2) Wir zerlegen J in eine Summe einer Diagonalmatrix D mit einer nilpotenten Matrix N:

$$J = D + N \ \text{ mit } \ D = \begin{pmatrix} -1 & 0 & 0 \\ 0 & -1 & 0 \\ 0 & 0 & -1 \end{pmatrix} \ \text{ und } \ N = \begin{pmatrix} 0 & 1 & 0 \\ 0 & 0 & 1 \\ 0 & 0 & 0 \end{pmatrix}.$$

(3) Wegen $N^3 = 0$ erhalten wir

$$e^A = E_3 \operatorname{diag}(e^{-1}, e^{-1}, e^{-1}) \left(E_3 + N + \tfrac{1}{2}N^2\right) E_3^{-1}$$

$$= \begin{pmatrix} e^{-1} & 0 & 0 \\ 0 & e^{-1} & 0 \\ 0 & 0 & e^{-1} \end{pmatrix} \begin{pmatrix} 1 & 1 & 1/2 \\ 0 & 1 & 1 \\ 0 & 0 & 1 \end{pmatrix} = \begin{pmatrix} e^{-1} & e^{-1} & \tfrac{1}{2}e^{-1} \\ 0 & e^{-1} & e^{-1} \\ 0 & 0 & e^{-1} \end{pmatrix}.$$

- Wir betrachten die Matrix $A = \begin{pmatrix} 3 & 1 & 0 & 0 \\ -1 & 1 & 0 & 0 \\ 1 & 1 & 3 & 1 \\ -1 & -1 & -1 & 1 \end{pmatrix}$.

(1) Nach dem Beispiel 44.1 gilt für die Matrix

$$J = \begin{pmatrix} 2 & 1 & 0 & 0 \\ 0 & 2 & 0 & 0 \\ 0 & 0 & 2 & 1 \\ 0 & 0 & 0 & 2 \end{pmatrix} = S^{-1} A S \ \text{ mit } \ S = \begin{pmatrix} 1 & 0 & 0 & 0 \\ -1 & 1 & 0 & 0 \\ 1 & 0 & 1 & 0 \\ -1 & 0 & -1 & 1 \end{pmatrix}.$$

Es ist J eine Jordannormalform und S eine Jordanbasis zu A.

(2) Wir zerlegen J in eine Summe einer Diagonalmatrix D mit einer nilpotenten Matrix N:

$$J = D + N \ \text{ mit } \ D = \begin{pmatrix} 2 & 0 & 0 & 0 \\ 0 & 2 & 0 & 0 \\ 0 & 0 & 2 & 0 \\ 0 & 0 & 0 & 2 \end{pmatrix} \ \text{ und } \ N = \begin{pmatrix} 0 & 1 & 0 & 0 \\ 0 & 0 & 0 & 0 \\ 0 & 0 & 0 & 1 \\ 0 & 0 & 0 & 0 \end{pmatrix}.$$

- Wegen $N^2 = 0$ erhalten wir

$$\mathrm{e}^A = S \, \mathrm{diag}(\mathrm{e}^2, \ \mathrm{e}^2, \ \mathrm{e}^2, \ \mathrm{e}^2) \ (E_4 + N) \, S^{-1}$$

$$= \begin{pmatrix} 1 & 0 & 0 & 0 \\ -1 & 1 & 0 & 0 \\ 1 & 0 & 1 & 0 \\ -1 & 0 & -1 & 1 \end{pmatrix} \begin{pmatrix} \mathrm{e}^2 & 0 & 0 & 0 \\ 0 & \mathrm{e}^2 & 0 & 0 \\ 0 & 0 & \mathrm{e}^2 & 0 \\ 0 & 0 & 0 & \mathrm{e}^2 \end{pmatrix} \begin{pmatrix} 1 & 1 & 0 & 0 \\ 0 & 1 & 0 & 0 \\ 0 & 0 & 1 & 1 \\ 0 & 0 & 0 & 1 \end{pmatrix} \begin{pmatrix} 1 & 0 & 0 & 0 \\ 1 & 1 & 0 & 0 \\ -1 & 0 & 1 & 0 \\ 0 & 0 & 1 & 1 \end{pmatrix}$$

$$= \begin{pmatrix} 2\mathrm{e}^2 & \mathrm{e}^2 & 0 & 0 \\ -\mathrm{e}^2 & 0 & 0 & 0 \\ \mathrm{e}^2 & \mathrm{e}^2 & 2\mathrm{e}^2 & \mathrm{e}^2 \\ -\mathrm{e}^2 & -\mathrm{e}^2 & -\mathrm{e}^2 & 0 \end{pmatrix}.$$

∎

66.2 Die Lösung für ein nichtdiagonalisierbares A

Nachdem wir nun wissen, wie man e^J für eine Jordan-Matrix J bestimmen kann, ist es ein Leichtes, die Lösung eines DGL-Systems bzw. eines AWP mit einer nichtdiagonalisierbaren Matrix A zu bestimmen:

> **Rezept: Lösen eines DGL-Systems bzw. eines AWP bei nichtdiagonalisierbarem A**
> Gegeben ist
>
> $$\text{das DGL-System } \dot{x} = A\,x \text{ bzw. das AWP } \dot{x} = A\,x \text{ mit } x(t_0) = x_0$$
>
> mit einer nichtdiagonalisierbaren Matrix $A \in \mathbb{R}^{n \times n}$ und $x_0 \in \mathbb{R}^n$.
>
> (1) Bestimme eine Jordanbasis S des $\mathbb{C}^n$ und die dazugehörige Jordannormalform J von A, d.h. $S^{-1} A\,S = J$.
> (2) Berechne $\mathrm{e}^{tA} = S\,\mathrm{e}^{tJ}\,S^{-1}$ bzw. $\mathrm{e}^{(t-t_0)A} = S\,\mathrm{e}^{(t-t_0)J}\,S^{-1}$.
> (3) Erhalte die allgemeine Lösung des DGL-Systems als $x(t) = \mathrm{e}^{tA}\,c,\ c \in \mathbb{R}^n$, bzw. die eindeutige Lösung des AWP als $x(t) = \mathrm{e}^{(t-t_0)A}\,x_0$.

Tatsächlich ist das Rezept auch für eine diagonalisierbare Matrix anwendbar: Die Jordannormalform ist dann eine Diagonalform.

Beispiel 66.2 Wir lösen das AWP $\dot{x} = A\,x$ mit $A = \begin{pmatrix} 3 & 1 \\ -1 & 1 \end{pmatrix}$ und $x(0) = \begin{pmatrix} 1 \\ 1 \end{pmatrix}$.

(1) Offenbar bilden die Spalten v_1 und v_2 von $S = \begin{pmatrix} 1 & 1 \\ -1 & 0 \end{pmatrix}$ eine Jordanbasis zu A, und es gilt

$$J = \begin{pmatrix} 2 & 1 \\ 0 & 2 \end{pmatrix} = S^{-1} A\,S.$$

(2) Wir berechnen $\mathrm{e}^{tA} = S\,\mathrm{e}^{tJ}\,S^{-1}$ und setzen dabei $J = D + N$ mit $D = \begin{pmatrix} 2 & 0 \\ 0 & 2 \end{pmatrix}$ und

$N = \begin{pmatrix} 0 & 1 \\ 0 & 0 \end{pmatrix}$; damit erhalten wir vorerst:

$$\mathrm{e}^{tJ} = \mathrm{e}^{t(D+N)} = \mathrm{e}^{tD}\,\mathrm{e}^{tN} = \begin{pmatrix} \mathrm{e}^{2t} & 0 \\ 0 & \mathrm{e}^{2t} \end{pmatrix} \cdot \begin{pmatrix} 1 & t \\ 0 & 1 \end{pmatrix} = \begin{pmatrix} \mathrm{e}^{2t} & t\,\mathrm{e}^{2t} \\ 0 & \mathrm{e}^{2t} \end{pmatrix}$$

und schließlich

$$\mathrm{e}^{tA} = S\,\mathrm{e}^{tJ}\,S^{-1} = \begin{pmatrix} 1 & 1 \\ -1 & 0 \end{pmatrix} \begin{pmatrix} \mathrm{e}^{2t} & t\,\mathrm{e}^{2t} \\ 0 & \mathrm{e}^{2t} \end{pmatrix} \begin{pmatrix} 0 & -1 \\ 1 & 1 \end{pmatrix} = \begin{pmatrix} (t+1)\,\mathrm{e}^{2t} & t\,\mathrm{e}^{2t} \\ -t\,\mathrm{e}^{2t} & (1-t)\,\mathrm{e}^{2t} \end{pmatrix}.$$

(3) Wir erhalten als eindeutige Lösung des AWP

$$x(t) = e^{tA}x_0 = \begin{pmatrix} e^{2t}(2t+1) \\ (1-2t)e^{2t} \end{pmatrix}.$$

∎

Eine Problematik haben wir bisher verschwiegen: Es kann nun auch noch sein, dass ein Eigenwert komplex ist: Will man eine reelle Lösung haben, so sind noch Real- und Imaginärteil des komplexen Beitrages zu bestimmen; der Beitrag des konjugiert komplexen Eigenwertes ist zu verwerfen, Real- und Imaginärteil des einen komplexen Beitrages bilden zwei reelle linear unabhängige Beiträge – die Bilanz stimmt dann wieder.

Wir geben abschließend noch an, wie die Matrix e^{tJ} allgemein für ein Jordankästchen $J \in \mathbb{R}^{k \times k}$ zum Eigenwert λ lautet:

$$e^{tJ} = e^{t(D+N)} = e^{tD} e^{tN} = e^{tD} \left(E_k + tN + \tfrac{1}{2}t^2 N^2 + \tfrac{1}{3!}t^3 N^3 + \tfrac{1}{4!}t^4 N^4 + \cdots \right)$$

$$= \begin{pmatrix} e^{\lambda t} & & & \\ & \ddots & & \\ & & \ddots & \\ & & & \ddots \\ & & & & e^{\lambda t} \end{pmatrix} \begin{pmatrix} 1 & t & \tfrac{1}{2}t^2 & \cdots & \tfrac{1}{(k-1)!}t^{k-1} \\ & \ddots & \ddots & \ddots & \vdots \\ & & \ddots & \ddots & \tfrac{1}{2}t^2 \\ & & & \ddots & t \\ & & & & 1 \end{pmatrix}.$$

66.3   Aufgaben

66.1 Bestimmen Sie die Lösung des folgenden AWPs:

$$\dot{x} = Ax, \quad x(0) = \begin{pmatrix} 2 \\ 1 \\ 1 \end{pmatrix} \quad \text{mit} \quad A = \begin{pmatrix} -3 & 0 & 1 \\ -2 & -2 & 2 \\ -1 & 0 & -1 \end{pmatrix}.$$

66.2 Finden Sie Funktionen $x, y : \mathbb{R} \to \mathbb{R}$, die dem DGL-System

$$\ddot{x}(t) = y(t), \quad \dot{y}(t) = -\dot{x}(t) + 2y(t) \quad (t \in \mathbb{R})$$

und $x(0) = \dot{x}(0) = 0, \; y(0) = 1$ genügen.

Hinweis: Setzen Sie $u(t) = (x(t), \dot{x}(t), y(t))^\top$, und finden Sie eine Matrix $A \in \mathbb{R}^{3 \times 3}$, sodass die Gleichung $\dot{u} = Au$ gilt. Lösen Sie dieses System mit Hilfe der Jordannormalform.

66.3 Finden Sie eine Lösung $x \colon \mathbb{R} \to \mathbb{R}$ der DGL

$$\ddot{x}(t) = 2\dot{x}(t) - x(t), \quad x(0) = 1, \ \dot{x}(0) = 2 \quad (t \in \mathbb{R}).$$

66.4 Man löse das folgende AWP:

$$\dot{x}_1(t) = -5x_1(t) + x_2(t)$$
$$\dot{x}_2(t) = -5x_2(t) + x_3(t) \quad \text{mit} \quad x(0) = (x_1(0), \ x_2(0), \ x_3(0))^\top = (2, 0, 1)^\top.$$
$$\dot{x}_3(t) = -5x_3(t)$$

Lineare Differentialgleichungssysteme III   67

Inhaltsverzeichnis

Wir betrachten weiterhin explizite lineare Differentialgleichungssysteme 1. Ordnung,

$$\dot{x}(t) = A(t)\,x(t) + s(t),$$

wobei wir in diesem dritten Kapitel zu diesem Thema den allgemeinen Fall betrachten.

Die Lösungsmenge eines solchen Systems setzt sich zusammen aus der Lösungsmenge des homogenen Systems und einer partikulären Lösung. Es ist im Allgemeinen nicht möglich, die Lösungsmenge des homogenen Systems zu bestimmen. Aber wenn man diese Menge doch hat (etwa durch Probieren oder Raten), so erhält man mit der Variation der Konstanten eine partikuläre Lösung und damit die vollständige Lösung.

Wir besprechen auch einige Punkte zur *Stabilität;* dabei untersucht man das Verhalten von Lösungen eines DGL-Systems in der Nähe von *Gleichgewichtspunkten.*

67.1   Lösen von DGL-Systemen

Gegeben ist ein lineares DGL-System mit einer n-zeiligen quadratischen Matrix $A(t)$,

$$\dot{x} = A(t)\,x + s(t) \ \text{ mit } \ A(t) = (a_{ij}(t)) \ \text{ und } \ s(t) = (s_i(t)).$$

© Springer-Verlag GmbH Deutschland, ein Teil von Springer Nature 2022
C. Karpfinger, *Höhere Mathematik in Rezepten,*
https://doi.org/10.1007/978-3-662-63305-2_67

Gesucht ist die Menge L aller Lösungen $x = (x_1(t), \ldots, x_n(t))^\top$ dieses Systems. Ist L_h die Lösungsmenge des zugehörigen homogenen Systems und x_p eine partikuläre Lösung des inhomogenen Systems, so ist die Menge L gegeben durch

$$L = x_p + L_h.$$

Ist A eine konstante Matrix, so können wir mit den Methoden aus den letzten beiden Kapiteln eine Basis von L_h ermitteln. Es gilt nämlich

$$L_h = \{e^{tA} c \mid c \in \mathbb{R}^n\}.$$

Ist aber A keine konstante Matrix (und das ist der im vorliegenden Kapitel interessante Fall), so gibt es tatsächlich keine allgemeine Methode, die Lösungsmenge L_h des homogenen Systems zu bestimmen. Wir werden in den Beispielen und Aufgaben ggf. eine Menge von Lösungen vorgeben. Man kann dann mit der Wronskideterminante entscheiden, ob ein solches System gegebener Lösungen vollständig ist: L_h ist nämlich ein Vektorraum der Dimension n (dabei ist n die Anzahl der Zeilen von $A(t)$); die Wronskideterminante ist ein Instrument, mit dem man entscheiden kann, ob ein System von n Lösungen linear unabhängig ist. Ist dann erst einmal ein solches System von n linear unabhängigen Lösungen gefunden (wir sprechen von einem *Fundamentalsystem*), so ist es mit der Variation der Konstanten möglich, eine gesuchte partikuläre Lösung zu bestimmen.

Wir stellen die wichtigsten Ergebnisse zusammen, die helfen, die Lösungsmenge des Systems $\dot{x} = A(t)x + s(t)$ zu finden:

Zusammenstellung der Ergebnisse

Gegeben ist das DGL-System $\dot{x} = A(t)x + s(t)$, wobei die Koeffizientenfunktionen $a_{ij}(t)$ und $s_i(t)$ von $A(t)$ und $s(t)$ auf einem gemeinsamen Intervall I stetig seien. Dann gilt:

- Die Lösungsmenge L des DGL-Systems hat die Form

$$L = x_p + L_h, \quad \text{man schreibt } x_a(t) = x_p(t) + x_h(t).$$

  Hierbei sind
  - L_h die Lösungsmenge des homogenen Systems $\dot{x} = A(t)x$,
  - $x_h(t)$ die allgemeine Lösung des homogenen Systems $\dot{x} = A(t)x$,
  - $x_p(t)$ eine partikuläre Lösung des Systems $\dot{x} = A(t)x + s(t)$,
  - $x_a(t)$ die allgemeine Lösung des Systems $\dot{x} = A(t)x + s(t)$.
- Das homogene DGL-System $\dot{x} = A(t)x$ hat n linear unabhängige Lösungen $x_1, \ldots, x_n$, die allgemeine Lösung des homogenen Systems hat die Form $x_h(t) = c_1 x_1(t) + \cdots + c_n x_n(t)$. Man schreibt auch kurz $x_h(t) = X(t)c$ mit $X(t) = (x_1, \ldots, x_n)$ und $c \in \mathbb{R}^n$.

- Je n linear unabhängige Lösungen $x_1, \ldots, x_n$ des homogenen Systems nennt man ein **Fundamentalsystem** von Lösungen.
- Sind $x_1, \ldots, x_n$ Lösungen des homogenen Systems, so sind diese genau dann ein Fundamentalsystem von Lösungen, wenn die sogenannte **Wronskideterminante**

$$W(t) = \det(x_1(t), \ldots, x_n(t)) \neq 0$$

für ein (und damit für alle) $t \in I$ ungleich null ist.
- Eine partikuläre Lösung x_p des inhomogenen Systems findet man durch **Variation der Konstanten**: Ist $x_h(t) = X(t) c$ mit $X(t) = (x_1, \ldots, x_n)$ und $c \in \mathbb{R}^n$ die allgemeine Lösung des homogenen DGL-Systems, so setze $x_p(t) = X(t) c(t)$ und erhalte $c(t)$ durch

$$c(t) = \int X^{-1}(t) \, s(t) \mathrm{d}t,$$

wobei dieses Integral über den Vektor $X^{-1}(t) \, s(t)$ komponentenweise zu bestimmen ist.

Ist $x_1, \ldots, x_n$ ein Fundamentalsystem, so nennt man die invertierbare $n \times n$-Matrix $X(t) = (x_1, \ldots, x_n)$ auch eine **Fundamentalmatrix**. Da die Spalten $x_1, \ldots, x_n$ der Fundamentalmatrix $X(t)$ Lösungen des homogenen DGL-Systems $\dot{x}(t) = A(t)x(t)$ sind, gilt demnach $\dot{X}(t) = A(t)X(t)$ für die komponentenweise Ableitung $\dot{X}(t) = (\dot{x}_1, \ldots, \dot{x}_n)$ und somit liefert der Ansatz Variation der Konstanten $x_p(t) = X(t)c(t)$ für die partikuläre Lösung $x_p(t)$ mit der Produktregel:

$$\dot{x}_p(t) = \dot{X}(t) \, c(t) + X(t) \, \dot{c}(t) = A(t) \, X(t) \, c(t) + X(t) \, \dot{c}(t)$$

$$= A(t) \, x_p(t) + X(t) \, \dot{c}(t) \stackrel{!}{=} A(t) \, x_p(t) + s(t), \text{ d. h. } \dot{c}(t) = X^{-1}(t)s(t).$$

Das begründet die Formel für $c(t)$.

Damit ist das folgende Vorgehen zur Bestimmung der Lösung eines solchen DGL-Systems naheliegend:

Rezept: Lösen eines DGL-Systems

Zu bestimmen ist die allgemeine Lösung $x_a(t)$ des DGL-Systems $\dot{x} = A(t)x + s(t)$ mit stetigen Koeffizientenfunktionen.

(1) Bestimme n verschiedene Lösungen $x_1, \ldots, x_n$ des homogenen Systems $\dot{x} = A(t)x$:

- Falls A konstant ist, so bestimme durch Diagonalisierung bzw. über die Jordannormalform die Matrix $e^{tA} = X(t) = (x_1, \ldots, x_n)$.
- Falls A nicht konstant ist, so findet man evtl. durch Probieren oder Raten $x_1, \ldots, x_n$.
- Bei den typischen Übungsaufgaben sind $x_1, \ldots, x_n$ üblicherweise gegeben.

(2) Teste die gefundenen Lösungen $x_1, \ldots, x_n$ mit der Wronskideterminante auf lineare Unabhängigkeit:

- Falls $\det(x_1, \ldots, x_n) \neq 0$, so sind $x_1, \ldots, x_n$ linear unabhängig $\to$ (3).
- Falls $\det(x_1, \ldots, x_n) = 0$, so sind $x_1, \ldots, x_n$ linear abhängig $\to$ (1).

(3) Bestimme durch Variation der Konstanten eine partikuläre Lösung

$$x_p = X(t)c(t), \text{ wobei } X(t) = (x_1, \ldots, x_n) \text{ und } c(t) = \int X^{-1}(t)\,s(t)\,\mathrm{d}t.$$

(4) Erhalte die allgemeine Lösung $x_a(t) = x_p(t) + c_1 x_1(t) + \cdots + c_n x_n(t)$ mit $c_1, \ldots, c_n \in \mathbb{R}$.

(5) Eine eventuelle Anfangsbedingung $x_a(t_0) = x_0$ liefert ein LGS, durch das die Koeffizienten $c_1, \ldots, c_n$ bestimmt werden.

Beispiel 67.1 Wir bestimmen die allgemeine Lösung des folgenden DGL-Systems:

$$\dot{x} = \begin{pmatrix} \dot{x}_1 \\ \dot{x}_2 \end{pmatrix} = \begin{pmatrix} 1 & 1 \\ 0 & \frac{2}{t} \end{pmatrix} \begin{pmatrix} x_1 \\ x_2 \end{pmatrix} + \begin{pmatrix} -2e^t \\ t^2 e^t \end{pmatrix} \text{ mit } t > 0.$$

(1) Wir betrachten die zwei Lösungen

$$x_1 = \begin{pmatrix} e^t \\ 0 \end{pmatrix} \quad \text{und} \quad x_2 = \begin{pmatrix} -t^2 - 2t - 2 \\ t^2 \end{pmatrix}$$

des homogenen Systems, die man durch Probieren findet.

(2) Wir testen die zwei Lösungen x_1 und x_2 aus (1) mit der Wronskideterminante auf lineare Unabhängigkeit; es gilt

$$W(t) = \det \begin{pmatrix} e^t & -t^2 - 2t - 2 \\ 0 & t^2 \end{pmatrix} = e^t t^2 \neq 0$$

für alle $t > 0$. Somit haben wir ein Fundamentalsystem; wir setzen

$$X(t) = \begin{pmatrix} e^t & -t^2 - 2t - 2 \\ 0 & t^2 \end{pmatrix}.$$

(3) Eine partikuläre Lösung finden wir durch Variation der Konstanten, d. h., wir machen den Ansatz $x_p = X(t) c(t)$ und bestimmen $c(t) = \int X(t)^{-1} s(t) dt$, dazu berechnen wir erst einmal:

$$X^{-1}(t) s(t) = \begin{pmatrix} e^{-t} & e^{-t}(1 + \frac{2}{t} + \frac{2}{t^2}) \\ 0 & \frac{1}{t^2} \end{pmatrix} \begin{pmatrix} -2e^t \\ t^2 e^t \end{pmatrix} = \begin{pmatrix} t^2 + 2t \\ e^t \end{pmatrix}.$$

Damit erhalten wir für $c(t)$:

$$c(t) = \int X^{-1}(t) s(t) dt = \int \begin{pmatrix} t^2 + 2t \\ e^t \end{pmatrix} dt = \begin{pmatrix} \frac{1}{3}t^3 + t^2 \\ e^t \end{pmatrix}.$$

Eine partikuläre Lösung lautet damit:

$$x_p(t) = X(t) c(t) = \begin{pmatrix} e^t & -t^2 - 2t - 2 \\ 0 & t^2 \end{pmatrix} \begin{pmatrix} \frac{1}{3}t^3 + t^2 \\ e^t \end{pmatrix} = \begin{pmatrix} \frac{1}{3}t^3 e^t - 2te^t - 2e^t \\ t^2 e^t \end{pmatrix}.$$

(4) Schließlich können wir die allgemeine Lösung des inhomogenen Systems angeben:

$$x(t) = x_p + c_1 x_1 + c_2 x_2 = \begin{pmatrix} \frac{1}{3}t^3 e^t - 2te^t - 2e^t \\ t^2 e^t \end{pmatrix} + c_1 \begin{pmatrix} e^t \\ 0 \end{pmatrix} + c_2 \begin{pmatrix} -t^2 - 2t - 2 \\ t^2 \end{pmatrix}$$

mit $c_1, c_2 \in \mathbb{R}$. ∎

67.2 Stabilität

Wir betrachten im Folgenden nur *autonome* DGL-Systeme. Dabei nennt man ein DGL-System $\dot{x} = f(t, x(t))$ **autonom**, falls die rechte Seite nur von x abhängt, d. h.

$$\dot{x} = f(x).$$

Ein solches autonomes System hat im Allgemeinen *stationäre Lösungen*, das sind konstante Lösungen $x = a$. Diese beschreiben einen Zustand, den das System nicht verlässt, sofern keine Störungen einwirken.

Beispiel 67.2 Wir betrachten ein Pendel, das aus einer masselosen starren Stange sowie einem Massenpunkt besteht. Die Bewegung des Pendels lässt sich mit einer gegebenen Anfangsauslenkung und Anfangsgeschwindigkeit durch ein DGL-System 1. Ordnung beschreiben. Offenbar gibt es zwei konstante Lösungen: Der Massenpunkt des Pendels hängt senkrecht nach unten, oder er steht senkrecht nach oben. Während die erste konstante Lösung *stabil* ist (bei kleinen Auslenkungen kehrt das Pendel wieder in seine Gleichgewichtslage zurück), ist die zweite Lösung *instabil* (nach einem Stoß wird das System nicht in diese senkrecht nach oben gerichtete Ruhelage zurückkehren).   ∎

Wir formulieren diese bisher angedeuteten vagen Vorstellungen präzise und betrachten vorläufig nur lineare DGL-Systeme. Ein solches lineares DGL-System $\dot{x} = A(t)x + s(t)$ ist genau dann autonom, wenn $A(t) = A \in \mathbb{R}^{n \times n}$ und $s(t) = s \in \mathbb{R}^n$ konstant sind.

Gleichgewichtspunkte und deren Stabilität

Wir betrachten ein autonomes lineares DGL-System $\dot{x} = Ax + s$. Jeder Punkt $a \in \mathbb{R}^n$ mit

$$Aa + s = 0$$

heißt **Gleichgewichtspunkt** oder **stationärer** bzw. **kritischer Punkt** des DGL-Systems. Für jeden Gleichgewichtspunkt ist $x(t) = a$ eine **stationäre Lösung**, es gilt $\dot{x} = 0$.

Ein Gleichgewichtspunkt a heißt

- **stabil**, wenn es zu jedem $\varepsilon > 0$ ein $\delta > 0$ gibt, sodass für jede Lösung x gilt

$$|x(t_0) - a| < \delta \;\Rightarrow\; |x(t) - a| < \varepsilon \text{ für alle } t > t_0,$$

- **attraktiv**, wenn ein $\delta > 0$ existiert, sodass für jede Lösung x gilt

$$|x(t_0) - a| < \delta \;\Rightarrow\; \lim_{t \to \infty} x(t) = a,$$

- **asymptotisch stabil**, wenn er stabil und attraktiv ist,
- **instabil**, wenn er nicht stabil ist.

Die folgenden Bilder in Abb. 67.1 stellen dar, was die Symbolik besagt.

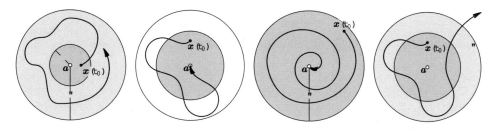

Abb. 67.1 Ein stabiler, attraktiver, asymptotisch stabiler und instabiler Gleichgewichtspunkt

Die Definitionen der unterschiedlichen Qualitäten eines Gleichgewichtspunktes sind reichlich kompliziert. Natürlich stellt sich die Frage, ob es nicht auf einfache Art und Weise möglich ist, einem Gleichgewichtspunkt des Systems $\dot{x} = Ax + s$ anzusehen, ob er stabil, asymptotisch stabil oder instabil ist. Eine solche (zumindest theoretische) Möglichkeit gibt es. Man kann nämlich allein mit den Eigenwerten $\lambda_1, \ldots, \lambda_n \in \mathbb{C}$ der Matrix A über das Stabilitätsverhalten des Punktes a entscheiden:

Der Stabilitätssatz für lineare Systeme
Ist a ein Gleichgewichtspunkt des linearen autonomen DGL-Systems $\dot{x} = Ax + s$ mit $A \in \mathbb{R}^{n \times n}$ und $s \in \mathbb{R}^n$, so gilt mit den Eigenwerten $\lambda_1, \ldots, \lambda_n \in \mathbb{C}$ von A:

- $\text{Re}(\lambda_i) < 0$ für alle $i \Leftrightarrow a$ ist asymptotisch stabil.
- $\text{Re}(\lambda_i) > 0$ für ein $i \Rightarrow a$ ist instabil.
- $\text{Re}(\lambda_i) \leq 0$ für alle i und falls $\text{Re}(\lambda_i) = 0$, so gilt $\text{alg}(\lambda_i) = \text{geo}(\lambda_i) \Leftrightarrow a$ ist stabil.

Beispiel 67.3 Das autonome DGL-System

$$\dot{x} = \begin{pmatrix} -1 & 1 \\ \lambda & -1 \end{pmatrix} x$$

hat den Nullpunkt $a = 0$ als Gleichgewichtspunkt.

- Im Fall $\lambda = 0$ ist 0 asymptotisch stabil (die Eigenwerte sind -1 und -1).
- Im Fall $\lambda = 2$ ist 0 instabil (die Eigenwerte sind 0.4142 und -2.4142).
- Im Fall $\lambda = 1$ ist 0 stabil (die Eigenwerte sind 0 und -2, wobei $\text{alg}(0) = \text{geo}(0)$). ∎

Wir verschaffen uns einen Überblick über das Verhalten von Lösungen in der Nähe eines Gleichgewichtspunktes a, wobei wir uns der Einfachheit halber auf den zweidimensionalen Fall, also $n = 2$ beschränken. Weiter betrachten wir auch nur homogene Systeme, wir setzen also $s = 0$ und haben damit stets $a = 0 = (0, 0)^\top$ als Gleichgewichtspunkt. Schließlich setzen wir noch $t_0 = 0$.

Da es ja nur auf die Eigenwerte und deren Vielfachheiten ankommt, können wir uns einen guten Überblick verschaffen, wenn wir einmal aufschlüsseln, welche Möglichkeiten wir als Lösungen des Systems $\dot{x} = Ax$ in Abhängigkeit von den Eigenwerten und deren Vielfachheiten bei einer 2×2-Matrix A haben. Mit den Methoden aus den Kap. 65 und 66 erhalten wir:

Die allgemeine Lösung des Systems $\dot{x} = Ax$ im Fall $A \in \mathbb{R}^{2\times 2}$

Die allgemeine Lösung x des Systems $\dot{x} = Ax$ mit $A \in \mathbb{R}^{2\times 2}$ lautet:

- falls A zwei verschiedene reelle Eigenwerte λ_1, λ_2 mit zugehörigen Eigenvektoren v_1, v_2 hat:

$$x(t) = c_1 e^{\lambda_1 t} v_1 + c_2 e^{\lambda_2 t} v_2.$$

- falls A einen doppelten Eigenwert der geometrischen Vielfachheit 2 mit linear unabhängigen Eigenvektoren v_1, v_2 hat:

$$x(t) = c_1 e^{\lambda t} v_1 + c_2 e^{\lambda t} v_2$$

- falls A einen doppelten Eigenwert der geometrischen Vielfachheit 1 mit Eigenvektor v_1 und Hauptvektor v_2 (v_1, v_2 bilden Jordanbasis) hat:

$$x(t) = c_1 e^{\lambda t} v_1 + c_2 e^{\lambda t} (t\, v_1 + v_2).$$

- falls A einen nichtreellen Eigenwert $\lambda = a + ib \in \mathbb{C}$ mit zugehörigem Eigenvektor v hat:

$$x(t) = c_1 e^{at} (\cos(b\, t)\mathrm{Re}(v) - \sin(b\, t)\mathrm{Im}(v))$$
$$+ c_2 e^{at} (\sin(b\, t)\mathrm{Re}(v) + \cos(b\, t)\mathrm{Im}(v)).$$

Je nach Vorzeichen der Eigenwerte bzw. des Realteils eines komplexen Eigenwerts, ergeben sich 14 verschiedenartige Lösungskurven von Lösungen in der Nähe des Gleichgewichtspunktes $a = 0$. Wir geben im Folgenden eine übersichtliche Darstellung dieser Lösungskurven.

Das jeweilige Bild zeigt ein **Phasenporträt**, also eine Menge von Lösungskurven, um den Gleichgewichtspunkt.

- **Zwei verschiedene reelle Eigenwerte:** $\lambda_1, \lambda_2 \in \mathbb{R}, \lambda_1 \neq \lambda_2$:
  - In den Fällen $\lambda_1 < \lambda_2 < 0$ (asymptotisch stabil) und $0 < \lambda_1 < \lambda_2$ (instabil) und $\lambda_1 < 0 < \lambda_2$ (instabil) erhalten wir als Phasenporträts für die Lösungen $x(t) = c_1 e^{\lambda_1 t} v_1 + c_2 e^{\lambda_2 t} v_2$ die Porträts in Abb. 67.2.
  - In den Fällen $\lambda_1 < 0 = \lambda_2$ (stabil) und $\lambda_1 = 0 < \lambda_2$ (instabil) erhalten wir die Phasenporträts für die Lösungen $x(t) = c_1 e^{\lambda_1 t} v_1 + c_2 e^{\lambda_2 t} v_2$ in Abb. 67.3.
- **Ein doppelter (reeller) Eigenwert:** $\lambda = \lambda_1 = \lambda_2 \in \mathbb{R}$:
  - Falls λ die geometrische Vielfachheit 2 hat: In den Fällen $\lambda < 0$ (asymptotisch stabil) und $\lambda = 0$ (stabil) und $0 < \lambda$ (instabil) erhalten wir als Phasenporträts für die Lösungen $x(t) = c_1 e^{\lambda_1 t} v_1 + c_2 e^{\lambda_2 t} v_2$ die Poträts in Abb. 67.4.

Abb. 67.2 Die drei Porträts bei zwei verschiedenen Eigenwerten $\neq 0$

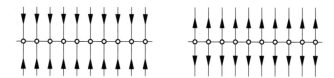

Abb. 67.3 Die zwei Porträts bei zwei verschiedenen Eigenwerten, wobei einer $= 0$ ist

Abb. 67.4 Die drei Porträts bei einem doppelten (reellen) Eigenwert

– Falls λ die geometrische Vielfachheit 1 hat: In den Fällen $\lambda < 0$ (asymptotisch stabil) und $\lambda = 0$ (stabil) und $0 < \lambda$ (instabil) erhalten wir die Phasenporträts für die Lösungen $x(t) = c_1 \mathrm{e}^{\lambda t} v_1 + c_2 \mathrm{e}^{\lambda t} (t\, v_1 + v_2)$ in Abb. 67.5.

• **Zwei nichtreelle Eigenwerte:** $\lambda = a \pm ib \in \mathbb{C} \setminus \mathbb{R}$:
In den Fällen $a < 0$ (asymptotisch stabil) und $a = 0$ (stabil) und $0 < a$ (instabil) erhalten wir als Phasenporträts für die Lösungen $x(t) = c_1 \mathrm{e}^{at} (\cos(b\,x)\mathrm{Re}(v) - \sin(b\,t)\mathrm{Im}(v)) + c_2 \mathrm{e}^{at} (\sin(b\,x)\mathrm{Re}(v) + \cos(b\,t)\mathrm{Im}(v))$ die Porträts in Abb. 67.6.

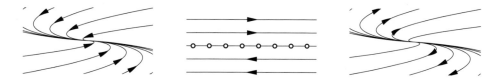

Abb. 67.5 Die drei Porträts bei doppelten Eigenwert der geometrischen Vielfachheit 1

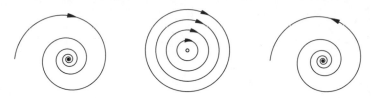

Abb. 67.6 Die drei Arten von Porträts bei einem komplexen Eigenwert

67.2.1 Stabilität nichtlinearer Systeme

In der Praxis hat man es meistens mit nichtlinearen DGL-Systemen zu tun. In manchen Fällen gibt es auch hier ein einfach zu handhabendes Kriterium, um Aussagen über das Stabilitätsverhalten in der Umgebung von Gleichgewichtspunkten zu erhalten. Dazu betrachten wir ein nichtlineares autonomes DGL-System der Form

$$\dot{x} = f(x).$$

Die Punkte a mit $f(a) = 0$ nennen wir wieder Gleichgewichtspunkte. Nun ersetzen wir die Funktion f durch ihre lineare Approximation, d. h., wir bestimmen die Jacobimatrix Df und erhalten wegen $f(a) = 0$

$$f(x) \approx Df(a)\,(x - a).$$

Nun gilt:

> **Der Stabilitätssatz für nichtlineare Systeme**
> Ist a ein Gleichgewichtspunkt des nichtlinearen autonomen DGL-Systems $\dot{x} = f(x)$ mit $f : D \subseteq \mathbb{R}^n \to \mathbb{R}^n$, so gilt mit den Eigenwerten $\lambda_1, \ldots, \lambda_n \in \mathbb{C}$ von $Df(a)$:
> - $\operatorname{Re}(\lambda_i) < 0$ für alle $i \; \Rightarrow \; a$ ist asymptotisch stabil.
> - $\operatorname{Re}(\lambda_i) > 0$ für ein $i \; \Rightarrow \; a$ ist instabil.

Beispiel 67.4

- Wir betrachten das nichtlineare autonome DGL-System

$$\begin{pmatrix} \dot{x}_1 \\ \dot{x}_2 \end{pmatrix} = \begin{pmatrix} x_1 - x_1 x_2 - x_1^2 \\ x_1 x_2 - 2x_2 - x_2^2 \end{pmatrix} = f(x_1, x_2).$$

Es ist $(1, 0)^\top$ ein Gleichgewichtspunkt. Wir bilden die Jacobimatrix von f und erhalten

$$Df = \begin{pmatrix} 1 - x_2 - 2x_1 & -x_1 \\ x_2 & x_1 - 2 - 2x_2 \end{pmatrix} \quad \text{mit} \quad Df(1,0) = \begin{pmatrix} -1 & -1 \\ 0 & -1 \end{pmatrix}.$$

Die Eigenwerte von $Df(1,0)$ sind beide -1. Damit ist $(1,0)^\top$ asymptotisch stabil.

- Wir betrachten nun das nichtlineare autonome DGL-System

$$\begin{pmatrix} \dot{x}_1 \\ \dot{x}_2 \end{pmatrix} = \begin{pmatrix} 2x_1 - x_1 x_2 \\ -x_2 + x_1 x_2 \end{pmatrix} = f(x_1, x_2).$$

Es ist $(1,2)^\top$ ein Gleichgewichtspunkt. Wir bilden die Jacobimatrix von f und erhalten

$$Df = \begin{pmatrix} 2 - x_2 & -x_1 \\ x_2 & -1 + x_1 \end{pmatrix} \quad \text{mit} \quad Df(1,2) = \begin{pmatrix} 0 & -1 \\ 2 & 0 \end{pmatrix}.$$

Die Eigenwerte von $Df(1,2)$ sind $\pm i\sqrt{2}$ mit dem Realteil 0. Unser Kriterium gibt hier leider keine Auskunft. ∎

Falls wir wie im letzten Beispiel mit dem Stabilitätssatz keine Auskunft zur Stabilität treffen können, ist man von Fall zu Fall auf diffizilere Methoden zur Stabilitätsbetrachtung angewiesen.

67.3 Aufgaben

67.1 Bestimmen Sie die Lösungen der folgenden AWPe bzw. DGL-Systeme:

(a) $\dot{x} = Ax + s(t), \quad x(0) = \begin{pmatrix} 0 \\ 0 \\ 0 \end{pmatrix}$

$\quad$ mit $A = \begin{pmatrix} -4 & 1 & 0 \\ -3 & -1 & 1 \\ -2 & 1 & -2 \end{pmatrix}$ und $s(t) = \cos(t) \begin{pmatrix} 10 \\ 10 \\ 10 \end{pmatrix}.$

(b) $\dot{x} = A(t)x, \quad x(0) = \begin{pmatrix} 7 \\ 3 \\ -1 \\ 1 \end{pmatrix}$ mit $A = \begin{pmatrix} 1 & -1 & 2 & -1 \\ 0 & 2 & 2 & -1 \\ 0 & 0 & 2 & 4e^{-2t} \\ 0 & 0 & 0 & 2 \end{pmatrix}.$

Hinweis: Suchen Sie zunächst der Reihe nach drei Lösungen, bei denen die letzten drei, die letzten zwei und dann die letzte Koordinate verschwinden.

67.2 Untersuchen Sie die Gleichgewichtspunkte des DGL-Systems $\dot{x} = Ax + s$, wobei

(a) $A = \begin{pmatrix} 1 & 3 \\ -3 & -5 \end{pmatrix}$ und $s = \begin{pmatrix} 1 \\ 2 \end{pmatrix}$, (b) $A = \begin{pmatrix} -1 & 2 & 1 \\ 2 & 1 & 1 \\ 1 & 0 & 3 \end{pmatrix}$ und $s = \begin{pmatrix} -2 \\ -4 \\ -4 \end{pmatrix}$.

67.3 Bestimmen Sie jeweils für $t > 0$ die Lösungen der folgenden DGL-Systeme:

(a) $\dot{x} = \begin{pmatrix} \dot{x}_1 \\ \dot{x}_2 \end{pmatrix} = \begin{pmatrix} \frac{2t+1}{t^2+t} & -\frac{t}{t+1} \\ 0 & 0 \end{pmatrix} \begin{pmatrix} x_1 \\ x_2 \end{pmatrix} + \begin{pmatrix} t \\ 1 \end{pmatrix}$,

(b) $\dot{x} = \begin{pmatrix} \dot{x}_1 \\ \dot{x}_2 \end{pmatrix} = \begin{pmatrix} -\frac{1}{t(t^2+1)} & \frac{1}{t^2(t^2+1)} \\ -\frac{t^2}{t^2+1} & \frac{2t^2+1}{t(t^2+1)} \end{pmatrix} \begin{pmatrix} x_1 \\ x_2 \end{pmatrix} + \begin{pmatrix} \frac{1}{t} \\ 1 \end{pmatrix}$.

Hinweis: Es sind $x_1 = (1, t)^\top$ und $x_2 = (-1/t, t^2)^\top$ Lösungen des homogenen Systems.

(c) $\dot{x} = \begin{pmatrix} \dot{x}_1 \\ \dot{x}_2 \end{pmatrix} = \begin{pmatrix} 0 & 1 \\ \frac{-2}{t^2} & \frac{2}{t} \end{pmatrix} \begin{pmatrix} x_1 \\ x_2 \end{pmatrix} + \begin{pmatrix} t \\ 2 \end{pmatrix}$.

Hinweis: Es sind $x_1 = (t, 1)^\top$ und $x_2 = (t^2, 2t)^\top$ Lösungen des homogenen Systems.

67.4 Das mathematische Pendel wird durch die folgende DGL für den Auslenkungswinkel φ beschrieben

$$\ddot{\varphi}(t) = -\tfrac{g}{l} \sin \varphi(t),$$

worin die Erdbeschleunigung g und die Länge des Pendels l eingeht.

(a) Man wandle die DGL in ein DGL-System 1. Ordnung um und bestimme die stationären Lösungen.

(b) Man charakterisiere die stationären Lösungen in linearer Nährung.

67.5 Gegeben ist das lineare DGL-System

$$\frac{dx}{dt} = -4x(t) - 2y(t), \quad \frac{dy}{dt} = 2x(t) + y(t).$$

(a) Bestimmen Sie alle Gleichgewichtspunkte des DGL-Systems. Wie verhalten sich die Lösungskurven in der Nähe dieser Punkte?

(b) Skizzieren Sie das Phasenporträt und die Gleichgewichtspunkte in der x-y-Ebene.

(c) Lösen Sie das DGL-System für $x(0) = -1$, $y(0) = 0$ und skizzieren Sie die Lösung für $t > 0$.

67.6 Betrachten Sie die folgende lineare homogene Differentialgleichung 2. Ordnung:

$$\ddot{x} + \dot{x} - 2x = 0.$$

(a) Schreiben Sie die DGL um in ein System von Differentialgleichungen 1. Ordnung.

(b) Skizzieren Sie das Phasenporträt in der x-y-Ebene.

(c) Lösen Sie das AWP mit der Anfangsbedingung $x(0) = 0$ und $\dot{x}(0) = 1$.

67.7 Gegeben ist das DGL-System

$$\frac{dx}{dt} = -2x(t) + y(t), \quad \frac{dy}{dt} = -x(t) - 2y(t).$$

(a) Schreiben Sie das DGL-System in der Form $\dot{z} = A z$ und ermitteln Sie die Gleichgewichtspunkte sowie die Eigenwerte und zugehörige Eigenvektoren von A.

(b) Lösen Sie das DGL-System für $x(0) = 0$ und $y(0) = 1$ und skizzieren Sie die Lösung
für $t > 0$.

67.8 Betrachten Sie die folgende lineare homogene Differentialgleichung 2. Ordnung:

$$\ddot{x} - 6\dot{x} + 5x = 0$$

(a) Schreiben Sie die DGL um in ein System von Differentialgleichungen 1. Ordnung.

(b) Bestimmen Sie die Gleichgewichtspunkte und skizzieren Sie mögliche Lösungskurven.

(c) Lösen Sie die DGL für die Anfangsbedingung $x(0) = 0$, $\dot{x}(0) = 1$.

Randwertprobleme

68

Inhaltsverzeichnis

Bei einem Anfangswertproblem ist die Lösung einer Differentialgleichung gesucht, die zum Zeitpunkt $t = t_0$ Anfangsbedingungen erfüllt. In der Praxis hat man es oft mit *Randwertproblemen* zu tun: Hierbei wird eine Lösung einer Differentialgleichung gesucht, die vorgegebene Werte am Rande eines Definitionsbereichs annimmt.

68.1 Typen von Randwertproblemen

Sind eine DGL und gewisse Bedingungsgleichungen vorgegeben, in denen Funktions- und Ableitungswerte der gesuchten Lösungen an **zwei** Stellen a und b auftreten, und ist man nur an Lösungen interessiert, die die genannten Bedingungen erfüllen, so spricht man von einem **Randwertproblem**. Wir kürzen das mit RWP ab.

Für eine DGL $\ddot{x} = f(t, x, \dot{x}) = 0$ der Ordnung 2 tritt meistens eine der folgenden Randbedingungen auf:

- $x(a) = r$, $x(b) = s$,
- $\dot{x}(a) = r$, $\dot{x}(b) = s$,

© Springer-Verlag GmbH Deutschland, ein Teil von Springer Nature 2022
C. Karpfinger, *Höhere Mathematik in Rezepten*,
https://doi.org/10.1007/978-3-662-63305-2_68

- $a_1 x(a) + a_2 \dot{x}(a) = r, \, b_1 x(b) + b_2 \dot{x}(b) = s,$
- $x(a) = x(b), \, \dot{x}(a) = \dot{x}(b)$ (periodische Randbedingungen).

Ein wesentlicher Unterschied zu AWPen ist, dass man bei RWPen keinen Existenz- und Eindeutigkeitssatz hat; Lösungen müssen nicht existieren, egal wie *glatt* die Funktion f auch ist, und wenn eine Lösung existiert, so muss sie keineswegs eindeutig sein. Aber natürlich kommen RWPe in der Praxis häufig vor, also ist man auch an Lösungen dann interessiert, wenn das analytisch nicht möglich ist. Zur Lösung eines solchen Problems wählt man dann numerische Methoden, die näherungsweise Ergebnisse liefern (siehe Abschn. 73.4), im vorliegenden Kapitel geben wir Methoden an, mit denen wir analytisch geschlossene Lösungen erhalten.

68.2   Erste Lösungsmethoden

Es gibt eine ganz naheliegende Lösungsmethode: Wir machen es wie beim AWP – wir bestimmen die allgemeine Lösung der DGL und bestimmen die freien Parameter durch Einsetzen der Randbedingungen. Falls das möglich ist, so haben wir eine Lösung gefunden:

Rezept: Lösungsversuch eines RWP

(1)   Bestimme die allgemeine Lösung $x(t)$ der DGL.
(2)   Man setze die Randbedingungen in $x(t)$ ein und erhalte ein Gleichungssystem.
(3)   Versuche die freien Parameter der allgemeinen Lösung aus den so erhaltenen Gleichungen zu ermitteln.

Beim dritten Schritt sind mehrere Fälle möglich: Das Gleichungssystem hat

- genau eine Lösung (das wäre schön),
- keine Lösung (es gibt dann keine Lösung des RWP),
- viele Lösungen (die Lösung des RWP ist dann nicht eindeutig).

Beispiel 68.1

- Gegeben ist das RWP

$$\ddot{x} = 0 \text{ mit } x(0) = 0, \, \dot{x}(1) = x(1).$$

(1)   Die allgemeine Lösung der DGL lautet

$$x(t) = a\,t + b.$$

(2) Einsetzen der Randbedingungen liefert das Gleichungssystem

$$0 = b \quad \text{und} \quad a = a + b.$$

Wir erhalten unendlich viele Lösungen: Für jedes $a \in \mathbb{R}$ ist $x(t) = a\,t$ eine Lösung des gegebenen RWP.

- Gegeben ist das RWP

$$\ddot{x}(t) = 1 \quad \text{mit} \quad x(0) = 0, \; \dot{x}(1) = x(1).$$

(1) Die allgemeine Lösung der DGL lautet

$$x(t) = \tfrac{1}{2} t^2 + a\,t + b.$$

(2) Einsetzen der Randbedingungen liefert das Gleichungssystem

$$0 = b \quad \text{und} \quad 1 + a = \tfrac{1}{2} + a.$$

Dieses System ist nicht lösbar, es existiert also keine Lösung.

- Gegeben ist das RWP

$$\ddot{x}(t) = 1 \quad \text{mit} \quad x(0) = 0, \; \dot{x}(1) = 4\,x(1).$$

(1) Die allgemeine Lösung der DGL lautet nach wie vor

$$x(t) = \tfrac{1}{2} t^2 + a\,t + b.$$

(2) Einsetzen der Randbedingungen liefert das Gleichungssystem

$$0 = b \quad \text{und} \quad 1 + a = 2 + 4\,a.$$

Dieses System ist mit $b = 0$ und $a = -\tfrac{1}{3}$ eindeutig lösbar, die Lösung des RWP lautet $x(t) = \tfrac{1}{2} t^2 - \tfrac{1}{3} t$. ∎

68.3 Lineare Randwertprobleme

Wir betrachten die lineare DGL n-ter Ordnung:

$$x^{(n)}(t) + a_{n-1}(t)\, x^{(n-1)}(t) + \cdots + a_0(t)\, x(t) = s(t)$$

mit stetigen Funktionen $a_i, s : I \to \mathbb{R}$ und $a < b$ aus I sowie Matrizen $R, S \in \mathbb{R}^{n \times n}$ und die Randbedingungen

$$
R \begin{pmatrix} x(a) \\ \dot{x}(a) \\ \vdots \\ x^{(n-1)}(a) \end{pmatrix} + S \begin{pmatrix} x(b) \\ \dot{x}(b) \\ \vdots \\ x^{(n-1)}(b) \end{pmatrix} = r \in \mathbb{R}^n.
$$

Dieses lineare RWP heißt

- **inhomogen**, wenn $s \neq 0, r \neq 0$,
- **vollhomogen**, wenn $s = 0, r = 0$,
- **halbhomogen**, wenn $s = 0$ oder $r = 0$,

Beispiel 68.2 Wir betrachten das RWP

$$
\ddot{x} + x = s(t) \quad \text{mit} \quad x(0) + 2\dot{x}(0) = a, \ 3x(0) - x(\pi/2) = b.
$$

Wegen

$$
\begin{pmatrix} 1 & 2 \\ 3 & 0 \end{pmatrix} \begin{pmatrix} x(0) \\ \dot{x}(0) \end{pmatrix} + \begin{pmatrix} 0 & 0 \\ -1 & 0 \end{pmatrix} \begin{pmatrix} x(\pi/2) \\ \dot{x}(\pi/2) \end{pmatrix} = \begin{pmatrix} a \\ b \end{pmatrix}
$$

erhalten wir hier die Matrizen $R = \begin{pmatrix} 1 & 2 \\ 3 & 0 \end{pmatrix}$ und $S = \begin{pmatrix} 0 & 0 \\ -1 & 0 \end{pmatrix}$.

Das vorgelegte RWP ist

- inhomogen, falls $s \neq 0$ und ($a \neq 0$ oder $b \neq 0$),
- vollhomogen, falls $s = 0$ und $a = 0 = b$,
- halbhomogen, falls $s = 0$ oder ($a = 0$ und $b = 0$). ∎

Wir haben das folgende Lösbarkeitskriterium für halbhomogene RWPe mit $s = 0$:

Lösbarkeitskriterium für lineare RWP
Gegeben ist das folgende lineare RWP

$$
x^{(n)}(t) + a_{n-1}(t)x^{(n-1)}(t) + \cdots + a_0(t)x(t) = 0,
$$

$$
R \begin{pmatrix} x(a) \\ \dot{x}(a) \\ \vdots \\ x^{(n-1)}(a) \end{pmatrix} + S \begin{pmatrix} x(b) \\ \dot{x}(b) \\ \vdots \\ x^{(n-1)}(b) \end{pmatrix} = r
$$

mit stetigen Funktionen $a_i : I \to \mathbb{R}$ und $a < b$ aus I sowie Matrizen $R, S \in \mathbb{R}^{n \times n}$ und $r \in \mathbb{R}^n$.

Ist $x_1, \ldots, x_n$ ein Fundamentalsystem der zugehörigen homogenen DGL $x^{(n)}(t) + a_{n-1}(t)\,x^{(n-1)}(t) + \cdots + a_0(t)\,x(t) = 0$ und

$$\Phi(t) = \begin{pmatrix} x_1 & \cdots & x_n \\ \dot{x}_1 & \cdots & \dot{x}_n \\ \vdots & & \vdots \\ x_1^{(n-1)} & \cdots & x_n^{(n-1)} \end{pmatrix}$$

und $D = R\,\Phi(a) + S\,\Phi(b) \in \mathbb{R}^{n \times n}$, so gilt:

1. Im Fall $\det D \neq 0$ hat das RWP für jedes $r \in \mathbb{R}^n$ genau eine Lösung.
2. Im Fall $\det D = 0$ hat das RWP mit $s = 0$ genau dann eine Lösung, wenn $\operatorname{rg}(D) = \operatorname{rg}(D \mid r)$.
3. Im Fall $r = 0$ hat das RWP mit $s = 0$ genau dann eine Lösung $x \neq 0$, wenn $\det(D) = 0$.

Ist nämlich $\det D \neq 0$, so ist D invertierbar und somit existiert genau ein n-Tupel $\lambda = (\lambda_1, \ldots, \lambda_n)^\top \in \mathbb{R}^n$ mit

$$D\lambda = (R\,\Phi(a) + S\,\Phi(b))\,\lambda = r,$$

nämlich $\lambda = D^{-1}r$. Somit ist dann x mit $x(t) = \lambda_1 x_1(t) + \ldots + \lambda_n x_n(t)$ als Linearkombination von Lösungen der homogenen DGL eine Lösung der DGL, und diese Lösung erfüllt zudem als einzige die Randbedingung. Das begründet die Aussage in 1.; die Aussagen 2. und 3. begründet man analog mit den entsprechenden Methoden aus der linearen Algebra.

Wir führen obiges Beispiel 68.2 fort:

Beispiel 68.3 Wir betrachten das halbhomogene RWP

$$\ddot{x} + x = 0 \quad \text{mit} \quad x(0) + 2\,\dot{x}(0) = a, \; 3\,x(0) - x(\pi/2) = b.$$

Da $x_1(t) = \cos(t)$ und $x_2(t) = \sin(t)$ ein Fundamentalsystem der DGL bilden, lautet die *Fundamentalmatrix*

$$\Phi(t) = \begin{pmatrix} \cos(t) & \sin(t) \\ -\sin(t) & \cos(t) \end{pmatrix},$$

und damit erhalten wir für D die Matrix

$$D = \begin{pmatrix} 1 & 2 \\ 3 & 0 \end{pmatrix} \begin{pmatrix} 1 & 0 \\ 0 & 1 \end{pmatrix} + \begin{pmatrix} 0 & 0 \\ -1 & 0 \end{pmatrix} \begin{pmatrix} 0 & 1 \\ -1 & 0 \end{pmatrix} = \begin{pmatrix} 1 & 2 \\ 3 & -1 \end{pmatrix}.$$

Wegen $\det(D) \neq 0$ ist das RWP eindeutig lösbar. ∎

68.4   Die Methode mit der Green'schen Funktion

Die *Green'sche Funktion* ist ein Hilfsmittel zur Lösung inhomogener linearer Randwertprobleme: Man bestimmt mithilfe dieser Funktion eine Lösung des zugehörigen halbhomogenen Problems mit $r = 0$ (und $s \neq 0$) und erhält dann (nach einem weiteren Schritt) schließlich die Lösung des ursprünglichen inhomogenen Problems. Man sagt, eine Green'sche Funktion *propagiert* die Inhomogenität: Man kann die Greenfunktion alleine mit dem vollhomogenen RWP aufstellen und erhält mit ihrer Hilfe die Lösung des halb- und schließlich des inhomogenen RWPs. Diese Methode bietet sich also vor allem dann an, wenn eine Variation der Konstanten zu aufwendig und ein spezieller Störgliedansatz nicht möglich ist.

Wir formulieren diese Lösungsmethode für den Fall einer DGL 2. Ordnung; eine Verallgemeinerung der Methode auf DGLen höherer Ordnung ist möglich.

Wir betrachten im Folgenden immer eindeutig lösbare lineare Randwertprobleme 2. Ordnung, genauer:

$$\ddot{x}(t) + a_1(t)\,\dot{x}(t) + a_0(t)\,x(t) = s(t) \text{ mit } R \begin{pmatrix} x(a) \\ \dot{x}(a) \end{pmatrix} + S \begin{pmatrix} x(b) \\ \dot{x}(b) \end{pmatrix} = r \in \mathbb{R}^2.$$

Es gelte $\det(D) \neq 0$, wobei die Matrix D wie folgt erklärt ist: Für ein Fundamentalsystem $\{x_1, x_2\}$ der homogenen DGL $\ddot{x}(t) + a_1(t)\,\dot{x}(t) + a_0(t)\,x(t) = 0$ ist

$$D = R\,\Phi(a) + S\,\Phi(b), \quad \text{wobei} \quad \Phi = \begin{pmatrix} x_1 & x_2 \\ \dot{x}_1 & \dot{x}_2 \end{pmatrix}.$$

Unter dieser Voraussetzung ist also das halbhomogene lineare Randwertproblem mit $s = 0$ eindeutig lösbar. Zum Lösen des inhomogenen Problems gehen wir folgt vor:

- Wir lösen die homogene DGL und erhalten das Fundamentalsystem $\{x_1, x_2\}$ und damit die Fundamentalmatrix Φ.
- Wir lösen das halbhomogene RWP mir $r = 0$ mittels der *Green'schen Funktion* wie im folgenden Abschnitt beschrieben.
- Wir bestimmen eine Lösung des anderen halbhomogenen RWPs mit $s = 0$.

Die Summe der beiden Lösungen der halbhomogenen RWPe ist dann eine Lösung des ursprünglichen inhomogenen RWPs. Eine Variation der Konstanten bzw. ein spezieller Störgliedansatz entfällt bei dieser Methode.

68.4.1   Das halbhomogene RWP mit $r = 0$

Wir wollen ein inhomogenes Problem lösen. Dazu lösen wir die zwei halbhomogenen Probleme, zuerst das mit $r = 0$ und dann das mit $s = 0$. Wir erhalten die Lösung des halbhomogenen Problems mit $r = 0$ bzw. die sogenannte *Green'sche Funktion* zur Konstruktion dieser Lösung wie folgt:

Rezept: Bestimmen der Greenfunktion bzw. Lösung des halbhomogenen RWP mit $r = 0$

Gegeben ist das halbhomogene RWP mit $\det(D) \neq 0$:

$$\ddot{x}(t) + a_1(t)\,\dot{x}(t) + a_0(t)\,x(t) = s(t), \ R \begin{pmatrix} x(a) \\ \dot{x}(a) \end{pmatrix} + S \begin{pmatrix} x(b) \\ \dot{x}(b) \end{pmatrix} = 0.$$

Die eindeutig bestimmte Lösung lautet

$$x(t) = \int_a^b g(t, \tau)\,s(\tau)\,\mathrm{d}\tau,$$

wobei die sogenannte **Greenfunktion** bzw. **Green'sche Funktion**

$$g : [a, b] \times [a, b] \to \mathbb{R}, \ (t, \tau) \mapsto g(t, \tau)$$

wie folgt erhalten wird:

(1) Bestimme ein Fundamentalsystem $\{x_1, x_2\}$ der homogenen DGL und setze für τ mit $a \leq \tau \leq b$

$$g(t, \tau) = \begin{cases} (a_1(\tau) + b_1(\tau))\,x_1 + (a_2(\tau) + b_2(\tau))\,x_2, & \tau \leq t \\ (a_1(\tau) - b_1(\tau))\,x_1 + (a_2(\tau) - b_2(\tau))\,x_2, & \tau > t \end{cases}.$$

(2) Aus dem folgenden linearen Gleichungssystem bestimmt man b_1 und b_2:

$$b_1(t)x_1(t) + b_2(t)x_2(t) = 0, \ b_1(t)\dot{x}_1(t) + b_2(t)\dot{x}_2(t) = \tfrac{1}{2}.$$

(3) Nun ermittle man $a_1(\tau)$ und $a_2(\tau)$ wie folgt: Man fordere, dass die Green'sche Funktion $g(t, \tau)$ die Randbedingungen erfüllt. Das ergibt nach Einsetzen von $b_1(\tau)$ und $b_2(\tau)$ im Ansatz für $g(t, \tau)$ in (1) ein Gleichungssystem, aus dem man $a_1(\tau)$ und $a_2(\tau)$ ermitteln kann.

Mit einem nicht unerheblichen Aufwand kann man zeigen, dass die so erklärte Funktion x eine Lösung des halbhomogenen RWP ist. Man beachte hierzu die Aufgabe 68.7. Wir schildern das Vorgehen an einem Beispiel:

Beispiel 68.4 Wir betrachten das halbhomogene RWP

$$\ddot{x}(t) + x(t) = -t + 1, \ x(0) - x(\pi) = 0, \ \dot{x}(0) - \dot{x}(\pi) = 0.$$

(1) Bekanntlich ist {cos, sin} ein Fundamentalsystem der homogenen DGL. Wir machen den Ansatz

$$g(t, \tau) = \begin{cases} (a_1(\tau) + b_1(\tau))\,\cos(t) + (a_2(\tau) + b_2(\tau))\,\sin(t), \ \tau \leq t \\ (a_1(\tau) - b_1(\tau))\,\cos(t) + (a_2(\tau) - b_2(\tau))\,\sin(t), \ \tau > t \end{cases}.$$

(2) Das zu lösende Gleichungssystem lautet

$$b_1(t)\cos(t) + b_2(t)\sin(t) = 0, \ -b_1(t)\sin(t) + b_2(t)\cos(t) = \tfrac{1}{2}.$$

Die eindeutig bestimmte Lösung ist offenbar

$$b_1(t) = -\tfrac{1}{2}\sin(t) \ \text{ und } \ b_2(t) = \tfrac{1}{2}\cos(t).$$

(3) Nun ermitteln wir $a_1(\tau)$ und $a_2(\tau)$. Dazu notieren wir vorab unsere Funktion g und die partielle Ableitung g_t:

$$g(t, \tau) = \begin{cases} (a_1(\tau) - \tfrac{1}{2}\sin(\tau))\,\cos(t) + (a_2(\tau) + \tfrac{1}{2}\cos(\tau))\,\sin(t), \ \tau \leq t \\ (a_1(\tau) + \tfrac{1}{2}\sin(\tau))\,\cos(t) + (a_2(\tau) - \tfrac{1}{2}\cos(\tau))\,\sin(t), \ \tau > t \end{cases}$$

$$g_t(t, \tau) = \begin{cases} (-a_1(\tau) + \tfrac{1}{2}\sin(\tau))\,\sin(t) + (a_2(\tau) + \tfrac{1}{2}\cos(\tau))\,\cos(t), \ \tau \leq t \\ (-a_1(\tau) - \tfrac{1}{2}\sin(\tau))\,\sin(t) + (a_2(\tau) - \tfrac{1}{2}\cos(\tau))\,\cos(t), \ \tau > t \end{cases}$$

Wir fordern, dass die Funktion g die Randbedingung erfüllen soll und erhalten somit das Gleichungssystem (beachte $t = 0 < \tau$ und $\pi \geq \tau$)

$$g(0, \tau) - g(\pi, \tau) = (a_1(\tau) + \tfrac{1}{2}\sin(\tau)) + (a_1(\tau) - \tfrac{1}{2}\sin(\tau)) = 0$$
$$g_t(0, \tau) - g_t(\pi, \tau) = (a_2(\tau) - \tfrac{1}{2}\cos(\tau)) + (a_2(\tau) + \tfrac{1}{2}\cos(\tau)) = 0.$$

Offenbar ist $a_1 = 0 = a_2$ die eindeutig bestimmte Lösung.
Wir erhalten wegen (beachte das Additionstheorem für die Sinusfunktion)

$$-\tfrac{1}{2}\sin(\tau)\cos(t) + \tfrac{1}{2}\cos(\tau)\sin(t) = \tfrac{1}{2}\sin(t - \tau) \ \text{ und}$$
$$\tfrac{1}{2}\sin(\tau)\cos(t) - \tfrac{1}{2}\cos(\tau)\sin(t) = -\tfrac{1}{2}\sin(t - \tau)$$

somit die Green'sche Funktion:

$$g(t, \tau) = \begin{cases} \tfrac{1}{2}\sin(t - \tau), & \tau \leq t \\ -\tfrac{1}{2}\sin(t - \tau), & \tau > t \end{cases}.$$

Damit lautet die Lösung des RWPs

$$x(t) = \int_0^\pi g(t, \tau) \, (-\tau + 1) \, d\tau$$

$$= \tfrac{1}{2} \int_0^t \sin(t - \tau)(-\tau + 1) d\tau - \tfrac{1}{2} \int_t^\pi \sin(t - \tau)(-\tau + 1) d\tau$$

$$= 1 - t - \tfrac{\pi}{2} \cos(t).$$

∎

68.4.2 Das halbhomogene RWP mit $s = 0$

Die Greensche Funktion liefert die Lösung des halbhomogenen Problems mit $r = 0$. Eine Lösung des anderen halbhomogenen Problems, also des RWP mit $s = 0$ erhält man mit den *üblichen* Methoden, wie wir sie in dem Abschn. 68.2 zu den ersten Lösungsmethoden geschildert haben: Die Lösung der homogenen DGL ist bereits ermittelt, da das Fundamentalsystem $\{x_1, x_2\}$ bereits zur Bestimmung der Green'schen Funktion benötigt wird. Die Lösung lautet

$$x_h(t) = c_1 x_1(t) + c_2 x_2(t) \text{ mit } c_1, c_2 \in \mathbb{R}.$$

Man ermittle nun die Paramater c_1 und c_2 so, dass die Funktion x_h die Randbedingungen erfüllt.

Beispiel 68.5 Wir betrachten erneut das inhomogene RWP

$$\ddot{x}(t) + x(t) = -t + 1, \; x(0) - x(\pi) = \pi, \; \dot{x}(0) - \dot{x}(\pi) = 2$$

und ermitteln eine Lösung des zugehörigen halbhomogenen RWPs mit $s = 0$: Das Fundamentalsystem der homogenen DGL ist nach obigem Beispiel $\{\cos, \sin\}$, sodass die allgemeine Lösung wie folgt lautet

$$x_h(t) = c_1 \cos(t) + c_2 \sin(t)$$

Wir setzen zum Bestimmen von c_1 und c_2 die Randbedingungen ein und erhalten:

$$\pi = x_h(0) - x_h(\pi) = c_1 + c_1 \text{ und } 2 = \dot{x}_h(0) - \dot{x}_h(\pi) = c_2 + c_2.$$

Somit gilt $c_1 = \pi/2$ und $c_2 = 1$, also

$$x_h(t) = \tfrac{\pi}{2} \cos(t) + \sin(t).$$

∎

68.4.3 Das inhomogene RWP

Nun wenden wir uns dem inhomogenen Fall zu; die Lösung x erhält man in drei Schritten:

Rezept: Lösung eines eindeutig lösbaren, inhomogenen RWP

Man erhält die Lösung x des inhomogenen RWP mit $\det(D) \neq 0$,

$$\ddot{x}(t) + a_1(t)\,\dot{x}(t) + a_0(t)\,x(t) = s(t) \text{ mit } R \begin{pmatrix} x(a) \\ \dot{x}(a) \end{pmatrix} + S \begin{pmatrix} x(b) \\ \dot{x}(b) \end{pmatrix} = r \in \mathbb{R}^2,$$

wie folgt:

(1) Bestimme mit der Greenfunktion die Lösung x_I des halbhomogenen RWP mit $r = 0$

$$\ddot{x}(t) + a_1(t)\,\dot{x}(t) + a_0(t)\,x(t) = s(t) \text{ mit } R \begin{pmatrix} x(a) \\ \dot{x}(a) \end{pmatrix} + S \begin{pmatrix} x(b) \\ \dot{x}(b) \end{pmatrix} = 0 \in \mathbb{R}^2.$$

(2) Bestimme die Lösung x_{II} des halbhomogenen RWP mit $s = 0$

$$\ddot{x}(t) + a_1(t)\,\dot{x}(t) + a_0(t)\,x(t) = 0 \text{ mit } R \begin{pmatrix} x(a) \\ \dot{x}(a) \end{pmatrix} + S \begin{pmatrix} x(b) \\ \dot{x}(b) \end{pmatrix} = r \in \mathbb{R}^2.$$

(3) Es ist dann $x = x_I + x_{II}$ eine Lösung des ursprünglichen inhomogenen RWP.

Beispiel 68.6 Wir betrachten wieder das inhomogene RWP

$$\ddot{x}(t) + x(t) = -t + 1, \ x(0) - x(\pi) = \pi, \ \dot{x}(0) - \dot{x}(\pi) = 2.$$

(1) Für x_I erhalten wir laut obigem Beispiel

$$x_I(t) = 1 - t - \tfrac{\pi}{2}\,\cos(t).$$

(2) Für x_{II} erhalten wir laut obigem Beispiel

$$x_{II}(t) = \tfrac{\pi}{2}\,\cos(t) + \sin(t).$$

(3) Schließlich erhalten wir die Lösung des inhomogenen RWP:

$$x(t) = x_I(t) + x_{II}(t) = 1 - t + \sin(t).$$

MATLAB Mit MATLAB hat man die Möglichkeit, RWPe sowohl analytisch als auch numerisch zu lösen. Für das analytische Lösen verwendet man die Funktion `dsolve`. Die Lösung für obiges Beispiel erhält man z. B. wie folgt:

```
>> syms x(t)
>> Dx = diff(x);
>> D2x = diff(x,2);
>> dsolve(D2x == -x-t+1, x(0) - x(pi) == pi, Dx(0) - Dx(pi) == 2)
ans = sin(t) - t + 1
```

68.5 Aufgaben

68.1 Ermitteln Sie jeweils die Lösungsmenge des RWP $\ddot{x} + x = 0$, $x(0) = 1$, $x(b) = d$ für

(a) $b = d = 1$,   (b) $b = \pi$, $d = -1$,   (c) $b = \pi$, $d = -2$.

68.2 Gegeben ist das inhomogene RWP

$$\ddot{x} + x = 1 + t + \cos t, \quad x(0) = 1, \quad x(b) = 1 + \pi.$$

Für welches $b \in \mathbb{R}$ ist das RWP unlösbar, für welche ist es eindeutig lösbar? Bestimmen Sie eine Lösung für $b = \pi/2$.

68.3 Wir betrachten das Randwertproblem

$$\ddot{x} + Cx = g, \quad x(0) = x(1) = 0 \text{ mit } C \in \mathbb{R}.$$

Diese Gleichung wird *diskretisiert,* indem man die Funktionen nur auf den Stützstellen $I_h = \{t_\nu \in [0, 1] \mid t_\nu = \nu h, h = 1/n, 0 \le \nu \le n\}$ betrachtet und die Ableitung $\ddot{x}$ durch $\frac{1}{h^2}(x(t_{\nu+1}) - 2x(t_\nu) + x(t_{\nu-1}))$ approximiert. Auf welches lineare Gleichungssystem führt dies?

Schreiben Sie in MATLAB eine Funktion, die zu $C = -1$, $n = 2^3$, 2^4, 2^5, 2^6 und der Funktion $g(t) = t^3$ einen Plot mit den erhaltenen Näherungslösungen ausgibt.

68.4 Bestimmen Sie jeweils die Greenfunktion:

1. $\ddot{x} = s(t), x(0) = 0 = x(1)$.
2. $\ddot{x} = s(t), x(0) = 0 = \dot{x}(1)$.
3. $(t\,\dot{x})' = s(t), x(1) = 0 = x(e)$.

68.5 Bestimme mithilfe der Green'schen Funktion die Lösung des inhomogenen RWP

$$\ddot{x} - x = 2\,t, \quad x(0) = 0, \quad x(1) = 1.$$

68.6 Bestimme sämtliche Lösungen des RWP

$$\ddot{x} + k\,x = 0 \ \text{ mit } \ x(0) = 0 = x(\pi) \ \text{ und } \ k \in \mathbb{R}.$$

Unterscheiden Sie die Fälle $k < 0$, $k = 0$ und $k > 0$.

68.7 Begründe, warum die Funktion x, die man anhand des Rezeptes *Bestimmen der Green-funktion bzw. Lösung des halbhomogenen RWP mit* $r = 0$ erhält, das halbhomogene RWP löst.

Grundbegriffe der Numerik

69

Inhaltsverzeichnis

Die *numerische Mathematik,* kurz auch *Numerik* genannt, liefert eine zahlenmäßige Lösung eines Problems: Ob nun der Wert einer Formel, die Lösung einer Gleichung oder eines Gleichungssystems, die Nullstelle einer Funktion, die Lösung eines Optimierungsproblems, die Lösungskurve einer gewöhnlichen Differentialgleichung oder evtl. auch die Lösungsfunktion einer partiellen Differentialgleichung gesucht ist: In der numerischen Mathematik entwickelt man Algorithmen, die näherungsweise Lösungen dieser Probleme berechnen. Dabei liegt das Augenmerk auf zwei Dingen: Die Algorithmen sollen *genaue* Ergebnisse liefern und *schnell* sein.

Beim Rechnen mit dem Computer passieren Fehler. Man unterscheidet:

- **Eingabefehler** bzw. **Datenfehler**, das sind praktisch unvermeidbare Fehler, die aufgrund z. B. fehlerbehafteter Messwerte entstehen.
- **Rundungsfehler** bzw. **Verfahrensfehler**, das sind Fehler, deren Einfluss man vermeiden bzw. verringern kann.

Die *Kondition* liefert ein Maß dafür, welche Auswirkungen Eingabefehler auf die erhaltenen Resultate haben, bei der *Stabilität* hingegen untersucht man, inwiefern sich Rundungsfehler bzw. Verfahrensfehler auf die Resultate auswirken.

© Springer-Verlag GmbH Deutschland, ein Teil von Springer Nature 2022
C. Karpfinger, *Höhere Mathematik in Rezepten,*
https://doi.org/10.1007/978-3-662-63305-2_69

69.1   Kondition

Die Resultate eines Computers sind fehlerbehaftet. Die Fehler in den Eingangsdaten und die Fehler in den einzelnen Rechenschritten führen zu Fehlern in den Resultaten. Das Bestimmen des Resultates nennt man ein *Problem*. Jedem solchen *Problem* kann man eine Zahl, die sogenannte *Kondition* des *Problems* zuordnen. Diese *Kondition* ist ein Maß dafür, wie stark sich Fehler in den Eingabedaten (bei korrekter Rechnung) auf die Resultate auswirken. Wir betrachten vorab ein Beispiel, um uns klar zu machen, was wir größenmäßig erfassen wollen.

Beispiel 69.1 Wir wollen den Schnittpunkt zweier Geraden bestimmen. die Geraden g_1 und g_2 sind gegeben durch die Gleichungen

$$g_1 : \ ax + by = e \ \text{ und } \ g_2 : \ cx + dy = f.$$

Die Zahlen a, b, c, d seien korrekt, aber für die Zahlen e und f lassen wir einen Spielraum zu, weil wir z. B. die Zahlen e und f *gemessen* haben und dabei evtl. kleine Fehler gemacht haben. Dieses *Wackeln* an den Zahlen e und f führt nun graphisch dazu, dass die Geraden g_1 und g_2 nicht genau lokalisiert sind, sondern sich innerhalb eines *schmalen Korridors* befinden, beachte die Abb. 69.1. Und der Schnittpunkt der nicht genau lokalisierten Geraden befindet ich in dem Viereck, in dem sich die Korridore für die nicht genau lokalisierten Geraden schneiden. Und diese Schnittmenge ist groß, sofern die Geraden nahezu parallel sind. Die ursprünglichen Fehler in e und f sind aber jeweils gleich. Wir formulieren das erneut und verweisen auf die Abb. 69.1:

- Kleine Fehler in e und f führen zu kleinen Fehlern bei der Bestimmung des Schnittpunktes, falls die Geraden etwa senkrecht zueinander stehen (linker Teil der Abb. 69.1).
- Kleine Fehler in e und f führen zu großen Fehlern bei der Bestimmung des Schnittpunktes, falls die Geraden nahezu parallel sind (rechter Teil der Abb. 69.1). ∎

Wir präzisieren im Folgenden dieses Phänomen in dem einführenden Beispiel. Dazu führen wir erst einmal Begriffe ein: Ein **Problem** ist eine Abbildung $f : X \to Y$, wobei X und Y **normierte Räume**, also Vektorräume mit Normen sind (vgl. Abschn. 45.2.1): Für x, $\delta x \in X$ schreiben wir

$$\delta f(x) = f(x + \delta x) - f(x).$$

Es steht δx für einen *Fehler* in den Eingabedaten und $\delta f(x)$ für den dazugehörigen Fehler im Resultat, genauer nennt man

- $\|\delta x\| = \|(x + \delta x) - x\|$ den **absoluten Fehler** in den Eingabedaten,

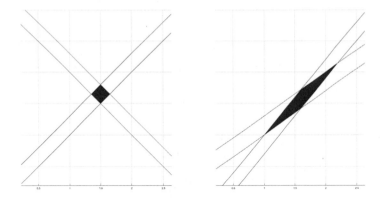

Abb. 69.1 Der Schnittpunkt der nicht genau lokalisierten Geraden liegt in dem ausgemalten Viereck; diese Unbestimmtheit des Schnittpunktes ist groß, wenn die Geraden fast parallel sind

- $\|\delta f(x)\| = \|f(x + \delta x) - f(x)\|$ den **absoluten Fehler** in den Ausgabedaten,
- $\frac{\|\delta x\|}{\|x\|}$ den **relativen Fehler** in den Eingabedaten,
- $\frac{\|\delta f(x)\|}{\|f(x)\|}$ den **relativen Fehler** in den Ausgabedaten.

Nun stellen wir uns die Frage, wie groß das Verhältnis der Fehler in den Ausgabedaten zu den Fehlern in den Eingabedaten ist; diese Größe nennt man die *Kondition* des Problems. Man spricht von der *absoluten Kondition,* wenn man die absoluten Fehler ins Verhältnis setzt und von der *relativen Kondition,* wenn man die relativen Fehler ins Verhältnis setzt:

Absolute und relative Kondition eines Problems

Ist $f : X \to Y$ ein Problem, so nennt man für jedes $x \in X$ die Zahl

- $\kappa_{\mathrm{abs}}(x) = \lim\limits_{\delta \to 0} \sup\limits_{\|\delta x\| \le \delta} \frac{\|\delta f(x)\|}{\|\delta x\|}$ die **absolute Kondition** und

- $\kappa_{\mathrm{rel}}(x) = \lim\limits_{\delta \to 0} \sup\limits_{\|\delta x\| \le \delta} \frac{\|\delta f(x)\|/\|f(x)\|}{\|\delta x\|/\|x\|}$ die **relative Kondition**

von f im Punkt $x \in X$.

Falls $f : \mathbb{R}^n \to \mathbb{R}^m$ differenzierbar ist, so gilt für $x \in \mathbb{R}^n$:

$$\kappa_{\mathrm{abs}}(x) = \|Df(x)\| \quad \text{und} \quad \kappa_{\mathrm{rel}}(x) = \frac{\|Df(x)\|}{\|f(x)\|/\|x\|}.$$

Insbesondere gilt für $m = 1 = n$ für $x \in \mathbb{R}$:

$$\kappa_{\text{abs}}(x) = |f'(x)| \quad \text{und} \quad \kappa_{\text{rel}}(x) = \frac{|f'(x)|}{|f(x)|/|x|}.$$

Die Kondition gibt an, um welchen Faktor sich Störungen in den Eingabegrößen auf das Resultat auswirken; diese Zahl ist unabhängig davon, durch welchen Algorithmus das Resultat erhalten wird. Bei der relativen Kondition werden die Größen δx und δf im Verhältnis zur Größe von x bzw. $f(x)$ gesehen.

Beispiel 69.2

- Für das Problem $f : \mathbb{R} \to \mathbb{R}$, $f(x) = 2x$ erhalten wir

$$\kappa_{\text{abs}}(x) = |f'(x)| = 2 \quad \text{und} \quad \kappa_{\text{rel}}(x) = \frac{2}{|2x|/|x|} = 1.$$

Eingabefehler werden also um den Faktor 2 vergrößert.

- Für das Problem $f : [0, \infty) \to [0, \infty)$, $f(x) = \sqrt{x}$ erhalten wir wegen $f'(x) = \frac{1}{2\sqrt{x}}$

$$\kappa_{\text{abs}}(x) \to \infty \text{ für } x \to 0 \quad \text{und} \quad \kappa_{\text{rel}}(x) = \frac{\frac{1}{2\sqrt{x}}}{\sqrt{x}/x} = \frac{1}{2}.$$

Das heißt, je näher x an Null liegt, desto mehr werden die Eingabefehler verstärkt. Sehr nahe bei 0 reagiert die Berechnung von $\sqrt{x}$ extrem empfindlich auf Eingabefehler. Bei relativer Sichtweise ist die Berechnung der Wurzel unproblematisch.

- Für das Problem *Subtraktion*, d. h., berechne zu $x, y \in \mathbb{R}$, y fest, die Zahl $f(x, y) = x - y$, erhalten wir

$$\kappa_{\text{rel}}(x) = \frac{1}{|x-y|/|x|} = \frac{|x|}{|x-y|},$$

d. h., die Kondition ist groß, falls $x \approx y$.

- Wir betrachten nun das Problem f, eine Nullstelle eines quadratischen Polynoms zu bestimmen: Dazu zerlegen wir die Polynome $p_1 = x^2 - 2x + 1$ und $p_2 = x^2 - 2x + 0.9999$ in Linearfaktoren, es gilt

$$p_1 = x^2 - 2x + 1 = (x-1)(x-1) \quad \text{und} \quad p_2 = x^2 - 2x + 0.9999 = (x - 0.99)(x - 1.01).$$

Der konstante Koeffizient von p_2 unterscheidet sich nur um 0.0001 vom konstanten Koeffizienten von p_1, die Nullstellen dagegen um 0.01, das ist ein Unterschied vom Faktor 100.

Wir suchen nach der Ursache für dieses Phänomen: Das Polynom $x^2 - 2x + q = 0$ hat die Nullstellen

$$x_{1,2} = 1 \pm \sqrt{1 - q}.$$

Wir können das Problem umformulieren zu $f(q) = x_1 = 1 + \sqrt{1-q}$. Als absolute Kondition dieses Problems erhalten wir:

$$\kappa_{\text{abs}}(q) = |f'(q)| = \tfrac{1}{2}(1-q)^{-1/2}.$$

Als relative Kondition erhalten wir mit $q = 1 - \delta q$:

$$\kappa_{\text{rel}}(q) = \frac{|f'(q)|}{|f(q)|/|q|} = \frac{\frac{1}{2\sqrt{\delta q}}}{(1+\sqrt{\delta q})/(1-\delta q)} = \frac{1-\delta q}{2\sqrt{\delta q}(1+\sqrt{\delta q})} \xrightarrow{\delta q \to 0} \infty.$$

Für $\delta q = 0.0001$ erhalten wir $\kappa_{\text{rel}}(q) \approx 50$.

- Wir betrachten das Problem, zu einem Vektor $\boldsymbol{b}$ die Lösung $\boldsymbol{x}$ des linearen Gleichungssystems $A\boldsymbol{x} = \boldsymbol{b}$ zu bestimmen. Die Matrix $A \in \mathbb{R}^{n \times n}$ sei invertierbar. Das Problem lautet $f : \boldsymbol{b} \mapsto A^{-1}\boldsymbol{b}$. Wegen $Df = A^{-1}$ und $\boldsymbol{b} = A\boldsymbol{x}$ erhalten wir:

$$\kappa_{\text{abs}}(\boldsymbol{b}) = \|A^{-1}\| \quad \text{und} \quad \kappa_{\text{rel}}(\boldsymbol{b}) = \frac{\|A^{-1}\|}{\|\boldsymbol{x}\|/\|\boldsymbol{b}\|} = \|A^{-1}\| \, \|A\boldsymbol{x}\| \, \frac{1}{\|\boldsymbol{x}\|}.$$

Wegen der Verträglichkeit von Vektornorm und induzierter Matrixnorm gilt $\|A\boldsymbol{x}\| \le \|A\| \, \|\boldsymbol{x}\|$, sodass also

$$\kappa_{\text{rel}}(\boldsymbol{b}) \le \|A\| \, \|A^{-1}\|.$$

Diese von $\boldsymbol{b}$ unabhängige Zahl zu einer invertierbaren Matrix A bekommt einen eigenen Namen; man nennt

$$\text{cond}(A) = \|A\| \, \|A^{-1}\,|$$

die **Kondition** von A.

Wir betrachten hierzu ein konkretes Zahlenbeispiel: Die Matrix A und der Vektor $\boldsymbol{b}$ bzw. der gestörte Vektor $\tilde{\boldsymbol{b}}$ seien gegeben durch

$$A = \begin{pmatrix} 2 & 1.001 \\ 4 & 1.999 \end{pmatrix}, \quad \boldsymbol{b} = \begin{pmatrix} 0.999 \\ 2.001 \end{pmatrix} \quad \text{bzw.} \quad \tilde{\boldsymbol{b}} = \begin{pmatrix} 1.001 \\ 1.999 \end{pmatrix}.$$

Als Lösungen $\boldsymbol{x}$ bzw. $\tilde{\boldsymbol{x}}$ des Gleichungssystems $A\boldsymbol{x} = \boldsymbol{b}$ bzw. $A\tilde{\boldsymbol{x}} = \tilde{\boldsymbol{b}}$ erhalten wir:

$$\boldsymbol{x} = \begin{pmatrix} 1 \\ -1 \end{pmatrix} \quad \text{bzw.} \quad \tilde{\boldsymbol{x}} = \begin{pmatrix} 0 \\ 1 \end{pmatrix}.$$

Die Störung in $\tilde{\boldsymbol{b}}$ gegenüber $\boldsymbol{b}$ ist *klein,* aber die Störung von $\tilde{\boldsymbol{x}}$ gegenüber $\boldsymbol{x}$ ist *groß,* genauer erhalten wir für die relativen Fehler, wobei wir als Norm die Maximumsnorm $\|\cdot\|_\infty$ auf dem $\mathbb{R}^2$ mit der induzierten Matrixnorm $\|\cdot\|_\infty$ auf dem $\mathbb{R}^{2\times 2}$, der betragsmäßig größten Zeilensumme verwenden:

$$\frac{\|\boldsymbol{b} - \tilde{\boldsymbol{b}}\|_\infty}{\|\boldsymbol{b}\|_\infty} = \frac{0.002}{2.001} = 9.995 \cdot 10^{-4} \quad \text{und} \quad \frac{|\boldsymbol{x} - \tilde{\boldsymbol{x}}\|_\infty}{\|\boldsymbol{x}\|_\infty} = \frac{2}{1} = 2.$$

Ursächlich für diese massive Verstärkung des relativen Fehlers ist die *schlechte* Kondition der Matrix:

$$\operatorname{cond}(A) = \|A\|_\infty \, \|A^{-1}\|_\infty = 5.999 \cdot 1000 = 5999.$$

■

Die folgenden Begriffe *gut konditioniert* und *schlecht konditioniert* sind etwas schwammig formuliert. Was *gut* und *schlecht* ist, ist tatsächlich nicht eine Frage des Geschmacks, sondern der Erfahrung bzw. Empirie.

Gut und schlecht konditionierte Probleme
Ein Problem $f : X \to Y$ heißt in einem Punkt $x \in X$
- **gut konditioniert**, falls $\kappa_{\mathrm{rel}}(x)$ *klein* ist (≤ 100), und
- **schlecht konditioniert**, falls $\kappa_{\mathrm{rel}}(x)$ *groß* ist ($\geq 10^6$).

69.2   Die Groß-O-Notation

Bei Fehlerberechnungen ist es oftmals gar nicht möglich oder auch nicht wichtig, den exakten Wert eines Fehlers zu bestimmen, man interessiert sich meist nur für das asymtotische Verhalten des Fehlers. Die *Groß-O-Notation* wird verwendet, um das asymptotische Verhalten von Funktionen durch einfache Funktionen zu beschreiben.

Für zwei Funktionen f, g, die auf einer Teilmenge von $\mathbb{R}$ definiert sind, bedeutet

- $f(x) = O(g(x))$ für $x \to \infty$, dass es Konstanten $C > 0$ und $x_0 > 0$ gibt, sodass

$$|f(x)| \leq C|g(x)| \quad \text{für alle } x > x_0.$$

Die Funktion f wird also betragsmäßig bis auf einen konstanten Faktor C schließlich kleiner als g sein. Die Bedingung $x > x_0$ besagt, dass man die Funktionen nur *nahe an* ∞ betrachtet.

- $f(x) = O(g(x))$ für $x \to 0$, dass es Konstanten $C > 0$ und $x_0 > 0$ gibt, sodass

$$|f(x)| \leq C|g(x)| \quad \text{für alle } |x| < x_0.$$

Die Funktion f wird also betragsmäßig bis auf einen konstanten Faktor C schließlich kleiner als g sein. Die Bedingung $|x| < x_0$ besagt, dass man die Funktionen nur *nahe an* 0 betrachtet.

Das O soll an das Wort *Ordnung* erinnern. Es werden aber eher Sprechweisen wie *f ist O(g)*, in Worten *f ist Groß-O von g*, benutzt.

Um das asymptotische Verhalten einer Funktion f zu beschreiben, vergleicht man diese Funktion mit besonders einfachen Funktionen g wie etwa Monome der Form x, x^2 usw. aber auch $\frac{1}{x}$, $\sqrt{x}$ usw.

Zum Nachweis von $f(x) = O(g(x))$ für $x \to \infty$ bzw. $x \to 0$ bestimmt man meist den Grenzwert

$$\lim_{x \to \infty} \frac{|f(x)|}{|g(x)|} \quad \text{bzw.} \quad \lim_{x \to 0} \frac{|f(x)|}{|g(x)|}.$$

Ist dieser Grenzwert endlich, so gilt $f(x) = O(g(x))$ für $x \to \infty$ bzw. $x \to 0$.

Beispiel 69.3

- Für jede Polynomfunktion $f(x) = a_n x^n + \cdots a_1 x + a_0$ gilt $f(x) = O(x^n)$ für $x \to \infty$, da

$$\lim_{x \to \infty} \frac{|f(x)|}{|x^n|} = a_n.$$

Sämtliche Polynomfunktionen vom Grad n verhalten sich für $x \to \infty$ asymptotisch gleich wie die Polynomfunktion g mit $g(x) = x^n$.

- Für $x \to 0$ sieht das bei Polynomen ganz anders aus: Hier ist nicht der *höchste* Grad des Polynoms, sondern der *niedrigste* Grad entscheidend. Z. B. gilt: $f(x) = x^5 - x^3 + 2x^2 = O(x^2)$ für $x \to 0$, da

$$\lim_{x \to 0} \frac{|f(x)|}{|x^2|} = \lim_{x \to 0} \frac{x^5 - x^3 + 2x^2}{x^2} = \lim_{x \to 0} |x^3 - x + 2| = 2.$$

- Für die Funktion $f(x) = \sqrt{1 + x^2}$ gilt $f(x) = O(x)$ für $x \to \infty$, da

$$\lim_{x \to \infty} \frac{|f(x)|}{|x|} = \lim_{x \to \infty} \frac{\sqrt{1 + x^2}}{|x|} = \lim_{x \to \infty} \sqrt{\frac{1}{x^2} + 1} = 1.$$

- Für die Funktion $f(x) = \sqrt{1 + x^2}$ gilt $f(x) = x + O\left(\frac{1}{x}\right)$ für $x \to \infty$. Dabei ist die letzte Gleichung wie folgt zu verstehen:

$$f(x) - x = \sqrt{1 + x^2} - x = O\left(\tfrac{1}{x}\right).$$

Zum Nachweis bestimmen wir den Grenzwert

$$\lim_{x \to \infty} \frac{|f(x) - x|}{\frac{1}{|x|}} = \lim_{x \to \infty} |\sqrt{x^2 + x^4} - x^2| = \lim_{x \to \infty} \frac{x^2 + x^4 - x^4}{\sqrt{x^2 + x^4} + x^2}$$

$$= \lim_{x \to \infty} \frac{1}{\sqrt{\frac{1}{x^2} + 1} + 1} = \frac{1}{2}.$$

Bemerkung Streng genommen ist $O(g)$ eine Menge von Funktionen, die sich asymptotisch für $x \to \infty$ bzw. für $x \to 0$ gleich verhalten. Die Schreibweise $f = O(g)$ ist eine etwas nachlässige, aber Übliche Notation für $f \in O(g)$.

69.3 Stabilität

Die Lösung eines Problems mit dem Computer besteht in einer Folge von arithmetischen Operationen. Dabei ist die Arithmetik in den Gleitpunktzahlen $\mathbb{G}_{b,t}$ (siehe Abschn. 4.2) nicht exakt. Bestehende Fehler pflanzen sich von Operation zu Operation fort, und es entstehen auch neue Fehler.

Im Allgemeinen können Probleme auf verschiedene Arten gelöst werden. Und meistens führen verschiedene Wege zu verschiedenen Akkumulationen der Fehler: So kann es durchaus sein, dass ein Weg zu brauchbaren Resultaten führt, ein anderer hingegen völlig unbrauchbare Ergebnisse liefert; und das, obwohl beide Wege bei exakter Rechnung gleiche Resultate liefern müssten. Die Herausforderung ist also, einen solchen *Algorithmus* zur Lösung eines Problems zu formulieren, der brauchbare Resultate liefert. Dabei verstehen wir unter einem **Algorithmus** eine Abbildung $\tilde{f} : X \to Y$,

$$\tilde{f} = \tilde{f}_k \circ \tilde{f}_{k-1} \circ \cdots \circ \tilde{f}_1,$$

wobei $\tilde{f}_j$ nur Operationen aus $\{\oplus, \ominus, \odot, \oslash, \mathrm{fl}\}$ (siehe Gleitpunktarithmetik, Abschn. 4.2.2) enthält. Tatsächlich hängt $\tilde{f}$ von der Maschinengenauigkeit $\varepsilon_{b,t}$ ab, d. h.

$$\tilde{f}(x) = \tilde{f}(x, \varepsilon_{b,t}) = \tilde{f}_{b,t}(x).$$

Wir benutzen einen Algorithmus $\tilde{f}$, um ein Problem f zu lösen. Dabei lösen wir das Problem nicht exakt, wir machen einen Fehler, diesen Fehler können wir nun wie folgt mathematisch fassen:

Absoluter und relativer Fehler

Sind $f : X \to Y$ ein Problem und $\tilde{f} : X \to Y$ ein Algorithmus, so nennt man

- $\| \tilde{f}(x) - f(x) \|$ den **absoluten Fehler** von $\tilde{f}$ in $x \in X$ und
- $\dfrac{\| \tilde{f}(x) - f(x) \|}{\| f(x) \|}$ den **relativen Fehler** von $\tilde{f}$ in $x \in X$.

Das Ziel ist, zu einem gegebenen Problem f einen Algorithmus $\tilde{f}$ zu finden, sodass der (absolute, relative) Fehler *klein* ist, wobei dieses *klein* noch zu präzisieren ist. Man kann etwa verlangen, dass $\tilde{f}$ *genau* ist. Dabei nennt man einen Algorithmus $\tilde{f}$ für ein Problem f **genau**, falls für alle $x \in X$

$$\frac{\|\tilde{f}(x) - f(x)\|}{\|f(x)\|} \leq O(\varepsilon_{b,t}),$$

d. h., dass für alle $x \in X$ die im Laufe der Rechnung erzeugten Fehler höchstens in der Größenordnung der Maschinengenauigkeit bleiben. Diese Forderung hat aber Nachteile: Sie ist häufig zu restriktiv für praktische Probleme. Etwas schwächer hingegen ist die *Stabilität* bzw. *Rückwärts-Stabilität* des Algorithmus:

Stabiler und rückwärts-stabiler Algorithmus
Ein Algorithmus $\tilde{f}$ für ein Problem f heißt

- **stabil**, falls für alle $x \in X$

$$\frac{\|\tilde{f}(x) - f(\tilde{x})\|}{\|f(x)\|} = O(\varepsilon_{b,t})$$

  für ein $\tilde{x}$ mit $\frac{\|\tilde{x} - x\|}{\|x\|} = O(\varepsilon_{b,t})$.
- **rückwärts-stabil**, falls für alle $x \in X$

$$\tilde{f}(x) = f(\tilde{x})$$

  für ein $\tilde{x} \in X$ mit $\frac{\|\tilde{x} - x\|}{\|x\|} = O(\varepsilon_{b,t})$; die Zahl $\frac{\|\tilde{x} - x\|}{\|x\|}$ heißt (relativer) **Rückwärts-fehler**.

Bemerkung Ist $f : X \to Y$ ein Problem mit relativer Kondition κ_{rel} und $\tilde{f} : X \to Y$ ein rückwärts-stabiler Algorithmus für f, so gilt

$$\frac{\|\tilde{f}(x) - f(x)\|}{\|f(x)\|} = O(\kappa_{\text{rel}}(x) \, \varepsilon_{b,t}).$$

Der relative Fehler bei der Berechnung eines Problems mit einem rückwärts-stabilen Algorithmus ist damit *klein,* falls die relative Kondition *klein* ist, bzw. wird selbst bei einem rückwärts-stabilen Algorithmus der relative Fehler *groß*, wenn die relative Kondition *groß* ist.

69.4 Aufgaben

69.1 Bestimmen Sie die absolute und relative Kondition der Probleme $f(x) = x^3$, $g(x) = \frac{\sin x}{x}$.

69.2 Gegeben ist eine DGL $\dot{x} = v(x)$, $v : \mathbb{R} \to \mathbb{R}$, mit Anfangswert $x(0) = x_0$. Die Abhängigkeit der Lösung $x(t)$ vom Anfangswert wird mit der Schreibweise $x(t) = x(t; x_0)$

deutlich gemacht. Berechnen Sie die *Sensitivität* der Lösung für ein festes $t > 0$ bezüglich des Anfangswertes x_0, also die absolute und relative Kondition des Problems $f : \mathbb{R} \to \mathbb{R}$, $x_0 \mapsto x(t, x_0)$ für ein festes $t > 0$ für

   (a) $v(x) = \lambda x, \lambda \in \mathbb{R}$,   (b) $v(x) = x^2$.

69.3 Überprüfen Sie, ob folgende Aussagen richtig oder falsch sind:

(a) $\sin(x) = O(1)$ für $x \to \infty$.

(b) $\sin(x) = O(1)$ für $x \to 0$.

(c) $\mathrm{fl}(\pi) - \pi = O(\varepsilon_{b,t})$ für $\varepsilon_{b,t} \to 0$.

(d) $x^3 + x^4 = O(x^4)$ für $x \to 0$.

(e) $A = O(V^{2/3})$ für $V \to \infty$, wobei A und V die Fläche und das Volumen einer Kugel sind, gemessen in Quadratmillimeter bzw. Kubikkilometer.

69.4 Zeigen Sie: Falls $f(x) = O(g(x))$ und $\tilde{f}(x) = O(g(x))$ für $x \to \infty$ gilt, so gilt auch $f(x) + \tilde{f}(x) = O(g(x))$ für $x \to \infty$.

69.5 Betrachte für $0 < \epsilon \ll 1$ das lineare Gleichungssystem $Ax = b$ mit

$$A = \begin{pmatrix} 1 & 1 \\ 0 & \epsilon \end{pmatrix}, \qquad b = \begin{pmatrix} 0 \\ 1 \end{pmatrix}.$$

(a) Bestimmen Sie die Kondition $\kappa_\infty(A)$ der Matrix A bzgl. der Zeilensummennorm.

(b) Die Matrix A sei gestört, $\tilde{A} = A + S$ mit $S = \begin{pmatrix} 0 & 0 \\ \delta & 0 \end{pmatrix}$, wobei $\|S\|_\infty \leq \epsilon$. Bestimmen Sie δ so, dass der relative Fehler in x bzgl. der $\| \cdot \|_\infty$-Norm bei 3 (also bei 300 %) liegt.

Fixpunktiteration

70

Inhaltsverzeichnis

Das Bestimmen einer Lösung x einer Gleichung $F(x) = a$ ist eines der wichtigsten und häufigsten Probleme der angewandten Mathematik. Tatsächlich ist es aber oft gar nicht möglich, die Lösung einer solchen Gleichung explizit und exakt anzugeben. Die numerische Mathematik stellt iterative Verfahren zur näherungsweisen Lösung von (linearen und nichtlinearen) Gleichungen und Gleichungssystemen zur Verfügung. Diese Verfahren basieren auf der *Fixpunktiteration,* die Inhalt des vorliegenden Kapitels ist. Wir besprechen nun aber keine Verfahren zur Lösung von Gleichungen oder Gleichungssystemen, sondern betrachten *Fixpunktiterationen* als ein Objekt per se. Im nächsten Kap. 71 besprechen wir ausführlich iterative Lösungsverfahren für lineare Gleichungssysteme.

70.1 Die Fixpunktgleichung

Das Lösen der Gleichung $F(x) = a$ nach x ist gleichwertig mit dem Bestimmen eines x mit $f(x) = 0$, wobei $f(x) = F(x) - a$. Und dieses **Nullstellenproblem** wiederum ist gleichwertig zur Lösung der **Fixpunktgleichung**

$$\phi(x) = x,$$

wobei $\phi(x) = f(x) + x$. Mit diesem ϕ gilt nämlich

$$\phi(x) = x \;\Leftrightarrow\; f(x) = 0.$$

Ein x mit $\phi(x) = x$ nennt man natürlich einen **Fixpunkt** von ϕ.

Bemerkung Neben der Funktion $\phi(x) = f(x) + x$ kann es aber durchaus noch weitere Funktionen $\psi(x)$ geben, deren Fixpunkt eine Nullstelle von $f(x)$ ist, z.B. für jedes $z \neq 0$ die Funktion $\psi(x) = z\,f(x) + x$ oder noch allgemeiner $\psi(x) = g(x)\,f(x) + x$ mit einer Funktion g, die keine Nullstelle hat. Beachte auch das folgende Beispiel.

Beispiel 70.1 Eine Nullstelle der Funktion $f(x) = x^7 - x - 2$ ist ein Fixpunkt von

$$\phi(x) = x^7 - 2 \;\;\text{und}\;\; \psi(x) = (x+2)^{1/7}.$$

∎

Das Lösen einer Gleichung bzw. das Bestimmen einer Nullstelle einer Funktion ist damit auf das Bestimmen eines Fixpunktes einer Funktion ϕ zurückgeführt. Der wesentliche Vorteil dieser Umformulierung in ein **Fixpunktproblem** – *bestimme x mit $\phi(x) = x$* – liegt darin, dass es für das Fixpunktproblem die einfach zu formulierende *Fixpunktiteration* gibt, die in vielen Fällen, von einem gewählten Startwert ausgehend, eine gute Näherung für einen Fixpunkt der Funktion ϕ liefert. Außerdem besagt der *Fixpunktsatz von Banach,* unter welchen Voraussetzungen die Fixpunktiteration garantiert gegen einen Fixpunkt konvergiert, weiter gibt er eine Abschätzung, welchen Fehler man macht, wenn man die Iteration zur näherungsweisen Berechnung eines Fixpunktes abbricht. Die *Fixpunktiteration* lautet wie folgt:

Rezept: Fixpunktiteration

Gegeben ist eine Funktion ϕ. Gesucht ist ein Fixpunkt x, d. h. ein x mit $\phi(x) = x$.
(1) Wähle einen Startwert x_0 (in einer Umgebung von x).
(2) Bestimme
$$x_{k+1} = \phi(x_k), \;\; k = 0,\,1,\,2,\,\ldots$$

Diese **Fixpunktiteration** liefert eine Folge $(x_k)_k$.

Wird eine Folge $(x_k)_k$ so durch eine Funktion ϕ iterativ konstruiert, so nennt man die Funktion ϕ auch ein **Iterationsverfahren**.

Offen ist die Frage, ob die Folge $(x_k)_k$ gegen einen Fixpunkt x konvergiert. Bevor wir uns um diese Frage kümmern, betrachten wir ein Beispiel:

Beispiel 70.2 Das Beispiel zum Babylonischen Wurzelziehen 21.2 zeigt, dass es möglich ist, die Nullstelle der Gleichung $x^2 - a = 0$ mit $a > 0$ (also eine Wurzel von a) durch die folgende Fixpunktiteration zu gewinnen, dazu setzen wir

$$\phi(x) = \frac{1}{2}\left(x + \frac{a}{x}\right).$$

Ein x mit $\phi(x) = x$ ist nämlich eine Wurzel von a, das zeigt die folgende Rechnung:

$$\Phi(x) = x \;\Leftrightarrow\; \frac{1}{2}\left(x + \frac{a}{x}\right) = x \;\Leftrightarrow\; x + \frac{a}{x} = 2x \;\Leftrightarrow\; \frac{a}{x} = x \;\Leftrightarrow\; x^2 = a.$$

Die Fixpunktiteration lautet hier:

$$x_0 = s, \; x_{k+1} = \phi(x_k)$$

mit einem Startwert s. Wir setzen $a = 9$ und $s = 1$ ein und erhalten die ersten Folgenglieder

$$x_1 = 1.0000, \; x_2 = 5.0000, \; x_3 = 3.4000, \; x_4 = 3.0235, \; x_5 = 3.0001, \; x_6 = 3.0000.$$

∎

Bemerkung Man beachte, dass wir bisher noch kein Wort über den Definitions- und Wertebereich der Funktionen F, f und ϕ verloren haben. Unterschwellig wurde bisher unterstellt, dass es sich hierbei um Funktionen von Teilmengen von $\mathbb{R}$ nach $\mathbb{R}$ handelt. Tatsächlich ist das alles aber viel allgemeiner möglich: Als Definitions- und Wertebereich dürfen wir einen beliebigen normierten Raum X verwenden; ein Abstandsbegriff wird nötig sein, um von Konvergenz sprechen zu können. Dazu dient die Norm. Meistens wird X eine Teilmenge des $\mathbb{R}^n$ mit $n \in \mathbb{N}$ sein, $X \subseteq \mathbb{R}^n$. In diesem Sinne erledigen wir den Fall von Gleichungssystemen (linear oder nichtlinear) gleich mit; es ist $(\boldsymbol{x}_k)_k$ dann eine Folge von Vektoren $\boldsymbol{x}_k \in \mathbb{R}^n$.

70.2 Die Konvergenz von Iterationsverfahren

Es sei X ein normierter Raum. Erfüllt das Iterationsverfahren $\phi : X \to X$ etwa die Voraussetzungen des Fixpunktsatzes von Banach, so konvergiert die Folge $(\boldsymbol{x}_k)_k$ garantiert gegen einen Fixpunkt $\boldsymbol{x}$. Bevor wir aber auf diesen sehr allgemeinen Fixpunktsatz von Banach zu sprechen kommen, begründen wir, dass wir im Falle der Konvergenz der Folge $(\boldsymbol{x}_k)_k$ einer stetigen Fixpunktiteration mit dem Grenzwert auch einen Fixpunkt erhalten:

Zur Konvergenz der Fixpunktiteration

Ist $\phi : X \to X$, $X \subseteq \mathbb{R}^n$, stetig und konvergiert die Folge $(x_k)_k$, die aus einer Fixpunktiteration

$$x_0 = s, \ x_{k+1} = \phi(x_k)$$

entsteht, gegen ein $x \in X$, so ist x ein Fixpunkt von ϕ, d. h., es gilt $\phi(x) = x$.

Das folgt aus:

$$x = \lim_{k \to \infty} x_{k+1} = \lim_{k \to \infty} \phi(x_k) = \phi(\lim_{k \to \infty} x_k) = \phi(x).$$

Zur knappen Formulierung der folgenden Ergebnisse führen wir suggestive Begriffe ein, dabei ist X stets ein normierter Raum:

- Ein Iterationsverfahren $\phi : X \to X$ heißt **global konvergent** gegen einen Fixpunkt x, wenn $x_k \to x$ für alle Startwerte $x_0 \in X$.
- Ein Iterationsverfahren $\phi : X \to X$ heißt **lokal konvergent** gegen einen Fixpunkt x, wenn es eine Umgebung $U \subseteq X$ von x gibt mit $x_k \to x$ für alle Startwerte $x_0 \in U$.
- Ein Iterationsverfahren ϕ heißt eine **Kontraktion**, falls es ein $\theta \in [0, 1)$ gibt, sodass

$$\|\phi(x) - \phi(y)\| \leq \theta \|x - y\| \text{ für alle } x, y \in X.$$

Die Zahl θ nennt man auch **Kontraktionskonstante** oder **Lipschitzkonstante**. Ist ϕ eine Kontraktion, so liegen $\phi(x)$ und $\phi(y)$ näher beieinander als x und y.

Etwas allgemeiner spricht man von einer **lipschitzstetigen** Funktion $\phi : X \to X$, falls eine **Lipschitzkonstante** θ existiert mit

$$\|\phi(x) - \phi(y)\| \leq \theta \|x - y\| \text{ für alle } x, y \in X.$$

Diese Lipschitzstetigkeit ist *etwas mehr* als die (gewöhnliche) Stetigkeit. Eine Kontraktion ist eine lipschitzstetige Funktion mit einer Lipschitzkonstanten < 1. Die entscheidende Frage ist: Wie erkennt man, ob eine gegebene Funktion ϕ eine Kontraktion ist? Hierzu ist das folgende Ergebnis nützlich:

Kriterium für Kontraktion

Ist $\phi : X \to X$ stetig differenzierbar auf einer abgeschlossenen, beschränkten und konvexen Menge $X \subseteq \mathbb{R}^n$, so ist ϕ dann eine Kontraktion, wenn es eine Zahl $\gamma < 1$ gibt mit

$$\| D\phi(x) \| < \gamma \text{ für alle } x \in X.$$

Dabei ist die Matrixnorm $\| \cdot \|$ die von der auf dem $\mathbb{R}^n$ benutzten Vektornorm induzierte Matrixnorm.

Unter den genannten Voraussetzungen gilt nämlich für die Lipschitzkonstante

$$\theta = \sup_{x \in X} \| D\phi(x) \|.$$

Die Abb. 70.1 zeigt eine kontrahierende Funktion Φ mit genau einem Fixpunkt x^* in der besonders einfachen Situation $X = [1, 2] \subseteq R$.

Man erwartet nun zu Recht, dass bei einer kontrahierenden Iterationsfunktion $\phi : X \to X$ die durch ϕ erzeugte Folge $(x_k)_k$ gegen einen Fixpunkt x konvergiert. Aber zugleich erwartet man wohl auch, dass es im Allgemeinen nicht einfach sein wird, eine Iterationsfunktion $\phi : X \to X$ zu konstruieren, die *global* eine Kontraktion ist ($\to$ *globaler Konvergenzsatz*). Wir suchen Bedingungen, die garantieren, dass ϕ wenigstens *lokal* Konvergenz sichert. Ein naheliegendes Kriterium erhält man mit dem Betrag der Ableitung, d.h. mit der Norm der Jacobimatrix im Fixpunkt x ($\to$ *lokaler Konvergenzsatz*). Aber dieses Kriterium ist von der benutzten Norm abhängig. Eine normunabhängige Version des lokalen Konvergenzsatzes erhalten wir mit Hilfe des *Spektralradius* der Jacobimatrix $D\phi$ ($\to$ *lokaler, normunabhängiger Konvergenzsatz*). Dabei nennt man den betragsmäßig größten Eigenwert einer Matrix

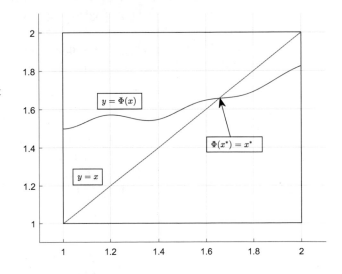

Abb. 70.1 Die Funktion $\Phi : [1, 2] \to [1, 2]$ ist kontrahierend und hat genau einen Fixpunkt x^* – der Schnittpunkt der Winkelhalbierenden $y = x$ mit dem Graphen von Φ

A den **Spektralradius** $\rho(A)$,

$$\rho(A) = \max\{|\lambda| \mid \lambda \text{ ist Eigenwert von } A\}.$$

Der folgende globale Konvergenzsatz ist der schon mehrfach angesprochene **Fixpunktsatz von Banach**.

Globale und lokale Konvergenzsätze

- **Globaler Konvergenzsatz:** Sind $X \subseteq \mathbb{R}^n$ abgeschlossen und $\phi : X \to X$ eine Kontraktion mit der Lipschitzkonstanten θ, so konvergiert die Fixpunktiteration für jedes $x_0 \in X$ gegen einen **eindeutigen** Fixpunkt $x \in X$, und es gelten
    - $\|x_k - x\| \leq \frac{\theta^k}{1-\theta} \|x_1 - x_0\|$ – die **A-priori-Fehlerabschätzung**,
    - $\|x_k - x\| \leq \frac{\theta}{1-\theta} \|x_k - x_{k-1}\|$ – die **A-posteriori-Fehlerabschätzung**.
- **Lokaler Konvergenzsatz:** Sind $X \subseteq \mathbb{R}^n$ offen, $\phi : X \to X$ stetig differenzierbar und $x \in X$ ein Fixpunkt von ϕ mit $\|D\phi(x)\| < 1$, so ist die Fixpunktiteration lokal konvergent.
- **Lokaler, normunabhängiger Konvergenzsatz:** Sind $X \subseteq \mathbb{R}^n$ offen, $\phi : X \to X$ stetig differenzierbar und $x \in X$ ein Fixpunkt von ϕ mit $\rho(D\phi(x)) < 1$ für die Jacobimatrix $D\phi$ in x, so ist die Fixpunktiteration lokal konvergent gegen x.

Man beachte, dass die Normen hier einheitlich zu wählen sind: Zum Beispiel wird in der A-priori-Fehlerabschätzung die Kontraktionskonstante θ bezüglich einer Norm $\|\cdot\|$ gebildet: Das muss diese Norm aus der Ungleichung sein.

Der globale Konvergenzsatz, sprich der Fixpunktsatz von Banach, garantiert die Existenz und Eindeutigkeit einer Lösung der Fixpunktgleichung. Weiter gibt er Fehlerabschätzungen an:

Mit der A-priori-Fehlerabschätzung kann ermittelt werden, wie lange iteriert werden muss, um eine gewünschte Genauigkeit ε zu erreichen: Wähle k so groß, dass

$$\frac{\theta^k}{1-\theta} \|x_1 - x_0\| \leq \varepsilon \iff k \geq \ln\left(\frac{\varepsilon(1-\theta)}{\|x_1 - x_0\|}\right) / \ln(\theta).$$

In die A-posteriori-Fehlerabschätzung gehen die Fehler der ersten $k-1$ Schritte nicht ein. Man kann sie benutzen, um festzustellen, wann man das Verfahren abbrechen kann.

Für die Anwendung des globalen Konvergenzsatzes ist es im Allgemeinen problematisch, die Kontraktionskonstante θ zu ermitteln und $\phi(X) \subseteq X$ nachzuweisen.

Beispiel 70.3 Wir bestimmen die Lösung $\sqrt{2}$ der Gleichung $x^2 = 2$ auf sieben Stellen nach dem Komma mit dem Iterationsverfahren

$$\phi(x) = -\frac{1}{3}(x^2 - 2) + x.$$

Wegen

$$|\phi'(x)| = \left| \frac{-2x}{3} + 1 \right| \leq \frac{1}{3} \text{ auf dem Intervall } [1, 2]$$

besagt der lokale Konvergenzsatz wegen $\sqrt{2} \approx 1.5$, dass die Iterationsfolge $(\phi(x_k))_k$ für jeden Startwert x_0 aus $[1, 2]$ gegen $\sqrt{2}$ konvergiert.

Wir wählen $x_0 = 1.5$. Die A-priori-Fehlerabschätzung besagt wegen $x_1 = 1.41\overline{6}$:

$$|x_n - \sqrt{2}| \leq \frac{1}{2 \cdot 3^{n-1}} |x_1 - x_0| < \frac{0.05}{3^{n-1}}.$$

Wegen $\frac{0.05}{3^{13}} < 5 \cdot 10^{-8}$ reichen also 14 Schritte aus. Wir erhalten:

$$x_2 = 1.414351852, \quad x_3 = 1.414221465, \quad x_4 = 1.414214014,$$

$$x_5 = 1.414213588, \quad x_6 = 1.414213564.$$

Die A-posteriori-Fehlerabschätzung zeigt für $n = 6$:

$$|x_6 - \sqrt{2}| \leq \frac{1}{2} |x_6 - x_5| < 1.1 \cdot 10^{-8},$$

d. h.

$$1.41421355 < \sqrt{2} < 1.41421358.$$

∎

Beim folgenden Beispiel betrachten wir die Situation im $\mathbb{R}^2$:

Beispiel 70.4 Wir untersuchen die folgende Funktion ϕ auf einen Fixpunkt $x^* = (x^*, y^*)^\top \in \mathbb{R}^2$:

$$\phi : [0, 1] \times [0, 1] \to \mathbb{R}^2, \ \phi(x, y) = \frac{1}{2} \begin{pmatrix} \sin(x) \\ \cos(y) \end{pmatrix}.$$

Wir zeigen, dass die Voraussetzungen des globalen Konvergenzsatzes erfüllt sind:

- Da $X = [0, 1] \times [0, 1]$ abgeschlossen ist, ist die erste Voraussetzung schon erfüllt.
- Da $\sin(x), \cos(y) \in [0, 1]$ für $x, y \in [0, 1]$, gilt für alle solche (x, y) auch

$$\phi(x, y) = \frac{1}{2} \begin{pmatrix} \sin(x) \\ \cos(y) \end{pmatrix} \in [0, 1] \times [0, 1],$$

sodass also $\phi : X \rightarrow X$ eine Selbstabbildung ist und somit die zweite Voraussetzung erfüllt ist.

- Um zu zeigen, dass ϕ eine Kontraktion ist, bestimmen wir die Jacobimatrix, es gilt:

$$D\phi(x, y) = \begin{pmatrix} \frac{1}{2} \cos(x) & 0 \\ 0 & -\frac{1}{2} \sin(y) \end{pmatrix}.$$

Nun müssen wir uns für eine Norm entscheiden: Wir wählen die Spaltensummennorm $\| \cdot \|_1$ und erhalten $\|D\phi\|_1 \leq \frac{1}{2} < 1$ auf X wegen $|\cos(x)| \leq 1$ und $|\sin(y)| \leq 1$. Somit ist ϕ eine Kontraktion.

Da sämtliche Voraussetzungen des globalen Konvergenzsatzes erfüllt sind, hat die Funktion ϕ genau einen Fixpunkt $\boldsymbol{x}^* = (x^*, y^*)^\top \in X = [0, 1] \times [0, 1]$. Wir erhalten diesen per Fixpunktiteration mit einem beliebigen Startwert $\boldsymbol{x}_0$ aus X; man erhält mit $\boldsymbol{x}_0 = (0, 0)^\top$:

$$\boldsymbol{x}_1 = \phi(\boldsymbol{x}_0) = \begin{pmatrix} 0 \\ \frac{1}{2} \end{pmatrix}, \ \boldsymbol{x}_2 = \phi(\boldsymbol{x}_1) = \begin{pmatrix} 0 \\ 0.4387... \end{pmatrix}, \ \boldsymbol{x}_3 = \phi(\boldsymbol{x}_2) = \begin{pmatrix} 0 \\ 0.4526 \end{pmatrix} \ \cdots$$

Bemerkung Anstelle der Spaltensummennorm hätten wir auch die Zeilensummennorm $\| \cdot \|_\infty$ oder die Spektralnorm $\| \cdot \|_2$ nehmen können; im vorliegenden Beispiel hätte es keine größee Mühe bedeutet, diese Normen zu bestimmen und zu erkennen, dass auch diese jeweils kleiner als 1 sind. Somit hätte man auch Konvergenz bzgl. der Zeilensummen- oder Spektralnorm erhalten.   ∎

70.3 Implementation

Eine Fixpunktiteration

$$\boldsymbol{x}_{k+1} = \phi(\boldsymbol{x}_k), \ k = 0, 1, 2, \ldots .$$

sollte in einer Implementation gestoppt werden, falls

- der Fixpunkt $\boldsymbol{x}$ hinreichend genau approximiert wurde oder
- die Iteration voraussichtlich nicht konvergiert.

Das erste Problem löst man durch Vorgabe einer **Toleranzgrenze**: Gib ein tol > 0 vor und STOP, sobald

$$\|\boldsymbol{x}_k - \boldsymbol{x}\| < \text{tol}.$$

Da $\boldsymbol{x}$ unbekannt ist, greift man auf die A-posteriori-Fehlerabschätzung des globalen Konvergenzsatzes zurück: STOP, sobald

$$\frac{\theta}{1-\theta} \|\boldsymbol{x}_k - \boldsymbol{x}_{k-1}\| < \text{tol}.$$

Das zweite Problem löst man durch Überprüfen der Kontraktion: Es sollte gelten

$$\|\phi(x_k) - \phi(x_{k-1})\| \le \theta \, \|x_k - x_{k-1}\|, \ \theta < 1.$$

Wegen $\|\phi(x_k) - \phi(x_{k-1})\| = \|x_{k+1} - x_k\|$ also: STOP, sobald

$$\theta_k = \frac{\|x_{k+1} - x_k\|}{\|x_k - x_{k-1}\|} > 1.$$

70.4 Konvergenzgeschwindigkeit

Ist $(x_k)_k$ eine Folge, die gegen den Grenzwert x konvergiert, so möchte man in den Anwendungen, also falls etwa $(x_k)_k$ die Folge einer Fixpunktiteration ist, dass die Konvergenz *schnell* ist, sodass man also mit nur *kleinem* Fehler nach nur *wenigen* Iterationen die Iteration abbrechen darf. Ein Maß für diese Geschwindigkeit der Konvergenz einer Folge liefert die *Konvergenzordnung*:

Konvergenzordnung

Ist $(x_k)_k$ eine konvergente Folge in $\mathbb{R}^n$ mit Grenzwert $x \in \mathbb{R}^n$, so sagt man, die Folge $(x_k)_k$ hat die **Konvergenzordnung** $p \in \mathbb{N}$, falls ein $C > 0$ existiert mit

$$\|x_{k+1} - x\| \le C \, \|x_k - x\|^p \quad \text{für alle } k \ge k_0$$

für ein $k_0 \in \mathbb{N}$, wobei im Fall $p = 1$ zusätzlich $C < 1$ verlangt wird.

In den Fällen $p = 1$, $p = 2$ und $p = 3$ spricht man auch von **linearer**, **quadratischer** und **kubischer Konvergenz**.

Bei einer linear konvergenten Fixpunktiteration mit $C = \theta \approx \frac{1}{2}$ sind ca. 52 Iterationen notwendig für 15 korrekte Dezimalstellen.

Bei der quadratischen Konvergenz verdoppelt sich in etwa in jedem Schritt die Anzahl der korrekten Stellen: Falls $\|x_k - x_{k-1}\| \approx 10^{-k}$,

$$\|x_{k+1} - x_k\| \le C \, \|x_k - x_{k-1}\|^2 \le C \, 10^{-2k}.$$

Für 15 korrekte Stellen benötigt man also nur etwa 4 Iterationen. Eine kubische Konvergenz lohnt sich dagegen kaum: Für korrekte 14 Stellen benötigt man rund 3 Iterationen.

70.5   Aufgaben

70.1 Zeigen Sie, dass das System

$$6x = \cos x + 2y,$$
$$8y = xy^2 + \sin x$$

auf $E = [0, 1] \times [0, 1]$ eine eindeutige Lösung besitzt. Wir wollen die Lösung mit Hilfe des globalen Konvergenzsatzes bis auf eine Genauigkeit von 10^{-3} in der Maximumsnorm $\|\cdot\|_\infty$ bestimmen. Wie viele Iterationsschritte reichen dazu, wenn wir im Punkt $(0, 0)$ beginnen?

70.2 Zur Bestimmung einer Nullstelle von $f(x) = \mathrm{e}^x - \sin x$ betrachten wir die Fixpunkt-gleichung $\phi(x) = x$ mit

$$\phi_1(x) = \mathrm{e}^x - \sin x + x,$$
$$\phi_2(x) = \sin x - \mathrm{e}^x + x,$$
$$\phi_3(x) = \arcsin(\mathrm{e}^x) \quad \text{für } x < 0,$$
$$\phi_4(x) = \ln(\sin x) \quad \text{für } x \in \,]{-2\pi}, -\pi[.$$

(a) Bestimmen Sie jeweils die Ableitung von ϕ_i und skizzieren Sie ϕ_i und ϕ_i'.
(b) Kennzeichnen Sie die Bereiche, wo die Fixpunktiteration mit Sicherheit konvergiert.

70.3 Mittels trigonometrischer Identitäten kann man zeigen, dass die Funktion

$$\phi : \mathbb{R}^2 \to \mathbb{R}^2, \quad x \mapsto \frac{1}{2} \begin{pmatrix} \sin x_1 + \cos x_2 \\ \sin x_2 - \cos x_1 \end{pmatrix}$$

eine globale Lipschitzbedingung erfüllt: $\|\phi(x) - \phi(y)\| \le \theta \|x - y\|$ für $x, y \in \mathbb{R}^2$, wobei $\theta = \frac{1}{2}\sqrt{2}$ und $\|\cdot\|$ die euklidische Norm bezeichne.

Wählen Sie speziell $x_0 = (0, 0)$ und schätzen Sie nur mithilfe der ersten Iteration ab, wie viele Schritte k der Fixpunktiteration mit ϕ erforderlich sind, um eine Genauigkeit von 10^{-6} der k-ten Iterierten garantieren zu können.

70.4 Erörtern Sie, welche Voraussetzungen des globalen Konvergenzsatzes bei den folgen-den Funktionen erfüllt bzw. verletzt sind:

(a) $f_1 : \,]0, 1[\,\to \mathbb{R}, \quad x \mapsto x^2,$
(b) $f_2 : [0, 1] \to \mathbb{R}, \quad x \mapsto \frac{1}{2}(x + 1),$
(c) $f_3 : [0, 1]^2 \to \mathbb{R}, \quad x \mapsto \frac{1}{2}(x_1^2 + x_2^2),$
(d) $f_4 : [0, 1]^2 \to \mathbb{R}^2, \quad x \mapsto (x_2^2, 1 - x_1),$
(e) $f_5 : \mathbb{R} \to \mathbb{R}, \quad x \mapsto \ln(1 + \mathrm{e}^x).$

Welche Funktionen haben einen eindeutigen Fixpunkt im Definitionsbereich?

70.5 Die positive Lösung der Gleichung $x^3 = 2$ soll mithilfe einer Fixpunktiteration $\phi(x) = x$ berechnet werden.

(a) Das Newton-Verfahren stellt eine solche Funktion ϕ_1 bereit. Wie lautet ϕ_1?

(b) Schlagen Sie zwei weitere Funktionen ϕ_2, ϕ_3 vor und zeigen Sie, dass die Fixpunkt-gleichungen $\phi_k(x) = x$ für $k \in \{1, 2, 3\}$ äquivalent zur Ausgangsgleichung $x^3 = 2$ sind.

(c) Bestimmen Sie jeweils die Ableitung von ϕ_k und skizzieren Sie ϕ_k und ϕ_k'.

(d) Kennzeichnen Sie die Bereiche, wo die Fixpunktiteration mit Sicherheit konvergiert.

70.6 Für $r > 0$ betrachten wir die Gleichung $x = \phi_r(x)$ mit $\phi_r(x) := r x (1 - x)$ auf der Menge $[0, 1]$.

(a) Schreiben Sie ein MATLAB-Programm, das $N = 1000$ Iterationen der Fixpunktiteration zu gegebenem Parameter r und Startwert $x_0 = 0.2$ durchführt.

(b) Untersuchen Sie mithilfe Ihres Programms, ob die Fixpunktiteration für die Werte $N = 1000$, $x_0 = 0.2$ und $r \in \{2.0, 2.9, 3.3, 3.5, 3.8\}$ konvergiert. Falls keine Konvergenz vorliegt, untersuchen Sie, ob die Iterationsfolge Häufungspunkte besitzt und gegebenenfalls wieviele.

(c) Berechnen Sie die beiden Fixpunkte von ϕ_r in Abhängigkeit von r.

(d) Für welche Werte $r \in \{2.0, 2.9, 3.3, 3.5, 3.8\}$ garantiert der Banach'sche Fixpunktsatz die Konvergenz der Fixpunktiteration für beliebige Startwerte in $(0, 1)$?

(e) Finden Sie für $r = 2$ ein abgeschlossenes Intervall $[a, b] \subseteq [0, 1]$, sodass $\phi_2 : [a, b] \to [a, b]$ eine kontrahierende Selbstabbildung ist.

Iterative Verfahren für lineare Gleichungssysteme

71

Inhaltsverzeichnis

In vielen Anwendungen, etwa bei Gleichgewichtsbetrachtungen in mechanischen oder elektrischen Netzwerken oder bei der Diskretisierung von Randwertaufgaben bei gewöhnlichen und partiellen Differentialgleichungen, erhält man sehr große Gleichungssysteme, teilweise mit vielen Millionen Zeilen. Die Koeffizientenmatrizen dieser Gleichungssysteme sind typischerweise *dünn besetzt*, d. h., die meisten Matrixeinträge sind dabei Null. Zur Lösung solcher Systeme benutzt man Iterationsverfahren, um mit einem Startwert x_0 für die exakte Lösung x des Systems $A x = b$ in wenig rechenaufwendigen Schritten iterativ eine Näherungslösung x_k aus einem Startwert x_0 zu erhalten, $x_0 \rightarrow x_1 \rightarrow x_2 \rightarrow \cdots \rightarrow x_{k-1} \rightarrow x_k$.

Da selbst *exakte* Lösungsverfahren rundungsfehlerbehaftet sind und Eingabefehler einen weiteren Beitrag zu Ungenauigkeiten in den *exakten* Lösungen leisten, kann man mit den Ungenauigkeiten in der Näherungslösung x_k gut leben.

71.1   Lösen von Gleichungssystemen durch Fixpunktiteration

Wir stehen vor der Aufgabe, ein lineares Gleichungssystem

$$A x = b \quad \text{mit invertierbarem } A \in \mathbb{R}^{n \times n} \text{ und } b \in \mathbb{R}^n$$

zu lösen, wobei *n groß* und A dünnbesetzt ist.

© Springer-Verlag GmbH Deutschland, ein Teil von Springer Nature 2022

787

C. Karpfinger, *Höhere Mathematik in Rezepten*,
https://doi.org/10.1007/978-3-662-63305-2_71

Ein iteratives Lösungsverfahren erhalten wir nach den Betrachtungen im Abschn. 70.1, indem wir das Lösen des LGS $A\,x = b$ als Fixpunktproblem formulieren. Um eine Lösung des Fixpunktproblems zu erhalten, können wir dann auf die Fixpunktiteration zurückgreifen.

Aber erst einmal zur Fixpunktgleichung: Wir wissen (siehe die Bemerkung in Abschn. 70.1), dass man eine Gleichung auf verschiedene Arten in eine Fixpunktgleichung umwandeln kann. Wir betrachten vorab einen allgemeinen Ansatz und erhalten dann durch spezielle Wahlen verschiedene gängige Iterationsverfahren.

Wir teilen die Matrix $A \in \mathbb{R}^{n \times n}$ in zwei Matrizen $M \in \mathbb{R}^{n \times n}$ und $N \in \mathbb{R}^{n \times n}$ auf, wobei wir verlangen, dass M invertierbar ist:

$$A = M - N, \quad \text{wobei } M^{-1} \text{ existiert.}$$

Dann gilt

$$A\,x = b \;\Leftrightarrow\; (M - N)\,x = b \;\Leftrightarrow\; M\,x = b + N\,x \;\Leftrightarrow\; x = M^{-1}b + M^{-1}N\,x.$$

Das LGS als Fixpunktproblem

Gilt $A = M - N$ für A, M, $N \in \mathbb{R}^{n \times n}$ mit invertierbarem M, so ist das Lösen von $A\,x = b$ gleichwertig zur Fixpunktbestimmung $\phi(x) = x$ für

$$\phi(x) = M^{-1}b + M^{-1}N\,x.$$

Dabei ist die Fixpunktiteration

$$x_0 = s, \; x_{k+1} = \phi(x_k)$$

für jeden Startwert $s \in \mathbb{R}^n$ konvergent, falls der Spektralradius der (konstanten) **Iterationsmatrix** $M^{-1}N$ kleiner als 1 ist,

$$\rho(M^{-1}N) < 1.$$

Die Aussage zur Konvergenz erhält man dabei unmittelbar aus dem lokalen, normunabhängigen Konvergenzsatz in Abschn. 70.2, da die Iterationsmatrix $M^{-1}N$ gerade die Jacobimatrix $D\phi$ ist.

Durch verschiedene Wahlen von M und N erhalten wir verschiedene Verfahren.

71.2 Das Jacobiverfahren

Beim **Jacobiverfahren**, man spricht auch vom **Gesamtschrittverfahren**, wählt man die Zerlegung

$$A = D - (L + R), \quad \text{also } M = D \text{ und } N = L + R.$$

mit einer invertierbaren Diagonalmatrix D, einer Matrix L, die nur Einträge unterhalb der Diagonalen hat, und einer Matrix R, die nur Einträge oberhalb der Diagonalen hat:

Die Funktion ϕ lautet beim Jacobiverfahren wie folgt:

$$\phi(x) = D^{-1}b + D^{-1}(L + R)x.$$

Damit erhalten wir für die Fixpunktiteration

$$x_0 = s, \ x_{k+1} = \phi(x_k)$$

die explizite matrizenweise bzw. komponentenweise Formulierung:

Das Jacobiverfahren
Es sei $A = D - (L + R) \in \mathbb{R}^{n \times n}$ mit invertierbarem D, und L und R wie oben angegeben.

Beim **Jacobiverfahren** konstruiert man von einem Startvektor $x^{(0)} = (x_i^{(0)})_i \in \mathbb{R}^n$ ausgehend iterativ die Näherungslösungen $x^{(m+1)} = (x_i^{(m+1)})_i \in \mathbb{R}^n$ wie folgt:

$$x^{(m+1)} = D^{-1}b + D^{-1}(L + R)x^{(m)}$$

bzw. komponentenweise

$$x_i^{(m+1)} = a_{ii}^{-1} \left(b_i - \sum_{\substack{j=1 \\ j \neq i}}^{n} a_{ij} x_j^{(m)} \right).$$

Das Jacobiverfahren konvergiert für jeden Startwert $x^{(0)} \in \mathbb{R}^n$, falls A **strikt diagonaldominant** ist, d.h., falls die Beträge der Diagonaleinträge größer sind als die

Summen der Beträge der jeweiligen restlichen Zeileneinträge:

$$|a_{ii}| > \sum_{\substack{j=1 \\ j \neq i}}^{n} |a_{ij}| \quad \text{für alle } i.$$

Den Nachweis haben wir als Übungsaufgabe gestellt.

Beispiel 71.1 Wir betrachten die strikt diagonaldominante Matrix

$$A = \begin{pmatrix} 5 & 1 & 2 \\ 2 & 6 & 3 \\ 2 & 4 & 7 \end{pmatrix}, \quad \text{also } D = \begin{pmatrix} 5 & 0 & 0 \\ 0 & 6 & 0 \\ 0 & 0 & 7 \end{pmatrix}, \quad L = \begin{pmatrix} 0 & 0 & 0 \\ -2 & 0 & 0 \\ -2 & -4 & 0 \end{pmatrix}, \quad R = \begin{pmatrix} 0 & -1 & -2 \\ 0 & 0 & -3 \\ 0 & 0 & 0 \end{pmatrix}.$$

Für $b = (3, -1, -5)^{\top}$ lautet die exakte Lösung $x = (1, 0, -1)^{\top}$ des LGS $Ax = b$. Mit dem Startvektor $x^{(0)} = (3, 2, 1)^{\top}$ erhalten wir:

Iterierte	$x^{(0)}$	$x^{(10)}$	$x^{(20)}$	$x^{(30)}$	$x^{(40)}$	$x^{(50)}$
1. Komponente	3.0000	0.8313	0.9867	0.9990	0.9999	1.0000
2. Komponente	2.0000	−0.2143	−0.0169	−0.0013	−0.0001	−0.0000
3. Komponente	1.0000	−1.2199	−1.0173	−1.0014	−1.0001	−1.0000
rel. Fehler		0.4128	0.0390	0.0031	0.0002	0.0000

■

71.3 Das Gauß-Seidelverfahren

Das ist**Gauß-Seidelverfahren** eine einfache Variation des Jacobiverfahrens: Zur komponentenweisen Bestimmung des Näherungsvektors $x^{(m)} \in \mathbb{R}^n$ benutzt man beim Jacobiverfahren die Formel (siehe oben):

$$x_i^{(m+1)} = a_{ii}^{-1} \left(b_i - \sum_{\substack{j=1 \\ j \neq i}}^{n} a_{ij} x_j^{(m)} \right).$$

Nun ist es nur eine naheliegende Idee, bei der Bestimmung der i-ten Komponente $x_i^{(m+1)}$, $i \geq 2$, die bereits vorher ermittelten Komponenten $x_1^{(m+1)}, \ldots, x_{i-1}^{(m+1)}$ gleich zu benutzen. Dadurch werden bessere Nährungswerte zur Berechnung der nächsten Iterierten herangezogen, was die Konvergenz verbessert. Diese einfache Variation des Jacobiverfahrens führt zu folgendem Verfahren:

Das Gauß-Seidelverfahren

Beim Gauß-Seidelverfahren erhält man aus einem Startvektor $x^{(0)} = (x_i^{(0)}) \in \mathbb{R}^n$ die Komponenten

$$x_i^{(m+1)} = a_{ii}^{-1} \left(b_i - \sum_{j=1}^{i-1} a_{ij} x_j^{(m+1)} - \sum_{j=i+1}^{n} a_{ij} x_j^{(m)} \right).$$

Dieser Ansatz entspricht der folgenden Aufteilung der Matrix A:

$$A = \underbrace{(D - L)}_{=M} - \underbrace{R}_{=N}.$$

Hierbei muss D invertierbar sein. Explizit lautet die Iteration:

$$x^{(m+1)} = (D - L)^{-1} b + (D - L)^{-1} R x^{(m)}.$$

Das Gauß-Seidelverfahren konvergiert
- für jede strikt diagonaldominante Matrix A,
- für jede positiv definite Matrix A.

Den Nachweis, dass diese Verbesserung des Jacobi-Verfahrens, also das Gauß-Seidel-Verfahren durch die Matrixzerlegung $A = M - N$ mit $M = D - L$ und $N = R$ realisiert wird, sollen Sie in Aufgabe 71.7 führen.

Die Tatsache, dass das Gauß-Seidelverfahren für jede strikt diagonaldominante Matrix A konvergiert, folgt aus der Konvergenz des Jacobiverfahrens für diese Matrizen: Für die Iterationsmatrix $D^{-1}(L + R)$ des Jacobiverfahrens und $(D - L)^{-1} R$ des Gauß-Seidelverfahrens gilt nämlich

$$\|(D - L)^{-1} R\|_\infty \leq \|D^{-1}(L + R)\|_\infty.$$

Beispiel 71.2 Wir betrachten erneut das LGS aus Beispiel 71.1. Wir wählen denselben Startvektor $x^{(0)} = (3, 2, 1)^\top$ und geben die Iterierten an, die in etwa denselben relativen Fehler haben wie im Beispiel zum Jacobiverfahren; man beachte, dass die Zahl der Iterationen deutlich geringer ist:

Iterierte	$x^{(0)}$	$x^{(4)}$	$x^{(6)}$	$x^{(8)}$	$x^{(10)}$	$x^{(12)}$
1. Komponente	3.0000	0.9740	0.9985	0.9985	0.9999	1.0000
2. Komponente	2.0000	−0.0967	−0.0087	−0.0008	−0.0001	−0.0000
3. Komponente	1.0000	−0.9374	−0.9946	−0.9995	−1.0000	−1.0000
rel. Fehler		0.2000	0.0207	0.0018	0.0002	0.0000

■

71.4 Relaxation

Durch eine Variation des Gauß-Seidelverfahrens erhalten wir das *SOR-Verfahren,* man spricht auch vom *relaxierten Gauß-Seidelverfahren.* Hierbei wird beim Gauß-Seidelverfahren ein Relaxationsparameter ω eingeführt, der in vielen Fällen die Effizienz deutlich verbessert. Wir formulieren diese Relaxation zuerst allgemein und betrachten diese dann am Gauß-Seidelverfahren:

Ist ϕ ein Iterationsverfahren, so bildet man eine **Konvexkombination** aus $x_{k+1} = \phi(x_k)$ und x_k:

$$x_{k+1}^{(\text{neu})} = \omega x_{k+1}^{(\text{alt})} + (1 - \omega) x_k.$$

Die zunächst beliebige Zahl $\omega \in [0, 1]$ nennt man **Relaxationsparameter**. Man erhält so zum Iterationsverfahren ϕ eine *Familie* $\{\phi_\omega \mid \omega \in [0, 1]\}$ von Fixpunktiterationen: für jedes $\omega \in [0, 1]$ nämlich

$$\phi_\omega(x) = \omega\phi(x) + (1 - \omega) x.$$

Man beachte, dass für $\omega = 1$ man $\phi_\omega = \phi$ zurückerhält. Bei der Fixpunktiteration mit ϕ_ω anstelle von ϕ spricht man von einem **relaxierten Verfahren**.

Da der Spektralradius der Jacobimatrix $D\phi_\omega(x)$ von ϕ ein Maß für die Konvergenz ist, wählt man nun ω so, dass

$$\rho(D\phi_\omega(x)) \text{ minimal}$$

ist. Dieses ω bezeichnen wir mit ω_{opt}. Dieses optimale ω lässt sich bei den von uns behandelten Iterationsverfahren zur Lösung eines LGS bestimmen; es gilt:

Das optimale ω

Es sei ϕ ein Iterationsverfahren zur Lösung eines LGS $Ax = b$ mit der Iterationsmatrix $M^{-1}N$ ($A = M - N$),

$$\phi(x) = M^{-1}Nx + M^{-1}b.$$

Weiter gelte

- $\rho(M^{-1}N) < 1$, und
- die Eigenwerte $\lambda_1 \leq \cdots \leq \lambda_n$ von $M^{-1}N$ sind allesamt reell.

Dann erhält man für das relaxierte Verfahren

$$\phi_\omega(x) = \omega(M^{-1}Nx + M^{-1}b) + (1-\omega)x = (\omega M^{-1}N + (1-\omega)E_n)x + \omega M^{-1}b$$

das optimale ω als

- $\omega_{\mathrm{opt}} = \dfrac{2}{2-\lambda_1-\lambda_n}$, falls ϕ das Jacobiverfahren ist, und
- $\omega_{\mathrm{opt}} = \dfrac{2}{1+\sqrt{1-\lambda_n^2}}$, falls ϕ das Gauß-Seidelverfahren ist.

Man beachte, dass es einen erheblichen Aufwand bedeutet, die Eigenwerte von $M^{-1}N$ auszurechnen. In der Praxis tut man das nicht. Da benutzt man Schätzungen für die Eigenwerte. Manchmal ist man noch viel *gröber*; man unterscheidet nämlich die zwei Verwendungszwecke *Löser* und *Vorkonditionierer* für relaxierte Iterationsverfahren: Verwendet man ein solches Verfahren als Löser, so benutzt man $\omega \approx 1.4$, verwendet man das Verfahren hingegen als Vorkonditionierer, so benutzt man $\omega \approx 0.7$.

Beim relaxierten Gauß-Seidelverfahren erhalten wir die Matrixzerlegung

$$A = \underbrace{\left(\tfrac{1}{\omega}D - L\right)}_{=M} - \underbrace{\left(\left(\tfrac{1}{\omega} - 1\right)D + R\right)}_{=N}$$

und damit:

Das SOR-Verfahren

Das relaxierte Gauß-Seidelverfahren nennt man auch **SOR-Verfahren** (*successive over-relaxation*). Das Verfahren lautet explizit:

$$x_i^{(m+1)} = \omega\, a_{ii}^{-1}\left(b_i - \sum_{j=1}^{i-1} a_{ij} x_j^{(m+1)} - \sum_{j=i+1}^{n} a_{ij} x_j^{(m)}\right) + (1-\omega)\, x_i^{(m)}.$$

In Matrix-Vektor-Schreibweise:

$$x^{(m+1)} = \left(E_n - \left(\tfrac{1}{\omega}D - L\right)^{-1} A\right) x^{(m)} + \left(\tfrac{1}{\omega}D - L\right)^{-1} b.$$

Das SOR-Verfahren konvergiert für $0 < \omega < 2$, falls A positiv definit ist.

Beachte, dass man für $\omega = 1$ das Gauß-Seidelverfahren zurückerhält. Für $1 < \omega < 2$ spricht man von **Überrelaxierung** (engl. over-relaxation).

Bemerkung Bei allen in diesem Kapitel behandelten Verfahren, nämlich beim

- Jacobiverfahren,   • Gauß-Seidelverfahren,   • SOR-Verfahren

entspricht eine Iteration bei einer dünn besetzten Matrix $A \in \mathbb{R}^{n \times n}$ jeweils etwa einer Matrix-Vektor-Multiplikation.

71.5   Aufgaben

71.1 Begründen Sie die Konvergenzaussage zum Jacobiverfahren in Abschn. 71.2 (Rezeptebuch).

71.2
(a) Berechnen Sie mit dem Jacobiverfahren die ersten drei Iterierten x_1, x_2, x_3 des linearen Gleichungssystems

$$15x_1 + 2x_2 = -1$$
$$x_1 - 4x_2 = -9,$$

   wobei x_0 der Nullvektor ist.
(b) Begründen Sie, dass die Folge (x_k) konvergiert.

71.3 Wiederholen Sie die vorhergehende Aufgabe mit dem Gauß-Seidelverfahren.

71.4 Bestimmen Sie mit dem Jacobi- und dem Gauß-Seidelverfahren die ersten beiden Iterierten x_1, x_2 des folgenden linearen Gleichungssystems mit $x_0 = 0$

$$3x_1 - x_2 + x_3 = 1$$
$$3x_1 + 6x_2 + 2x_3 = 0$$
$$3x_1 + 3x_2 + 7x_3 = 4.$$

71.5 Schreiben Sie ein MATLAB-Programm, das den Jacobi- bzw. Gauß-Seidel-Algorithmus implementiert. Testen Sie dieses an Matrizen, die jeweils strikt diagonaldominant sind.

71.6 Gegeben seien die Matrix

$$A = \begin{pmatrix} 1 & v & 0 \\ v & 1 & v \\ 0 & v & 1 \end{pmatrix} \in \mathbb{R}^{3 \times 3}$$

mit einem Parameter $v \in \mathbb{R}_{\geq 0}$ und ein Vektor $\boldsymbol{b} \in \mathbb{R}^3$.

(a) Geben Sie ein Intervall für den Parameter v an, sodass das Jacobi- und das Gauß-Seidel-Verfahren angewendet auf das LGS $A\boldsymbol{x} = \boldsymbol{b}$ konvergieren.

(b) Berechnen Sie alle Werte von v, sodass die Iterationsmatrix $M^{-1}N$ des Gauß-Seidel-Verfahrens einen Spektralradius kleiner als 1 hat.

71.7 Weisen Sie nach, dass die Matrixzerlegung $A = M - N$ mit $M = D - L$ und $N = R$ das Gauß-Seidel-Verfahren realisiert.

Optimierung 72

Inhaltsverzeichnis

Optimierungsprobleme sind vielfältiger Natur. Ob nun der Wunsch nach langen Akkulaufzeiten eines Laptops oder geringer Kraftstoffverbrauch eines Autos besteht, es werden stets Anforderungen an einzelne Bauteile gestellt: Minimiere oder maximiere Eigenschaften wie Gewicht, Größe, Leistung usw.

Tatsächlich können wir uns auf *Minimierungsprobleme* beschränken, und ein Kriterium für ein Minimum für eine Funktion f in mehreren Variablen haben wir längst kennengelernt: In einer stationären Stelle x^* liegt dann ein Minimum vor, wenn die Hessematrix $H_f(x^*)$ positiv definit ist. Wir wollen aber eine Minimalstelle finden, ohne die Nullstellen des Gradienten oder die Hessematrix zu bestimmen, da dies bei realistischen Problemen zu aufwendig ist.

72.1 Das Optimum

Die abstrakte Formulierung des **Minimierungsproblems** lautet wie folgt: Gegeben ist ein **Zulässigkeitsbereich** $X \subseteq \mathbb{R}^n$ und eine (stetige) **Zielfunktion** $f : X \to \mathbb{R}$. Bestimme das Minimum von f auf X, Schreibweise:

$$\min_{x \in X} f(x).$$

© Springer-Verlag GmbH Deutschland, ein Teil von Springer Nature 2022
C. Karpfinger, *Höhere Mathematik in Rezepten*,
https://doi.org/10.1007/978-3-662-63305-2_72

Da die Maximierung von f gerade die Minimierung von $-f$ bedeutet, reicht es also aus, das Minimierungsproblem zu behandeln.

Wie in Abschn. 49.1 nennen wir jeden Punkt $\boldsymbol{x}^* \in X$ mit $\nabla f(\boldsymbol{x}^*) = 0$ einen **stationären Punkt**. Hat $f \in C^1(X)$ in $\boldsymbol{x}^* \in X$ ein lokales Minimum, so gilt

$$\nabla f(\boldsymbol{x}^*) = 0.$$

72.2 Das Gradientenverfahren

Wie gelangt man nachts, bei völliger Dunkelheit, vom Berg ins Tal? Man tastet sich langsam bergab: Man prüft mit der Fußspitze, in welche Richtung es bergab geht, und geht dann ein Weilchen in diese Richtung, bevor man wieder stehen bleibt und auf dieselbe Art eine neue Abstiegsrichtung wählt. Dumm gelaufen ist das Ganze, wenn Sie in einer Mulde landen: Aber immerhin haben Sie dann ein lokales Minimum anstelle des Tals (dem globalen Minimum) gefunden. Die erste Idee ist, dass man stets in die Richtung des stärksten Abstiegs wandert. Man könnte meinen, dass es so am schnellsten bergab geht. Das muss nicht so sein, das überlegt man sich nun leicht mit der erwähnten Veranschaulichung.

Beim *Gradientenverfahren* (man nennt es auch *Verfahren des steilsten Abstiegs*) geht man von einem Näherungswert aus und schreitet in Richtung des negativen Gradienten, der bekanntlich die Richtung des steilsten Abstiegs von diesem Näherungswert angibt, fort, bis man keine numerische Verbesserung mehr erzielt.

Dieses *Gradientenverfahren* ist ein Sonderfall des allgemeinen *Abstiegsverfahrens:*

Rezept: Das allgemeine Abstiegsverfahren und das Gradientenverfahren

Gegeben sind eine C^1-Funktion $f : \mathbb{R}^n \to \mathbb{R}$ und ein Startvektor $\boldsymbol{x}_0 \in \mathbb{R}^n$.

Für $k = 1, 2, \dots$ berechne iterativ $\boldsymbol{x}_1, \boldsymbol{x}_2, \dots$ (solange $\boldsymbol{x}_k$ nicht approximativ stationär ist) durch:

(1) Bestimme eine **Abstiegsrichtung**, d. h. $\boldsymbol{v}_k \in \mathbb{R}^n$ mit

$$\nabla f(\boldsymbol{x}_k)^\top \boldsymbol{v}_k < 0.$$

(2) Bestimme eine Schrittweite, d. h. $h_k \in \mathbb{R}$ mit

$$f(\boldsymbol{x}_k + h_k \boldsymbol{v}_k) < f(\boldsymbol{x}_k).$$

(3) Setze $\boldsymbol{x}_{k+1} = \boldsymbol{x}_k + h_k \boldsymbol{v}_k$.

Mit der Wahl $\boldsymbol{v}_k = -\nabla f(\boldsymbol{x}_k)$ erhält man das **Gradientenverfahren**.

Im Fall $\frac{\partial f}{\partial v_k}(x_k) = \nabla f(x_k)^\top v_k < 0$ gilt nämlich $f(x_k + t v_k) < f(x_k)$ für ein t, d. h., in Richtung v_k geht es bergab (beachte die Box in Abschn. 47.1). Und die Richtung des steilsten Abstiegs ist bekanntlich $v_k = -\nabla f(x_k)$ (siehe Abschn. 47.1).

Man beachte, dass wir bei der Wahl der Schrittweite noch viel Spielraum haben: Naheliegend ist die folgende *exakte* Schrittweite, bei der man so lange in Richtung v_k wandert, wie es bergab geht, für die Praxis relevant aber ist die *Armijoschrittweite:*

(a) **exakte Schrittweite**: Betrachte die Funktion

$$\varphi(h) = f(x_k + h v_k)$$

und bestimme $\min_{h>0} \varphi(h)$. Das ist in der Praxis schwierig.

(b) **Armijoschrittweite**: $\gamma \in (0, 1)$, bestimme die größte Zahl $h_k \in \{1, \frac{1}{2}, \frac{1}{4}, \frac{1}{8}, \ldots\}$, sodass

$$f(x_k + h_k v_k) \leq f(x_k) + h_k \gamma \nabla f(x_k)^\top v_k.$$

Eine solche größte Zahl h_k existiert auch, sprich: Das sukzessive Testen, ob nun $h_0 = 1$, $h_1 = \frac{1}{2}, h_2 = \frac{1}{4}$ usw. taugt, bricht auch tatsächlich nach endlich vielen Versuchen ab. Denn die Annahme, es würde kein solches $h_k = \frac{1}{2^k}$ existieren, führt zu dem Schluss, dass für alle $k \in \mathbb{N}_0$ die folgende Ungleichung gilt:

$$\frac{f(x_k + h_k v_k) - f(x_k)}{h_k} > \gamma \nabla f(x_k)^\top v_k.$$

Für $k \to \infty$ konvergiert die linke Seite dieser Ungleichung gegen $\frac{\partial f}{\partial v_k}(x_k) = \nabla f(x_k)^\top v_k$. Wir erhalten somit den Widerspruch:

$$\nabla f(x_k)^\top v_k \geq \gamma \nabla f(x_k)^\top v_k, \quad \text{also } 1 \leq \gamma,$$

man beachte, dass $\nabla f(x_k)^\top v_k$ negativ ist.

Die Wahl des Sicherheitsfaktors $\gamma \in (0, 1)$ sorgt also letztlich dafür, dass man diese *optimale* Armijoschrittweite h_k durch sukzessives Testen findet. Wir halten zur Konvergenz des Gradientenverfahrens fest:

Konvergenz des Gradientenverfahrens

Das Gradientenverfahren mit der Armijoschrittweite terminiert entweder in einem stationären Punkt oder es wird eine unendliche Folge $(x_k)_{k \in \mathbb{N}}$ erzeugt, für die gilt:

$$f(x_{k+1}) < f(x_k) \quad \text{für alle } k.$$

Beim Gradientenverfahren hat man nur lineare Konvergenz.

MATLAB Zur Implementierung gehe man beispielsweise wie folgt vor:

```
h=1;
  while (f(x+h*v) > fx+gamma*h*Dfx'*v)
     h=h/2;
  end
```

72.3 Newtonverfahren

Beim *Newtonverfahren* wird ebenso wie beim Gradientenverfahren die Stelle x^* eines lokalen Minimums näherungsweise bestimmt. Dabei erreicht man sogar quadratische Konvergenz, die jedoch nur lokal ist. Bei einer globalen Version des Newtonverfahrens wiederum geht die quadratische Konvergenz verloren; sie ist dann nur noch lokal gewährleistet.

Wir erinnern kurz an das (mehrdimensionale) Newtonverfahren aus Abschn. 48.1: Um die Nullstelle x^* einer C^2-Funktion $f : D \subseteq \mathbb{R}^n \to \mathbb{R}^n$ näherungsweise zu bestimmen, wählt man einen Startvektor x_0 *in der Nähe* von x^* und erhält dann iterativ $x_{k+1} = x_k - (Df(x_k))^{-1} f(x_k)$ schrittweise durch

- Bestimme Δx_k aus $Df(x_k)\Delta x_k = f(x_k)$, also $\Delta x_k = (Df(x_k))^{-1} f(x_k)$.
- Erhalte $x_{k+1} = x_k - \Delta x_k$.

Da in einem lokalen Minimum eines Skalarfeldes $f : D \subseteq \mathbb{R}^n \to \mathbb{R}$ der Gradient ∇f von f eine Nullstelle hat, bietet es sich an, eine Nullstelle des Gradienten $\nabla f : G \subseteq \mathbb{R}^n \to \mathbb{R}^n$ per Newtonverfahren zu approximieren; das geschieht wie folgt:

> **Rezept: Das lokale Newtonverfahren**
>
> Gegeben ist eine C^2-Funktion und ein Startvektor $x_0 \in \mathbb{R}^n$.
>
> Für $k = 1, 2, \ldots$ berechne iterativ $x_1, x_2, \ldots$ (solange x_k nicht approximativ stationär ist) durch:
>
> (1) Bestimme v_k durch Lösen von
>
> $$H_f(x_k)v_k = -\nabla f(x_k).$$
>
> (2) Setze $x_{k+1} = x_k + v_k$.
>
> Ist x^* ein lokales Minimum von f, so gibt es ein $\delta > 0$, sodass obiger Algorithmus für alle $x_0 \in B_\delta(x^*)$ quadratisch gegen x^* konvergiert.

Bei diesem lokalen Newtonverfahren wird mithilfe des gewöhnlichen Newtonverfahrens eine Nullstelle des Gradienten approximiert, die Hessematrix H_f ist nämlich gerade die Jacobimatrix des Vektorfeldes ∇f, $D\nabla f = H_f$.

Das Newtonverfahren konvergiert nur lokal, dafür quadratisch. Das Gradientenverfahren konvergiert global, jedoch nur linear. Wir verknüpfen nun das Newtonverfahren mit dem Gradientenverfahren und erhalten so Vorteile aus beiden Welten: Globale Konvergenz, die lokal quadratisch ist (das soll aber nicht darüber hinwegtäuschen, dass diese Version global nur linear konvergiert). Die folgende Beobachtung zeigt, wie man die beiden Verfahren kombinieren kann:

- Beim Abstiegsverfahren bestimmt man eine Abstiegsrichtung v_k bzw. wählt $v_k = -\nabla f(x_k)$.
- Beim Newtonverfahren bestimmt man ein v_k aus $H_f(x_k)v_k = -\nabla f(x_k)$.

Was haben nun die beiden v_k, die mit völlig verschiedenen Methoden entstehen, gemeinsam? Ist x_k näherungsweise Stelle eines lokalen Minimums, so ist die Hessematrix $H_f(x_k)$ positiv definit. Daher erhalten wir aus der Gleichung $H_f(x_k)v_k = -\nabla f(x_k)$ durch Multiplikation mit dem $v_k^\top$ aus dem Newtonverfahren von links:

$$0 < v_k^\top H_f(x_k)v_k = -v_k^\top \nabla f(x_k).$$

Somit ist dieses v_k aus dem Newtonverfahren wegen $v_k^\top \nabla f(x_k) < 0$ eine Abstiegsrichtung – sofern wir das v_k dann ermitteln, wenn wir uns in der Nähe des Optimums befinden.

Das Newtonverfahren ist in dieser Sichtweise ein Abstiegsverfahren mit der Armijo-schrittweite von jeweils $h_k = 1$.

Daher bietet sich folgende globale Variante des Newtonverfahrens an, die salopp formuliert wie folgt klingt: Man starte mit Schritten aus dem Gradientenverfahren bis man nahe an dem gesuchten Optimum ist und schalte dann um auf das Newtonverfahren, um die quadratische Konvergenz zu nutzen. Realisieren lässt sich dieses Vorgehen wie folgt: Man bestimmt in jedem Schritt (sofern möglich) das $\hat{v}_k$ wie beim Newtonverfahren als Lösung des Gleichungssystems $H_f(x_k)\hat{v}_k = -\nabla f(x_k)$ und entscheidet dann, ob es in Richtung $\hat{v}_k$ *stark* genug abwärts geht:

- Falls $\nabla f(x_k)^\top \hat{v}_k$ viel kleiner als null ist, so machen wir einen Newtonschritt.
- Falls $\nabla f(x_k)^\top \hat{v}_k$ nicht viel kleiner als null ist, so machen wir einen Schritt mit dem Gradientenverfahren mit Armijoschrittweite.

Wann eine Zahl *viel* kleiner als null ist, wollen wir nicht festlegen, tatsächlich ist das eine Frage der Empirie. Daher formulieren wir im folgenden Rezept dieses globalisierte Newtonverfahren mit einer unbestimmten Grenze $c > 0$.

Rezept: Das globalisierte Newtonverfahren

Gegeben ist eine C^2-Funktion f und ein Startvektor $x_0 \in \mathbb{R}^n$. Weiter seien gegeben $c > 0$, $\gamma \in (0, 1)$.

Für $k = 1, 2, \ldots$ berechne iterativ $x_1, x_2, \ldots$ (solange x_k nicht approximativ stationär ist) durch:

(1) Bestimme $\hat{v}_k$ durch Lösen von

$$H_f(x_k)\hat{v}_k = -\nabla f(x_k).$$

Falls

$$-\nabla f(x_k)^\top \hat{v}_k \geq c$$

setze $v_k = \hat{v}_k$, sonst $v_k = -\nabla f(x_k)$.

(2) $h_k = $ Armijoschrittweite.

Bei diesem Verfahren ist wie beim Gradientenverfahren mit Armijoschrittweite globale Konvergenz gesichert, die Konvergenzgeschwindigkeit ist global linear und lokal quadratisch.

Der große Nachteil besteht in der Auswertung von $H_f(x_k)$, die bei großen Problemen ($n > 10^4$) aufwendig ist. Eine Abhilfe schaffen hier das

- *Inexakte Newtonverfahren:* Lösung von $H_f(x_k)v_k = -\nabla f(x_k)$ erfolgt (iterativ) nur bis zu gewisser Genauigkeit, oder das
- *Quasi-Newtonverfahren:* Ersetze $H_f(x_k)$ durch (einfacher zu berechnende) Matrix H_k.

Wir verzichten auf die nähere Darstellung dieser Verfahren.

72.4   Aufgaben

72.1 Wir betrachten im Folgenden das Verhalten des Gradientenverfahrens mit der Minimierungsregel, d. h., die Schrittweite h_k bestimmt sich durch

$$f(x_k + h_k v_k) = \min_{h \geq 0} f(x_k + h v_k). \tag{M}$$

Es sei

$$f : \mathbb{R}^n \to \mathbb{R}, \quad x \mapsto c^\top x + \tfrac{1}{2} x^\top C x$$

mit $c \in \mathbb{R}^n$ und $C \in \mathbb{R}^{n \times n}$ positiv definit. Ferner sei

$$\varphi(h) = f(x_k + h v_k).$$

(a) Berechnen Sie φ' und φ'' und folgern Sie, dass $\varphi''(h) > 0$.

(b) Durch welche Gleichung wird die Lösung von (M) eindeutig bestimmt? Bestimmen Sie aus dieser Gleichung die Schrittweite h_k.

(c) Es sei ab jetzt

$$f : \mathbb{R}^2 \to \mathbb{R}, \ \boldsymbol{x} = (x_1, \ x_2) \mapsto x_1^2 + 3x_2^2$$

mit $\boldsymbol{x}_0 = (3, 1)^\top$. Berechnen Sie die Iterierten $\boldsymbol{x}_k$ und die Schrittweiten h_k.

(d) Zeigen Sie, dass $\boldsymbol{v}_k$ und $\boldsymbol{v}_{k+1}$ senkrecht aufeinanderstehen.

(e) Was können Sie aufgrund von (d) über das Verhalten des Gradientenverfahrens sagen?

(f) Bestimmen Sie das globale Minimum $\boldsymbol{x}^*$ von f.

(g) Die Konvergenzrate γ des Verfahrens ist definiert durch

$$\|\boldsymbol{x}_{k+1} - \boldsymbol{x}^*\| \le \gamma \|\boldsymbol{x}_k - \boldsymbol{x}^*\|, \quad k \in \mathbb{N}_0.$$

Bestimmen Sie γ.

72.2 Betrachten Sie $G(x) = 1/x - a$ speziell für $a = 2$ und den Startwert $x_0 = 2$. Da $x_0 > 2/a$ divergiert das *normale* Newtonverfahren für diesen Startwert. Um auch hier Konvergenz zu erzielen, wollen wir das Newtonverfahren auf geeignete Weise globalisieren.

(a) Zur Bestimmung einer Nullstelle einer stetig differenzierbaren Funktion $F : \mathbb{R}^n \to \mathbb{R}^n$ lautet die Newtongleichung

$$DF(\boldsymbol{x}_k)\boldsymbol{v}_k = -F(\boldsymbol{x}_k). \tag{72.1}$$

Wir wollen nun Lösungen von

$$\min_{\boldsymbol{x} \in \mathbb{R}^n} \ f(\boldsymbol{x}), \ \text{wobei} \ f(\boldsymbol{x}) = \tfrac{1}{2}\|F(\boldsymbol{x})\|_2^2$$

bestimmen. Rechnen Sie nach, dass

$$\nabla f(\boldsymbol{x}_k)^\top \boldsymbol{v}_k < 0$$

gilt (mit $\boldsymbol{v}_k$ aus (72.1), falls $DF(\boldsymbol{x}_k)$ regulär ist).

(b) Formulieren Sie die Armijobedingung für die Abstiegsrichtung $\boldsymbol{v}_k$ aus (a) und rechnen Sie nach, dass sie äquivalent ist zu:
es sei $\gamma \in (0, 1)$, und wähle das größte $h_k \in \{1, \tfrac{1}{2}, \tfrac{1}{4}, \dots\}$ mit

$$\|F(\boldsymbol{x}_k + h_k\boldsymbol{v}_k)\|_2^2 \le (1 - 2h_k\gamma)\|F(\boldsymbol{x}_k)\|_2^2. \tag{72.2}$$

Verwenden Sie dazu die Newtongleichung (72.1).

(c) Wir wollen das bisher Gesagte auf die Funktion G von oben mit $a = 2$ anwenden. Wie lautet die anfängliche Richtung, d. h. der anfängliche Newtonschritt v_0 hier?

(d) Welche Schrittweite $h_0 \in \left\{1, \frac{1}{2}, \frac{1}{4}, \dots\right\}$ liefert die Bedingung (72.2) für $\gamma \in \,]0, \frac{1}{2}[$?

(e) Was fällt Ihnen nun bei der Iterierten $x_1 = x_0 + h_0 v_0$ auf?

72.3 Implementieren Sie das Gradientenverfahren und das Newtonverfahren für Optimierungsprobleme in MATLAB. Vergleichen Sie die Verfahren an den Minimierungsproblemen $f_1(x, y) = \frac{1}{2}x^2 + \frac{9}{2}y^2 + 1$ und $f_2(x, y) = \frac{1}{2}x^2 + y^2 + 1$.

Numerik gewöhnlicher Differentialgleichungen II 73

Inhaltsverzeichnis

In Kap. 36 haben wir bereits die wesentlichen Verfahren zur numerischen Lösung gewöhnlicher Differentialgleichungen besprochen; die dort angegebenen Verfahren sind nämlich unverändert auch für Differentialgleichungssysteme anwendbar. Wir sprechen im vorliegenden Kapitel über *Konvergenz* und *Konsistenz* von Einschrittverfahren und weisen auf die Bedeutung von impliziten Verfahren zur Lösung *steifer* Differentialgleichungssysteme hin.

73.1 Lösungsverfahren für DGL-Systeme

Wir betrachten ein AWP

$$\dot{x} = f(t, x) \ \text{mit} \ x(t_0) = x_0$$

mit einem DGL-System 1. Ordnung $\dot{x} = f(t, x)$. Wir gehen davon aus, dass das AWP eindeutig lösbar ist.

Zur numerischen Lösung eines solchen Problems bieten sich die in Kap. 36 besprochenen Verfahren, also das explizite und implizite Eulerverfahren, die Runge-Kuttaverfahren oder auch die expliziten und impliziten Mehrschrittverfahren aus Abschn. 36.3 an. Alle diese besprochenen Verfahren funktionieren analog für DGL-Systeme. Die Programme aus Aufgabe 36.1 können unverändert auch für Systeme benutzt werden.

Die Euler- und Runge-Kuttaverfahren für DGL-Systeme

Mit den folgenden Verfahren erhalten wir Näherungslösungen x_k für die exakte Lösung $x(t_k)$ des AWP

$$\dot{x} = f(t, x) \text{ mit } x(t_0) = x_0$$

an den Stellen $t_k = t_0 + k\,h$ mit $k = 0, 1, \ldots, n$ und $h = \frac{t - t_0}{n}$ für ein $n \in \mathbb{N}$.

- Beim **expliziten Eulerverfahren** werden die Näherungspunkte x_k für $x(t_k)$ rekursiv aus x_0 bestimmt durch

$$x_{k+1} = x_k + h\, f(t_k, x_k), \quad k = 0, 1, 2 \ldots$$

- Beim **impliziten Eulerverfahren** bestimmt man die x_k rekursiv gemäß

$$x_{k+1} = x_k + h\, f\,(t_{k+1}, x_{k+1}), \quad k = 0, 1, 2 \ldots$$

- Beim **klassischen Runge-Kuttaverfahren** bestimmt man die x_k rekursiv gemäß

$$x_{k+1} = x_k + \frac{h}{6}\,(k_1 + 2k_2 + 2k_3 + k_4)$$

mit

$$k_1 = f(t_k, x_k), \; k_2 = f\left(t_k + \frac{h}{2}, x_k + \frac{h}{2}\,k_1\right),$$

$$k_3 = f\left(t_k + \frac{h}{2}, x_k + \frac{h}{2}\,k_2\right), \; k_4 = f\,(t_k + h, x_k + h\,k_3).$$

Wir verwenden das explizite Eulerverfahren beim *Räuber-Beute-Modell*:

Beispiel 73.1 Beim **Räuber-Beute-Modell** betrachtet man zwei zeitabhängige Populationen: Die Räuber $r = r(t)$ und die Beute $b = b(t)$, deren *Koexistenz* durch das folgende DGL-System beschrieben wird:

$$\dot{b}(t) = a_1 b(t) - a_2 r(t) b(t)$$
$$\dot{r}(t) = -a_3 r(t) + a_4 b(t) r(t).$$

noindent Wir betrachten konkreter das System mit den Zahlen $a_1 = 2$, $a_2 = a_3 = a_4 = 1$ mit der Anfangsbedingung $(b(0), r(0)) = (1, 1)$, d. h. $t_0 = 0$ und $x_0 = (1, 1)^\top$.

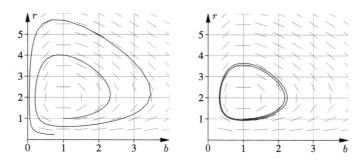

Abb. 73.1 Näherungen mit den verschiedenen Schrittweiten $h = 0.1$ und $h = 0.01$

Wir wählen beim expliziten Euler-Verfahren die Schrittweiten $h = 0.1$ und $h = 0.01$ und wählen das in MATLAB implementierte Verfahren aus Aufgabe 36.1: Zuerst geben wir die rechte Seite der DGL als Funktion f ein,

```
f = @(x) [2*x(1)-x(2)*x(1); -x(2)+x(1)*x(2)];
```

und rufen dann das Program auf

```
h=0.1; N=100;
x=expl_euler(f,[1;1],h,N);
figure(1);plot(x(1,:),x(2,:));
grid on;
```

bzw.

```
h=0.01; N=1000;
x=expl_euler(f,[1;1],h,N);
figure(2);plot(x(1,:),x(2,:));
grid on;
```

Damit erhalten wir die Plots in Abb. 73.1. ∎

73.2 Konsistenz und Konvergenz von Einschrittverfahren

Wir betrachten nach wie vor ein eindeutig lösbares AWP

$$\dot{x} = f(t, x) \text{ mit } x(t_0) = x_0,$$

wobei wir die gesuchte Funktion $x = x(t)$ gleich als vektorwertig voraussetzen,

$$x : I \subseteq \mathbb{R} \to \mathbb{R}^n, \; x(t) = (x_1(t), \ldots, x_n(t))^\top.$$

73.2.1 Konsistenz von Einschrittverfahren

Wir betrachten nun die *Konsistenz* und *Konvergenz* von Einschrittverfahren zur Lösung eines solchen AWP, um eine Einschätzung der Güte dieser Verfahren zu erhalten. Dabei wird bei der *Konsistenz* der Fehler betrachtet, der *lokal* bei einem Schritt des Verfahrens entsteht.

Bei den bisher behandelten Beispielen von Einschrittverfahren waren die Abstände zwischen den Zeiten $t_0, t_1, \ldots, t_d$ gleich. Das muss so natürlich nicht sein, allgemeiner spricht man von einem **Zeitgitter**

$$\Delta = \{t_0, t_1, \ldots, t_d\} \subseteq \mathbb{R}$$

mit den **Schrittweiten** $h_j = t_{j+1} - t_j$ für $j = 0, \ldots, d-1$ und der **maximalen Schrittweite**

$$h_\Delta = \max\{h_j \mid j = 0, \ldots, d-1\}.$$

Bei der näherungsweisen Lösung eines AWP bestimmt man eine **Gitterfunktion**

$$x_\Delta : \Delta \to \mathbb{R}^n$$

mit $x_\Delta(t_j) \approx x(t_j)$ für alle $j = 0, \ldots, d-1$.

Bei einem Einschrittverfahren werden sukzessive

$$x_\Delta(t_1), \; x_\Delta(t_2), \ldots, x_\Delta(t_d)$$

berechnet, wobei bei der Berechnung von $x_\Delta(t_{k+1})$ nur $x_\Delta(t_k)$ eingeht. Dies kürzt man suggestiv mit der folgenden Notation ab:

$$x_\Delta(t_0) = x_0, \; x_\Delta(t_{k+1}) = \Psi(x_\Delta(t_k), \, t_k, \, h_k)$$

und spricht auch kurz vom Einschrittverfahren Ψ.

Konsistenz eines Einschrittverfahrens

Ein Einschrittverfahren Ψ heißt **konsistent**, wenn

  (i) $\Psi(x_\Delta(t_k), \, t_k, \, 0) = x_\Delta(t_k)$,

  (ii) $\frac{\mathrm{d}}{\mathrm{d}h} \Psi(x_\Delta(t_k), \, t, \, h)|_{h=0} = f(t, x)$.

Unter dem **Konsistenzfehler** eines Einschrittverfahrens versteht man:

$$\varepsilon(\boldsymbol{x}, t, h) = \boldsymbol{x}(t + h) - \Psi(\boldsymbol{x}, t, h).$$

Man sagt, ein Einschrittverfahren besitzt die **Konsistenzordnung** $p \in \mathbb{N}$, falls

$$\varepsilon(\boldsymbol{x}, t, h) = O(h^{p+1}) \quad (h \to 0).$$

Das heißt, für jedes h_0 gibt es eine Konstante $C = C(h_0)$, sodass

$$|\varepsilon(\boldsymbol{x}, t, h)| \le C h^{p+1} \quad \text{für} \quad h \ge h_0.$$

Der Konsistenzfehler gibt also die Differenz der exakten Lösung an der Stelle $t + h$ und der Näherungslösung $\boldsymbol{x}_{t+h}$ des Einschrittverfahrens Ψ an, wobei hier vom exakten Wert ausgegangen wird. Die Konsistenz beschreibt damit ein lokales Verhalten des Einschrittverfahrens Ψ (beachte Abb. 73.2).

Eine hohe Konsistenzordnung sorgt also lokal dafür, dass der durch das Einschrittverfahren Ψ gemachte Fehler bei einer Verkleinerung der Schrittweite h *schnell* verschwindend klein wird. In dieser Sichtweise ist es also wünschenswert, Einschrittverfahren mit hoher Konsistenzordnung zur Hand zu haben. Natürlich werden wir gleich einmal nachsehen, welche Konsistenzordnung die von uns betrachteten Verfahren haben. Dabei stellt sich natürlich sofort die Frage, wie um alles in der Welt diese Größe p berechnet werden kann.

Beispiel 73.2 Das explizite Euler-Verfahren

$$\Psi(x_0, t, h) = x_0 + h\, f(t, x_0)$$

hat die Konsistenzordnung $p = 1$; es gilt nämlich

Abb. 73.2 Der
Konsistenzfehler

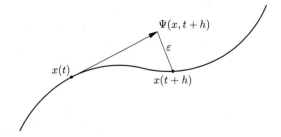

$$x(t + h; t, x_0) = x_0 + \int\limits_{t}^{t+h} f(s, x(s))\mathrm{d}s = x_0 + h\, f(t, x(t)) + O(h^2).$$

∎

Bemerkung Man kann zeigen, dass unter geeigneten Voraussetzungen die folgenden drei Aussagen äquivalent sind:

(i) Das Einschrittverfahren Ψ ist konsistent.

(ii) $\frac{\varepsilon(x,t,h)}{h} \to 0$ für $h \to 0$.

(iii) Das Einschrittverfahren Ψ hat die Form

$$\Psi(x, t, h) = x + h\,\psi(x, t, h)$$

mit einer Funktion ψ, die man **Inkrementfunktion** oder **Verfahrensfunktion** nennt.

73.2.2 Konvergenz von Einschrittverfahren

Die Konsistenz bietet lokal eine Einschätzung der Güte eines Einschrittverfahrens in Abhängigkeit des gewählten Zeitgitters. Bei der *Konvergenz* hingegen erhält man eine globale Einschätzung der Güte eines Einschrittverfahrens.

Wir gehen nach wie vor von dem AWP $\dot{x} = f(t, x), x(t_0) = x_0$ aus und betrachten hierzu ein Zeitgitter $\Delta = \{t_0, t_1, \ldots, t_d\}$ mit einer Gitterfunktion x_Δ. Die folgenden Begriffe beschreiben den Fehler, den man durch die Gitterfunktion erhält – einmal lokal als Funktion in t, einmal global als einen Zahlenwert: Zu einer Gitterfunktion $x_\Delta : \Delta \to \mathbb{R}^n$ bezeichnet

$$\varepsilon_\Delta : \Delta \to \mathbb{R}^n, \quad \varepsilon_\Delta(t) = x(t) - x_\Delta(t)$$

den **Gitterfehler**, und

$$\|\varepsilon_\Delta\|_\infty = \max_{t \in \Delta} \|\varepsilon_\Delta(t)\|_2$$

heißt **Diskretisierungsfehler**.

Wird der Diskretisierungsfehler bei der Verkleinerung der Schrittweiten stets kleiner, so spricht man von *Konvergenz,* genauer:

> **Konvergenz einer Gitterfunktion**
>
> Man sagt, eine Gitterfunktion x_Δ **konvergiert** gegen x, falls für den Diskretisierungsfehler $\|\varepsilon_\Delta\|_\infty$ gilt:
> $$\|\varepsilon_\Delta\|_\infty \to 0 \ \text{ für } \ h_\Delta \to 0.$$
> In diesem Fall sagt man, x_Δ hat die **Konvergenzordnung** p, falls
> $$\|\varepsilon_\Delta\|_\infty = O(h_\Delta^p) \ \text{ für } \ h_\Delta \to 0.$$

Bemerkungen *Grob* kann man sagen: Ist Ψ ein Einschrittverfahren mit der Konsistenzordnung p, so konvergiert x_Δ mit der Ordnung p gegen x. Das stimmt zwar so nicht ganz, da eine weitere Voraussetzung hierzu erfüllt sein muss. Wir präzisieren diese Voraussetzung nicht weiter, da die genannte *grobe* Regel bei den Standardverfahren zutrifft.

73.3 Steife Differentialgleichungen

Das Phänomen *Steifheit* tritt nur bei der numerischen Lösung eines AWPs auf und liegt im DGL-System begründet: Ein DGL-System kann einen Lösungsanteil haben, der schnell klein wird und dann gegenüber einem anderen Lösungsanteil nicht mehr beobachtbar ist. Und dennoch kann man gezwungen sein, die Schrittweite nach diesem schnell verschwindenden Lösungsanteil auszurichten. Dieses Phänomen ist bereits im Eindimensionalen beobachtbar. Wir betrachten die **Dahlquist'sche Testgleichung**:

$$\dot{x} = -\lambda x, \ x(0) = 1, \ \lambda > 0.$$

Die exakte Lösung lautet bekanntlich $x(t) = e^{-\lambda t}$. Wir lösen dieses AWP (theoretisch) mit dem expliziten und dem impliziten Eulerverfahren und machen eine interessante Beobachtung:

- **Explizites Eulerverfahren:** Wir wenden das explizite Eulerverfahren auf die Dahlquist'sche Testgleichung an, es lautet:

$$\begin{aligned}
x_{k+1} &= x_k + h(-\lambda x_k) = x_k(1 - h\lambda) = (x_{k-1} + h(-\lambda x_{k-1}))(1 - h\lambda) \\
&= (x_{k-1}(1 - h\lambda))(1 - h\lambda) \\
&= x_{k-1}(1 - h\lambda)^2 \\
&= x_0(1 - h\lambda)^{k+1}.
\end{aligned}$$

Da $e^{-\lambda t}$ die exakte Lösung ist, erwarten wir $x_k \to 0$ für $k \to \infty$. Hierzu ist notwendig:

$$|1 - h\lambda| < 1.$$

Wegen λ, $h > 0$ bedeutet dies

$$-(1 - h\lambda) < 1 \;\Leftrightarrow\; h\lambda < 2 \;\Leftrightarrow\; h < \frac{2}{\lambda}.$$

Für ein großes λ ist damit ein kleines h notwendig. Das heißt, wir brauchen viele Schritte. Das explizite Eulerverfahren ist damit ungeeignet zur näherungsweisen Bestimmung der Lösung dieses AWP, es wird instabil für ein großes λ.

- **Implizites Eulerverfahren:** Wir wenden nun das implizite Eulerverfahren auf die Dahlquist'sche Testgleichung an, es lautet:

$$x_{k+1} = x_k + h(-\lambda x_{k+1}).$$

Nun folgt:

$$x_{k+1} + \lambda h x_{k+1} = x_k \;\Leftrightarrow\; x_{k+1}(1 + \lambda h) = x_k$$

$$\Leftrightarrow\; x_{k+1} = \frac{1}{1+\lambda h}\, x_k$$

$$\Leftrightarrow\; x_{k+1} = \left(\frac{1}{1+\lambda h}\right)^{k+1} x_0.$$

Nun ist für $x_k \to 0$ notwendig

$$\left|\frac{1}{1+\lambda h}\right| < 1;$$

dies ist aber für alle $\lambda > 0$ und $h > 0$ erfüllt. Damit haben wir keine Schrittweitenbeschränkung.

Dieses Phänomen ist typisch bei sogenannten **steifen Differentialgleichungen**: Bei der numerischen Lösung eines solchen DGL-Systems ist man gezwungen, die Schrittweite nach einem schnell verschwindenen Lösungsanteil auszurichten, was zu unverhältnismäßig vielen Integrationsschritten führt.

Die Steifheit einer DGL $\dot{x} = f(t, x)$ ist immer dann zu erwarten, wenn die Matrix $f_x(t, x(t))$, das ist die $(n \times n)$-Jacobimatrix von f mit den Ableitungen nach $x_1, \ldots, x_n$, zum Zeitpunkt t und an der Stelle $x(t)$ (also auf der Lösungskurve) Eigenwerte λ mit $\mathrm{Re}(\lambda) << 0$ besitzt, d. h., $\mathrm{Re}(\lambda)$ ist stark negativ. Prinzipiell gilt:

Lösung steifer Differentialgleichungen
Zur Lösung steifer DGLen ist man auf implizite Verfahren angewiesen.

Es lässt sich nämlich zeigen, dass das *Stabilitätsgebiet* impliziter Verfahren im Allgemeinen größer ist als jenes expliziter Verfahren.

Beispiel 73.3 Wir betrachten das Anfangswertproblem

$$\dot{x}(t) = -10\,(x(t) - \arctan(t)) + \tfrac{1}{1+t^2} \quad \text{mit} \quad x(0) = 1.$$

Die exakte Lösung dieses AWP lautet

$$x = x(t) = \mathrm{e}^{-10t} + \arctan(t).$$

Wegen $f_x = -10$ erkennen wir die als steif an. Zur numerischen Lösung verwenden wir das explizite und implizite Eulerverfahren mit jeweils denselben Parametern $h = 0.2$, $n = 10$. Das Ergebnis ist in Abb. 73.3 zu sehen. ∎

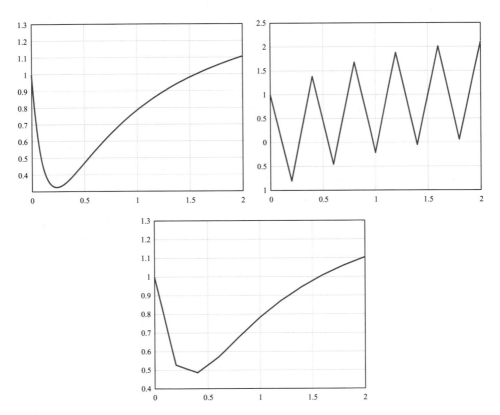

Abb. 73.3 Die exakte Lösung, die Approximation mit dem expliziten Euler und die Approximation mit dem impliziten Euler

MATLAB Bei MATLAB sind Verfahren zur numerischen Lösung steifer DGLen implementiert. Typische Funktionen lauten `ode15s` oder `ode23s`; man beachte die Beschreibungen dieser Funktionen durch Aufruf von z. B. `doc ode15s`. Übrigens: Die englische Bezeichnung für *steif* ist *stiff,* daher das *s* in den Bezeichnungen der Verfahren, die man für steife DGLen benutzt.

Bemerkung Implizite Mehrschrittverfahren zur Lösung steifer DGLen sind die **BDF-Verfahren** *(Backward Differentiation Formulas).* Bei diesen Mehrschrittverfahren werden durch die letzten k Approximationen x_{j+1-k} an die Lösung sowie dem unbekannten Wert x_{j+1} ein Interpolationspolynom gelegt. Der unbekannte Wert x_{j+1} ergibt sich dann, indem man fordert, dass die Ableitung des Polynoms die DGL im Punkt t_{j+1} erfüllt:

$$\dot{x}(t_{j+1}) = \frac{1}{h} \sum_{i=0}^{k} \beta_i x_{j+1-i} = f(t_{j+1}, x_{j+1}).$$

Dabei ist $h = t_{j+1} - t_j$ die Schrittweite. Nachdem man geeignete Startwerte $x_1, \ldots, x_{k-1}$ mittels Einschrittverfahren generiert hat, erhält man die restlichen Näherungen über die Formel:

$$\sum_{i=0}^{k} \beta_i x_{j+1-i} = h\, f\left(t_{j+1}, x_{j+1}\right).$$

Die Koeffizienten β_i ergeben sich aus dem Ableiten des Interpolationspolynoms und sind bei konstanter Schrittweite h über die Newton-Cotes-Formeln gegeben. Die BDF-Verfahren sind alle implizit und haben die Konsistenzordnung k.

73.4 Randwertprobleme

Wir betrachten ein **Randwertproblem** (RWP) mit einer DGL 2. Ordnung, d. h.:

$$\ddot{x}(t) + b(t)\,\dot{x}(t) + c(t)\,x(t) = s(t) \ \text{ mit } \ x(t_0) = x_{t_0}\,, \ x(t_1) = x_{t_1}\,.$$

Zu AWPen haben wir im Abschn. 63.2 einen weitreichenden Existenz- und Eindeutigkeitssatz vorgestellt. Zu RWPen gibt es keinen vergleichbaren Satz, genauer: Aus Abschn. 68.2 wissen wir bereits, dass RWPe oftmals nicht lösbar sind oder unendlich viele Lösungen haben. Ist ein RWP nicht mit analytischen Lösungsmethoden lösbar (vgl. auch Kap. 68), so ist man auf numerische Verfahren angewiesen. Wir stellen drei Lösungsmethoden vor, wobei die erste Lösungsmethode eine analytische darstellt.

73.4.1 Reduktion eines RWP auf ein AWP

Wir gehen aus von dem RWP

$$\ddot{x}(t) + b(t)\,\dot{x}(t) + c(t)\,x(t) = s(t) \ \text{ mit } \ x(t_0) = x_{t_0}, \ x(t_1) = x_{t_1}\,.$$

Zu diesem RWP betrachten wir nun die zwei AWPe:

$$\ddot{u}(t) + b(t)\,\dot{u}(t) + c(t)\,u(t) = s(t) \ \text{ mit } \ u(t_0) = x_{t_0}, \ \dot{u}(t_0) = 0,$$
$$\ddot{v}(t) + b(t)\,\dot{v}(t) + c(t)\,v(t) = 0 \ \text{ mit } \ v(t_0) = 0, \ \dot{v}(t_0) = 1.$$

Aus diesen AWPen ermittle man die Funktionen $u = u(t)$ und $v = v(t)$. Es ist dann

$$x(t) = u(t) + a\,v(t) \ \text{ mit } \ a = \frac{x_{t_1} - u(t_1)}{v(t_1)}, \ \text{ falls } \ v(t_1) \neq 0$$

eine Lösung des ursprünglichen Randwertproblems, wie man leicht nachprüft.

Beispiel 73.4 Wir betrachten das RWP

$$\ddot{x}(t) - \dot{x}(t) - 2\,x(t) = t \ \text{ mit } \ x(0) = -1, \ x(5) = 1.$$

Hierzu betrachten wir nun die zwei AWPe:

$$(1) \quad \ddot{u}(t) - \dot{u}(t) - 2\,u(t) = t \ \text{ mit } \ u(0) = -1, \ \dot{u}(0) = 0,$$
$$(2) \quad \ddot{v}(t) - \dot{v}(t) - 2\,v(t) = 0 \ \text{ mit } \ v(0) = 0, \ \dot{v}(0) = 1.$$

Wir beginnen mit (1): Das charakteristische Polynom lautet

$$p(\lambda) = \lambda^2 - \lambda - 2 = (\lambda - 2)\,(\lambda + 1).$$

Somit lautet die allgemeine Lösung der homogenen DGL

$$u_h(t) = c_1\,\mathrm{e}^{2t} + c_2\,\mathrm{e}^{-t} \ \text{ mit } \ c_1, c_2 \in \mathbb{R}.$$

Per Ansatz vom Typ der rechten Seite ermitteln wir eine partikuläre Lösung. Da keine Resonanz vorliegt, lautet der Ansatz

$$u_p(t) = A\,t + B, \ \text{ also } \ -A - 2\,A\,t - 2\,B = t.$$

Wir erhalten per Koeffizientenvergleich $A = -\frac{1}{2}$ und $B = \frac{1}{4}$. Damit lautet eine partikuläre Lösung $u_p(t) = -\frac{1}{2}\,t + \frac{1}{4}$. Wir erhalten somit die allgemeine Lösung

$$u_a(t) = u_p(t) + u_h(t) = -\frac{1}{2}\,t + \frac{1}{4} + c_1\,\mathrm{e}^{2t} + c_2\,\mathrm{e}^{-t} \ \text{ mit } \ c_1, c_2 \in \mathbb{R}.$$

Nun erhalten wir aus den Anfangsbedingungen die Gleichungen

$$\frac{1}{4} + c_1 + c_2 = -1 \quad \text{und} \quad -\frac{1}{2} + 2c_1 - c_2 = 0$$

und damit $c_1 = -\frac{1}{4}$ und $c_2 = -1$. Die Lösung zum AWP (1) lautet damit

$$u(t) = -\frac{1}{2}t + \frac{1}{4} - \frac{1}{4}e^{2t} - e^{-t}.$$

Wir lösen das AWP in (2): Die allgemeine Lösung der (homogenen) DGL lautet

$$v_a(t) = v_h(t) = c_1 e^{2t} + c_2 e^{-t} \quad \text{mit } c_1, c_2 \in \mathbb{R}.$$

Nun erhalten wir aus den Anfangsbedingungen die Gleichungen

$$c_1 + c_2 = 0 \quad \text{und} \quad 2c_1 - c_2 = 1$$

und damit $c_1 = \frac{1}{3}$ und $c_2 = -\frac{1}{3}$. Die Lösung zum AWP (2) lautet damit

$$v(t) = \frac{1}{3}e^{2t} - \frac{1}{3}e^{-t}.$$

Wir bestimmen

$$a = \frac{1 - u(5)}{v(5)} = -1.741371880668659\ldots$$

und erhalten damit die Lösung des ursprünglichen RWPs

$$x(t) = u(t) + a\,v(t) = -\frac{1}{2}t + \frac{1}{4} + \left(\frac{a}{3} - \frac{1}{4}\right)e^{2t} - \left(1 + \frac{a}{3}\right)e^{-t}.$$

∎

Bemerkung. Bei dieser Methode wird ein RWP gelöst, indem man zwei AWPe analytisch löst. Das ist nicht leicht bzw. nicht möglich, wenn die DGL komplizierter ist. Natürlich können die AWPe aber auch numerisch gelöst werden. Im Folgenden beschreiben wir weitere numerische Methoden zum Lösen von Randwertproblemen.

73.4.2 Differenzenverfahren

Wir gehen im Folgenden von einem RWP mit einer DGL 2. Ordnung aus. Liegt eine DGL anderer Ordnung vor, so kann man das Verfahren leicht abändern:

$$\ddot{x}(t) + b(t)\,\dot{x}(t) + c(t)\,x(t) = s(t) \quad \text{mit } x(t_0) = x_{t_0},\ x(t_1) = x_{t_1}.$$

Wir wählen ein (großes) $N \in \mathbb{N}$ und erhalten eine (kleine) Schrittweite $h = \frac{t_1 - t_0}{N}$ und (eng beieinanderliegende) $t_k = t_0 + k\,h$ für $k = 0, \ldots, N$. Die gesuchte, aber üblicherweise analytisch nicht ermittelbare Funktion $x = x(t)$ hat an den Rändern des äquidistant aufgeteilten Intervalls $[t_0, t_1]$ die aus den Randbedingungen bekannten Funktionswerte

$$x(t_0) = x_{t_0} \quad \text{und} \quad x(t_1) = x_{t_1}.$$

Mit dem **Differenzenverfahren** ermitteln wir Näherungswerte $x_k \approx x(t_k)$ an den Zwischenstellen t_k für $k = 1, \ldots, N - 1$.

Dazu ersetzen wir an den Zwischenstellen die Differentialquotienten $\dot{x} = \frac{dx}{dt}$ und $\ddot{x} = \frac{d^2 x}{dt^2}$ durch Differenzenquotienten mit dem *kleinen* h (man beachte die Box in Abschn. 26.31), es gilt:

$$\dot{x}(t_k) \approx \frac{x(t_{k+1}) - x(t_k)}{h} \quad \text{und} \quad \ddot{x}(t_k) \approx \frac{x(t_{k+1}) - 2\,x(t_k) + x(t_{k-1})}{h^2}.$$

Nun ersetzen wir in obiger DGL die Ableitungen durch diese Näherungen und kürzen zweckmäßig $x_{k-1} = x(t_{k-1})$, $x_k = x(t_k)$, $x_{k+1} = x(t_{k+1})$, $s_k = s(t_k)$, ... ab. Damit erhalten wir:

$$\frac{x_{k+1} - 2\,x_k + x_{k-1}}{h^2} + b_k \frac{x_{k+1} - x_k}{h} + c_k x_k = s_k.$$

Wir sortieren und erhalten:

$$\frac{1}{h^2} x_{k-1} + \left(\frac{-2}{h^2} - \frac{b_k}{h} + c_k \right) x_k + \left(\frac{1}{h^2} + \frac{b_k}{h} \right) x_{k+1} = s_k.$$

Für $k = 1$ erhalten wir als ersten Summanden $\frac{1}{h^2} x_0$ mit dem aus den Randbedingungen bekannten x_0. Und für $k = N - 1$ erhalten wir analog als letzten Summanden $\left(\frac{1}{h^2} + \frac{b_{N-1}}{h} \right) x_N$ mit dem bekannten x_N. Wir schaffen diese zwei bekannten Summanden im folgenden Gleichungssystem auf die rechte Seite. Mit den Abkürzungen $l_k = \frac{1}{h^2}$, $d_k = \frac{-2}{h^2} - \frac{b_k}{h} + c_k$, $r_k = \frac{1}{h^2} + \frac{b_k}{h}$ lautet dieses Gleichungssystem für die gesuchten Näherungen $x_1, \ldots, x_{N-1}$:

$$\begin{pmatrix} d_1 & r_1 & & & & \\ l_2 & d_2 & r_2 & & & \\ & l_3 & d_3 & r_3 & & \\ & & \ddots & \ddots & \ddots & \\ & & & l_{N-2} & d_{N-2} & r_{N-2} \\ & & & & l_{N-1} & d_{N-1} \end{pmatrix} \begin{pmatrix} x_1 \\ x_2 \\ x_3 \\ \vdots \\ x_{N-2} \\ x_{N-1} \end{pmatrix} = \begin{pmatrix} s_1 - \frac{1}{h^2} x_0 \\ s_2 \\ s_3 \\ \vdots \\ s_{N-2} \\ s_{N-1} - r_{N-1} x_N \end{pmatrix}.$$

Haben wir die Lösungen $x_1, \ldots, x_{N-1}$ ermittelt, so plotten wir die Punkte (t_k, x_k) für $k = 0, \ldots, N$ und sehen so näherungsweise den Verlauf der Lösung $x(t)$ – man beachte das folgende Beispiel.

Beispiel 73.5 Wir betrachten das RWP

$$\ddot{x} - 2t\,\dot{x} - 2x = -4t \ \text{ mit } x(0) = 1, \ x(1) = 1 + \mathrm{e}.$$

Wir wählen $N = 5$ und erhalten als k-te Gleichung mit obiger Notation:

$$\frac{1}{h^2}x_{k-1} + \left(\frac{-2}{h^2} + \frac{2t_k}{h} - 2\right)x_k + \left(\frac{1}{h^2} - \frac{2t_k}{h}\right)x_{k+1} = -4t_k.$$

Das sich ergebende LGS lautet damit:

$$\begin{pmatrix} -50 & 23 & 0 & 0 \\ 25 & -48 & 21 & 0 \\ 0 & 25 & -46 & 19 \\ 0 & 0 & 25 & -44 \end{pmatrix} \begin{pmatrix} x_1 \\ x_2 \\ x_3 \\ x_4 \end{pmatrix} = \begin{pmatrix} -\frac{4}{5} - 25 \cdot 1 \\ -\frac{8}{5} \\ -\frac{12}{5} \\ -\frac{16}{5} - \left(25 - \frac{40}{5}\right) \cdot (1 + \mathrm{e}) \end{pmatrix}.$$

Als Lösung erhalten wir (neben den Randwerten x_0 und x_5)

$$x_0 = 0, \ x_1 = 1.2200, \ x_2 = 1.5305, \ x_3 = 1.9696, \ x_4 = 2.6284, \ x_5 = 3.7183.$$

In der Abb. 73.4 sehen wir diese Näherung für $N = 5$ neben der Näherung für $N = 20$. Die exakte Lösung des RWP ist $x(t) = t + \mathrm{e}^{t^2}$. $\blacksquare$

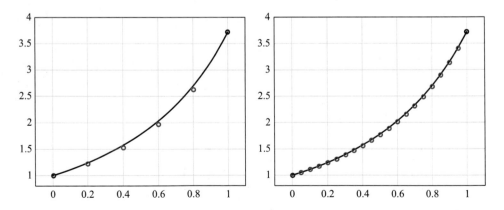

Abb. 73.4 Die Näherungen für $N = 5$ und $N = 20$ jeweils neben der exakten Lösung

73.4.3 Schießverfahren

Wir gehen erneut aus von dem RWP

$$\ddot{x}(t) + b(t)\,\dot{x}(t) + c(t)\,x(t) = s(t) \ \text{ mit } \ x(t_0) = x_{t_0}, \ x(t_1) = x_{t_1}.$$

Dieses RWP wird nun wie folgt in ein AWP umformuliert:

$$\ddot{x}(t) + b(t)\,\dot{x}(t) + c(t)\,x(t) = s(t) \ \text{ mit } \ x(t_0) = x_0, \ \dot{x}(t_0) = z,$$

wobei der zweite, zuerst unbekannte Anfangswert z so zu bestimmen ist, dass die Lösung x die (gewünschte) Randbedingung $x(t_1) = x_{t_1}$ erfüllt.

Hierzu wird das AWP in Abhängigkeit vom Anfangswert z gelöst. Das kann auf zweierlei Arten geschehen:

- Falls das AWP analytisch gelöst werden kann: Es sei $x = x(t, z)$ die Lösung des AWP. Betrachte dann die Funktion

$$f(z) = x(t_1, z) - x_{t_1}$$

und bestimme eine Nullstelle von f, also eine Lösung z^* des im Allgemeinen nichtlinearen Gleichungssystems $f(z) = 0$ (z. B. mit dem Bisektionsverfahren oder dem Newtonverfahren). Es ist dann

$$x = x(t) = x(t, z^*)$$

eine Lösung des ursprünglichen RWP, da dieses x zum einen das AWP und zum anderen die zweite Randbedingung $x(t_1) = x(t_1, z^*) = x_{t_1}$ erfüllt.

- Falls das AWP nicht oder nicht einfach analytisch gelöst werden kann:
  - Schreibe das AWP als DGL-System 1. Ordnung: Setze $z_1(t) = x(t)$ und $z_2(t) = \dot{x}(t)$ und erhalte

$$\dot{z} = \begin{pmatrix} \dot{z}_1(t) \\ \dot{z}_2(t) \end{pmatrix} = \begin{pmatrix} z_2(t) \\ s(t) - b(t)\,z_2(t) - c(t)\,z_1(t) \end{pmatrix} \ \text{ mit } \ \begin{pmatrix} z_1(t_0) \\ z_2(t_0) \end{pmatrix} = \begin{pmatrix} x_{t_0} \\ z \end{pmatrix}.$$

  - Bestimme mit einem numerischen Lösungsverfahren (z. B. mit dem Runge-Kutta-Verfahren) für verschiedene Werte von z Näherungslösungen $x(t_1, z)$ und ermittle für die verschiedenen z die Werte von

$$f(z) = x(t_1, z) - x_{t_1}.$$

– Wähle zwei aufeinanderfolgende z_k, z_{k+1} mit $f(z_k)\,f(z_{k+1}) < 0$ und ermittle per Bisektionsverfahren ein z^* zwischen z_k und z_{k+1}, das approximativ

$$f(z^*) = x(t_1, z^*) - x_{t_1} = 0.$$

erfüllt.

Die mit diesem z^* ermittelte Näherungslösung wird dann als Näherung für x akzeptiert.

In jedem Fall spricht man von einem **(Einfach-)Schießverfahren**: Man denke an eine Kanone, die eine Kugel von (t_0, x_{t_0}) nach (t_1, x_{t_1}) schießen soll. Wir testen dazu eine *Steigung z* der Flugbahn und schauen, wo die Kugel landet. Man schießt vielleicht mal zu weit, vielleicht mal zu kurz ... durch sukzessives Nachkorrigieren landet die Kugel irgendwann mal bei (t_1, x_{t_1}).

Beispiel 73.6

● Wir lösen

$$\ddot{x}(t) - 2\,\dot{x}(t) + x(t) = 0 \ \text{ mit } \ x(0) = 1, \ x(1) = 0.$$

Wir wandeln das RWP in ein AWP mit zu bestimmendem Anfangswert z um:

$$\ddot{x}(t) - 2\,\dot{x}(t) + x(t) = 0 \ \text{ mit } \ x(0) = 1, \ \dot{x}(0) = z.$$

Die Lösung dieses AWP lautet in Abhängigkeit von z offenbar

$$x = x(t, z) = e^t + (z - 1)\,t\,e^t.$$

Wir suchen eine Nullstelle z^* der Funktion

$$f(z) = x(t_1, z) - x_1 = x(1, z) - 0 = e + (z - 1)\,e.$$

Das ist im vorliegenden Fall sehr einfach, offenbar gilt $z^* = 0$. Damit ist

$$x = x(t) = x(t, 0) = e^t - t\,e^t$$

eine Lösung des ursprünglichen RWP.

- Wir lösen das RWP

$$\ddot{x}(t) + (1 + t^2)\, x(t) = -1 \text{ mit } x(-1) = 0,\ x(1) = 0.$$

Eine analytische Lösung des zugehörigen AWP ist (nicht einfach) möglich, daher formen wir das AWP per $z_1(t) = x(t)$ und $z_2(t) = \dot{x}(t)$ um in ein AWP mit einem DGL-System 1. Ordnung:

$$\dot{z}(t) = \begin{pmatrix} \dot{z}_1(t) \\ \dot{z}_2(t) \end{pmatrix} = \begin{pmatrix} z_2(t) \\ -z_1(t) - t^2 z_1(t) - 1 \end{pmatrix} \text{ mit } \begin{pmatrix} z_1(-1) \\ z_2(-1) \end{pmatrix} = \begin{pmatrix} 0 \\ z \end{pmatrix}.$$

Für $z = 0.0,\ 1.0,\ 2.0,\ 3.0$ wählen wir das Runge-Kuttaverfahren mit der Schrittweite $h = 0.1$ und erhalten die folgenden Näherungswerte für $x(1, z)$:

z	0	1	2	3
$x(1, z)$	-1.3193	-0.5596	0.2002	0.9600

Da offenbar zwischen $z = 1$ und $z = 2$ eine gesuchte Stelle z^* liegt, fahren wir per Bisektion fort: Wir berechnen sukzessive:

z	1.5	1.75	1.625	1.6875	1.71875	1.734375
$x(1, z)$	-0.1797	0.0103	-0.0847	-0.0372	-0.0135	-0.0016

Wir brechen bei $z^* = 1.734375$ mit dem Bisektionsverfahren ab und erhalten eine Näherungslösung – man beachte die Abb. 73.5.

■

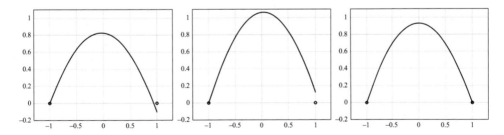

Abb. 73.5 Bei $z = 1.6$ schießen wir zu kurz, bei $z = 1.9$ schießen wir zu weit, bei $z = 1.734375$ passt es

73.5   Aufgaben

73.1 *Martiniglaseffekt:* Wir betrachten das lineare DGL-System

$$\dot{x} = \begin{pmatrix} 0 & 1 \\ -1 & 0 \end{pmatrix} x.$$

(a) Zeigen Sie, dass für die Lösung $x(t, x_0)$ des AWP zum Anfangswert x_0 gilt: $\|x(t, x_0)\| = \|x(t_0, x_0)\|$. Was heißt das geometrisch?

(b) Betrachten Sie nun eine numerische Approximation $\tilde{x}(t)$ an das AWP, wobei einmal die Approximation mittels explizitem Eulerverfahren und einmal mittels implizitem Eulerverfahren, jeweils mit konstanter Schrittweite h, berechnet wird. Bleibt auch hier $\|\tilde{x}(t, x_0)\|$ für alle $t \geq t_0$ konstant? Woher kommt der Name *Martiniglaseffekt*?

(c) Was passiert, wenn Sie die Schrittweite h gegen 0 gehen lassen? Lässt sich damit der eben beobachtete Effekt vermeiden?

73.2 Eine Katze jagt in der x-y-Ebene eine Maus und läuft dabei stets mit betragsmäßig konstanter Geschwindigkeit $v_K = 2$ direkt auf die Maus zu. Die Maus ihrerseits möchte auf direktem Wege mit Geschwindigkeitsbetrag $v_M = 1$ in ihr Loch im Punkt $(0, 1)$ fliehen. Die Maus befinde sich zur Zeit $t = 0$ am Punkt $(0, 0)$ und die Katze am Punkt $(1, 0)$.

(a) Stellen Sie die DGLen auf, welche die Bahn der Katze bzw. die Bahn der Maus beschreiben.

(b) Berechnen Sie mithilfe von MATLAB, wann und wo sich die Katze bis auf 10^{-3} und wann und wo bis auf 10^{-6} der Maus genähert hat. Benutzen Sie hierfür auch unterschiedliche Schrittweiten.

73.3 Wir betrachten den gedämpften harmonischen Oszillator

$$\ddot{x} + \mu \dot{x} + x = 0$$

mit Parameter $\mu > 0, \mu \neq 2$.

(a) Schreiben Sie die DGL um in ein System 1. Ordnung.

(b) Bestimmen Sie in Abhängigkeit des Parameters μ die Eigenwerte des linearen Systems.

(c) Für welche Werte von μ ist das System als *steif* anzusehen?

(d) Es sei nun $\mu = 256 + \frac{1}{256}$. Wie klein muss dann die Schrittweite des expliziten Eulerverfahrens gewählt werden, damit die numerisch approximierte Lösung beschränkt ist?

(e) Wir wenden nun das implizite Eulerverfahren zur Berechnung einer approximierten Lösung an. Der Parameter μ sei gewählt wie in (d). Für welche Schrittweiten ist nun eine beschränkte numerische Lösung garantiert?

73.4 Wir betrachten im Folgenden die Temperaturverteilung $u(x), x \in [0, 1]$, in einem Stab, der von der Mitte aus erhitzt und am Rand gekühlt wird. Dies führt auf folgendes Randwertroblem:

$$-u''(x) = f(x), \text{ wobei } f(x) = x(1-x), \text{ mit Randbedingung } u(0) = u(1) = 0.$$

(a) Diskretisieren Sie dieses Problem, indem Sie für beliebiges $N \in \mathbb{N}$

1. im Intervall $[0, 1]$ die $N + 1$ Stützstellen $x_k := \frac{k}{N}, k = 0, \cdots, N$, wählen,
2. die Ableitung $u''(x)$ durch $\frac{1}{h^2}(u(x + h) - 2u(x) + u(x - h))$ mit $h = \frac{1}{N}$ ersetzen und
3. die Funktionen $u(x)$ bzw. $f(x)$ durch die Vektoren $U := (u(x_k))_{0 \le k \le N}$ bzw. $F := (f(x_k))_{0 \le k \le N}$ ihrer Funktionswerte auf den Stützstellen ersetzen.
   Auf diese Weise erhalten Sie ein LGS der Form $A\tilde{U} = \tilde{F}$, wobei $\tilde{U} := (U_k)_{1 \le k \le N-1}$ und $\tilde{F} := (F_k)_{1 \le k \le N-1}$. Wie lautet A? Ist A strikt diagonaldominant?

(b) Verwenden Sie das Jacobi- und das Gauß-Seidelverfahren mit $x_0 = 0$, `maxiter=1000` und `tol=1e-3`, um für $N = 10, 100, 1000$ Lösungen der Diskretisierung zu berechnen. Plotten Sie Ihr Ergebnis für U. Begründen Sie, dass Ihr Programm in diesen Fällen konvergiert.

(c) Lösen Sie das erhaltene LGS für $N = 10, 100, 1000$ auch mit dem MATLAB-Operator \. Plotten Sie U und vergleichen Sie mit (b). Wie erklären Sie sich die Abweichungen?

73.5 Lösen Sie das Randwertproblem

$$u''(x) = u(x)^2, \quad u(0) = 2, u(1) = 3,$$

mit dem Schießverfahren.

(a) Wandeln Sie das Randwertproblem in ein Anfangswertproblem um, indem Sie die Randbedingung $u(1) = 3$ weglassen und stattdessen die Anfangsbedingung $u'(0) = s$ hinzunehmen. Bestimmen Sie numerisch eine Lösung $u(x; s)$ des AWPs für $s \in \{-1.4, -1.2, \cdots, 0.4, 0.6\}$, indem Sie das explizite Euler-Verfahren mit Schrittweite $h = 0.01$ verwenden. Plotten Sie $u(x; s)$.

(b) Wo vermuten Sie das korrekte s und warum?

(c) Verwenden Sie das Bisektionsverfahren, um s bis auf zwei Stellen genau zu bestimmen.

73.6 Wir betrachten das folgende nichtlineare DGl-System:

$$\frac{dX}{dt} = 1 + X^2 Y - (B+1)X, \tag{*}$$

$$\frac{dY}{dt} = BX - X^2 Y.$$

Dabei bezeichnet $X(t)$ bzw. $Y(t)$ die zeitabhängige Konzentration des Stoffes X bzw. Y, während $B > 0$ ein Parameter ist. Wir interessieren uns für das Zeitintervall $[0, 30]$ und den Startwert $X(0) = Y(0) = 1$.

(a) Setzen Sie $B = 1.7$ und berechnen Sie numerisch die Lösung von (*), indem Sie (1) das explizite Euler-Verfahren `expl_euler.m` mit $h = 0.01$, (2) das implizite Euler-Verfahren `impl_euler.m` mit $h = 0.01$, (3) den MATLAB-Solver `ode45` verwenden. Plotten Sie jeweils die Lösung und die Bahnkurve. Beschreiben Sie das Langzeitverhalten des Systems.

(b) Setzen Sie $B = 3.0$ und berechnen Sie numerisch die Lösung von (*), indem Sie die gleichen drei Verfahren wie in (a) verwenden. Plotten Sie jeweils die Lösung und die Bahnkurve. Beschreiben Sie das Langzeitverhalten des Systems.

(c) Sind Ihnen bei den drei Lösungsverfahren Unterschiede in der Effizienz aufgefallen?

(d) Finden Sie die eindeutige Ruhelage des DGl-Systems (*).

(e) (Zusatz) Berechnen Sie (mit MATLAB) die Eigenwerte der Matrix $\left(\begin{smallmatrix} B-1 & 1 \\ -B & -1 \end{smallmatrix}\right)$ für $B = 1.7$ und $B = 3.0$. Wie unterscheidet sich das Vorzeichen des Realteils in beiden Fällen? Können Sie einen Zusammenhang zu (a) und (b) herstellen?

(d) $(X, Y) = (1, B)$. Zu (a,b): Unter der *Lösung* versteht man hier die Funktionen $t \mapsto X(t)$ und $t \mapsto Y(t)$ und unter der *Bahnkurve* versteht man die Punktmenge $(X(t), Y(t))_{t \in [0,30]}$ im Phasenraum, d. h. in der X-Y-Ebene.

73.7

(a) Wir betrachten ein lineares Differentialgleichungssystem $\dot{x} = Ax$ mit $A \in \mathbb{R}^{n \times n}$. Wenden Sie das explizite und das implizite Euler-Verfahren mit konstanter Schrittweite h an. Zeigen Sie, dass das resultierende Verfahren die Form

$$x_k = (A_h)^k x_0$$

hat und berechnen Sie A_h.

(b) Wie sieht das Verfahren aus, wenn ein inhomogenes lineares DGL-System der Form $\dot{x} = Ax + b$ betrachtet wird?

Fourierreihen – Berechnung der Fourierkoeffizienten

74

Inhaltsverzeichnis

Es ist oftmals möglich, eine periodische Funktion f als *Summe* bzw. *Reihe* von Kosinus- und Sinusfunktionen darzustellen. Dabei kommt die Vorstellung zum Tragen, dass ein periodisches Signal, nämlich die Funktion f, als eine Überlagerung vieler harmonischer Schwingungen, nämlich von Kosinus- und Sinusfunktionen, betrachtet werden kann. Das Bestimmen der einzelnen harmonischen Schwingungen entspricht dabei einer Zerlegung des periodischen Signals in seine Grundschwingungen.

Die Mathematik hinter dieser Zerlegung ist dabei das Berechnen der *Fourierkoeffizienten* zu den Grundschwingungen. Dahinter verbirgt sich eine Skalarproduktbildung mittels eines Integrals. Wir schildern diese Berechnung der Fourierkoeffizienten und stellen so periodische Funktionen aller Couleur als Überlagerungen harmonischer Schwingungen dar.

74.1 Periodische Funktionen

Eine Funktion $f : \mathbb{R} \to \mathbb{C}$ heißt **periodisch** mit der **Periode** $T > 0$, kurz T**-periodisch,** wenn gilt

$$f(x + T) = f(x) \ \text{ für alle } \ x \in \mathbb{R}.$$

Für eine T-periodische Funktion folgt

© Springer-Verlag GmbH Deutschland, ein Teil von Springer Nature 2022
C. Karpfinger, *Höhere Mathematik in Rezepten,*
https://doi.org/10.1007/978-3-662-63305-2_74

$$f(x + kT) = f(x) \text{ für alle } k \in \mathbb{Z} \text{ und } x \in \mathbb{R}.$$

Insbesondere ist eine T-periodische Funktion auch kT-periodisch für alle $k \in \mathbb{N}$. Die folgende Abb. 74.1 zeigt eine 2π-, 4π-, 6π-, ... periodische Funktion:

Beispiel 74.1 Die Funktionen

$$x \mapsto \cos(x), \ x \mapsto \sin(x), \ x \mapsto e^{ix}$$

sind 2π-periodisch. Für jedes $T > 0$ und jedes $k \in \mathbb{Z}$ sind die Funktionen

$$x \mapsto \cos\left(k\frac{2\pi}{T}x\right), \ x \mapsto \sin\left(k\frac{2\pi}{T}x\right), \ x \mapsto e^{ik\frac{2\pi}{T}x}$$

T-periodisch. ∎

Wir betrachten T-periodische Funktionen $f : \mathbb{R} \to \mathbb{C}$, wobei natürlich $T > 0$ gilt. Jede solche Funktion ist durch ihre Werte auf einem beliebigen Intervall der Länge T eindeutig bestimmt, da sich die weiteren Werte von f außerhalb dem betrachteten Intervall durch die Periodizität ergeben, siehe folgende Abb. 74.2.

Wir kennen also eine T-periodische Funktion $f : \mathbb{R} \to \mathbb{C}$, wenn wir nur wissen, was die Funktion z. B. auf dem Periodenintervall $I = [-T/2, T/2)$ oder $I = [0, T)$ macht. Deshalb werden wir solche Funktionen f oft nur auf einem solchen Periodenintervall vorgeben und meinen damit aber die auf $\mathbb{R}$ periodisch *fortgesetzte* Funktion (siehe Abb. 74.3).

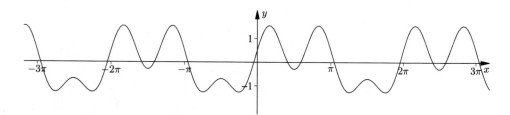

Abb. 74.1 Die Funktion ist 2π-periodisch, aber auch 4π-, 6π- ... periodisch

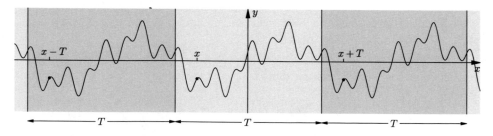

Abb. 74.2 Jedes Intervall der Länge T ist bei einer T-periodischen Funktion ein Periodenintervall

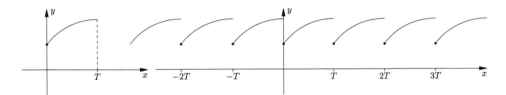

Abb. 74.3 Ist f auf einem Intervall I der Länge T gegeben, so kann man f T-periodisch fortsetzen

Ist f eine T-periodische Funktion, so kann man zu beliebigem $S > 0$ leicht eine Funktion g mithilfe von f angeben, die S-periodisch ist:

> **Umrechnung von T- in S-Periodizität**
> Ist $f : \mathbb{R} \to \mathbb{C}$ eine T-periodische Funktion, so ist für jedes $S > 0$ die Funktion $g : \mathbb{R} \to \mathbb{C}$ mit $g(x) = f\left(\frac{T}{S} x\right)$ eine S-periodische Funktion.

Das kann man ganz einfach begründen, es gilt nämlich für alle $x \in \mathbb{R}$:

$$g(x + S) = f\left(\frac{T}{S}(x + S)\right) = f\left(\frac{T}{S} x + T\right) = f\left(\frac{T}{S} x\right) = g(x).$$

Beispiel 74.2 Der Kosinus $\cos : x \mapsto \cos(x)$ ist 2π-periodisch. Mit $T = 2\pi$ und $S = 1$ erhalten wir, dass die Funktion $g : x \mapsto \cos(2\pi x)$ dann 1-periodisch ist. ∎

Bemerkungen

1. Diese Möglichkeit der Umrechnung von T- in S-Periodizität hat einen einfachen Nutzen: Wir werden lernen, wie man eine T-periodische Funktion $f : \mathbb{R} \to \mathbb{C}, x \mapsto f(x)$ in eine *Fourierreihe* F entwickelt. Wir werden dann auch eine Formel vorstellen, die es erlaubt, aus der Fourierreihe F die Fourierreihe von $g : \mathbb{R} \to \mathbb{C}, x \mapsto f(\frac{T}{S} x)$ zu berechnen. Damit müssen wir nicht erneut die Fourierreihe von g bestimmen; wir erhalten diese Fourierreihe von g aus der Fourierreihe von f durch Anwenden einer einfachen Formel. Wir können uns eigentlich gleich auf z.B. 2π-periodische Funktionen beschränken. Damit wir flexibler bleiben, machen wir diese Einschränkung nicht.
2. Auch die Möglichkeit der freien Wahl des Periodenintervalls I der Länge T ist nützlich: Wir werden eine Formel kennenlernen, die es erlaubt, aus der Fourierreihe einer T-periodischen Funktion f, die z.B. auf $[0, T)$ gegeben ist, die Fourierreihe der *verschobenen* Funktion auf z.B. $[-T/2, T/2)$ anzugeben. Also können wir uns gleich auf ein Intervall festlegen, wir werden meistens $[-T/2, T/2)$, gelegentlich auch $[0, T)$ wählen.

74.2   Die zulässigen Funktionen

Nicht jede Funktion ist in eine Fourierreihe entwickelbar. Wir wählen Funktionen aus, die Eigenschaften haben, die es nicht nur zulassen, dass wir diese Funktion in eine Fourierreihe entwickeln, sondern von denen wir auch starke Aussagen machen können, die den Zusammenhang von f und ihrer Fourierreihe F beschreiben. Wir betrachten von nun an nur noch Funktionen $f : \mathbb{R} \to \mathbb{C}$ mit den Eigenschaften

(i) f ist T-periodisch mit Periodenintervall I, meistens wählt man $I = [-T/2, T/2)$ oder $I = [0, T)$.

(ii) Das Periodenintervall I lässt sich in endlich viele Teilintervalle zerlegen, auf denen f stetig und monoton ist.

(iii) In den (endlich vielen) zugelassenen Unstetigkeitsstellen $a_1, \ldots, a_\ell$ existieren die links- und rechtsseitigen Grenzwerte

$$f\left(a_k^+\right) = \lim_{x \to a_k^+} f(x) \quad \text{und} \quad f\left(a_k^-\right) = \lim_{x \to a_k^-} f(x).$$

Um nicht ständig diese Voraussetzungen an f wiederholen zu müssen, schreiben wir für die Menge aller Funktionen $f : \mathbb{R} \to \mathbb{C}$, die diese Eigenschaften (i) bis (iii) haben, kurz $C(T)$. Die Schreibweise $f \in C(T)$ kürzt also die Tatsache ab, dass f eine Funktion von $\mathbb{R}$ nach $\mathbb{C}$ mit den Eigenschaften (i) bis (iii) ist. Man beachte, dass jede solche Funktion insbesondere beschränkt ist. Die folgende Abb. 74.4 zeigt einige Graphen solcher Funktionen:

Bemerkung Die Theorie ist auch für allgemeinere Funktionen möglich, wir beschränken uns aber auf diese speziellen Funktionen, da wir zum einen die praxisrelevanten Funktionen damit behandeln und zum anderen den Formalismus einfach gestalten können.

Unser Ziel ist es, eine Funktion $f \in C(T)$ mit einer Periode $T > 0$ durch Linearkombinationen T/k-periodischer *Basisfunktionen* zu approximieren bzw. durch Reihen darzustellen. Dabei unterscheiden wir eine komplexe und eine reelle Version:

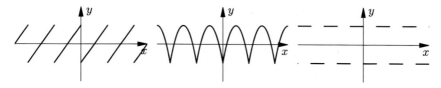

Abb. 74.4 Beispiele zulässiger Funktionen

	Basisfunktionen	Reihe
Reelle Version	$\sin\left(k\frac{2\pi}{T}x\right)$ und $\cos\left(k\frac{2\pi}{T}x\right)$	$\frac{a_0}{2} + \sum\limits_{k=1}^{\infty} a_k \cos\left(k\frac{2\pi}{T}x\right) + b_k \sin\left(k\frac{2\pi}{T}x\right)$
Komplexe Version	$e^{ik\frac{2\pi}{T}x}$	$\sum\limits_{k=-\infty}^{\infty} c_k e^{ik\frac{2\pi}{T}x}$

Wir beginnen mit der reellen Version.

74.3 Entwicklung in Fourierreihen – reelle Version

Jede reelle Funktion $f \in C(T)$ kann im folgenden Sinne in eine *Fourierreihe* entwickelt werden:

Fourierkoeffizienten und Fourierreihe – reelle Version
Bestimme zu der T-periodischen Funktion $f \in C(T)$, $f : [-T/2, T/2) \rightarrow \mathbb{R}$ die sogenannten **Fourierkoeffizienten**

$$a_k = \frac{2}{T} \int_{-T/2}^{T/2} f(x) \cos\left(k\frac{2\pi}{T}x\right) \, \mathrm{d}x, \ k \in \mathbb{N}_0,$$

$$b_k = \frac{2}{T} \int_{-T/2}^{T/2} f(x) \sin\left(k\frac{2\pi}{T}x\right) \, \mathrm{d}x, \ k \in \mathbb{N},$$

und setze

$$F(x) = \frac{a_0}{2} + \sum_{k=1}^{\infty} a_k \cos\left(k\frac{2\pi}{T}x\right) + b_k \sin\left(k\frac{2\pi}{T}x\right);$$

man nennt $F(x)$ die **Fourierreihe** zu f; wir schreiben hierfür $f(x) \sim F(x)$.

Falls das Periodenintervall $[0, T)$ ist, so sind die obigen Integrale natürlich über dieses Intervall zu bilden.

Im Fall $T = 2\pi$ lauten die Formeln für die Fourierkoeffizienten a_k und b_k und für die Fourierreihe

$$a_k = \frac{1}{\pi} \int\limits_{-\pi}^{\pi} f(x) \cos(kx)\, \mathrm{d}x, \ k \in \mathbb{N}_0, \ b_k = \frac{1}{\pi} \int\limits_{-\pi}^{\pi} f(x) \sin(kx)\, \mathrm{d}x, \ k \in \mathbb{N},$$

und

$$F(x) = \frac{a_0}{2} + \sum_{k=1}^{\infty} a_k \cos(kx) + b_k \sin(kx).$$

Der Zusammenhang von $f(x)$ und $F(x)$ ist nun wie folgt:

Der Zusammenhang von f und der dazugehörigen Fourierreihe F

Gegeben ist $f \in C(T)$, $f : [-T/2, T/2) \to \mathbb{R}$, wobei $\alpha_1, \ldots, \alpha_\ell$ die evtl. vorhandenen Unstetigkeitsstellen von f auf $I = [-T/2, T/2)$ bezeichnen. Es bezeichne F die Fourierreihe zu f, d.h. $f(x) \sim F(x)$. Dann gilt:

- Falls f in x stetig ist, so gilt $f(x) = F(x)$, d.h.

$$f(x) = \frac{a_0}{2} + \sum_{k=1}^{\infty} a_k \cos\left(k \frac{2\pi}{T} x\right) + b_k \sin\left(k \frac{2\pi}{T} x\right).$$

- Falls f in x nicht stetig ist, so gilt $x = a_k$ für ein $k = 1, \ldots, \ell$ und

$$F(a_k) = \frac{f(\alpha_k^-) + f(\alpha_k^+)}{2}.$$

In den Stetigkeitsstellen stimmt der Wert $F(x)$ der Fourierreihe mit dem Funktionswert $f(x)$ überein. In den Unstetigkeitsstellen, also an den Stellen, an denen Sprünge vorhanden sind, liegt der Wert $F(x)$ genau in der Mitte der Werte der Sprünge von f.

Beachte in den folgenden Beispielen insbesondere die Abbildungen:

Beispiel 74.3

- Wir betrachten die Funktion $f \in C(2\pi)$ mit $f : [-\pi, \pi) \to \mathbb{R}$, $f(x) = x$. Ihr Graph (siehe Abb. 74.5) ist eine **Sägezahnkurve**:

  Für a_0 erhalten wir:

$$a_0 = \frac{1}{\pi} \int\limits_{-\pi}^{\pi} x\, \mathrm{d}x = \frac{1}{2\pi} x^2 \Big|_{-\pi}^{\pi} = 0.$$

Und für $k > 0$ erhalten wir mittels partieller Integration für die Fourierkoeffizienten a_k:

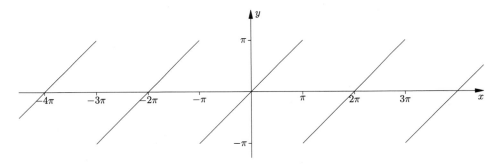

Abb. 74.5 Der Sägezahn ist durch eine zulässige Funktion gegeben

$$a_k = \frac{1}{\pi} \int\limits_{-\pi}^{\pi} x \cos(kx)\, \mathrm{d}x = \frac{1}{\pi} \left(\frac{x}{k} \sin(kx) \Big|_{-\pi}^{\pi} - \frac{1}{k} \int\limits_{-\pi}^{\pi} \sin(kx)\, \mathrm{d}x \right)$$

$$= \frac{1}{\pi} \left(\frac{1}{k^2} \cos(kx) \Big|_{-\pi}^{\pi} \right) = \frac{1}{k^2 \pi} \left((-1)^k - (-1)^k \right) = 0.$$

Und für die Fourierkoeffizienten b_k gilt:

$$b_k = \frac{1}{\pi} \int\limits_{-\pi}^{\pi} x \sin(kx)\, \mathrm{d}x = \frac{1}{\pi} \left(-\frac{x}{k} \cos(kx) \Big|_{-\pi}^{\pi} + \frac{1}{k} \int\limits_{-\pi}^{\pi} \cos(kx)\, \mathrm{d}x \right)$$

$$= \frac{1}{\pi} \left(-\frac{\pi}{k}(-1)^k - \frac{\pi}{k}(-1)^k \right) = \frac{2}{k}(-1)^{k+1}.$$

Die Fourierreihe von f hat damit die Form

$$F(x) = \sum_{k=1}^{\infty} \frac{2}{k}(-1)^{k+1} \sin(kx) = 2 \left(\sin(x) - \frac{\sin(2x)}{2} + \frac{\sin(3x)}{3} - + \ldots \right).$$

In der Abb. 74.6 sind f und die ersten approximierenden Funktionen dargestellt,

$$F_1(x) = 2 \sin(x), \ \ F_2(x) = 2 \left(\sin(x) - \frac{\sin(2x)}{2} \right), \ \ \ldots .$$

- Wir betrachten nun die **Rechteckfunktion** $f \in C(2\pi)$ (Abb. 74.7) mit

$$f : [-\pi, \pi) \to \mathbb{R}, \ f(x) = \begin{cases} 1, & 0 < x < \pi \\ 0, & x = 0 \\ -1, & -\pi \le x < 0 \end{cases}$$

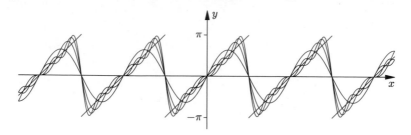

Abb. 74.6 Der Sägezahn und die Graphen der ersten approximierenden Funktionen

Wieder berechnen wir die Fourierkoeffizienten: Für alle $k \in \mathbb{N}_0$ gilt

$$a_k = \frac{1}{\pi} \int\limits_{-\pi}^{\pi} f(x) \cos(kx) \, dx = 0,$$

da $f(x) \cos(kx)$ ungerade ist. Für die Koeffizienten b_k erhalten wir

$$b_k = \frac{1}{\pi} \int\limits_{-\pi}^{\pi} f(x) \sin(kx) \, dx = \frac{2}{\pi} \int\limits_{0}^{\pi} f(x) \sin(kx) \, dx = \frac{2}{\pi} \int\limits_{0}^{\pi} \sin(kx) \, dx$$

$$= \frac{2}{\pi} \frac{(-1)}{k} \cos(kx) \Big|_{0}^{\pi} = -\frac{2}{k\pi} \left((-1)^k - 1 \right) = \begin{cases} 0, & \text{falls } k \text{ gerade} \\ \frac{4}{k\pi}, & \text{falls } k \text{ ungerade} \end{cases}.$$

Die Fourierreihe von f lautet damit

$$F(x) = \sum_{k=0}^{\infty} \frac{4}{(2k+1)\pi} \sin \left((2k+1)x \right) = \frac{4}{\pi} \left(\sin(x) + \frac{\sin(3x)}{3} + \frac{\sin(5x)}{5} + \dots \right).$$

Wieder plotten wir $f(x)$ und einige approximierende Funktionen, siehe Abb. 74.8.

■

Wir halten die folgenden Regeln fest, die die Rechenarbeit oftmals deutlich vereinfachen:

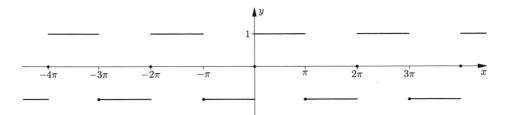

Abb. 74.7 Die Rechteckfunktion ist eine zulässige Funktion

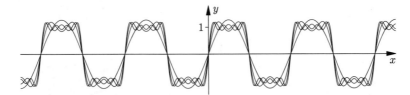

Abb. 74.8 Die Rechteckfunktion und die Graphen der ersten approximierenden Funktionen

---

Rechenregeln

- Ist $f \in C(T)$ ungerade, d. h. $f(-x) = -f(x)$ für alle $x \in \mathbb{R}$, so gilt:

$$a_k = 0 \ \forall k \in \mathbb{N}_0 \ \text{ und } \ b_k = \frac{4}{T} \int\limits_0^{T/2} f(x) \sin\left(k\frac{2\pi}{T}x\right) \, \mathrm{d}x \ \ \forall k \in \mathbb{N}.$$

- Ist $f \in C(T)$ gerade, d. h. $f(-x) = f(x)$ für alle $x \in \mathbb{R}$, so gilt:

$$b_k = 0 \ \forall k \in \mathbb{N} \ \text{ und } \ a_k = \frac{4}{T} \int\limits_0^{T/2} f(x) \cos\left(k\frac{2\pi}{T}x\right) \, \mathrm{d}x \ \ \forall k \in \mathbb{N}_0.$$

74.4 Anwendung: Berechnung von Reihenwerten

Mithilfe der Fourierreihenentwicklung lassen sich Werte von Reihen bestimmen, etwa der Wert von $\sum_{k=1}^{\infty} \frac{1}{k^2}$ (siehe die Bemerkung in Abschn. 20.2). Und das funktioniert ganz einfach: Wir geben eine Funktion $f \in C(T)$ an, deren Fourierreihe F an einer Stetigkeitsstelle x den Wert $F(x) = \sum_{k=1}^{\infty} \frac{1}{k^2}$ hat. Es hat diese Reihe dann den Wert $f(x)$, den man durch einfaches Einsetzen von x in f erhält:

Beispiel 74.4 Für die 2π-periodische gerade Funktion $f : [-\pi, \pi) \to \mathbb{R}$ mit $f(x) = \frac{1}{2}x^2$ erhält man

$$a_0 = \frac{2}{\pi} \int_0^{\pi} \frac{1}{2}x^2 \, dx = \frac{2}{\pi}\frac{\pi^3}{6} = \frac{\pi^2}{3}.$$

Und weiter für $k \geq 1$:

$$a_k = \frac{2}{\pi} \int_0^{\pi} \frac{1}{2}x^2 \cos kx \, dx = \frac{2}{\pi}\left[\frac{x^2}{2k} \sin kx\right]_0^{\pi} - \frac{2}{\pi k} \int_0^{\pi} x \sin kx \, dx$$

$$= \left[\frac{2x}{\pi k^2} \cos kx\right]_0^{\pi} = \frac{2}{k^2}(-1)^k.$$

Die Fourierreihe von f lautet damit

$$F(x) = \frac{\pi^2}{6} + 2\sum_{k=1}^{\infty} \frac{(-1)^k}{k^2} \cos kx.$$

Für $x = 0$ bzw. $x = \pi$ erhalten wir wegen $f(0) = 0$ bzw. $f(\pi) = \frac{\pi^2}{2}$ die Gleichheit

$$\sum_{k=1}^{\infty} \frac{(-1)^k}{k^2} = -\frac{\pi^2}{12} \quad \text{bzw.} \quad \sum_{k=1}^{\infty} \frac{1}{k^2} = \frac{\pi^2}{6}.$$

∎

74.5 Entwicklung in Fourierreihen – komplexe Version

Es gibt eine weitere Darstellung der Fourierreihen mit *komplexen Fourierkoeffizienten*. Wir gehen aus von einer komplexen T-periodischen Funktion $f \in C(T)$, $f : [-T/2, T/2) \to \mathbb{C}$.

Fourierkoeffizienten und Fourierreihe – komplexe Version
Bestimme zu der T-periodischen Funktion $f \in C(T)$, $f : [-T/2, T/2) \to \mathbb{C}$, die sogenannten **Fourierkoeffizienten**

$$c_k = \frac{1}{T} \int_{-T/2}^{T/2} f(x)\, e^{-ik\frac{2\pi}{T}x} dx \quad \text{für } k \in \mathbb{Z}$$

und setze

$$F(x) = \sum_{k=-\infty}^{\infty} c_k e^{ik\frac{2\pi}{T}x};$$

man nennt $F(x)$ die **Fourierreihe** zu f; wir schreiben hierfür $f(x) \sim F(x)$.

Falls das Periodenintervall $[0, T)$ ist, so sind die obigen Integrale natürlich über dieses Intervall zu bilden.

In dem Fall $T = 2\pi$ lautet die Formel für die Fourierkoeffizienten und für die Fourierreihe

$$c_k = \frac{1}{2\pi} \int_{-\pi}^{\pi} f(x) e^{-ikx} dx \quad \text{und} \quad F(x) = \sum_{k=-\infty}^{\infty} c_k e^{ikx}.$$

Beispiel 74.5 Wir bestimmen die komplexe Version der Fourierreihe der Rechteckfunktion f aus dem Beispiel 74.3. Dazu berechnen wir die Fourierkoeffizienten c_k:

Für $k = 0$ erhalten wir:

$$c_0 = \frac{1}{2\pi} \int_{-\pi}^{\pi} f(x)dx = 0.$$

Und für $k \neq 0$ gilt:

$$\begin{aligned}
c_k &= \frac{1}{2\pi} \int_{-\pi}^{\pi} f(x) e^{-ikx} dx = \frac{1}{2\pi} \left(\int_{-\pi}^{0} -e^{-ikx} dx + \int_{0}^{\pi} e^{-ikx} dx \right) \\
&= \frac{1}{2\pi} \left[\tfrac{1}{ik} e^{-ikx} \right]_{-\pi}^{0} + \frac{1}{2\pi} \left[\tfrac{-1}{ik} e^{-ikx} \right]_{0}^{\pi} \\
&= \frac{1}{2\pi} \left(\tfrac{2}{ik} - \tfrac{1}{ik} \left(e^{ik\pi} + e^{-ik\pi} \right) \right) = \frac{-i}{2\pi k} (2 - 2\cos(k\pi)) \\
&= \frac{-i}{k\pi} \left(1 - (-1)^k \right) = \begin{cases} 0, & \text{falls } k \text{ gerade} \\ \frac{-2i}{k\pi}, & \text{falls } k \text{ ungerade} \end{cases}.
\end{aligned}$$

Die Fourierreihe lautet damit

$$\begin{aligned}
F(x) &= \sum_{k=-\infty}^{\infty} \frac{-2i}{(2k+1)\pi} e^{i(2k+1)x} \\
&= \cdots + \frac{2i}{3\pi} e^{-3ix} + \frac{2i}{\pi} e^{-ix} - \frac{2i}{\pi} e^{ix} - \frac{2i}{3\pi} e^{3ix} - \cdots.
\end{aligned}$$

∎

Die Fourierkoeffizienten c_k und a_k, b_k hängen natürlich eng miteinander zusammen: Berechnet man die jeweiligen Koeffizienten für eine Funktion $f : \mathbb{R} \rightarrow \mathbb{C}$, so gilt für alle $x \in \mathbb{R}$ und $n \in \mathbb{N}$:

$$\frac{a_0}{2} + \sum_{k=1}^{n} a_k \cos\left(k\frac{2\pi}{T}x\right) + b_k \sin\left(k\frac{2\pi}{T}x\right) = \sum_{k=-n}^{n} c_k e^{ik\frac{2\pi}{T}x},$$

den Zusammenhang zwischen den Koeffizienten erhält man mit den folgenden Umrechnungsformeln:

Umrechnungsformeln

Wir betrachten eine T-periodische Funktion $f : \mathbb{R} \rightarrow \mathbb{C}$, $f \in C(T)$, und ermitteln zu dieser Funktion die Fourierkoeffizienten c_k bzw. a_k, b_k:

- Gegeben sind c_k für $k \in \mathbb{Z}$, d.h.

$$f(x) \sim F(x) = \sum_{k=-\infty}^{\infty} c_k e^{ik\frac{2\pi}{T}x}.$$

Dann gilt $F(x) = \frac{a_0}{2} + \sum_{k=1}^{\infty} a_k \cos\left(k\frac{2\pi}{T}x\right) + b_k \sin\left(k\frac{2\pi}{T}x\right)$ mit

$$a_0 = 2c_0, \quad a_k = c_k + c_{-k}, \quad b_k = i\,(c_k - c_{-k}) \quad \text{für} \quad k \in \mathbb{N}.$$

- Gegeben sind $a_0, a_k, b_k, k \in \mathbb{N}$, d.h.

$$f(x) \sim F(x) = \frac{a_0}{2} + \sum_{k=1}^{\infty} a_k \cos\left(k\frac{2\pi}{T}x\right) + b_k \sin\left(k\frac{2\pi}{T}x\right).$$

Dann gilt $F(x) = \sum_{k=-\infty}^{\infty} c_k e^{ik\frac{2\pi}{T}x}$ mit

$$c_0 = \frac{a_0}{2}, \quad c_k = \frac{1}{2}(a_k - i\,b_k), \quad c_{-k} = \frac{1}{2}(a_k + i\,b_k) \quad \text{für} \quad k \in \mathbb{N}.$$

Den Nachweis dieser Formeln haben wir als Aufgabe formuliert, er ergibt sich ganz einfach mithilfe der Euler'schen Formel

$$e^{iy} = \cos(y) + i\sin(y).$$

Will man zu einer Funktion f die Fourierkoeffizienten a_k und b_k bestimmen, so ist es oftmals leichter, zuerst die komplexe Darstellung c_k für $k \in \mathbb{Z}$ der Fourierkoeffizienten zu ermitteln und hieraus dann mit den angegebenen Umrechnungsformeln die Koeffizienten a_k und b_k zu erhalten. Das liegt einfach daran, dass die Integrale über $f(x)\,\mathrm{e}^{-\mathrm{i}kx}$ oft leichter zu bestimmen sind als jene über $f(x)\cos(kx)$ und $f(x)\sin(kx)$.

Wir berechnen einmal beispielsweise die reellen Fourierkoeffizienten a_k und b_k, indem wir zuerst die komplexen Koeffizienten c_k und daraus mit den Umrechnungsformeln die a_k und b_k bestimmen:

Beispiel 74.6 Wir betrachten die 2π-periodische Fortsetzung der Funktion $f : [0, 2\pi) \to \mathbb{R}$, $f(x) = \mathrm{e}^x$ (Abb. 74.9).

Um a_k und b_k zu bestimmen, müssten wir die Integrale

$$a_k = \frac{1}{\pi} \int\limits_0^{2\pi} \mathrm{e}^x \cos(kx)\mathrm{d}x \quad \text{und} \quad b_k = \frac{1}{\pi} \int\limits_0^{2\pi} \mathrm{e}^x \sin(kx)\mathrm{d}x$$

berechnen. Wir erleichtern uns die Arbeit und bestimmen

$$c_k = \frac{1}{2\pi} \int_0^{2\pi} \mathrm{e}^x\, \mathrm{e}^{-\mathrm{i}kx}\mathrm{d}x = \frac{1}{2\pi(1-\mathrm{i}k)} \left[\mathrm{e}^{(1-\mathrm{i}k)x} \right]_0^{2\pi} = \frac{\mathrm{e}^{2\pi}-1}{2\pi(1-\mathrm{i}k)}.$$

Mit den Umrechnungsformeln erhalten wir

$$a_0 = 2\,c_0 = \frac{\mathrm{e}^{2\pi}-1}{\pi},$$
$$a_k = c_k + c_{-k} = \frac{\mathrm{e}^{2\pi}-1}{2\pi(1-\mathrm{i}k)} + \frac{\mathrm{e}^{2\pi}-1}{2\pi(1+\mathrm{i}k)} = \frac{\mathrm{e}^{2\pi}-1}{\pi(1+k^2)},$$
$$b_k = \mathrm{i}(c_k - c_{-k}) = \mathrm{i}\left(\frac{\mathrm{e}^{2\pi}-1}{2\pi(1-\mathrm{i}k)} - \frac{\mathrm{e}^{2\pi}-1}{2\pi(1+\mathrm{i}k)} \right) = \frac{k(1-\mathrm{e}^{2\pi})}{\pi(1+k^2)}.$$

Und somit erhalten wir

$$f(x) \sim \frac{\mathrm{e}^{2\pi}-1}{2\pi} \sum_{k=-\infty}^{\infty} \frac{\mathrm{e}^{\mathrm{i}kx}}{1-\mathrm{i}k}$$

$$= \frac{\mathrm{e}^{2\pi}-1}{2\pi} + \sum_{k=1}^{\infty} \frac{\mathrm{e}^{2\pi}-1}{\pi(1+k^2)} \cos(kx) + \frac{k(1-\mathrm{e}^{2\pi})}{\pi(1+k^2)} \sin(kx).$$

∎

Zur Unterscheidung der beiden Versionen, also der reellen und der komplexen Version, spricht man bei den Koeffizienten a_k und b_k der reellen Version auch von den Fourier-koeffizienten der **cos-sin-Darstellung** der Fourierreihe und bei den Koeffizienten c_k der

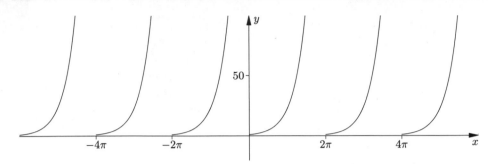

Abb. 74.9 Die 2π-periodische Fortsetzung von f ist eine zulässige Funktion

komplexen Version auch von den Fourierkoeffizienten der **exp-Darstellung** der Fourierreihe.

74.6   Aufgaben

74.1 Bestimmen Sie die cos-sin-Darstellungen der Fourierreihen der folgenden 2π-periodischen Funktionen:

(a) $f(x) = \left(\frac{x}{\pi}\right)^3 - \frac{x}{\pi}$ für $x \in [-\pi, \pi)$,   (c) $f(x) = |\sin x|$ für $x \in [-\pi, \pi)$,

(b) $f(x) = (x - \pi)^2$ für $x \in [0, 2\pi)$,   (d) $f(x) = \begin{cases} 0, & -\pi < x \leq 0 \\ \sin x, & 0 \leq x \leq \pi \end{cases}$.

74.2 Gegeben ist die 2π-periodische Funktion f mit

$$f(x) = \pi - |x| \quad \text{für} \quad -\pi \leq x \leq \pi.$$

(a) Man berechne die Koeffizienten der zugehörigen cos-sin-Darstellung $F(x)$.
(b) Man bestimme mit Hilfe von Teilaufgabe (a) den Wert der unendlichen Reihe

$$\frac{1}{1^2} + \frac{1}{3^2} + \frac{1}{5^2} + \frac{1}{7^2} + \dots.$$

74.3 Begründen Sie die Rechenregeln in der Box in Abschn. 74.3.

74.4 Bestimmen Sie die Fourierkoeffizienten a_k, b_k und c_k der 2π-periodischen Funktion f mit

$$f(x) = \begin{cases} 0, & x \in [-\pi, -\frac{\pi}{2}) \\ \cos(x), & x \in [-\frac{\pi}{2}, \frac{\pi}{2}) \\ 0, & x \in [\frac{\pi}{2}, \pi) \end{cases}.$$

74.5 Angenommen, wir haben die 2π-periodische Fortsetzung einer stetig differenzierbaren Funktion $f : [-\pi, \pi) \to \mathbb{C}$ in ihre Fourierreihe entwickelt und dabei die Fourierkoeffizienten $c_k \in \mathbb{C}$ erhalten.

(a) Bestimmen Sie die Fourierkoeffizienten der Ableitung $f'(x)$, also die Koeffizienten $\tilde{c}_k \in \mathbb{C}$ in der Entwicklung

$$f'(x) = \sum_{k=-\infty}^{+\infty} \tilde{c}_k e^{ikx}.$$

(b) Bestimmen Sie formal die Ableitung der Fourierreihe von $f(x)$ nach x, also

$$\frac{\mathrm{d}}{\mathrm{d}x} \sum_{k=-\infty}^{+\infty} c_k e^{ikx}.$$

(c) Was fällt Ihnen auf?

Fourierreihen – Hintergründe, Sätze und Anwendung

75

Inhaltsverzeichnis

Wir betrachten wieder Funktionen $f : \mathbb{R} \to \mathbb{C}$ mit den Eigenschaften (i) bis (iii) (siehe Abschn. 74.2) und schreiben hierfür wie bereits gewohnt kurz $f \in C(T)$. Jede Funktion $f \in C(T)$ lässt sich in eine Fourierreihe entwickeln, d. h.

$$f(x) \sim \frac{a_0}{2} + \sum_{k=1}^{\infty} a_k \cos(kx) + b_k \sin(kx) = \sum_{k=-\infty}^{\infty} c_k \, \mathrm{e}^{\mathrm{i}\,kx}$$

mit den Fourierkoeffizienten a_0, a_k, b_k für $k \in \mathbb{N}$ bzw. c_k für $k \in \mathbb{Z}$.

In diesem Kapitel zeigen wir, worauf diese Entwicklung gründet. Außerdem geben wir zahlreiche nützliche Regeln und Sätze an, die weiterhelfen, die Fourierreihen zu f *ähnlichen* Funktionen zu ermitteln, wenn man schon die Fourierreihe von f kennt. Außerdem besprechen wir eine typische Anwendung von Fourierreihen zur Bestimmung partikulärer Lösungen von Differentialgleichungen.

75.1 Das Orthonormalsystem $1/\sqrt{2}$, $\cos(kx)$, $\sin(kx)$

Um in der folgenden Darstellung nicht die Übersicht zu verlieren, beschränken wir uns auf 2π-periodische, reelle Funktionen, die wir stets auf dem Periodenintervall $[-\pi, \pi)$ vorgeben.

Wir betrachten nun im Vektorraum $\mathbb{R}^{\mathbb{R}}$ den Untervektorraum $V = \langle C(2\pi) \rangle$, der von allen 2π-periodischen Funktionen aus $C(2\pi)$ erzeugt wird, und begründen:

Das Orthonormalsystem B von $V = \langle C(2\pi) \rangle$

Die Menge $B = \big(1/\sqrt{2},\, \cos(x),\, \cos(2x), \ldots, \sin(x),\, \sin(2x),\, \ldots\big)$ ist ein Orthonormalsystem von V bezüglich des Skalarprodukts

$$\langle f, g \rangle = \frac{1}{\pi} \int_{-\pi}^{\pi} f(x)\, g(x)\, \mathrm{d}x,$$

d. h., es gilt für alle $f, g \in B$:

$$\langle f, g \rangle = \begin{cases} 1, & \text{falls } f = g \\ 0, & \text{sonst} \end{cases}.$$

Dass das angegebene Produkt ein Skalarprodukt ist, haben wir im Wesentlichen bereits im Abschn. 16.1 gezeigt. Es bleibt zu begründen, dass je zwei verschiedene Elemente von B orthogonal sind und jedes Element von B die Länge 1 hat (beachte Abschn. 16.3), wir fassen diese Nachweise übersichtlich zusammen:

$$\langle 1/\sqrt{2},\, 1/\sqrt{2} \rangle = \frac{1}{\pi} \int_{-\pi}^{\pi} \frac{1}{2}\, \mathrm{d}x = 1,$$

$$\langle 1/\sqrt{2},\, \cos(kx) \rangle = \frac{1}{\sqrt{2}\pi} \int_{-\pi}^{\pi} \cos(kx)\, \mathrm{d}x = 0,$$

$$\langle 1/\sqrt{2},\, \sin(kx) \rangle = \frac{1}{\sqrt{2}\pi} \int_{-\pi}^{\pi} \sin(kx)\, \mathrm{d}x = 0,$$

$$\langle \cos(kx),\, \cos(\ell x) \rangle = \begin{cases} \dfrac{1}{2\pi} \left(\dfrac{\sin((k-\ell)x)}{k-\ell} + \dfrac{\sin((k+\ell)x)}{k+\ell} \Big|_{-\pi}^{\pi} \right) = 0 & k \neq \ell \\[2ex] \dfrac{1}{\pi} \left(\dfrac{1}{2}x + \dfrac{1}{4k} \sin(2kx) \Big|_{-\pi}^{\pi} \right) = 1 & k = \ell, \end{cases}$$

$$\langle \sin(kx),\, \sin(\ell x) \rangle = \begin{cases} \dfrac{1}{2\pi} \left(\dfrac{\sin((k-\ell)x)}{k-\ell} - \dfrac{\sin((k+\ell)x)}{k+\ell} \Big|_{-\pi}^{\pi} \right) = 0 & k \neq \ell \\[2ex] \dfrac{1}{\pi} \left(\dfrac{1}{2}x - \dfrac{1}{4k} \sin(2kx) \Big|_{-\pi}^{\pi} \right) = 1 & k = \ell, \end{cases}$$

$$\langle \cos(kx), \sin(\ell x)\rangle = \begin{cases} -\frac{1}{2\pi}\left(\frac{\cos((\ell-k)x)}{\ell-k} + \frac{\cos((\ell+k)x)}{k+\ell}\Big|_{-\pi}^{\pi}\right) = 0 & k \neq \ell \\ -\frac{1}{4k\pi}\left(\cos(2kx)\Big|_{-\pi}^{\pi}\right) = 0 & k = \ell. \end{cases}$$

Ist nun $f \in V$ irgendeine 2π-periodische Funktion, so können wir, auch wenn die entsprechenden Voraussetzungen nicht erfüllt sind, wie im zweiten Rezept in Abschn. 16.4 vorgehen, um zu versuchen, die Koeffizienten einer Linearkombination bezüglich des Orthonormalsystems B zu bestimmen. Wenn wir das tun, so erhalten wir die Koeffizienten a, a_k, b_k, $k = 1, 2, \ldots$,

$$a = \langle f, 1/\sqrt{2}\rangle, \quad a_k = \langle f, \cos(kx)\rangle \text{ und } b_k = \langle f, \sin(kx)\rangle.$$

Das sind nun erst fast die Fourierkoeffizienten a_0, a_k, b_k; wir erhalten diese durch eine Vereinheitlichung der Formeln für a und a_k, es gilt:

$$a_k = \langle f, \cos(kx)\rangle, \ k \in \mathbb{N}_0, \text{ wobei } a = a_0/\sqrt{2}.$$

Die Fourierreihenentwicklung ist also eine Art unendlicher Linearkombination einer Funktion $f \in V$, wobei man die Koeffizienten der Entwicklung durch Projektion auf die Vektoren $\cos(kx)$ bzw. $\sin(kx)$ des Orthonormalsystems B erhält.

Bemerkung Wir haben uns bei allen Betrachtungen in diesem Abschnitt der Einfachheit halber auf die cos-sin-Darstellung 2π-periodischer Funktionen beschränkt. Aber die Verallgemeinerung auf T-periodische Funktionen wie auch auf die exp-Darstellung ist einfach: Bei der cos-sin-Darstellung betrachtet man das Orthonormalsystem B mit den Funktionen $\cos\left(k\frac{2\pi}{T}x\right)$ und $\sin\left(k\frac{2\pi}{T}x\right)$ und bei der exp-Darstellung das Orthonormalsystem $B = \{e^{ik\frac{2\pi}{T}x} \mid k \in \mathbb{Z}\}$ – dass diese Menge B ein Orthonormalsystem ist, besagt die folgende Orthogonalitätsrelation:

$$\frac{1}{T}\int_{-T/2}^{T/2} e^{ik\frac{2\pi}{T}x} \cdot e^{-il\frac{2\pi}{T}x}\,\mathrm{d}x = \begin{cases} 0, & k \neq l \\ 1, & k = l \end{cases}.$$

75.2 Sätze und Regeln

In Kap. 74 haben wir ausführlich beschrieben, wie man die Fourierreihe F zu einer Funktion $f \in C(T)$ bestimmt. Wir haben auch erwähnt, dass der Reihenwert $F(x)$ an jeder Stetigkeitsstelle x von f genau der Funktionswert von f an dieser Stelle ist, d. h. $f(x) = F(x)$. Die Fourierreihe ist also eine *Darstellung* der Funktion f auf den Stetigkeitsintervallen von f. Insofern ist es kein bisschen verwunderlich, dass wir mithilfe der Fourierreihe F der Funktion f auch eine Fourierreihe einer Stammfunktion oder Ableitungsfunktion von f

gewinnen können, sofern diese wieder periodisch bzw. differenzierbar ist. Auch von vielen anderen, eng mit f zusammenhängenden Funktionen finden wir einfach die Fourierreihe mithilfe der Fourierreihe F von f. Wir stellen im Folgenden die wichtigsten dieser Regeln zusammen:

Sätze und Regeln zu Fourierkoeffizienten bzw. Fourierreihen

Gegeben sind zwei T-periodische Funktionen $f, g \in C(T)$ mit den Fourierreihen $F \sim f$ und $G \sim g$, ausführlich

$$F(x) = \frac{a_0}{2} + \sum_{k=1}^{\infty} a_k \cos\left(k\frac{2\pi}{T}x\right) + b_k \sin\left(k\frac{2\pi}{T}x\right) = \sum_{k=-\infty}^{\infty} c_k e^{ik\frac{2\pi}{T}x} \text{ und}$$

$$G(x) = \frac{\tilde{a}_0}{2} + \sum_{k=1}^{\infty} \tilde{a}_k \cos\left(k\frac{2\pi}{T}x\right) + \tilde{b}_k \sin\left(k\frac{2\pi}{T}x\right) = \sum_{k=-\infty}^{\infty} \tilde{c}_k e^{ik\frac{2\pi}{T}x}.$$

Es gelten die folgenden Sätze bzw. Regeln:

- **Das Lemma von Riemann:** Für die Fourierkoeffizienten a_k, b_k bzw. c_k gilt:

$$a_k, \, b_k, \, c_k, \, c_{-k} \xrightarrow{k \to \infty} 0.$$

- **Linearität:** Für alle λ, $\mu \in \mathbb{C}$ gilt: Die Fourierreihe H von $\lambda f + \mu g$ erhält man wie folgt

$$H(x) = \lambda F(x) + \mu G(x)$$

$$= \frac{\lambda a_0 + \mu \tilde{a}_0}{2} + \sum_{k=1}^{\infty} (\lambda a_k + \mu \tilde{a}_k) \cos\left(k\frac{2\pi}{T}x\right)$$

$$+ (\lambda b_k + \mu \tilde{b}_k) \sin\left(k\frac{2\pi}{T}x\right)$$

$$= \sum_{k=-\infty}^{\infty} (\lambda c_k + \mu \tilde{c}_k) e^{ik\frac{2\pi}{T}x}.$$

- **Fourierreihe der Ableitung:** Ist $f \in C(T)$ stetig auf $\mathbb{R}$ und stückweise stetig differenzierbar auf $[-T/2, T/2)$, so erhalten wir durch gliedweises Ableiten von $F(x)$ die Fourierreihe von $f'(x)$, d.h. $f'(x) \sim F'(x)$, wobei

$$F'(x) = \sum_{k=1}^{\infty} -k\frac{2\pi}{T}a_k \sin\left(k\frac{2\pi}{T}x\right) + k\frac{2\pi}{T}b_k \cos\left(k\frac{2\pi}{T}x\right)$$

$$= \sum_{k=-\infty}^{\infty} ik\frac{2\pi}{T}c_k \, e^{ik\frac{2\pi}{T}x}.$$

- **Fourierreihe der Stammfunktion:** Ist $a_0 = 0 = c_0$, so ist auch jede Stammfunktion $\tilde{F}$ von f in $C(T)$, und wir erhalten durch gliedweise Integration von $F(x)$ die Fourierreihe der Stammfunktion $\tilde{F}$ von $f(x)$:

$$\tilde{F} \sim \frac{A_0}{2} + \sum_{k=1}^{\infty} \frac{T}{k2\pi} a_k \sin\left(k\frac{2\pi}{T}x\right) - \frac{T}{k2\pi} b_k \cos\left(k\frac{2\pi}{T}x\right)$$

$$= C_0 + \sum_{\substack{k=-\infty \\ k\neq 0}}^{\infty} \frac{T}{\mathrm{i}\,k2\pi} c_k \, \mathrm{e}^{\mathrm{i}\,k\frac{2\pi}{T}x},$$

wobei A_0 bzw. C_0 der nullte Fourierkoeffizient von $\tilde{F}$ ist.

- **Streckung:** Ist f eine T-periodische Funktion, so ist $h : x \mapsto f(c\,x)$ mit $c \in \mathbb{R}_{>0}$ eine T/c-periodische Funktion; die Funktion h hat die Fourierreihe

$$h(x) = f(cx) \sim \sum_{k=-\infty}^{\infty} c_k \, \mathrm{e}^{\mathrm{i}\,kc\frac{2\pi}{T}x}.$$

- **Zeitumkehr:** Die Fourierreihe der Funktion $h : x \mapsto f(-x)$ erhält man aus der von $f(x)$ durch Ersetzen von c_k durch c_{-k}, d.h.

$$h(x) = f(-x) \sim \sum_{k=-\infty}^{\infty} c_{-k} \, \mathrm{e}^{\mathrm{i}\,k\frac{2\pi}{T}x}.$$

- **Zeitverschiebung:** Die Fourierreihe von $h : x \mapsto f(x+a)$ mit $a \in \mathbb{R}$ erhält man aus der von $f(x)$ durch gliedweise Multiplikation mit $\mathrm{e}^{\mathrm{i}\,k\frac{2\pi}{T}a}$, d.h.

$$h(x) = f(x+a) \sim \sum_{k=-\infty}^{\infty} \mathrm{e}^{\mathrm{i}\,k\frac{2\pi}{T}a} c_k \, \mathrm{e}^{\mathrm{i}\,k\frac{2\pi}{T}x}.$$

- **Frequenzverschiebung:** Die Fourierreihe von $h : x \mapsto \mathrm{e}^{\mathrm{i}\,n\frac{2\pi}{T}x} f(x)$ mit $n \in \mathbb{Z}$ erhält man aus der von $f(x)$ durch Verschiebung der Koeffizienten c_k, d.h.

$$h(x) = \mathrm{e}^{\mathrm{i}\,n\frac{2\pi}{T}x} f(x) \sim \sum_{k=-\infty}^{\infty} c_{k-n} \, \mathrm{e}^{\mathrm{i}\,k\frac{2\pi}{T}x}.$$

- **Faltung:** Das **Faltungsprodukt** von f und g, das ist die T-periodische Funktion

$$(f * g)(x) = \frac{1}{T} \int_{-T/2}^{T/2} f(x-t)\, g(t)\mathrm{d}t,$$

hat die Fourierkoeffizienten $c_k \, \bar{c}_k$, d. h.

$$(f * g)(x) \sim \sum_{k=-\infty}^{\infty} c_k \tilde{c}_k e^{i k \frac{2\pi}{T} x}.$$

Beispiel 75.1

- Die 2π-periodische Funktion $f : [-\pi, \pi) \to \mathbb{R}$ mit $f(x) = x$ hat nach Beispiel 74.3 die Fourierreihenentwicklung

$$f(x) \sim 2 \sum_{k=1}^{\infty} \frac{(-1)^{k+1}}{k} \sin kx.$$

Wir betrachten nun die Funktion $g : [0, 2\pi) \to \mathbb{R}$ mit $g(x) = \frac{1}{2}(\pi - x)$. Der Zusammenhang zwischen f und g lautet wie folgt:

$$g(x) = \frac{1}{2} f(\pi - x).$$

Aus $f(x) \sim 2 \sum_{k=1}^{\infty} \frac{(-1)^{k+1}}{k} \sin kx$ folgt mit den Regeln zu *Zeitverschiebung* und *Linearität* wegen $e^{i k \pi} = (-1)^k$:

$$g(x) \sim \frac{1}{2} \cdot 2 \sum_{k=1}^{\infty} \frac{1}{k} \sin kx = \frac{\sin(x)}{1} + \frac{\sin(2x)}{2} + \frac{\sin(3x)}{3} + \cdots .$$

Beachte Abb. 75.1.

- Die periodische Fortsetzung der Funktion $f : [-\pi, \pi) \to \mathbb{R}$ mit $f(x) = \frac{1}{2} x^2$ ist stetig. Ihre Fourierreihe lautet nach Beispiel 74.4

$$F(x) = \frac{\pi^2}{6} + 2 \sum_{k=1}^{\infty} \frac{(-1)^k}{k^2} \cos kx.$$

Wegen $f'(x) = x$, ist daher

$$F'(x) = 2 \sum_{k=1}^{\infty} \frac{(-1)^{k+1}}{k} \sin kx$$

die Fourierreihe zum Sägezahn (vgl. Beispiel 74.3).

■

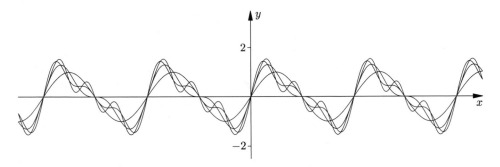

Abb. 75.1 Ein Sägezahn und die Graphen der ersten approximierenden Funktionen

An einer Unstetigkeitsstelle einer reellen Funktion $f \in C(T)$ ist das folgende Phänomen zu beobachten: Die approximierenden Funktionen $F_1(x)$, $F_2(x)$, ... zeigen typische *Über-* und *Unterschwingungen,* deren Auslenkungen sich auch bei Hinzunahme weiterer Summanden nicht verringern, beachte Abb. 75.2.

Das Auftreten dieser Über- bzw. Unterschwinger an Sprungstellen von etwa $18\,\%$ der halben Sprunghöhe bezeichnet man als **Gibbs-Phänomen**.

Abb. 75.2 Das
Gibbs-Phänomen

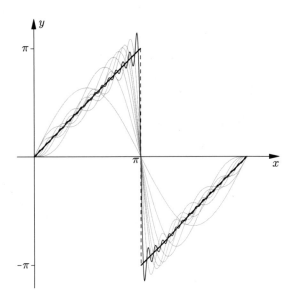

75.3   Anwendung auf lineare Differentialgleichungen

Wir zeigen, wie man mithilfe von Fourierreihen eine T-periodische Lösung einer linearen Differentialgleichung mit einer T-periodischen Störfunktion bestimmen kann. Dabei beschränken wir uns auf eine DGL 2. Ordnung, für höhere Ordnungen geht man analog vor.

Wir bezeichnen (wie auch in früheren Kapiteln zu DGLen) die gesuchte Lösungsfunktion einer DGL in der Variablen t mit x, $x = x(t)$.

Bestimmen einer T-periodischen Lösung einer DGL mit T-periodischer Störfunktion

Zur Bestimmung einer T-periodischen Lösung $x = x(t)$ der linearen DGL

$$a\,\ddot{x}(t) + b\,\dot{x}(t) + c\,x(t) = s(t)$$

mit einer stetigen und T-periodischen Störfunktion $s = s(t)$ und reellen Zahlen a, b und c gehe man wie folgt vor:

(1) Entwickle s in eine Fourierreihe $s(t) = \sum_{k=-\infty}^{\infty} d_k\, \mathrm{e}^{\mathrm{i}k\omega t}$ mit $\omega = 2\pi/T$.

(2) Gehe mit dem Ansatz $x(t) = \sum_{k=-\infty}^{\infty} c_k\, \mathrm{e}^{\mathrm{i}k\omega t}$ in die DGL ein und erhalte wegen

$$\dot{x}(t) = \sum_{k=-\infty}^{\infty} \mathrm{i}\,k\,\omega\,c_k\, \mathrm{e}^{\mathrm{i}k\omega t} \quad \text{und} \quad \ddot{x}(t) = - \sum_{k=-\infty}^{\infty} k^2\,\omega^2\,c_k\, \mathrm{e}^{\mathrm{i}k\omega t}$$

die Gleichung

$$\sum_{k=-\infty}^{\infty} (-a\,k^2\omega^2 c_k + \mathrm{i}\,b\,k\,\omega\,c_k + c\,c_k - d_k)\,\mathrm{e}^{\mathrm{i}k\omega t} = 0.$$

(3) Ein Koeffizientenvergleich liefert

$$-a\,k^2\omega^2 c_k + \mathrm{i}\,b\,k\,\omega\,c_k + c\,c_k = d_k, \ \text{d.h.} \ c_k = \frac{d_k}{-a\,k^2\omega^2 + \mathrm{i}\,b\,k\,\omega + c}.$$

(4) Erhalte die Lösung

$$x(t) = \sum_{k=-\infty}^{\infty} \frac{d_k}{c - a\,k^2\omega^2 + \mathrm{i}\,b\,k\,\omega}\, \mathrm{e}^{\mathrm{i}k\omega t}.$$

Man beachte, dass man zur Angabe von $x = x(t)$ in (4) neben den Koeffizienten a, b und c der DGL und $\omega = 2\pi/T$ nur noch die Fourierkoeffizienten d_k der Fourierreihe der Störfunktion aus (1) kennen muss. Die Schritte (2) und (3) können also übersprungen werden. Aber durch die Angabe der Schritte (2) und (3) kann das Verfahren zur Lösungsfindung auch leicht auf DGLen höherer Ordnung übertragen werden.

Beispiel 75.2 Beim *RC*-**Tiefpass** besteht zwischen der Eingangsspannung $U_e(t)$ und der Ausgangsspannung $U(t)$ die Differentialgleichung

$$RC\,\dot{U}(t) + U(t) = U_e(t).$$

Wir betrachten beispielhaft die Eingangsspannung (das ist die Störfunktion $s = s(t)$)

$$U_e(t) = U_0|\sin(\omega t)|.$$

Nun wenden wir obiges Rezept zur Bestimmung einer T-periodischen Lösung $U = U(t)$ mit $T = 2\pi/\omega$ an.

(1) Durch Fourierentwicklung der Funktion $U_e(t)$ erhalten wir

$$U_e(t) = U_0|\sin(\omega t)| \sim -\frac{2U_0}{\pi} \sum_{k=-\infty}^{\infty} \frac{1}{4k^2-1} e^{2ik\omega t}.$$

(4) Mit $a = 0$, $b = RC$, $c = 1$ und $d_k = \frac{-2/\pi}{4k^2-1}U_0$ erhalten wir die *Antwort*

$$U(t) = -\frac{2U_0}{\pi} \sum_{k=-\infty}^{\infty} \frac{1}{(4k^2-1)(1+2iRC\,k\,\omega)} e^{2ik\omega t}.$$

∎

Bemerkung Durch obiges Rezept bestimmen wir eine T-periodische Lösungsfunktion $x = x(t)$ der betrachteten DGL. Wir lösen damit also implizit das folgende **Randwertproblem** (RWP)
$$a\,\ddot{x}(t) + b\,\dot{x}(t) + c\,x(t) = s(t), \quad x(0) = x(T), \quad \dot{x}(0) = \dot{x}(T)$$

mit einer stetigen und T-periodischen Störfunktion $s = s(t)$ und reellen Zahlen a, b und c.

75.4 Aufgaben

75.1 Durch $f(x) = \sum_{k\in\mathbb{Z}\setminus\{0\}} \frac{e^{ikx}}{k^5}$ wird eine 2π-periodische C^2-Funktion $\mathbb{R} \to \mathbb{C}$ definiert. Man bestimme für die beiden Funktionen

(a) $g(x) = f(2x - 3)$,   (b) $h(x) = g''(x) + f(4x)$.

jeweils die Periode T, die Kreisfrequenz $\omega = \frac{2\pi}{T}$ und die Fourierkoeffizienten c_k.

75.2 Bestätigen Sie für das Faltungsprodukt $*$ die Formeln

(a) $\left(\sum\limits_{k=1}^{\infty} b_k \sin kx \right) * \left(\sum\limits_{k=1}^{\infty} \beta_k \sin kx \right) = -\frac{1}{2} \sum\limits_{k=1}^{\infty} b_k \, \beta_k \cos kx.$

(b) $\left(\frac{a_0}{2} + \sum\limits_{k=1}^{\infty} a_k \cos kx \right) * \left(\frac{\alpha_0}{2} + \sum\limits_{k=1}^{\infty} \alpha_k \cos kx \right) = \frac{a_0 \alpha_0}{4} + \frac{1}{2} \sum\limits_{k=1}^{\infty} a_k \, \alpha_k \cos kx.$

75.3 Gegeben sei ein dreifacher Tiefpass, der durch die Differentialgleichung

$$\left(\alpha \frac{d}{dt} + 1 \right)^3 x(t) = s(t)$$

mit $\alpha = RC > 0$ und 2π-periodischer Eingangsspannung $s(t)$ beschrieben wird. Dabei bezeichne

$$\left(\alpha \frac{d}{dt} + 1 \right)^3 x(t) = \alpha^3 \frac{d^3}{dt^3} x(t) + 3\alpha^2 \frac{d^2}{dt^2} x(t) + 3\alpha \frac{d}{dt} x(t) + x(t).$$

Berechnen Sie die Fourier-Reihe der *Antwort* $x(t)$, wenn $s(t) = t$ für $t \in [0, 2\pi)$ gilt.

75.4 Betrachtet wird die Differentialgleichung

$$\ddot{x}(t) + 2\dot{x}(t) + 2x(t) = s(t)$$

mit 2π-periodischem Eingang $s(t) = \frac{\pi - t}{2}$ für $t \in [0, 2\pi)$. Bestimmen Sie die Fourierreihe der 2π-periodischen Antwort $x(t)$.

75.5 Es sei s mit $s(x) = \frac{\pi - x}{2}$ für $x \in [0, 2\pi)$ eine 2π-periodische Sägezahnfunktion.

(a) Zeigen Sie, dass die Faltung $(s * s)(x)$ wieder eine 2π-periodische Funktion ergibt.
(b) Berechnen Sie die periodische Faltung $(s * s)(x) = \frac{1}{2\pi} \int_0^{2\pi} s(x - t)s(t)\, dt$ für $x \in \mathbb{R}$ direkt.
(c) Bestimmen Sie die Fourierkoeffizienten c_k der Funktion $s * s$ durch direkte Rechnung.

75.6 Die Schrödingergleichung in der Form $i\partial_t u(t, x) = -\partial_{xx} u(t, x)$ beschreibt die Wellenfunktion eines freien Teilchens. Wir nehmen an, das Teilchen bewege sich in einem Ring, d.h., die Funktion $u(t, x)$ ist 2π-periodisch in der zweiten Variablen, also $u(t, x + 2\pi) = u(t, x)$ für alle $t \geq 0$. Im Folgenden werden Sie durch Fourierreihen-Entwicklung eine Darstellung der Lösung $u(t, x) : [0, \infty) \times \mathbb{R} \to \mathbb{C}$ finden.

(a) Schreiben Sie die komplexe Fourierreihe der Funktion $u(t, x)$ auf, wobei die Fourier-koeffizienten $c_k(t)$ von t abhängen.

(b) Setzen Sie die Fourierreihe in die Gleichung ein und vereinfachen Sie so lange, bis Ihre Gleichung die Bauart $\sum\limits_{k\in\mathbb{Z}} \ldots e^{ikx} = \sum\limits_{k\in\mathbb{Z}} \ldots e^{ikx}$ hat.

(c) Durch Koeffizientenvergleich erhalten Sie für jedes $c_k(t)$ eine gDGl. Wie lautet diese?

(d) Wir nehmen an, die Funktion $u(0, x)$ sei bekannt und habe die komplexen Fourierko-effizienten γ_k. Bestimmen Sie $c_k(t)$. Wie lautet die Lösung $u(t, x)$ des ursprünglichen Problems?

(e) Was können Sie über $|c_k(t)|$ sagen?

75.7 Begründen Sie für stetig differenzierbare Funktionen $f : [-\pi, \pi] \to \mathbb{C}$ das *Lemma von Riemann:* *Für die Fourierkoeffizienten c_k von f gilt:* $\lim_{k\to\infty} c_k = 0$.

75.8 Wir betrachten die 2π-periodische Fortsetzung der Funktion

$$f(x) = \begin{cases} 0, & -\pi \leq x < -\frac{\pi}{2}, \\ \sqrt{2\pi}, & -\frac{\pi}{2} \leq x < \frac{\pi}{2}, \\ 0, & \frac{\pi}{2} \leq x < \pi. \end{cases}$$

(a) Berechnen Sie die Funktion $\varphi : \mathbb{R} \to \mathbb{R}, x \mapsto (f * f)(x)$. Kommt Ihnen diese Funktion bekannt vor? Ist φ periodisch?

(b) Geben Sie die komplexen Fourierkoeffizienten c_k von f bzw. γ_k von φ an.

(c) Bestätigen Sie, dass $\gamma_k = c_k^2$ gilt.

Inhaltsverzeichnis

Bei der Fourierreihenentwicklung haben wir eine stückweise stetige und monotone T-periodische Funktion f in eine Fourierreihe entwickelt und damit das periodische Signal f in eine Summe harmonischer Schwingungen mit diskreten Amplituden zerlegt. Die *Fouriertransformation* kann als eine Zerlegung eines nichtperiodischen Signals f in harmonische Schwingungen mit kontinuierlichem Amplitudenspektrum aufgefasst werden.

Die erstaunlichen Anwendungen dieser Transformation behandeln wir im nächsten Kapitel. Im vorliegenden Kapitel erledigen wir die Rechenarbeiten: Wir transformieren Funktionen und betrachten auch die Möglichkeit der Rücktransformation. Aber im Hinblick auf die Anwendungen fassen wir die betrachteten Funktionen f als Funktionen in der Zeit t auf, wir werden von *Zeitfunktionen* sprechen.

76.1   Die Fouriertransformation

Wir erklären zu einer Funktion f die *Fouriertransformierte F*. Dabei erhalten wir jeden Wert $F(\omega)$ von F durch ein uneigentliches Integral über ein unbeschränktes Intervall, dessen Integrand die Funktion f als Bestandteil hat. Daher sind an f Einschränkungen zu treffen, da ja Integrale über unbeschränkte Intervalle bekanntlich nicht für alle Integranden existieren.

Um den Formalismus, der dies ausdrückt, nicht unnötig kompliziert zu machen, sprechen wir von einer **fouriertransformierbaren** Funktion und meinen damit eine Funktion f, für die die betrachteten Integrale existieren.

© Springer-Verlag GmbH Deutschland, ein Teil von Springer Nature 2022   853
C. Karpfinger, *Höhere Mathematik in Rezepten*,
https://doi.org/10.1007/978-3-662-63305-2_76

Wir gehen aus von einer fouriertransformierbaren Funktion $f : \mathbb{R} \to \mathbb{C}$ und berechnen für ein $\omega \in \mathbb{R}$ das Integral

$$\mathrm{CHW} \int_{-\infty}^{\infty} f(t)\,\mathrm{e}^{-\mathrm{i}\,\omega t}\,\mathrm{d}t.$$

Man beachte die Definition des Cauchyhauptwertes in Abschn. 32.1. Der Wert dieses uneigentlichen Integrals hängt von ω ab. Da wir diesen Wert für jedes $\omega \in \mathbb{R}$ bestimmen können, erhalten wir so zu der *Zeitfunktion* $f(t)$ eine *Frequenzfunktion* F in ω:

Die Fouriertransformation

Ist $f : \mathbb{R} \to \mathbb{C}$ eine fouriertransformierbare Funktion, so nennt man die Funktion $F : \mathbb{R} \to \mathbb{C}$, gegeben durch

$$F(\omega) = \mathrm{CHW} \int_{-\infty}^{\infty} f(t)\,\mathrm{e}^{-\mathrm{i}\,\omega t}\,\mathrm{d}t,$$

die **Fouriertransformierte** von f. Die Schreibweisen

$$f(t) \;\circ\!\!-\!\!\bullet\; F(\omega) \quad \text{bzw.} \quad \mathcal{F}(f(t)) = F(\omega)$$

sind üblich. Man nennt $F(\omega)$ auch die **Frequenzfunktion** oder **Spektralfunktion** zur **Zeitfunktion** $f(t)$.

Die Zuordnung $f \to F$, die einer fouriertransformierbaren Funktion f die Fouriertransformierte F zuweist, nennt man **Fouriertransformation.**

Es ist üblich, und auch wir werden das ab jetzt tun, die Bezeichnung CHW für den Cauchyhauptwert wegzulassen. Innerhalb der Fouriertransformation ist jedes uneigentliche Integral über ganz $\mathbb{R}$ als ein Cauchyhauptwert zu verstehen.

Beispiel 76.1

• Wir bestimmen die Fouriertransformierte F der Rechteckfunktion

$$f : \mathbb{R} \to \mathbb{C}, \; f(t) = \begin{cases} 1/2, & |t| \leq 1 \\ 0, & |t| > 1 \end{cases}.$$

Es gilt

$$F(\omega) = \int_{-\infty}^{\infty} f(t)\,\mathrm{e}^{-\mathrm{i}\,\omega t}\,\mathrm{d}t = \frac{1}{2} \int_{-1}^{1} \mathrm{e}^{-\mathrm{i}\,\omega t}\,\mathrm{d}t.$$

Hier müssen wir eine Fallunterscheidung treffen. Im Fall $\omega = 0$ erhalten wir

$$F(0) = \frac{1}{2} \int\limits_{-1}^{1} 1 \, dt = 1,$$

und im Fall $\omega \neq 0$ erhalten wir

$$F(\omega) = \frac{1}{2} \int\limits_{-1}^{1} e^{-i\omega t} \, dt = \frac{1}{2} \left[\frac{-1}{i\omega} e^{-i\omega t} \right]_{-1}^{1} = \frac{\sin(\omega)}{\omega}.$$

Erklären wir die sogenannte **Spaltfunktion** sinc: $\mathbb{R} \to \mathbb{C}$ durch

$$\mathrm{sinc}(\omega) = \begin{cases} 1, & \omega = 0 \\ \frac{\sin(\omega)}{\omega}, & \omega \neq 0 \end{cases},$$

so ist gezeigt, dass sinc die Fouriertransformierte der Rechteckfunktion f ist, es gilt also

$$f(t) \;\; \circ\!\!-\!\!\bullet \;\; \mathrm{sinc}(\omega).$$

Abb. 76.1 zeigt die Graphen der betrachteten Funktionen.
- Wir betrachten für ein $a \in \mathbb{R}_{>0}$ die Funktion

$$f : \mathbb{R} \to \mathbb{C}, \; f(t) = \begin{cases} e^{-at}, & \text{für } t \geq 0 \\ 0, & \text{für } t < 0 \end{cases}$$

und bestimmen deren Fouriertransformierte $F(\omega)$, es gilt

$$F(\omega) = \int\limits_{-\infty}^{\infty} f(t) \, e^{-i\omega t} \, dt = \int\limits_{0}^{\infty} e^{-(a+i\omega)t} \, dt = \lim_{b \to \infty} \int\limits_{0}^{b} e^{-(a+i\omega)t} \, dt$$

$$= \lim_{b \to \infty} \frac{-1}{a+i\omega} \left[e^{-(a+i\omega)t} \right]_{0}^{b} = \frac{1}{a+i\omega}.$$

Damit ist $F(\omega) = \frac{1}{a+i\omega}$ die Fouriertransformierte von $f(t)$.
- Nun betrachten wir die Abbildung $g : \mathbb{R} \to \mathbb{C}$ mit $g(t) = e^{-a|t|}$, wobei $a > 0$. Als Fouriertransformierte erhalten wir:

$$G(\omega) = \int\limits_{-\infty}^{0} e^{at} e^{-i\omega t}\,dt + \int\limits_{0}^{\infty} e^{-at} e^{-i\omega t}\,dt$$

$$= \frac{1}{a-i\omega} e^{(a-i\omega)t}\bigg|_{-\infty}^{0} + \frac{1}{-a-i\omega} e^{(-a-i\omega)t}\bigg|_{0}^{\infty}$$

$$= \frac{1}{a-i\omega} + \frac{1}{a+i\omega} = \frac{2\,a}{a^2+\omega^2}.$$

Damit ist $G(\omega) = \frac{2\,a}{a^2+\omega^2}$ die Fouriertransformierte von $g(t)$.

Die Abb. 76.2 zeigt die Funktion f und ihre Fouriertransformierte G: ∎

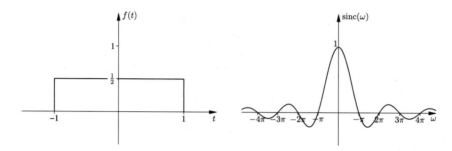

Abb. 76.1 Die Rechteckfunktion f und ihre Fouriertransformierte sinc

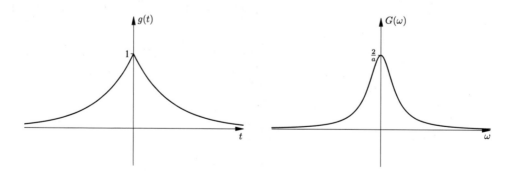

Abb. 76.2 Die Funktion f und ihre Fouriertransformierte G

MATLAB Unter Verwendung der SYMBOLIC MATH TOOLBOX ist es mit MATLAB vielfach möglich, die Fouriertransformierten $F(\omega)$ aus $f(t)$ zu bestimmen. Wir zeigen dies exemplarisch am letzten Beispiel:

```
>> syms t w;
>> f=exp(-abs(t));
>> fourier(f,t,w)
ans = 2/(w^2 + 1)
```

Nun sind in der Praxis Funktionen wichtig, die an sich gar nicht fouriertransformierbar sind; und trotzdem will man deren Fouriertransformierte bestimmen. Das ist bereits bei der so einfachen und wichtigen *Heavisidefunktion* (siehe Beispiel 76.2) der Fall. Eine Fouriertransformierte lässt sich mithilfe der *Dirac'schen Deltafunktion* angeben. Diese *Dirac'sche Deltafunktion* ist an sich gar keine *Funktion*, es handelt sich um eine sogenannte *Distribution*.

Beispiel 76.2

- **Dirac'sche Deltafunktion.** Wir betrachten für ein $t_0 \in \mathbb{R}$ und $\varepsilon \in \mathbb{R}_{>0}$ die *Impulsfunktion* $\delta_\varepsilon : \mathbb{R} \to \mathbb{R}$, gegeben durch

$$\delta_\varepsilon(t - t_0) = \begin{cases} 0, & t < t_0 \\ 1/\varepsilon, & t_0 \leq t \leq t_0 + \varepsilon \, . \\ 0, & t > t_0 + \varepsilon \end{cases}$$

Diese Impulsfunktion δ_ε ist im folgenden Sinne normiert, es gilt (Abb. 76.3)

$$\int_{-\infty}^{\infty} \delta_\varepsilon(t - t_0) \mathrm{d}t = 1.$$

Das gilt für jedes reelle $\varepsilon > 0$. Lassen wir ε gegen 0 gehen, $\delta_\varepsilon \xrightarrow{\varepsilon \to 0} \delta$, so hat die *Funktion* δ einen *Peak* an der Stelle $t = t_0$, für $t \neq t_0$ ist sie gleich 0, wir schreiben das salopp als

$$\delta(t - t_0) = \begin{cases} 0, & t \neq t_0 \\ \infty, & t = t_0 \end{cases} \, .$$

Dieses δ ist keine Funktion im klassischen Sinne, man spricht von einer *Distribution* und nennt δ die **Dirac'sche Deltafunktion.** Sie hat die folgende schöne Eigenschaft: Ist g irgendeine stetige Funktion, so gilt

$$\int_{-\infty}^{\infty} g(t) \delta(t - t_0) \, \mathrm{d}t = g(t_0).$$

Das kann man wie folgt *begründen*:

$$\int_{-\infty}^{\infty} g(t)\,\delta(t-t_0)\,dt = \lim_{\varepsilon\to 0}\int_{-\infty}^{\infty} g(t)\,\delta_\varepsilon(t-t_0)\,dt = \lim_{\varepsilon\to 0}\int_{t_0}^{t_0+\varepsilon} g(t)\,\frac{1}{\varepsilon}\,dt$$

$$= \lim_{\varepsilon\to 0}\left(g(\tau)\,\frac{1}{\varepsilon}\right)\varepsilon = g(t_0),$$

wobei wir den Mittelwertsatz der Integralrechnung verwendet haben (siehe Abb. 76.4). Mit Hilfe dieser Eigenschaft ist es nicht schwer, die Fouriertransformierte $\Delta_{t_0}(\omega)$ der Dirac'schen Deltafunktion $\delta(t-t_0)$ zu bestimmen.
Es gilt

$$\Delta_{t_0}(\omega) = \int_{-\infty}^{\infty}\delta(t-t_0)\,e^{-i\omega t}\,dt = e^{-i\omega t_0}.$$

Für $t_0 = 0$ lautet die Four iertransformierte $\Delta_0(\omega)$ von $\delta(t)$ damit $\Delta_0(\omega) = 1$,

$$\delta(t-t_0) \;\circ\!\!-\!\!\bullet\; e^{-i\omega t_0}, \quad \text{insbesondere}\quad \delta(t) \;\circ\!\!-\!\!\bullet\; 1.$$

- **Heavisidefunktion.** Diese Funktion ist gegeben durch

$$u:\mathbb{R}\to\mathbb{C},\; u(t) = \begin{cases} 1, & \text{für } t > 0 \\ 0, & \text{für } t < 0 \end{cases}.$$

Den Graph dieser Funktion sieht man in Abb. 76.5.
Für die Transformierte erhält man im Fall $\omega \neq 0$:

$$F(\omega) = \int_{-\infty}^{\infty} u(t)e^{-i\omega t}\,dt = \int_0^{\infty} e^{-i\omega t}\,dt = \lim_{b\to\infty}\int_0^b e^{-i\omega t}\,dt = \lim_{b\to\infty}\frac{-1}{i\omega}\left[e^{-i\omega t}\right]_0^b.$$

Hier müssen wir die Berechnung abbrechen, da dieser Grenzwert nicht existiert. Fassen wir aber die Heavisidefunktion als Grenzfunktion von

$$f_a:\mathbb{R}\to\mathbb{C},\; f_a(t) = \begin{cases} e^{-at}, & \text{für } t > 0 \\ 0, & \text{für } t < 0 \end{cases}$$

mit $a > 0$ auf, es gilt $u(t) = \lim_{a\to 0} f_a(t)$, so kann man nach Beispiel 76.1 für $\omega \neq 0$ die Funktion F mit $F(\omega) = \frac{1}{i\omega}$ als Fouriertransformierte von $u(t)$ auffassen. Offen ist das Problem, was $F(0)$ ist. Mithilfe der Rücktransformation kann man begründen, dass die Fouriertransformierte von $u(t)$ für alle ω durch

$$F(\omega) = \frac{1}{i\omega} + \pi\,\delta(\omega)$$

gegeben ist; d. h.

$$u : \mathbb{R} \to \mathbb{C}, \; u(t) = \begin{cases} 1, & \text{für } t > 0 \\ 0, & \text{für } t < 0 \end{cases} \quad \circ\!\!-\!\!\bullet \quad \frac{1}{\mathrm{i}\,\omega} + \pi\,\delta(\omega).$$

Die Dirac'sche Deltafunktion und die Heavisidefunktion sind an sich keine Funktionen, sondern sogenannte **Distributionen**, diese Funktionen und ihre Fouriertransformierten spielen im Folgenden eine fundamentale Rolle. Man beachte, dass diese Distributionen eigentlich gar nicht fouriertransformierbar sind, wenngleich wir Fouriertransformierte angegeben haben. ∎

Zu jeder fouriertransformierbaren Zeitfunktion $f = f(t)$ lässt sich per Fouriertransformation die Fouriertransformierte $F = F(\omega)$ zuordnen. Man spricht bei den fouriertransformierbaren Zeitfunktionen $f(t)$ auch von den **Originalfunktionen** und nennt die Menge aller fouriertransformierbaren Zeitfunktionen auch den **Originalbereich.** Die Fouriertransformierten $F(\omega)$ bezeichnet man auch als **Bildfunktionen** und nennt die Menge aller Fouriertransformierten von Originalfunktionen auch **Bildbereich.**

Abb. 76.3 Die Funktion δ_ε

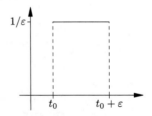

Abb. 76.4 Der Mittelwertsatz für δ_ε

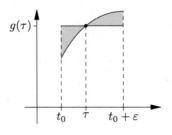

Abb. 76.5 Die Heavisidefunktion u

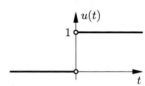

Wir erhalten die Bildfunktionen aus den Zeitfunktionen durch die Fouriertransformation; nun ist es nur naheliegend, diese Transformation umzukehren: Wir versuchen, aus den Bildfunktionen die Zeitfunktionen zurückzugewinnen. Dazu betrachten wir die *inverse Fouriertransformation*.

76.2 Die inverse Fouriertransformation

Wir können zu jeder fouriertransformierbaren Funktion $f = f(t)$ die Fouriertransformierte $F = F(\omega)$ bestimmen. Nun ermitteln wir zu einer Fouriertransformierten $F = F(\omega)$ durch *Umkehrung* der Fouriertransformation eine Zeitfunktion $\tilde{f} = \tilde{f}(t)$. Der Wunsch ist natürlich, dass $\tilde{f} = f$ gilt, das muss aber leider nicht so sein, etwas grob kann man sagen: $\tilde{f}$ und f unterscheiden sich nur an den Unstetigkeitsstellen; die Werte von $\tilde{f}$ liegen in den Sprungstellen von f in der Mitte der Sprunghöhe; genauer:

Die inverse Fouriertransformation

Ist $F = F(\omega)$ eine Bildfunktion, so ist die wie folgt erklärte Funktion $\tilde{f} : \mathbb{R} \to \mathbb{C}$ mit

$$\tilde{f}(t) = \frac{1}{2\pi} \int\limits_{-\infty}^{\infty} e^{i\omega t} F(\omega) d\omega$$

eine Originalfunktion, falls dieses Integral für jedes $t \in \mathbb{R}$ existiert. Man nennt $\tilde{f}$ die **inverse Fouriertransformierte** von F.

Die Zuordnung $F \to \tilde{f}$, die einer Bildfunktion F die inverse Fouriertransformierte $\tilde{f}$ zuweist, nennt man **inverse Fouriertransformation**.

Ist $f = f(t)$ fouriertransformierbar und stückweise stetig differenzierbar mit der Fouriertransformierten $F = F(\omega)$, so gilt für die inverse Fouriertransformierte $\tilde{f}$ von F:

$$\tilde{f}(t) = \begin{cases} f(t), & \text{falls } f \text{ in } t \text{ stetig} \\ \frac{f(t^+)+f(t^-)}{2}, & \text{falls } f \text{ in } t \text{ unstetig} \end{cases} .$$

In der Praxis ermittelt man die Originalfunktion nicht mit der inversen Fouriertransformation, da bereits einfache Bildfunktionen F zu nur schwer bestimmbaren Integralen führen, beachte die folgenden Beispiele (siehe auch Beispiel 76.1):

Beispiel 76.3

• Wir versuchen die inverse Fouriertransformierte $\tilde{f}$ der Spaltfunktion

$$F : \mathbb{R} \to \mathbb{C}, \; F(\omega) = \mathrm{sinc}(\omega) = \begin{cases} 1, & \omega = 0 \\ \frac{\sin(\omega)}{\omega}, & \omega \neq 0 \end{cases}$$

zu bestimmen. Es gilt

$$\tilde{f}(t) = \frac{1}{2\pi} \int\limits_{-\infty}^{\infty} e^{i\omega t} \, \mathrm{sinc}(\omega) d\omega = \frac{1}{2\pi} \int\limits_{-\infty}^{\infty} e^{i\omega t} \, \frac{\sin(\omega)}{\omega} d\omega = \frac{1}{\pi} \int\limits_{0}^{\infty} \cos(\omega t) \, \frac{\sin(\omega)}{\omega} d\omega.$$

• Wir versuchen die inverse Fouriertransformierte f der Funktion

$$F : \mathbb{R} \to \mathbb{C}, \; F(\omega) = \frac{1}{a + i\,\omega}$$

zu bestimmen. Es gilt

$$\tilde{f}(t) = \frac{1}{2\pi} \int\limits_{-\infty}^{\infty} e^{i\omega t} \, \frac{1}{a + i\,\omega} d\omega.$$

Mit Methoden der Funktionentheorie (siehe Kap. 84) können diese Integrale zwar bestimmt werden, jedoch lohnt sich der Aufwand nicht. In der Praxis benutzt man andere Methoden, um die Rücktransformierten von Bildfunktionen zu bestimmen. Diese Methoden ergeben sich aus den Rechenregeln für die Fouriertransformation, die wir im nächsten Kapitel behandeln.

Nach obigem Satz kennen wir aber die Rücktransformierten $\tilde{f}$ (beachte Beispiel 76.1), die Graphen der Rücktranformierten sehen wir in Abb. 76.6. ∎

Bemerkung Man beachte, dass die inverse Fouriertransformation nicht die Umkehrung der Fouriertransformation ist, falls man alle Originalfunktionen zulässt. Schränkt man die Fouriertransformation aber auf den sogenannten **Schwartzraum**

Abb. 76.6 Die Rücktransformierten von $F(\omega) = \frac{1}{1+i\,\omega}$ und sinc

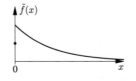

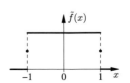

$$S(\mathbb{R}) = \{f \in C^{\infty}(\mathbb{R}) \mid \int_{-\infty}^{\infty} x^p f^{(k)}(x) \mathrm{d}x \text{ existiert für alle } p, k \in \mathbb{N}_0\}$$

ein (die Elemente von $S(\mathbb{R})$ nennt man auch *schnell abfallende Funktionen*), so ist die Fouriertransformation $f \in S(\mathbb{R}) \rightarrow F \in S(\mathbb{R})$ bijektiv; die Umkehrabbildung hierzu ist die inverse Fouriertransformation.

76.3 Aufgaben

76.1 Bestimmen Sie die Fouriertransformierte der Funktion

$$f(t) = \begin{cases} \frac{1}{2}(1 - |t|), & |t| \leq 1 \\ 0, & |t| > 1 \end{cases}$$

und bestätigen Sie mithilfe der Rücktransformation $\int_{-\infty}^{\infty} \left(\frac{\sin x}{x}\right)^2 \mathrm{d}x = \pi$.

76.2 Zeigen Sie die Korrespondenz

$$g(t) = \frac{1}{\sqrt{4\pi a}}\, \mathrm{e}^{-\frac{t^2}{4a}} \quad\circ\!\!-\!\!\bullet\quad G(\omega) = \mathrm{e}^{-a\omega^2} \quad \text{für jedes } a > 0.$$

Benutzen Sie das bekannte Integral $\int_{-\infty}^{\infty} \mathrm{e}^{-u^2} \mathrm{d}u = \sqrt{\pi}$.

Fouriertransformation II

77

Inhaltsverzeichnis

Die Fouriertransformation bietet die Möglichkeit, partikuläre Lösungen linearer Differenti-algleichungen zu bestimmen. Dabei wird eine Differentialgleichung durch Transformation in eine Gleichung überführt. Durch Lösen dieser Gleichung und Rücktransformation der Lösung erhält man eine gewünschte Lösung der ursprünglichen Differentialgleichung.

Das wesentliche Hilfsmittel ist damit also die Rücktransformation, sprich die inverse Fouriertransformation. Dass das (direkte) Berechnen der inversen Fouriertransformierten einer Bildfunktion nicht ganz einfach ist, haben wir im letzten Kapitel bemerkt. Zum Glück ersparen uns die Regeln zur Fouriertransformation oftmals die direkte Berechnung der Rück-transformierten. Wir beginnen dieses Kapitel mit einem Überblick über die Regeln und Sätze zur Fouriertransformation.

77.1 Die Regeln und Sätze zur Fouriertransformation

Ist $f : \mathbb{R} \to \mathbb{C}$ eine fouriertransformierbare Funktion, so ist die Fouriertransformierte $F : \mathbb{R} \to \mathbb{C}$ von f gegeben durch

$$F(\omega) = \int_{-\infty}^{\infty} f(t)\, e^{-i\omega t}\, dt.$$

Diesen Zusammenhang zwischen f und F drücken wir aus durch die Schreibweise:

$$f(t) \;\circ\!\!-\!\!\bullet\; F(\omega) \quad \text{bzw.} \quad \mathcal{F}(f(t)) = F(\omega).$$

© Springer-Verlag GmbH Deutschland, ein Teil von Springer Nature 2022
C. Karpfinger, *Höhere Mathematik in Rezepten*,
https://doi.org/10.1007/978-3-662-63305-2_77

Wir fassen die wichtigsten Rechenregeln und Sätze zur Fouriertransformation übersichtlich zusammen.

Regeln und Sätze zur Fouriertransformation

Es seien $F = F(\omega)$ bzw. $G = G(\omega)$ die Bildfunktion einer fouriertransformierbaren Zeitfunktion $f = f(t)$ bzw. $g = g(t)$, d. h.

$$f(t) \; \circ\!\!-\!\!\bullet \; F(\omega) \quad \text{bzw.} \quad g(t) \; \circ\!\!-\!\!\bullet \; G(\omega).$$

- **Stetigkeit und uneigentliche Konvergenz von** F**:** Existiert das Integral $\int_{-\infty}^{\infty} f(t)\mathrm{d}t$, so ist die Bildfunktion F stetig, und es gilt $F(\omega) \to 0$ für $\omega \to \pm\infty$; die Werte von F werden also zu den *Rändern* hin klein.

- **Linearität:** Für alle λ, $\mu \in \mathbb{C}$ ist $\lambda\, F + \mu\, G$ die Fouriertransformierte von $\lambda f + \mu g$, d. h.

$$\lambda f(t) + \mu g(t) \; \circ\!\!-\!\!\bullet \; \lambda F(\omega) + \mu G(\omega).$$

- **Konjugation:** Die Fouriertransformierte von $\overline{f(t)}$ ist $\overline{F(-\omega)}$, d. h.

$$\overline{f(t)} \; \circ\!\!-\!\!\bullet \; \overline{F(-\omega)}.$$

- **Ähnlichkeit:** Die Fouriertransformierte von $f(c\,t)$ für $c \in \mathbb{R} \setminus \{0\}$ ist $\frac{1}{|c|} F(\frac{\omega}{c})$, d. h.

$$f(c\,t) \; \circ\!\!-\!\!\bullet \; \frac{1}{|c|} F\left(\frac{\omega}{c}\right).$$

- **Verschiebung im Zeitbereich:** Die Fouriertransformierte von $f(t - a)$ für $a \in \mathbb{R}$ ist $\mathrm{e}^{-\mathrm{i}\,\omega a} F(\omega)$, d. h.

$$f(t - a) \; \circ\!\!-\!\!\bullet \; \mathrm{e}^{-\mathrm{i}\,\omega a} F(\omega).$$

- **Verschiebung im Frequenzbereich:** Die Fouriertransformierte von $\mathrm{e}^{\mathrm{i}\,\tilde{\omega}t} f(t)$ für $\tilde{\omega} \in \mathbb{R}$ ist $F(\omega - \tilde{\omega})$, d. h.

$$\mathrm{e}^{\mathrm{i}\,\tilde{\omega}t} f(t) \; \circ\!\!-\!\!\bullet \; F(\omega - \tilde{\omega}).$$

- **Ableitung im Zeitbereich:** Ist f stückweise differenzierbar und f' fouriertransformierbar, so gilt

$$f'(t) \; \circ\!\!-\!\!\bullet \; \mathrm{i}\,\omega\, F(\omega).$$

- **Ableitung im Frequenzbereich:** Ist $t\,f(t)$ fouriertransformierbar, dann gilt

$$t\,f(t) \circ\!\!-\!\!\bullet \ \mathrm{i}\,F'(\omega).$$

- **Faltung:** Für das **Faltungsprodukt** von f und g, das ist die fouriertransformierbare Funktion

$$(f * g)(t) = \int_{-\infty}^{\infty} f(t - \tau)\,g(\tau)\mathrm{d}\tau,$$

  gilt

$$(f * g)(t) \ \circ\!\!-\!\!\bullet \ F(\omega)\,G(\omega).$$

  Es gilt $f * g = g * f$.

- **Umkehrsatz:** Ist f in t stetig, so gilt

$$F(t) \ \circ\!\!-\!\!\bullet \ 2\pi\,f(-\omega).$$

- **Symmetrie:** Die Originalfunktion f ist genau dann gerade bzw. ungerade, wenn die Bildfunktion F gerade bzw. ungerade ist.

Mithilfe dieser Rechenregeln können wir aus bekannten Korrespondenzen $f(t) \circ\!\!-\!\!\bullet F(\omega)$ auf weitere Korrespondenzen schließen. Eine Tabelle von bekannten Korrespondenzen liefert somit für zahlreiche Originalfunktionen die zugehörigen Bildfunktionen oder umgekehrt.

Wie man mithilfe dieser Regeln die Fouriertransformierte $F(\omega)$ bzw. inverse Fouriertransformierte $f(t)$ von Original- bzw. Bildfunktionen gewinnt, zeigen wir in den folgenden Beispielen.

Beispiel 77.1

- Wir bestimmen die Fouriertransformierte $R(\omega)$ für den Impuls

$$r : \mathbb{R} \to \mathbb{C}, \ r(t) = \begin{cases} A, & |t - a| \leq T \\ 0, & |t - a| > T \end{cases}$$

für $a \in \mathbb{R}$ und $A, T > 0$ mithilfe der Rechteckfunktion $f(t)$ aus Beispiel 76.1; es gilt $r(t) = f(t)$ im Fall $a = 0$, $T = 1$, $A = 1/2$ und $f(t) \ \circ\!\!-\!\!\bullet \ \mathrm{sinc}(\omega)$. Im Allgemeinen ergibt sich zwischen $f(t)$ und $r(t)$ der Zusammenhang

$$r(t) = 2\,A\,f\left(\frac{t-a}{T}\right),$$

sodass nach den Regeln *Linearität, Verschiebung im Zeitbereich* und *Ähnlichkeit* für die Fouriertransformierte R von r gilt

$$R(\omega) = 2 A T \, \mathrm{e}^{-\mathrm{i}\,\omega a} \mathrm{sinc}(\omega T).$$

- Nach dem zweiten Beispiel in Beispiel 76.1 gilt die Korrespondenz

$$f(t) = \begin{cases} \mathrm{e}^{-at}, & \text{für } t \geq 0 \\ 0, & \text{für } t < 0 \end{cases} \quad \circ\!\!-\!\!\bullet \quad F(\omega) = \frac{1}{a+\mathrm{i}\,\omega}.$$

Für alle $t \neq 0$ gilt $g(t) = f(t) + f(-t)$ für $g(t) = \mathrm{e}^{-a|t|}$, wobei $a > 0$ (siehe drittes Beispiel in Beispiel 76.1). Damit erhalten wir nach der Regel zur *Ähnlichkeit* erneut:

$$g(t) = \mathrm{e}^{-a|t|} \quad \circ\!\!-\!\!\bullet \quad G(\omega) = \frac{2a}{a^2+\omega^2}.$$

- Wir bestimmen die Fouriertransformierte von $f(t) = \frac{1}{1+t^2}$. Nach dem dritten Beispiel in Beispiel 76.1 gilt

$$g(t) = \mathrm{e}^{-a|t|} \quad \circ\!\!-\!\!\bullet \quad G(\omega) = \frac{2a}{a^2+\omega^2}.$$

Mit $a = 1$ erhalten wir wegen $f(t) = \frac{1}{2}G(t)$ mit der Regel zur *Linearität* und dem *Umkehrsatz*

$$f(t) = \frac{1}{2}\, G(t) \quad \circ\!\!-\!\!\bullet \quad \frac{1}{2} 2\pi\, g(-\omega) = \pi\, \mathrm{e}^{-|\omega|}.$$

- Mit dem letzten Beispiel erhalten wir wegen der Regel zur *Ähnlichkeit* einfach die Fouriertransformierte von $f : \mathbb{R} \to \mathbb{C}$ mit $f(t) = \frac{1}{a^2+t^2}$ für $a \in \mathbb{R} \setminus \{0\}$ und wegen der Regel zur Ableitung im Frequenzbereich dann auch die Fouriertransformierte zu $g : \mathbb{R} \to \mathbb{C}$ mit $g(t) = \frac{t}{a^2+t^2}$ für $a \in \mathbb{R} \setminus \{0\}$. Es gilt nämlich

$$f(t) = \frac{1}{a^2+t^2} = \frac{1}{a^2}\frac{1}{1+\left(\frac{t}{a}\right)^2} \quad \circ\!\!-\!\!\bullet \quad F(\omega) = \frac{1}{a^2}\, |a|\, \pi\, \mathrm{e}^{-|a\omega|} = \frac{\pi}{|a|}\, \mathrm{e}^{-|a\omega|}.$$

Und schließlich

$$g(t) = tf(t) \quad \circ\!\!-\!\!\bullet \quad \mathrm{i}\, F'(\omega) = \mathrm{i}\, \frac{\pi}{|a|}(-|a|\mathrm{sgn}(\omega))\mathrm{e}^{-|a\omega|} = -\mathrm{i}\,\pi\, \mathrm{sgn}(\omega)\mathrm{e}^{-|a\omega|}.$$

∎

77.2 Anwendung auf lineare Differentialgleichungen

Aufgrund der Rechenregeln für die Fouriertransformation erhalten wir durch die Transformation der linken und rechten Seite einer DGL eine Gleichung. Diese Gleichung kann man üblicherweise lösen. Eine Rücktransformation der Lösung dieser Gleichung liefert dann eine Lösung der ursprünglichen DGL. Dieses Prinzip macht die Fouriertransformationen (aber noch viel mehr die im nächsten Kapitel geschilderte Laplacetransformation) für die Anwendungen so wichtig.

Bevor wir die konkreten Anwendungen besprechen, zeigen wir das Prinzip an einem einfachen Beispiel und bezeichnen wie sonst auch die Lösungsfunktion einer DGL mit x, d.h. $x = x(t)$:

Beispiel 77.2 Wir suchen eine Funktion $x = x(t)$, welche die DGL

$$\dot{x}(t) + x(t) = \begin{cases} e^{-t}, & \text{für } t \geq 0 \\ 0, & \text{für } t < 0 \end{cases}$$

erfüllt; dabei nehmen wir an, dass die Funktionen x und $\dot{x}$ fouriertransformierbar sind, und bezeichnen die Fouriertransformierte von $x(t)$ mit $X(\omega)$. Wegen der Regeln *Linearität* und der *Ableitung im Zeitbereich* erhalten wir durch Fouriertransformation beider Seiten der DGL die Gleichung

$$i\,\omega\,X(\omega) + X(\omega) = \frac{1}{1 + i\,\omega},$$

siehe Beispiel 76.1. Aus dieser letzten Gleichung gewinnen wir die folgende Darstellung von $X(\omega)$:

$$X(\omega) = \frac{1}{(1 + i\,\omega)^2}.$$

Wir ermitteln eine inverse Fouriertransformierte $x(t)$ von $X(\omega)$, wobei wir unsere Rechenregeln benutzen. Wegen

$$i\left(\frac{1}{1 + i\,\omega}\right)' = i\,\frac{-i}{(1 + i\,\omega)^2} = \frac{1}{(1 + i\,\omega)^2}$$

erhalten wir mit der Regel *Ableitung im Frequenzbereich* die Rücktransformierte

$$x(t) = \begin{cases} t e^{-t}, & \text{für } t \geq 0 \\ 0, & \text{für } t < 0 \end{cases}.$$

Das ist eine Lösung der betrachteten Differentialgleichung – wovon man sich leicht überzeugt. ∎

Das wesentliche Element bei der Lösung der DGL in diesem Beispiel war, dass durch die Fouriertransformation aus der DGL eine Gleichung wird. Auch lineare DGLen höherer Ordnung werden durch Fouriertransformation zu Gleichungen. Wir schildern das Vorgehen ausführlich in einem Rezept für eine lineare DGL 2. Ordnung. Für DGLen höherer Ordnung gehe man analog vor.

Rezept: Lösen einer DGL mit Fouriertransformation

Zur Bestimmung einer Lösung $x(t)$ der DGL

$$a\,\ddot{x}(t) + b\,\dot{x}(t) + c\,x(t) = s(t) \quad \text{mit } a,\,b,\,c \in \mathbb{R}$$

und fouriertransformierbaren Funktionen x und s gehe man wie folgt vor:

(1) Bezeichne die Fouriertransformierte von $x(t)$ mit $X(\omega)$ und die von $s(t)$ mit $S(\omega)$, d. h.

$$x(t) \;\circ\!\!-\!\!\bullet\; X(\omega) \quad \text{und} \quad s(t) \;\circ\!\!-\!\!\bullet\; S(\omega).$$

(2) Fouriertransformation beider Seiten der DGL liefert die Gleichung

$$(\mathrm{i}\,\omega)^2 a\,X(\omega) + \mathrm{i}\,\omega\,b\,X(\omega) + c\,X(\omega) = S(\omega).$$

(3) Löse die Gleichung auf nach $X(\omega)$:

$$X(\omega) = \frac{1}{-\omega^2 a + \mathrm{i}\,\omega\,b + c}\,S(\omega).$$

(4) Ermittle die inverse Fouriertransformierte $h(t)$ von

$$H(\omega) = \frac{1}{-\omega^2 a + \mathrm{i}\,\omega\,b + c}.$$

Man nennt $H(\omega)$ die **Übertragungsfunktion**.

(5) Eine Lösung $x(t)$ der gegebenen Differentialgleichung lautet

$$x(t) = (h * s)(t) = \int_{-\infty}^{\infty} h(t - \tau)\,s(\tau)\mathrm{d}\tau.$$

Man beachte, dass bei der tatsächlichen Berechnung von $x = x(t)$ anhand dieses Rezeptes die Schritte (1)–(3) nicht durchgeführt werden müssen. Wir haben diese angegeben, damit man sich das Vorgehen für DGLen höherer Ordnung erschließen kann.

Mithilfe der inversen Fouriertransformation könnte man in (3) direkt versuchen, die Rücktransformierte $x = x(t)$ zu bestimmen, also die Funktion x mit

$$x(t) \;\circ\!\!-\!\!\bullet\; \frac{1}{-\omega^2 a + \mathrm{i}\,\omega\,b + c}\,S(\omega).$$

Dazu wäre das Bestimmen des folgenden Integrals nötig:

Abb. 77.1 Der
RCL-Schaltkreis

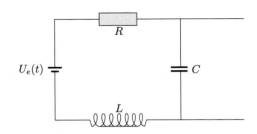

$$x(t) = \frac{1}{2\pi} \int_{-\infty}^{\infty} e^{i\omega t} \frac{1}{-\omega^2 a + i\omega b + c} S(\omega) d\omega.$$

Der Umweg über die Regel zum Faltungsprodukt ist im Allgemeinen eine deutliche Vereinfachung.

Bemerkung In der Praxis reicht im Allgemeinen die Kenntnis der Übertragungsfunktion $H(\omega)$; diese ist allein durch die Koeffizienten a, b, $c \in \mathbb{R}$ gegeben und kann somit direkt von der DGL abgelesen werden.

Beispiel 77.3 RCL-Schaltkreis Wir betrachten einen RCL-Schaltkreis, beachte die Abbildung. Das Ohm'sche Gesetz liefert für den Widerstand R, die Induktivität L und die Kapazität C die Differentialgleichung

$$L C \ddot{U}(t) + R C \dot{U}(t) + U(t) = U_e(t),$$

wenn die Eingangsspannung $U_e(t)$ angelegt wird. Mit den Werten $L = 10^{-4}$[Henry], $R = 2\Omega$ und $C = 10^{-5}$[F] und $U_e(t) = 10^{-5} \delta(t)$ erhalten wir nach Multiplikation mit 10^9 die Differentialgleichung (wobei wir $x = U$ setzen)

$$\ddot{x} + 2 \cdot 10^4 \dot{x} + 10^9 x = 10^4 \delta.$$

(4) Die Übertragungsfunktion lautet

$$H(\omega) = \frac{1}{-\omega^2 + i\omega\, 2 \cdot 10^4 + 10^9}$$

$$= \frac{1}{(10^4 + i\omega)^2 + 9 \cdot 10^8} = \frac{1}{3 \cdot 10^4} \frac{3 \cdot 10^4}{(10^4 + i\omega)^2 + 9 \cdot 10^8}.$$

Die Zeitfunktion $h(t)$ hierzu lautet nach der folgenden Tabelle in Abschn. 77.2:

$$h(t) = \begin{cases} \frac{1}{3 \cdot 10^4} e^{-10^4 t} \sin\left(3 \cdot 10^4 t\right), & \text{für } t > 0 \\ 0, & \text{für } t < 0 \end{cases}.$$

(5) Die Faltung mit der Dirac'schen Deltafunktion liefert die Lösung x:

$$x(t) = 10^4\,(\delta * h)(t) = 10^4 \int_{-\infty}^{\infty} \delta(t-\tau)\,h(\tau)\mathrm{d}\tau = 10^4\,h(t),$$

man beachte die im Beispiel 76.2 erwähnte Eigenschaft der Dirac'schen Deltafunktion. Die Lösung lautet damit:

$$x(t) = U(t) = 10^4\,h(t).$$

Das Lösen von Differentialgleichungen ist eine der wesentlichen Anwendungen von *Transformationen*. Die Fouriertransformation ist für diese Anwendung prinzipiell etwas schlechter geeignet, da fouriertransformierbare Funktionen f zu den *Rändern* hin abfallen müssen, da das Integral

$$\int_{-\infty}^{\infty} f(t)\mathrm{e}^{-\mathrm{i}\,\omega t}\mathrm{d}t$$

existieren muss. Bereits die einfachen Funktionen $\mathrm{e}^{\lambda t}$, die Lösungen von linearen homogenen Differentialgleichungen mit konstanten Koeffizienten sind, erfüllen diese Eigenschaft nicht. Anfangswertprobleme mit Differentialgleichungen, die solche Lösungen haben, lassen sich oftmals mit der *Laplacetransformation* lösen (siehe Kap. 79).

Wir fassen in der folgenden Tabelle wichtige Funktionen und ihre Fouriertransformierten zusammen; in den Beispielen und den Aufgaben haben wir zahlreiche dieser Korrespondenzen nachgewiesen.

$F(\omega)$	$f(t)$	$F(\omega)$	$f(t)$
$\mathrm{e}^{-\mathrm{i}\,\omega t_0}$	$\delta(t-t_0)$	$\dfrac{1}{\mathrm{i}\,\omega} + \pi\delta(\omega)$	$\begin{cases} 1, & t>0 \\ 0, & t<0 \end{cases}$
$\dfrac{1}{a+\mathrm{i}\,\omega}$	$\begin{cases} \mathrm{e}^{-at}, & t\geq 0 \\ 0, & t<0 \end{cases}$	$\mathrm{sinc}\,\omega$	$\begin{cases} \frac{1}{2}, & |t|\leq 1 \\ 0, & |t|>1 \end{cases}$
$2AT\mathrm{e}^{-\mathrm{i}\,\omega a}\,\mathrm{sinc}\,\omega T$	$\begin{cases} A, & |t-a|\leq T \\ 0, & |t-a|>T \end{cases}$	$\dfrac{2}{1+\omega^2}$	$\mathrm{e}^{-|t|}$
$\dfrac{2(1-\omega^2)}{(1+\omega^2)^2}$	$|t|\mathrm{e}^{-|t|}$	$\dfrac{4(1-3\omega^2)}{(1+\omega^2)^3}$	$t^2\mathrm{e}^{-|t|}$
$\dfrac{a+\mathrm{i}\,\omega}{(a+\mathrm{i}\,\omega)^2+n^2}$	$\begin{cases} \mathrm{e}^{-at}\cos nt, & t\geq 0 \\ 0, & t<0 \end{cases}$	$\dfrac{n}{(a+\mathrm{i}\,\omega)^2+n^2}$	$\begin{cases} \mathrm{e}^{-at}\sin nt, & t\geq 0 \\ 0, & t<0 \end{cases}$
$\dfrac{n!}{(1+\mathrm{i}\,\omega)^{n+1}}$	$t^n\mathrm{e}^{-t}\widetilde{u}(t)$	$\pi\,\mathrm{e}^{-|\omega|}$	$\dfrac{1}{1+t^2}$

Dabei ist $\widetilde{u}$ die modifizierte Heavisidefunktion mit $\widetilde{u}(t) = u(t)$ für $t\neq 0$ und $\widetilde{u}(0) = \frac{1}{2}$. Weiter gilt $a>0$.

77.3 Aufgaben

77.1 Es sei $f(t) = e^{-|t|}$.

(a) Man berechne die Faltung $(f * f)(t)$. (*Tipp: Fallunterscheidung $t \geq 0$ und $t < 0$.*)
(b) Man berechne die Fouriertransformierte $\mathcal{F}(f(t))(\omega)$.
(c) Unter Zuhilfenahme der Faltung bestimme man $\mathcal{F}(|t|e^{-|t|})(\omega)$.

77.2 Gegeben sei ein dreifacher Tiefpass, der durch die Differentialgleichung

$$\left(\alpha \frac{d}{dt} + 1\right)^3 x(t) = s(t)$$

mit $\alpha = RC > 0$ und fouriertransformierbarer rechter Seite s (dem *Eingang*) beschrieben wird. Dabei bezeichne

$$\left(\alpha \frac{d}{dt} + 1\right)^3 x(t) = \alpha^3 \frac{d^3}{dt^3} x(t) + 3\alpha^2 \frac{d^2}{dt^2} x(t) + 3\alpha \frac{d}{dt} x(t) + x(t) .$$

Nun seien mit $x(t) \,\circ\!\!-\!\!\bullet\, X(\omega)$ sowie $s(t) \,\circ\!\!-\!\!\bullet\, S(\omega)$ die jeweiligen Fouriertransformierten gegeben.

(a) Formulieren Sie die im Zeitbereich gegebene Differentialgleichung im Bildbereich.
(b) Bestimmen Sie die Übertragungsfunktion H sowie die Impulsantwort h.
(c) Berechnen Sie die *Antwort* x für allgemeines s.
(d) Berechnen Sie x für den Rechteckimpuls $s(t) = \begin{cases} 1, & |t| < 1 \\ 1/2, & |t| = 1 \\ 0, & |t| > 1 \end{cases}$.

77.3 Es bezeichne $F_n(\omega)$ die Fouriertransformierte von $f_n(t) = \frac{1}{(1+t^2)^n}$ für $n = 1, 2, \ldots$

(a) Mit Hilfe des Ähnlichkeitssatzes stelle man die Fouriertransformierte von $\frac{1}{(a^2+t^2)^n}$ für $a > 0$ durch F_n dar.
(b) Welche Funktion $g(t)$ hat als Fouriertransformierte $G(\omega) = \frac{d}{d\omega}(\omega F_n(\omega))$?
(c) Man bestätige für F_n die Rekursionsformel

$$F_{n+1}(\omega) = F_n(\omega) - \frac{1}{2n} \frac{d}{d\omega}(\omega F_n(\omega))$$

und berechne $F_2(\omega)$ aus $F_1(\omega) = \pi e^{-|\omega|}$.

77.4 Es sei $\tilde{u}(t) = u(t)$ für $t \neq 0$ mit $\tilde{u}(0) = 1/2$, wobei u die Heaviside-Funktion ist. Man kann zeigen, dass dann für alle $n \in \mathbb{N}_0$ der Zusammenhang

$$t^n e^{-t} \tilde{u}(t) \quad \circ\!\!-\!\!\bullet \quad \frac{n!}{(1+i\,\omega)^{n+1}}$$

zwischen Zeit- und Frequenzbereich gilt. Bestimmen Sie mittels Fouriertransformation jeweils eine Lösung der folgenden LTI-Systeme:

(a) $\dot{x}(t) + x(t) = t^n e^{-t} \tilde{u}(t)$,

(b) $\ddot{x}(t) - 2\dot{x}(t) + x(t) = s(t)$ mit stetigem und fouriertransformierbarem $s : \mathbb{R} \to \mathbb{C}$.

77.5 Wie lauten für $a \neq 0$ die Fouriertransformierten der folgenden Funktionen

$$\frac{1}{1+t^2}, \ \frac{t}{a^2+t^2}, \ \frac{t}{(a^2+t^2)^2}, \ \frac{t^2}{(a^2+t^2)^2}, \ \frac{1}{(a^2+t^2)^2} \ ?$$

77.6 Für $\lambda > 0$ und $a \in \mathbb{R}$ sei $f(t) = \begin{cases} 0, & t < 0 \\ 1/2, & t = 0 \\ \exp((-\lambda + i\,a)t) & t > 0 \end{cases}$.

(a) Man berechne die Fouriertransformierte von $f(t)$.

(b) Wie lauten die Fouriertransformierten der *gedämpften Schwingungen*

$$x(t) = e^{-\lambda t} \cos Nt \quad \text{und} \quad y(t) = e^{-\lambda t} \sin Nt \ , \ N \in \mathbb{N}, \ t > 0?$$

Diskrete Fouriertransformation

Inhaltsverzeichnis

Bei der diskreten Fouriertransformation werden die Fourierkoeffizienten einer 2π-periodischen Funktion, die selber nicht gegeben ist, deren Werte aber an diskreten Stellen bekannt sind, etwa durch ein *Abtasten eines Signals,* näherungsweise bestimmt. Man erhält so Näherungen für die Amplituden zu bestimmten Frequenzen eines Signals. In den Anwendungen spielt diese diskrete Fouriertransformation eine Rolle bei der Konstruktion digitaler Filter.

Die bei der diskreten Fouriertransformation bestimmten Näherungswerte für die Fourierkoeffizienten einer Funktion, von der nur die Werte an diskreten Stellen bekannt sind, sind zugleich die Koeffizienten eines (interpolierenden) trigonometrischen Polynoms zu diesen diskreten Stützstellen. Wir behandeln diese trigonometrische Interpolation gleich mit und geben auch die reelle Version dazu an.

78.1 Näherungsweise Bestimmung der Fourierkoeffizienten

Wir gehen im Folgenden davon aus, dass die betrachtete 2π-periodische Funktion f in eine Fourierreihe entwickelbar ist, und wählen wegen der einfacheren Indizierung das Grundintervall $[0, 2\pi)$.

Ausgangspunkt ist ein 2π-periodisches Signal, das wir als eine Funktion $f : \mathbb{R} \to \mathbb{C}$ auffassen, die nicht konkret gegeben ist. Wir *tasten* dieses Signal f an N äquidistanten Stellen

© Springer-Verlag GmbH Deutschland, ein Teil von Springer Nature 2022
C. Karpfinger, *Höhere Mathematik in Rezepten,*
https://doi.org/10.1007/978-3-662-63305-2_78

$$x_0 = 0, \; x_1 = \frac{2\pi}{N}, \; x_2 = 2\,\frac{2\pi}{N}, \ldots, x_{N-1} = (N-1)\,\frac{2\pi}{N}$$

ab und erhalten das sogenannte *Sample*, d. h. die N Stützstellen (siehe Abb. 78.1):

$$(x_0, f(x_0)), \ldots, (x_{N-1}, f(x_{N-1})).$$

Obwohl wir die Funktion f nicht kennen, können wir die Fourierkoeffizienten c_k für $k = 0, \ldots, N-1$ von f näherungsweise bestimmen:

Die Approximation der Fourierkoeffizienten

Es sei f eine stückweise stetig differenzierbare 2π-periodische Funktion mit den Fourierkoeffizienten $c_k, k \in \mathbb{Z}$. Gegeben seien die äquidistanten Stützstellen $x_\ell = \ell\,\frac{2\pi}{N}$ für $\ell = 0, \ldots, N-1$ mit den zugehörigen Funktionswerten $f(x_\ell)$:

$$(x_0, f(x_0)), \ldots, (x_{N-1}, f(x_{N-1})).$$

Wir setzen $v_\ell = f(\ell\,\frac{2\pi}{N})$ und $\zeta = \mathrm{e}^{-2\pi\mathrm{i}/N}$; dann gilt:

$$c_k \approx \hat{c}_k = \frac{1}{N} \sum_{\ell=0}^{N-1} v_\ell\, \zeta^{k\ell} \quad \text{für } k = 0, \ldots, N-1.$$

Bei dieser Approximation wird das Integral für die Fourierkoeffizienten c_k näherungsweise berechnet. Wir haben diese Rechnung als Aufgabe 78.1 formuliert.

Wir schreiben die N Gleichungen für die Koeffizienten $\hat{c}_0, \ldots, \hat{c}_{N-1}$ aus:

$$\hat{c}_0 = \frac{1}{N}\left(v_0\,\zeta^0 + v_1\,\zeta^0 + v_2\,\zeta^0 + \cdots + v_{N-1}\,\zeta^0\right)$$

$$\hat{c}_1 = \frac{1}{N}\left(v_0\,\zeta^0 + v_1\,\zeta^1 + v_2\,\zeta^2 + \cdots + v_{N-1}\,\zeta^{N-1}\right)$$

$$\hat{c}_2 = \frac{1}{N}\left(v_0\,\zeta^0 + v_1\,\zeta^2 + v_2\,\zeta^4 + \cdots + v_{N-1}\,\zeta^{2(N-1)}\right)$$

$$\vdots$$

$$\hat{c}_{N-1} = \frac{1}{N}\left(v_0\,\zeta^0 + v_1\,\zeta^{N-1} + v_2\,\zeta^{2(N-1)} + \cdots + v_{N-1}\,\zeta^{(N-1)(N-1)}\right),$$

das können wir als Matrix-Vektor-Produkt schreiben, nämlich als

Abb. 78.1 Ein Sample mit $N = 7$

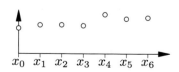

$$
\begin{pmatrix} \hat{c}_0 \\ \vdots \\ \hat{c}_{N-1} \end{pmatrix} = \frac{1}{N} \begin{pmatrix} 1 & 1 & 1 & \cdots & 1 \\ 1 & \zeta & \zeta^2 & \cdots & \zeta^{N-1} \\ 1 & \zeta^2 & \zeta^4 & \cdots & \zeta^{2(N-1)} \\ \vdots & \vdots & \vdots & \vdots & \vdots \\ 1 & \zeta^{N-1} & \zeta^{2(N-1)} & \cdots & \zeta^{(N-1)(N-1)} \end{pmatrix} \begin{pmatrix} v_0 \\ \vdots \\ v_{N-1} \end{pmatrix}
$$

mit $v_\ell = f(\ell \frac{2\pi}{N})$ für $\ell = 0, \ldots, N-1$ und $\zeta = \mathrm{e}^{-2\pi\mathrm{i}/N}$.

Zur Bestimmung der gesuchten Näherungswerte $\hat{c}_k$ für c_k brauchen wir also nur das hier genannte Matrix-Vektor-Produkt auszuführen. Wir kürzen ab:

$$
\hat{c} = \begin{pmatrix} \hat{c}_0 \\ \vdots \\ \hat{c}_{N-1} \end{pmatrix}, \ F_N = \begin{pmatrix} 1 & 1 & 1 & \cdots & 1 \\ 1 & \zeta & \zeta^2 & \cdots & \zeta^{N-1} \\ 1 & \zeta^2 & \zeta^4 & \cdots & \zeta^{2(N-1)} \\ \vdots & \vdots & \vdots & \vdots & \vdots \\ 1 & \zeta^{N-1} & \zeta^{2(N-1)} & \cdots & \zeta^{(N-1)(N-1)} \end{pmatrix}, \ v = \begin{pmatrix} v_0 \\ \vdots \\ v_{N-1} \end{pmatrix}.
$$

Man nennt die $N \times N$-Matrix $F_N = (\zeta^{k\ell})_{k,\ell}$ die N-te **Fouriermatrix,** wegen $\zeta^{k\ell} = \zeta^{\ell k}$ ist F_N symmetrisch, d. h. $F_N^\top = F_N$. Die ersten Fouriermatrizen lauten $F_1 = (1)$,

$$
F_2 = \begin{pmatrix} 1 & 1 \\ 1 & -1 \end{pmatrix}, \ F_3 = \begin{pmatrix} 1 & 1 & 1 \\ 1 & -\frac{1}{2} - \mathrm{i}\frac{\sqrt{3}}{2} & -\frac{1}{2} + \mathrm{i}\frac{\sqrt{3}}{2} \\ 1 & -\frac{1}{2} + \mathrm{i}\frac{\sqrt{3}}{2} & -\frac{1}{2} - \mathrm{i}\frac{\sqrt{3}}{2} \end{pmatrix}, \ F_4 = \begin{pmatrix} 1 & 1 & 1 & 1 \\ 1 & -\mathrm{i} & -1 & \mathrm{i} \\ 1 & -1 & 1 & -1 \\ 1 & \mathrm{i} & -1 & -\mathrm{i} \end{pmatrix}.
$$

Wir erhalten das Vorgehen zur **diskreten Fouriertransformation:**

Rezept: Diskrete Fouriertransformation

Zu $N \in \mathbb{N}$ seien der Datenvektor $v \in \mathbb{C}^N$ und die komplexe Zahl $\zeta = \mathrm{e}^{-2\pi\mathrm{i}/N}$ gegeben. Zur Bestimmung der **diskreten Fourierkoeffizienten** $\hat{c}_k$ gehe wie folgt vor:

(1) Stelle die Matrix $F_N = (\zeta^{k\ell})_{k,\ell} \in \mathbb{C}^{N \times N}$ auf.

(2) Berechne $\hat{c} = \frac{1}{N} F_N v \in \mathbb{C}^N$.

(3) Erhalte die diskreten Fourierkoeffizienten $\hat{c}_k$ aus $\hat{c} = (\hat{c}_k)_k \in \mathbb{C}^N$ für $k = 0, \ldots, N-1$.

Man nennt die Abbildung DFT: $\mathbb{C}^N \to \mathbb{C}^N, v \mapsto \hat{c}$ **diskrete Fouriertransformation.**

Es bietet sich an, diese diskrete Fouriertransformation zu implementieren, man beachte hierzu Aufgabe 78.2.

Beispiel 78.1 Eigentlich sollte man die Funktion f nicht kennen; aber was würde ein Beispiel schon taugen, wenn wir hinterher nicht abschätzen könnten, wie gut das geschilderte Verfahren ist. Daher betrachten wir eine Funktion, deren Fourierkoeffizienten wir bereits kennen. Gegeben ist die 2π-periodische Fortsetzung f der Funktion $f : [0, 2\pi) \to \mathbb{C}$, $f(x) = x$. Aus Beispiel 74.3 erhalten wir mit den Regeln zur Verschiebung und den Umrechnungsformeln auf komplexe Fourierkoeffizienten:

$$c_0 = \pi \text{ und } c_k = \mathrm{i}/k \text{ für } k \in \mathbb{Z} \setminus \{0\}.$$

Wir tasten das Signal f an den vier Stellen $x_\ell = \ell 2\pi/4$, $\ell = 0, \ldots, 3$ ab und erhalten das Sample

$$(0, 0),\ (2\pi/4, 2\pi/4),\ (4\pi/4, 4\pi/4),\ (6\pi/4, 6\pi/4).$$

Mit dem Vektor $v = (0,\ 2\pi/4,\ 4\pi/4,\ 6\pi/4)^\top = (0,\ \pi/2,\ \pi,\ 3\pi/2)^\top$ und der Fourier-Matrix F_4 erhalten wir (mit gerundeten Werten):

$$\hat{c} = \frac{1}{4} F_4\, v = \frac{1}{4} \begin{pmatrix} 1 & 1 & 1 & 1 \\ 1 & -\mathrm{i} & -1 & \mathrm{i} \\ 1 & -1 & 1 & -1 \\ 1 & \mathrm{i} & -1 & -\mathrm{i} \end{pmatrix} \begin{pmatrix} 0 \\ \pi/2 \\ \pi \\ 3\pi/2 \end{pmatrix} = \begin{pmatrix} 2.3576 \\ -0.7854 + 0.7854\mathrm{i} \\ -0.7854 \\ -0.7854 - 0.7854\mathrm{i} \end{pmatrix}.$$

Man vergleiche die Werte mit den (gerundeten) Werten der exakten Fourierkoeffizienten:

$$c_0 = 3.1416,\ c_1 = \mathrm{i},\ c_2 = 0.5\mathrm{i},\ c_3 = 0.3333\mathrm{i}.$$

Wählt man $N = 2^8$, so erhält man für die gleiche Funktion die bessere Näherung

$$\hat{c} = \begin{pmatrix} \hat{c}_0 \\ \hat{c}_1 \\ \hat{c}_2 \\ \hat{c}_3 \\ \vdots \end{pmatrix} = \frac{1}{2^8} F_{2^8}\, v = \begin{pmatrix} 3.1416 \\ -0.0123 + 1.0039\mathrm{i} \\ -0.0123 + 0.5019\mathrm{i} \\ -0.0123 + 0.3345\mathrm{i} \\ \vdots \end{pmatrix}.$$

◼

Um die Amplitude c_k zu einer *hohen* Frequenz, d. h. für ein großes k, näherungsweise zu bestimmen, ist die Zahl N der äquidistanten Stützstellen entsprechend hoch zu wählen. Anders ausgedrückt: Durch Vorgabe von N werden auch nur die Amplituden bis zu einer bestimmten Frequenz hin näherungsweise bestimmt.

Bemerkung Mit der (naiven) Implementierung der diskreten Fouriertransformation, wie wir sie auch in Aufgabe 78.2 durchgeführt haben, stößt man bei großem N schnell auf Grenzen. Wenn $N = 2^p$ gilt, kann der Rechenaufwand für die Berechnung von c bzw. v

durch geschicktes *Aufspalten* von c und v erheblich reduziert werden, das macht man bei der *schnellen Fouriertransformation* FFT.

78.2 Die inverse diskrete Fouriertransformation

Wie man einfach nachrechnet, gilt

$$F_N \, \overline{F}_N = N \, E_N,$$

d. h., die Matrix F_N ist invertierbar, und das Inverse ist

$$F_N^{-1} = \frac{1}{N} \, \overline{F}_N.$$

Somit kann man aus $\hat{c}$ den Vektor v zurückgewinnen, wegen $\hat{c} = \frac{1}{N} \, F_N \, v$ erhalten wir so die **inverse diskrete Fouriertransformation**:

Rezept: Inverse diskrete Fouriertransformation
Zu $N \in \mathbb{N}$ seien der Vektor $\hat{c} \in \mathbb{C}^N$ und die komplexe Zahl $\zeta = \mathrm{e}^{-2\pi\mathrm{i}/N}$ gegeben.
(1) Stelle die Matrix $\overline{F}_N = (\overline{\zeta}^{k\ell})_{k,\ell} \in \mathbb{C}^{N \times N}$ auf.
(2) Berechne $v = \overline{F}_N \, \hat{c} \in \mathbb{C}^N$.
(3) Erhalte die Daten v_k aus $v = (v_k)_k \in \mathbb{C}^N$ für $k = 0, \ldots, N - 1$.
   Man nennt die Abbildung IDFT: $\mathbb{C}^N \to \mathbb{C}^N$, $\hat{c} \mapsto v$ **inverse diskrete Fourier-transformation.**

78.3 Trigonometrische Interpolation

Mit der Bestimmung der Koeffizienten $\hat{c}_k$ haben wir noch ein weiteres Problem erledigt, das wir noch gar nicht angesprochen haben: Gegeben ist wie in der Ausgangssituation ein *Sample* mit N äquidistanten Stützstellen $x_0, \ldots, x_{N-1}$, $x_\ell = \ell\frac{2\pi}{N}$ mit $\ell = 0, \ldots, N - 1$ und komplexen $v_0, \ldots, v_{N-1}$ (siehe Abb. 78.1):

$$(x_0, v_0), \ldots, (x_{N-1}, v_{N-1}).$$

Gesucht ist ein interpolierendes **trigonometrisches Polynom** vom Grad $N - 1$

$$p(x) = \sum_{k=0}^{N-1} d_k \, \mathrm{e}^{\mathrm{i} k x},$$

d. h., es soll $p(x_\ell) = v_\ell$ gelten. Man spricht von **trigonometrischer Interpolation**. Hierzu sind die Koeffizienten d_k zu bestimmen; dazu machen wir den folgenden Ansatz: Für jedes $x_\ell = \ell \frac{2\pi}{N}, \ell = 0, \ldots, N - 1$ gilt:

$$v_\ell = \sum_{k=0}^{N-1} d_k \, \mathrm{e}^{\mathrm{i} k x_\ell} = \sum_{k=0}^{N-1} d_k \, \mathrm{e}^{\mathrm{i} \frac{2\pi}{N} k \ell} = \sum_{k=0}^{N-1} d_k \, \overline{\zeta}^{k\ell},$$

mit $\zeta = \mathrm{e}^{-2\pi\mathrm{i}/N}$. Nach dem Rezept zur inversen Fouriertransformation in Abschn. 78.2. können wir also die $\hat{c}_k$ für d_k wählen; damit ist das Problem der trigonometrischen Interpolation bereits gelöst. Das Vorgehen zur **trigonometrischen Interpolation** lautet wie folgt:

Rezept: Trigonometrische Interpolation

Zu einem *Sample*

$$(x_0, v_0), \ldots, (x_{N-1}, v_{N-1})$$

mit N äquidistanten Stützstellen $x_i = \ell \frac{2\pi}{N}, \ell = 0, \ldots, N - 1$, findet man das interpolierende trigonometrische Polynom $p(x) = \sum_{k=0}^{N-1} \hat{c}_k \, \mathrm{e}^{\mathrm{i} k x}$ wie folgt:

(1) Bestimme zu N und dem Datenvektor $v = (v_k)_k \in \mathbb{C}^N$ mittels des Rezepts zur diskreten Fouriertransformation in Abschn. 78.1. die diskreten Fourierkoeffizienten $\hat{c}_k, k = 0, \ldots, N - 1$.

(2) Erhalte das interpolierende trigonometrische Polynom

$$p(x) = \sum_{k=0}^{N-1} \hat{c}_k \, \mathrm{e}^{\mathrm{i} k x}.$$

Beispiel 78.2 Wir bestimmen ein interpolierendes trigonometrisches Polynom vom Grad 2 zu den Stützstellen

$$(0, 0) \, , \; (2\pi/3, 1) \, , \; (4\pi/3, 0) \, .$$

(1) Es gelten $N = 3$, $x_\ell = \ell \frac{2\pi}{3}$ für $\ell = 0, 1, 2$ und $v_0 = 0$, $v_1 = 1$ und $v_2 = 0$. Mit der Fouriermatrix F_3 erhalten wir die Koeffizienten $\hat{c}_0$, $\hat{c}_1$, $\hat{c}_2$ als Komponenten von:

$$\hat{c} = \frac{1}{3} F_3 \, v = \frac{1}{3} \begin{pmatrix} 1 & 1 & 1 \\ 1 & -\frac{1}{2} - \mathrm{i} \frac{\sqrt{3}}{2} & -\frac{1}{2} + \mathrm{i} \frac{\sqrt{3}}{2} \\ 1 & -\frac{1}{2} + \mathrm{i} \frac{\sqrt{3}}{2} & -\frac{1}{2} - \mathrm{i} \frac{\sqrt{3}}{2} \end{pmatrix} \begin{pmatrix} 0 \\ 1 \\ 0 \end{pmatrix} = \frac{1}{3} \begin{pmatrix} 1 \\ -\frac{1}{2} - \frac{1}{2}\sqrt{3}\mathrm{i} \\ -\frac{1}{2} + \frac{1}{2}\sqrt{3}\mathrm{i} \end{pmatrix} .$$

(2) Das interpolierende Polynom lautet damit (nach Umrechnen in Sinus-Kosinus-Form)

$$p(x) = \frac{1}{3}\left(\left(1 - \frac{1}{2}\cos x + \frac{1}{2}\sqrt{3}\sin x - \frac{1}{2}\cos 2x - \frac{1}{2}\sqrt{3}\sin 2x\right)\right.$$
$$\left. + \mathrm{i}\left(-\frac{1}{2}\sqrt{3}\cos x - \frac{1}{2}\sin x + \frac{1}{2}\sqrt{3}\cos 2x - \frac{1}{2}\sin 2x\right)\right).$$

■

Wegen des nichtverschwindenden Imaginärteils ist diese Darstellung etwas ungünstig: Bei reellen Stützstellen erwartet man auch ein reelles Polynom. Um ein solches zu erhalten, erinnern wir uns an die Geschichten zur Umrechnung der komplexen Fourierreihe in eine reelle Fourierreihe: Ein trigonometrisches Polynom der Form

$$\sum_{k=-n}^{n} \hat{c}_k \, \mathrm{e}^{\mathrm{i}kx}$$

kann mithilfe der Umrechnungsformeln zu einem reellen trigonometrischen Polynom der Form

$$\frac{a_0}{2} + \sum_{k=1}^{n} a_k \, \cos(kx) + b_k \, \sin(kx)$$

umgerechnet werden. Diese zweite Darstellung nennt man die **Sinus-Kosinus-Form** des trigonometrischen Polynoms. Zu bestimmen sind die $2n+1$ Koeffizienten $\hat{c}_{-n}, \ldots, \hat{c}_n$; mit den Umrechnungsformeln kann man dann die reellen Koeffizienten gewinnen. Der wesentliche Vorteil dieser Form ist: Falls die Stützstellen allesamt reell sind, so liefert die Sinus-Kosinus-Form ein reelles Polynom. Leider kommt eine kleine Erschwernis dazu: Wir können nur dann $N = 2n+1$ Koeffizienten ermitteln, wenn wir auch $2n+1$ Stützstellen haben. Wir hätten also immer dann ein Problem, wenn geradzahlig viele Stützstellen vorliegen. Aber auch das Problem kann man lösen, man bestimmt dann einfach weniger Koeffizienten. In der folgenden Übersicht geben wir die Formeln für die Bestimmung der komplexen und reellen Koeffizienten in beiden Fällen getrennt an.

(Reelle) trigonometrische Interpolation
Gegeben sind die N äquidistanten Stützstellen im Intervall $[0, 2\pi)$:

$$(x_0, v_0), \ldots, (x_{N-1}, v_{N-1}),$$

wobei $x_\ell = \ell \frac{2\pi}{N}$ mit $\ell = 0, \ldots, N-1$.
- Falls $N = 2n+1$ ungerade ist, so ist

$$p(x) = \sum_{k=-n}^{n} \hat{c}_k \, \mathrm{e}^{\mathrm{i}kx} = \frac{a_0}{2} + \sum_{k=1}^{n} a_k \cos(kx) + b_k \sin(kx)$$

mit

$$\hat{c}_k = \frac{1}{N} \sum_{\ell=0}^{N-1} v_l \, \zeta^{k\ell} \text{ für } k = -n, \dots, 0, \dots, n, \text{ wobei } \zeta = e^{-2\pi i/N} \text{ und}$$

$$a_k = \frac{2}{N} \sum_{\ell=0}^{N-1} v_l \, \cos\left(2\pi k\ell/N\right) \text{ für } k = 0, \dots, n \text{ und}$$

$$b_k = \frac{2}{N} \sum_{\ell=0}^{N-1} v_l \, \sin\left(2\pi k\ell/N\right) \text{ für } k = 1, \dots, n$$

ein interpolierendes trigonometrisches Polynom.

- Falls $N = 2n$ gerade ist, so ist

$$p(x) = \sum_{k=-n}^{n-1} \hat{c}_k \, e^{ikx} = \frac{a_0}{2} + \sum_{k=1}^{n-1} \left(a_k \cos(kx) + b_k \sin(kx)\right) + \frac{a_n}{2} \cos(nx)$$

mit

$$\hat{c}_k = \frac{1}{N} \sum_{\ell=0}^{N-1} v_l \, \zeta^{k\ell} \text{ für } k = -n, \dots, 0, \dots, n-1, \text{ wobei } \zeta = e^{-2\pi i/N} \text{ und}$$

$$a_k = \frac{2}{N} \sum_{\ell=0}^{N-1} v_l \, \cos\left(2\pi k\ell/N\right) \text{ für } k = 0, \dots, n \text{ und}$$

$$b_k = \frac{2}{N} \sum_{\ell=0}^{N-1} v_l \, \sin\left(2\pi k\ell/N\right) \text{ für } k = 1, \dots, n-1$$

ein interpolierendes trigonometrisches Polynom.

Die Sinus-Kosinus-Darstellung ist reell, falls die Werte $v_0, \dots, v_{N-1}$ reell sind.

Bemerkung Man beachte, dass man die a_k und b_k im Fall $v \in \mathbb{R}^N$ besonders einfach mittels der $\hat{c}_k$ der diskreten Fouriertransformation bestimmen kann: Wegen $\hat{c}_{-k} = \overline{\hat{c}_k}$ erhält man nämlich die Sinus-Kosinus-Form des trigonometrischen Polynoms mittels der Euler'schen Formel aus der exp-Form anhand der Formeln:

$$a_0 = 2\,\hat{c}_0, \quad a_k = 2\,\mathrm{Re}(\hat{c}_k), \quad b_k = -2\,\mathrm{Im}(\hat{c}_k) \text{ (und } a_n = 2\,\hat{c}_n, \text{ falls } N = 2n \text{ gerade)}.$$

Hierbei werden nur die Koeffizienten $\hat{c}_0, \dots, \hat{c}_n$ benötigt, die man mit der diskreten Fouriertransformation gewinnt (beachte das Rezept in Abschn. 78.1).

Beispiel 78.3 Wir betrachten erneut Beispiel 78.2: Gegeben sind die $N = 3$ Stützstellen

$$(0, 0), \ (2\pi/3, 1), \ (4\pi/3, 0).$$

Wir geben gleich die Sinus-Kosinus-Form an, wir erhalten

$$a_0 = \tfrac{2}{3}, \ a_1 = \tfrac{2}{3}\cos(2\pi/3) = \tfrac{-1}{3} \ \text{ und } \ b_1 = \tfrac{2}{3}\sin(2\pi/3) = \tfrac{1}{\sqrt{3}}$$

und damit das interpolierende (reelle) trigonometrische Polynom

$$p(x) = \tfrac{1}{3} - \tfrac{1}{3}\cos(x) + \tfrac{1}{\sqrt{3}}\sin(x),$$

die Abb. 78.2 zeigt den Graphen dieser Funktion. ∎

Bemerkungen

1. Wir haben bei der trigonometrischen Interpolation äquidistante Stützstellen Voraussetzung. Auch diese Voraussetzung kann fallen gelassen werden. Man kann zeigen, dass das *Polynom*

$$p(x) = \sum_{k=1}^{2n+1} v_k \prod_{\ell=1, \ell \neq k}^{2n+1} \frac{\sin \frac{1}{2}(x - x_\ell)}{\sin \frac{1}{2}(x_k - x_\ell)}$$

die Stützstellen (x_k, v_k) mit $0 \leq x_0 < x_1 < \cdots < x_{2n} < 2\pi$ interpoliert. Man vergleiche diese Formel mit dem Lagrange'schen Interpolationspolynom in Abschn. 29.1.

Abb. 78.2 Der Graph der interpolierenden Funktion

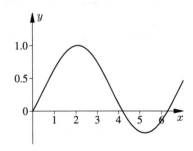

2. Wenn $p(x) = \sum_{k=0}^{N-1} \hat{c}_k \, e^{ikx}$ die Interpolationsaufgabe $p(x_\ell) = v_\ell$ für die Zerlegungs-punkte $x_\ell = \ell \frac{2\pi}{N}$ von $[0, 2\pi]$ löst, so löst das Polynom

$$Q(x) = \sum_{k=0}^{N-1} \hat{c}_k \, e^{ik\frac{2\pi}{T}x}$$

die Interpolationsaufgabe $Q(x_\ell') = v_\ell$ für die Zerlegungspunkte $x_\ell' = \ell \frac{T}{N}$ von $[0, T]$.

78.4   Aufgaben

78.1 Weisen Sie die Approximation der Fourierkoeffizienten im Kasten in Abschn. 78.1. nach.

78.2 Programmieren Sie die diskrete Fouriertransformation in MATLAB.

78.3 Die 2π-periodische Funktion

$$f(x) = 3\sin(4x) + \tfrac{1}{2}\cos(7x) - 2\cos(3x)$$

wird an N Stellen $x_k = k\frac{2\pi}{N}$, $k = 0, \ldots, N-1$ abgetastet.

(a) Bestimmen Sie die Koeffizienten der diskreten Fouriertransformation für $N = 4$ und $N = 5$.
(b) Bestimmen Sie außerdem das trigonometrische Interpolationspolynom für $N = 4$ und $N = 5$ in der Sinus-Kosinus-Form.
(c) Bestimmen Sie mit MATLAB das Interpolationspolynom für 10 und 15 Stützstellen.

78.4 Die 2π-periodische Rechteckschwingung

$$f(x) = \begin{cases} 1, & 0 \le x < \pi \\ 0, & \pi \le x < 2\pi \end{cases}$$

wird an den 8 Stellen $x_k = k\frac{2\pi}{8}$, $k = 0, \ldots, 7$ abgetastet. Bestimmen Sie die Koeffizienten $c_0, \ldots, c_7$ der diskreten Fouriertransformation.

Bestimmen Sie außerdem das trigonometrische Interpolationspolynom in der Sinus-Kosinus-Form.

78.5 Die 2π-periodische Funktion

$$f(x) = |\sin(x)|$$

wird an den 4 Stellen $x_k = k\frac{2\pi}{4}$, $k = 0, \ldots, 3$ abgetastet. Bestimmen Sie die Koeffizienten $c_0, \ldots, c_3$ der diskreten Fouriertransformation und vergleichen Sie diese Werte mit den exakten Fourierkoeffizienten.

78.6 Bestimmen Sie das trigonometrische Interpolationspolynom vom Grad 5 zu den Stützstellen

$$(0, 0), (2\pi/5, \sin(2\pi/5)), (4\pi/5, \sin(4\pi/5)), (6\pi/5, \sin(4\pi/5)),$$
$$(8\pi/5, \sin(2\pi/5)).$$

78.7 Die 2π-periodischen Funktionen

(a) $f(x) = (x - \pi)^2$,
(b) $g(x) = ((x - \pi)/\pi)^3 - (x - \pi)/\pi$

werden an den 4 Stellen $x_k = k\frac{2\pi}{4}$, $k = 0, \ldots, 3$ abgetastet. Bestimmen Sie jeweils die Koeffizienten $c_0, \ldots, c_3$ der diskreten Fouriertransformation.

Bestimmen Sie außerdem das trigonometrische Interpolationspolynom in der Sinus-Kosinus-Form.

Die Laplacetransformation

79

Inhaltsverzeichnis

Das Vorgehen bei der *Laplacetransformation* ist analog zu dem bei der Fouriertransformation: Zu einer *laplacetransformierbaren* Funktion $f : [0, \infty) \to \mathbb{C}$ erklärt man eine neue Funktion $F : D \to \mathbb{R}$ mit

$$F(s) = \int_0^\infty f(t)\, \mathrm{e}^{-st}\, \mathrm{d}t.$$

Für diese *Laplacetransformation* $f \to F$ gelten zahlreiche Rechenregeln, die es wieder ermöglichen, aus der Kenntnis einiger Korrespondenzen $f(t) \; \circ\!\!-\!\!\bullet \; F(s)$ auf viele weitere Korrespondenzen zu schließen. Und wieder transformiert sich eine lineare Differentialgleichung in f zu einer Gleichung in F; durch Lösen der Gleichung, d. h. durch das Bestimmen von F, erhält man nach Rücktransformation die Lösung f der anfangs betrachteten Differentialgleichung. Das geht analog mit linearen Differentialgleichungssystemen wie auch mit gewissen Integralgleichungen.

79.1   Die Laplacetransformation

Wir gehen analog vor wie bei der Fouriertransformation: Wir erklären zu einer Funktion f die *Laplacetransformierte F*, wobei wir jeden Wert $F(s)$ von F durch ein uneigentliches Integral erhalten. Wir wählen wieder den einfachen Weg und nennen eine Funktion $f : [0, \infty) \to \mathbb{R}$ **laplacetransformierbar**, falls das Integral

$$\int_0^\infty f(t)\,e^{-st}\,dt$$

für alle Elemente s eines *Zulässigkeitsbereichs* $D \subseteq \mathbb{R}$ existiert.

Bemerkung Da die Funktion e^{-st} für $t \to \infty$ stark abfällt, reicht es aus, wenn f von höchstens *exponentiellem Wachstum* ist. Mit dieser Sprechweise ist gemeint, dass f nicht schneller wächst, als die inverse Exponentialfunktion fällt, sodass das betrachtete Integral für jedes $s \in D$ existiert.

Die Laplacetransformierte

Zu einer laplacetransformierbaren Funktion $f : [0, \infty) \to \mathbb{R}$ betrachte die Funktion $F : D \to \mathbb{R}$, gegeben durch

$$F(s) = \int_0^\infty f(t)\,e^{-st}\,dt.$$

Man nennt F die **Laplacetransformierte** von f; hierbei ist der Bereich $D \subseteq \mathbb{R}$ maximal gewählt. Die Schreibweisen

$$f(t) \;\circ\!\!-\!\!\bullet\; F(s) \quad \text{bzw.} \quad \mathcal{L}(f(t)) = F(s)$$

sind üblich.

Die Zuordnung $f \to F$, die einer laplacetransformierbaren Funktion f die Laplacetransformierte F zuweist, nennt man **Laplacetransformation.**

Wie bei der Fouriertransformation spricht man von der **Originalfunktion** $f = f(t)$, der **Bildfunktion** $F = F(s)$ und vom **Originalbereich** (das ist die Menge aller laplacetransformierbaren Funktionen) sowie vom **Bildbereich** (das ist die Menge aller laplacetransformierten Funktionen).

Bemerkung Allgemeiner können wir s als komplex auffassen, d. h., es ist $D \subseteq \mathbb{C}$ zugelassen. Bei dieser komplexen Version schreibe man $s = \rho + i\,\omega$ mit Realteil ρ und Imaginärteil ω; hieran erkennt man, dass die Laplacetransformation die Fouriertransformation in gewisser Weise verallgemeinert.

Beispiel 79.1

- Die Funktion $f : [0, \infty) \to \mathbb{R}$, $f(t) = 1$ hat wegen

$$F(s) = \int_0^\infty e^{-st}\, dt = \lim_{b \to \infty} \int_0^b e^{-st}\, dt = \lim_{b \to \infty} \left.\frac{-1}{s} e^{-st}\right|_0^b = \frac{1}{s}$$

für $s > 0$ die Laplacetransformierte $F : (0, \infty) \to \mathbb{R}$, $F(s) = \frac{1}{s}$, d. h.

$$1 \; \circ\!\!-\!\!\bullet \; \frac{1}{s} \quad \text{bzw.} \quad \mathcal{L}(1) = \frac{1}{s}.$$

Beachten Sie, dass diese Funktion f im Wesentlichen die Heavisidefunktion u ist.

- Die Funktion $f : [0, \infty) \to \mathbb{R}$, $f(t) = t^n$ hat wegen

$$F(s) = \int_0^\infty t^n\, e^{-st}\, dt = \lim_{b \to \infty} \int_0^b t^n\, e^{-st}\, dt$$

$$= \lim_{b \to \infty} \left. -\frac{t^n}{s} e^{-st}\right|_0^b + \frac{n}{s} \int_0^b t^{n-1}\, e^{-st}\, dt = \cdots = \frac{n!}{s^{n+1}}$$

für $s > 0$ die Laplacetransformierte $F : (0, \infty) \to \mathbb{R}$, $F(s) = \frac{n!}{s^{n+1}}$, d. h.

$$t^n \; \circ\!\!-\!\!\bullet \; \frac{n!}{s^{n+1}} \quad \text{bzw.} \quad \mathcal{L}(t^n) = \frac{n!}{s^{n+1}} \quad \text{für } n = 0, 1, 2, \ldots.$$

- Die Funktion $f : [0, \infty) \to \mathbb{R}$, $f(t) = \exp(at)$ hat wegen

$$F(s) = \int_0^\infty e^{at}\, e^{-st}\, dt = \lim_{b \to \infty} \int_0^b e^{(a-s)t}\, dt = \lim_{b \to \infty} \left.\frac{1}{a-s} e^{(a-s)t}\right|_0^b = \frac{1}{s-a}$$

für $s > a$ die Laplacetransformierte $F : (a, \infty) \to \mathbb{R}$, $F(s) = \frac{1}{s-a}$, d. h.

$$e^{at} \; \circ\!\!-\!\!\bullet \; \frac{1}{s-a} \quad \text{bzw.} \quad \mathcal{L}(e^{at}) = \frac{1}{s-a}.$$

- Die Funktion $f : [0, \infty) \to \mathbb{R}$, $f(t) = \sin(t)$ hat wegen

$$F(s) = \int_0^\infty \sin(t)\, e^{-st}\, dt = \lim_{b \to \infty} \left.\frac{e^{-st}}{s^2+1}(-s\, \sin(t) - \cos(t))\right|_0^b = \frac{1}{s^2+1}$$

für $s > 0$ die Laplacetransformierte $F : (0, \infty) \to \mathbb{R}$, $F(s) = \frac{1}{s^2+1}$, d. h.

$$\sin(t) \; \circ\!\!-\!\!\bullet \; \frac{1}{s^2+1} \quad \text{bzw.} \quad \mathcal{L}(\sin(t)) = \frac{1}{s^2+1}.$$

- **Dirac'sche Deltafunktion.** Als Laplacetransformierte der Dirac'schen Deltafunktion

$$\delta(t - t_0) = \begin{cases} 0, & t \neq t_0 \\ \infty, & t = t_0 \end{cases}$$

mit einem $t_0 \in \mathbb{R}$ erhalten wir wegen

$$\Delta_{t_0}(s) = \int\limits_0^\infty \delta(t - t_0)\, e^{-st}\, dt = e^{-t_0 s}.$$

Für $t_0 = 0$ lautet die Laplacetransformierte $\Delta_0(s)$ von $\delta(t)$ damit $\Delta_0(s) = 1$,

$$\delta(t - t_0) \;\circ\!\!-\!\!\bullet\; e^{-t_0 s}, \quad \text{insbesondere} \quad \delta(t) \;\circ\!\!-\!\!\bullet\; 1.$$

∎

Die Bereiche D sind immer nach oben unbeschränkte Intervalle der Form (a, ∞); das ist kein Zufall: Existiert nämlich das Integral $\int_0^\infty f(t)e^{-st} dt$ für ein s, so auch für alle größeren s, da e^{-st} mit wachsendem s kleiner wird.

MATLAB Analog zur Fouriertransformation ist natürlich auch die Laplacetransformation mit MATLAB möglich, ein Beispiel sagt mehr als jede Erklärung:

```
>> syms t s;
>> f = exp(-t)*cos(t);
>> laplace(f, s)
ans = (s + 1)/((s + 1)^2 + 1)
```

Bemerkung Wie bei der Fouriertransformation gibt es auch für die Laplacetransformation eine Umkehrung, also eine **inverse Laplacetransformation.** Tatsächlich spielt diese aber bei Weitem keine so große Rolle, wie man es zuerst erwartet. Wir geben die Formel für die Rücktransformation an, wenngleich man diese frühestens nach dem Durcharbeiten der Kapitel zur komplexen Analysis verstehen kann:

$$f(t) = \frac{1}{2\pi i} \int\limits_{\gamma - i\infty}^{-\gamma + i\infty} F(s)e^{st} ds,$$

wobei hier s als komplex aufgefasst wird. In den Anwendungen bestimmt man die Rücktransformierte $f(t)$ der Bildfunktion $F(s)$ nach einer entsprechenden Zerlegung von $F(s)$ aus einer Tabelle wie Tab. 79.1.

Tab. 79.1 Laplacekorrespondenzen

$F(s)$	$f(t)$	$F(s)$	$f(t)$
1	$\delta(t)$	$\dfrac{s}{(s^2+a^2)^2}$	$\dfrac{t\sin at}{2a}$
e^{-as}	$\delta(t-a)$	$\dfrac{s^2}{(s^2+a^2)^2}$	$\dfrac{\sin at + at\cos at}{2a}$
$\dfrac{1}{s}$	1	$\dfrac{1}{(s^2+a^2)(s^2+b^2)}$, $a^2\neq b^2$	$\dfrac{b\sin at - a\sin bt}{ab(b^2-a^2)}$
$\dfrac{1}{s^2}$	t	$\dfrac{s}{(s^2+a^2)(s^2+b^2)}$, $a^2\neq b^2$	$\dfrac{\cos at - \cos bt}{b^2-a^2}$
$\dfrac{1}{s^n}$, $n\in\mathbb{N}$	$\dfrac{t^{n-1}}{(n-1)!}$	$\dfrac{1}{(s+a)^2+b^2}$	$\dfrac{1}{b}e^{-at}\sin bt$
$\dfrac{1}{s+a}$	e^{-at}	$\dfrac{s+a}{(s+a)^2+b^2}$	$e^{-at}\cos bt$
$\dfrac{1}{(s+a)^n}$, $n\in\mathbb{N}$	$\dfrac{t^{n-1}e^{-at}}{(n-1)!}$	$\dfrac{1}{s^4-a^4}$	$\dfrac{\sinh at - \sin at}{2a^3}$
$\dfrac{1}{(s+a)(s+b)}$, $a\neq b$	$\dfrac{e^{-at}-e^{-bt}}{b-a}$	$\dfrac{s}{s^4+a^4}$	$\dfrac{\sin at \sinh at}{2a^2}$
$\dfrac{1}{s^2+a^2}$	$\dfrac{1}{a}\sin at$	$\dfrac{1}{\sqrt{s}}$	$\dfrac{1}{\sqrt{\pi t}}$
$\dfrac{s}{s^2+a^2}$	$\cos at$	$\arctan\dfrac{a}{s}$	$\dfrac{\sin at}{t}$
$\dfrac{1}{s^2-a^2}$	$\dfrac{1}{a}\sinh at$	$\dfrac{1-e^{-ks}}{s}$	$u(t)-u(t-k)$
$\dfrac{s}{s^2-a^2}$	$\cosh at$	$\dfrac{1}{s(1-e^{-ks})}$	$\displaystyle\sum_{n=0}^{\infty}u(t-nk)$
$\dfrac{1}{s(s^2+a^2)}$	$\dfrac{1-\cos at}{a^2}$	$\dfrac{1}{(s^2+1)(1-e^{-\pi s})}$	$\dfrac{1}{2}(\sin t + |\sin t|)$
$\dfrac{1}{s^2(s^2+a^2)}$	$\dfrac{at-\sin at}{a^3}$	$\dfrac{a\coth\frac{\pi s}{2a}}{s^2+a^2}$	$|\sin at|$
$\dfrac{1}{(s^2+a^2)^2}$	$\dfrac{\sin at - at\cos at}{2a^3}$	$\dfrac{1}{s}\tanh as$	$\mathrm{sgn}\left(\sin\left(\dfrac{\pi}{2a}t\right)\right)$

79.2 Die Rechenregeln bzw. Sätze zur Laplacetransformation

Wir fassen die wichtigsten Rechenregeln und Sätze zur Laplacetransformation übersichtlich zusammen.

Regeln und Sätze zur Laplacetransformation

Es seien $F = F(s)$ mit $s > a$ bzw. $G = G(s)$ mit $s > b$ die Bildfunktion einer laplacetransformierbaren Zeitfunktion $f = f(t)$ bzw. $g = g(t)$, d.h.

$$f(t) \; \circ\!\!-\!\!\bullet \; F(s) \text{ und } g(t) \; \circ\!\!-\!\!\bullet \; G(s).$$

- **Stetigkeit und uneigentliche Konvergenz von F:** Die Funktion $F(s)$ ist stetig, und es gilt $F(s) \to 0$ für $s \to \infty$; die Werte von F werden also zum *Rand* hin klein.

- **Linearität:** Für alle λ, $\mu \in \mathbb{R}$ gilt

$$\lambda f(t) + \mu g(t) \; \circ\!\!-\!\!\bullet \; \lambda F(s) + \mu G(s) \text{ mit } s > \max\{a, b\}.$$

- **Ähnlichkeit:** Für alle $c \in (0, \infty)$ gilt

$$f(c\,t) \; \circ\!\!-\!\!\bullet \; \frac{1}{c} F\left(\frac{s}{c}\right) \text{ mit } s > a.$$

- **Ableitung der Originalfunktion:** Ist f differenzierbar und f' auch laplacetransformierbar, so gilt

$$f'(t) \; \circ\!\!-\!\!\bullet \; s\,F(s) - f(0) \text{ mit } s > a.$$

- **Integral der Originalfunktion:** Für die Stammfunktion $\int_0^t f(x)\mathrm{d}x$ von f gilt

$$\int\limits_0^t f(x)\mathrm{d}x \; \circ\!\!-\!\!\bullet \; \frac{1}{s} F(s) \text{ mit } s > a.$$

- **Ableitung der Bildfunktion:** Ist $F(s)$ differenzierbar, so gilt

$$t\,f(t) \; \circ\!\!-\!\!\bullet \; -\,F'(s) \text{ mit } s > a.$$

- **Dämpfung:** Für $c \in \mathbb{R}$ gilt

$$\mathrm{e}^{-ct} f(t) \; \circ\!\!-\!\!\bullet \; F(s + c) \text{ mit } s > a - c.$$

- **Verschiebung:** Für $c \in \mathbb{R}_{>0}$ gilt

$$f(t - c)\,u(t - c) \; \circ\!\!-\!\!\bullet \; F(s)\mathrm{e}^{-cs} \text{ mit der Heavisidefunktion } u.$$

- **Faltung:** Für das **Faltungsprodukt** von f und g, das ist die laplacetransformierbare Funktion

$$(f * g)(t) = \int\limits_0^t f(t - \tau)\, g(\tau)\mathrm{d}\tau,$$

gilt $f * g = g * f$ und

$$(f * g)(t) \;\circ\!\!-\!\!\bullet\; F(s)\, G(s) \;\text{ mit } s > \max\{a, b\}.$$

Mithilfe dieser Regeln können wir nun ganz einfach aus den berechneten Korrespondenzen in Beispiel 79.1 viele weitere Korrespondenzen herleiten:

Beispiel 79.2

- Da der Kosinus die Ableitung vom Sinus ist, erhalten wir wegen

$$f(t) = \sin(t) \;\circ\!\!-\!\!\bullet\; F(s) = \frac{1}{s^2+1}$$

mit der Regel zur *Ableitung der Originalfunktion:*

$$f'(t) = \cos(t) \;\circ\!\!-\!\!\bullet\; s\, F(s) - f(0) = \frac{s}{s^2+1}.$$

- Wegen $\cos(t) \;\circ\!\!-\!\!\bullet\; \frac{s}{s^2+1}$ und $\sin(t) \;\circ\!\!-\!\!\bullet\; \frac{1}{s^2+1}$ erhalten wir für jedes $\omega \in (0, \infty)$ mit der Regel zur *Ähnlichkeit*:

$$\cos(\omega t) \;\circ\!\!-\!\!\bullet\; \frac{1}{\omega}\, \frac{s/\omega}{(s/\omega)^2+1} = \frac{s}{s^2+\omega^2}$$

und analog

$$\sin(\omega t) \;\circ\!\!-\!\!\bullet\; \frac{\omega}{s^2+\omega^2}.$$

- Mit der *Dämpfungsregel* erhalten wir für $c \in \mathbb{R}$ und jedes $\omega \in (0, \infty)$ die Korrespondenzen

$$\mathrm{e}^{-ct} \cos(\omega t) \;\circ\!\!-\!\!\bullet\; \frac{s+c}{(s+c)^2+\omega^2} \;\text{ und } \mathrm{e}^{-ct} \sin(\omega t) \;\circ\!\!-\!\!\bullet\; \frac{\omega}{(s+c)^2+\omega^2}.$$

- Will man die Rücktransformierte von $\frac{1}{(s+2)^2}$ bestimmen, so bieten sich zwei Wege an:
  - *Ableitung der Bildfunktion:* Für $F(s) = \frac{1}{s+2} \;\bullet\!\!-\!\!\circ\; f(t) = \mathrm{e}^{-2t}$ gilt $F'(s) = \frac{-1}{(s+2)^2}$, sodass

$$t\, \mathrm{e}^{-2t} \;\circ\!\!-\!\!\bullet\; \frac{1}{(s+2)^2}.$$

  - *Dämpfungsregel:* Für $F(s) = \frac{1}{s^2} \;\bullet\!\!-\!\!\circ\; f(t) = t$ gilt

$$e^{-2t} t \quad \circ\!\!-\!\!\bullet \quad \frac{1}{(s+2)^2}.$$

Auf jeden Fall gilt $\frac{1}{(s+2)^2} \quad \bullet\!\!-\!\!\circ \quad t\, e^{-2t}$.

- Schließlich ermitteln wir die Rücktransformierte von $F(s) = \frac{1-s}{s^2+2s+2}$. Es ist

$$\frac{1-s}{s^2+2s+2} = \frac{1-s}{(s+1)^2+1} = \frac{2}{(s+1)^2+1} - \frac{s+1}{(s+1)^2+1}.$$

Mit den Laplacetransformierten von sin und cos erhält man mit der *Dämpfungsregel*:

$$e^{-t} \sin t \quad \circ\!\!-\!\!\bullet \quad \frac{1}{(s+1)^2+1} \quad \text{und} \quad e^{-t} \cos t \quad \circ\!\!-\!\!\bullet \quad \frac{s+1}{(s+1)^2+1}.$$

Die gesuchte Rücktransformierte ist also $e^{-t}(2 \sin t - \cos t)$.

■

79.3   Anwendungen

Ähnlich wie bei der Fouriertransformation erhalten wir durch die Transformation einer linearen DGL eine Gleichung, wobei aber auch eine Anfangsbedingung bzw. Anfangsbedingungen nötig sind. Eine Rücktransformation der Lösung dieser Gleichung liefert dann eine Lösung des ursprünglichen AWPs. Das funktioniert in ähnlicher Weise bei linearen DGL-Systemen wie auch bei bestimmten Integralgleichungen. Die typischen Anwendungen der Laplacetransformation in der Ingenieurmathematik sind:

- Lösen von AWPen mit linearen DGLen,
- Lösen von AWPen mit linearen DGL-Systemen,
- Lösen von Volterra-Integralgleichungen.

79.3.1 Lösen von AWPen mit linearen DGLen

Wir besprechen ausführlich den Fall einer linearen DGL 2. Ordnung mit konstanten Koeffizienten und geben rezeptartig das Vorgehen zur Lösung eines entsprechenden AWPs mit einer solchen DGL an. Das Übertragen des Prinzips auf DGLen höherer Ordnung ist ganz einfach.

Ausgangspunkt ist ein AWP mit einer linearen DGL zweiter Ordnung mit konstanten Koeffizienten

$$a\,\ddot{x}(t) + b\,\dot{x}(t) + c\,x(t) = s(t) \ \text{ mit } \ x(0) = d, \ \dot{x}(0) = e,$$

a, $b\,c$, d, $e \in \mathbb{R}$, wobei die Funktionen $x(t)$, $\dot{x}(t)$, $\ddot{x}(t)$ und $s(t)$ laplacetransformierbar sind und die folgenden Korrespondenzen gelten

$$x(t) \; \circ\!\!-\!\!\bullet \; X(s) \; \text{und} \; s(t) \; \circ\!\!-\!\!\bullet \; S(s).$$

Mit zweifacher Anwendung der Regel *Ableitung der Originalfunktion* erhalten die weiteren Korrespondenzen

$$\dot{x}(t) \; \circ\!\!-\!\!\bullet \; sX(s) - x(0) \; \text{und} \; \ddot{x}(t) \; \circ\!\!-\!\!\bullet \; s\,(sX(s) - x(0)) - \dot{x}(0).$$

Setzt man dies in obige DGL ein, so erhalten wir wegen der Regel *Linearität* erst einmal

$$a\,(s^2 X(s) - s\,x(0) - \dot{x}(0)) + b\,(s\,X(s) - x(0)) + c\,X(s) = S(s),$$

und nach Einsetzen der Anfangsbedingungen gilt:

$$a\,(s^2 X(s) - s\,d - e) + b\,(s\,X(s) - d) + c\,X(s) = S(s).$$

Schließlich lösen wir nach $X(s)$ auf:

$$X(s) = \frac{S(s) + a\,(s\,d+e) + b\,d}{a\,s^2 + b\,s + c} = \frac{a\,(s\,d+e) + b\,d}{a\,s^2 + b\,s + c} + \frac{1}{a\,s^2 + b\,s + c}\,S(s).$$

Eine Rücktransformation, d. h. das Bestimmen von $x(t)$ mit $x(t) \; \circ\!\!-\!\!\bullet \; X(s)$, liefert eine Lösung des AWPs. Falls aber dieser Ausdruck für $X(s)$ *kompliziert* ist, wird man ihn nicht in der Tab. 79.1 finden. Es ist dann nötig, $X(s)$ durch eine Partialbruchzerlegung in einfachere Summanden zu zerlegen; eine anschließende Rücktransformation der Summanden führt dann wegen der Regel *Linearität* in der Summe zu der Rücktransformierten $x(t)$. Wir schildern das Vorgehen rezeptartig für eine DGL 2. Ordnung: Zum einen ist die 2. Ordnung der am häufigsten benötigte Fall, zum anderen ist die Verallgemeinerung auf andere Ordnungen ganz einfach:

Rezept: Lösen eines AWP mit einer linearen DGL mittels Laplacetransformation
Zur Lösung des AWP

$$a\,\ddot{x}(t) + b\,\dot{x}(t) + c\,x(t) = s(t) \; \text{mit} \; x(0) = d, \; \dot{x}(0) = e$$

mittels Laplacetransformation gehe man wie folgt vor:

(1) Bezeichne mit $X(s)$ die Laplacetransformierte der gesuchten Funktion $x(t)$.
(2) Transformiere die DGL, ermittle hierbei die Korrespondenz $s(t) \; \circ\!\!-\!\!\bullet \; S(s)$ und setze die Anfangsbedingungen ein.
(3) Löse die Gleichung in (2) nach $X(s)$ auf und erhalte $X(s) = \frac{S(s) + a\,(s\,d+e) + b\,d}{a\,s^2 + b\,s + c}$.
(4) Führe, falls nötig, eine Partialbruchzerlegung von $X(s)$ durch.

(5) Bestimme die Rücktransformierten der Summanden von $X(s)$ der Partialbruch-zerlegung.

(6) Erhalte die Lösung $x(t)$.

Beispiel 79.3

- Wir bestimmen die Lösung $x(t)$ des AWP

$$\dot{x}(t) + x(t) = \sin(t) \text{ mit } x(0) = 1.$$

(1) Es bezeichne $X(s)$ die Laplacetransformierte der gesuchten Funktion $x(t)$.

(2) Wegen $s(t) = \sin(t)$ $\circ\!\!-\!\!\bullet$ $S(s) = \frac{1}{s^2+1}$ und $\dot{x}(t)$ $\circ\!\!-\!\!\bullet$ $sX(s) - x(0)$ erhalten wir die Gleichung

$$sX(s) - 1 + X(s) = \frac{1}{s^2+1}.$$

(3) Es gilt $X(s) = \frac{s^2+2}{(s^2+1)(s+1)}$.

(4) Eine Partialbruchzerlegung dieses Ausdrucks führt zu

$$X(s) = \frac{s^2+2}{(s+1)(s^2+1)} = \frac{3}{2}\frac{1}{s+1} + \frac{1}{2}\frac{1-s}{s^2+1} = \frac{3}{2}\frac{1}{s+1} + \frac{1}{2}\frac{1}{s^2+1} - \frac{1}{2}\frac{s}{s^2+1}.$$

(5) Die Rücktransformierten der Summanden lauten

$$\frac{1}{s+1} \;\bullet\!\!-\!\!\circ\; e^{-t} \text{ und } \frac{1}{s^2+1} \;\bullet\!\!-\!\!\circ\; \sin(t) \text{ und } \frac{s}{s^2+1} \;\bullet\!\!-\!\!\circ\; \cos(t).$$

(6) Wir erhalten die Lösung $x(t) = \frac{3}{2}e^{-t} + \frac{1}{2}\sin(t) - \frac{1}{2}\cos(t)$.

- Wir bestimmen die Lösung $x(t)$ des AWP

$$\ddot{x}(t) + \dot{x}(t) - 2x(t) = 2e^t \text{ mit } x(0) = 0, \; \dot{x}(0) = 0.$$

(1) Es sei $X(s)$ die Laplacetransformierte der gesuchten Funktion $x(t)$.

(2) Transformation des AWP liefert: $s^2 X(s) + s X(s) - 2 X(s) = 2\frac{1}{s-1}$.

(3) Wir lösen nach $X(s)$ auf: $X(s) = \frac{2}{(s-1)^2(s+2)}$.

(4) Eine Partialbruchzerlegung liefert $X(s) = \frac{2}{(s-1)^2(s+2)} = \frac{2/9}{s+2} - \frac{2/9}{s-1} + \frac{6/9}{(s-1)^2}$.

(5) Es gilt laut der Tab. 79.1 und obigen Beispielen

$$\frac{1}{s+2} \;\bullet\!\!-\!\!\circ\; e^{-2t} \text{ und } \frac{1}{s-1} \;\bullet\!\!-\!\!\circ\; e^t \text{ und } \frac{1}{(s-1)^2} \;\bullet\!\!-\!\!\circ\; t\,e^t.$$

(6) Damit erhalten wir die Lösung

$$x(t) = \tfrac{2}{9}(e^{-2t} - e^{t} + 3\,t\,e^{t}).$$

∎

79.3.2 Lösen von AWPen mit linearen DGL-Systemen

Wir besprechen ausführlich den Fall eines linearen DGL-Systems 1. Ordnung mit zwei Funktionen und konstanten Koeffizienten und geben rezeptartig das Vorgehen zur Lösung eines entsprechenden AWPs mit einem solchen DGL-System an.

Ausgangspunkt ist ein AWP mit einem linearen DGL-System der Form

$$\begin{aligned}\dot{x}(t) &= a\,x(t) + b\,y(t) + s_1(t)\\ \dot{y}(t) &= c\,x(t) + d\,y(t) + s_2(t)\end{aligned} \quad \text{mit } x(0) = e \text{ und } y(0) = f$$

mit reellen Zahlen $a, \ldots, f$. Gesucht sind die Funktionen $x = x(t)$ und $y = y(t)$. In Vektor-Matrix-Schreibweise lautet das AWP:

$$\begin{pmatrix} \dot{x}(t) \\ \dot{y}(t) \end{pmatrix} = \begin{pmatrix} a & b \\ c & d \end{pmatrix} \begin{pmatrix} x(t) \\ y(t) \end{pmatrix} + \begin{pmatrix} s_1(t) \\ s_2(t) \end{pmatrix} \quad \text{mit} \quad \begin{pmatrix} x(0) \\ y(0) \end{pmatrix} = \begin{pmatrix} e \\ f \end{pmatrix}$$

oder mit den Abkürzungen

$$\boldsymbol{x}(t) = \begin{pmatrix} x(t) \\ y(t) \end{pmatrix} \quad \text{und} \quad A = \begin{pmatrix} a & b \\ c & d \end{pmatrix} \quad \text{und} \quad \boldsymbol{s}(t) = \begin{pmatrix} s_1(t) \\ s_2(t) \end{pmatrix} \quad \text{und} \quad \boldsymbol{v} = \begin{pmatrix} x(0) \\ y(0) \end{pmatrix}$$

noch knapper:

$$\dot{\boldsymbol{x}}(t) = A\,\boldsymbol{x}(t) + \boldsymbol{s}(t) \quad \text{mit } \boldsymbol{x}(0) = \boldsymbol{v}.$$

Wir gehen im Folgenden davon aus, dass alle beteiligten Funktionen $x(t)$, $y(t)$, $s_1(t)$, $s_2(t)$ laplacetransformierbar sind und die folgenden Korrespondenzen gelten

$$x(t) \multimap X(s) \quad \text{und} \quad y(t) \multimap Y(s) \quad \text{und} \quad s_1(t) \multimap S_1(s) \quad \text{und} \quad s_2(t) \multimap S_2(s).$$

Wegen $\dot{x}(t) \multimap s\,X(s) - x(0)$ und $\dot{y}(t) \multimap s\,Y(s) - y(0)$ wird aus dem DGL-System nun durch Laplacetransformation das folgende Gleichungssystem

$$\begin{pmatrix} s\,X(s) - x(0) \\ s\,Y(s) - y(0) \end{pmatrix} = \begin{pmatrix} a & b \\ c & d \end{pmatrix} \begin{pmatrix} X(s) \\ Y(s) \end{pmatrix} + \begin{pmatrix} S_1(s) \\ S_2(s) \end{pmatrix}.$$

Wir formen dieses Gleichungssystem in eine für uns gewohnte Form um und erhalten dabei die Formel

$$\begin{pmatrix} s-a & -b \\ -c & s-d \end{pmatrix} \begin{pmatrix} X(s) \\ Y(s) \end{pmatrix} = \begin{pmatrix} S_1(s) \\ S_2(s) \end{pmatrix} + \boldsymbol{v}.$$

Dieses Gleichungssystem ist zu lösen, d. h., es sind $X(s)$ und $Y(s)$ aus diesem Gleichungssystem zu bestimmen. Die Rücktransformierten $x(t)$ und $y(t)$ liefern gesuchte Lösungen. Damit ergibt sich das folgende Rezept:

Rezept: Lösen eines AWP mit einem linearen DGL-System mittels Laplacetransformation
Zur Lösung des AWP

$$\dot{x}(t) = a\, x(t) + b\, y(t) + s_1(t)$$
$$\dot{y}(t) = c\, x(t) + d\, y(t) + s_2(t)$$
$$\text{mit } x(0) = e \text{ und } y(0) = f$$

mittels Laplacetransformation gehe man wie folgt vor:

(1) Bezeichne mit $X(s)$ und $Y(s)$ die Laplacetransformierten der gesuchten Funktionen $x(t)$ und $y(t)$ und bestimme die Laplacetransformierten $S_1(s)$ von $s_1(t)$ sowie $S_2(s)$ von $s_2(t)$.
(2) Transformiere das DGL-System und setze die Anfangsbedingungen ein.
(3) Schreibe das Gleichungssystem in (2) in der folgenden Form

$$\begin{pmatrix} s-a & -b \\ -c & s-d \end{pmatrix} \begin{pmatrix} X(s) \\ Y(s) \end{pmatrix} = \begin{pmatrix} S_1(s) + e \\ S_2(s) + f \end{pmatrix}$$

und bestimme hieraus die Lösung $(X(s), Y(s))^\top$.
(4) Führe, falls nötig, eine Partialbruchzerlegung von $X(s)$ und $Y(s)$ durch.
(5) Bestimme die Rücktransformierten der Summanden von $X(s)$ und $Y(s)$ der Partialbruchzerlegungen.
(6) Erhalte die Lösung $\boldsymbol{x}(t) = (x(t), y(t))^\top$.

Beispiel 79.4 Wir betrachten das DGL-System

$$\begin{aligned} \dot{x}(t) &= x(t) + y(t) \\ \dot{y}(t) &= -x(t) + y(t) + \mathrm{e}^t \end{aligned} \quad \text{mit } x(0) = 0 \text{ und } y(0) = 0.$$

Wir beginnen gleich mit (3):

(3) Mit den Zahlen $a = b = d = 1$, $c = -1$ und $e = f = 0$ und den Laplacekorrespondenzen

$$s_1(t) = 0 \quad \circ\!\!-\!\!\bullet \quad S_1(s) = 0 \quad \text{und} \quad s_2(t) = e^t \quad \circ\!\!-\!\!\bullet \quad S_2(s) = \frac{1}{s-1}$$

erhalten wir das Gleichungssystem

$$\begin{pmatrix} s-1 & -1 \\ 1 & s-1 \end{pmatrix} \begin{pmatrix} X(s) \\ Y(s) \end{pmatrix} = \begin{pmatrix} 0 \\ \frac{1}{s-1} \end{pmatrix}.$$

Wir lösen die zweite Gleichung nach $X(s)$ auf und setzen das Ergebnis in die erste Gleichung ein:

$$X(s) = \frac{1}{s-1} - (s-1)\,Y(s) \quad \text{und} \quad Y(s) = \frac{1}{(s-1)^2+1}.$$

Somit erhalten wir die Lösung $(X(s), Y(s))^\top$ des (nichtlinearen) Gleichungssystems:

$$X(s) = \frac{1}{s-1} - \frac{s-1}{(s-1)^2+1} \quad \text{und} \quad Y(s) = \frac{1}{(s-1)^2+1}.$$

(4) entfällt.

(5) Ein Blick auf unsere Beispiele bzw. auf die Tab. 79.1 liefert

$$x(t) = e^t(1 - \cos(t)) \quad \circ\!\!-\!\!\bullet \quad X(s) = \frac{1}{s-1} - \frac{s-1}{(s-1)^2+1} \quad \text{und}$$

$$y(t) = e^t \sin(t) \quad \circ\!\!-\!\!\bullet \quad Y(s) = \frac{1}{(s-1)^2+1}.$$

(6) Die Lösung ist $x(t) = (e^t(1 - \cos(t)), e^t \sin(t))^\top$.

$\blacksquare$

79.3.3 Lösen von Integralgleichungen

Eine Gleichung, in der eine gesuchte Funktion $x = x(t)$ im Integrand eines bestimmten Integrals auftaucht, nennt man eine **Integralgleichung,** z. B.

$$\int_0^t x(\tau)\mathrm{d}\tau = \sin(t).$$

Eine Lösung $x(t)$ dieser Integralgleichung errät man leicht, nämlich $x(t) = \cos(t)$. Die Laplacetransformation liefert eine Methode, solche *Volterra-Integralgleichungen* systematisch zu lösen. Dabei nennt man eine Integralgleichung der Form

$$a\,x(t) + \int\limits_0^t k(t - \tau)x(\tau)\mathrm{d}\tau = s(t) \ \text{ mit } a \in \mathbb{R}$$

mit dem sogenannten **Kern** k **Volterra-Integralgleichung.** Sind die Funktionen x, k und s laplacetransformierbar, so erhält man eine Lösung mittels der Laplacetransformation: Gelten nämlich die folgenden Korrespondenzen

$$x(t) \ \circ\!\!-\!\!\bullet \ X(s) \ \text{ und } \ k(t) \ \circ\!\!-\!\!\bullet \ K(s) \ \text{ und } \ s(t) \ \circ\!\!-\!\!\bullet \ S(s),$$

so erhält man mit der Regel zur Faltung aus dieser Integralgleichung die Gleichung

$$a\,X(s) + K(s)\,X(s) = S(s), \ \text{ d.h. } \ X(s) = \frac{S(s)}{a + K(s)}.$$

Die Rücktransformierte $x(t)$ von $X(s) = \frac{S(s)}{a + K(s)}$ ist eine Lösung der betrachteten Integralgleichung.

Rezept: Lösen einer Volterra-Integralgleichung mit Laplacetransformation
Eine Lösung der Volterra-Integralgleichung

$$a\,x(t) + \int\limits_0^t k(t - \tau)\,x(\tau)\mathrm{d}\tau = s(t) \ \text{ mit } a \in \mathbb{R}$$

mit laplacetransformierbaren Funktionen x, k und s erhält man wie folgt:

(1) Bezeichne mit $X(s)$ die Laplacetransformierte von $x(t)$.
(2) Ermittle die Laplacetransformierten $K(s)$ und $S(s)$ von $k(t)$ und $s(t)$.
(3) Erhalte $X(s) = \frac{S(s)}{a + K(s)}$ und führe evtl. eine Partialbruchzerlegung durch.
(4) Durch Rücktransformation der Summanden der Partialbruchzerlegung erhalte die Lösung $x(t)$ der Integralgleichung.

Beispiel 79.5 Wir betrachten die Volterra-Integralgleichung

$$x(t) + \int\limits_0^t (t - \tau)\,x(\tau)\mathrm{d}\tau = \sin(t)$$

mit $a = 1$, dem Kern $k(t) = t$ und $s(t) = \sin(t)$.

(1) Es sei $X(s)$ die Laplacetransformierte von $x(t)$.
(2) $K(s) = 1/s^2$ und $S(s) = 1/(s^2 + 1)$ sind die Laplacetransformierten von $k(t)$ und $s(t)$.

(3) Wir erhalten $X(s) = \frac{s^2}{(s^2+1)^2}$.

(4) Durch Rücktransformation (siehe Tab. 79.1) erhalten wir die Lösung

$$x(t) = \frac{\sin(t) + t \cos(t)}{2}.$$

■

79.4 Aufgaben

79.1 Man bestimme die Laplacetransformierten von

(a) $\displaystyle\int_0^t \sin(a\tau)\, d\tau,$

(b) $\sin^2(t)$,

(c) $e^{2t} - e^{-2t}$,

(d) $e^{2t} \cos(at)$,

(e) $\cos(at) - \cos(bt)$,

(f) $\displaystyle\int_0^t (\cos(a\tau) - \cos(b\tau))\, d\tau.$

79.2 Es sei $F(s)$ die Laplacetransformierte von $f(t)$. Man ermittle die Rücktransformierten $f(t)$, wenn $F(s)$ gegeben ist durch:

(a) $\dfrac{s}{(s+a)(s+b)}$,

(b) $\dfrac{1}{(s+a)^3(s+b)}$,

(c) $\dfrac{1}{s^3(s^2+a^2)}$,

(d) $\dfrac{1}{(s+1)^3((s+1)^2+a^2)}$,

(e) $\dfrac{s^2+s+2}{(s-1)^2(s^2-2s+2)}$.

79.3 Man berechne mittels Laplacetransformation die Lösung der AWPe

(a) $\ddot{x} + 5\dot{x} + 6X = t e^{-2t}$, $\quad x(0) = x_0$, $\quad \dot{x}(0) = x_1$,

(b) $\dot{x} = \begin{pmatrix} -3 & -2 \\ 2 & 1 \end{pmatrix} x + e^{-t} \begin{pmatrix} 1 \\ 0 \end{pmatrix}$, $\quad x(0) = \mathbf{0}$.

79.4 Man löse mit Hilfe der Laplacetransformation das AWP

$$\ddot{x} + 2x = r(t), \quad x(0) = 0, \quad \dot{x}(0) = 0, \quad \text{wobei } r(t) = \begin{cases} 1 & \text{falls } 0 < t < 1 \\ 0 & \text{falls } 1 \leq t \end{cases}.$$

Hinweis: Man stelle $r(t)$ mit Hilfe der Heavisidefunktion dar.

79.5 Bestimmen Sie mittels Laplacetransformation die Lösungen der Integralgleichungen:

(a) $x(t) + \displaystyle\int_0^t x(t - \tau)e^\tau \,\mathrm{d}\tau = \sin t$ für $t \geq 0$,

(b) $x(t) + \displaystyle\int_0^t \sin(t - \tau)x(\tau) \,\mathrm{d}\tau = 1$ für $t \geq 0$.

Holomorphe Funktionen

80

Inhaltsverzeichnis

Wir betrachten komplexwertige Funktionen in einer komplexen Veränderlichen, also Funktionen der Form $f : G \to \mathbb{C}$ mit $G \subseteq \mathbb{C}$; wir betreiben also *komplexe Analysis,* Mathematiker sprechen von **Funktionentheorie.** Die Funktionentheorie hat wesentliche Anwendungen in der Ingenieurmathematik, etwa in der Elektrostatik oder Fluidmechanik. Wir entwickeln die Funktionentheorie soweit, um diese ingenieurwissenschaftlichen Anwendungen behandeln zu können. Dabei beginnen wir mit einigen Beispielen von komplexen Funktionen, und zielen dann schnell auf die *Differenzierbarkeit* komplexer Funktionen hinaus und gelangen damit zum wesentlichen Begriff der Funktionentheorie, der *Holomorphie.* Die *holomorphen* Funktionen bilden das zentrale Objekt der Funktionentheorie, insoweit sie für die Ingenieurwissenschaft benutzt wird.

80.1 Komplexe Funktionen

Eine komplexe Funktion ist eine Abbildung von einer Menge $G \subseteq \mathbb{C}$ nach $\mathbb{C}$:

$$f : G \subseteq \mathbb{C} \to \mathbb{C}.$$

Prinzipiell ist die Menge G eine völlig beliebige Teilmenge von $\mathbb{C}$. Für uns besonders wichtig aber sind *Gebiete* G, daher betrachten wir komplexe Funktionen immer gleich auf *Gebieten*.

80.1.1 Gebiete

In der Funktionentheorie ist der Definitionsbereich einer komplexen Funktion meist ein **Gebiet** G, d. h., G ist eine **offene** und **zusammenhängende** Menge:

- zu jedem $z \in G$ gibt es ein $\varepsilon > 0$ mit $B_\varepsilon(a) \subseteq G$ (d. h. G ist offen),
- zu je zwei z_1, $z_2 \in G$ gibt es einen in G verlaufenden Streckenzug, der z_1 und z_2 verbindet (d. h., G ist zusammenhängend).

Beachte Abb. 80.1.

80.1.2 Beispiele komplexer Funktionen

Wir geben zahlreiche Beispiele von **komplexen Funktionen** f auf Gebieten G an,

$$f : G \to \mathbb{C} \text{ mit } G \subseteq \mathbb{C}.$$

Beispiel 80.1

- **Polynomfunktionen:**

$$f : \mathbb{C} \to \mathbb{C}, \ f(z) = a_n z^n + \cdots + a_1 z + a_0 \text{ mit } a_k \in \mathbb{C}.$$

- **rationale Funktionen:**

$$f : G \to \mathbb{C}, \ f(z) = \frac{g(z)}{h(z)} \text{ mit Polynomen } g(z), \ h(z) \text{ und } G = \{z \in \mathbb{C} | h(z) \neq 0\}.$$

Abb. 80.1 Eine
zusammenhänge und eine nicht
zusammenhängende Menge

- **Potenzreihenfunktionen:**

$$f : G \to \mathbb{C}, \ f(z) = \sum_{k=0}^{\infty} a_k z^k \ \text{ mit } \ a_k \in \mathbb{C} \ \text{ und } \ G = \left\{ z \in \mathbb{C} \mid \sum_{k=0}^{\infty} a_k z^k \text{konvergiert} \right\}.$$

Die folgenden Beispiele sind spezielle Potenzreihenfunktionen. Diese Funktionen spielen aber eine derart fundamentale Rolle, dass wir sie separat angeben.

- **Exponentialfunktion:**

$$\exp : \mathbb{C} \to \mathbb{C}, \ e^z = \exp(z) = \sum_{k=0}^{\infty} \frac{z^k}{k!}.$$

- **Sinusfunktion:**

$$\sin : \mathbb{C} \to \mathbb{C}, \ \sin(z) = \sum_{k=0}^{\infty} \frac{(-1)^k}{(2k+1)!} z^{2k+1}.$$

- **Kosinusfunktion:**

$$\cos : \mathbb{C} \to \mathbb{C}, \ \cos(z) = \sum_{k=0}^{\infty} \frac{(-1)^k}{(2k)!} z^{2k}.$$

- **Tangensfunktion:**

$$\tan : G \to \mathbb{C}, \ \tan(z) = \frac{\sin(z)}{\cos(z)} \ \text{ mit } \ G = \{ z \in \mathbb{C} \mid \cos(z) \neq 0 \}.$$

- **Kotangensfunktion:**

$$\cot : G \to \mathbb{C}, \ \cot(z) = \frac{\cos(z)}{\sin(z)} \ \text{ mit } \ G = \{ z \in \mathbb{C} \mid \sin(z) \neq 0 \}.$$

- **Sinushyperbolikusfunktion:**

$$\sinh : \mathbb{C} \to \mathbb{C}, \ \sinh(z) = \sum_{k=0}^{\infty} \frac{1}{(2k+1)!} z^{2k+1}.$$

- **Kosinushyperbolikusfunktion:**

$$\cosh : \mathbb{C} \to \mathbb{C}, \ \cosh(z) = \sum_{k=0}^{\infty} \frac{1}{(2k)!} z^{2k}.$$

Für die folgenden beiden Beispiele beachte man, dass man jede komplexe Zahl $z \in \mathbb{C} \setminus \{0\}$ auf genau eine Weise in Polarform darstellen kann (siehe Abschn. 24.3),

$$z = r e^{i\varphi} \ \text{ mit } \ r = |z| \in \mathbb{R}_{>0} \ \text{ und } \ \varphi = \arg(z) \in (-\pi, \pi].$$

- **Wurzelfunktion:**

$$\sqrt{\cdot} : \mathbb{C} \to \mathbb{C}, \ \sqrt{re^{i\varphi}} = \sqrt{r}e^{i\varphi/2} \ \text{ und } \ \sqrt{0} = 0,$$

wobei $\sqrt{r}$ die reelle (positive) Wurzel der positiven reellen Zahl r ist.
- **Logarithmusfunktion**

$$\mathrm{Log} : \mathbb{C} \setminus \{0\} \to \mathbb{C}, \ \mathrm{Log}(z) = \ln|z| + i \, \arg(z),$$

wobei $\ln|z|$ der reelle Logarithmus der positiven reellen Zahl $|z|$ ist.

$\blacksquare$

Man beachte, dass es laut Merkbox in Abschn. 8.2 zu jeder komplexen Zahl $z \neq 0$ zwei verschiedene komplexe Wurzeln z_0 und z_1 gibt (beachte die Bezeichnungen in Abschn. 8.2); hierbei gilt $z_1 = -z_0$. Wir einigen uns bei der Wurzelfunktion darauf, dass $\sqrt{z} = z_0$ ist, genauer spricht man vom **Hauptzweig** der Wurzelfunktion. Beachte auch die Abb. 80.2.

Im Grunde geht man im Reellen genauso vor: Man erklärt $\sqrt{a}$ als die positive Lösung der Gleichung $x^2 = a$ für $a > 0$ und erhält so wie hier nun auch im Komplexen eine (eindeutige) Abbildung $a \mapsto \sqrt{a}$.

So wie die Wurzelfunktion eine Umkehrung der Quadratfunktion darstellt, so soll die Logarithmusfunktion eine Umkehrfunktion der Exponentialfunktion sein. Aber genauso wie das Quadrieren keine Bijektion ist, $z^2 = (-z)^2$, ist auch die komplexe Exponentialfunktion keine Bijektion, $e^z = e^{z+k2\pi i}$, $k \in \mathbb{Z}$. Bei der Wurzelfunktion haben wir uns durch Wahl des Arguments auf eine der beiden möglichen Werte der Wurzelfunktion festgelegt. Bei der Logarithmusfunktion legen wir uns auch mithilfe des Arguments auf einen der unendlich

Abb. 80.2 Die Wurzeln z_0 und z_1 von z

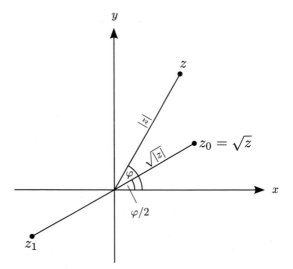

Abb. 80.3 Für jedes
$z \in \mathbb{C} \setminus \{0\}$ liegt
$z_k = \ln|z| + i \arg(z)$ in diesem
Streifen der Breite 2π

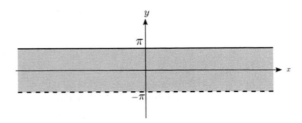

vielen möglichen Werte fest: Ist $z \in \mathbb{C} \setminus \{0\}$, so erfüllen die folgenden, unendlich vielen komplexen Zahlen

$$z_k = \ln|z| + i(\arg(z) + k2\pi) \ \text{ mit } \ k \in \mathbb{Z}$$

die Gleichung $e^{z_k} = z$. Wir haben $k = 0$ gewählt (siehe Abb. 80.3), genauer spricht man auch vom **Hauptzweig** des Logarithmus und bei der Wahl eines anderen $k \in \mathbb{Z}$ auch vom **k-ten Zweig des Logarithmus.**

Im folgenden Kasten geben wir Formeln und Regeln an, die uns aus dem Reellen vertraut sind und auch für diese komplexen Versionen dieser Funktionen gelten:

Wichtige Formeln

Für alle $z, \ w \in \mathbb{C}$:

- $e^{iz} = \cos(z) + i \sin(z)$,
- $e^z e^w = e^{z+w}$,
- $\cos(-z) = \cos(z)$ und $\sin(-z) = -\sin(z)$,
- $\sin(z) = \frac{e^{iz} - e^{-iz}}{2i}$ und $\cos(z) = \frac{e^{iz} + e^{-iz}}{2}$,
- $\cos^2(z) + \sin^2(z) = 1$,
- $\cos(z) = \cos(x)\cosh(y) - i\sin(x)\sinh(y)$ für $z = x + iy, x, \ y \in \mathbb{R}$,
- $\sin(z) = \sin(x)\cosh(y) + i\cos(x)\sinh(y)$ für $z = x + iy, x, \ y \in \mathbb{R}$,
- $\cos(z + w) = \cos(z)\cos(w) - \sin(z)\sin(w)$,
- $\sin(z + w) = \sin(z)\cos(w) + \sin(w)\cos(z)$,
- $\sin(z) = 0 \ \Leftrightarrow \ z = k\pi$ mit $k \in \mathbb{Z}$,
- $\cos(z) = 0 \ \Leftrightarrow \ z = (k + 1/2)\pi$ mit $k \in \mathbb{Z}$,
- cos und sin sind 2π-periodisch, d. h.

$$\cos(z + 2\pi) = \cos(z) \ \text{ und } \ \sin(z + 2\pi) = \sin(z) \ \text{ für alle } \ z \in \mathbb{C}.$$

- $\sin(z + \pi/2) = \cos(z)$,
- $\exp(\mathrm{Log}(z)) = z$ für alle $z \in \mathbb{C} \setminus \{0\}$,
- $\mathrm{Log}(\exp(z)) = z$ für alle $z \in \mathbb{C}$ mit $\mathrm{Im}(z) \in (-\pi, \pi]$.

Die komplexen Funktionen haben aber auch Eigenschaften, die man aus dem Reellen nicht gewohnt ist und daher erstmal seltsam anmuten; wir geben die wichtigsten dieser Eigenschaften an:

- Die komplexen Funktionen cos und sin sind unbeschränkt, d. h., $\cos(z)$ und $\sin(z)$ werden beliebig groß bzw. klein, es gilt nämlich beispielsweise $\cos(\mathrm{i}\,y) = \cosh(y)$ für alle $y \in \mathbb{R}$. Beachte nun den Graphen von cosh in Abb. 24.3.
- exp ist $2\pi\mathrm{i}$-periodisch und damit nicht mehr bijektiv, es gilt nämlich $\mathrm{e}^{z+2\pi\mathrm{i}} = \mathrm{e}^z$ für alle $z \in \mathbb{C}$.
- Die Euler'sche Formel $\mathrm{e}^{\mathrm{i}z} = \cos(z) + \mathrm{i}\sin(z)$ liefert keine Zerlegung in Real- und Imaginärteil, z. B. lautet die Euler'sche Formel mit $z = -\mathrm{i}\ln(2)$:

$$\mathrm{e}^{\mathrm{i}z} = 2 = \cos(-\mathrm{i}\ln(2)) + \mathrm{i}\sin(-\mathrm{i}\ln(2)) = \frac{5}{4} + \mathrm{i}\left(-\mathrm{i}\frac{3}{4}\right).$$

- $\operatorname{Log}(zw) \neq \operatorname{Log}(z) + \operatorname{Log}(w)$ für alle z, $w \in \mathbb{C}$, z. B. gilt mit $z = -1$ und $w = \mathrm{i}$:

$$\operatorname{Log}(zw) = \operatorname{Log}(-\mathrm{i}) = \frac{-\mathrm{i}\pi}{2} \quad \text{und}$$

$$\operatorname{Log}(z) + \operatorname{Log}(w) = \operatorname{Log}(-1) + \operatorname{Log}(\mathrm{i}) = \mathrm{i}\pi + \frac{\mathrm{i}\pi}{2} = \frac{3\pi}{2}.$$

80.1.3 Visualisierung komplexer Funktionen

Der Graph $\Gamma_f = \{(z, f(z)) | z \in G\}$ einer komplexen Funktion $f : G \subseteq \mathbb{C} \to \mathbb{C}$ ist eine Teilmenge des $\mathbb{C}^2$, nach Identifikation von $\mathbb{C}$ mit $\mathbb{R}^2$ also eine Teilmenge des $\mathbb{R}^4$. Also ist es nicht mehr möglich, sich den Graphen einer komplexen Funktion vorzustellen. Um dennoch eine Vorstellung der Funktion zu erhalten, behilft man sich gerne mit der folgenden *Visualisierung* einer komplexen Funktion $f : G \subseteq \mathbb{C} \to f(G) \subseteq \mathbb{C}$: Man zeichnet zwei Ebenen $\mathbb{C} = \mathbb{R}^2$ nebeneinander und trägt links G und rechts $f(G)$ ein. So erhalten wir z. B. eine Visualisierung der Inversion $f(z) = 1/z$ (siehe Abb. 80.4) oder der Sinusfunktion (siehe Abb. 80.5).

80.1.4 Reellifizierung komplexer Funktionen

Durch die Identifikation

$$\mathbb{C} \longleftrightarrow \mathbb{R}^2 \quad \text{und} \quad z = x + \mathrm{i}\,y \longleftrightarrow (x, y)$$

können wir eine komplexe Funktion $f : G \subseteq \mathbb{C} \to \mathbb{C}$ im folgenden Sinne als eine *reelle* Funktion $f : G \subseteq \mathbb{R}^2 \to \mathbb{R}^2$ auffassen; wir sprechen von einer **Reellifizierung:**

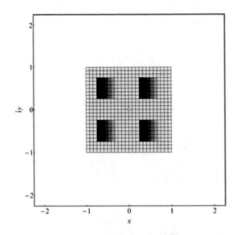
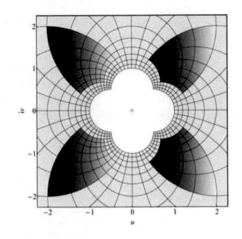

Abb. 80.4 Bild und Urbild der Inversion $f(z) = 1/z$

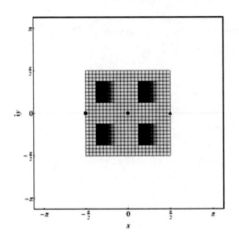
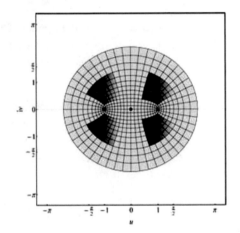

Abb. 80.5 Bild und Urbild der Sinusfunktion

$$f : \begin{cases} G \subseteq \mathbb{C} \to & \mathbb{C} \\ z & \mapsto f(z) \end{cases} \quad \longleftrightarrow \quad f : \begin{cases} G \subseteq \mathbb{R}^2 \to & \mathbb{R}^2 \\ (x, y) & \mapsto (u(x, y), v(x, y)) \end{cases}.$$

Hierbei ist $f(z) = u(x, y) + \mathrm{i}\, v(x, y)$ mit $u(x, y) = \mathrm{Re}(f(z))$ und $v(x, y) = \mathrm{Im}(f(z))$.

Beispiel 80.2

- Die Reellifizierung von $f : \mathbb{C} \to \mathbb{C}$, $f(z) = z^2$ lautet

$$f(x, y) = (x^2 - y^2, 2xy)^\top.$$

Hier gilt also $u(x, y) = \text{Re}(f(z)) = x^2 - y^2$ und $v(x, y) = \text{Im}(f(z)) = 2xy$.

- Die Reellifizierung von $f : \mathbb{C} \to \mathbb{C}$, $f(z) = z^2 - \bar{z}$ lautet

$$f(x, y) = (x^2 - y^2 - x, 2xy + y)^\top.$$

Hier gelten also $u(x, y) = \text{Re}(f(z)) = x^2 - y^2 - x$ und $v(x, y) = \text{Im}(f(z)) = 2xy + y$.

- Die Reellifizierung von $f : \mathbb{C} \to \mathbb{C}$, $f(z) = z\bar{z}$ lautet

$$f(x, y) = (x^2 + y^2, 0)^\top.$$

Hier gelten also $u(x, y) = \text{Re}(f(z)) = x^2 + y^2$ und $v(x, y) = \text{Im}(f(z)) = 0$.

∎

80.2 Komplexe Differenzierbarkeit und Holomorphie

Wir übertragen die Definition der (reellen) Differenzierbarkeit ins Komplexe. Das geht ganz einfach, da man in $\mathbb{C}$ dividieren darf, wie man es gewohnt ist. Damit erhalten wir auch gleich den zentralen Begriff der Funktionentheorie:

Komplexe Differenzierbarkeit, Holomorphie und Ganzheit

Es sei $f : G \to \mathbb{C}$ eine komplexe Funktion auf einem Gebiet G.

- Man sagt, $f : G \subseteq \mathbb{C} \to \mathbb{C}$ ist in $z_0 \in G$ **(komplex) differenzierbar**, falls der folgende Grenzwert existiert:

$$f'(z_0) = \lim_{z \to z_0} \frac{f(z) - f(z_0)}{z - z_0}.$$

- Man sagt, $f : G \subseteq \mathbb{C} \to \mathbb{C}$ ist **auf** $U \subseteq G$ **(komplex) differenzierbar,** falls f in jedem $z_0 \in U$ (komplex) differenzierbar ist.
- Man nennt f **holomorph** in $z_0 \in G$, wenn es eine offene Umgebung $U \subseteq G$ von z_0 gibt, auf der f (komplex) differenzierbar ist.
- Man nennt f **holomorph auf** (einer offenen Menge) $U \subseteq G$, wenn f holomorph in jedem $z_0 \in U$ ist.
- Man nennt f **ganz**, wenn f auf $G = \mathbb{C}$ holomorph ist.

Man beachte, dass die Holomorphie auf einer offenen Menge und die komplexe Differenzierbarkeit auf einer offenen Menge ein und dieselben Begriffe sind.

Es ist üblich, und auch wir werden das tun, kurz von einer *holomorphen Funktion f* zu sprechen. Damit meinen wir, dass $f : G \subseteq \mathbb{C} \to \mathbb{C}$ auf ihrem Definitionsbereich G holomorph ist. Anstelle von holomorph sagt man auch **analytisch**.

Ist $f : G \to \mathbb{C}$ holomorph, so existiert die **Ableitungsfunktion** $f' : G \to \mathbb{C}, z \mapsto f'(z)$. Für die Berechnung der Ableitungsfunktion gelten die bekannten Regeln:

$$f'(z) = nz^{n-1} \text{ für } f(z) = z^n,$$

$$f'(z) = g'(z) + h'(z) \text{ für } f(z) = g(z) + h(z),$$

$$f'(z) = g'(z)h(z) + g(z)h'(z) \text{ für } f(z) = g(z)h(z),$$

$$f'(z) = \frac{g'(z)h(z) - g(z)h'(z)}{(h(z))^2} \text{ für } f(z) = \frac{g(z)}{h(z)},$$

$$f'(z) = g'(h(z))h'(z) \text{ für } f(z) = g(h(z)).$$

Insbesondere sind auch Summe, Produkt, Quotient und Kompositionen holomorpher Funktionen wieder holomorph.

Beispiel 80.3

- Polynomfunktionen, exp, sin, cos, sinh und cosh sind ganze Funktionen, da sie auf ganz $\mathbb{C}$ holomorph sind, sie sind nämlich in jedem $z_0 \in \mathbb{C}$ komplex differenzierbar, und es gilt:
$$(e^z)' = e^z, \ (\sin z)' = \cos z, \ (\cos z)' = -\sin z.$$

- Rationale Funktionen und tan und cot sind in ihrem Definitionsbereich holomorph.

■

Um zu entscheiden, ob eine Funktion holomorph ist oder nicht, greift man gerne auf das folgende Kriterium zurück, es gilt:

Kriterium für Holomorphie
Wir betrachten eine komplexe Funktion $f : G \to \mathbb{C}$ mit der Reellifizierung

$$f : G \to \mathbb{R}^2, \ f(x, y) = u(x, y) + i\, v(x, y).$$

Die Funktion f ist genau dann holomorph auf G, wenn die Funktionen

$$u : (x, y) \mapsto u(x, y) \text{ und } v : (x, y) \mapsto v(x, y)$$

stetig partiell differenzierbar und die folgenden **Cauchy-Riemann'schen Differenti-algleichungen** auf G erfüllt sind:

$$u_x(x, y) = v_y(x, y) \text{ und } u_y(x, y) = -v_x(x, y).$$

Rezept: Nachweis der Holomorphie einer komplexen Funktion
Um nachzuweisen, ob eine komplexe Funktion $f : G \to \mathbb{C}$ holomorph ist, geht man wie folgt vor:
(1) Setze $z = x + \mathrm{i}\, y$ und bestimme u und v mit $f(x + \mathrm{i}\, y) = u(x, y) + \mathrm{i}\, v(x, y)$.
(2) Prüfe, ob u und v stetig partiell differenzierbar sind.

- falls nein: f ist nicht holomorph.
- falls ja: weiter im nächsten Schritt.

(3) Prüfe, ob die Cauchy-Riemann'schen DGLen $u_x = v_y$ und $u_y = -v_x$ in einem Gebiet $U \subseteq G$ erfüllt sind.

- falls nein: f ist nirgends holomorph.
- falls ja: f ist auf U holomorph.

Auch wenn wir längst wissen, dass Polynomfunktionen und die Exponentialfunktion holomorph sind, zeigen wir das mithilfe dieses Kriteriums:

Beispiel 80.4

- Wir untersuchen die Funktion $f : \mathbb{C} \to \mathbb{C}$, $f(z) = z$ auf Holomorphie: (1) Wegen $f(x + \mathrm{i}\, y) = x + \mathrm{i}\, y$ gilt hier

$$u(x, y) = x \text{ und } v(x, y) = y.$$

(2) Da u und v stetig partiell differenzierbar und (3) die Cauchy-Riemann'schen DGLen erfüllt sind,

$$u_x = 1 = v_y \text{ und } u_y = 0 = -v_x,$$

ist f holomorph auf $\mathbb{C}$ und damit eine ganze Funktion.

- Wir untersuchen die Funktion $\exp : \mathbb{C} \to \mathbb{C}$, $\exp(z) = e^z$ auf Holomorphie: (1) Wegen
$\exp(x + \mathrm{i}\, y) = e^x e^{\mathrm{i}\, y} = e^x (\cos(y) + \mathrm{i}\, \sin(y)) = e^x \cos(y) + \mathrm{i}\, e^x \sin(y)$ gilt

$$u(x, y) = e^x \cos(y) \quad \text{und} \quad v(x, y) = e^x \sin(y).$$

(2) Da u und v stetig partiell differenzierbar sind und (3) die Cauchy-Riemann'schen DGLen erfüllt sind,

$$u_x = e^x \cos(y) = v_y \quad \text{und} \quad u_y = -e^x \sin(y) = -v_x,$$

ist f holomorph auf $\mathbb{C}$ und damit eine ganze Funktion.
- Wir untersuchen die Funktion $f : \mathbb{C} \to \mathbb{C}$, $f(z) = z\,\bar{z}$ auf Holomorphie: (1) Wegen
$f(x + \mathrm{i}\, y) = x^2 + y^2$ gilt hier

$$u(x, y) = x^2 + y^2 \quad \text{und} \quad v(x, y) = 0.$$

(2) Die Funktionen u und v sind zwar stetig partiell differenzierbar, aber (3) die Cauchy-Riemann'schen DGLen sind außer im Punkt $(0, 0)$ nirgends erfüllt,

$$u_x = 2x \neq 0 = v_y \quad \text{und} \quad u_y = 2y \neq 0 = -v_x \quad \text{für} \ (x, y) \neq (0, 0),$$

damit ist f auf keiner Teilmenge von $\mathbb{C}$ holomorph.

∎

80.3 Aufgaben

80.1 Bestimmen Sie die Punktmengen in $\mathbb{C}$, die durch jeweils eine der folgenden Bedingungen definiert sind:

(a) $|z + 1 - 2\mathrm{i}| = 3$,   (d) $\operatorname{Re}(1/z) = 1$,   (e) $|z - 3| + |z + 3| = 10$,

(b) $1 < |z + 2\mathrm{i}| < 2$,   (c) $|z - 2| = |z + \mathrm{i}|$,   (f) $\operatorname{Im}\left((z+1)/(z-1)\right) \leq 0$.

80.2 Bestimmen Sie die Reellifizierungen der folgenden Funktionen $f : \mathbb{C} \to \mathbb{C}$, $z \mapsto f(z)$ mit:

(a) $f(z) = z^3$,   (b) $f(z) = \frac{1}{1-z}$,   (c) $f(z) = e^{3z}$.

80.3 Für welche $z \in \mathbb{C}$ ist $\sin z = 1000$?

80.4 Zeigen Sie, dass die Funktion $f(z) = \frac{(2z-1)}{(2-z)}$ den Einheitskreis der komplexen Ebene auf sich abbildet.

80.5 Stellen Sie fest, in welchen Gebieten $G \subseteq \mathbb{C}$ die folgenden Funktionen holomorph sind:

$$\text{(a) } f(z) = z^3, \quad \text{(b) } f(z) = z\,\mathrm{Re}\,z, \quad \text{(c) } f(z) = |z|^2, \quad \text{(d) } f(z) = \bar{z}/|z|^2.$$

80.6 Man berechne:

(a) $e^{2+i\pi/6}$,   (b) $\cosh(i\,t)$, $t \in \mathbb{R}$,   (c) $\cos(1 + 2i)$.

80.7 Bestimmen und skizzieren Sie die Bilder der Gebiete

(a) $\{z \in \mathbb{C} \mid 0 < \mathrm{Re}\,z < 1,\ 0 < \mathrm{Im}\,z < 1$ unter $w = e^z$,
(b) $\{z \in \mathbb{C} \mid 0 < \mathrm{Re}\,z < \pi/2,\ 0 < \mathrm{Im}\,z < 2$ unter $w = \sin z$.

Komplexe Integration 81

Inhaltsverzeichnis

Die Definitionsbereiche von komplexen Funktionen sind Gebiete in $\mathbb{C}$. Das Analogon der reellen Integration ist im Komplexen die Integration längs von Kurven im Definitionsgebiet. Die komplexe Integration einer Funktion f längs einer Kurve γ verläuft analog zum reellen vektoriellen Kurvenintegral:

$$\int_\gamma f \, \mathrm{d}s = \int_a^b f(\gamma(t)) \, \dot{\gamma}(t) \mathrm{d}t.$$

Zur Berechnung des Wertes eines komplexen Kurvenintegrals kann wie im Reellen auch eine Stammfunktion von f nützlich sein, eine solche existiert, sofern die Funktion f holomorph ist.

81.1 Komplexe Kurven

Wir geben *Kurven* in $\mathbb{C}$ mit einem reellen Parameter $t \in [a, b] \subseteq \mathbb{R}$ an: Wir nennen für reelle Zahlen $a < b$ eine stetige Abbildung

$$\gamma : [a, b] \subseteq \mathbb{R} \to \mathbb{C}, \ t \mapsto \gamma(t)$$

eine **Kurve** in $\mathbb{C}$ – man spricht von einer **Parametrisierung.** Es ist $\gamma(a)$ der **Anfangspunkt** und $\gamma(b)$ der **Endpunkt** der Kurve, und die Kurve heißt **geschlossen**, falls $\gamma(a) = \gamma(b)$

Abb. 81.1 Die Kurve wird
positiv durchlaufen

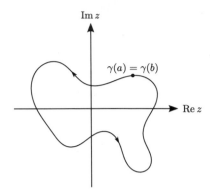

gilt. Und man nennt sie **doppelpunktfrei**, falls aus $\gamma(t_1) = \gamma(t_2)$ mit t_1, $t_2 \in (a, b)$ stets $t_1 = t_2$ folgt. Die Menge der Bildpunkte $\gamma([a, b]) \subseteq \mathbb{C}$ wird die **Spur** der Kurve genannt, hier ist man aber oft nachlässig und spricht ebenfalls von der *Kurve*.

Man sagt, eine geschlossene, doppelpunktfreie Kurve wird **positiv durchlaufen**, falls der eingeschlossene Bereich B links der Durchlaufrichtung liegt. In Abb. 81.1 wird die geschlossene Kurve positiv durchlaufen.

Die zwei einfachsten und wichtigsten Kurven behandeln wir im folgenden Beispiel.

Beispiel 81.1 Wir geben die zwei Kurven an, deren Spuren zum einen die Verbindungsstrecke zwischen zwei Punkten z_1, $z_2 \in \mathbb{C}$ zum anderen ein Kreis vom Radius r um den Mittelpunkt $z_0 \in \mathbb{C}$ bilden (siehe Abb. 81.2).

Die folgende Kurve γ_1 hat als Spur die Verbindungsstrecke zwischen den Punkten z_1, $z_2 \in \mathbb{C}$:

$$\gamma_1 : [0, 1] \to \mathbb{C}, \ \gamma_1(t) = z_1 + t\,(z_2 - z_1).$$

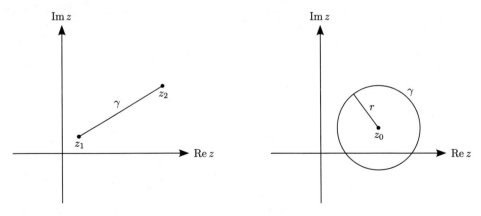

Abb. 81.2 Die Verbindungsstrecke zwischen zwei Punkten und ein Kreis

Die folgende Kurve γ_2 hat als Spur den Kreis vom Radius r um den Mittelpunkt z_0:

$$\gamma_2 : [0, 2\pi] \to \mathbb{C}, \ \gamma_2(t) = z_0 + re^{it}.$$

Der Kreis wird positiv durchlaufen. Wählt man bei γ_2 das Intervall $[0, \pi]$, so erhält man einen *oberen Halbkreis,* und bei der Wahl $[-\pi/2, \pi/2]$ erhält man einen *rechten Halbkreis.* Auf diese Art und Weise kann man beliebige Kreisabschnitte erhalten.   ∎

Man kann Kurven $\gamma_1, \ldots, \gamma_n$ *zusammensetzen,* falls der Kurvenendpunkt der einen Kurve mit dem Kurvenanfangspunkt der nächsten Kurve zusammenfällt. Man schreibt dann $\gamma = \gamma_1 + \cdots + \gamma_n$ und meint damit genau das, was man sich darunter vorstellt. Beachte Abb. 81.3.

Beim Zusammensetzen von Kurven, aber auch in anderen Fällen, will man oftmals ein gegebenes Kurvenstück in entgegengesetzter Richtung durchlaufen, also nicht vom Anfangspunkt $\gamma(a)$ zum Endpunkt $\gamma(b)$, sondern von $\gamma(b)$ nach $\gamma(a)$. Das kann man ganz einfach bewerkstelligen: Ist

$$\gamma : [a, b] \to \mathbb{C}, \ t \mapsto \gamma(t)$$

eine Kurve mit Anfangspunkt $\gamma(a)$ und Endpunkt $\gamma(b)$, so durchläuft die Kurve

$$-\gamma : [a, b] \to \mathbb{C}, \ t \mapsto \gamma(a + b - t)$$

die Spur entgegengesetzt, beginnend bei $\gamma(b)$ und endend bei $\gamma(a)$.

Im Folgenden werden wir neben γ immer wieder $\dot{\gamma}$ betrachten. Dazu muss γ differenzierbar sein. Der Einfachheit halber setzen wir das einfach voraus, wir gehen sogar noch einen Schritt weiter: Alle im Folgenden betrachteten Kurven sollen stückweise stetig differenzierbar sein.

Abb. 81.3 Eine zusammengesetzte Kurve

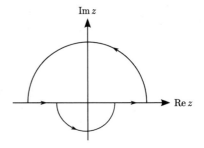

81.2   Komplexe Kurvenintegrale

Wir führen nun in Analogie zum reellen vektorwertigen Kurvenintegral das *komplexe Kurvenintegral* ein. Die Rolle des Skalarprodukts übernimmt dabei die komplexe Multiplikation:

Das komplexe Kurvenintegral

Gegeben sind

- eine komplexe Funktion $f : G \subseteq \mathbb{C} \to \mathbb{C}$ und
- eine Kurve $\gamma : [a, b] \to \mathbb{C}$, deren Spur im Gebiet G liegt, $\gamma([a, b]) \subseteq G$.

Man nennt dann

$$\int_{\gamma} f(z)\,\mathrm{d}z = \int_a^b f(\gamma(t))\,\dot{\gamma}(t)\mathrm{d}t$$

das **(komplexe) Kurvenintegral** oder kurz **Integral** von f längs γ.

Ist γ eine zusammengesetzte Kurve $\gamma = \gamma_1 + \cdots + \gamma_n$, so setzt man

$$\int_{\gamma} f(z)\,\mathrm{d}z = \sum_{i=1}^n \int_{\gamma_i} f(z)\,\mathrm{d}z.$$

Ist γ eine geschlossene Kurve, so schreibt man auch $\oint_{\gamma} f(z)\,\mathrm{d}z$. Und ist $\gamma : [0, 2\pi] \to \mathbb{C}$, $\gamma(t) = z_0 + r\mathrm{e}^{\mathrm{i}t}$ ein Kreis um z_0 vom Radius r, so schreibt man auch

$$\oint_{|z-z_0|=r} f(z)\,\mathrm{d}z = \int_{\gamma} f(z)\,\mathrm{d}z.$$

Man beachte, dass bei dieser Schreibweise die Durchlaufrichtung des Kreises vereinbart wird: Wir durchlaufen den Kreis positiv, also entgegen dem Uhrzeigersinn.

Rezept: Berechnen eines komplexen Kurvenintegrals

Zur Berechnung des komplexen Kurvenintegrals $\int_{\gamma} f(z)\mathrm{d}z$ gehe wie folgt vor:

(1) Bestimme eine Parametrisierung von $\gamma = \gamma_1 + \cdots + \gamma_n$, d.h.

$$\gamma_i : [a_i, b_i] \to \mathbb{C}, \ t \mapsto \gamma_i(t) \ \text{für} \ i = 1, \ldots, n.$$

(2) Stelle die Integrale auf:

$$\int_{\gamma_i} f(z)\,\mathrm{d}z = \int_{a_i}^{b_i} f(\gamma_i(t))\,\dot{\gamma_i}(t)\mathrm{d}t.$$

(3) Berechne die Integrale aus (2) und summiere auf:

$$\int_{\gamma} f(z)\,\mathrm{d}z = \sum_{i=1}^{n} \int_{\gamma_i} f(z)\mathrm{d}z.$$

Beispiel 81.2

- Wir bestimmen für $r > 0$ und $m \in \mathbb{Z}$ das komplexe Kurvenintegral

$$\oint_{|z-a|=r} (z-a)^m\,\mathrm{d}z.$$

(1) Die Parametrisierung von γ lautet $\gamma : [0, 2\pi] \to \mathbb{C}$, $\gamma(t) = a + r\mathrm{e}^{\mathrm{i}t}$.
(2) Wir erhalten das Integral

$$\int_{\gamma} f(z)\,\mathrm{d}z = \int_0^{2\pi} r^m \mathrm{e}^{\mathrm{i}mt}\,\mathrm{i}\,r\mathrm{e}^{\mathrm{i}t}\mathrm{d}t.$$

(3) Es gilt

$$\int_{\gamma} f(z)\,\mathrm{d}z = \mathrm{i}\,r^{m+1} \int_0^{2\pi} \mathrm{e}^{\mathrm{i}(m+1)t}\mathrm{d}t = \begin{cases} \left.\dfrac{\mathrm{i}\,r^{m+1}}{\mathrm{i}\,(m+1)}\mathrm{e}^{\mathrm{i}(m+1)t}\right|_0^{2\pi} &,\ m \neq -1 \\[2ex] \left.\mathrm{i}\,t\right|_0^{2\pi} &,\ m = -1 \end{cases}$$

$$= \begin{cases} 0\,, & m \neq -1 \\ 2\pi\mathrm{i}\,, & m = -1 \end{cases}.$$

- Wir berechnen das komplexe Kurvenintegral

$$\int_{\gamma} f(z)\,\mathrm{d}z$$

für $f(z) = z$ und $g(z) = \bar{z}$ und die Kurve γ mit der in Abb. 81.4 gegebenen Spur.
(1) Als Parametrisierung erhalten wir für $\gamma = \gamma_1 + \gamma_2$:

$$\gamma_1 : [0, {}^{3\pi}/2] \to \mathbb{C},\ \gamma_1(t) = \mathrm{e}^{\mathrm{i}t}$$

und

$$\gamma_2 : [0, 1] \to \mathbb{C}, \ \gamma_2(t) = -i + (1 + i)t.$$

(2) Für $f(z) = z$ und $g(z) = \bar{z}$ erhalten wir wegen $\overline{e^{it}} = e^{-it}$:

$$\int_{\gamma_1 + \gamma_2} f(z)\mathrm{d}z = \int_0^{3\pi/2} e^{it} i\, e^{it}\mathrm{d}t + \int_0^1 (-i + (1 + i)t)(1 + i)\mathrm{d}t.$$

$$\int_{\gamma_1 + \gamma_2} g(z)\,\mathrm{d}z = \int_0^{3\pi/2} e^{-it} i\, e^{it}\mathrm{d}t + \int_0^1 (i + (1 - i)t)(1 + i)\mathrm{d}t.$$

(3) Eine kurze Rechnung ergibt:

$$\int_{\gamma} f(z)\mathrm{d}z = i\, \frac{1}{2i} e^{2it} \Big|_0^{3\pi/2} + (-i + 1)t\,\Big|_0^1 + \frac{1}{2} t^2 (1 + i)^2 \Big|_0^1 = -1 + (-i + 1) + i = 0.$$

$$\int_{\gamma} g(z)\mathrm{d}z = i\,t\,\Big|_0^{3\pi/2} + (i - 1)t\,\Big|_0^1 + t^2 \Big|_0^1 = \frac{3\pi i}{2} + (i - 1) + 1 = \left(\frac{3\pi}{2} + 1\right)i.$$

Man beachte, dass das Integral $\int_{|z|=1} g(z)\mathrm{d}z$ längs des (vollen) Einheitskreises den Wert $2\pi i$ hat, sodass also $\int_{\gamma} g(z)\,\mathrm{d}z \neq \int_{|z|=1} g(z)\,\mathrm{d}z$, obwohl die beiden Kurven denselben Anfangs- und Endpunkt haben. ∎

Abb. 81.4 Integral längs
$\gamma = \gamma_1 + \gamma_2$

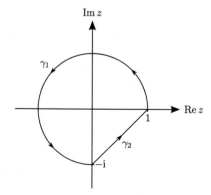

81.3   Der Cauchyintegralsatz und die Cauchyintegralformel

Der Wert des komplexen Kurvenintegrals $\int_\gamma f(z)\mathrm{d}z$ ist im Allgemeinen abhängig vom Integrationsweg (siehe Beispiel 81.2). Es gibt aber eine Klasse von Funktionen f, für die es im Wesentlichen egal ist, auf welchem Weg man sie vom Kurvenanfangspunkt $\gamma(a)$ zum Kurvenendpunkt $\gamma(b)$ integriert, das Ergebnis ist dasselbe. Es handelt sich hierbei um die holomorphen Funktionen. Man muss nur darauf achten, dass das Gebiet G, in dem die Kurve verläuft, einfach zusammenhängend ist (siehe Abschn. 57.2). Wir werden präziser und formulieren die zentralen Sätze der Theorie holomorpher Funktionen:

Der Cauchyintegralsatz, die Cauchyintegralformel und Folgerungen

- **Der Cauchyintegralsatz:** Ist γ eine geschlossene Kurve in einem einfach zusammenhängenden Gebiet G und $f : G \to \mathbb{C}$ holomorph, so gilt

$$\oint_\gamma f(z)\,\mathrm{d}z = 0.$$

- **Die Cauchyintegralformel:** Ist γ eine geschlossene, doppelpunktfreie und positiv durchlaufene Kurve in einem einfach zusammenhängenden Gebiet G und $f : G \to \mathbb{C}$ holomorph, so gilt für jedes z_0 im Inneren von γ

$$f(z_0) = \frac{1}{2\pi\mathrm{i}} \oint_\gamma \frac{f(z)}{z-z_0}\,\mathrm{d}z.$$

- **Wegunabhängigkeit des Kurvenintegrals:** Ist $f : G \to \mathbb{C}$ holomorph auf dem einfach zusammenhängenden Gebiet G, so gilt für beliebige Kurven γ_1 und γ_2 in G mit gleichem Anfangs- und Endpunkt

$$\int_{\gamma_1} f(z)\mathrm{d}z = \int_{\gamma_2} f(z)\mathrm{d}z.$$

- **Existenz einer Stammfunktion:** Ist $f : G \to \mathbb{C}$ holomorph auf dem einfach zusammenhängenden Gebiet G, so existiert zu f eine Stammfunktion F, und es gilt für jede in G verlaufende Kurve γ mit Anfangspunkt $\gamma(a)$ und Endpunkt $\gamma(b)$:

$$\int_\gamma f(z)\mathrm{d}z = F(\gamma(b)) - F(\gamma(a)).$$

Auf die Beweise des Cauchyintegralsatzes und der Integralformel verzichten wir.

Die Wegunabhängigkeit folgt so leicht aus dem Integralsatz, dass wir auf diesen Nachweis nicht verzichten wollen: Wir integrieren f längs der zusammengesetzten und geschlossenen Kurve $\gamma_1 + (-\gamma_2)$ und erhalten nach dem Cauchyintegralsatz dafür den Wert 0, siehe Abb. 81.5. Es gilt damit:

$$0 = \int\limits_{\gamma_1} f(z)\mathrm{d}z + \int\limits_{-\gamma_2} f(z)\mathrm{d}z$$

$$= \int\limits_{\gamma_1} f(z)\mathrm{d}z - \int\limits_{\gamma_2} f(z)\mathrm{d}z.$$

Hieraus folgt die Behauptung $\int_{\gamma_1} f(z)\mathrm{d}z = \int_{\gamma_2} f(z)\mathrm{d}z$.

Den Beweis der Existenz einer Stammfunktion führt man wie im Reellen.

Die Cauchyintegralformel ist etwas gewöhnungsbedürftig, daher ein paar Bemerkungen dazu: Die Werte einer holomorphen Funktion f im Inneren einer Kreisscheibe sind nach der Cauchyintegralformel vollständig durch die Werte auf dem Rand dieses Kreises bestimmt. Es ist wichtig zu beachten, dass die Funktion f im Inneren von γ holomorph ist, der Integrand $\frac{f(z)}{z-z_0}$ ist es nicht, dieser ist ja nicht einmal in z_0 erklärt, also dort erst recht nicht holomorph.

In den folgenden Beispielen zeigen wir typische Anwendungen dieser eher theoretisch wirkenden Sätze, um klar zu machen, dass das Anwenden dieser Sätze das Berechnen komplexer Kurvenintegrale in vielen Fällen enorm erleichtert.

Beispiel 81.3

- Wir bestimmen das komplexe Kurvenintegral

$$\int\limits_{|z|=1} \frac{\mathrm{e}^z}{z-2}\mathrm{d}z.$$

Da die Funktion $g(z) = \frac{\mathrm{e}^z}{z-2}$ auf einem einfach zusammenhängenden Gebiet, das den Einheitskreis $|z| = 1$ enthält, holomorph ist, folgt aus dem Cauchyintegralsatz

$$\int\limits_{|z|=1} \frac{\mathrm{e}^z}{z-2}\mathrm{d}z = 0.$$

Abb. 81.5 γ_1 und γ_2 verbinden z_1 und z_2

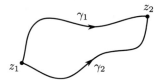

- Wir bestimmen das komplexe Kurvenintegral

$$\int\limits_{|z|=3} \frac{\mathrm{e}^z}{z-2}\mathrm{d}z.$$

Da die Funktion $f(z) = \mathrm{e}^z$ auf einem einfach zusammenhängenden Gebiet, das den Kreis $|z| = 3$ enthält, holomorph ist, folgt aus der Cauchyintegralformel

$$\int\limits_{|z|=3} \frac{\mathrm{e}^z}{z-2}\mathrm{d}z = 2\pi\,\mathrm{i}\,\mathrm{e}^2.$$

- Wir bestimmen das komplexe Kurvenintegral

$$\int\limits_{\gamma} z^5 \mathrm{d}z \quad \text{längs} \quad \gamma : [0, 1] \to \mathbb{C}, \ \gamma(t) = -\mathrm{i} + (1 + \mathrm{i})t.$$

Da die Funktion $f(z) = z^5$ auf einem einfach zusammenhängenden Gebiet, das die Strecke $\gamma([0, 1])$ enthält, holomorph ist, folgt aus der Existenz der Stammfunktion $F(z) = z^6/6$

$$\int\limits_{\gamma} z^5 \mathrm{d}z = F(\gamma(1)) - F(\gamma(0)) = F(1) - F(\mathrm{i}) = 1/6 + 1/6 = 1/3.$$ ∎

Wir listen in der folgenden Box einige wichtige Eigenschaften holomorpher Funktionen auf. Diese Eigenschaften folgen im Wesentlichen aus dem Cauchyintegralsatz:

Wichtige Eigenschaften holomorpher Funktionen

- **Die Mittelwerteigenschaft:** Ist $f : G \to \mathbb{C}$ holomorph und gilt $\{z \in \mathbb{C}\,|\,|z - z_0| \le r\} \subseteq G$, so ist der Wert $f(z_0)$ der Mittelwert der Funktionswerte auf dem Rand des Kreises

$$f(z_0) = \frac{1}{2\pi} \int\limits_0^{2\pi} f(z_0 + r\mathrm{e}^{\mathrm{i}t})\mathrm{d}t.$$

- **Der Satz von Goursat:** Jede holomorphe Funktion ist beliebig oft (komplex) differenzierbar.
- **Potenzreihendarstellung holomorpher Funktionen:** Ist $f : G \to \mathbb{C}$ holomorph, $z_0 \in G$ und $B_r(z_0) \subseteq G$, so ist f im Inneren von $B_r(z_0)$ in eine Taylorreihe entwickelbar, d. h.

$$f(z) = \sum_{k=0}^{\infty} \frac{f^{(k)}(z_0)}{k!}(z-z_0)^k, \quad \text{wobei} \quad f^{(k)}(z_0) = \frac{k!}{2\pi i} \oint_{|z-z_0|=r} \frac{f(z)}{(z-z_0)^{k+1}} \, dz.$$

- **Das Maximumsprinzip:** Ist $f : G \to \mathbb{C}$ holomorph und hat $|f|$ in $z_0 \in G$ ein Maximum, so ist f konstant auf G.
- **Der Satz von Liouville:** Jede beschränkte ganze Funktion ist konstant.
- **Der Identitätssatz:** Sind $f, g : G \to \mathbb{C}$ holomorph und gilt $f(z_n) = g(z_n)$ für alle Folgenglieder einer nichtkonstanten, in G konvergenten Folge $(z_n)_n$, so folgt $f(z) = g(z)$ für alle $z \in G$.

Man beachte, dass man mit der Formel der Potenzreihendarstellung holomorpher Funktionen erneut eine Formel zur Berechnung von Kurvenintegralen zur Verfügung hat, es gilt:

$$\oint_{|z-z_0|=r} \frac{f(z)}{(z-z_0)^{k+1}} \, dz = \frac{2\pi i \, f^{(k)}(z_0)}{k!}.$$

Mithilfe dieser Sätze können wir weitere wichtige Aussagen herleiten:

- Aus dem Satz von Liouville lässt sich ganz einfach der **Fundamentalsatz der Algebra** herleiten: Ist nämlich $f = a_n z^n + \cdots + a_1 z + a_0$ ein nichtkonstantes Polynom, so folgt wegen $|f(z)| \to \infty$ für $|z| \to \infty$ aus der Annahme, f hätte keine Nullstelle in $\mathbb{C}$, die Ganzheit und Beschränktheit der Funktion $g(z) = \frac{1}{f(z)}$. Die Funktion $g(z)$ wäre dann aber nach dem Satz von Liouville konstant – ein Widerspruch.
- Aus dem Identitätssatz folgt: Zu jeder Nullstelle z_0 einer auf einem Gebiet G holomorphen Funktion ungleich der Nullfunktion gibt es eine Kreisscheibe $B_\varepsilon(z_0)$, in der keine weitere Nullstelle liegt (man sagt: Die Nullstellen von f sind *isoliert*). Wäre dem nicht so, so könnte man eine nichtkonstante, gegen z_0 konvergente Folge (z_n) aus G konstruieren, für die $f(z_n) = 0$ für alle n gilt. Mit dem Identitätssatz folgte $f = 0$, ein Widerspruch.

In den folgenden Beispielen bestimmen wir die Potenzreihendarstellungen einiger holomorpher Funktionen. Zur Konstruktion der Taylorreihe benutzt man nur in den seltensten Fällen die Formel in oben angegebener Box, man greift vielmehr auf die bekannte Taylorentwicklung einfacher Funktionen zurück. Meist spielt die geometrische Reihe die entscheidende Rolle.

Rezept: Bestimmen von Taylorreihen holomorpher Funktionen

Meistens erhält man die Taylorreihe einer holomorphen Funktion $f = \frac{p(z)}{q(z)} = \frac{\tilde{p}(z-z_0)}{\tilde{q}(z-z_0)}$ (p und q bzw. $\tilde{p}$ und $\tilde{q}$ sind meistens Polynome, müssen es aber nicht sein) im Entwicklungspunkt z_0 auf eine der folgenden Arten:

(a) Eventuell lässt sich f in der Form

$$f(z) = \frac{p_1(z-z_0)}{q_1(z-z_0)} + \cdots + \frac{p_r(z-z_0)}{q_r(z-z_0)}$$

schreiben, wobei die Summe auch nur aus einem Summanden bestehen und jeder Summand durch bekannte Potenzreihen ausgedrückt werden kann.

(b) Der Ansatz $f(z) = \frac{\tilde{p}(z-z_0)}{\tilde{q}(z-z_0)} = \sum_{k=0}^{\infty} a_k (z - z_0)^k$ liefert nach Multiplikation mit $\tilde{q}(z - z_0)$

$$\tilde{p}(z - z_0) = \tilde{q}(z - z_0) \sum_{k=0}^{\infty} a_k (z - z_0)^k.$$

Hieraus erhält man insbesondere im Fall eines Polynoms $\tilde{p}(z - z_0)$ durch einen Koeffizientenvergleich die Koeffizienten a_k und so die Taylorreihe für $f(z)$.

Beispiel 81.4

- Die Taylorreihen von exp, sin und cos in $z_0 = 0$ sind gegeben durch

$$\exp(z) = \sum_{k=0}^{\infty} \frac{z^k}{k!}, \ \ \sin(z) = \sum_{k=0}^{\infty} \frac{(-1)^k}{(2k+1)!} z^{2k+1}, \ \ \cos(z) = \sum_{k=0}^{\infty} \frac{(-1)^k}{(2k)!} z^{2k}.$$

- Die Potenzreihendarstellung von $f(z) = \frac{1}{1-z}$ in $z_0 = 0$ ist auf dem Kreis $|z| < 1$ gegeben durch

$$\frac{1}{1-z} = \sum_{k=0}^{\infty} z^k.$$

- Wir bestimmen die Taylorreihe zu $f(z) = \frac{1}{2+3z}, z \neq -2/3$, im Entwicklungspunkt $z_0 = 2$. Dabei verwenden wir die Methode (a) des obigen Rezeptes, indem wir die Funktion f auf eine geometrische Reihe zurückführen:

$$f(z) = \frac{1}{2+3z} = \frac{1}{2+3(z-2)+6} = \frac{1}{8+3(z-2)} = \frac{1}{8} \frac{1}{1-(-\frac{3}{8}(z-2))}.$$

Wir setzen nun anstelle von z den Ausdruck $-\frac{3}{8}(z-2)$ in die Formel für die geometrische Reihe ein und erhalten:

$$f(z) = \frac{1}{8} \sum_{n=0}^{\infty} (-1)^n \left(\frac{3}{8}\right)^n (z-2)^n = \sum_{n=0}^{\infty} \frac{(-3)^n}{8^{n+1}} (z-2)^n.$$

- Wir bestimmen die Taylorreihe der holomorphen Funktion $f(z) = \frac{z-1}{z^2+2}$, $z \neq \pm\sqrt{2}i$, im Entwicklungspunkt $z_0 = 0$. Dabei verwenden wir die Methode (b) des obigen Rezeptes, indem wir einen Koeffzientenvergleich durchführen:

$$z - 1 = (z^2 + 2) \sum_{n=0}^{\infty} a_n z^n = \sum_{n=0}^{\infty} a_n z^{n+2} + \sum_{n=0}^{\infty} 2a_n z^n$$

$$= \sum_{n=2}^{\infty} a_{n-2} z^n + \sum_{n=0}^{\infty} 2a_n z^n = 2a_0 + 2a_1 z + \sum_{n=2}^{\infty} (a_{n-2} + 2a_n) z^n.$$

Ein Koeffizientenvergleich liefert:

$$a_0 = -1/2, \ a_1 = 1/2, \ a_2 = 1/4, \ a_3 = -1/4, \ a_4 = -1/8, \ a_5 = 1/8, \dots$$

∎

81.4 Aufgaben

81.1 Man berechne $\displaystyle\int_{\gamma} \operatorname{Re} z\, dz$ längs der beiden skizzierten Wege γ:

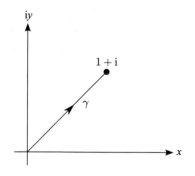
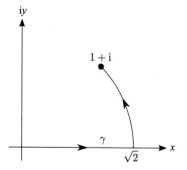

81.2 Man berechne $\oint\limits_{\gamma} \frac{1}{z^2+1} z$ für die 4 Kreise

$$\gamma : \quad |z| = \tfrac{1}{2}, \quad |z = 2|, \quad |z - \mathrm{i}| = 1, \quad |z + \mathrm{i}| = 1.$$

81.3 Man berechne

(a) $\oint\limits_{|z-1|=1} \frac{z\mathrm{e}^z}{(z-a)^3} z$, $|a| < 1$,

(b) $\oint\limits_{\gamma} \frac{5z^2-3z+2}{(z-1)^3} z$, wobei γ eine doppelpunktfreie geschlossene Kurve, die den Punkt $z = 1$ im Inneren enthält, ist.

81.4 Zeigen Sie für $a, b \in \mathbb{R} \setminus \{0\}$:

$$\int\limits_{0}^{2\pi} \frac{1}{a^2 \cos^2 t + b^2 \sin^2 t} \mathrm{d}t = \frac{2\pi}{ab}.$$

Hinweis: Integrieren Sie $\frac{1}{z}$ längs der Ellipse $\frac{x^2}{a^2} + \frac{y^2}{b^2} = 1$ bzw. längs $|z = 1|$.

81.5 Bestimmen Sie die Taylorreihe um den Entwicklungspunkt $z_0 = 0$ der Funktion

$$f(z) = \frac{1+z^3}{2-z}, \ z \in \mathbb{C} \setminus \{2\}.$$

Laurentreihen 82

Inhaltsverzeichnis

Wir verallgemeinern Potenzreihen zu *Laurentreihen,* indem wir auch negative Exponenten zulassen,

$$\sum_{k=0}^{\infty} c_k (z - z_0)^k \longrightarrow \sum_{k=-\infty}^{\infty} c_k (z - z_0)^k.$$

Das machen wir nicht willkürlich, es gibt einen engen Zusammenhang mit den dadurch beschriebenen Funktionen: Potenzreihen beschreiben Funktionen, die auf einem Kreis um z_0 holomorph sind, Laurentreihen beschreiben Funktionen, die auf einem *Kreisring* um z_0 holomorph sind. Mit der *Laurentreihenentwicklung* erhalten wir eine Reihendarstellung von Funktionen mit Singularitäten. Die wesentliche Anwendung dieser Entwicklung ist der *Residuenkalkül*, den wir im nächsten Kapitel vorstellen.

82.1 Singularitäten

Eine *Singularität* einer Funktion ist in gewisser Art und Weise eine Nullstelle eines Nenners. Wir werden drei Arten von Singularitäten unterscheiden, nämlich Singularitäten der *Ordnung 0* bzw. *endlicher Ordnung* bzw. *unendlicher Ordnung.* Wir werden präziser:

Hebbare, nicht hebbare und wesentliche Singularitäten

Ist $f : G \setminus \{z_0\} \to \mathbb{C}$ eine holomorphe Funktion, die in $z_0 \in G$ nicht definiert ist, so nennt man z_0 eine **isolierte Singularität**. Man nennt in diesem Fall

- z_0 eine **hebbare Singularität**, falls f auf einer punktierten Umgebung U von z_0 beschränkt ist,
- z_0 einen **Pol**, falls $(z - z_0)^m f(z)$ für ein $m \geq 1$ eine hebbare Singularität in z_0 hat. Das kleinste solche m nennt man die **Ordnung des Pols**,
- z_0 eine **wesentliche Singularität** sonst.

Die Menge $G \setminus \{z_0\}$ nennt man auch eine **punktierte Umgebung** von z_0.

Beispiel 82.1

- Die Funktion $f(z) = \frac{\sin(z)}{z}$ hat in $z_0 = 0$ eine hebbare Singularität, mit der Festlegung $f(0) = 1$ ist f auf ganz $\mathbb{C}$ holomorph.
- Die Funktion $f(z) = \frac{z}{(z-2)^3}$ hat in $z_0 = 2$ einen Pol der Ordnung 3.
- Die Funktion $f(z) = \sin(\frac{1}{z})$ hat in $z_0 = 0$ eine wesentliche Singularität. Wählt man nämlich $z = \frac{-\mathrm{i}}{t}$, $t \in (0, \infty)$, so gilt für alle $m \in \mathbb{N}$:

$$\left| \sin\left(\frac{1}{z}\right) \right| = \frac{1}{2} \left| \mathrm{e}^{\mathrm{i}\frac{1}{z}} - \mathrm{e}^{-\mathrm{i}\frac{1}{z}} \right| = \frac{1}{2} |\mathrm{e}^{-t} - \mathrm{e}^{t}| \to \infty \text{ für } t \to \infty$$

und

$$\left| z^m \sin\left(\frac{1}{z}\right) \right| = \frac{1}{2} |t^{-m}(\mathrm{e}^{-t} - \mathrm{e}^{t})| \to \infty \text{ für } t \to \infty.$$

- Die Funktion $f(z) = \cot(\frac{\pi}{z}) : \mathbb{C} \setminus \{z | \frac{1}{z} \in \mathbb{Z}\} \cup \{0\} \to \mathbb{C}$ hat die rationalen Zahlen der Form $\frac{1}{k}$, $k \in \mathbb{Z} \setminus \{0\}$, als isolierte Singularitäten. Man beachte: Die Null ist keine isolierte Singularität von f, es gibt nämlich keine punktierte Umgebung der Null, in der f holomorph ist.

∎

Wir entwickeln im Folgenden Funktionen, die in einer punktierten Umgebung von z_0 holomorph sind und in z_0 eine isolierte Singularität haben, in eine *Laurentreihe* um z_0. Welcher Art die Singularität ist, erkennt man dann ganz einfach an der *Laurentreihe* dieser Funktion.

82.2 Laurentreihen

Die Holomorphie ist eine starke Eigenschaft: Ist f holomorph auf G, so ist f beliebig oft komplex differenzierbar und für jedes $z_0 \in G$ nach dem Satz in Abschn. 81.3 in eine Potenzreihe entwickelbar,

$$f(z) = \sum_{k=0}^{\infty} c_k (z - z_0)^k.$$

Diese Entwicklung holomorpher Funktionen in Potenzreihen um z_0 lässt sich auf Funktionen mit isolierten Singularitäten z_0 in *Laurentreihen um z_0* verallgemeinern. Dabei sind Laurentreihen wie folgt erklärt:

Laurentreihen

Eine **Laurentreihe** ist eine Reihe der Form

$$\sum_{k=-\infty}^{\infty} c_k (z - z_0)^k.$$

Man nennt

- die komplexe Zahl z_0 den **Entwicklungspunkt** der Laurentreihe,
- die Reihe $\sum_{k=-\infty}^{-1} c_k (z - z_0)^k$ den **Hauptteil** der Laurentreihe und
- die Reihe $\sum_{k=0}^{\infty} c_k (z - z_0)^k$ den **Nebenteil** der Laurentreihe.

Wir wollen einen sinnvollen Konvergenzbegriff für eine Laurentreihe einführen: Dazu betrachten wir eine Laurentreihe

$$\sum_{k=-\infty}^{\infty} c_k (z - z_0)^k$$

und stellen fest, dass

- der Nebenteil $\sum_{k=0}^{\infty} c_k (z - z_0)^k$ eine gewöhnliche Potenzreihe ist (siehe Kap. 24). Jede solche Potenzreihe hat bekanntlich einen Konvergenzradius. Dieser sei für den Nebenteil der betrachteten Laurentreihe $R \in [0, \infty]$. Der Nebenteil konvergiert für

$$|z - z_0| < R,$$

- der Hauptteil $\sum_{k=-\infty}^{-1} c_k (z - z_0)^k$ als Potenzreihe in $w = \frac{1}{z - z_0}$ aufgefasst werden kann, also

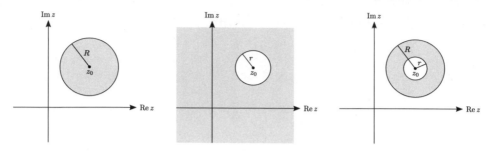

Abb. 82.1 Der Konvergenzbereich einer Laurentreihe ist typischerweise ein Kreisring

$$\sum_{k=-\infty}^{-1} c_k(z-z_0)^k = \sum_{k=1}^{\infty} d_k\, w^k \ \text{ mit } \ d_k = c_{-k}.$$

Der Konvergenzradius dieser Potenzreihe sei $\frac{1}{r} \in [0,\infty]$ mit $\frac{1}{0} = \infty$ und $\frac{1}{\infty} = 0$. Der Hauptteil konvergiert für

$$|w| < \frac{1}{r} \ \Leftrightarrow \ |z-z_0| > r.$$

Falls nun $0 \le r < R \le \infty$, so konvergieren Haupt- und Nebenteil der Laurentreihe auf dem **Kreisring** mit Zentrum z_0,

$$K_{r,R}(z_0) = \{z \in \mathbb{C} \,|\, 0 \le r < |z-z_0| < R \le \infty\}.$$

Außerhalb dieses Kreisringes divergiert der Haupt- oder der Nebenteil. Auf den Rändern lässt sich keine allgemeingültige Aussage machen.

Die Abb. 82.1 zeigt die Situation mit dem Kreisring.

Nun werden wir eine Laurentreihe dann als *konvergent* bezeichnen, wenn sowohl Haupt- als auch Nebenteil im eben erklärten Sinne konvergieren. Damit erklären Laurentreihen Funktionen auf Kreisringen, so wie Potenzreihen Funktionen auf Kreisen erklären. Ebenso wie bei Potenzreihen, erhält man auch die Ableitung bzw. das Integral einer Laurentreihe durch gliedweises Differenzieren bzw. Integrieren. Wir erwähnen auch gleich die Bezeichnung des für alles Weitere wichtigen Koeffizienten c_{-1} einer Laurentreihe:

Laurentreihen – Konvergenz, Ableitung, Integral, Residuum
Man sagt, die Laurentreihe

$$\sum_{k=-\infty}^{\infty} c_k(z-z_0)^k$$

konvergiert, wenn Haupt- und Nebenteil der Laurentreihe konvergieren.

Ist R der Radius des Konvergenzkreises des Nebenteils und r der Radius des *Konvergenzkreises* des Hauptteils, so konvergiert die Laurentreihe auf dem Kreisring $K_{r,R}(z_0)$ mit Zentrum z_0,

$$K_{r,R}(z_0) = \{z \in \mathbb{C} \mid 0 \leq r < |z - z_0| < R \leq \infty\}.$$

Weiter gilt für die Funktion $f : K_{r,R}(z_0) \to \mathbb{C}$, $f(z) = \sum\limits_{k=-\infty}^{\infty} c_k(z - z_0)^k$:

- f ist differenzierbar, die Ableitungsfunktion f' erhält man durch gliedweises Differenzieren,

$$f'(z) = \sum_{k=-\infty}^{\infty} k\, c_k(z - z_0)^{k-1},$$

und f' konvergiert ebenfalls auf $K_{r,R}(z_0)$.

- f ist im Fall $c_{-1} = 0$ integrierbar, eine Stammfunktion F erhält man durch gliedweises Integrieren,

$$F(z) = \sum_{\substack{k=-\infty \\ k \neq -1}}^{\infty} \frac{c_k}{k+1}(z - z_0)^{k+1},$$

und F konvergiert ebenfalls auf $K_{r,R}(z_0)$.

- Der Koeffizient c_{-1} heißt **Residuum** der Reihe $f(z) = \sum_{k=-\infty}^{\infty} c_k(z - z_0)^k$ im Punkt z_0; wir schreiben dafür

$$c_{-1} = \operatorname{Res}_{z_0} f.$$

Beispiel 82.2

- Die Laurentreihe
$$f(z) = 2z^2 + \frac{1}{z} - \frac{3}{z^3}$$

um $z_0 = 0$ hat das Residuum $\operatorname{Res}_0 f = c_{-1} = 1$.

- Bekanntlich gilt (geometrische Reihe):

$$\frac{-1}{z-1} = \frac{1}{1-z} = \sum_{k=0}^{\infty} z^k.$$

Damit hat die Laurentreihe $f(z) = \frac{-1}{z-1}$ im Punkt $z_0 = 1$ das Residuum -1 und im Punkt $z_0 = 0$ das Residuum 0,

$$\operatorname{Res}_1 f = -1 \quad \text{und} \quad \operatorname{Res}_0 f = 0.$$

∎

82.3   Laurentreihenentwicklung

Wir verallgemeinern nun die Taylorentwicklung einer auf einem Gebiet G holomorphen Funktion zu einer *Laurentreihenentwicklung* einer auf einem Kreisring K holomorphen Funktion:

Laurentreihenentwicklung

Ist die Funktion $f : K \to \mathbb{C}$ holomorph auf dem Kreisring

$$K = K_{r,R}(z_0) = \{z \in \mathbb{C} \,|\, 0 \leq r < |z - z_0| < R \leq \infty\},$$

so lässt sich f auf $K_{r,R}(z_0)$ eindeutig als Laurentreihe darstellen,

$$f(z) = \sum_{k=-\infty}^{\infty} c_k(z - z_0)^k \ \text{ mit } c_k \in \mathbb{C}.$$

Man sagt, f lässt sich **in eine Laurentreihe entwickeln**, und spricht von der **Laurentreihenentwicklung** von f. Die Koeffizienten c_k, $k \in \mathbb{Z}$ erhält man durch

$$c_k = \frac{1}{2\pi i} \oint\limits_{|z-z_0|=\rho} \frac{f(z)}{(z-z_0)^{k+1}} \, dz,$$

wobei $\rho \in (r, R)$ beliebig gewählt werden kann.

Die Koeffizienten c_k, $k \in \mathbb{Z}$, der Laurentreihenentwicklung bestimmt man üblicherweise nicht mit der angegebenen Formel. Wie bei der Bestimmung der Taylorentwicklung einer holomorphen Funktion führt man auch die Laurentreihenentwicklung auf die Entwicklung bekannter Reihen zurück; hierzu ist vor allem die geometrische Reihe nützlich, deren Laurentreihe um $z_0 = 0$ bestens bekannt ist:

$$\frac{1}{1-z} = \sum_{k=0}^{\infty} z^k \ \text{ für } |z| < 1.$$

Man beachte, dass wir hier zwei Laurentreihendarstellungen ein und derselben Funktion haben; es handelt sich um Entwicklungen um verschiedene Entwicklungspunkte. Links haben wir die Laurentreihenkoeffizienten c_k mit $c_{-1} = -1$ und $c_k = 0$ sonst, rechts haben wir Laurentreihenkoeffizienten $\tilde{c}_k = 1$ für $k \geq 0$ und $\tilde{c}_k = 0$ für $k < 0$.

Beispiel 82.3

- Wir ermitteln die Laurentreihenentwicklung der Funktion $f(z) = \frac{1}{z-a}$, die einen Pol der Ordnung 1 in a hat, um $z_0 = 0$. Da im Fall $a = 0$ die Funktion $f(z)$ bereits durch ihre Laurentreihe $f(z) = 1/z$ gegeben ist, dürfen wir $a \neq 0$ voraussetzen.

  - Wegen

$$\frac{1}{z-a} = -\frac{1}{a}\frac{1}{1-z/a}$$

  erhalten wir die Laurentreihenentwicklung

$$f(z) = \frac{1}{z-a} = \sum_{k=0}^{\infty}\left(-\frac{1}{a^{k+1}}\right)z^k \quad \text{für } \left|\frac{z}{a}\right| < 1, \quad \text{d.h. } |z| < |a|$$

  im *Kreisring* $|z| < |a|$ (es gilt $R = |a|$ und $r = 0$).

  - Die Funktion $f(z) = \frac{1}{z-a}$ ist aber auch auf dem *Kreisring* $|z| > a$ holomorph. Wegen

$$\frac{1}{z-a} = \frac{1}{z}\frac{1}{1-a/z}$$

  erhalten wir die Laurentreihenentwicklung

$$f(z) = \frac{1}{z-a} = \sum_{k=0}^{\infty} a^k \left(\frac{1}{z^{k+1}}\right) \quad \text{für } \left|\frac{a}{z}\right| < 1, \quad \text{d.h. } |z| > |a|$$

  im *Kreisring* $|z| > |a|$ (es gilt $R = \infty$ und $r = |a|$).

- Wir ermitteln die Laurentreihenentwicklung der Funktion $f(z) = \frac{1}{(z-2)(z-3)}$, die zwei Pole der Ordnung 1 in 2 und 3 hat, um $z_0 = 0$. Wegen

$$\frac{1}{(z-2)(z-3)} = \frac{1}{z-3} - \frac{1}{z-2}$$

erhalten wir mit obigem Beispiel die Laurentreihe

$$f(z) = \frac{1}{(z-2)(z-3)} = \sum_{k=0}^{\infty}\left(-\frac{1}{3^{k+1}}\right)z^k - \sum_{k=0}^{\infty}\left(-\frac{1}{2^{k+1}}\right)z^k$$

$$= \sum_{k=0}^{\infty}\left(\frac{1}{2^{k+1}} - \frac{1}{3^{k+1}}\right)z^k$$

im *Kreisring* $|z| < |2|$ (es gilt $R = 2$ und $r = 0$).

- Wir ermitteln die Laurentreihenentwicklung der Funktion $f(z) = e^{1/z}$, die in $z_0 = 0$ eine wesentliche Singularität hat, um $z_0 = 0$. Mit der bekannten Taylor-Entwicklung der Exponentialfunktion erhalten wir

$$f(z) = e^{1/z} = \sum_{k=0}^{\infty} \frac{(1/z)^k}{k!} = \sum_{k=-\infty}^{0} \frac{1}{(-k)!} z^k.$$

■

An der Laurentreihenentwicklung einer Funktion f in einer Singularität z_0 von f ist der Typ der Singularität ablesbar, es gilt nämlich:

Klassifikation der Singularitäten

Ist $\sum_{k=-\infty}^{\infty} c_k (z - z_0)^k$ die Laurentreihenentwicklung einer Funktion f in einer Singularität z_0 von f, so gilt:

- z_0 ist hebbar, falls $c_k = 0$ für alle $k < 0$,
- z_0 ist ein Pol m-ter Ordnung, falls $c_k = 0$ für alle $k < -m$ und $c_{-m} \neq 0$,
- z_0 ist eine wesentliche Singularität, falls $c_k \neq 0$ für unendlich viele $k < 0$.

82.4   Aufgaben

82.1 Wo konvergieren die Reihen $\sum_{n=1}^{\infty} a_n z^{2n}$ und $\sum_{n=1}^{\infty} a_n z^{-n}$ für $a_n = n$ bzw. $a_n = \frac{1}{(2n)!}$?

82.2 Man gebe für $f(z) = \frac{1}{z^2 - iz}$ alle möglichen Entwicklungen nach Potenzen von $z + i$ an. Welche Darstellung konvergiert für $z = 1/2$?

82.3 Man berechne die Laurentreihen von

(a) $\cosh \frac{1}{z^2}$ um $z_0 = 0$,

(b) $\frac{1}{1 - \cos z}$ für $0 < |z| < 2\pi$ um $z_0 = 0$ (es reichen die ersten Summanden ungleich 0),

(c) $\frac{e^z}{z-1}$ um $z_0 = 0$.

82.4 Bestimmen Sie jeweils die Laurentreihen von $f(z)$ mit dem Entwicklungspunkt $z_0 = 0$ und geben Sie die Konvergenzgebiete an:

(a) $f(z) = \frac{1}{z^2 - 3z + 2}$,   (b) $f(z) = \frac{\sin z}{z^3}$.

83

Inhaltsverzeichnis

Das *Residuum* ist eine komplexe Zahl, die einer Funktion in einer Singularität zugeordnet wird. Der Residuensatz liefert eine Formel zur Berechnung der Summe der Residuen einer komplexen Funktion innerhalb einer geschlossenen Kurve und bietet damit als Anwendung eine weitere Methode zur Berechnung komplexer Kurvenintegrale. Das wesentliche Hilfsmittel ist dabei die Laurentreihenentwicklung des Integranden.

Eine weitere Anwendung des Residuensatzes ist die Bestimmung reeller Integrale, wo reelle Methoden oft versagen.

83.1 Der Residuensatz

Wir führen nun das *Residuum* einer Funktion f in einer Singularität z_0 ein. Das machen wir naheliegenderweise mit Hilfe des bereits definierten Begriffs *Residuum einer Laurentreihe f in z_0* (siehe Abschn. 82.2), indem wir eine holomorphe Funktion $f : G \setminus \{z_0\} \to \mathbb{C}$ mit der Singularität z_0 in eine Laurentreihe um z_0 entwickeln, was nach dem Satz zur Laurentreihenentwicklung in Abschn. 82.3 stets möglich ist:

© Springer-Verlag GmbH Deutschland, ein Teil von Springer Nature 2022
C. Karpfinger, *Höhere Mathematik in Rezepten,*
https://doi.org/10.1007/978-3-662-63305-2_83

Residuum einer Funktion in der Singularität z_0

Ist $f : G \setminus \{z_0\} \to \mathbb{C}$ eine holomorphe Funktion mit der Laurentreihe

$$f(z) = \sum_{k=-\infty}^{\infty} c_k(z - z_0)^k$$

um z_0, so nennt man den Laurentreihenkoeffizienten c_{-1} das **Residuum** von f in z_0, man schreibt

$$\mathrm{Res}_{z_0} f = c_{-1}.$$

Das Bestimmen des Residuums einer auf einer punktierten Umgebung $G \setminus \{z_0\}$ holomorphen Funktion ist in den folgenden Betrachtungen das zentrale Problem. Wir geben daher rezeptartig die wesentlichen Methoden an, um diese Größe zu bestimmen:

Rezept: Bestimmen des Residuums einer Funktion f in z_0

Das Residuum $\mathrm{Res}_{z_0} f$ einer holomorphen Funktion $f : G \setminus \{z_0\} \to \mathbb{C}$ in z_0 erhält man auf die folgenden Arten:

(a) Bestimme die Laurentreihenentwicklung

$$f(z) = \sum_{k=-\infty}^{\infty} c_k(z - z_0)^k.$$

Es ist dann $c_{-1} = \mathrm{Res}_{z_0} f$ das gesuchte Residuum.

(b) Bestimme das Kurvenintegral

$$c_{-1} = \frac{1}{2\pi i} \oint_{\gamma} f(z)\mathrm{d}z$$

längs einer beliebigen positiv orientierten und geschlossenen Kurve γ, die im Holomorphiegebiet $G \setminus \{z_0\}$ von f verläuft.

(c) Ist $f(z) = \frac{g(z)}{h(z)}$ und hat $h(z)$ in z_0 eine einfache Nullstelle, d.h. $h(z_0) = 0$ und $h'(z_0) \neq 0$, so gilt

$$\mathrm{Res}_{z_0} f = \frac{g(z_0)}{h'(z_0)}.$$

(d) Ist $f(z) = \frac{g(z)}{(z-z_0)^m}$ mit $g(z_0) \neq 0$, so gilt

$$\mathrm{Res}_{z_0} f = \frac{1}{(m-1)!} g^{(m-1)}(z_0).$$

Abb. 83.1 Die Singularitäten liegen im Inneren der positiv orientierten Kurve

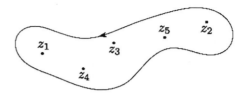

Wir werden an Beispielen die Methoden erproben. Damit das aber gleich einen Sinn und Zweck erhält, geben wir noch den *Residuensatz* an. Mit diesem Satz werden komplexe Kurvenintegrale durch das Bestimmen von Residuen ermittelt. Die Idee ist ganz einfach nachzuvollziehen: Laut Methode (b) im obigen Rezept, finden wir das Residuum $c_{-1} =$ $\text{Res}_{z_0} f$ von f in z_0 durch das Bestimmen des Kurvenintegrals

$$\frac{1}{2\pi i} \oint_\gamma f(z)\mathrm{d}z.$$

Nun drehen wir den Spieß einfach um: Wir bestimmen das Residuum $\text{Res}_{z_0} f$ einfach mit einer der anderen Methoden (a), (c), (d) und erhalten dann dank der Methode (b) den Wert des Kurvenintegrals

$$\oint_\gamma f(z)\mathrm{d}z = 2\pi i \, \text{Res}_{z_0} f.$$

Das lässt sich verallgemeinern auf eine Funktion f, die auf einem Gebiet G endlich viele Singularitäten hat (siehe Abb. 83.1):

Der Residuensatz

Ist G ein Gebiet und ist $f : G \setminus \{z_1, \dots, z_n\} \to \mathbb{C}$ für $z_1, \dots, z_n \in G$ holomorph, so gilt für jede doppelpunktfreie und geschlossene Kurve γ in G, die $z_1, \dots, z_n$ in ihrem Inneren enthält und positiv orientiert ist:

$$\oint_\gamma f(z)\mathrm{d}z = 2\pi i \sum_{k=1}^{n} \text{Res}_{z_k} f.$$

Um nun also das komplexe Kurvenintegral $\oint_\gamma f(z)\mathrm{d}z$ einer auf $G \setminus \{z_1, \dots, z_n\}$ holomorphen Funktion zu berechnen, sind *nur* die Residuen $\text{Res}_{z_1} f, \dots, \text{Res}_{z_n} f$ zu bestimmen.

Beispiel 83.1

• Die Funktion $f : \mathbb{C} \setminus \{1, -1\} \to \mathbb{C}$, $f(z) = \frac{1}{z-1} - \frac{2}{z+1}$ hat Pole 1. Ordnung in 1 und -1. Wegen

$$\text{Res}_1 f = 1 \quad \text{und} \quad \text{Res}_{-1} f = -2$$

erhalten wir für jede Kurve γ, die 1 und -1 positiv orientiert umläuft,

$$\oint_\gamma f(z)\mathrm{d}z = 2\pi\mathrm{i} \cdot (1 + (-2)) = -2\pi\mathrm{i}.$$

• Die Funktion $f : \mathbb{C} \setminus \{\mathrm{i}, -\mathrm{i}\} \to \mathbb{C}$, $f(z) = \frac{1}{(z-\mathrm{i})^2(z+\mathrm{i})^2}$ hat Pole 2. Ordnung in i und $-\mathrm{i}$. Wegen

$$f(z) = \frac{(z+\mathrm{i})^{-2}}{(z-\mathrm{i})^2}$$

erhalten wir mit $g(z) = (z+\mathrm{i})^{-2}$, $g'(z) = -2(z+\mathrm{i})^{-3}$ und Methode (d) für $m = 2$

$$\text{Res}_\mathrm{i} f = \frac{1}{4\mathrm{i}} \quad \text{und analog} \quad \text{Res}_{-\mathrm{i}} f = \frac{-1}{4\mathrm{i}}.$$

Damit gilt für jede Kurve γ, die i und $-\mathrm{i}$ positiv orientiert umschließt,

$$\oint_\gamma f(z)\mathrm{d}z = 2\pi\mathrm{i} \left(\frac{1}{4\mathrm{i}} - \frac{1}{4\mathrm{i}} \right) = 0.$$

• Die Funktion $f : \mathbb{C} \setminus \{\mathrm{i}, -\mathrm{i}\} \to \mathbb{C}$, $f(z) = \frac{\mathrm{e}^z}{z^2+1}$ hat Pole 1. Ordnung in i und $-\mathrm{i}$. Wir erhalten mit $g(z) = \mathrm{e}^z$, $h(z) = z^2 + 1$ und $h'(z) = 2z$ und Methode (c)

$$\text{Res}_\mathrm{i} f = \frac{\mathrm{e}^\mathrm{i}}{2\mathrm{i}} \quad \text{und analog} \quad \text{Res}_{-\mathrm{i}} f = \frac{-\mathrm{e}^{-\mathrm{i}}}{2\mathrm{i}}.$$

Damit gilt für jede Kurve γ, die i und $-\mathrm{i}$ positiv orientiert umschließt,

$$\oint_\gamma f(z)\mathrm{d}z = \frac{2\pi\mathrm{i}}{2\mathrm{i}}(\mathrm{e}^\mathrm{i} - \mathrm{e}^{-\mathrm{i}}) = \pi(\mathrm{e}^\mathrm{i} - \mathrm{e}^{-\mathrm{i}}).$$

∎

Wenn eine Kurve eine Singularität mehrfach umläuft, ist nicht alles verloren. Hierbei ist nur zu zählen, wie oft die Singularität umlaufen wird, entsprechend oft ist das Residuum von f in dieser Singularität aufzuaddieren, um den Wert des komplexen Kurvenintegrals zu erhalten.

Der Residuensatz bietet eine weitere Möglichkeit, ein komplexes Kurvenintegral längs einer geschlossenene Kurve zu bestimmen. Wir geben einen Überblick über die Methoden, ein komplexes Kurvenintegral zu bestimmen:

Rezept: Die Methoden zum Berechnen eines komplexen Kurvenintegrals

Zu bestimmen ist der Wert des komplexen Kurvenintegrals $\int_\gamma g(z)\mathrm{d}z$.

Dazu beachte man:

(1)
$$\int_\gamma g(z)\mathrm{d}z = 0,$$

falls γ geschlossen und $g(z)$ holomorph in einem einfach zusammenhängenden Gebiet ist, in dem die Kurve γ verläuft.

(2)
$$\int_\gamma g(z)\mathrm{d}z = G(\gamma(b)) - G(\gamma(a)),$$

falls $g(z)$ holomorph in einem einfach zusammenhängenden Gebiet ist, in dem die Kurve γ vom Kurvenanfangspunkt $\gamma(a)$ zum Kurvenendpunkt $\gamma(b)$ verläuft. G ist eine Stammfunktion von g.

(3)
$$\int_\gamma g(z)\mathrm{d}z = 2\pi\mathrm{i}\, f(z_0), \quad \text{falls } g(z) = \frac{f(z)}{z - z_0},$$

wobei f holomorph in einem einfach zusammenhängenden Gebiet ist, in dem die geschlossene, doppelpunktfreie und positiv orientierte Kurve γ verläuft, die den Punkt z_0 einschließt.

(4)
$$\oint_\gamma g(z)\mathrm{d}z = \frac{2\pi\mathrm{i}\, f^{(k)}(z_0)}{k!}, \quad \text{falls } g(z) = \frac{f(z)}{(z - z_0)^{k+1}},$$

wobei f holomorph in einem einfach zusammenhängenden Gebiet G ist, in dem die geschlossene, doppelpunktfreie und positiv orientierte Kurve γ verläuft, die den Punkt z_0 einschließt.

(5)
$$\oint_\gamma g(z)\mathrm{d}z = 2\pi\mathrm{i} \sum_{k=1}^{n} \mathrm{Res}_{z_k} g,$$

falls g auf $G \setminus \{z_1, \ldots, z_n\}$ holomorph und γ eine geschlossene, doppelpunkt-freie und positiv orientierte Kurve in G ist, welche die Singularitäten $z_1, \ldots, z_n$ von g einschließt.

83.2   Berechnung reeller Integrale

Der Residuensatz kann auch zur Berechnung bestimmter (auch uneigentlicher) reeller Integrale herangezogen werden. Vor allem bei den folgenden zwei typischen Beispielsklassen bietet der Residuensatz eine elegante Methode zur Berechnung des Wertes eines

- uneigentlichen Integrals bzw. Cauchyhauptwerts,

$$\int_{-\infty}^{\infty} \frac{p(x)}{q(x)} dx,$$

- und eines trigonometrischen Integrals

$$\int_{0}^{2\pi} R(\cos t, \sin t) dx$$

mit einer rationalen Funktion R.

Bei der (exakten) Berechnung eines reellen Integrals $I = \int_a^b f(x) dx$ geht man wie folgt vor: Man bestimmt eine Stammfunktion $F(x)$ von $f(x)$ und setzt dann die Integrationsgrenzen ein,

$$I = F(b) - F(a) \quad \text{bzw.} \quad I = \lim_{R \to \infty} F(R) - F(-R).$$

Das Schwierige bzw. Unmögliche dabei ist im Allgemeinen das Bestimmen der Stammfunktion F. Bei der Berechnung dieser Integrale mit dem Residuensatz entfällt diese Bestimmung der Stammfunktion vollkommen: Wir berechnen die Residuen des Integranden f in den isolierten Singularitäten $z_1, \ldots, z_n$ innerhalb einer geschlossenen, positiv orientierten Kurve γ, addieren diese auf und erhalten den Wert I des gesuchten Integrals in der Form

$$I = \int_{a}^{b} f(x) dx = \int_{\gamma} f(z) dz = 2\pi i \sum_{i=1}^{n} \operatorname{Res}_{z_i} f.$$

Abb. 83.2 γ_R umschließt die Singularitäten

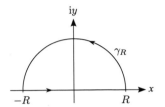

Wir erläutern die Idee für die Berechnung des Cauchyhauptwerts: Dabei betrachten wir einen Quotienten $f(x) = \frac{p(x)}{q(x)}$ zweier Polynome p und q mit $\deg q \geq \deg p + 2$ und $q(x) \neq 0$ für alle $x \in \mathbb{R}$.

Wir betrachten den Integrationsweg in Abb. 83.2 längs der geschlossenen Kurve γ_R von $-R$ bis R auf der reellen Achse und dem Bogen, die alle Singularitäten $z_1, \ldots, z_n$ von f in der oberen Halbebene einschließt.

Nun gilt für das komplexe Kurvenintegral mit dem Residuensatz und wegen der Additivität des Kurvenintegrals

$$\int_{\gamma_R} \frac{p(z)}{q(z)} \mathrm{d}z = \int_{\gamma_1} \frac{p(z)}{q(z)} \mathrm{d}z + \int_{\gamma_2} \frac{p(z)}{q(z)} \mathrm{d}z = 2\pi \mathrm{i} \sum_{k=1}^{n} \mathrm{Res}_{z_k} f,$$

wobei γ_1 von $-R$ bis R auf der reellen Achse und γ_2 von R bis $-R$ entlang des Halbkreises verläuft. Nun gilt wegen der Voraussetzung mit einer Konstanten c

$$\left| \int_{\gamma_2} \frac{p(z)}{q(z)} \mathrm{d}z \right| \leq \max_{z \in \gamma_2} \left| \frac{p(z)}{q(z)} \right| \pi R = \frac{c}{R^2} \pi R = \frac{c\pi}{R} \stackrel{R \to \infty}{\longrightarrow} 0.$$

Es folgt somit

$$\int_{-\infty}^{\infty} \frac{p(x)}{q(x)} \mathrm{d}x = 2\pi \mathrm{i} \sum_{k=1}^{n} \mathrm{Res}_{z_k} f.$$

Das folgende Rezept fasst zusammen, wie man diese Berechnung eines solchen Cauchyhauptwerts durchführt, wobei wir auch gleich angeben, wie man den zweiten Typ reeller Integrale behandelt (dahinter stecken ähnliche Überlegungen wie die eben geschilderten):

Rezept: Bestimmen reeller Integrale mit dem Residuenkalkül

Den Wert des Integrals

$$\int_{-\infty}^{\infty} \frac{p(x)}{q(x)} \mathrm{d}x \quad \text{bzw.} \quad \int_{0}^{2\pi} R(\cos t, \sin t) \mathrm{d}t$$

erhält man wie folgt:

- $\displaystyle\int_{-\infty}^{\infty}\frac{p(x)}{q(x)}\,\mathrm{d}x$: Gilt $\deg q \geq \deg p + 2$ und $q(x) \neq 0$ für alle $x \in \mathbb{R}$, so:

  (1) Bestimme die Singularitäten $z_1, \ldots, z_n$ der komplexen Funktion $f(z) = \frac{p(z)}{q(z)}$ in der oberen Halbebene, $\mathrm{Im}(z_i) > 0$.
  (2) Bestimme die Residuen von $f(z)$ in den Singularitäten $z_1, \ldots, z_n$.
  (3) Erhalte den Wert des (reellen) Integrals

$$\int_{-\infty}^{\infty}\frac{p(x)}{q(x)}\,\mathrm{d}x = 2\pi\mathrm{i}\sum_{k=1}^{n}\mathrm{Res}_{z_k} f.$$

- $\displaystyle\int_{0}^{2\pi} R(\cos t, \sin t)\,\mathrm{d}t$: Hat die rationale Funktion R keine Singularitäten auf dem Einheitskreis $|z| = 1$, so:

  (1) Substituiere

$$\frac{1}{2}\left(z + \frac{1}{z}\right) = \cos t, \ \frac{1}{2\mathrm{i}}\left(z - \frac{1}{z}\right) = \sin t, \ \frac{1}{\mathrm{i}z}\mathrm{d}z = \mathrm{d}t$$

  und erhalte die komplexe rationale Funktion

$$f(z) = R\left(\frac{1}{2}\left(z + \frac{1}{z}\right), \ \frac{1}{2\mathrm{i}}\left(z - \frac{1}{z}\right)\right)\frac{1}{\mathrm{i}z}.$$

  (2) Bestimme die Singularitäten $z_1, \ldots, z_n$ der komplexen Funktion $f(z) = \frac{p(z)}{q(z)}$ innerhalb des Einheitskreises $|z| < 1$.
  (3) Bestimme die Residuen von $f(z)$ in den Singularitäten $z_1, \ldots, z_n$.
  (4) Erhalte den Wert des (reellen) Integrals

$$\int_{0}^{2\pi} R(\cos t, \sin t)\,\mathrm{d}t = 2\pi\mathrm{i}\sum_{k=1}^{n}\mathrm{Res}_{z_k} f.$$

Beispiel 83.2

- Wir bestimmen den Wert des reellen Integrals

$$\int_{-\infty}^{\infty} \frac{1}{4+x^4} dx.$$

(1) Die komplexe Funktion $f(z) = \frac{1}{4+z^4}$ hat vier Pole 1. Ordnung, wobei die zwei Pole $z_1 = 1+i$ und $z_2 = -1+i$ in der oberen Halbebene liegen.

(2) Mit der Methode (c) aus obigem Rezept zur Resiudenbestimmung erhalten wir

$$\text{Res}_{z_1} f = \frac{1}{4(1+i)^3} = -\frac{1+i}{16} \quad \text{und} \quad \text{Res}_{z_2} f = \frac{1}{4(-1+i)^3} = -\frac{-1+i}{16}.$$

(3) Damit erhalten wir den Wert des (reellen) Integrals

$$\int_{-\infty}^{\infty} \frac{1}{4+x^4} dx = 2\pi i \frac{i}{8} = \frac{\pi}{4}.$$

- Wir bestimmen den Wert des reellen Integrals

$$\int_{0}^{2\pi} \frac{1}{2+\sin t} dt.$$

(1) Durch die Substitution $\sin t = \frac{1}{2i}(z - 1/z)$ und $dt = \frac{1}{iz}$ erhalten wir die komplexe rationale Funktion

$$f(z) = \frac{1}{2+\frac{1}{2i}\left(z-\frac{1}{z}\right)} \frac{1}{iz} = \frac{2}{z^2+4iz-1}.$$

(2) Die Funktion $f(z)$ hat zwei Pole 1. Ordnung, wobei nur der Pol $z_1 = (-2 + \sqrt{3})i$ innerhalb des Einheitskreises liegt.

(3) Mit der Methode (c) aus obigem Rezept zur Resiudenbestimmung erhalten wir

$$\text{Res}_{z_1} f = \frac{2}{2(-2+\sqrt{3})i + 4i} = \frac{1}{i\sqrt{3}}.$$

(4) Damit erhalten wir den Wert des (reellen) Integrals

$$\int_{0}^{2\pi} \frac{1}{2+\sin t} dt = 2\pi i \frac{1}{i\sqrt{3}} = \frac{2\pi}{\sqrt{3}}.$$

■

83.3   Aufgaben

83.1 Bestimmen Sie für die folgenden Funktionen $f(z)$ Lage und Art der isolierten Singularitäten sowie die zugehörigen Residuen:

(a) $f(z) = \frac{z^2}{z^4-16}$,

(b) $f(z) = \frac{1-\cos z}{z^n}$,

(c) $f(z) = \frac{1}{z}\cos\frac{1}{z}$,

(d) $f(z) = \frac{1}{\cos 1/z}$,

(e) $f(z) = \frac{z^4+18z^2+9}{4z(z^2+9)}$,

(f) $f(z) = \frac{z}{\sin z}$.

83.2 Berechnen Sie mit Hilfe des Residuensatzes die Integrale

(a) $\oint_{\gamma_1} \sin z \, dz$, wobei γ_1 das Rechteck mit den Ecken $\pm 4 \pm i$ positiv orientiert durchläuft,

(b) $\oint_{\gamma_2} \cosh z \, dz$, wobei γ_2 die skizzierte Schlinge ist.

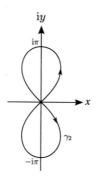

83.3 Man berechne die folgenden Integrale:

(a) $\displaystyle\int_{-\infty}^{\infty} \frac{dx}{1+x^6}$,

(b) $\displaystyle\int_{0}^{2\pi} \frac{dt}{5+3\sin t}$,

(c) $\displaystyle\int_{-\infty}^{\infty} \frac{x^2}{(x^2+4)^2} dx$.

83.4 Man bestimme für die Funktion $f(z) = \dfrac{ze^{\frac{1}{z}-1} - 1}{z-1}$

(a) Lage und Art der Singularitäten in $\mathbb{C}$,

(b) den Wert von $\displaystyle\oint_{|z|=2} f(z) \, dz$.

Konforme Abbildungen 84

Inhaltsverzeichnis

Die wesentlichen Anwendungen der Funktionentheorie in den Ingenieurwissenschaften betreffen *ebene Potenzialprobleme,* also etwa ebene Randwertprobleme oder Probleme der Strömungsdynamik. Typischerweise transformiert man zur Lösung solcher Probleme den betrachteten Bereich mittels einer *konformen Abbildung f* auf einen Bereich, in dem das Problem *leichter* lösbar ist. Eine eventuelle Lösung des einfachen Problems wird dann per f^{-1} zurücktransformiert. Damit ist dann eine Lösung des ursprünglichen Problems gefunden. Bevor wir auf die Anwendungen im nächsten Kapitel zu sprechen kommen, betrachten wir konforme Abbildungen für sich. Eine konforme Abbildung ist dabei eine Abbildung, die Winkel und deren Orientierung beibehält. Besonders interessant sind dabei die Möbiustransformationen, die es erlauben, die wichtigsten Bereiche auf unkomplizierte Art aufeinander konform abzubilden.

84.1   Allgemeines zu konformen Abbildungen

Schon rein des Begriffes wegen wird man sich unter einer *konformen* Abbildung eine Abbildung vorstellen, die *Formen erhält,* wie etwa Winkel zwischen Geraden. Tatsächlich führt man üblicherweise auch so in der Mathematik diesen Begriff ein: Man nennt eine Abbildung $f : G \subseteq \mathbb{C} \to \mathbb{C}$ *konform,* wenn sie *winkel- und orientierungstreu* ist. Weil es aber wiederum Mühe bedeutet, diese beiden Begriffe einzuführen, und es oftmals auch nicht so einfach ist, einer Abbildung anzusehen, dass sie winkel- und orientierungstreu ist, gehen wir einen pragmatischen Weg:

© Springer-Verlag GmbH Deutschland, ein Teil von Springer Nature 2022
C. Karpfinger, *Höhere Mathematik in Rezepten,*
https://doi.org/10.1007/978-3-662-63305-2_84

Konforme Abbildungen

Eine holomorphe Funktion $f : G \subseteq \mathbb{C} \to \mathbb{C}$ heißt **konform**
- in $z_0 \in G$, falls $f'(z_0) \neq 0$,
- auf G, falls f in jedem $z_0 \in G$ konform ist.

Bemerkung Ist f holomorph und $f'(z_0) \neq 0$, so kann f in einer kleinen Umgebung von z_0 durch ihre lineare Approximation $f(z) = f(z_0) + f'(z_0)(z - z_0)$ ersetzt werden. Diese lineare Approximation stellt wegen $f'(z_0) \neq 0$ *lokal* um z_0 herum eine *Drehstreckung* dar: Eine infinitesimal kleine Figur wird gedreht und gestreckt und verschoben; *Winkel* und *Orientierung* bleiben erhalten. Eine konforme Abbildung in unserem Sinne ist also *winkel- und orientierungstreu*.

Beispiel 84.1

- Die **Möbiustransformation**

$$f(z) = \frac{az+b}{cz+d} \text{ mit } a, b, c, d \in \mathbb{C} \text{ und } ad - bc \neq 0$$

  ist in allen Punkten mit $cz + d \neq 0$ konform, es gilt nämlich $f'(z) = \frac{ad-bc}{(cz+d)^2}$.
- Die **Joukowskiabbildung**

$$f(z) = \frac{1}{2}\left(z + \frac{1}{z}\right)$$

  ist in allen Punkten $z \neq \pm 1$ konform, es gilt nämlich $f'(z) = \frac{1}{2}\left(1 - \frac{1}{z^2}\right)$. Diese Abbildung führt den Kreis um $z_0 = \frac{i-1}{2}$ vom Radius $\sqrt{5/2}$ über in das tragflächenförmige **Kutta-Joukowski-Profil**, das als Modell für den Auftrieb von Tragflächen diente, siehe Abb. 84.1.
- Die Quadratabbildung $f(z) = z^2$ ist für $z \neq 0$ konform, es gilt nämlich $f'(z) = 2z$, siehe Abb. 84.2.

∎

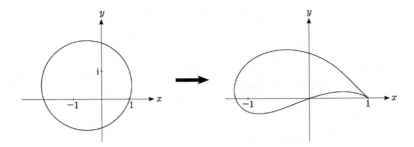

Abb. 84.1 Das Kutta-Joukowski-Profil ist das Bild eines Kreises unter der Joukowskiabbildung

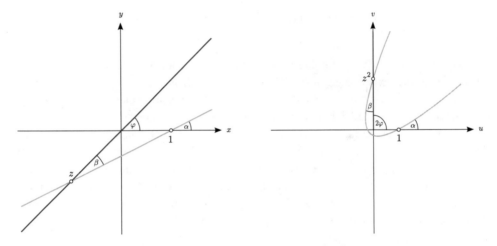

Abb. 84.2 Zwei Geraden und ihre Bilder unter der Quadratabbildung

84.2 Möbiustransformationen

Von den vielen konformen Abbildungen, die es gibt, betrachten wir die Möbiustransformationen oder **gebrochen-lineare Transformationen**, wie man sie auch nennt, näher:

$$f(z) = \frac{az+b}{cz+d} \ \text{ mit } a, b, c, d \in \mathbb{C} \text{ und } ad - bc \neq 0.$$

Die Bedingung $ad - bc \neq 0$ garantiert zweierlei:

- Der Nenner $cz + d$ ist nicht konstant null, da $(c, d) \neq (0, 0)$.
- Der Zähler $az + b$ ist kein Vielfaches vom Nenner $cz + d$, da $a/c \neq b/d$. Die Abbildung f ist daher nicht konstant.

Man beachte außerdem: Die nichtkonstante Funktion $f(z) = \frac{az+b}{cz+d}$, $ad - bc \neq 0$,

- ist im Fall $c = 0$ eine ganze Funktion, also holomorph auf ganz $\mathbb{C}$, und
- hat im Fall $c \neq 0$ eine isolierte Singularität an der Stelle $z = -d/c$.

Wir beseitigen die Ausnahmestelle von $-d/c$, indem wir zu den komplexen Zahlen $\mathbb{C}$ ein Symbol ∞ hinzunehmen, und schreiben $\hat{\mathbb{C}} = \mathbb{C} \cup \{\infty\}$.

Nun setzen wir die Abbildung f fort zu einer Abbildung $f : \hat{\mathbb{C}} \to \hat{\mathbb{C}}$, wobei

$$\text{im Fall } c = 0: \quad f(z) = \begin{cases} \frac{az+b}{d}, & \text{falls } z \neq \infty \\ \infty, & \text{falls } z = \infty \end{cases},$$

$$\text{im Fall } c \neq 0: \quad f(z) = \begin{cases} \frac{az+b}{cz+d}, & \text{falls } z \neq -d/c, \infty \\ \infty, & \text{falls } z = -d/c \\ a/c, & \text{falls } z = \infty \end{cases}.$$

Wir schreiben nach wie vor f für diese Funktion und bleiben auch bei der Kurzschreibweise $f(z) = \frac{az+b}{cz+d}$; die Vereinbarungen sind ja auch ganz naheliegend.

Es ist bekannt, dass drei verschiedene Punkte im $\mathbb{R}^2$ eindeutig einen Kreis bestimmen; eine Gerade hingegen wird durch zwei verschiedene Punkte bestimmt. Um eine Vereinheitlichung zu erreichen, vereinbaren wir, was anschaulich auch naheliegend ist, dass Geraden durch den Punkt ∞ gehen. Jetzt sind wir in der Situation: Je drei verschiedene Punkte $z_1, z_1, z_3 \in \hat{\mathbb{C}}$ bestimmen eindeutig eine Gerade oder einen Kreis. Nun schließen wir diese Vereinbarungen mit einer weiteren Vereinbarung ab, um die Formulierungen kurz und prägnant halten zu können. Wir sprechen ab jetzt von **verallgemeinerten Kreisen** und meinen damit eine Gerade oder einen Kreis.

Möbiustransformationen
Eine Abbildung der Form $f : \hat{\mathbb{C}} \to \hat{\mathbb{C}}$, $f(z) = \frac{az+b}{cz+d}$ mit $ad - bc \neq 0$ heißt **Möbiustransformation**. Für jede solche Abbildung gilt:

- f ist bijektiv, die Umkehrfunktion lautet

$$f^{-1}(z) = \frac{dz-b}{-cz+a}.$$

- Ist neben $f(z)$ auch $g(z) = \frac{a'z+b'}{c'z+d'}$ eine Möbiustransformation, so auch $f(g(z))$ und $g(f(z))$.
- f bildet verallgemeinerte Kreise auf verallgemeinerte Kreise ab.
- Zu jeweils drei verschiedenen Punkten z_1, z_2, z_3 und w_1, w_2, w_3 aus $\hat{\mathbb{C}}$ gibt es genau eine Möbiustransformation f mit $f(z_i) = w_i$ für alle $i = 1, 2, 3$.

Man beachte die Formulierung zur *Kreistreue* genau: Eine Möbiustransformation führt nicht zwangsläufig Geraden in Geraden und Kreise in Kreise über, vielmehr werden Geraden auf Geraden oder Kreise und ebenso Kreise auf Geraden oder Kreise abgebildet.

Nach dem letzten Punkt im obigen Satz gibt es zu je zwei Tripeln

$$(z_1, z_2, z_3) \text{ und } (w_1, w_2, w_3)$$

verschiedener Punkte aus $\hat{\mathbb{C}}$ genau eine Möbiustransformation f mit $f(z_i) = w_i$. Die Begründung der Eindeutigkeit ist einfach: Ist neben f auch g eine Möbiustransformation mit der Eigenschaft $g(z_i) = w_i$, so gilt

$$g^{-1}(f(z_i)) = g^{-1}(w_i) = z_i,$$

sodass die Möbiustransformation $h(z) = g^{-1}(f(z))$ mindestens die drei verschiedenen Fixpunkte z_1, z_2, z_3 hat. Aber die Gleichung

$$h(z) = \frac{az+b}{cz+d} = z$$

ist eine quadratische Gleichung mit höchstens zwei Lösungen: Eine Möbiustransformation hat höchstens zwei Fixpunkte. Es muss also $g = f$ gelten.

Wir geben ein Rezept an, mit dessen Hilfe man leicht die eindeutig bestimmte Möbiustransformation zu zwei Tripeln verschiedener Elemente aus $\hat{\mathbb{C}}$ bestimmen kann:

Rezept: Bestimmen einer Möbiustransformation mit der 6-Punkte-Formel

Sind z_1, z_2, z_3 und w_1, w_2, w_3 jeweils drei verschiedene Elemente aus $\hat{\mathbb{C}}$, so erhält man die eindeutig bestimmte Möbiustransformation $f(z) = \frac{az+b}{cz+d}$ mit $f(z_i) = w_i$ wie folgt mit der **6-Punkte-Formel**:

(1) Setze
$$\frac{(w-w_1)(w_2-w_3)}{(w-w_3)(w_2-w_1)} = \frac{(z-z_1)(z_2-z_3)}{(z-z_3)(z_2-z_1)},$$

wobei man im Fall $z_i = \infty$ oder $w_j = \infty$

$$\frac{(u-z_i)}{(v-z_i)} = 1 \text{ bzw. } \frac{(u-w_j)}{(v-w_j)} = 1$$

für den entsprechenden Quotienten in obiger 6-Punkte-Formel setzt.

(2) Löse die Gleichung aus (1) nach $w = f(z)$ auf.

Da Möbiustransformationen konforme Abbildungen sind, bleiben, grob gesagt, *Formen erhalten*. Wir werden das in der folgenden Art und Weise benutzen: Bestimmen wir etwa zu drei Punkten z_1, z_2, z_3, die in dieser Reihenfolge auf einer Geraden liegen, und drei Punkten

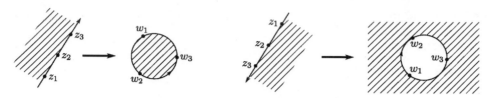

Abb. 84.3 Der Bereich links der Durchlaufrichtung bleibt links der Durchlaufrichtung

w_1, w_2, w_3, die in dieser Reihenfolge auf einem Kreis liegen, die eindeutig bestimmte Möbiustransfromation $w = f(z)$, so wird der Bereich links von der Durchlaufrichtung der Geraden auf den Bereich links von der Durchlaufrichtung des Kreises abgebildet, siehe Abb. 84.3.

Wir nutzen das in den folgenden Beispielen.

Beispiel 84.2

- Wir bestimmen eine Möbiustransformation $w = f(z)$, die die obere Halbebene $\text{Im}(z) > 0$ auf das Innere des Einheitskreises $|z| < 1$ abbildet, siehe Abb. 84.4.
  Wir wählen Punkte z_1, z_2, z_3 und w_1, w_2, w_3, die Randpunkte der oberen Halbebene bzw. des Einheitskreises sind, wobei wir die Anordnung so wählen, dass die betrachteten Gebiete links in Durchlaufrichtung liegen:

$$\frac{z_i}{w_i} \begin{array}{|ccc} 0 & 1 & \infty \\ 1 & i & -1 \end{array} \, .$$

Wir wenden auf diese Punkte obiges Rezept zur 6-Punkte-Formel an und erhalten:

(1) Die 6-Punkte-Formel lautet:

$$\frac{(w-1)(i+1)}{(w+1)(i-1)} = \frac{z-0}{(1-0)},$$

wobei wir wegen $z_3 = \infty$ den Quotienten $\frac{(z_2-z_3)}{(z-z_3)}$ gleich 1 gesetzt haben.

(2) Auflösen der Gleichung in (1) nach $w = f(z)$ liefert

$$w = f(z) = \frac{i\,z+1}{1-i\,z}.$$

- Wir ermitteln eine Funktion $f : \hat{\mathbb{C}} \to \hat{\mathbb{C}}$, $z \mapsto w = f(z)$, die das Gebiet

$$G = \left\{ z \in \hat{\mathbb{C}} \, \text{Re}\, z < 0 \, , \ \text{Im} z > 0 \right\}$$

bijektiv und konform auf das Gebiet

$$H = \left\{ w \in \hat{\mathbb{C}} \,\middle|\, |w - 1| < 1 \right\}$$

abbildet und dabei die Punkte $z_1 = 0$, $z_2 = i$, $z_3 = \infty$ in die Punkte $w_1 = 0$, $w_2 = 1 - i$, $w_3 = 2$ überführt: Da eine Möbiustransformation verallgemeinerte Kreise auf verallgemeinerte Kreise abbildet, wird die gesuchte Funktion f keine Möbiustransformation sein: Der Rand des zweiten Quadranten G ist kein verallgemeinerter Möbiuskreis. Der Trick besteht nun darin, mit einer vorgeschalteten Funktion den Winkel $\pi/2$ zu einem Winkel π *aufzubiegen,* um eine Gerade, sprich einen verallgemeinerten Kreis, zu erhalten. Diese Gerade bilden wir dann mit einer Möbiustransformation auf den gewünschten Kreis ab:

- **1. Schritt:** Die Funktion $\tilde{z} = g(z) = z^2$ transformiert den zweiten Quadranten G auf die untere Halbebene $\mathrm{Im}(z) < 0$. Dabei gehen die Punkte $z_1 = 0$, $z_2 = i$, $z_3 = \infty$ über auf die Punkte $\tilde{z}_1 = 0$, $\tilde{z}_2 = -1$, $\tilde{z}_3 = \infty$.

- **2. Schritt:** Wir bestimmen nun mit der 6-Punkte-Formel die Möbiustransformation $h(z) = \frac{a\tilde{z}+b}{c\tilde{z}+d}$ zu

$$\begin{array}{c|ccc} \tilde{z}_i & 0 & -1 & \infty \\ \hline w_i & 0 & 1-i & 2 \end{array}.$$

(1) Die 6-Punkte-Formel lautet:

$$\frac{(w-0)(1-i-2)}{(w-2)(1-i-0)} = \frac{\tilde{z}-0}{(-1-0)},$$

wobei wir wegen $z_3 = \infty$ den Quotienten $\frac{(\tilde{z}_2-\tilde{z}_3)}{(\tilde{z}-\tilde{z}_3)}$ gleich 1 gesetzt haben.

(2) Auflösen der Gleichung in (1) nach $w = h(\tilde{z})$ liefert

$$w = h(\tilde{z}) = \frac{2\tilde{z}}{\tilde{z}-i}.$$

- **3. Schritt.** Durch Zusammensetzen erhalten wir die gesuchte Funktion f, die G auf H abbildet:

$$w = f(z) = h(g(z)) = h(z^2) = \frac{2z^2}{z^2-i}.$$

Man beachte auch die folgende Abb. 84.5.

∎

Bemerkungen

1. Der **Riemann'sche Abbildungssatz** besagt, dass jedes einfach zusammenhängende Gebiet $G \neq \mathbb{C}$ konform auf den Einheitskreis abgebildet werden kann. Leider gibt dieser Satz nicht an, wie die Abbildung, die dies leistet, zu wählen ist. Um in der Praxis ein kompliziertes Gebiet G auf z. B. den Einheitskreis konform abzubilden, werden numerische Methoden benutzt.

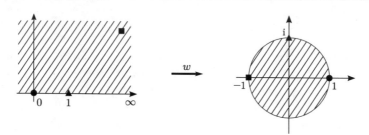

Abb. 84.4 Gesucht ist eine Abbildung, die die obere Halbebene auf den Einheitskreis abbildet

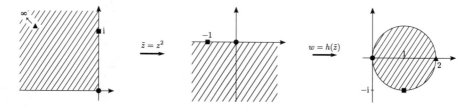

Abb. 84.5 Sukzessive wird der linke obere Quadrant auf einen Kreis um 1 abgebildet

2. Möbiustransformationen erhalten auch Symmetrien zu verallgemeinerten Kreisen: Man
   sagt, zwei Punkte z und $\tilde{z}$ sind **symmetrisch zu einer Geraden** bzw. **zu einem Kreis**,
   wenn $\tilde{z}$, wie in Abb. 84.6 gezeigt, durch **Spiegelung** an einer Geraden bzw. einem Kreis
   aus z hervorgeht.
   Liegen nun z und $\tilde{z}$ symmetrisch zu einem verallgemeinerten Kreis, so auch die Bilder
   $f(z)$ und $f(\tilde{z})$ zu dem verallgemeinerten Kreis, den man mit einer Möbiustransformation
   f erhält.

   Mit diesen Symmetriebetrachtungen ist es möglich, nicht nur Randpunkte auf Randpunkte zu übertragen, sondern auch innere Punkte auf vorgeschriebene Punkte abzubilden.
   pg

Abb. 84.6 Die Punkte z und $\tilde{z}$
sind symmetrisch zu einer
Geraden bzw. zu einem Kreis

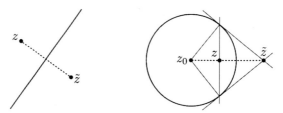

84.3 Aufgaben

84.1 Bestimmen Sie eine Möbiustransformation $f(z) = \frac{az+b}{cd+d}$ mit der Eigenschaft $f(0) = 1$, $f(1) = -i$, $f(i) = \infty$.

84.2 Welche winkeltreue Abbildung $w = f(z)$ bildet das Innere der rechten Hälfte des Einheitskreises auf das Innere des Einheitskreises mit $f(i) = i$, $f(1) = 1$ und $f(-i) = -i$ ab?

Hinweis: Man beachte die Winkel in den Randpunkten i und $-i$.

84.3 Es sei $f(z) = \frac{i(z-1)}{z+i}$ und $w = h(z)$ diejenige Möbiustransformation, für die $h(0) = i$, $h(i) = \infty$ und $h(\infty) = 1$ ist.

(a) Bestimme $h(z)$.
(b) Bestimme die Darstellung und die Fixpunkte von $g(z) = h(f(z))$.
(c) Skizziere die Bilder der 4 Quadranten unter $w = f(z)$.
(d) Welche Geraden werden durch f wieder auf Geraden abgebildet?
(e) Wie lautet das Urbild der Halbkreisscheibe $\{w \in \mathbb{C} \,||w| \leq 1,\ \operatorname{Re} w \geq 0\}$, unter der Abbildung $w = f(z)$?

84.4 Gegeben ist die Möbiustransformation $w = \frac{z}{z-i}$.

(a) Bestimmen Sie die Fixpunkte, die Umkehrabbildung und die Bilder bzw. Urbilder der Punkte $0, 1, \infty$.
(b) Skizzieren Sie die Bilder der rechten Halbebene $\operatorname{Re} z \geq 0$, der oberen Halbebene $\operatorname{Im} z \geq 0$ und der Einheitskreisscheibe $|z| \leq 1$.
(c) Welche Kurven der z-Ebene werden auf Geraden der w-Ebene abgebildet und welche davon auf Geraden durch $w = 0$?

Harmonische Funktionen und das Dirichlet'sche Randwertproblem

85

Inhaltsverzeichnis

Beim *Dirichlet'schen Randwertproblem* wird eine Funktion $u = u(x, y)$ gesucht, die auf einem Gebiet D Lösung der Laplacegleichung $\Delta u = u_{xx} + u_{yy} = 0$ ist und auf dem Rand von D vorgegebene (Rand-)Werte annimmt. Die Lösungen der Laplacegleichung $\Delta u = 0$ sind die *harmonischen Funktionen*. Diese sind gerade Real- und Imaginärteil holomorpher Funktionen.

Wir zeigen zunächst die Zusammenhänge zwischen holomorphen und harmonischen Funktionen auf und geben dann eine konkrete Lösung des Dirichlet'schen Randwertproblems auf dem Kreis an. Damit sind auch weitere solche Randwertprobleme gelöst: Kennt man nämlich die Lösung auf dem Einheitskreis, so kann man diese Lösung auch für andere Gebiete mittels konformer Abbildungen bestimmen.

85.1 Harmonische Funktionen

Wir betrachten eine holomorphe Funktion $f : G \to \mathbb{C}$ auf einem einfach zusammenhängenden Gebiet G. Nach dem Kriterium für Holomorphie in Abschn. 80.2 gelten für den Real- und Imaginärteil $u = u(x, y)$ und $v = v(x, y)$ von f die Cauchy-Riemann'schen DGLen:

$$u_x = v_y \quad \text{und} \quad u_y = -v_x.$$

Wir differenzieren die beiden Gleichungen nach x bzw. nach y und erhalten mit dem Satz von Schwarz (siehe in Abschn. 47.2):

© Springer-Verlag GmbH Deutschland, ein Teil von Springer Nature 2022
C. Karpfinger, *Höhere Mathematik in Rezepten*,
https://doi.org/10.1007/978-3-662-63305-2_85

$$u_{xx} + u_{yy} = v_{yx} - v_{xy} = 0 \quad \text{und} \quad v_{xx} + v_{yy} = -u_{yx} + u_{xy} = 0,$$

d. h.

$$\Delta u = 0 \quad \text{und} \quad \Delta v = 0.$$

Real- und Imaginärteil holomorpher Funktionen sind damit Lösungen der folgenden partiellen Differentialgleichung, die man wegen des Auftretens des Laplaceoperators auch **Laplacegleichung** oder auch **Potenzialgleichung** nennt:

$$\Delta u = u_{xx} + u_{yy} = 0.$$

Harmonische Funktionen

Jede Funktion $u : G \subseteq \mathbb{R}^2 \to \mathbb{R}$, G einfach zusammenhängend, mit

$$\Delta u = u_{xx} + u_{yy} = 0$$

nennt man **harmonische Funktion**. Es gilt:

- Real- und Imaginärteil einer holomorphen Funktion $f : G \to \mathbb{C}$ sind harmonische Funktionen.
- Zu jeder harmonischen Funktion $u : G \to \mathbb{R}$, $(x, y) \mapsto u(x, y)$ gibt es eine bis auf eine additive Konstante eindeutig bestimmte harmonische Funktion $v : G \to \mathbb{R}$, $(x, y) \mapsto v(x, y)$, sodass

$$f : G \to \mathbb{C}, \quad f(z) = u(x, y) + \mathrm{i}\, v(x, y), \quad z = x + \mathrm{i}\, y,$$

holomorph ist. Man nennt v eine zu u **harmonisch konjugierte Funktion**.
- Ist $f : G \to \mathbb{C}$, $f(z) = u(x, y) + \mathrm{i}\, v(x, y)$ holomorph, so stehen die Kurvenscharen $u(x, y) = c$ und $v(x, y) = d$ senkrecht aufeinander.

Beispiel 85.1

- Die Funktion $f : G \subseteq \mathbb{C} \to \mathbb{C}$ mit $f(z) = 1/z$ ist auf jedem einfach zusammenhängenden Gebiet G von $\mathbb{C}$, das 0 nicht enthält, holomorph. Wegen

$$\frac{1}{z} = \frac{x - \mathrm{i}\, y}{x^2 + y^2} = \frac{x}{x^2 + y^2} + \mathrm{i}\, \frac{-y}{x^2 + y^2}$$

sind

$$\mathrm{Re}(f) = u(x, y) = \frac{x}{x^2 + y^2} \quad \text{und} \quad \mathrm{Im}(f) = v(x, y) = \frac{-y}{x^2 + y^2}$$

harmonische Funktionen. Die Funktion v ist zu u harmonisch konjugiert.

- Weitere Beispiele harmonischer Funktionen sind

$$u_1 = x^3 - 3\,x\,y^2, \ \ v_1 = 3x^2y - y^3, \ \ u_2 = \cos(x)\,\cosh(y), \ \ v_2 = -\sin(x)\,\sinh(y).$$

Es ist v_1 bzw. v_2 zu u_1 bzw. u_2 harmonisch konjugiert; es gilt nämlich

$$u_1 = \mathrm{Re}(z^3), \ \ v_1 = \mathrm{Im}(z^3) \ \text{ und } \ u_2 = \mathrm{Re}(\cos(z)), \ \ v_2 = \mathrm{Im}(\cos(z)).$$

∎

Es stellt sich die Frage, ob und ggf. wie man zu einer gegebenen harmonischen Funktion u eine zu u harmonisch konjugierte Funktion v bestimmen kann. Wir schildern das Verfahren in einem Rezept:

Rezept: Bestimmen der harmonisch konjugierten Funktion

Gegeben ist eine harmonische Funktion $u : G \to \mathbb{R}$, $(x, y) \mapsto u(x, y)$ auf einem einfach zusammenhängenden Gebiet G. Eine zu u harmonisch konjugierte Funktion $v : G \to \mathbb{R}$ (es ist dann $f : G \to \mathbb{C}$, $f(z) = u(x, y) + \mathrm{i}\,v(x, y)$ holomorph) findet man wie folgt durch Integration der Cauchy-Riemann'schen Differentialgleichungen $v_y = u_x$ und $v_x = -u_y$:

(1) Bestimme $v(x, y) = \int u_x \mathrm{d}y$ mit der Integrations*konstanten* $h(x)$.
(2) Leite v nach x ab und erhalte aus $v_x = -u_y$ eine Darstellung für $h'(x)$.
(3) Erhalte durch Integration von h' bis auf eine Konstante v aus (1).

Beispiel 85.2 Die Funktion $u : \mathbb{R}^2 \to \mathbb{R}$, $u(x, y) = x^2 - y^2 + \mathrm{e}^x \sin(y)$ ist harmonisch auf $\mathbb{R}^2$, denn

$$u_{xx} = 2 + \mathrm{e}^x \sin y\,, \qquad u_{yy} = -2 - \mathrm{e}^x \sin y.$$

Somit gilt

$$\Delta u = u_{xx} + u_{yy} = 0.$$

(1) Integration von u_x nach y liefert:

$$v(x, y) = \int u_x \mathrm{d}y = \int 2x + \mathrm{e}^x \sin y \, \mathrm{d}y = 2xy - \mathrm{e}^x \cos y + h(x).$$

(2) Differentiation von v nach x und Gleichsetzen $v_x = -u_y$ liefern:

$$v_x = 2y - \mathrm{e}^x \cos y + h'(x) = -u_y = 2y - \mathrm{e}^x \cos y \ \Rightarrow \ h'(x) = 0.$$

(3) Integration von $h'(x)$ liefert:

$$h(x) = c \;\Rightarrow\; v(x, y) = 2xy - \mathrm{e}^x \cos y + c.$$

Die zugehörige holomorphe Funktion ist somit

$$
\begin{aligned}
f(z) &= x^2 - y^2 + \mathrm{e}^x \sin y + \mathrm{i}\left(2xy - \mathrm{e}^x \cos y + c\right) \\
&= z^2 - \mathrm{i}\left(\mathrm{e}^x(\cos y + \mathrm{i} \sin y) - c\right) = z^2 - \mathrm{i}\left(\mathrm{e}^z - c\right).
\end{aligned}
$$

∎

85.2   Das Dirichlet'sche Randwertproblem

In den Anwendungen, insbesondere in der Elektrostatik und den Wärmetransportphänomenen, sucht man oft nach einer Funktion $u = u(x, y)$, die im Inneren eines Gebietes D harmonisch ist und auf dem Rand ∂D des Gebietes D vorgegebene (Rand-)Werte annimmt. Siehe Abb. 85.1.

Gesucht ist eine Lösung u der partiellen Differentialgleichung mit Randbedingung:

$$\Delta u(x, y) = 0 \;\text{ für alle }\; (x, y) \in D$$

und

$$u(x, y) = g(x, y) \;\text{ für alle }\; (x, y) \in \partial D,$$

wobei die stetige Randfunktion g vorgegeben ist. Man spricht vom **Dirichlet'schen Randwertproblem**. Mit Mitteln der Funktionentheorie gelingt eine sehr allgemeine und unkomplizierte Lösung dieses Randwertproblems.

Wir beginnen mit der Schilderung der Lösungsmethode für dieses Problem auf einem Kreis G. Den allgemeinen Fall führen wir dann mittels konformer Abbildungen auf diesen Fall eines Kreises zurück.

Um das Dirichlet'sche Randwertproblem für einen Kreis $D = \{(x, y) | x^2 + y^2 < R^2\}$ vom Radius R zu lösen, ist es natürlich vorteilhaft, das Problem in Polarkoordinaten (r, φ) zu formulieren: Der Kreis D und sein Rand ∂D lauten in Polarkoordinaten

$$D = \{(r, \varphi) | 0 \le r < R,\; 0 \le \varphi < 2\pi\} \;\text{ und }\; \partial D = \{(R, \varphi) | 0 \le \varphi < 2\pi\},$$

Abb. 85.1 Das Dirichlet'sche Randwertproblem

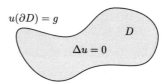

die Randfunktion $g = g(\varphi)$ ist damit eine Funktion allein in φ, und der Laplaceoperator Δ lautet nach Abschn. 53.3

$$\Delta u(r, \varphi) = u_{rr} + \frac{1}{r}\, u_r + \frac{1}{r^2}\, u_{\varphi\varphi}.$$

Das Dirichlet'sche Randwertproblem auf dem Einheitskreis und seine Lösung
Ist $g = g(\varphi)$ eine vorgegebene stetige Funktion auf dem Rand ∂D eines Kreises $D = \{(r, \varphi)|0 \le r < R,\ 0 \le \varphi < 2\pi\} \subseteq \mathbb{R}^2$ vom Radius R, so gibt es genau eine harmonische Funktion $u = u(r, \varphi)$, die das **Dirichlet'sche Randwertproblem**

$$\Delta u(r, \varphi) = 0 \ \text{ auf } \ D \ \text{ und } \ u(R, \varphi) = g(\varphi) \ \text{ auf } \ \partial D$$

löst. Die Lösungsfunktion $u = u(r, \varphi)$ ist gegeben durch die **Poisson'sche Integralformel**:

$$u(r, \varphi) = \frac{R^2 - r^2}{2\pi} \int\limits_0^{2\pi} \frac{g(t)}{R^2 + r^2 - 2rR\cos(\varphi - t)}\, \mathrm{d}t.$$

Wir haben damit eine Lösungsformel, mit der zumindest für theoretische Zwecke das Dirichlet'sche Randwertproblem gelöst ist. Aber für praktische Zwecke gibt sie nicht viel her: Zwar zeigt die Formel wunderbar, dass im Nullpunkt, also für $r = 0$, gewissermaßen der Mittelwert

$$u(0, \varphi) = \frac{1}{2\pi} \int\limits_0^{2\pi} g(t)\mathrm{d}t$$

der Randfunktion g angenommen wird. Aber will man wissen, was der Funktionswert von u an einer konkreten Stelle (r_0, φ_0) ist, so ist ein evtl. nicht leicht zu lösendes Kurvenintegral auszuwerten.

Mithilfe des folgenden Rezeptes erhalten wir die Lösung in vielen Fällen konkret bzw. zumindest eine Näherung. Hierbei benutzen wir ohne Begründung, dass die Funktion $u = u(r, \varphi)$, die man mit der Poisson'schen Integralformel erhält, auf G harmonisch ist und sich in eine unendliche Reihe

$$u(r, \varphi) = \frac{a_0}{2} + \sum_{k=1}^{\infty} \left(\frac{r}{R}\right)^k (a_k \cos(k\varphi) + b_k \sin(k\varphi))$$

entwickeln lässt. Dabei sind die Koeffizienten a_k und b_k gerade die Fourierkoeffizienten der 2π-periodischen stetigen Funktion $g = g(\varphi)$:

Rezept: Lösen eines Dirichlet'schen Randwertproblems für einen Kreis

Gegeben ist das Dirichlet'sche Randwertproblem für einen Kreis $D = \{(r, \varphi) | 0 \leq r < R, 0 \leq \varphi < 2\pi\}$ vom Radius R

$$\Delta u(r, \varphi) = 0 \text{ auf } D \text{ und } u(R, \varphi) = g(\varphi) \text{ für } 0 \leq \varphi < 2\pi,$$

wobei $g = g(\varphi)$ stetig ist.

(1) Bestimme die Fourierreihenentwicklung $G = G(\varphi)$ von $g = g(\varphi)$ (siehe Abschn. 74.3):

$$G(\varphi) = \frac{a_0}{2} + \sum_{k=1}^{\infty} a_k \cos(k\,\varphi) + b_k \sin(k\,\varphi).$$

(2) Erhalte die Lösung:

$$u(r, \varphi) = \frac{a_0}{2} + \sum_{k=1}^{\infty} \left(\frac{r}{R}\right)^k (a_k \cos(k\,\varphi) + b_k \sin(k\,\varphi)).$$

Beispiel 85.3 Wir betrachten einen Zylinder, dessen Schnitt mit der x-y-Ebene den Einheitskreis $\mathbb{E}$ um den Nullpunkt bildet (siehe Abb. 85.2). Die Oberflächentemperatur des Zylinders sei zeitunabhängig. Damit haben wir eine Randtemperatur $g = g(\varphi)$ auf dem Rand des Einheitskreises gegeben. Die Temperatur $u = u(r, \varphi)$ genügt der Wärmeleitungsgleichung $u_t = c^2 \Delta u$, die wegen der zeitlichen Unabhängigkeit von der Temperatur gerade die Laplacegleichung ist (vgl. Bemerkung in Abschn. 89.1). Wir haben also das Dirichlet'sche Randwertproblem für den Einheitskreis $\mathbb{E}$ mit Rand $\partial\mathbb{E}$ zu lösen:

$$\Delta u(r, \varphi) = 0 \text{ auf } \mathbb{E} \text{ und } u(1, \varphi) = g(\varphi) \text{ auf } \partial\mathbb{E}.$$

Abb. 85.2 Querschnitt durch Zylinder

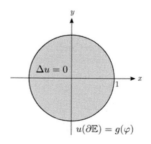

- Wir betrachten die Randfunktion $g(\varphi) = \sin^3(\varphi)$.

  (1) Die Fourierreihenentwicklung von $g(\varphi) = \sin^3(\varphi)$ lautet

$$G(\varphi) = \tfrac{3}{4} \sin(\varphi) - \tfrac{1}{4} \sin(3\varphi).$$

  (2) Erhalte die Lösung:

$$u(r, \varphi) = \tfrac{3}{4} r \sin(\varphi) - \tfrac{1}{4} r^3 \sin(3\varphi).$$

- Wir betrachten die Randfunktion

$$g : [0, 2\pi) \to \mathbb{R}, \ g(x) = \begin{cases} 1, & 0 < x < \pi \\ 0, & x = 0 \\ -1, & \pi \leq x < 2\pi \end{cases}.$$

Diese Randfunktion ist zwar nicht stetig, aber dennoch als Näherung eines realen Problems vorstellbar. Wenngleich die Existenz und Eindeutigkeit einer Lösung nicht garantiert ist, wenden wir unser Rezept an, in der Hoffnung, eine sinnvolle Lösung zu finden.

  (1) Die Fourierreihenentwicklung von $g(\varphi)$ lautet nach dem Beispiel in Abschn. 74.3:

$$G(\varphi) = \sum_{k=0}^{\infty} \frac{4}{(2k+1)\pi} \sin\big((2k+1)\varphi\big)$$
$$= \frac{4}{\pi} \left(\sin(\varphi) + \frac{\sin(3\varphi)}{3} + \frac{\sin(5\varphi)}{5} + \dots \right).$$

  (2) Erhalte die Lösung:

$$u(r, \varphi) = \frac{4}{\pi} \left(r \sin(\varphi) + \frac{r^3 \sin(3\varphi)}{3} + \frac{r^5 \sin(5\varphi)}{5} + \dots \right).$$

Die Graphen der beiden Lösungen sind in Abb. 85.3 eingezeichnet, dabei haben wir die (unendliche) Reihe für den zweiten Fall der unstetigen Randfunktion nach dem Summanden $\frac{r^{15} \sin(15x)}{15}$ abgebrochen. ■

Die Lösung des Dirichlet'schen Randwertproblems für den Kreis D lässt sich für das Lösen vieler weiterer Dirichlet'scher Randwertprobleme für andersgeartete Gebiete $\tilde{D}$ benutzen. Lässt sich ein solches Gebiet $\tilde{D}$ nämlich konform und bijektiv auf einen Kreis D vom Radius R abbilden, so kann man das gesamte Dirichlet'sche Randwertproblem auf diesen Kreis transformieren, dort lösen und die Lösung zurücktransformieren, wobei die rücktransformierte Lösung dann die gesuchte Lösung des ursprünglichen Problems ist, siehe Abb. 85.4.

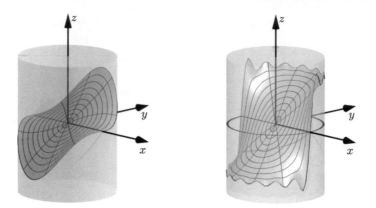

Abb. 85.3 Graphen der Lösungen

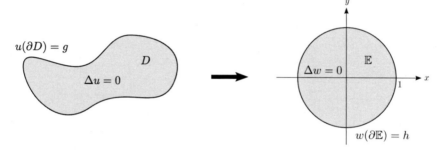

Abb. 85.4 Transformation des Dirichlet'schen RWP auf den Einheitskreis

Das Vorgehen zur Lösung wird im folgenden Rezept beschrieben:

Rezept: Lösen des Dirichlet'schen Randwertproblems

Eine Lösung $u = u(x, y)$ des Dirichlet'schen Randwertproblems

$$\Delta u(x, y) = 0 \text{ für alle } (x, y) \in D \text{ und } u(x, y) = g(x, y) \text{ für alle } (x, y) \in \partial D,$$

wobei die Randfunktion g auf dem doppelpunktfreien und im Allgemeinen geschlossenen Rand ∂D stetig und beschränkt ist, erhält man wie folgt:

(1) Bestimme eine bijektive und konforme Abbildung $f : D \to \mathbb{E}$, die ∂D auf $\partial \mathbb{E}$ abbildet. Gib die Umkehrabbildung f^{-1} an.

(2) Löse das (transformierte) Dirichlet'sche Randwertproblem auf dem Einheitskreis

$$\Delta w(r, \varphi) = 0 \text{ auf } \mathbb{E} \text{ und } w(1, \varphi) = h(\varphi) = g(f^{-1}(\mathrm{e}^{\mathrm{i}\varphi}))$$

$$\text{für alle } 0 \le \varphi < 2\pi$$

> mit dem Rezept in Abschn. 85.2 und erhalte $w = w(r, \varphi)$.
>
> (3) Erhalte durch Rücktransformation die Lösung $u = u(x, y)$ des ursprünglichen Dirichlet'schen Randwertproblems auf D:
>
> $$u(x, y) = w(f(x, y)) \text{ für alle } (x, y) \in D \cup \partial D.$$

Beispiel 85.4 Wir lösen das Dirichlet'sche Randwertproblem in der oberen Halbebene $D = \{(x, y) \in \mathbb{R}^2 | y > 0\}$ mit der x-Achse als Rand ∂D und der stetigen Funktion $g(x) = \sin^2(\arctan(x))$.

(1) Es ist $f(z) = \frac{z-\mathrm{i}}{-z-\mathrm{i}}$ eine bijektive und konforme Abbildung, die die obere Halbebene auf den Einheitskreis abbildet. Dabei geht ∂D auf $\partial \mathbb{E}$ über. Die Umkehrabbildung ist $f^{-1}(z) = -\mathrm{i}\frac{z-1}{z+1}$.

(2) Wir lösen das (transformierte) Dirichlet'sche Randwertproblem auf dem Einheitskreis:

$$\Delta w(r, \varphi) = 0 \text{ auf } \mathbb{E} \text{ und } w(1, \varphi) = h(\varphi) = g(f^{-1}(\mathrm{e}^{\mathrm{i}\varphi})) = \frac{1}{2} - \frac{\cos(\varphi)}{2}$$

für alle $0 \leq \varphi < 2\pi$, wobei wir zur Berechnung von $h(\varphi)$ einige bekannte trigonometrische Identitäten benutzt haben, insbesondere

$$\sin^2\left(\arctan\left(\frac{\sin(\varphi)}{1+\cos(\varphi)}\right)\right) = \sin^2(\varphi/2) = \frac{1}{2} - \frac{\cos(\varphi)}{2}.$$

Nun wenden wir das Rezept von Abschn. 85.2 an:

(1) Die Funktion $h = h(\varphi)$ ist bereits als Fourierreihe gegeben:

$$H(\varphi) = \frac{1}{2} - \frac{\cos(\varphi)}{2}.$$

(2) Erhalte die Lösung auf dem Einheitskreis

$$w(r, \varphi) = \frac{1}{2} - \frac{r\cos(\varphi)}{2}.$$

(3) Für die Rücktransformation berechnen wir zuerst $f(z)$ für $z = x + \mathrm{i}\,y$:

$$f(z) = \frac{-x^2-(y^2-1)}{x^2+(y+1)^2} - \mathrm{i}\,\frac{2x}{x^2+(y+1)^2}.$$

Hieraus erhält man

$$r = r(x,y) = \left(\left(\frac{-x^2-(y^2-1)}{x^2+(y+1)^2}\right)^2 + \left(\frac{2x}{x^2+(y+1)^2}\right)^2\right)^{1/2} \quad \text{und}$$

$$\varphi = \varphi(x,y) = \arctan\left(\frac{\frac{-2x}{x^2+(y+1)^2}}{\frac{-x^2-(y^2-1)}{x^2+(y+1)^2}}\right),$$

woraus wir mithilfe eines Computeralgebrasystems die folgende Lösung erhalten:

$$u(x,y) = \frac{1}{2} - \frac{r(x,y)\cos(\varphi(x,y))}{2} = \frac{x^2+y+y^2}{x^2+(1+y)^2}.$$

∎

Wie dieses einfache Beispiel bereits zeigt, werden die Rechnungen bzw. Ausdrücke wegen der rationalen Transformation schnell unübersichtlich. Zum Glück geht es auch einfacher: Tatsächlich kann man nämlich auch umgekehrt vorgehen: Man kann zeigen, dass man das Dirichlet'sche Randwertproblem in der oberen Halbebene mit einer entsprechenden *Poisson'schen Integralformel* für diese obere Halbebene lösen und dann einen Lösungsalgorithmus für dieses Problem angeben kann. Dann könnte man analog das allgemeine Dirichlet'sche Randwertproblem für ein Gebiet D mit einer konformen und bijektiven Abbildung auf das Problem in der oberen Halbebene zurückführen. Wir begannen mit dem Dirichlet'schen Randwertproblem auf dem Kreis. Das war reine Willkür. Übrigens: Ist

$$\Delta u(x,y) = 0 \text{ für alle } (x,y) \in H \text{ und } u(x,0) = g(x) \text{ für alle } x \in \mathbb{R}$$

das Dirichlet'sche Randwertproblem in der oberen Halbebene $H = \{(x,y) \in \mathbb{R}^2 | y > 0\}$, so erhält man die Lösung $u = u(x,y)$ für stetiges und beschränktes g durch die **Poisson'sche Integralformel**

$$u(x,y) = \frac{y}{\pi} \int\limits_{-\infty}^{\infty} \frac{g(t)}{(x-t)^2+y^2}\,dt \quad \text{für } y > 0.$$

Bemerkung. Neben dem Dirichlet'schen Randwertproblem spielt in der Praxis auch das **Neumann'sche Randwertproblem** eine Rolle: Gegeben ist eine auf dem Rand ∂D eines Gebietes D stetige Funktion g. Gesucht ist eine Funktion u, die auf D der Laplacegleichung $\Delta u = 0$ genügt und deren Normalableitung auf dem Rand mit g übereinstimmt:

$$\Delta u = 0 \text{ auf } D \text{ und } \frac{\partial u}{\partial \boldsymbol{n}} = g \text{ auf } \partial D.$$

Dabei ist $\boldsymbol{n}$ der Normaleneinheitsvektor auf ∂D, der nach außen weist. Wir lösen dieses Problem nicht mehr, wollen aber nicht versäumen anzumerken, dass sich dieses Neumann'sche Randwertproblem auf ein Dirichlet'sches Randwertproblem zurückführen lässt.

85.3 Aufgaben

85.1 Für welche $a \in \mathbb{R}$ ist die Funktion $u : \mathbb{R}^2 \to \mathbb{R}$ mit $u(x, y) = x^3 + a\,x\,y^2$ harmonisch? Bestimmen Sie in diesem Fall eine zu u harmonisch konjugierte Funktion.

85.2 In welchen Gebieten $G \subseteq \mathbb{R}^2$ sind die folgenden Funktionen harmonisch?

(a) $u(x, y) = x^3 - 3xy^2 + 2x + 5,$ (b) $u(x, y) = x + \frac{x}{x^2+y^2}.$

Man berechne jeweils die harmonisch konjugierte Funktion $v(x, y)$ sowie die zugehörige holomorphe Funktion $f(z)$.

85.3 Welche holomorphen Funktionen $f(z) = u(x, y) + i\,v(x, y)$ besitzen den Imaginärteil $v(x, y) = x^2 - y^2 + e^x \sin y$?

85.4 Gegeben ist das ebene Randwertproblem

$$\Delta u = u_{xx} + u_{yy} = 0 \quad \text{für } x^2 + y^2 < 1$$

und

$$u(\cos \varphi, \sin \varphi) = \begin{cases} 1 & \text{für } 0 < \varphi < \frac{\pi}{2} \\ 2 & \text{für } \frac{\pi}{2} < \varphi < \pi \\ 0 & \text{für } \pi < \varphi < 2\pi \end{cases} .$$

Mithilfe einer konformen Transformation und der Poisson'schen Integralformel für die obere Halbebene bestimme man die Lösung.

Partielle Differentialgleichungen 1. Ordnung   86

Inhaltsverzeichnis

Bei einer gewöhnlichen Differentialgleichung (gDGL) wird eine Funktion $x = x(t)$ in einer Variablen t gesucht, die eine Gleichung löst, in der die Funktion x und Ableitungen von x nach t erscheinen. Bei einer partiellen Differentialgleichung (pDGL) wird eine Funktion u in mehreren Variablen, üblicherweise $u = u(x, t)$ bzw. $u = u(x, y)$ oder $u = u(x, y, z, t)$, gesucht, wobei u eine Gleichung erfüllt, die neben u auch partielle Ableitungen von u nach den verschiedenen Variablen enthält.

Die Maxwell'schen Gleichungen, die Navier-Stokesgleichung, die Schrödingergleichung, … das sind partielle Differentialgleichungen, denen ganze Wissenschaften zugrunde liegen. Neben diesen gibt es viele weitere partielle Differentialgleichungen, die bei allen möglichen Fragestellungen der Technik und Naturwissenschaften auftreten.

Es ist sicher keine Übertreibung, zu behaupten, dass der weite Themenkreis *partielle Differentialgleichungen* zu den wichtigsten und fundamentalsten Gebieten der angewandten Mathematik gehört und in fast sämtlichen grundlegenden Fächern der ingenieur- und naturwissenschaftlichen Studiengängen Einzug hält.

So wichtig und grundlegend das Gebiet ist, so undurchdringbar bzw. endlos erscheinen die Theorie und die Lösungsverfahren partieller Differentialgleichungen. Wir können im Rahmen dieses Buches das Thema nur knapp anschneiden und in gewisser Weise nur ein Sprungbrett bilden, um den Leser in ein Meer von partiellen Differentialgleichungen und möglichen Lösungsverfahren zu entlassen.

© Springer-Verlag GmbH Deutschland, ein Teil von Springer Nature 2022
C. Karpfinger, *Höhere Mathematik in Rezepten*,
https://doi.org/10.1007/978-3-662-63305-2_86

Üblicherweise beginnt man das Thema *partielle Differentialgleichungen* mit einer Typeneinteilung oder Herleitungen. Wir weichen von dieser Tradition ab. Wir wollen mit einem positiven Signal das Thema beginnen und verschaffen uns in diesem ersten Kapitel Lösungsverfahren zu den einfachsten Typen partieller Differentialgleichungen. In der Praxis hat man es mit komplizierteren Gleichungen zu tun. Aber einige wesentliche Aspekte lernt man bereits bei diesen einfachen Typen.

86.1   Lineare pDGLen 1. Ordnung mit konstanten Koeffizienten

Bei einer partiellen Differentialgleichung wird eine Funktion $u = u(x_1, \ldots, x_n)$ gesucht, die eine Gleichung erfüllt, in der u, $x_1, \ldots, x_n$ und partielle Ableitungen von u nach den Variablen $x_1, \ldots, x_n$ auftauchen. Wir machen uns das Leben einfacher und betrachten meist nur den Fall zweier Variablen, also $u = u(x, y)$. In den Anwendungen sind oft die Zeit t und der Ort x die Variablen, wir haben es dann mit $u = u(x, t)$ zu tun.

Die einfachste Art einer pDGL ist die lineare pDGL 1. Ordnung mit konstanten Koeffizienten, sie hat die Form

$$a\,u_x + b\,u_y = f(x, y) \text{ mit } a, b \in \mathbb{R} \text{ und einer Funktion } f = f(x, y).$$

Gesucht ist eine Funktion $u = u(x, y)$, die diese Gleichung erfüllt. Im Fall $a = 0$ oder $b = 0$ erhält man Lösungen durch Integrieren, z. B. ist für $b = 0$

$$u(x, y) = \frac{1}{a} \int f(x, y)\mathrm{d}x + g(y)$$

mit einer beliebigen Funktion $g(y)$ eine Lösung. Etwas interessanter ist der Fall $a \neq 0 \neq b$:

Rezept: Lösen einer linearen pDGL 1. Ordnung mit konstanten Koeffizienten
Die Lösung $u = u(x, y)$ der pDGL $a\,u_x + b\,u_y = f(x, y)$ mit $a \neq 0 \neq b$ erhält man wie folgt:

(1) Führe eine Variablensubstitution durch:

$$r = r(x, y) = b\,x + a\,y \text{ und } s = s(x, y) = b\,x - a\,y.$$

(2) Setze

$$U(r, s) = u\left(\frac{r+s}{2b}, \frac{r-s}{2a}\right) = u(x, y)$$

und

$$F(r, s) = f\left(\frac{r+s}{2b}, \frac{r-s}{2a}\right) = f(x, y).$$

(3) Einsetzen von U und F in die pDGL liefert die DGL

$$U_r = \frac{1}{2ab} F(r, s).$$

(4) Erhalte die Lösung $U = U(r, s)$ der DGL in (3):

$$U(r, s) = \frac{1}{2ab} \int F(r, s)\mathrm{d}r + G(s)$$

mit einer beliebigen differenzierbaren Funktion $G = G(s)$.

(5) Eine Rücksubstitution liefert $u(x, y)$.

(6) Durch eine eventuelle Anfangsbedingung wie etwa $u(x, 0) = g(x)$ wird die Funktion G in (4) festgelegt.

Durch die angegebene Transformation wird aus der pDGL mehr oder weniger eine gDGL. Dahinter verbirgt sich im Wesentlichen die Kettenregel, siehe Aufgabe 86.1.

Wir haben nicht erläutert, was die Begriffe *1. Ordnung* und *linear* im Zusammenhang mit der betrachteten pDGL bedeuten; aber das versteht sich von selbst: *1. Ordnung* bedeutet, dass höchstens partielle Ableitungen 1. Ordnung auftauchen, und *linear* heißt, dass die gesuchte Funktion u und die partiellen Ableitungen von u nur in 1. Potenz und nicht etwa in nichtlinearen Funktionen wie sin oder exp in der pDGL auftreten. Man beachte außerdem: Anstelle einer beliebigen *Integrationskonstanten* c, wie man sie üblicherweise beim Lösen einer gDGL bekommt, erhält man hier eine Funktion G: So wie c durch die Anfangsbedingung einer gDGL festgelegt wird, so wird hier die Funktion G durch eine Anfangsbedingung bestimmt.

Beispiel 86.1 Es sei $u(x, t)$ die Verkehrsdichte am Ort x zur Zeit t entlang einer Straße. Alle Autos fahren mit der konstanten Geschwindigkeit $v > 0$. Durch Seitenstraßen gibt es einen Zu- oder Abfluss von Fahrzeugen, der durch $f(x, t)$ gegeben ist. Die Funktion $u(x, t)$ genügt der partiellen Differentialgleichung

$$u_t + v \, u_x = f(x, t).$$

Wir betrachten zuerst den einfachen Fall $f(x, t) = 0$, d. h., es fließen weder Autos zu noch ab – zu keiner Zeit und an keiner Stelle.

(1) Wir führen eine Variablensubstitution durch:

$$r = r(x, t) = x + v t \quad \text{und} \quad s = s(x, t) = x - v t.$$

(2) Setze

$$U(r, s) = u\left(\tfrac{r+s}{2}, \tfrac{r-s}{2v}\right) = u(x, t) \text{ und } F(r, s) = f\left(\tfrac{r+s}{2}, \tfrac{r-s}{2v}\right) = f(x, t).$$

(3) Einsetzen von U und F in die pDGL liefert die DGL

$$U_r = \tfrac{1}{2v} F(r, s) = 0.$$

(4) Die Lösung dieser letzten DGL lautet

$$U(r, s) = G(s).$$

(5) Die Rücksubstitution liefert die Lösung $u(x, t) = G(x - vt)$.
(6) Ist eine *Anfangsdichte* $u(x, 0) = \sin^2(5\pi x)$ gegeben, so wird hierdurch die Funktion G festgelegt:

$$u(x, 0) = \sin^2(5\pi x) = G(x) \;\Rightarrow\; G(x) = \sin^2(5\pi x).$$

Da wir nun wissen, was G ist, können wir nun konkret die gesuchte Lösung $u = u(x, t)$ angeben:

$$u(x, t) = \sin^2(5\pi(x - vt)).$$

In Abb. 86.1 sehen wir am der Graph dieser Funktion mit $v = 1$, wie sich diese Anfangsdichte $u(x, 0)$ unverändert im Laufe der Zeit entlang der *Straße* x verschiebt; klar, es besteht weder ein Ab- noch ein Zufluss von Autos, außerdem haben alle Autos die gleiche Geschwindigkeit $v = 1$.

Nun betrachten wir den Fall $f(x, t) = \tfrac{1}{1+x^2}$ und $u(x, 0) = 0$: Es besteht also ein positiver Zufluss, der mit größer werdendem x immer geringer wird; und zu Beginn der Beobachtung befindet sich kein Auto auf der Straße. Wir bestimmen mit obigem Rezept die Lösung und stellen zuerst fest, dass die Schritte (1) und (2) unverändert gültig sind.

(3) Einsetzen von U und F in die pDGL liefert die DGL

Abb. 86.1 Der Graph der Lösung

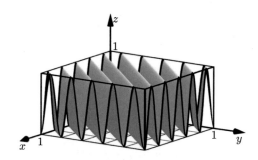

Abb. 86.2 Der Graph der
Lösung

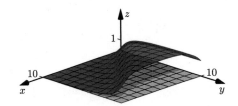

$$U_r = \frac{1}{2v} F(r,s) = \frac{1}{2v} \frac{1}{1+\left(\frac{r+s}{2}\right)^2}.$$

(4) Die Lösung der DGL in (3) erhalten wir durch Anwenden der Substitutionsregel für die Integration nach r, dazu substituieren wir $u = \frac{r+s}{2}$, $du = \frac{1}{2}dr$:

$$U(r,s) = \frac{1}{2v} \int \frac{1}{1+\left(\frac{r+s}{2}\right)^2} dr = \frac{1}{v} \int \frac{1}{1+u^2} du = \frac{1}{v} \arctan\left(\frac{r+s}{2}\right) + G(s).$$

(5) Eine Rücksubstitution liefert $u(x,t) = \frac{1}{v} \arctan(x) + G(x - vt)$.

(6) Einsetzen der Anfangsbedingung $0 = u(x,0) = \frac{1}{v}\arctan(x) + G(x)$ liefert $G(x) = -\frac{1}{v}\arctan(x)$, damit ist

$$u(x,t) = \frac{1}{v}\left(\arctan(x) - \arctan(x - vt)\right)$$

eine Lösung.

In Abb. 86.2 sehen wir am Graphen dieser Funktion mit $v = 1$, wie sich diese Anfangsdichte $u(x,0) = 0$ im Laufe der Zeit entlang der *Straße* x vergrößert; der stetige Zufluss von Autos sorgt im Laufe der Zeit dafür, dass es eng auf der Straße wird. Man versäume nicht, einige Plots dieses Graphen mit MATLAB zu erstellen. ∎

86.2 Lineare pDGLen 1. Ordnung

Jede lineare pDGL 1. Ordnung kann auf ein System von gewöhnlichen DGLen zurückgeführt werden. Durch die Lösung dieses Systems gewöhnlicher DGLen erhalten wir Lösungen der linearen pDGL.

Wir betrachten in diesem Abschnitt, wie man eine pDGL der Form

$$a(x,y)u_x + b(x,y)u_y = 0 \text{ bzw. } a(x,y,z)u_x + b(x,y,z)u_y + c(x,y,z)u_z = 0$$

mit stetig differenzierbaren Funktionen $a = a(x,y,z)$, $b = b(x,y,z)$ und $c = c(x,y,z)$ lösen kann:

Rezept: Lösen einer linearen homogenen pDGL 1. Ordnung

Um Lösungen u der pDGL

$$\text{(i)} \ a(x, y)u_x + b(x, y)u_y = 0 \ \text{ bzw.}$$

$$\text{(ii)} \ a(x, y, z)u_x + b(x, y, z)u_y + c(x, y, z)u_z = 0$$

zu erhalten, gehe wie folgt vor:

(1) • Setze im Fall (i): $\frac{dy}{dx} = \frac{b(x,y)}{a(x,y)}$ – das ist eine gDGL.

     • Setze im Fall (ii): $\frac{dy}{dx} = \frac{b(x,y,z)}{a(x,y,z)}$ und $\frac{dz}{dx} = \frac{c(x,y,z)}{a(x,y,z)}$ – das ist ein System von gDGLen.

(2) • Löse im Fall (i) die gDGL aus (1) und erhalte $y = y(x) = F(x, c)$.

     • Löse im Fall (ii) das System von gDGLen aus (1) und erhalte $y = y(x) = F(c_1, x)$ und $z = z(x) = G(c_2, x)$.

(3) • Löse im Fall (i) die Gleichung $y(x) = F(x, c)$ nach $c = c(x, y)$ auf (falls möglich).

     • Löse im Fall (ii) das System $y(x) = F(c_1, x)$ und $z(x) = G(c_2, x)$ nach $c_1 = c_1(x, y, z)$ und $c_2 = c_2(x, y, z)$ auf (falls möglich).

(4) • Im Fall (i) ist dann $u(x, y) = f(c(x, y))$ für jede stetig differenzierbare Funktion f eine Lösung der pDGL.

     • Im Fall (ii) ist dann $u(x, y, z) = f(c_1(x, y, z), c_2(x, y, z))$ für jede stetig differenzierbare Funktion f eine Lösung der pDGL.

(5) Die Funktion f wird dann durch eine evtl. gegebene Anfangsbedingung festgelegt.

In Schritt (1) kann man auch die Quotienten

$$\frac{dx}{dy} \ \text{im Fall (i) bzw.} \ \frac{dx}{dy}, \ \frac{dz}{dy} \ \text{oder} \ \frac{dx}{dz}, \ \frac{dy}{dz} \ \text{im Fall (ii)}$$

benutzen. Evtl. wird durch eine andere Wahl das System von DGLen in (2) einfacher.

Natürlich ist man neugierig und will sich davon überzeugen, dass diese Methode tatsächlich eine Lösung der gegebenen pDGL liefert. Wir verweisen dazu auf die Aufgabe 86.7.

Wir benutzen im folgenden Beispiel das obige Rezept:

Beispiel 86.2

• Wir suchen Lösungen der pDGL

$$x\,u_x + y\,u_y = 0.$$

Wir erhalten schrittweise:

$$(1) \ \frac{dy}{dx} = \frac{y}{x} \quad (2) \ y = c\,x \quad (3) \ c = \frac{y}{x}.$$

(4) Für jede differenzierbare Funktion f ist

$$u = u(x, y) = f\left(\frac{y}{x}\right)$$

eine Lösung der pDGL.

(5) Die Anfangsbedingung $u(x, 1) = \sin(x)$ liefert

$$\sin(x) = u(x, 1) = f\left(\frac{1}{x}\right), \quad \text{sodass} \quad f(x) = \sin\left(\frac{1}{x}\right).$$

Damit ist $u = u(x, y) = \sin(x/y)$ eine Lösung des entsprechenden Anfangswertproblems.

- Wir suchen Lösungen der pDGL

$$\frac{1}{x}\,u_x + y^3\,u_y = 0.$$

Wir erhalten schrittweise:

$$(1) \ \frac{dy}{dx} = xy^3 \quad (2) \ y = \frac{1}{\sqrt{-x^2 - 2c}} \quad (3) \ c = -\frac{1}{2}\left(x^2 + \frac{1}{y^2}\right).$$

(4) Für jede differenzierbare Funktion f ist

$$u = u(x, y) = f\left(-\frac{1}{2}\left(x^2 + \frac{1}{y^2}\right)\right)$$

eine Lösung der pDGL. ∎

Wir haben damit eine Systematik, beliebige lineare homogene pDGLen 1. Ordnung zu lösen (sofern wir die entstehenden Systeme gDGLen lösen können). Das werden wir nutzen können: Im nächsten Abschnitt betrachten wir *quasilineare* pDGLen 1. Ordnung. Jede solche pDGL lässt sich auf eine lineare homogene pDGL 1. Ordnung zurückführen. Und diese können wir nun lösen. Damit haben wir aber auch ein Schema, um beliebige quasilineare pDGLen lösen zu können.

86.3 Die quasilineare pDGL erster Ordnung

Eine pDGL der Form

$$a(x, y, u(x, y))\,u_x + b(x, y, u(x, y))\,u_y = c(x, y, u(x, y))$$

mit differenzierbaren Funktionen $a = a(x, y, u)$, $b = b(x, y, u)$, $c = c(x, y, u)$ heißt **quasilineare Differentialgleichung** (erster Ordnung). Der Unterschied zur linearen pDGL ist, dass die gesuchte Funktion $u = u(x, y)$ beliebig kompliziert in den Koeffizientenfunktionen a und b und in der Inhomogenität c auftauchen darf. Zur Lösung einer quasilinearen pDGL gehe man wie folgt vor:

Rezept: Lösung einer quasilinearen pDGL erster Ordnung
Gegeben ist die quasilineare pDGL

$$a(x, y, u)\, u_x + b(x, y, u)\, u_y = c(x, y, u).$$

(1) Betrachte die lineare pDGL in drei Variablen x, y, u:

$$a(x, y, u)\, F_x + b(x, y, u)\, F_y + c(x, y, u)\, F_u = 0.$$

(2) Löse die lineare pDGL aus (1) mit dem Rezept von Abschn. 86.2 (Fall (ii)) und erhalte $F = F(x, y, u)$.

(3) Durch $F(x, y, u) = 0$ ist implizit eine Lösung $u = u(x, y)$ gegeben.

In der Aufgabe 86.8 überzeugen Sie sich davon, dass die so ermittelte Funktion u tatsächlich eine Lösung der gegebenen pDGL ist.

Beispiel 86.3 Wir betrachten die quasilineare pDGL

$$y\, u_x - x\, u_y = x\, u^2.$$

(1) Wir gehen über zu der linearen pDGL

$$y\, F_x - x\, F_y + x\, u^2\, F_u = 0.$$

(2) Wir beachten das Rezept von Abschn. 86.2, wobei wir $\frac{dx}{dy}$, $\frac{du}{dy}$ wählen:

$$\frac{dx}{dy} = -\frac{y}{x} \quad \text{und} \quad \frac{du}{dy} = -u^2.$$

Hieraus erhalten wir durch Lösen dieser DGLen:

$$c_1 = \frac{1}{2}(x^2 + y^2) \quad \text{und} \quad c_2 = \frac{1}{u} - y$$

und hiermit für jede differenzierbare Funktion f die Lösung

$$F(x, y, u) = f\left(\frac{1}{2}(x^2 + y^2),\ \frac{1}{u} - y\right).$$

(3) Durch

$$f\left(\frac{1}{2}(x^2 + y^2),\ \frac{1}{u} - y\right) = 0$$

ist implizit eine Lösung $u = u(x, y)$ gegeben. ∎

86.4   Das Charakteristikenverfahren

Mit dem **Charakteristikenverfahren** gelingt es oftmals, die Lösung $u = u(x, y)$ eines *Rand-* bzw. *Anfangswertproblems* mit einer partiellen DGL explizit zu bestimmen. Wir zeigen, wie man das Verfahren bei einem Problem der folgenden Form anwendet, eine Verallgemeinerung des Verfahrens auf ähnliche Probleme ist dann leicht möglich. Wir betrachten das Randwertproblem

$$(*) \quad a(x, y)\, u_x + b(x, y)\, u_y = c(x, y) \text{ auf } B \subseteq \mathbb{R}^2 \text{ mit } u|\partial B = g(x).$$

Die entscheidende Rolle zum Bestimmen der gesuchten Funktion $u = u(x, y)$ spielen (noch zu bestimmende) Kurven

$$\gamma : [0, l] \to B \subseteq \mathbb{R}^2, \ \gamma(s) = \begin{pmatrix} x(s) \\ y(s) \end{pmatrix}.$$

Diese Kurven in B nennt man **Charakteristiken**. Wir machen den Ansatz

$$z(s) = u(x(s), y(s)).$$

Man beachte: $z = u(x(s), y(s))$ ist die Lösung auf der Charakteristik $(x(s), y(s))^\top$ (in B), aber noch nicht die gesuchte Lösung u auf B. Aber manchmal gelingt es, aus dieser Lösung z auf der Charakteristik auf die Lösung u auf ganz B zurückzuschließen.

Wir differenzieren nun den Ansatz $z(s) = u(x(s), y(s))$ nach s und erhalten:

$$\dot{z}(s) = u_x\, \dot{x}(s) + u_y\, \dot{y}(s).$$

Man beachte die Ähnlichkeit dieser Gleichung zur ursprünglichen pDGL in $(*)$. Dieser Vergleich legt nahe, $\dot{x} = a$ und $\dot{y} = b$ zu setzen, das liefert $\dot{z} = c$. Genauer erhalten wir das folgende Differentialgleichungssystem, das man auch das **System charakteristischer Differentialgleichungen** nennt:

$$\dot{x}(s) = a(x, y) \ \text{ mit } x(0) = c_1,$$
$$\dot{y}(s) = b(x, y) \ \text{ mit } y(0) = c_2,$$
$$\dot{z}(s) = c(x, y) \ \text{ mit } z(0) = u(x(0), y(0)) = u(c_1, c_2).$$

Hierbei ist der Anfangspunkt (c_1, c_2) der Charakeristik $(x(s), y(s))^\top$ ein (allgemeiner) Punkt des Randes ∂B von B.

Kann man $z(s) = u(x(s), y(s))$ aus diesem System ermitteln, so hängt diese Lösung neben s von den Anfangswerten $(c_1, c_2) \in \partial B$ ab. Schafft man es, sowohl den Kurvenparameter s wie auch die Anfangsbedingungen c_1, c_2 durch x und y auszudrücken, so erhält man eine explizite Darstellung der gesuchten Funktion $u = u(x, y)$. In den folgenden Beispielen zeigen wir typische Vorgehensweisen:

Beispiel 86.4

- Wir betrachten das Randwertproblem

$$a\,u_x + u_y = 0 \text{ mit } u(x, 0) = g(x)$$

mit einem konstanten $a \in \mathbb{R}$. Das System charakteristischer Differentialgleichungen lautet

$$\dot{x}(s) = a \text{ mit } x(0) = c_1,$$
$$\dot{y}(s) = 1 \text{ mit } y(0) = c_2 = 0,$$
$$\dot{z}(s) = 0 \text{ mit } z(0) = u(x(0), y(0)) = u(c_1, 0) = g(c_1).$$

Die Charakteristiken haben wegen $x(s) = a\,s + c_1$ und $y(s) = s$ die Form

$$(*) \qquad \gamma(s) = \begin{pmatrix} x(s) \\ y(s) \end{pmatrix} = \begin{pmatrix} a\,s + c_1 \\ s \end{pmatrix},$$

man beachte Abb. 86.3.

Wir ermitteln nun z. Wegen $\dot{z}(s) = 0$ ist z und damit auch u konstant auf den Charakteristiken. Integration von $\dot{z} = 0$ liefert $z(s) = c$, wegen der Anfangsbedingung gilt also

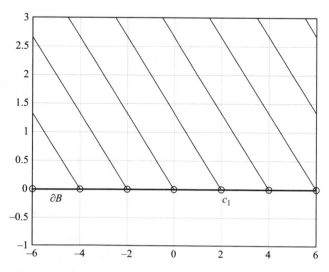

Abb. 86.3 Die Charakteristiken sind *Halbgeraden* mit der Steigung a, die am Rand von B in den Punkten $(c_1, 0)$ beginnen

$$z(s) = u(x(s), y(s)) = g(c_1).$$

Wir drücken nun den allgemeinen Anfangswert c_1 durch die x- und y-Koordinaten der Charakteristik aus (siehe (∗)): Offenbar gilt

$$c_1 = x - a\,y \text{ und damit } u(x, y) = g(x - a\,y).$$

Man beachte, dass wir diese Lösung auch im Beispiel 86.1 erhalten haben (man ersetze dort t mit y und v mit a).

- Wir betrachten das Randwertproblem

$$u_x + u_y = u^2 \text{ mit } u(x, -x) = x.$$

Das System charakteristischer Differentialgleichungen lautet

$$\dot{x}(s) = 1 \text{ mit } x(0) = c_1,$$
$$\dot{y}(s) = 1 \text{ mit } y(0) = -c_1,$$
$$\dot{z}(s) = z^2 \text{ mit } z(0) = u(x(0), y(0)) = u(c_1, -c_1) = c_1.$$

Die Charakteristiken haben wegen $x(s) = s + c_1$ und $y(s) = s - c_1$ die Form

$$(*) \qquad \gamma(s) = \begin{pmatrix} x(s) \\ y(s) \end{pmatrix} = \begin{pmatrix} s + c_1 \\ s - c_1 \end{pmatrix},$$

man beachte Abb. 86.4.

Wir ermitteln nun z. Die DGL $\dot{z}(s) = z^2$ ist separierbar:

$$\frac{\mathrm{d}z}{z^2} = \mathrm{d}s \;\Rightarrow\; -\frac{1}{z} = s + c \;\Rightarrow\; z = \frac{-1}{s + c}.$$

Setzt man nun noch die Anfangsbedingung $z(0) = c_1$ ein, so erhält man $c = -\frac{1}{c_1}$. Damit lautet die gesuchte Lösung

$$z(s) = u(x(s), y(s)) = \frac{-1}{s - \frac{1}{c_1}}.$$

Wir drücken nun den allgemeinen Anfangswert c_1 und den Kurvenparameter s durch die x- und y-Koordinaten der Charakteristik aus (siehe (∗)): Offenbar gilt

$$c_1 = \frac{x - y}{2} \quad \text{und} \quad s = \frac{x + y}{2}.$$

Abb. 86.4 Die Charakteristiken sind *Halbgeraden* mit der Steigung 1, die am Rand von B in den Punkten $(c_1, -c_1)$ beginnen

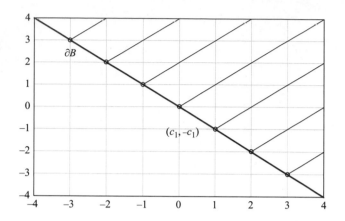

Ersetzen von c_1 und s in obiger Lösung liefert die allgemeine Lösung

$$u(x, y) = \frac{-1}{\frac{x+y}{2} - \frac{2}{x-y}}$$

■

86.5 Aufgaben

86.1 Begründen Sie, warum das Rezept zur Lösung linearer pDGLen 1. Ordnung mit konstanten Koeffizienten in Abschn. 86.1 (Rezeptebuch). funktioniert.

86.2 Löse die folgenden pDGLen:

(a) $2u_x + 3u_t = e^{x+t}$,

(b) $yu_x - xu_y = 0$,

(c) $(x + u)u_x + (y + u)u_y = -u$,

(d) $xu_x + yu_y = xu$.

86.3 Leiten Sie die pDGL

$$u_t + v\,u_x = f(x, t)$$

für das vereinfachte Verkehrsmodell aus dem Beispiel 86.1 her.

86.4 Lösen Sie die folgenden pDGLen (ggf. mit Anfangsbedingungen):

(a) $u_x + u_y = (x + y)\,\sin(x\,y)$ mit $u(x, 0) = \arctan(x)$.

(b) $y\,u_x + x\,u_y = u$.

86.5 Lösen Sie die folgenden pDGlen 1. Ordnung mit dem Charakteristikenverfahren:

(a) $u_x + 2u_y = 0$ mit $u(x, 0) = u_0(x)$.

(b) $xu_x + yu_y + u_z = u$ mit $u(x, y, 0) = xy$.

86.6 Wir betrachten für $u : [0, \infty) \times \mathbb{R} \to \mathbb{R}$ das Anfangswertproblem der Burgers-Gleichung,

$$u_t + uu_x = 0, \quad \text{mit} \quad u(0, x) = u_0(x) = \begin{cases} 1, & x \le -1, \\ -x, & -1 < x \le 0, \\ 0, & 0 < x. \end{cases}$$

(a) Wenden Sie die Methode der Charakteristiken an, um die pDGl in ein System von gDGlen zu verwandeln.

(b) Lösen Sie das in (a) erhaltene System von gDGlen.

(c) Skizzieren Sie die charakteristischen Kurven in der x-t-Ebene und schreiben Sie die in (b) erhaltene Lösung $u(t, x)$ möglichst explizit auf.

(d) Bestimmen Sie einen Zeitpunkt t_*, an dem sich zwei verschiedene charakteristische Kurven schneiden.

(e) Benutzen Sie (d), um zu begründen, dass die gefundene Lösung $u(t, x)$ nicht für alle $t > 0$ stetig sein kann.

86.7 Man verifiziere, dass das Rezept *Lösen einer linearen homogenen pDGL 1. Ordnung* eine korrekte Lösung der gegebenen pDGL liefert. Beschränken Sie sich auf eine pDGL der Form (i) mit einer im Schritt (1) separierbaren gDGL.

86.8 Überzeugen Sie sich davon, dass die im Rezept *Lösung einer quasilinearen pDGL erster Ordnung* ermittelte Funktion u tatsächlich eine Lösung der dort betrachteten pDGL ist.

Partielle Differentialgleichungen 2. Ordnung – Allgemeines

87

Inhaltsverzeichnis

Die partiellen Differentialgleichungen 2. Ordnung sind jene, die für die Anwendungen wesentlich sind. Wir können hier nur einen winzig kleinen Einblick in die umfangreiche Theorie dieser Differentialgleichungen geben. Analytische Lösungsschemata, wie wir sie im letzten Kapitel zu den Gl. 1. Ordnung betrachtet haben, gibt es auch für Gl. 2. Ordnung. Nur sind diese erheblich komplizierter; wir verzichten auf diese Darstellungen und geben nur für spezielle Differentialgleichungen systematische Lösungsverfahren in den weiteren Kapiteln an.

Um erst einmal eine gewisse Übersicht über die doch recht komplizierte Situation bei den Differentialgleichungen 2. Ordnung zu erhalten, führen wir im vorliegenden Kapitel einige Begriffe zur Typeneinteilung und Problemstellung wie auch zu Lösungsverfahren solcher Differentialgleichungen ein.

© Springer-Verlag GmbH Deutschland, ein Teil von Springer Nature 2022
C. Karpfinger, *Höhere Mathematik in Rezepten*,
https://doi.org/10.1007/978-3-662-63305-2_87

87.1   Erste Begriffe

Auch bei den gewöhnlichen DGLen haben wir verschiedene Arten unterschieden, etwa *lineare* und *nichtlineare*. Bei den partiellen DGLen sind noch weitere Unterscheidungen möglich.

87.1.1 Linear-nichtlinear, stationär-instationär

Wir unterscheiden lineare und nichtlineare pDGLen. Dabei heißt eine pDGL **linear,** falls die gesuchte Funktion u und ihre partiellen Ableitungen nur in 1. Potenz und nicht in sin-, exp- … Funktionen auftaucht.

Beispiel 87.1 Lineare pDGlen sind:

- **Laplacegleichung** $-\Delta u = 0$: Diese beschreibt ein Potenzial, etwa ein Gravitationspotenzial oder eine elektrische Feldstärke. Die Laplacegleichung ist **stationär**, d. h., es wird ein zeitunabhängiger Prozess beschrieben.
- **Wärmeleitungsgleichung** $u_t - c^2\Delta u = 0$: Diese beschreibt einen Wärmeleitungs- oder Diffusionsprozess. Die Wärmeleitungsgleichung ist **instationär**, d. h., es wird ein zeitabhängiger Prozess beschrieben.
- **Wellengleichung** $u_{tt} - c^2\Delta u = 0$: Diese beschreibt Schwingungsvorgänge, etwa die Ausbreitung von Schallwellen oder elektromagnetischer Wellen. Die Wellengleichung ist instationär, also zeitabhängig.
- **Schrödingergleichung** $i\,u_t + \Delta u = 0$: Diese beschreibt die Bewegung von Elementarteilchen. Die Schrödingergleichung ist instationär, also zeitabhängig.
- **Maxwell-Gleichungen**

$$\nabla \cdot E = \frac{\rho}{\varepsilon_0}, \quad \nabla \cdot B = 0, \quad \nabla \times E = -\frac{\partial B}{\partial t}, \quad \nabla \times B = \mu_0 j + \mu_0\,\varepsilon_0\,\frac{\partial E}{\partial t}.$$

Dieses System linearer pDGLen beschreibt den Zusammenhang von elektrischen und magnetischen Feldern mit elektrischen Ladungen und elektrischem Strom.

Nichtlineare pDGLen sind:

- **Burgersgleichung** $u_t + u\,u_x = 0$: Diese tritt bei Erhaltungssätzen auf. Die Burgersgleichung ist instationär.
- **Navier-Stokes-Gleichungen**

$$\rho(\partial_t u + (u \cdot \nabla)u) = -\nabla p + \mu\Delta u, \ \nabla \cdot u = 0.$$

Dieses System nichtlinearer pDGLen beschreibt einen instationären Fluss eines inkompressiblen, viskosen Fluids. Die gesuchten Größen sind das Geschwindigkeitsfeld u: $D \subseteq \mathbb{R}^3 \to \mathbb{R}^3$, die Dichte ρ und der Druck p.

■

87.1.2 Randwert- und Anfangs-Randwertbedingungen

Wir erinnern an den Begriff *Anfangswertproblem:* Das war eine (gewöhnliche) DGL mit einer Anfangsbedingung: Mit Hilfe dieser Anfangsbedingung wurde aus der Lösungsvielfalt der DGL eine (meist eindeutig) bestimmte Lösung ausgewählt, die dann die DGL und die Anfangsbedingung erfüllt. Durch die Anfangsbedingung wurde üblicherweise eine Konstante c festgenagelt.

Bei den pDGLen ist die Situation ähnlich: Anstelle einer Anfangsbedingung hat man üblicherweise *Randwertbedingungen* oder *Anfangs-Randwertbedingungen,* genauer:

- **Randwertbedingung:** Bei stationären pDGLen ist jene Lösung $u : B \subseteq \mathbb{R}^n \to \mathbb{R}$ gesucht, die auf dem Rand ∂B vorgegebene Werte annimmt.
- **Anfangs-Randwertbedingung:** Bei instationären pDGLen ist jene Lösung $u : B \subseteq \mathbb{R}^{n+1} \to \mathbb{R}$ gesucht, die auf dem Rand ∂B vorgegebene Werte annimmt und zum Anfangszeitpunkt $t = 0$ vorgegebene Bedingungen erfüllt.

Unter den üblicherweise vielen Lösungen einer pDGL sucht man jene Lösung, die gegebene Randwertbedingungen oder Anfangs-Randwertbedingungen erfüllen. Im optimalen Fall ist diese Lösung dann eindeutig. Typischerweise werden aber nicht Konstanten c, sondern Funktionen g festgenagelt, da man bei einer pDGL im Allgemeinen frei wählbare Funktionen in der Lösungsvielfalt hat (man beachte die Beispiele in Kap. 86).

87.1.3 Gut und schlecht gestellte Probleme

Man nennt ein Randwert- oder Anfangs-Randwertproblem **gut gestellt**, falls

- eine Lösung u existiert,
- die Lösung u eindeutig ist,
- die Lösung u stetig von den Daten abhängt.

Ist eine dieser drei Forderungen nicht erfüllt, so spricht man von einem **schlecht gestellten** Problem.

Die stetige Abhängigkeit von den Daten drückt die *Stabilität* aus: Fehlerbehaftete Eingangsdaten, deren Fehler in Ungenauigkeiten von Messungen zu suchen sind, haben auch nur relativ kleine Abweichungen in den Lösungen zur Folge. Ist diese stetige Abhängigkeit nicht gegeben, so können kleine Ungenauigkeiten in der pDGL bzw. in den Rand- oder Anfangswerten dazu führen, dass eine evtl. ermittelte *Lösung* so gut wie nichts mit der Problemstellung zu tun hat.

87.2   Die Typeneinteilung

Bevor wir uns an das Lösen von pDGLen 2. Ordnung machen, unterscheiden wir die Typen von pDGlen 2. Ordnung. Dabei treffen wir zwei wesentliche Vereinfachungen:

* Die gesuchte Funktion u hängt nur von zwei Variablen x und y ab, es gilt also $u = u(x, y)$.
* Wir betrachten nur lineare pDGLen.

Die allgemeine lineare pDGL 2. Ordnung in zwei Variablen hat das folgende Aussehen:

$$a(x, y)\, u_{xx} + 2\, b(x, y)\, u_{xy} + c(x, y)\, u_{yy} + d(x, y)\, u_x + e(x, y)\, u_y + f(x, y)\, u = g(x, y).$$

Man beachte, dass die Lösung u zweimal stetig partiell differenzierbar sein soll, daher gilt nach dem Satz von Schwarz $u_{xy} = u_{yx}$; das erklärt auch die 2 vor u_{xy}.

Man nennt

$$a(x, y)\, u_{xx} + 2\, b(x, y)\, u_{xy} + c(x, y)\, u_{yy}$$

den **Hauptteil** der pDGL, der Hauptteil ist also jener Teil, der die zweiten partiellen Ableitungen umfasst. Für die Typeneinteilung einer pDGL ist nur der Hauptteil ausschlaggebend:

Typeneinteilung von linearen pDGLen zweiter Ordnung
Wir betrachten die lineare pDGL

$$a(x, y)\, u_{xx} + 2\, b(x, y)\, u_{xy} + c(x, y)\, u_{yy} + d(x, y)\, u_x + e(x, y)\, u_y + f(x, y)\, u$$
$$= g(x, y).$$

Man nennt diese pDGL
* **elliptisch** auf $D \subseteq \mathbb{R}^2$, falls $a(x, y)\, c(x, y) - b(x, y)^2 > 0$ für alle $(x, y) \in D$,
* **parabolisch** auf $D \subseteq \mathbb{R}^2$, falls $a(x, y)\, c(x, y) - b(x, y)^2 = 0$ für alle $(x, y) \in D$,
* **hyperbolisch** auf $D \subseteq \mathbb{R}^2$, falls $a(x, y)\, c(x, y) - b(x, y)^2 < 0$ für alle $(x, y) \in D$,
* **vom gemischten Typ** auf $D \subseteq \mathbb{R}^2$, falls sie für verschiedene $(x, y) \in D$ verschiedenes Verhalten aufweist.

Bemerkung Diese Bezeichnungen stammen aus der Theorie der Quadriken: Es gilt

$$\det \begin{pmatrix} a(x, y) & b(x, y) \\ b(x, y) & c(x, y) \end{pmatrix} = a(x, y)\, c(x, y) - b(x, y)^2,$$

weshalb die Quadrik, die durch die angegebene symmetrische Matrix A dargestellt wird, im Fall $\det(A) > 0$ eine Ellipse, im Fall $\det(A) = 0$ eine Parabel und im Fall $\det(A) < 0$ eine Hyperbel ist.

Beispiel 87.2

- Die Laplacegleichung $-\Delta u = -u_{xx} - u_{yy} = 0$ ist elliptisch auf $\mathbb{R}^2$.
- Die Wärmeleitungsgleichung $u_t = c^2 u_{xx}$ ist parabolisch auf $\mathbb{R}^2$.
- Die Wellengleichung $u_{tt} - c^2 u_{xx} = 0$ ist hyperbolisch auf $\mathbb{R}^2$.
- Die **Tricomigleichung** $-y u_{xx} + u_{yy} = 0$ ist auf $D = \mathbb{R}^2$ vom gemischten Typ, sie ist elliptisch für $y < 0$, parabolisch für $y = 0$ und hyperbolisch für $y > 0$.

∎

Wir schließen diesen Abschnitt mit einem kleinen Überblick:

Typ pDGL	gut gestellt	Repräsentant	Anwendung
elliptisch	RW	$-\Delta u = f(x, y)$	Mechanik, ET, Statik
hyperbolisch	AW-RW	$u_{tt} = \Delta u$	Wellen, Ausbreitung
parabolisch	AW-RW	$u_t = \Delta u$	Wärmeleitung, Diffusion
gemischte Typen	–	–	Halbleiter, Bruchmechanik

87.3 Lösungsmethoden

In der Praxis löst man Randwert- oder Anfangswertprobleme mit pDGLen numerisch. Es gibt aber auch eine Vielzahl exakter Lösungsmethoden. Meist sind diese Methoden sehr tiefliegend, eine Darstellung dieser Verfahren würde den Rahmen dieses Buches sprengen. Eine exakte Lösungsmethode, die gelegentlich auch zu interessanten Lösungen führt und einfach dargestellt werden kann, ist der *Separationsansatz*.

87.3.1 Der Separationsansatz

Beim **Separationsansatz** geht man mit dem Ansatz

$$u(x, y) = f(x)\, g(y)$$

in die pDGL ein. Man erhält dann zwei gewöhnliche DGLen; je eine für f und eine für g. Diese löst man; es ist dann $u(x, y) = f(x) g(y)$ eine Lösung der pDGL. Man erhält auf diese Weise also nur Lösungen, die sich in dieser speziellen Form, nämlich als Produkte von Funktionen in x und Funktionen in y schreiben lassen. Zum Beispiel erhält man die einfache Lösung $u(x, y) = x + y$ der Laplacegleichung $u_{xx} + u_{yy} = 0$ nicht auf diese Art und Weise. Die Lösung einer pDGL durch den Separationsansatz lässt sich leicht formulieren:

Rezept: Lösen einer pDGL mit dem Separationsansatz

Zum Finden von Lösungen einer pDGL durch den Separationsansatz gehe wie folgt vor:

(1) Setze $u(x, y) = f(x) g(y)$ in die pDGL ein und erhalte zwei gDGLen für f und g.

(2) Löse die zwei gDGLen und erhalte $f = f(x)$ und $g = g(y)$.

(3) Es ist $u = u(x, y) = f(x) g(y)$ eine Lösung der pDGL.

Beispiel 87.3 Wir bestimmen Lösungen der Laplacegleichung $-\Delta u(x, y) = 0$:

(1) Wir setzen $u(x, y) = f(x) g(y)$ in die pDGL ein und erhalten

$$-f''(x)g(y) - f(x)g''(y) = 0 \quad \text{d.h.} \quad \frac{f''(x)}{f(x)} = -\frac{g''(y)}{g(y)}.$$

Nun beachte: Wir halten ein x fest und haben damit links eine Konstante k. Das bedeutet aber, dass für jedes y die rechte Seite den Wert k hat. Das können wir nun analog mit einem festen y und variablem x machen. Wir erhalten:

$$\frac{f''(x)}{f(x)} = k \quad \text{und} \quad -\frac{g''(y)}{g(y)} = k \quad \text{für } k \in \mathbb{R}.$$

Damit haben wir die Funktionen f und g bzw. die Variablen x und y *getrennt*.

(2) Wir lösen die zwei gDGLen $f'' = k\,f$ und $-g'' = k\,g$ mit $k \in \mathbb{R}$ aus (1) und erhalten

$$f = f(x) = \begin{cases} c_1 e^{\sqrt{k}x} + c_2\, e^{-\sqrt{k}x}, & \text{falls } k > 0 \\ c_1 + c_2\, x, & \text{falls } k = 0 \\ c_1 \cos(\sqrt{-k}\,x) + c_2\, \sin(\sqrt{-k}\,x), & \text{falls } k < 0 \end{cases}$$

mit $c_1, c_2 \in \mathbb{R}$ bzw.

$$g = g(y) = \begin{cases} d_1 \cos(\sqrt{k}\, y) + d_2 \sin(\sqrt{k}\, y), & \text{falls } k > 0 \\ d_1 + d_2\, y, & \text{falls } k = 0 \\ d_1\, e^{\sqrt{-k}y} + d_2\, e^{-\sqrt{-k}y}, & \text{falls } k < 0 \end{cases}$$

mit $d_1, d_2 \in \mathbb{R}$.

(3) Es ist $u = u(x, y) = f(x)\, g(y)$ eine Lösung der pDGL.

■

In den folgenden Kapiteln betrachten wir die Laplace-, Wärmeleitungs- und Wellengleichung. Wir werden mit dem Separationsansatz Lösungen dieser Gleichungen in den entsprechenden Kapiteln ermitteln.

Hat man dann erst einmal eine Menge von Lösungen einer pDGL, so geht es dann darum, aus dieser Vielzahl von Lösungen jene auszuwählen, die gegebene Randwert- oder Rand- und Anfangsbedingungen erfüllen. Wesentlich für die Lösung eines solchen Randwert- oder Rand-Anfangswertproblems ist das **Superpositionsprinzip**, das besagt, dass jede *Überlagerung* von Lösungen einer linearen homogenen pDGL wieder eine Lösung der pDGL ist.

87.3.2 Numerische Lösungsmethoden

Bei den Rand- bzw. Rand-Anfangswertproblemen aus der Praxis ist man üblicherweise auf numerische Lösungsverfahren angewiesen: Es existiert nicht für jeden Typ einer pDGL ein exaktes Lösungsverfahren. Aber auch numerische Verfahren sind nicht alltauglich, da sie oftmals instabil sind, d. h., kleine Fehler in den Anfangsdaten führen zu starken Schwankungen in den Lösungen; und die Daten der Probleme aus der Praxis sind naturgemäß fehlerbehaftet.

Die meistbenutzten numerischen Verfahren sind

- **Methode der finiten Differenzen (FDM)**: Das ist eine leicht verständliche Methode, bei der die Ableitungen, also die Differentialquotienten, die in der pDGL auftauchen, durch Differenzenquotienten approximiert werden.
- **Methode der finiten Elemente (FEM)**: Diese Methode ist die wohl populärste Methode in den Anwendungen. Sie ist bei komplizierten geometrischen Bereichen der Methode der finiten Differenzen überlegen und basiert auf der funktionalanalytischen Darstellung der Lösung in speziellen Funktionenräumen.
- **Methode der finiten Volumina (FVM)**: Bei dieser Methode wird die pDGL als Integralgleichung geschrieben, z. B. mit dem Divergenzsatz von Gauß. Diese Integralgleichung wird dann auf kleinen Standardvolumenelementen diskretisiert.

Diese Verfahren haben eines gemeinsam: Sie basieren alle auf einer Diskretisierung der betrachteten partiellen Differentialgleichung. Tatsächlich aber ist jede Methode eine Wissenschaft für sich. Einen Überblick über diese Methoden zu verschaffen, ist innerhalb eines Buches nicht möglich, wir bieten in den folgenden Kapiteln einen kleinen Einblick in FDM.

87.4 Aufgaben

87.1 Man bestimme die Typen der pDGLen und skizziere im $\mathbb{R}^2$ gegebenenfalls die Gebiete unterschiedlichen Typs:

(a) $2u_{xx} + 4u_{xy} + 2u_{yy} + 2u_x + 4u_y = 2u$,
(b) $x^3 u_{xx} + 2u_{xy} + y^3 u_{yy} + u_x - yu_y = e^x$,
(c) $yu_{xx} + 2xu_{xy} + yu_{yy} = y^2 + \ln(1 + x^2)$.

87.2 Finden Sie mit Hilfe des Separationsansatzes Lösungen der partiellen Differentialgleichungen

(a) $x^2 u_x + \dfrac{1}{y} u_y = u$,

(b) $x^2 u_{xy} + 3y^2 u = 0$.

87.3 Die Telegraphengleichung

$$u_{tt} - u_{xx} + 2u_t + u = 0$$

beschreibt (qualitativ) den zeitlichen Verlauf einer Signalspannung u am Ort $x > 0$ in einem langen Übertragungskabel. Gesucht ist die Signalspannung $u(x, t)$, wenn am Rand $x = 0$ des Übertragungskabels ein periodisches Signal der Form $u(0, t) = 3\sin(2t)$ eingespeist wird.

(a) Versuchen Sie, mit dem Separationsansatz $u(x, t) = f(x)\, g(t)$ eine sinnvolle Lösung zu finden. (Hinweis: Sie können g hier bereits aus der Randbedingung bestimmen.)
(b) Rechnen Sie nach, dass der Ansatz $u(x, t) = a\, e^{-bx} \sin(2t - cx)$ mit Konstanten $a, b, c \in \mathbb{R}, b > 0$, zum Ziel führt.

87.4 Bestimmen Sie alle (zum Ursprung) rotationssymmetrischen harmonischen Funktionen $u(x, y)$. Dabei heißt eine Funktion $u = u(x, y)$ harmonisch, wenn $u_{xx} + u_{yy} = 0$ gilt.

Hinweis. Betrachten Sie den Laplaceoperator in Polarkoordinaten.

87.5 Lösen Sie die folgenden pDGlen mit dem angegebenen Ansatz.

(a) $u_x + 2u_y = 0$ mit $u(x, 0) = u_0(x)$ (Separationsansatz),

(b) $y^2(u_x)^2 + x^2(u_y)^2 = (xyu)^2$ (Separationsansatz),

(c) $yu_x + xu_y = 0$ (Ansatz $u(x, y) = f(x) + g(y)$),

(d) $u_t + 2uu_x = u_{xx}$ (Ansatz $u(t, x) = v(x - 2t)$ mit $\lim_{\xi \to -\infty} v(\xi) = 2$).

87.6 Bestimmen Sie für die folgenden pDGLen alle Lösungen $u \colon \mathbb{R}^2 \to \mathbb{R}$. Verwenden Sie dabei jeweils Methoden, wie Sie sie bei gDGLen kennengelernt haben:

(a) $u_{xy} = 0$,

(b) $u_x + y\,u = 0$,

(c) $u_x + y\,u = xy$,

(d) $u_{xx} + u = x$.

Die Laplace- bzw. Poissongleichung

88

Inhaltsverzeichnis

Wir betrachten einige Aspekte der zweifellos zu den wichtigsten partiellen Differentialgleichungen gehörenden Laplace- bzw. *Poissongleichung*. Diese stationären Differentialgleichungen sind elliptisch. Sie beschreiben typischerweise eine (stationäre) Temperaturverteilung oder eine elektrostatische Ladungsverteilung in einem Körper und damit allgemeiner einen Gleichgewichtszustand.

88.1 Randwertprobleme für die Poissongleichung

Die (stationäre) Laplacegleichung $-\Delta u = 0$ ist wohlbekannt, die **Poissongleichung** ist gewissermaßen die inhomogene Variante davon:

$$-\Delta u = f \quad \text{mit einer Funktion } f .$$

Üblicherweise betrachtet man zwei- oder dreidimensionale Probleme, also $u = u(x, y)$ bzw. $u = u(x, y, z)$. Man betrachtet zu elliptischen pDGLen Randwertprobleme.

Für die Poissongleichung unterscheidet man die folgenden Arten von Randwertproblemen, dabei ist jeweils eine Funktion $u : D \cup \partial D \subseteq \mathbb{R}^n \to \mathbb{R}$ mit $n = 2$ oder $n = 3$ gesucht:

© Springer-Verlag GmbH Deutschland, ein Teil von Springer Nature 2022
C. Karpfinger, *Höhere Mathematik in Rezepten*,
https://doi.org/10.1007/978-3-662-63305-2_88

Randwertprobleme für die Poissongleichung

- **Das Dirichlet'sche Randwertproblem:**

  $-\Delta u(x) = f(x)$ für alle $x \in D$ und $u(x) = u_0(x)$ für alle $x \in \partial D$.

- **Das Neumann'sche Randwertproblem:**

  $-\Delta u(x) = f(x)$ für alle $x \in D$ und $\dfrac{\partial u}{\partial n}(x) = u_0(x)$ für alle $x \in \partial D$.

- **Das gemischte Randwertproblem:**

  $$-\Delta u(x) = f(x) \quad \text{für alle } x \in D \quad \text{und}$$

  $$\frac{\partial u}{\partial n}(x) + k(x)\, u(x) = u_0(x) \quad \text{für alle } x \in \partial D.$$

Dabei ist n jeweils ein Normaleneinheitsvektor, der aus D hinausweist, und $k = k(x)$ eine stetige Funktion. Weiterhin unterscheidet man noch:

- **Das innere Randwertproblem,** falls D ein beschränktes Gebiet ist, und
- **das äußere Randwertproblem**, falls D das Komplement eines beschränkten Gebietes ist (in diesem Fall sind weitere Randbedingungen an die Lösungen zu stellen).

88.2   Lösungen der Laplacegleichung

Mit dem Separationsansatz vom Rezept in Abschn. 87.3.1 erhalten wir Lösungen der Laplacegleichung. Dabei haben wir verschiedene Möglichkeiten. Im zweidimensionalen Fall können wir die Laplacegleichung in kartesischen bzw. Polarkoordinaten formulieren und nach den jeweiligen Variablen separieren, im dreidimensionalen Fall bieten sich neben den kartesischen auch Zylinder- bzw. Kugelkoordinaten an. Wir wählen beispielhaft Polarkoordinaten im $\mathbb{R}^2$:

Die Laplacegleichung lautet in Polarkoordinaten (r, φ)

$$u_{rr} + \frac{1}{r}\, u_r + \frac{1}{r^2}\, u_{\varphi\varphi} = 0.$$

Wir machen nun den Separationsansatz vom Rezept in Abschn. 87.3.1 und ermitteln Lösungen u der Laplacegleichung der Form

$$u = u(r, \varphi) = f(r)\, g(\varphi),$$

wobei wir uns bei g gleich auf 2π-periodische Funktionen spezialisieren; wir wollen nämlich im nächsten Abschnitt das Dirichlet'sche Randwertproblem für einen Kreis lösen. Beachte das Rezept in Abschn. 87.3.1.

(1) Einsetzen von $u(r, \varphi) = f(r)g(\varphi)$ in die pDGL liefert zwei gDGLen für f und g:

$$0 = u_{rr} + \frac{1}{r}u_r + \frac{1}{r^2}u_{\varphi\varphi} = \left(f''(r) + \frac{1}{r}f'(r)\right)g(\varphi) + \frac{1}{r^2}f(r)g''(\varphi)$$

und führt damit wegen $r > 0$ auf

$$\frac{r^2 f''(r) + r f'(r)}{f(r)} = -\frac{g''(\varphi)}{g(\varphi)},$$

und liefert schließlich die zwei gDGLen:

$$r^2 f''(r) + r f'(r) - k\,f(r) = 0 \text{ und } g''(\varphi) = -k\,g(\varphi) \text{ für } k \in \mathbb{R}.$$

(2) Wir lösen die zwei gDGLen aus (1):

- Zuerst kümmern wir uns um die Funktion g:
  - Im Fall $k < 0$ hat die gDGL für g keine 2π-periodischen Lösungen.
  - Im Fall $k = 0$ ist nur die konstante Lösung $g(\varphi) = c$ periodisch.
  - Im Fall $k > 0$ hat g die Fundamentallösungen $\sin(\sqrt{k}\,\varphi)$ und $\cos(\sqrt{k}\,\varphi)$, die nur dann 2π-periodisch sind, wenn $k = n^2$ für ein $n \in \mathbb{N}$, denn die 2π-Periodizität besagt

    $$\sin(\sqrt{k}\,(\varphi + 2\pi))) = \sin(\sqrt{k}\,\varphi) \text{ für alle } \varphi \in \mathbb{R},$$

    analog für den Kosinus.
    Die Lösungen g lauten damit

    $$g = g(\varphi) = a_n \cos(n\varphi) + b_n \sin(n\varphi) \text{ mit } a_n,\, b_n \in \mathbb{R} \text{ für alle } n \in \mathbb{N}_0.$$

- Nun kümmern wir uns um f: Ist nun $k = n^2$ für ein $n \in \mathbb{N}_0$, so erhalten wir für f die Euler'sche DGL

  $$r^2 f'' + r f' - n^2 f = 0.$$

Die allgemeine Lösung dieser Euler'schen DGL ist nach Beispiel 35.3

$$f(r) = \begin{cases} c_1 r^n + c_2\,r^{-n}, & \text{falls } n \neq 0 \\ c_1 + c_2\,\ln(r), & \text{falls } n = 0 \end{cases}.$$

(3) Damit haben wir nun die folgenden Lösungen gefunden:

$$u = u(r, \varphi) = \begin{cases} u_n(r, \varphi) = (a_n \cos(n\varphi) + b_n \sin(n\varphi))r^n & \text{für } n \in \mathbb{Z} \setminus \{0\} \\ a + b \ln(r) & \text{für } n = 0 \end{cases}$$

für reelle a_n und b_n bzw. a und b.

Wir fassen zusammen:

Lösungen der Laplacegleichung

Für beliebige reelle a_n und b_n bzw. a und b ist

$$u(r, \varphi) = \begin{cases} u_n(r, \varphi) = (a_n \cos(n\varphi) + b_n \sin(n\varphi))r^n & \text{für } n \in \mathbb{Z} \setminus \{0\} \\ a + b \ln(r) & \text{für } n = 0 \end{cases}$$

eine Lösung der Laplacegleichung.

88.3 Das Dirichlet'sche Randwertproblem für einen Kreis

Wir betrachten nun etwas konkreter das innere Dirichlet'sche Randwertproblem für einen Kreis mit Radius R um den Punkt 0, d. h.

$$D = \{(x, y) \mid x^2 + y^2 < R^2\} \quad \text{und} \quad \partial D = \{(x, y) \mid x^2 + y^2 = R^2\}.$$

Sucht man Lösungen eines Randwertproblems auf einem Kreis D um den Nullpunkt herum, so müssen alle singulären Terme ($n < 0$) verschwinden. Durch Superposition der verbleibenden Lösungen erhält man dann

$$u(r, \varphi) = \frac{a_0}{2} + \sum_{n=1}^{\infty} (a_n \cos(n\varphi) + b_n \sin(n\varphi))r^n,$$

wobei wir im Fall $n = 0$ anstelle a (die Lösung lautet in diesem Fall $a + b \ln(r)$ mit $b = 0$) zweckmäßigerweise gleich $\frac{a_0}{2}$ geschrieben haben. Einsetzen einer Randbedingung der Form $u(r, \varphi) = u_0(\varphi)$ für $r = R$, wobei R der Radius des Kreises D ist, liefert eine Sinus-Kosinus-Darstellung der Randbedingung:

$$u_0(\varphi) = \frac{a_0}{2} + \sum_{n=1}^{\infty} (a_n R^n) \cos(n\varphi) + (b_n R^n) \sin(n\varphi).$$

Da die Sinus-Kosinus-Darstellung eindeutig ist, erhalten wir also durch Ermitteln der (reellen) Fourierkoeffizienten der 2π-periodischen Funktion $u_0(\varphi)$ die eindeutig bestimmte Lösung des Dirichlet'schen Randwertproblems für einen Kreis:

Rezept: Lösen eines Dirichlet'schen Randwertproblems für einen Kreis

Die Lösung $u = u(r, \varphi)$ in Polarkoordinaten des Dirichlet'schen Randwertproblems

$$-\Delta u(x, y) = 0 \text{ für } x^2 + y^2 < R^2 \text{ und } u(x, y) = u_0(x, y) \text{ für } x^2 + y^2 = R^2$$

erhält man wie folgt:

(1) Bestimme die Koeffizienten a_n und b_n der Sinus-Kosinus-Darstellung der 2π-periodischen Funktion $u_0(\varphi) : [0, 2\pi) \to \mathbb{R}$.

(2) Erhalte die Lösung $u = u(r, \varphi)$ als Reihendarstellung in Polarkoordinaten:

$$u(r, \varphi) = \frac{a_0}{2} + \sum_{k=1}^{\infty} (a_k \cos(k\varphi) + b_k \sin(k\varphi)) \left(\frac{r}{R}\right)^k.$$

Man beachte, dass wir diese Lösung bereits mit den harmonischen Funktionen zusammen mit einem Beispiel in Abschn. 85.2 behandelt haben.

Auch das *zugehörige* Außenraumproblem

$$-\Delta u(x, y) = 0 \text{ für } x^2 + y^2 > R^2 \text{ und } u(x, y) = u_0(x, y) \text{ für } x^2 + y^2 = R^2$$
$$\text{und } u(x, y) \text{ beschränkt für } x^2 + y^2 \to \infty$$

kann mit dieser Methode gelöst werden, es sind hierbei nur r und R in (2) zu vertauschen, man erhält also die Reihendarstellung der Lösung mit dem Ansatz

$$u(r, \varphi) = \frac{a_0}{2} + \sum_{k=1}^{\infty} (a_k \cos(k\varphi) + b_k \sin(k\varphi)) \left(\frac{R}{r}\right)^k.$$

88.4 Numerische Lösung

Wie schon mehrfach angesprochen, ist es im Allgemeinen nicht möglich, eine exakte Lösung eines Randwertproblems anzugeben. Man ist in diesem Fall auf numerische Lösungsverfahren angewiesen. Ein naheliegendes Verfahren zur näherungsweisen Lösung eines Dirichlet'schen Randwertproblems im $\mathbb{R}^2$ ist das im Folgenden beschriebene **Differenzenverfahren**. Wir betrachten dazu das Dirichlet'sche Randwertproblem (der Einfachheit halber) auf dem Quadrat $D = [0, 1]^2$ im ersten Quadranten:

Abb. 88.1 Gitter mit $n = 4$

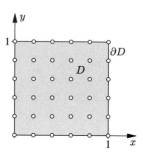

$$-\Delta u(x, y) = f(x, y) \text{ für } (x, y) \in D = (0, 1)^2 \text{ und } u(x, y) = u_0(x, y) \text{ für } (x, y) \in \partial D.$$

Wie bei der numerischen Lösung einer gewöhnlichen DGL **diskretisieren** wir den Bereich D, indem wir ihn mit einem Gitter überziehen (siehe Abb. 88.1): Wir wählen die *Schrittweite* $h = \frac{1}{n+1}$ mit einem $n \in \mathbb{N}$ in x- und y-Richtung und erhalten Gitterpunkte

$$(x_i, y_j) \text{ mit } x_i = ih \text{ und } y_j = jh \text{ mit } i, j = 0, \dots, n+1.$$

Nun nähern wir in den inneren Gitterpunkten (x_i, y_j) die partiellen Ableitungen u_{xx} und u_{yy} der Funktion $u = u(x, y)$ durch entsprechende Differenzenquotienten an, d. h., die zweiten partiellen Ableitungen $u_{xx}(x_i, y_i)$ und $u_{yy}(x_i, y_i)$ werden angenähert durch die Quotienten

$$u_{xx}(x_i, y_j) \approx \frac{u_{i+1,j} - 2u_{i,j} + u_{i-1,j}}{h^2} \text{ und } u_{yy}(x_i, y_j) \approx \frac{u_{i,j+1} - 2u_{i,j} + u_{i,j-1}}{h^2},$$

hierbei sind

$$u_{i+1,j} = u(x_{i+1}, y_j), \ u_{i,j} = u(x_i, y_j), \ u_{i-1,j} = u(x_{i-1}, y_j), \ \dots$$

die gesuchten Werte – beachte die Box mit den Formeln zur numerischen Differentiation in Abschn. 26.3. Die *diskretisierte* Poissongleichung lautet mit diesen Abkürzungen in einem (x_i, y_j)

$$f(x_i, y_j) = -\Delta u(x_i, y_j) \approx -\frac{1}{h^2} \left(u_{i+1,j} + u_{i-1,j} + u_{i,j+1} + u_{i,j-1} - 4u_{i,j}\right),$$

wobei die Größe $f(x_i, y_j)$ wie auch die Randwerte $u_{0,j}$, $u_{i,0}$, $u_{n+1,j}$ und $u_{i,n+1}$ bekannt sind. Wir ersetzen nun $\approx$ durch $=$ und erhalten so n^2 Gleichungen, $i, j = 1, \dots, n$, deren Lösungen u_{ij} Näherungslösungen für die gesuchten Werte $u(x_i, y_j)$ sind.

Wegen der Form der Gleichungen

$$f(x_i, y_j) = \frac{1}{h^2} \left(4u_{i,j} - u_{i+1,j} - u_{i-1,j} - u_{i,j+1} - u_{i,j-1}\right)$$

spricht man vom **5-Punkte-Stern** (Abb. 88.2).

Abb. 88.2 Der 5-Punkte-Stern

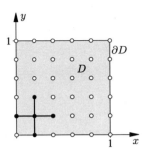

Aus der Randbedingung $u(x, y) = u_0(x, y)$ für alle $(x, y) \in \partial D$ wissen wir, welche Werte die Funktion u auf dem Rand annimmt. Wir setzen nun gewissermaßen den 5-Punkte-Stern von Gitterpunkt zu Gitterpunkt, wobei wir dabei den Rand *abgrasen,* an dem wir die Werte der Funktion u kennen.

Wir demonstrieren das an einem einfachen Beispiel:

Beispiel 88.1 Im Fall $n = 2$ lauten die vier Gleichungen für (x_i, y_j) mit $i, j = 1, 2$ mit $h = \frac{1}{3}$ wie folgt:

$$f(x_1, y_1) = \frac{1}{h^2} (4 u_{1,1} - u_{2,1} - u_{0,1} - u_{1,2} - u_{1,0}),$$

$$f(x_1, y_2) = \frac{1}{h^2} (4 u_{1,2} - u_{2,2} - u_{0,2} - u_{1,3} - u_{1,1}),$$

$$f(x_2, y_1) = \frac{1}{h^2} (4 u_{2,1} - u_{3,1} - u_{1,1} - u_{2,2} - u_{2,0}),$$

$$f(x_2, y_2) = \frac{1}{h^2} (4 u_{2,2} - u_{3,2} - u_{1,2} - u_{2,3} - u_{2,1}).$$

Bekannt sind hierbei die Werte $f(x_i, y_j)$ und die Randwerte $u_{0,j}, u_{3,j}, u_{i,0}, u_{i,3}$.

Die vier Gleichungen ergeben das folgende lineare Gleichungssystem:

$$\frac{1}{h^2} \begin{pmatrix} 4 & -1 & -1 & 0 \\ -1 & 4 & 0 & -1 \\ -1 & 0 & 4 & -1 \\ 0 & -1 & -1 & 4 \end{pmatrix} \begin{pmatrix} u_{1,1} \\ u_{1,2} \\ u_{2,1} \\ u_{2,2} \end{pmatrix} = \begin{pmatrix} f(x_1, y_1) + \frac{1}{h^2} (u_{0,1} + u_{1,0}) \\ f(x_1, y_2) + \frac{1}{h^2} (u_{0,2} + u_{1,3}) \\ f(x_2, y_1) + \frac{1}{h^2} (u_{3,1} + u_{2,0}) \\ f(x_2, y_2) + \frac{1}{h^2} (u_{3,2} + u_{2,3}) \end{pmatrix}.$$

Als Lösung dieses LGS erhalten wir die gesuchten Näherungen $u_{1,1}, u_{1,2}, u_{2,1}, u_{2,2}$ für die Werte von u in den inneren Gitterpunkten. ∎

Allgemein erhalten wir n^2 Gleichungen, die sich bei geeigneter Durchnummerierung der inneren Gitterpunkte, z. B. $u_1 = u_{1,1}, u_2 = u_{1,2}, \ldots, u_{n^2} = u_{n,n}$, in einem eindeutig lösbaren LGS formulieren lassen. Dieses Gleichungssystem lautet dabei im Falle der **Nullrandbedingung** $u(x, y) = 0$ für alle $(x, y) \in \partial D$, was

$$u_{0,j} = u_{n+1,j} = u_{i,0} = u_{i,n+1} = 0$$

zur Konsequenz hat, wie folgt:

$$A_h u_h = f_h \text{ mit } u_h = \begin{pmatrix} u_1 \\ \vdots \\ u_{n^2} \end{pmatrix} \text{ und } f_h = \begin{pmatrix} f(x_1, y_1) \\ \vdots \\ f(x_n, y_n) \end{pmatrix}$$

sowie

$$A_h = \frac{1}{h^2} \left. \begin{pmatrix} B_n & -E_n & & \\ -E_n & B_n & -E_n & \\ & -E_n & B_n & \ddots \\ & & & \ddots \end{pmatrix} \right\} n, \quad B_n = \left. \begin{pmatrix} 4 & -1 & & \\ -1 & 4 & -1 & \\ & -1 & 4 & \ddots \\ & & & \ddots \end{pmatrix} \right\} n \, .$$

Man beachte, dass sich das Gleichungssystem nur deshalb so konkret angeben lässt, weil das von uns betrachtete Gebiet $D = [0, 1]^2$ so einfach ist. Das Aussehen der Matrix A_h hängt stark vom betrachteten Gebiet D ab und wird in realistischen Fällen *unangenehm*. In diesen Fällen werden die Matrix und die rechte Seite programmtechnisch generiert.

Ist das betrachtete Gebiet nämlich kein Rechteck, so fällt üblicherweise eine Ecke des 5-Punkte-Sterns nicht mehr auf den Rand, beachte, dass unser Einheitsquadrat ein überaus glücklicher Sonderfall ist, hier passiert so etwas nicht. In anderen Fällen sind verschiedene Verfahren zur Randapproximation üblich.

Das zu lösende lineare Gleichungssystem ist sehr groß und dünn besetzt. Zur Lösung benutzt man die iterativen Verfahren, die wir in Kap. 71 besprochen haben, die für solche Gleichungssysteme maßgeschneidert sind. Und trotzdem gibt es ein Problem: Je größer die Zahl der Unbekannten u_{ij}, desto schlechter konditioniert ist die Matrix A_h. Daher braucht man in der Praxis doch noch andere Verfahren. Man verwendet andere Diskretisierungen, z. B. *Mehrgittermethoden*.

Beispiel 88.2 Wir betrachten das Dirichlet'sche Randwertproblem

$$-\Delta u(x, y) = 2 \pi^2 \sin(\pi x) \, \sin(\pi y) \text{ auf } D = (0, 1)^2 \text{ mit } u(x, y) = 0 \text{ auf } \partial D.$$

Für die Berechnung von Näherungslösungen benutzen wir MATLAB (siehe Aufgabe 88.3). Die folgende Abb. 88.3 zeigt Näherungslösungen für $n = 10$ und $n = 100$ sowie die exakte Lösung $u(x, y) = \sin(\pi x) \, \sin(\pi y)$. ∎

Bemerkung Die Laplacegleichung nennt man auch **Potenzialgleichung**. Diese Namensgebung ist naheliegend. Ist nämlich v ein wirbel- und quellenfreies Vektorfeld, d. h. $\mathrm{rot}\, v = \mathbf{0}$ und $\mathrm{div}\, v = 0$, also etwa das Geschwindigkeitsfeld einer stationären Strömung inkompres-

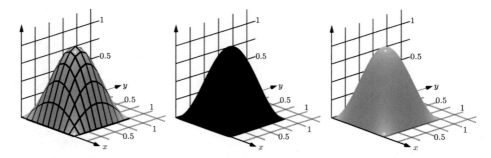

Abb. 88.3 Näherungslösungen mit $n = 10$, $n = 100$ und die exakte Lösung

sibler Fluide, so existiert wegen $\mathrm{rot}\boldsymbol{v} = \mathbf{0}$ ein Potenzial $-U$ von $\boldsymbol{v}$, d.h. $-\nabla U = \boldsymbol{v}$. Wegen $\div\boldsymbol{v} = 0$ erhält man mit $\div\nabla = \Delta$:

$$-\Delta U = 0.$$

88.5 Aufgaben

88.1 Lösen Sie das Dirichlet'sche Randwertproblem (Innenraumproblem):

$$-\Delta u(x, y) = 0 \quad \text{für } x^2 + y^2 < 4 \quad \text{und } u(x, y) = u_0(\varphi) = \sin^3(\varphi) \quad \text{für } x^2 + y^2 = 4.$$

88.2 Lösen Sie das Dirichlet'sche Randwertproblem (Außenraumproblem):

$$-\Delta u(x, y) = 0 \quad \text{für } x^2 + y^2 > 4$$
$$\text{und } u(x, y) = u_0(\varphi) = \sin^3(\varphi) \quad \text{für } x^2 + y^2 = 4$$
$$\text{und } u(x, y) \text{ beschränkt für } x^2 + y^2 \to \infty.$$

88.3 Schreiben Sie ein Programm, das das Dirichlet'sche Randwertproblem aus Beispiel 88.2 (Rezeptebuch) löst.

88.4 Wir betrachten die folgende Poissongleichung mit Nullrandbedingung auf dem Einheitsquadrat

$$-\left(u_{xx} + u_{yy}\right) = 5x \quad \text{für } x \in (0, 1), \ y \in (0, 1),$$
$$u(x, 0) = u(x, 1) = 0 \quad \text{für } x \in [0, 1],$$
$$u(0, y) = u(1, y) = 0 \quad \text{für } y \in [0, 1].$$

Gesucht sind Näherungen $u_{i,j} \approx u(x_i, y_j)$ an den 16 Stellen

$$\left\{ (x_i, y_j) \mid x_i = \tfrac{i}{5}, \, y_j = \tfrac{j}{5}, \, i, j = 1, \dots, 4 \right\}$$

unter Verwendung des 5-Punkte-Sterns.

Stellen Sie ein lineares Gleichungssystem für die Unbekannten $u_{i,j}$ auf.

88.5 Wir betrachten die Laplace-Gleichung $-\Delta u = 0$ auf der Menge $D = [0, 1] \times [0, 1]$.

(a) Finden Sie eine Lösung der Gleichung, die den Randwert $u(x, 0) = \sin(\pi x)$ für $x \in [0, 1]$ und $u(x, 1) = u(0, y) = u(1, y) = 0$ für $x, y \in [0, 1]$ annimmt.

(b) Finden Sie eine Lösung der Gleichung, die den Randwert $u(x, 0) = \sin(2\pi x)$ für $x \in [0, 1]$ und $u(x, 1) = u(0, y) = u(1, y) = 0$ für $x, y \in [0, 1]$ annimmt.

(c) Prüfen Sie nach, dass die Gleichung das Superpositionsprinzip erfüllt: Sind u_1 und u_2 Lösungen der Gleichung und $c_1, c_2 \in \mathbb{R}$, so ist auch $c_1 u_1 + c_2 u_2$ Lösung der Gleichung.

(d) Verwenden Sie (a)-(c), um eine Lösung anzugeben, die den Randwert $u(x, 0) = \sin(\pi x)(1 + 2\cos(\pi x))$ für $x \in [0, 1]$ und $u(x, 1) = u(0, y) = u(1, y) = 0$ für $x, y \in [0, 1]$ annimmt.

88.6 Lösen Sie das folgende Innenraumproblem der Laplace-Gleichung:

$$-\Delta u(x, y) = 0 \text{ für } x^2 + y^2 < 9 \quad \text{und} \quad u(x, y) = u_0(\varphi) = 2\sin^2(\varphi) \text{ für } x^2 + y^2 = 9.$$

Führen Sie eine Probe durch, um zu überprüfen, dass Ihre Lösung tatsächlich die Gleichung erfüllt und die Randwerte annimmt. $u(x, y) = 1 - \frac{1}{9}\left(x^2 - y^2\right)$. Verwenden Sie das Rezept „Lösen eines Dirichlet'schen Randwertproblems für einen Kreis". Verwenden Sie das Additionstheorem für cos, um die (endliche!) Fourier-Reihe von $u_0(\varphi)$ zu bestimmen.

88.7 Lösen Sie das folgende Außenraumproblem der Laplace-Gleichung:

$$-\Delta u(x, y) = 0 \text{ für } x^2 + y^2 > 9 \quad \text{und} \quad u(x, y) = 2\sin^2(\varphi) \text{ für } x^2 + y^2 = 9.$$

Führen Sie eine Probe durch, um zu überprüfen, dass Ihre Lösung tatsächlich die Gleichung erfüllt und die Randwerte annimmt. $u(x, y) = 1 - \frac{9(x^2 - y^2)}{(x^2 + y^2)^2}$. Verwenden Sie die Bemerkung unterhalb des Rezepts „Lösen eines Dirichlet'schen Randwertproblems für einen Kreis". Verwenden Sie das Additionstheorem für cos, um die (endliche!) Fourier-Reihe von $u_0(\varphi)$ zu bestimmen.

88.8 Wir betrachten die Laplace-Gleichung $-\Delta u(x, y) = 0$ auf dem Quadrat $[0, 1] \times [0, 1]$ mit den Randbedingungen

$$u(x, 0) = x(1 - x), \; u(x, 1) = 0, \; u(0, y) = 0, \; u(1, y) = 0.$$

Geben Sie eine Darstellung der exakten Lösung $u(x, y)$ an.

Tipp: Separationsansatz, sin-Fourier-Reihenentwicklung, Superpositionsprinzip.

88.9 Betrachten Sie die Laplace-Gleichung $-\Delta u(x, y) = 0$ auf dem Quadrat $[0, 1] \times [0, 1]$ mit den Randbedingungen

$$u(x, 0) = x(1 - x), \ u(x, 1) = 0, \ u(0, y) = 0, \ u(1, y) = 0.$$

(a) Diskretisieren Sie die Gleichung, indem Sie $[0, 1]$ in vier gleiche Teile zerlegen, und stellen Sie ein LGS auf, um die Lösung $u(x, y)$ an den inneren Gitterpunkten zu bestimmen (Tipp: Fünf-Punkte-Stern).

(b) Lösen Sie das entstandene LGS mit MATLAB und plotten Sie die Lösung.

Die Wärmeleitungsgleichung

89

Inhaltsverzeichnis

Mit der Wärmeleitungsgleichung knöpfen wir uns nun einen typischen Vertreter einer parabolischen partiellen Differentialgleichung vor. Die Wärmeleitungsgleichung ist instationär und beschreibt den Zusammenhang zwischen der zeitlichen und der räumlichen Änderung der Temperatur an einem Ort in einem wärmeleitenden Körper

Die Wärmeleitungsgleichung kann auch als Diffusionsgleichung gedeutet werden, dabei ist *Wärme* als *Konzentration* zu interpretieren. Die Lösung u beschreibt dann anstelle der Wärmeverteilung in einem wärmeleitenden Körper die Konzentrationsverteilung eines diffundierenden Stoffes.

89.1 Anfangs-Randwertprobleme für die Wärmeleitungsgleichung

Da die **Wärmeleitungsgleichung**

$$u_t = c^2 \Delta u$$

mit einer Konstanten $c > 0$, dem **Temperaturleitkoeffizienten**, instationär ist, tritt sie typischerweise im Zusammenhang mit einem Anfangs-Randwertproblem auf:

© Springer-Verlag GmbH Deutschland, ein Teil von Springer Nature 2022   1003
C. Karpfinger, *Höhere Mathematik in Rezepten*,
https://doi.org/10.1007/978-3-662-63305-2_89

Man beachte, dass unsere Formulierung recht allgemein gehalten ist, im Allgemeinen ist x ein Element aus $\mathbb{R}$ bzw. $\mathbb{R}^2$ bzw. $\mathbb{R}^3$:

- $x \in \mathbb{R}$: Dann ist D typischerweise ein Intervall $D = [a, b]$, ∂D ist dann der Rand des Intervalls, also die Punkte a und b. Interpretation: Zu bestimmen ist die Temperaturverteilung $u = u(x, t)$ in einem Stab der Länge $b - a$, wobei die Temperatur am Stabanfang und Stabende festliegt und $g(x)$ eine Anfangsverteilung der Temperatur im Stab ist.
- $x \in \mathbb{R}^2$: Dann ist D typischerweise ein Kreis $D = \{(x, y) | x^2 + y^2 \leq R^2\}$, ∂D ist dann der Rand des Kreises, also die Punkte (x, y) mit $x^2 + y^2 = R^2$. Interpretation: Zu bestimmen ist die Temperaturverteilung $u = u(x, t)$ in einer Platte, wobei die Temperatur am Plattenrand festliegt und $g(x)$ eine Anfangsverteilung der Temperatur in der Platte ist.
- $x \in \mathbb{R}^3$: Dann ist D typischerweise eine Kugel oder ein Zylinder, ∂D ist dann die Kugel- oder Zylinderoberfläche. Interpretation: Zu bestimmen ist die Temperaturverteilung $u = u(x, t)$ in der Kugel oder im Zylinder, wobei die Temperatur an der Oberfläche festliegt und $g(x)$ eine Anfangsverteilung der Temperatur in der Kugel bzw. im Zylinder ist.

Bemerkung Die stationäre Variante der Wärmeleitungsgleichung ist die Laplacegleichung: Es ist dann $u_t = 0$.

89.2   Lösungen der Gleichung

Mit dem Separationsansatz vom Rezept in Abschn. 87.3.1. erhalten wir Lösungen der Wärmeleitungsgleichung. Dabei haben wir prinzipiell im Fall $x \in \mathbb{R}^n$ mit $n = 2$ bzw. $n = 3$ wie bei der Laplacegleichung die Wahl zwischen verschiedenen Koordinatensystemen. Wir schränken uns aber der Einfachheit halber auf den eindimensionalen Fall ein. Wir betrachten damit die Wärmeleitungsgleichung

$$u_t - c^2 u_{xx} = 0.$$

Wir führen nun den Separationsansatz vom Rezept in Abschn. 87.3.1 durch und ermitteln Lösungen u obiger Wärmeleitungsgleichung der Form

$$u = u(x, t) = f(x)\,g(t).$$

Beachte das Rezept in Abschn. 87.3.1:

(1) Einsetzen von $u(x, t) = f(x)g(t)$ in die pDGL liefert:

$$0 = u_t - c^2 u_{xx} = f(x)\,g'(t) - c^2 f''(x)\,g(t), \quad \text{d.h.} \quad \frac{g'(t)}{g(t)} = c^2 \frac{f''(x)}{f(x)}.$$

Hieraus erhalten wir die zwei gDGLen:

$$\frac{g'(t)}{g(t)} = k \quad \text{und} \quad c^2 \frac{f''(x)}{f(x)} = k \quad \text{bzw.} \quad g' = k\,g \quad \text{und} \quad f'' = \frac{k}{c^2}\,f,$$

wobei $k \in \mathbb{R}$.

(2) Wir lösen die zwei gDGLen aus (1):

- Zuerst kümmern wir uns um die Funktion g: Für jedes $k \in \mathbb{R}$ ist

$$g = g(t) = c\,\mathrm{e}^{kt} \quad \text{mit} \quad c \in \mathbb{R}$$

eine Lösung.

- Nun kümmern wir uns um f: Die Lösungen f lauten

$$f = f(x) = \begin{cases} c_1 \mathrm{e}^{\sqrt{k}x/c} + c_2\,\mathrm{e}^{-\sqrt{k}x/c}, & \text{falls } k > 0 \\ c_1 + c_2\,x, & \text{falls } k = 0 \\ c_1 \cos(\sqrt{|k|}x/c) + c_2 \sin(\sqrt{|k|}x/c), & \text{falls } k < 0 \end{cases}$$

mit $c_1, c_2 \in \mathbb{R}$.

(3) Damit haben wir nun die folgenden Lösungen gefunden:

$$u = u(x, t) = \begin{cases} a\mathrm{e}^{\sqrt{k}x/c + kt} + b\,\mathrm{e}^{-\sqrt{k}x/c + kt}, & \text{falls } k > 0 \\ a + b\,x, & \text{falls } k = 0 \\ \mathrm{e}^{kt}\left(a \cos(\sqrt{|k|}x/c) + b \sin(\sqrt{|k|}x/c)\right), & \text{falls } k < 0 \end{cases}$$

für reelle a und b.

Jede dieser angegebenen Funktionen u ist eine Lösung der Wärmeleitungsgleichung. Aber manche dieser Lösungen sind nicht interessant: Im Fall $k > 0$ hätten wir einen exponentiellen Anstieg der Temperatur in der Zeit t, im Fall $k = 0$ hätten wir nur stationäre Lösungen. Für uns interessant ist der Fall $k < 0$. Wir vereinfachen die Schreibweise in diesem Fall, indem wir $\tilde{k} = \sqrt{|k|}/c$ setzen. Es gilt dann $k = -c^2\tilde{k}^2$. Die physikalisch sinnvollen Lösungen lauten damit, wobei wir wieder k anstelle $\tilde{k}$ schreiben:

Lösungen der Wärmeleitungsgleichung

Für beliebige reelle a und b und für jedes $k \in \mathbb{R}$ ist

$$u = u(x, t) = e^{-c^2 k^2 t}\ (a\ \cos(k\,x) + b\ \sin(k\,x))$$

eine Lösung der Wärmeleitungsgleichung.

89.3   Nullrandbedingung: Lösung mit Fourierreihen

Wir betrachten nun etwas konkreter das Anfangs-Randwertproblem mit der Wärmeleitungsgleichung für einen wärmeleitenden Stab der Länge l, wobei die Enden *auf Eis* liegen: Gesucht ist die Funktion $u = u(x, t)$ mit

$$u_t - c^2 u_{xx} = 0 \ \text{ mit } \ u(x, 0) = g(x) \ \text{ und } \ u(0, t) = u(l, t) = 0,$$

dabei ist $g(x)$ die anfängliche Temperaturverteilung. Wir erläutern die Lösung in 3 Schritten:

1. Schritt. *Ermitteln von Lösungen der Wärmeleitungsgleichung:* Wir betrachten eine möglichst große Menge von Lösungen der Wärmeleitungsgleichung. Diese haben wir bereits in obiger Box zusammengestellt:

$$u = u(x, t) = e^{-c^2 k^2 t}\ (a\ \cos(k\,x) + b\ \sin(k\,x))\ , \quad a,\, b,\, k \in \mathbb{R}.$$

2. Schritt. *Die Randbedingungen legen Konstanten fest, wir erhalten eine allgemeine Lösung:* Wir ermitteln unter den Lösungen aus Schritt 1 jene, die auch die Randbedingungen $u(0, t) = u(l, t) = 0$ erfüllen:

- Aus $u(0, t) = 0$ für alle t folgt $a = 0$.
- Aus $a = 0$ und $u(l, t) = 0$ für alle t folgt $b\sin(k\,l) = 0$ für alle k. Das bedeutet $b = 0$ oder $\sin(k\,l) = 0$ für alle k. Der Fall $b = 0$ würde zur trivialen Lösung $u = 0$ führen. Diese interessiert uns nicht. Der Fall $\sin(k\,l) = 0$ für alle k hingegen führt zu nichttrivialen Lösungen:

$$\sin(k\,l) = 0 \ \Leftrightarrow \ k\,l = n\,\pi \ \text{ für } n \in \mathbb{N} \ \Leftrightarrow \ k = \frac{n\,\pi}{l} \ \text{ für } n \in \mathbb{N}.$$

Damit ist für jedes $n \in \mathbb{N}$ die Funktion

$$u_n(x, t) = b_n e^{-c^2 (\frac{n\pi}{T})^2 t} \sin\left(\frac{n\pi}{l} x\right)$$

eine Lösung der Wärmeleitungsgleichung, die auch die Randbedingung erfüllt.

Durch Superposition dieser Lösungen erhalten wir eine allgemeine Lösung, die die Wärmeleitungsgleichung und die Randbedingung erfüllt:

$$u(x, t) = \sum_{n=1}^{\infty} u_n(x, t) = \sum_{n=1}^{\infty} b_n e^{-c^2 (\frac{n\pi}{T})^2 t} \sin\left(\frac{n\pi}{l} x\right).$$

3. Schritt: *Festnageln der Koeffizienten b_n der allgemeinen Lösung durch die Anfangsbedingungen:* Wir ermitteln nun mittels der allgemeinen Lösung aus Schritt 2 eine Lösung, die auch die Anfangsbedingung $u(x, 0) = g(x)$ erfüllt. Dazu setzen wir die Anfangsbedingung ein:

Die Anfangsverteilung $u(x, 0) = g(x)$ liefert:

$$g(x) = u(x, 0) = \sum_{n=1}^{\infty} b_n \sin\left(\frac{n\pi}{l} x\right) = \sum_{n=1}^{\infty} b_n \sin\left(n \frac{2\pi}{T} x\right) \text{ mit } T = 2 l.$$

Diese Darstellungen von g kennen wir aus dem Kapitel zur Fourierreihenentwicklung (siehe Abschn. 74.3): Die Koeffizienten b_n sind die Fourierkoeffizienten der Funktion g, falls g eine ungerade Funktion auf dem Intervall $[-l, l)$ der Länge $T = 2l$ ist.

Diese letzten Voraussetzungen sind nun aber leicht erfüllbar: Da g *nur* auf dem Intervall $[0, l]$ erklärt ist, setzen wir g zu einer ungeraden T-periodischen Funktion fort, indem wir die Funktion zunächst ungerade auf das Intervall $[-l, l)$ fortsetzen: $g(-x) = -g(x)$ für $x \in [0, l]$. Und dann setzen wir diese Funktion wiederum T-periodisch auf $\mathbb{R}$ fort. Nun steht einer Berechnung der b_n als *Fourierkoeffizienten* nichts mehr im Wege. Mit den b_n erhalten wir die Lösung $u = u(x, t)$ wie folgt (das angesprochene Fortsetzen der Funktionen g ist hierbei gar nicht explizit durchzuführen):

Rezept: Lösen eines Nullrandproblems für einen Stab
Die Lösung $u = u(x, t)$ des Nullrandproblems

$$u_t = c^2 u_{xx} \text{ für } x \in (0, l), \ t \geq 0 \text{ und } u(x, 0) = g(x) \text{ und } u(0, t) = 0 = u(l, t)$$

erhält man wie folgt:

(1) Bestimme die Koeffizienten b_n durch:

$$b_n = \frac{2}{l} \int_0^l g(x) \sin\left(n \frac{\pi}{l} x\right) dx \text{ für } n = 1, 2, 3 \dots.$$

(2) Erhalte die Lösung $u = u(x, t)$ als Reihendarstellung:

$$u(x, t) = \sum_{n=1}^{\infty} b_n e^{-c^2 (\frac{n\pi}{l})^2 t} \sin\left(n \frac{\pi}{l} x\right).$$

Man beachte, dass die anfängliche Temperaturverteilung im Laufe der Zeit *zerfließt*, es stellt sich schließlich für $t \to \infty$ die konstante Endtemperatur 0 ein.

Beispiel 89.1 Gesucht ist die Funktion $u = u(x, t)$ für einen Stab der Länge $l = \pi$, wobei

$$u_t - u_{xx} = 0 \text{ mit } u(x, 0) = x (x^2 - \pi^2) \text{ und } u(0, t) = u(\pi, t) = 0.$$

(1) Die Fourierreihenentwicklung der Funktion $g = g(x)$ lautet

$$g(x) \sim \sum_{n=1}^{\infty} \frac{12 (-1)^n}{n^3} \sin(nx).$$

(2) Daher ist

$$u(x, t) = \sum_{n=1}^{\infty} \frac{12 (-1)^n}{n^3} e^{-n^2 t} \sin(nx)$$

eine Lösung des Anfangs-Randwertproblems.

Man beachte, dass sich im Laufe der Zeit die Temperatur über den Stab hinweg gleich verteilt. ∎

89.4 Numerische Lösung

Auch Anfangs-Randwertprobleme mit der Wärmeleitungsgleichung kann man numerisch mit einem Differenzenverfahren lösen. Wir betrachten das (einfache) Nullrandproblem

$$u_t = u_{xx} \text{ für } x \in (0, 1), \ t \geq 0 \text{ und } u(x, 0) = g(x) \text{ und } u(0, t) = 0 = u(1, t).$$

Wie bei der numerischen Lösung des Dirichlet'schen Randwertproblems diskretisieren wir den Bereich $D = [0, 1] \times [0, T]$ mit einem $T > 0$, indem wir ihn mit einem Gitter überziehen: Wir wählen die Schrittweite $h = \frac{1}{n+1}$ mit einem $n \in \mathbb{N}$ in x-Richtung und eine (kleine) Schrittweite $k = \frac{T}{m}$ mit $m \in \mathbb{N}$ in t-Richtung und erhalten die Gitterpunkte (siehe Abb. 89.1):

(x_i, t_j) mit $x_i = i\,h$ und $t_j = j\,k$ mit $i = 0, \dots, n+1,\ j = 0, \dots, m$.

Nun nähern wir in den inneren Gitterpunkten (x_i, t_j) die partiellen Ableitungen u_{xx} und u_t der Funktion $u = u(x, t)$ durch entsprechende Differenzenquotienten an:

$$u_{xx}(x_i, t_j) \approx \frac{u_{i+1,j} - 2u_{i,j} + u_{i-1,j}}{h^2} \quad \text{und} \quad u_t(x_i, t_j) \approx \frac{u_{i,j+1} - u_{i,j}}{k}.$$

Hierbei sind

$$u_{i+1,j} = u(x_{i+1}, t_j),\ u_{i,j} = u(x_i, t_j),\ u_{i-1,j} = u(x_{i-1}, t_j),\ \dots$$

die gesuchten Werte – beachte die Box mit den Formeln zur numerischen Differentiation in Abschn. 26.3. Die *diskretisierte* Wärmeleitungsgleichung lautet mit diesen Abkürzungen in einem (x_i, t_j)

$$0 = u_t(x_i, t_j) - u_{xx}(x_i, t_j) \approx \frac{1}{k}\left(u_{i,j+1} - u_{i,j}\right) - \frac{1}{h^2}\left(u_{i+1,j} - 2u_{i,j} + u_{i-1,j}\right),$$

was sich nach Ersetzen von $\approx$ durch $=$ mit der Abkürzung $r = k/h^2$ einfacher schreiben lässt als

$$(*) \quad u_{i,j+1} = r\,u_{i-1,j} + (1 - 2r)\,u_{i,j} + r\,u_{i+1,j} \quad \text{für } i = 1, \dots, n \text{ und } j \geq 0.$$

Die Anfangs- und Randbedingungen liefern noch die folgenden Gleichungen:

- **Die Anfangsbedingungen** liefern:

$$u_{i,0} = g(x_i) \quad \text{für alle } i = 1, \dots, n.$$

- **Die Randbedingungen** liefern:

$$u_{0,j} = 0 \quad \text{und} \quad u_{n+1,j} = 0 \quad \text{für alle } j \geq 0.$$

Die Gleichung $(*)$ bietet also eine Methode, mittels der bekannten Werte $u_{i,0}$ der Anfangsverteilung (nullte Zeitreihe) auf die Näherungswerte $u_{i,1}$ (erste Zeitreihe) zu schließen. Dies setzt man von Zeitreihe zu Zeitreihe fort.

Das Verfahren lässt sich wieder mit einem *Differenzenstern* darstellen, siehe Abb. 89.1.

Abb. 89.1 Differenzenstern

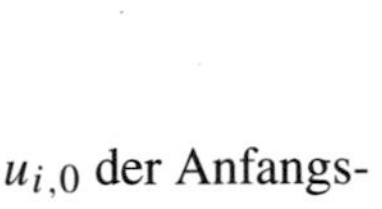

Beispiel 89.2 Im Fall $n = 2$, $m = 3$ und $T = 1$ erhalten wir $h = \frac{1}{3}$, $k = \frac{1}{3}$ und $r = 3$ und weiter mit der Anfangsverteilung g:

als Näherung für $u(x_1, t_1)$: $u_{11} = r\,u_{00} + (1 - 2\,r)\,u_{10} + r\,u_{20} = -5\,g(x_1) + 3\,g(x_2)$,

als Näherung für $u(x_2, t_1)$: $u_{21} = r\,u_{10} + (1 - 2\,r)\,u_{20} + r\,u_{30} = 3\,g(x_1) - 5\,g(x_2)$.

Mit diesen Werten in der ersten Zeitreihe erhalten wir nun Näherungen in der zweiten Zeitreihe:

als Näherung für $u(x_1, t_2)$: $u_{12} = r\,u_{01} + (1 - 2\,r)\,u_{11} + r\,u_{21} = -5\,u_{11} + 3\,u_{21}$,

als Näherung für $u(x_2, t_2)$: $u_{22} = r\,u_{11} + (1 - 2\,r)\,u_{21} + r\,u_{31} = 3\,u_{11} - 5\,u_{21}$.

Mit diesen Werten in der zweiten Zeitreihe erhält man analog Näherungen in der dritten und dann letzten Zeitreihe. ∎

Tatsächlich ist ein solches *explizites* Verfahren für numerische Zwecke oftmals nicht geeignet. Besser, da *stabiler,* sind meistens *implizite* Verfahren. Ein solches Verfahren erhält man durch Verwenden anderer Differenzenquotienten als Approximationen an die Ableitung. Behält man beispielsweise den zentralen zweiten Differenzenquotienten für die Ortsableitung bei und benutzt den *Rückwärtsdifferenzenquotient* für die Zeitableitung, also

$$u_{xx}(x_i, t_j) \approx \frac{u_{i+1,j} - 2u_{i,j} + u_{i-1,j}}{h^2} \quad \text{und} \quad u_t(x_i, t_j) \approx \frac{u_{i,j} - u_{i,j-1}}{k},$$

so erhält man ein implizites Verfahren mit einem Gleichungssystem, bei dem pro Zeile höchstens vier Unbekannte vorkommen. Deswegen ist die Koeffizientenmatrix dieses Systems dünn besetzt. Zur Lösung dieses großen Gleichungssystems eignen sich *sparse-Methoden* für dünn besetzte Matrizen bzw. die iterativen Verfahren, die wir in Kap. 71 angegeben haben. Wir haben ein solches Verfahren im folgenden Beispiel benutzt.

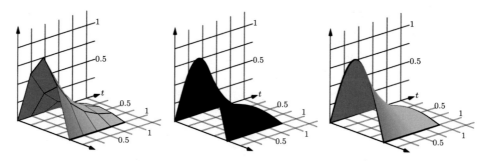

Abb. 89.2 Näherungslösungen mit $m = n = 5$, $m = n = 50$ und die exakte Lösung

Beispiel 89.3 Wir betrachten das Nullrandproblem

$$u_t = u_{xx} \text{ für } x \in (0, 1), \ t \geq 0 \text{ und } u(x, 0) = \sin(\pi x) \text{ und } u(0, t) = 0 = u(1, t).$$

Für die Berechnung von Näherungslösungen benutzen wir MATLAB (siehe Aufgabe 89.3). Die folgende Abb. 89.2 zeigt Näherungslösungen für $m = n = 5$ und $m = n = 50$ sowie die exakte Lösung $u(x, t) = \exp(-\pi^2 t) \sin(\pi x)$. ∎

Unser Vorgehen, also Diskretisierung in x- und t-Richtung, nennt man auch **globale Diskretisierung.** Sinnvoll ist diese Methode aber nur für den eindimensionalen Fall, wie in unserem Beispiel. In der Ebene oder im Raum erhält man mit dieser Diskretisierung zu große Gleichungssysteme. Hier sind andere Diskretisierungen angebracht, z. B. nur im Ort diskretisieren; man erhält dann ein DGL-System in der Zeit.

89.5 Aufgaben

89.1 Lösen Sie das Nullrandproblem mit

$$u_t = u_{xx} \text{ für } x \in (0, 1), \ t \geq 0 \text{ und } u(x, 0) = 2 \sin(3\pi x) + 3 \sin(2\pi x).$$

89.2 Lösen Sie (allgemein) das Anfangs-Randwertproblem

$$u_t - c^2 u_{xx} = 0 \text{ mit } u(x, 0) = g(x) \text{ und } u_x(0, t) = u_x(l, t) = 0$$

für einen Stab der Länge l, wobei an den Rändern kein *Wärmetransport* stattfindet, $u_x = 0$.

89.3 Schreiben Sie ein Programm, das das Nullrandproblem aus Beispiel 89.3 löst.

89.4 Gesucht wird eine Lösung des Anfangs-Randwertproblems

$u_{xx}(x, t) - 4 u_t(x, t) - 3 u(x, t) = 0$	für $x \in [0, \pi]$, $t \in [0, \infty)$,	(1)
$u(x, 0) = x\left(x^2 - \pi^2\right)$	für $x \in [0, \pi]$ (Anfangswerte),	(2)
$u(0, t) = u(\pi, t) = 0$	für $t \in [0, \infty)$ (Randwerte).	(3)

Gehen Sie dazu folgendermaßen vor:

(a) Finden Sie mit dem Separationsansatz möglichst viele reelle Lösungen zu (1).
(b) Identifizieren Sie darunter diejenigen Lösungen $u_n(x, t)$, die die Randbedingung (3) erfüllen.
(c) Entwickeln Sie die Anfangsbedingung $g(x) := x\left(x^2 - \pi^2\right)$ auf $[-\pi, \pi]$ in eine Fourier-Reihe.

(d) Machen Sie den Superpositionsansatz $u(x, t) = \sum u_n(x, t)$ mit den u_n aus (b) und finden Sie so eine Lösung zum Anfangsrandwertproblem (1)–(3).

89.5 Wir betrachten das Anfangswertproblem der Wärmeleitungsgleichung $u_t = u_{xx}$ auf $\mathbb{R}$ mit der Anfangsbedingung

$$u(0, x) = \begin{cases} -1, & \text{für } x < 0, \\ 0, & \text{für } x = 0, \\ 1, & \text{für } x > 0. \end{cases}$$

Finden Sie eine Lösung der Form $u(t, x) = \varphi\left(\frac{x}{\sqrt{t}}\right)$. Skizzieren Sie in der x-t-Ebene Kurven, entlang denen u konstant ist.

89.6 Zeigen Sie, dass die Lösung des sogenannten *Cauchy-Problems* der Wärmeleitungsgleichung,

$$u_t = u_{xx} \quad \text{mit} \quad u(0, x) = g(x) \text{ für alle } x \in \mathbb{R},$$

eindeutig ist.

Hinweis: Begründen und verwenden Sie, dass die *Energie* $E(t) = \int_{\mathbb{R}} u^2(t, x)\mathrm{d}x$ monoton fällt.

89.7 Lösen Sie das Nullrandproblem mit

$$u_t = u_{xx} \text{ für } x \in (0, 1), \ t \geq 0 \text{ und } u(0, x) = 3\sin(4\pi x) + 4\sin(3\pi x).$$

89.8 Lösen Sie das (modifizierte) Nullrandproblem mit

$u_t = u_{xx}$ für $x \in (0, 1)$, $t \geq 0$, $u_x(t, 0) = u_x(t, 1) = 0$ und $u(0, x) = 3\cos(4\pi x) + 4\cos(3\pi x)$.

Die Wellengleichung 90

Inhaltsverzeichnis

Die Wellengleichung ist ein klassisches Beispiel einer hyperbolischen partiellen Differentialgleichung. Sie ist instationär und beschreibt Wellenphänomene oder Schwingungen.

90.1 Anfangs-Randwertprobleme für die Wellengleichung

Da die **Wellengleichung**

$$u_{tt} = c^2 \Delta u$$

mit einer Konstanten $c > 0$, der **Wellengeschwindigkeit**, instationär ist, tritt sie typischerweise im Zusammenhang mit einem Anfangs-Randwertproblem auf. Wir formulieren ein konkretes solches Problem für die eindimensionale Wellengleichung: Wir betrachten eine Saite, die an zwei Enden bei $x = 0$ und $x = l$ fest eingespannt ist. Zum Zeitpunkt $t = 0$ wird diese Saite aus einer Anfangsauslenkung $g(x)$ und mit der Anfangsgeschwindigkeit $v(x)$ zum Schwingen gebracht:

Die schwingende Saite – ein Anfangs-Randwertproblem für die eindimensionale Wellengleichung

Es wird eine Lösung $u = u(x, t)$ gesucht, welche die Wellengleichung

$$u_{tt}(x, t) = c^2 \Delta u(x, t) \text{ für } x \in D \text{ und } t \geq 0$$

und die Rand- und Anfangsbedingungen erfüllt:

- Anfangsbedingungen:
  - $u(x, 0) = g(x)$ für $0 \leq x \leq l$,
  - $u_t(x, 0) = v(x)$ für $0 \leq x \leq l$.

- Randbedingungen:
  - $u(0, t) = 0$ für $t \geq 0$,
  - $u(l, t) = 0$ für $t \geq 0$.

90.2   Lösungen der Gleichung

Mit dem Separationsansatz vom Rezept in Abschn. 87.3.1 erhalten wir Lösungen der Wellengleichung, prinzipiell sogar in jeder Dimension. Wir bleiben aber der Einfachheit halber beim eindimensionalen Fall. Wir betrachten die Wellengleichung

$$u_{tt} - c^2 u_{xx} = 0.$$

Wir machen nun den Separationsansatz vom Rezept in Abschn. 87.3.1 und ermitteln Lösungen u der Form

$$u = u(x, t) = f(x)\, g(t).$$

Beachte das Rezept in Abschn. 87.3.1.

(1) Einsetzen von $u(x, t) = f(x)g(t)$ in die pDGL liefert:

$$0 = u_{tt} - c^2 u_{xx} = f(x)\, g''(t) - c^2 f''(x)\, g(t), \quad \text{d.h. } \frac{1}{c^2}\frac{g''(t)}{g(t)} = \frac{f''(x)}{f(x)}.$$

Hieraus erhalten wir die zwei gDGLen:

$$\frac{g''(t)}{g(t)} = c^2 k \quad \text{und} \quad \frac{f''(x)}{f(x)} = k \quad \text{bzw. } g'' = c^2 k\, g \quad \text{und} \quad f'' = k\, f,$$

wobei $k \in \mathbb{R}$.

(2) Wir lösen die zwei gDGLen aus (1).

- Die Lösungen für g lauten:

$$g = g(t) = \begin{cases} c_1 e^{c\sqrt{k}t} + c_2\, e^{-c\sqrt{k}t}, & \text{falls } k > 0 \\ c_1 + c_2\, t, & \text{falls } k = 0 \\ c_1 \cos(c\sqrt{|k|}t) + c_2 \sin(c\sqrt{|k|}t), & \text{falls } k < 0 \end{cases}$$

  mit $c_1, c_2 \in \mathbb{R}$.

- Die Lösungen für f lauten:

$$f = f(x) = \begin{cases} c_1 e^{\sqrt{k}x} + c_2\, e^{-\sqrt{k}x}, & \text{falls } k > 0 \\ c_1 + c_2\, x, & \text{falls } k = 0 \\ c_1 \cos(\sqrt{|k|}\, x) + c_2 \sin(\sqrt{|k|}\, x), & \text{falls } k < 0 \end{cases}$$

  mit $c_1, c_2 \in \mathbb{R}$.

(3) Damit haben wir nun die folgenden Lösungen gefunden:

$$u = u(x, t) = f(x)\, g(t)$$

  mit f und g aus (2).

Jede dieser angegebenen Funktionen u ist eine Lösung der Wellengleichung. Für die üblicherweise betrachteten Anfangs- und Randbedingungen sind aber manche dieser Lösungen nicht sinnvoll: Der Fall $k \geq 0$ führt bei vielen relevanten Problemen zur uninteressanten trivialen Lösung $u = 0$.

Üblicherweise führt der Fall $k < 0$ zu den uns interessierenden zeitabhängigen Lösungen. Diese Lösungen lauten mit k anstelle von $\sqrt{|k|}$:

Lösungen der Wellengleichung

Für beliebige reelle a_1, a_2 und b_1, b_2 und für jedes $k \in \mathbb{R}$ ist

$$u = u(x, t) = (a_1 \cos(k\, x) + b_1 \sin(k\, x))\, (a_2 \cos(c\, k\, t) + b_2 \sin(c\, k\, t))$$

eine Lösung der Wellengleichung.

90.3   Die schwingende Saite: Lösung mit Fourierreihen

Wir betrachten nun wieder konkret das Anfangs-Randwertproblem einer schwingenden Saite der Länge l, wobei die Enden fest eingespannt sind: Gesucht ist eine Funktion $u = u(x, t)$ mit

$$u_{tt} - c^2 u_{xx} = 0 \text{ mit } u(x, 0) = g(x), \ u_t(x, 0) = v(x), \ u(0, t) = u(l, t) = 0.$$

Wir erläutern die Lösung in 3 Schritten:

1. Schritt. *Ermitteln von Lösungen der Wellengleichung:* Wir betrachten eine möglichst große Menge von Lösungen der Wellengleichung. Diese haben wir bereits in obiger Box zusammengestellt:

$$u = u(x, t) = (a_1 \cos(kx) + b_1 \sin(kx)) \, (a_2 \cos(ckt) + b_2 \sin(ckt)), \ a_i, b_i, k \in \mathbb{R}.$$

2. Schritt. *Die Randbedingungen legen Konstanten fest, wir erhalten eine allgemeine Lösung:* Wir ermitteln unter den Lösungen aus Schritt 1 jene, die auch die Randbedingungen $u(0, t) = u(l, t) = 0$ erfüllen:

- Aus $u(0, t) = 0$ für alle t folgt $a_1 = 0$.
- Aus $a_1 = 0$ und $u(l, t) = 0$ für alle t folgt $b_1 \sin(k \, l) = 0$ für alle k. Das bedeutet $b_1 = 0$ oder $\sin(k \, l) = 0$ für alle k. Der Fall $b_1 = 0$ würde zur trivialen Lösung $u = 0$ führen. Diese interessiert uns nicht. Der Fall $\sin(k \, l) = 0$ für alle k hingegen führt zu nichttrivialen Lösungen:

$$\sin(k \, l) = 0 \ \Leftrightarrow \ k \, l = n \, \pi \text{ für } n \in \mathbb{N} \ \Leftrightarrow \ k = \frac{n \, \pi}{l} \text{ für } n \in \mathbb{N}.$$

Damit ist für jedes $n \in \mathbb{N}$ die Funktion

$$u_n(x, t) = b_n \sin\left(\frac{n \, \pi}{l} x\right) \left(a_2 \cos\left(c \, \frac{n \, \pi}{l} t\right) + b_2 \sin\left(c \, \frac{n \, \pi}{l} t\right)\right)$$

eine Lösung der Wellengleichung, die auch die Randbedingung erfüllt.

Durch Superposition dieser Lösungen erhalten wir eine allgemeine Lösung, die die Wellengleichung und die Randbedingung erfüllt:

$$u(x, t) = \sum_{n=1}^{\infty} u_n(x, t) = \sum_{n=1}^{\infty} \sin\left(\frac{n \, \pi}{l} x\right) \left(a_n \cos\left(c \, \frac{n \, \pi}{l} t\right) + b_n \sin\left(c \, \frac{n \, \pi}{l} t\right)\right),$$

hierbei wurde das b_n oben nicht vergessen, sondern in die neuen Koeffizienten a_n und b_n integriert.

3. Schritt: *Festnageln der Koeffizienten a_n und b_n der allgemeinen Lösung durch die Anfangsbedingungen:* Wir ermitteln nun mittels der allgemeinen Lösung aus Schritt 2 eine

Lösung, die auch die Anfangsbedingungen $u(x, 0) = g(x)$ und $u_t(x, 0) = v(x)$ erfüllt. Dazu setzen wir die Anfangsbedingungen ein:

- **Die Anfangsauslenkung** $u(x, 0) = g(x)$ liefert:

$$g(x) = u(x, 0) = \sum_{n=1}^{\infty} a_n \sin\left(\frac{n\pi}{l}x\right) = \sum_{n=1}^{\infty} a_n \sin\left(n\frac{2\pi}{T}x\right) \text{ mit } T = 2l.$$

- **Die Anfangsgeschwindigkeit** $u_t(x, 0) = v(x)$ liefert nach gliedweiser Differentiation:

$$v(x) = u_t(x, 0) = \sum_{n=1}^{\infty} \left(b_n c \frac{n\pi}{l}\right) \sin\left(n\frac{2\pi}{T}x\right) \text{ mit } T = 2l.$$

Diese Darstellungen von g und v sollten uns bekannt vorkommen (siehe Abschn. 74.3): Die Koeffizienten a_n bzw. b_n sind im Wesentlichen gerade die Fourierkoeffizienten der Funktion g bzw. v. Dabei ist zu berücksichtigen, dass sowohl g als auch v ungerade sein müssen, da die Darstellungen reine Sinus-Darstellungen sind. Außerdem muss sowohl g als auch v die Periode $T = 2l$ haben; aber beide Funktionen sind *nur* auf dem Intervall $[0, l]$ erklärt. Das Problem lässt sich leicht lösen: Wir setzen g und v zu ungeraden T-periodischen Funktionen fort, indem wir die Funktionen zunächst ungerade auf das Intervall $[-l, l)$ fortsetzen: $g(-x) = -g(x)$ bzw. $v(-x) = -v(x)$ für $x \in [0, l]$. Schließlich setzen wir diese Funktionen wiederum T-periodisch auf $\mathbb{R}$ fort. Nun können wir die Koeffiziten a_n bzw. b_n berechnen. Nur bei den b_n müssen wir etwas aufpassen, da es hier einen Vorfaktor zu berücksichtigen gilt. Mit den a_n und b_n erhalten wir die Lösung $u = u(x, t)$ wie folgt (das angesprochene Fortsetzen der Funktionen g und v ist hierbei gar nicht explizit durchzuführen):

Rezept: Lösen des Anfangs-Randwertproblems für die schwingende Saite
Die Lösung $u = u(x, t)$ des Anfangs-Randwertproblems

$$u_{tt} - c^2 u_{xx} = 0 \text{ mit } u(x, 0) = g(x),\ u_t(x, 0) = v(x),\ u(0, t) = u(l, t) = 0$$

erhält man wie folgt:

(1) Bestimme die Koeffizienten a_n und b_n durch:

$$a_n = \frac{2}{l} \int_0^l g(x) \sin\left(n\frac{\pi}{l}x\right) dx \text{ für } n = 1, 2, 3 \dots$$

$$b_n = \frac{2}{n\pi c} \int_0^l v(x) \sin\left(n\frac{\pi}{l}x\right) dx \text{ für } n = 1, 2, 3 \dots$$

---

(2) Erhalte die Lösung $u = u(x, t)$ als Reihendarstellung:

$$u(x, t) = \sum_{n=1}^{\infty} \sin\left(\frac{n\pi}{l}x\right)\left(a_n \cos\left(c\,\frac{n\pi}{l}\,t\right) + b_n \sin\left(c\,\frac{n\pi}{l}\,t\right)\right).$$

Beispiel 90.1 Gesucht ist die Funktion $u = u(t, x)$ für eine Saite der Länge $l = 2\pi$, wobei

$$u_{tt} - u_{xx} = 0 \text{ mit } u(x, 0) = \pi - |x - \pi|,\ u_t(x, 0) = 0,\ u(0, t) = u(l, t) = 0.$$

(1) Da $u_t(x, 0) = v(x)$ die Nullfunktion ist, sind alle Koeffizienten b_n gleich null. Und die Fourierreihenentwicklung der Funktion $g = g(x)$ lautet

$$g(x) \sim \sum_{n=1}^{\infty} \frac{(-1)^{n-1}\,8}{(2n-1)^2\pi} \sin\left(\frac{2n-1}{2}x\right).$$

(2) Daher ist

$$u(x, t) = \sum_{n=1}^{\infty} \frac{(-1)^{n-1}\,8}{(2n-1)^2\pi} \sin\left(\frac{2n-1}{2}x\right) \cos\left(\frac{2n-1}{2}t\right)$$

eine Lösung des Anfangs-Randwertproblems.   ■

90.4 Numerische Lösung

Wir besprechen ein Differenzenverfahren zur numerischen Lösung eines Anfangs-Randwertproblems mit der Wellengleichung. Dazu betrachten wir das Problem der schwingenden Saite auf dem Intervall $D = [0, 1]$ mit der Wellengeschwindigkeit $c = 1$:

$$u_{tt}(x, t) = u_{xx}(x, t) \text{ für } x \in (0, 1) \text{ und } t \geq 0$$

mit den Rand- und Anfangsbedingungen:

- $u(x, 0) = g(x)$ für $0 \leq x \leq 1$,
- $u_t(x, 0) = v(x)$ für $0 \leq x \leq 1$.

- $u(0, t) = 0$ für $t \geq 0$,
- $u(1, t) = 0$ für $t \geq 0$.

Dazu diskretisieren wir den Bereich $D = [0, 1] \times [0, T]$ mit einem $T > 0$, indem wir ihn mit einem Gitter überziehen: Wir wählen in x-Richtung die Schrittweite h und in t-Richtung die Schrittweite k und nähern die zweite partielle Ableitung mit dem entsprechenden Differenzenquotienten an. Das führt wieder zu einem 5-Punkte-Stern wie bei der Laplace-Gleichung:

- Wähle ein (großes) $n \in \mathbb{N}$ und setze $h = \frac{1}{n+1}$.
- Wähle ein (großes) $m \in \mathbb{N}$ und setze $k = \frac{T}{m+1}$.

Abb. 90.1 Gitter auf
$[0, 1] \times [0, T]$

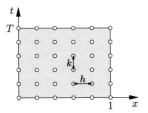

Wir erhalten damit ein Gitter. Beachte Abb. 90.1. Wie in der Abbildung bereits angedeutet ist, sollte m größer als n sein, sprich k kleiner als h.

Damit erhalten wir die Gitterpunkte:

$$(x_i, t_j) \quad \text{mit} \quad x_i = i\,h$$

und

$$t_j = j\,k \quad \text{mit} \quad i = 0, \ldots, n+1, \; j = 0, \ldots, m+1.$$

Nun nähern wir in den inneren Gitterpunkten $(x_i, t_j), x_i = i\,h, t_j = j\,k$, die partiellen Ableitungen u_{xx} und u_{tt} der Funktion $u = u(x, t)$ durch entsprechende Differenzenquotienten an:

$$u_{xx}(x_i, t_j) \approx \frac{u_{i+1,j} - 2u_{i,j} + u_{i-1,j}}{h^2} \quad \text{und} \quad u_{tt}(x_i, t_j) \approx \frac{u_{i,j+1} - 2u_{i,j} + u_{i,j-1}}{k^2},$$

hierbei sind

$$u_{i+1,j} = u(x_{i+1}, t_j), \; u_{i,j} = u(x_i, t_j), \; u_{i-1,j} = u(x_{i-1}, t_j), \; \ldots$$

die gesuchten Werte – beachte die Box mit den Formeln zur numerischen Differentiation in Abschn. 26.3. Wir prägen uns ein: Der erste Index i bei $u_{i,j}$ bezieht sich auf die x-Koordinate, der zweite Index j hingegen auf die t-Koordinate.

Die *diskretisierte* Wellengleichung lautet mit diesen Abkürzungen in einem (x_i, t_j)

$$\frac{u_{i+1,j} - 2u_{i,j} + u_{i-1,j}}{h^2} = \frac{u_{i,j+1} - 2u_{i,j} + u_{i,j-1}}{k^2}.$$

Wie bei der Poissongleichung erhält man einen **5-Punkte-Stern** (Abb. 90.2).

Mittels dieses 5-Punkte-Sterns können wir die Werte an den Rändern in das Innere, also in die Gitterpunkte (x_i, t_j) hineintragen. Man beachte aber, dass wir im Gegensatz zur Poissongleichung keinen *oberen* Rand haben, dafür haben wir aber eine Anfangsgeschwindigkeit.

Abb. 90.2 Der 5-Punkte-Stern

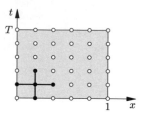

Die Randbedingungen und die Anfangsauslenkung liefern die Werte für $i = 0$ (t-Achse), $j = 0$ (x-Achse) und $i = n + 1$ (parallel zur t-Achse).

Die Zahl j nummeriert die Zeitreihen durch: Wir sprechen im Fall $j = 0$ (also bei den Werten $u_{i,0}$, $i = 0, \ldots, n + 1$) von der nullten Zeitreihe, hier sind die Funktionswerte von u durch die Anfangsauslenkung $g(x)$ gegeben. Die Werte in der ersten Zeitreihe (also die Werte $u_{i,1}$, $i = 0, \ldots, n+1$) werden wir uns nun näherungsweise per Taylorentwicklung mit der Anfangsgeschwindigkeit verschaffen. Haben wir erst mal diese Werte, so erhalten wir (mittels des 5-Punkte-Sterns; zumindest kann man es daran gut beobachten, siehe Abb. 90.2) die Näherungswerte in der zweiten Zeitreihe explizit aus den Werten der nullten und ersten Zeitreihe. Das setzt man dann Zeitreihe für Zeitreihe so fort:

Verschaffen der Approximationen $u_{i,1}$
Die Taylorentwicklung 2. Ordnung in Zeitrichtung lautet:

$$u(x, k) = u(x, 0) + k\, u_t(x, 0) + \frac{k^2}{2}\, u_{tt}(x, 0) + \cdots \approx g(x) + k\, v(x) + \frac{k^2}{2}\, g''(x),$$

wobei wir $u_{tt}(x, 0) = u_{xx}(x, 0) = g''(x)$ benutzt haben. Wir diskretisieren diese Näherung und erhalten die folgende Approximation für jedes $i = 1, \ldots, n$:

$$u_{i,1} = u_{i,0} + k\, v(x_i) + \frac{k^2}{2\, h^2}\, (u_{i-1,0} - 2u_{i,0} + u_{i+1,0}).$$

Damit sind nun Approximationen in der nullten und ersten Zeitreihe ermittelt:

$$u^{(0)} = (u_{1,0}, \ldots, u_{n,0}) = (g(x_1), \ldots, g(x_n)) \quad \text{und} \quad u^{(1)} = (u_{1,1}, \ldots, u_{n,1}).$$

Verschaffen der Approximationen in den weiteren Zeitreihen $u_{i,j}$ mit $j \geq 2$
Wir lösen die diskretisierte Wellengleichung (siehe oben) nach $u_{i,j+1}$ auf und erhalten für $i = 1, \ldots, n$:

$$u_{i,j+1} = \frac{k^2}{h^2}\, (u_{i-1,j} - 2u_{i,j} + u_{i+1,j}) - u_{i,j-1} + 2u_{i,j}.$$

Wir erhalten die Approximationen in den zweiten, dritten und weiteren Zeitreihen durch die folgende explizite Formel

$$\begin{pmatrix} u_{1,j+1} \\ \vdots \\ u_{n,j+1} \end{pmatrix} = \left[\begin{pmatrix} 2 & 0 & \cdots & 0 \\ 0 & \ddots & & \vdots \\ \vdots & & \ddots & 0 \\ 0 & \cdots & 0 & 2 \end{pmatrix} - \frac{k^2}{h^2} \begin{pmatrix} 2 & -1 & \cdots & 0 \\ -1 & \ddots & \ddots & \vdots \\ \vdots & \ddots & \ddots & -1 \\ 0 & \cdots & -1 & 2 \end{pmatrix} \right] \begin{pmatrix} u_{1,j} \\ \vdots \\ u_{n,j} \end{pmatrix} - \begin{pmatrix} u_{1,j-1} \\ \vdots \\ u_{n,j-1} \end{pmatrix},$$

wobei $j = 2, 3, \ldots, m$. Mit

$$A_h = \frac{1}{h^2} \begin{pmatrix} 2 & -1 & \cdots & 0 \\ -1 & \ddots & \ddots & \vdots \\ \vdots & \ddots & \ddots & -1 \\ 0 & \cdots & -1 & 2 \end{pmatrix}$$

lässt sich die explizite Formel knapp formulieren als

$$u^{(j+1)} = (2\,E_n - k^2\,A_h)\,u^{(j)} - u^{(j-1)}.$$

Bemerkung Offenbar nimmt die Amplitude bei einer schwingenden Saite (allgemeiner Welle) nicht zu. Bei der numerischen Lösung eines entsprechenden Anfangs-Randwertproblems verlangt man daher auch, dass das numerische Verfahren beim Fortschreiten in positiver Zeitrichtung die Amplitude nicht verstärkt. Bei expliziten Verfahren liefert dieser Wunsch Einschränkungen an die beiden Diskretisierungsparameter k und h (k ist die Schrittweite in t-Richtung und h die Schrittweite in x-Richtung). Für unsere gewählte Diskretisierung muss

$$\frac{k}{h} \le 1$$

erfüllt sein. Wenn k und h so gewählt sind, dass diese Ungleichung nicht erfüllt ist, ist das Verfahren instabil; werden k und h hingegen passend gewählt, so muss das Verfahren noch keineswegs stabil sein. Es ist im Allgemeinen sehr schwierig, ein notwendiges und hinreichendes Kriterium bei allgemeinen Wellengleichungen zu formulieren.

In der Praxis benutzt man typischerweise im Ort finite Elemente und erhält ein DGL-System in der Zeit.

Für finite Elemente gibt es das Paket COMSOL Multiphysics, vormals FEMLAB. In MATLAB gibt es die einfache Variante `pdetool`. Eine Beschreibung findet man unter `doc pdetool`.

90.5 Aufgaben

90.1 Man ermittle eine Lösung für das folgende Anfangs-Randwertproblem für eine schwingende Saite der Länge $l = \pi$, wobei

$$u_{tt} - u_{xx} = 0$$

mit

$$u(x, 0) = \tfrac{\pi}{2} - |x - \tfrac{\pi}{2}|, \ u_t(x, 0) = 0, \ u(0, t) = u(l, t) = 0.$$

90.2 Man ermittle eine Lösung für das folgende Anfangs-Randwertproblem für eine schwingende Saite der Länge $l = 2$, wobei

$$u_{tt} - u_{xx} = 0$$

mit

$$u(x, 0) = \sin\left(\tfrac{\pi}{2}x\right) + \sin^3\left(\tfrac{\pi}{2}x\right), \ u_t(x, 0) = 0, \ u(0, t) = u(l, t) = 0.$$

90.3 Ermitteln Sie die Lösung $u(x, t)$ für das folgende Anfangs-Randwertproblem für eine schwingende Saite der Länge $l = 3$ mit den Randbedingungen $u(0, t) = u(3, t) = 0$:

$$u_{tt} - 9\,u_{xx} = 0, \ u(x, 0) = \sin\left(\tfrac{2\pi}{3}x\right)\cos\left(\tfrac{2\pi}{3}x\right) + \sin(\pi x), \ u_t(x, 0) = \sin\left(\tfrac{4\pi}{3}x\right) \ .$$

90.4 Zeigen Sie, dass das Anfangswertproblem der Wellengleichung,

$$u_{tt} - c^2 u_{xx} = 0 \quad \text{für } x \in \mathbb{R}, \, t \geq 0,$$
$$u(0, x) = g(x),$$
$$u_t(0, x) = v(x),$$

die Lösung

$$u(t, x) = \frac{1}{2}\left(g(x + c\,t) + g(x - c\,t)\right) + \frac{1}{2c}\int_{x-ct}^{x+ct} v(\xi)\mathrm{d}\xi$$

besitzt. Gehen Sie zu diesem Zweck zu den Koordinaten $T = x - ct$, $X = x + ct$ über, leiten Sie eine Gleichung für $U(T, X) = u(t, x)$ her, und stellen Sie die erhaltene Lösung in den ursprünglichen Koordinaten t, x dar.

90.5 Wir betrachten das folgende Anfangswertproblem der inhomogenen Wellengleichung:

$$u_{tt} - u_{xx} = -2x \quad \text{für } x \in \mathbb{R} \text{ und } t \geq 0 \quad \text{und} \quad u(0, x) = u_t(0, x) = 0.$$

Leiten Sie anhand der folgenden Schritte eine Lösung $u(t, x)$ dieses Problems her:

(a) Gehen Sie zu den Variablen $T = x - t$, $X = x + t$ und $U(T, X) = u(t, x)$ über und drücken Sie $u_{tt}(t, x)$ und $u_{xx}(t, x)$ durch U, T und X aus.
(b) Zeigen Sie, dass $U(T, X) = u(t, x)$ der Gleichung $4U_{XT}(T, X) = X + T$ genügt. item[(c)] Lösen Sie die Gleichung $4U_{XT}(T, X) = X + T$ durch Integration über das Normalgebiet

$$T_* \leq X \leq X_*, \quad T_* \leq T \leq X$$

und erhalten Sie somit den Wert $U(T_*, X_*)$ an einem beliebigen Punkt (T_*, X_*). (*Tipp:* $U_X(X, X) = 0$ und $U(T_*, T_*) = 0$.)

(d) Erhalten Sie die Lösung $u(t, x)$ der Ausgangsgleichung, indem Sie zu den Koordinaten t, x zurückkehren.

(e) Führen Sie eine Probe durch.

Lösen von pDGLen mit Fourier- und Laplacetransformation

91

Inhaltsverzeichnis

In den Kap. 77 und 79 wurden lineare (gewöhnliche) Differentialgleichungen bzw. Anfangswertprobleme mit linearen (gewöhnlichen) Differentialgleichungen mithilfe von Fourier- und Laplacetransformation gelöst. Hierbei machten wir uns die Tatsache zunutze, dass durch die Transformation aus einer Differentialgleichung eine algebraische Gleichung wird. Diese Gleichung ist dann meist einfach zu lösen, und die Rücktransformierte ist dann eine Lösung der ursprünglichen Differentialgleichung. Dieses Prinzip lässt sich auch auf partielle Differentialgleichungen erfolgreich anwenden: Aus einer partiellen Differentialgleichung wird dabei mittels Integraltransformation eine gewöhnliche Differentialgleichung. Diese ist dann mit den herkömmlichen Methoden zu lösen, eine Rücktransformation liefert dann eine Lösung der ursprünglichen partiellen Differentialgleichung. Im Allgemeinen erhält man Lösungsformeln für die betrachteten partiellen Differentialgleichung mit evtl. gegebenen Anfangsbedingungen.

91.1 Ein einführendes Beispiel

Wir erinnern kurz an die Fouriertransformation: Zu einer Funktion $f : \mathbb{R} \to \mathbb{C}$ in der Zeit t, d. h. $f = f(t)$, betrachtet man die Fouriertransformierte $F : \mathbb{R} \to \mathbb{C}$ von f, gegeben durch

$$F(\omega) = \int_{-\infty}^{\infty} f(t)\, e^{-i\,\omega t}\, dt, \quad \text{und schreibt } f(t) \; \circ\!\!-\!\!\bullet \; F(\omega) \text{ bzw. } \mathcal{F}(f(t)) = F(\omega).$$

Wir werden im Folgenden typischerweise eine gesuchte Lösung $u = u(x, t)$ einer pDGL und z. B. eine Anfangsauslenkung $g(x)$ fouriertransformieren. Dabei werden wir nach der Variablen x transformieren und nicht wie bisher nach der Zeit t. Für die transformierte Variable wählen wir nicht ω, dieses Symbol ist für die Transformierte von t reserviert, wir wählen das Symbol k (neben k ist auch das Symbol ξ üblich). Außerdem schreiben wir wie bisher die Transformierten mit Großbuchstaben. Wir haben also beispielhaft Korrespondenzen der Art

$$u(x, t) \ \circ\!\!-\!\!\bullet \ U(k, t), \quad g(x) \ \circ\!\!-\!\!\bullet \ G(k), \ \dots$$

Durch Fouriertransformation einer pDGL erhalten wir eine gDGL. Diese lösen wir und bilden dann die Rücktransformierte, die eine Lösung der pDGL ist. Wir zeigen dieses Prinzip zur Lösung einer pDGL mittels Fouriertransformation an einem Beispiel und werden dann zügig diese Idee aufgreifen, um formale Lösungen so mancher bekannter pDGL anzugeben:

Beispiel 91.1 Wir betrachten die pDGL (eine Wellengleichung) mit den Anfangsbedingungen:

$$u_{tt} - c^2 u_{xx} = 0 \ \text{ mit } \ u(x, 0) = g(x) \ \text{ und } \ u_t(x, 0) = v(x). \tag{pAWP}$$

Es ist $g(x)$ die Anfangsauslenkung und $v(x)$ die Anfangsgeschwindigkeit.

Wir gehen im Folgenden davon aus, dass die gesuchte Lösung $u = u(x, t)$ wie auch die Funktionen $g = g(x)$ und $v = v(x)$ bzgl. der Variable x fouriertransformierbar sind, d. h., es existieren die Fouriertransformierten $U = U(k, t)$, $G = G(k)$ und $V = V(k)$. Wir haben damit die Korrespondenzen:

$$u(x, t) \ \circ\!\!-\!\!\bullet \ U(k, t), \quad g(x) \ \circ\!\!-\!\!\bullet \ G(k), \quad v(x) \ \circ\!\!-\!\!\bullet \ V(k).$$

Bekannt sind die Regeln *Linearität* und *Ableitung im Originalbereich* (siehe Abschn. 77.1), die besagen (mit k anstelle ω und x anstelle t):

$$u_{xx} \ \circ\!\!-\!\!\bullet \ -k^2 U \ \text{ und damit } \ u_{tt} - c^2 u_{xx} \ \circ\!\!-\!\!\bullet \ U_{tt} + c^2 k^2 U.$$

Hierbei haben wir ausgenutzt, dass die Fouriertransformation nach x *blind* für das Differenzieren nach t ist (genauer erläutern wir das in einer Bemerkung weiter unten).

Damit erhalten wir aus obiger Wellengleichung mitsamt den Anfangsbedingungen für jedes k die folgende gDGL mitsamt Anfangsbedingungen

$$U_{tt} + c^2 k^2 U = 0 \ \text{ mit } \ U(k, 0) = G(k) \ \text{ und } \ U_t(k, 0) = V(k). \tag{gAWP}$$

Man vergleiche dies mit der (in früheren Kapiteln zu den gDGLen) üblichen Schreibweise für AWP mit gDGLen zweiter Ordnung:

$$\ddot{x} + c^2 k^2 x = 0 \ \text{ mit } \ x(0) = a \ \text{ und } \ \dot{x}(0) = b.$$

Wir lösen (gAWP) mit den herkömmlichen Methoden (siehe Rezept von Seite 373): aus Abschn. 34.1): Die charakteristische Gleichung lautet $p(\lambda) = \lambda^2 + c^2 k^2 = 0$, also

$$p(\lambda) = (\lambda - i c |k|) (\lambda + i c |k|) = 0.$$

Damit haben wir die allgemeine Lösung der gDGL:

$$U(k, t) = c_1 \cos(c k t) + c_2 \sin(c k t).$$

Einsetzen der Anfangsbedingungen $U(k, 0) = G(k)$ und $U_t(k, 0) = V(k)$ liefert die Lösung $U(k, t)$ von (gAWP):

$$U(k, t) = G(k) \cos(c k t) + V(k) \frac{\sin(c k t)}{c k}.$$

Die Rücktransformation, also das Ermitteln von $u(x, t)$ mit $u(x, t) \; \circ\!\!-\!\!\bullet \; U(k, t)$ (siehe Aufgabe 91.1), liefert die Lösung $u = u(x, t)$ von (pAWP):

$$u(x, t) = \tfrac{1}{2} \left(g(x + c t) + g(x - c t) \right) + \frac{1}{2c} \int_{x-ct}^{x+ct} v(\xi) d\xi.$$

Diese Formel für die Lösung der Wellengleichung mit den Anfangsbedingungen $u(x, 0) = g(x)$ und $u_t(x, 0) = v(x)$ nennt man auch die **Lösungsformel von D'Alembert**. ■

Bemerkung. Wir haben im Beispiel die folgende Regel benutzt: Ist $U(k, t) = \mathcal{F}(u(x, t))$ die Fouriertransformierte von $u(x, t)$ bzgl. x, so ist $U_{tt}(k, t) = \mathcal{F}(u_{tt}(x, t))$ die Fouriertransformierte von $u_{tt}(x, t)$. Hinter dieser Regel steckt die Tatsache, dass man das partielle Differenzieren nach t mit der Integration nach x vertauschen kann, genauer:

$$\mathcal{F}(u_{tt}(x, t)) = \int_{-\infty}^{\infty} u_{tt}(x, t) \, e^{-ikx} dx = \frac{\partial^2}{\partial t^2} \int_{-\infty}^{\infty} u(x, t) \, e^{-ikx} dx$$

$$= \frac{\partial^2}{\partial t^2} U(k, t) = U_{tt}(k, t).$$

91.2 Das allgemeine Vorgehen

Das einführende Beispiel hat schon hinreichend allgemeinen Charakter, um die Fouriertransformation als ein nützliches Instrument zu sehen, allgemein Lösungen bzw. Lösungsformeln für pDGLen anzugeben. Die Laplacetransformation kann das auch. Wir erinnern kurz an diese Integraltransformation:

Zu einer Funktion $f : [0, \infty) \to \mathbb{C}$ in der Zeit t, d.h. $f = f(t)$, betrachtet man die Laplacetransformierte $F : (a, \infty) \to \mathbb{C}$ von f gegeben durch

$$F(s) = \int_0^{\infty} f(t) \, e^{-st} \, dt \quad \text{und schreibt } f(t) \; \circ\!\!-\!\!\bullet \; F(s) \text{ bzw. } \mathcal{L}(f(t)) = F(s).$$

Wieder werden wir eine gesuchte Lösung $u = u(x, t)$ einer pDGL transformieren. Bei der Laplacetransformation werden wir nach der Variablen t transformieren und die transformierte Variable wie früher auch mit s bezeichnen. Außerdem schreiben wir wie bisher die Transformierten mit Großbuchstaben. Wir haben also typischerweise die Korrespondenz

$$u(x, t) \quad \circ\!\!-\!\!\bullet \quad U(x, s).$$

Etwas plakativ lässt sich die Wahl, ob man eine Fourier- oder eine Laplacetransformation durchführt, wie folgt beschreiben: Will man eine pDGL mit (evtl. mehreren) Anfangs- und Randbedingungen lösen und ist die Lösung $u = u(x, t)$

- im Ort nach oben und unten unbegrenzt, $x \in (-\infty, \infty)$, so wähle man die Fouriertransformation, $x \to k$,
- in der Zeit nach oben unbegrenzt, $t \in [0, \infty)$, so wähle man die Laplacetransformation, $t \to s$.

Bei der Fouriertransformation transformiert man also typischerweise die Variable x, bei der Laplacetransformation die Zeit t. Typische Anwendungen für die Fouriertransformation sind etwa die Wärmeleitungsgleichung für einen unendlich langen Stab, die Laplacegleichung für die obere Halbebene mit der x-Achse als Rand usw. Die Laplacetransformation findet hingegen typischerweise bei örtlich beschränkten Problemstellungen Anwendung: eine endliche schwingende Saite, ein endlicher Stab usw.

So wie die Fouriertransformation nach x *blind* ist für die partielle Ableitung nach t, so ist die Laplacetransformation nach t *blind* für die partielle Ableitung nach x. Hierauf gründet sich die Tatsache, dass man per Transformation einer partiellen DGL eine partielle Ableitung *eliminiert* und eine gewöhnliche DGL übrig bleibt. Das allgemeine Vorgehen zum Lösen einer pDGL per Integraltransformation lässt sich rezeptartig wie folgt formulieren:

Rezept: Lösen einer linearen pDGL mittels Fourier- bzw. Laplacetransformation
Zur Lösung einer linearen pDGL, z. B.

$$u_t - u_{xx} = s(x, t) \quad \text{mit ggf. Anfangs- und Randbedingungen}$$

mittels Fourier- bzw. Laplacetransformation gehe man wie folgt vor:

(1) Bezeichne mit $U = U(k, t)$ bzw. $U = U(x, s)$ die Fourier- bzw. Laplacetransformierte der gesuchten Funktion u.

(2) Transformiere die pDGL (ggf. auch die Rand- und Anfangsbedingungen) und erhalte eine DGL bzw. ein AWP für U, z. B.

$$U_t(k, t) + k^2 U(k, t) = S(k, t) \quad \text{bzw.} \quad s U(x, s) - u(x, 0) - U_{xx}(x, s) = S(x, s)$$

mit ggf. Anfangs- und Randbedingungen.

(3) Löse die DGL bzw. das AWP aus (2) und erhalte U. Plausibilitätsbetrachtungen schränken die Lösungsvielfalt oftmals ein.

(4) Durch Rücktransformation, also Bestimmen von $u = u(x, t)$ mit $u(x, t) \circ\!\!-\!\!\bullet U(k, t)$ bzw. $u(x, t) \circ\!\!-\!\!\bullet U(x, s)$ erhalte eine Lösungsformel bzw. Lösung u.

Sind die Anfangsbedingungen bzw. Inhomogenitäten konkret gegeben, so lässt sich U manchmal direkt zurücktransformieren. Oftmals aber hilft die Regel *Faltung*, in diesem Fall ist die Lösung dann üblicherweise in einer Integraldarstellung gegeben.

Wir testen das Rezept an zwei ausführlichen Beispielen:

Beispiel 91.2

- Wir bestimmen die Lösung der Laplacegleichung auf der Halbebene $\mathbb{H} = \{(x, y)^\top \mid y \geq 0\}$, sprich die Lösung des **Dirichlet'schen Randwertproblems** (vgl. Kap. 85 und 88):

$$-u_{xx} - u_{yy} = 0 \text{ mit } x \in \mathbb{R}, \ y \geq 0 \text{ und } u(x, 0) = u_0(x).$$

(1) Mit $U = U(k, y)$ sei die Fouriertransformierte der gesuchten Lösung $u = u(x, y)$ bezeichnet.

(2) Fouriertransformation der pDGL inklusive Randbedingung liefert das AWP

$$k^2 U - U_{yy} = 0 \text{ mit } U(k, 0) = U_0(k).$$

(3) Die DGL hat die Lösung $U(k, y) = c_1 e^{|k|y} + c_2 e^{-|k|y}$ mit $c_1, c_2 \in \mathbb{R}$. Wir wollen nur Lösungen betrachten, die für $y \to \infty$ beschränkt bleiben, daher muss $c_1 = 0$ gelten. Mit der Anfangsbedingung erhalten wir damit die Lösung

$$U(k, y) = U_0(k) e^{-|k|y}.$$

(4) Aufgrund der Tabelle in Abschn. 77.2 sowie der Regel *Ähnlichkeit* gilt:

$$e^{-|k|y} \ \bullet\!\!-\!\!\circ \ \frac{1}{2\pi} \frac{2y}{y^2 + x^2}.$$

Mit dem Faltungsprodukt gilt schließlich

$$U(k, y) = U_0(k) e^{-|k|y} \ \bullet\!\!-\!\!\circ \ u(x, y) = u_0(x) * \frac{1}{2\pi} \frac{2y}{y^2 + x^2},$$

also

$$u(x, y) = \frac{y}{\pi} \int_{-\infty}^{\infty} \frac{u_0(\tau)}{(x-\tau)^2 + y^2} d\tau.$$

Diese Darstellung ist die **Poisson'sche Integralformel** für die obere Halbebene aus Abschn. 85.2.

• Wir betrachten die pDGL (eine inhomogene Wellengleichung)

$$u_{tt}(x, t) - c^2 u_{xx}(x, t) = \sin(\pi x) \quad \text{für } x \in (0, 1), \ t \in (0, \infty).$$

Weiter sind die folgenden Anfangs- und Randbedingungen gegeben (wobei jeweils $x \in (0, 1)$, $t \in (0, \infty)$):

$$u(x, 0) = 0, \ u_t(x, 0) = 0, \ u(0, t) = 0, \ u(1, t) = 0.$$

(1) Es sei $U = U(x, s)$ die Laplacetransformierte der gesuchten Lösung $u = u(x, t)$. Wir haben damit die Korrespondenzen:

$$u(x, t) \ \circ\!\!-\!\!\bullet \ U(x, s), \ u(0, t) \ \circ\!\!-\!\!\bullet \ U(0, s) \ \text{und} \ u(1, t) \ \circ\!\!-\!\!\bullet \ U(1, s).$$

(2) Bekannt sind die Regeln *Linearität* und *Ableitung der Originalfunktion* (siehe Abschn. 79.2) sowie die Korrespondenz $1 \ \circ\!\!-\!\!\bullet \ \frac{1}{s}$, woraus wegen $u_{tt} \ \circ\!\!-\!\!\bullet \ s^2 U - s \, u(x, 0) - u_t(x, 0)$ und $u(x, 0) = 0 = u_t(x, 0)$ folgt:

$$u_{tt} - c^2 u_{xx} \ \circ\!\!-\!\!\bullet \ s^2 U - c^2 U_{xx} \ \text{und} \ \sin(\pi x) \ \circ\!\!-\!\!\bullet \ \frac{\sin(\pi x)}{s}.$$

Damit erhalten wir aus obiger Wellengleichung die folgende gDGL

$$s^2 U - c^2 U_{xx} = \frac{\sin(\pi x)}{s} \quad \text{mit} \ U(0, s) = 0 = U(1, s).$$

(3) Die Lösung dieser linearen gDGL erhält man mit dem Rezept aus Abschn. 34.2.2. Die allgemeine Lösung U_h der zugehörigen homogenen DGL $\frac{s^2}{c^2} U - U_{xx} = 0$ lautet

$$U_h = c_1 e^{\frac{s}{c} x} + c_2 e^{-\frac{s}{c} x} \quad \text{mit} \ c_1, c_2 \in \mathbb{R}.$$

Wir machen den Ansatz vom Typ der rechten Seite $U_p = a \cos(\pi x) + b \sin(\pi x)$ und gehen damit in die inhomogene DGL ein. Dabei erhalten wir $a = 0$ und $b = \frac{1}{s \, (s^2 + c^2 \pi^2)}$, also

$$U_p = \frac{\sin(\pi x)}{s(s^2 + c^2 \pi^2)}.$$

Die Lösung $U = U(x, s)$ der gDGL lautet damit

$$U(x, s) = \frac{\sin(\pi x)}{s(s^2 + c^2 \pi^2)} + c_1 e^{\frac{s}{c} x} + c_2 e^{-\frac{s}{c} x}.$$

Wir setzen nun die Randbedingungen ein: $U(0, s) = 0 = U(1, s)$ und erhalten $c_1 = 0 = c_2$ und mit einer Partialbruchzerlegung schließlich

$$U(x, s) = \frac{\sin(\pi x)}{s(s^2 + c^2 \pi^2)} = \frac{1}{c^2 \pi^2} \left(\frac{1}{s} - \frac{s}{s^2 + c^2 \pi^2} \right) \sin(\pi x).$$

(4) Eine Rücktransformation liefert die Lösung des ursprünglichen Anfangs-Randwertproblems

$$u(x, t) = \frac{1}{c^2 \pi^2} (1 - \cos(c \pi t)) \sin(\pi x).$$

∎

91.3 Aufgaben

91.1 Weisen Sie die im Beispiel 91.1 benutzte Fourierkorrespondenz nach:

$$G(k) \cos(c k t) + V(k) \frac{\sin(c k t)}{ck} \quad \circ\!\!-\!\!\bullet \quad \frac{1}{2} \big(g(x + c t) + g(x - c t) \big)$$
$$+ \frac{1}{2c} \int_{x-ct}^{x+ct} v(\xi) \mathrm{d}\xi.$$

Hinweis: Setzen Sie $\cos(c k t) = \frac{1}{2}(\mathrm{e}^{\mathrm{i}ckt} + \mathrm{e}^{-\mathrm{i}ckt})$ und benutzen Sie die Regeln *Verschiebung im Zeitbereich* und *Faltung*.

91.2 Lösen Sie für $c > 0$ das Anfangswertproblem der Wärmeleitungsgleichung

$$u_t = c^2 u_{xx} \quad \text{für } x \in \mathbb{R}, \ t \in (0, \infty),$$
$$u(x, 0) = g(x), \quad \text{für } x \in \mathbb{R},$$

mittels Fouriertransformation bezüglich x. Dabei beschreibt g einen (gegebenen) Anfangszustand.
Hinweis: Verwenden Sie Aufgabe 76.2.

91.3 Man löse das folgende Anfangswertproblem mittels Laplacetransformation:

$$u_t = 4u_{xx} \text{ für } x \in (0, 3), \ t \geq 0 \text{ und } u(x, 0) = 12 \sin(2\pi x) - 3 \sin(4\pi x).$$

Hinweis: Die inhomogene lineare DGL für die Laplacetransformierte der Lösung löse man mit Hilfe des allgemeinen Ansatzes

$$U(x, s) = a(s) \sin(2\pi x) + b(s) \sin(4\pi x).$$

91.4 Man löse das folgende Anfangs-Randwertproblem mittels Laplacetransformation:

$$x\,u_t + u_x = x \quad \text{mit} \quad u(x,0) = 0,\ x > 0,\ u(0,t) = 0, t \ge 0.$$

91.5 Die Schrödingergleichung in der Form $\mathrm{i}\,\partial_t u(t,x) = -\partial_{xx} u(t,x)$ beschreibt die Wellenfunktion eines freien Teilchens. Wir nehmen an, das Teilchen bewege sich auf der reellen Achse. Im Folgenden werden Sie anhand der Fouriertransformation eine Darstellung der Lösung $u(t,x) : [0,\infty) \times \mathbb{R} \to \mathbb{C}$ finden.

(a) Stellen Sie die Funktion $u(t,x)$ mithilfe ihrer Fouriertransformierten $U(t,\xi)$ (bezüglich x) dar.

(b) Verwenden Sie die Formel für $u(t,x)$, um die Ableitungen $\partial_t u(t,x)$ und $\partial_{xx} u(t,x)$ mittels $U(t,\xi)$ auszudrücken.

(c) Verwenden Sie die Ausdrücke aus (b), um aus der Schrödingergleichung eine gDGl für $U(t,\xi)$ herzuleiten.

(d) Nehmen Sie an, die Funktion $U(0,\xi)$ sei bekannt. Lösen Sie die gDGl aus (c) und geben Sie eine Integraldarstellung für $u(t,x)$ an.

(e) Was können Sie über $|U(t,\xi)|$ sagen?

91.6 Lösen Sie mit Fourier-Transformation bzgl. x das Anfangswertproblem für $u(x,t)$, $x \in \mathbb{R},\ t \ge 0$

$$u_t + 2u_x + u = 0, \quad u(x,0) = \mathrm{e}^{-\frac{x^2}{2}}.$$

Rezept: Zuklappen des Buches

Um das Buch zuzuklappen, gehen Sie wie folgt vor:

(1) Haben Sie alle Seiten gelesen?

- Falls ja: Weiter im nächsten Schritt.
- Falls nein: Lesen Sie bitte noch die ausgelassenen Seiten.

(2) Haben Sie alles verstanden?

- Falls ja: Weiter im nächsten Schritt.
- Falls nein: Weiter im nächsten Schritt.

(3) FERTIG. Bitte das Buch zuklappen.

Stichwortverzeichnis

© Springer-Verlag GmbH Deutschland, ein Teil von Springer Nature 2022
C. Karpfinger, *Höhere Mathematik in Rezepten,*
https://doi.org/10.1007/978-3-662-63305-2

Printed in the United States
by Baker & Taylor Publisher Services